U0212043

Handbook of

Corrosion Engineering (Third Edition)

腐蚀工程手册

（原著第三版）

（加）皮埃尔·罗贝热（Pierre R. Roberge） 著

赵旭辉　尚宪和　等译

化学工业出版社

·北京·

内容简介

本书是一本有关腐蚀科学技术的综合性工具书。内容包括水、大气及土壤等主要环境中的腐蚀与控制问题，涉及生物污损，腐蚀模型与寿命预测，腐蚀失效分析，腐蚀管理、维修与检测，腐蚀监测，工程设计与选材，保护涂层，缓蚀剂和阴极保护等相关内容。本书不仅涉及腐蚀与腐蚀控制的基本理论，而且还结合大量工业腐蚀实际案例进行了详细阐述，并补充了目前腐蚀工程领域中一些重要进展，全面实用。

本书适合从事腐蚀工程的设计、生产、科研及管理人员使用，还可以作为高校相关专业师生的参考书。

Pierre R. Roberge
Handbook of Corrosion Engineering（Third Edition）
9781260116977

图书在版编目（CIP）数据

腐蚀工程手册/（加）皮埃尔·罗贝热（Pierre R. Roberge）著；赵旭辉等译．—北京：化学工业出版社，2024.2

书名原文：Handbook of Corrosion Engineering（Third Edition）

ISBN 978-7-122-44255-0

Ⅰ.①腐… Ⅱ.①皮…②赵… Ⅲ.①防腐工程-手册 Ⅳ.①TB4-62

中国国家版本馆 CIP 数据核字（2023）第 187680 号

责任编辑：韩霄翠　仇志刚　　文字编辑：李　玥
责任校对：宋　夏　　装帧设计：王晓宇

出版发行：化学工业出版社（北京市东城区青年湖南街 13 号　邮政编码 100011）
印　　装：中煤（北京）印务有限公司
787mm×1092mm　1/16　印张 48¾　字数 1177 千字　2024 年 2 月北京第 1 版第 1 次印刷

购书咨询：010-64518888　　售后服务：010-64518899
网　　址：http://www.cip.com.cn
凡购买本书，如有缺损质量问题，本社销售中心负责调换。

定　　价：398.00 元　

译者前言

《腐蚀工程手册（原著第三版）》是一本有关腐蚀科学与工程技术的综合性工具书。该手册内容十分丰富，其中不仅涉及腐蚀与腐蚀控制的基本理论，还结合大量工业腐蚀实际案例进行了详细阐述，并补充了目前腐蚀工程领域中一些最重要的进展。正如作者所言，该手册中包含了作者自己的一些研究成果，但更多的是对当前腐蚀科学技术成果的总结，无论是对腐蚀工程技术人员还是腐蚀科研工作者，都是一本很有价值的参考资料。该手册首先简单介绍了腐蚀的基本概念与腐蚀工程师的基本任务，随后分章节详细介绍了水溶液及其他主要腐蚀环境中腐蚀控制的基本原理、腐蚀模型与寿命预测、腐蚀失效分析、腐蚀管理、检测与维修、腐蚀监测、工程设计与选材、保护涂层、缓蚀剂、阴极保护等相关内容。此外，书后还提供了有关附录，包括元素周期表、国际标准（SI）单位表、常用参比电极、工程合金化学成分以及腐蚀科学里程碑事件。手册简明扼要，条理清晰，且各章内容相对独立，查阅和使用十分方便，读者可根据需要选择性地阅读。

该手册的翻译和校正工作主要由以下单位同志完成。第一章、第七章、第十四章、附录及其他内容：赵旭辉（北京化工大学）；第二章：孙永亮（苏州热工研究院有限公司），卢向雨（河海大学）；第三章：尚宪和（中核核电运行管理有限公司），赵旭辉（北京化工大学）；第四章：周勇（武汉工程大学）；第五章：金伟（沈阳中科腐蚀控制工程技术有限公司），林冰（西南石油大学）；第六章：卢向雨（河海大学），廉纪祥（北京百川井田油气科技有限公司）；第八章：周勇（武汉工程大学），赵旭辉（北京化工大学）；第九章：刘瑶、张明作、高佳伟、冯志永（北京市鼎新新技术有限责任公司），赵旭辉（北京化工大学）；第十章：卢向雨（河海大学），陈博、刘子豪（沈阳中科环境工程科技开发有限公司）；第十一章：赵旭辉（北京化工大学），尚宪和、张维（中核核电运行管理有限公司），孙永亮、刘洪群（苏州热工研究院有限公司）；第十二章：刘兴唐（广东兴鲁涂料工程有限公司），周勇（武汉工程大学）；第十三章：林冰（西南石油大学）。全书由北京化工大学赵旭辉总校和审定。

在组织翻译和审校过程中，译者得到了化学工业出版社的大力协助，深表感谢。由于译者水平有限，时间仓促，译文中难免存在疏漏，敬请读者谅解和指正。

译者

2023 年 7 月

前言

腐蚀是一个自发过程。目前使用的大多数结构材料，基本上都处于热力学不稳定状态，铁、铬、镍、钛、铝和很多其他金属都是以氧化物或硫酸盐等化合物形式自然存在于地壳之中。一旦有腐蚀环境提供机会，这些金属就可能迅速恢复到它们在地壳中自然存在的初始状态，即氧化物或盐类化合物等形式。此外，腐蚀还可能严重影响系统和装备的正常运行，造成巨大的经济损失，甚至威胁人身安全。

本手册主要面向腐蚀工程师，可从检测与监测到预防与控制等诸多方面为解决腐蚀问题提供参考。本手册第三版保留了第二版的主体结构，主要对相关内容进行了重新编排，使其更清晰明了，并补充和更新了目前腐蚀工程领域中一些最重要的进展。这项工作很有挑战性，也很有意义。近些年来，我们对腐蚀过程及其预防与控制技术的认识不断深入。事实上，有关腐蚀工程各相关领域的科学发现和技术革新，呈指数级增长。

本手册第三版遵循上一版的布局，分为 14 章，但每章内容都相对独立，读者可以跳过前面章节，选择阅读所感兴趣的章节。前六章介绍了水溶液及其他主要腐蚀环境中腐蚀控制的基本原理。其中第二章主要介绍了室内及户外环境中各种金属和合金的腐蚀行为，这也是后面关于金属耐蚀性的检测方法以及预防和控制腐蚀措施的基础。

第三章主要阐述了与现代生活息息相关的水及海水中的腐蚀问题。本章以弗林特（Flint）危机为例，阐述了在保护宝贵水资源行动中所涉及腐蚀问题的复杂性及诸多困难。第四章讨论了土壤腐蚀的各种影响因素，并重点介绍了土壤腐蚀性的很多评估方法。

第五章介绍了钢筋混凝土的腐蚀及其各种影响因素。在人类建造的诸多极具挑战性的建筑中，钢筋混凝土都是极其重要的工程结构材料。一旦发生事故，其后果将非常可怕，如 2018 年 8 月 14 日意大利热那亚（Genoa）莫兰迪（Morandi）大桥的坍塌。

第六章介绍了微生物腐蚀及其各种影响因素，神奇的微生物可使原本良性的服役环境逆转成为强腐蚀性的环境。此外，此章还讨论了微生物繁殖可能对水处理设备性能和耐久性造成的各种影响及其危险后果。第七章详细介绍了在过去的 100 多年里以材料腐蚀动力学理论为基础的几种典型腐蚀预测模型，以及伴随着计算机技术飞速发展进而建立起来的几种非常实用的寿命预测方法。

第八章腐蚀失效部分，我们首先介绍了各种具体腐蚀损伤形态及相关分析检测方法和腐蚀预防控制措施，并在此基础上对前版相关内容进行了大量的修订。第九章是本手册中最新补充的内容，我们首先介绍了腐蚀管理的基本概念，接着分析讨论了较为传统的维修与检测的腐蚀管理策略特点。此外，本章还介绍了最近引入的先进 IMPACT 腐蚀管理体系，它可作为在平衡运行需求冲突时，基于日常管理做出关键性决策的依据。

第十章从腐蚀监测方法的基本物理化学原理出发，详细介绍了多种不同类型的实用腐蚀监测技术，包括最直接的侵入式技术到离线监测技术。同时，在本章中，我们还介绍了在制订高效腐蚀监测方案时所必须考虑的诸多重要因素，涉及从数据分析和监测报告到探针设计和安装等各个环节。

第十一章是本手册中篇幅最长的一章，其中详细介绍了铝、铜、镍、铬、镁、难熔金属、钛、锆、铸铁、不锈钢及其他钢材等主要工程合金系列材料的性能及其腐蚀防护注意事项，特别有价值。本章也是腐蚀选材的重要参考资料。

最后三章介绍了几种常见的金属防腐蚀手段及其在实际应用中相关注意事项。第十二章讨论了与涂层性能和失效相关的几个基础性问题，并详细介绍了多种防护涂层及其役中或役前的性能测试方法。

第十三章介绍了另一种非常重要且广泛应用的防腐蚀方法，即添加缓蚀剂，降低环境的腐蚀性。缓蚀剂可以添加在防护涂层中，也可以加入到强酸性清洗液甚至饮用水中，以降低环境的腐蚀性，使腐蚀可控。手册最后一章，即第十四章，全面介绍了阴极保护技术，该技术可解决大多数常见环境中很多结构设施的腐蚀问题，如船舶、管线、石油钻井平台及其他部件和系统。

附录 A 为元素周期表，附录 B 为国际标准单位（SI）换算表，用于不同标准的单位转换。附录 C 列出了常用参比电极及相关信息，其中参比电极是测量腐蚀电位的重要工具。附录 D 列出了工程合金的化学成分。附录 E 总结了在腐蚀科学与工程技术发展历程中的一些里程碑事件。

第十四章和附录部分英文电子版文件，可以访问麦格劳-希尔集团（McGraw-Hill）网站上相关链接获得。

目录

第一章
绪 论

1.1 腐蚀概念的历史演化

对于绝大多数人而言，腐蚀意味着生锈，讨厌这种现象几乎是人类的共识。当然，生锈这一名称近来更多是指铁的腐蚀，而腐蚀是指几乎所有金属都会遭遇到的一种破坏现象。尽管铁并不是人类最早使用的金属材料，但是无疑它最常用，也是最先面临严重腐蚀问题的材料之一[1]。“金属有经过腐蚀返回到初始化合物状态的倾向，这是一个基本的自然规律。自人类凭借智慧将金属矿石制成有用的工程材料的那一天开始，人类就一直不断地对抗和挑战着这一基本自然规律。”这一论点出自《腐蚀》杂志的第一期，今天听起来依然觉得非常正确[2]。

古希腊哲学家认为，物质世界由具有长、宽、高的有形“主体”组合的物质构成。他们还相信这些“主体”构成了一个没有空洞的物质连续体。在此认知世界之内，他们思考“主体”的产生和毁灭、缘起、构成要素、存在意义。即使在那些承认存在空洞的原子论者描绘的古代世界蓝图中，表面这个概念仍然难以被纳入其中。关于一个“主体”或两个相邻“主体”的边界或界限的定义问题的争论，最终以亚里士多德（Aristotle，公元前 4 世纪）及一些其他学者否定“表面”有物质存在的观点而告终。鉴于亚里士多德在古代哲学领域的主导地位，他对表面的观点被沿用多个世纪，但这可能严重阻碍了人们关于固体表面本质属性的理论思考[3]。

伟大的罗马哲学家老普林尼（Pliny the Elder）（公元 23—79 年），曾经详细描述的有关“铁损坏者”或变质铁的几段文字，或许就是最早的关于表面的科学记载。在老普林尼所处的那个年代，罗马帝国已成为西方世界最重要的文明之国，其中部分原因就是由于铁质兵器和制品的广泛使用。当然，这些铁质品很容易生锈和腐蚀。

老普林尼不仅描述了金属表面所发生的腐蚀现象，并且还介绍了减轻腐蚀的补救措施。他提到可用油来抑制青铜器件的腐蚀，以及可以在铅表面焊接，对罗马文物的现代化学分析结果已明确证实了这些。例如，依据老普林尼的观点，表面充当了相互作用以及与外来介质作用的主体。此外，老普林尼还推测了金属腐蚀的产生原因（空气和火）。

此后，随着腐蚀科学和工程领域新发现的不断涌现，人们对于腐蚀机制的总体认识也取得了很大进展。附录 E 列出了有关腐蚀领域的一些重要发现。在 20 世纪初，人们对于钢铁腐蚀的基本历程已有了相当充分的认识。麦格劳·希尔集团（McGraw-Hill）于1910年出版了一本关于腐蚀防护与控制的参考书，这也是最早关于腐蚀的书籍之一[4]。该书的出版具有划时代的意义，下面摘录的部分内容可以体现当时人们对腐蚀的认知水平。

关于腐蚀理论：为了形成铁锈，铁必须能溶解在含有氧或某些氧化剂的溶液之中，而且肯定会有氢气析出。这一理论以电解作用为假设前提，即铁离子在某地点形成的同时，必然有氢离子在另一地点消失，同时伴随着气态氢的产生。但是，由于氢的溶解性很高，且扩散能力极强，锈蚀过程中，气态氢很难被观察到。酸或酸性盐等物质增大了氢离子浓度，因此促进了腐蚀；而能提高氢氧根离子浓度的物质，会抑制腐蚀。铬酸和铬酸盐通过产生极化或抑制作用防止铁的溶解和氢的析出，从而抑制腐蚀。

铁腐蚀的电解理论：从电解理论的观点出发，解释铁的腐蚀现象并不复杂，而且迄今为止也皆与事实相符。简而言之，铁的腐蚀可解释如下：铁有一定的溶解压，即使是化学纯铁和纯水溶剂，亦是如此。金属和溶剂中的杂质或其他物质都会影响溶解压。金属中最轻微的偏析作用，甚至是表面不均匀应力和应变，都会打破表面的平衡状态，使某些部位的溶解压明显大于其他部位。

相对于那些溶解压最小的部位或节点，溶解压最大的部位或节点呈正电性，因此，如果表面各点彼此相互接触，就会有电流流过导电薄膜。如果导电膜是水或处于任何潮湿状态，导电膜的导电性就会很高，而膜的导电性越高，铁在正电性区域进入溶液的速度越快，腐蚀也就越快。带正电荷的氢离子向阴极区域迁移，带负电荷的氢氧根离子向阳极区域迁移。

关于冷加工的影响：大量证据显示，除了钢中偏析和杂质之外，事实上，钢表面所有的压痕或受损处，包括划伤、砂眼等，都将成为腐蚀的活性中心，加速锈蚀过程。这种受损或压痕处，相对于周围其他区域，几乎毫不例外，皆呈正电性，而去极化作用使氢迅速脱离这些部位，同时激发点蚀（又称孔蚀）。这种影响作用可通过铁锈指示剂❶非常形象地展现出来。

关于搅炼熟铁❷和钢：波士顿和缅因州铁路总工程师斯诺先生（Mr. J. P. Snow）曾提醒大家关注一个非常重要的腐蚀案例，该案例与1894年修建、1902年拆除和废弃的一些铁路信号桥的破坏有关。

这些桥梁的建造年代，正是钢材快速取代搅拌熟铁作为桥梁材料的时期。因此，这些桥梁结构所用材料包括部分钢材和部分熟铁。在这个案例中，有一点特别需重视，即桥梁中有些构件在八年后就因锈蚀而毁坏，而另外有些构件却完好无损，几乎与建造时状态一样。

在大量企业狂热追求产量的背后，产品质量受到很大影响，致使投放市场的大部分材料产品中，只有很少部分进行了正确检测，大量材料并没有在其适宜的工况条件下使用：无法使用的铁轨和车轴，以及高层建筑的钢骨架，都可能隐藏着物毁人亡事故的诱因。

大量研究者的观察记录结果已证明：大约在30年前主要由手工制作的旧金属构件的防锈性能，优于普通的现代钢铁材料。

关于涂料和防锈颜料：19世纪，研究者们提出了多种理论，试图解释铁的生锈问题，这同时也促进了大量关于颜料与腐蚀相关性的原创性研究。其中有关钢铁保护涂层的主题无

❶ 铁锈指示剂将在下一节介绍。

❷ 搅炼熟铁是通过搅炼炉工艺冶炼的一种熟铁，发明于18世纪末。该工艺生产的铁，相比于一般熟铁，碳含量略高，但是拉伸强度更高。搅炼炉还可以更好地控制铁的化学成分。埃菲尔铁塔和许多桥梁都是采用搅炼熟铁建造的。

疑是焦点，受到了极大关注。

大量有关钢铁保护性涂层研究工作的开展，也促使许多涂料制造商以及科研工作者们更深入研究腐蚀的起因问题。很显然，利用电化学理论解释腐蚀现象肯定会直接涉及涂料问题。

1.2 腐蚀电池的可视化

通过简单的实验有可能将腐蚀电池可视化，进而揭示腐蚀过程的基本双重属性，这可能是腐蚀科学史中最具有决定意义的转折点。在早期腐蚀科学研究中，腐蚀过程中化学指示剂颜色变化就非常有价值，可以研究在腐蚀环境中看似均匀的钢表面的局部阳极和阴极之间的相互作用。库什曼（Cushman）和加德纳（Gardner）在他们 1910 年出版的教科书中已指出：铁表面的点蚀效应很常见，表现为某些薄弱点处腐蚀非常迅速[4]。

其实，利用颜色变化去揭示精妙的腐蚀机制目前仍然是一个相当新颖的研究方向，知名杂志《腐蚀》上出版的两篇论文也已证实了这一点。其中一篇论文中，作者采用广泛 pH 指示剂法研究铝和铝合金在含氯化物的琼脂凝胶中的腐蚀行为[5]。结果表明：低 pH 值的阳极区域和高 pH 值的阴极区域之间的 pH 值变化有明显差异。当他们将凝胶直接滴加在金属表面时，他们发现有一个明显的边缘效应，控制了腐蚀形态。凝胶下，湿磨金属表面最初显示为均匀腐蚀形态，而干磨金属表面则显示为局部腐蚀形态。

在最近发表的另一篇论文中，作者发现：含有变色剂或荧光化合物的涂层体系对涂层下金属的腐蚀过程很敏感，因为局部阴极反应会造成局部区域 pH 值升高，使涂层中变色剂或荧光化合物产生颜色变化或发出荧光[6]。丙烯酸基涂层体系检测腐蚀阴极反应的敏感性，取决于施加的恒电流阴极极化电流大小，以及能探测到颜色变化或荧光时对应的电量值。

腐蚀过程的阴极反应，由于氢离子的消耗或溶解氧的还原，通常都会使氢氧根离子浓度升高。酚酞是众所周知的酸碱指示剂，当氢氧根离子浓度增大时，酚酞将由无色变为红色。因此，随着腐蚀的进行，如果酚酞变为红色，就可说明存在阴极区并能指明具体位置[7]。

类似地，铁氰化钾可与二价铁离子反应产生蓝色，如反应式(1.1) 所示。当铁发生腐蚀时二价铁离子在阳极区域形成。因此，出现蓝色区域就可说明铁表面存在阳极区域。

$$\underset{Fe^{3+}}{3Fe^{2+}} + 4[Fe(CN)_6]^{3-}(\text{黄色}) \longrightarrow \underset{Fe^{3+}\ Fe^{2+}}{Fe_4[Fe(CN)_6]_3} \cdot 4H_2O(\text{普鲁士蓝}) + 6CN^- \quad (1.1)$$

在含有酚酞和铁氰化钾这两种指示剂的凝胶液中加入氯化钠，就配制成了大家熟知的铁锈液❶。在 1910 年出版的书中，库什曼（Cushman）和加德纳（Gardner）充分利用这种铁锈液，结合大量图片，揭示了局部腐蚀电池，支持了他们的理论。

下面是采用铁锈液揭示局部电池的一个典型例子。钢表面被滴上一滴铁锈凝胶液后，马上就可显示出凝胶液区域内阳极和阴极的发展和位置。由于空气中氧更容易进入凝胶液滴边缘区域，此区域成为阴极，变成粉红色。相反，液滴中心区域由于氧难以进入，成为阳极，凝胶液变为蓝色，如图 1.1 所示。

---

❶ 如何制备 250mL 含 3%氯化钠的铁锈凝胶液？在 250mL 蒸馏水溶解 7.5g 氯化钠，然后加入 5g 琼脂粉，将混合液加热沸腾直至琼脂完全分散。然后加入 0.5g 铁氰化钾和 5mL 浓度为 0.1%的酚酞溶液。

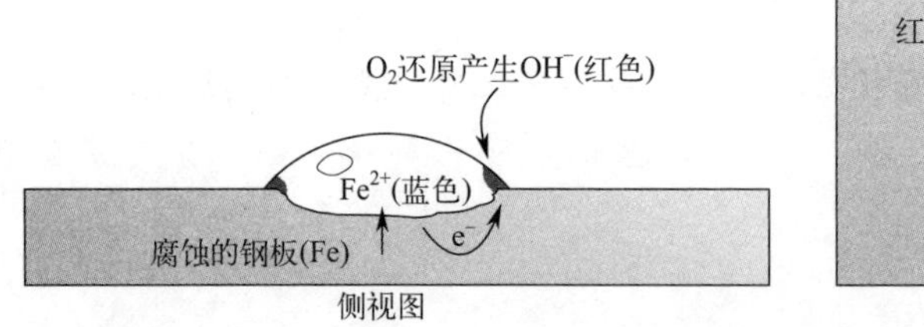

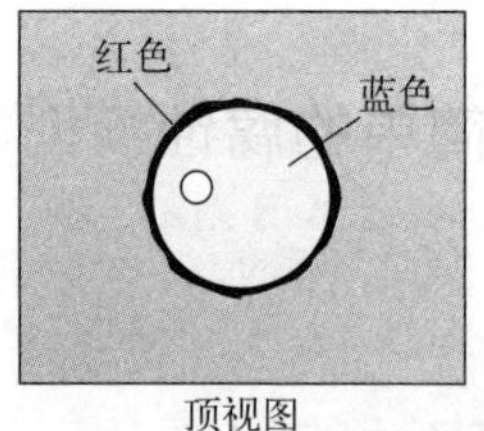

图 1.1 钢板上铁锈液滴实验

此外，这种颜色指示剂还可用来显示异种金属连接后所形成的阳极和阴极区域。例如，将尖端镀铜的钢钉置于铁锈液中，在镀铜部位周围显示粉红色，裸钢周围区域显示蓝色（图 1.2）[7]。在此实验中，随时间延长，颜色变化会更明显。这表明铁作为阳极持续腐蚀，同时在铜阴极区域碱性持续增强。

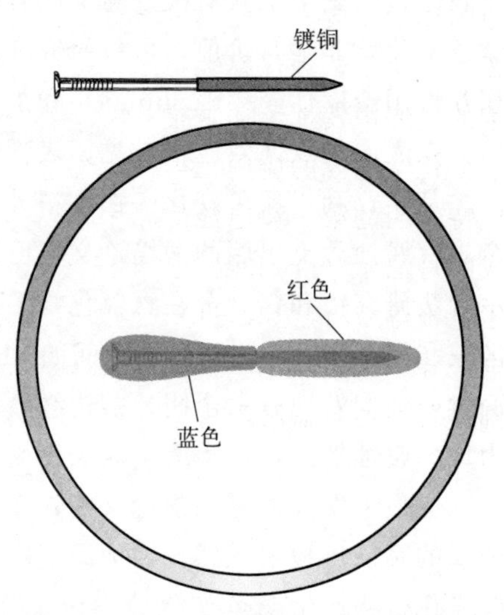

图 1.2 通过颜色变化显示部分镀铜钢钉在含铁锈液的培养皿中的阳极和阴极

当将尖端镀锌的钢钉置于同样的凝胶液中时，此时铁作为阴极，而锌作为阳极（图 1.3）。裸钢部位周围区域变成红色，表明裸钢部位为阴极，周围碱性变强，由于在此区域无铁离子溶入凝胶液中，所以不会出现蓝色。而表面镀锌部位的锌作为阳极发生腐蚀而消耗，并保护了铁。由于锌的腐蚀产物与铁氰化钾反应形成了白色物质，因此锌周围区域变为白色。

将普通钢钉放置在铁锈凝胶液中，溶液颜色变化还可以揭示单金属表面的局部电池作用（图 1.4）。普通钢钉置于铁锈凝胶液中之后不久，钉杆周围会出现粉红色区域，这表明钉杆形成了腐蚀电池的阴极。而经冷加工的钉帽和钉尖，由于铁腐蚀形成二价铁离子进入溶液，使钉帽和钉尖周围区域变为蓝色，表明钉帽和钉尖形成阳极。

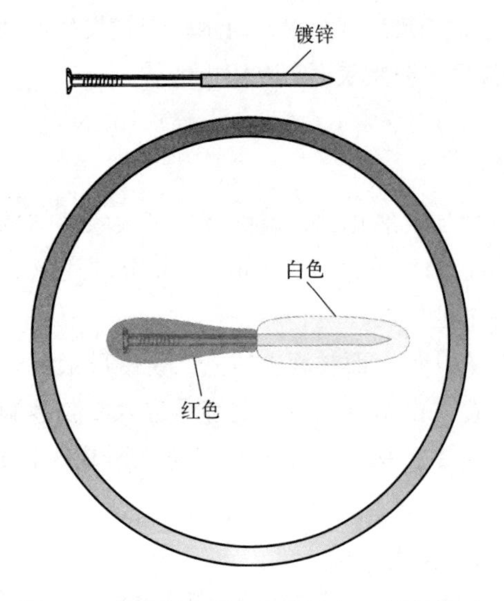

图 1.3 部分镀锌的钢钉阴阳极区域的位置

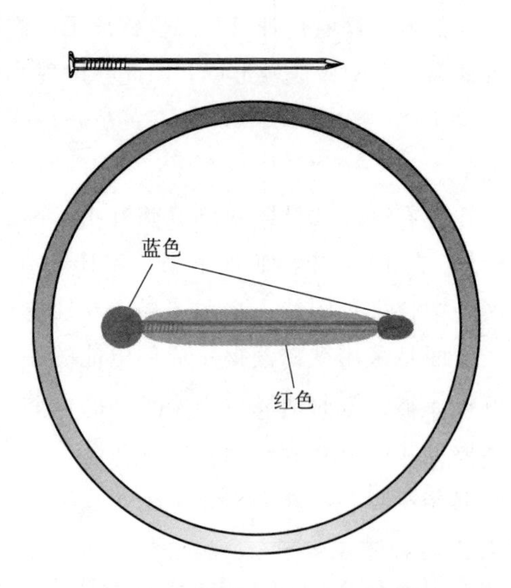

图 1.4 单金属钢钉上的阳极和阴极区域

1.3 一个简单的腐蚀模型

根据前人们所有观察研究结果，包括从多个世纪前哲学家们的发现到 19 世纪和 20 世纪研究者们的最新发现，我们可得到一个简单的腐蚀模型，用来解释前一节中所展示的所有可视化的实验现象。

为了了解各种不同水溶液环境的腐蚀性，我们有必要讨论清楚此环境中金属表面所发生的各种电化学反应。所谓电化学反应，是指涉及电子转移的化学反应，也是指包括氧化和还原的化学反应。金属腐蚀基本上都是一个电化学过程，因此理解电化学反应基本属性非常重要。事实上，现代腐蚀科学中逐渐发展形成的一些理论和现象，在我们今天所享有的众多技术的发展中发挥了非常重要的作用。

化学电源的应用是早期电化学史上取得的一个非常重要的成就，之后就是亚历桑德罗·伏特发明的第一块电池的诞生。图 1.5 显示了将铜和锌金属分别浸在各自硫酸盐溶液中所构成的丹尼尔（Daniell）电池的基本原理。丹尼尔电池是第一块真正实用且可靠的电池，支撑了电报等 19 世纪大量电气技术的创新发展。在电化学反应过程中，锌腐蚀产生的电子通过电子导电回路向铜转移，形成了有用的电流。由于锌比铜更容易失去电子，将金属锌和铜分别放置在各自盐溶液中时，电子将通过外部导线回路从锌流向铜。

$$锌阳极：Zn(固) \longrightarrow Zn^{2+} + 2e^- \tag{1.2}$$

$$铜阴极：Cu^{2+} + 2e^- \longrightarrow Cu(固) \tag{1.3}$$

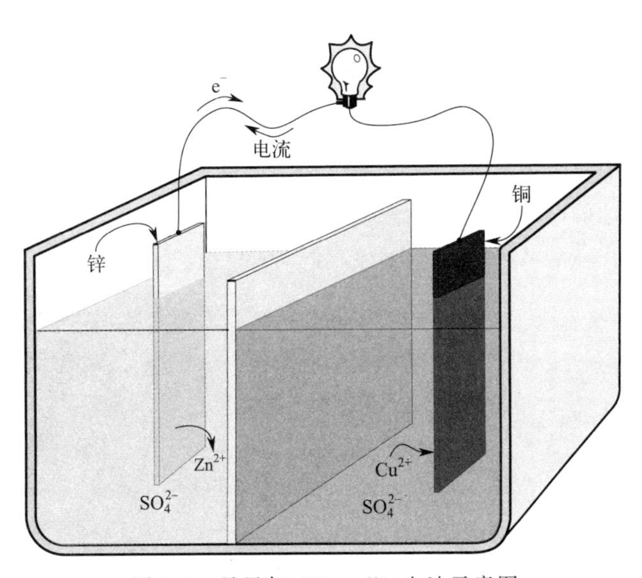

图 1.5 丹尼尔（Daniell）电池示意图

两种腐蚀敏感性不同的金属，常常会引起所谓的电偶腐蚀（参见第八章）问题。电偶腐蚀命名源于这种作用的发现者路易吉·伽伐尼（Luigi Galvani）。图 1.5 中所示隔膜是为了保证每种金属仅与各自的硫酸盐溶液接触，是维持丹尼尔电池的电压相对稳定的一个关键技术点[8]。如图 1.6 所示，在两个烧杯之间用一个盐桥进行连接也可以达到同样目的。盐桥提供了形成电化学电池回路所必需的电解液通路。这种情况在自然腐蚀电池中很常见，其中服役环境作为构成腐蚀电池的电解液。土壤、混凝土或天然水等含水环境的导电性常常与其腐蚀性相关。

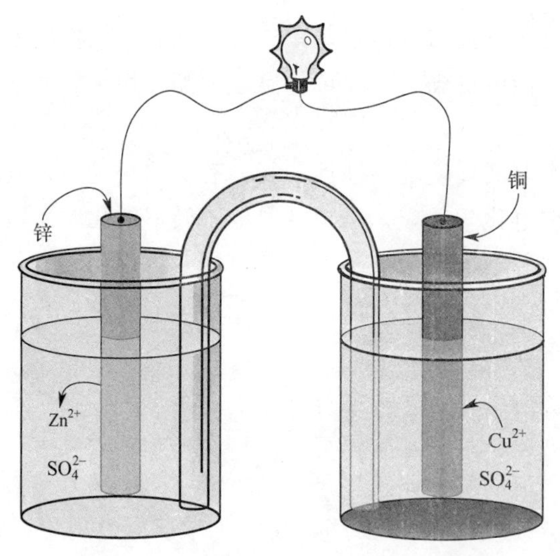

图 1.6　带盐桥的丹尼尔电池示意图

电池可简写为式(1.4)，可代表图 1.5 和图 1.6 所示电池。本书中所涉及的类似电池常常用这种简化形式描述。

$$(-)Zn/Zn^{2+},SO_{4(c_1)}^{2-}//Cu^{2+},SO_{4(c_2)}^{2-}/Cu(+) \tag{1.4}$$

式(1.4) 中 c_1 和 c_2 分别表示硫酸锌和硫酸铜的浓度，两个半电池中 c_1 和 c_2 可能不同。而双斜线代表隔膜。这种简记方式也表明锌电极作为阳极，在反应自发进行时是负极，而铜电极作为阴极，是正极。

事实上，腐蚀反应至少包括一个氧化反应和一个还原反应，但是可能并不如化学能源电池那样表现明显。腐蚀的两个反应（氧化和还原）常常是在单片金属上同时发生，如图 1.7 所示。图 1.8 显示了锌在酸溶液中快速腐蚀，同时产生氢气的一个真实实验。

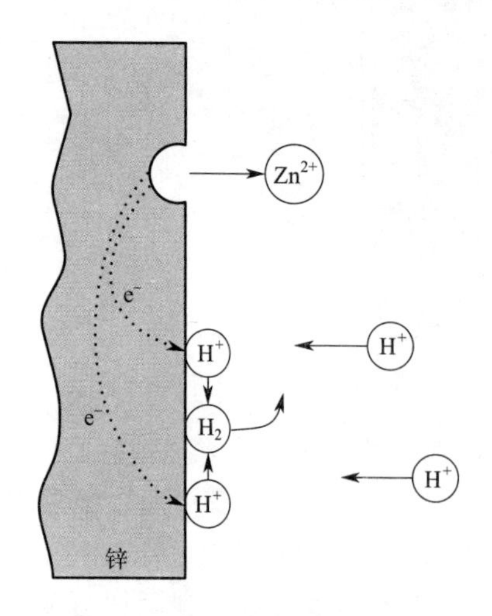

图 1.7　在无空气的盐酸中锌腐蚀的电化学反应

图 1.8　浸在 0.1mol/L 硫酸溶液中锌表面鼓泡或“镀出氢”（金士顿技术软件公司提供）

在上述两图示例中，浸在盐酸中的锌片都会遭受腐蚀。根据反应式(1.5)，在锌表面某些部位，锌溶解成为锌离子。此阳极反应产生的电子，通过固态导电金属流向金属表面其他部位，而氢离子在此部位被还原成氢气，如反应式(1.6) 所示。

$$阳极反应：Zn(固) \longrightarrow Zn^{2+} + 2e^- \tag{1.5}$$

$$阴极反应：2H^+ + 2e^- \longrightarrow H_2\uparrow(气) \tag{1.6}$$

在此腐蚀反应过程中，电子发生转移，或者从另一个角度来说，一个氧化过程总是与一个还原过程同时发生。总腐蚀过程可以总结为反应式(1.7)：

$$总的腐蚀反应：Zn + 2H^+ \longrightarrow Zn^{2+} + H_2\uparrow(气) \tag{1.7}$$

总之，腐蚀发生时，在金属发生氧化或变质的阳极表面，必然会产生离子并释放电子。而且，在阴极表面必然会同时发生一个阴极反应，能消耗掉阳极所产生的电子。这些电子能中和阳离子，如氢离子（H^+），或产生阴离子。阳极和阴极反应必须以同样的速度同时进行。然而，通常大家所意识到的腐蚀过程仅仅发生在阳极区域。

1.3.1　阳极过程

在此我们将更详细地讨论在腐蚀发生时阳极到底发生了什么？下面以式(1.7) 所示反应为例进行讨论。此反应涉及氢离子还原成氢气，如反应式(1.6) 所示。很多金属与酸作用皆能发生析氢反应，包括盐酸、硫酸、高氯酸、氢氟酸、甲酸及其他强酸等。铁、镍和铝等金属发生的阳极反应可分别表示如下：

$$铁的阳极反应：Fe(固) \longrightarrow Fe^{2+} + 2e^- \tag{1.8}$$

$$镍的阳极反应：Ni(固) \longrightarrow Ni^{2+} + 2e^- \tag{1.9}$$

$$铝的阳极反应：Al(固) \longrightarrow Al^{3+} + 3e^- \tag{1.10}$$

仔细观察上述反应式，我们可以发现，腐蚀过程中阳极反应可用如下通式描述：

$$Mn(固) \longrightarrow Mn^{n+} + ne^- \tag{1.11}$$

即金属 Mn 发生腐蚀，致使金属 Mn 氧化为 $+n$ 价的离子，释放 n 个电子。当然，n 值大小主要取决于金属性质。有些金属如银是单价态，而有些金属如铁、钛、铀是多价态，最高价态可达正六价。反应式(1.11) 是通式，适用于所有腐蚀的阳极反应。

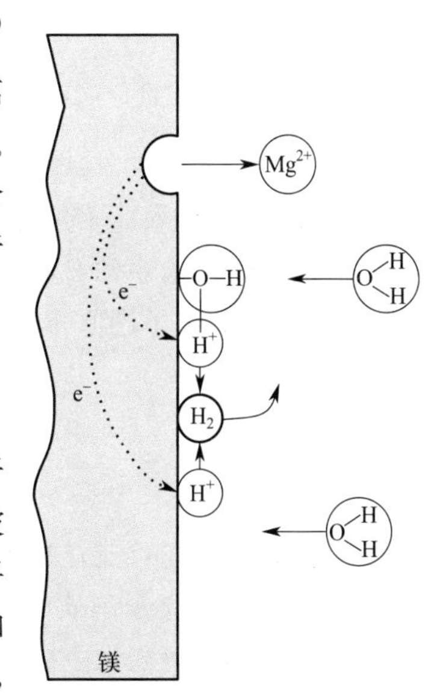

图 1.9　中性水中镁腐蚀时的电化学反应

1.3.2　阴极过程

正如前所述，氢离子在阴极表面还原成原子态时，原子态氢通常会相互结合产生氢气。阴极表面氢离子的还原打破了酸性氢离子（H^+）和碱性氢氧根离子（OH^-）之间的平衡，使腐蚀界面处溶液酸性降低或碱性增强。有些金属如铝、锌、镁等阳极腐蚀产生的能量足以使中性水直接分解，如反应式(1.12) 和图 1.9 所示。

水分解的阴极反应：$2H_2O(液)+2e^- \longrightarrow 2OH^- + H_2\uparrow$ (1.12)

前面已提及，pH 指示剂可通过指示溶液颜色变化来显示氢离子或氢氧根离子浓度变化，因此它也能用来指示腐蚀过程中阴极反应部位。此外，金属腐蚀过程中，还可能发生一些其他阴极反应，如下所示：

氧还原反应

（酸性溶液）　$O_2+4H^+ +4e^- \longrightarrow 2H_2O$ (1.13)

（中性或碱性溶液）　$O_2+2H_2O+4e^- \longrightarrow 4OH^-$ (1.14)

析氢反应：　$H^+ +2e^- \longrightarrow H_2\uparrow(气)$ (1.6)

金属离子还原：　$Fe^{3+} +e^- \longrightarrow Fe^{2+}$ (1.15)

金属沉积：　$Cu^{2+} +2e^- \longrightarrow Cu(固)$ (1.16)

氢离子还原或析氢反应，是酸腐蚀的阴极反应，在前面已讨论过。如式(1.13) 和式(1.14) 所示的氧还原反应，也是金属腐蚀中很常见的阴极反应，因为大气或暴露在大气中的溶液皆含有氧。相对而言，金属离子还原和金属沉积，作为腐蚀的阴极反应比较少见，但是在某些特定条件下，它们有可能引发严重的腐蚀问题。比如，在循环水上行回路中，铝制散热器内表面发生的铜离子还原电沉积，这个特殊例子很值得大家注意。铝表面铜离子还原沉积形成的铜瘤，是氧还原反应的优异催化剂，将极大促进附近铝表面的局部腐蚀。这种特殊的腐蚀形态，被称为沉积腐蚀，将在第八章讨论。

注意上述所有阴极反应皆有一个相似点，即消耗电子。所有腐蚀反应都不过是上述一个或几个阴极反应与类似反应式(1.11) 的一个阳极反应的组合。因此，几乎所有水溶液中的腐蚀都能简化成上述各种反应，可能是单个反应，也可能是几个反应的组合。

下面讨论一下水或湿空气中锌的腐蚀问题。锌的氧化反应(1.5) 与氧还原反应结合，可得到反应式(1.18)。

$$2Zn(固) \longrightarrow 2Zn^{2+} +4e^-(氧化) \quad (1.17)$$

$$+ \quad O_2+2H_2O+4e^- \longrightarrow 4OH^-(还原) \quad (1.14)$$

$$2Zn+2H_2O+O_2 \longrightarrow 2Zn^{2+} +4OH^- \longrightarrow Zn(OH)_2\downarrow \quad (1.18)$$

阴极反应产物 OH^- 和阳极反应产物 Zn^{2+} 会立即发生反应形成不溶性的 $Zn(OH)_2$。同样，锌在硫酸铜溶液中的腐蚀可表示为反应式(1.19)，只不过此时是锌的氧化反应和反应式(1.16) 所示的铜离子还原为金属的沉积反应的加和。

$$Zn(固) \longrightarrow Zn^{2+} +2e^-(氧化) \quad (1.5)$$

$$+ \quad Cu^{2+} +2e^- \longrightarrow Cu(固)(还原) \quad (1.16)$$

$$Zn+Cu^{2+} \longrightarrow Zn^{2+} +Cu\downarrow \quad (1.19)$$

腐蚀过程中，还可能存在多个氧化反应和一个还原反应。例如，在合金腐蚀中，合金组分原子分别以各自离子形式进入溶液。因此，在铬-铁合金腐蚀中，铬和铁两者都被氧化。此外，金属表面也可能发生多个阴极反应。

下面讨论锌在含有溶解氧的盐酸溶液中的腐蚀。此时，两个阴极反应都可能发生：析氢和氧还原（图 1.10）。因为有两个阴极反应或过程消耗电子，所以锌的总腐蚀速率会增加。因此，一般来说，含溶解氧或暴露在空气中的酸溶液比不含气的酸溶液的腐蚀性更强。通常情况下，除去酸溶液中的氧可以降低溶液的腐蚀性。

如果将低碳钢浸入盐酸溶液中，我们可以观察到大量氢气泡。在此种条件下，金属腐蚀非常迅速。金属溶解仅仅发生在阳极表面。氢气泡也仅仅在阴极表面产生，尽管看似发生在整个金属表面，而不是界限清晰的阴极区域（图 1.11）。此外，由于阳极和阴极区域可能随时间而不断变化，因此，最终可能呈现一种均匀腐蚀的表象。

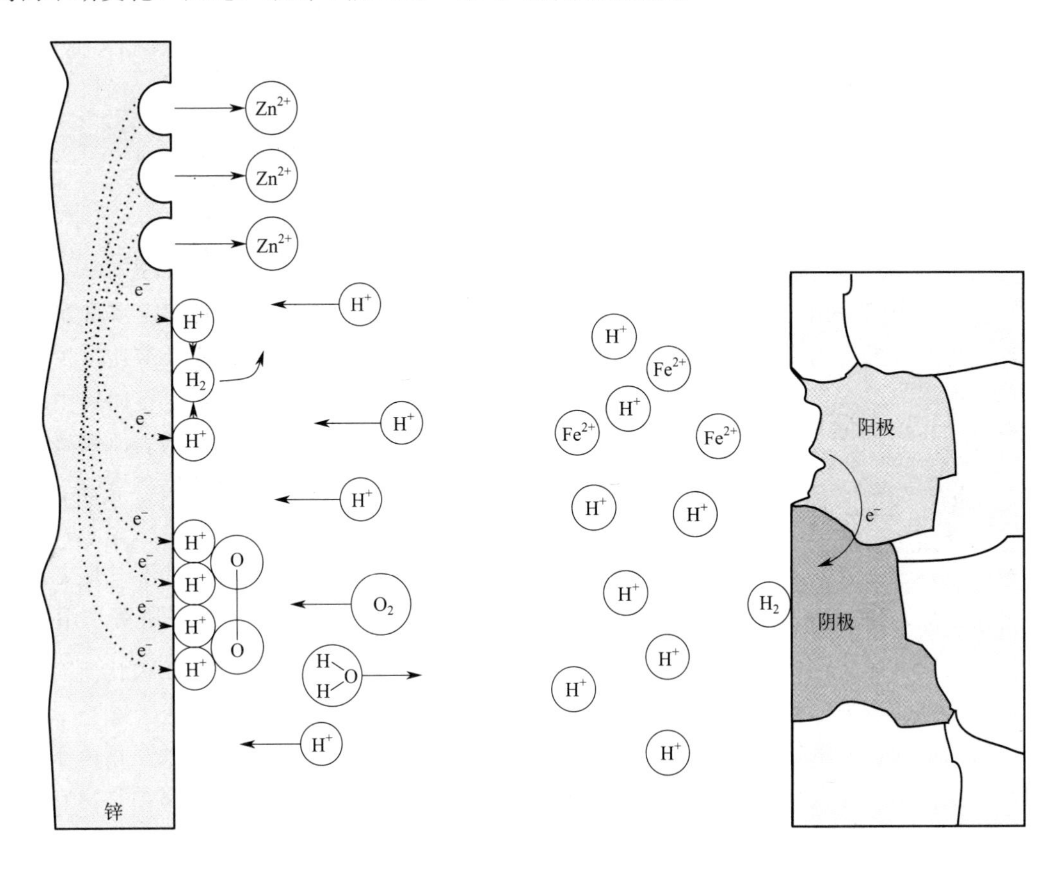

图 1.10 锌在充气盐酸中的电化学反应

图 1.11 铁表面局部电池阳极区离子的形成和阴极区氢气的析出

其实，如果通过合适的显微镜进行观察，可以发现大量在金属表面不断变化的微阳极和微阴极。但是，这些区域通常都很小，肉眼不可见，且数量多，几乎不可分。

1.3.3 法拉第定律

如果已知前述某一阳极反应所产生的电流大小，我们就可能通过一个非常有用的关系式，即法拉第定律，将这个电流转化为等效的质量损失或腐蚀速率。法拉第定律由 19 世纪电化学先驱迈克尔·法拉第（Michael Faraday）发现。法拉第电解经验定律将电化学反应电流与反应物的物质的量和参与反应的电子物质的量相关联。例如，一个反应中每个分子所需电荷是一个电子，如银的电镀或腐蚀，其反应式可相应地分别表示为式(1.20）和式(1.21)。

$$Ag^{+}+e^{-}\longrightarrow Ag(固) \tag{1.20}$$

$$Ag(固) \longrightarrow Ag^{+} + e^{-} \tag{1.21}$$

根据法拉第定律，1mol 的银反应需消耗 1mol 的电子，或一个阿伏伽德罗常数（6.022×10^{23}）的电子。1mol 电子的电量称为 1 法拉第（F）。电量单位法拉第（F）通过电子电量与其他电量单位相关联，即一个电子电量是 1.6×10^{-19} 库仑（C）。由电子电量乘以阿伏伽德罗常数可得，1 法拉第等于 96485 库仑/(摩尔电子)。对于特定的已知化学计量比的电化学反应，结合法拉第定律，可得到公式(1.22)，将电量 Q 与化学符号 N 和 n 关联起来：

$$Q = F\Delta N n \tag{1.22}$$

式中，N 为物质的量；ΔN 为摩尔变化量；n 为每摩尔反应粒子参与反应的电子数。

电量 Q 依据电流定义，可表示为式(1.23)：

$$Q = \int_0^t I\,\mathrm{d}t \tag{1.23}$$

式中，I 为总电流，A；t 为电化学反应时间，s。

腐蚀电流可采用专门的电化学方法进行估算，或者用失重数据和基于法拉第定律的转换表计算得到（参见第十章表 10.4 和表 10.5）。

1.4 日常生活中的腐蚀

大多数人可能对某些形式的腐蚀很熟悉，尤其是像铁栅栏的生锈、钢桩或小船及其固定装置的腐蚀、普通铁钉生锈等。但是，事实上，很多不可见的腐蚀损伤常常会引发一些不良的意外后果，甚至造成严重的生命财产损失。据报道，石油天然气工业中，腐蚀失效引发事故占所有安全事故的 25%[9]。最近有一篇腐蚀问题的新闻报道就格外引人注目，其中新闻工作者们把金属劣化即我们所说的腐蚀视为最严重的自然灾害，所造成的损失比所有其他自然灾害导致的损失之和还要大[10]。

毫无疑问，几乎每个人都对腐蚀或多或少都有所了解。广义而言，腐蚀泛指由于材料与周围环境作用，导致材料（常指金属）或者其性能的恶化。这个定义指明腐蚀是材料本身及其性能的劣化。尽管某些类型的腐蚀并无重量变化或肉眼可见的破坏，但是由于材料某种内在变化可能导致材料性能改变，引发意外失效。而这种变化可能无法通过一般的外观检测或重量变化来判断。金属及其合金一般都会发生腐蚀。环视四周，其实我们很容易发现，在我们周围正在发生着各种腐蚀，包括有些貌似根本不会腐蚀的金属的腐蚀。下面列举了一些我们日常生活中遇到的腐蚀问题案例。

1.4.1 道路车辆

自 19 世纪 80 年代开始，汽车制造商就通过选择耐蚀材料、优化制造工艺、防腐蚀设计等方面去提高车辆的耐蚀性。尽管目前已取得了重大进展，但是诸如燃料和刹车系统、电子和电气元件等许多独立部件的耐蚀性仍有待进一步改善[11]。2002 年美国联邦高速公路管理局（FHWA）研究报告显示，美国每年总的直接腐蚀损失估计高达 234 亿美元，分为如下三个方面：

（1）由于腐蚀工程和选用耐蚀材料增加的制造成本（每年 25.6 亿美元）；

（2）由于腐蚀造成的必需的维修和保养费用（每年 64.5 亿美元）；

（3）车辆的腐蚀折旧费用（每年 144.6 亿美元）。

在1990年，制造商们广为宣传的是一辆汽车的平均寿命为10～12年。而事实上，对于一个七年车龄的汽车，如果不是如图1.12所示已经回收的车辆，通常我们都不需查看车下部分，只需看看车身，就可能发现很多地方都发生了腐蚀。汽车腐蚀往往发生在那些腐蚀设计不佳的较小区域（图1.13）。通过优化设计以及加强细节处理，在很大程度上，可以改善这些区域的腐蚀，这对于一手车主和二手车主来说，可能所需费用最低。当然，类似的值得注意的区域很多，如[12]：

- 由于设计不当造成的难以电泳涂装的焊缝间隙和狭小毛细管孔；
- 与运动方向垂直的会产生飞溅的突出部件；
- 车辆直线方向轨迹之外的台阶和垂直板，可能遭受严重的膏状腐蚀；
- 钢板边角擦伤处，只覆盖有薄薄一层保护涂层。

图1.12 已解体压碎待运至钢厂的汽车

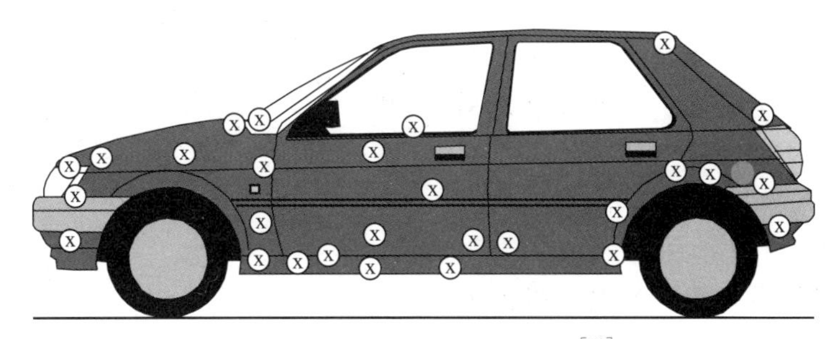

图1.13 汽车易腐蚀区域图示[12]

膏状腐蚀是缝隙腐蚀的一种特殊形式(参见第八章)。当纸张、木材、石棉、麻布、布料等吸湿性杂物碎片与金属表面接触时，使金属表面处于周期性的干湿状态，此时就可能发生膏状腐蚀。整个部件完全处于润湿状态时，不会发生膏状腐蚀，但在干燥过程中，在干湿相邻区域将会发生膏状腐蚀。其原因就是由于在湿润区域边缘附近形成了氧浓差电池，引起腐蚀。汽车中可能发生膏状腐蚀的区域有：门内下摆法兰、车轮舱及内框架等。后部装饰板受溅射砂粒磨损作用，可破坏钢板表面的保护涂层，使金属基体裸露出来，从而导致严重的腐

图 1.14　后部装饰板保护涂层受砂粒溅射磨损露出钢基体，导致严重的腐蚀损伤

蚀损伤（图 1.14）。

目前，对于汽车车体外板的腐蚀控制非常成功。但是，在 19 世纪 60 年代甚至更早，车窗、挡泥板和车尾行李箱，通常都是采用厚板开孔法制造。这种制造方式所造成的腐蚀损伤，不仅使汽车外观难看，而且还常常带来高额的维修费用，并可能使汽车提前报废。并由此激起了民愤，因此，现在汽车制造商对这种腐蚀损伤的保修期一般延长至 7～10 年[13]。

结合三种腐蚀控制方法可以成功解决这个腐蚀问题，即设计、保护涂层（如汽车车身电泳涂装❶）和牺牲阳极的阴极保护（CP）（如金属板上电镀锌层）。在设计上，所采取的措施是：剔除那些能吸收水分、盐分和杂物碎片的密闭容器，开放空间，增强空气循环和干燥。

1.4.2　混凝土基础设施

桥梁、高速公路、建筑和排污管道中混凝土结构的劣化，常常都是由于环境作用引起，而并非机械作用。钢筋锈蚀是钢筋混凝土结构性能劣化的主要机制之一，其代价最高（参见第五章）。此种情况下，由于铁、水及氧气反应形成铁的氧化物（锈），导致钢筋腐蚀破损。而反应产物（铁锈）比原钢筋的体积大，在钢筋周围产生应力，并最终导致混凝土开裂（图 1.15）。

图 1.15　在海水中暴露多年后，钢筋混凝土的开裂（金士顿技术软件公司提供）

覆盖在钢筋表面的混凝土层（亦称混凝土保护层）作为屏蔽防护层，可以使钢筋免遭侵蚀性介质的腐蚀。但是，由于钢筋腐蚀造成的应力致使混凝土保护层开裂，使钢筋裸露在侵蚀性环境中。此时，由于钢筋表面已无保护层，钢筋的腐蚀将极大地降低混凝土结构的服役寿命。

下面，我们来讨论一下，为何钢筋会发生腐蚀呢？在完好的混凝土结构中，其中孔隙液的 pH 值很高，钢筋表面能形成保护性膜层，即“钝化膜”。但是，当侵蚀性离子渗入孔隙液到达钢筋表面时，钢筋表面钝化膜层将会遭到破坏，导致钢筋发生腐蚀。

加利福尼亚交通局（Caltrans）迪克·斯特拉福（Dick Stratfull）在 1974 年发表了采用

❶　汽车车身浸入含有带电粒子的镀槽中，施加电场，带电粒子在钢板表面电沉积。其覆盖度比喷涂涂装工艺更完全彻底。

外加电流阴极保护（ICCP）对钢筋混凝土结构桥面和底部结构实施保护的最新实验结果[14]。此后不久，美国联邦公路局（FHWA）的范·戴夫（J. R. van Daveer）又发表了采用参比电极（半电池）法对桥面进行腐蚀检测的研究结果[15]。这些创新性的研究开创了一个关于混凝土中钢筋腐蚀的研究、调查、评估、修复以及钢筋混凝土结构耐久性评价的全新行业。很明显，采取传统补丁修补法去修复开裂的混凝土，并不能解决钢筋的腐蚀问题，因为如果在修复过程中，不能将所有含氯离子的混凝土都清除掉，就会存在所谓的环形阳极效应、晕轮效应或初期阳极效应。而清除掉所有含氯离子的混凝土，通常在工程上和经济上都无法接受[13]。

这种环形阳极效应所造成的问题是，混凝土修复处邻近区域会发生腐蚀破坏。最初，待修复区域已锈蚀钢筋在修复前会对周围完好混凝土内钢筋提供阴极保护作用。但是，一旦当修复区域重新填充满无氯无污染的混凝土后，已修复区域钢筋就由阳极变成了阴极，无法对含有氯离子的非修复（完好混凝土）区域的表面钢筋提供阴极保护作用。因此，修复区域邻近部位混凝土结构会因钢筋锈蚀而开裂。

牺牲阳极的阴极保护是有关钢筋混凝土腐蚀控制的另一个主要进展。一些早期实验尝试结果似乎告诉我们：混凝土电阻率过高，采用牺牲阳极的阴极保护无效。但是，佛罗里达交通运输局的开创性工作表明：第一，海洋环境中的钢筋混凝土柱，可以采取带排孔或网眼的锌板阳极进行保护；第二，热喷锌层也可作为牺牲阳极，对钢筋混凝土结构提供良好保护作用[13]。

1.4.3　水质和供水系统

水管内腐蚀不仅会影响水质，也会影响供水和管道基础设施。最值得注意的是，水管内腐蚀可能导致家用管道系统失效，造成极大的财产损失。腐蚀还可能导致供水系统管线和阀门、流量计及其他在线设备的性能劣化。

在家用管线系统失效中，影响最大的是由水管内腐蚀导致铜管点蚀和穿孔泄漏。点蚀，尽管目前人们对其认识并不充分，但是人们还是需引起高度重视，因为它不仅会对铜管系统造成损害，而且由此引发的管道泄漏也可能造成家庭财物损失，还可能引发霉菌生长和其他可能涉及健康的问题[16]。

除点蚀之外，铜管线的微生物腐蚀（MIC）也可能导致点状腐蚀和管线失效（参见第六章）。事实上，大家都相信微生物腐蚀（MIC）对管线系统的腐蚀有影响，但又常常将其忽视。业已证实：管道系统中，长时间滞流区域、在含硫化物水中以及在几乎没有杀菌剂残留的区域，可能会频繁发生微生物腐蚀（MIC）。

腐蚀也是给水干管破裂的主要诱因。美国给水工程协会（AWWA）工业数据库中的数据显示，在美国自来水管道大约有 140 万千米。世界饮用水基础设施中，其中许多设施已接近其使用年限。例如，大约有 170000 个公共饮水系统贯穿美国，每年估计约有 240000 条给水干管破裂，其中大部分都是由腐蚀引起。在北美所有公共基础设施中，75％的干管皆处于腐蚀性土壤环境中，其中四分之一的主管道破裂都是腐蚀所致，这也是给水干管失效的第二大原因。美国东北和中北地区，由于铸铁和球墨铸铁管的使用比例（90％）更高，公共基础设施腐蚀破裂的比例更高[17]。给水干管失效的平均年限为 47 年。其中 43％的给水干管使用年限为 20～50 年，但是有 22％的干管已使用超过 50 年。

供水系统管线的腐蚀可造成管道和阀门失效，浪费水资源。当存在细菌污染物和其他来自周围土壤和地下水的污染物时，在低压或负压区域，这些污染物可能向管内流入和渗透。此外，阀门腐蚀失效也可能引发运行故障，如在支管线发生破裂时无法及时与给水干管隔离、导致失压、对系统的水分配能力产生不利影响以及在供水系统中形成滞流或低流速区域（如阀门失效时处于闭合状态）等。流量计或其他在线设备的失效可能造成水费收入损失、流量计读数错误，还可能导致无法准确判断水损失量以及确定干管是否受损。

不过，尽管存在这些形式的破坏情况，但是在许多国家，饮用水质量普遍还是很高。此外，虽然支管和干管的使用年限大多已超过了100年，但是由于可以根据需要随时更换，因此，事实上由饮用水引发的疾病极少。在其他方面的影响可能主要是水管发生破裂后，水压的维持以及废水临场处置问题。但在一些欠发达国家，清洁饮用水的统一供给仍然是一个挑战。管线腐蚀仍然是导致水损失以及造成水污染威胁的一个主要原因。

据估计，损失水量约占净化水的15%。由于这些损失水已经过净化处理，但又根本没输送给消费者，因此这还会造成水价飞涨（美国每年全国水损失约为30亿美元）。此外，自来水公司还需要额外增加处理设备，以保证用水需求。将这三个主要成本项相加可知，美国饮用水系统和排污水系统，总的年均腐蚀成本约为360亿美元。

此外，饮用水基础设施的失效还可能导致供水中断、妨碍应急反应以及损害道路等其他基础设施。为解决突发管道失效问题而进行的计划外修复工作，还可能干扰运输和商业。而且，如果水未能返回地下含水层，还会造成宝贵的水资源流失[18]。

1.5 腐蚀成本和 IMPACT 研究

1.5.1 早期研究

1949年，尤利格（Uhlig）发表了一篇关于国家腐蚀成本的研究报道，这是第一篇具有重要意义的报道，并指出国家腐蚀成本确实很高[19]。后续所有相关研究结果也表明，腐蚀成本相比于国民生产总值（GNP）的比例基本不变。尤利格（Uhlig）在报道中指出，美国年均腐蚀成本估计高达55亿美元，占1949年国民生产总值（GNP）的2.1%。在这项研究报道中，尤利格（Uhlig）尝试通过归总来自厂商和经销商的成本（直接成本）及其用户的成本（间接成本），去估算与腐蚀相关的总成本。

自此以后，许多国家都相继开展了不同形式和层面的腐蚀成本调查研究，包括美国、英国、日本、澳大利亚、科威特、德国、芬兰、瑞典、印度和中国[11]。这些研究都有个共同结论：年腐蚀成本约占各国国民生产总值（GNP）的1%～5%。其中有几个调查研究中，调研者将总腐蚀成本分为两部分：

（1）在总腐蚀成本中，通过更好地实施腐蚀控制措施可以避免的部分；

（2）需使用新的先进技术才能降低的成本（目前无法避免的成本）。

在这些调查研究中，对于腐蚀成本中可以避免的部分，其估值变化范围比较大，占总腐蚀成本的10%～40%。在大多数研究中，研究人员还依据行业部门或腐蚀控制产品和服务类别，对腐蚀成本进行了分类。尽管已估计到由腐蚀损伤产生的间接成本往往会明显高于直接成本，但上述这些调查研究通常都未将间接成本包含在内，而是主要集中在直接腐蚀成本，其原因仅仅是因为间接费用的估算太困难。

大多数报告也都以正式的结果或以非正式的指导和讨论的形式，介绍了通过合理控制腐蚀以减少腐蚀损失的可能性及相关建议。其中两个最重要的共性结论是：

（1）通过教育和培训做好知识普及、通过技术顾问与咨询服务和调查研究以及通过技术改造开发活动，皆可以使腐蚀现状得到很大改善；

（2）更经济有效利用现行腐蚀控制技术，也极有可能节省巨额腐蚀成本。

1.5.2 2002年联邦高速公路管理局的研究

经美国腐蚀工程师协会（NACE）代表、美国国会议员和交通运输部（DOT）之间多次讨论之后，联邦高速公路管理局（FHWA）于2002年组织开展了有关腐蚀成本的综合研究。1998年美国立法机构（国会）通过了《21世纪交通权益法案》，其中包括腐蚀成本修正案。该法案要求由冶金、化学、经济及其他相关领域专家组成跨学科团队进行腐蚀成本调研。

在随后进行的腐蚀成本评估中，专家团队采用了两种不同方式。第一种方式是，通过合计实施腐蚀控制技术所需的费用和外包合约服务费用，来确定腐蚀成本。实施腐蚀工程技术的成本费用数据来源有多种渠道，如美国商务部统计局、已有的工业调查资料、贸易组织、工业团体以及公司个体。外包合约服务的费用数据，如工程服务、研究和试验、教育和培训，主要来源于贸易组织、教育机构和专家个人。这些服务仅仅是指外包合约服务，而不包括业主/经营者公司在职人员的服务。

第二种方式是，首先确定特定行业的腐蚀成本，然后推算全国各行业总的腐蚀成本。对于行业分析数据的收集整理，不同行业之间的差异很明显，与数据有效性和数据形式有关。年腐蚀成本以1998年为参考年，数据来源于近十年不同年份，但是主要是1996～1999年。

在此调查研究中，间接成本是指由其他人员产生的费用，而不是工厂、建筑物或系统的所有者或经营者。衡量和确定间接成本一般需要进行综合评估。评估这些间接成本的方法有多种，如基于风险分析等。当然，所有者和经营者也可能会被迫以不同方式负担部分的间接腐蚀成本，如通过税收、罚款、诉讼、支付清理泄漏产品的费用等方式。但是在这种情况下，这些间接成本费用就变成了直接成本。但是，有些间接成本，如由于桥梁维修和改造而导致的交通拥堵，很难转移给所有者或经营者。对于使用者而言，这些都是间接成本，但是由于影响生产能力，仍然可能对整个经济产生重大影响。

在此调查研究中，所调研的国民经济各部门的腐蚀成本之和是每年1379亿美元（表1.1）。不同行业腐蚀成本及所占比重如图1.16所示。不过，由于并非调研了所有经济行业，因此，对这些已分析行业的预估腐蚀成本的总和并不能代表整个美国经济的总腐蚀成本。

通过估算某些已知的行业腐蚀成本所占美国国民生产总值（GNP）的百分比，来推算整个美国经济的腐蚀成本，美国总的腐蚀成本预计高达2760亿美元（1998年）。这个数据表明腐蚀成本约占美国国民生产总值（GNP）的3.1%。这仅仅是一个保守估计值，因为此研究调查中，只统计了那些记录在册的成本数据。如果保守估计间接腐蚀成本与直接腐蚀成本相当，那么总的直接腐蚀成本加上总的间接腐蚀成本合计约为5520亿美元，约占美国国民生产总值（GNP）的6%。

表 1.1　在 2002 年腐蚀成本调研中，不同行业部门的直接腐蚀成本预估值及所占比重

类别	行业部门	附注	各行业的直接腐蚀成本估计值	
			亿美元	百分比
基础设施(16.4%)	公路桥梁	D	83	36.7
	气液传输管线	E	70	31.0
	水路和港口	F	3	1.3
	危险品库	G	70	31.0
	机场	H	—	—
	铁路	I	—	—
		小计	226	100%
公共事业(34.7%)	煤气配送	J	50	10.4
	饮用水和排污系统	K	360	75.2
	电力设备	L	69	14.4
	电信	M	—	—
		小计	479	100%
交通运输(21.5%)	机动车辆	N	234	78.8
	船舶	O	27	9.1
	飞机	P	22	7.4
	铁路车辆	Q	5	1.7
	危险品运输	R	9	3.0
		小计	297	100%
生产制造(12.8%)	油气勘探与开采	S	14	8.0
	采矿	T	1	0.6
	炼油	U	37	21.0
	化学化工、石化和制药	V	17	9.7
	造纸	W	60	34.1
	农业	X	11	6.2
	食品加工	Y	21	11.9
	电子工业	Z	—	—
	家电	AA	15	8.5
		小计	176	100%
政府部门(14.6%)	安防	BB	200	99.5
	核废料储存	CC	1	0.5
		小计	201	100%
		总计	1379	

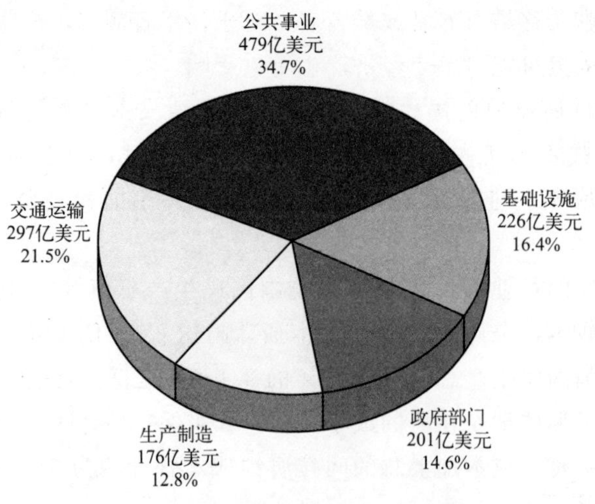

图 1.16　各行业腐蚀成本及所占比重

1.5.3 2014年美国腐蚀工程师协会的IMPACT研究

2014年10月，美国腐蚀工程师协会（NACE）率先发起了近代的国际腐蚀技术预防、应用和经济性措施研究（IMPACT），检测腐蚀管理在建立最优工业实践体系中的作用，这是一项开创性的工作[18]。IMPACT研究目标是：①修正全球腐蚀成本；②评估不同行业和地区的腐蚀管理实践；③以腐蚀管理体系（CMS）框架和指南的形式，制订腐蚀管理的规范；④提供一个可计算寿命周期成本和投资回报率（ROI）的经济效益分析工具。

在此部分，我们仅仅介绍IMPACT研究中评估总腐蚀成本的相关工作。此研究旨在建立一个利用过去研究结果对全球腐蚀成本进行估算的方法。由于各种经济行业类别在不同地区经济中所占比例不同，为了将上述腐蚀成本研究与全球的腐蚀成本相关联，研究人员必须建立经济行业类别与腐蚀成本的关系。为此，在近代IMPACT研究中，研究人员针对不同地区不同国家腐蚀成本进行了调查研究，包括：印度（2011～2012年）、美国（1998年）、日本（1997年）、科威特（1987年）和英国（1970年）。他们将这些研究报告中所有数据都归入到三个经济行业类别中：农业、工业和服务业，并利用世界银行经济部门和国内生产总值（GDP）数据完成全球的数据图表[18]。

通过上述方式，研究人员就可以确定每个国家不同行业类别的腐蚀成本和总腐蚀成本。那么，全球腐蚀成本就可以通过合计每个经济区内所有国家的腐蚀成本来确定。全球腐蚀成本预计高达2.5万亿美元，相当于2013年全球GDP的3.4%。此外，这些成本通常并不包括涉及安全和环境影响的费用，因为在每个单独国家中，将这些特殊的成本费用都考虑进去，可能很难。但是，在一个全面的腐蚀管理体系中，这些成本应被考虑在内，在项目决策和优选时可作参考之用。

1.6 腐蚀工程师的任务

弗朗西斯·拉克（Francis L. LaQue）在1952年发表并于1985年8月在《材料性能》杂志上重新刊出的论文中指出，大多数组织机构都应该要求他们的腐蚀工程师们必须接受专业培训，能充分认识和理解腐蚀属性和腐蚀机制[20]。因为只有具备这些专业知识的腐蚀工程师们，才有可能更快速准确判断或分析与腐蚀相关的问题，更准确预判因腐蚀体系状态改变而可能产生的后果，并能对获取的腐蚀信息进行鉴别分析，制订研究计划去揭示新的腐蚀现象，对研究结果进行解释及应用。

依据扎基·阿哈默德（Zaki Ahmad）的论述[21]，腐蚀工程是指运用腐蚀科学理论去预防或减轻腐蚀的实际应用。腐蚀工程包括设计腐蚀控制方案、制订详细的操作规范以及具体实施腐蚀控制措施，如阴极保护（CP）、防腐蚀设计和涂层保护，就属于腐蚀工程范畴之内。

与腐蚀评价、腐蚀控制和腐蚀管理相关的工作涉及各种不同的技术性专业领域，包括：专家支持和评论、实验室研究、失效分析调研以及从腐蚀评估到腐蚀管理评价和基于风险管理的实施等。一个较大的团体组织，可能希望他们的腐蚀工程师能够提供专业的腐蚀咨询、技术支持和腐蚀管理。此外，腐蚀工程师的任务可能还包括针对顾客需求进行产品研发、负责新产品开发以及与客户和供应商沟通，提供技术难题的解决方案。

1.6.1 团队成员

一个由化学和工程、失效分析、电化学、生物化学及应用微生物学等组成的专家团队，通常都包括一名腐蚀工程师。在一个大型组织机构中，腐蚀团队的基本职责是确保在系统采购和运行全过程中，腐蚀预防和控制措施都能充分满足要求。此外，腐蚀团队还需对拟定和提交的相关项目文档资料与采购要求和计划的一致性负责。

腐蚀工程师可能需要频繁地与本单位很多分支机构的相关责任人进行联系沟通：

● 与工程技术人员沟通，提出新设计或调整设计以减小腐蚀概率。

● 与维护工程师沟通，以便确定腐蚀问题及其可能诱因，通过预防性维护来修复或消除腐蚀隐患，解决这些腐蚀问题。

● 与生产部门沟通，确认他们对改进生产的特殊需求和要求，以提高易受腐蚀设备运行的可靠性和安全性。

● 与财务部门沟通，确定不同情况下的实际腐蚀成本以及减少腐蚀损失的期望值。

● 与采购部门沟通，对原材料选择提出建议，提出对原材料、设备及生产工艺流程的技术参数和质量控制要求。

● 与销售部门沟通，说明产品的某些不足之处，如何通过更好的腐蚀控制措施进行弥补纠正，并展示纠正措施的市场价值。

● 与管理部门沟通，促进他们与时俱进，了解特殊需求和技术，获取他们必要的支持，以便充分有效解决腐蚀问题。

1.6.2 腐蚀工程师教育

为了通过正确选材去解决相关腐蚀问题，大家可能都期望腐蚀工程师应该知道何种材料可用以及该材料耐蚀特性和局限性。在几乎所有先进技术领域的发展过程中，如发电、能量转换、水处理、通信及运输等，材料环境劣化问题通常都会是一个关键性制约因素。随着新材料投放市场以及为了利用这些新材料性能的新工程系统的不断发展，对于腐蚀工程师而言，掌握这些新材料的化学限制条件，提出合适的腐蚀控制手段，并能将其与系统的设计及运行相结合，至关重要。

随着传统及先进工程系统的不断发展，服役环境越来越苛刻，对工程材料性能要求也越来越高。如果所用材料在服役环境中化学状态不稳定，那么它们的那些使用性能（强度、韧性、导电导热性、磁性及光学特性等）都将会受到影响。在我们当今高科技现代社会中使用的所有材料，包括金属、陶瓷、半导体以及玻璃，皆是如此。因此，腐蚀工程师必须大量掌握所涉及化学品的腐蚀特性，以及浓度、温度、流速、充气状态、氧化性或还原性物质、特殊污染物等各种因素对其腐蚀性的影响规律。

计算机技术在腐蚀科学与工程领域中的应用，是一个非常重要的进展。在实际应用现场，人们可以利用计算机技术进行数据收集、记录、分析和处理，形成报告或做进一步分析。数据无需再用笔记本手写记录保存，后续转录和处理也很方便。显然，这种方式比以前更有效率、更可靠、效果更好[13]。目前，人们已开发出了用于腐蚀分析和报告的应用程序(apps)。现在，人们获取腐蚀信息也非常方便，在现场、在工作站旁、在实验室、在办公桌前，通过平板电脑或智能手机就可以获得。在实验室，应用程序可以用来设定试验条款和规程、收集和报送数据，以及进行复杂分析。现在，腐蚀专家们能远程在线查询实验结果以及参与评审。此外，通信程序包还可用来进行团队实时会议、视频会议、网络在线教育和培训。

1.6.3 腐蚀工程师和管理

如果仅简单地从经济角度来分析，预防腐蚀显然要比解释为何会发生腐蚀，建议如何去避免腐蚀，或者甚至是提出对可能出现腐蚀损伤的修复方案更有效益。然而，腐蚀工程师们常常还必须处理一些非理想工况下出现的腐蚀问题。

不过，无论腐蚀工程师推荐采取何种腐蚀控制措施，经济成本都必须被考虑在内。而且，所获得的经济收益要高于投入成本。在众多备选解决方案中，最经济的方案肯定是首选。尽管大多数观点都认为腐蚀只有负面作用，但是实际上，如果能通过腐蚀工程师去控制腐蚀，其投入将会获得成倍回报，这也是回报率最高的投资之一。从管理角度来看，腐蚀工程师的工作业绩可能以下列形式展现出来[20]：

（1）确保新设备的最长使用年限；

（2）保护现有设备；

（3）保证或改善产品质量，保持或提高竞争地位；

（4）避免生产中断；

（5）减少或消除因泄漏造成的高价值产品损失；

（6）腐蚀退役设备的改装修复；

（7）降低可能威胁生命和财产的腐蚀风险：如压力容器或管线爆炸、有毒或爆炸性气体或蒸汽释放等，这方面的例子有很多。

参考文献

[1] Trethewey, K. R., and Chamberlain, J., *Corrosion for Science and Engineering*, 2nd ed., Burnt Mill, UK, Longman Scientific & Technical, 1995.

[2] Fergus, D. J., Corrosion—The Great Destroyer. *Corrosion* 1947; 3: 55–67.

[3] Paparazzo, E., Surfaces—Lost and Found. *Nature Materials* 2003; 2: 351–353.

[4] Cushman, A. S., and Gardner, H. A., *The Corrosion and Preservation of Iron and Steel*, New York, NY, McGraw-Hill, 1910.

[5] Isaacs, H. S., Adzic, G., and Jeffcoate, C. S., Visualizing Corrosion. *Corrosion* 2000; 56: 971–978.

[6] Zhang, J., and Frankel, G. S., Corrosion-Sensing Behavior of an Acrylic-Based Coating System. *Corrosion* 1999; 55: 957–967.

[7] LaQue, F. L., May, T. P., and Uhlig, H. H., *Corrosion in Action*, Toronto, Canada, International Nickel Company of Canada, 1955.

[8] Roberge, P. R., *Corrosion Basics—An Introduction*, 3rd ed., Houston, TX, NACE International, 2018.

[9] Kermani, M. B., and Morshed, A., Carbon Dioxide Corrosion in Oil and Gas Production—A Compendium. *Corrosion* 2003; 59: 659–683.

[10] Waldman, J., *Rust: The Longest War*. Simon & Schuster, New York, NY, 2015.

[11] Koch, G. H., Brongers, M. P. H., Thompson, N. G., Virmani, Y. P., and Payer, J. H., Corrosion Costs and Preventive Strategies in the United States, FHWA-RD-01-156, Springfield, VA, National Technical Information Service, 2001.

[12] McArthur, H., *Corrosion Prediction and Prevention in Motor Vehicles*, Chichester, UK, Ellis Horwood, 1988.

[13] Larsen, K. R., Broomfield, J. P., and Payer, P. H., Key Innovations over the Past 75 Years Pave the Way for Today's Successful Corrosion Mitigation. *Materials Performance* 2018; 57: A26–A32.

[14] Stratfull, R. F., *Preliminary Investigation of Cathodic Protection of a Bridge Deck*, Sacramento, CA, California Department of Transportation, 1973.

[15] Van Daveer, J. R., Techniques for Evaluating Reinforced Concrete Bridge Decks. *ACI Journal* 1975; 697–703.

[16] *Internal Corrosion Control in Water Distribution Systems M58*. Denver, CO, American Water Works Association (AWWA), 2011.

[17] Folkman, S., Water Main Break Rates in the USA and Canada: A Comprehensive Study. March 1, 2018, Utah State University, Mechanical and Aerospace Engineering Faculty Publications, Paper 174.

[18] Koch, G. H., Varney, J., Thompson, N., Moghissi, O., Gould, M., and Payer, J., International Measures of Prevention, Application, and Economics of Corrosion Technologies (IMPACT). Report No OAPUS310GKOCH, Houston, TX, NACE International, 2016.

[19] Uhlig, H. H., The Cost of Corrosion in the United States. *Chemical and Engineering News* 1949; 27: 2764.

[20] LaQue, F. L., What Can Management Expect from a Corrosion Engineer? *Materials Performance* 1985; 25: 82–84.

[21] Ahmad, Z., *Principles of Corrosion Engineering and Corrosion Control*, Oxford, UK, Butterworth-Heinemann, 2006.

第二章

大气腐蚀

2.1 引言

大气腐蚀是指与室内和室外环境直接相关的腐蚀过程。因为自然暴露在大气环境中，大气腐蚀损伤的特征通常都非常明显，例如生锈的桥梁、旗杆、建筑物（图 2.1）以及室外历史遗迹（图 2.2）[1]。因此，大气腐蚀是特指构件或结构的暴露状态，与此环境状态下可能发生的任何具体腐蚀形式或类型无关。下面以黄铜的季节性开裂加以说明。20 世纪初，印度英军仓库中黄铜弹壳开裂造成了很多麻烦，其原因就是那儿大气温度高，且其中含有动物粪便（马）产生的氨。

在这种环境中，导致黄铜容易开裂的原因可追溯到零件制造加工所造成的残余内应力，而受影响零件的表面层主要是受拉应力，尽管在中心区域被压应力平衡。晶界优先受到氨的化学作用，使最初处于拉应力状态的晶粒变小，造成晶粒之间发生明显分裂。很多国家对这种现象都进行了研究，其中摩尔（Moore）和贝金塞尔（Beckinsale）在 1920 年至 1923 年间的大量研究工作，不仅明确了晶间开裂的有利条件，而且也指明通过退火可以避免这种开裂[2]。

2.2 户外大气环境

在设计和维护大气环境中服役的系统时，大气环境的腐蚀性是一个重要考虑因素。描述与户外大气腐蚀性相关的一些参数，多数都是来源于气候学，如降雨量、风速、污染程度、湿度和悬浮物。目前，由国际标准化组织（ISO）腐蚀技术委员会（TC156）工作组（WG4）提出的一个大户外环境腐蚀性分级方式为大家所普遍接受[3]。

在代号“ISO CORRAG”（大气暴露计划）项目中，为了获得通过日常气象数据预测大气腐蚀性的必要数据，研究人员分别采用钢、铜、锌和铝标准试件在 14 个国家的 51 个地区进行了大气环境暴露试验[4]。每个暴露试验平行试样为 3 个。该计划发起于 1986 年，于 1998 年结束。按计划进行环境暴露后，每个试件都会被发回至原实验室，进行清洗和评估。根据这些实验数据分析结果，该计划提出了一个简单分类方案，即针对每种金属，将大气腐蚀性等级划分为五级（表 2.1）。在此计划中，所收集的环境和气象数据，都是以每个试验点 SO_2 和 Cl^- 沉积率和湿润时间（TOW）的监测结果为基础。

图 2.1　费城市区柳树蒸汽厂内一些显而易见的锈蚀（由金士顿技术软件公司供图）

图 2.2　哈利法克斯城堡前，一个暴露在大气环境中的火炮遗迹表面发生的电偶腐蚀（由金士顿技术软件公司供图）

表 2.1　ISO 9223 标准中，针对不同的腐蚀等级，预测暴露一年后的腐蚀速率

腐蚀性等级	钢/[g/(m² · d)]	铜/[g/(m² · d)]	铝/[g/(m² · d)]	锌/[g/(m² · d)]
C1	≤10	≤0.9	极其微小	≤0.7
C2	11～200	0.9～5	≤0.6	0.7～5
C3	201～400	5～12	0.6～2	5～15
C4	401～650	12～25	2～5	15～30
C5	651～1500	25～50	5～10	30～60

这五个腐蚀性等级可以粗略地对应下列腐蚀性逐渐降低的五种户外环境，即工业大气环境、湿热海洋大气环境、温带海洋环境、城市大气环境和乡村大气环境。为获得预期服役寿命，我们也可依据所处户外环境来预测防腐所需镀锌层的厚度（图 2.3）[5]。在图 2.3 中，服役寿命设定为钢表面锈蚀面积达到 5%所需时间。

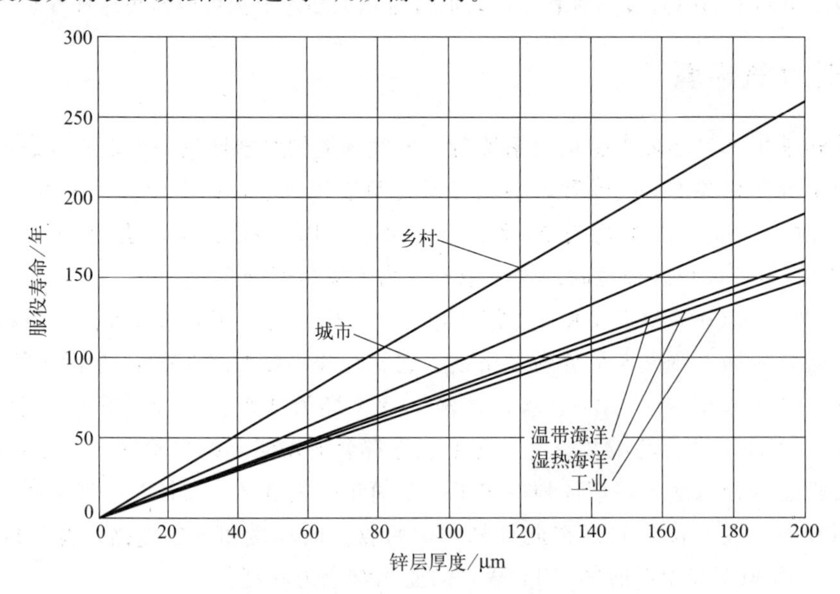

图 2.3　热浸镀锌层服役寿命与锌层厚度和环境的关系

此图对间隙式或连续式镀备的镀锌钢板皆适用，包括热浸镀、电镀以及热喷涂锌。但是，对于合金元素含量超过1%的锌涂层，此图不适用。此外，该方法还假定镀锌产品无可促进腐蚀的明显缺陷。另外，采用此方法进行服役寿命预测时，并未考虑残留水的问题，但是残留水有可能导致缝隙内形成严苛的化学环境，使锌涂层遭受严重侵蚀而劣化（图2.4）。

事实上，最后这一因素普遍适用于大多数大气腐蚀类别，因为这些天气腐蚀类别通常都是基于一般性描述，考虑可能使暴露表面的腐蚀反应发生急剧变化的局部环境变化。即使最温和的环境也可能在某些情况或条件因此而变得极具腐蚀性（在某些局部区域），如图2.5所示，雕像头部可能会作为小鸟路过时的栖息地，这种情况在建有这种纪念碑的公园很常见。

图2.4 在防冻盐中暴露10年后的镀锌螺栓装配件（由金士顿技术软件公司供图）

图2.5 为纪念第一次世界大战第21营战役而建的青铜像（建于1931年，被鸟损伤）（由金士顿技术软件公司供图）

工业大气环境中通常富含有各种污染气体，其中最主要的是可形成酸雨的二氧化硫（SO_2）等含硫化合物以及现代城市中烟雾的主要成分氮氧化物（NO_x）。燃煤或其他化石燃料产生的二氧化硫与粉尘粒子上水分结合形成亚硫酸，通过某些催化过程可氧化成硫酸。此外，大气中可能还含有一些其他腐蚀性污染物，如：各种形式的氯化物，它们可能比酸性硫酸盐腐蚀性更强。相比于磷酸盐和硝酸盐等其他污染物，酸性氯化物与大多数金属的反应活性更强。

海洋大气环境中充满了由海风吹散海雾携带的细颗粒，它们可以盐晶体的形式附着在暴露表面。盐沉积量可能随风速不同变化很大，在极端天气情况下，甚至可能形成腐蚀性很强的盐结皮。随着离海岸距离越来越远，盐污染物量逐渐降低，且受气流影响很大。在湿热海洋大气环境中，除了平均气温高之外，每日循环还涉及相对湿度（RH）高、光照强度大、夜晚凝结周期长等，这也会影响大气的腐蚀性。日出之后，荫蔽区由于凝结产生的潮湿状态可能会持续很长时间，由此可能形成一种高腐蚀性的环境。

城市和郊区环境的腐蚀性，在很大程度上取决于环境的空气质量，而且城市与城市、国家与国家之间的差异可能很大。一个多世纪以来，伦敦等城市发生的很多严重空气污染事件已表明：呼吸污浊空气很危险，有时甚至可能致命。然而，直到20世纪40年代末和50年代初，欧洲和美洲两大洲发生的空气污染灾难才给人们敲响了警钟。1948年宾夕法尼亚州唐诺拉（Donora，Pennsylvania）小镇的“杀人雾”，造成50人死亡，1952年伦敦毒性极大的“雾霾”，造成约4000人死亡，这两起灾难都与大量使用污染燃料有关，由此促使政府部门采取措施应对城市空气污染问题。

从那时起，很多国家都制订并实施了相应的环境大气质量标准，禁止排放大多数常见有害污染物，以维护民众安全。大气污染物通常都直接或间接与化石燃料的燃烧有关，包括二氧化硫、悬浮固体颗粒、地面臭氧、二氧化氮、一氧化碳和铅等。尽管有些工业化国家在控制污染方面投入巨大，且很多城市中这些污染物水平确实明显下降，但是空气质量恶化依然是整个工业化世界所必须关注的主要问题之一。

从腐蚀角度来看，乡村大气通常都被认为是最好的，因为一般情况下，乡村大气中没有工业污染物。但是，如果乡村附近有农场，其中各种废料制成的副产品或化肥等浓缩化学品可能对金属的腐蚀性非常强。

2.3 室内大气环境

正常情况下，在环境湿度和其他腐蚀性成分可控时，室内大气环境通常都被认为是一种很温和的环境。但是实际上，有些组合环境条件可能也会引起相当严重的腐蚀问题。在温度较低时，大气中的水分会在金属表面持续凝结，即使在没有任何腐蚀剂存在时，也有可能造成一个类似于持续浸泡的环境条件。在靠近地面的狭小空间区域，常常会出现这种状况，尤其是在湿度较大的地下。住宅地下室就是一个很好的实例，在绝大多数时间内皆处于这种状态。

世界各地博物馆所收藏的各种各样的珍贵文化和历史文物，都是历经数百年收集而来。但在博物馆内此种保护性环境中，我们仍然可以发现一些出乎意料的腐蚀性微环境。在室内大气中，氨水、甲醛、甲酸等腐蚀性污染物浓度通常比户外大气中的高，由此有可能诱发一系列的化学、电化学和物理腐蚀过程[6]。

储存柜、展示柜及艺术画廊中，可能含有大量的腐蚀性试剂。展示柜装饰材料、墙面涂料或地面地毯等，皆有可能成为造成文物损坏的诱因。事实上，在制作、清洗或修复物件中所用材料，也有可能促进腐蚀。或许，这些腐蚀过程的速度较慢，腐蚀程度较轻，但是仍然具有破坏性，其特征与更剧烈、更广泛的户外环境腐蚀过程相似。

目前人们普遍使用的电子产品和微型计算机在室内大气环境中的腐蚀问题是另一个日益受到关注的领域。微型化技术的发展促进了小型个人电子设备的发展与应用，如手机、平板电脑和笔记本电脑等，现在随处可见[7]。根据美国人口统计局数据，1997年仅美国电子制造行业电子元器件的销售额就达到336亿美元。随着电子设备日益普及和强大，人们对运行环境的关注似乎降低了，尤其是在个人计算机（PC）市场。

电子元器件所用材料涉及范围很广，从铝基合金（集成电路导体）到为提高电导率的镀镍或金的铜接触件。亚微米尺度电子电路的电位梯度高且对腐蚀或腐蚀产物极其敏感，引起了一系列独特的腐蚀问题。与大多数腐蚀情况的最大区别是，电子电路中极小体积的材料受损就可能引发故障。例如汽车微芯片，并未直接遭受与车体相同程度的环境危害。但是电子设备所允许的腐蚀损失量可能要小好几个数量级，即在皮克（10^{-12}g）级。在 1997 年，最先进印刷电路板（PCBs）的最小线宽已低于 100μm。而混合集成电路（HICs）的线宽可能小于 5μm[8]。

印刷电路板（PCBs）表面，如果受到电子导电材料的污染，可能会引起一系列问题。比如，表面污染物与水分结合，可使印刷线和焊点之间的电阻降低，由此可能造成金属腐蚀。在同时存在离子污染、水分及外加电压的情况下，在刚性或柔性电路板焊点或印刷线之间、元器件极性相反的金属端或插接件针脚之间，还可能因此而形成金属丝或须。这不仅会使材料性能劣化，而且也可能触发多种形式的故障，而电子材料本身其实并未发生显著或可以检测到的变化。此外，由此引发的各种形式故障，通常仅在苛刻运行条件下时，间歇式出现，因此，隔离、识别和纠正这些问题很困难[9]。

不过，在干燥大气环境中使用的电子设备，通常不会发生此类问题，除非有大幅温度波动可以引起电路板表面凝结，或吸湿性的污染物可吸附足够水分，使表面形成液膜。

现代半导体技术，对制造环境的控制要求更为严苛。在大多数工艺过程的空气质量控制中，控制化学污染物与控制微粒污染物同样重要。如果周围环境中悬浮分子污染物（AMCs）很多都进入到设备之中，这个问题会非常棘手。此外，在半导体器件的生产制备过程中所使用的多种类型和数量的化学粒子，也意味着来自内部的更大化学污染更有可能对这些复杂制造过程造成不利影响[10]。

大气环境中反应活性气体的寿命一般相对比较短，保持活性时间从几分钟到几天不等，与气体环境和类型有关。很多活性气体可以结合形成其他气态化合物，也可以与表面发生反应或在表面吸附。表 2.2 显示了美国空气中气态污染物含量的一般平均水平。世界其他地区，特别是亚洲、中东欧以及拉丁美洲的人口聚集区，其污染水平可能是该平均水平的四倍。

表 2.2　美国大气中某些气态成分浓度[9]

气体	户外/(nL/L)	室内/(nL/L)
O_3	4～42	3～30
H_2O_2	10～30	5
SO_2	1～65	0.3～14
H_2S	0.7～24	0.1～0.7
NO_2	9～78	1～29
HNO_3	1～10	3
NH_3	7～16	13～260
HCl	0.18～3	0.05～0.18
Cl_2	<0.005～0.08	0.001～0.005
HCHO	4～15	10
HCOOH	4～20	20

国际自动化协会（ISA）标准 S71.04 中的大气反应活性监测方法，可为过程和控制行业提供准确的环境评估，已应用多年。而在过程和控制行业中必须控制的污染物，与半导体行业中所关心的污染物，大多数都相同。这也是为何大量半导体制造商都接受以反应活性监测作为环境变化的监测方法。因此，以反应活性监测为基础的空气质量分类方法在整个半导

体行业中得到了广泛认同。

这个分类方案覆盖了影响电器或电子设备的大气污染物，如表 2.3 所示。通过铜标准试样的反应活性监测结果，可以获得铜标准试样的总腐蚀深度，从而揭示所有污染物间的协同效应。因此，活性试样腐蚀测试结果与该环境中电子设备的可靠性相关。

表 2.3 反应活性环境分类[10]

严苛程度	轻微	中等	严重	极严重
铜活性水平/nm	<30	<100	<200	≥200
污染物(气体)	浓度/(nL/L)			
H_2S	<3	<10	<50	≥50
SO_2, SO_3	<10	<100	<300	≥300
Cl_2	<1	<2	<10	≥10
NO_x	<50	<125	<1250	≥1250
HF	<1	<2	<10	≥10
NH_3	<500	<10000	<25000	≥25000
O_3	<2	<25	<100	≥100

2.4 大气腐蚀影响因素及其测量

正如前述，大气腐蚀影响因素通常都以气象学特征参数来进行描述和监测的。为了保证空气质量，很多政府机构都已开始定期监测大气中污染物含量和组成及其随时间的变化，同时还定期记录温度、相对湿度（RH）、风力和风向、阳光辐射、降雨量等相关参数。但是，确定室内湿润时间、二氧化硫和氯化物等表面腐蚀性污染物含量并不是很容易。不过，现在人们已开发出了针对这些污染物的测定方法，并在各种试验站进行使用。通过监测这些因素，并分析与腐蚀速率之间的相关性，可以促进人们对大气腐蚀的认识。

雨水并非都有腐蚀性。由于雨水可冲洗掉附着在金属暴露表面的大气污染物，有时它甚至可能对防腐蚀有利。在海洋大气环境中，这种作用尤其值得注意。另外，从腐蚀角度来看，如果没有雨水频繁冲洗稀释或消除表面污染物，表面长期处于那种可引起结露和凝结的湿度水平，肯定对防腐蚀不利。

温度对大气腐蚀的重要影响体现在两个方面。第一，温度每增加 10℃，腐蚀反应活性可能增大 1 倍。第二，金属和周围空气之间的温度有滞后，且可能随着周围空气温度的突然变化而变化，很少有人意识到大气环境中存在这种效应。湿润时间是一个复杂变量，金属表面的湿润时间可能比周围大气处于露点或露点之下的时间长得多，与金属结构的截面厚度和热容量以及气流量、相对湿度（RH）、阳光直接辐照等因素有关。在温度循环的低温过程中，通风不良区域可捕获水分，这种滞后效应可能产生某些显著影响。

例如，在夜晚，随着环境温度降低，金属表面温度通常比周围潮湿大气的高，在温度降至露点之前，并不会发生凝结。但是，当周围大气温度升高时，由于金属结构的温度滞后，此时金属结构常常会起到凝结器的作用，使金属表面维持湿膜状态。

由于大气露点代表了表面凝结和蒸发的平衡条件，因此为了确保比周围环境温度更低的金属表面不会因凝结而发生腐蚀，维持金属表面温度在露点温度之上约 10～15℃是一个明智之举。

2.4.1 相对湿度、露点、湿润时间

大气腐蚀最重要的影响因素是水分，无论是雨水、露水、凝结水或高相对湿度（RH）。在没有水分存在时，大多数污染物的腐蚀作用都很小，甚至几乎没有。暴露在一定的湿度环境中（临界湿度之上）的金属表面能形成薄电解液膜，是大气腐蚀过程的基本条件。尽管这层液膜几乎不可见，但腐蚀性污染物可以达到相当高的浓度，尤其是在干湿交替环境下。

在存在薄电解液膜的情况下，大气腐蚀过程的阳极反应和阴极反应分别如式(2.1）和式(2.2）所示。阳极氧化反应涉及金属的腐蚀，而阴极反应自然就是氧的还原反应（图 2.6）。

阳极反应：$$2Fe \longrightarrow 2Fe^{2+} + 4e^{-} \tag{2.1}$$

阴极反应：$$O_2 + 2H_2O + 4e^{-} \longrightarrow 4OH^{-} \tag{2.2}$$

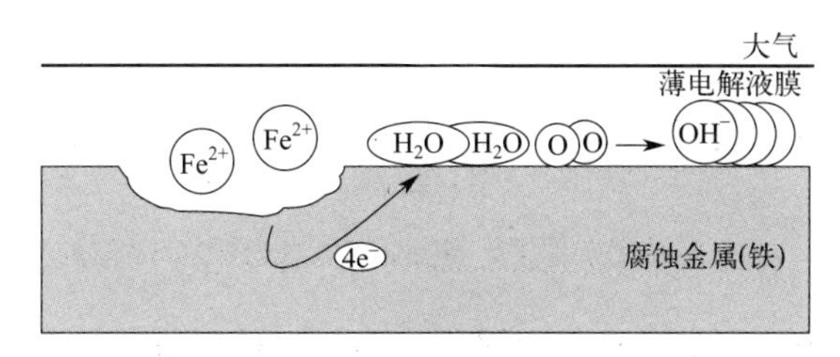

图 2.6 铁的大气腐蚀示意图

相对湿度（RH）是指在一定温度下，大气中水蒸气含量与其饱和量的比值，以百分数形式表示。在没有任何特殊表面作用的情况下，露点对应着发生凝结时的温度。因此，高湿度条件将使露点接近周围环境大气温度。例如，在相对湿度为 100%时，露点温度等于环境温度。在露点温度恒定时，升高温度将使相对湿度（RH）降低。利用方程（2.3）可以计算得到不同温度下的露点，这个方法很简便，误差在±0.4℃之内[11]：

$$t_d = \frac{B\left(\ln RH + \frac{At}{B+t}\right)}{A - \ln RH - \frac{At}{B+t}} \tag{2.3}$$

式中，RH 为相对湿度，以小数形式表示（不是百分数）；t 为表面温度，℃；t_d 为露点温度，℃；A 和 B 为常数，$A=17.625$，$B=243.04$℃。

方程（2.3）适用范围为：0℃<t<100℃，0.01<RH<1.0，0℃<t_d<50℃。图 2.7 显示了指定表面温度下，露点温度和相对湿度之间的关系。

精确的相对湿度（RH）值，可通过比较干球温度计和湿球温度计测量结果得到。比较干球温度计和湿球温度计两读数之间差异，可以反映出空气中水蒸气含量。我们可将这些温度示数绘制在湿度图中，并可依据此湿度图直接确定空气蒸汽混合物的相对湿度（RH）、绝对湿度和露点等特性。

在临界湿度水平之下，金属应无腐蚀。而临界湿度不仅与温度有关，还与腐蚀金属属性、腐蚀产物和表面沉积物吸收水分的倾向、大气污染物的存在等有关[12]。例如，在无污染的大气环境中，钢表面的临界湿度是 60%。此处所指海洋环境，通常是高湿度且富含海盐。

前人研究显示，随着相对湿度（%RH）增加，锌表面吸附的水膜厚度变厚，腐蚀速率

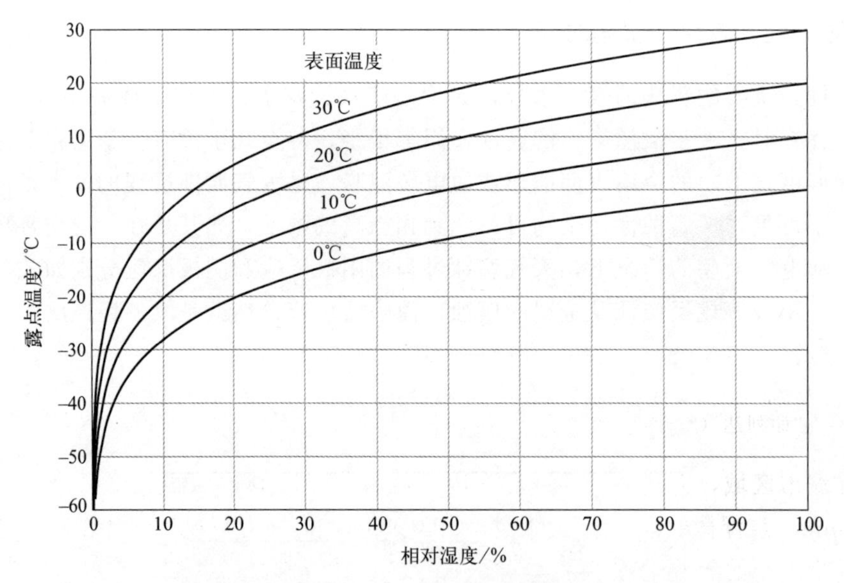

图 2.7　不同表面温度条件下，露点温度和相对湿度之间的关系曲线

亦随之增大。不过，水膜厚度似乎有一定限度，当超过极限值后，金属腐蚀速率将受氧扩散通过吸附水膜的扩散过程限制[13]。当金属表面受到吸湿性盐污染时，其表面可以在较低相对湿度（RH）下被湿润。比如，氯化镁（$MgCl_2$）使金属表面湿润，相对湿度（RH）可低至 34%，而氯化钠（NaCl）使同样金属达到相同湿润程度，相对湿度需达到 77%[14]。

湿润时间（TOW）是科学家们在综合考虑各种不同观测结果的基础上提出的一个概念，很多腐蚀科学家在研究中都使用和报道过。湿润时间（TOW）是一个以时间长度为基础的参数。在温度高于 0℃时，以相对湿度（RH）大于 80%的时间为基准。湿润时间（TOW）表示表面湿润水膜的维持时间以及可能造成的后果，通常以在一定时间范围内，超过临界相对湿度值的时间百分比的形式来表示，即小时/年或天/年或年/年的百分比形式。

谢列达（Sereda）提出了一种湿润时间（TOW）的测试方法，并与大气中金属腐蚀速率进行了关联[15]。在所用的传感器中，湿敏元件采用在非导电薄膜基材上交替进行电镀和选择性刻蚀适当的阳极（铜）和阴极（金）薄膜的方式制成（图 2.8）。当湿气在传感器上凝结时，会激活电池，产生一个小电压（0～100mV），通过一个 $10^{-7}\Omega$ 电阻。

2.4.2　悬浮微粒

我们可用一个描述悬浮粒子的形成、运动和聚集的理论方程来解释户外大气中悬浮微粒的行为。大气中这些悬浮粒子遍布整个星球边界层，其浓度与很多因素有关，包括位置、一天或一年中的具体时间、大气条件、是否存在内部来源、海拔高度和风速等。

悬浮微粒可能是由于废气排放进入大气，亦可能是由于在大气物理和化学变化过程所产生，相应地分别称为一次悬浮微粒和二次悬浮微粒。例如，海洋飞沫和被风卷起的灰尘就是一次悬浮微粒。大气中气体反应或冷凝或冷却蒸汽的冷凝产生的悬浮微粒就是二次悬浮微粒。大气中形成的悬浮微粒，也有可能会发生变化、脱除或破坏，其平均寿命在几天到几周不等，与悬浮微粒的大小和位置相关。

图 2.8　“谢列达（Sereda）”湿度传感器中互锁梳型金铜电极（由金士顿技术软件公司供图）

通常在城市区域，大气中悬浮微粒的浓度最高，可达 $10^8 \sim 10^9/cm^3$，其大小从几个纳米到约 100μm。悬浮微粒通常都是根据其大小来进行分类，因为大小最容易测量，而且其他特性会受到大小的影响[16]。悬浮微粒的最高质量分数通过直径在 8～80μm 的微粒含量来表征[17]。有研究已表明：风速与悬浮微粒的沉降和捕集密切相关。一个关于西班牙地区海风影响的研究也表明：氯化物沉积速率和风速（在临界值 3m/s 或 11km/h 以上时）具有很好的相关性[18]。

由于悬浮微粒皆有一定质量，因此它会受重力、风阻、液滴变干等各种因素的影响，还有可能对固体表面产生冲击作用。关于沿海悬浮粒子向内陆的迁移研究表明：大部分悬浮微粒常常在海岸线附近（一般 400～600m）沉积，其粒径较大（直径大于 10μm），停留时间短，主要受重力控制[17,18]。

空气中含盐量是指大气中气态和悬浮盐含量，其浓度单位为微克/米^3（$\mu g/m^3$）。由于空气中悬浮盐颗粒会沉积在金属表面，影响腐蚀，因此人们也常常根据沉积速率以毫克/(米^2·天)［即 $mg/(m^2 \cdot d)$］为单位来表征其含量水平。此外，空气中氯化物含量水平也可以依据雨水中溶解盐的浓度来衡量。

用来确定由于悬浮传播的海盐和公路化冰盐等氯化物造成的大气污染程度的方法有很多。如湿烛法是一个相对简单的方法[19]，不过该方法有个缺点，即同时收集到的粒子中包含了可能根本不是悬浮微粒沉积的干盐粒子。这种方法是利用一个直径和表面积已知的潮湿灯芯来测量悬浮粒子的沉积量（图 2.9）。在此测试装置中，灯芯通过水或 40％乙醇水溶液保持潮湿状态。盐粒或雾粒通过湿灯芯捕获和保存。间隔一段时间后，测试人员可对湿烛收集的氯化物进行定量测定，同时再换上新的灯芯。

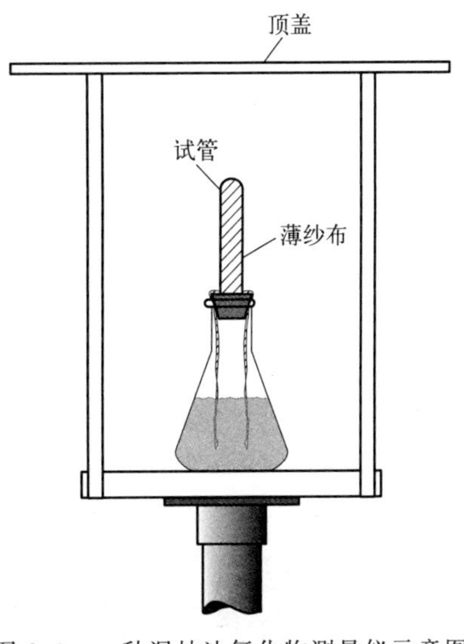

图 2.9　一种湿烛法氯化物测量仪示意图

事实上，湿烛法所测定的结果是大气中盐度，而并非暴露金属表面的污染程度。这种方法可认为测量的是到达一个垂直暴露面的氯化物总量，所测结果对评估腐蚀性可能并非真正重要。

此外，还有一些其他商用技术，可用来现场测量表面氯化物含量。如布雷斯勒法（Bresle 法），特别适合检测喷砂处理后表面的污染物。测量时，测试人员可将布雷斯勒（Bresle）贴片贴附在可能有氯化物污染的表面位置，先用贴片中的注射器注入去离子水，然后再将其中水抽出，最后用电导率仪测量其导电性。CHLOR * TEST 是一个替代产品，如图 2.10 所示，表面污染物采用专用抽取液提取。在现场，这种特殊抽取方式可以增强提取率，因而提高了准确度。

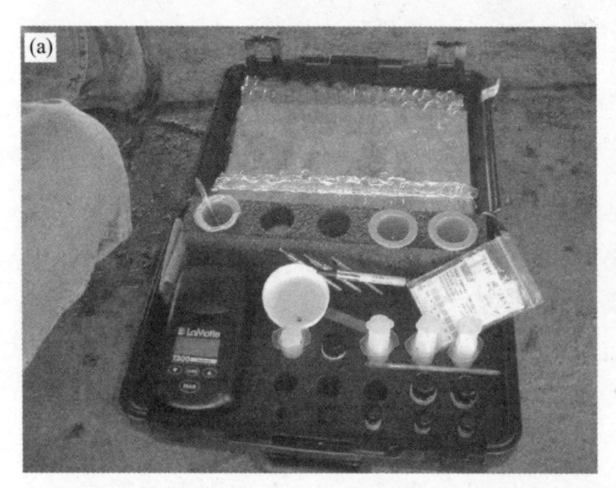

图 2.10　溶解盐检测试剂盒（a）以及正准备进行表面采样的样品（b）（由 Termarust 技术公司供图）

另一种现场监测技术是，将平板传感器组合在内，通过单液滴取样测量溶液的电导率（图 2.11）。该仪器应用范围很广，使用者可将样品放置在仪表平板传感器上或直接将仪表浸入待测溶液中进行测量。

图 2.11　便携式电导率仪（由金士顿技术软件公司供图）

2.4.3　污染物

二氧化硫（SO_2）是煤、柴油、汽油和天然气等含硫燃料燃烧后的气态产物，是公认的促进金属腐蚀的最重要的大气污染物。

其实，氮氧化物（NO_x）也是一种腐蚀促进剂，人们对于这一点的认识相对较少，它也是一种燃烧产物。城市中氮氧化物（NO_x）的主要来源是汽车尾气。二氧化硫、氮氧化物以及大气中悬浮粒子可以与水和紫外线（UV）反应形成新的化学物质，以悬浮粒子的形式在大气中传播。夏季笼罩在许多现代大城市上空的雾霾就是很好的例证。这种霾或雾中高达 50%的是硫酸和硝酸的混合物。二氧化硫、氮氧化物以及城市其他污染物含量，通常我们可以采用一种安装在可移动装置中的精密仪器（图 2.12）来进行监测，其浓度一般以微克/米^3（即 $\mu g/m^3$）为单位。

图 2.12　安装于蒙特利尔（Montreal）岛上的可展开式空气质量监测装置（由金士顿技术软件公司供图）

大气的污染程度还可能通过测量雨水中无机盐含量或其 pH 值来衡量。只不过，此测量结果仅仅能间接反映气态污染物对腐蚀的影响，因为只有金属表面的沉积盐量才是影响腐蚀的关键因素。

测定大气中二氧化硫沉积浓度的方法很多，其中广泛应用的有两种。这两种方法都是利用铅氧化物的亲和力，与气态二氧化硫反应形成硫酸铅。在腐蚀研究中，最常用的方法是硫酸盐化板法。该方法是将一个涂有氧化铅的小圆盘，面朝地面暴露，并放置在一个小掩体下面，以防止恶劣天气使活性氧化铅糊剂脱落[20]。因此，小圆盘表面仅暴露在二氧化硫气体中，避免了受到其他粒子的干扰。美国材料试验协会（ASTM）标准程序建议，暴露 30 天后再按照标准进行硫酸盐分析[21]。

另一种方法是过氧化氢烛法，其作用类似于氯烛。此方法是：首先，在实验室将过氧化铅糊剂施涂在纸壳筒上，并使之完全干燥；然后，将纸筒镶嵌放置在仪器掩体中，暴露在试验区域环境中。上述两种方法，都是以毫克/(米^2·天)［即 $mg/(m^2 \cdot d)$］为单位，表示金属表面二氧化硫的沉积速率。

2.4.4　大气腐蚀性

标准试样暴露试验是直接测量大气腐蚀性的最简单方式。检测人员通过对暴露试验后的标准试样进行清洗和检测，可以获得重量损失数据及其他一些有用信息，如蚀坑密度及蚀坑深度等。

美国巴泰尔（Battelle）研究中心监测空军基地及其他区域的大气腐蚀性，就是采用这种被动式的标准试样暴露试验方法[22]。他们已建立了专门的大气腐蚀数据库，收集不同地区的相对腐蚀严重程度和各种金属实际腐蚀速率，目前已经包含了全世界 100 多个地区。其中试验所用金属包括三种铝合金（A92024、A96061 和 A97075）、铜、银和钢。图 2.13(a) 显示了暴露试验之前的标准试样全貌图。在环境暴露试验一定时间之后，他们将腐蚀金属试样取回，然后依据标准方法[23] 在实验室测量重量损失，并做进一步分析。

还有一种类型的标准试样，主要是用于材料/腐蚀性的快速评价[24]。在国际标准化组织（ISO）9226 标准方法中所采用的螺旋线圈形式的标准试样，表面积/质量比大，比同种材料的板状标准试样灵敏度更高。此外，使用以螺旋形 A91100 铝丝缠绕在粗螺纹螺栓上制成的双金属试样，可进一步增强检测灵敏度，目前，这种双金属试样已作为典型工业海洋大气（CLIMAT）试验标准试样[24,25]。

典型工业海洋大气（CLIMAT）标准试样暴露试验 90 天之后，试样中铝丝质量损失可作为衡量大气腐蚀性的相对标准。不过，美国试验材料学会（ASTM）标准中所推荐的不同

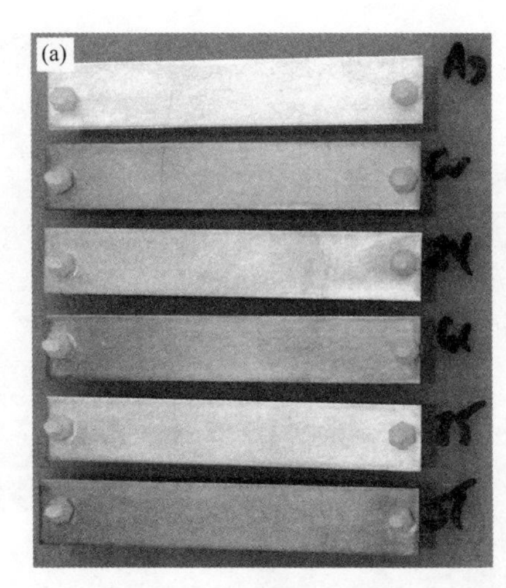

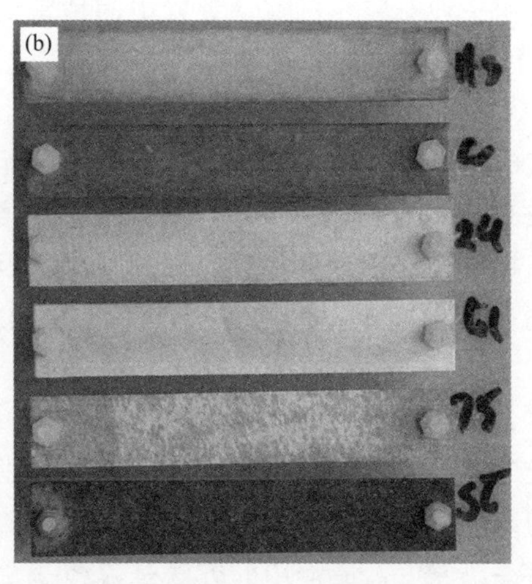

图 2.13　暴露试验之前（a）和暴露在乡村大气环境中 3 个月后（b）的金属标准试样（巴泰尔研究中心供图）

材料组合的双金属标准试样中，所测结果变化很大[26]。很多人皆发现，美国材料试验学会（ASTM）标准中推荐的三种材料组合中，铝丝缠绕在铜螺栓上这种组合最敏感。通过在单一支架上固定三个标准试样，可以显示测试的重现性，而采用直立棒试样，可以揭示腐蚀剂的方向信息，下面通过例子来加以说明。

三个铜棒组成的典型工业海洋大气（CLIMAT）标准试样被安装在美国国家航空航天局（NASA）肯尼迪太空中心（KSC）海滨腐蚀试验站（图 2.14）。图 2.15(a) 是安装后暴露试验前试样照片，图 2.15(b) 和图 2.15(c) 分别为 30 天和 60 天后的试样照片。肯尼迪太空中心（KSC）是美国内陆所有试验站点中腐蚀性最强的站点[27]，即使暴露试验时间比通常规定试验时间短，其质量损失仍然很高。在此例中，60 天暴露试验后，其质量损失已达到铝丝初始质量的 16%。试验人员有意将典型工业海洋大气（CLIMAT）标准试样基座与海岸线平行安装，这样可以通过比较试样前后差异来解释海盐方向的影响 [图 2.16(a) 和 (b)]。

图 2.14　美国国家航空航天局（NASA）肯尼迪太空中心海滨腐蚀试验站的俯瞰图

图 2.15　安装在肯尼迪太空中心海滨腐蚀试验站的 CLIMAT 标准试样（由三个铜棒组成）的照片：试验前（a），暴露 30 天（b），暴露 60 天（c）

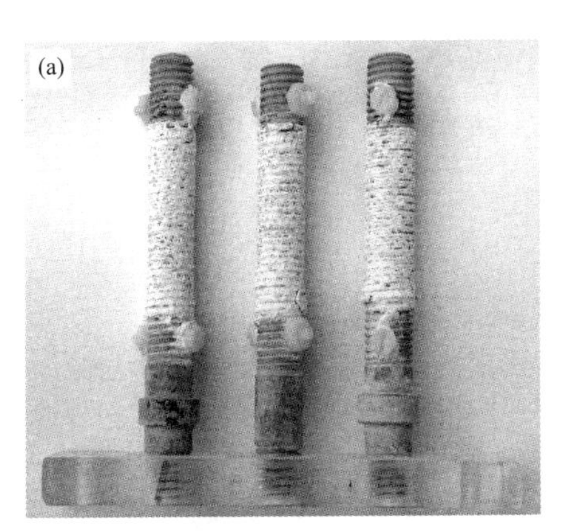

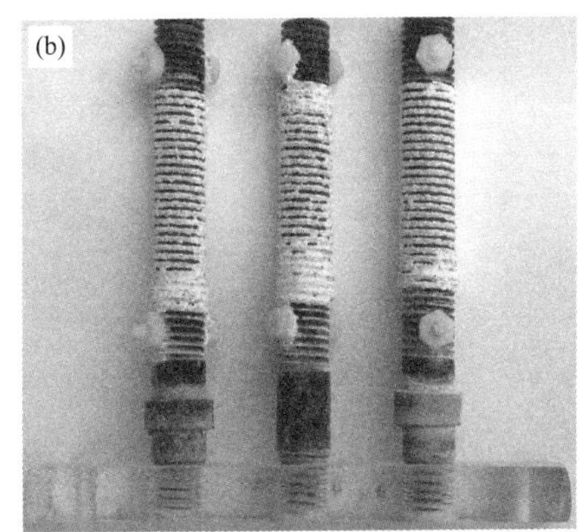

图 2.16　暴露在 KSC 试验站 2 个月后的 CLIMAT 标准试样的近距离照片：（a）靠海侧和（b）背海侧

2.5　大气腐蚀试验

多年以来，很多个人和组织一直都采用各种形状的标准试样进行不同形式的大气环境暴露试验。很多国际组织一直致力于将有些试验方法及结果报告形式标准化。人们在进行大气环境腐蚀试验时，应尽可能参考和遵循这些标准程序。

2.5.1　户外环境暴露试验

户外环境暴露试验是检测材料和防护涂层的常见方法，即将平板试样固定在专用暴晒架上直接暴露在大气环境中进行大气环境暴露试验（图 2.17）。当然，标准试样还可制成其他各种不同样式，包括用于研究应力腐蚀的 U 形弯曲或 C 形环状应力标准试样，用于检验缝隙腐蚀敏感性等特殊性能的缝隙装配试样（图 2.18）。

图 2.17　暴露在美国西海岸环境的大气试验架（由 Defence R&D Canada-Atlantic 供图）

图 2.18　安装在前面的试验站中试验架上的带缝隙间隔器的铝和镁标准试样
（由澳大利亚 DSTO 公司供图）

除了试验站大气腐蚀性条件之外，下面这些因素对于大气腐蚀试验的设计和结果解释也很重要：

- 标准试样的形状；
- 表面朝向；
- 掩蔽程度，以及从其他试样滴落或流失的量；
- 海拔高度；
- 遮阳；
- 异常污染。

平板试样通常以与水平线成 30°放置在试验架上，面朝腐蚀源。它们一般是相互电绝缘安装排布在试样架上，其目的是免受彼此邻近试验板上滴落的液滴污染（图 2.17）。圆柱形标准试样水平安装于试验架上，朝向与平板试样的相同。试样大气暴露方式，可以是完全暴露，亦可以是部分遮蔽部分暴露，依据试验要求而定。用于环境开裂试验的测试夹具种类很多，试样形状也各不相同。图 2.19 和图 2.20 分别为装配有湿润时间（TOW）电流传感器、温度、SO_2 含量数据记录器的全暴露和半遮蔽试验站。

图 2.19 位于澳大利亚北部陆军基地的户外暴露试验站，其中试样架安装在其顶部，数据记录仪固定在其下部（由澳大利亚 DSTO 供图）

图 2.20 位于澳大利亚北部陆军基地装有试验标准片、湿烛仪和数据记录仪的半遮蔽试验站（由澳大利亚 DSTO 供图）

大多数大气暴露试验，通常都需要使用足够多的平行标准试样，这样方便研究人员在整个试验周期（1～20 年内）内，依据预定时间间隔，每次皆可取出部分试样进行分析。对于周期非常短的试验，其结果常常有可能引起误解，因为试验最初几天的金属表面状态可能影响最初腐蚀速率，并不能代表其整体平均腐蚀速率，抑或初始暴露期间的气候条件，可能并不能代表整体平均气候条件。有些试验需一直持续进行直至失效，如应力腐蚀开裂（SCC）试验。不过，在保护性涂层试验中，对剥离程度等某些典型性能进行周期性检测更恰当（图 2.21）。

图 2.21 固定在大气试验架上暴露于海洋大气环境中的涂层试板，其中采用了 CLIMAT 标准试样标定大气腐蚀性（由 Defence R&D Canada-Atlantic 供图）

2.5.2 户外间歇式喷雾试验

大气暴露环境腐蚀试验是最常见的现场试验。由于腐蚀速率与试验场所环境有关，因此理想情况下，现场试验应选择在最能代表材料服役环境状态的现场试验场所进行。尽管如此，现场试验结果可能仍然无法准确预测服役性能，但是它可为评估服役性能提供可靠参考[28]。然而，现场试验的周期可能需要与材料的预期使用寿命相对应。这就是现实生活中人们为何花费大量精力重现那些已知的促进加速腐蚀过程的环境场景的原因[29]。

为促进腐蚀和加速劣化进程，人们通常会选择高腐蚀性的大气试验站点进行试验。此类试验站点可能位于海洋大气环境区域，如 KSC 海滨试验站（图 2.14），或高污染的工业地区。而在其他试验站点进行试验时，为增大腐蚀速率，人们不得不采取一些人为加速措施。

在一个系统的服役寿命期中，干湿交替循环的服役环境可造成非常严重的腐蚀问题，其主要原因是部分干燥的腐蚀产物，通过吸收水分可促进腐蚀性介质的累积，引起沉积物下腐蚀。这种循环作用会加速腐蚀扩展，在较高温度下运行时，可能极大加速损伤扩展速度。保温层下腐蚀就是这种特殊腐蚀实例，由于缝隙腐蚀作用，这种腐蚀非常快。这些特别不利的腐蚀环境因素，在系统设计过程中一般都应避免，我们在设置腐蚀试验时也应加以考虑。

干湿交替循环试验条件可以很简单和巧妙地实现。例如国际标准化组织（ISO）11474 标准中介绍的一种户外加速试验方法，通过向设备或系统暴露表面间歇喷洒盐溶液来实现交替干湿循环试验[28]。这种为模拟大气腐蚀破坏的苛刻腐蚀试验，也称为“沃尔沃（Volvo）”户外结痂试验（SCAB 试验），运行周期通常都比较长，如 12 个月，每天都沿着试样暴露表面 45℃ 方向喷盐雾两次。除了可获得通过/不通过的筛选结果之外，结痂试验（SCAB 试验）也是一种对材料、工艺以及对影响户外大气腐蚀性能的相关变量进行评级的可靠方法。

不过，结痂试验（SCAB 试验）还有一种更简单、成本最低的方式。如图 2.22 所示，为评估各种防腐蚀化合物的性能，实验人员将典型工业海洋大气（CLIMAT）标准试样固定安装在屋顶上的试验架上。屋顶本身所处的特定大气环境的腐蚀性通常很温和，但每天喷 3% 的盐雾（图 2.23），使环境的腐蚀性与 KSC 海滨试验站类似（图 2.14）。

图 2.22　装有用不同防蚀化合物保护的 CLIMAT 标准试样的试验架

2.5.3 盐雾箱试验

腐蚀箱试验在密闭箱中进行，通过控制其中暴露环境来模拟特定腐蚀机制。这种试验通常都是用来确定材料在自然大气环境中的耐蚀性。不过，为了获得试验结果与服役性能的相关性，我们必须确定加速因子并核实腐蚀机制是否确实相同。而现代表面分析技术，在确定加速试验的腐蚀产物与通常在服役设备上发现的腐蚀产物是否具有相同的微观形貌和晶体结

图 2.23 图 2.22 中所示 CLIMAT 标准试样的间隙式喷雾试验

构时，非常有用。

这种腐蚀箱试验常用于评价着色特性或临时保护涂层。该试验可在相对湿度（RH）和温度的组合环境条件可任意设置的商用试验设备中进行。不过，如果试验试样量很少且小，我们可以采取一个很经济的方法，即：将试样置于盐溶液之上，依据表 2.4 控制其在指定的相对湿度之下。

表 2.4 盐溶液对应的恒定湿度

相对湿度/%	固相	相对湿度/%	固相
100	无	58	$NaBr \cdot 2H_2O$
95	$Na_2SO_3 \cdot 7H_2O$	52	$NaHSO_4 \cdot H_2O$
90	$ZnSO_4 \cdot 7H_2O$	42	$Zn(NO_3)_2 \cdot 6H_2O$
86	$KHSO_4$	32	$CaCl_2 \cdot 6H_2O$
80	NH_4Cl	20	$KC_2H_3O_2$
75	$NaClO_3$	10	$H_3PO_4 \cdot 1/2H_2O$
66	$NaNO_2$		

注：此表所显示的是在 20℃下，在相应的固相饱和水溶液上方的密闭空间内的相对湿度的百分数。在图 2.23 所阐述的那种类型的试验中，我们可使用这些溶液来建立一个恒定的相对湿度环境。

2.5.3.1 盐雾试验

最古老也是应用最广泛的腐蚀箱试验方法是美国材料试验协会（ASTM）制订的 ASTM B117 标准方法（盐雾试验方法），即：在一个密闭箱内，试样以一定的角度在特定位置放置，然后将盐雾引入箱内。其中，氯化钠（NaCl）溶液质量浓度范围在 3.5%～20%。箱体设计形式多样且大小各异，有些箱体空间大小可供人进入（图 2.24）。不过，尽管盐雾试验应用广泛，但是其结果仍难以与服役性能直接相对应。

试验箱中湿热空气由压缩空气通过含有热去离子水的气泡（加湿）塔产生。盐溶液一般是通过重力自流给水系统从储液槽流经过滤器，被输送到喷嘴（图 2.25）。当盐溶液和湿热空气在喷嘴处混合时，被雾化成腐蚀性盐雾。由此，试样暴露区域，就变成了一个 100%相对湿度（RH）的环境。对于箱内低湿度的暴露区域，通过鼓风机将空气强制通过箱内通电的加热器上方（图 2.26）来增大其相对湿度。

这种试验所用试验箱内腔应装配有固态湿度传感器，可以获取即时湿度条件，并反馈给控制器。采取的湿度控制机制是：通过鼓风机使箱内空气运动，用雾化喷嘴将盐水雾化进入气流，通过箱底加热盘管的上方（图 2.27）。

图 2.24　设计用于轿车和卡车的车体、框架和底盘（a）以及整车（b）寿命测试的加速腐蚀试验用盐腐蚀/温度/湿度箱（由 Despatch 公司供图）

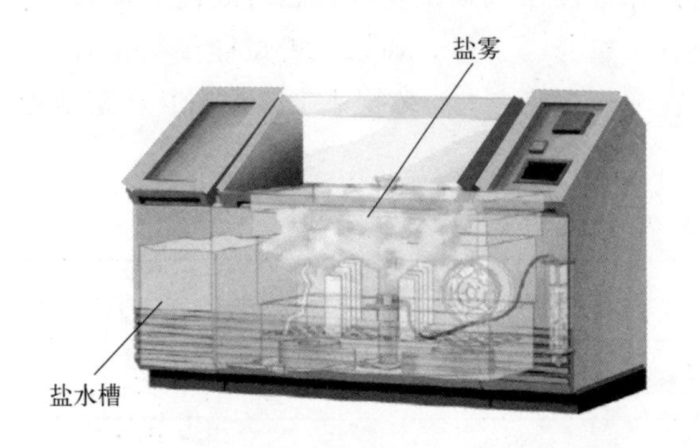

图 2.25　湿循环期间的可控盐雾试验箱

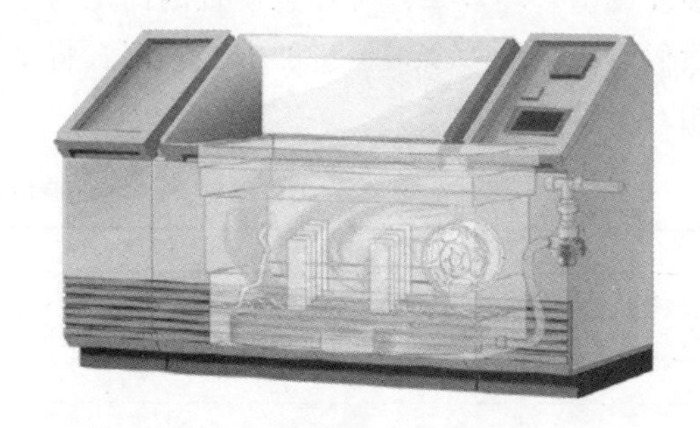

图 2.26　处于干循环周期的可控盐雾试验箱

美国材料试验协会（ASTM）制订了多种盐雾试验的 ASTM 标准，涉及各种不同类型的盐雾箱（在箱内制造和控制盐雾及湿度方式不同）以及用于不同类型产品的腐蚀试验（从装饰性电沉积层到铜管系统焊剂腐蚀性评价）。基本湿度试验是评价材料的腐蚀行为或残留污染物影响的一种最常用方法。但是，在预测材料或表面涂层在实际服役环境中耐蚀性方面，盐雾试验的应用很少，因为它并没有创建、重复或加速实际环境的腐蚀性条件。在这种情况下，循环腐蚀试验更适合[30]。

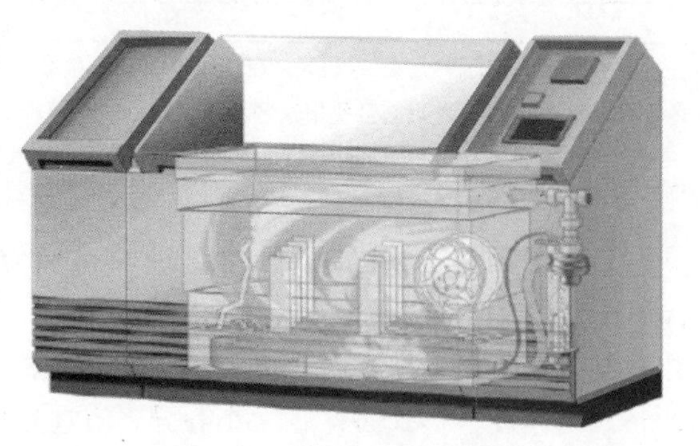

图 2.27　可控湿度试验箱

2.5.3.2　改进的盐雾试验

美国材料试验协会（ASTM）标准 G85 可能是世界上最通用的试验标准，其中包含了改进的盐雾试验。在标准 ASTM G85 中，这种类型试验总共分为五种，如附录 A1～A5 所示。这些改进的试验方法，大多最初都来源于一些特定的工业部门，为重现自然腐蚀的影响以及加速这些影响作用而设计的腐蚀试验[30]。

这种加速作用通过在盐雾溶液中添加不同添加物来实现，且常常与其他试验气氛条件相结合。在大多数情况下，这些气氛条件随时间循环，变化相对更快。一般情况下，ASTM G85 改进盐雾试验所用环境试验箱与 ASTM B117 盐雾试验所用试验箱类似，但通常会带有一些附加装置，如自动气氛循环控制系统。

2.5.3.2.1 ASTM G85 附录 A1——醋酸盐雾试验（非循环）

此试验是在加热（35℃）的醋酸盐雾环境中进行，可用来确定钢基装饰性镀铬层和锌基压铸件的相对耐蚀性。试验试样放置在密闭箱内，喷雾方式为连续直接喷射，其中盐水溶液按照试验标准要求制备，添加醋酸调节 pH 值（至 pH3.1～3.3）。

2.5.3.2.2 ASTM G85 附录 A2——醋酸盐雾试验（循环）

此试验可用来检测铝合金的相对耐蚀性，其中试样暴露在循环变化的醋酸盐雾环境中，在加热条件之下（49℃）进行高湿度和空气干燥交替循环。

2.5.3.2.3 ASTM G85 附录 A3——酸性海水试验（循环）

此试验可用来检测带涂层或不带涂层的铝合金和其他金属的相对耐蚀性，其中试样暴露在循环变化的人造海水喷雾环境中，在加温条件下（49℃）下进行高湿度和空气干燥交替循环。

2.5.3.2.4 ASTM G85 附录 A4——SO_2 盐雾试验（循环）

此试验可用来检验在正常使用寿命内，可能遇到 SO_2/盐雾/酸雨环境联合作用的产品的相对耐蚀性。试验样品放置在密闭箱内，暴露气氛为两种可能的气氛循环环境中其中一种。无论何种情况，盐雾暴露环境都可能是依据试验标准制备的盐水或人工海水喷雾环境。整个循环试验周期内，箱内温度保持恒定在 35℃。

2.5.3.2.5 ASTM G85 附录 A5——稀盐水喷雾/干燥试验（循环）

此试验可用来检验钢板涂层的相对耐蚀性，其中试样暴露在室温下稀盐雾与 35℃加热空气干燥的循环变化环境中。这是表面涂装行业中最通用的试验方法，又称为 Prohesion^{TM} 试验。

2.6 预防与控制

毫无疑问，在大量预防金属大气腐蚀的方法中，涂层保护的应用最为广泛（参见第十二章）。但是，为了选择适合某一具体大气环境的保护涂层，最好事先对在设备服役寿命期内可能影响设备服役性能的那些环境腐蚀性变量进行评估。事实上，我们在针对任何具体服役环境，选择所有可能的腐蚀预防和控制技术或方法时，这一点同样都适用。下文介绍可用来优化大气环境中设备的腐蚀预防和控制方案的一些手段和工具。

2.6.1 大气腐蚀图

地图是地理风景及地貌信息交流的有力工具，绘制各国大气腐蚀图可用来说明这些国家各地区的大气腐蚀严重性[31]。其中最早的一幅大气腐蚀图，是依据在美国东北部和加拿大不同地区进行的大气暴露试验结果绘制而成，其中裸钢标准试样固定在各种交通工具之上[32]。此大气腐蚀图中所示结果揭示了化冰盐对腐蚀的影响，因为与邻近的非海洋地区相比，化冰盐是造成多雪带地区的车辆腐蚀程度更高的一个主要因素。

我们还可以从相关文献中找到很多类似的大气腐蚀图，如中国[33]、古巴[34]和英国[35]。

2.6.2 追踪季节性和区域性变量

尽管大气腐蚀图是人们根据在地理位置特征相对明显的地区所采集的试验数据绘制而成，但是人们在进行环境腐蚀性评估时，通常并未将有关地形或其他区域性变量的真实信息考虑在内。同样，在这些一般性总体分析中，人们也没有花太多精力去考虑相关季节性和区域性变量。

图 2.28 保护涂层受化冰盐的作用引起的鼓泡和剥落

广泛使用的化冰盐会造成一个高腐蚀性的大气环境，与常见的其他季节性变化的大气环境明显不同。事实上，现在大家都已普遍认识到化冰盐对保护涂层的影响问题。化冰盐有可能通过涂层中存在的任何缺口或空隙，达到金属基体表面，进而形成一个强侵蚀性环境，随后就会促使涂层鼓泡和剥落（图 2.28 和图 2.29），有时甚至使金属发生穿孔（图 2.30）。

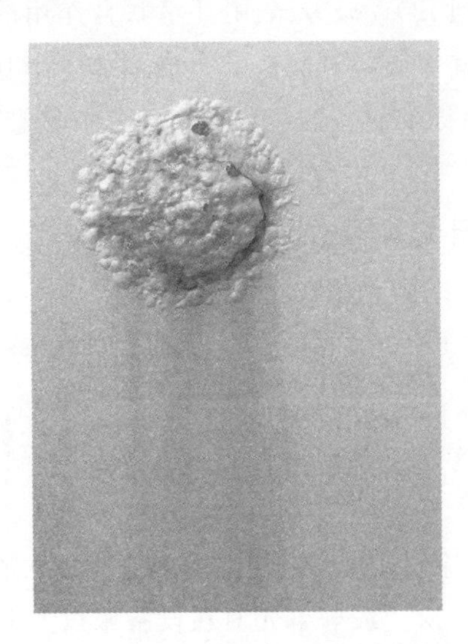

图 2.29 由于化冰盐作用导致的丝状腐蚀和鼓泡

图 2.30 鼓泡脱落后显示下面基体已穿孔

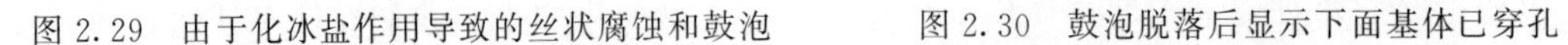

化冰盐的影响远远超出了盐的扩散所波及的邻近区域，因为在车辆交通运行中，这些盐可形成大气悬浮粒子而传播。图 2.31 总结了在加拿大一个中度寒冷城市的冬季，关于化冰盐的影响的研究结果，其中标准腐蚀试片放置在横跨交通繁忙的道路的人行天桥上[36]，岩盐（主要是氯化钠）是此地区首选的化冰剂。这些结果清楚表明：靠近地面（立柱底部）的腐蚀速率（失重率）最大，但是在高出交通地面几米的地方，其腐蚀速率仍然相当可观。而

相比而言，在同一城市非行车区域，类似的测试结果显示：在相同暴露时间内，其腐蚀速率降低到 1/50，即失重率为 0.2%。

图 2.31　含化冰盐悬浮粒子的传播及其影响的研究结果

研究还表明：在冬季，在主干高速公路顺风方向 100m 以上的地方，测量的腐蚀速率也很高（图 2.32）[37]。在另一项侧重于海洋环境中建筑物的屏蔽效应的研究中，腐蚀趋势测试结果显示：海洋大气悬浮粒子的腐蚀影响与最高风速相关（参见第七章 7.3.1.4 风速系数）。

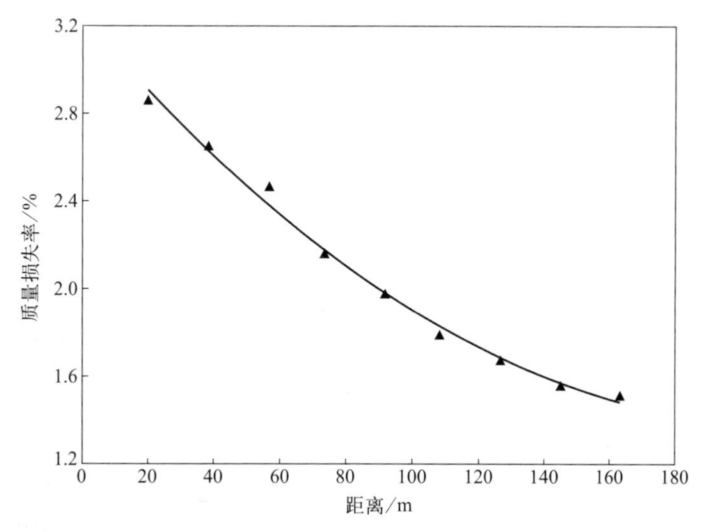

图 2.32　在主干高速公路顺风方向上化冰盐的腐蚀影响

2.6.3　维修成本优化

清除飞机上盐沉积物是一个成功的飞机腐蚀维修大纲的重要组成部分，尤其是对于海洋环境中服役的飞机更是如此。冲洗和清洗的目的，都是为了降低飞机外表面腐蚀剂的表面浓度，从而预防腐蚀。冲洗操作相对简单，通常是飞机在执行任务返回后滑行通过鸟浴池进行冲洗，如图 2.33 所示，但是清洗过程复杂，比冲洗成本昂贵得多，且通常都是在特殊的飞机库中进行[38]。

确定飞机清洗频率是为最大程度地降低总体运行成本的众多管理决策之一。飞机清洗费

图 2.33 在密西西比州（Mississippi）比洛克西（Biloxi）Keesler 空军基地鸟浴系统中清洗的 C-130J 大力神军机（由美国空军 James Pritchett 技术军士供图）

用是直接成本，而不清洗飞机会间接增加未来的腐蚀成本。缩短清洗周期可能降低腐蚀成本，但是会增加清洗成本。一项有关清洗间隔周期对腐蚀影响的试验研究结果表明：随着腐蚀环境严苛程度增加，清洗的相对效益也会增加[39]。此外，此研究还给出了相应的清洗周期建议：在严酷环境中，清洗间隔周期不应过长，至少维持 30 天一次，而在温和环境中，清洗周期可以适当延长，可放宽至 120 天以上[40]。

确定飞机的最佳清洗周期，需要综合考虑大气腐蚀损伤模型以及与维修相关的经济因素。大气环境下金属的累积损失一般与暴露时间遵循指数或双对数关系[41~43]，如式(2.4)所示：

$$C=Kt^n \tag{2.4}$$

式中，C 为金属累积损失；t 为暴露时间；K 是针对特定部位的损伤速率常数；n 是指数。

指数 n 的拟合值是腐蚀机制的一个粗略指标。当指数 n 为 0.5 时，腐蚀速率取决于腐蚀性粒子在腐蚀所形成保护膜中的扩散过程。指数 n 为 1 时，腐蚀速率与金属表面腐蚀产物累积无关。一般情况下，指数 n 值在 0.5 与 1 之间[41]。

常数 K 取决于大气腐蚀性[42,43]。如果假定需要维修的飞机腐蚀损伤，遵循公式(2.4)所示规律，那么此时金属累积损失则可表述为公式(2.5)。

$$M=kt^n \tag{2.5}$$

式中，M 为需要维修时金属腐蚀的累积损失量；t 为暴露时间；k 为损伤速率常数，与公式(2.4) 中 K 类似；n 为指数。

随着时间延长，预期累积损失量 M 将持续增大，直至通过定期维修重新使累积损伤降至较低水平。图 2.34 定性说明了这种维修理念。根据以下假设条件，我们就有可能从维修记录中提取出与需要维修时金属损伤程度相对应的模型参数：

（1）每次周期性维修都能使金属整体损失量重新降至较低水平，如图 2.34 所示；

（2）假定指数 n 在 0.5 与 1 之间；

（3）假定损伤速率常数 k 随大气腐蚀性和清洗周期增大而增加，如式(2.6) 所示：

$$k=k_{\mathrm{M}}cT_{\mathrm{w}} \tag{2.6}$$

式中，c 为大气腐蚀性指标；T_{w} 为清洗间隔时间；k_{M} 为特征维修速率常数。此方法需要知道飞机所暴露区域的大气腐蚀指标。

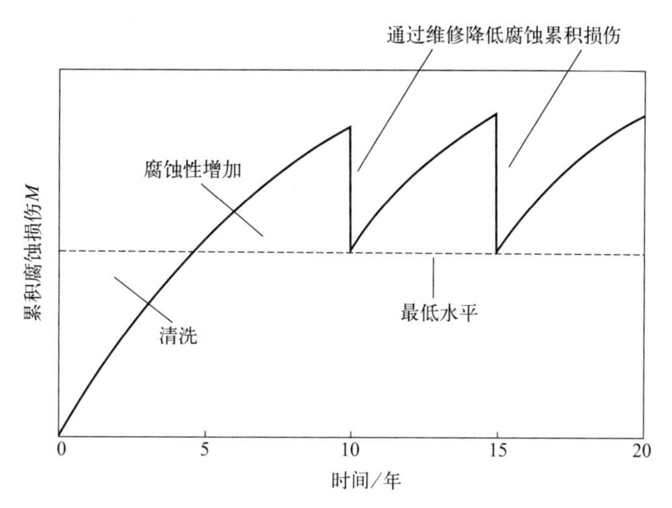

图 2.34　飞机累积损失与时间关系示意图

在此研究中，腐蚀性的基准等级依据典型工业海洋大气（CLIMAT）标准试样在此机队基地试验监测结果而定。图 2.35 显示了加拿大新斯科舍省（Nova Scotia）格林伍德（Greenwood）空军基地（CFB）大气的月均腐蚀性变化，试验周期平均在 3 年以上。格林伍德（Greenwood）CFB 机场离芬迪湾（Fundy）仅 8km，处于冬季最高风速的下风口。图 2.35 中横坐标 1 月至 12 月分别对应公历年的 1 月至 12 月。冬天腐蚀性最强，夏天腐蚀性最低。

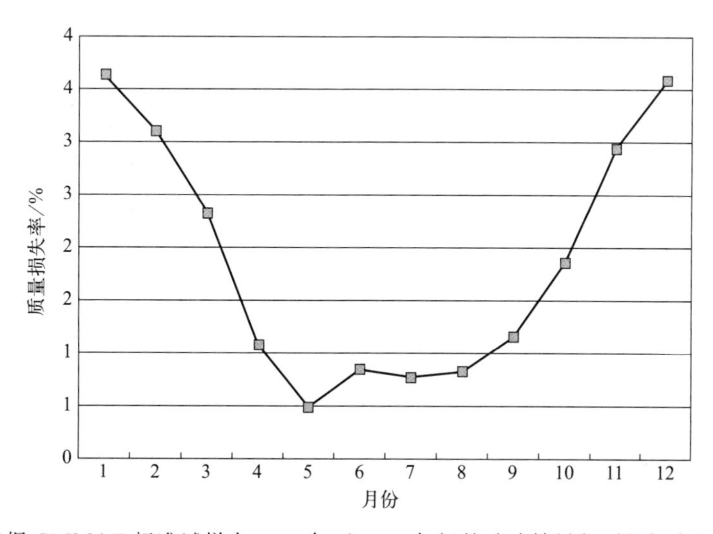

图 2.35　依据 CLIMAT 标准试样在 2002 年至 2006 年间的试验结果得到的加拿大新斯科舍省（Nova Scotia）格林伍德（Greenwood）空军基地（CFB）的大气月均腐蚀性变化曲线

为建立可计算最优清洗间隔周期的模型，整个维修阶段与腐蚀有关的维修成本可依据公式(2.7) 进行估算：

$$C_{\mathrm{T}}=\frac{N_{\mathrm{M}}}{T_{\mathrm{w}}}(C_{\mathrm{W}}+C_{\mathrm{U}})+r_{\mathrm{M}}k_{\mathrm{M}}cT_{\mathrm{w}}N_{\mathrm{M}}^{0.75} \tag{2.7}$$

式中，C_{T} 为清洗和维修总成本；T_{w} 为清洗间隔周期，月；C_{W} 为每次清洗成本；C_{U}

为清洗过程中因飞机无法使用造成的损失；r_M 为维修的单位工时成本，美元/小时；N_M 为段级检修（DLIR）间隔周期，月；k_M 是特征维修速率常数；c 为大气腐蚀性指标。

公式(2.7) 中第一项是维修期间的清洗成本，第二项是腐蚀维修成本。总成本最低时的最小清洗间隔周期 T_{min}，可通过公式(2.7) 对 T_w 微分，令 dC_T/dT_w 等于 0，求解 T_w 得到。总成本最低时的最小清洗间隔周期 T_{min} 可表示为公式(2.8)。

$$T_{min}=\sqrt{\frac{N_M^{0.25}(C_W+C_U)}{r_M k_M c}} \tag{2.8}$$

上述结果表明：对于特殊的海上巡逻机队，在冬季，其最优清洗间隔为 1～1.5 个月。这些结果同时也说明：在夏季，清洗间隔周期可以适当延长至 3～4 个月。格林伍德（Greenwood）空军基地（CFB）目前采取的方式是：在冬季，对海洋巡逻飞机每月清洗一次，而在春、夏、秋三个季节，适当延长清洗间隔周期，这种清洗方式已为整个舰队节省了大量资金。

2.6.4 材料选择

在户外大气环境中，通常只有很少金属和合金可直接裸露使用。其中包括几百年前开始就一直用来制作纪念品和手工艺品的所有青铜和其他铜合金。长寿命的铜屋顶是另一个直接利用裸露金属的应用实例，由于铜屋顶表面还可以形成一层令人赏心悦目的铜绿，已成为很多旅游城市的标志。但是，大多数结构金属仍需要某些不同类型屏蔽保护，避免与大气环境直接接触。例如铝材，人们一般都会进行阳极氧化处理，且在使用前通常还会采取涂装保护。与此类似，铁通常也需要采用涂层进行保护，多数保护涂层都是有机涂层或镀锌。当然，也有一些金属例外。

各种不同形式的铁都具有很高的反应活性，因为铁有形成氧化铁的自然趋势。但是，铁能够与空气中氧反应，在铁表面形成具有一定抵御腐蚀能力的保护性铁氧化物薄膜。这层保护膜可以防止铁在相对湿度 99%的空气中生锈，但是酸雨等污染物可能会破坏膜层，使其丧失保护作用，使腐蚀持续发生。不过，大约在经历一年腐蚀以后，形成较厚的铁氧化膜层又可充当保护性涂层，可能使铁的腐蚀速率降低，如图 2.36 所示。

从图 2.36 可以看出，在温和大气环境中直接暴露时，科尔坦（Corten）高强低合金（HSLA）耐候钢的耐蚀性比普通碳钢高 10 倍以上[44]。对于表面直接裸露在大气环境中的结构，从建筑物到电线杆，大量设计者之所以都选择采用耐候钢材料，原因就在于此（图 2.37）。耐候钢中合金元素总含量一般小于 3%，包括 Cr、Cu、Ni、Si 和 P，正是由于其中某些合金元素的联合作用，使其表面能够形成一层保护性锈层。两种常用的结构耐候钢是 K11430 或 Corten B 和 K12043。此外，合金添加元素还可以提高耐候钢的强度，因此与普通结构钢相比，选用耐候钢可以进一步节约成本和减轻重量。通过对数百种钢在三种工业大气环境中长期大气腐蚀试验数据的回归分析结果表明，约有 15 种元素对钢的耐蚀性有影响[45]：

- P、Si、Cr、C、Cu、Ni、Sn 和 Mo 都是有利元素，但其影响依次降低；
- S 的影响非常不利；
- V、Mn、Al、Co、As 和 W 没有明显影响。

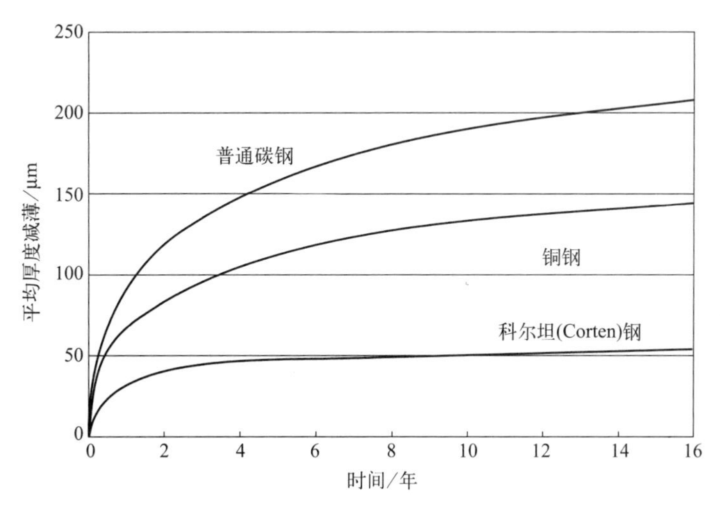

图 2.36　三种钢在新泽西（NJ）卡尼镇（Kearny）工业大气中的腐蚀-时间曲线

不过，对于并未采取任何必要的特殊防护的耐候钢结构，如果存在缝隙，耐候钢也有可能发生意外的腐蚀。而且当环境变严苛或暴露的物理环境变化时，这些耐候钢就几乎无任何优势可言。实际上，当在结构的缝隙处或背面形成了腐蚀性环境后，此时耐候钢的耐蚀性也并不会优于普通碳钢。

图 2.37　由耐候钢制造的 35m 高的高速公路灯柱（由金士顿技术软件公司供图）

图 2.38　由 Ted Bieler 于 1984 年完成的不锈钢制雕塑《三合会》(由金士顿技术软件公司供图)

奥氏体不锈钢由于在大气环境中可以几十年保持明亮光泽不褪色，是近代许多建筑师们的优选材料，如1984年建在多伦多繁华地带的高大雕塑《三合会》(The Triad)（图2.38）。此外，早在20世纪30年代，不锈钢还被用来建造了很多更臭名昭著的建筑和纪念碑。

1930年建成的纽约克莱斯勒大厦（Chrysler），是世界上第一个备受瞩目的不锈钢制建筑的实际应用。带有不锈钢尖顶的六排拱门采用302型不锈钢制造。不锈钢滴水嘴安装在31楼和61楼。经评估，目前该建筑状态保持完好。一年之后（即1931年），帝国大厦建造完成，其外表面由不锈钢、石灰岩和深灰铝建造。此建筑中所使用的1.3mm厚的302型不锈钢，用量超过300t。自建成41年以来，这座282m高的历史地标建筑一直就是世界上最高的建筑。据评估，在这座历史地标建成70年后，不锈钢仍保持着良好的状态。此后，许多其他建筑的外墙和屋顶都大量采用了不锈钢材料。

2.6.5 除湿

通过改善腐蚀环境也能预防或控制腐蚀。实际上，通过除湿来降低环境中水含量，预防金属表面形成连续水膜，就是常用的腐蚀控制方法之一。除湿系统类型有很多，因此为了确定最适宜的类型，我们首先需要对各种推荐除湿装置或方法进行评估。例如，如果待保护对象是放置在一个蒸汽密封的小空间中，使用硅胶等干燥剂粉除湿，可能就可以获得很好的效果。但是如果外部空气可以进入密闭空间，那么其中含水量不久就会超过干燥剂容量，此时采用简单的干燥粉除湿，很显然，肯定不会获得好的效果。因此，随着应用场合的复杂性和规模增大，除湿将需要采用更有效的方法。

加热除湿的基本原理是：如果在密闭空间内加热空气，那么空气相对湿度将会降低。但是，使用加热除湿时，需要对密闭空间内所有物品以及空气本身都进行加热，才能完全有效，因为金属表面的冷点区可能会形成潮湿区。

另一种常用的除湿方法是让空气通过蒸发盘管，将空气温度冷却至露点之下，使水分在盘管外表面凝结排出，降低空气湿度，然后，再将空气加热至室温。但是，如果需冷却至很低温度才能凝结排水，显然，实施这个制冷过程肯定不切实际，况且后续还需大量的再加热使其恢复室温。此外，降低空气温度，还受到冷却盘管表面凝结水的冰点限制，不过在某些设计中，使用复杂盐水喷雾或液态氯化锂体系可能可以弥补，并且兼具冷冻和吸附液的功能。

还有很多除湿方法是基于干燥剂的静态或动态的吸收或吸附作用原理。在吸收过程中，干燥剂发生物理、化学变化或两者都发生变化。氯化锂晶体是一种固体吸湿剂（干燥剂）。当此晶体吸收水后，它转变为水合状态。在液体吸收除湿系统中，空气通过雾化的氯化锂或乙二醇溶液等液态吸收剂时，由于活性状态的吸收剂的蒸气压比空气的低，吸收剂从空气流中吸收水分。在吸收过程中，干燥剂（吸湿剂）溶液被水稀释，随后通过加热可以再生。

在吸附过程中，干燥剂并未发生物理或化学变化。如硅胶、分子筛和活性氧化铝等吸附剂，一般是具有多孔结构的细颗粒珠或固体，其表面可以容纳大量水分。干燥剂除湿的原理是暴露在潮湿空气中的干燥剂，将水分从空气中提取出来。再生过程中，饱和的干燥剂受热，其中聚集的水分被驱出进入排空气流中。因此，通过吸附和再生的连续循环可以使大气除湿，露点降至很低。

参考文献

[1] Selwyn, L. S., and Roberge, P. R., Corrosion of Outdoor Monuments. In: Cramer, D. S., Covino, B. S., eds. *Volume 13C: Corrosion: Environments and Industries*. Metals Park, OH, ASM International, 2006; 289–305.

[2] Evans, U. R., *An Introduction to Metallic Corrosion*, London, UK, Edward Arnold, 1948.

[3] Knotkova, D., 2005 F. N. Speller Award Lecture: Atmospheric Corrosion—Research, Testing, and Standardization. *Corrosion* 2005; 61: 723–738.

[4] Leygraf, C., and Graedel, T. E., *Atmospheric Corrosion*, New York, NY, John Wiley & Sons, 2000.

[5] *Galvanizing for Corrosion Protection: A Special Guide*, Centennial, CO, American Galvanizers Association, 1990.

[6] Podany, J., Corrosion of Metal Artifacts and Works of Art in Museum and Collection Environments. In: Cramer, D. S., Covino, B. S., eds. *Volume 13C: Corrosion: Environments and Industries*. Metals Park, OH, ASM International, 2006; 279–288.

[7] Koch, G. H., Brongers, M. P. H., Thompson, N. G., Virmani, Y. P., and Payer, J. H., *Corrosion Costs and Preventive Strategies in the United States*. FHWA-RD-01-156. Springfield, VA, National Technical Information Service, 2001.

[8] Frankenthal, R. P., Electronic Materials, Components, and Devices. In: Revie, R. W., ed. *Uhlig's Corrosion Handbook*. New York, NY, Wiley-Interscience, 2000; 941–947.

[9] Douthit, D. A., Electronics and Corrosion. *Corrosion Reviews* 2003; 21: 415–432.

[10] ISA Standard ANSI/ISA-S71.04-1985, Environmental Conditions for Process Measurement and Control Systems: Airborne Contaminants. Research Triangle Park, NC, International Society for Measurement and Control, 1986.

[11] Lawrence, M. G., The Relationship Between Relative Humidity and the Dewpoint Temperature in Moist Air a Simple Conversion and Applications. *Bulletin American Meteorological Society* 2005; 86: 225–233.

[12] Roberge, P. R., *Handbook of Corrosion Engineering*, New York, NY, McGraw-Hill, 2000.

[13] Chung, S. C., Lin, A. S., Chang, J. R., and Shih, H. C., EXAFS Study of Atmospheric Corrosion Products on Zinc at the Initial Stage. *Corrosion Science* 2000; 42: 1599–1610.

[14] Duncan, J. R., and Balance, J. A., Marine Salts Contribution to Atmospheric Corrosion. In: Dean, S. W., Lee, T. S., eds. *Degradation of Metals in the Atmosphere*. Philadelphia, PA, ASTM, 1988; 316–326.

[15] Sereda, P. J., Croll, S. G., and Slade, H. F., Measurement of the Time-of-Wetness by Moisture Sensors and their Calibration. In: Dean, S. W., Rhea, E. C., eds. *Atmospheric Corrosion of Metals*. Philadelphia, PA, ASTM, 1982; 48.

[16] Hidy, G. M., *Aerosols: An Industrial and Environmental Science*, Orlando, FL, Academic Press, 1984.

[17] Feliu, S., Morcillo, M., and Chico, B., Effect of Distance from Sea on Atmospheric Corrosion Rate. *Corrosion* 1999; 55: 883–891.

[18] Morcillo, M., Chico, B., Mariaca, L., and Otero, E., Salinity in Marine Atmospheric Corrosion: Its Dependence on the Wind Regime Existing in the Site. *Corrosion Science* 2000; 42: 91–104.

[19] Standard Test Method for Determining Atmospheric Chloride Deposition Rate by Wet Candle Method. G140-02 [Annual Book of ASTM Standards, Vol 03.02]. Philadelphia, PA, American Society for Testing of Materials, 2002.

[20] Lawson, H. H., *Atmospheric Corrosion Test Methods*, Houston, TX, NACE International, 1995.

[21] ASTM G91 Standard Practice for Monitoring Atmospheric SO_2 Using the Sulfation Plate Technique. ASTM G91-97. [Annual Book of ASTM Standards, Vol 03.02]. West Conshohocken, PA, American Society for Testing of Materials, 1997.

[22] Abbott, W. H., and Kinzie, R., Corrosion Monitoring in Air Force Operating Environments. U.S. Department of Defense, 2003 Tri-Service Corrosion Conference, November 17, 2003.

[23] ASTM G1 Standard Practice for Preparing, Cleaning, and Evaluating Corrosion Test Specimens. [Vol 03.02]. West Conshohocken, PA, American Society for Testing of Materials, 2003.

[24] Doyle, D. P., and Wright, T. E., Rapid Method for Determining Atmospheric Corrosivity and Corrosion Resistance. In: Ailor, W. H., ed. *Atmospheric Corrosion*. New York, NY, John Wiley and Sons, 1982; 227–243.

[25] ASTM G116 Standard Practice for Conducting Wire-on-Bolt Test for Atmospheric Galvanic Corrosion. ASTM G116-99. West Conshohocken, PA, American Society for Testing of Materials, 1999.

[26] Klassen, R. D., Roberge, P. R., Lenard, D. R., and Blenkinsop, G. N., *Corrosivity Patterns Near Sources of Salt Aerosols*. Townsend, H. E., ed. [ASTM STP 1421]. West Conshohocken, PA, American Society for Testing and Materials, 2002; 19–33. Outdoor and Indoor Atmospheric Corrosion.

[27] Coburn, S., Atmospheric Corrosion. In: Korb, L. J., ed. *Metals Handbook*, 9th ed., Vol. 1, Properties and Selection, Carbon Steels. Metals Park, OH, American Society for Metals, 1978; 720.

[28] Accelerated Outdoor Test by Intermittent Spraying of a Salt Solution (Scab Test). [ISO 11474]. Switzerland, International Organization for Standardization (ISO), 1998.

[29] Roberge, P. R., What is Accelerated in Accelerated Testing: A Framework for Definition. In: Haynes, G. S., Tellefsen, K., eds. *Cyclic Cabinet Corrosion Testing, STP 1238*. Philadelphia, PA, American Society for Testing and Materials, 1995; 18–30.

[30] Meade, C. L., Cabinet Tests. In: Baboian, R., ed. *Corrosion Tests and Standards*, 2nd ed. West Conshohocken, PA, American Society for Testing of Materials, 2005; 131–138.

[31] Roberge, P. R., *Corrosion Basics—An Introduction*, 2nd ed., Houston, TX, NACE International, 2006.

[32] Steinmayer, R. F. L., Land Vehicle Management. In: *AGARD Lecture Series No. 141*. Neuilly-sur-Seine, France, NATO, 1985.

[33] Hou, W., and Liang, C., Eight-Year Atmospheric Corrosion Exposure of Steels in China. *Corrosion* 1999; 55: 65–73.

[34] Morcillo, M., Almeida, E., Marrocos, M., and Rosales, B. Atmospheric Corrosion of Copper in Ibero-America. *Corrosion* 2001; 57: 967–980.

[35] The Zinc Millennium Map Provides Potential Cost Savings. *Anti-Corrosion Methods and Materials* 2001; 48: 388–394.

[36] Standard Practice for Conducting Wire-on-Bolt Test for Atmospheric Galvanic Corrosion. ASTM G116-99. West Conshohocken, PA, American Society for Testing of Materials, 1999.

[37] Klassen, R. D., and Roberge, P. R., Aerosol Transport Modeling as an Aid to Understanding Atmospheric Corrosivity Patterns. *Materials and Design* 1999; 20: 159–168.

[38] Roberge, P., Environmental Severity Assessment and Aircraft Wash Optimization. *In: RTO-AG-AVT-140—Corrosion Fatigue and Environmentally Assisted Cracking in Aging Military Vehicles.* Brussels, Belgium, North Atlantic Treaty Organization (NATO), 2011.

[39] Kinzie, R., and Abbott, W. H., An Experimental Study of the Effects of Wash-Rinse Intervals on Corrosion. U.S. Department of Defense, 9th Joint FAA/DoD/NASA Conference on Aging Aircraft, March 6–9, 2006, Atlanta GA, November 17, 2003.

[40] Technical Manual—Cleaning and Corrosion Prevention and Control, Aerospace and Non-Aerospace Equipment. TO 1-1-691. Robins AFB, GA, Warner Robins Air Logistics Center, 2006.

[41] Veleva, L., and Kane, R. D., Atmospheric Corrosion. In: Cramer, D. S., Covino, B. S., eds. *Volume 13A: Corrosion: Fundamentals, Testing, and Protection*. Metals Park, OH, ASM International, 2003; 196–209.

[42] Feliu, S., Morcillo, M., and Feliu Jr., S., The Prediction of Atmospheric Corrosion from Meterological and Pollution Parameters-I. *Annual Corrosion. Corrosion Science* 1993; 34: 403–414.

[43] Feliu, S., Morcillo, M., and Feliu Jr., S., The Prediction of Atmospheric Corrosion from Meterological and Pollution Parameters-II, Long-Term Forecasts. *Corrosion Science* 1993; 34: 415–422.

[44] Fletcher, F. B., Corrosion of Weathering Steels. In: Cramer, D. S., Covino, B. S., eds. *Volume 13B: Corrosion: Materials*. Metals Park, OH, ASM International, 2005; 28–34.

[45] Townsend, H. E., Effects of Alloying Elements on the Corrosion of Steel in Industrial Atmospheres. *Corrosion* 2001; 57: 497–501.

第三章

水和海水腐蚀

3.1 引言

从太空中看，我们生活的星球-地球是多么的碧蓝，这种独特的景象众多其他天体都无法比拟。地球上有水，水覆盖了地球表面四分之三的面积，生命世界成分的60%～70%都是水。但是事实上，地球上仅有1%的水是可以直接使用的淡水，而大约97%的水是含盐的海水，2%的水是冰川和极地冰水。

工业发展需要充足的淡水供应。冷却系统、加工需求、锅炉给水以及清洁用水和饮用水等，人类用水需求量极大。据估计，1980年美国每天的用水需求量约为5250亿升。其中大部分水是再生水。初生水的摄取量估计每天约1400亿升[1]。如果水中不含杂质，即清洁水，几乎不需进行水质调节或水处理。

3.2 腐蚀和水质/可用性

北美人民用水量很大。在北美，约7300万消费者每年消耗大约630亿立方米饮用水，人均总用水量为475～660L/(人·天)。据最近美国自来水协会（AWWA）对室内用水的基准估计，平均用水量为245L/(人·天)。消费者的清洁水平均支出费用每四立方米为0.50～2.60美元[2]。

根据美国环保署（EPA）报告，室内管道系统及家庭用水与公共供水系统的连接管道，过去通常采用铅制管道，这种惯例一直沿用至20世纪初。因此，1986年以前建造的房屋很有可能还使用了铅制管道、管道固定装置和焊接件，自来水中仍有可能渗入大量铅，尤其是热水中[3]。此外，尽管目前绝大多数住宅管道系统中，已使用铜管取代铅管，但是铜管广泛采用铅焊连接，这被认为是20世纪90年代美国家庭铅污染的主要原因。

来自美国自来水协会（AWWA）的行业数据表明：在1995年，美国城市用水管道大约有150万千米。其污水管道系统中包含有1.6万多台套公共处理设施，每天排放约1.55亿立方米的废水。国家饮用水和污水系统的总年均直接腐蚀成本估计为360亿美元，包括老化的基础设施更换、未计量在内的泄漏水、缓蚀剂的使用、管内砂浆衬里、管外涂层保护以及阴极保护费用等[2]。

根据美国自来水协会数据，在1995年美国城市用水管道大约为150万千米。表3.1显示了这些水管材质的概况。在新建管道中，有1.5%用来延长原系统管线，另外还有0.5%用于每年的管道更换。

表3.1 美国输水管道系统材质概况［摘自1992年美国自来水协会（AWWA）的行业数据］

材质	百分比/%	材质	百分比/%
铸铁	48	PVC	9
球墨铸铁	19	钢	4
混凝土和石棉混凝土	17	其他	2

3.2.1 腐蚀影响

水有很多独有特性，对自然界中大多数无机物都具有一定的溶解性就是其中之一。因此，水中常常都会含有各种溶解的矿物质，如果这些矿物质在水线处、锅炉管壁以及其他任何与水接触表面处发生沉积，就有可能导致沉积物腐蚀等问题。溶解氧（DO）是维持水生物生命的必要物质，也是金属在水中发生腐蚀的重要影响因素。此外，腐蚀可能导致管道泄漏和破裂，影响水质，直接威胁供水系统的安全可靠性。总之，腐蚀可能产生各种不同的影响，下面分五类进行介绍[4]。

3.2.1.1 缺乏足够的腐蚀控制：弗林特危机实例

弗林特与底特律给排水部（DWSD）曾签订有长期的供水协议，弗林特使用该水资源也已近五十年。二十多年来，底特律给排水部（DWSD）一直采用正磷酸盐控制供水系统的腐蚀问题，自对供水系统的腐蚀控制方式进行优化后，就始终将磷酸盐剂量维持在常规正常水平。尽管弗林特有水处理厂，但主要是作为紧急备用处理措施[3]。

2014年4月，由于底特律给排水部（DWSD）提高了年用水价格，弗林特市议会决定将供水系统加入正在建设休伦湖原水管线的凯莱格农迪（Karegnondi）水务局（KWA）。随后，弗林特终止与底特律给排水部（DWSD）的供水协议，弗林特水处理厂开始专门处理弗林特河水。在弗林特水处理厂完全投入运营之后，密歇根环境质量部门（MDEQ）并没有依据铅铜法规（LCR）实施腐蚀控制。反而是，弗林特水处理厂获准在没有腐蚀控制情况下运行两个为期6个月的监测期，然后密歇根环境质量部（MDEQ）再根据监测数据决定腐蚀控制是否必要[3]。

在改变水源几周之后，市民就开始抱怨饮用水有色、有异味和臭味。他们上报官方，这种水会导致皮肤起疹，特别是儿童。在此期间，他们在整个配水系统中，都发现了红水和变色污水，而且大量给水干管发生破裂。通用汽车公司也抱怨这种水对发动机部件有腐蚀性，因此，在2014年10月，转而开始使用弗林特小镇的水代替弗林特河水[5]。

2015年6月，美国环保署在发给密歇根环境质量部（MDEQ）的会议纪要中特别指出，大肠杆菌最高污染水平已超标5倍。此外，纪要还指出：在弗林特民宅监测到水中铅含量很高，已违反了联邦准则，并且提醒密歇根环境质量部（MDEQ），必须对为服务人群超过50000的所有管线系统采取腐蚀控制措施，以限制铅溶出[6]。

2016年1月5日，密歇根州州长里克·斯奈德（Rick Snyder）宣布弗林特进入紧急状态，没过两周，美国总统巴拉克·奥巴马（Barack Obama）就宣布密歇根州进入紧急状态，并授权美国联邦应急管理署和国土安全部追加援助[7]。四名政府官员因危机处理不当辞职，另有一名密歇根环境质量部（MDEQ）职员被开除。关于此次危机，还有针对当地和州政府官员的 15 件刑事诉讼案件[8]。

水中含铅的问题被大量报道公开之后，于 2015 年 10 月 16 日，弗林特城又重新转回使用底特律给排水部（DWSD）用含磷约 1mg/L 的缓蚀药剂进行的休伦湖水。由于在某些住宅中检测到水中铅含量仍然很高，底特律给排水部（DWSD）于 2015 年 12 月 9 日通过在弗林特水务中心补充添加 2.5mg/L 磷酸（P），提高了磷酸盐缓蚀剂浓度[5]。

其实，有些常用水质指标就可以预测那些处理过的弗林特河水很可能腐蚀铅管。例如，采用如图 3.1 所示的判断方法，通过氯-硫质量比（CSMR）这个指标就可以预测水对铅管的腐蚀性[5]。

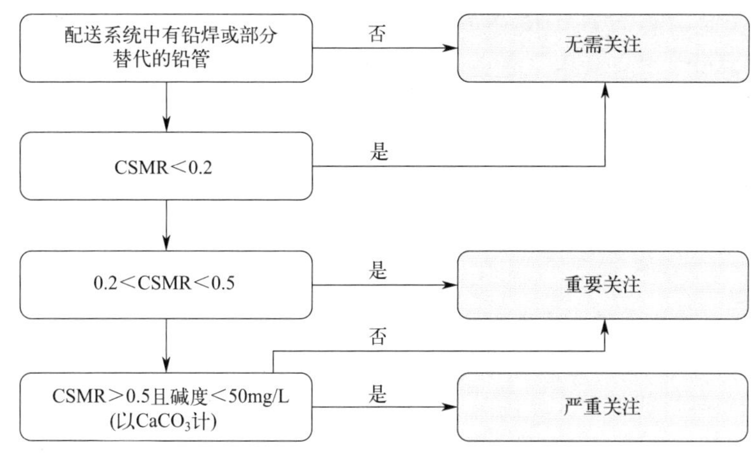

图 3.1 基于氯-硫质量比（CSMR）评估铅管腐蚀的方法[5]

3.2.1.2 健康法规

从健康角度出发，铅是对健康影响最大的金属，可通过腐蚀进入饮用水中。据估计，在美国，每天总铅摄入量的 20%左右来自饮用水。在饮用水中，铅的基本来源是铅制供水管道、排污管道系统、黄铜固定附件、连接铜管的 50∶50 锡铅焊料。铅在长时间处于静态水中时，会溶入水中。

3.2.1.3 美学和消费者感知

从美学角度来讲，铜、铁和锌的腐蚀最受人们关注。铜制饮用水管的腐蚀产物可能会形成有金属味的蓝绿色污染粒子并引起水变色。无衬里铸铁管、无衬里钢管及镀锌管的含铁腐蚀产物可能会使饮用水变色、产生沉淀、形成锈水、造成洗衣房及相关设施的红色污染、使水产生金属味、促进铁细菌和硫酸盐还原菌的生长等。锈水或红水是供水公司最常见的消费者投诉内容之一。

含锌 4～5mg/L 的水，有苦或涩味。水中含锌浓度很高时，在室温时，水面呈乳白色，而沸腾时，表面呈油脂状。

3.2.1.4 管道过早损坏及其经济影响

管道内腐蚀对输配水管线系统和用户管路系统都会带来非常不利的经济影响。通常，用户用水管系统受腐蚀最严重，因为用户管道通常都无衬里且管径小。这类管道容易产生渗漏或形成结节，可能造成流速和压力降低（图 3.2）。

近年来，许多大管径输配管线系统业主通常都采取安装衬里管道、管道局部清洗和衬里或加装阴极保护系统以防外腐蚀等措施，以保护资产。但是，现在整个北美和欧洲仍有成千上万千米的未衬里金属管道。当这些管道必须提前更换或需要进行局部清洗衬里时，维持运行费用将会超过正常标准。

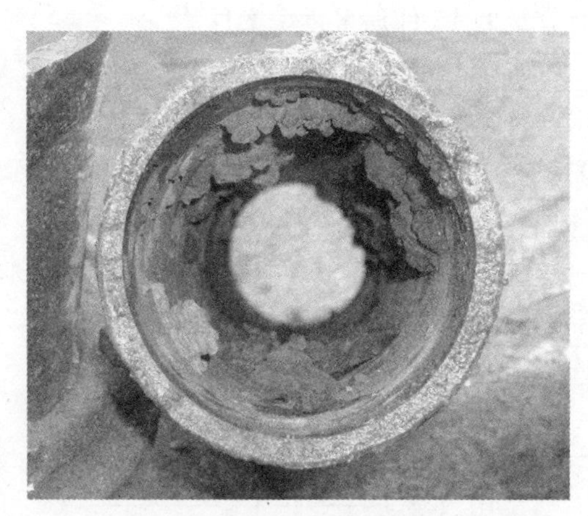

图 3.2　小管径水管中的结节
（由渥太华市政工程服务部提供）

3.2.1.5　环境问题

由于饮用水中几乎都会含有铅、镉、锌和铜等金属离子，而这些离子都是由于腐蚀产生，因此，配水管道的腐蚀还会引起环境问题。这些金属进入废水收集系统，在污泥中累积，最后可能进入垃圾堆、农田或其他地方，这与垃圾处置方式有关。金属水管腐蚀是许多社区废水中金属污染物的最大来源。

3.2.2　腐蚀管理

无论对于供水方还是消费者，系统可靠性都极为重要。但是，即使在一个独立运行系统内，腐蚀问题的差异可能也很大，因为腐蚀影响因素太多，如管道材质、管道使用年限、管壁厚、水中添加剂、缓蚀剂处理、土壤化学性质、土壤含水量和/或当地地下水位、杂散电流等[2]。表 3.2 总结了一些可能影响配水系统损伤速率和引发失效的物理、环境以及操作运行方面的影响因素[9]。

表 3.2　供水系统损伤的影响因素[9]

因素	说明
物理因素	
管材	管道的制造材料
管壁厚度	腐蚀穿透薄壁管更快
管龄	管道劣化影响作用随着服役时间延长逐渐明显
管道年份	某一特定时期制造的管道可能更容易发生失效
管径	小管径管道对横向失效更敏感
连接类型	有些类型的连接会过早失效(如铁硫密封剂接头)
止推装置	约束不足可能增加轴向应力
管道衬里和涂装	衬里管道和涂层管道对腐蚀的敏感性较低
异种金属	异种金属易发生电偶腐蚀
管道安装	实际安装操作不佳,可能造成管道损伤,容易失效
管道制造	制造错误产生的管壁缺陷的管道,容易失效
环境因素	
管基床	不合适的管基可能导致管道提前失效
沟槽回填料	某些回填料有腐蚀性或容易结冰
土壤类型	有些土壤有腐蚀性,有些土壤湿度改变会引起明显的体积膨胀,导致管道受力变化
地下水	有些地下水对某些管道有侵蚀性

续表

因素	说明
环境因素	
气候	气候影响冰冻深度和土壤湿度。北方地区必须考虑长期冰冻问题
管道位置	道路化冰盐的迁移渗透进入土壤,会增大腐蚀速率
电子干扰	管道附近地下电子干扰能导致管线支撑结构和承载结构的实际损伤或变化
杂散电流	杂散电流能引发电解腐蚀
地震	地震可使管道应力增大,产生压力冲击
运行状态影响	
内部和瞬时水压	内部水压变化将影响管道的受力状态
渗漏	渗漏液侵蚀管基,增大管线区域土壤湿度
水质	有些水有侵蚀性,促进腐蚀
流速	无衬里的主管终端的内腐蚀速率较大
可能发生逆流	交互连接系统的非饮用水可能污染配水系统
运行和维护(O&M)实践方式	不良实际运行方式可能影响结构完整性和水质标准

美国自来水厂协会（AWWA）提出采用一个六步法对配水系统的内腐蚀进行评估和控制，如图3.3所示[4]。尽管此方法看似简单明了，但是如果想要解决实际管网中每个系统中间的一些细节问题，其实仍然相当复杂。特别是，这个程序主要针对老旧系统，没有考虑新系统的腐蚀预防。使用这个程序的条件是：假定管道腐蚀已经发生，但是仅发生在管道内部。尽管采用这个方法可以准确合理地计算每个系统的成本，但评估系统之间的相互作用很困难。系统规模、分布位置、服务人口、使用材质、水质、土壤状况，所有这些都会显著影响腐蚀敏感性。

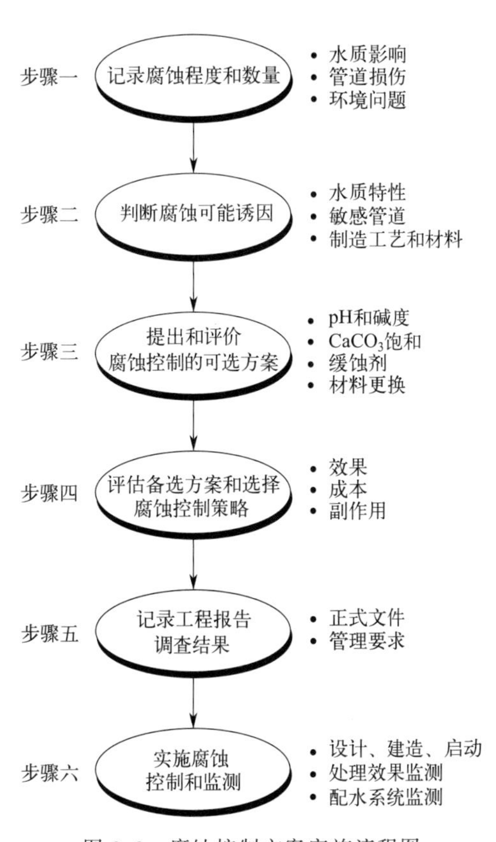

图3.3 腐蚀控制方案实施流程图

3.2.2.1 短期腐蚀管理

由于消费者投诉而暴露出来的问题，通常都是一些短期的腐蚀问题，如红色或黄色锈水、或水压突然降低等。铁锈色水一般是由于腐蚀产物从内管壁脱落进入水中而导致，而水压突降则可能是由于输水和配水系统发生泄漏。

一般而言，地下管线的泄漏点通常很难发现，因为起初的泄漏量可能很小，在一段时间内根本无法检测到。然而，如果一旦发生严重泄漏，仿佛水就来自地面，此时就会造成局部水患。再加上水流失的损失，总损失可能很大，而且维修工作量也将大大超过修复小泄漏所需工作量[2]。

3.2.2.2 长期腐蚀管理

一般来说，通过委派专业维修和检查团队查找系统泄漏和失效、研究系统完整性，可以显示出长期腐蚀影响。有些大型公共事业服务公司都配有专门腐蚀团队，通过在净化水循环系统中设置的腐蚀回路内进行挂片失重实验来监测水质。通常，这些试片由不同材料制成，分别暴露在不同水速条件下，监测人员定期测量这些试片失重，进而确定平均腐蚀速率。

为确保水质合格，监测人员还会按照惯例进行水样分析。人们在评估腐蚀问题时，常常也会利用水样分析结果。例如水的 pH 值，无论是对于消费者还是系统完整性，都很重要。在处理流程中添加 pH 调节剂，可将 pH 值保持在设定范围之内。

3.2.2.3 长期腐蚀管理规划的必要性

由于供水系统的预期使用寿命都会很长，因此，从长远角度进行腐蚀管理十分必要。但遗憾的是，有些管理者一味追求短期的压缩成本，而并未放眼于长期投资。例如，在过去一个多世纪以来，由于市场上有管壁更薄、强度更高的管道可供选用，因此实际所使用的铸铁和球墨铸铁水管的平均壁厚越来越薄[2]。但不幸的是，大量研究结果已证实：球墨铸铁或钢的腐蚀速率与其强度并没有明显的依赖关系[10]。因此，管壁越薄，腐蚀裕量越小，失效就会越来越频繁。腐蚀穿透整个管壁所需时间与管壁厚度的平方正好成正比，如管壁减薄 50%，则腐蚀寿命将缩短至原厚度对应寿命的 25%。

3.2.2.4 用水管线管理框架

直到最近，管理和预防管道失效的主要手段仍然是基于每千米管道破裂数量的简单统计分析以及检漏等被动检测技术。尽管这些手段对于管道失效管理非常有用，但是随着用水系统管道新技术和知识的不断发展和应用，人们已完全有可能开发出更为准确有效的维护管道完整性的方法。依据最近提出的腐蚀管理框架，如图 3.4 所示，人们可在现役系统中引入这些新技术，甚至在必要的研究和开发工作完成之前就开始使用[11]。

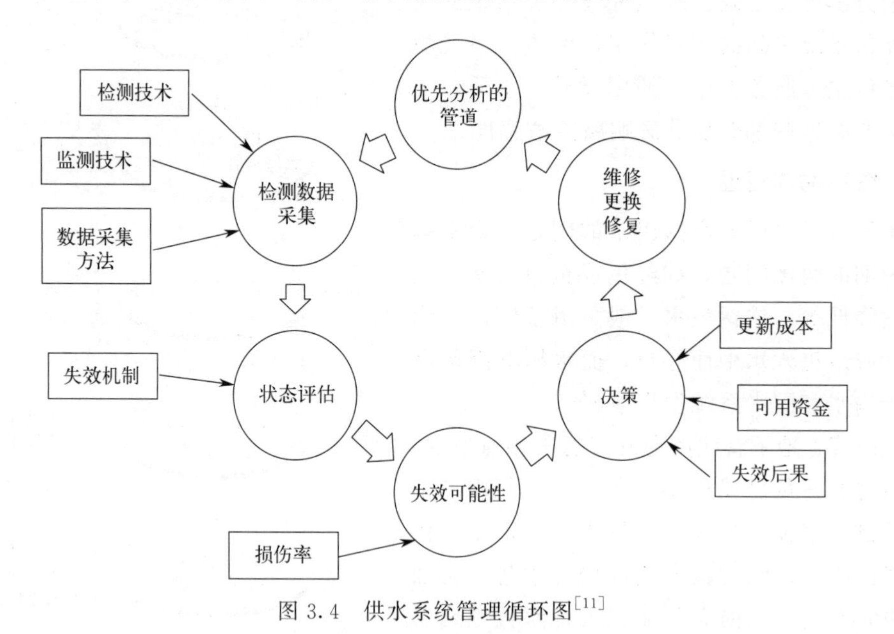

图 3.4 供水系统管理循环图[11]

这个框架的主体是采用无损评估技术去反映管道状态。所有管道最终都会失效，但失效速率取决于管道材质、实际暴露环境和运行条件。这个框架最重要的特点是关于管道管理的循环属性。系统中每个管道都需要定期检测以及状态重新评估，以便确定维护或改善措施。循环的切入点是标记为“优先分析的管道”所选区域管道，如图 3.4 所示。我们在对某一管道采取任何其他附加措施之前，首先必须选择该管道进行分析。

第二个重点是针对配水系统和输水系统的维修和检测策略应该有所不同，以体现输水管线的失效后果比典型配水管线的要严重得多。此外，一个对配水系统而言并不经济可行的措施，但是有可能很方便地用来预防输水系统的失效。事实上，单一配水系统的失效后果影响小也说明配水系统应重在失效管理，目的是将寿命周期成本降至最低，而由于输水系统的失效后果影响大，采取更积极主动的失效预防措施更为合适[11]。

3.2.3 状态评估技术

由于输配水系统管道位于地下，对它们进行损伤检测很困难。因此，判断用水公共设施状态是否完好，主要依赖破损记录、检漏、用水核查等技术手段。这些技术手段，尽管在优化维修和更换工作时非常有用，但也存在被动性技术的自身局限性。无论何种情况下，只有在管道发生某种形式的失效之后，水管系统的问题才能显现出来[12]。

表 3.3 列出了各种金属水管检测技术名称及其相对优缺点。类似地，表 3.4 列出了各种预应力混凝土管道的检测技术名称及其相对优缺点。从表 3.3 可以明显看出：检测金属水管的大多数技术可以相互补充，并非互相排斥。用水核查可提供大范围配水管网状态的相关响应信息。如图 3.5 所描述的声学检漏法可以发现已破裂或受损的管道[12]。腐蚀监测可能识别出管道上的腐蚀活性区域，而远程在线检测有可能发现管道失效前的损伤。一个完整诊断方案可能需要使用所有这些检测方法。

表 3.3 金属水管干管诊断技术比较[12]

技术名称	优点	缺点
区域用水核查	• 成本低 • 快速覆盖城市大部分区域 • 适用于不同区域间水量损失比较 • 作为其他技术的筛选手段 • 可用于评估维修方案的有效性	• 不能准确定位泄漏点 • 需要区域系统是孤立的 • 必须在晚上进行 • 只能给出现存问题概况
声音/声学检漏	• 应用广，技术成熟 • 能准确查找泄漏部位 • 能查找不同大小漏点 • 从管线外部操作	• 漏检百分率未知 • 目前最适合金属水管 • 仅能给出管线当前状态（预测价值很小） • 存在背景噪声干扰问题
远程在线检测（深度计）	• 当前最先进技术 • 检测点蚀区域及穿孔 • 能预估管线剩余寿命	• 比检漏仪更贵 • 需要进入管线内部，可能需清洗管道 • 对管线剩余寿命与蚀点尺寸之间关系的认识尚不完全 • 仅限于大小不超过 $3cm^3$ 的小孔
漏磁检测	• 油气行业中的成熟技术 • 能检测钢管内小的缺陷和通孔	• 还没在水管中商业应用 • 需要进入并完全清洗管道内部
超声	• 最通用的无损检测（NDE）技术 • 石油行业中的成熟技术	• 通过腐蚀瘤时会失灵 • 还没在水管中商业应用 • 需要进入并完全清洗管道内部
土壤腐蚀性检测	• 使用简单 • 可作为更昂贵方法的初步筛选	• 城市不同区域腐蚀性水平可能相似，使用困难 • 并非总是与实际腐蚀相关
半电池电位测量	• 使用简单 • 可作为更昂贵方法的初步筛选 • 一种非常成熟的检测埋地目标处腐蚀活性的方法	• 杂散电流和土壤状态等因素可能会影响测量结果 • 结果准确性取决于测量点之间的距离 • 不能检测小区域的局部腐蚀

表 3.4 预应力混凝土水管检测方法比较[12]

技术名称	优点	缺点
半电池电位测量	• 标准技术 • 结果容易解释 • 执行简单 • 不需进入管道内部	• 实践经验表明对于城市中管线，此方法无效 • 能说明在管线上或其附近存在腐蚀活性，但不能表明损伤程度
外观检查和探测	• 成功检测管道损伤，历史最悠久 • 混凝土状态检测	• 需要人进入管道 • 不提供金属丝断裂的直接信息 • 不清楚是否所有金属丝断裂都会导致混凝土的明显损伤 • 本质上具有主观性，取决于团队检测技能
声学监测	• 在运行管道中进行 • 能探测到监测期内金属丝断裂并进行定位 • 适用于所有类型的预应力混凝土管道	• 仅能检测在监测期内发生的损伤
远程在线检测	• 能检测单根或多根金属丝断裂 • 可给出完整的管线损伤图	• 目前仅能用于检测埋入式管道 • 需要人进入管道
冲击回波/表面波的频谱分析	• 混凝土状态检测 • 客观测量系统	• 不能给出金属丝断裂的直接信息 • 比远程在线检测速度慢 • 要求是空管道

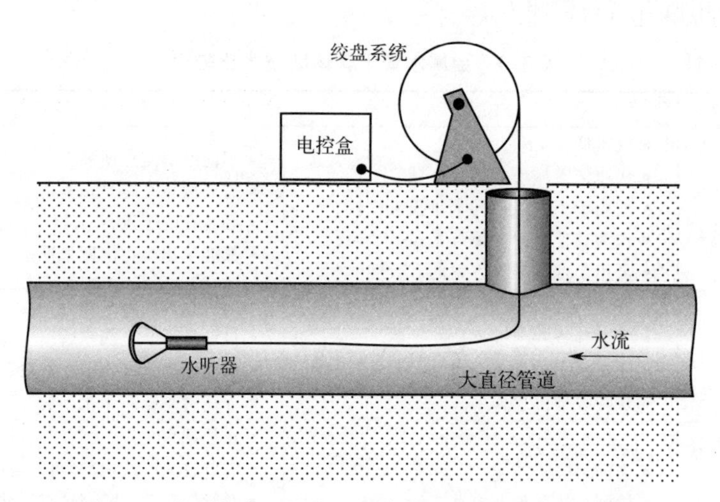

图 3.5 水研究中心的大口径管道泄漏检测系统示意图

3.3 水的类型

人们通常喜欢依据水的性质、用途或来源对水进行分类。但是这些分类中，有些类别的含义非常具体，而有些却非常宽泛甚至不明确。一个更实用的方式是根据水的组成来分类，如氯化物含量低于 1000mg/kg 的淡水、含 1000～25000mg/kg 或 0.1%～2.5%氯化物的苦咸水、含 2.5%～3.5%氯化钠的海水以及氯化物浓度更高的卤水[13]。

水的腐蚀性变化非常大，与水质成分及所用合金材料密切相关。在很多情况下，大量活性水生物的影响也非常重要，它们的新陈代谢产物对许多金属有直接或间接的腐蚀作用。

3.3.1 天然水

天然水，其物理、化学及生物特性，随季节性变化很大。在所谓的季节变换过程中，氧、营养素、pH值及其他对腐蚀污损有重要影响的因素，都或多或少与预测值有所不同。任何一个监测方案，如果未将这些变化因素考虑在内，都是一个对体系的生物和化学性能考虑不周全的方案。

3.3.1.1 淡水

淡水，可能来源于地表或地下，通常氯化钠含量小于0.1%（小于1000mg/kg）。淡水既有可能是硬水（富钙镁盐），也有可能是软水（少钙镁盐），因此淡水有可能与普通肥皂反应形成不溶性凝乳。事实上，水的硬度有不同水平，可通过朗格利尔饱和指数（Langelier）或雷兹钠（Ryznar）稳定指数（后面将要讨论）估算，或通过标准络合剂溶液滴定法精确测定（如乙二胺四乙酸盐）。

淡水的两个最重要的来源是地表水和地下水。雨水或地表冰雪融化水，其中一部分渗入地下，而另一部分则聚集于池塘、湖泊或汇入小溪和大河。后一部分称为地表水。随着水流经陆地表面，流水中会溶解某些矿物质、挟带细小颗粒及有机质悬浮物。这些地表水中杂质数量和性质受地区的地形特征和地质构造属性的影响。

渗入地壳内汇入地下水池和地下河流的那部分水称为地下水，是井水和泉水之源。地下淡水与地表淡水有三个关键不同点，其中两个对工业应用有利。地下淡水温度相对恒定，且一般也无悬浮物。但是，由于水中溶解二氧化碳的增溶效应以及长时间滞留的影响，在同一地理区域，地下淡水中矿物质含量可能比地表淡水中的高。

水中溶解的、成胶质状的或悬浮的各种物质的浓度一般都比较低，但是也有很大差异。例如公共场所供应水，有时碳酸钙硬度值可能达到400mg/kg，但溶解铁含量不允许超过1mg/kg。另外，高压锅炉或核反应堆等辐射作用很大的净化水中，杂质都以非常小的单位进行计量，如1μg/kg或每升水中1μg/L。饮用水分析主要是污染物和微生物含量，而工业用水分析更关注矿物质含量。水中重要成分可分为如下几类[14]：

- 气体溶解量（氧气、氮气、二氧化碳、氨气、含硫气体）；
- 矿物质成分，包括硬度盐、钠盐（氯化物、硫化物、硝酸盐、碳酸氢盐等）、重金属盐及二氧化硅；
- 有机物质，包括动植物有机质、油类、工业废水（包括农业）成分以及合成清洗剂；
- 微生物，包括各种藻类和细菌黏泥。

表3.5列出了大多数天然水的典型分析检测内容，其中包括常见的水中检测物类别、问题以及相应的水处理措施。

表3.5 淡水中常见的杂质问题和处理方式

成分	化学式	产生问题	处理方式
浊度	无，单位依据分析方法而定	使水浑浊不堪；在水管及处理设备等处沉积；与很多工艺过程冲突	凝聚、沉降、过滤
硬度	以碳酸钙（$CaCO_3$）形式表示钙镁盐含量	热交换设备、锅炉、管道等结垢的主要来源；与肥皂反应形成凝乳，妨碍染色处理等	软化、除盐、锅炉内水处理、表面活性剂

续表

成分	化学式	产生问题	处理方式
碱度	以碳酸钙($CaCO_3$)形式表示碳酸氢根、碳酸根含量	产生泡沫;携带含汽颗粒;锅炉钢脆裂;蒸汽中碳酸氢盐和碳酸盐产生 CO_2,冷凝管的腐蚀源	石灰和石灰苏打软化,酸处理,氢氟石软化,除盐、阴离子交换脱碱
游离无机酸	以碳酸钙($CaCO_3$)形式表示 H_2SO_4、HCl 含量	腐蚀	用碱中和
二氧化碳	CO_2	水管腐蚀,尤其是蒸汽和冷凝管	曝气、除气、碱中和
pH	(H^+)	pH 值随水中酸性或碱性物质含量变化;多数天然水 pH 值在 6.0～8.0	可以用酸或碱调节
硫酸盐	(SO_4^{2-})	增加水中固体物含量,但一般不明显;与钙结合形成硫酸钙垢	脱盐
氯化物	Cl^-	增加了固体物含量,使水腐蚀性增大	脱盐
硝酸盐	(NO_3^-)	增加固体物含量,但一般不明显;高浓度硝酸盐会导致婴儿高铁血红蛋白血症;有助于控制锅炉合金脆裂	脱盐
氟化物	F^-	造成牙齿氟牙症;也用于预防龋齿;一般工业意义不大	用氢氧化镁、磷酸钙、骨炭黑、明矾吸附
钠	Na^+	增加水中固体含量,某些情况下与氢氧根结合促进锅炉腐蚀	脱盐
二氧化硅	SiO_2	锅炉和冷却水系统中结垢;由于二氧化硅汽化,在涡轮叶片上形成不溶沉积物	用镁盐热法除去;用强碱性阴离子交换树脂吸附,结合脱盐处理
铁	Fe^{2+} 和 Fe^{3+}	水变色;水管、锅炉等中沉积物来源;妨碍染色、制革、造纸等	曝气、凝聚、过滤 石灰软化、阳离子交换、接触过滤、表面活性剂
锰	Mn^{2+}	与铁相同	与铁相同
铝	Al^{3+}	一般是沉淀池中絮状物残留;能在冷却系统中形成沉淀,促进锅炉结垢	改善沉淀池和过滤器运行状态
氧	O_2	水管、热交换设备、锅炉、回流管线等的腐蚀	除气、亚硫酸钠、缓蚀剂
硫化氢	H_2S	臭鸡蛋味 腐蚀	去气;加氯处理;强碱性阴离子交换
氨	NH_3	腐蚀铜及锌合金,形成可溶性的络合离子	用氢氟石阳离子交换;加氯处理;除气
可溶性固体颗粒	—	通过蒸发,测量可溶物总量;高浓度可溶物是不利的,由于干预处理过程,在锅炉中产生泡沫	各种软化处理可以降低可溶物含量,如石灰软化、氢氟石阳离子交换;脱盐处理
悬浮物	—	重量分析法进行不溶物测量;在换热器、锅炉、水管等中沉积	先通过凝聚、沉降,再过滤
总固含量	—	通过重量法测定可溶性和悬浮固体物总量	参见可溶物和悬浮物部分

天然水 pH 值通常都在 4.5～8.5，很少偏离此范围。在高 pH 值水中，钢铁的腐蚀可能会受到抑制；而低 pH 值水中，钢铁腐蚀可能会产生氢气，但在天然水中并不常见。铜在酸性水中可能会发生轻微腐蚀，少量铜离子进入溶液，可能使织物和卫生洁具染绿。此外，常见的铝制暖气片表面或镀锌管表面，如果发生铜的再沉积，可能会形成一个极具侵蚀性的腐蚀电池，造成金属结构的严重点蚀。

不含溶解气体（如氧气、二氧化碳、二氧化硫等）的纯水，对大多数金属和合金而言，即使温度达到水沸点，也不会造成过度腐蚀。除了镁和铝之外，几乎所有常用结构金属，在高纯水和蒸汽中，即使在约 450℃高温条件下，都能保持足够好的耐蚀性。

从腐蚀角度而言，水中最重要的成分是来自空气中的溶解氧（DO）。氧既是阴极去极化剂又是氧化剂。作为阴极去极化剂，溶解氧（DO）能消耗电化学腐蚀过程中阴极区域的氢离子，加速腐蚀。作为氧化剂，溶解氧（DO）能在金属表面发生还原反应，直接参与电化学过程。

溶解氧（DO）对碳钢腐蚀的影响如图 3.6 所示[15]。应该注意的是：图 3.6 中所示结果说明随着温度升高，由于反应动力学过程加速，钢腐蚀速率增加。而表 3.6 中所示水中溶解氧量随着温度升高和含盐量增大而下降，仅仅只是代表了图 3.6 中三条曲线各自的上限值。

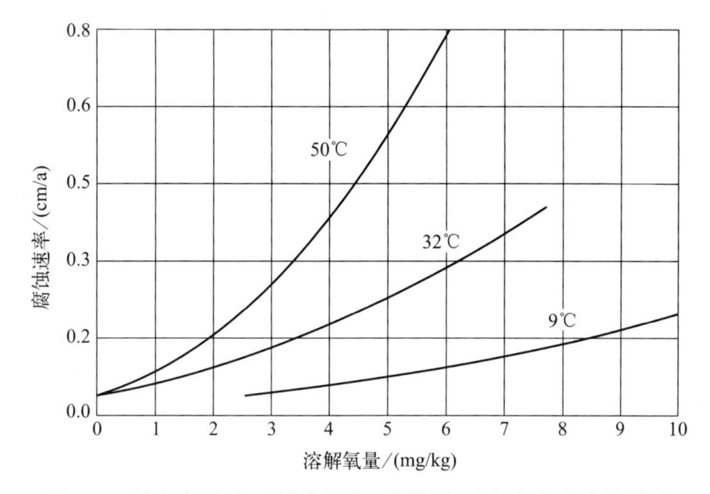

图 3.6　溶解氧浓度对低碳钢在不同温度下自来水中腐蚀影响

表 3.6　暴露在空气中不同温度和盐浓度的水中溶解氧量

含氯量①/‰	0	5	10	15	20
含盐量②/‰	0	9.06	18.08	27.11	36.11
温度/℃	溶解氧量/(mg/kg)				
0	14.58	13.70	12.78	11.89	11.00
5	12.79	12.02	11.24	10.49	9.74
10	11.32	10.66	10.01	9.37	8.72
15	10.16	9.67	9.02	8.46	7.92
20	9.19	8.70	8.21	7.77	7.23
25	8.39	7.93	7.48	7.04	6.57
30	7.67	7.25	6.80	6.41	5.37

① 含氯量（氯度）指总卤素含量，通过硝酸银滴定测量，单位‰。

② 含盐量（盐度）指海水中总含盐量，一般通过经验式估算，即氯度×1.80655，单位‰。

图 3.7 同样也显示了随着温度的升高，水中溶解氧对腐蚀的影响规律，并比较了在密闭容器中与敞开容器中加热沸腾除气的不同影响结果[15]。在密闭容器中，随着温度升高，水中溶解氧量随着压力增加而增大，腐蚀速率持续增大。因此，在实际热水系统和锅炉中，水中溶解氧必需除去。

水中其他能促进腐蚀的组分还有源于工业或自然环境中的氯化物、二氧化碳和碳酸盐、

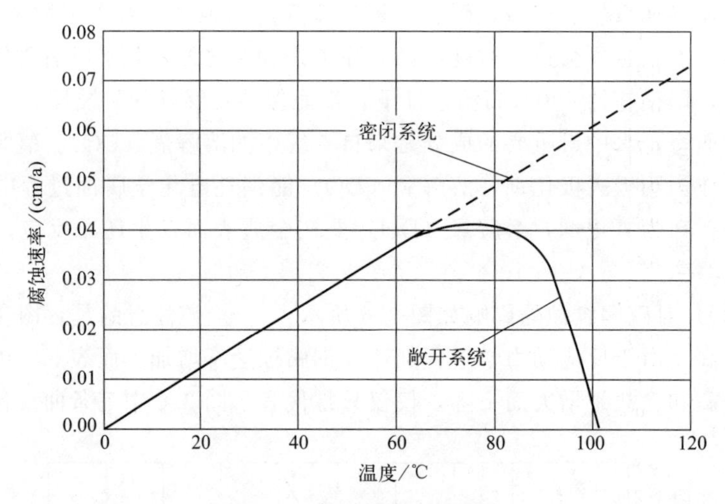

图 3.7 氧对钢的腐蚀影响

硫化物、氨等。此外，如果工业排污进入水源，在局部区域可能还有很多人工合成污染物。与其他化学反应一样，在未形成不溶性垢层、未去除腐蚀性气体成分或未添加缓蚀剂来保护的情况下，随着温度升高，腐蚀反应会加速。

表面垢层有两个相反的作用。其积极作用是垢层能对基体提供一定的保护作用，负面影响是由于形成的垢层附着力不好，促进孔、裂纹及其他孔隙部位的点蚀。此外，如果垢层达到一定厚度，会影响金属传热效率。在某些应用场合，需要通过金属进行热交换，此时金属表面沉积垢也就成了一个很重要的问题。因此，当在水环境中使用金属材料时，金属表面垢的形成和生长也是一个很关键的影响因素。

图 3.8 显示了在两个不同温度条件下溶解氧和 pH 值对钢腐蚀速率的影响[16]。在很宽的 pH 值范围内（约 5～9）的水中，金属的腐蚀速率可简单地依据溶解氧（DO）量来表示[如：(μm/a)/(mL DO/L 水)，即（微米/年)/(毫升溶解氧/升水)]。在 pH 值降至大约 4.5 之后，酸腐蚀（析氢腐蚀）开始，并超过了溶解氧（DO）腐蚀（吸氧腐蚀）。在 pH 值达到约 9.5 或更高，生成的不溶性氢氧化铁 [$Fe(OH)_3$] 或磁铁矿（Fe_3O_4）沉淀可使腐蚀减慢。但是，铝、锌和铅等两性金属对高 pH 值环境很敏感，因此在碱性环境中，它们的腐蚀速率也会增大。图 3.9 比较了 pH 值对铁和铝在水中腐蚀行为的不同影响。

3.3.1.2 苦咸水

苦咸水，含有 0.1%～2.5%的氯化钠（1000～25000mg/kg)，可能由于其他淡水周围的自然条件（如盐沉积）引起，或者海水稀释（如潮汐河流）。苦咸水与露天海水在其他方面也有些不同。如：由于苦咸水中营养盐浓度更高，生物活性明显增强，因此污损也可能更严重。另外，苦咸水中悬浮固体物量明显增加，比露天海水高两个数量级[17]。沿海苦咸水与海水相比，主要有如下不同：

(1) 由于盐浓度较低，氧含量可能不同，一般温度较高，以及污染较重；

(2) 由于稀释作用，氯化物含量降低；

(3) 由于稀释作用，比电导率降低；

(4) 有机质浓度和种类通常会增加；

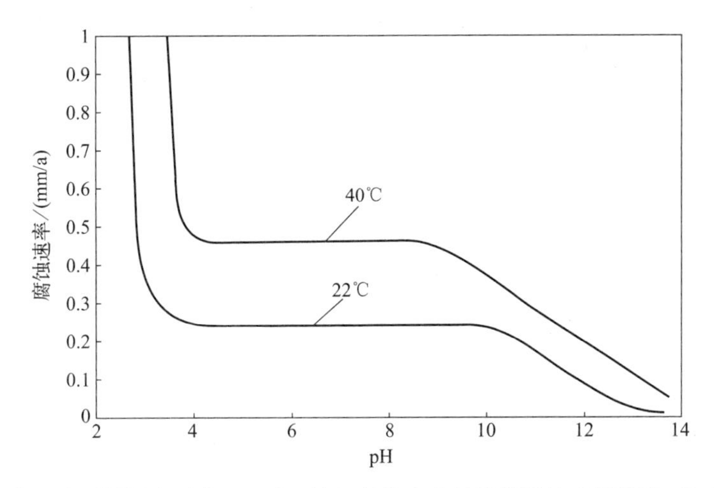

图 3.8　在两个不同温度下含 5mg/kg 溶解氧的水中的铁腐蚀速率随溶液 pH 值的变化

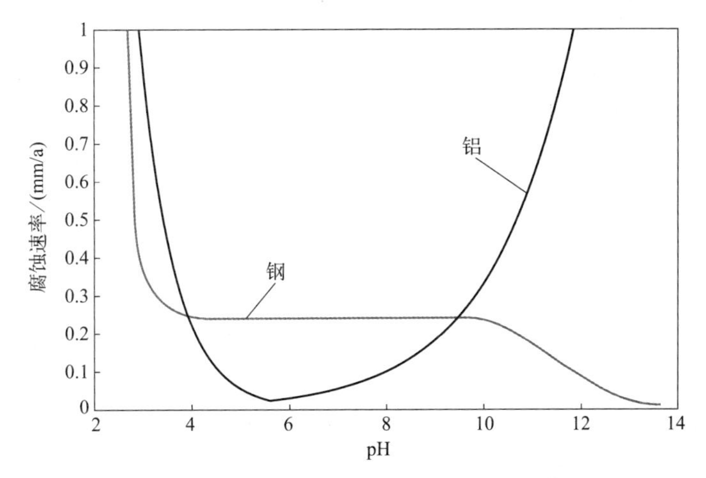

图 3.9　相同温度下铁和铝的腐蚀速率随 pH 值变化图

(5) 污垢增多常常导致屏蔽作用增强，因此氧还原的均匀腐蚀速率降低；

(6) 苦咸水中悬浮物含量增大可能对腐蚀过程产生明显影响，通常与水流速度作用相关。

在海港、海湾及其他入海口，水中污染物数量和种类可能存在明显差异。造成这些差异的主要环境因素有：盐度、污染程度、泥沙淤积，可以是上述单独某一因素或多种因素组合。而且，这些因素可能对其中某一类微生物影响特别大。这些因素，除了有可能造成同一入海口不同区域之间的差异，也可能导致封闭水域和露天沿海水域之间的污染污损差异。就此而言，近海沿岸海域污染污损程度与接触自然污染源的难易程度密切相关。此外，局部气流、平均温度、季节效应、水深、透光等因素也都会有影响。在沿海区域，污染物也是相当重要的影响因素且变化非常大。污染物的两个主要来源：

- 工业、农业或生活垃圾等废弃物：重金属离子、磷酸盐和硝酸盐等营养素、溶解的有机物等；
- 海水中细菌和生物代谢过程中的产物。

苦咸水是否比海水侵蚀性更强，与其成分有关。在潮汐入海口，碳钢腐蚀速率最大的区域在潮汐区之下，而在露天海水中，腐蚀最严重区域在浪花飞溅区[13]。

3.3.2 净化水

3.3.2.1 饮用水

饮用水是淡水，是为了饮用安全，通常采用氧化性杀菌剂（如氯或臭氧）进行杀菌消毒处理过的淡水。净化处理工作通常由负责社区饮用水的处理和供给的饮用水公共事业部门负责完成。在发达国家，尽管只有不到1%的饮用水被饮用消耗，但所有配送至家庭的用水，如食物制作、洗浴、洗涤、浇花、取暖、降温等用水，都是经过处理达到了饮用水标准。

净化处理水的历史已有数千年，但直到19世纪人们发现严重流行病与下水道中细菌有关之后，相关部门才制定了相关的饮用水安全规范[13]。今天，世界卫生组织（WHO）、欧盟（EU）、美国环保署（U. S. EPA）以及很多其他组织，针对饮用水中微生物及有毒物，都有非常明确的限制，并制定了一整套的标准。

饮用水电阻率一般在1000～5000Ω·cm。显然，其中某些无机矿物成分也受到限制。例如氯度（含氯量），即氯离子含量应小于250mg/kg（美国）或400mg/kg（国际标准）。

3.3.2.2 蒸馏水或软化水

蒸馏或混合床离子交换可降低水中总矿物含量，对水进行净化提纯。纯化等级可定性描述（如三次蒸馏水），但对蒸馏水和软化水，公认的分级方式是根据其电导率或电阻率来划分。脱盐处理其实就是去除溶解的矿物质，是一种经济有效的硬水处理方式。最常用且经济有效的脱盐方法就是去离子和反渗透处理。

去离子处理是让水流经混合树脂床，通过两种离子交换树脂选择性地去除阳离子和阴离子，从而去除水中矿物质。阳离子被氢离子取代，阴离子被氢氧根离子取代。混合床非常有效，可以将水硬度降低至几乎为0mg/kg。此类水显示ECA❶值为0（离子电荷中性）。树脂床需定期冲洗或反冲洗，去除所有污染物以及预防微生物。此外，树脂床还需要定期进行再生处理。

反渗透处理原理是：在高压和不同流动条件下，利用反渗透作用驱动水通过一个半透膜，从而去除其中矿物质。这个反渗透过程，可以去除差不多95%的水中矿物质离子。反渗透装置需与硬水软化器结合使用，即首先通过硬水软化器将水软化达到反渗透工艺要求。过滤器需适时冲洗，必要时还需进行更换。微生物污染物也需进行定期监测。

3.3.2.3 蒸汽冷凝水

除了溶解的气体杂质和有意加入的添加剂（如中和或被膜有机胺类化合物）之外，工业蒸汽冷凝水在纯度上已达到了去离子水的标准。蒸汽冷凝系统中，频繁发生的严重腐蚀问题，大多数都是由溶解的二氧化碳而引起，而且溶解氧（DO）也会加速腐蚀。CO_2引发锅炉在热碱性溶液中的应力腐蚀开裂，主要就是由于锅炉给水中含有碳酸氢根离子。在锅炉运行温度下，碳酸氢根离子会发生如下反应：

$$2NaHCO_3 \longrightarrow Na_2CO_3 + CO_2(g) + H_2O \tag{3.1}$$

---

❶ ECA（电动电荷）是水的电荷强度指标（阳离子或阴离子电荷程度）。

$$Na_2CO_3 + H_2O \longrightarrow 2NaOH + CO_2(g) \quad (3.2)$$

反应式(3.1) 所示的碳酸氢盐转化为气态二氧化碳的反应，与锅炉温度、压力以及停留时间有关。由于二氧化碳极易挥发，随着锅炉蒸汽逸出，而在冷凝点，蒸汽中部分二氧化碳会溶于凝冷水中，形成碳酸，进而电离产生氢离子，如方程（3.3）所示。

$$CO_2(g) + H_2O \longrightarrow H_2CO_3 \longrightarrow H^+ + HCO_3^- \quad (3.3)$$

氢离子使蒸汽冷凝系统中铁和铜合金表面发生酸腐蚀。简化的铁腐蚀反应如反应式（3.4）所示：

$$Fe(s) + 2H_2CO_3 \longrightarrow Fe(HCO_3)_2 + H_2(g) \quad (3.4)$$

在此氧化还原反应中产生的 $Fe(HCO_3)_2$ 有一定的溶解性和电离能力。此外，$Fe(HCO_3)_2$ 的形成反应还与溶解度更低的 $Fe(OH)_2$ 的形成反应或 $Fe(OH)_n^{n-2}$ 等胶体粒子的形成反应之间存在竞争[18]。

溶解氧（DO）可能是冷凝系统腐蚀的另一个重要原因。由于锅炉给水除气不足或不当、泵密封处、接收端以及法兰盘处漏气、换热器泄漏、真空系统入口处空气泄漏等原因，可能会造成蒸汽凝结水被氧污染。在有氧存在时，除了作为铁氧化反应对应的阴极反应之外，氧还可能引起另一个氧化过程，如反应式(3.5) 所示。这个反应释放二氧化碳，使铁的整个腐蚀进程能自我维持。

$$4Fe(HCO_3)_2 + O_2(溶解) \longrightarrow 2Fe_2O_3(s) + 4H_2O + 8CO_2(g) \quad (3.5)$$

如果重复使用冷凝水作为锅炉给水，冷凝系统会过度腐蚀，其后果可能不仅仅是造成昂贵设备失效和维护成本增加，而且也可能造成锅炉换热表面金属氧化腐蚀产物的沉积，降低蒸汽发生效率，增加燃料成本。另外，沉积物也可能导致炉管长期过热而失效。

3.4　冷却水系统

大多数工业用水都是为了去除生产过程中产生的热量。这是工业用水的主要用途之一，也是工厂选址和工艺设计的一个重要考虑因素。冷却系统腐蚀失效形式很多，其中主要原因是冷却水系统设计、温度、流速、水的化学状态、合金成分以及运行工况等的变化，都可能产生很大差异。在冷却水系统中，工艺物料流的化学状态几乎无时无刻不在变化。炼油和化工厂中，一个单独车间可能就会用到几百台换热器，而其中工艺物料流的化学状态也各不相同[19]。

冷却水系统有三种基本类型，直流式、密闭循环式(非蒸发）以及敞开循环式(蒸发)。真正的密闭系统是一个在运行过程中既无水损失也不进行补水的系统。但是敞开体系必须补加水以弥补蒸发水损失。敞开式循环体系利用冷却塔和喷淋池去耗散大量热，在利用循环水散热量有限，不足以满足需求时，可以考虑使用。

在密闭系统（非蒸发）中，水损失量很小，系统中水溶物总量有限。因此，密闭系统中矿物质沉积积累速率比需要大量补水的系统慢得多。敞开式循环系统（蒸发）和直流系统会接触大量溶解物、固体悬浮物以及生物质。因此，敞开体系中污损和腐蚀问题普遍比真正密闭系统要显著得多。

3.4.1　直流式系统

按照惯例，工业企业都愿意在冷却水供应充足的地区发展。最初，用水管将水输送到工厂，再将其排出返回至水源地，即采取直流方式，就足以满足需求。对水化学状态的控制仅仅有名无实。而事实上，试图对大量直流水进行化学处理，从经济上而言，也很荒谬不可取。

此外，在冷却水中，即使添加低至最小临界剂量的处理药剂（如 1～2mg/kg 的六偏磷酸钠），可能也不符合现代环保标准。现在许多国家和地区都禁止将冷却水返回水源地，即使源水组分浓度在引水口比回水口还高，也不允许。有些地区，甚至连热污染也被禁止，因为排放同样的水，如果水温比入口处温度更高，可能会伤害某些物种（如牡蛎养殖场）。

对于直流冷却系统，目前人们似乎已达成一个共识，即：在允许采用直流冷却系统的情况下，无论是淡水是海水，设备制造材料都必须能耐水腐蚀。因为我们必须假定所有暴露在空气中的天然水对钢铁都有腐蚀性。本无腐蚀性的河水，为满足适宜垂钓鱼类的生活环境，经过充分净化处理之后，就会变得具有腐蚀性。杀菌处理同样也会有不利影响。杀菌处理与环境问题本身相互矛盾，除非对排放污水进行处理，清除其中的杀菌成分，而在大多数情况下，清除杀菌成分的代价极高。

3.4.2 密闭式循环系统

密闭式循环系统的特点是水量基本保持恒定，非常适合采用化学处理方式来控制腐蚀，且允许大量使用化学药剂。采用空气冷却的汽车散热器冷却系统，以及可能是空气冷却，也可能通过与其他类型冷却水系统进行热交换排出显热的发动机缸套冷却系统，是典型的密闭循环系统。在某些地区，工厂可能首先使用净化淡水的密闭回路系统进行冷却处理，接着再将淡水在直流海水冷却的大型换热器中进行冷却。

此外，在汽车散热器所使用的全天候型乙烯乙二醇类溶液中，我们必须加入一些复合添加剂，包括缓蚀剂、稳定剂和缓冲剂。如果没有合适的商用缓蚀剂，在 70℃的 40%乙二醇溶液中，铁和钢的腐蚀速率在 250～500μm/a，铜、黄铜、焊接部位以及铝制零件的腐蚀速率在 25～50μm/a。

3.4.3 敞开式循环系统

敞开式循环冷却水系统，是通过蒸发冷却，将设备传递给水溶液的热量排出。例如，蒸发冷却可以采用喷淋池，将工业园区的空调需求与环境美化相结合。不过，最常见的蒸发冷却方式是利用各种类型的冷却塔（图 3.10）。

冷却塔可在自然通风状态运行，如：小型家用空调系统的风冷塔或发电站用大型钢筋混凝土双曲冷却塔（图 3.11）。在加工车间，冷却塔经常会附带风扇通风或者强制或抽气通风设备，以提高冷却能力（图 3.12）。

关于敞开循环体系，有几个基本要素，我们应充分认识理解。第一个就是浓缩倍数的概念。如果平底茶壶中有三杯沸水，通过不断沸腾蒸发，浓缩成一杯水，假定只有纯水蒸气被蒸发，那么剩下这杯水中可溶盐的浓度将是原来的三倍。此水的浓缩倍数即为 3。

为避免这种盐浓缩累积过度，对系统设备的结垢和腐蚀产生无法接受的不利影响，循环水系统必须保持少量排污（系统排泄），以控制蒸发浓缩倍数值。这也意味着向系统中添加的补充水量必须等于蒸发量和排污量之和，不过，与整个系统相比，补充水量其实很小。

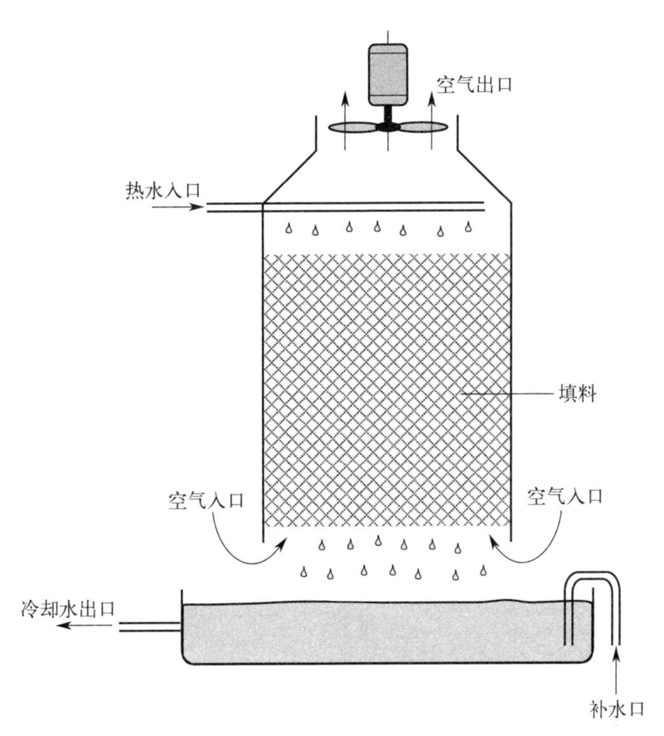

图 3.10　强制通风冷却塔示意图

图 3.11　具有独特沙漏外形的特高自然通风冷却塔（由 Russ Green，TMI 提供）

图 3.12　由无缝双壁聚乙烯结构建造的三槽抽气通风逆流冷却塔（Delta Cooling Towers 德尔塔冷却塔公司提供）

水氯度和硬度在一定程度上会限制水的浓缩程度，与直流系统相比，在浓缩倍数为 4～6 时，循环系统的节省效果达到最佳。浓缩倍数低于此范围时，处理费用过高。而在浓缩倍数很高时（如 8～10），尽管额外节省了用水量，但增加了有效水处理的难度，二者并不相称。如果完全关闭排污，循环水实际上仍然有一个有效的浓缩上限值，因为漂流或风力等也会造成一定的水损失。对于机械通风塔，浓缩倍数的正常上限值为 20～22。

冷却塔可以节省水是优点，同时也伴随着某些内在缺点。因为冷却塔中水被空气饱和，有腐蚀倾向，而且自身碱度有增大趋势，也加大了结垢倾向。此外，空气洗涤过程可能造成空气携带物对水产生污染（特别是灰尘），在塔盆内形成淤泥，还有孢子、藻类和真菌也能够在系统内温暖的营养水中繁殖。

3.4.4 换热器

为控制系统运行温度，系统中放热过程、热气和液体中的热量可通过换热器水冷带走。管壳式换热器是先将管束与管板相连，然后再安装于换热器壳中（图 3.13）。管束由直流管或 U 形管平行排列而成，在直流管中，流体直接从管子一端流向另一端，在 U 形管中，热流体和冷流体从换热器的同一端进出。

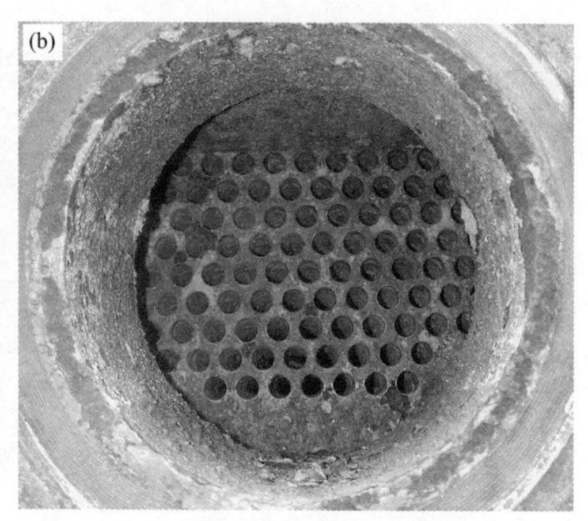

图 3.13 管壳式换热器组件简图（a）和顶端细节（b）（SEC 换热器公司提供）

在这种换热器应用场合之下，材料的选择通常需要综合考虑工艺介质要求和水的类型。与这类换热器相关的其他组件有泵、管道、进水和回水调节阀。换热器常用的各种不同金属材料，其热导率差异很大（表 3.7）。但是，金属管壁的热导率仅仅是换热器管传热阻力的影响因素之一。例如在一个冷凝器中（蒸汽在冷管壁冷凝），通过管壁的传热阻力由五个主要部分构成，如图 3.14 所示[13]。由于管壁阻力在整个传热阻力中占比相当小，不同金属间热导率差异并不一定能很明显体现出来。

表 3.7 用于换热器的不同合金的热导率

合金	热导率/[W/(m·K)]	合金	热导率/[W/(m·K)]
海军黄铜	111	S30400	15.0
铝黄铜	100	N08367	11.0
铝青铜	79.5	S44735	17.0
90/10 Cu/Ni	44.9	S44660	17.0
70/30 Cu/Ni	29.4	工业纯钛	21.6

大多数换热器用金属材料在清洁水中，即在没有沉积物、残骸碎片、污损有机生物以及污染物的水中，都有很好的性能。而水中沉积物或残骸，可引起沉积物腐蚀，或产生紊流，可使表面保护膜层受损甚至被清除，尤其是耐磨性比较低的铜基合金。过滤可有效控制这类问题。通常，铜合金的抗生物附着性优于不锈钢或镍合金。

水中氯离子能促进金属腐蚀，尤其是不锈钢。在最高约含 200mg/kg 氯离子的水溶液中，304 不锈钢可以满足要求，而 316 不锈钢可以耐 1000mg/kg 的氯离子侵蚀，含 4.5%钼的奥氏体不锈钢和双相不锈钢可以耐 2000～3000mg/kg 的氯离子环境中的垢下缝隙腐蚀。钛和含 6%Mo 的不锈钢可以耐海水中（1900mg/kg 氯离子）沉积物下缝隙腐蚀。

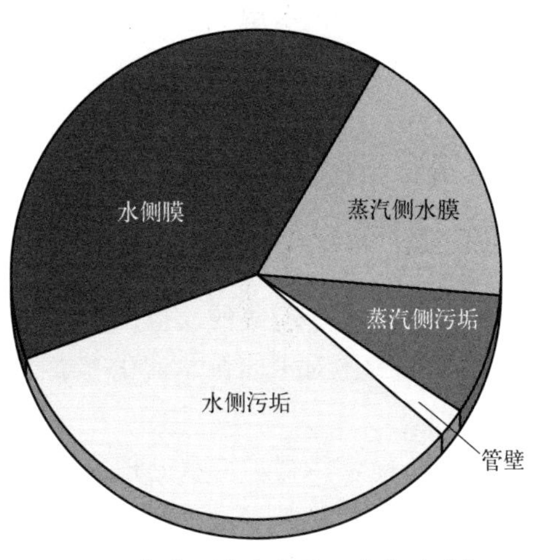

图 3.14　换热器管中传热阻力构成分解图

操作不当也有可能造成不锈钢和铜合金换热器的腐蚀。例如：试压或停机时，排水不完全造成积水，可引起污损或微生物腐蚀（MIC）。管与管板连接部位的设计和制造是管壳式换热器成功应用的关键因素。热应力作用使换热管脱出管板，可造成端口泄漏（roll-leak），尤其在采用膨胀系数不同的金属管和管板时。在管壳中使用膨胀节可预防这一问题。正确设计密封或承载焊接，可预防连接处泄漏。在多数情况下，无缝焊接、卷边加工（局部冷加工）或冷拔接头皆可能很好地解决此类泄漏问题。在一些关键应用场合或可能存在表面缺陷诱发局部腐蚀的部位，无论换热管采用何种加工制造方式，我们都推荐在使用前先进行适当检测和试验。

3.5　蒸汽发电系统

发电是高温水和蒸汽的最大用途。在 20 世纪下半叶，核动力蒸汽发生器出现之前，化石燃料（如木材、煤炭、天然气和石油）几乎是唯一加热水和制备蒸汽的燃料。尽管两种类型的发电站有很多共同点，但是差异也很大，在此将分别进行讨论。但是无论如何，两者都以先进水处理技术及其成功运行控制为前提。

3.5.1　锅炉给水补水处理

锅炉给水和补水都必须进行软化处理以预防结垢，除气处理以降低水腐蚀性。水处理程度根据锅炉运行温度和压力具体要求而定。

在过去，人们大量使用石灰来进行软化处理，现已被更复杂精细处理方式取代。对于压力最高 2.8～4.0MPa 的锅炉，可能最常用的是沸石软化水。在此处理工艺中，离子交换床（沸石床）中包含有长链有机聚合物钠盐。当锅炉给水通过离子交换床时，钠离子与水中硬度成分钙离子和镁离子发生交换。其他阳离子也可以进行交换。随后，水从沸石软化床中流出，同时，水的 pH 值会增大。间歇采用氯化钠溶液反冲洗硬度盐和改善钠盐，对离子交换床进行再生。

为达到纯水水质，可采取聚合物树脂混合床对水进行全脱盐处理，即依次将所有阳离子与氢离子交换，阴离子与氢氧根离子交换，有效地将原水变成纯水。这种高纯水可以满足操作压力约 6.0MPa 的锅炉和所有核动力锅炉（为了除去水中携带的放射性盐）的用水要求。

但是此时，软化水的腐蚀性最强，因为水中含有饱和的溶解氧（DO），且金属表面还没有形成保护性的硬度盐垢层。考虑到经济因素，我们首先可采用加热除气法，除掉水中部分溶解氧（DO）。将锅炉给水预热，然后立即进入除气器，这样可以除去水中所有自由态的二氧化碳和大部分的溶解氧（DO）。最后残留的痕量溶解氧（DO），可用亚硫酸钠（Na_2SO_3）进行化学清除，其中亚硫酸钠与氧反应生成硫酸钠（Na_2SO_4），反应如式(3.6）所示：

$$2Na_2SO_3+O_2 \longrightarrow 2Na_2SO_4 \tag{3.6}$$

或者，如果不希望任何固体沉淀产生，我们亦可以肼（N_2H_2）进行化学除氧，其中肼与氧反应生成氮气和水，反应如式(3.7）所示：

$$2N_2H_2+O_2 \longrightarrow 2H_2O+2N_2\uparrow \tag{3.7}$$

亚硫酸盐和肼与氧的反应都可通过化学催化剂来加速，以提高除氧速率。设计采用催化除氧剂的锅炉绝对不能在非催化等级除氧剂条件下运行，否则省煤器甚至蒸汽包将会遭受到严重腐蚀。

调节 pH 值是锅炉给水处理的最后一步，作为进一步控制腐蚀的辅助手段。通常，我们可用磷酸三钠将 pH 值调至 10～11（或者在忽略水蒸发情况下，用足够的磷酸一钠盐或二钠盐与氢氧化钠反应形成磷酸三钠)。这种磷酸盐调整处理的目的是防止游离氢氧化钠引起不锈钢环境开裂(碱脆)。因为携带有氢氧化钠的蒸汽，可能会造成严重的腐蚀问题（图 3.15)。

图 3.15　由于蒸汽中的氢氧化钠造成 321 型不锈钢膨胀节在 2.8MPa（压力）蒸汽服役环境中发生开裂［《腐蚀基础（第二版)》：引言，NACE 授权］

由于核动力蒸汽发生器要求必须是零固体的全挥发性处理，因此，调节 pH 值不能使用钠盐添加物，而必需使用氨水。

3.5.2　化石燃料蒸汽发电设备

传统蒸汽发电设备或一些更先进的废热蒸汽发电设备都包括很多运行温度和压力条件不同的单元（图 3.16)：

- 采用管内走水和管外走蒸汽的锅炉给水加热器；
- 锅炉（管内走水，管外走燃烧产物蒸气)：水在受压状态下被加热至高温，有时有蒸汽冒出；
- 蒸汽包：在包内，水变成蒸汽，并与蒸汽分离（注：在某些直流系统中，省掉了蒸汽包)；
- 过热器：将蒸汽进一步加热至更高温度；
- 涡轮机：蒸汽作用转子叶片进而驱动涡轮机发电；
- 冷凝器：低压蒸汽凝结成水返回给水加热器。

在此类发电设备中，每一个装置单元都存在一些特殊腐蚀问题，还有一些与热燃烧气体相关的特殊问题。在高温蒸汽和水中，所使用的材料有碳钢、不锈钢和镍基合金。铜基合金可用在中低温蒸汽和水环境中。铝合金基本不用，因为在约 200℃以上，其性能很差。

3.5.3　超临界蒸汽发电设备

超临界蒸汽发电设备的运行温度在水临界温度（375℃）和压力（22MPa）之上，其中的机械构件与传统蒸汽发电设备一样。其主要区别是超临界蒸汽发电设备的承压壁厚更大、材料耐蚀性更好、水和蒸汽中可溶性固体杂质含量更低。

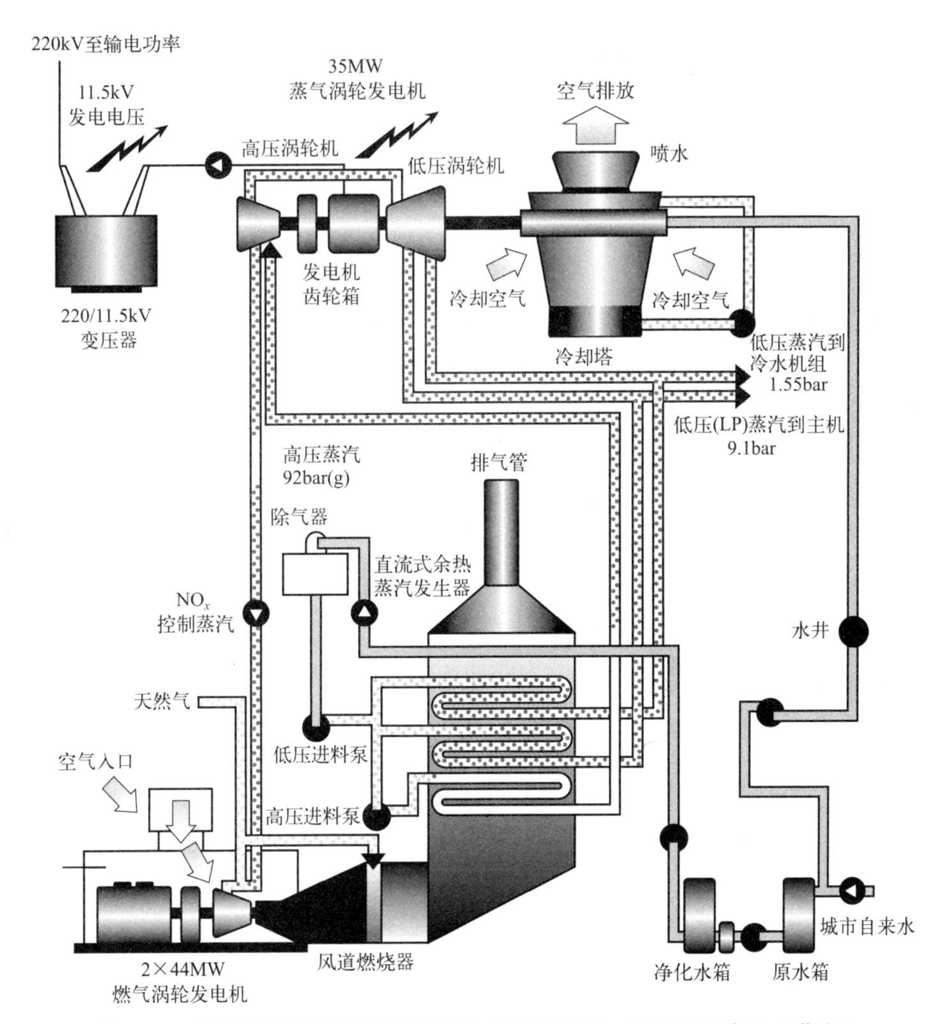

图 3.16 123MW 天然气燃料废热发电装置原理图（可发电和产工业蒸汽）

在超临界蒸汽发电设备中，几乎所有部件都采用 18-8 系列奥氏体不锈钢制造，如 S30403 或 S31603。其目的就是为了最大程度地控制整个系统的腐蚀产物。其中蒸汽温度并不比常规过热器高，但是蒸汽压力高，因此，许多化学物质和腐蚀产物在蒸汽中的溶解度相当高。

在蒸汽温度高于临界温度时，许多化学物质又显示出相反的溶解性，因此在这种过高温度条件下，它们又会沉积出来。例如，曾经发生过的一个案例：在一个超临界蒸汽发电设备中，约 140mg/kg 的氢氧化钠不慎进入设备中，而在 30min 内，设备中在温度大约 425℃的部位就发生了碱脆。此温度正好对应着氢氧化钠溶解度-温度曲线上的最小值。而在此温度范围之上，超临界蒸汽密度显著增大，也可能促进化学物质的沉积。

由于诸如此类的原因，水中可溶性固体含量必须保持尽可能接近 0。大部分水是通过旁路中离子交换床（脱盐装置）进行连续净化处理。在启动时，所有水可能都会通过净化床被净化。此外，由于已知氯化物和氢氧化钠很容易造成奥氏体不锈钢发生应力腐蚀开裂（SCC），因此最不利的这些物质必须被清除。而水中溶解氧（DO）可以通过前面介绍的方法降低至十亿分之几。

涡轮叶片上铜沉积是早期超临界机组中存在的一个问题。源于冷凝器管溶解的痕量铜，经过再循环进入锅炉。由于铜的溶解性非常好，过热蒸汽会将溶解的铜带入涡轮机，而在较低压力下，铜又会沉积在涡轮机叶片上。这不仅影响效率，而且由于沉积不均匀，会导致涡轮机机械运转不平衡，威胁到涡轮机安全。使用不锈钢或钛制冷凝器，很大程度上可以避免此问题。

3.5.4 废热锅炉

在许多化工或石化加工过程中，发生的很多化学反应都会释放出多余热量，利用此热量去生产蒸汽，可作为节能的一个衡量标准。例如，利用丁烷氧化反应的冷却过程或热硫酸蒸汽的冷凝过程的热量，可在特殊设计的换热器的壳程中产生蒸汽。

废热锅炉中腐蚀问题常常是由于使用了特殊的结构材料或者忽视了必要的水处理细节所引起。比如，从工艺侧腐蚀方面考虑，可能要求使用奥氏体不锈钢材料，但是忽视了蒸汽侧腐蚀问题，这就有可能出现问题，因为事实上锅炉给水很容易引发奥氏体不锈钢的应力腐蚀开裂（SCC）。不过，最常见的问题是，那些主要关心适销产品制造的运营部门人员，根本没有对锅炉给水化学状态详细情况从技术上给予足够的重视。许多化学转化器、催化转化器（催化氧化）的换热器或其他废热锅炉的失效都是由于不关注锅炉给水化学状态而引起蒸汽侧腐蚀所致。

3.5.5 核沸水反应堆

在核沸水堆（BWR）中，核燃料反应热将水加热至沸腾，形成的蒸汽直接进入涡轮机（图 3.17）中。蒸汽温度大约在 230～250℃，饱和蒸气压在 2.8～7.2MPa。与传统锅炉一样，水中二氧化硅和铜含量必须维持在很低水平，以避免这些粒子通过蒸汽传输后在涡轮机上沉积。此外，系统用水必须采用中性高纯水，因为其中固体化学物质可能在燃料元件上沉积，并且原本水处理用的所有化学药剂中的挥发性组分都有可能被分离。

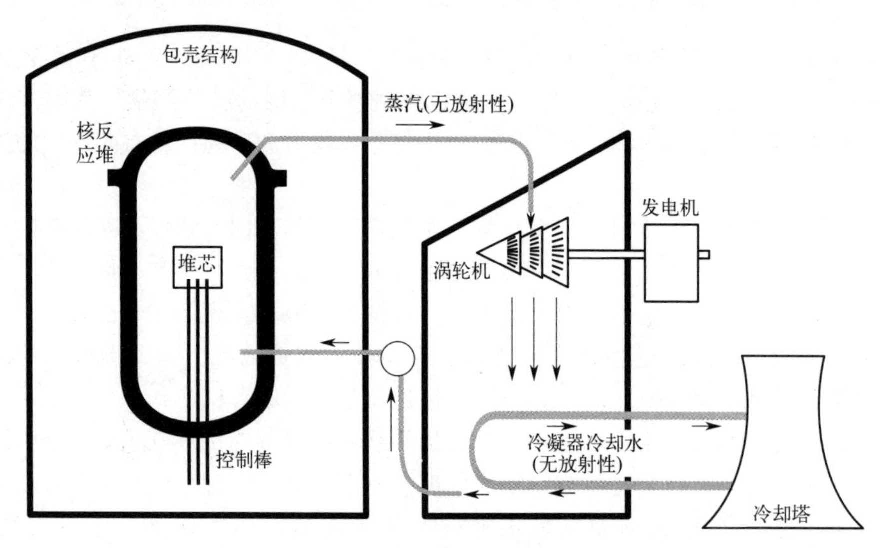

图 3.17　沸水反应堆

尽管沸水堆中水及蒸汽都含有相当数量的氧，但是碳钢和不锈钢在其中皆显示出了良好的耐蚀性，与相同温度下压水堆中相当，甚至更优。但是，沸水堆中仍然存在一些特殊问题。比如沸水堆中不锈钢燃料包壳，可能会发生应力腐蚀开裂（SCC）。

由于焊接或应力消除处理，使不锈钢在425～825℃敏化温度区间（如碳化铬在晶界析出的不锈钢）受热敏化，而敏化不锈钢也有可能发生应力腐蚀开裂（SCC）。因此，锆合金是燃料包壳的首选材料。但是，水中不能含有碱性成分，因为在包壳表面，水沸腾蒸发会造成浓缩，而锆合金在高温碱性溶液中耐蚀性很差。

调整沸水堆设计，在其中增加过热器提高蒸汽温度，可以提高沸水堆效率。目前已建成的试验性核过热器，可对沸水堆蒸汽进行过热处理，在600℃范围内进行传热时，其中不锈钢和镍合金的腐蚀速率大约为25μm/a。实践经验表明：即使入堆蒸汽中仅夹带很微量的水分，这些水分也可能携带足够氯化物，最终可能导致核燃料元件的不锈钢包壳发生应力腐蚀开裂（SCC）。高镍合金（如N08800、N06600或N06690）可以抵抗此类条件下的应力腐蚀开裂（SCC）。

3.5.6 核压水反应堆

如图3.18所示，在一个压水堆中，高纯水通过泵输送经过核燃料元件被加热。然后，热水进入换热器的管程，释放热量加热煮沸壳程中的水。蒸汽从锅炉水中产生。

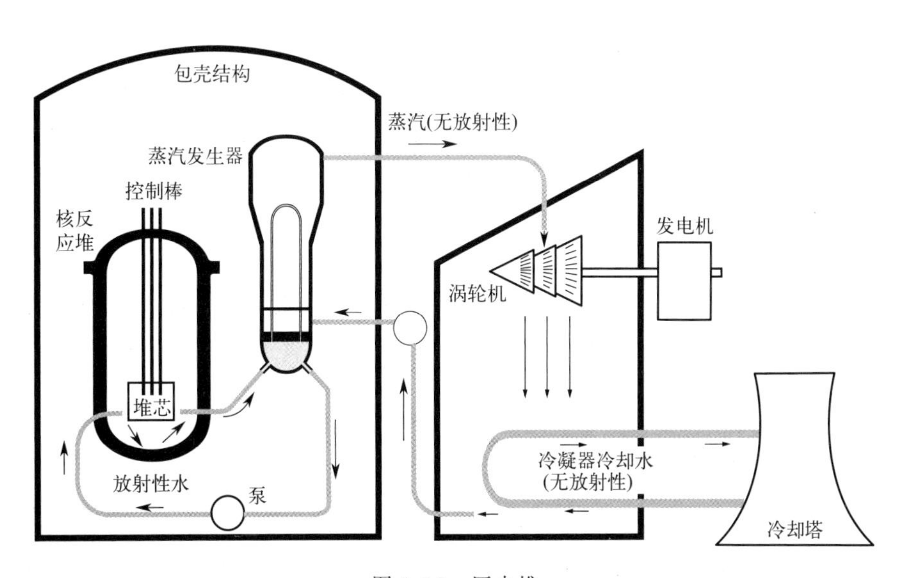

图3.18 压水堆

邻近堆芯的水称为一回路水。一回路水通常采用肼除氧，用氢氧化锂或氢氧化铵调pH值至10～11，使腐蚀产物流动程度最低，用含氢25～50mL/kg的水抑制水的辐射分解（因此，腐蚀产物流动程度也最小）。

核燃料必须采用耐蚀材料进行包覆保护，防止放射性气体和核裂变产物进入一回路水中。通常，二氧化铀燃料本身对一回路水的耐蚀性相当好。燃料包壳材料采用奥氏体不锈钢或锆合金-2（R60802）或超低镍的锆合金-4（R60804）。

锆合金是首选材料，因为它们对核反应的毒化作用不像不锈钢那么大。在核堆芯预期使用寿命（2～3年）内，锆合金在285～315℃的一回路水中的运行状况良好。锆合金表面能形成一层光滑、附着牢固且传热性能优异的保护性黑色氧化膜。但是，长时间暴露（如2～4年），或较短时间但温度较高（如360～400℃温度下暴露40～120天），锆合金的腐蚀速率会增大，锆合金表面会形成一层附着不牢的白色绝缘膜。

另外，不锈钢表面形成的膜层相对较厚，无光发暗，且膜上还有一层薄的粉状膜，两种膜名义成分皆可表示为M_3O_4，其中M代表铁、镍或铬。在260～400℃温度范围之内，不锈钢的腐蚀速率受温度影响不大，而锆合金的腐蚀速率受温度影响很大。

在压水堆一回路区域，管道、蒸汽发生器和压力容器的总暴露面积很大。压力容器内表面采用奥氏体不锈钢包覆，管线和蒸汽发生器主要采用奥氏体不锈钢或合金600（N06600），有些系统会使用碳钢。

奥氏体不锈钢和合金600的腐蚀速率差不多，皆在1.5μm/a左右。相比而言，碳钢的腐蚀速率要高5～10倍，最大可达到13μm/a左右。从结构角度来看，其实这些腐蚀速率都在可接受的合理范围之内。但是，这种氧化物，其中高达一半，可能无法附着在基体表面，而是通过堆芯之后变成放射性污染物。而这种放射性污染沉积物将会威胁到所有相关人员的安全。

腐蚀产物中放射性最大的同位素是Co-60、Co-58、Fe-59、Mn-54和Cr-51。这些同位素都是由不锈钢和镍基合金中的元素转化形成。它们的半衰期❶为27天到5年以上。而Co-60半衰期长，也是核级合金中钴元素含量最低的原因。

人们普遍认为：pH值在6～10，溶解氧浓度在5mg/kg以下，或者辐照，对不锈钢腐蚀速率影响很小，甚至没有影响。但是，这些因素会影响释放到水中的污染物量，因为污染物量随着pH降低、氧含量增加以及辐射增强而增加。

由于一回路水受压并未沸腾，因此由于水处理残留的痕量氯化物污染物或氢氧化钠可能浓缩，足以引发应力腐蚀开裂（SCC）。因此，水中氯化物溶解量通常限制在0.1mg/kg之下。流速控制在7～10m/s，温度在约260～290℃的一回路水，与前面介绍的沸水堆的水处理方式一样。其中大多数结构部件也采用不锈钢制造，其腐蚀特点与管道系统中所介绍的类似。

3.5.7 电力行业腐蚀成本

关于美国电力行业各部门涉及腐蚀问题的成本数据的详细案例最近已有报道[20,21]。表3.8是归类整理后的成本列表，其中成本最高的列在前面。这些成本总额既包括与运行和维护（Q&M）及折旧相关的腐蚀成本，也包括直接腐蚀成本和间接腐蚀成本。

所列各项的总成本（1998年）约117亿美元，占1998年总腐蚀成本154亿美元的76%。总腐蚀成本（154亿）中剩余部分（37亿美元）可能来自其他各种低成本的腐蚀问题。正如表3.8所示，核电设备和化石燃料蒸汽发电设备的腐蚀成本在整个电力行业中占主要部分。对于这些列在表前面的高成本腐蚀问题，核电和化石燃料发电部门需要高度重视。

❶ 放射性元素的半衰期是指其从最初活性衰减到一半的时间。

表 3.8　1998 年总腐蚀成本：涉及所有电力部门的腐蚀问题[21]

腐蚀问题	行业部门	成本/(×10 亿美元)	百分比/%
腐蚀产物活化和沉积	核电	2205	18.80
蒸汽发生器管腐蚀(包括 IGA 和 SCC)	核电	1765	1505
锅炉管水侧/汽侧腐蚀	化石	1144	9.76
换热器	核电和化石	855	7.30
涡轮机腐蚀疲劳(CF)和 SCC	核电和化石	792	6.75
燃料包壳腐蚀	核电	567	4.83
发电机腐蚀	核电和化石	459	3.91
流动加速腐蚀	核电和化石	422	3.60
水腐蚀	核电和化石	411	3.51
管道和内部构件的晶间 SCC	核电	363	3.10
汽轮机氧化物颗粒的磨蚀	化石	360	3.07
水冷管壁炉侧腐蚀	化石	326	2.78
一回路水中非蒸汽发生器的合金 600 部件 SCC	核电	229	1.95
同轴中性线腐蚀	配电	178	1.52
涡轮机中铜沉积	化石	149	1.27
过热器和再热器管炉侧腐蚀	化石	149	1.27
地下室设备腐蚀	配电	142	1.21
烟气脱硫系统腐蚀	化石	131	1.12
阀门腐蚀	核电	120	1.03
旋风锅炉液渣腐蚀	化石	120	1.02
尾端露点腐蚀	化石	120	1.02
辅助设施的大气腐蚀	配电	107	0.91
燃气轮机叶片热腐蚀	燃气轮机	93	0.79
碳钢(CS)和低合金钢部件硼酸腐蚀	核电	93	0.79
反应堆内部构件辐射 SCC	核电	89	0.76
泵腐蚀	核电	72	0.61
塔基腐蚀	输电	45	0.38
燃气轮机叶片热氧化	燃气轮机	35	0.30
沸水堆控制叶片腐蚀	核电	32	0.27
锚杆腐蚀	输电	27	0.23
塔结构腐蚀	输电	27	0.23
余热蒸汽发生器(HRSG)腐蚀疲劳 CF	燃气轮机	20	0.17
电线老化	输电	18	0.15
HRSG 流体加速腐蚀	燃气轮机	10	0.09
HRSG 沉积物腐蚀	燃气轮机	10	0.09
燃气轮机(CT)压气机腐蚀	燃气轮机	9	0.08
CT 排气管腐蚀	燃气轮机	9	0.08
电缆接头腐蚀	输电	9	0.08
屏蔽线腐蚀	输电	9	0.08
变电站设备腐蚀	输电	5	0.04

在这些重要的工业应用领域，我们可以采用一些专用监测技术，作为常规化学控制的补充。使用这些监测技术目的就是协助操作人员完成一些特殊的监测任务，如：垢和沉积物、两相区液滴和液膜的成分、原位腐蚀电位、工况温度下的 pH 值、过热器和再热器的表面剥落等。表 3.9 列出了这类检测设备的应用及监测结果的简要说明，图 3.19 以压水堆（PWR）监测为例，展示了各检测点的分布情况[22]。

表 3.9　水和蒸汽化学状态、垢和沉积物的监测[22]

设备	应用	监测结果
蒸汽轮机沉积物收集器/模拟器	高压(HP)、中压(IP)和低压(LP)涡轮机	沉积物成分、形貌、运行条件下的沉积速率
LP 涡轮机缩扩喷嘴	化石和核电 LP 涡轮机 模拟 HP 涡轮机沉积过程	LP 涡轮机叶片沉积杂质的数量和类型，以及环境腐蚀性
HP 涡轮机收缩喷嘴	模拟 LP 涡轮机热表面脱湿过程	HP 涡轮机叶片沉积杂质的类型
湿蒸汽级干式探测仪	锅炉/涡轮机	收集 LP 涡轮机低挥发性杂质沉积物
锅炉携带物监测器	LP 涡轮机、锅炉、冷凝器	机械携带物
早期冷凝物取样器	管道、涡轮机，也常用于监测蒸汽流和外来物损伤的影响	LP 涡轮机末级产生的水滴的化学性质
剥落氧化物粒子流监测仪	冷凝器、冷却塔管道、换热器、锅炉	过热和再热蒸汽中氧化物粒径分布和数量
生物淤积监测器	锅炉管道	生物淤积检测 有机质采集
原位 pH 和腐蚀电位	锅炉管道	均匀腐蚀和局部腐蚀敏感性
热流计	涡轮机沉积物发展	局部热流量值、沸腾类型、杂质浓缩可能性
弦式热电偶	涡轮机内沉积物和腐蚀	锅炉管结垢与温度变化关系
转子部位和推力轴承磨损		叶片上沉积物累积引起的推力轴承损伤
涡轮机一级压力		调节级的沉积或腐蚀程度

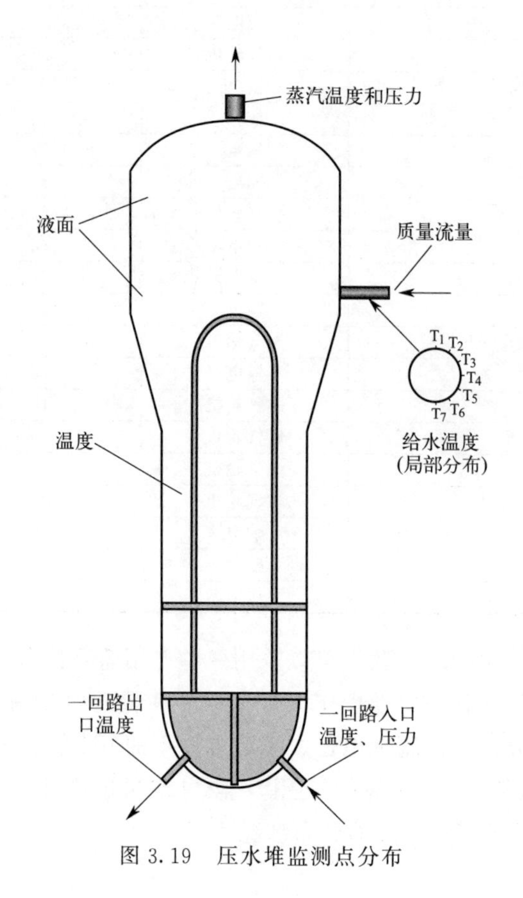

图 3.19　压水堆监测点分布

在发电行业中，通常对下面两个影响因素的监测并不充分，即：可能导致低周腐蚀疲劳（CF）的厚壁件内热应力和可能引起高周腐蚀疲劳（CF）的旋转机械的振动。表 3.10 总结了可在线监测这些问题的腐蚀监测设备及其应用。

表 3.10 电厂在线腐蚀监测装备总结

设备	应用	监测结果
腐蚀产物监控器	包括给水加热器的给水系统	腐蚀产物传输的定量测定
磨损腐蚀(流动加速腐蚀)	管线组件	管线特殊敏感区域材料的减薄速率
U 形弯管和双 U 形弯管试样	LP 涡轮机、管道、给水加热器、冷凝器、锅炉	检测均匀腐蚀、点蚀及 SCC；双 U 形弯管模拟缝隙和电偶效应
断裂力学试样	LP 涡轮盘和转子、管道、封头、除气器	应力腐蚀和腐蚀疲劳的裂纹生长速率和裂纹潜伏期
换热器或冷凝器测试管	冷凝器、给水加热器及其他换热器；安装在回路中	与特定设备运行工况相关的结垢和腐蚀
模拟缝隙	研究缝隙内化学环境和换热器腐蚀，压水堆(PWR)蒸汽发生器	特殊条件下的缝隙内化学环境和腐蚀数据
氢腐蚀监测器	锅炉管道、给水系统、压水堆(PWR)蒸汽发生器腐蚀	检测相对载荷和化学环境的均匀腐蚀；炉管的氢损伤、苛性槽蚀、杂质浓缩倾向
振动特征	涡轮机和泵的定期监测	检测裂纹及其他缺陷
锅炉管泄漏监测器	化石燃料锅炉	管道泄漏的早期检测和定位
声发射检漏仪	给水加热器和其他换热器	炉管泄漏的早期检测
空化监测	给水管道和泵	空化噪声的早期检测
应力和状态监测系统	所有类型的蒸汽循环系统及主要部件	实际在线压力、温度及其他条件；用于确定受损情况和剩余寿命
涡轮叶片遥测技术	LP 涡轮机	共振频率和交变应力

正如表 3.8 所示，有些分配、传输和燃气轮机部件的腐蚀成本可能也很可观，值得注意。有关表 3.8 所列条目的详细讨论可查询美国电力研究协会（EPRI）的专题报告[21]。

3.6 水处理

事实上，地球上的水一直在通过天然水体进行循环，这种水的循环再利用已有数百万年历史。只不过，通常所指水循环利用是使用一些技术来加速这些自然循环过程。水循环利用常常具有非规划或规划性特点。例如，城市从科罗拉多河（Colorado River）和密西西比河（Mississippi River）等河流取水，而这些河流接受那些上游城市排放的废水，这就是一个非规划性水循环利用的常见实例。在河流下游的下一个使用者抽取之前，这些河水已被多次重复使用、处理、管输至供水系统。据估计，流入密西西比河的水，在到达墨西哥湾时，已被使用了大约 7 次。规划性项目是以通过重复使用循环水获取利益为目标。

许多地区，可用的新引水口有限。因此，在冷却水用量需求很大的行业，只能通过再循环水来维持供水需求。例如在初级金属、石化产品及造纸行业，其生产过程中用水量巨大。而事实上，只要进行充分处理确保水质达标，循环水就可以满足大多数用水需求。当然，在人与水接触比较频繁的应用场合，我们需对水进行更深度处理。至于那些未经适当处理的水源，如果其中含有携带病原的生物体或其他污染物，人类饮用或接触这些循环水，可能造成健康问题。

没有一个单一水处理方案可以有效解决所有水处理问题。即使系统仅相隔几米，实际供水条件差异可能也很大。因此，通常人们首先要依据化学水质分析结果对水质进行评价[14]。如表 3.11 所示，水处理手段主要有两大类：

（1）基于化学反应调整水质的化学处理。通过分析处理前后水质可监测其处理效果（软化、脱盐）；

（2）改变沉积物晶态结构的物理处理。

表 3.11　水处理方法

<table>
<tr><th colspan="2">化学处理程序</th></tr>
<tr><td>预处理</td><td>净化方法
● 凝聚
● 絮凝
● 沉淀，用来清除白色漂浮粒子</td></tr>
<tr><td>处理</td><td>软化方法
● 石灰乳/苏打
● 阳离子交换（完全软化）
● 酸剂（部分软化）
脱盐方法
● 阳离子和阴离子交换（目前最经济有效的方法）
硬度稳定化
● 阻垢剂，也作为分散剂和缓蚀剂</td></tr>
<tr><td>后处理</td><td>用酸和碱清洗受污染的热力系统以及中和残留的化学清洁剂</td></tr>
<tr><th colspan="2">物理处理程序</th></tr>
<tr><td>预处理</td><td>用压力过滤器和重力过滤器过滤地下水，主要用砂子作为过滤介质</td></tr>
<tr><td>处理</td><td>反渗透脱盐处理
转变结垢物的晶态结构
● 用电磁感应磁场或永磁铁的磁场法
● 采用活性阳极的静电法</td></tr>
<tr><td>后处理</td><td>不中断设备运行，用海绵状橡皮球或刷子对换热器管进行自动清洗</td></tr>
</table>

3.6.1　缓蚀剂

这个重要主题将在第十三章单独介绍。

3.6.2　阻垢

无论在何种情况下使用硬水，都有可能导致管道、锅炉、盘管、喷嘴、洒水装置、冷却塔及冷却器中产生硬壳垢。结垢对传热性能影响极大。例如：1mm 厚的垢，能耗成本增加 7.5%；而 1.5mm 厚的垢，能耗成本将增加 15%；7mm 厚的垢，能耗成本增加 70%以上。影响结垢的因素很多，主要是由于固体矿物质在管线内表面沉积导致，在含有钙和镁的碳酸盐或碳酸氢盐的水受热时，最为常见。抑制垢沉积大体上有三种方式：

（1）控制 pH；

（2）添加阻垢剂；

（3）去除结垢物质。

在易结垢水中添加阻垢剂，是控制结晶积垢最有效的方法之一。常用的阻垢分散剂主要包括多聚磷酸盐、有机磷酸盐、聚合电解质等。

在敞开循环水系统中，控制结垢主要是通过限制成垢物的浓度及其他相关参数来抑制结垢，尤其是控制添加酸将水 pH 值调节至一个合适范围。许多商业缓蚀剂配方中包含阻垢剂成分（如多聚磷酸盐和螯合剂）。

3.6.3　微生物控制

在有阳光和空气污染物的地方，自然就会有海藻和黏泥的产生。通常，黏泥中含有真菌、酵母、细菌以及残存的无机物或有机质。其中有些内容将在第六章详细介绍。

在有机养分充足、无氧、低氧化还原电位以及没有杀生剂的情况下，即使是一个很薄的黏液膜（生物膜），也都有可能成为厌氧菌生长的理想场所。图 3.20 说明了生物膜的形成过程[23]。例如，在某些系统中，尽管本体液相中营养成分很少、氧浓度很高、根本无法维持厌氧菌生长，但是硫酸盐还原菌（SRB）仍有可能引起活性硫化物腐蚀[24]。黏泥沉积可引起氧浓差电池腐蚀和点蚀。如果不进行处理，这些黏泥还会促进过滤器和其他设备中污垢的形成（图 3.21）。

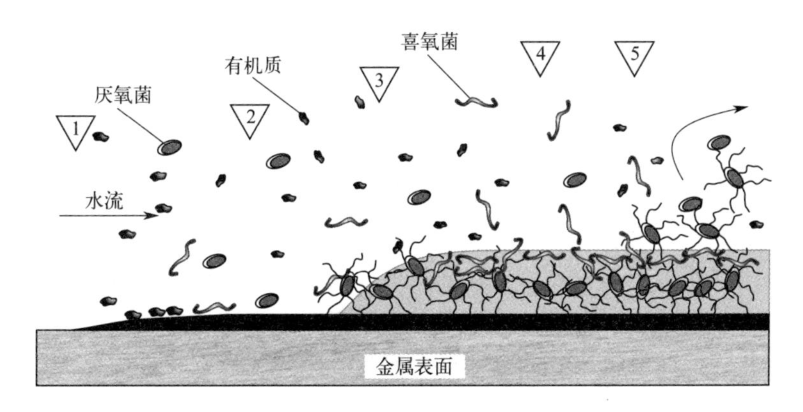

图 3.20　生物膜形成过程

当小分子有机物在无活性表面（1）附着，形成有机小分子膜层（2），微生物细胞吸附在小分子膜层（2）上时，生物膜开始形成。细胞以有机质为食，分泌毛发状的胞外聚合物（3），进入涂层（4）。流水冲掉部分形成物（5），最终形成一个稳定膜层

在敞开式循环系统中，加氯处理使水中残留几十 mg/kg 的氯，是控制微生物的常用处理方法。为防止抗氯菌种的发展，我们建议不定期使用其他杀菌剂（如季铵类化合物）处理，干扰细菌繁殖。其他一些用来处理城市用水的氧化性杀菌剂（如二氧化氯和臭氧），由于价格太高，通常不会在冷却水系统中使用。

在某些特殊应用场合，人们过去曾经使用硫酸铜来抑制藻类。硫酸铜浓度仅需达到 1mg/kg 就非常有效。但是，循环水的 pH 值必须足够低，否则会形成层氢氧化铜沉淀。此外，硫酸铜作为杀菌剂，不能在铝制设备中使用，因为铜沉积后会引起电偶腐蚀。锌、镀锌钢甚至钢表面也都有可能发生铜沉积。

3.6.4　离子交换树脂的类型

关于离子交换树脂，在此仅作简单介绍。更详细的介绍可查询 1999 年德席尔瓦（De-

图 3.21 受污染的制冷机组［加拿大-大西洋国防研发中心（Defence R&D Canada-Atlantic）提供］

Silva）的论文[25] 或本手册的第一版[14]。离子交换树脂法特别适合用来清除水中各种杂质离子，其原因如下：

- 树脂对低浓度离子有很高的接受能力；
- 树脂稳定且容易再生；
- 大多数情况下，温度影响可以忽略；
- 无论装置大小，处理效果都很优异，从家用水软化到大的公用用水设施。

3.6.4.1 强酸性阳离子树脂

强酸性阳离子树脂的作用主要来自磺酸基团。这些强酸性离子交换剂可在任意 pH 值下分离所有盐类，但是需要使用大量的再生剂。在所有软化水应用领域，强酸性阳离子树脂几乎都是首选，可作为两床脱盐装置的第一单元或混合床的阳离子组成部分。

3.6.4.2 弱酸性阳离子树脂

弱酸性阳离子树脂中羧基是离子交换点位。这些树脂效率也很高，因为它们的再生只需用接近 100%化学计量比的酸，但是强酸性阳离子再生需用酸量为 200%～300%。在流速增大、温度降低以及硬度与碱度比小于 1.0 时，弱酸性树脂净化能力会下降。在分离床或分层床结构中，它们与以氢离子形式交换的强酸性阳离子树脂联合使用时，效果非常好。

在上述两种情况下，进水首先与弱酸性树脂接触，除掉碱度阳离子。其余的阳离子通过强酸性树脂去除。而弱酸性阳离子树脂采用强酸单元的废酸进行再生处理，非常经济[25]。

3.6.4.3 强碱性阴离子树脂

强碱性阴离子树脂的作用主要来自季铵交换点位。强碱性阴离子树脂中主要基团有两种类型（类型 1 和类型 2），取决于化学激活过程中所使用的胺的类型。两种类型在化学上的区别是季铵交换点位的基团不同。类型 1 中交换点位上有三个甲基，而类型 2 是三个甲基其中一个被乙基取代。

类型 1 树脂可用来去除各种水质中的全部阴离子。但类型 1 树脂再生比类型 2 更困难，而且从氯化物形式转化为氢氧化物形式时，体积膨胀更大。不过，类型 1 树脂耐高温性能更好，可用来处理高碱度和高二氧化硅含量的水。

类型 2 树脂也具有清除所有阴离子的特点。但是，它们在清除水中二氧化硅和二氧化碳时，如果水中总阴离子超过 30% 的都是来自这些弱酸成分，处理效率不高。不过，当从阳离子单元流出水通过脱碳剂处理后，水中主要含氯化物和硫酸盐等自由无机酸，此时类型 2 阴离子树脂处理效果很好。以氯化物形式交换的类型 2 阴离子树脂常用于脱碱处理。

3.6.4.4　弱碱性阴离子树脂

弱碱性阴离子树脂含有聚胺官能团，可吸附酸，去除阳离子床流出液中的强酸（自由无机酸度）。这种微弱电离的树脂可用接近化学计量比的碱（如氢氧化钠）进行高效再生，将交换点位恢复成游离碱形式。再生其实就是对树脂上积聚的强酸进行中和，可用强碱性阴离子交换树脂处理单元的废氢氧化钠进行中和，提高经济性。弱碱性阴离子树脂可用来处理硫酸盐或氯化物含量很高的水，或者一些不需清除碱度和二氧化硅的水。

3.7　结垢指数

水中无机物相的饱和度（SL）是一个很好的可以表征特定结垢物质结垢倾向的指标。饱和度（SL）是水中特定化合物的离子活度积（IAP）与其热力学溶度积（K_{sp}）之比。例如：当碳酸钙（$CaCO_3$）为结垢物时，饱和度可定义为：

$$SL=\frac{a_{Ca^{2+}}a_{CO_3^{2-}}}{K_{sp}} \tag{3.8}$$

式中，$a_{Ca^{2+}}$ 为 Ca^{2+} 的活度；$a_{CO_3^{2-}}$ 为 CO_3^{2-} 的活度；$a_{Ca^{2+}}a_{CO_3^{2-}}$ 为形成 $CaCO_3$ 的两种离子（即 Ca^{2+} 和 CO_3^{2-}）的活度积；K_{sp} 为 $CaCO_3$ 的两种离子（即 Ca^{2+} 和 CO_3^{2-}）热力学溶度积。

K_{sp} 是溶解离子和未溶解离子处于平衡时，离子浓度的衡量标准。当难溶或微溶盐的饱和溶液与未溶解的盐接触时，溶解离子和未溶解盐之间就会建立平衡。理论上，这个平衡条件的基础是水溶液不受外界干扰、温度维持恒定、且能无限长时间内保持不受干扰。

如果水能溶解垢，在本例中，垢就是指碳酸钙，那么水中碳酸钙就是不饱和的（SL<1）。根据定义，达到平衡点时，饱和度将等于 1。如果将过饱和水（SL 值大于 1）静置，碳酸钙将从中沉淀出来。随着 SL 增至 1.0 以上，碳酸钙沉积作用的驱动力增大。

下文将介绍几个可用来表示金属基体上水的结垢倾向和预测水的腐蚀性的指数。一方面，金属表面沉积的垢层通常可抑制基体的均匀腐蚀；但另一方面，如果垢层有缺陷，如含有空隙和/或裂纹，可能引发局部腐蚀。不过无论何种情况，假定碳酸钙不饱和的水有腐蚀性，尽管有时正确，但是并不可靠。

3.7.1　朗格利尔饱和指数

朗格利尔饱和指数（LSI）作为表征水结垢倾向的指数，应用最广。这个指数以 pH 值作为主要变量，表征垢的形成和生长驱动力。计算 LSI，必须知道碱度（mg/L，以 $CaCO_3$ 或方解石计）、钙硬度（mg/L Ca^{2+}，以 $CaCO_3$ 计）、溶解性固体总量（mg/L，TDS）、实际 pH 值和水温（℃）。如果溶解性固体总量未知，电导率已知，我们可用换算表（表 3.12）来估算。朗格利尔饱和指数定义如下：

$$LSI=pH-pH_s \tag{3.9}$$

式中，pH为水的实测pH值；pH_s为方解石或碳酸钙处于饱和时的pH值。

其中pH_s定义为：

$$pH_s=(9.3+A+B)-(C+D) \tag{3.10}$$

$$A=\frac{(\lg[TDS]-1)}{10} \tag{3.11}$$

$$B=-13.12\times\lg(T+273)+34.55 \tag{3.12}$$

$$C=\lg[Ca^{2+},以CaCO_3计]-0.4 \tag{3.13}$$

$$D=\lg[碱度,以CaCO_3计] \tag{3.14}$$

表3.12　天然水电导率和溶解性固体总量关系换算表

电导率/(μΩ·cm)	溶解性固体总量/(mg/L,以$CaCO_3$计)	电导率/(μΩ·cm)	溶解性固体总量/(mg/L,以$CaCO_3$计)
1	0.42	148.5	59.5
10.6	4.2	169.6	68.0
21.2	8.5	190.8	76.5
42.4	17.0	212.0	85.0
63.7	25.5	410.0	170.0
84.8	34.0	610.0	255.0
106.0	42.5	812.0	340.0
127.3	51.0	1008.0	425.0

与前面介绍的饱和度的推测结果类似，朗格利尔饱和指数可指示水的三种状态：

- 如果LSI<0：没有结垢倾向，$CaCO_3$将溶解于水中；
- 如果LSI>0：可能结垢和产生$CaCO_3$沉淀；
- 如果LSI=0（接近0）：处于结垢临界状态。水质或温度变化或蒸发，可能使指数发生变化。

3.7.1.1　朗格利尔饱和指数计算举例

假定供给动物的饮用水的水质分析结果为：

pH=7.5

TDS=320mg/L

$[Ca^{2+}]$=150mg/L，以$CaCO_3$计

碱度=34mg/L，以$CaCO_3$计

下面计算两个温度条件下的LSI指数，即25℃（室温）和82℃（笼式清洗循环）。当进料采用笼式清洗机清洗时，低温进水将在集合管被加热至室温，进料管中残留水可被加热至82℃。

首先，计算pH_s：

$$pH_s=(9.3+A+B)-(C+D)$$

其中：$A=\frac{(\lg[TDS]-1)}{10}=0.15$

$$B=-13.12\times\lg(T+273)+34.55$$
$$=2.09(25℃时)或1.09(82℃时)$$

$$C=\lg[Ca^{2+}，以CaCO_3计]-0.4=1.78$$

$$D=\lg[\text{碱度，以 } CaCO_3 \text{ 计}]=1.53$$

在 25℃时：

$$pH_s=(9.3+0.15+2.09)-(1.78+1.53)=8.2$$

在 82℃时：

$$pH_s=(9.3+0.15+1.09)-(1.78+1.53)=7.2$$

然后，再计算 LSI：

在 25℃时：

$$LSI=pH-pH_s=7.5-8.2=-0.7$$

因此，此时没有结垢倾向。

在 82℃时：

$$LSI=pH-pH_s=7.5-7.2=+0.3$$

因此，此时存在轻微结垢倾向。

3.7.1.2　朗格利尔饱和指数的误用

朗格利尔饱和指数经常被缺乏腐蚀调查实践经验的工程师们系统性地误用，造成这种混淆的源头可以追溯到美国腐蚀工程师协会（NACE）出版的广为流传的《腐蚀工程师参考手册》[26]。其中专门对朗格利尔饱和指数做了如下权威性的总结，被许多教育工作者反复强调：

如果朗格利尔饱和指数是负数，碳酸钙并不会沉淀，但是水的腐蚀可能性（如果存在溶解氧）随指数负值增大而增加。

这个表述非常清晰，在后几版的《腐蚀工程师参考手册》中也都一直被保留，但是并没有参考任何可以证实的具体数据。我们应该认识到并且承认：这种对水的腐蚀性背后所涉及复杂真实情况的表述过于简单化。这也正是活跃在美国腐蚀工程师协会（NACE）主论坛上的腐蚀工程师和科学家研究讨论的一个重要主题，并于 2000 年在网络上发布[27]。

事实上，朗格利尔饱和指数及其衍生指数都仅仅是纯粹的结垢指数，仅能反映水中垢的产生或溶解之间的平衡。下面节选了著名的《公用水系统手册》中关于使用朗格利尔饱和指数进行腐蚀预测的部分内容[28]：

朗格利尔指数法预测碳酸钙（$CaCO_3$）沉淀，其结果简单明确，且广为接受。关于朗格利尔饱和指数的早期实验研究，主要关注其预测沉淀的能力，并未关注其判断腐蚀倾向性的准确性。这个指数值作为对实际腐蚀速率的预测依据其实并未经过检验，直到 20 世纪 50 年代，斯塔姆（Stumm）才试图去建立指数预测结果与实测腐蚀速率之间的相关性[29]。但研究结果表明：碳酸钙沉淀和金属腐蚀之间并没有必然的联系。库奇（Kuch）在对德国水处理实践和配水系统的腐蚀研究中也得到类似的结论[30]。

辛格利（Singley）等人对朗格利尔饱和指数和腐蚀相关性的研究可能最深入完整。针对不同类型的金属，他们采用双管道回路分批次进行一系列的实验研究，试图明确朗格利尔饱和指数作为金属腐蚀速率的预测结果到底准确度有多高[31]。他们的研究结果显示：就其本身而言，饱和指数与腐蚀速率之间仅有一点点关系或者甚至没有关系，因此，饱和指数作为腐蚀预测并没有太大价值。而且，他们的研究结果还表明：至少对于铁和锌，pH 值本身用于预测腐蚀速率就比饱和指数更好，因为 pH 值是饱和指数的决定性因素，这也可以解释为何腐蚀速率与饱和指数值之间存在很小的相关性。

基于饱和指数法去进行腐蚀控制，其基本假设条件是碳酸钙膜可为底层金属提供屏蔽保护作用，但是忽略了一个事实，即碳酸钙垢多孔且易脆，在配水系统中，如果沉积垢层不够厚，无法抑制水压渗入，垢层其实不能提供有实质意义的屏蔽保护作用。此外，这个假设也忽略了腐蚀金属本身成垢的倾向，这些垢由氧化的金属组成，以各种矿物质形式存在。虽然这种垢层并不一定能起到屏蔽保护作用，但可能有效促进表面钝化。碳酸钙沉淀可能夹杂在这些垢层中，但并没有证据表明这种夹杂物能更有效地促进钝化。

维持饱和指数值为正值，有利于建立腐蚀性最小化的水质条件（如提高 pH 和缓冲强度）。饱和指数也能作为沉淀软化的一种操作手段。在此，我们重点强调一点：饱和指数并不直接与腐蚀相关，也不是预测实际腐蚀速率的有用工具。

值得赞赏的是，朗格利尔也从未打算将此指数用于预测腐蚀方面，而且甚至他指出了此指数分析某些水质时存在的局限性。然而，尽管使用朗格利尔饱和指数作为腐蚀预测指标有实质性的严重缺陷，但是，在许多用水公共设施和其他领域，人们总是假定碳酸钙是保护性垢层的关键成分，仍然采用朗格利尔饱和指数去控制各种材料的腐蚀抑或甚至预测它们的腐蚀速率。为了纠正这种对朗格利尔饱和指数本质属性的重大误解，鉴于重要的实验性证据已否定了朗格利尔饱和指数和腐蚀之间的相关性假设，美国自来水协会（AWWA）研究基金会已建议废弃这种实际操作方式[32]。

对于结构构件，加利福尼亚运输局认为：如果某部位所处的代表性土壤和/或水样环境，至少满足下面一个条件，那么这个部位将会发生腐蚀[33]：

氯离子浓度≥500mg/kg，硫酸盐浓度≥2000mg/kg，或 pH 值≤5.5。

3.7.2 其他结垢指数

其他结垢指数还有 Ryznar、Puckorius、Larson-Skold、Stiff-Davis 和 Oddo-Tomson。

雷兹钠（Ryznar）稳定指数（RSI）利用了针对大量水系统中已建立的实测垢层厚度的实验数据与相关水化学环境数据之间的相关性。与朗格利尔饱和指数一样，雷兹钠稳定指数也是以饱和度概念为基础。雷兹钠稳定指数的表示形式为：

$$RSI=2(pH_s)-pH$$

RSI 经验相关性可总结如下：

- RSI<6 时，随着指数降低，结垢倾向增大；
- RSI>7 时，碳酸钙沉淀，但很可能并未形成一个保护性的缓蚀膜层；
- RSI>8 时，低碳钢腐蚀逐渐增大。

帕科拉兹（Puckorius）结垢指数（PSI）是基于水的缓冲容量以及达到平衡时可能形成沉淀的最大量。高钙含量，但低碱度和低缓冲容量的水，方解石饱和度高，离子活度积（IAP）增大。这种水可能有高的结垢倾向，但成垢量可能很小难以察觉。当沉积物质形成时，水有驱动力但无维持 pH 的容量和能力。

帕科拉兹结垢指数计算与雷兹钠稳定指数类似。但帕科拉兹采用平衡 pH 而不是实际体系 pH 去解释缓冲作用：

$$PSI=2(pH_s)-pH_{eq}$$

其中 pH_s 仍然是指方解石或碳酸钙饱和时的 pH 值。

$$pH_{eq}=1.465\times \lg[\text{碱度}]+4.54$$

$$[\text{碱度}]=[HCO_3^-]+2[CO_3^{2-}]+[OH^-]$$

拉森-斯科德（Larson-Skold）指数是以北美五大湖区水底碳钢输送管线在线腐蚀评估结果为基础。外推至五大湖区之外的其他水质，如果水质碱度很低或达到极限碱度时，此时会超出原始数据范围。拉森-斯科德指数是硫酸根（SO_4^{2-}）和氯离子（Cl^-）的当量浓度（epm，百万分之当量数）与碳酸氢根（HCO_3^-）和碳酸根（CO_3^{2-}）形式的碱度当量浓度（epm，百万分之当量数）之比：

$$\text{Larson-Skold 指数}=\frac{(\text{epm } Cl^- + \text{epm } SO_4^{2-})}{(\text{epm } HCO_3^- + \text{epm } CO_3^{2-})} \tag{3.15}$$

拉森-斯科德指数可作为预测直流冷却水侵蚀性的一个有用工具，已得到证实。拉森-斯科德指数可以依据下列原则进行解释：

- 指数<0.8 时，氯离子和硫酸根可能不会妨碍自然膜的形成；
- 0.8<指数<1.2 时，氯离子和硫酸根可能妨碍了自然膜的形成。预计腐蚀速率高于期望值；
- 指数>1.2 时，随着指数增大，预计局部腐蚀速率更高。

斯蒂夫-戴维斯（Stiff-Davis）指数试图去克服朗格利尔饱和指数在分析具有高溶解性固体含量的水质时的不足以及未考虑同离子效应对结垢驱动力的影响等问题。与朗格利尔饱和指数类似，斯蒂夫-戴维斯指数也是建立在饱和度概念的基础之上。在斯蒂夫-戴维斯指数中，对用于预测饱和状态下的 pH 值（pH_s）的溶度积进行了经验性修正。对于水化学性质及状态相同时，斯蒂夫-戴维斯指数预测水的结垢倾向比朗格利尔饱和指数的小。二者之间偏差随离子强度增大而增加。对斯蒂夫-戴维斯指数解释与朗格利尔饱和指数标准相同。

奥多-汤姆森（Oddo-Tomson）指数考虑了绝对压力和二氧化碳分压对水 pH 值以及碳酸钙溶解性的影响[34]。此经验模型也考虑对于存在多相时（水、气和油）进行修正。这个指数的解释与斯蒂夫-戴维斯指数解释与朗格利尔饱和指数一样。

3.8 铅腐蚀：氯-硫质量比

铅的腐蚀受无机垢和铅（二价）腐蚀沉积物的不溶性及其他属性控制。阴离子含量和离子淌度是关键。例如：硫酸铅相对不溶，而氯化铅可溶。因此，氯-硫质量比（CSMR）控制了水中铅的自腐蚀和铅铜的电偶腐蚀[6]。饮用水中铅污染物含量受多种因素影响，如：水腐蚀性、铅接触量、水管中铅磨损量、水管中水停留时间以及管道部件内垢层保护性等[3]。

含铅材料腐蚀表面的离子迁移和分布，如硫酸根和碳酸根，对铅制材料的钝化非常重要。通过氯离子等离子传输的阳极腐蚀电流的百分率公式(3.16）是水中重要阳离子的摩尔浓度及其极限当量离子电导率的函数[35]。

$$Cl^- \text{传输的电流}\%=\frac{[Cl^-]}{[Cl^-]+[SO_4^{2-}]\times 2.09+[HCO_3^-]\times 0.58+[OH^-]\times 2.59+[HPO_4^{2-}]\times 0.86} \tag{3.16}$$

式中，$[Cl^-]$、$[SO_4^{2-}]$、$[HCO_3^-]$、$[OH^-]$、$[HPO_4^{2-}]$ 分别为相应各种阴离子的摩尔浓度，mol/L。

在氯离子和硫酸根离子以相同速率向铅阳极表面迁移时，在上述公式中将氯离子与硫酸根离子进行等量变换，可得临界氯-硫质量比为0.77，如公式(3.17)所示：

$$\text{CSMR 临界值}=\frac{Cl^- \text{摩尔质量}}{SO_4^{2-}\ \text{摩尔质量}/2.09}=0.77 \tag{3.17}$$

当氯-硫质量比大于临界值0.77时，不利的氯离子比有利的硫酸根离子更容易在铅表面富集，可能促进电偶腐蚀。相反，当氯-硫质量比小于0.77时，有利的硫酸根向铅阳极表面迁移，其浓度将超过氯离子。

已经证实，氯-硫质量比是一个判断腐蚀倾向的有效工具。对供水设施的普查结果也显示在水质满足CSMR<0.58时，在100%所有设备中，都能满足美国环保署（EPA）规定的铅的运行极限浓度，即15μg/L或15μg/kg。相反，在水质CSMR>0.58的设备中，满足美国环保署规定的铅的运行极限浓度15μg/L的设备只有36%。表3.13显示：弗林特（Flint）供水系统，在水处理期间全部6个水质样品中CSMR都非常高。[5] 弗林特供水系统中水的CSMR值和拉森-斯科德指数值都很高，这本应引起人们对可能发生的腐蚀问题的高度关注。

表3.13　处理后的弗林特河水的水质参量的浓度值及表征腐蚀倾向的相关指数的大小

取样日期	氯离子浓度/(mg/L)	硫酸根浓度/(mg/L)	碱度(以 $CaCO_3$ 计)/(mg/L)	CSMR	Larson-Skold 指数
2014-05-22	85	25	118	3.8	1.24
2014-08-06	65	23	60	2.8	2.31
2014-10-28	62	22	76	2.8	1.45
2015-02-16	95	25	47	3.8	3.40
2015-05-12	90	31	56	2.9	2.84
2015-08-11	81	21	36	3.8	3.78

3.9 海水腐蚀

海水系统可应用在大量工业领域之中，如船舶海运、近海油气开采、发电厂、沿海工业厂房。海水的主要用途就是冷却，但是也可用在消防、油田注水以及海水淡化领域。尽管人们对海水系统中的腐蚀问题已深入研究多年，并且发表了大量关于海水中材料腐蚀行为的研究成果，但是，海水中设备失效问题仍然时有发生。海水中含有地壳中大多数元素，尽管有些元素含量极少（痕量）。但是，海水中11种成分合计占了总溶解物含量的99.95%，如表3.14所示，而其中氯离子含量最高，远高于其他粒子。

表3.14　清洁海水中11种含量最高的离子和分子的平均浓度（35.00‰盐度，25℃时密度 $1.023g/cm^3$）

粒子种类	浓度	
	mmol/kg	g/kg
Na^+	468.5	10.77
K^+	10.21	0.399
Mg^{2+}	53.08	1.290
Ca^{2+}	10.28	0.4121
Sr^{2+}	0.090	0.0079
Cl^-	545.9	19.354
Br^-	0.842	0.0673

续表

粒子种类	浓度	
	mmol/kg	g/kg
F^-	0.068	0.0013
HCO_3^-	2.30	0.140
SO_4^{2-}	28.23	2.712
$B(OH)_3$	0.416	0.0257

由于可能受到河水冲淡海水、雨水或融冰以及海水蒸发浓缩等作用的影响，海水中溶解物浓度受地理位置和时间的影响变化很大。海水最重要的性质有如下几点[17]：

- 世界各地海水中主要成分浓度比非常一致；
- 盐浓度高，主要是氯化钠；
- 高电导率；
- pH 值较高且恒定不变；
- 缓冲能力；
- 对气体的溶解性，其中氧和二氧化碳在腐蚀中尤为重要；
- 含有大量的有机质；
- 存在生物活动，可进一步区分为微生物污损（如细菌、黏泥）和大生物污损（如海藻、贻贝以及各种动物或鱼类）。

其中有些因素相互关联，与物理、化学及生物相关变量有关，如深度、温度、光照强度、可获得的营养物等。含盐量（盐度）是海水主要的数值化特征参数。

3.9.1　盐度

海水通常比淡水腐蚀性更强，因为海水电导率更高，而且氯离子对金属表面膜层的穿透能力很强。腐蚀速率受氯离子浓度、可利用氧量（溶解氧）和温度等因素影响。含 3.5%盐的海水可能是腐蚀性最强的氯化物盐溶液（图 3.22）[15]。综合考虑高电导率和溶解氧量的影响，腐蚀速率在此盐浓度下达到最大（如表 3.6 所示，随着盐浓度增大，氧溶解度降低）。表 3.15 列出了大量金属在不同海水环境中的腐蚀速率。

表 3.15　海水流速对金属腐蚀的影响

合金	最深蚀孔/mm	平均腐蚀速率/(mm/a)		
			流动海水	
	静止海水		8.2m/s	35～42m/s
碳钢	2.0	0.075	—	4.5
灰铸铁(石墨化)	4.9	0.55	4.4	13.2
海军炮铜	0.25	0.027	0.9	1.07
85/5/5/5CuSnPbZn(锡青铜)	0.32	0.017	1.8	1.32
耐蚀高镍铸铁(IB 型)	无	0.02	0.2	0.97
镍铝青铜	1.12	0.055	0.22	0.97
70/30 CuNi+Fe	0.25	<0.02	0.12	1.47
316 不锈钢	1.8	0.02	<0.02	<0.01
含 6% Mo 不锈钢	无	0.01	<0.02	<0.01
Ni-Cu 合金 40	1.3	0.02	<0.01	0.01

在 1902 年，盐度定义为一千克海水中含有的总固体物含量（单位为 g），其中所有卤化

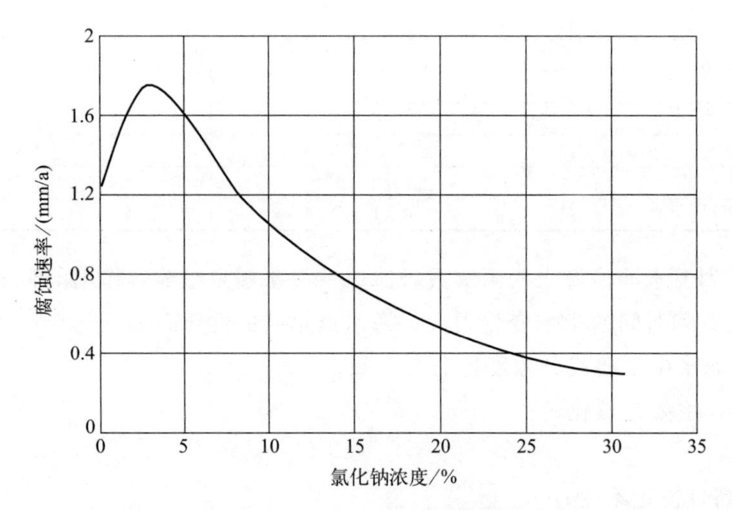

图 3.22 钢在不同浓度的氯化钠溶液中的腐蚀

注：腐蚀速率的峰值对应盐浓度约为 3%

物皆等当量替换为氯化物、所有碳酸盐都转化为氧化物、所有有机质都完全被氧化。此 1902 年定义的盐度可用公式(3.18) 表示。其中盐度（S）和氯度（Cl）皆以千分之几（‰）的形式表示。

$$S(‰)=0.03+1.805\mathrm{Cl}(‰) \tag{3.18}$$

根据 1902 年这个公式，在盐度 3‰时，氯度为 0，这与事实不符。因此，在 1969 年，联合国教科文组织（UNESCO）建立了一个更精确的氯度和盐度的关系，如公式(3.19) 所示：

$$S(‰)=1.80655\mathrm{Cl}(‰) \tag{3.19}$$

根据 1902 年和 1969 年定义，35‰盐度对应的氯度结果完全一致，在大多数应用场合中，二者也没有明显差异。在提出根据电导率、温度和压力等测量结果确定盐度的方法之后，盐度的定义再一次被修正。

1978 年定义的实用盐标（实用盐度，practical salinity scale）是一个关于 K 值的复杂函数，其中 K 值为相同温度和压力下海水电导率与质量分数为 0.0324356 的氯化钾溶液(3.24356%）电导率之比。

$$S=0.0080-0.1692K^{0.5}+25.3853K+14.0941K^{1.5}-7.0261K^{2}+2.7081K^{2.5} \tag{3.20}$$

注意，这个定义中已不再使用‰。实际上，35‰这个值可简单对应实用盐度 35。

3.9.2 氧

海水中氧含量主要取决于盐度和温度等因素。如果热力学温度和盐度已知，可用公式(3.21) 计算溶解氧的平衡浓度，关系式为[17]：

$$\ln[O_2](\mathrm{mL/L})=A_1+A_2(100/T)+A_3\ln(T/100)+A_4(T/100)+ \\ S[B_1+B_2(T/100)+B_3(T/100)^2] \tag{3.21}$$

式中，A_1 为−173.4292；A_2 为 249.6339；A_3 为 143.3483；A_4 为−21.8492；B_1 为

-0.033096；B_2 为 0.014259；B_3 为 -0.0017000；T 为热力学温度，K。

溶解氧的基本来源是大气中氧的海气交换，使氧接近饱和（5%以内）。但是，随着季节不同，溶解氧含量可能发生变化，其中主要原因是生物活动引起。如春天，当光合作用很显著时，氧过饱和度可达到 200%。另外，由于波浪作用夹带空气泡，过饱和氧浓度值也可达到 10%。

海水中未受保护的钢，如近海石油钻探平台钢桩或支撑腿，一般腐蚀分布情况如图 3.23 所示。此图是根据暴露在部分封闭的北卡罗来纳州的库尔海滩的钢桩的腐蚀分布情况绘制而成[36]。

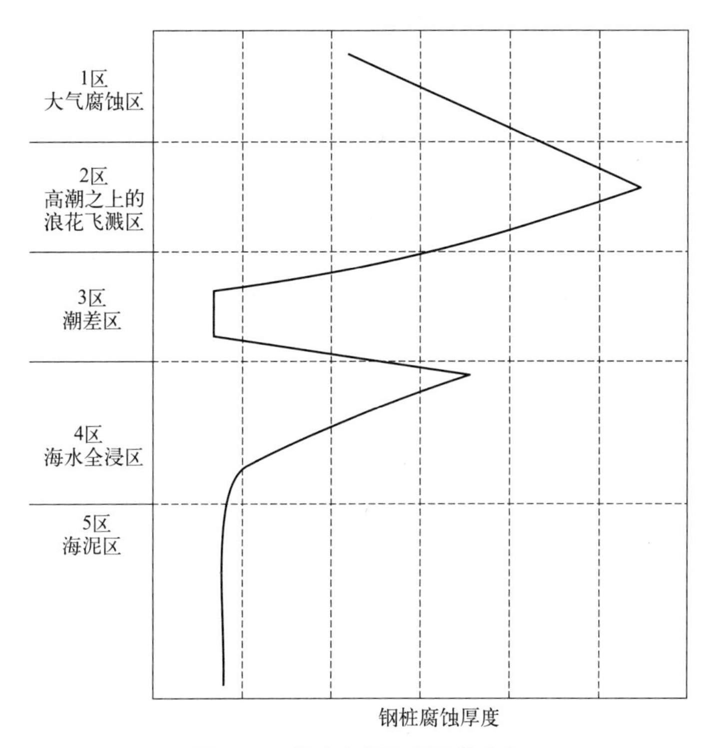

图 3.23　海水中钢桩腐蚀分布图

有机物质的生物化学氧化会消耗溶解氧（DO），并伴随着二氧化碳的生成以及海水的酸化，将使海水中溶解氧处于不饱和状态。此过程的发生及其发展速率，极度依赖海水中可以获得的溶解氧和营养物质。也正因如此，在表面混合区之下（即潮差区之下），氧浓度很低，太平洋某些海域就是如此[37]。在较深的区域，由于深海洋流作用富氧冷水的供给，含氧量会再次增加。但是，这种情况与局部条件状态密切相关，也受季节影响。正如大家熟知的北海部分海域，在冬天由于风暴的影响，表面混合区会向下延伸；而在夏天，同一水域又可能分出不同等级。

在任何海域，随着季节变换，其盐度、温度及其他参数也都可能随之发生变化。此外，还有一些参数会随着水深而变化，图 3.24 是在美国海军工程试验点收集到的太平洋海域相关数据。但我们无法通过这些研究结果推测其他海域的情况。例如与太平洋海域相比，在同等深度范围内，大西洋海域中溶解氧（DO）浓度高很多，在接近海底区域的氧浓度，甚至与海面区域的氧浓度接近。因此，水深对腐蚀的影响随地理位置的不同而不同，主要取决于溶解氧浓度和微生物活性的差异。

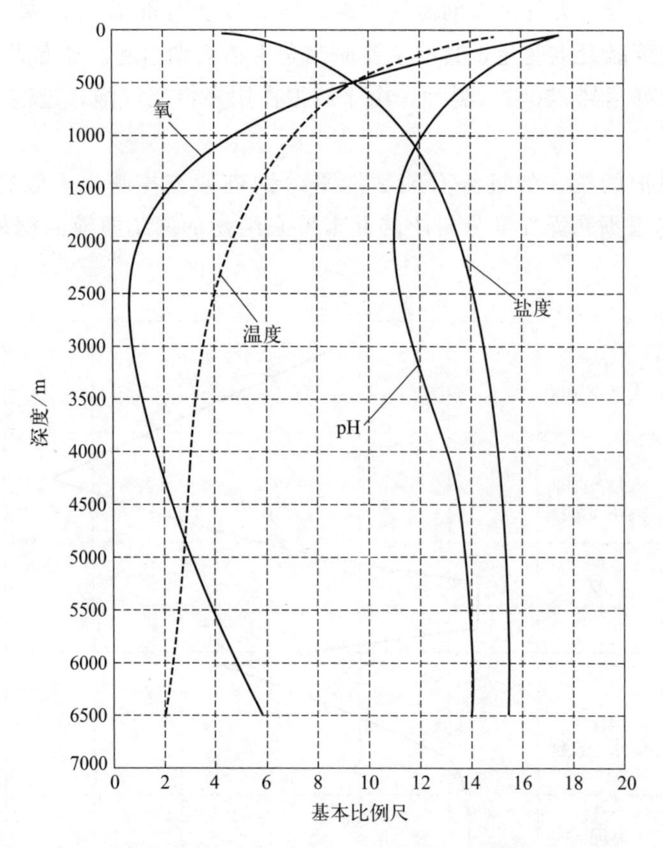

图 3.24 在太平洋海军工程试验点处海水随深度的变化

估算参数所用单位转换关系如下：温度，数值×1（℃）；氧，数值×0.333mg/kg；

pH，6.4+数值×0.1（pH）；盐度，33.0+数值×0.1（‰）。

3.9.3 有机质

溶于海水中的有机质种类繁多。尽管有机质的总含量可能很低，但通常其成分非常复杂。其中有些有机质不分解，存留时间相当长。但是，其中大多数有机质都具有生物活性，处于持续变化之中。海洋中有机质含量对于生物生命活动非常重要，其影响远远大于其他物质。目前，从海水中鉴别出来的可溶性有机物质种类有很多，包括氨基酸、有机酸和糖类等。

3.9.4 污染海水

受污染海水对腐蚀的主要影响是由于氧含量和 pH 值的降低以及硫离子和/或氨引起的。此外，在某些区域可能实际水流速度低于设计值，与冷却水系统设计有关。在这类系统中，有机质进入后可能在某些区域沉积成层，并未被过滤掉，也无法通过系统流出。这种有机质层为厌氧菌提供了活动场所，而厌氧菌的生命活动可产生大量的硫化物，进入冷却水中，与邻近金属表面发生反应，造成金属腐蚀。特别是很多铜合金，都将会受到这种高含量硫化物的影响，增大点蚀敏感性。

系统中生物淤积腐烂产生含硫化合物，也会造成海水污染。在禁止或限制使用次氯酸盐或其他杀菌剂的应用场合，一个主要问题就是生物淤积腐烂造成的含硫化合物污染。在大型冷却系统中，生物淤积还可能导致产生大量以厚层藤壶、贻贝和贝类形式存在的生物质。在滞流或低流速的水环境条件下，冷却系统将可能变成无氧状态，造成生物死亡，接着就是逐渐腐烂。

海水中大部分溶解物都是以离子对或络合物的形式存在，而并非简单离子。除氯离子之外，其他阴离子都以不同程度络合离子的形式存在，但是海水中主要阳离子大部分都没有络合。海水中约13%镁和9%钙分别以硫酸镁和硫酸钙的形式存在。超过90%的碳酸盐、50%的硫酸盐以及30%的碳酸盐都是以络合物形式存在。许多含量小或痕量的组分，在海水氧化还原电位和pH值之下，主要也是以络合离子形式存在。硼、硅、钒、锗以及铁可形成氢氧化物络合物。金、汞和银，可能还有钙和铅，可形成氯化物络合物。镁与氟也可在一定程度上发生络合。

3.9.5 钙质沉积物

海水中天然存在的钙镁离子，可以反应形成具有保护作用的钙质沉积物膜层，对储水池等容器壁内表面保护非常有利。通过阴极极化，也可以在海水中金属表面制得这种钙质沉积物膜层，进而大大降低维持阴极保护电位所需的电流密度。在充气海水中，大部分阴极表面主要发生如式(3.22)的还原反应，可表示如下：

$$O_2 + 2H_2O + 4e^- \longrightarrow 4OH^- \tag{3.22}$$

某些阴极部位，如其电极电位比氢的可逆电极电位更负时，可能发生析氢反应，析出氢气，如反应式(3.23)所示：

$$2H_2O + 2e^- \longrightarrow H_2 + 2OH^- \tag{3.23}$$

无论何种情况，氢氧根离子的产生都会使金属表面附近电解液的pH值升高，金属表面扩散层的pH值也会随之发生变化，因此，此处平衡反应状态可能与体相海水中差异很大。此外，温度、电解液相对流速以及电解液组成也会影响pH值的分布。另外，海水中，pH值还会受到体系中与二氧化碳相关的一系列反应所控制，如反应式(3.24)至式(3.26)所示：

$$CO_2 + H_2O \longrightarrow H_2CO_3 \tag{3.24}$$

$$H_2CO_3 \longrightarrow H^+ + HCO_3^- \tag{3.25}$$

$$HCO_3^- \longrightarrow H^+ + CO_3^{2-} \tag{3.26}$$

如果由前面阴极过程产生的OH^-，如反应式(3.22)或式(3.23)所示，进入到二氧化碳反应体系中，那么此时体系中还将发生如式(3.27)和式(3.28)所示的反应，并且还会伴随着发生式(3.29)所示的反应，产生钙质沉淀物。

$$CO_2 + OH^- \longrightarrow HCO_3^- \tag{3.27}$$

$$HCO_3^- + OH^- \longrightarrow H_2O + CO_3^{2-} \tag{3.28}$$

$$CO_3^{2-} + Ca^{2+} \longrightarrow CaCO_3(s) \tag{3.29}$$

式(3.24)至式(3.29)所示的化学反应进一步表明：随着氢氧根离子（OH^-）的产生，反应式(3.25)和式(3.26)将向右边移动，促进产生氢离子（H^+）。而氢离子的产生将会抑制海水的pH值升高，这种抑制作用也解释了海水的缓冲能力。但无论怎样，这些反应都表明：缓冲作用与海水中金属阴极表面的钙质沉淀物的形成［如反应式(3.29)所示］同时发生。这也是人们对海水中碳酸钙行为广泛研究的主要原因。在海洋环境中，碳酸钙沉积物有两种常见的晶型，即方解石和霰石[38]。

此外，镁的化合物，尤其是氢氧化镁，还可以促进改善钙质沉积物的保护性能。但是，在表层海水中，碳酸钙处于过饱和状态，因此钙质沉积物处于热力学稳定状态，而氢氧化镁在海水中并不饱和，氢氧化镁沉积层在热力学上不稳定。实际上，只有当海水pH值超过9.5时，氢氧化镁才会沉淀出来。

碳酸钙和碳酸镁具有类似的结构，容易形成固溶体，Ca：Mg比取决于海水中钙镁离子之比。理论计算表明：海水中平衡状态的方解石中应含有2%～7%（摩尔分数）碳酸镁。然而，尽管这种低镁方解石是海水中最稳定的碳酸盐相，但其沉淀和晶粒长大受到溶解镁的强烈抑制。因此，在海水偏碱性时，实际钙质沉淀物相是霰石（文石）。霰石饱和程度用公式(3.30)表示：

$$K_{sp,霰石}=C_{Ca^{2+}}C_{CO_3^{2-}} \tag{3.30}$$

式中，$C_{Ca^{2+}}$和$C_{CO_3^{2-}}$分别为Ca^{2+}和CO_3^{2-}的质量摩尔浓度，mol/kg；$K_{sp,霰石}$为溶度积（25℃时，$K_{sp,霰石}$为6.7×10^{-7}）。

为了便于理解阴极保护（CP）下金属表面碳酸根离子对阴极保护的增强作用，我们可以考虑将产生碳酸根离子的电化学过程简化为式(3.31)所示反应，简要分析海水中溶解二氧化碳时对阴极保护的影响。

$$H_2O+CO_2+2e^-\longrightarrow H_2+CO_3^{2-} \tag{3.31}$$

此反应的极限电流密度（i_L）可用表达式(3.32)描述：

$$i_L=nFD_{CO_3^{2-}}\frac{C^s_{CO_3^{2-}}-C^0_{CO_3^{2-}}}{\delta} \tag{3.32}$$

式中，$D_{CO_3^{2-}}$为碳酸根离子的扩散系数；δ为扩散层厚度，如图3.25所示；$C^s_{CO_3^{2-}}$和$C^0_{CO_3^{2-}}$分别为电极表面和溶液本体中CO_3^{2-}的浓度；F为法拉第常数；n为参与反应电子数。

在中性本体海水溶液中，碳酸根离子浓度基本上等于零，极限电流i_L的表达式可进一步简化为式(3.33)。

$$i_L=n\mathrm{FD}_{CO_3^{2-}}\frac{C^s_{CO_3^{2-}}}{\delta} \tag{3.33}$$

3.9.5.1 计算示例

你可以设想这样一种情况，即：对石油钻井平台的四个主要支撑立柱，你必须设计一个牺牲阳极的阴极保护（CP）系统来进行保护。这些立柱结构主要是密封的钢制圆柱体，直径1m，浸入水中部分长度25m。牺牲阳极是锌棒，长宽高分别为100cm、12cm和12cm，背面紧贴钢桩，用螺丝紧紧固定在钢桩表面。这里的一个特殊应用示例就是通过强制某些离子最终能在电极表面沉积并累积成膜，阻塞金属表面，进而屏蔽或钝化电极表面。

后面的问题就是根据已知条件进行计算：已知海水温度随水深呈指数级下降，从海面至

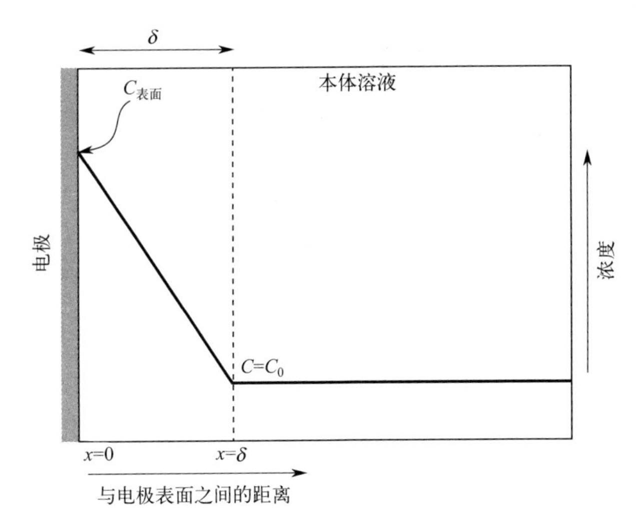

图 3.25 当电极表面产生化学粒子时扩散层中粒子浓度分布示意图

25m 深处，温度从 25℃下降至 10℃，碳酸根离子（CO_3^{2-}）扩散系数可以用如下公式来表达：

$$D_t = D_{25℃}[1-0.043\times(25-t)] \tag{3.34}$$

式中，D_t 为温度 t 时碳酸根离子（CO_3^{2-}）扩散系数，cm^2/s；t 为摄氏温度，℃；$D_{25℃}$ 为温度在 25℃时碳酸根离子（CO_3^{2-}）的扩散系数（$5\times10^{-5}cm^2/s$）。

例 3.1 已知未进行保护时钢的腐蚀速率为 1.1mm/a，估算每个钢桩的总腐蚀电流。

每个钢桩表面积＝π×直径×长度＝3.1416×1×25（浸入海水部分）

即每个钢桩表面积＝78.54m^2

腐蚀电流＝表面积×腐蚀电流密度

因为 1mm/a＝0.0863mA/cm^2 或 0.863A/m^2

腐蚀电流＝1.1×0.863×78.54＝74.56A

例 3.2 已知锌阳极可以提供的牺牲电流，对应锌的腐蚀速率为 7mm/a，估算将钢桩腐蚀速率降至 1/10 所需的锌阳极数量。假定采用例 3.1 所计算的总腐蚀电流与恒定的阴极过程（氧的还原）维持平衡。

每个锌阳极的表面积＝表面＋侧面＋两端

每个锌阳极的表面积＝(12×100)＋2×(12×100)＋2×(12×12)＝3888cm^2

腐蚀速率转化为电流单位：1mm/a＝$n\times\rho\times0.306/M$

对于锌，反应电子数 $n=2$，密度 $\rho=7.133g/cm^3$，摩尔质量 $M=65.38g/mol$

锌阳极腐蚀电流密度＝7×2×7.133×0.306/65.38＝0.4674mA/cm^2

每个锌阳极的腐蚀电流＝0.4674×3888＝1.817A

将钢桩腐蚀速率降至 1/10 所需电流为例 3.1 电流计算值的 90%或 0.9×74.56A，即 67.1A

所需阳极数＝67.1/1.817＝36.9 个

例 3.3 你为了减少阳极长期消耗量，打算在需保护的钢桩表面强制沉积钙质沉积物，因为这么做能将钢桩腐蚀速率降至 1/100。已知海水中钙离子浓度是 0.01mol/kg，扩散层厚度约为 5μm，计算：

（1）使不溶性霰石在水线附近钢表面沉淀所需的电流密度。

先通过霰石的溶度积 K_{sp}［如公式(3.30）所示］可计算产生碳酸钙沉淀时，所需的最低碳酸根离子浓度 $C_{CO_3^{2-}}$，即：

$$C_{CO_3^{2-}}=\frac{K_{sp}}{C_{Ca^{2+}}}=\frac{6.7\times10^{-7}}{0.01}$$
$$=6.7\times10^{-5}\,mol/kg=6.7\times10^{-8}\,mol/cm^3$$

然后再根据公式(3.33）计算，该浓度下，碳酸根离子的最大生成速率［如反应式(3.31）所示］，即该浓度下碳酸根离子的极限电流密度值。其中 $n=2$，$F=96485$，$D=5\times10^{-5}cm^2/s$，$d=5\times10^{-4}cm$。

因此，在碳酸根离子浓度足以与钙离子发生沉淀反应时，此时碳酸根离子的极限电流密度为 $1.29\times10^{-3}A/cm^2$ 或 $1.29mA/cm^2$。这也就是表面形成霰石沉淀物所需的最小电流值。

（2）为达到此初始的最小保护电流，对应于每平方米的受保护表面，所需的牺牲阳极个数。

对于 $1m^2$ 表面，所需电流 $=10000\times1.29\times10^{-3}A=12.9A$

每个阳极产生的电流为 1.817A

因此，所需阳极个数＝12.9/1.817＝7.1 个。

（3）搅动海水中对沉积霰石所需电流密度的影响。

搅拌将使极限电流密度增大，达到同样效果所需阳极个数将增加。

例 3.4 计算在钢桩底部形成霰石沉积层所需电流密度值。假定霰石溶度积（K_{sp}）保持不变。

只有碳酸根离子扩散系数发生变化。

由于 $D_t/D_{25℃}=0.355$

因此，极限电流密度将变为 $1.29\times0.355=0.458A/cm^2$

3.9.6 材料的耐海水腐蚀性

表 3.16 列出了海水系统中常用材料，并分别归类为低成本（高维护）或低维护（高成本）类材料。对于低初始成本系统，材料通常可以选用有涂层和无涂层保护的低碳钢及铸铁等。在船舶工程中，材料升级通常就是从钢材升级改用铜基合金，对于可靠性要求高的近海采油平台和陆基设备，也有这种材料升级趋势。不过，近年来，以含钼 6%超级奥氏体不锈钢和超级双相不锈钢等高性能不锈钢为基础的装备系统也已在海洋工业中获得应用[39]。

表 3.16 海水体系中常用材料

构件	低成本系统	低维护系统
管道	镀锌钢	90/10 铜镍合金
法兰盘	钢	铸造或锻造 90/10 铜镍合金 钢表面堆焊白铜 炮铜 含 6% Mo 超级奥氏体不锈钢或超级双相不锈钢

续表

构件	低成本系统	低维护系统
管板	60/40 黄铜/海军黄铜	镍铝青铜 90/10 铜镍合金 含 6% Mo 超级奥氏体不锈钢或超级双相不锈钢
导管	铝青铜	70/30 铜镍(尤其是含 2%Fe+2%Mn) 90/10 铜镍合金
泵壳	铸铁或含铅炮铜	铸铜镍合金 镍铝青铜 海军炮铜 耐蚀镍合金 D2
泵轮	炮铜	蒙乃尔合金 410 20 号合金(CN7M) 不锈钢(CF3 和 CF8) 镍铝青铜
泵轴	海军黄铜	蒙乃尔合金 400 或 500 镍铝青铜 耐蚀镍铁合金 D2 镍铝合金 含 6% Mo 超级奥氏体不锈钢或超级双相不锈钢 316 不锈钢
过滤器主体	铸铁	铸铜镍 炮铜 含 6% Mo 超级奥氏体不锈钢或超级双相不锈钢
过滤网	镀锌铁	蒙乃尔合金 400 含 6% Mo 超级奥氏体不锈钢或超级双相不锈钢
护板	蒙次黄铜	含 6% Mo 超级奥氏体不锈钢或超级双相不锈钢

3.9.6.1 碳钢

海水中，碳钢的腐蚀过程受其表面供氧量控制。因此，在静态条件下，碳钢腐蚀速率在 100～200mm/a，随不同区域环境和氧含量差异而变化。由于流动可增加氧向金属表面的迁移量，因此流速与腐蚀速率密切相关，从静态或 0 流速增加到 40m/s，腐蚀速率可增大 100 倍。在流动条件下，钢表面镀锌层的保护作用有限，因为随着流速增大，锌的腐蚀也会加快。对于海水碳钢管道，采用常规厚度的镀锌层进行保护，管道寿命可延长约 6 个月。

3.9.6.2 不锈钢

不锈钢不耐冲刷腐蚀，但是在低流速条件下，不锈钢又容易发生点蚀和缝隙腐蚀，因此我们在海水环境中使用不锈钢材料时，必须考虑到这一点。过去，人们曾经试图使用标准等级不锈钢（如 316 不锈钢）去建造海水系统，但是，实践已证明这种尝试并不成功。不过，近年来，人们已开发出高耐点蚀和缝隙腐蚀的不锈钢。

不锈钢材料在海水系统中的首次成功的大规模应用，是挪威的哥尔法克斯（Gullfaks）油田，其中所用不锈钢材料是瑞典阿维斯塔（Avesta）公司的 254SMO（21% Cr、18% Ni、6% Mo、0.2% N）超级奥氏体不锈钢。

选择此材料的原因是为了提高混凝土平台中储罐/压载舱承受海水和含硫原油交替腐蚀的能力。几千吨的超级奥氏体不锈钢主要都用在近海平台上，目前仍在服役中[39]。

3.9.6.3 镍基合金

因科耐尔合金（Inconel）625、哈氏合金（Hastelloys）C-276 和 C-22 等镍基合金以及钛材，既可抵抗低流速海水环境中的点蚀或缝隙，又能耐高流速环境下的冲刷腐蚀。但是，这类材料价格太贵，限制了它们在海水系统中的应用。

3.9.6.4 铜基合金

铜基合金在海水系统中的应用受到流速限制，因为如果海水流速超过临界流速，会破坏合金表面的保护性膜层，造成磨损腐蚀，而且在这种流体动力学作用下，还有可能发生冲刷腐蚀。因此，为了充分利用铜基合金优异耐蚀性的特点，海水流速必须在设定的极限流速之下。关于海洋环境中使用的两种重要的铜镍合金，我们将在第十一章铜合金部分做详细介绍。

3.9.6.5 流速影响

流速是影响海水系统的设计与腐蚀的一个最重要的因素。很多部件的尺寸，如管道和阀门，都取决于设计流速。此外，流速还会影响金属的腐蚀行为，流速设计值通常都要在充分考虑腐蚀问题的基础上来确定。当腐蚀速率受传质过程控制时，金属表面海水的流速就变成了一个速度控制因素。对于活化-钝化金属，亦是如此，有水流动的地方，金属表面氧供应充足，足以维持金属表面钝态。例如：只要系统中水流不间断连续流动，不锈钢就可以发挥出令人满意的良好作用。但是在低流速或零流速情况下，我们必须采取专门的预防措施。因为在低流速条件下，水中沉积物可能也会在金属表面沉积附着，进而可能发展形成局部腐蚀电池，导致局部腐蚀。

不过在某些情况下，高流速也可能造成一些不利影响。高流速海水可能会加速各种腐蚀进程，促进磨损腐蚀、冲击腐蚀、增强石墨化腐蚀等。合金表面的流速分布不均匀，可能使金属表面充气不均匀，造成很不利的腐蚀影响。表 3.15 列出了流速对一些海水体系常用材料腐蚀影响的数据[39]。此外，我们在考虑流速问题时，必须要注意到局部流速可能与设计流速相差很大，这一点很重要。特别是对于系统中小直径弯管、管口、部分节流阀或错位法兰等特征部位，这一点尤为重要，因为在这些部位有可能造成湍流，加速腐蚀。由此可见，尽可能地降低湍流的可能性应该是系统设计和制造过程中的主要考虑因素之一。

3.9.6.6 温度影响

关于海水系统常见温度范围之内，温度影响研究的资料并不是很多。人们已经注意到，在拉克（LaQue）中心区，与冬天（平均温度 7℃）相比，在夏天（平均温度 27～29℃）碳钢的腐蚀速率，大约增加 50%。尽管氧溶解度随温度升高趋于降低，但是升高温度可使反应速度加快。碳钢在饮用水系统中的实际应用效果表明：温度影响更为重要，碳钢腐蚀速率随着温度升高而增大[40]。

在海水中，铜合金表面会自然形成保护性膜层。温度升高，将会促进铜合金表面形成保护性膜层。例如，在 15℃时，铜合金形成表面保护性膜层需要大约 1 天时间，而在 2℃时，其表面成膜可能需要 1 周或更长时间。由此可见，首先使用清洁海水充分循环，保证铜合金表面能形成完整初始膜层，确保预膜效果，这一点非常重要，对于所有的铜合金都适用。对于易发生点蚀和缝隙腐蚀的不锈钢和其他合金而言，温度升高将促进这些类型腐蚀的萌生。但是，其扩展速率随着温度升高而降低。这两种互相矛盾的变化倾向的综合影响有时无法预测。此外，温度也会影响到生物活性，进而可能影响腐蚀[39]。

参考文献

[1] NACE MR0175/ISO 15156, Petroleum and Natural Gas Industries—Materials for Use in H_2S-Containing Environments in Oil and Gas Production. Houston, TX, NACE International, 2001.

[2] Koch, G. H., Brongers, M. P. H., Thompson, N. G., Virmani, Y. P., and Payer, J. H., Corrosion Costs and Preventive Strategies in the United States. FHWA-RD-01-156. Springfield, VA, National Technical Information Service, 2001.

[3] Larsen, K. R., The Science Behind It: Corrosion Caused Lead-Tainted Water in Flint, Michigan. *Materials Performance* 2016; 55: 26–29.

[4] Kirmeyer, G. J., Wagner, I., and Leroy, P. Organizing Corrosion Control Studies and Implementing Corrosion Control Strategies. In: *Internal Corrosion of Water Distribution Systems*. Denver, CO, American Water Works Association, 1996; 487–540.

[5] Masten, S. J., Davies. S. H., and Mcelmurry, S. R., Flint Water Crisis: What Happened and Why? *American Water Works Association* 2016; 108: 22–34.

[6] Scully, J. R., The Corrosion Crisis in Flint, Michigan: A Call for Improvements in Technology Stewardship. In: *The Bridge* 46 (2). National Academy of Engineering, 2016; 19–29.

[7] The White House, Office of the Press Secretary. President Obama Signs Michigan Emergency Declaration. January 1, 2016.

[8] Davey, M., and Smith, M., 2 Former Flint Emergency Managers Charged Over Tainted Water. *New York Times*, December 21, 2016.

[9] Deterioration and Inspection of Water Distribution Systems: A Best Practice by the National Guide to Sustainable Municipal Infrastructure. Deterioration and Inspection of Water Distribution Systems Issue No. 1.1. 2003. Ottawa, Canada, National Research Council of Canada.

[10] Romanoff, M., *Underground Corrosion*, Houston, TX, NACE International, 1989.

[11] Makar, J. M., and Kleiner, Y., *Maintaining Water Pipeline Integrity*, NRCC-43986. Ottawa, Canada, National Research Council, 2001.

[12] Makar, J. M., and Chagnon, N., Inspecting Systems for Leaks, Pits, and Corrosion. *American Water Works Association* 1999; 91: 36–46.

[13] Davies, M., and Scott, P. J. B., *Guide to the Use of Materials in Waters*. Houston, TX, NACE International, 2003.

[14] Roberge, P. R., *Handbook of Corrosion Engineering*, New York, NY, McGraw-Hill, 2000.

[15] Berry, W. E., Water Corrosion. In: Van Delinder, L. S., Brasunas, A. D., eds. *Corrosion Basics*. Houston, TX, NACE International, 1984; 149–176.

[16] Uhlig, H. H., Iron and Steel. In: Uhlig, H. H., ed. *The Corrosion Handbook*. New York, NY, John Wiley and Sons, 1948; 125–143.

[17] Ijseling, F. P., *General Guidelines for Corrosion Testing of Materials for Marine Applications*, London, UK, The Institute of Materials, 1989.

[18] Crovetto, R., and Murtagh, E., Novel Boiler Condensate Corrosion Inhibitor with FDA Approval. CORROSION 2007, Paper # 073. Houston, TX, NACE International, 2007.

[19] Herro, H. M., and Port, R. D., *The NALCO Guide to Cooling Water Systems Failure Analysis*, New York, NY, McGraw-Hill, 1993.

[20] Syrett, B.C., and Gorman, J. A., Cost of Corrosion in the Electric Power Industry—An Update. *Materials Performance* 2003; 42: 32–38.

[21] Cost of Corrosion in the Electric Power Industry. EPRI 1004662. Palo Alto, CA, Electric Power Research Institute (EPRI), 2001.

[22] Jonas, O., Monitoring of Steam Plants. *Materials Performance* 2003; 42: 38–42.

[23] Garey, J. F., and Jorden, R. M., *Condenser Biofouling Control*, Ann Arbor, MI, Ann Arbor Science Publishers, 1980.

[24] Stott, J. F. D., Evaluating Microbiologically Influenced Corrosion. In: Cramer, D. S., Covino, B. S., ed. *Volume 13A: Corrosion: Fundamentals, Testing, and Protection*. Metals Park, OH, ASM International, 2003; 644–649.

[25] DeSilva, F. J., Essentials of Ion Exchange. [25th Annual WQA Conference]. Lisle, IL, Water Quality Association (WQA), 1999.

[26] Treseder, R. S., *Nace Corrosion Engineers Reference Book*. Houston, TX, NACE International, 1980.

[27] Corrosion Doctors. Corrosivity of a Water and Saturation Indices. http://corrosion-doctors.org/Cooling-Water-Towers/corrosivity.htm. 2010.

[28] HDR Engineering. *Handbook of Public Water Systems*, 2 ed, New York, NY, John Wiley & Sons, 2001.

[29] Stumm W. Investigation on the Corrosive Behavior of Waters. *Journal of the ASCE Sanitary Engineering Division* 1960; 86: 27–45.

[30] Kuch, A., Investigations of the Reduction and Re-oxidation Kinetics of Iron(III) Oxide Scales Formed in Waters. *Corrosion Science* 1988; 28: 221–231.

[31] Pisigan Jr., R. A., and Singley, J. E., Influence of Buffer Capacity, Chlorine Residual, and Flow Rate on Corrosion of Mild Steel and Copper. *Journal AWWA* 1987; 79: 62–70.

[32] American Water Works Association Research Foundation, DVGW-Technologiezentrum Wasser. *Internal Corrosion of Water Distribution Systems*, 2 ed., Denver, CO, American Water Works Association, 1996.

[33] Corrosion Guidelines. Sacramento, CA, California Department of Transportation Division Engineering Services Materials Engineering and Testing Services Corrosion Technology Branch, 2003.

[34] Oddo, J. E., and Tomson, M. B., *Scale Control, Prediction and Treatment or How Companies Evaluate a Scaling Problem and What They Do Wrong.* [Corrosion 92, paper 34]. Houston, TX, NACE International, 1992.

[35] Nguyen, C. K., Clark, B. N., Stone, K. R., and Edwards, M. A., Role of Chloride, Sulfate, and Alkalinity on Galvanic Lead Corrosion. *Corrosion* 2011; 67: 065005-1-065005-9.

[36] LaQue, F. L., *Marine Corrosion: Causes and Prevention*, New York, NY, John Wiley & Sons, 1975.

[37] Schumacher, M., *Seawater Corrosion Handbook*, Park Ridge, NJ, Noyes Data Corporation, 1979.

[38] Hartt, W. H., Culberson, C.H., and Smith, S. W., Calcareous Deposits on Metal Surfaces in Seawater—A Critical Review. *Corrosion* 1984; 40: 609–618.

[39] Todd, B., Materials Selection for High Reliability Seawater Systems. http://marine.copper.org/. 1998.

[40] Butler, G., and Mercer, A. D., Corrosion of Steel in Potable Waters. *Nature* 1975; 256: 719–720.

第四章

土壤腐蚀

4.1 引言

人们早已发现，铁片在干燥土壤中的腐蚀比在潮湿土壤中轻得多。但是，受雨水、天然泉水和河流的影响，土壤通常都很潮湿。因此，土壤腐蚀问题很重要，特别是对于大量逐渐老化的埋地结构而言。随着环境保护要求日趋严苛，对于很多埋地系统或可能与土壤接触的地面系统而言，腐蚀问题已成为需要解决的首要问题。下面列举了一些与土壤腐蚀问题相关的典型的应用场合：

- 油、气和水管线；
- 埋地储罐（加气站大量使用）；
- 电信电缆和导线；
- 通信和电力传输的锚固系统；
- 公路涵洞；
- 桥梁和建筑基底用钢桩；
- 油气井和竖井套管。

这些系统中的相关设备通常都需要能持续可靠运行几十年。

4.2 土壤分类

土壤是矿物质、有机质、水和气（主要是空气）的混合体。土壤是风和水的联合风化作用以及有机质腐烂作用的产物。土壤类型不同，其基本组成比例变化也很大。如：腐殖土中有机质含量非常高，而海滩泥沙中有机质含量几乎为零。土壤的性质和特点随深度变化显著。土壤垂直截面称为土壤剖面，土壤不同层称为土壤层（土层）。土壤层可分为如下几类：

A. 表层（由于含有机质，通常颜色暗）；

O. 有机层（腐烂的植物残骸）；

E. 淋溶层（浅色、浸出）；

B. 淀积层（富含某些金属氧化物）；

C. 母质层（主要是未受风化的基岩）。

土壤中矿物粒子的分布和大小通过粒子质地特性来描述。砂粒（分级为从粗到极细）、粉粒和黏粒分别是指颗粒度递减的粒子特性（表 4.1）。

表 4.1　土壤中粒子大小

分类	直径/mm	分类	直径/mm
极粗砂	1.00～2.00	极细砂	0.05～0.10
粗砂	0.50～1.00	粉粒	0.002～0.05
中砂	0.25～0.50	黏粒	<0.002
细砂	0.10～0.25		

高含砂量土壤的储水能力极其有限，但是黏粒土壤（黏土）的保水性能非常优异。一个常用的土壤标识体系是依据土壤中黏粒、粉粒和砂粒的相对比例，将土壤定义为 11 种类型，即砂土、壤质砂土、砂质壤土、砂质黏壤土、黏质壤土、壤土、粉质壤土、粉土、粉质黏壤土、粉质黏土和黏土。

目前，美国已经逐渐发展形成了一个更新的分类系统，可对全球各地土壤进行分类。在这种“通用”分类体系中，土壤被视为独特的三维实体，依据其物理、化学和矿物学性质进行分类。此体系采用阶梯层级方式，随着有关土壤的信息量的增加，分类等级阶梯下降。从顶端到底端，依据下面的顺序建立土壤层级：纲、亚纲、类、亚类、族和系。表 4.2 列出了更详细的分类信息。

表 4.2　基于层级法的土壤分类系统

类别	分类基准	实例	说明
纲	土层有可度量和可见特性差异	新成土(entisol)、变性土(vertisol)、始成土(inceptisol)、旱成土(aridisol)、软土(mollisol)、灰土(spodosol)、淋溶土(alfisol)、老成土(ultisol)、氧化土(oxisol)、有机土(histosol)	9 个矿质土纲，1 个有机土纲
亚纲	发展过程特点不同	潮湿灰土(aquod)、湿老成土(udult)	分类依据可溶解物的累积、是否存在 B 层或矿物学和化学性质
类	是否存在某种土层	坎迪(Kandi)腐殖质老成土	土层的相对厚度很重要
亚类	类中典型或主要类型	典型的坎迪(Kandi)腐殖质老成土	编码为带有“典型”前缀的类名，或类名的组合
族	质地类别、地质学、酸度和温度存在差异	黏质氧化性等温的典型坎迪(Kandi)腐殖质老成土	对同一土壤族，植被的反应方式通常相似
系	在质地上存在差异	帕奥拉(Paaola)	通常以土壤首次发现地命名

4.3　土壤腐蚀性的影响因素

目前已知可影响土壤腐蚀速率的因素有很多，包括：水、含气量、pH 值、氧化还原电位、电阻率、可溶性离子种类（盐）和微生物活性等。图 4.1 选择列举了几个影响土壤腐蚀性的主要因素，并显示了这些因素对土壤腐蚀影响的复杂性[1]。

4.3.1　水

水是电解液的基本成分，支撑着含水（水饱和或未饱和）土壤中的电化学腐蚀反应。就此而言，地下水水位的影响非常重要。不同地区间水位有波动，水从潜水面流向更高的土壤

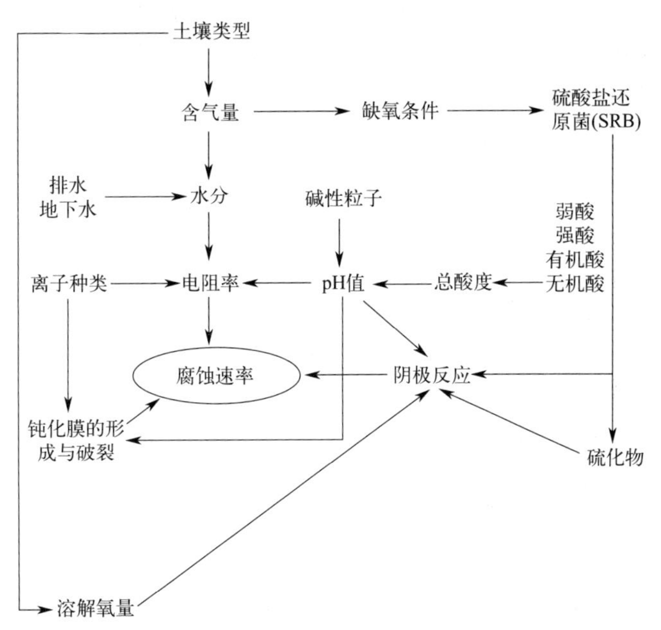

图 4.1　土壤腐蚀速率影响因素之间的关系

（为简单起见，此处只显示了硫酸盐还原菌微生物腐蚀的影响）

层，与重力的方向相反。土壤中饱和水的流动与孔径大小和分布、质地、结构和有机质有关。由于重力、毛细作用、渗透压（来自溶解粒子）和/或与土壤粒子间静电作用，土壤中的水可以流动。土壤保水能力与其质地密切相关。粗砂土仅能保存很少量水，而细黏土储水能力很高。

钢桩与潜水面的相对位置可能是钢桩腐蚀最重要的影响因素。如果钢桩完全在潜水面之下或将混凝土桩帽延伸至潜水面之下，即使在腐蚀性土壤中，钢桩表面也几乎没有腐蚀迹象。这是美国国家标准局（NBS）罗曼洛夫（Romanoff）最初研究工作的主要结论之一，且已经过了时间的考验[2]。

其实，潜水面位置对腐蚀的这种影响，从腐蚀机制上就很容易解释。正如上所述，大多数严重的地下腐蚀都是由于充气差异电池造成。当整个结构处于潜水面之下时，钢桩附近氧浓度都很低，不能形成充气差异电池。在 25℃ 时，水中最大溶解氧量仅仅只有 0.0008%（8mg/kg），而大气中氧含量是 20%（200000mL/L）[3]。

当潜水面低于钢桩顶端时，潜水面的位置也会影响钢桩的腐蚀。美国陆军工程兵团的一份报告指出：当钢桩大部分区域位于潜水面以下时，即使潜水面以上的钢桩小部分区域处于腐蚀性土壤中，钢桩的腐蚀程度也很轻。这种现象也可以通过充气差异电池机制来解释。由于腐蚀电池作用，当阴极（富氧区）很大而阳极（贫氧区）很小时，腐蚀最严重。钢桩大部分区域位于潜水面之上时的腐蚀状态，就属于这种情况。

4.3.2　土壤类型

土壤类型也是土壤腐蚀的一个重要影响因素。这个因素的涉及范围很宽，包括土壤粒子粒度分布、土壤层理、人造土壤与天然土壤之比以及阳离子交换能力等。土壤的分级以其中粒子粒径分布为基础。在统一土壤分类体系（USCS）中，黏土是指粒径小于 5μm，粉土是指粒径在 5～75μm，砂土是指粒径在 75μm～4.75mm。由于黏土的粒径小及其自身拥有的化学特性，黏土的保水量比粉土或砂土的高，容易造成贫氧区。当钢桩穿过含有黏土层或砂土层等不同层级土壤时，处于黏土层中的钢桩表面就成为充气差异电池的阳极，而粉土或砂土中钢表面成为阴极。所有报道的有关钢桩严重腐蚀的案例，皆是发生在多层级的土壤中。在炉渣和煤渣等人造土壤中，有关严重土壤腐蚀的实例也有很多[3]。

与人造土壤相比，受到扰动的天然土壤的侵蚀性相对较低，不过由于其中可能有很多孔隙，氧气可通过孔隙到达钢桩表面。换言之，未受到干扰破坏的天然土壤，相对无腐蚀性，其原因与潜水面之下腐蚀可以忽略类似。这种未受扰动的土壤处于一个相对贫氧的状态。

黏土的阳离子交换能力（CEC）也对土壤腐蚀性有影响。所谓阳离子交换能力（CEC）是指黏土吸引溶液中阳离子的能力，其单位是每千克毫当量（meq/kg）。这种阳离子交换现象是黏土粒子荷电的结果。

4.3.3 含气量

通常情况下，随着土壤深度增大，氧浓度会逐渐降低。在中性或碱性土壤中，氧浓度对腐蚀速率有重要影响，因为氧参与了阴极反应。在存在某些微生物（如硫酸盐还原菌）时，即使土壤处于缺氧状态，金属腐蚀速率可能也很高。与细质浸满水的湿土壤相比，在粗质的干土壤中氧的传输更快。孔穴能明显增大土壤中含气量。一般认为：与未受到扰动破坏的土壤相比，在受到扰动破坏的土壤中，可利用的氧含量更高，金属腐蚀速率明显更高。

4.3.4 pH 值

土壤 pH 值一般在 5～8。一般认为：在此 pH 值范围内，pH 值并不是影响腐蚀速率的主要因素。但是，由于矿物离子渗出、酸性植物腐败分解（如针叶树针）、工业废物、酸雨以及某些微生物活动等作用，土壤酸性可能会增强，此时碳钢、铸铁和涂锌制品等普通结构材料，发生严重腐蚀的风险很大。另外，在碱性土壤中，钠、钾、镁和钙含量通常都比较高，而后两种元素离子有可能在埋地结构表面沉积，形成保护性钙质沉积物。

4.3.5 土壤电阻率

一直以来，电阻率都是作为评价土壤腐蚀性的一个重要指标。因为离子电流与土壤腐蚀反应相关，高电阻率土壤一般都会使腐蚀反应减缓。通常，土壤电阻率会随着土壤中水含量和离子浓度增加而降低。不过，土壤电阻率并不是影响腐蚀的唯一参数，仅仅只是高电阻率无法保证不会发生腐蚀。如果沿着管线长度方向上土壤电阻率发生变化，有可能导致形成宏观腐蚀电池，促进腐蚀。因此，依据土壤电阻率绝对值来划分管线结构的腐蚀风险等级，价值有限。测量土壤电阻率的方法有温纳（Wenner）四针法等传统技术以及最新的电磁法等。后者测量方便快捷，可以在不同土壤深度处进行测量。测量土壤电阻率的另一种方法是在挖掘过程中取样的土箱法，而且最好是在待测埋地结构附近取样。

4.3.6 结构-土壤间电位差和氧化还原电位

结构-土壤间电位差可采用如下方法进行测量：先将一支铜-硫酸铜参比电极（CSE）放

置在结构上方的土壤内，然后使用高阻抗伏特计测量结构与参比电极之间的电位差（参见第十四章图 14.28）。如果是多成级土壤，所测电位值通常是埋地结构与不同地层土壤间电位差的平均值。如果深入地层，将参比电极放置在结构附近，我们可以更准确测量结构在各地层中的电位[3]。

金属的自腐蚀电位是通过腐蚀动力学建立的一个稳定电位。它表示金属上氧化反应产生的电子总和等于所有还原反应消耗电子的总和时的电位（详情参见第一章）。

氧化还原电位（E_h）实际上是一种衡量土壤中含气量的方法。氧化还原电位高表明氧含量高。而氧化还原电位低则表明氧含量高低，该条件可能对厌氧微生物活动有利。土壤取样将会造成明显的氧暴露接触，因此在受扰动破坏的土壤中，测量的氧化还原电位可能不稳定。

氧化还原电位（E_h）的测量方式与结构-土壤间电位差测量方式类似，但是用铂电极代替钢结构。在氧化还原电位（E_h）的测量时，铂电极被放置在待测土层中，而参比电极可放置在地表面。氧化还原电位（E_h）是一种衡量土壤氧化性或还原性的方法。与还原性（无氧的）环境土壤相比，在氧化性（有氧的）土壤环境中，氧化还原电位（E_h）值更正。在含水不饱和的土壤中，有氧条件占优，氧化还原电位（E_h）值向趋于正向移动[3]。

表 4.3 列举了根据结构-土壤间电位差或土壤的氧化还原电位（E_h）测量值，确定土壤腐蚀性的一些例子。此表结果说明：在腐蚀性最强的土壤中，钢的自腐蚀电位更负，或土壤的氧化还原电位较低。这些趋势性规律都是人们基于那些通常位于潜水面或之上的管线及其他地下结构的多年实践经验总结得到的。氧化还原电位（E_h）或结构-土壤间电位相对更负说明，土壤中有还原性位点，充气差异电池造成腐蚀的可能性很大。

表 4.3　土壤腐蚀性与土壤氧化还原电位（E_h）及钢的自腐蚀电位之间的关系[3]

腐蚀性	氧化还原电位 E_h(SHE①)/mV	自腐蚀电位(CSE②)/mV
无腐蚀性	>400	>−400
轻微	200～400	−400～500
中等	100～200	−500～600
严重	<100	<−600

① 标准氢电极；

② 硫酸铜电极（详细信息参见附录 C）。

4.3.7　氯化物

氯离子对土壤中金属材料的腐蚀有直接作用。因为土壤中的氯离子，常常会参与很多金属的溶解反应。而且，氯离子的存在，通常都会降低土壤电阻率。而土壤中氯离子，可能是由于苦咸地下水和历史地质海床的影响，本身土壤中就天然存在的，也有可能是由外部环境带来的，如公路上使用的化冰盐。

4.3.8　硫酸盐

一般认为，硫酸根离子对金属材料的直接腐蚀作用比氯离子温和。但是要注意，高含量硫酸盐可能会破坏混凝土。此外，土壤中硫酸盐，也有可能给金属材料带来很大的腐蚀风险，因为硫酸根离子是硫酸盐还原菌（SRBs）的营养物，硫酸盐还原菌（SRBs）可将这些良性硫酸根离子转化为高腐蚀性的硫化物。

4.3.9 微生物

有关土壤中存在微生物时相关反应的详细信息参见第六章。

4.4 土壤腐蚀性分级

为了系统设计和腐蚀风险评价，当然最好是在无需进行详尽腐蚀试验情况下，去评估土壤的腐蚀性。因为土壤腐蚀试验可能很复杂，试验周期很长，通常埋地结构预期使用寿命都在几十年以上，而在此期间可能会遇到多种土壤环境条件。很显然，由于土壤腐蚀影响因素复杂多变，使用相对简单土壤腐蚀模型来评估土壤腐蚀性，结果肯定不会准确。

基于土壤电阻率这个单参数对土壤腐蚀性进行评估分级是一种最简单的腐蚀性等级分级方式。表 4.4 列出了目前普遍采用的腐蚀严苛性等级。砂质土壤电阻率高，因此被认为腐蚀性最低。而黏土，尤其是那些受盐水污染的黏土，位于腐蚀等级的另一端，腐蚀性最强。土壤电阻率常作为没有微生物活动情况下的表征土壤腐蚀性的一个主要参数，应用非常广泛。

表 4.4 基于土壤电阻率的腐蚀性等级

土壤电阻率/Ω·cm	腐蚀性等级	土壤电阻率/Ω·cm	腐蚀性等级
20000	基本无腐蚀性	3000～5000	腐蚀性
10000～20000	轻微腐蚀性	1000～3000	高腐蚀性
5000～10000	中等腐蚀性	<1000	极高腐蚀性

美国给水工程协会（AWWA）针对铸铁合金，建立了一个较复杂的数字化土壤腐蚀性等级。划分等级的基本方法是：根据表 4.5 中不同参数的数值，赋予不同分值，然后依据计算的总分值，确定土壤腐蚀性的严重程度[4]。当土壤的 AWWA 等级总分值达到 10 或更高时，土壤对铸铁合金的腐蚀性很强，推荐采用阴极保护（CP）等保护措施对铸铁合金进行保护。不过，这种分级方式仍然过于简单化且带有主观性。因此，这种腐蚀性等级也仅应视为局部土壤腐蚀性的一个粗略指标。

表 4.5 美国给水工程协会（AWWA）C-105 标准进行土壤腐蚀性预测的评分体系

土壤参数	分值	土壤参数	分值
电阻率/Ω·cm		氧化还原电位/mV	
<700	10	>100	0
700～1000	8	50～100	3.5
1000～1200	5	0～50	4
1200～1500	2	<0	5
1500～2000	1	硫化物	
>2000	0	含有	3.5
pH		痕量	2
0～2	5	没有	0
2～4	3	湿度	
4～6.5	0	缺乏排水，持续保持潮湿	2
6.5～7.5	0	排水通畅，常常处于潮湿状态	1
7.5～8.5	0	良好排水，常常处于干燥状态	0
>8.5	3		

此外，还有一种 25 分计的风险评估方法，除了考虑土壤性质外，还考虑管道位置和泄

漏修复难度、管道最小设计寿命、管道最大设计峰值压力、管道尺寸等因素。这种方法将土壤腐蚀性倾向分为四类：轻微、中等、大、严重[5]。其实，这种方法也并不确切，但是它给出了初步框架，可依据单个具体工程或业主需求进行调整。例如：这个方法可用作检查清单，对各种检查和维修工作进行优先级排序。

工作表法也是用来预测土壤中金属结构腐蚀倾向的一种方法，源于欧洲的一项大规模土壤评估项目[6]。工作表法包括12个独立等级（R1～R12），如表4.6所示。该方法非常详细全面，不仅包括水平和垂直土壤均质性的影响问题（如表4.7所述），而且还考虑到有关土壤中是否存在煤或焦炭以及其他污染物等细节问题。

表4.6　德国化学工业协会（Dechema）土壤腐蚀性工作表中所考虑的参数[6]

等级编号	参数	评分
R1	土壤类型	见表4.7
R2	电阻/Ω	＞50000(＋4)；＞20000(＋2)；＞5000(0)；＞2000(－2)；1000～2000(－4)；＜1000(－6)
R3	含水量/%	≤20%(0)；＞20%(－1)
R4	pH	＞9(＋2)；＞5.5(0)；4.0～5.5(－1)；＜4(－3)
R5	缓冲能力	见表4.7
R6	硫化物含量/(mg/kg)	＜5(0)；5～10(－3)；＞10(－6)
R7	中性盐/(mmol/kg)	＜3(0)；3～10(－1)；＞10～30(－2)；＞30～100(－3)；＞100(－4)
R8	硫酸盐/(mmol/kg)	＜2(0)；2～5(－1)；＞5～10(－2)；＞10(－3)
R9	地下水	无地下水(0)；有地下水(－1)
R10	水平均质性	见表4.7
R11	垂直均质性	见表4.7
R12	电极电位	见表4.7

表4.7　德国化学工业协会（Dechema）土壤腐蚀性工作表中的等级R1、R5、R10、R11和R12

R1：土壤类型(质地和结构)	%	评分
(a)凝聚性：可淘洗出的份数(主要是黏粒和粉粒质)	≤10	＋4
	＞10～30	＋2
	＞30～50	0
	＞50～80	－2
	＞80	－4
(b)土壤含有机碳，如多泥或松软土壤：泥煤、沼泽、泥浆、湿地和有机碳	＞5	－12
(c)严重污染的土壤：受燃料灰烬、煤炉渣、焦炭、废弃物、垃圾或废水污染		－12
R5：缓冲能力	**mmol/kg**	**评分**
pH值达到4.3的酸容量(碱度 K_a＝4.3)	＞1000	＋3
	200～1000	＋1
	＜200	0
pH值达到7的碱容量(酸度 K_b＝7.0)	＜2.5	0
	2.5～5	－2
	＞5.0～10	－4
	＞10～20	－6
	＞20～30	－8
	＞30	－10
R10：土壤水平均质性		**评分**
邻近区域电阻率变化(所有正R2值视为相等)		
R2差异＜2		0
2≤R2差异≤3		－2
R2差异≥3		－4

续表

R11:土壤垂直均质性		
相邻土壤电阻率相同	埋在相同结构的土壤或砂中	0
	埋在不同结构或含有外来杂质的土壤中	−6
相邻土壤电阻率不同	2≤R2 差异≤3	−1
	R2 差异≥3	−6
R12:氧化还原电位①(相对 $Cu/CuSO_4$ 电极)/mV		评分
−500～−40		−3
>−400～−300		−8
>−300		−10

① 在无法测量时（如土壤中无金属结构），如存在大量煤或焦炭时，R12 应设置为−10（如外加阴极）。

此评估方法针对的是铁基材料（碳钢、铸铁和高合金不锈钢）、热浸镀锌钢、铜及铜合金。通过合计单个等级评分可以获得一个总体腐蚀性等级，其中总体腐蚀性等级分为四类，得分低于−10，表明是高腐蚀性土壤，得分为正（>0）表示无腐蚀性（表 4.8）。需注意：此工作表法不能用来评估海床或湖床。

表 4.8 德国化学工业协会（Dechema）土壤腐蚀性工作表中的土壤总体腐蚀性等级[6]

R1～R12 等级评分总和	土壤类型	R1～R12 等级评分总和	土壤类型
≥0	基本无腐蚀性	−5～−10	一般腐蚀性
−1～−4	轻微腐蚀性	≤−10	高腐蚀性

4.5 土壤腐蚀电池

正如前所述，土壤环境非常复杂，即使在几个厘米范围内，土壤的基本特性参数都有可能发生变化，同一结构上可能形成多个腐蚀电池。如图 4.2 和图 4.3 所示的拉索式塔锚固支座的腐蚀，显示出了其中某些腐蚀电池的作用，这一腐蚀问题至关重要。很多情况下，一个腐蚀失锚（图 4.4）就有可能造成通信塔的灾难性倒塌（图 4.5）。

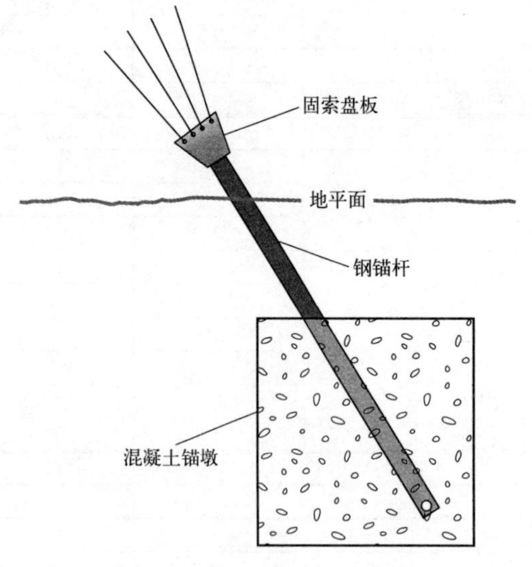

图 4.2 基本的锚固支座设计
（由 Anchor Guard 供图）

图 4.3 典型的用铜棒接地的锚固支座
（由 Anchor Guard 供图）

图 4.4　混凝土锚墩处锚固组件被腐蚀切断（由 Anchor Guard 供图）

图 4.5　由于如图 4.4 所示腐蚀失锚，造成通信塔严重受损倒塌（由 Anchor Guard 供图）

下文介绍的各种因素，其中任何两个或更多，皆有可能同时起作用。有时不同因素可能起到协同作用，但有时也可能起相反作用。例如，在油井套管中，通常都会形成一个氧电池和一个温度电池，二者都是使深部管道成为阳极。此外，在套管会穿过不同土层时，套管与土壤之间还可能形成多个常见的浓差电池。

4.5.1　电偶腐蚀

任意两种不同金属皆可能构成一个电偶电池。关于电偶腐蚀和电偶电池的问题在第八章有更详细介绍。当土壤中两种金属相连时，通过两金属在土壤电偶序中的相对位置，可以判断电偶电池的阳极和阴极（表 4.9）。出现在电偶序表中较高位置（电位更负）的金属，通常是阳极，将会发生腐蚀。电偶序表中较低位置（电位更正）的金属将作为阴极，因此不腐蚀。不过，断路状态下，此电偶电池不会产生作用；电偶腐蚀的一个必要条件是形成一个连通回路。

表 4.9　金属在中性土壤和水中实测电偶序[12]

金属	电位(CSE)/V	金属	电位(CSE)/V
工业纯镁	−1.75	低碳钢(生锈的)	−0.2～−0.5
镁合金(6%Al,3%Zn,0.15%Mn)	−1.6	带氧化皮的钢	−0.2
锌	−1.1	高硅铸铁	−0.2
铝合金(5%Zn)	−1.05	铜、黄铜、青铜	−0.2
工业纯铝	−0.8	混凝土中低碳钢	−0.2
低碳钢(清洁光亮的)	−0.5～−0.8	铂	0～−0.1
铅	−0.5	碳、石墨、焦炭	+0.3
铸铁(非石墨化)	−0.5		

注：在中性土壤和水中常规测试得到的代表性电位值，相对于铜硫酸铜参比电极。

土壤中电偶电池常见吗？它们是重要的腐蚀源吗？这两个问题的答案都是“是”。例如，当一条铜管支线直接与铸铁燃气或给水干管相接时，二者就会形成一个电偶电池（图 4.6）。土壤是电解液，支线铜管是阴极，铁（或钢）干管是阳极，支管与干管形成连接通路。不过通常情况下，这种电偶电池的损伤作用并不会很大，因为阳极（腐蚀金属）比阴极大得多，腐蚀分散在一个很大的区域。

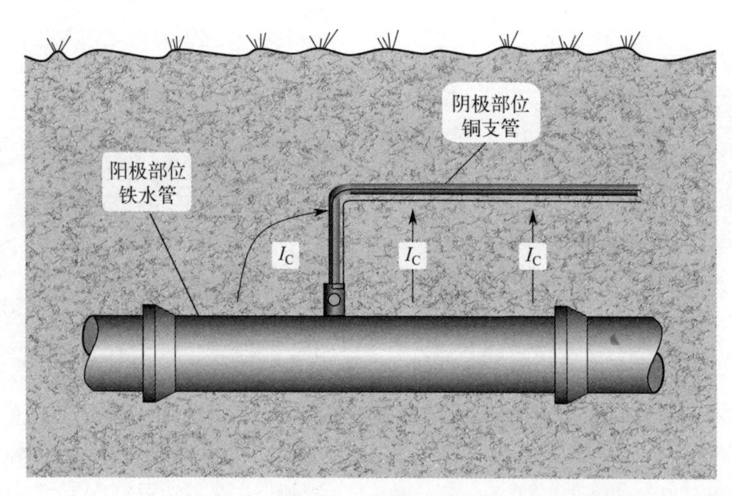

图 4.6 异种金属管道连接形成的地下腐蚀电池

但是，当阴极（铜）表面积与阳极（钢）接近时，如图 4.7 所示，或电偶对所在区域周围土壤导电性更好或腐蚀性更强时，钢的腐蚀会加速。在此例子中，锚阳极腐蚀，其中部分原因就是与接地铜棒连接形成电偶电池。将两种金属部件绝缘，隔断二者之间的电子通路，如图 4.8 所示，这种方法可以最大程度地降低这种电偶作用对钢锚腐蚀影响。不过，单独采取这种方法，仅能解决部分问题，因为另一种腐蚀电池仍然处于活性状态，这将在下文进行介绍。

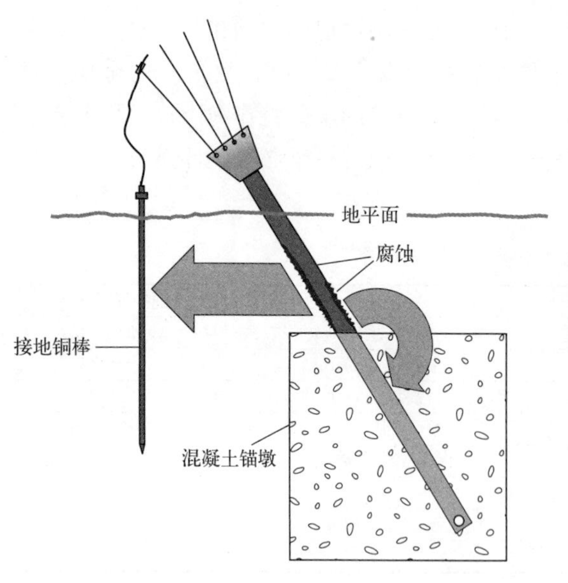

图 4.7 腐蚀电池对带接地铜棒的锚固支座的作用示意图（由 Anchor Guard 公司供图）

图 4.8 毗邻铜配件处球墨铸铁主水管的腐蚀（渥太华水务公司供图）

4.5.2 浓度电池

当一个金属暴露在含有不同电解质（不同物质或同种物质但含量不同）环境中时，就会形成这种类型的腐蚀电池。例如：如果一个电解液是稀盐水溶液，而另一个是浓盐水溶液，此时就可能形成浓度电池。因为电解液浓度是决定电极电位的因素之一。

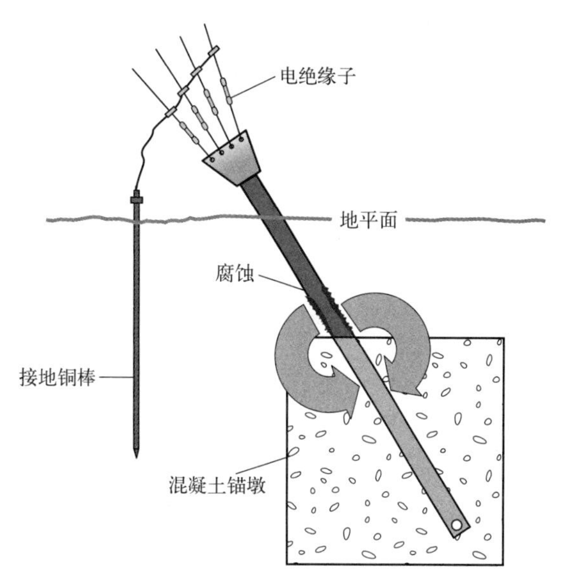

图 4.9　用绝缘子将接地铜棒与钢锚绝缘来抑制电偶作用（由 Anchor Guard 公司供图）

土壤中溶解盐本身就是相当复杂的混合物，其中通常包括铝、钙、镁及其他金属的化合物，可能是硫酸盐、氯化物、氢氧化物或其他各种形式的化合物。溶解盐所起作用，也可能差异很大。例如：氯离子对钢的侵蚀性非常强，而硫酸根离子可作为硫酸盐还原菌（SRBs）的营养物质，它们本身就会对大多数埋地金属造成极大的损害。

图 4.9 示例中，钢锚周围环境的主要差异是由于土壤与混凝土锚墩内 pH 值不同所致。土壤的 pH 值与土壤类型有关，尽管变化范围可能很大，但是一般皆呈酸性。然而，混凝土锚墩内通常呈碱性，pH 值高于 10。由于高 pH 值环境对钢有保护性，因此，相对于酸性土壤内的钢，混凝土锚墩内钢自然就成了阴极，吸收邻近处土壤内钢阳极产生的阳极电流。

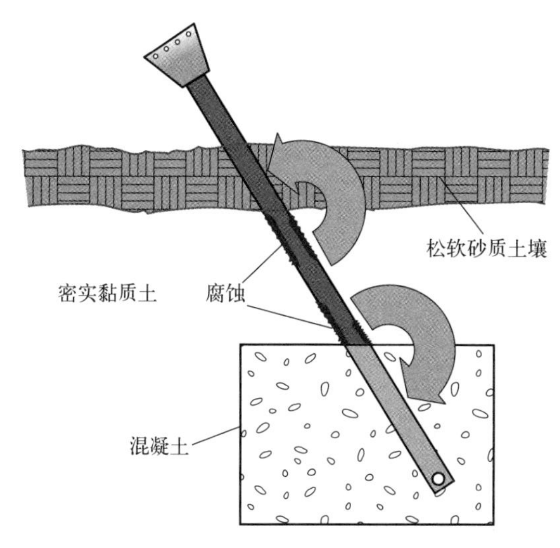

图 4.10　由于土壤多孔性差异造成的氧浓度腐蚀电池

4.5.3　氧浓度电池

这种特殊类型的浓度电池的形成原因是，由于到达金属结构不同部位的氧含量有差异，导致结构不同部位之间存在电位差。

在下面的示例中，氧浓度电池是由于埋地锚杆周围的电解液环境不同所致。图 4.10 说明了不同类型土壤的塔锚杆上腐蚀电池的形成过程。在此示例中，我们可以发现，上部土壤层松软、有点砂质性，而下部是更密实的黏土类土壤。接触黏土类土壤的锚杆部位作为阳极，而与松软砂质土壤接触的部位就成为阴极。我们再次发现，阳极区锚杆劣化处有腐蚀电池的作用。

在埋地管道中，这种充气差异电池极其常见。例如：埋地管道，通常都是埋置在沟底未受扰动破坏的土壤之上，而管道侧面和上部都是相对疏松的回填土。因此，氧更容易从表面渗透扩散通过回填土（由于回填土相对疏松，且扩散路径更短），导致形成了充气不均电池。阳极是管道底部表面，阴极是管道其他部位表面。电解液是土壤，电连接回路是管道金属本身。这就是为何管道腐蚀最严重的地方是管道底部四分之一处的原因。

当管道或电缆通过人工铺砌路段下方时，如飞机跑道、停车场或街道（图 4.11），由于人工铺砌路段下方部位比非铺砌路段下方区域接触的氧更少，因此管道或电缆也会形成一个氧浓度电池：

- 位于铺砌路段下方的管道是阳极；
- 铺砌路段外部的管道是阴极；
- 电解液是土壤；
- 电连接回路是管道或电缆。

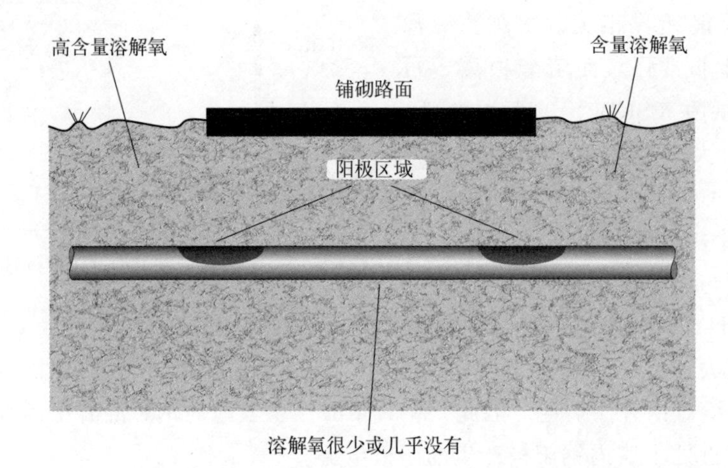

图 4.11　由于铺砌路面下方氧浓度电池而造成的氧差异电池

在此示例中，尽管铺砌路面下方管道都是阳极，但是腐蚀主要发生在离边缘不远处。因为电流经过电解液到达此部位的路径最短，电流主要集中在此低电阻回路。

油气井套管，通常都是与埋在地表面的管道网相连，即集气系统位于此表面之下，此时也会形成一个氧电池：

- 在深处的套管构成阳极；
- 表面管道系统，接触氧气更容易，构成了阴极；
- 土壤再次作为电解液；
- 管道和套管一起构成了电连接回路。

采取特殊的绝缘连接或其他附件将表面管道与套管绝缘，可以抑制这种电池的作用。但是这种方式并不能阻止所有腐蚀，因为还有前面介绍过的其他浓度电池的作用。

海床或淡水中打入的钢桩，其水线附近的腐蚀，主要就是由于氧浓度电池作用所致。波浪可以使刚好处于水面下方的金属持续稳定地获得充足的氧，而更深的地方，氧进入很少。

4.5.4　温度电池

约 90％土壤腐蚀和大量天然水腐蚀，都是由于刚才所介绍的两种电池，即浓度电池和氧电池的作用所致。但是，还有一些其他类型的电池，也会造成很多腐蚀问题，其作用也不容忽视。

图 4.12 所示温度电池就是其中之一。两个电极都属于同一金属，但是由于一些外部原

因，其中一个电极的温度比另一个高。在大多数情况下，高温处电极变成阳极，造成所谓的热电偶腐蚀。

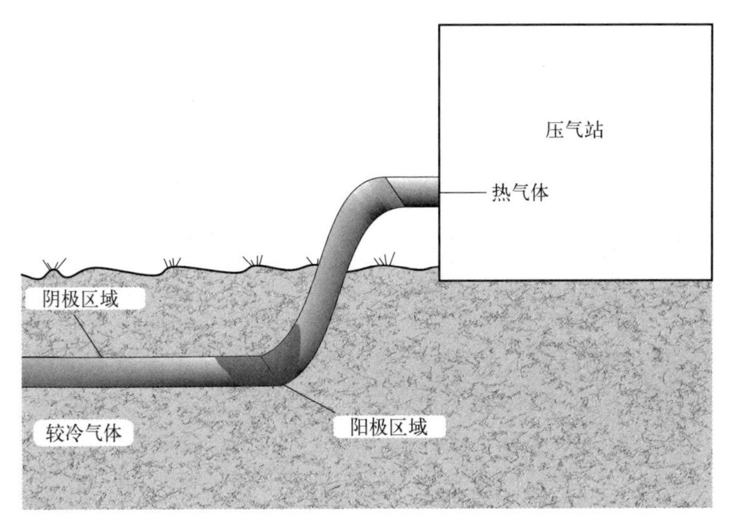

图 4.12　由于受热差异引起的温度电池

从压气站出来的输气管线就是一个实例。压气站出来的热压缩气体，沿着输气管线传输，与周围土壤发生热交换损失热量，此外，体积膨胀也会损失热量。因此，输气管线的温度也会随着热量损失而降低，这样就形成一个温度电池：

- 邻近压气站的热管道是阳极；
- 下面较冷的管道是阴极；
- 土壤是电解液；
- 管道自身是电连接回路。

这种类型电池的影响特别不利，因为邻近压气站的管道温度高，而高温往往更容易损坏涂层，使高温的阳极管线部分表面涂层变得很差。

这种温度腐蚀电池，可能造成地面下热水铜管的外腐蚀，事实上，大量建筑缺陷诉讼事件就是由此引起[7]。同样，油气井套管也会遭受类似的温度电池腐蚀。在地表面下方一定深度的管道温度较高（这是一个自然现象，温度随深度而升高），因此成为阳极，而离地表面较近的温度较低的管道作为阴极，土壤为电解液，管道形成电连接回路。注意：这种温度电池与前面介绍的氧电池作用方向一致；腐蚀皆是倾向于集中在深处套管。

4.5.5　杂散电流

至此为止，前面所有介绍的各种电池中，激活电池的能量皆是来自电池内部，如：阳极的溶解倾向（它比阴极大）、金属中某些能量分布或电解液的浓度梯度。

还有一种可能的电池，其能量是由外部能源以电流形式供给。如电镀池，能量来源于发电机提供的直流电。另外，还有可充电的汽车电池，此时能量来自汽车电机，实际就是强制电流以与电池自身驱动电压相反的方向通过电池（汽车电池实际是三个或六个电池构成的电池组）。

在此类电池中，阳极仍然是电流流向电解液的电极，阴极是电流从电解液流出的电极。在蓄电池中，阳极的“腐蚀”反应是一个可逆反应：当电池放电时，此电极变成阴极，而

“充电”过程中化学反应发生逆转。

图 4.13　在旧金山东部海湾，由于地面电车电流泄漏致使 16in 厚的铁质水管使用 1 个月后就失效，水管表面有很多蚀点。(图片摄制于 1926 年 8 月 10 日，由东海湾公共事业部门提供)

其中以土壤作为电解液的外加电流电池有两种类型：意外的外加电流和人为外加电流。人为外加电流系统可为受腐蚀威胁的结构提供阴极保护（CP）。但是，很多时候，金属在土壤中有可能形成一个意外的外加电流系统。土壤中任何直流电流，无论何种来源，如果电流回路中有金属管线或其他金属物体，电流皆可能在管道某一区域聚集，而在另一区域流出。电流聚集的区域变成阴极，而电流流出的区域成为阳极，因而发生腐蚀。

此类电池的能量来源可能是距离很远的发电机、直流电传输线、某些其他管线的阴极保护（CP）系统的整流器或者是电气铁路。此类电池，如果不加以控制，可能会造成很麻烦的腐蚀问题，如 20 世纪早期发生的铁质水管的腐蚀（图 4.13）。

4.5.6　应力电池

如果一个普通钉子掉入盐水容器中，钉子肯定会发生腐蚀，一段时间之后，我们就会发现铁锈使水变色。几乎任何情况下，最初腐蚀的都是钉尖端和钉帽部分。这就是应力电池的一个实例。图 4.14 显示了土壤中用来固定消防栓的螺栓头部和螺帽上的这种应力电池的剧烈作用。在上述这些例子中，两个电极都是同一金属，电解液也相同，不同之处在于电极所受机械应力不同。高应力区域始终是电池的阳极，通过应力自身提供额外能量。

应力电池有两种基本形式。一种是如刚才前面所介绍的钉子，其中阳极的应力来源于自身内部的残余内应力或某些外部偶然作用的应力残留。在钉子这个例子中，“偶然形成的”应力作用来自钉帽和钉尖的冷加工成形。如果将钉子加热，然后缓慢冷却这种应力将会消失，这种应力电池也就随之被消除。

图 4.14　由于应力电池造成消火栓螺栓和螺帽的严重腐蚀

在另一类应力电池中，金属是受力结构的一部分。受到最高应力的金属部分成为阳极，而应力较小或无应力金属作为阴极。

受冷弯曲的管道也可形成这种电池。其他管道，尤其是集束管或类似部位，由于需外力强制使其对齐，因此它们保持了高应力状态，也可形成此类电池。一个设计不当的集束管，尽管在制造时可能呈一种相对无应力的状态，但是在服役过程中，由于运行压力、温度或两者同时作用，就有可能产生一些高应力集中区域。这种应力状态，外加简单的机械损伤作用，就可能加剧集束管的应力腐蚀开裂（SCC）问题，具体将在第八章讨论。

4.5.7 表面膜电池

有些化学或电化学反应可以在金属表面发生，并使金属表面形成一层膜，与纯净金属表面明显不同。这种状态下的腐蚀，与异质金属的腐蚀非常相似。金属表面形成的一层膜，可能肉眼无法看见，实际上可能仅有几个分子层厚度，但是有膜金属的电位可能与无膜金属的相差 0.3V 以上。很显然，这个电位差足以建立一个活性的腐蚀电池。随着时间延长，土壤中钢表面都有成膜倾向。因此，相对于“新”钢，在地下已服役多年的表面有膜的“旧”钢是阴极，即使二者成分完全相同。严格来讲，这是一种表面现象。

例如：假定一个已运行 10 年的天然气管线，在服役期间，已出现多次泄漏，蚀孔发展速率也越来越大。但是，在管线发生严重的泄漏事故之前，天然气需求已超过管线容量极限。因此，为了满足用量需求，管道公司按照同样路径，与旧管线平行，铺设了一条新管线。而且，为了最大限度地提高操作灵活性，他们在两条管线上每隔约 16km（10mile）安装一个交叉接头。很显然，这种状态就形成了一个活性的腐蚀电池。新管线是阳极，旧管线为阴极，土壤是电解液，交叉接头形成了电连接回路。

这种腐蚀电池的第一个作用是使旧管线腐蚀暂时停止。但是这种腐蚀电池会增大泄漏速率，并且这已逐渐成为一个非常棘手的问题，尽管当时并没有出现任何新的泄漏。这种看似满意的状态可能会持续几个月，甚至一两年。但是，突然有一天，新管线发生泄漏，而且比旧管线发生泄漏的速率更快，让所有相关人员都大为惊讶和震惊。因此，如果他们不能充分认识这种状态下腐蚀的主要驱动力，就很可能会形成一个错误观点，认为“新”钢不如“旧”钢好。

此外，如果新钢管与旧钢管混杂使用，这种状况同样会出现（图 4.15）[8]。在因腐蚀更换过部分管道的较旧配水管道系统中，这种情况很常见。暴露在同样腐蚀环境中的新管段，按照一般逻辑，应能与原旧管道持续使用相同时间。但是，如果没有与系统其他部分进行电绝缘，新管段失效常常会早于预期。

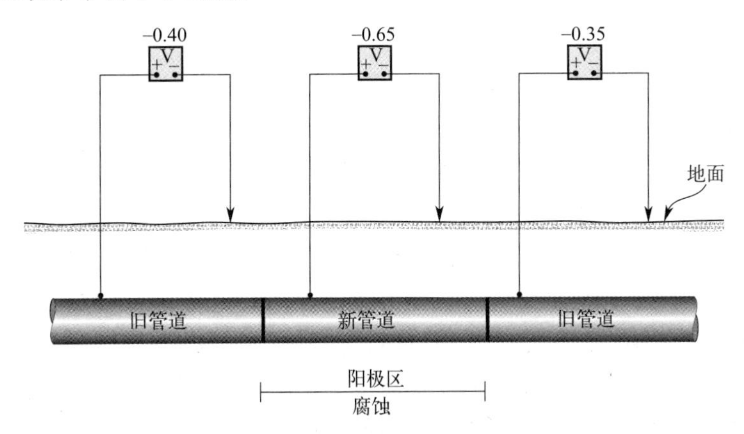

图 4.15 由于更换部分管道形成的差异腐蚀电池示意图

4.6 腐蚀电池的附加影响

下文阐述了前面刚刚介绍的腐蚀电池可能对埋地结构产生的一些辅助影响。迄今为止，埋地结构主要集中在管线，金属结构的土壤腐蚀大部分都是针对管线。例如，在地下埋设新管线时，其中可能形成各种腐蚀电池：

- 管线穿过各种不同土壤，导致形成浓度电池；
- 氧进入难易差异，建立氧电池；
- 管道表面存在杂质和差异，形成电偶电池；
- 冷弯曲和焊接应力，造成应力电池；
- 在高度复杂的土壤中，还有可能形成不为人知的其他类型的电池。

这些电池大小和形状各不相同。在某些情况下，阳极和阴极可能仅仅相隔几厘米；但是在另外一些情况下，它们可能相距千米。此外，这些电池的电位差也可能相差很大，可能小到仅几个毫伏，但是有时亦可能高达 0.5V。阳极区大小差异也很大，从很微小至很大皆有可能，阴极区也是如此。

但是，一旦这些区域被激活，它们就会发生很多变化。例如，阴极区可能开始析出氢气。这些变化可能影响电池电阻和电位。阳极开始腐蚀，新生成的离子进入表面处溶液，与环境介质中各种成分发生反应，各自浓度也会随之发生变化。

电池电位差也会发生变化，有时增大，有时减小。此外，有些最初是阳极的区域，后来变成了阴极。当然，与之相反的过程也有可能发生，尽管并不常见。管线上总阳极面积，通常会随着时间延长而变小，但是其总活性并未同比例降低。其结果就是处于最不利位置管线的腐蚀速率增大。最终，所有沿着整个管线形成的各种电池中，活性最强的阳极区域的腐蚀作用足以使管壁完全被穿透。

当一个外加电流的阴极保护系统（ICCP）满负荷运行时，阳极处很可能产生氧气，而几乎所有电池中，阴极处都会析出氢。如果介质中含有氯离子，阳极还可能析出氯气。这种在阳极处产生气体现象，无论是产生氧气还是氯气，在一个自然腐蚀电池中，并不容易发生，但是在外加电流的阴极保护系统（ICCP）中，特别是采用惰性阳极时，很容易发生。

4.6.1 氢

在常见的腐蚀过程中以及牺牲阳极的阴极保护（CP）或外加电流的阴极保护（ICCP）作用下，阴极都有可能析氢。最初，形成的可能是初生态氢，即单个氢原子。这些单个氢原子可能与氧结合生成水，或与环境中某些其他离子反应生成其他化合物。初生态氢还可能溶解在阴极区金属中，或结合形成氢气。

阴极产生的原子态氢，亦有可能扩散进入钢中，在金属中一定深度处重新结合成气态氢分子，无法进一步在金属晶格结构中迁移。因此，氢分子在金属内部累积，进而可能产生足够大压力使钢鼓泡或开裂。氢还能与金属反应，诱发氢致开裂。

氢气在金属表面形成时，通常很容易逸出进入外部环境中，不会留下痕迹。毕竟，氢气是已知最轻的气体。但是，如果在有部分缺陷的涂层下金属表面产生氢气，可能会促进涂层剥离，加速涂层劣化，这将在第十二章进行更详细的介绍。

4.6.2 电渗

电渗是电流通过土壤之类的多孔性介质时产生的另一种附加作用，在此过程中，水随着电流“顺流而下”。通常，只有在电流密度比自然腐蚀电池产生的电流密度更高时，才会产生显著的电渗作用。与氢的产生相似，电渗很可能与外加电流的阴极保护（ICCP）相关，在此情况下，水分子将被输送至阴极，远离阳极，使阳极电阻增大，不利于阴极保护。

4.6.3 阴极结垢

第三个附加作用是土壤中埋地系统表面化合物沉积，即阴极结垢。在海水中，这种作用极其显著，随着时间延长，阴极表面可形成一层硬质光滑瓷釉状的阴极垢层，其厚度可达2cm。在海水中，阴极沉积垢层是钙与镁的氧化物、氢氧化物以及碳酸盐的复杂混合物。这种坚硬沉积层的成分与阴极保护（CP）电流密度以及其他因素有关。

在淡水或苦咸水中，阴极垢层的组成甚至比海水中垢层的变化还多，因为它的形成是基于离子浓度的显著变化。土壤中垢层也是如此。

尽管大多数土壤中皆含有足量的钙，有利于形成垢，但是实际上，在某些土壤中，形成的垢层肉眼并不可见。通常，当系统由于阴极保护（CP）受到极化时，直到系统表面完全干燥，垢层才肉眼可见。此时，垢层表面发白。对于未加阴极保护（CP）的埋地系统，阴极垢层常常呈一种不规则斑驳杂色，实际活性阴极区域肉眼可见。

4.6.4 点蚀

如果对腐蚀性土壤中的埋地系统没有采取足够的保护措施，过一段时间之后，我们就可能在系统设备上检测到点蚀，而比点蚀区大得多的其他区域，通常几乎都没有受到腐蚀影响。腐蚀发生部位表面呈蚀孔状，孔面积很小，但孔很深（图 4.16）。

图 4.16　在管道表面剥离涂层或坚硬沉积层下常见的典型的边缘尖锐的深蚀坑。将该区域打乱，可能会闻到一股硫化氢的气味，这是微生物活动的一个明显迹象（图片来自“MACAW”管道缺陷，Yellow Pencil Marketing Co. 出版）

一般而言，任何埋地系统表面总会存在某个部位，结合了所有环境条件，其腐蚀穿透速率最高。而这个危险部位正好就是最初发生点蚀穿透的部位。由于地下系统不可见，发生泄漏的部位将是被人发现存在腐蚀的第一个位点。

4.7 埋地系统实例

4.7.1 管线

毫无疑问，输油、输气和输水管线是最重要的埋地资产，遍及世界各地，从最深的海底原油开采到最偏僻的热带地区。在某些场合，有些管线劣化很慢，管线可靠使用寿命设定在 70 年或以上。而有些管线在建设完成后，仅仅运行 1 年就报废。除建筑质量、涂层、阴极保护（CP）系统等之外，还有产品属性、外部环境特性、运行条件、维护质量也会影响管线寿命。定期检查评估管线物理状态的变化及其变化速率，可以更准确评估管线的安全高效运行的预期寿命。如果预期寿命低于所要求年限，定期检查还可为制定补救方案提供一些基础参考信息[9]。

除了腐蚀防护之外，很多管线都需要隔热保温，以防止重质碳氢化合物形成蜡状或发生水合。因为原油中较重质组分有可能阻塞管线，需要时刻注意。因此，随着油气开采作业延伸至前所未有的深度和温度，对改善涂层性能的需求也持续增加[10]。图 4.17 显示了在过去 50 年，管线保护用的各种宽范围高性能涂层。表 4.10 总结了主要管线保护涂层的优缺点。

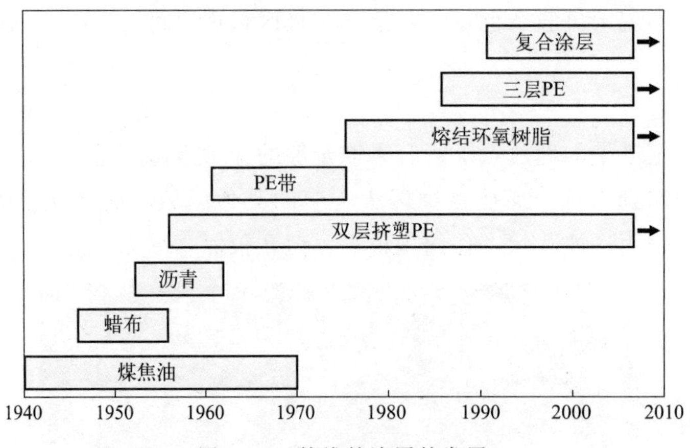

图 4.17　管线外涂层的发展

表 4.10　近年来管线涂层体系的比较

涂层类型	优点	缺点
蜡布/煤焦油	• 施工容易； • 表面预处理要求最低； • 有在某些环境中长期服役无失效的历史记录； • 在失效时，阴极保护电流容易渗透	• 易发生氧化和开裂； • 土壤应力问题； • 使用温度低； • 环保与曝光问题； • 与腐蚀和应力开裂腐蚀失效有关
胶带缠绕包覆	• 使用简单	• 抗剪切性能差； • 有很多与腐蚀和应力开裂腐蚀失效相关的历史记录； • 对阴极保护有屏蔽作用； • 黏结剂易发生生物降解

续表

涂层类型	优点	缺点
双层挤塑聚乙烯(PE)	• 使用记录优异； • 施工性能良好	• 使用温度范围有限； • 抗剪切性能差； • 管径大小受限[外径小于 24in(610mm)]
熔结环氧树脂	• 优异的附着力和耐蚀性； • 对阴极保护无屏蔽作用	• 低抗冲击性能； • 吸水和渗透性强
三层聚烯烃	• 优异的综合性能	• 最适合电阻焊管； • 需要很厚涂层区消除焊缝孔
复合涂层	• 综合性能优异； • 与外部凸起焊缝轮廓非常相符	• 仅仅适用于大口径管道，不适用于小口径管道(外径小于 406mm)

4.7.2 分配系统

分配系统通常都包含有各种不同尺寸规格和使用年限的管道。管龄无疑是一个最重要的考虑因素。分配系统很容易与其他管线发生意外接触，特别是用水管线。此外，分配系统涉及的材料种类繁多也是一个普遍问题。例如，引水入户管线可能会使用铜管。由于存在上述这些差异，因此对此类构件的保护方式可能也不尽相同，即使金属表面已进行了涂层保护，但是我们仍然要突出强调使用小型外加电流阴极保护（ICCP）装置和牺牲阳极来进行保护。

4.7.3 集气系统

集气系统一般与常规管线并无太大区别。但是集气系统管道品种更多，管道间意外接触更为常见。干扰外加电流阴极保护（ICCP）系统的因素可能更多。一个共性问题是由于集气管线可能铺设仓促，尤其在油田开发早期，人们很少甚至几乎没有考虑腐蚀控制问题。严格来讲，集气系统的腐蚀行为并无特别之处，但是它们的腐蚀确实带来了一些严重问题。

4.7.4 工厂管道系统

精炼厂复杂管网或其他任何工业装置中的腐蚀，都有以下几个独有特性：

• 总是涉及地上和地下管线组合；

• 尺寸、材料和功能非常多样；

• 原始结构件上几乎都带有各种不同涂层，状态各异，有裸露表面，也有涂装很好的表面。

另一个影响因素是接地系统中大量使用裸铜，通常是一组可能相互连接的接地棒。这个问题几乎涉及所有工厂，可能很棘手。在未采取保护措施时，接地棒会引起腐蚀，而在采取阴极保护（CP）时，它们的影响又很复杂。此外，大量人工铺砌和非铺砌区之间形成麻烦的充气电池，还可能引发更多问题。而且，常规施工作业最终还导致形成不利的混合土壤。在预测问题区域和规划腐蚀控制措施时，覆盖整个厂区的土壤电阻率分布图是一个非常有用的工具。

4.7.5 油井套管

尽管人们可能认为套管无非就是一个垂直竖着的管道而已，但是实际上，套管确实还有一些独有特性。首先，套管单位长度价格很高，如果有可能修复，修复代价也极其昂贵。此外，套管会穿过各种不同土层，因此腐蚀暴露环境也很复杂。与等长度水平管线相比，通常套管遭遇的腐蚀环境变化要多得多，而且套管一般都是无保护层的裸露金属。另外，套管实际上仅有一端可以接近，大多数传统调研方法都无法实施，各种研究调查都受到严重制约。

4.7.6 地下储罐

地下储罐一般都很大，可能接触多种土层，因此可能遭受浓度电池的作用。地下储罐几乎始终遭受着氧电池的腐蚀作用，即使是在铺砌路面之下。通常，地下储罐都包含一些不同金属附件，附件上的保护涂层极少能达到与管线涂层相同的使用效果。在处理这种地下储罐结构时的一个主要问题是，很难对每个储罐的工程研究结果都进行证实，但是又无法都采取类似的处理方式。

4.7.7 钢桩

钢桩与其他结构有一个重要区别，即少量蚀点甚至孔洞对钢桩结构强度的影响很小。因此，与管线或其他不允许发生泄漏的容器相比，钢桩可以承受较大程度的腐蚀。此外，钢桩几乎都是裸露和直立的，与油井套管类似，遭受相同类型的腐蚀电池作用。由于单根钢桩之间可能没有相互电连接，在研究和实施保护时，桩间连接往往会成为一个棘手的问题。

4.7.8 传输和通信塔

由于普遍使用铜接地线，电力线路通常都会有一些内在固有的问题。由此产生的电偶电池作用可能造成毁灭性的后果。尽管采用互不相连的方式可以避免此问题，但是大量小机组仍然存在腐蚀问题，研究和保护都很困难。

4.8 碳钢之外的其他材料的腐蚀

4.8.1 铸铁

土壤环境中，纯铁、锻铁（熟铁）和软钢（低碳钢）的腐蚀速率大致相当。但是，灰口铸铁发生土壤腐蚀时，由于脱合金腐蚀作用，表面残留下石墨颗粒的网络结构，正如第八章中所介绍的石墨化腐蚀。有些差不多使用了一个世纪的铸铁水管，其表面就是这种状态，目前还能继续良好服役。不过，当铸铁石墨化后，在任何电偶对中，石墨化铸铁外表面都会成为惰性较强的电极。因此，土壤中，其他金属与未涂装或未保护铸铁连接固定时，应格外小心。

土壤环境中的铸铁管外壁，通常可用沥青或低油性涂层来保护。最近使用的自粘性胶带缠绕包覆层，可有效屏蔽腐蚀性土壤，保护铸铁管外壁，是一种非常经济的方法（图4.18）。如果管段是电连接的，我们还可以实施阴极保护（CP）。

4.8.2 铝合金

尽管有些管线和地下容器是采用铝合金制造的，但是实际上，铝合金在埋地环境中的应用极少。与不锈钢相似，在含氯离子土壤中，铝合金容易发生局部腐蚀。为抑制铝合金的局

图 4.18　用黏合胶带缠绕包覆水管，提供屏蔽保护作用，抵御土壤腐蚀

部腐蚀，涂层保护必不可少。目前人们已制订了针对铝合金的阴极保护（CP）标准，依据此标准，可最大程度地降低产生不利碱度的风险。此外，在微生物作用影响下，铝合金腐蚀会加速。有文献记载的微生物作用机制包括：细菌和真菌代谢产生的有机酸的腐蚀以及形成充气差异电池。[11]

4.8.3　锌

在土壤环境中，锌可用作参比半电池。不过，锌在埋地环境中的主要应用是镀锌钢，如涵洞建造中。如果不是在充气不良、呈酸性或存在高含量的氯离子、硫离子以及其他腐蚀性离子等污染物的土壤中，镀锌钢的性能足以满足要求。在粗质结构（砂质土壤）、排水良好的土壤中，充气度很高。不过人们也应注意：高碱性环境中，锌腐蚀也很快，有可能导致结构部分表面出现阴极过保护。镀锌层的腐蚀保护作用随着镀锌涂层厚度增加而明显增大。使用双涂层，即在镀锌钢上再刷涂一层涂层，可以增强保护作用。

4.8.4　铅

铅曾经大量用作电话电缆保护外壳，不过目前已逐步被淘汰，在大多数应用场合已被塑料取代，其主要原因就是铅离子的毒性问题。尽管铅是一种两性金属❶，但是在土壤中仍显示出一定的耐蚀性。铅及其合金在土壤中的耐蚀性大致在铁和铜之间。其实，电力和通信电缆用的埋地铅保护外壳，通常都可以起到令人满意的防腐耐蚀作用。不过，在含有硝酸盐和乙酸等有机酸的土壤中，人们在使用铅及其合金时，应谨慎小心。此外，在高碱度环境下，铅及其合金有过度腐蚀现象。由于硅酸盐、碳酸盐和硫酸盐等对铅具有钝化作用，通常可以抑制铅的腐蚀反应。

4.8.5　不锈钢

土壤环境中，不锈钢的耐蚀性通常都不是很好，并不比裸碳钢强，因此使用很少。土壤

❶ 两性是指金属既能受到酸性环境亦能受到碱性环境侵蚀。

环境中，不锈钢的局部腐蚀是一个非常严重的问题。氯离子以及合金表面浓度电池，常常会诱发局部腐蚀。由于点蚀容易在一个相对较高的腐蚀电位下触发，因此土壤的高氧化还原电位（E_h）也会使局部腐蚀风险加大。当然，普通等级的不锈钢，甚至是高合金化牌号，都有可能发生微生物腐蚀（MIC）。

4.8.6 铜及其合金

一般认为，铜在土壤中具有良好的耐蚀性。铜的腐蚀问题主要与高酸性土壤以及含有煤渣之类的碳质污染物有关。硫酸盐还原菌代谢产生的硫化物，通常也会大大增加腐蚀风险。

对于黄铜，尤其是高锌含量黄铜，我们必须考虑到它们的脱锌腐蚀风险。在受去污液和氨污染的土壤中，铜及其合金的腐蚀风险也很大。不过通常只有在高腐蚀性土壤环境中使用铜及其合金时，我们才会考虑采取附加保护措施。在这种应用场合下，阴极保护（CP）、使用石灰岩等酸中和剂以及保护性涂层等保护措施皆可使用。

4.8.7 混凝土

混凝土广泛用作地下设施地基、支墩、储罐、管道等。混凝土通常都是与增强钢筋一起使用。混凝土在大多数土壤中都很稳定，但是有很多因素可能也会导致严重腐蚀。在评估土壤对混凝土的腐蚀性时，我们还必须考虑土壤的化学性质和地下水的影响。如果土壤满足下列条件，我们必须将该土壤判定为侵蚀性土壤：

（1）pH 值低于 6；

（2）硫酸盐或硫化物含量高；

（3）氧化镁含量高。

硫酸根离子和镁离子都对混凝土有腐蚀性，即使在中性土壤中亦是如此。它们能与混凝土中钙盐反应，破坏其内聚力，形成一个柔软多孔块体。V 形波特兰（Portland）水泥抵抗硫酸盐能力较强，而氯酸盐水泥常用来防止镁盐侵蚀。

有机物，尤其是酯类，可使常规水泥快速劣化。洗涤剂可加速劣化速度。混凝土内吸收的水分结冰，会导致散裂或开裂。因此，人们在计划使用混凝土建造地下结构时，应注意土壤含水量、混凝土的合理选择、材料的正确固化、完工产品的密实度、所用水和砂子的清洁度、增强金属的覆盖层厚度、外部是否需要封闭、采用阴极保护（CP）时增强金属的电连接结构等问题。

通过氟化物处理或硅酸钠洗涤等化学处理可使混凝土表面变得密实和坚硬，这可作为一种腐蚀保护方法。沥青涂层常用来封闭混凝土外表面。环氧涂层与混凝土的相容性最好，可作为保护涂层、修复剂或黏结剂。

4.8.8 聚合物材料

工程聚合物材料或“塑料”彻底改变了大量地下结构材料的应用现状。尽管失效依然不可避免，但是在埋地环境中使用塑料可避免使用钢材时点蚀、电偶腐蚀以及其他类型的局部腐蚀问题。通常情况下，内表面光滑的管道材料，更容易保持清洁，易于液体或气体运输。在地下铺设直径 15cm 或更小的管道可慢节奏完成，无需仓促赶工，而且无需外保护，可节省开支，这是聚合物管道材料的一个重要的经济成本优势。

土壤中使用的三种主要聚合物材料都是热塑性塑料：聚氯乙烯（PVC）、丙烯腈-丁二烯-苯乙烯共聚物（ABS）和不同密度的聚乙烯（PE）。这些材料不会受土壤环境中酸、碱和溶剂浓缩液的腐蚀。恒温土壤对聚合物材料的机械支撑作用，克服了塑料应用的两个主要问题：低模量和强度、高热膨胀性。例如：如果通过卡车或拖拉机运输大量表层土装填，使地下结构的安装深度足够，不发生倒塌，那么这些塑料将可以无故障服役很多年。

不过，在进行管线安装时，我们必须小心谨慎地制作连接头，以确保其完整性。此外，我们还要避免在管道外表面制作槽口，应将管道铺设在均匀地基上，没有岩石以及其他任何坚硬不规则物体，这些都应格外小心。

在一些特殊服役环境场合，我们还可以选用一些其他塑料，如聚丙烯、聚丁烯和玻璃增强聚酯或环氧树脂，不过价格更高。玻璃增强热固性塑料，作为可以储存从水到汽油各种不同产品的罐体材料或地下储罐，它的应用最为成功。这种热固性塑料，即使长期暴露在潮湿土壤中，也仅仅是在其外表面显示出极其轻微的腐蚀。

参考文献

[1] Robinson, W. C., Testing Soil for Corrosiveness. *Materials Performance* 1993; 32: 56–58.

[2] Romanoff, M., *Underground Corrosion*. Houston, TX, NACE International, 1989.

[3] Beavers, J., *State-of-the-Art Survey on Corrosion of Steel Piling in Soils*, Houston, TX, NACE International, 2001.

[4] Palmer, J. D., Environmental Characteristics Controlling the Soil Corrosion of Ferrous Piping. In: Chaker, V., Palmer, J. D., eds. *Effects of Soil Characteristics on Corrosion*. Philadelphia, PA, American Society for Testing and Materials, 1989; 5–17.

[5] Spickelmire, B., Corrosion Considerations for Ductile Iron Pipe. *Materials Performance* 2002; 41: 16–23.

[6] Heim, M., and Schwenk, W., Corrosion in Aqueous Solutions and Soil. In: von Baeckmann, W., Schwenk, W., Prinz, W., eds. *Handbook of Cathodic Protection*, 1997; 139–152.

[7] Bell, G. E. C., Schiff, M. J., and Wilson, D. F., Field Observations and Laboratory Investigations of Thermogalvanic Corrosion of Copper Tubing. CORROSION 97, Paper # 568. 1997. Houston, TX, NACE International.

[8] Beavers, J. A., Fundamentals of Corrosion. In: Peabody, A. W., Bianchetti, R. L., eds. *Peabody's Control of Pipeline Corrosion*. Houston, TX, NACE International, 2001; 297–317.

[9] Roberge, P. R., *Corrosion Inspection and Monitoring*, New York, NY, John Wiley & Sons, 2007.

[10] Wilmott, M., Highams, J., Ross, R., and Kopystinski, A., Coating and Thermal Insulation of Subsea or Buried Pipelines. *Journal of Protective Coatings & Linings (JCPL)* 2000; 17: 47–54.

[11] Wagner, P., and Little, B., Impact of Alloying on Microbiologically Influenced Corrosion—A Review. *Materials Performance* 1993; 32: 65–68.

[12] Peabody, A. W., Bianchetti, R. L., *Peabody's Control of Pipeline Corrosion*, 2nd ed., Houston, TX, NACE International, 2001.

第五章

钢筋混凝土腐蚀

5.1 引言

毫无疑问，混凝土是地球上使用最多的材料。全世界每年人均混凝土消费量预计超过2.5吨。水泥是混凝土的关键成分，其使用历史可以追溯到3500多年以前。埃及金字塔结构中所使用的结构黏合剂就是一种早期形式的砂浆。罗马斗兽场是以水泥砂浆作为建筑材料的另一个实例，具有历史里程碑意义。制备混凝土的基本原料是水泥熟料、水、细骨料和粗骨料。水泥熟料实质上就是多种无水氧化物的混合物。例如：标准波特兰（Portland）水泥主要由下列化合物组成，其质量分数依次降低[1]：

- $3CaO \cdot SiO_2$；
- $2CaO \cdot SiO_2$；
- $3CaO \cdot Al_2O_3$；
- $4CaO \cdot Al_2O_3 \cdot Fe_2O_3$。

水泥和水反应形成水泥浆，实际上就是通过一系列复杂的水合反应，形成一个多相的水泥浆。方程式(5.1)是一个具体水合反应的实例。

$$2(3CaO \cdot SiO_2)+6H_2O \longrightarrow 3Ca(OH)_2+3CaO \cdot 2SiO_2 \cdot 3H_2O \tag{5.1}$$

在加入水后，水泥浆将形成一个带有微孔的微结构体，在微孔内充满高碱性离子溶液。离子溶液中除了氢氧化钙，还有氢氧化钠和氢氧化钾，由此它们在混凝土中形成一个pH值通常在12.5～13.6的水相环境。在这种碱性条件下，钢筋常常呈现一种完全钝化的行为。因此，在没有腐蚀性离子渗透过混凝土时，普通碳钢钢筋具有优异的耐蚀性。

5.2 钢筋混凝土的劣化

混凝土中钢筋腐蚀的主要原因是氯离子侵蚀和碳化。这两种破坏机制都比较特殊，因为它们并没有破坏混凝土的完整性。相反，它们是由于侵蚀性化学离子通过混凝土中孔隙，进而腐蚀钢筋。这与由于混凝土化学腐蚀而引起的正常劣化过程不同。而其他酸和硫酸盐等侵蚀性离子，在钢筋受到腐蚀影响之前，就会破坏混凝土的完整性。因此，在造成钢筋腐蚀问题之前，大多数形式的化学侵蚀都是混凝土的问题，不过，二氧化碳和氯离子渗入混凝土中，不会明显损害混凝土[2]。

北美 40%桥梁都已拥有 50 年服役历史，其中基本的结构材料就是混凝土[3]。在 20 世纪 70 年代中期，人们就已认识到混凝土桥梁结构的劣化是由于混凝土中增强钢筋的腐蚀所导致，而钢筋的腐蚀是由于化冰盐中氯离子侵入到混凝土中。依据 1997 年的一份报告，包括在美国国家桥梁名录中以及未在名录中的共计 581862 座桥梁中，其中约 40%的桥梁皆存在功能或结构缺陷。其中大多数桥梁都已发生严重劣化，使用能力严重受损，安全性明显降低，有些桥梁甚至还标明了承载能力，超重卡车只能绕行更长的替代路线[4]。

消除所有积存的桥梁缺陷（包括结构和功能上）的维修费用预算，加拿大预计是 100 亿美元[3]，美国预计是 780 亿美元，依据这一目标的实现年限，可能会逐渐增加至高达 1120 亿美元。尽管钢筋腐蚀并非大多数桥梁结构缺陷背后的唯一因素，但是它确实是一个非常重要的因素，因此钢筋腐蚀已成为一个主要关注点。

在北美基础设施网中，钢筋混凝土桥梁的桥面是最薄弱的一个环节。由于受到化冰盐和交通车辆直接作用，这些桥面大面积严重受损。据估计，桥面维修费用将占到直接预算费用的三分之一到二分之一。然而，尽管桥面维修费用极其高昂，但是由于使用化冰盐，可减少交通事故和降低交通中断，带来的益处实在太大[5]。因此，将来化冰盐的使用量也不可能减少。尽管公路化冰盐对钢筋的腐蚀性极强，因为其中氯离子能破坏金属保护膜，但是事实上，公路化冰盐的使用量，在 20 世纪 80 年代趋于平稳之后，在 20 世纪 90 年代前期仍然在持续增加。

5.2.1　腐蚀萌生和扩展

事实上，与混凝土中钢筋腐蚀相关的大多数问题，并非由于钢筋的直接腐蚀损失造成，而是由于腐蚀产物（氧化物）的生长，最终导致混凝土保护层的开裂和散裂（图 5.1）。已有研究表明：造成混凝土发生开裂和散裂，所需钢筋截面损失小于 100μm。实际所需损失量与混凝土保护层的几何形状、接近角度、钢筋间距、钢筋直径和腐蚀速率有关[2]。

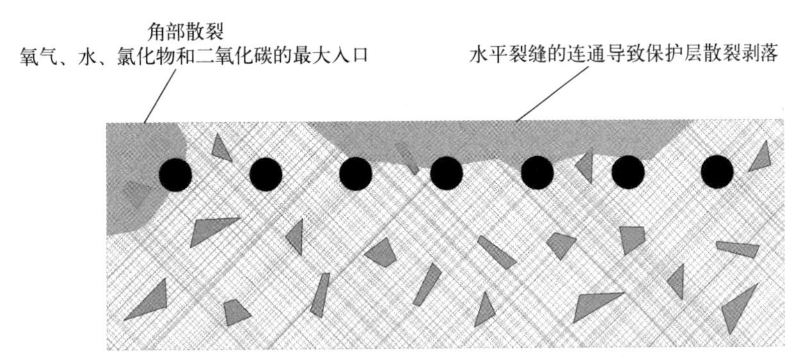

图 5.1　腐蚀产物（氧化物）的生长可造成混凝土保护层的开裂和散裂

实际上，钢筋混凝土结构的坍塌很少是由于腐蚀所导致。但是这种情况一旦发生，那后果可能就是灾难性的。例如，最近发生的一个实际案例，2018 年 8 月 14 日意大利港口城市热那亚的莫兰迪（Morandi）大桥坍塌，造成 43 人死亡，多人受伤。

钢筋混凝土结构的服役寿命可分为两个不同阶段（图 5.2）。第一阶段是萌生阶段：此时钢筋处于钝态，但可破坏钝态的事件已萌生。第二阶段是扩展阶段：当钢失去钝性，腐蚀萌生后，就进入扩展阶段，直至达到使用寿命。

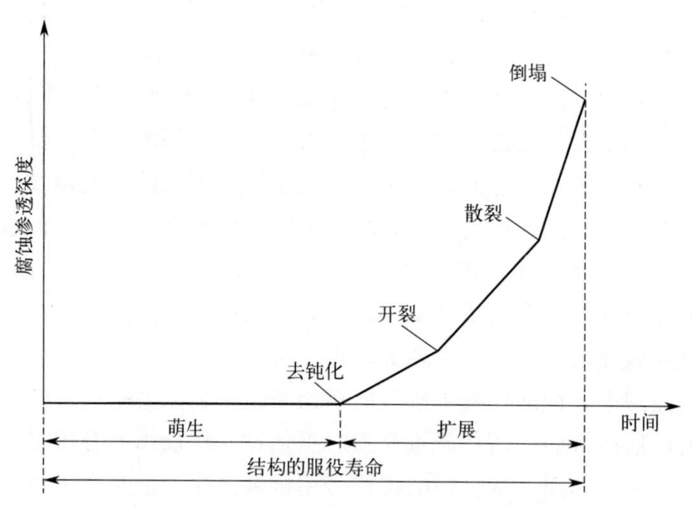

图 5.2　钢筋混凝土结构腐蚀的萌生和扩展期[6]

5.2.1.1　萌生阶段

水泥在水合反应过程中，会产生一个 pH 值在 13～13.8 的高碱性孔隙液。在这种碱性环境中，铁的氧化物和氢氧化物都处于热力学稳定状态，可在钢筋表面形成一个薄的保护性氧化膜或钝化膜[6]。

在萌生阶段，氯化物和二氧化碳等侵蚀性物质从表面渗透进入混凝土体内与钢筋接触，可使钢表面去钝化。萌生阶段的持续时间取决于混凝土保护层厚度和侵蚀剂的渗透速率。混凝土保护层对钢筋腐蚀有明显影响，设计规范依据表 5.1 所示环境状态对应的预期暴露类型来定义保护层厚度[7]。侵蚀剂在混凝土层中的渗透速率取决于混凝土层的质量（如孔隙率和渗透性）以及混凝土表面的局部微环境条件（如干湿状态）。附加保护措施可延长萌生期[6]。

表 5.1　基于环境状态划分的暴露类型及实例[7]

类型名称	环境状态描述	可能暴露于此环境下的实例
1. 无腐蚀或侵蚀风险		
X0	对于无钢筋或其他金属增强的混凝土：除冻融、磨损或化学侵蚀之外的所有暴露状态； 对于带钢筋或金属增强的混凝土：非常干燥	湿度极低的建筑内部混凝土
2. 碳化腐蚀		
含钢筋或其他金属增强的混凝土暴露在空气和湿气中：		
XC1	干或常湿	低空气湿度的建筑内部混凝土；长期浸泡在水中的混凝土
XC2	潮湿，极少干燥	表面长期与水接触的混凝土；很多地基
XC3	中等湿度	中等或高空气湿度的建筑内部混凝土；遮雨的外部混凝土
XC4	干湿循环	表面与水接触的混凝土，但不在暴露类型 XC2 之列

续表

类型名称	环境状态描述	可能暴露于此环境下的实例
3. 非海水中的氯离子腐蚀		
含钢筋或其他金属增强的混凝土暴露在含氯离子(并非来自海水)的水环境中,包括化冰盐:		
XD1	中等湿度	混凝土表面暴露在携带氯离子的空气中
XD2	潮湿,极少干燥	游泳池;暴露在含氯离子的工业水环境中的混凝土
XD3	干湿循环	桥梁中接触含氯化物喷雾的部位;人行道、停车场路面
4. 海水中氯离子腐蚀		
含钢筋或其他金属增强的混凝土暴露在含氯离子的海水环境中或携带海水中氯离子的空气中:		
XS1	暴露在携带盐分的空气中,但并未与海水直接接触	近海结构或海上结构
XS2	长期浸泡	海洋结构的部分区域
XS3	潮汐、浪花飞溅带	海洋结构的部分区域
5. 含或不含防冻剂的冻融侵蚀		
混凝土暴露在明显会受到冻融循环侵蚀的环境中,其中潮湿状态是:		
XF1	中等水饱和度,无防冻剂	暴露在雨水和结冰环境下的混凝土直立面
XF2	中等水饱和度,含防冻剂	暴露在结冰和空气携带防冻剂环境下的混凝土道路结构直立面
XF3	高水饱和度,不含防冻剂	暴露在雨水和结冰环境下的混凝土水平面
XF4	高水饱和度,含防冻剂或海水	暴露在含防冻剂的道路路面和桥梁桥面;直接暴露在含防冻剂盐雾和结冰环境下的混凝土表面;暴露在结冰环境下的飞溅区海洋结构
6. 化学介质侵蚀		
混凝土受到天然土壤和地下水中化学介质侵蚀:		
XA1	轻微侵蚀性的化学介质环境	暴露在天然土壤和地下水中的混凝土
XA2	中等侵蚀性的化学介质环境	暴露在天然土壤和地下水中的混凝土
XA3	高侵蚀性的化学介质环境	暴露在天然土壤和地下水中的混凝土

5.2.1.2　扩展阶段

一旦钢筋表面保护性膜层遭到破坏之后，如果钢筋表面有水和氧，钢筋就可能发生腐蚀。钢筋的腐蚀速率随温度和湿度变化很大，它决定了发生任何严重不利事件所需时间，如钢筋截面严重受损、混凝土保护层开裂、散裂和剥落以及最终发生坍塌。图 5.3 显示了在碳化或含氯离子的混凝土中，钢筋腐蚀速率随环境相对湿度变化而变化的一般范围。

在非常特殊的环境、机械载荷、冶金和电化学条件下，氢脆可能影响预应力混凝土中的高强钢筋，可能造成材料脆性开裂[6]。不过，这个特殊氢脆问题并不会影响普通钢筋。

人们已经证实，混凝土中的纵向垂直裂纹对钢筋腐蚀有重要影响，因为它可让腐蚀介质很容易通过混凝土层，到达钢筋表面，从而加速钢筋腐蚀。如果钢筋位于混凝土结构中的应力区，当应力超过钢筋拉伸强度时，钢筋表面就会产生小裂纹。大多数小裂纹小于 0.5mm，与钢筋垂直相交。由于氯离子、水分以及碳化的所有局部入口都受到局部碱性环境的限制，因此这些小裂纹通常并不会引起钢筋腐蚀。而大裂纹可能更容易保持一种开放状态，使腐蚀性容易进入，加速腐蚀进程[8]。

此外，钢筋腐蚀还可能引起沿着钢筋平面的混凝土水平开裂，以及钢筋末端周围的混凝

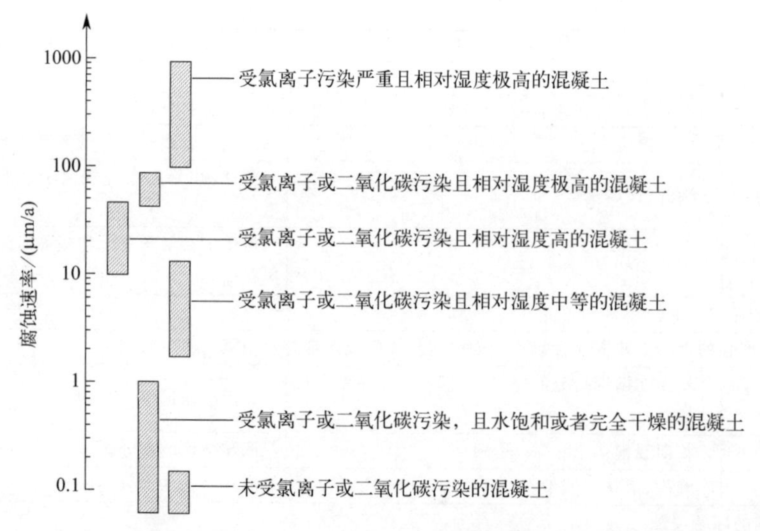

图 5.3　不同混凝土中以及暴露状态下的钢筋腐蚀速率变化示意图

土角裂。这些都会使混凝土保护层受损，如图 5.4 所示。这也是钢筋腐蚀的主要后果，随之而来的风险就是混凝土坍塌以及无法接受的外观。

5.2.2　氯离子侵蚀

5.2.2.1　氯离子来源

混凝土中氯离子的来源可能有多种。它们可能是浇筑过程中带入混凝土的，也可能是外部扩散进来的。混凝土浇筑过程中带入的氯离子，可能是由于[2]：

- 有意加入氯离子作为加速剂（直至 20 世纪 70 年代中期，一直广泛使用氯化钙）；
- 混料中使用海水；
- 受污染的骨料（通常是未清洗或清洗不充分的海底挖掘的骨料）。

图 5.4　钢筋腐蚀导致的混凝土开裂和散裂

而由外部环境引入混凝土中的氯离子的一个重要来源是寒冷气候下路面广泛使用的化冰盐，在前面部分已经提及。在美国，每年化冰盐用量约 1000 万吨，而在加拿大，大约 300 万吨。[9] 化冰盐每年实际使用吨数，随着具体冬季寒冷情况不同而有所波动。使用化冰盐的主要目的是保持冬季道路通行安全，最大程度地降低道路冰雪对经济活动的干扰程度。其基本原理就是：盐融入冰和雪之中，形成盐水，降低冰点。

盐，主要是岩盐形式(石盐或氯化钠)，由于其价格低、通常也比较容易获得且容易储存和加工处理，是北美使用最广泛的化冰盐。氯化钙（$CaCl_2$）和氯化镁（$MgCl_2$）也可用作化冰盐。交替干湿循环会促进氯离子在表面聚集，很容易使表面氯离子含量超过本体环境。

在海盐中暴露，特别是潮汐区和飞溅区，是富盐环境的一个恒定来源。携带盐分的海雾也是造成海滨地区混凝土结构受损的重要原因。

干燥混凝土可快速吸收盐水。含盐水通过毛细运动穿过孔隙，然后就是氯离子的“真”

扩散。此外，也有一些相反作用机制，可以减缓氯离子迁移，如：化学反应形成的氯铝酸盐吸附在孔隙表面。在试图预测氯离子渗透速率时，确定初始浓度很重要，因为氯离子扩散会产生浓度梯度，与碳化过程中形成界限清晰的“前沿”明显不同。

5.2.2.2 氯离子侵蚀机制和氯离子阈值

当钢筋表面氯离子浓度足够高时，钝化膜会遭到破坏，此时氯离子作为催化剂促进腐蚀，但是氯离子在腐蚀过程中并未损耗。混凝土中，氯离子可能呈自由离子态，也可能是受束缚态。前者是指溶解在孔隙液中可以活动的氯离子，而后者代表了相对不动的氯离子，但可通过化学键合或吸附与水泥浆反应。

临界氯离子含量是指预计钢筋会发生严重腐蚀时的最低氯离子浓度，为了设计和制定维修计划，我们需要确定此临界值。目前研究者们已将这种“氯离子阈值”定义为腐蚀萌生前所需氯离子/氢氧根离子浓度之比的函数。这个阈值可依据在氢氧化钙溶液中的实验室试验结果估算得到。当氯离子浓度与氢氧根离子浓度之比大于 0.6 时，在实验过程中人们可发现钢筋有腐蚀。如果氯离子是浇筑过程中混入混凝土中的，此浓度阈值为氯离子占水泥质量分数的 0.4%，如果氯离子是后来扩散进入混凝土中的，此时浓度阈值为氯离子占水泥质量分数的 0.2%。

在北美，通常引用的阈值是每 $0.76m^3$ 混凝土中含氯离子 0.455kg[10]。这个经验阈值建立在实际混凝土结构的试验证明和实际观察结果基础之上。不过，任何一个阈值可能都仅仅是一个粗略近似，因为：

（1）混凝土 pH 值随着水泥类型和混凝土混合料不同而变化。实质上，pH 值是酸性离子浓度倒数的对数函数，一个非常小的 pH 值变化，都可能代表绝对氢氧根离子浓度（OH^-）的大范围变化。

（2）氯离子会受到化学（由于混凝土中铝酸盐）和物理（由于孔壁吸附）束缚。这可能暂时甚至永久地将氯离子排除在腐蚀反应之外。耐硫酸盐的水泥中，铝酸盐含量低，如三铝酸钙（C_3A），氯离子扩散速率可能更快，因此，氯离子阈值较低。

（3）在极干燥的混凝土中，因为没有腐蚀反应所需水，即使氯离子浓度非常高，腐蚀可能也不会发生。

（4）在封闭或聚合物浸滞的混凝土中，如果没有氧或水分激活腐蚀反应，即使在氯离子浓度非常高时，腐蚀可能也不会发生。

（5）在水完全饱和的混凝土中，缺氧会抑制腐蚀，但是如果有氧进入，那么点蚀会快速占据主导地位。

例如，对于质量很差的混凝土，水和氧都很容易进入，在氯离子含量占水泥质量分数为 0.2%的临界水平时，我们就可发现钢筋的腐蚀。而对于质量很好的混凝土，如果氧和水都无法进入，氯离子含量达到 1.0%或更高时，我们也观察不到腐蚀。

5.2.2.3 宏电池的形成

在发生氯离子侵蚀时，腐蚀过程常常可明显分为两个区域，即锈蚀区和与之毗邻的“干净”区，这就是所谓的宏电池现象。在高含水量的混凝土中，由于水分可携带氯离子，因此氯离子诱导腐蚀特别容易形成宏电池。孔隙中水增大了混凝土的电导率，而离子可以通过浸满水的孔隙自由移动，因此，较高电导率可促进阳极和阴极发生分离。

相比而言，碳化是在混凝土非常干燥的情况下发生的。否则，二氧化碳（CO_2）将无法渗透进入混凝土。因此，另一类腐蚀，碳化腐蚀是“微电池”层面上的腐蚀，沿着钢筋可以观察到明显的连续性腐蚀现象。

5.2.3 碳化腐蚀

大气中二氧化碳可与混凝土中氢氧化钙及其他氢氧化物反应，形成不溶性碳酸盐（$CaCO_3$）和水，如反应式(5.2) 所示：

$$Ca(OH)_2 + CO_2 \longrightarrow CaCO_3 + H_2O \tag{5.2}$$

因为碳化过程中和了混凝土中碱性成分，因此碳化也明显降低了混凝土外层中孔隙液pH值。通常，这种类型的侵蚀，都会形成一个界限明确的“前沿”，平行于外表面。在新暴露的混凝土表面滴加酚酞指示剂溶液，可以很简单地将此“前沿”显现出来。酚酞颜色依次从低pH值（碳化区）的无色变到高pH值的粉色（未碳化区）。此“前沿”后面，所有氢氧化钙都已耗尽，其pH值在8左右，而此“前沿”的前面，pH值仍保持在12.5之上[11]。

将指示剂喷涂到新暴露混凝土表面进行碳化检测的方法，简单便宜，但必须小心预防灰尘或水污染待测表面。此外，碳化测量还可以在混凝土芯、碎片和钻孔中进行。

混凝土孔隙中氢氧化钙的量远比孔隙中水能溶解的量大，有利于在发生碳化反应时孔隙液pH值仍能稳定维持在12～13。但是，最终在局部区域内所有可利用的氢氧化钙都会反应形成碳酸钙沉淀，使pH值降低，触发钢筋的腐蚀。

在碳化反应“前沿”，pH值会急剧下降，从11～13降至8以下，如图5.5所示[2]。此pH值水平无法维持钢表面钝化膜，因此腐蚀呈均匀腐蚀形式。二氧化碳扩散通过混凝土以及在碳化“前沿”的迁移速率，近似符合菲克（Fick's）第二扩散定律，可由公式(5.3) 导出。

$$d = At^n \tag{5.3}$$

式中，d 为碳化深度；t 为时间；A 和 n 为描述混凝土构件的特定行为的常数，其中 n 非常接近0.5。

但是，这仅仅是一个近似估算，因为随着碳化反应的进行，混凝土孔隙结构会发生变化。而且裂纹、混凝土成分变化以及含水量皆会随着深度而变化，这也会使二氧化碳的扩散偏离理想扩散方程。

实际上，影响碳化速度的变量很多。低渗透性混凝土一般抗碳化性能较好。在带有开放孔洞结构的混凝土中，扩散过程会变得更容易。因此，从宏观尺度上来看，这意味着将混凝土压紧压实，可以减缓或预防腐蚀。从微观尺度上来看，固化良好的混凝土孔少，孔连通性低，因此二氧化碳向混凝土内运动会减缓。硅粉及其他添加剂可以阻塞孔隙或减小孔径。另外，由于碳化腐蚀速率还是保护层厚度的一个反函数，因此提高抗碳化能力必须拥有良好保护层。此外，由于碳化过程是一个中和混凝土碱性的反应，因此混凝土需要拥有良好的储碱性，即高水泥含量。

通常相对湿度在50％～75％时，碳化速率最快。因为在较低湿度条件下，二氧化碳可以较快渗入混凝土中，但可与之反应的溶解态的氢氧化钙量少。而在湿度较高时，水会充满孔隙，可以更有效阻碍二氧化碳的进入。此外，干湿环境交替循环会加速碳化损伤。

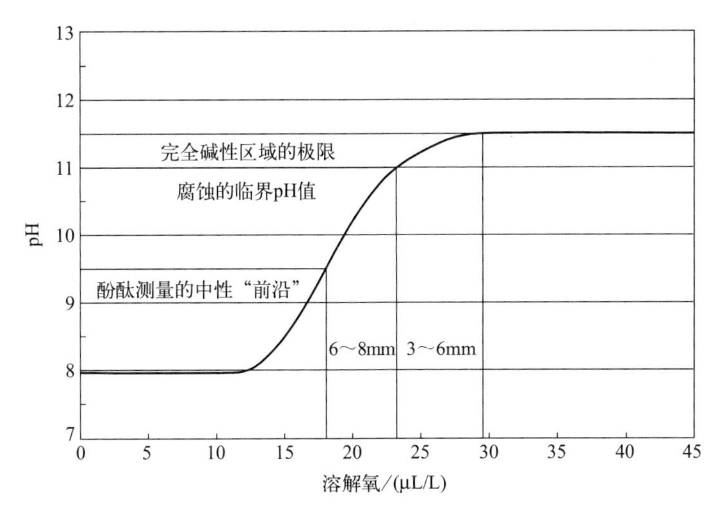

图 5.5　碳化“前沿”及其与腐蚀阈值和酚酞颜色变化之间的关系

在旧结构、质量差的建筑结构（尤其是建筑物）以及含钢筋的再生石料结构中，通常水泥含量低且多孔，碳化现象很常见。在现代公路桥梁以及其他土木工程结构中，水/水泥比很低、水泥含量高、固化密实，所形成的混凝土保护层足以抑制碳化“前沿”向混凝土深度发展，在混凝土结构使用寿命期内，碳化无法达到钢筋所处深度。

5.2.4　氯离子和碳化腐蚀的协同作用

在很多实际应用环境下，碳化和氯离子侵蚀之间有协同作用，二者同时作用的腐蚀程度比二者单独腐蚀损伤之和还大。前人研究已表明：随氯离子浓度增加，碳化腐蚀会加强[11]。人们已发现这种特殊状态就是导致炎热沿海地区钢筋混凝土结构腐蚀的主要原因。

正如前所述，氯离子还可与混凝土某些成分发生反应，如与铝酸盐反应形成氯铝酸盐。对于混凝土浇筑过程中引入的氯离子，这个结合反应过程最强，这也是多年以来人们始终认为使用海水制备混凝土是可行的原因所在。

不过，目前人们尚未能很充分地理解这种结合反应的程度和效果。但是已知碳化会降低pH值，促进了氯铝酸盐的分解，从而使氯离子“波”移动至碳化“前沿”的前面。因此，本身含有氯离子的混凝土结构，特别容易遭受二氧化碳和氯离子的协同攻击。

5.3　补救措施

解决钢筋腐蚀问题的基本措施有多种。但是，我们必须重点区分各种补救措施对新建与现存结构的适用性。对于具有重要战略意义的区域的钢筋混凝土结构，如大多数现代城市的高速公路带，外加由于交通中断造成的间接成本，其修复总成本将大大增加。遗憾的是，与设计新建结构相比，对于加固现存老化结构，下列可选补救措施的作用更有限[9]：

- 修复受损混凝土；
- 调整外部环境，如选择不同防冻剂或更换化冰盐（但无论如何，都无法清除混凝土中已存在的盐分）；
- 调整混凝土内部环境，如混凝土再碱化、缓蚀剂脱氯等；

- 在混凝土和外部环境之间加屏蔽保护层；
- 在钢筋和混凝土内部环境之间加屏蔽层，如环氧树脂钢筋和镀锌钢筋；
- 对钢筋结构施加阴极保护；
- 替换钢筋，使用不锈钢等更耐蚀钢筋材料；
- 更换增强方法，如采用纤维增强高分子复合材料。

因此，我们有理由相信：对于新建结构，如果采取生命周期成本策略，而不是基于最低初始投资成本去签订工程合约，一定可以获得更好的腐蚀控制效果。正是基于这种观点，使用更耐蚀的不锈钢钢筋作为混凝土增强金属材料，尽管钢筋初期成本增加额也相当可观，但是可能仍然是一个具有成本效益的选择。

5.3.1 修复技术

因腐蚀而劣化的混凝土基础设施规模很大，但相关部门在处理这一麻烦问题上缺乏主动性，其原因仅仅是因为他们都在忙于现存结构的功能性维护。混凝土结构的修复程序大体包括下面几个步骤：首先，清除疏松、散裂混凝土；接着，进一步系统清除锈蚀钢筋周围的混凝土；然后，对钢筋和混凝土表面进行清洗和底涂；最后，使用新混凝土修复。因此，修复作业使混凝土结构中形成了与钢筋存在相互作用的三个不同区域：

（1）氯离子污染或碳化的旧混凝土；

（2）新混凝土；

（3）新旧混凝土之间的交界面。

界面可能代表腐蚀性粒子进一步进入混凝土结构中的一个薄弱区域。此外，清除锈蚀钢筋附近的受损混凝土至远离锈蚀钢筋深度位置至关重要。如果无法做到这一点，在已修复区域，很容易形成一个不利的电偶腐蚀电池，如图 5.6 所示。

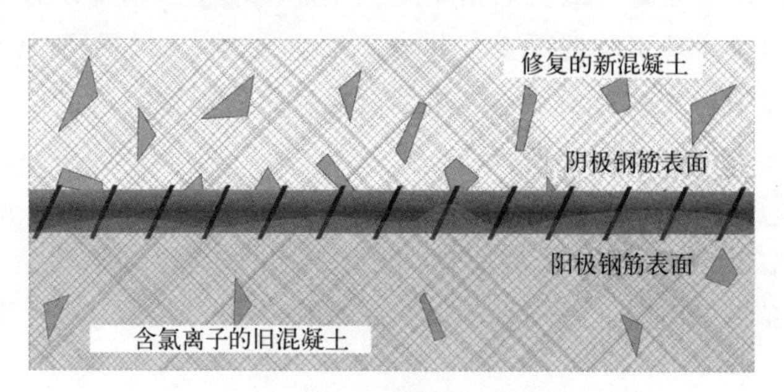

图 5.6　混凝土修复区域电偶腐蚀电池示意图

而且，尽管通过采取相应措施可避免形成图 5.6 所示的电偶腐蚀电池，但是在新修复和现存混凝土结构之间，仍有可能形成一种不利的电偶腐蚀电池，如图 5.7 所示。在这种情况下，为避免现存混凝土中钢筋重新发生腐蚀，我们建议在必要时应尽量将含氯离子的旧混凝土全部清除掉。但是即便如此，由于“环形阳极”或“初始阳极”效应的影响，最初的阳极区仍然会变成阴极，而在其周围形成一个新的阳极，从而造成新修补区周围钢筋的腐蚀。

正是由于存在这种环形阳极效应，钢筋的阴极保护或混凝土中氯离子脱除已被视为是修复规范的一部分。一种最新修复技术是安装专用锌阳极，其中锌阳极被密封在特殊

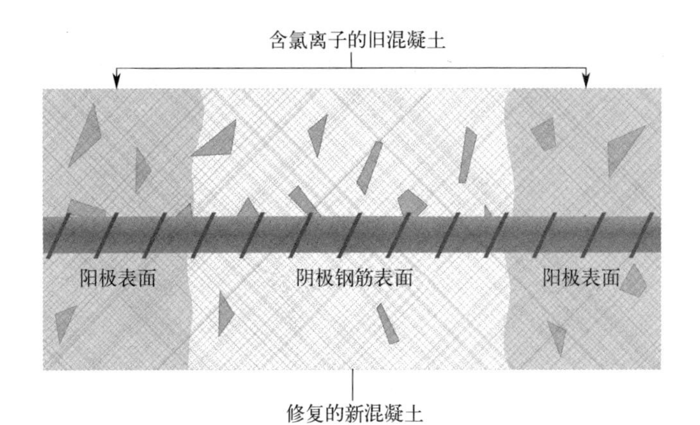

图 5.7 混凝土修复区域另一种形成的腐蚀电池

锂基砂浆之中，而该砂浆能保持锌的活性和吸收锌的腐蚀产物，且对混凝土无害（图 5.8 和图 5.9）。

图 5.8 锌阳极与钢筋结构相连，用来抑制混凝土结构中钢筋的腐蚀，并预防新腐蚀萌生（Vector 腐蚀技术公司供图）

图 5.9 在混凝土修复中使用的嵌入式锌阳极，可用来预防在已完成的小块修补区域附近产生新腐蚀位点（Vector 腐蚀技术公司供图）

此外，人们还提出并尝试了一些其他手段来进行混凝土修复。例如：下列一些基于缓蚀剂的方法，尽管人们进行了大量尝试，但并不很成功[12]：

- 缓蚀剂外加剂结合聚合物改性水泥基涂层；
- 其他水泥基屏蔽型涂层结合缓蚀剂使用；
- 迁移型缓蚀剂。

5.3.2 电化学技术

5.3.2.1 外加电流的阴极保护

阴极保护是少有的可用于现存结构的腐蚀控制技术之一（图 5.10）。与预应力和后应力体系不同，常规钢筋的外加电流的阴极保护（ICCP）系统已相当完善，其应用历史可追溯至 25 年之前。

首套用于钢筋混凝土的外加电流阴极保护系统是 1959 年安装在桥梁支撑梁的一个试验

系统[13]。后来，一个更先进的阴极保护系统于1972年在混凝土桥面安装实施[14]。这两个应用实例中，所用阳极体系都是以用于管线保护的常规外加电流阴极保护系统为基础，“延伸”应用于桥面。常规管线阴极保护系统采用的阳极系统是耐蚀性硅铁“一次”阳极，回填导电性焦炭屑。

图5.10 在一座旧桥结构上重装的外加电流阴极保护：注意排气管和钻孔阳极（Vector腐蚀技术公司供图）

有关阴极保护原则和理论的主题是一个独立章节（第十四章）。在钢筋混凝土中，外加电流阴极保护的基本原理是将钢筋极化到一个钢筋阳极溶解最小的阴极电位。一般是通过直流（DC）电源（整流器）来建立一个以钢筋为阴极的电化学池，同时需要外加一个单独阳极构成完整电子回路。整流器的输出控制有三种基本方式：

- 恒流模式：整流器保持一个恒定的输出电流。因此，输出电压随着回路中电阻变化而变化。钢筋电位可用一个参比电解池进行测量，是外加电流的函数，通过调节外加电流，确保钢筋电位能达到相应保护标准。
- 恒电位模式：整流器维持一个恒定的输出电压。施加电流大小随着回路电阻变化而变化。低混凝土电阻常常会增大腐蚀风险，使输出电流增大。应当注意的是：在这种模式下，钢筋电位未必始终恒定不变，仍然可用参比电解池进行监测。
- 恒定钢筋电位模式：通过持续调节电流输出，为钢筋提供一个恒定电位（预先设定）。这种方法可在钢筋电位相对稳定且分布相对均匀的浸没在液体环境中的混凝土结构中使用。其中钢筋电位通过参比电极进行连续测量，然后反馈到整流器单元。在这种模式下，系统运行成功与否，取决于能否将钢筋电位测量中的“欧姆（IR）”降误差降至最低，以及参比电极准确性和稳定性是否不受时间影响。

在钢筋的外加电流阴极保护中，钢筋与阳极之间到底应施加多大电流是一个很关键的问题。通用保护标准中规定的钢筋表面电流密度一般在10mA/m^{2}左右。电流太小会使钢筋保护不足，而电流过大，会引起氢脆和混凝土劣化等问题。对于预应力和后应力混凝土体系而言，高强钢筋的氢脆是一个特别严重的问题。

很显然，电流分布均匀是所期望的一种理想状态。遗憾的是，这种电流分布特征无法直接测量，不过人们已提出了多种间接标准（参见表5.2）来衡量。外加电流阴极保护所需电流大小，常常都是以相对参比电极的钢筋电位来描述，或者用外加电流阴极保护系统激活或失活时钢筋的电位偏移量来代替。参比电极可放置在外部，与混凝土外表面相接触，或直接与钢筋一起埋入混凝土中。

阳极寿命是否足够长也是一个重要因素，直接关系到电流的大小和均匀性。目前，针对钢筋外加电流阴极保护的阳极系统有多种，各有优缺点。连续面形阳极，以导电沥青包覆层和导电表面涂层为基础。前者仅适用于水平表面。使用这类阳极系统，通常都可以使电流良好分布。非连续阳极，在无包覆层和有水泥基包覆层的情况下使用。

对于混凝土结构的水平面保护，阳极可采用无包覆层的阳极，直接将其嵌入混凝土表面即可。但是这类阳极系统有个根本性问题，即电流分布的不均匀性。在混凝土结构中，带有贵金属专用表面涂层的钛网阳极，通常与水泥基包覆层配合使用。这类阳极系统对于水平面和垂直面皆适用，电流分布一般都很均匀。但是，这种阳极系统也存在有关包覆层与原始混凝土的黏合问题，尤其是采用喷涂混凝土包覆层的垂直面和下端底面。

标准 RP0290-2000[15] 和 DIN/BS/EN 12696[16] 是针对大气暴露环境下混凝土结构中钢筋的外加阴极保护的两个指南。这些文件规定了大气暴露环境中钢筋混凝土结构的阴极保护性能要求，对新建和现存结构都适用，包括普通钢筋和预应力钢筋混凝土，但是对建筑和结构中的埋地或水下构件不适用。

表 5.2 混凝土中钢筋阴极保护标准

标准指标	详细说明	备注
电位偏移	当系统去极化时，钢筋电位正向偏移 100mV	当阴极保护(CP)电流中断时，会发生去极化。钢筋去极化所需时间存在争议。中断阴极保护电流之前的电位示数应进行"IR"校正
	由于施加阴极保护电流，钢筋电位向负向偏移 300mV	相对于阴极保护电流的电位读数应进行"IR"校正。这个方法的可靠性取决于在施加阴极保护电流之前，钢筋电位的稳定性
E-lg$i$ 曲线(电位-电流的半对数曲线)	由于施加阴极保护电流，腐蚀速率下降值可通过测量钢筋电位(E)和电流(i)关系曲线以及相应模型确定。一个简单模型就是塔菲尔(Tafel)关系，即 E 和 lg(i)之间的线性关系	这个方法结构形式明确，但测量相对复杂，需要专业人士进行解释说明。对于混凝土钢筋而言，很难观察到理想的塔菲尔(Tafel)行为
电流密度	钢筋表面电流密度 $10mA/m^2$	基于有限实践的经验方法。未考虑结构和环境的个体特性

5.3.2.2 牺牲阳极的阴极保护

电偶或牺牲阳极的阴极保护是外加电流的阴极保护的一个替代技术。此技术使用了一个比钢更容易腐蚀的金属（即牺牲阳极），其目的是与钢形成原电池，产生保护钢筋所需的阴极电流。保护混凝土中钢筋所用牺牲阳极一般是锌或锌基合金。自 20 世纪 80 年代起，外加阴极保护系统就已获得广泛应用，而牺牲阳极的阴极保护（GCP）系统在 20 世纪 90 年代末才获得应用。用于保护混凝土结构的牺牲阳极的阴极保护系统有各种不同的构造形式，包括：

- 热喷涂锌：直接在混凝土表面喷涂几百微米厚的锌层。其中，可加入"润湿剂"增大湿度、降低混凝土电阻、增大电流。或者选用高电流输出的专用铝锌铟合金作为牺牲阳极。
- 薄锌板：用导电黏合底布将薄锌板黏结在混凝土表面；
- 多孔锌网：将多孔锌网放置在玻璃钢永久性模中，用专用水泥浆填充。一般用于海洋浪花飞溅区和潮汐区钢桩的保护；
- 锌圆盘：用专用高碱性灰浆封护锌圆盘，并嵌入在小块修补处，可以预防环形阳极或初始阳极效应，在 5.3.1 中已讨论过；
- 锌塞入专用的高碱性砂浆圆柱内，安装在混凝土的岩心钻孔中。

与外加电流的阴极保护系统相比，牺牲阳极的阴极保护系统的优点是：无外加电源和控制系统，维护要求较低。其主要缺点是：缺乏可控性，即保护电流不能轻易调节。此外，相比于外加电流的阴极保护系统的阳极，牺牲阳极的阴极保护系统的阳极类型及其性能更有限。

5.3.2.3 电化学脱氯

电化学脱氯是指采用电化学方法脱除混凝土中有害氯离子，是可适用于现存含氯混凝土结构的另一种电化学技术。所需硬件设备与阴极保护系统类似。电化学脱除氯离子的实施过程是：外加一个阳极与涂抹在混凝土表面的腐蚀性电解液相接触，在阳极和钢筋阴极之间施加一个直流电（图 5.11）。在此电场作用下，氯离子从带负电的钢筋处向带正电的外部阳极方向迁移。

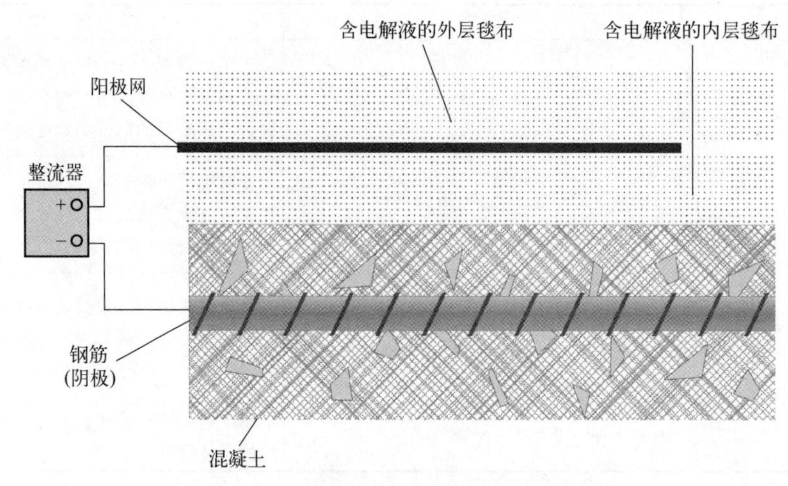

图 5.11 电化学脱氯和再碱化处理示意图

电化学脱氯已被推荐用作不含预应力或后应力钢筋的混凝土结构中的脱氯技术，因为此过程对混凝土本身几乎没有损伤。但是，与阴极保护系统相比，所施加电压和电流密度明显更高，析氢和后续氢脆的风险增大。因此，此技术不适用于预应力混凝土结构，不足为奇。此外，此技术还需要钢筋有高度的电连续性，且最好是低电阻混凝土。另外，在合适的电流密度下，完成一个电脱盐过程，也需要几天甚至几周的时间，因此，此技术实际上更适合在公路地下结构中使用，而不是桥面，否则可能会严重干扰交通，如图 5.12 所示。

图 5.12 电化学脱氯处理的桥面

（Vector 腐蚀技术公司供图）

实际上，电化学脱氯技术也并不能清除混凝土中的所有氯离子，而只能清除部分氯离子，剩余部分氯离子会在远离钢筋处重新分布。但是，越来越多的证据也表明：电化学脱氯可以显著增强钢筋周围的保护层，提高腐蚀的临界条件。

与外加电流的阴极保护技术一样，外加电流密度必须可控。电流密度过大，可能会引发很多问题，如降低钢筋和混凝土间的结合强度、软化钢筋周围的水泥浆、导致混凝土开裂等。电化学脱氯技术不适用于含碱性活性骨料的混凝土，因为此电化学过程通常会加剧与这些碱性活性骨料相关的很多反应，进而导致混凝土开裂和散裂[17,18]。

5.3.2.4 再碱化

再碱化处理的目的是恢复碳化混凝土中钢筋周围的碱性环境，适用于现存混凝土结构。再碱化的电化学原理及所需硬件设备，与电化学脱氯的相似。直流电施加在阴极钢筋和外部阳极之间，其中外部阳极放置在混凝土外表面，其周围充满了电解液（图 5.11）。与外加电流的阴极保护技术相比，再碱化处理的电流密度也明显较高。为将碳化混凝土恢复至碱性，再碱化过程一般需要持续几天。

通常，再碱化处理所使用的外部电解液是碱性的碳酸钠或碳酸钾溶液。混凝土中碱性溶液环境的恢复机制，包括阴极钢筋表面还原反应产生的氢氧根离子（OH^-）和在电场作用下从远离钢筋处迁移过来的氢氧根离子。此外，还有一些其他作用机制，如：在初期，由于混凝土中存在浓度梯度，可能存在扩散作用；而在后期阶段，由于直接吸收或电渗透作用，外部溶液可能“整体”流入混凝土中。在干燥混凝土中，在 1 天左右时间内，其吸收作用可能深达几厘米。

再碱化处理也可能会带来与电化学除氯过程类似的不利影响，即有可能会造成钢筋与混凝土结合强度降低、钢筋的氢脆、碱集料反应以及混凝土中其他微观结构改变的风险[19]。

5.3.3 新建结构——钢筋选择

5.3.3.1 环氧涂层钢筋

环氧树脂涂层是一种可将钢筋与腐蚀性环境隔离的惰性物理屏蔽层。在北美，环氧涂层钢筋的最早使用历史可追溯到约三十年前，目前，已成为一种替代标准钢筋的常用钢筋材料。标准 ASTM A775 和 BS 7295-1 都涵盖了这类材料。在使用环氧涂层钢筋时，为了获得最佳耐蚀性，我们除了要考虑所用环氧树脂类型之外，还必须考虑钢筋表面清洁度及表面处理、涂层厚度、涂层与钢筋附着力、涂层连续性等因素。

据报道，环氧涂层钢筋在很多场合（如桥面）中的应用效果都十分令人满意。但是，佛罗里达群岛（美国）四座桥的桥下结构，在服役仅仅 6～10 年之后，就出现了严重的腐蚀问题[20]。不过，此案例中的海洋环境的腐蚀性特别强。

由于环氧涂层是起到一个腐蚀屏蔽层的作用，因此，显而易见，涂层的连续性非常重要。尽管在制造车间有可能将涂层缺陷（空隙）控制到接近极限，但是在运输、卸货、存放、现场安装过程中、混凝土浇筑和振动混合过程中，涂层受损的风险依然相当大。因此，将钢筋埋置在混凝土中之前，对那些可见损伤，应尽量直接进行现场修复[21]。

5.3.3.2 不锈钢钢筋

大量研究结果已表明：不锈钢的耐蚀性优于无涂层的“黑色”碳钢[22]。人们对使用不锈钢钢筋来改善混凝土增强效果的兴趣日益增长，因为不锈钢有如下诸多优点：

- 材料的耐蚀性（这并不意味材料始终不发生腐蚀）；
- 无涂层，不涉及与涂层相关的破口、开裂、降解等问题；
- 可以承受运输、加工处理以及弯折；

- 没有覆盖层或涂层的“裸露”端；
- 良好的柔韧性、强度和焊接性；
- 磁性或非磁性与材料等级有关。

不锈钢作为增强钢筋的现代建筑结构实例有很多。如图 5.13 所示实例中，桥面上部使用了 245 吨 S31603 不锈钢，桥面下层使用了碳钢。不过，不锈钢钢筋技术的最早应用可追溯到墨西哥尤卡坦州（Yucatan）普罗格雷索（Progreso de Castro）的长 2100m 的钢筋混凝土码头。该码头由丹麦承包商克里斯蒂亚尼（Christiani）和尼尔森（Nielsen）在 1937 年至 1941 年建造（图 5.14）。它有长 12m 的桥跨 175 个，包括大立柱和拱门。由于码头暴露在严酷的海洋环境中，且使用了孔隙率相对较高的混凝土（使用当地的石灰岩骨料），因此码头设计依据钢筋最小用量条件而定（拱门中存在压应力）。在其使用寿命期内，该码头未进行过任何重大的维修和日常维护[23]。

图 5.13　修建于 1998 年的加拿大安大略省（Ontario）交通干线（Hwy）401 上的阿贾克斯（Ajax）立交桥。桥面上部使用了 245 吨 S31603 不锈钢，桥面下层使用碳钢［加拿大镍协会（Nickel Institute）供图］

图 5.14　墨西哥（Mexico）尤卡坦半岛（Yucatan）的两组桥墩：照片前景中，碳钢钢筋建造的桥墩只剩下遗迹（照片拍摄于 1998 年，30 年前）；照片后面远景中，1937 年至 1941 年使用不锈钢钢筋建造的桥墩［加拿大镍协会（Nickel Institute）供图］

很多不锈钢皆可用作混凝土钢筋。最终选择何种不锈钢，取决于机械设计要求、预期腐蚀性和成本因素。其中以奥氏体和双相钢等级不锈钢作为钢筋使用，最受人关注（更多关于不锈钢详细信息参见第十一章）。

尽管不锈钢钢筋结构的初期成本看上去似乎比传统结构高很多，但是其实总体建设成本仅仅小幅增加。通过生命周期成本分析法，对比分析一个建筑结构在整个使用寿命期内的总成本选项，可能会增强人们对使用不锈钢钢筋的认识。成本分析应包括所有直接成本，如与后期维护及更换作业的频次和费用相关的成本、所有收费设施的收入损失，以及与由于交通或使用中断造成的各种生产率损失相关的所有间接成本。已经证明：在桥梁建筑项目中，使用不锈钢与碳钢的成本收益交叉点，通常在 18 年到 23 年之间[24]。

5.3.3.3　镀锌钢筋

主张采用镀锌对钢筋进行保护的这种保护方案的理由有四个：

- 混凝土中，镀锌钢筋不发生腐蚀的 pH 值比普通钢筋略低一点；
- 锌镀层是一种牺牲阳极材料，可对钢进行阴极保护；
- 锌腐蚀产物比钢腐蚀产物体积小，因此，降低了腐蚀过程中产生的膨胀应力；
- 镀锌钢筋比环氧涂层钢筋更容易加工处理，受损风险小，且即使受损，对腐蚀保护作用的影响也较小。

尽管有这些充满希望的有利因素，但是实际上人们对镀锌钢筋实际服役性能的评论褒贬不一。关于镀锌钢筋低性能的一种解释是：由于镀锌钢筋的实际腐蚀产物量非常大，由此引起的体积膨胀比那些普通碳钢腐蚀造成的还大。

5.3.4　缓蚀剂

在混凝土拌合料中添加缓蚀剂，可以改善优质钢筋混凝土的耐腐蚀性能。不过，这些缓蚀剂的作用肯定不是“将劣质混凝土制成高质量混凝土”[25]。

亚硝酸钙，即 $Ca(NO_2)_2$，是一种比较著名的混凝土缓蚀剂。其缓蚀机制是：亚硝酸根离子（NO_2^-）与氯离子竞争，和钢筋腐蚀过程中产生的亚铁离子（Fe^{2+}）反应[25]。本质上就是亚硝酸根离子抑制了不稳定的铁-氯络合物的形成，促进生成稳定化合物，如 Fe_2O_3 或 FeOOH，即钝化了钢筋表面。其反应如式(5.4) 和式(5.5) 所示。

$$2Fe^{2+} + 2OH^- + 2NO_2^- \longrightarrow 2NO\uparrow(g) + Fe_2O_3 + H_2O \qquad (5.4)$$

或

$$Fe^{2+} + OH^- + NO_2^- \longrightarrow NO\uparrow(g) + FeOOH \qquad (5.5)$$

这些反应中都有易挥发的一氧化氮气体（NO）产生。由于与亚铁离子的反应中，亚硝酸根离子要与氯离子相互竞争，因此具体制订腐蚀保护方案时，亚硝酸根/氯离子比值是一个非常重要的参数。

缓蚀剂对混凝土性能的潜在影响，如施工性能、固化时间和强度等，是在选择缓蚀剂时需要考虑的一个很重要的因素。由于缓蚀剂配方的专利属性，有关商用钢筋缓蚀剂的具体反应细节仍然相当模糊。

5.3.5　混凝土保护层和拌合料设计

由于氯离子及其他腐蚀性粒子是通过扩散穿过混凝土而到达钢筋表面，因此很显然，增加混凝土保护层厚度可以减缓钢筋腐蚀。基于如公式(5.3) 所示的 Fick 第二扩散定律的简单模型，我们可以得到一个常用的经验法则，即：混凝土保护层厚度增加至原来的两倍，则钢筋寿命可延长至原来的四倍；保护层厚度增大至原来的三倍，寿命可达原来的九倍，以此类推。增加保护层厚度对开裂的混凝土也能起到有益作用，但是对含氯离子的干湿循环交替环境中的混凝土意义不大[26]。

混凝土中孔隙率随水灰比（水/水泥比）增大或水泥含量降低而增加，而氯离子向混凝土内的扩散速率随孔隙率增加而增大。就波特兰（Portland）水泥而言，氯离子的扩散渗透会随着水泥成分 $3CaO \cdot Al_2O_3$（C_3A）含量的增加而降低。因此，为提高波特兰水泥的抗氯离子侵蚀性能，可采取的补救措施如下[26]：

- 水灰比（水/水泥比）＜0.45；
- 水泥含量＞$400kg/m^3$；
- 水泥中 C_3A 含量＞11%（以质量分数计）。

为降低混凝土的渗透性，一个可考虑的重要措施是：充分固化（水合 2～4 周），促进形成低孔隙率的密实的内部结构。另一种有益的实际做法是：在混凝土拌合料设计时，添加辅助胶凝材料，如：

- 波索兰（Pozzolans）材料：如粉煤灰和硅粉，可以与水泥的水合产物反应，尤其是氢氧化钙；
- 水硬性材料：如粒状高炉煤渣，可以直接参与水合反应。

由于这类胶凝材料常常被人们视为严重污染环境的废物，因此在水泥拌合料中混配这种胶凝材料，一个很明显的优点就是价格低廉。此外，还有另一个益处，即：如果混凝土固化充分，添加这种胶凝材料还能提高混凝土的强度和耐久性[11]。

近年来，被称为高性能混凝土（HPC）的混凝土拌合料已受到人们极大的关注。高性能混凝土是指在外加剂和新型胶凝材料的发展进步基础上，发展出来的各种高性能拌合料。爱尔兰（Hibernia）海上采油平台以及加拿大爱德华王子岛（Prince Edward Island）与新不伦瑞克省（New Brunswick）之间长 13 公里的连接桥梁，就是在强腐蚀性环境中的大型高性能混凝土工程项目的最新实例。

加入超塑化添加剂，可获得水灰比（水/水泥比）极低的高性能混凝土拌合料，从而提高混凝土的抗压强度。很显然，在低含水量的混凝土拌合料中，这些添加剂对其施工性能起到了关键性作用。高密度和低渗透性是此类拌合料的代表性特点，预期可以有效屏蔽腐蚀性粒子的侵入。

5.4 钢筋混凝土结构的状态评估

早期预警技术对于预防控制严重腐蚀问题非常有意义。因为当钢筋腐蚀已进入晚期，从外表面上腐蚀已肉眼可见时，通常此时即使再采取有效腐蚀控制措施也为时已晚，高额修复或更换费用已不可避免。此外，我们还非常需要一些可以在切实可行的短时间内对补救措施有效性进行评价的手段。

在美国公路战略研究计划合约（SHRP）支持下，研究者们系统比较了可用来评价混凝土桥梁构件状态的各种技术。在此计划（SHRP 成果 2032）提出的对比方案中，他们将十三种常规的成熟试验方法和七种新方法分成下列几种检测类型进行了比较（表 5.4）[27]：

● 初始状态（基准）评估检测，集中在那些随时间变化较小的参数。这种基准检测所推荐采取的试验方法，基本上代表了在新建混凝土桥梁结构件验收认可测试中应包含的检测内容（表 5.3）。

● 在 SHRP 方案中第二类检测的目的是为混凝土结构生命周期内提供后续评估。在此类检测中首先是目视检查（外观检查）。随后再采取何种性质的检测技术，由目视检查阶段所观察到的受损状态决定。钢筋腐蚀损伤检查重点区域是发生散裂的混凝土结构的下部。对于这种形式的损伤，推荐的评估程序如图 5.15 所示。

● 第三种类型检测称为特殊检测，适用于沥青铺设桥面、预应力和后应力混凝土构件以及硬质桥面覆盖层。

目视检查、用于抗压试验和岩相分析的岩芯采样以及拖链测声等经典方法，已构成了“传统”状态评估的基准。不过很显然，在现代工程实践中，很多新型无损评估（NDE）方法和腐蚀监测技术（如表 5.4 所示）也可以使用。我们将对其中某些技术在后文中进行介绍。

表 5.3　钢筋混凝土桥梁构件的初始状态评估检测

评估程序	说明
气孔和岩芯取样	适用于已用年限最高 15 年的混凝土结构
碱-硅反应活性检验	适用于已用年限在 1～15 年的混凝土结构
混凝土强度	适用于所有年限的混凝土
相对渗透性	适用于所有年限的混凝土
钢筋覆盖层	适用于所有年限的混凝土

注：检测和采样的具体细节可能依据结构使用年限不同而有所变化。

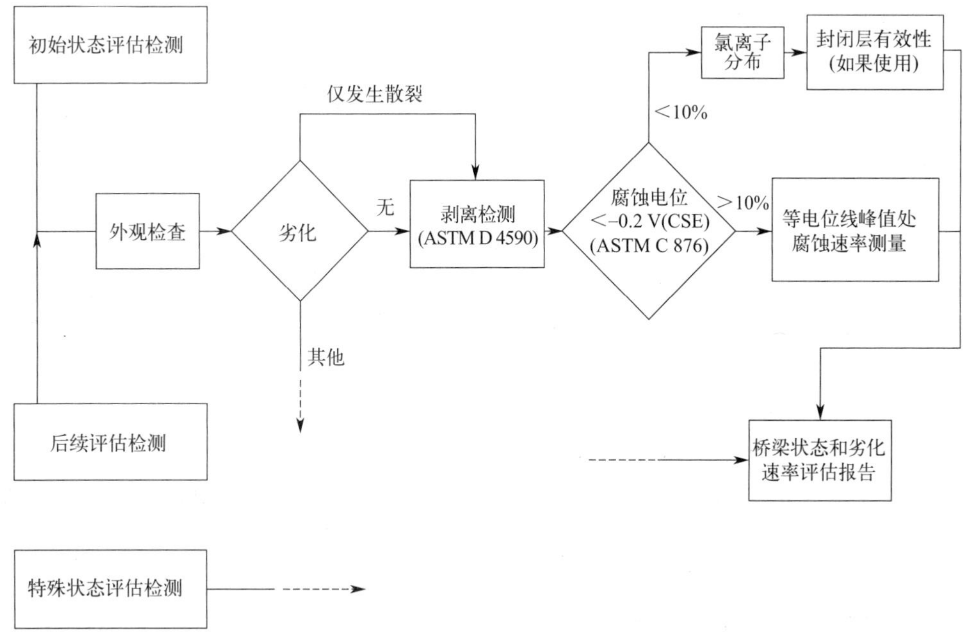

图 5.15　SHRP 指南中关于混凝土桥梁构件评估的部分内容（适用于无涂层钢筋）

表 5.4 用于检测钢筋混凝土结构的常规方法和新技术

性质	检验方法
SHRP 桥梁评估指南中的常规技术	
混凝土保护层的深度	磁通量仪
通过圆柱试样测得的混凝土强度	ASTM C 39 柱体试验
由岩芯样品测得的混凝土强度	ASTM C 42
通过拉拔试验测得的混凝土强度	ASTM C 900
通过回弹锤击试验测得的混凝土强度/质量	ASTM C 805
通过渗透试验获得的混凝土强度/质量	ASTM C 803
硬化混凝土中气孔的系统表征	ASTM C 457
硬化混凝土质量的微观评价	ASTM C 856 岩相检测
碱-硅反应活性	
剥离检测	ASTM D 4580 测声法
通过脉冲传播速度进行损伤状态评估	ASTM C 597
开裂受损状态	ACI 224.1R
活性钢筋腐蚀可能性	ASTM C 876 基于腐蚀电位(注意不确定腐蚀速率)
SHRP 桥梁评估指南中的新技术	
瞬时腐蚀速率测量	电化学测试,适用于无涂层钢筋
用脉冲雷达进行沥青保护层桥面的状态评估	
通过脉冲传播速度对桥面预制膜层状态评估	
用电阻法评估渗透性混凝土封闭剂	
专用离子传感器检测混凝土中氯离子含量	
通过表面气流检测混凝土相对渗透性	
其他方法	
滴定法测氯离子含量	AASHTO T-260
钢筋位置	X 射线和雷达
pH 值和碳化深度	酚酞溶液或提取孔隙液用 pH 电极测试
混凝土中氯离子渗透性	ASTM C 1202 和 ASTM C 642
脱层、空穴及其他隐蔽缺陷	冲击回声、红外热成像、脉冲回波和雷达
材料特性	ASTM C 642(密度),含水量(ASTM C 642),收缩(ASTM C 596,C 426),动态模量(ASTM C 215),弹性模量(ASTM C 464)

5.4.1 半电池电势分布图

业已证明，半电池电势分布图是一个非常有用的可定位腐蚀区域的无损方法，便于人们进行后续状态评估和监测以及确定修复效果。作为一个早期预警系统，此技术可在混凝土结构表面出现可见腐蚀之前很久，就检测到腐蚀[6]。依据电势分布图，人们可以更合理地进行其他破坏性实验室分析和腐蚀速率测量。此外，由于依据电势分布图可以准确定位腐蚀部位，因此修复作业中混凝土清除量可降至最低。

混凝土中腐蚀钢筋与钝化钢筋之间的腐蚀电位差值可达 0.5V，因此二者之间可形成宏电池，电流在这些区域之间流动。在混凝土表面放置一个合适的参比电极（半电池）去测量与钢筋腐蚀区和钝化区之间腐蚀电流相对应的电场分布，可得到等电位线（势场），从而确定电位负值最大的锈蚀钢筋所在部位。

半电池电势测量程序很简单明了（图 5.16），具体过程是：与钢筋进行可靠电连接，将外部参比电极放置在混凝土表面的湿海绵上，通过高阻电位计测量读取自由混凝土表面规则网格点的电势。不过要注意：为获得稳定读数，必须保证良好的电接触，同时还应用浸满水的海绵清洗和润湿混凝土表面测量点部位。

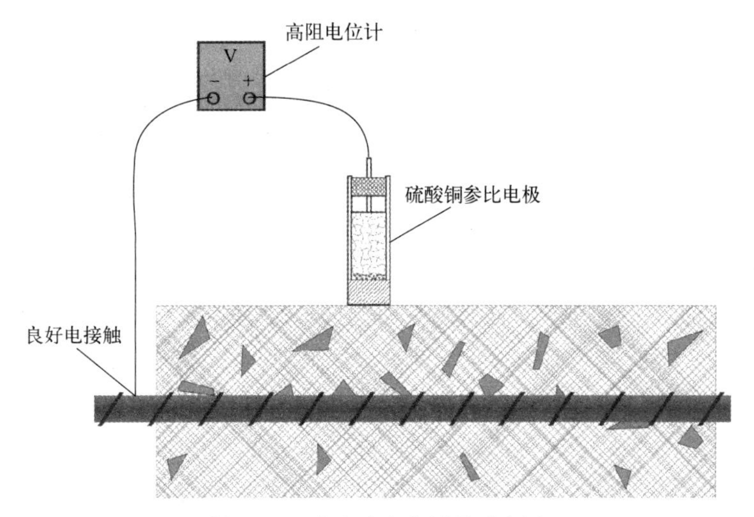

图 5.16 半电池电势测量示意图

电势数值与测量所用参比电极类型有关。铜/硫酸铜电极（CSE）可能是评价钢筋混凝土的最常用参比电极，不过，银/氯化银参比电极可在富含氯离子的环境中使用。参比电极的标准电极电势是指其与标准氢电极（SHE）之间的电势差。不同参比电极，其标准电极电势也不同，详见附录 C。

5.4.2 氯离子含量

测定混凝土中氯离子含量的样品是收集到的混凝土粉末。其中制备粉末样品的方法有两种：通过钻孔或者将先前提取的部分岩芯碾碎而制得。后面这个方法可以获得准确的氯离子浓度的深度分布。随后，可采用电位滴定法对制备好的样品进行分析，来确定氯离子浓度。在氯离子浓度检测中，我们要注意区别两个概念：酸溶性氯离子含量（ASTM C114）是指总的氯离子含量，而水溶性氯离子含量值较小。

5.4.3 岩相检测

岩相检测是指根据 ASTM C856 标准，对从混凝土结构中取出的岩芯样品进行显微分析的一种技术。此技术可提供碳化深度、水泥浆密度、空气含量、冻融损伤情况以及混凝土结构的直接腐蚀等信息。

5.4.4 渗透性试验

渗透性试验有两种形式：一种是将岩芯试样浸入氯离子溶液池中，随后分析氯离子含量，另一种是在外部电场作用下使氯离子“强制”迁移，在此基础上进行渗透性分析。施加电场加速了氯离子迁移，因此缩短了测试时间。

5.5 混凝土劣化的其他形式

除了钢筋腐蚀诱导损伤之外，混凝土还有另外三种常见劣化形式，即：碱-集料反应、冻融损伤和硫酸盐侵蚀。

5.5.1 碱-集料反应

碱-集料反应是指某些活性骨料和高碱性的混凝土孔隙液之间发生的化学反应。活性二氧化硅因这种反应而闻名，常用术语“碱-硅”反应描述。碱-集料反应的破坏作用，与混凝土内部体积增大有关，可造成混凝土开裂和散裂。骨料粒子反应引起体积膨胀以及形成吸湿性凝胶的膨胀，可认为是混凝土内产生内应力的原因。碱-集料反应造成混凝土开裂和散裂破坏，使其下面钢筋更容易遭受进一步腐蚀。

对于这种类型的破坏，谚语“上医治未病”无疑非常正确。ASTM C289 和 C227 等标准筛选试验，可用来鉴别有问题的骨料。此外，人们也正在开发一些新方法，以期改进现有筛选试验的可靠性及缩短试验时间。在混凝土拌合料中加入锂盐，可能会抑制不良膨胀作用。有人建议：通过对混凝土进行干燥和封闭处理，最大限度地减少水分侵入，来限制现存结构的这种碱-集料反应损伤。显然，这些方法并非那么容易实施。

5.5.2 冻融损伤

混凝土表面起皮剥落与冻融损伤密切相关。反复结冰和融化循环会使混凝土表面起皮剥落，形成麻点状表面。冻融损伤与混凝土的多孔质属性相关。如果溶液在孔隙中冻结，结冰时体积会膨胀，导致张应力增大，进而发生混凝土开裂和散裂。高含水量混凝土对这种损伤作用最敏感。

在气候寒冷地区，冻融损伤确实是个问题。采用掺气混凝土是一个切实可行的解决冻融损伤问题的办法。掺气混凝土通过在混凝土中产生气孔而制得，显示出持久的耐冻融损伤性能。结冰的孔隙液可以扩展进入互相连通的气孔中。通常，这类混凝土中空气含量在 3%～8%之间（体积分数）。但是仅依靠总含气量，无法确保混凝土能完全抵御冻融损伤。气孔分布和尺寸也极其重要。另外，含气量和强度二者之间存在一个平衡。

5.5.3 硫酸盐侵蚀

由于在硫酸盐与水泥砂浆中铝酸钙之间的化学反应过程中会造成体积膨胀，因此可溶性硫酸盐粒子会导致混凝土劣化。硫酸根离子几乎无处不在，遍及土壤、海水、地下水和废液中。使用低 C_3A 含量的水泥，有利于减轻此类侵蚀的严重程度。或者，使用高炉矿渣微粉等水泥代用材料，制成高质量的抗氯离子和硫酸盐的混凝土，这种混凝土非常适合在海洋潮汐区和飞溅区应用。

参考文献

[1] Roberge, P. R., *Corrosion Basics—An Introduction*, 2nd ed., Houston, TX, NACE International, 2006.

[2] Broomfield, J. P., Corrosion of Steel in Concrete, London, UK, E & FN Spon, 1997.

[3] Lounis, Z., Maintenance Management of Aging Bridges: Economical and Technological Challenges. *Canadian Civil Engineer* 2002; 19: 20–23.

[4] Corrosion Protection: Concrete Bridges. FHWA-RD-98-088. Washington, DC, U.S. Department of Transportation, 1998.

[5] Highway Deicing: Comparing Salt and Calcium Magnesium Acetate. Special Report 235. Washington, DC, Transportation Research Board, National Research Council, 1991.

[6] Bertolini, L., Elsener, B., Pedeferri, P., Redaelli, E., and Polder, R. B. *Corrosion of Steel in Concrete: Prevention, Diagnosis, Repair*, 2nd ed., Weinheim, Germany, Wiley-VCH, 2013.

[7] Concrete—Specification, Performance, Production and Conformity. EN 206 (December 2013). Brussels, Belgium, European Committee for Standardization, 2013.

[8] The Relevance of Cracking in Concrete to Corrosion of Reinforcement. Concrete Society Technical Report CSTR 44. 1995. Camberley, UK, Concrete Society, 1995.

[9] Roberge, P. R., *Handbook of Corrosion Engineering*. New York, NY, McGraw-Hill, 2000.

[10] ACI Committee 222. Protection of Metals in Concrete Against Corrosion. ACI Journal 2001.

[11] Hansson, C. M. Concrete: The Advanced Industrial Material of the 21st Century. *Metallurgical and Materials Transactions A* 1995; 26A: 1321–1341.

[12] Sohanghpurwala, A. A., Long-Term Effectiveness of Corrosion Inhibitors Used in Repair of Reinforced Concrete Bridge Components. CORROSION 2003, Paper # 286. Houston, TX, NACE International, 2003.

[13] Stratfull, R. F. Progress Report on Inhibiting the Corrosion of Steel in a Reinforced Concrete Bridge. *Corrosion* 1959; 15: 65–69.

[14] Stratfull, R. F., *Experimental Cathodic Protection of a Bridge Deck. Transportation Research Record 500.* Washington, DC, Transportation Research Board, 1974.

[15] Impressed Current Cathodic Protection of Reinforcing Steel in Atmospherically Exposed Concrete Structures. RP0290-2000. Houston, TX, NACE International, 2000.

[16] Cathodic Protection of Steel in Concrete. DIN/BS/EN 12696, 2000.

[17] Electrochemical Chloride Extraction from Concrete Bridge Components. Technical Brief #2. Toronto, Canada, Canadian Strategic Highway Research Program (C-SHRP), 1995.

[18] Electrochemical Chloride Extraction from Steel Reinforced Concrete—A State of the Art Report. Houston, TX, NACE International, 2001.

[19] Electrochemical Realkalization of Steel-Reinforced Concrete A State-of-the-Art Report. Houston, TX, NACE International.

[20] Sagues, A., Perez-Duran, H. M., and Powers, R. G., Corrosion Performance of Epoxy-Coated Reinforcing Steel in Marine Substructure Service. *Corrosion* 1991; 47: 884–893.

[21] Manning, D. G. Corrosion Performance of Epoxy Coated Reinforcing Steel North American Experience. *Construction and Building Materials Journal* 1996; 10: 349–365.

[22] Nürnberger, U., Stainless Steel in Concrete—State of the Art Report. London, UK, The Institute of Materials, European Federation of Corrosion, 1996.

[23] Castro-Borges, P., de Rincon, O. T., Moreno, E. I., Torres-Acosta, A. A., Martinez-Madrid, M., and Knudsen, A., Performance of a 60-Year-Old Concrete Pier with Stainless Steel Reinforcement. *Materials Performance* 2002; 41: 50–55.

[24] MacDonald, D.D., Sherman, M. R., Pfeifer, D. W., and Virmani, Y. P., Stainless Steel Reinforcing as Corrosion Protection. *Concrete International* 1995; 17: 65–70.

[25] El-Jazairi, B., Berke, N. S. The Use of Calcium Nitrite as a Corrosion Inhibiting Admixture to Steel Reinforcement in Concrete. In: Page, C. L., Treadaway, K. W. J., Bamforth, P. B. E., eds. *Corrosion of Reinforcement in Concrete*. London, UK, Applied Science, 1990; 571–585.

[26] Nürnberger, U. Chloride Corrosion of Steel in Concrete, Fundamental Relationships—Practical Experience, Part 1 and Part 2. *Betonwek und Fertigteil-Technik* 1984; 601–704.

[27] Kessler R. Concrete Deterioration Manual. SHRP 2032. 1991. Washington, DC, Strategic Highway Research Program, National Research Council, 1991.

第六章
微生物和生物污损

6.1 引言

早在19世纪，人们就已注意到了铁厌氧菌腐蚀，并提出了多种理论用来解释其作用机制。经过数十年关于微生物对金属腐蚀复杂影响作用的科学研究和调查，人们对于微生物对其繁殖水域和土壤环境中系统设施使用寿命的相关影响，已有了更深刻的认识。

微生物常常喜欢附着在固体表面，寄居、繁殖和形成生物膜，而反过来，这些微生物活动又可能使生物膜/金属界面处形成一个pH值、溶解氧以及有机和无机粒子等方面与本体环境根本不同的环境。由于生物膜很容易造成表面状态不均匀，因此表面某些位点可能受到局部侵蚀引发局部腐蚀，如点蚀很常见[1]。

6.2 微生物腐蚀实例

当金属腐蚀涉及微生物时，情况就会远比非生物环境中的复杂，因为微生物不仅能通过其新陈代谢改变金属近表面化学环境，而且还可能干预金属-介质环境界面发生的电化学过程。众所周知，大量工业水处理系统都有很高的生物腐蚀敏感性（如冷却水和注水系统、换热器、废水处理设施、储罐、管线系统、各种发电厂，包括化石燃料发电、水力发电以及核能发电）。[2] 表6.1按行业列出了可能发生微生物腐蚀的部位[3]。

表6.1 最可能出现微生物腐蚀（MIC）问题的部位[3]

行业/应用领域	可能存在MIC问题的部位	起作用的生物
管线——油、气、水、废水	主要在底部(6点钟方向)位置的内腐蚀；盲端和滞流区；长距离管线的低点；排废管道——在液/气界面的内腐蚀；埋地管线——管道外部，尤其是潮湿黏土环境中剥离涂层下	厌氧和好氧的产酸菌、硫酸盐还原菌(SRB)、锰和铁氧化菌、硫氧化菌
化学加工行业	换热器、凝结器和储罐——尤其在淤泥聚积的底部；水分配系统(亦可参见本表中“冷却水系统”、“消防系统”和“管线”)	厌氧和好氧的产酸菌、硫酸盐还原菌、锰和铁氧化菌，在储油罐中，还有产甲烷菌、油水解菌
冷却水系统	冷却塔；换热器——在管内和焊接区域——壳程走水的壳体上；储罐——尤其是在淤泥堆积的底部	冷却塔中藻类、真菌和其他微生物；黏液形成菌、好氧和厌氧菌、金属氧化菌和其他微生物以及无脊椎动物

续表

行业/应用领域	可能存在 MIC 问题的部位	起作用的生物
消防系统	盲端和滞流区	厌氧菌，包括 SRB
码头、防洪堤、采油平台，以及其他水上结构	恰好在低潮线以下 飞溅区	藤壶、贻贝以及其他无氧区域下面的 SRB
纸浆和造纸	转筒 白水澄清池	造纸机上黏液形成菌和真菌；铁氧化菌、废水中的 SRB
发电厂	换热器和凝结器 消防水分配系统 进水口	与上面热交器和消防系统一样，在进水口处贻贝和其他污损生物下面
脱盐（海水淡化）	反渗透膜上生物膜的生长	黏液形成菌

第一个值得注意的微生物腐蚀实例是应急消防喷淋系统。通常大家都认为运转正常的应急消防喷淋系统，由于微生物腐蚀造成系统堵塞和腐蚀，常常在紧急状态下启动时，却发现已无法正常运转，近些年来此类事件的发生比例十分惊人。在过去十年，关于喷水系统管道、配件和给水箱中针孔泄漏和内部高度阻塞引起的失效事故已有大量报道。其中有些事故发生时，系统服役还不到 1 年。这些事故原因，其中很多都可归结为微生物腐蚀（MIC）[4]。

此类失效事故形式可分为两种。第一种是储水系统失效。造成这种失效最常见的原因是针孔泄漏，而针孔泄漏常常被认为是发生微生物腐蚀的证据。在很多处理调研中，这也常常是唯一关心的问题。

更值得关注的是第二种，即系统无法实现其设计目标，发生功能性失效：消防。人们已发现：在很多发生微生物腐蚀的系统，喷水口被微生物腐蚀过程中产生的生物膜或生物黏泥残骸完全堵塞。而且生物代谢产物造成喷水系统供给主管的阻塞程度可高达 60%。

第二个微生物腐蚀例子与供水系统有关。该系统供给河水，流经核工业使用的应急冷却盘管。通常，在返回河流前，水都会流经一组盘管。除了在季度检测期间水流经最小再循环阀返回河流，其他正常情况下，此类系统皆保持待机模式。在一个经全面调研的案例中，研究者发现：紧邻阀瓣出口部位遭受空泡腐蚀（汽蚀）作用，在阀体出口管上产生很多深凹槽。由于泄漏呈滴状而不是喷雾状，因此可以推断管壁最终穿透是微生物作用所致（图 6.1）。

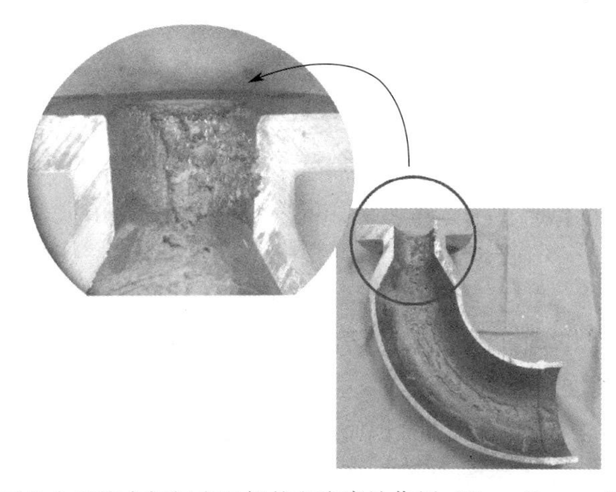

图 6.1 工业水系统中阀门出口侧的空泡腐蚀作用（Russ Green，TMI 供图）

微生物腐蚀的一个重要特征是，当环境条件使生物可能呈指数级生长时，腐蚀可能会突然发生[5]。由于大多数微生物肉眼不可见，因此为确定微生物在材料劣化过程中所起的作用，需要大量时间来建立一个坚实的科学基础。很多工程师至今仍然感到非常惊奇，如此小的微生物竟能引起大型工程系统的重大失效。

图 6.2 显示了一个从供给管路到备用真空泵间的循环水管线（管径 15cm）表面的麻点区域。注意其中由于微生物腐蚀形成的半球形蚀坑和长条纹凹槽簇。每个蚀坑代表了一个破坏管壁的局部厌氧菌群。凹槽是细菌沿着钢结构上细痕侵蚀的结果，其中细痕可能源于钢管制造中的拉伸加工作用。图 6.3 显示了一个内径 6.3cm 输送重油的碳钢管上的蚀坑和穿孔。这种蚀坑形态是典型的硫酸盐还原菌微生物腐蚀的结果。

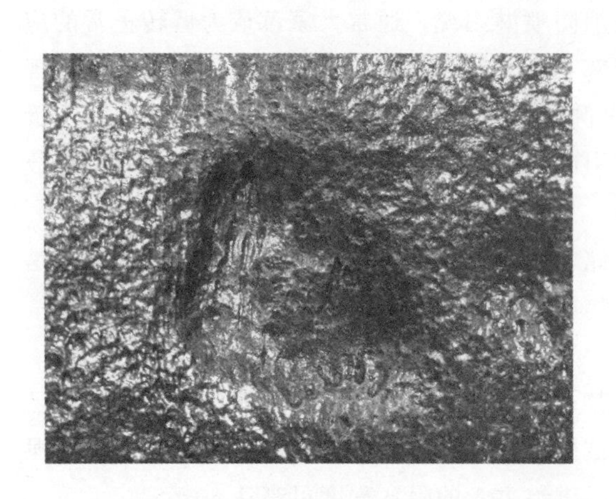

图 6.2 循环水系统中微生物腐蚀（MIC）的腐蚀痕迹（Russ Green，TMI 供图）

图 6.3 内径 6.3cm 的输运重质油的碳钢管道的蚀坑和穿孔。蚀坑形态是典型的硫酸盐还原菌 MIC 侵蚀结果[8]（Kingston 技术软件公司供图）

6.3 生物膜属性

生物膜由微生物细胞（藻类、真菌或细菌）和它们产生的胞外生物聚合物交织而成。通常，生物膜是指工业水系统中人们最关心的细菌生物膜，因为传热设备表面污垢常常是由它们引起。其中部分原因是很多菌种的生长繁殖所需要的营养物最少。

微生物自身可能仅占生物膜体积的 5%～25%，生物膜基质占生物膜体积 75%～95%。实际上生物膜基质中 95%～99%是水。生物膜干重主要由生物排泄的酸性胞外多糖组成。非常靠近细菌细胞的生物膜基质最可能是由比胞外多糖更疏水的脂多糖（脂肪糖类）组成。当有足量钙离子取代聚合物中酸性质子时，胞外多糖/水的混合物会形成胶体。由于此类聚合物与钙离子的这种结合特性，化学性质与之非常相似的海藻酸盐可用于水处理。聚合物上类似的阳离子位点也可与其他二价阳离子结合，如 Mg^{2+}、Fe^{2+} 和 Mn^{2+}[6]。

通常生物膜会促使酶在食物基体上累积并与之作用，而不会被水冲洗掉。生物膜的存在常常会导致酸性代谢产物在 0.5μm 左右的菌落内累积。当一种细菌可消耗另一种细菌代谢产物时，人们常常会发现在生物膜内两种菌落相互毗连。有时人们可能会发现在一个腐蚀坑内有由脱硫弧菌、硫杆菌和披毛菌形成的一个微生态系统，这就是一个在微生物腐蚀中细菌相互协作的实例[7]。此外，生物膜基质还会保护其内部生物免受变形虫等较大原生生物掠食以及远离宿主生物的抗体或白细胞。由于生物膜的这些优点，因此几乎所有微生物都能产生一定量的生物膜。在周围水质状态稳定时，生物膜最稳定。离子强度、pH 或温度变化都可能使生物膜变得不稳定。

6.4 生物膜的形成和生长

在工业系统中，直接和间接的生物矿化过程都会影响生物膜内垢的形成和矿物质沉积。黏土粒子和其他碎屑都可能被细胞外黏液夹裹，增大生物膜的厚度和非均质性。由于矿物质沉积和离子交换作用，生物膜内铁、锰和硅土含量通常都比较高。在含氧系统中，如果存在铁氧化菌，铁的氧化物将成为生物膜的一个重要组成部分。钢制系统在无氧状态下运行过程中，当钢表面腐蚀产生的亚铁离子与生物膜内细菌产生的硫化物发生沉淀反应时，硫化亚铁会沉积出来[5]。

微生物在非常干净的表面定殖有一个诱导期。微生物在清洗干净的表面定殖后，生物膜首先将会呈指数级生长，直至膜层厚度影响到营养素向膜内生物的扩散，或者水流速导致基质在表面脱落速率与其下方膜的生成速度一样快。当互惠互利的菌种联合作用时，生物膜发展速度最快。通常，在没有杀菌剂的冷却水中，10～14 天后，生物膜的生长可以达到平衡。生物膜平衡膜厚的变化范围很大，在冷却水系统中可达 500～1000μm。此外，生物膜厚度几乎都不均匀，即使系统中存在相当数量的生物膜时，也可能发现外露金属斑块。

随着生物膜发展成熟，酶和蛋白质开始积累。它们可与多糖反应形成复杂的生物聚合物。其中在周围环境条件下最稳定的生物聚合物仍将保留，而那些稳定性差的将脱落。因此，一个成熟的生物膜通常比一个新生物膜更难以清除。研究表明：生物膜的生长主要是依赖生物膜内生物繁殖，而并非浮游生物的附着[8]。生物膜有机体脱落进入水体，起到了将某一菌种从系统中一个区域向其他区域传播的作用，不过当菌种传播开之后，水中生物体的浓度仅仅是体现活性生物膜数量而并非生物膜的形成原因。因此，浮游细菌数量可能会引起误导。杀生剂可杀死大部分浮游生物，而对生物膜内除了外表面之外的生物作用很小。在此种情况下，当系统中杀生剂消耗殆尽后，随着生物体从生物膜中重新开始脱落，浮游细菌数量可能迅速增大。

在冷却塔和喷淋池中，藻类生物膜也是一个问题。藻类膜不仅污染塔板和填料，而且还提供了营养物（有机碳），促进细菌和真菌的生长。因为水藻生长不需要有机碳，反而是利用二氧化碳和太阳能制造碳水化合物。

附着于表面的微生物，术语称为固着生物，通常以生物联合体或群落的形式存在，统称为生物膜。在浮游生物种群和固着生物种群中，都有可能存在由不同种类生物组成的复合体。环境条件很大程度上决定了这些微生物以浮游还是以固着状态存在。

固着微生物并非直接附着在实际金属表面，而是附着在金属表面吸附的有机质薄膜上（图 6.4 第 1 阶段和第 2 阶段）。随着微生物的附着和增殖，金属表面就形成了由固定的细胞及其胞外聚合物组成的生物膜。

不断生长的生物膜阻碍了本体环境中溶解气体和其他营养成分的扩散。这些条件变化对生物膜底部的某些微生物会造成不利影响，最终导致这些微生物细胞大量死亡。例如：在水处理系统内壁，随着生物膜基底变弱，在附近流体产生的剪切应力作用下，在局部区域可能发生微生物细胞聚集体脱落，使裸露金属表面暴露于流体中（图 6.4 中第 5 阶段）。随后暴露金属表面区域再次发生微生物定殖，新的微生物及其胞外聚合物掺入已存在的生物膜结构中（图 6.4 中第 6 阶段）。即使本体溶液实际状态恒定不变，这种生物膜也不稳定。因此，生物膜始终处于变化之中[9]。

根据工业系统类型不同，在系统本体溶液中，除了细菌之外，浮游生物可能还有未附着藻类、真菌和其他微生物。在多数情况下，采用微生物检测技术进行微生物腐蚀监测时，实际上监测重点是浮游细菌，因为对系统流体进行采样通常比在金属表面取样更容易。但遗憾的是，流体中浮游细菌含量水平并不一定能指示微生物腐蚀问题或其严重程度[10]。

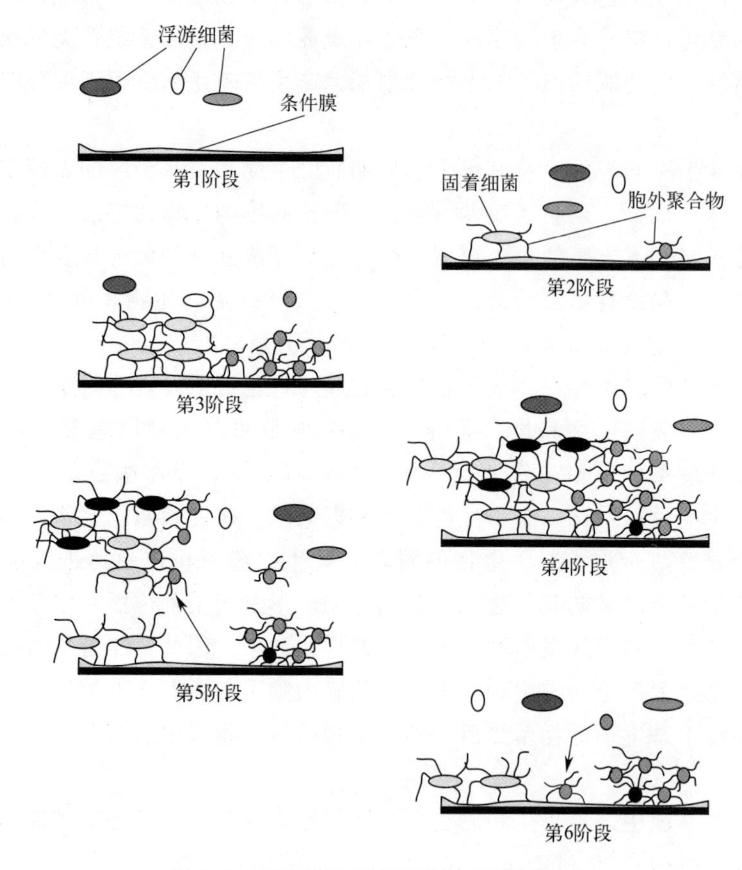

图 6.4　生物膜的形成和生长的不同阶段

第 1 阶段：水下金属表面上吸附的有机质积累成膜；第 2 阶段：水体中浮游细菌在表面定殖，通过分泌胞外聚合物将微生物细胞锚定在金属表面，开始固着；第 3 阶段：各种不同种类的固着细菌在金属表面自我繁殖；第 4 阶段：不同种类的微小菌落继续长大，最终在金属表面彼此紧密相连；生物膜增厚；生物膜底部状态发生改变；第 5 阶段：部分生物膜从金属表面脱落；第 6 阶段：毗邻暴露区的浮游细菌或固着细菌在金属暴露表面重新定殖[9]

监测固着生物，需要定期停车打开系统进行采样，或需要在系统内安装一个可以在保持系统持续运行的情况下定期收集或在线跟踪固着生物的装置。由于存在的活固着生物极少与环境的腐蚀性相关，另外附加使用其他方法直接确定活性微生物腐蚀，也是一个很好的实际做法。最理想的情况是：活浮游细菌的检测可作为一个指标，表明在特定系统中存在活的微生物，其中部分微生物能参与微生物腐蚀。

6.5 海洋生物污损

在外海或入海河口，海洋生物污损不足为奇。海洋生物污损通常发生在海洋结构上，如钢桩、海洋平台和船壳，甚至在管道系统和凝结器内部。通常，在低流速（<1m/s）温暖海水中，污损最常见。在海水流速高于 1m/s 时，大多数污损生物自身都难以附着于结构表面。污损生物有不同类型，特别是植物（黏泥藻）、苔藓虫、海葵、藤壶和软体动物（牡蛎和贻贝）。在钢制、聚合物材料以及混凝土海洋结构中，生物污损都可能产生不利影响，使海洋结构和船舶遭受过大阻力或者造成管线系统堵塞。解决这个问题，常常需要借助机械手段对生物污垢进行清除，代价很高。因此，人们通常采用另一种方式来解决生物污损问题，即经济的预防性措施，包括管线系统加氯消毒和结构上涂覆防污涂层[11]。

在某些金属及合金上，海洋生物本身就很容易附着。例如钢、钛和铝表面很容易受到污损。但是，在有些金属及合金上，海洋生物很难附着，例如，铜基合金，包括铜镍，具有良好的耐生物污损性，这也是铜基合金的一个优点。在进口滤网、海水管道工程、水箱、钢桩包覆层、养鱼网笼等结构上，使用铜镍合金可最大程度地控制生物污损[11]。

6.6 与生物膜相关问题

一旦细菌开始在表面定殖并形成生物膜后，就可能引发一系列问题，包括传热效率降低、污损、腐蚀和结垢。当生物膜在低流动性区域生长发展时，如冷却塔膜填料区，由于最初它们并未影响到流动或蒸发效率，可能并未引起人们注意。生物膜一般呈丝状发展，随着时间推移，生物膜将变得更为复杂。残骸碎片可以这些生物膜为基体在膜上堆积，进而可能阻碍流动甚至造成完全阻塞。

生物膜可能分布不均匀，且高度通道化，从而使含营养成分的水通过和围绕生物膜基体流动。当藻类生物膜过度发展时，其中部分生物膜可能发生破裂脱落，流向系统的其他部分，造成系统阻塞，并为细菌和真菌生长提供营养物。生物膜还可能造成过滤和离子交换设备污损。

钙离子可通过多糖上羧酸盐官能团的吸引作用被固定在生物膜内。事实上，在一些胞外多糖凝胶的形成过程中，钙离子和镁离子等二价阳离子不可或缺。牙科保健医生从牙齿上清除下来的磷酸钙垢就是一种常见的生物膜诱导的矿质沉积层。生长在牙齿表面的生物膜，称为牙菌斑。如果不经常清除这些牙菌斑，钙盐（主要是磷酸钙）将会在其上累积，进而形成牙垢。

当铁和锰氧化菌在某金属表面定殖时，它们就开始氧化这些元素的还原态物质，产生沉淀。如在铁氧化菌作用下，二价铁将被氧化成三价铁形式，细菌利用在此反应过程中释放的电子产生能量。当细菌菌落被铁（或锰）氧化物硬壳覆盖后，可能因此形成一个氧浓差电池，腐蚀就会随之发生。而腐蚀电池阳极处铁的溶解，将为细菌的氧化进一步提供更多的二价铁离子。多孔的硬壳覆盖层（结节）可能变成一个自催化腐蚀电池，亦可能为硫酸盐还原菌（SRB）提供一个更适合的生长环境。

6.6.1 摩擦系数

流经管道的流体会遭受管道表面的阻力。此阻力降低了流体流速，增大了维持一定流速所需压力。微生物污垢会使摩擦系数急剧增大，系统运能显著降低。据报道：这种作用在水泥混凝土以及钢制大口径导水管中很显著，供水系统的运能损失可能高达55%[12]。管道表面粗糙度增大是造成运能损失的主要原因（表6.2）。实验室研究结果也表明：当生物膜生长延伸至流体滞流亚层（通常是沿着管壁流动的滞流亚层）之外（一般30μm）后，摩擦系数就开始增大。湍流状态下，不同厚度生物膜的摩擦系数是雷诺数的函数。

表6.2　生物膜与无机物沉积层粗糙度比较

物质	厚度/μm	相对粗糙度
生物膜	40	0.003
	165	0.01
	300	0.06
	500	0.15
垢(碳酸钙)	165	0.0001
	224	0.0002
	262	0.0006

与硬质垢层不同，生物膜表面不规则，有类似海绵的吸水性（黏弹性的），使流体阻力加大。摩擦系数急剧增大可能与细胞向本体水流凸出，影响生物膜-水体界面的流体动力学有关。流体流动所受额外阻力类似于水流中水草的波动所造成的阻力。另一个在工业应用领域中常见的问题是残骸脱落或污垢沉积层受侵蚀造成的过滤或泵输系统的污损。此外，由于生物黏泥可捕获悬浮或流经系统的黏土或其他粒子，因此也会加剧污损问题[5]。

6.6.2　热交换

工艺流体的泄漏或营养物质的流入，可能很快就会造成换热器的细菌污损。在原先营养物质有限的环境中，营养物质的突然增加将使菌群对数级增长，并伴随着生物膜的快速累积，从而影响传热效率。

定型换热器都设定了本体流体和金属壁之间的传热效率。因为生物膜或多或少都有点类似金属表面的凝胶，热交换只能通过生物膜传导过去。生物膜热导率与水相近，远低于金属[6]。依据相对热导率（表6.3）可知：厚41μm的生物膜层与壁厚1000μm钛管的热阻相当。

表6.3　生物膜与无机沉积层和金属的热导率对比

材料	热导率/[W/(m·K)]	材料	热导率/[W/(m·K)]
生物膜	0.6	碳钢	52
碳酸钙垢	2.6	不锈钢	16
三氧化铁	2.3	铜	384
水	0.6	钛	16

在计算生物污损影响时，我们还必须考虑本体溶液向生物膜平流（对流）传热的变化，因为粗糙的生物膜可能在生物膜与本体溶液界面间引起湍流。事实上，局部湍流增强可能改善向生物膜的平流传热，部分弥补热传导损失。总体而言，与厚度相当的生物膜相比，无机沉积层引起净热阻的增大幅度较小。发电站运营案例分析已显示：由于生物污损，在30～60天内，其传热效率可降低30%。

6.7 生物腐蚀机制

影响腐蚀的生物体，被人们认为是造成腐蚀的电子受体或者能量来源，种类很多，如硫酸盐还原菌、铁氧化菌以及锰氧化菌。不过，人们普遍认为：尽管腐蚀可能是由于单一生物种群引起，但是最严重的微生物腐蚀是发生在含有多种类型微生物的天然菌群环境中[13]。此外，单一类型的微生物可通过多种机制同时影响腐蚀。

生物膜促进腐蚀的方式也很多样。最简单的是与生物膜厚度有关的氧浓度差异[14]。此外，生物膜还可使频繁产生的酸性代谢产物在金属表面附近积累，从而加速阴极反应[7]。另外，硫化氢这种特殊的代谢产物，还会通过形成非溶性的硫化亚铁，促进阳极反应。最终，某些细菌将上述两种作用下形成的二价铁离子氧化，形成氢氧化铁结节。结节使氧浓度梯度明显增大，从而加速腐蚀进程。此外，微生物腐蚀产物还会影响杀生剂效果，造成恶性循环。

正如图 6.5 管截面形示意图所示，微生物腐蚀可导致各种不同材料的劣化[15]。大多数金属及其合金，如不锈钢、铝和铜合金、聚合物、陶瓷以及混凝土等，都可能发生微生物腐蚀。此外，在图 6.5 所示各种材料的微生物腐蚀中，我们还应注意不同微生物间的协同效应和劣化机制。微生物腐蚀可能涉及如下机制：

- 阴极去极化：此时微生物作用加速了阴极速率控制步骤；
- 形成表面闭塞电池：微生物在表面形成零散分布菌落，黏性聚合物吸引聚集生物和非生物粒子，形成缝隙和浓度电池，成为加速腐蚀的基础；
- 提供阳极反应位点：在微生物活动作用下，在某些微生物表面菌落处形成腐蚀点；
- 沉积层下酸侵蚀：微生物腐蚀的酸性产物（群落代谢，主要是短链脂肪酸），加速腐蚀。

通常，微生物必须与腐蚀表面密切相关联，才能影响腐蚀萌生或腐蚀速率。在大多数情况下，微生物都是附着于金属表面，以分散薄膜或者离散生物沉积层的形式。尽管在敞开淡水体系中也可形成薄膜，但在敞开流动海水体系中，薄膜或生物膜最普遍。在浸泡的最初 2～4h 内，表面就开始形成这种薄膜，但发育成熟常常需要花几周。通常，生物膜呈非连续式的多点分布，但是会覆盖暴露金属的大部分表面[16]。

与分散式生物膜层不同，生物沉积层可能只有几个平方厘米，通常仅能覆盖金属总暴露面的很小部分，可能引起局部腐蚀。在此类沉积层中的微生物，通常会对金属/膜界面或金属/沉积层界面的化学环境产生很大影响，而对本体电解液没有任何明显影响。不过，在某些偶然情况下，微生物在环境中富集，也可能改变本体化学环境，进而影响腐蚀。例如在无氧的土壤环境中，有时就可能发生这种情况，微生物改变了本体化学环境，此时无需形成膜或沉积层，微生物就会影响腐蚀过程[16]。

6.8 微生物分类

微生物包括细菌、真菌和微藻。藻类是单胞的光合生物，在很多环境中皆可发现，从淡水到浓缩卤水（pH 值从 5.5～9.0），温度从零下到 40℃。在有光时，藻类产生氧（光合作用）；在无光时，藻类消耗氧（呼吸作用），即逆过程。硅藻是细胞膜含硅的微藻，在很多情

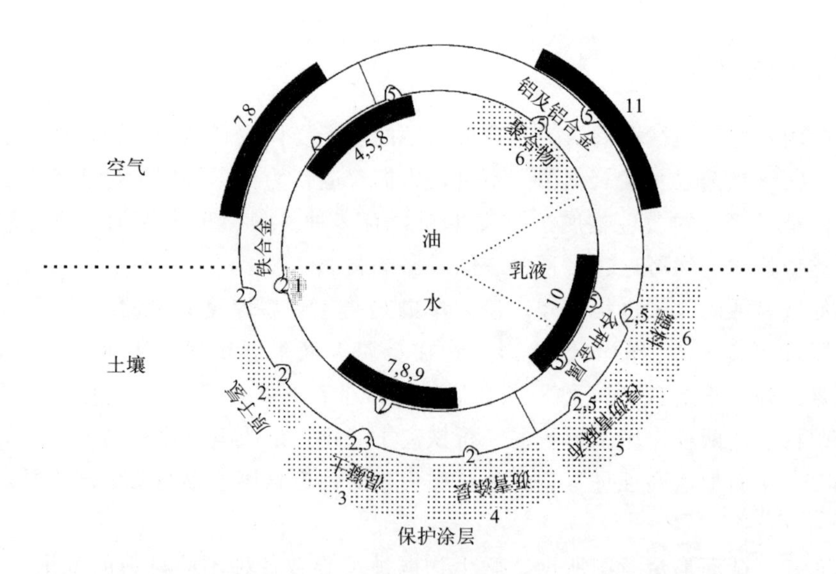

图 6.5 合金和保护涂层的微生物降解的主要方式示意图

1—结节，促进形成充气差异腐蚀电池，为 2 提供环境；2—厌氧的硫酸盐还原菌（SRB）；3—硫氧化菌，产生硫酸盐和硫酸；4—碳氢化合物利用者，分解脂肪族和沥青涂层，使 2 进入下层的金属结构；5—生长的最终产物为有机酸的各种微生物，主要侵蚀有色金属/合金和涂层；6—分解聚合物的细菌和霉菌；7—藻类，在地上潮湿表面形成黏液；8—产生黏液的霉菌和细菌（可能产生有机酸或消耗碳氢化合物），形成充气差异电池和 2 的生长环境；9—河底淤泥等，提供了微生物大量繁殖的基底（包括 2 的厌氧环境）；10—沉淀物（无机物碎屑、垢、腐蚀产物等）为微生物大量繁殖以及形成充气差异电池提供基底，而有机残骸提供了生长的营养物质；11—地上金属表面的残骸（主要是有机的），提供了产有机酸微生物的生长条件

况下，它都是生物膜中最明显的成分。很多藻类排泄有机酸，是提供其他污损生物所必需的营养物质的主要生产者[13]。

一种常用的微生物分类方式是根据微生物的耐氧性来分类[16]：

- 严格（或专性）厌氧菌：在有氧时无法生存；
- 需氧菌（好氧菌）：在其新陈代谢过程中需要氧；
- 兼性厌氧菌：在有氧或无氧环境中都能生存；
- 微需氧菌：新陈代谢中需要氧，但更喜欢低浓度氧环境。

自然界中严格厌氧环境非常稀少。但是人们常常会发现：即使在高度充气体系中，严格厌氧菌也能在无氧微环境中（沉积层和污垢下）蓬勃生长。在一个特定土壤环境中，何种微生物能够茁壮成长，pH 条件和营养物质可获得性也会起到很重要的作用。另一种微生物分类方式是依据它们的新陈代谢特点分类：

- 为微生物生长和繁殖提供所需碳元素的化合物或营养物；
- 微生物获取能量或进行呼吸所需的化学反应；
- 在这些过程中累积的物质。

下面概括性总结了一些微生物特点[13]：

- 微生物个体小，体长从十几至几百微米不等，宽至多 2～3pm，可以很容易渗入缝隙以及其他狭小空间中；细菌和真菌群落可长大至肉眼可见的大小；
- 细菌可活动，能迁移至更有利生长的环境中或远离不利环境，例如迁移至营养物处或远离有毒物质；

● 细菌拥有某些化学物质的特殊受体，使它们能寻找到更高浓度的营养物；
● 细菌和真菌可以快速繁殖（已有报道世代时间为 18min 的细菌和真菌）；
● 单个细胞可通过风、水、动物或飞机广泛快速散播出去；
● 微生物可以耐抗生素、消毒水等很多化学物质的作用，因为它们能降解这些物质，或防止它们的渗透，由于胞外聚合物（后面讨论）、细胞壁或细胞膜自身的特性，微生物的这种化学物质耐受性也可能是通过变异或细胞间自发基因交换得到的质粒而获得；
● 在自然环境中，微生物持续繁殖的方式有多种：形成孢子、形成生物膜、微型细胞和可存活但不可培养的方式。产生孢子的细菌和真菌很多，这种孢子抵御温度（有时甚至可以抵御沸腾 1h 以上）、酸、醇类、消毒水、干燥、冷冻以及其他不利环境的能力很强。孢子可存活几百年，在发现有利环境时，再萌芽生长。在自然环境中，存活和生长二者之间有区别。微生物可经受长时间的饥饿和干燥。如果在干湿交替环境中，微生物在干燥期保持存活状态，在湿润期间生长。

并非所有微生物都对金属有侵蚀性。从腐蚀角度出发，当然最重要的是那些确实具有腐蚀性的微生物数量。与腐蚀损伤相关的微生物可分为：

● 真菌：在新陈代谢过程可产生腐蚀性副产物，如有机酸，除了金属和合金之外，它们还能降解有机涂层和木材；
● 黏液形成菌（黏液菌）：可导致表面形成浓度腐蚀电池；
● 厌氧菌：在其新陈代谢过程中产生的部分粒子具有很强的腐蚀性；
● 需氧菌（好氧菌）：产生腐蚀性无机酸。

6.8.1　真菌

真菌可分为酵母菌和霉菌。某些真菌可产生有机酸，造成钢和铝的腐蚀，如铝制飞机燃料箱的腐蚀失效。此外，真菌可能会创建一个利于硫酸盐还原菌（SRB）生存的厌氧场所以及产生有利于各种细菌生长的新陈代谢副产物，从而引发污损和腐蚀相关问题。一般认为，单就腐蚀问题而言，霉菌比酵母更重要[17]。

霉菌不能进行光合作用，由一个单独的生殖细胞或孢子自然生长而成，有一个称为菌丝的营养器官结构。孢子和菌丝都不能运动。通常，由于菌丝的生长，霉菌可达到肉眼可见的大小。霉菌吸收有机物，产生有机酸，包括草酸、乳酸、乙酸和柠檬酸。酵母菌是以出芽而不是菌丝进行繁殖的真菌。真菌是耐干燥性最强的微生物，在水活度（a_w）低至 0.6 时，仍能保持活性，而很少有细菌能在水活度低于 0.9 时保持活性[13]。

6.8.2　藻类

藻类是可以进行光合作用的生物，对光、水、空气和某些无机物的营养需求相当简单。藻类可在各种盐度的水（从海水到蒸馏水）中，在不同强度的光照环境中存活。由于在光照条件下藻类的光合作用会产生氧气以及有机酸等腐蚀性粒子产物，因此藻类也会带来污损和腐蚀相关问题。

6.8.3　细菌

细菌因对腐蚀影响很大而备受人们关注。细菌可依据外形、需氧情况、能量来源和生存环境类型，细分为几大类。细菌可单独出现，但通常是组成群落，通过二分体或细胞分裂进行繁殖。细菌大小为宽约 0.2μm，长 1～10μm。有些丝状体可能有几百毫米长。在营养不足（如缺乏营养物质）的水中，细菌可形成微小型（侏儒）细胞[13]。

细菌还可依据它们对氧的需求和能量来源进行分类。专性需氧菌的生存和生长都需要氧，微需氧菌需要低浓度氧，而兼性厌氧菌可在有氧或无氧环境下生长。专性厌氧微生物的生存和生长都不允许存在氧。不过，专性厌氧菌通常都是从某些特殊的有氧环境中分离出来的。其中特殊有氧环境是指其中含有粒子、带有缝隙，但是最重要的是有可以有效清除厌氧菌紧邻区域中氧的其他细菌。在有氧呼吸中，能量来源于电子向氧（末端电子受体）的转移。在无氧呼吸中，各种有机和无机物皆可作为末端电子受体。我们可基于无氧呼吸中的末端电子受体，对细菌进行分组，如硫酸盐和金属还原菌。

生物体可以生长的温度范围就是液态水能存在的温度范围，即约 0～100℃。微生物生活环境的 pH 值范围可能在 10 个 pH 单位或以上。很多微生物可承受 100 倍或更大压力变化。海洋深处的压力对很多生物的生长仅能起到轻微抑制作用。有些微生物的生长可能在重金属浓度低至 10^{-8}mol/L 时就会受到抑制，但是有些微生物可抵御浓度比之高一百万倍或更高的重金属的作用。不同种类微生物对紫外、贝塔（β）和伽马（γ）辐照的敏感性可能相差一千倍[13]。

6.8.3.1 硫酸盐还原菌

铸铁和碳钢、铁素体不锈钢、300 系不锈钢和其他高合金不锈钢、铜镍合金以及高镍钼合金，都存在硫酸盐还原菌（SRB）腐蚀问题。由于硫酸盐还原菌通常都是生活在土壤中、地表溪流和水畔沉积物中，因此腐蚀部位几乎总会有硫酸盐还原菌存在。通常堆满黑色硫化物腐蚀产物的局部腐蚀就是硫酸盐还原菌参与了铁合金腐蚀过程的一个关键特征。

硫酸盐还原菌是靠有机营养物生存的厌氧菌。通常，硫酸盐还原菌需要在一个完全无氧的强还原性环境下，才能起到有效作用。不过尽管如此，硫酸盐还原菌仍然可以在充气水中存活（可能处于休眠状态），包括那些用液氯和其他氧化剂处理后的充气水，直到找到一个可以进行新陈代谢和繁殖的理想环境。

硫酸盐还原菌通常可依据营养物类型分为两大类，即以乳酸盐为营养物质的和不能以乳酸盐为营养物质的。后者通常以醋酸盐为营养物质，但是在实验室所有培养基上，都难以生长。可作为硫酸盐还原菌营养物质的乳酸盐、醋酸盐及其他短链脂肪酸，并非环境中天然存在。因此，硫酸盐还原菌依赖其他生物产生这类化合物。

硫酸盐还原菌可将硫酸盐还原为硫化物（常常是硫化氢）或黑色的硫化亚铁（有铁可利用时）（图 6.6）。在无硫酸盐时，有些硫酸盐还原菌菌株可起到发酵剂的作用，消耗丙酮酸盐等有机物而产生醋酸盐、氢气和二氧化碳。此外，大量硫酸盐还原菌菌株还含有氢化酶，可以消耗氢。最常见的硫酸盐还原菌菌株的最佳生长温度在 25～35℃。不过，据报道：有些嗜热硫酸盐还原菌菌株能够在 60℃以上有效工作。

含硫酸盐还原菌的试验，通常都是使用在实验室培养基中培养的生物，与采样的自然环境明显不同。因为实验室培养基上仅能培养某些硫酸盐还原菌菌株，即便如此，有些微生物适应新生长条件，仍需相当长时间。因此，关于现场样品中是否存在硫酸盐还原菌的相关信息有误导性。

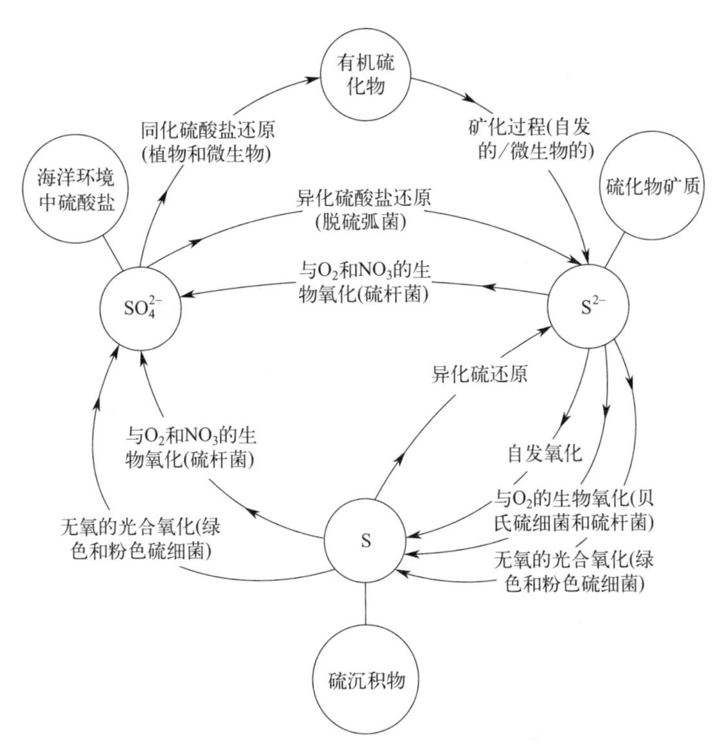

图 6.6　硫循环，可显示出细菌在将硫元素氧化为硫酸盐以及将硫酸盐还原为硫化物过程中所起的作用

6.8.3.2　硫/硫化物氧化菌

这个需氧大家族的细菌，通过硫化物的氧化或硫单质氧化为硫酸盐获取能量（图 6.6）。有些类型的需氧菌，可将硫氧化成硫酸，据报道，pH 值可降低至 1。这些硫杆菌菌株，在矿物质沉积层中最常见，是造成酸性矿物废水及相关环境问题的主要原因。硫杆菌在污水管线内繁殖非常快，可导致混凝土干管及其内部钢筋快速劣化。它们还会在某些石质建筑、雕像上出现，可能加速腐蚀，而大多数人通常都认为是酸雨造成腐蚀加速。在硫杆菌相关腐蚀部位，硫杆菌几乎总是与硫酸盐还原菌相伴。因此，这两种类型的生物可以从协同作用的硫循环中获取能量。

6.8.3.3　铁/锰氧化菌

铁氧化菌从 Fe^{2+} 氧化为 Fe^{3+} 的过程中获取能量，在沉积层的微生物腐蚀中常见。在钢表面蚀孔上方的结节（离散的半球形堆积层）中，几乎总能发现这种铁氧化菌。最常见的铁氧化菌存在于环境中的长蛋白质靴或细丝中。尽管细胞本身在外观上并无特点，但这些长细丝在显微镜下很容易观察到，不大可能与其他生命形态混淆。因此，观察发现丝状铁细菌在结节中无处不在，可能并不是因为其相对丰度高，而是由于它们更容易检测。一个非常有趣的铁氧化菌类型是披毛菌，它是大量不锈钢腐蚀事件的罪魁祸首。

除了铁/锰氧化菌之外，有些生物仅仅是积累铁或锰。这类生物被认为是海底锰结节形成的原因。在经液氯或氯/溴化合物处理的水系统中，很多不锈钢及其他铁合金的腐蚀事件，也是由于生物膜中锰的积累造成的。

6.8.3.4 产甲烷菌

产生甲烷的细菌（产甲烷菌）仅仅是最近几年才被人们加入能造成腐蚀的微生物名单之列。与很多硫酸盐还原菌类似，产甲烷菌消耗氢，因此能产生阴极去极化作用。正常情况下，产甲烷菌消耗氢和二氧化碳，产生甲烷，但在低浓度营养物质环境下，这些严格厌氧菌将变成发酵剂，消耗醋酸盐。

6.8.3.5 产有机酸菌

如梭菌等多种厌氧菌可以制造有机酸。与硫酸盐还原菌不同，产有机酸菌通常不会在曝气大环境中存在，如敞开式循环水系统。但是，这些细菌在输气管线中可能会带来腐蚀问题，同样在无氧的密闭水系统中也是如此。

6.8.3.6 好氧黏泥菌

好氧黏泥菌是另一种类型的好氧菌。在腐蚀管理中，好氧黏泥菌很重要，主要是因为通常我们所指黏泥就是由它们所产生的胞外聚合物组成，而一个天然聚合物实际上是一个精巧复杂的粘接网络，将细胞黏合在表面，并控制渗透通过沉积层的物质。

黏泥菌的黏性可捕获污水环境中各种可能悬浮的粒子，因此可能会造成一种假象，即沉积层或凸起是由无机的淤泥和碎片聚集而成。黏泥菌是高效的氧洗涤器，因此可以防止氧到达黏泥下金属表面，为硫酸盐还原菌的生长创建了一个理想场所。

6.9 微生物腐蚀监测

一个微生物腐蚀的有效控制方案，必须包含有腐蚀监测技术，可以用来定期或连续评估目标是否实现。尤其是那些检测金属表面是否存在微生物的监测技术，可以提前指示初期微生物腐蚀或发生微生物腐蚀的可能性。检测微生物的方法很多，包括微生物种型及其数量和活性估算[10]。

最早的微生物腐蚀监测系统，集中在评估系统水样中每单位体积水中的微生物数量。人们可以通过从这些监测系统中得到的数据，再结合电阻探针（ER）或线性极化探针（LPR）的电化学腐蚀检测以及标准试样腐蚀失重测量，进行分析。这种监测手段存在一个问题，即水中自由漂浮的浮游生物数量与实际发生腐蚀的金属表面上生物膜内的生物并无很好的相关性。一个同时能有效控制生物污损和生物腐蚀的监测方案，应能最大程度地包含下列数据采集信息及相关技术[2]：

- 通过常规生物技术或者生物光学显微镜统计金属表面生物膜内的固着细菌数；
- 生物膜群落结构的直接观察：市面上有多种类型的探针系统，可将标准金属样片夹持和嵌入系统中；生物膜可通过扫描电镜、荧光显微镜或共聚焦激光显微镜进行检测；
- 识别在工艺水中和金属表面上都存在的微生物；
- 表面分析：获得腐蚀产物和生物膜的相关化学信息；
- 采用传统的宏观摄影术、体式显微镜、光学和扫描电子显微镜或其他金相技术，对清除生物和腐蚀产物沉积层后的金属表面腐蚀形貌进行评测；
- 电化学腐蚀测量技术；
- 水质和氧化还原电位测量；

● 针对每个运行系统的其他类型的信息，包括工作周期和停工信息、杀生剂和其他化学药剂投入的浓度和时机、污染物的局部来源和属性等。

6.9.1 取样

通常，我们可以通过刮擦可触及的表面进行取样，得到分析样品。对于敞开系统或管线或其他地下设施，我们可以直接刮擦其外表面取样。对于低压水系统，我们可以通过球形塞、取样片或检测孔等方式将代表内表面状态的试样或设备表面暴露出来进行采样[18]。但是对于高压系统，我们需要利用组装在标准压力附件上的精密复杂设备来取样[19]。

如果形成生物膜是系统的典型行为，那么我们需采用与系统材料相似的材料制成取样标准片，嵌装在系统内壁中，使其附近表面承受同样的流体作用，这一点很重要。某些压力配件可以直接将标准片固定嵌入到工艺装置中，但是，这种压力配件可能非常昂贵。而且，这种定位压力配件的使用可能还会受到压力容器规范和易操作性的限制。鉴于上述各种原因，安装旁流装置进行取样常常是首选。

此外，现场取样应小心谨慎，避免包括生物质等外来杂质的污染。现场取样用的无菌取样工具和器皿有很多不同类型，对于厌氧体系，我们必须采用专门的处理和运输工具，避免空气暴氧。现场分析可以选择使用专门的试剂盒。在样品必需转运至实验室时，我们可以使用托尔巴勒（Torbal）广口瓶或类似的无氧容器[20]。在很多情况下，我们仅需直接将样品放置在完全充满工艺水的容器中，用螺旋盖密封，就可满足转运时的密封要求。

而且，我们在实验室进行样品处理时，也应采用专门技术在无氧环境下进行，或为此目的设计的厌氧培养室中完成。因为涉及活性生物，因此样品的分析处理也应尽快进行，避免由于温度变化、氧气暴露或其他因素促进或抑制细胞的生长或死亡[5]。

6.9.2 生物学评估

生物检测可使用液态样品或固态沉积物的悬浮液样品，其目的就是为了识别存活微生物及其种类、定量分析新陈代谢或特定酶活性或确定关键代谢物的浓度[21]。表 6.4 总结了一些依据细胞总数、活细胞数和新陈代谢活动来检测和表征微生物的方法。表 6.4 也确定了一些试验方法，可用于检测现场样本中存在的生物质、鉴别存在的生物、评价酶的活性，如被认为是通过阴极去极化加速腐蚀的氢化酶。接下来的部分将对这些试验方法及其他相关技术作更详细的介绍。

表 6.4 微生物总量检测、生长和活性测定[21]

测定内容	方法	说明
微生物细胞数量： 特定生物	**显微镜观察**：使用佩特洛夫-霍伊塞尔(Petroff-Hausser)计数池得到细胞数。荧光染色可使特殊微生物发光	需要一个高放大倍数的紫外荧光相衬显微镜。细胞计数简单明了，但空气中微粒和荧光物质可能有干扰
活细胞数： 硫酸盐还原菌(SRB) 好氧菌(APB) 其他生物	**最近似数**：将样本稀释后倒入一系列盛有专门培养基的试管中。根据不同稀释液中细胞生长情况，得到细胞数。 **浸润玻片法**：将涂覆培养基的玻片浸入样本液体中，然后培养 2～5 天。目测计数微生物菌落	市面上有可直接在现场使用的试剂盒，但培养需几天到几周。 例如，可以对污染曲轴箱油或燃油中细菌、酵母或真菌的数量进行粗略估计。商品化试剂盒对成本和专业知识要求最低

续表

测定内容	方法	说明
微生物的识别	**脂肪酸甲酯分析**：通过气相色谱分析现场样本中脂肪酸甲酯含量 **基于核酸碱基序列的探针**：探针与特定蛋白质或生物的DNA或RNA结合 **反向样本基因组探测**：提取微生物腐蚀中细菌的DNA，散布在主过滤器上。如果存在参照生物，现场样本中示踪DNA将能与该DNA结合	脂肪酸组成可用于特定生物的指纹识别。该技术可商用。 该探针技术需要专门知识和实验室设备。 该试验可回答如下问题，"有这种生物存在吗?"此外，它还能用来跟踪化学处理后生物数量变化，但需要专门知识和装备
生物质	**蛋白质、脂多糖、核酸分析**：已确定的方法，广泛使用	细胞成分的浓度与现场微生物水平相关
新陈代谢活动	**三磷酸腺苷(ATP)**：供现场使用的荧光计及消耗品，市面上有售	ATP水平与微生物新陈代谢水平具有很好的相关性。它的浓度反映样品中新陈代谢活动水平
硫酸盐还原	**^{35}S硫酸盐还原**：将含放射示踪^{35}S元素的硫酸盐在现场样本中温育。加入酸使形成的H_2S释放，用醋酸锌灯芯捕获，通过闪烁计数器进行测量	一个专门实验室技术，有助于揭示微生物腐蚀(MIC)中营养物质来源，以及快速筛查杀生剂活性
酶活性	**氢化酶检测或硫酸盐还原酶检定**：通过反应速率来测量现场样本中酶活性	有商品化试剂盒可供选用。氢化酶活性可能与微生物腐蚀相关，而硫酸盐还原酶是检测是否存在硫酸盐还原菌(SRB)及数量

6.9.2.1 直接检查

直接检查法最适合计数分析较干净水中的悬浮浮游生物。在液态悬浮液中，如果细胞密度大于10^7个/cm^3，样品就可能出现浑浊。如果使用一个计数池，以薄液层形式保存一定量（体积已知）的悬浮液，通过相衬显微镜可以进行快速定量计数，并且可通过荧光染色使细胞在紫外辐照下显现，增强可视化显示微生物的效果[22]。

从大样本水中过滤分离出来的细胞，可采用直接荧光过滤技术和吖啶橙等染色剂在一个孔径规格为0.25μm的过滤器上进行形象化直观显示和计数。染色剂，如荧光黄、5-氰基-2,3-二甲苯基四唑或碘硝基四唑紫，可通过形成荧光产物，指示新陈代谢活性[5]。抗体荧光显微镜所用的是专门针对硫酸盐还原菌（SRB）抗体的荧光染料，除此之外，其他皆与常规荧光显微镜类似。只有被抗体识别的细菌才能产生荧光。这种技术在2h内就可给出分析结果。这种抗体荧光显微镜技术可检测活菌和非活菌，不过仅限用于可产生此类抗体的硫酸盐还原菌[22]。

将微生物细胞注入一个动物（通常是兔子）中后，动物的免疫反应会产生相应的抗体，而这个抗体可以用来进行生物鉴别。在进行微生物检查时，这些抗体将选择性地与现场样本中的靶标生物结合。然后，再用荧光染料标记的第二抗体显示与靶细胞结合的兔抗体。染色法可选择性显现出混合菌群中或难处理土壤、涂层或含油乳液样本中的靶标生物[23]。此类技术可以帮助人们深入理解混合菌群生物膜中，特定种类的微生物的分布、生长速度和活性。

6.9.2.2 生长试验

使用商用生长培养基对与工业问题最相关的生物菌种进行生长试验，是评价水样中微生物菌群的常用方法之一。为便于现场使用，培养基可经过适当封装。我们可以将一系列稀释的悬浮液样本加到固态琼脂或液态培养基上进行生长试验。根据在每种稀释液中所观察到的菌种生长情况，我们可以估算活细胞最近似数（MPN）[24]。其实，在试验几天后，我们就可获得部分结果，不过通常这种生长试验的温育期是14～28天[22]。

此外，尽管这种生长试验是一种最常见的方法，但是实际上仅仅只有小部分野生生物能在商用人造培养基中生长。例如，海洋沉积物中硫酸盐还原菌（SRB）生长试验的估算结果表明：在标准生长试验中，仅能显露出实际存在生物的千分之一[25]。

6.9.2.3 活性试验

6.9.2.3.1 全细胞

现场样本中微生物种群的潜在活性可通过放射性同位素标记基质的转化来进行评估。这种放射性呼吸测定技术与细菌生长检测有关，但是在两天左右即可出结果，且仅针对硫酸盐还原菌。样本采用痕量已知的放射性标记硫酸盐进行温育。（硫酸盐还原菌将硫酸盐还原为硫。）在温育之后，加入酸杀死细胞使反应中止，用醋酸锌固定放射性硫化物，以便评估。该技术专业性很强，涉及昂贵的实验室设备和放射性物质的处理[22]。

放射性呼吸测定法可直接在现场使用，无需进行生物分离，且非常灵敏。放射性标记基质的选择是分析解释试验结果的关键。该方法通过比较原生样品与增补试验样品在不同条件下的活性，可以让人们深入了解限制微生物生长的因素。例如：人们可通过^{14}C示踪的碳氢化合物矿化成二氧化碳，来评估降解原油的生物。

按照惯例，现场检测人员不允许使用放射法。但是，实际上，放射法对于很多腐蚀环境中的腐蚀研究都特别有用，包括生物筛查、营养物质来源以及关键代谢过程评定[5]。

6.9.2.3.2 酶检测

用商品化试剂盒对疑似与腐蚀相关的微生物进行酶检测，是一个日益普及的方法。例如：硫酸盐还原酶试剂盒可用来测定所有硫酸盐还原菌（SRB）皆有的硫酸盐还原酶[26]。这种技术的原理就是SRB通过所有SRB皆有的磷酸腺苷硫酸（APS）还原酶将硫酸盐还原为硫化物。通过测定一个样本中APS还原酶数量可以预估现存SRB数量。试验并不需要进行细菌生长温育，整个试验仅需15～20min[22]。

氢化酶检测是另一个酶检测的应用实例。氢化酶可以快速除去金属表面阴极析出的氢气，加速腐蚀[27]。氢化酶检测试验就是分析以氢作为能量来源的细菌所产生的氢化酶。该试验通常在固着生物样品上进行，通过将样品暴露在酶提取液中，并在加入染料后，监测无氧气氛中氢的氧化程度[22]。

现场检测人员已通过轮循试验对其中多种试剂盒的检测效果进行了评估。活性测定结果和菌群数量预估值的相关性并非一成不变。一般来说，此类试剂盒的适用范围比生长试验的窄，因此，选择检测范围适合的试剂盒很重要[28]。

6.9.2.3.3 代谢物

所有活细胞都含有三磷酸腺苷（ATP），但是细胞死亡后，ATP会快速消失。因此，测量ATP可定量分析现存的活体。ATP可通过酶反应进行测量，其中酶反应产生的闪光可通过光电倍增管检测[22]。已有一些商用仪器可用来测量萤火虫荧光素/荧光素酶与ATP反应产生释放出来的光。该方法最适合检测清洁含氧水溶液样品，因为悬浮固体颗粒和化学急冷会影响分析结果。采用常规气相色谱技术检测代谢物，如沉积物中有机酸或甲烷或硫化氢等气相成分，也可以说明与生物相关的工业腐蚀问题[5]。

6.9.2.3.4 细胞组成

生物量一般都可通过测定蛋白质、脂多糖或其他常见细胞组成来进行定量分析，不过所获得信息的价值有限。另一种方式是用细胞组成去界定微生物种群的组成，希望通过细胞组成分析来更深入理解微生物，可以识别和管理将来可能出现的受损情况。脂肪酸分析和核酸测序为此类最具潜力的方法奠定了基础。

6.9.2.3.4.1 脂肪酸分布

通过分析由细胞类脂衍生出来的脂肪酸甲酯，可对生物体进行快速指纹识别，如果已知相关分布特征，那么我们就有把握将工业环境样本中的生物体识别出来。这种方法可用来监测运行条件或杀生剂应用情况等发生变化所造成的直接影响。此种方法还可能识别出某些有问题的生物种群，以便及时采取适当的管理对策。

6.9.2.3.4.2 核酸法

已有专门的脱氧核糖核酸（DNA）探针，可针对已知生物酶，进行遗传基因编码片段检测。鉴于脱硫弧菌属硫酸盐还原菌（SRB）普遍都会含有氢化酶，已有研究者使用可检测氢化酶的基因探针，对长期遭受硫化亚铁腐蚀问题困扰的油田注水样品进行了试验。他们使用此基因探针检测了 20 个样品，但其中仅有 12 个样品中检测到这种氢化酶。因此，他们认为：油田注水中还存在不含这种酶的硫酸盐还原菌[29]。理论上，针对所有可能存在的硫酸盐还原菌，我们皆可开发出相应的检测探针。但是，进行一系列的探针检测，需要分析大量的现场样品，这一任务可能十分艰巨，令人生畏。

已开发出的反向样品基因组探针（RSGP）可以克服这个障碍。RSGP 使用方法是：首先，从已知存在问题的现场样品中分离出生物体的 DNA，并将其散布在主滤片上；接着，将从一个新样本中分离出来的 DNA 用放射性或荧光指示剂进行标记，放置在滤片上。如果两 DNA 中有互补链，那么来自新样品的标记 DNA 就会附着在主滤片相应位点。因此，主滤片上出现的标记斑点，就可以说明该斑点所代表的生物在新现场样本中存在[29]。

6.9.2.4 标准样片精细检查

使用常见的分析技术对腐蚀标准片表面进行深入细致地检查，可获得大量信息。可将金属标准样片表面伸入到系统内部的取样器有很多种。

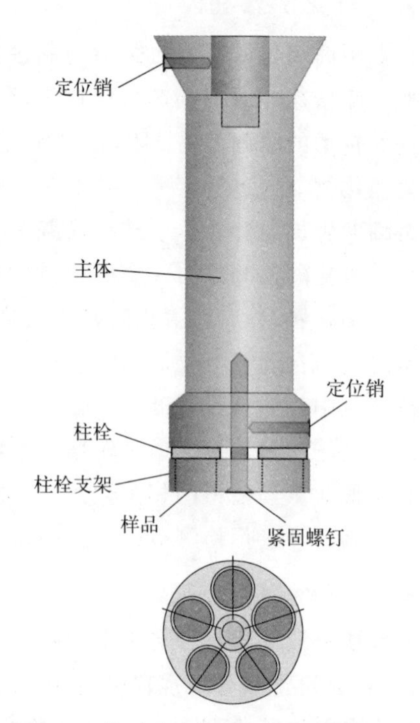

图 6.7 带可移动按钮的生物膜取样器

图 6.7 是一种大家普遍使用的取样器示意图。为确保后续实验室检测能获取有代表性信息，需对从监测系统中取出的标准样片进行特殊处理，这一点至关重要。特别是在标准试样的取出和运输过程中，如果大气、温

度、机械损伤以及其他环境因素发生明显变化，生物膜将特别容易发生脱水[10]。

人们可以对微生物种群标准样片直接进行检查，或利用组织学包埋技术去除和保存生物膜之后再进行间接检查。尽管相当复杂，但是相比于直接观察，包埋技术也有一些优势，因为保存的生物膜和腐蚀产物可用于以后的分析。环境扫描电子显微镜（ESEM）也可用于检查标准试样上的生物膜。但是，胞外聚合物和腐蚀产物常常会遮盖细胞，使用环境扫描电子显微镜法进行定量分析和鉴别有难度。

6.9.3 微生物腐蚀的影响监测

金属表面生物膜会显著改变局部的腐蚀进程。除了直接影响腐蚀的电化学过程之外，生物膜还会引起其他一些容易测量的特性变化，如压降或热阻。监测这种微生物的影响作用，可以提供一个有效的指示信息，表明金属表面是否存在生物膜，并确定是否应采取措施抑制可能发生的微生物腐蚀（MIC）。

6.9.3.1 沉积物监测仪

沉积物监测技术可以指示金属表面或管口内的生物膜及其他固体的累积情况。如监测管口压力降就是一种连续监测沉积物和生物膜累积的简单方法。压力降监测技术的主要缺点是并非专门针对生物膜的累积，因为它检测的是管线内总的结垢和沉积层影响[10]。

沉积物测量可在实际运行单元装置上在线进行，也可以通过与系统工艺流体并行的换热器单元模型或装有仪表的管线回路来完成。图 6.8 显示了这种仪表化的管线回路测试单元，其中包含有 5 个仪表化的并行导向管。目标系统出水转道通过此单元装置，因此该状态可以代表实际运行系统状态[21]。

图 6.8 用于评价采油系统中杀生剂方案的微生物检测管线［由金士顿（Kingston）技术软件公司供图］

测量摩擦因子和热交换效率也可以显示污垢状况。尽管各种类型的沉积层都会影响工业运行系统中流体流动和传热，但生物膜影响尤其明显。一层 165pm 厚的生物膜，其相对粗糙度是方解石垢的 100 倍，其热导率与水的相近，也就是说，约为碳钢的 1/100[5]。一般认为，有大量污垢的系统容易发生微生物腐蚀。含有大量污垢的系统，也无法有效运行，无论如何，可能都需要采取补救措施。

6.9.3.2 电化学方法

目前，人们已开发出在线监测生物膜活性的电化学方法，可用来连续监测微生物膜的形成过程，而无需工作人员过多干预［图 6.9(a) 和 (b)］。图 6.9 所示监测仪中一系列不锈钢或钛片探针电极都暴露在设备环境中，每天仅对其中一组探针片电极相对于其他组探针片进行短时间极化，而其他时间，探针电极都是通过分流器相连。生物膜活动也是一个电化学过程，可通过追踪施加外加电压时相应外加电流的变化和断开外加电压时产生的电流变化来进行监测[10]。

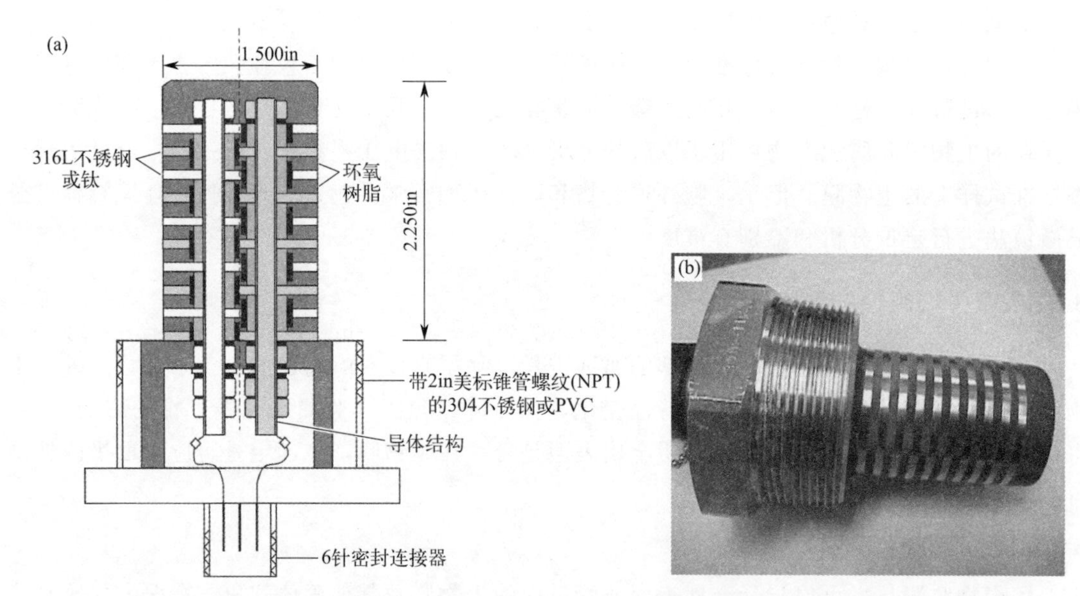

图 6.9 乔治生物（BioGEORGE）微生物腐蚀（MIC）检测探头（a）示意图和（b）实物照片
［由结构完整协会（SIA）乔治·里西纳（George Licina）供图］

这些独立指标中其中任何一个偏离基准线，都可表明探针上生物膜开始形成（图 6.10）。随后，这种偏离将触发控制盒中的报警器（图 6.11）。如果假定在一个控制良好的系统中，所施加的外加电流和所产生电流通常都表现为一个平坦直线，没有任何明显偏离，那么我们还可以通过偏离基线的变化幅度，来衡量生物膜活动水平。

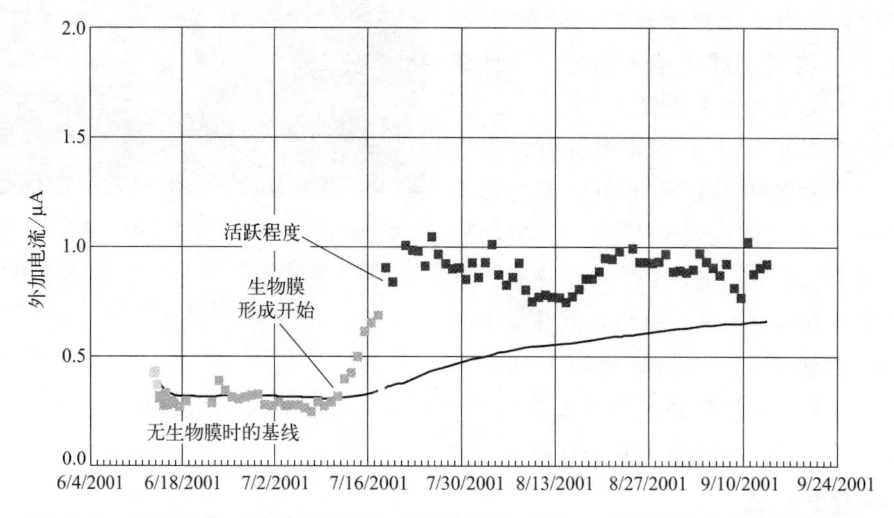

图 6.10 乔治生物（BioGEORGE）微生物腐蚀（MIC）检测探头产生的信号曲线
［由结构完整协会（SIA）乔治·里西纳（George Licina）供图］

另一种用电化学信号检测微生物腐蚀的实验方法是，利用可以检测硫化物或氯化物的小型硫化银和氯化银电极，来检测 Ag/AgCl 或 Ag/Ag_2S 电极对之间的电势差变化[10]。研究者们已经证实，由于微生物活动造成硫化物或氯化物浓度的变化，几乎同时会使电极对间的电势差发生变化，因此该电极对间的电势变化可以作为一个特定微生物活性的衡量指标。

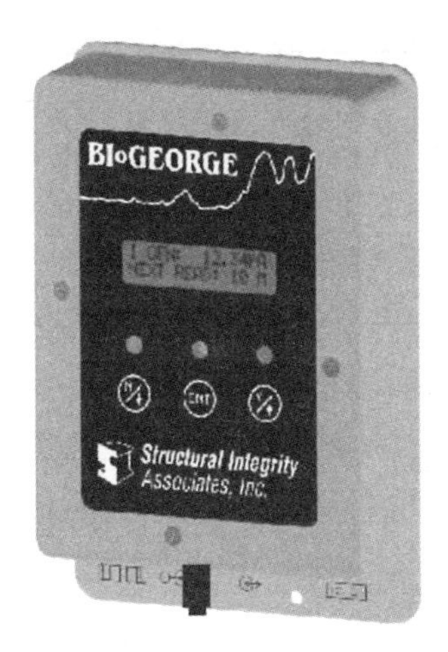

图 6.11　乔治生物（BioGEORGE）微生物腐蚀（MIC）检测探头的控制盒
［由结构完整协会（SIA）乔治·里西纳（George Licina）供图］

6.10　生物膜的控制

据估计，在天然气工业中，管线腐蚀失效事件中15%～30%是由于微生物腐蚀所致。此外，在冷却水和水处理系统中，金属表面细菌生长也会造成显著的沉积和腐蚀问题。如果我们能真正意识到微生物腐蚀问题的严重性，那么我们就应该能相当清醒地认识到生物膜控制的重要性。

预防和控制微生物腐蚀问题，可从系统设计着手，如选择那些不支持微生物生长的材料、使用阴极保护或涂层保护。有时通过改变运行环境也能抑制生物生长，最常见的就是添加杀生剂。避免和清除表面沉积物也是一个非常有效的控制措施。在工业设备装置系统中，控制微生物腐蚀常常会涉及在停工期间对生产装置的物理清洗。表 6.5 列出了一些用于清洗污染表面的物理方法。

表 6.5　一些清洗生物污损表面的物理方法

方法		说明
冲洗		最简单的方法； 效果有限； 无法清除比黏性底层更薄的生物膜
回洗、反洗		对管内、过滤器上疏松的附着膜有效果，一定程度上相当于离子交换器
空气擦洗		效果非常有限
海绵球	带磨料的	已证实有效，但由于保护性氧化膜层的擦伤可能引发其他问题
	无磨料的	工业中广泛应用； 存在厚生物膜难以处理和有机物污染的问题
砂洗		研磨影响难以控制
刷洗		非常有效； 应用范围有限； 成本高； 会造成牢固附着物种的选择性

续表

方法	说明
热水、蒸汽	在高纯水系统中使用效果好； 节约成本，不使用可能有毒有害化学品； 热水体系可能对嗜热菌有选择性，已有报道关于热水体系携带分枝杆菌等生物膜
辐照	对生物膜作用非常低； 夹裹粒子和不透明生物膜可能会保护细菌
超声波	处理软生物膜很有前景； 对非敏感材料适用； 有些生物膜极其稳定

称为清管器的管线清洗工具，可在非停工期间，在流体推动下在管道中移动，对管线进行清洗。清管器通常都配有化学药剂注射孔，在管道中移动清洗管道的同时，喷射出缓蚀剂涂覆新暴露金属表面或杀生剂杀灭微生物群落。实际上，这种策略就是一种权衡投资和运行成本与过度污损或泄漏造成无效运行的可能性及后果之间关系的风险管理实践[5]。

6.10.1 杀生剂

使用杀生剂或生物分散剂和限制营养物质，都可以控制生物膜。在美国工业界，为应对微生物腐蚀，每年用于购买杀生剂的费用高达 12 亿美元[30]。杀生剂，包括氧化性和非氧化性的，只要使用正确，都可以有效控制生物膜。表 6.6 列出了一些过去曾经使用过的杀生剂与将来可能考虑使用的杀生剂的优缺点。

表 6.6 工业杀生剂的优缺点

杀生剂名称	优点	缺点
液氯	广谱活性； 残留效应； 成熟技术； 可原位制备； 低浓度高活性； 毁坏生物膜基质，促进分离	毒性副产物； 将难降解化合物降解为生物可降解产物； 耐药性； 腐蚀性； 与生物膜中胞外多糖(EPSs)反应； 在生物膜中渗透性低； 氧化硫元素(从表面清除极其困难)
次氯酸盐	便宜； 有效； 使生物膜基质失稳和分离； 容易处理； 可用于生物膜厚度控制	稳定性差； 氧化性； 后生长很快； 毒性副产物； 腐蚀性； 无法控制初期黏附
二氧化氯	可原位制备； 对 pH 值的依赖性低； 对烃类低敏感性； 低浓度有效	爆炸气体； 安全问题； 毒性副产物
氯胺	良好的生物膜渗透性； 针对微生物； 低毒性副产物； 由于与水质成分反应活性低，因此残余效应高	对悬浮细菌的效果比液氯差； 已发现有细菌耐药性
溴	非常有效，广谱杀菌	毒性副产物； 细菌耐药性

续表

杀生剂名称	优点	缺点
臭氧	可达到液氯效果； 分解为氧气； 无残留物； 削弱生物膜基质	氧化海水中的溴化物； 与有机物反应，可形成环氧化合物； 分解腐殖酸，可为生物所利用； 腐蚀性； 半衰期短； 对水质成分敏感
双氧水	分解为水和氧气； 相对无毒； 很容易原位制得； 削弱生物膜基质，促进分离和清除	需高浓度(>3%)； 常常产生耐药性； 腐蚀性
过乙酸	低浓度下非常有效； 广谱； 杀孢子； 分解为乙酸和水； 无毒性副产物； 渗透生物膜	腐蚀性； 不是很稳定； 增大了溶解的有机碳量
甲醛	价廉； 广谱抗菌剂； 稳定； 应用方便	有些生物对其有耐药性； 毒性； 疑似致癌； 与蛋白反应，固定表面生物膜； 法律限制
戊二醛	低浓度下就有效； 便宜； 非氧化性； 无腐蚀性	对生物膜的渗透性不是很好； 分解为甲酸； 增大了溶解的有机碳量
异噻唑啉酮	低浓度有效； 广谱抗菌	与其他水质成分的相容性问题； 伯胺使其失活
QUAC①	低浓度下就有效果； 表面活性作用促进生物膜分离； 相对无毒； 吸附表面，防止生物膜生长	低 pH 值或存在 Ca^{2+} 或 Mg^{2+} 时，失活； 产生耐药性

① 季胺化合物。

杀生剂的效果与很多因素有关，如杀生剂类型、浓度、使用要求、其他可溶物的干扰、pH 值、温度、接触时间、存在的生物种类、生理学状态以及是否存在生物膜等，其中以生物膜最为重要。通常，温度越高，需要的接触时间越长；消毒剂浓度越高，消毒等级越高。一个卫生清洁方案，应包括在施加剪切应力冲洗前，使用化学药剂削弱生物膜基质及其与支撑表面的黏附强度[31]。

氧化性杀生剂，如氯、溴、二氧化氯和臭氧，可以非常有效地同时破坏胞外多糖和细菌细胞。使用氧化性杀生剂时，必须注意：确保系统中有足量杀生剂残留，可持续作用足够长时间，以便有效氧化生物膜。通常，将氧化性杀生剂维持在较高残留量几个小时，比连续维持较低残留量时更有效。氧化性杀生剂的连续低水平供给，未必能获得足以氧化多糖和显露细菌所需的杀生剂残留量。

通常，微生物控制都仅仅集中针对浮游生物量，即水体中细菌数量。每日监测细菌量可能可以获得一些有用的数据，但是每月或每年细菌的监测数值其实意义并不大。此外，浮游生物数量未必一定与生物膜形成量相关。而且，浮游生物一般也不会造成沉积和腐蚀问题。当然，也有些情况例外，如在密闭循环系统中，浮游生物可能分解缓蚀剂，产生高浓度硫化氢，或降低 pH 值。

另一个错误观念是关于在碱性 pH 值（>8.0）环境中使用氯的问题。通常人们认为，在高 pH 值时，氯对控制微生物无效。其实，这一结论仅仅部分正确。不过，次氯酸形式的氯（HOCl）确实比次氯酸根（OCl^-）能更有效地杀灭细胞。但是事实上，次氯酸根可以非常有效地氧化胞外多糖和蛋白质附属结构。因此，在碱性冷却水中，使用氯控制微生物腐蚀，仍然非常有效。

水中能进入生物膜细菌细胞内的化学物质，必须能承受从强阴离子型亲水到疏水的各种性质的生物聚合物的作用。事实上，由于各种应激反应（包括杀生剂所造成的），很多微生物菌种都会加速产生胞外多糖，使生物聚合物的影响加重。达到指定消毒程度所需杀生剂量，通常以浓度和时间来表示。研究者们已发现：同种生物，预使生物膜中的生物活性呈对数式降低（以 2 为底的对数），所需的次氯酸的浓度×接触时间或 CT 因子是浮游形式生活的 150 倍[2]。

氯、溴等氧化剂，特别是过氧化氢，可以分解组成生物膜的聚合物。不过，在高 pH 值环境下，这些氧化剂以阴离子形式存在时的氧化活性最高。而在 pH 值较低时，它们以中性分子形式存在（次氯酸、次溴酸和过氧化氢），难以扩散通过细胞膜而进入其内部。在细胞内，这些氧化剂都能产生自由基，破坏蛋白质和核酸。但是，阴离子受生物膜聚合物负电荷排斥，仅仅能对生物膜浅表层起作用。

生物分散剂通常是一些比生物膜聚合物更容易在金属表面吸附的非离子型分子。生物分散剂通过减少生物膜与金属表面接触点位，使生物膜从其表面剥离。事实上，这些生物分散剂并未真正破坏生物膜，生物膜会在高流速区域剥离，在低流速区域累积。此外，生物分散剂的溶解性低，自身也有可能形成污垢。

在水处理中，避免连续使用非氧化性杀生剂，其中部分原因是成本问题，而生物可能对所选杀生剂产生耐药性的风险也是部分原因。因此，在过去十年，交替加注双重杀生剂方案越来越普遍。不过目前采取连续使用氧化性杀生剂的方案呈一种增长态势，这是基于下面这一假设，即：极少生物对它们有抗药性，如果系统维持几乎无菌状态，生物膜将不会形成。但事实上，浮游生物可能不会出现对氧化性杀生剂的抗药性增强现象，而生物膜可能会出现。研究表明：由于液氯的连续使用，生物膜中铁含量会增加[32]。而铁作为还原剂，限制了氯向生物膜内扩散。在饮用水管线中，在连续使用 0.8mg/L 的氯杀生剂的情况下，管道表面仍然会出现生物膜积累。目前研究者们尚未能找到一个合适的连续加氯量，在不明显增大腐蚀的情况下，可以控制生物膜生长。此外，卤化作用还会产生致癌有机卤化物，在某些环境中还会产生难闻气味。

目前，已有研究者使用过氧化氢及过酸盐去清除生物膜，这种方法避免了卤化产生气味以及对环境的不利影响，同时也减轻了腐蚀。但是，使用过氧化氢及过酸盐时，所需剂量极高，而且仍然有腐蚀，在常规应用中并不经济。一种替代方式是使用水解能力远强于氢氧化物的过氧化氢根离子（O_2H^-），去破坏构成生物膜基质的聚合物。单独使用时，这种阴离子会受到阴离子聚合物排斥，因此我们需要在杀生剂中加入相转移催化剂。相转移催化剂携带过氧化氢通过保护性生物膜基质，到达能发挥其破坏作用之处。这种与过氧化物催化剂一起联用的方法，最初为军用生物毒剂的解毒而开发。除了水解作用之外，过氧化物在生物膜内分解产生氧气泡也会破坏生物膜。这种组合杀生剂可以粉末或双组分液体形式应用[32]。

非氧化性杀生剂也可有效控制生物膜。这种杀生剂对微生物膜控制的有效性，极大程度上取决于添加频次、供给量、现有种群对投加药剂的耐药性。为获得有效控制效果，非氧化性杀生剂通常可能需要每周喷射加注两到五次。对于氧化性杀生剂，加药频次和剂量将取决于系统状态。一般来说，最有效的方式是在每次添加时交替使用非氧化性与氧化性杀生剂，确保能达到广谱控制效果。大多数非氧化性杀生剂对生物膜内胞外多糖的破坏作用很小。但是，很多杀生剂可渗透进去杀死生物膜内细菌。联合使用氧化性和非氧化性杀生剂是一种非常有效的控制生物膜的手段。

通过添加生物渗透剂/生物分散剂产品，可以获得更好的控制生物膜的效果。生物渗透剂/生物分散剂通过穿透和疏松生物聚合物基质，不仅促进生物膜的脱落，而且也使微生物暴露在杀生剂的作用之下。对于那些有机碳含量高、有产生污垢倾向的体系，这类产品效果非常好。此类产品通常都是在投加杀生剂之前，通过喷射加注。随着生物分散剂的最新发展，这种手段变得越来越有效，甚至比以往任何时候都更受欢迎。当前，分解胞外多糖和降解细菌附属结构的酶技术正获得大力推进与发展，并已有相关专利技术。尽管此类技术成本高，但是在杀生剂使用受到环境限制时，可作为一种有效的生物膜控制方法，同时也是一种快速恢复受污损冷却水系统、使其高效运行的方法。

6.10.2 一个实例：冷却塔的臭氧处理

臭氧分子由三个氧原子组成，常常记为 O_3。在室温环境下，臭氧非常不稳定，其半衰期很短，一般小于 10min。臭氧是强力杀生剂和病毒失活剂，可以氧化很多有机物和无机物。也正因如此，臭氧作为一种有效的化学水处理药剂已使用近一个世纪。在过去的二十年，伴随着技术进步，已有更小型独立式商用臭氧发生器可供选用，兼具经济性和可靠性。用臭氧处理冷却塔水是一种较新的实践；但是，相比于传统化学处理工艺，由于其节水节能以及环境效益，它的市场份额正不断扩大。

自 20 世纪 70 年代臭氧首次成功用于冷却塔水处理后，大量冷却塔运营商已从使用多步化学处理转向了臭氧处理，而且处理效果都很令人满意。臭氧是通过在充入空气的介电放电间隙之间施加高压交流电（6～20kV）而产生。在电场作用下，空气中氧分子分解形成单氧原子，其中部分单氧原子与其他氧分子结合形成臭氧。不同制造商，其臭氧发生器的组件都各自有不同特点。介电空间构型有两种不同形式：平板和同心管。大多数发生器都采用管式构型，因为维护更容易。

臭氧气流与冷却塔水之间的传质，通常是通过与冷却塔集水井相连的循环管线中水温最低的文丘里（Venturi）管来完成。因为臭氧溶解度与温度密切相关，在水温最低时，引入冷却塔溶液中的臭氧量最大。传质设备也可以采取其他形式：柱形鼓泡扩散器、增压加注（U 形管）、涡轮搅拌罐、填料塔。反向电流柱形鼓泡接触器最经济有效，但由于空间限制，并非总能在冷却塔中使用[33]。

在一个正确安装和运行臭氧处理设备的系统中，细菌数量会减少，可最大程度降低换热器表面生物膜的积累量。因此，臭氧处理可降低能耗，提高冷却塔运行效率，同时减少维护作业节约成本，且具有环境效益，符合相关废水排放法规。

大多数冷却塔臭氧处理系统包括下面几个部件：空气干燥器、空气压缩机、水和油凝聚过滤器、颗粒过滤器、臭氧注射器、臭氧发生器和控制系统。周围环境空气，首先经压缩、干燥，然后再经过臭氧发生器电离，产生臭氧。臭氧通常都是通过循环塔水的旁流装置加入冷却水中。

现场试验已证明：使用臭氧处理代替化学处理可以减少排污需求，在补充水和周围空气都相对干净等情况下，甚至可以零排污。由于化学药剂和用水需求量以及废水排放量减少，因此成本也会降低。此外，臭氧处理还具有一定的环境效益，因为氯或含氯化合物和其他化学药剂的排放更少。

参考文献

[1] Al-Darbi, M. M., Agha, K., and Islam, M. R., Modeling and Simulation of the Pitting Microbiologically Influenced Corrosion in Different Industrial Systems. CORROSION 2005, Paper # 505. Houston, TX, NACE International, 2005.

[2] Dexter, S. C., Microbiologically Influenced Corrosion. In: Cramer, D. S., Covino, B. S., eds. *Volume 13A: Corrosion: Fundamentals, Testing, and Protection*. Metals Park, OH, ASM International, 2003; 398–416.

[3] Scott, P. J. B., Expert Consensus on MIC: Prevention and Monitoring. *Materials Performance* 2004; 43: 50–54.

[4] Clarke, B. H., Microbiologically Influenced Corrosion in Fire Sprinkler Systems. *Fire Protection Engineering* 2001; 9: 14–22.

[5] Jack, T. R., Monitoring Microbial Fouling and Corrosion Problems in Industrial Systems. *Corrosion Reviews* 1999; 17: 1–31.

[6] Christensen, B. E., and Characklis, W. G., Physical and Chemical Properties of Biofilms. In: Characklis, W. G., Marshall, K. C., eds. *Biofilms*. Toronto, Canada, Wiley Interscience, 1990; 93–130.

[7] Caldwell, D. E., Korber, D. R., and Lawrence, J. R., Confocal Laser Microscopy and Computer Image Analysis in Microbial Ecology. In: Marshall, K. C., ed. *Advances in Microbial Ecology*, Vol. 12. New York, NY, Plenum Press, 1992.

[8] Turakhia, M. H., Cooksey, K. E., and Characklis, W. G., Influence of a Calcium Specific Chelant on Biofilm Removal. *Applied Environmental Microbiology* 1983; 46: 1236–1238.

[9] Geesey, G. G., Introduction Part II—Biofilm Formation. In: Kobrin, G., ed. *Microbiologically Influenced Corrosion*. Houston, TX, NACE International, 1993.

[10] Zintel, T. P., Licina, G. J., and Jack, T.R., Techniques for MIC Monitoring. In: Stoecker, II J. G., ed. *A Practical Manual on Microbiologically Influenced Corrosion*. Houston, TX, NACE international, 2001.

[11] Powell, C. A., Copper-Nickel Alloys—Resistance to Corrosion and Biofouling. http://marine.copper.org/, 2011.

[12] Characklis, W. G., Turakhia, M. H., and Zelver, N., Transport and Interfacial Transfer Phenomena. In: Characklis, W. G., Marshall, K. C., eds. *Biofilms*. Toronto, Canada, Wiley Interscience, 1990; 265–340.

[13] Little, B. J., and Lee, J. S., *Microbiologically Influenced Corrosion*, Hoboken, NJ, John Wiley & Sons, 2007.

[14] Little, B., Wagner, P., Gerchakov, S. M., Walch, M., and Mitchell, R., The Involvement of a Thermophilic Bacterium in Corrosion Processes. *Corrosion* 1986; 42: 533–536.

[15] Hill, E. C., *Microbial Aspects of Metallurgy*, New York, NY, American Elsevier, 1970.

[16] Tatnall, R. E., Introduction Part I. In: Kobrin, G., ed. *Microbiologically Influenced Corrosion*. Houston, TX, NACE International, 1993.

[17] Pope, D. H., Duquette, D., Wayner Jr., P. C., and Johannes, A. H., *Microbiologically Influenced Corrosion: A State-of-the-Art Review*, 2nd ed, Columbus, OH, Materials Technology Institute, 1989.

[18] Sanders, P. F., Monitoring and Control of Sessile Microbes: Cost Effective Ways to Reduce Microbial Corrosion. In: Sequeira, C. A. C., Tiller, A. K., eds. *Microbial Corrosion-1*. New York, NY, Elsevier Applied Science, 1988; 191–223.

[19] Gilbert, P. D., and Herbert, B. N., Monitoring Microbial Fouling in Flowing Systems Using Coupons. In: Hopton, J. W., Hill, E. C., eds. *Industrial Microbiological Testing*. London, UK, Blackwell Scientific Publications, 1987; 79–98.

[20] Gerhardt, P., Murray, R. G. E., Costilow, R. N., et al., *Manual of Methods for General Bacteriology*, Washington, DC, American Society of Microbiology, 1981.

[21] Jack, T. R., Biological Corrosion Failures. In: Shipley, R. J., Becker, W. T., eds. *ASM Handbook Volume 11: Failure Analysis and Prevention*. Materials Park, OH, ASM International, 2002.

[22] Techniques for Monitoring Corrosion and Related Parameters in Field Applications. NACE 3T199. Houston, TX, NACE International, 1999.

[23] Hunik, J. H., van den Hoogen, M. P., de Boer, W., Smit, M., and Tramper, J., Quantitative Determination of the Spatial Distribution of Nitrosomonas europaea and Nitrobacter agilis Cells Immobilized in k-Carrageenan Gel Beads by a Specific Fluorescent-Antibody Labelling Technique. *Applied and Environmental Microbiology* 1993; 59: 1951–1954.

[24] Costerton, J. W., and Colwell, R. R., *Native Aquatic Bacteria: Enumeration, Activity and Ecology.* [STP 695]. Philadelphia, PA, American Society for Testing and Materials, 1977.

[25] Jorgenson, B. B., A Comparison of Methods for the Quantification of Bacterial Sulfate Reduction in Coastal Marine Sediments. *Geomicrobiology Journal* 1978; 1: 49–64.

[26] Odom, J. M., Jessie, K., Knodel, E., and Emptage, M., Immunological Cross-Reactivities of Adenosine-5′-Phosphosulfate Reductases from Sulfate-Reducing and Sulfide Oxidizing Bacteria. *Applied and Environmental Microbiology* 1991; 57: 727–733.

[27] Bryant, R. D., Jansen, W., Boivin, J., Laishley, E. J., and Costerton, J. W., Effect of Hydrogenase and Mixed Sulfate-Reducing Bacterial Populations on the Corrosion of Steel. *Applied and Environmental Microbiology* 1991; 57: 2804–2809.

[28] Scott, P. J. B., and Davies, M., Survey of Field Kits for Sulfate Reducing Bacteria. *Materials Performance* 1992; 31: 64–68.

[29] Voordouw, G., Telang, A. J., Jack, T. R., Foght, J., Fedorak, P. M., and Westlake, D. W. S., Identification of Sulfate-Reducing Bacteria by Hydrogenase Gene Probes and Reverse Sample Genome Probing. In: Minear, R. A., Ford, A. M., Needham, L. L., Karch, M. J., eds. *Applications of Molecular Biology in Environmental Chemistry.* Boca Raton, FL, Lewis Publishers, 1995.

[30] Roberge, P. R., *Handbook of Corrosion Engineering.* New York, NY, McGraw-Hill, 2000.

[31] Flemming, H. C., Bioulouling in Water Treatment. In: Flemming, H. C., Geesey, G. G., eds. *Biofouling and Biocorrosion in Industrial Water Systems.* Berlin, Germany, Springer-Verlag, 1991; 47–80.

[32] LeChevallier, M. W., Biocides and the Current Status of Biofouling Control in Water Systems. In: Flemming, H. C., Geesey, G. G., eds. *Biofouling and Biocorrosion in Industrial Water Systems.* Berlin, Germany, Springer-Verlag, 1991; 113–132.

[33] Lamarre, L., A Fresh Look at Ozone. *The EPRI Journal* 1997; 22: 6–15.

第七章
腐蚀模型和寿命预测

7.1 模型、计算机与腐蚀

预测建模和统计过程控制已经成为现代复杂系统科学和工程的重要组成部分。在工作场所中计算机的大量引入使用，也极大提高了计算机在日常运行中的重要性。从实验室和现场环境中的数据采集、数据处理和分析、数据检索、简明易懂的数据展示等方面，计算机都起到重要作用。计算机还可以帮助工程师们将数据转化为宝贵的相关信息。计算机通过互联网和万维网与外界连通，开辟了一条前所未有的沟通渠道。

研究者们采用各种不同方法，研究了众多环境中材料劣化过程，并相应建立了各种材料劣化过程模型。对于致力于材料研发的科学家和工程师来说，模型已基本上成为新材料或工艺选择和寿命预测的一个必不可少的基准工具。对于系统管理者而言，材料的腐蚀性能或性能不佳的含义明显不同。从生命周期管理的意义上来说，腐蚀仅仅是整个系统中的一个方面，而其中主要困难是如何将有关腐蚀认识提高到系统管理层次。

7.2 早期模型（历史记录）

提出或建立一个可用于解释或预测某一特定领域知识的理论或模型，是科学发现的首要目标之一。理论发展是一个复杂过程，包括三个主要工作：理论形成、理论修正、范式转变，如图 7.1 所示[1]。一种理论，最初都是由科学家们依据一系列已知的观测结果而提出。然后，科学家们还要对理论经过一系列修正，减少最初模型的缺点。其中初始模型中的这些缺点，通常都是科学家们在获得一些新的事实和数据后才认识到的。

多个世纪以来，尽管研究者们对腐蚀已做过很多重要的观测研究，但他们对腐蚀为何发生似乎并不怎么好奇。早在 1788 年，奥斯汀（Austin）就注意到最初呈中性的水，与铁发生作用时，有变成碱性的倾向[2]。后来，瑟纳德（Thénard）在 1819 年发表的论文中提出了“腐蚀是一种电化学现象”这一观点，德·拉·耐夫（de la Rive）在 1830 年进行了证实，并认为酸侵蚀不纯锌比纯锌更快是由于锌和杂质间存在电场作用。法拉第的研究工作，尤其是 1834～1840 年间的那些研究工作，证实了化学作用和所产生电流二者之间的基本关系。

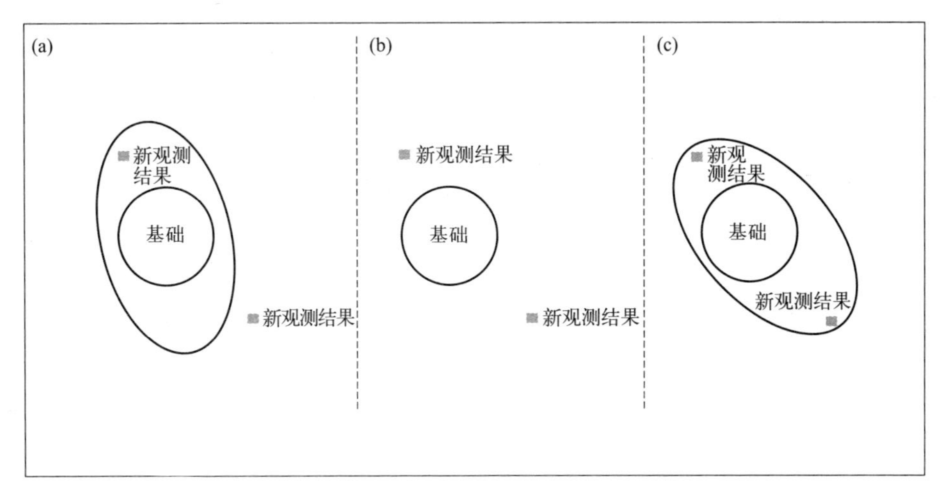

图 7.1　为形成假说而利用外展法进行理论修正

法拉第时代之后，人们关于腐蚀过程的电场机制的研究兴趣似乎有所减弱。1888～1908年间，人们多次反复提出的观点是：酸是造成金属腐蚀的主要介质。在那个时代，一个重要观点是：只有存在碳酸时，铁才会生锈。不过，在 1905 年，邓斯坦（Dunstan）、乔伊特（Jowett）和古尔丁（Goulding）证实：在特意除去二氧化碳的水和氧气中，铁仍然会生锈。

随后的实验也毫无疑问地证明：铁的腐蚀，事实上并非必须有酸存在，在某些碱性盐溶液中，铁也可能发生极剧烈的腐蚀。在 1908～1910 年间，德国科学家海恩（Heyn）和鲍尔（Bauer）进行了大量研究，他们可能是最先真正全面测量钢铁在多种不同液体中与其他金属接触时的腐蚀速率的人。

库什曼（Cushman）和加德纳（Gardner）在他们 1910 年出版的教科书中，通过所谓铁锈指示剂❶的颜色变化，已清楚揭示了腐蚀电池中阳极和阴极的存在和位置[3]。这种颜色变化可用来研究在腐蚀性介质中那些看似均匀的钢表面上局部阳极和局部阴极的相互影响。

早在 1830 年意大利科学家玛丽安妮（Marianini）的实验以及很多其他研究者的实验结果都已清楚表明一个事实，即氧浓度变化可产生电流。但是这些研究结果的价值却一直被人们所忽视，直到 1916 年，阿斯顿（Aston）强调指出了氧浓度局部差异在促进铁生锈过程中的作用。1922 年，他的同胞麦凯（McKay）的研究表明：通过改变溶液中金属离子浓度，在单个金属上也可以产生电流。

1931～1939 年间，尤里卡·伊文思（Ulick Evans）和他的合作者探测到，盐溶液中腐蚀金属表面有电流产生，并对电流进行了测量。他们发现表面产生的电流很强，足以解释基于定量实验实测的整个腐蚀过程。伊文思（Evans）及其团队所做工作可以让人们对电化学腐蚀有一个更深入理解：为何电化学作用的破坏性通常都如此强，因为所形成的直接腐蚀产物是可溶性化合物；而与氧直接反应结合，通常形成一层与金属直接物理接触的微溶性膜层，可抑制金属进一步腐蚀。

因此，通过在阳极或阴极区表面覆盖一层易形成难溶性化合物膜层来阻止腐蚀的物质，

---

❶ 铁锈指示剂是由两种指示剂组成的一个混合物，用于揭示钢表面腐蚀特性。铁锈指示剂中酚酞显示呈碱性的表面区域，铁氰化钾在存在腐蚀产生的二价铁离子时变为蓝色。

有可能分为两类，即阳极和阴极缓蚀剂。而且，研究者们已发现阳极缓蚀剂最有效，但是如果加入量不足时会造成更大的问题，因为通常情况下，阳极缓蚀剂使腐蚀面积减少的速度比总腐蚀量减小的速度更快，所以加入量不足时局部腐蚀强度实际上会因它们的加入而增大。

在防腐涂料中很多有益颜料成分可能与可溶性缓蚀剂作用方式相同。1910 年左右，库什曼（Cushman）和加德纳（Gardner）在美国发表的早期研究工作已证明了这一点。缓蚀性涂层与单纯的屏蔽性涂层二者之间有个明显区别，即：即使涂层非连续处有铁基体裸露，缓蚀性涂层也会抑制其生锈；而单纯屏蔽性涂层，仅仅是依靠防止湿气进入而对金属提供保护。经过布里顿（Britton）、路易斯（Lwis）、桑希尔（Thornhill）和梅恩（Mayne）在 1930～1945 年间进行的一系列现场和实验室试验验证，二者之间的区别已越来越清晰。在此同一时期，研究者们还发现：即使涂层有破损缺口，由于锌/铁电池中锌的阴极保护作用，富锌涂层仍能对铁基体提供保护作用。

钝化概念是建立在维也纳（Vienna）米勒（W. J. Miller）实验室进行的一系列实验（大约从 1927 年开始）基础之上，其阳极钝化机制以数学为基础。在同一时期，有关大气腐蚀领域的研究也获得发展。目前人们普遍接受的一个观念是：在正常大气环境中，铁和其他金属的生锈需要同时存在氧和水。但是，在 20 世纪最初十年，对于这一观点，科学家们的争论很激烈。尽管邓斯坦（Dunstan）在 1905 年提出这一观点时已获得大量实验证据的支持，但是仍然有很多人相信一个真正具有腐蚀性的大气，必须含有二氧化碳[4]。很久之后，弗农（W. H. J. Vernon）依据铜[5] 和铁[6] 标准试样在不同含量的二氧化硫、二氧化碳以及悬浮颗粒环境中暴露实验的研究结果，提出了描述大气腐蚀过程及其速率的第一个模型[7,8]。

弗农（Vernon）对暴露在大气中的金属腐蚀行为进行了大量精确研究，从 1928 年开始每隔一段时间就有相关成果发表，并建立了一个腐蚀与时间之间的简单规律。弗农（Vernon）、哈德森（Hudson）和帕特森（Patterson）的重要研究成果之一就是临界湿度原理，即：通常只有湿度超过了某一临界值，大气腐蚀才会快速进行。

工业发展需求迫使人们对很多可能被纯粹科学家们所忽视的问题重新进行研究。一个纯粹的科学研究项目是否可以证实化学和机械应力共同作用会比它们分别单独作用时对材料的削弱程度更大这一事实，这多少有点令人怀疑。季裂是一个内应力促进腐蚀的早期实例，即冷加工青铜在含氨的大气环境中开裂。针对这一问题，很多国家都有大量研究，摩尔（Moore）和贝金赛尔（Beckinsale）通过在 1920～1928 年间的大量研究工作，不仅确定了晶间开裂的有利条件，而且也指明了避免这种问题的方法。交变应力和腐蚀这种特别危险的组合，所造成的腐蚀问题称为腐蚀疲劳，黑格（Haigh）在第一次世界大战期间关于扫雷器❶拖索的研究中，首先证实了这个问题。

1950 年左右分别由比利时布拜（Pourbaix）教授[9] 和英国伊文思（Evans）教授[2] 分别将 E-pH 图和混合电位图引入腐蚀科学领域，这是人类全面认识腐蚀过程的一个重要转折点。《腐蚀工程手册（第一版）》[10] 提供了有关这两个模型的更详细信息，并列举了一些金属结构材料在两种温度下的 pH 图。

❶ 扫雷器是一种拖曳式的带刀滑行工具，用于切断漂浮的水雷。

7.3 自下而上的腐蚀模型

一个合理的预测模型应该是以一个核心原则为基础，通过自适应性修正机制，将其扩展到真实应用场景。科学模型可能有多种形状和形式，但是它们都是在寻求通过适当因素之间的关系来表征响应变量。自下而上的模型可分为两个主要类型：数学或机械模型、统计或概率经验模型[11]。机械模型的共同特点是：假定响应变量和预测变量皆无特征误差和测量的不确定性[12]。但是，概率模型是从受各种性能参数、观察结果、实验方法以及/或测量误差影响的试验数据推导得到。一般而言，机械模型可指导研究，而概率模型常用于展现这些研究结果。

7.3.1 机械模型

人们已提出了一些机械模型，可以体现一系列的化学和电化学腐蚀反应与具体扩散和迁移细节之间的复杂相互作用。这些模型最自然的表示形式是微分方程或其他非显式数学形式。但是，随着现代计算工具和非线性与混沌行为数学理论方面的发展，人们已有可能利用这种机械模型来处理更为复杂的腐蚀问题。机械模型具有如下优点[13]：

- 可以帮助我们理解所研究的现象；
- 通常都可为外推提供更好的基础；
- 往往都对所需参数进行了简化，而且通常可以对响应进行准确预估。

腐蚀科学的多学科特点体现在可以用很多方法来揭示和模拟基本腐蚀过程。下面举例说明了腐蚀科学所涉及的一些学科及相关的模型研究实例，其中这些模型实例皆可在相关文献中查到：

- 表面科学：钝化膜的原子模型；
- 物理化学：缓蚀剂的吸附行为；
- 量子力学：有机缓蚀剂的设计工具；
- 固体物理：与热腐蚀相关的氧化皮性质；
- 水化学：缓蚀剂与阻垢剂的控制模型；
- 边界元数学：阴极保护和杂散电流腐蚀。

已经证实：当不能充分理解认识腐蚀过程的潜在机制，或机制过于复杂，无法依据理论建立精确模型时，经验模型相当有用。一个经验模型的复杂程度很难在模型开发最初阶段进行评估。一个务实的模型开发方法是：从有限的一组变量开始，随着证据增多和信心增强，开始逐渐增加其复杂性。

7.3.1.1 污染物向表面的传质

在镀锌钢板腐蚀研究中，污染物向钢板的传质速率可以通过建模转化为污染物浓度与沉积速率之积。沉积速率通过类比动量传递来建模，如公式(7.1)所示[14]。

$$u=\frac{v^{*2}}{v} \tag{7.1}$$

式中，u 为沉积速率；v 为平均上游风速；v^{*} 为摩擦速度。

摩擦速度 v^{*} 本身可用公式(7.2)表示。

$$v^{*}=\sqrt{\frac{f}{2}} \tag{7.2}$$

式中，f 为摩擦因子。

根据光滑平板的边界层理论，摩擦因子 f 定义如公式(7.3) 所示。

$$f=\frac{0.03}{(Re)^{1/7}} \tag{7.3}$$

式中，Re 为雷诺数。

对于平板，雷诺数 Re 可以公式(7.4) 描述。

$$Re=\frac{Lv}{\nu} \tag{7.4}$$

式中，L 为空气流经的表面长度；v 为平均上游风速；ν 为空气的运动黏度。

7.3.1.2 海洋悬浮颗粒传输

人们已建立了一个用来解释海洋悬浮颗粒的稳定来源及其在地表边界层内非常接近地表面传输的模型。悬浮粒子被认为是通过对流和湍流进行传输，而沉积到地面则是通过湍流。根据与1500m远处粒子源之间的距离预测得到的悬浮粒子浓度，与已发表有关近海区域钢腐蚀和盐度变化的数据一致[15]。

因此，悬浮的氯化物粒子浓度可建模成一个与来源（如盐水水体）距离相关的函数[16]。其主要假设是：由于湍流扩散作用，当风从海洋中携带氯化物粒子时，粒子都会有一个向地面沉积的过程。此沉积率可用沉积速度（v_d）来表征。沉积速度与粒子大小、地表面粗糙度（地形开阔程度，植被存在与否，丘陵、山脉、建筑等垂直投影）以及风速有关。在距地面高度 h、距盐粒子来源 x 处，氯化物浓度的质量平衡可用公式(7.5) 来描述。

$$S=S_0^{\left(\frac{-v_d x}{hv}\right)} \tag{7.5}$$

式中，S 为距地面高度 h 的空气中氯化物平均浓度；S_0 为海岸线处的氯化物初始浓度；x 为与海岸线距离；v_d 为在地面的沉积速度；v 为风速；h 为空气层距离地面的高度。

这个方程可用来计算距离来源处最初几百米的范围之内的氯化物浓度。但是研究者发现：随着距离增大，如下一些因素会使这种现象变得极其复杂：

- 粒子大小分布随距离变化而变化，因为最大粒子最先沉积，因此改变了在地面的沉积速度 v_d；
- 盐浓度的非均匀的垂直分布；
- 由于地表的摩擦作用，随着顺风距离增大而风速降低；
- 没有考虑到降雨甚至低云层水平的影响，这会降低空气中氯化物的含量。

该研究还指出，空气中夹带的海洋悬浮粒子如欲穿越海水本体上方，必须达到最小风速或临界风速值（约11km/h）之上[17]。

7.3.1.3 液滴下腐蚀

有研究者已提出一个关于金属表面上小液滴内的腐蚀过程的精细模型[18]。正常的日夜循环促使金属表面凝结和蒸发交替变化。该模型假定液滴下金属表面作为阳极和液滴边缘处金属表面作为阴极，模拟液滴大小变化以及电解液浓度对氧极限还原电流的影响。该模型预测：在这种状况下，液滴蒸发过程中，氧还原过程并没有受到明显电阻控制。但是，在凝结过程中，形成厚度不到 10μm 的均匀凝结物或吸附物膜层时，其电阻效应可能就已变得非常明显。这种模型对于研究大气腐蚀中干湿循环过程中反复蒸发和凝结以及雨水冲刷和表面清洗的影响具有实际意义。

7.3.1.4 风速因子

在一个主要关注海洋环境中建筑物的屏蔽作用的研究中，研究者通过比较在太平洋沿海地区冬季暴露三个月的典型工业海洋大气标准试样（CLIMAT）铜棒上的绿锈程度，揭示了海洋悬浮粒子的方向性影响[19,20]。通过此研究明显可见：由腐蚀产物 $CuCl_2 \cdot 2H_2O$ 形成的蓝绿色铜绿图案，并不是沿着每个铜棒圆周均匀分布。

带有 16 个罗经点的模板放置在每个铜棒外围上面，即在最明显暴露的标准试样之上，以便直观量化蓝绿色强度。评价每个罗经点处相对腐蚀程度的方式是：用 0 与 10 之间的一个数字表示腐蚀产物覆盖程度，其中 0 对应蓝绿色铜绿覆盖度为 0，10 代表带颜色的腐蚀产物覆盖度 100%。16 个罗经点中每个罗经点处铜棒的平均腐蚀指数如图 7.2 所示。

研究者将在三个月暴露期间，不同风向（分为沿着 16 个罗经点方向）的时间占比绘制成图，试图分析铜棒上所观察到的不同方向上的腐蚀与气象数据之间的相关性。其中主要风向是北到东北风向。但是，腐蚀产物图案并非与最常见风向对应，而是与最大风速的风向对应，在此特定位置对应的是西到南向（图 7.2）。

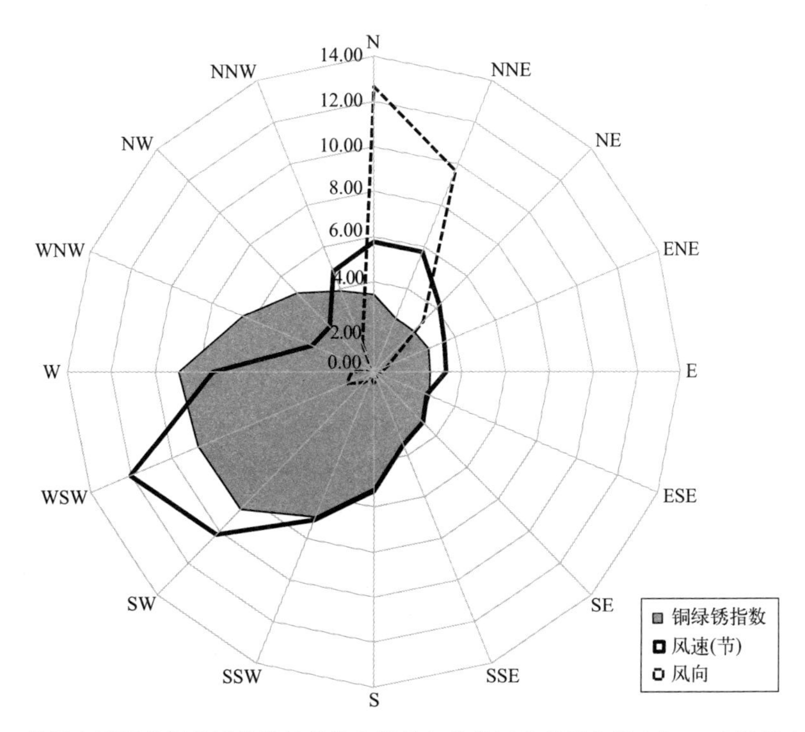

图 7.2 暴露在屋顶的铜棒平均腐蚀指数和当地气象站记录的平均风速与 16 个罗经点的关系

7.3.1.5 离子缔合模型

我们在前面讨论过的饱和指数，可依据所有可能存在反应物的总的分析数据计算得到。但是水中离子，并非总是以自由离子形式存在[21]。例如：钙可以与硫酸根、碳酸氢根、碳酸根、磷酸根以及其他粒子配对。受束缚离子不易结垢，如键合或减少可用反应物，皆可降低有效的离子活度积。由于确定水中粒子分布需要进行高强度的计算，因此朗格利尔结垢指数（LSI）等饱和指数的计算是基于总分析测量值而并非自由粒子。某一特定水中所有粒子的形成与分解，需要计算机无数次反复进行下列工作[22]：

- 核实电中性，通过阴阳离子平衡、用适当离子去平衡（如：对于贫阳离子的水，用钠或钾；对于贫阴离子的水，用硫酸根、氯离子或硝酸根）；
- 估算离子强度，计算和校正不同温度下的活度系数和解离常数，修正非碳酸盐碱度；
- 依据解离常数进行水中粒子分布的迭代计算（表 7.1 列出了可能存在的部分离子对清单）；
- 核实质量平衡，调节离子浓度保持与分析测量值一致；
- 重复上述过程直至得到期望解；
- 基于用离子缔合模型（离子配对）估算的自由离子浓度计算饱和度。

表 7.1　用于估算自由离子浓度的离子对示例

铝
$[Al]=[Al^{3+}]+[Al(OH)^{2+}]+[Al(OH)_2^+]+[Al(OH)_4^-]+[AlF^{2+}]+[AlF_2^+]+[AlF_3]+[AlF_4^-]+[AlSO_4^+]+[Al(SO_4)_2^-]$
钡
$[Ba]=[Ba^{2+}]+[BaSO_4]+[BaHCO_3^+]+[BaCO_3]+[Ba(OH)^+]$
钙
$[Ca]=[Ca^{2+}]+[CaSO_4]+[CaHCO_3^+]+[CaCO_3]+[Ca(OH)^+]+[CaHPO_4]+[CaPO_4^-]+[CaH_2PO_4^+]$
铁
$[Fe]=[Fe^{2+}]+[Fe^{3+}]+[Fe(OH)^+]+[Fe(OH)^{2+}]+[Fe(OH)_3^-]+[FeHPO_4^+]+[FeHPO_4]+[FeCl^{2+}]+[FeCl_2^+]+[FeCl_3]+[FeSO_4]+[FeSO_4^+]+[FeH_2PO_4^+]+[Fe(OH)_2^+]+[Fe(OH)_3]+[Fe(OH)_4^-]+[Fe(OH)_2]+[FeH_2PO_4^{2+}]$
镁
$[Mg]=[Mg^{2+}]+[MgSO_4]+[MgHCO_3^+]+[MgCO_3]+[Mg(OH)^+]+[MgHPO_4]+[MgPO_4^-]+[MgH_2PO_4^+]+[MgF^+]$
钾
$[K]=[K^+]+[KSO_4^-]+[KHPO_4^-]+[KCl]$
钠
$[Na]=[Na^+]+[NaSO_4^-]+[Na_2SO_4]+[NaHCO_3]+[NaCO_3^-]+[Na_2CO_3]+[NaCl]+[NaHPO_4^-]$
锶
$[Sr]=[Sr^{2+}]+[SrSO_4]+[SrHCO_3^+]+[SrCO_3]+[Sr(OH)^+]$

在 20 世纪 70 年代早期，一些大型水处理公司就已开始使用离子缔合模型。在通过指数来确定最大浓缩比或最大 pH 值等极限工况条件时，根据离子配对计算得到的指数之间差异可能具有很重要的经济参考价值。例如：一个溶解性固体总量（总固溶量，TDS）较高的水系统中的运行经验就有可能转化应用到一个低 TDS 的水运行系统中。但是，如果将高 TDS 水中可容忍的高指数，转用到一个离子配对对减小结垢表观驱动力没有明显作用的水系统中，可能不切实际。表 7.2 总结了在使用钙和碱度的总分析值计算时以及用离子缔合模型确定的自由钙和碳酸盐浓度计算时，溶解性固体总量（TDS）对朗格利尔结垢指数（LSI）的影响。

表 7.2　离子配对对朗格利尔结垢指数（LSI）的影响

水	LSI		TDS 对 LSI 的影响
	低 TDS	高 TDS	
高氯			
• 没有配对	2.25	1.89	−0.36
• 配对	1.98	1.58	−0.40
高硫酸根			
• 没有配对	2.24	1.81	−0.43
• 配对	1.93	1.07	−0.86

基于离子缔合模型计算得到的指数为不同系统间的结果比较提供了一个基准。例如：弗格森（Ferguson）等以通过自由钙和碳酸钙浓度计算得到的方解石饱和度为基准，成功开发出一个用来描述维持清洁传热面所需最小有效阻垢剂用量的模型[23]。下面举例说明离子缔合模型的一些实际用法。

7.3.1.5.1　限制高温湿气井中岩盐沉积

很多生产碳氢气的油气田中的原生水都有很高的总固溶量（TDS）。在这些油田中，常见的油田结垢问题（如碳酸钙、硫酸钡和硫酸钙）极少。但是，岩盐（NaCl）析出严重，以至于几个小时内就可能使生产中断。因此，为了找到原因，研究者从所有新井中重新取回井底流体样品。取样之后，他们立即固定了其中不稳定组分，并测量受压状态下的 pH 值。研究者们还在实验室进行了全离子和物理分析。

为确定盐水发生岩盐沉积的敏感性，研究者们将有些分析结果通过离子缔合模型计算程序进行运算预测。如果预测存在岩盐沉积问题，再在混合模式下运行离子缔合模型，用以确定用锅炉给水与原生水混合是否可以避免这一问题。这种方法已成功用于控制成分如表 7.3 所示的井内盐沉积问题。井底化学状态的离子缔合模型评估结果表明：在井底压力和温度条件下，水中氯化钠处于轻微过饱和状态。由于在钻井中流体的冷却作用下，大量岩盐会沉积。

在此例中，离子缔合模型预测：为预防岩盐沉积，原生水需要最少用 15％锅炉水稀释（图 7.3）。该模型还预测：过量加注稀释水（锅炉水）将会促进重晶石（硫酸钡）的形成（图 7.4）。尽管油井中会产生浓度为 50mg/L 的 H_2S，但由于处于 pH 值和高温复合环境下，该模型并未预测铁的硫化物的形成。锅炉水（稀释水）可通过常规加注缓蚀剂的井底喷射阀注入井底部。注入 25％～30％的稀释水，可让井成功重新启动恢复生产，且并未出现钡和铁的硫化物沉淀，也未发生盐类阻塞。

表 7.3　热气井水质分析

项目	井底原生水	锅炉给水
温度/℃	121	70
压力/bar	350	1
pH(指定位置)	4.26	9.10
密度/(kg/m^3)	1.300	1.000
TDS/(mg/L)	369960	<20
溶解 CO_2 量/(mg/L)	223	<1
H_2S(气相)/(mg/L)	50	0
H_2S(液相)/(mg/L)	<0.5	0
碳酸氢盐/(mg/L)	16	5.0
氯化物/(mg/L)	228485	0

续表

项目	井底原生水	锅炉给水
硫酸盐/(mg/L)	320	0
磷酸盐/(mg/L)	<1	0
硼酸盐/(mg/L)	175	0
<C_6 有机酸/(mg/L)	12	<5
钠/(mg/L)	104780	<1
钾/(mg/L)	1600	<1
钙/(mg/L)	30853	<1
镁/(mg/L)	2910	<1
钡/(mg/L)	120	<1
锶/(mg/L)	1164	<1
总铁/(mg/L)	38.0	<0.01
铅/(mg/L)	5.1	<0.01
锌/(mg/L)	3.6	<0.01

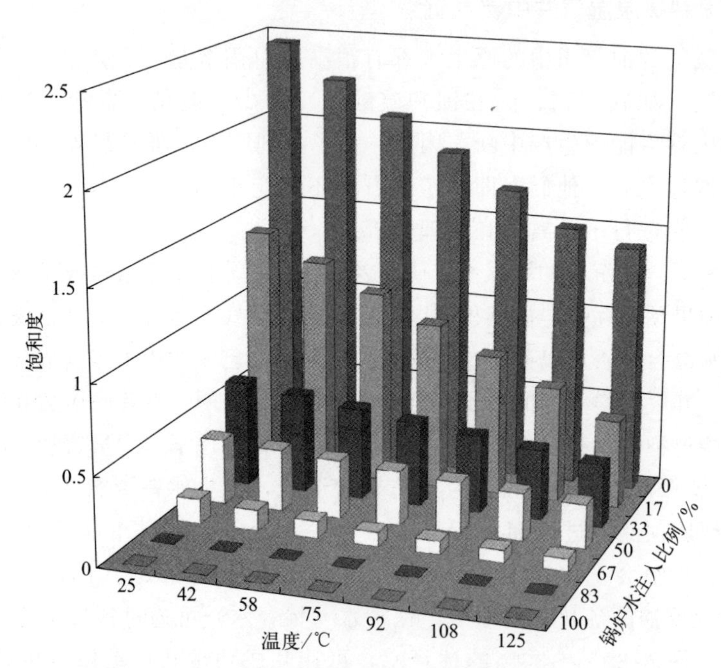

图 7.3 热气井岩盐饱和度与温度和加注锅炉水的关系（DownHole SAT^{TM}）

7.3.1.5.2 确定臭氧处理的冷却系统合理运行的范围

在敞开式循环冷却水系统（冷却塔）中，臭氧已被证实是一种有效的微生物抑制剂。已有报道称：一个使用别的方法处理时预期会结垢的冷却水系统，在采用臭氧处理后，并未发生常见的结垢问题。研究者们通过离子缔合模型对经臭氧处理的 13 个冷却水系统的水化学状态进行评估。其中每个系统皆仅仅只是采用臭氧处理，根据循环水流速连续滴加浓度为 0.05～0.2mg/L 的臭氧[24]。

研究者们计算了常见冷却水垢的饱和度，包括碳酸钙、硫酸钙、无定形氧化硅、氢氧化镁。由于二氧化硅在氢氧化镁沉积层上吸附可能会导致硅酸镁的形成，因此水镁石饱和度也包括在内。冷却水系统可能的三种类型分别是[24]：

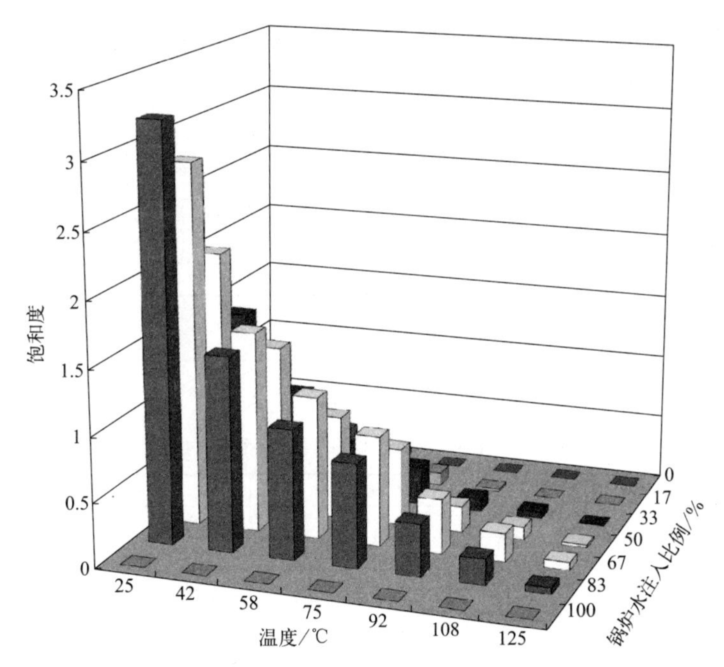

图 7.4　热气井重晶石饱和度与温度和加注锅炉水比例的关系

- 类型 1：浓缩水的理论化学状态是一种非结垢状态（如不饱和）；
- 类型 2：浓缩循环水有中等到高的碳酸钙结垢倾向。这类系统中水化学状态与可成功使用膦酸酯等传统阻垢剂的体系类似；
- 类型 3：此类体系显示出极其高的结垢倾向，至少针对碳酸钙和水镁石如此。此类体系中运转的循环水化学状态与软化器中的类似，而并非与冷却水系统相似。类型 3 的水化学状态，其中碳酸钙饱和度在可使用膦酸酯等传统阻垢剂阻垢的最大碳酸钙饱和度之上。

表 7.4 概括了所评估的 13 个冷却水系统的理论和实际水化学状态。理论和实际循环水化学成分的饱和度如表 7.5 所示。对比预测的化学成分与观测的系统清洁度，研究者们可以得到如下结果：

- 类型 1（不饱和的再循环水）：该系统未显示任何结垢；
- 类型 2（控制范围内的传统碱性冷却水系统）：在评估的 9 个类型 2 的系统中，其中有 8 个发现了结垢现象；
- 类型 3（采用软化器的冷却塔）：在此类系统中多数皆未发现传热面有沉积层形成。

表 7.4　理论与实际循环水化学状态对比

系统(类型)	钙			镁			二氧化硅			系统清洁度
	T①	A②	Δ③	T①	A②	Δ③	T①	A②	Δ③	
1(1)	56	43	13	28	36	−8	40	52	−12	未观察到垢
2(2)	80	60	20	88	38	50	24	20	4	槽底堆积
3(2)	238	288	−50	483	168	315	38	31	7	重垢
4(2)	288	180	108	216	223	−7	66	48	18	阀门结垢
5(3)	392	245	147	238	320	−82	112	101	11	凝结器结垢
6(3)	803	163	640	495	607	−112	162	143	19	未观察到垢
7(3)	1464	200	1264	549	135	414	112	101	11	未观察到垢

续表

系统(类型)	钙			镁			二氧化硅			系统清洁度
	T①	A②	Δ③	T①	A②	Δ③	T①	A②	Δ③	
8(3)	800	168	632	480	78	402	280	78	202	未观察到垢
9(3)	775	95	680	496	78	418	186	60	126	未观察到垢
10(3)	3904	270	3634	3172	508	2664	3050	95	2995	阀门轻微垢
11(3)	4170	188	3982	308	303	5	126	126	0	未观察到垢
12(3)	3660	800	2860	2623	2972	−349	6100	138	5962	未观察到垢
13(3)	7930	68	7862	610	20	590	1952	85	1867	未观察到垢

① T 为理论值，单位为 mg/kg；

② A 为实际值，单位为 mg/kg；

③ Δ 为差值，单位为 mg/kg。

表 7.5　再循环水理论和实际饱和度对比

系统(类型)	方解石		水镁石		二氧化硅		系统清洁度
	T①	A②	T①	A②	T①	A②	
1(1)	0.03	0.02	<0.001	<0.001	0.20	0.25	未观察到垢
2(2)	49	5.4	0.82	0.02	0.06	0.09	槽底堆积
3(2)	89	611	2.4	0.12	0.10	0.12	重垢
4(2)	106	50	1.3	0.55	0.13	0.16	阀门结垢
5(3)	240	72	3.0	0.46	0.21	0.35	凝结器结垢
6(3)	540	51	5.3	0.73	0.35	0.49	未观察到垢
7(3)	598	28	10	0.17	0.40	0.52	未观察到垢
8(3)	794	26	53	0.06	0.10	0.33	未观察到垢
9(3)	809	6.5	10	<0.01	0.22	0.28	未观察到垢
10(3)	1198	62	7.4	0.36	0.31	0.35	阀门轻微垢
11(3)	1670	74	4.6	0.36	0.22	0.44	未观察到垢
12(3)	3420	37	254	0.59	1.31	0.55	未观察到垢
13(3)	7634	65	7.6	0.14	1.74	0.10	未观察到垢

① T 为理论值，单位为 mg/kg；

② A 为实际值，单位为 mg/kg。

研究显示：在化学处理冷却水的典型范围，即系统中方解石饱和度为 20～150mg/L，碳酸钙（方解石）垢最容易在系统传热面上形成。在饱和度远高于此范围，如超过 1000mg/L 时，方解石在水体中发生沉积。由于相对于系统中金属表面，沉积晶体表面积大，占据绝对优势，连续沉积将使沉淀在水体中晶体上生长而不是传热面。冷却水系统中臭氧似乎并未影响方解石沉积和/或结垢。

7.3.1.5.3　优化高 TDS 冷却水系统中的磷酸钙阻垢剂用量

一个控制磷酸钙垢的聚合物阻垢剂的主要生产商，针对在一定 pH 值和温度范围内以及钙和磷酸盐浓度范围很大的系统，已开发了一个抑制磷酸钙沉积所需阻垢剂（共聚物）的最小有效剂量的实验室数据库。尽管数据库的建立是基于静态试验结果，但他们已发现：数据库中数据与实际运行冷却水系统所需共聚物剂量具有很好的相关性。在数据库开发过程中，试验用水是可溶解固体含量相对较低的水。依据数据库制订的推荐规范，所需共聚物剂量通常以与钙浓度、磷酸盐浓度和 pH 值相关的一个函数形式表示。这个数据库可用来推测在使用地热卤水作为公共设施冷却水系统的补充水时的处理要求。根据实验室数据库，推荐采用的是极高剂量（30～35mg/L）[22]。

研究者们相信：由于在高 TDS 再循环水中预期可成垢的钙量减少，在实际的冷却系统中所需阻垢剂剂量将会低得多。因此，研究者们也认为：相比于简单的依据 pH 以及钙和磷酸盐分析值查询剂量表，采用基于离子缔合模型的磷酸三钙饱和度来确定剂量的模型更适宜、更准确。他们针对每个实验室数据点，都计算其磷酸三钙饱和度，然后再通过回归分析，建立一个依据饱和度和温度确定剂量的模型。

研究者们用该模型预测了以表 7.6 所示成分作为补充水的循环水系统中所需阻垢剂的最小有效剂量。模型预测得到的剂量范围是 10～11mg/L，而并非查表得到的 30mg/L。研究最小剂量的目的就是为了确定最小有效剂量。在研究过程中，研究者们最初采用 30mg/L 剂量的共聚物对系统中循环水进行处理，然后逐渐降低剂量，直至发现沉积。他们发现当再循环水中聚合物浓度降至 10mg/L 以下时，系统发生失效，从而验证了离子缔合剂量模型。

表 7.6 磷酸钙垢阻垢剂剂量优化实例

浓缩倍数 6.2 时的水质分析		沉积倾向指数	
• 阳离子/(mg/L)		• 饱和度/(mg/L)	
钙(以 $CaCO_3$ 计)	1339	方解石	38.8
镁(以 $CaCO_3$ 计)	496	文石(霰石)	32.9
钠(以 Na^+ 计)	1240	二氧化硅	0.4
• 阴离子/(mg/L)		磷酸三钙	1074
氯离子(以 Cl^- 计)	620	硬石膏	1.3
硫酸根(以 SO_4^{2-})	3384	石膏	1.7
碳酸氢根(以 HCO_3^- 计)	294	氟石	0.0
碳酸根(以 CO_3^{2-} 计)	36	水镁石	<0.1
二氧化硅(以 SiO_2 计)	62	• 简单指数	
• 参数		朗格利尔(Langelier)	1.99
pH	8.40	雷兹纳(Ryznar)	4.41
温度/℃	36.7	实用盐度(Practical)	4.20
半衰期/h	72	拉森-斯科德(Larson-Skold)	0.39
• 推荐处理剂量			
100%活性共聚物/(mg/L)	10.53		

7.3.2 概率模型

一般来说，如果对一个过程背后的机制认识不够充分，或该机制过于复杂难以处理，人们是无法依据理论来建立精确模型的。在这种情况下，一个经验模型就可能非常有用。当然，在模型设计之初，评估经验模型的复杂程度很困难。最通用的方法是：首先是考虑有限变量的最简单模型，然后随着证据的增加，增加模型的复杂度。

可靠性工程中一个基本主题是失效时间的统计评估，为此，人们提出了多种数学工具。点蚀，虽然仅仅是大量局部腐蚀类型中的一种，但是相同的观点可适用任何萌生阶段与发展阶段的控制机制不同的腐蚀类型。下面举例说明经验模型在两个高风险领域的应用。

20 世纪 30 年代，人们首次在描述腐蚀过程中应用了概率统计的观念[25,26]。伊文思(Evans) 和米尔斯 (Mears) 在他们具有里程碑意义的腐蚀研究论文中，就应用了概率统计的观念。他们对金属标准样片进行一种简单排布设置，即用石蜡作掩体将金属标准样片，细分成很多小方格（图 7.5)。他们使用这种设置方式的试样进行了一系列实验，并依据实验结果预测了16个基本因素对腐蚀发生概率和相对速率的影响。其中每个实验都只改变所有影响因素中的其中某个因素，其他保持不变，从而将此因素的影响孤立出来。研究所涉及的外部因素有：

（1）实验持续时间；

（2）暴露在液体中的金属面积；

（3）实验期间大气中氧浓度；

（4）蒸馏水品质；

（5）预暴露时间（在干燥空气中）；

（6）实验温度；

（7）预暴露温度；

（8）所用盐浓度（氯化钾）；

（9）阴离子影响（与其他钾盐比较）；

（10）抑制剂浓度（碳酸钾与氯化钾混合物）；

（11）其他抑制剂的影响；

（12）添加酸或碱的影响；

（13）气相中二氧化硫或二氧化碳的影响；

（14）研磨处理以及各种溶液预清洗的特点；

（15）擦伤线的特征；

（16）附近区域腐蚀的影响（新擦伤线对较早前擦伤线的保护作用）。

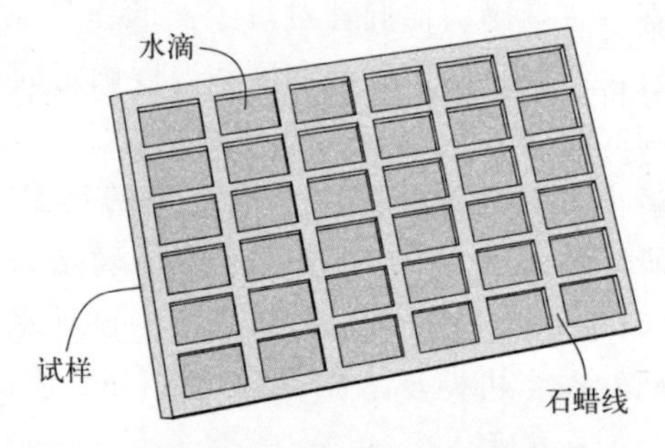

图7.5　用于证实腐蚀现象的概率属性的试验标准片

自此之后，人们就开始采用表7.7所示几种基本概率分布函数的其中一种来描述腐蚀过程的概率行为[27]。下面重点介绍其中某些概率分布的主要特点。

表7.7　腐蚀试验中发现的主要概率分布的特点

概率分布	腐蚀现象
正态分布	点蚀电位
对数正态	应力腐蚀开裂(SCC)失效时间
泊松分布	蚀孔的2D分布(平面分布)
指数分布	点蚀诱发时间
	SCC和氢脆失效时间
极值分布	最大点蚀深度
	SCC失效时间
	疲劳裂纹深度

7.3.2.1　正态分布

正态概率分布函数是一种常见的对称钟形分布，是最常见的实验设计和数据分析的统计技术的基础。质量损失、质量增加、厚度减薄、腐蚀电位、腐蚀速率和点蚀面积，皆可能呈正态分布规律。下面是正态分布函数 $f(x)$ 和累积正态分布函数 $F(x)$ 的表达式：

$$f(x)=\frac{1}{\sigma\sqrt{2\pi}}\exp\left[-\frac{(x-\mu)^2}{2\sigma^2}\right] \tag{7.6}$$

$$F(x)=\int f(x)=\frac{1}{\sigma\sqrt{2\pi}}\int\exp\left[-\frac{(x-\mu)^2}{2\sigma^2}\right]\mathrm{d}x \tag{7.7}$$

式中，μ 为平均值；σ 为标准偏差；x 为变量测量值。

7.3.2.2　对数正态分布

在某些情况下，如果使用对数正态分布对结果进行分析可能更合理。对数正态分布，只不过是先将数据转化为对数形式之后呈现的正态分布。然后，数据可通过正态分布技术进行分析。某些类型的腐蚀数据已显示出符合对数正态分布规律，如失重、厚度减薄、应力腐蚀裂纹萌生时间、应力腐蚀开裂（SCC）失效时间、塔菲尔斜率范围内极化电流等。一个用对数正态分布进行描述可能是最恰当的过程，应具有如下一些特点[28]：

- 实际的数据值不能为负数；
- 正态标准偏差与算术平均值成正比；
- 算术平均值始终比中位数大；
- 因变参数的对数值与自变量参数值成正比。

下面是描述对数正态分布函数 $f(x)$ 和累积正态分布函数 $F(x)$ 的表达式：

$$f(x)=\frac{1}{\sigma' x\sqrt{2\pi}}\exp\left[-\frac{(\ln x-\mu')^2}{2\sigma'^2}\right] \tag{7.8}$$

$$F(x)=\int f(x)=\frac{1}{\sigma'\sqrt{2\pi}}\int\frac{1}{x}\exp\left[-\frac{(\ln x-\mu')^2}{2\sigma'^2}\right]\mathrm{d}x \tag{7.9}$$

式中，μ'和σ'分别为数据对数形式的平均值和标准偏差；x 为变量测量值。

7.3.2.3　指数分布

指数分布广泛用于可靠性分析。这是最简单的概率分布，其特征是通过一个恒定风险率(λ)，依据发生频率，将其转化为一个从高初始值开始的快速衰变。不锈钢或其他贵金属合金的亚稳态点蚀常常可用这种分布来表征。由腐蚀过程引起的单一事件的电化学噪声幅值已显示出符合这一指数分布衰变规律[29]。下面是描述指数概率分布函数和累积指数概率分布函数 $F(x)$ 的表达式：

$$f(x)=\lambda\exp(-\lambda x) \tag{7.10}$$

$$F(x)=\int f(x)=1-\exp(-\lambda x) \tag{7.11}$$

式中，λ 为恒定的风险率；x 是变量测量值。

7.3.2.4　泊松分布

通常，一个泊松随机变量是指发生在某一时间间隔或空间区域内的总事件数。一个比较罕见的情况下发生的随机现象，可以考虑使用泊松分布。人们已发现：不锈钢的稳态点蚀遵从这种概率分布[27]。下面是描述泊松概率分布函数 $f(x)$ 和累积泊松概率分布函数 $F(x)$ 的表达式：

$$f(x)=\frac{\lambda^x\exp(-\lambda)}{x!} \tag{7.12}$$

$$F(x)=\int f(x)=\sum_{i=0}^{x}\frac{\lambda^i\exp(-\lambda)}{i!} \tag{7.13}$$

式中，λ 为通过在一个给定时间间隔内事件数定义的形状参数；x 为变量测量值。

7.3.2.5　极值统计

关注地下钢管和土壤腐蚀问题的工程师们应该已意识到，埋地结构表面最大点蚀深度总是与结构受检百分比存在一定关系。找到真实最深蚀孔需要对整个结构进行详细检查，因此结构受检面积减少，那么发现真实最深蚀孔的概率会变小。为定量分析点蚀参数的分布，人们已提出了很多统计分析方法。耿贝尔（Gumbel）因最先提出利用极值统计（EVS）来表征点蚀深度分布而获得赞誉[30]。

很明显，试样上最深蚀孔的深度、管段首次发生泄漏的时间、首次发生 SCC 失效的时间、首次发生腐蚀疲劳失效的循环次数，都是极值。试样上最深蚀孔深度是试样上所有蚀孔深度分布的上尾端[28]。

极值统计（EVS）程序是：首先测量发生点蚀的多个重复试样上最大蚀孔深度，然后将蚀孔深度值按照递增顺序排列。耿贝尔（Gumbel）或极值累积概率函数如表达式(7.14）所示，其中 λ 和 α 分别为位置和大小参数。这个概率函数可用于表征从最初数据中获得的特征数据集以及预测哪些参数可能会影响体系。

$$F(x)=\exp\left[-\exp\left(-\frac{x-\lambda}{\alpha}\right)\right] \tag{7.14}$$

实际上，极值分布函数有三种类型[27,31]：

- 类型 1：$\exp[-\exp(-x)]$ 或耿贝尔（Gumbel）分布；
- 类型 2：$\exp(-x^{-k})$ 柯西（Cauchy）分布；
- 类型 3：$\exp[-(\omega-x)^k]$ 韦伯（Weibull）分布。

式中，x 为随机变量；k 和 ω 为常数。

需要注意的是：必须通过拟合优度检验来证实这三种分布中哪一个与具体数据集匹配最佳。这通常也是卡方检验或柯尔莫哥罗夫-斯米尔诺夫（Kolmogorov-Simirnov）检验的目的。还有一种可能更简单的图形处理方式，即采用含形状因子的广义极值分布函数，其中形状因子取决于分布类型。广义极值累积概率函数有两种表达形式，即：

当 $kx\leqslant(\alpha+uk)$ 且 $k\neq0$ 时，表达式(7.15)：

$$F(x)=\exp\left(-1-k\,\frac{x-u}{\alpha}\right)^{1/k} \tag{7.15}$$

当 $k\geqslant u$ 且 $k=0$ 时，表达式(7.16)：

$$F(x)=\exp\left[-\exp\left(-\frac{x-u}{\alpha}\right)\right] \tag{7.16}$$

一些已报道的腐蚀实例证实，极值分布可充分反映某些系统中所出现的腐蚀问题的特点[32]：

- 在地下管线的阴极可行性研究中：
  - ○ 关于燃气分配系统和电厂冷凝管的评估；
  - ○ 不锈钢管的泄漏评估；
  - ○ 铜镍合金管点蚀性能评价。

在另一研究中，研究者以注水管线系统以及文献资料中获取的数据，来模拟金属表面点蚀生长的样本函数[33]。该研究得到如下结论：

- 最大点蚀深度可通过极值分布充分表征；
- 注水管线系统的腐蚀速率可通过高斯（Gaussian）分布模拟；
- 管线泄漏指数增长模型适用于所有运行工况。

7.3.2.6 核废物包装容器的失效

在美国和加拿大，高放射性核废物地质处置相关法规要求：在储藏库永久关闭后的300～1000年内，放射性核素仍能基本保存在废物包装内。目前废物包装是将乏燃料棒束放置在一个容器内，然后将容器垂直或水平深埋地下深坑中，其中容器和深坑间孔隙很小。对于玻璃态废物，其外部容器内的倾倒罐作为附加屏障层。目前，尚未规划使用其他屏障层，因此容器材料的优异性能对于是否满足长期封存要求至关重要。

假定不存在由于机械作用引起的失效，那么限制这些容器使用寿命的主要因素，可能就是它们所处环境地下水的腐蚀。国际上针对容器材料的研究主要在两方面：腐蚀裕量和耐蚀材料。腐蚀裕量材料的全面腐蚀很明显，但对局部腐蚀不敏感。相对而言，耐蚀材料的预期均匀腐蚀速率很低。但是，它们可能对局部腐蚀敏感。

最近有文献公开发表一个用来预测2级钛材失效的模型[34]。此模型涉及两大主要腐蚀失效形式：缝隙腐蚀失效和氢致开裂（HIC）失效。假定其中少量容器本身就存在缺陷，在放置50年内会失效。该模型具有概率属性，其中每个模拟参数都在一定范围内赋值，从而获得腐蚀速率和失效时间的分布。该模型有几个假设：第一，假定缝隙腐蚀速率仅仅取决于材料性质和储藏库温度；第二，还假定所有容器上缝隙腐蚀先快速萌生，接着扩展，没有再钝化；第三，假定一旦容器温度降至30℃以下，将不可避免会导致氢致开裂失效；第四，如果容器从未遭受缝隙腐蚀，此时造成容器易于HIC的原子氢浓集速度非常缓慢，甚至可以忽略。

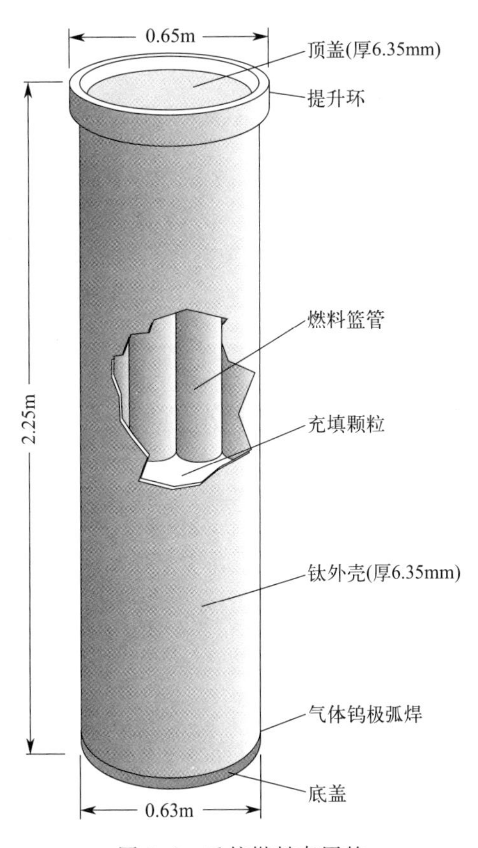

图7.6 乏核燃料束用的填充颗粒支撑壳式容器

图7.6显示了作为本研究参照容器的颗粒填充薄壳设计。图7.7说明了结合各种概率函数，获得某温度下由于缝隙腐蚀引起热容器失效的概率的数学处理过程。在已知所考虑的埋地条件下，氢致开裂（HIC）只是一种预测的边缘失效模式，为了简化计算，我们可假设由氢致开裂（HIC）引起的失效率呈三角形分布。

基于上述假设以及整篇论文中详细的计算结果，研究者预测所有容器中96.7%的将发生缝隙腐蚀失效，剩余的将发生氢致开裂（HIC）失效。不过，预测最先失效发生在300年之后但在1000年之前的，仅占全部容器的0.137%（0.1%是因缝隙腐蚀，0.037%是因HIC）。

7.3.2.7 腐蚀损伤函数

20世纪80年代，研究者们根据酸雨影响试验的研究结果，提出了铝、锌、铁的腐蚀损伤函数[35]。表达式(7.17)所示的统计模型显示了铝的腐蚀损伤和所测环境变量之间的

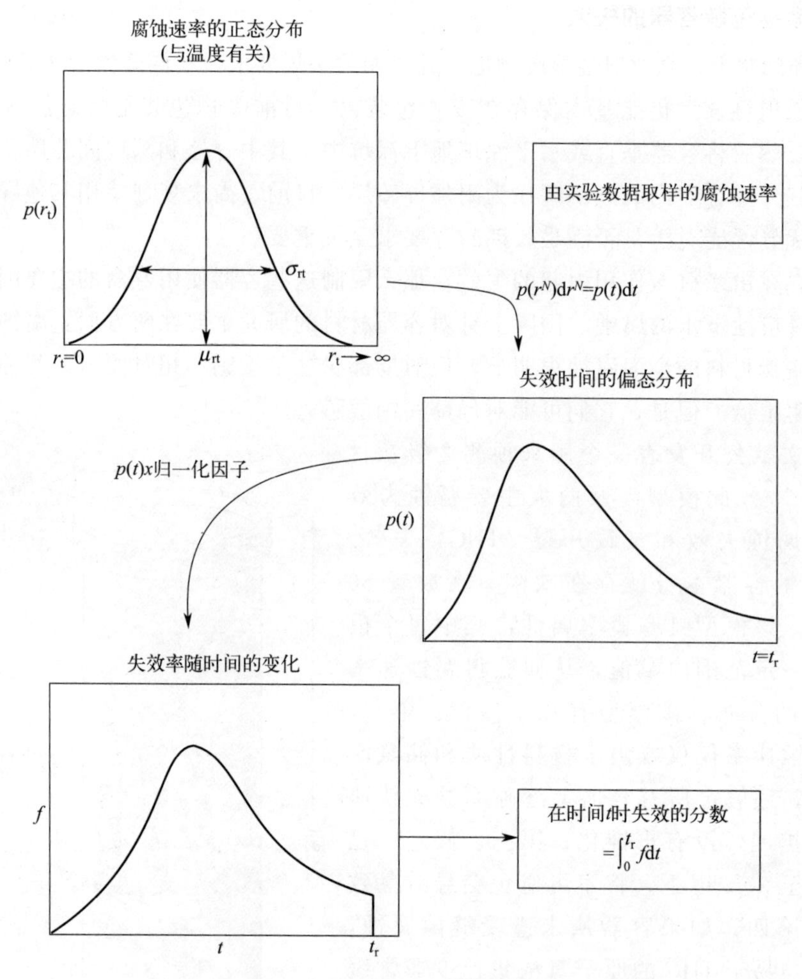

图 7.7　确定热容器失效率与时间关系的处理过程

关系：

$$M=0.206t^{0.987}[0.099+0.139f_{90}SO_2+0.0925Cl+0.0164H^+-0.0013DUST] \tag{7.17}$$

式中，M 为单位面积上铝的累积质量损失，g/m^2；t 为时间，年；SO_2 为 SO_2 平均浓度，$\mu g/m^3$；Cl 为氯化物沉积速率，$mg/(m^2 \cdot d)$；H^+ 为沉积物中氢离子沉积速率，$\mu eq/(m^2 \cdot d)$；f_{90} 为相对湿度大于 90%以及温度在 0℃以上的时间占比；DUST 为落尘沉积速率，$mg/(m^2 \cdot d)$。

此表达式中，湿润时间项（f_{90}）与二氧化硫项（SO_2）结合在一起，因为二氧化硫的吸收需要存在水膜，在干燥表面不会沉积吸收。

7.3.2.8　ISO CORRAG 计划

正如前面已提及的，国际标准化组织（ISO）技术委员会 TC156 于 1986 年发起了一个标准试片暴露试验计划即著名的 ISO CORRAG。该计划中，大气暴露试验所用试样为平板结构和螺旋结构的软钢、铜、铝和锌试样，试验地点涉及 51 个网点，主要在整个欧洲和美国。该计划于 1986 年开始，1998 年结束。其中每个网点的相对湿度、温度、以盐烛法测量的盐沉积速率、以硫酸盐化板测量的二氧化硫沉积速率等，都记录在案。该计划提出了环境变量和这些金属材料的腐蚀速率之间的统计相关性[36,37]。以铝板一年期的腐蚀速率对数的回归分析结果为例，腐蚀速率与环境变量之间的关系可以表示为式(7.18)：

$$\lg(\text{腐蚀速率}) = -0.739 + 3.26(\text{TOW}) + 5.02(\text{SO}_2) + 6.71(\text{Cl}) \tag{7.18}$$

式中，TOW 为湿润时间；SO_2 为硫酸盐化速率；Cl 是氯化物沉积速率。此表达式依据 32 个网点的数据建立，F 统计回归值为 5.9。

7.3.2.9　关于材料影响因素的国际合作计划（ICP 材料）

关于材料耐蚀性影响因素的国际合作计划（ICP 材料）始于 1987 年 9 月，涉及欧洲和北美 14 个国家的 39 个暴露网站。记录的气象变量数据集如表 7.8 所示[38]。表达式(7.19)中腐蚀速率的第一近似值 K 是这三种主要影响因素的线性加和[39]：

$$K = f(\text{SO}_2) + f(\text{Cl}^-) + f(\text{H}^+) \tag{7.19}$$

式中，$f(SO_2)$ 为二氧化硫因子；$f(Cl^-)$ 为氯化物沉降因子；$f(H^+)$ 为雨水酸性的标度。二氧化硫因子可以通过二氧化硫浓度（SO_2）与湿润时间（TOW）相乘得到，如表达式(7.20) 所示：

$$f(\text{SO}_2) = A(\text{SO}_2)^B(\text{TOW})^C \tag{7.20}$$

式中，A、B、C 分别为常数；SO_2 为二氧化硫浓度；TOW 为湿润时间。

表 7.8　ICP 材料计划所用剂量-响应函数中参数的年均范围

类型	范围	单位
时间	1～8	年
温度	2～19	℃
相对湿度	56～86	%
SO_2 浓度	1～83	$\mu g/m^3$
臭氧浓度	14～82	$\mu g/m^3$
降雨量	33～215	cm
酸浓度	0.6～130	$\mu g/m^3$

模型拟合结果还揭示了温度对大气腐蚀的综合影响。在低温地区，腐蚀速率随平均气温升高而增大。在温带或热带地区，在无氯化物存在的情况下，由于湿润时间（TOW）缩短，腐蚀速率随平均气温升高而降低，表现为一种负温度效应。但是在温/热带地区海洋大气环境中，由于金属表面吸湿性盐延长了 TOW，腐蚀速率随平均气温升高而增大，依然表现为一种正温度效应。此外，由于温度增强了氯化物的腐蚀作用，而热带海洋大气环境中，氯化物沉积速率很高，因此，热带海洋大气环境的腐蚀性极强。

7.3.2.10　伊比利亚-美洲大气腐蚀图计划（MICAT）

伊比利亚-美洲大气腐蚀图计划（MICAT）始于 1988 年，其目的有三个：①绘制伊比利亚-美洲大气腐蚀图；②更深入理解大气腐蚀现象；③确定以气象变量和污染物变量作为函数的预测腐蚀速率的数学模型[40,41]。其中大气暴露试验所用试样为锌、软钢、铝和铜板。记录的环境变量包括相对湿度、温度、每年的下雨天数、二氧化硫沉积速率和氯化物沉积速率。其中一种处理方式是假定腐蚀速率随时间的变化符合抛物线关系，如式(7.21) 所示。

$$C = At^n \tag{7.21}$$

式中，C 为腐蚀速率；t 为时间。

系数 A 和 n 通过对所测得的环境变量进行统计学分析拟合获得。回归方程分析结果表明锌、钢、铝和铜年腐蚀数据的变化幅度分别为83%、62%、59%和41%。在乡村大气环境中所得到的腐蚀数据，其拟合优度非常低。此外，对于同一数据集，研究者们还采用神经网络进行了分析[42]。与经典回归模型相比，后一种技术的拟合优度非常好，并再现了相关变量之间一些众所周知的非线性相互作用。如铁腐蚀的线性回归模型可表示为式(7.22)。

$$Fe=b_0+Cl^-(b_1+b_2\times P+b_3\times RH)+b_4\times TOW\times SO_2 \tag{7.22}$$

式中，b_0 为6.8125；b_1 为−1.6907；b_2 为0.0004；b_3 为0.0242；b_4 为2.2817。

7.3.2.11 地形对风速的影响

风速、风向以及离海距离是影响海洋悬浮粒子传输和沉积速率的最重要因素。基于地形因子网格设计的绘图法，可用来评估沿海地区各种因素对平均风速的影响[43]。此方法大体上可分为三个步骤：

- 识别可能影响所研究网点与海滨之间气流的地形因子；
- 确定每个网格区域的地形因子，然后针对风速进行回归分析；
- 预测每个网点的综合海风情况。

此概念综合了所有方向（16个扇形分解方向）的环境地形特征及其对气流的影响。例如，对三浦（Miura）半岛（日本）区域的年均风速的多次回归分析结果可表示为表达式(7.23)。

$$Y=1.432x_1+0.002x_2-3.45x_3-0.058x_4-0.009x_5-0.34x_6+3.573 \tag{7.23}$$

式中，Y 为是年均风速，m/s；x_1 为单位面积的海陆比；x_2 为起伏（一个网格内高度变化影响）；x_3 为屏蔽程度；x_4 为2～7km范围内风的汇聚；x_5 为风向差异；x_6 为1～2km范围内风的汇聚。

有趣的是，在回归分析中最不显著的影响因素（低相关系数）是起伏和风向影响，这可能是由于存在重要的局部地形特征。其中，负值表示由于半岛上屏蔽作用、风的汇聚以及风向的影响，风速会降低。最显著的海风影响因子是屏蔽程度。

7.4 自上而下的腐蚀模型

通常，随着系统自身复杂程度的增加，使系统在最佳成本/效益比状态下运行的平衡协调工作的复杂程度也会增大。此外，最佳成本/效益比，还在很大程度上受到系统设计中大量决定寿命的内在因素以及那些通常都是已超出初始技术规范之外的运行条件的影响。其中很多因素及相关问题在本手册其他章节已进行了详细讨论。后文集中在基于管理角度所提出的腐蚀控制模型及其紧迫性。

7.4.1 腐蚀管理框架

在海上油气设施等复杂组织或其作业中，腐蚀管理涉及很多机构部门功能，且常常会扩展至外部合约组织机构。因此，在一个结构化框架之内进行腐蚀管理非常重要。而且，这个结构化框架应该明确可见，所有部门都能理解，其功能和责任界定清晰。图7.8所示腐蚀管理框架中所包含的六个关键要素，是参考现行健康安全管理体系衍生而来[44,45]。

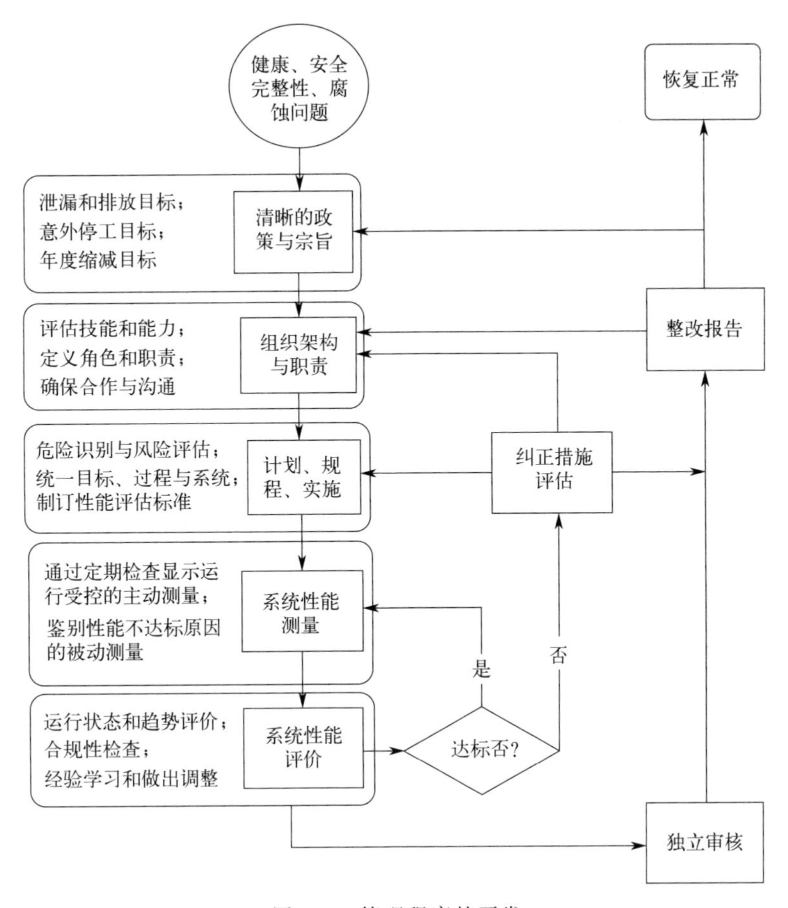

图 7.8　管理程序的开发

7.4.1.1　政策和宗旨清晰

所有组织机构都应有相应的处理安全、健康和环境问题的政策和策略。因此，尽管很多公司可能并没有正式颁布相关腐蚀政策，但是他们其实都认可那些良好腐蚀管理实践中所隐含的一些内在理念，并将其整合在规划中。在这种情况下，一个政策就是一个指令，规定了应如何从长远角度来处理出现的重大运行问题。这构成了后续有关具体策略、组织结构、性能标准、规程和其他管理流程的基础。腐蚀策略是实施这一政策的方式。

7.4.1.2　组织架构和职责

所采取的腐蚀策略应形成涉及腐蚀管理所有当事方之间的连接纽带。在有业主、承包商、专业分包商和顾问联盟的情况下，这一点尤为重要。任何一个政策的效力都取决于管理层和高级职员的领导力、忠诚和投入。安全事关每一个人，包括雇主、雇员和承包商。腐蚀问题也应类似。积极的“健康安全文化”和“腐蚀文化”意味着个体风险更小，设备完整性受损程度更轻。

为了腐蚀管理体系的规划和实施，对于腐蚀团队成员要求及其作用和职责都应有明确规定。每个团队成员的技能水平、实践经验和专业知识水平将因职责和义务而不同。明确界定每个角色所需具备的技能、专长和经验，有利于对员工的持续评估。对员工进行持续评估，可确保个人能力与角色相符，而且也是确定进一步培训要求等的一种方式。

7.4.1.3 计划、规程和实施

计划和实施包括与设备状态和腐蚀风险相关的数据收集以及所需采取的腐蚀预防与控制活动的实施。通过内部信息交流，计划和实施之间的影响会持续不断，而且快速地相互影响。这种持续“自我调节”功能在总体框架内发挥作用（图 7.9）。腐蚀管理计划与实施阶段的一个主要影响因素是资产寿命。腐蚀管理计划应以公司关于生产设施的长远战略和目标为基础，因此需要针对这些目标进行腐蚀风险评估。

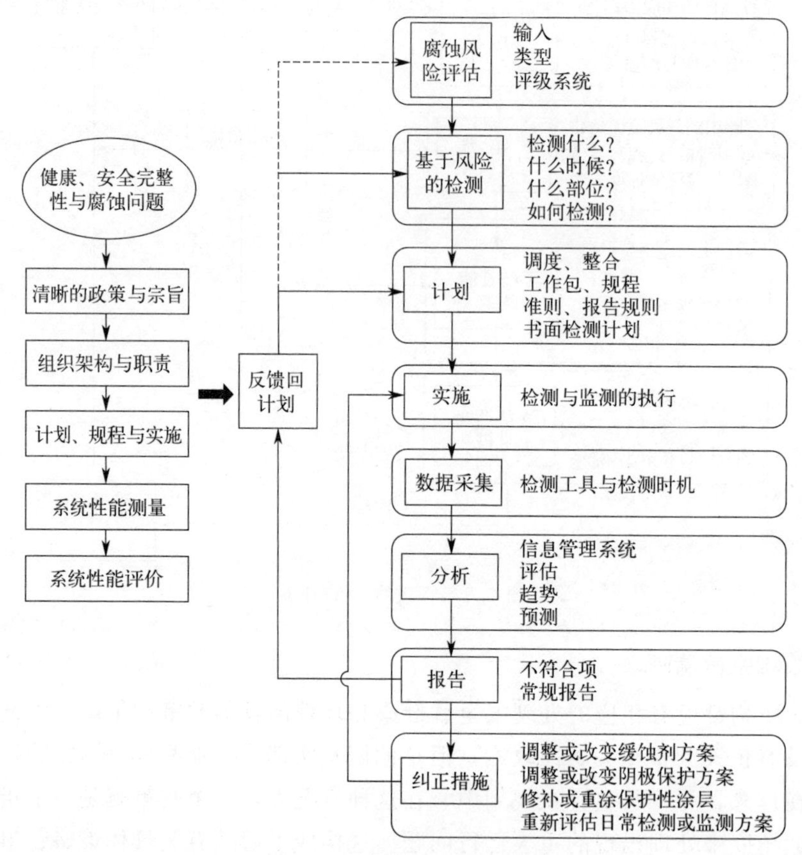

图 7.9 计划和实施的程序

在新建设施或资产与现存或老旧系统之间，腐蚀管理计划的具体实施细节，可能有显著差异。新建结构为人们提供了将现有的所有适用的最好实践措施整合在一起的机会，从概念阶段到整个资产或现场服役寿命期。随着技术进步，资产预期寿命会不断延长，超出最初设计寿命范围。因此，当计划延长设备现场服役寿命超过其设计极限时，准确衡量腐蚀控制状态非常重要。计划延长寿命很可能需要对腐蚀风险以及计划所造成的重大变化重新进行评估。

7.4.1.4 性能监测和测量

系统性能测量工作涉及对管理过程自身的评价，因此系统性能测量的监督责任应由无生产压力、有能力胜任的人员承担。类似地，性能测量工作也应由那些直接负责具体规程实施

和过程评估之外的其他人士承担。为了避免潜在的利益冲突，将实施腐蚀管理、腐蚀监测或腐蚀控制的责任与这些过程整体性能测量任务分离，至关重要。

7.4.1.5　性能评价

评价频次将取决于资产和所涉及过程以及当时所处环境的特点。惯常做法是：首次评价在腐蚀管理体系实施1年之后进行，在每次评价时，应对下一评价周期加以说明。评价周期取决于那些可能影响腐蚀管理系统准确性的需求/过程是否存在频繁和/或显著变化。

性能评价可确保实现基准统一。如果改进和纠正系统错误，首先应对不达标性能项进行调研。通常，采用标准表格可以很方便地汇报监测结果。不过，对于开发问题评价和处置的响应系统来说，为便于调查和分析，选用适宜的规程和合适的数据库必不可少。

7.4.1.6　审核

审核是对腐蚀管理系统性能进行检查核实，是一个必不可少的环节，通常由一个独立部门来执行。原则上，审核包括对为确保设备持续完整性和状态的管理流程的评定。责任人/操作员有责任确保适当的补救措施已实施。此流程将确保在弄清楚所有措施之前，审核不会终止。

7.4.2　风险模型

要想直接将实验结果转化为服役环境下可用的实际寿命函数几乎不可能。最理想的情况是：实验室试验提供了一个相对的优劣衡量标准，便于特定条件和环境下材料的选择。从工程管理角度出发，绘制那些界定正常运行边界的参数图，可减少对精确机械模型的需求，因为任何潜在问题皆可通过控制其发生条件而加以避免。

在确定一个具有成本效益的防腐蚀解决方案时，其中所涉及的有些问题，是健全工程系统管理的共性问题。另外有些问题与腐蚀对系统完整性和运行成本的影响密切相关。在腐蚀风险可能极高的工艺运行中，成本常常以装备类型来分类，并作为资产损失风险来管理（图7.10）[46]。以特定事件的可能性和后果的乘积定义的量化风险或风险排序，应决定了执行检查和维护的优先顺序。因此，参考图7.10，工艺装置的操作部门应调整维护计划，对管线、反应器、储罐和工艺塔的关注度应依次递减。类似的逻辑适用于所有行业。

有些基于风险的检验和检测技术将在第九章介绍。其中值得注意的另一个例子，已在《管道风险管理手册（第二版）》中进行了详细介绍[47]。书中所推荐的基于主观风险评估的技术，是一种特别适用于对所处状态认识不全面且常常是基于个人观点、经验、直觉和其他无法量化信息进行状态判断的情况下进行风险评估的方法。这种模型中有一种详细模式，对所有可能带来风险的各种要素都进行了大量说明，从而弥补了由于使用不可量化数据而引起的模糊性。图7.11阐述了该书中所推荐使用的管线风险评估基本模型或工具。

风险因子的量化技术被认为是几种方法的组合，使用户能相信通过失效数据统计分析结合操作者经验所给出的分数。主观评分系统可大致从两个方面来检测管线风险状况。第一部分是对所有可能引发管道失效的合理的可预见事件的详细逐条记录和相对加权，第二部分是每种失效事件潜在后果的分析。分项详细记录可进一步分解为与典型管线失效类型相对应的四个指数，如图7.11。在充分考虑每个指数中每一项之后，专业评估人士可给出该指数分值。然后，这四个指数值相加，可得到总指数值。在充分考虑产品特性、管线工况条件以及

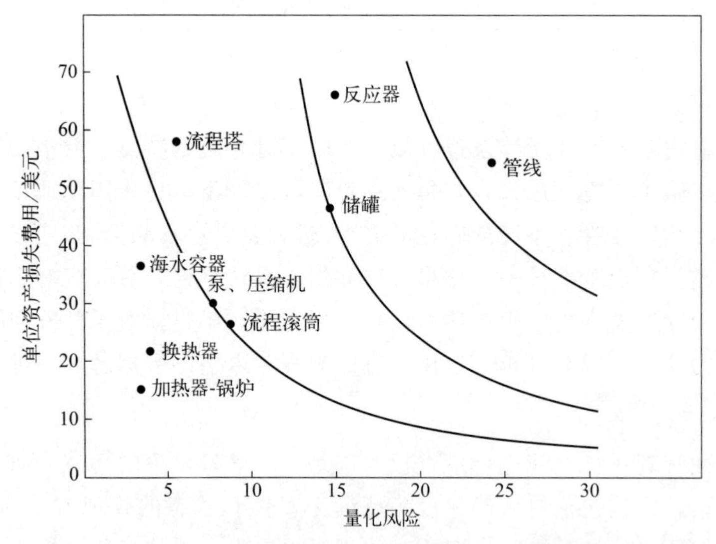

图 7.10　资产损失风险与设备类型之间的关系

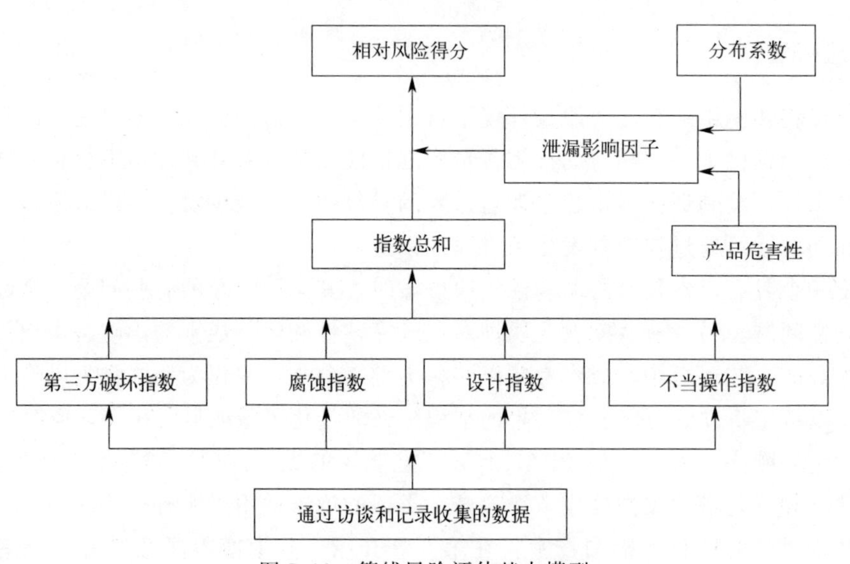

图 7.11　管线风险评估基本模型

管线位置等情况下，第二部分详细分析管线失效的潜在后果。建立风险评估工具需要四个步骤：

（1）分段：将系统分成更小区段。每区段的大小应反映运行、维护以及数据采集相对于提高准确性的成本收益的实际问题；

（2）定制：确定增大和降低风险的因素清单及其相对重要性；

（3）数据采集：完成系统各部分的专家评估，建立数据库；

（4）维护：识别风险因子可能何时以及如何变化，相应地更新这些因子。

由腐蚀直接或间接造成管线失效可能是钢质管线最常见的风险。腐蚀指数分为三种类型，反映三种管线暴露环境，即大气腐蚀、土壤腐蚀以及管内腐蚀。表 7.9 包含了每种类型环境中的影响因子及推荐的权重因子。

表 7.9　腐蚀风险主观评估

问题	权重	
• 大气腐蚀 (1)设施 (2)大气类型 (3)涂层/检测	0～5 点 0～10 点 0～5 点	0～20 点
• 内腐蚀(管内腐蚀) (1)产品腐蚀性 (2)内部保护	0～10 点 0～10 点	0～20 点
• 土壤腐蚀 (1)阴极保护 (2)涂层状态 (3)土壤腐蚀性 (4)系统使用年限 (5)其他金属 (6)交流感应电流 (7)应力腐蚀开裂(SCC)和氢致开裂(HIC) (8)测试引线 (9)严密的内部调查 (10)检测工具	0～8 点 0～10 点 0～4 点 0～3 点 0～4 点 0～4 点 0～5 点 0～6 点 0～8 点 0～8 点	0～60 点
• 合计	0～100 点	

我们也可以将某些特定状态下可能需要关注的其他特征扩展纳入风险评估基本模型中，如图 7.12 所示。但这些特征未必适用于所有管线，因此我们建议针对不同情况，选择相应的不同模块，通过操作员激活，进而改进风险分析。

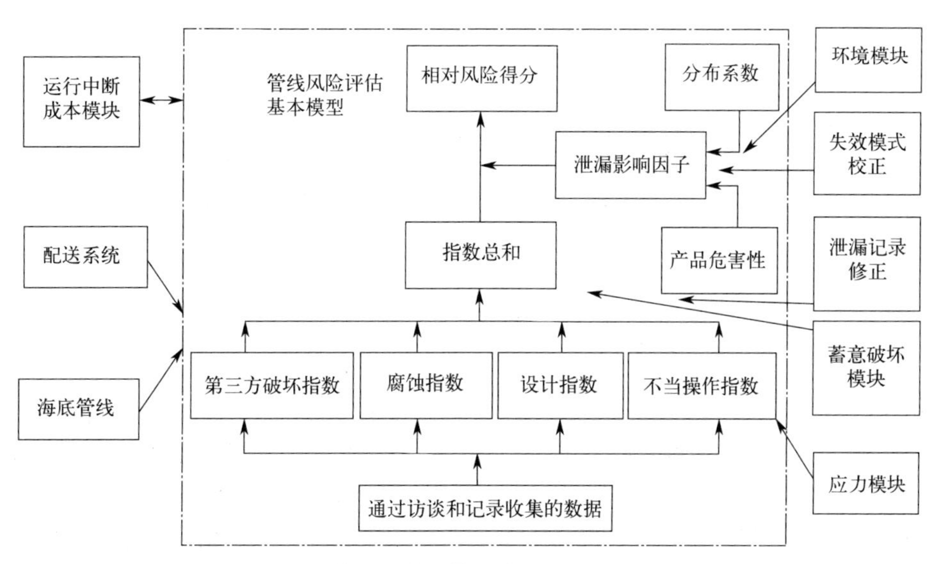

图 7.12　管线风险评估基本模型定制可选模块

7.4.3　知识模型

当今世界，有保存和管理价值的技术信息资料的规模史无前例。在这个倡导节约和循环利用的时代，认识到最有价值的商品是作为技术载体的信息资料以及作为技术本质的知识非常重要。保存和重复利用这些最有价值的商品，无疑是一个明智之举。

20 世纪 80 年代，计算能力的高速发展促进了各工程领域中计算机的使用以及机器智能的直接或间接应用。正如一位现代哲学家所说："20 世纪下半叶机器智能的出现，是自二三十亿年前生命起源以来，这个星球进化演变过程中最重要的发展。[48]"但是，为了能利用这种强大的新型工具来支持人类智慧，人们必须开发更高效的方法。

人工智能应用在专家系统之中，用以履行专家职能，为腐蚀知识层次不同的人士之间的相互沟通交流开辟了一个崭新的渠道。包括腐蚀问题及其解决方法在内的信息资料的充分传递和反复运用，可能涉及开发非常复杂的信息处理策略。一个典型腐蚀工程作业必定会涉及各种不同类型的学科和知识，如冶金学、化学、成本工程、安全和风险分析。

7.4.3.1 专家系统

在 20 世纪 70 年代，关于专家系统（ESs）的研究几乎都是出于研究者的好奇心而进行的实验室研究。当时，研究重点实际上是集中在计算机中关于知识表达和推理的方法，很少有关实际系统的设计[49]。在 1985 年，已部署使用和见诸报道的专家系统仅有 50 个左右，但其中有些成功例子已引起了很多组织和个人的关注。在专家系统（ESs）的开发中，对科学家和工程师们的一个主要吸引力可能是将某些专业知识传授给技能不足的劳动力，如图 7.13 所示。这些新型的信息处理技术的出现，引起了腐蚀界浓厚的兴趣，他们通过开发各种程序来促进和鼓励人们在工作场所引入专家系统（ES）。其中有些程序相对比较保守，但是有些程序在规模和资金投入上都雄心勃勃且相当有影响。

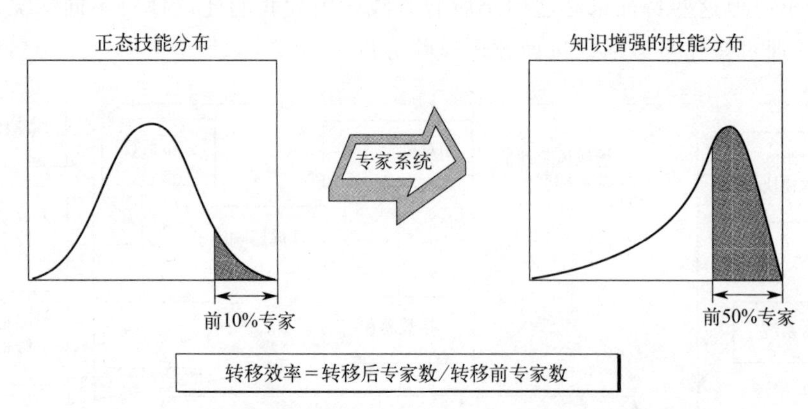

图 7.13　可能通过专家系统实现专业知识转移过程的示意图

支持这些尝试工作的主要理由是：大量常见的腐蚀失效，其实仅需基于已有信息资料采取恰当措施就可以避免。腐蚀科学与持续付出沉重腐蚀代价的现实世界之间存在明显差异，可能就是提出采用专家系统（ES）作为一个替代腐蚀数据信息处理的可行方案的唯一主要理由。但是，很多问题与知识工程化方法相关，可能造成所谓的"知识转化瓶颈"。[50] 经济有效的可用工具和知识牵引技术仅仅是整个专家系统（ES）全貌的几个要素。一个专家系统（ES）原型最终融合到不同用户群中，需要得到专家系统开发各阶段所有相关方的默认。它还要求从根本上认可接受计算机化的专业知识。

遗憾的是，文献报道过的很多专家系统从未获得商品化。因此，有关这些专家系统的效果和准确性，尚缺乏公正和实际应用的数据资料支持。实际上，即使数据资料很明显就摆在那儿，但是要让人们相信论文中所述一切，非常困难。为解决这一问题，欧洲腐蚀协会（EFC）和材料技术学会（MTI）在1988年至1990年期间进行了两次调研，要求那些在腐蚀领域中已获得认可的专家系统（ESs）的开发商们，提供非常详细的有关专家系统的资料，包括各自专家系统的可用性、范围和效果[51]。

在这两个调研评述中所列出的专家系统（ESs）清单中，自首次开发先后经历了所有软件变更，最终仍被保留下来的专家系统很少。下面简要介绍其中保留下来的一个。

7.4.3.1.1　Socrates 10.0

Socrates 10.0作为一个增强版专家系统，将基于规则的推理应用于大量实验腐蚀数据集和材料选择专业知识。Socrates 10.0集成了重要的联合工业计划（JIP）数据，并融入了很多运营公司、设备制造商和耐腐蚀合金（CRAs）供应商的经验和专业知识[52]。Socrates 10.0还有针对主要油/气运营公司开发的定制化产品，以便对于井口和井下安全阀等与油/气生产/应用中CO_2/H_2S多相酸性服役环境相关问题，保持选择决策逻辑的一致性。Socrates 10.0程序集成了不同应用环境的规则库，包括：

- 生产环境，包括生产化学品、油/气/水流速、气相成分以及水相离子种类特征；
- 非生产环境，如酸化、完井液、注入水，还包括通常在生产中并不常见的其他腐蚀性成分，如酸化增产酸（HCl、HNO_3、HF）、高浓度卤水以及二次开采注入的地表水。通常，注入水含有氧和氯，可能促进腐蚀。

Socrates提供了一种选材的方法，即基于真实工程腐蚀数据和严谨的材料工程指南，作出最优选材决策，并保持决策的一致性。用户界面显示了所考虑的关键工艺参数，如产气率、出水率、产油率、总压力、H_2S和CO_2摩尔分数、总流速（图7.14）。

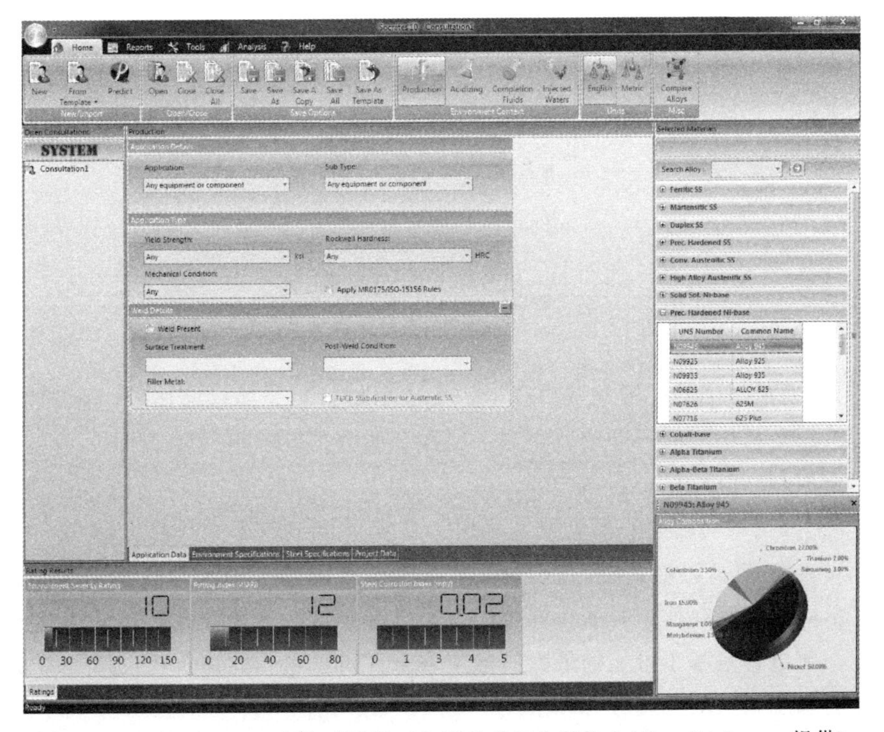

图7.14　Socrates 10.0查询对话框（由霍尼韦尔公司的Sridhar Srinivasan提供）

约束推理按照如下方式进行，即：随着系统连续进行六个层次的处理，将一个综合性的初始适用材料集不断精炼和缩小。Socrates 10.0 系统通过六个层级的材料评价，最终选择出合适的耐蚀合金材料（CRAs）（图 7.15）。

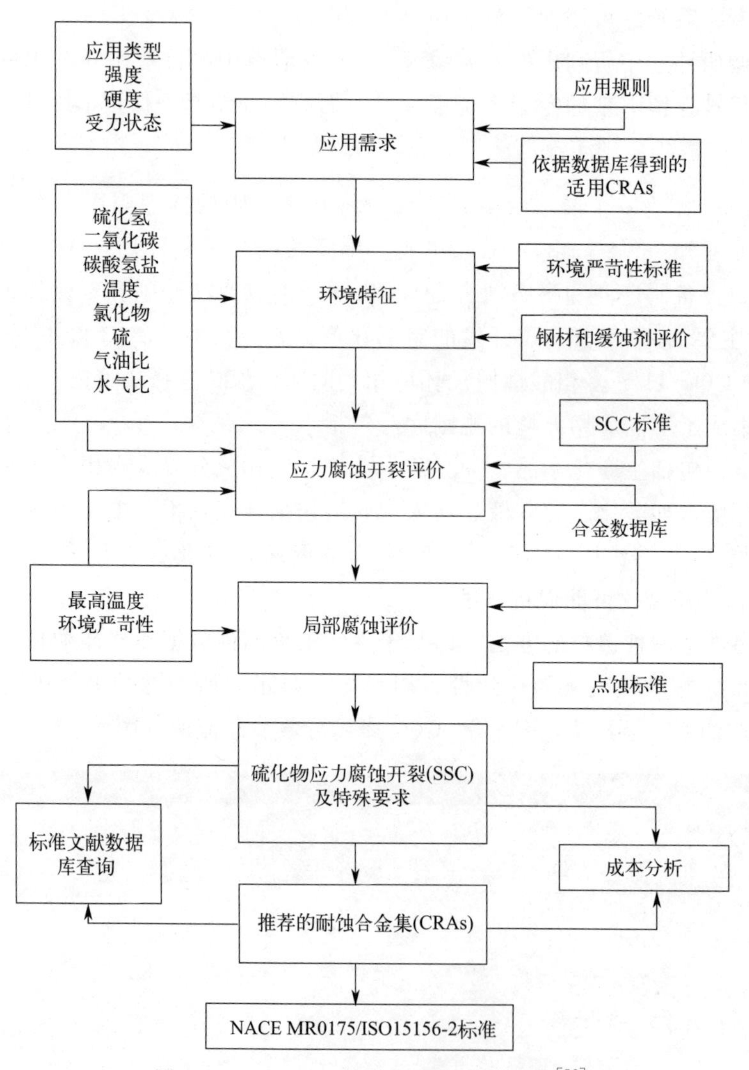

图 7.15 Socrates 10.0 系统中的数据流[52]

● 层次 1：通过明确的应用领域，获得初始适用材料集。如果应用领域未知，系统中所有等级的材料都是材料集的一部分。在这个层次上的数据要求包括屈服强度、材料状态（热处理/冷加工）和硬度极限。

● 层次 2：根据均匀腐蚀的严重程度，用一系列环境参数来表征环境特点，包括：H_2S 和 CO_2 分压、碳酸氢盐浓度、pH 值、最小和标准运行温度、氯化物和含硫物浓度、水气比和气油比。不同因素同时作用时的协同效应，通过基于这些环境参数计算得到的环境严苛性指数来体现。此过程是基于可能的最大腐蚀速率来评价材料。此评价还包括了缓蚀剂系统中与温度和流速状态相关的一些考虑因素。

● 层次 3：评价材料的 SCC 敏感性。此处评估中涉及环境的参数有 H_2S 分压、pH 值、最高运行温度以及材料中镍、铬、钼、钨和铌的含量。

• 层次 4：评价材料的点蚀敏感性。基于层次 2 确定的最高温度以及环境严苛程度计算最小点蚀指数（RMPI）。进而，依据式(7.24）计算对备选材料集中每种耐蚀合金的耐点蚀当量数（PREN）。

$$\mathrm{PREN}=\mathrm{Cr}+3.3\mathrm{Mo}+11\mathrm{N}+1.5(\mathrm{W}+\mathrm{Nb}) \tag{7.24}$$

式中，Cr、Mo、N、W 和 Nb 分别代表合金中铬、钼、氮、钨和铌含量。选择其中点蚀指数大于或等于最小点蚀指数的所有合金进行进一步评估。

• 层次 5：基于硫化物应力腐蚀开裂（SSC）所需先决条件以及基于应用需求的某些经验法则，对层次 4 中筛选出的所有适用材料进行评价。

• 层次 6：基于美国腐蚀工程师协会（NACE）标准 MR0175/国际标准化组织标准（ISO）ISO 15156-3:2009（通告-2013）的标准要求，对层次 5 中筛选出的所有适用材料进行评估。

Socrates 10.0 的设计形式是：用户可在任意具体层次上添加约束条件，而不用考虑层级结构。Socrates 配备有一个包括 160 种多合金的数据库，用户可以通过 Socrates 界面访问这些数据库（图 7.16)。而且系统有成本分析模块，用户可通过合金现值和资源利用率来比较不同合金材料的使用成本。

7.4.3.2 神经网络

一个模型化的神经网络本质上是起到了一个映射算符或转换函数的作用，一般是通过处理程序将接收到的输入信号进行加工处理，计算出它们的输出预测值[53]。由于神经网络技术的输入-输出映射关系可以是静态的，也可以是动态的，因此，该技术应用范围很广，实时操作效率极高。此外，神经网络也很适合执行一些其他隐含的专家功能，如模式识别和分类。

人工神经网络（ANN）是一个含有大量非常简单的处理器或神经元的网络（图 7.17)，每一种可能性皆占用少量的本地内存。网络中神经元的相互作用大体上以神经科学原理为基础。神经元仅运行在各自的局部数据之上和关联接收的外部输入数据之上。神经元之间通过传输基于关系权重的数值型数据的单向通道相连接。大多数神经网络都有一定的训练规则。训练算法基于给定的模式调整权重。换言之，神经网络是从实例中“学习”。人工神经网络（ANNs）特别适合解决那些模式识别很重要但无需精确计算答案的问题。当人工神经网络（ANNs）的输入和/或输出中包含一些演化参数，它们的计算精度和推断能力将显著提高，甚至可以超过传统模拟技术。此处仅简要介绍人工神经网络在腐蚀问题中的一些应用。

• 预测不锈钢应力腐蚀开裂（SCC）风险：依据主要环境参数将应力腐蚀开裂风险函数化[54]。人工神经网络通过反向传递网络进行案例档案分析，反映反应温度、氯离子浓度和氧浓度影响。目前已开发出的这种神经网络有三个。第一个是用于揭示温度和氯离子浓度的依赖关系（图 7.18)，另一个是用于显示环境中氧和氯离子含量的联合作用。第三个被训练用于探讨这三个变量的联合作用。在这个项目研究过程中，研究者们发现：人工神经网络技术胜过那些分析之前需指定具体函数的传统数学回归技术。

• 依据极化扫描预测腐蚀：人工神经网络（ANN）通过训练识别动电位极化扫描中的某些关系特征，实现预测均匀腐蚀或点蚀和缝隙腐蚀等局部腐蚀的目的[55]。初始输入数据

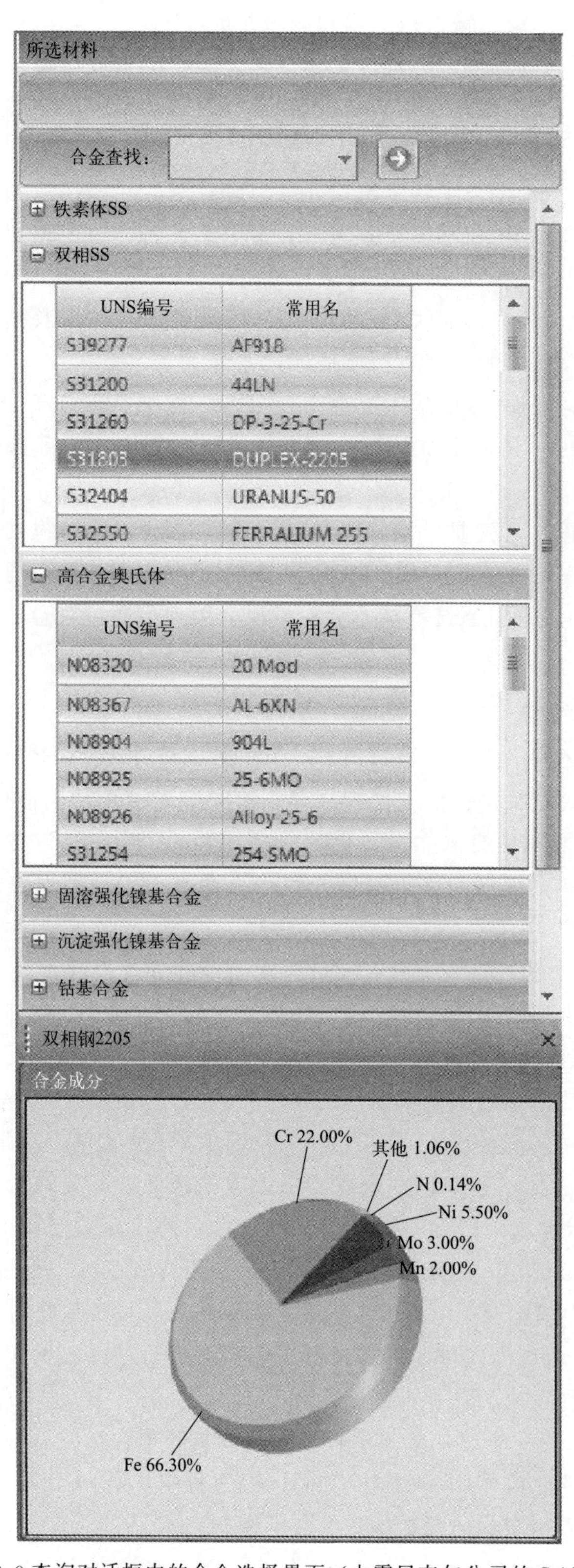

图 7.16　Socrates10.0 查询对话框中的合金选择界面（由霍尼韦尔公司的 Sridhar Srinivasan 提供）

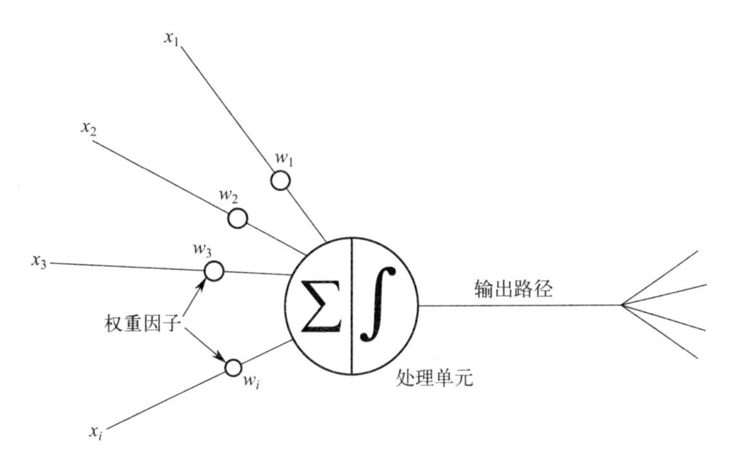

图 7.17 人工神经网络中单个处理器或神经元示意图

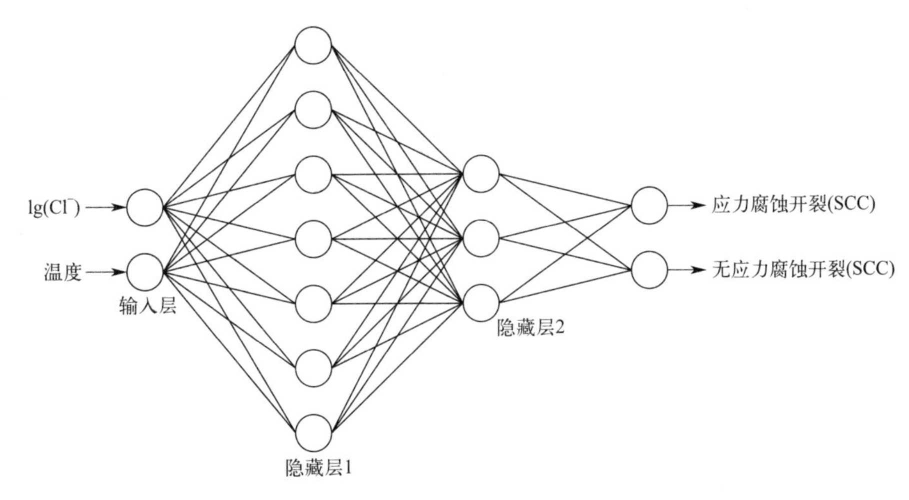

图 7.18 用于预测工业生产中奥氏体不锈钢应力腐蚀开裂（SCC）风险的四层神经网络结构
一个输入层、一个输出层、两个中间计算隐藏层

依据各种不同体系的大量极化扫描结果和详细记录的用于预测的特征值推导得到。表 7.10 列出了所用的初始输入参数以及便于计算机输入的特征值的数字化表达形式。选择表中所列这些参数的理由就是因为它们被认为是与预测相关的最重要变量（表 7.10）。业已证明：最终训练获得的人工神经网络（ANN），根据初始训练样本集之外的极化扫描数据，可以做出恰当的预测。将最终得到的人工神经网络嵌入一个专家系统（ES）之中，可以方便数据输入以及对人工神经网络数字化输出结果的解释。

表 7.10 通过极化扫描预测腐蚀的人工神经网络的数据输入和输出

输入参数	特征值
再钝化电位	$E_{prot}-E_{corr}$
点蚀电位	$E_{pit}-E_{corr}$
滞后现象	+1 为“正向” 0 为“无” −1 为“负向”

续表

输入参数	特征值
回扫电流密度	$\mu A/cm^2$
阳极鼻	+1 为“是” 0 为“否”
钝化电流密度	$\mu A/cm^2$
阴阳极转变点电位	$E_{A至C}-E_{corr}$
输出参数	特征值
预测缝隙腐蚀	+1 为“是” 0 为“否”
预测点蚀	+1 为“是” 0 为“否”
全面腐蚀应考虑吗？	+1 为“是” 0 为“否”

- 预测非金属衬里材料的降解：人工神经网络（ANN）被训练用来识别非金属材料的连续浸泡试验结果与现场应用环境中的降解行为模式之间的相关性[56]。89 个案例用来指导训练人工神经网络。另外 17 个案例用来测试受训的人工神经网络。研究者努力确保两组实验数据来自同样的试验，仅仅只是试样不同。通过选择恰当的特征变量，人工神经网络可以模仿专家作出预测，其结果有一定的准确性。这种人工神经网络的成功开发也表明：将实验室结果扩展转化至现场预测时，人工神经网络是一种非常有用的工具。
- 电化学阻抗数据的验证和外推：在此项研究中，开发的人工神经网络有三个独立输入矢量，即频率、pH 值和外加电位[57]。人工神经网络被设计用来学习来自高低频区不可见或隐藏的信息，预测比训练频率更低的频率区的信息。用于此项研究的 8 套阻抗数据皆来自磷酸盐溶液中的镍电极。5 套用于训练人工神经网络，其余三套用于测试。结果表明：此类条件下，人工神经网络是一个强有力的诊断技术。
- 二氧化碳腐蚀建模：人们已开发出一个基于人工神经网络技术的二氧化碳腐蚀“最坏状况”模型，并经过大量实验室数据验证[58]。一个实验室数据库用来训练和测试人工神经网络。该人工神经网络模型最初包括六个基本描述符（温度、二氧化碳分压、二价铁离子和碳酸氢根离子浓度、pH 值和流速）和一个输出，即腐蚀速率。与两个著名的半经验模型相比，人工神经网络系统显示了优异的插值预测性能。此外，人工神经网络模型还显示出了良好的外推功能，与纯机械电化学的二氧化碳腐蚀模型相当。
- 天然水中铝的点蚀：研究者以核废料储存容器为例，介绍了用于预测 A91100 铝合金点蚀的人工神经网络（ANN）模型的开发以及相关测试工作[59]。美国能源部萨凡纳河（Savannah River）基地，是铝包覆乏核燃料长期储存地，其中大部分废物存储在大水池中，腐蚀控制措施很完备。通过水质化学成分的预警监测和控制，发生点蚀的可能性基本降为 0。以图 7.19 所示构架为基础的人工神经网络模型，经过训练后，可用于最长 1 年期的点蚀深度预测。由于供给水含有一些模型训练数据中没有的粒子，因此，更长时间的点蚀深度的预测值和实际值之间的相关性变差。

7.4.3.3 案例推理

人类的很多推理都是基于案例而不是规则。当人们解决某些问题时，他们常常会回想他

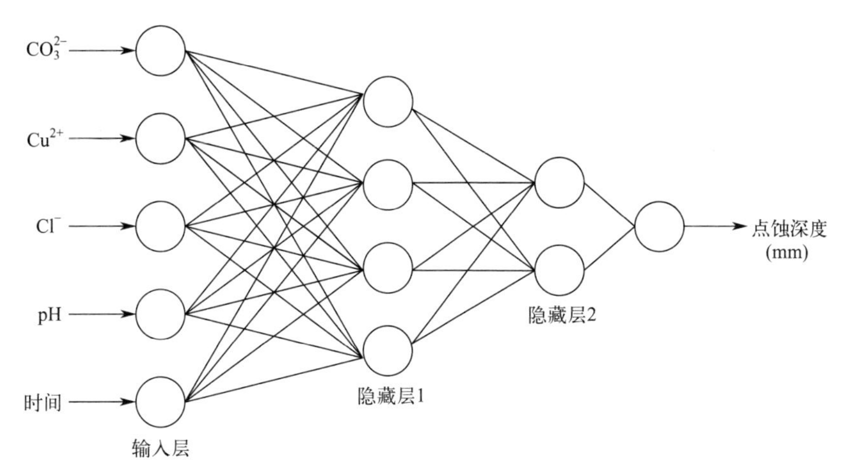

图 7.19　以水质化学成分为参数，用来预测铝点蚀的四层神经网络结构
一个输入层、一个输出层、两个中间计算隐藏层

们曾经遇到过的相关问题。多年来，法学院和商学院都以案例作为他们各自学科的知识基础。在人工智能（AI）中，所谈及的学习，通常都是指通过归纳的方法或基于原因解释的方法而进行的一种泛化的学习。案例推理（CBR）的独特之处在于学习仅仅是推理的副产物[60]。在诸如银行业、高压釜负载、战略决策制定以及外贸谈判等各种需要人进行决策的领域，案例推理都取得了实实在在的成功。在涉及不良结构问题、不确定性、含糊不清以及数据缺失的情况下，案例推理手段特别有价值。案例推理也能用来处理动态环境下或目标不断变化、目标不明确以及竞争性目标的问题。案例推理还可以用来处理存在行动反馈循环、涉及多人以及组织目标和规范可能发生变化的情况。

成功开发这类系统的一个关键问题是创建可靠的索引系统，因为判断成功与否与选择最佳储存案例之间密切相关。任何误导都会使问题质询导向第二症状和因素。因此，建立一个能有效表明或反向表明所储存案例的适用性的索引系统非常重要。在确定这种索引时，有三个问题特别重要[61]：

- 索引必须真正相关；
- 索引必须具有普遍性，否则仅有精确匹配才能作为这种案例适用性标准；
- 但是索引也不应过度宽泛一般化。

在面对新情况或新问题时，失效分析师和腐蚀工程师们还可采用类比推理的方法。最近人们已开发出两个用于腐蚀工程决策的案例推理系统。这两个案例推理系统的推理机制都是结合两个工业合金性能数据库推导演化而来。这两个案例推理系统的总体结构如图 7.20 所示。第一个系统（M-BASE）改进了根据指定的一套所需性能和/或规范进行材料检索的过程。第二个系统（C-BASE）可以帮助材料工程师处理复杂化学环境中耐蚀性材料的选择难题。

7.4.4　在线培训或学习

与传统课程学习方式相比，基于计算机学习方式的潜在优势在于：可以接触更多的目标人群，优化缩减专家导师库。但是，实践经验已表明：尽管应用软件不断发展，但在规划和开发课程素材方面仍需要专业人士投入大量时间。课程模块最初都是以纸张上的书面格式建

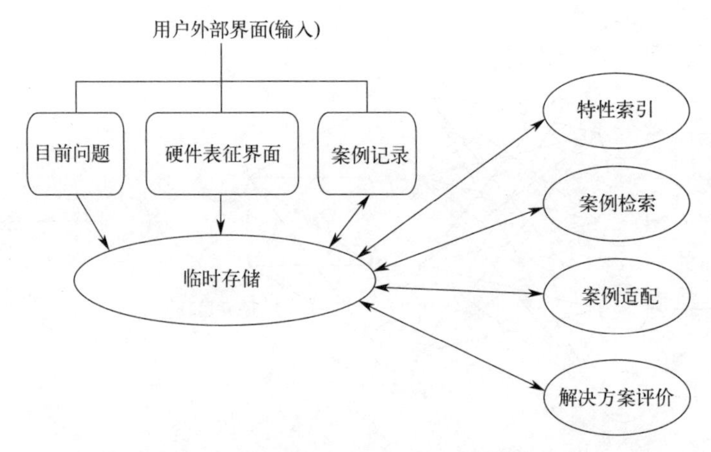

图 7.20　用于材料行为预测的案例推理结构

立，其目的就是为了使科学/技术课程内容具有坚实的基础。随后，经选定的案例研究和作业又被设计成电子形式，其目的是培养学生运用从纸质课程笔记中所学知识和能力去解决实际问题的技能。

基于计算机的学习（CBL）相比于很多传统教学技术的优点和缺点如下[62,63]：

优点：

- 进入庞大的学生和专业“市场”；
- 可能使学生具有更高的辨识能力；
- 学生与课程资源相互影响；
- 直接与互联网资源链接；
- 通过多媒体演示可以提高学生注意力；
- 信息资料和课程素材的快速更新；
- 追踪用户与课程素材间的相互影响；
- 使用电子文本处理方式可提高专门信息的检索效率；
- 优化缩减的专家导师库；
- 为学生提供更多的课程选择机会；
- 学生可依据个人时间和学习风格自由选择；
- 通过计算机模拟可实现专门学习目标（如关键技术思想、角色定位、决策程序及其后果）。

缺点：

- 缺乏面对面直接互动和参与；
- 启发性低，尤其是单独工作时；
- 缺乏团队合作意识；
- 沟通技能的培养有限；
- 基于计算机的学习素材的制作（极其）费时费钱；
- 需要专业计算和软件技能，主要是针对部分开发人员；
- 需要昂贵的硬件；
- 硬件的非一致性影响产品质量；

● 需要支持团队。

以英国曼彻斯特理工大学腐蚀与防护中心为基础，联合诺丁汉大学、阿斯顿大学、利兹大学和格拉斯哥大学组成的一个联盟，开展了一项风险项目，形成了一个称之为 E_{corr} 的基于计算机学习（CBL）的课程素材，用以支持工科学生的腐蚀原理和腐蚀控制方法的教学。E_{corr} 采取了一种案例学习方式，即学生首先通过一些简单的腐蚀具体实例进行学习，接着再通过实际腐蚀工程问题来学习腐蚀知识。

7.5 腐蚀信息与通信技术

近些年来，伴随着便携式计算工具和数据储存技术的飞速进展，人类在通信交流、全球定位以及其他信息系统方面也取得了类似的惊人进展。这些技术的进步也给现场工作人员提供了极大的帮助，从最乏味或重复性工作到最复杂的工作。同样，监测技术方面的进展也很显著。用小传感器可以更快速进行测量，而数据可以存储在手持电子设备或便携式计算机中或者通过有线或无线技术发送至控制室或办公中心。操作人员可通过这些电脑化传感器实时监测几乎所有地方的局部腐蚀情况。

下面示例中，我们简单介绍了一个用于阴极保护（CP）数据管理的商用软件系统的主要功能和特点，并以此来说明该类系统是如何简化现场工程师或操作员的工作。在很多采集数据特别重要的其他腐蚀检测防护应用领域，类似的系统也可使用（如水质分析管理、超声管道检测、化学加工处理等等）。

在此例中，软件系统用来存储和维护每半个月从整流器获取的读数以及测试点的年度检测数据。软件可在企业网上运行，也可以在单独的便携式计算机上运行。通过双向复制功能，现场工作人员可将数据库副本复制到便携式计算机上带到现场，可以查看所有阴极保护历史数据。现场新读取数据也可以加入数据库中。工作人员返回办公室后，将这些新数据加入主数据库，这样所有用户都能通过企业网获得新数据[64]。

此外，人们也可以先确定一个检测路线图❶，并将其下载到一个供现场使用的坚固耐用防水计算机上，其中集成一个全球定位系统（GPS）装置，用来定位新测试点。软件系统还包含大量标准报告，包括历史记录数、合规报告以及灵活的特别报告，可根据需要形成定制化报告。此类数据管理系统具有很多优点：

（1）现场可获得阴极保护（CP）的历史数据：在每一个现场工作人员的笔记本电脑上都可使用整个阴极保护数据库。当碰到现场问题时，现场工作人员可直接查阅历史运行数据，分析示数下降的原因，确定是否需要进行附加测试。

（2）双向复制：利用系统的双向复制功能，现场工作人员可以用数据库原版拷贝同步远程数据。这种同步处理程序为管道运行人员提供了获取最新现场数据的途径。

（3）路由文件：路由文件包含有试验点位位置列表，工作人员可将其下载到每个压气站以及压气站之间管段的现场计算机中。

（4）特别报告：在现场或工作完成后，可以形成定制化报告，这是基于便携式电脑的数据管理系统的众多有用特性之一。

---

❶ 一个检测路线图由用于数据采集的试验位点的序列表组成，包括测试位点的前一个或最后一个读数采集。

网络已发展成为一个可以存储各种信息的庞大储存库，只有经过良好训练的人员，才能在这一空间内高效地遨游。尽管在编目和查找每一点有用信息方面，谷歌（Google）等网络浏览器非常先进，但是如果查询本身定义和聚焦不是很好，它们也将无法简单用于一些针对性内容的筛选。以下部分将为读者提供一些在处理腐蚀问题时可能非常宝贵的互联网活动和内容的示例。

7.5.1 腐蚀术语表

读者可能已意识到，与《腐蚀工程手册（第一版）》不同，在第三版中并未包含腐蚀术语表。其中主要原因是目前有大量网络术语表可用，比纸质出版物收录的要全面得多。大多数与腐蚀及其控制相关的术语应该都可以从下面这些网络链接中找到：

- “腐蚀博士”术语表
  - 均匀腐蚀术语表（http：//corrosion-doctors. org/Principles/Glossary. htm）
  - 腐蚀监测与检测术语表（http：//corrosion-doctors. org/Monitor-Glossary/Glossary. htm）
  - 电化学术语（http：//corrosion-doctors. org/Dictionary/Dictionary. htm）
  - 与水相关的术语表（http：//corrosion-doctors. org/Water-Glossary/Glossary. htm）
- 亨德里克斯集团（Hendrix Group）腐蚀相关术语表（http：//hghouston. com/resources/corrosionglossary）
- 斯伦贝谢（Schlumberger）油田术语表（https：//www. glossary. oilfield. slb. com/）

7.5.2 腐蚀手册和专题报告

例如，美国国家物理实验室（NPL）网站一直维护着的一个资源库（http：//www. npl. co. uk/science-technology/advanced-materials/national-corrosion-service/publications/corrosion-guides），其中包括一系列有关腐蚀科学（6）、腐蚀控制（10）、建筑工业（13）的腐蚀指南，以及伍德（Wood）编著的泵腐蚀和金属腐蚀两个指南。此外，网络还是一个容纳大量有趣的腐蚀问题和议题的资源库。

参考文献

[1] O'Rorke, P., Morris, S., and Schulenburg, D., Theory Formation by Abduction: A Case Study Based on the Chemical Revolution. In: Shrager, J., Langley, P., eds. *Computational Models of Scientific Discovery and Theory Formation*. San Mateo, CA, Morgan Kaufmann Publishers, 1990.

[2] Evans, U. R., *An Introduction to Metallic Corrosion*, London, UK, Edward Arnold, 1948.

[3] Cushman, A. S., and Gardner, H. A., *The Corrosion and Preservation of Iron and Steel*, New York, NY, McGraw-Hill, 1910.

[4] Dunstan, W. R., Jowett, A. D., and Goulding, E., Rusting of Iron. *Journal of the Chemical Society* 1905; 87: 1548–1574.

[5] Vernon, W. H. J., A Laboratory Study of the Atmospheric Corrosion of Metals: Part I—Copper. *Transactions of the Faraday Society* 1931; 27: 255–277.

[6] Vernon, W. H. J., A Laboratory Study of the Atmospheric Corrosion of Metals: Part II—Iron and Part III—Rust. *Transactions of the Faraday Society* 1935; 31: 1668–1700.

[7] Vernon, W. H. J., An Air Thermostat for Quantitative Laboratory Work. *Transactions of the Faraday Society* 1931; 27: 241–247.

[8] Vernon, W. H. J., and Whitby, L., The Quantitative Humidification of Air in Laboratory Experiments. *Transactions of the Faraday Society* 1931; 27: 248–255.

[9] Pourbaix, M., *Atlas of Electrochemical Equilibria in Aqueous Solutions*, 2nd ed., Houston, TX, NACE International, 1974.

[10] Roberge, P. R., *Handbook of Corrosion Engineering*, New York, NY, McGraw-Hill, 2000.

[11] Box, G. E., Hunter, W. G., and Hunter, J. S., *Statistics for Experiments*, New York, NY, John Wiley and Sons, 1978.

[12] Mason, R. L., Gunst, R. F., and Hess, J. L., *Statistical Design and Analysis of Experiments*, New York, NY, John Wiley & Sons, 1989.

[13] Box, G. E. P., and Draper, N. R., *Empirical Model-Building and Response Surfaces*, New York, NY, John Wiley & Sons, 1987.

[14] Haynie, F. H., Environmental Factors Affecting the Corrosion of Galvanized Steel. In Dean, S., Lee, T. S., eds. *Degradation of Metals in the Atmosphere [STP 965]*, Computer Modeling in Corrosion. Philadelphia, PA, American Society for Testing and Materials, 1988; 282–237.

[15] Klassen, R. D., and Roberge, P. R., Aerosol Transport Modeling as an Aid to Understanding Atmospheric Corrosivity Patterns. *Materials and Design* 1999; 20: 159–168.

[16] Feliu, S., Morcillo, M., and Chico, B., Effect of Distance from Sea on Atmospheric Corrosion Rate. *Corrosion* 1999; 55: 883–891.

[17] Morcillo, M., Chico, B., Mariaca, L., and Otero, E., Salinity in Marine Atmospheric Corrosion: Its Dependence on the Wind Regime Existing in the Site. *Corrosion Science* 2000; 42: 91–104.

[18] Lyon, S. B., Wong, C. W., and Ajiboye, P., An Approach to the Modeling of Atmospheric Corrosion. In: Kirk, W. W., Lawson, H. H., eds. *Atmospheric Corrosion, ASTM STP 1239*. Philadelphia, PA, American Society for Testing and Materials,1995; 26–37. 1995.

[19] Klassen, R. D., Roberge, P. R., Lenard, D. R., and Blenkinsop, G. N., Corrosivity Patterns Near Sources of Salt Aerosols. In: Townsend, H. E., ed. *Outdoor and Indoor Atmospheric Corrosion, ASTM STP 1421*. West Conshohocken, PA, American Society for Testing and Materials, 2002; 19–33.

[20] Roberge, P. R., *Corrosion Engineering: Principles and Practice*, New York, NY, McGraw-Hill, 2008.

[21] Truesdell, A. H., and Jones, B. F., A Computer Program for Calculating Chemical Equilibria of Natural Waters. *Journal of Research of the U.S. Geological Survey* 1974; 2: 233–248.

[22] Ferguson, R. J., Freedman, A. J., Fowler, G., Kulik, A. J., Robson, J., and Weintritt, D. J., The Practical Application of Ion Association Model Saturation Level Indices to Commercial Water Treatmant Problem Solving. In: Amjad, Z., ed. *Mineral Scale Formation and Inhibition*. New York, NY, Plenum Press, 1995; 323–340.

[23] Ferguson, R. J., Codina, O., Rule, W., and Baebel, R., Real Time Control of Scale Inhibitor Feed Rate. 49th Annual Meeting, IWC-88-57. Pittsburg, PA, International Water Conference, 1988.

[24] Ferguson, R. J., and Freedman, A. J., A Comparison of Scale Potential Indices with Treatment Program Results in Ozonated Systems. Paper #279. Houston, TX, NACE International. CORROSION 93, 1993.

[25] Evans, U. R., Mears, R. B., and Queneau, P. E., Corrosion Probability and Corrosion Velocity. *Engineering* 1933; 136: 689.

[26] Mears, R. B., and Evans, U. R., The "Probability" of Corrosion. *Transactions of the Faraday Society* 1935; 31: 527–542.

[27] Shibata, T., Corrosion Probability and Statistical Evaluation of Corrosion Data. In: Revie, R. W., ed. *Uhlig's Corrosion Handbook*. New York, NY, Wiley-Interscience, 2000; 367–392.

[28] Haynie, F. H., Statistical Treatment of data, Data Interpretation, and Reliability. In: Baboian R, ed. *Corrosion Tests and Standards, MNL 20*. Philadelphia, PA, American Society for Testing of Materials, 1995; 62–67.

[29] Roberge, P. R., The Analysis of Spontaneous Electrochemical Noise by the Stochastic Process Detector Method. *Corrosion* 1994; 50: 502.

[30] Gumbel, E. J., *Statistical Theory of Extreme Values and Some Practical Applications*, Mathematics Series, Washington, DC, National Bureau of Standards, 1954; 33.

[31] Shibata, T., Statistical and Stochastic Approaches to Localized Corrosion. *Corrosion* 1996; 52: 813–830.

[32] Meany, J. J., and Ault, J. P., Extreme Value Analysis of Pitting Corrosion. In: Parkins, R. N., ed. *Life Prediction of Corrodible Structures*, Vol. 1. Houston, TX, NACE International, 1994; 306–319.

[33] Sheikh, A. K., Boah, J. K., and Hansen, D. A., Statistical Modeling of Pitting Corrosion and Pipeline Reliability. *Corrosion* 1990; 46: 190–197.

[34] Shoesmith, D. W., Ikeda, B. M., and LeNeveu, D. M., Modeling the Failure of Nuclear Waste Containers. *Corrosion* 1997; 53: 820–829.

[35] Lipfert, F. W., Benarie, M., and Daum, M. L., Metallic Corrosion Damage Functions. *Proceedings* Vol. 86-6. Pennington, NJ, The Electrochemical Society, 1986; 108–154.

[36] Dean, S. W., and Reiser, D. B., Analysis of Data from ISO CORRAG Program. CORROSION 1998, Paper # 340. Houston, TX, NACE International, 1998.

[37] Dean, S. W., and Reiser, D. B., Comparison of the Atmospheric Corrosion Rates of Wires and Flat Panels. CORROSION 2000, Paper # 455. Houston, TX, NACE International, 2000.

[38] Tidblad, J., Mikhailov, A. A., and Kucera, V., A Model for Calculation of Time of Wetness Using Relative Humidity and Temperature Data. 14th International Corrosion Congress, Paper 337.2. Cape Town, South Africa, September 26–October 1, 1999.

[39] Tidblad, J., Mikhailov, A. A., and Kucera, V., Application of a Model for Prediction of Atmospheric Corrosion in Tropical Environments. In: Dean, S. W., Hernandez-Duque Delgadillo, G., Bushman, and J. B., eds. *Marine Corrosion in Tropical Environments*. Philadelphia, PA: ASTM, 2000; 18–32.

[40] Feliu, S., Morcillo, M., and Feliu, Jr., S., The Prediction of Atmospheric Corrosion from Meterological and Pollution Parameters—I. Annual Corrosion. *Corrosion Science* 1993; 34: 403–414.

[41] Feliu, S., Morcillo, M., and Feliu, Jr., S., The Prediction of Atmospheric Corrosion from Meterological and Pollution Parameters-II. Long-Term Forecasts. *Corrosion Science* 1993; 34: 415–422.

[42] Pintos, S., Queipo, N. V., de Rincon, O. T., Rincon, A., and Morcillo, M., Artificial Neural Network Modeling of Atmospheric Corrosion in the MICAT Project. *Corrosion Science* 2000; 42: 35–52.

[43] Nakajima, M., Mapping Method for Salt Attack Hazard Using Topographic Effects Analysis. First Asia/Pacific Conference on Harmonisation of Durability Standards and Performance Tests for Components in the Building Industry. Bangkok, Thailand, 1999.

[44] Health and Safety Executive, *Successful Health and Safety Management*, Sudbury, UK, HSE Books, 1997.

[45] Health and Safety Executive, *Review of Corrosion Management for Offshore Oil and Gas Processing*. Sudbury, UK, HSE Books, 2001.

[46] Timmins, P. F., *Predictive Corrosion and Failure Control in Process Operations*, Materials Park, OH, ASM International, 1996.

[47] Muhlbauer, W. K., *Pipeline Risk Management Manual*, 2nd ed., Houston, TX, Gulf Publishing Co., 1996.

[48] Stonier, T., *Beyond Information*, London, UK, Springer-Verlag, 1992.

[49] Durkin, J., *Expert Systems: Design and Development*, New York, NY, MacMillan Pub. Co., 1994.

[50] Williams, C., Expert Systems, Knowledge Engineering, and AI Tools—An Overview. *IEEE Expert* 1986; 66–70.

[51] MTI. Report of Task Group 1 of the Working Party on Expert Systems in Materials Engineering. St. Louis, MO, Materials Technology Institute, 1990, 1–124.

[52] Srinivasan, S., Computer Technology for Corrosion Assessment and Control. In: Revie, R. W., ed., Uhlig's Corrosion Handbook. New York, NY, John Wiley & Sons, 2011; 1033–1044.

[53] Trethewey, K. R., and Roberge, P. R., Design and Structure of Knowledge Based Systems for Improved Materials Performance. *Corrosion Reviews* 1997; 15: 71–94.

[54] Smets, H. M. G., and Bogaerts, W. F. L., SCC Analysis of Austenitic Stainless Steels in Chloride-Bearing Water by Neutral Network Techniques. *Corrosion* 1992; 48: 618–623.

[55] Rosen, E. M., and Silverman, D. C., Corrosion Prediction from Polarization Scans Using Artificial Neural Network Integrated with an Expert System. *Corrosion* 1992; 48: 734–745.

[56] Silverman, D. C., Artificial Neural Network Predictions of Degradation of Nonmetallic Lining Materials from Laboratory Tests. *Corrosion* 1994; 50: 411–418.

[57] Urquidi-MacDonald, M., and Egan, P. C., Validation anal Extrapolation of Electrochemical Impedance Spectroscopy Data Analysis. *Corrosion Reviews* 1997; 15.

[58] Nesic, S., and Vrhovac, M., A Neural network Model for CO2 Corrosion of Carbon Steel. *Journal of Corrosion Science and Engineering* 1998; 1: 1–11.

[59] Leifer, J., and Mickalonis, J. I., Prediction of Aluminum Pitting in Natural Waters via Artificial Neural Network Analysis. *Corrosion* 2000; 56: 563–571.

[60] Kolodner, J., *Case-Based Reasoning*, San Mateo, CA: Morgan Kaufmann Publishers, 1993.

[61] Barletta, R., and Mark, W. Explanation-Based Indexing of Cases. Proceedings of AAAI-88, Cambridge, MA, MIT Press, 1988; 50–60.

[62] Basu, P., De, D. S., Basu, A., and Marsh, D., Development of a Multimedia-Based Instructional Program. *Chemical Engineering Education* 1996; 272–277.

[63] Nobar, P. M., Crilly, A. J., and Lynkaran, K., The Increasing Influence of Computers in Engineering Education: Teaching Vibration via Multimedia Programs. *International Journal of Engineering Education* 1996; 12: 123–140.

[64] Boyd, L., Schow, B. L., and Nicholas, K. W. CP Data Management Software, Field Computers and Remote Monitoring Facilitate Cathodic Protection System Commissioning. CORROSION 2005, Paper # 135. Houston, TX, NACE International, 2005.

第八章

腐蚀失效

8.1 引言

在现代社会中，系统失效以及随后的失效研究已变得越来越重要。除了界定责任问题之外，进行失效调查研究的另一个重要原因是鉴别失效机制及引发原因，预防再次发生。实际上，提出补救措施建议也是失效分析程序的重要组成部分。忽视腐蚀失效的内在原因以及纠正措施，可能会使相关组织机构面临起诉及责任问题，造成客户流失以及产品丧失公信力。在现代全球竞争激烈的商业环境中，这种风险显然让人无法接受。

失效分析并不是一个容易或简单明了的工作。在失效分析中，腐蚀的早期识别是一个至关重要的问题，因为如果在正确观察和检测之前，失效场景发生变化或改变，可能会导致太多的重要腐蚀信息流失。为了避免这些问题，研究者们提出了一些系统化分析程序，指导失效分析过程。不过，根本上来讲，通过实践是学习失效分析最好的方式，一个失效分析员必须通过实际调查研究及成功解决各种问题的实践学习，才能获得相应的专业分析资质。

目前大家普遍都认为，从服役环境中失效材料的检测结果可以推断很多信息，而且通常通过外观检查就可能判断何种腐蚀机制以及需采取何种补救措施。

8.2 腐蚀失效机制和形式

下文引自 1967 年首次出版的方坦纳（Fontana）和格林（Greene）的经典教科书《腐蚀工程》[1]。其中总结了一个失效分析培训的基本原则，被很多指导书广泛引用，是所有关于失效分析的现代培训手册的核心。

基于腐蚀金属的外观，按照自身显示的腐蚀形态，对腐蚀进行分类很方便。这样，人们仅通过外观检查就可识别每种腐蚀形态。在大多数情况下，肉眼观察就已足够，但有时，放大观察是有益的或必需的。通常，通过仔细检查腐蚀试验试样或失效设备，就可获得很多对解决腐蚀问题有价值的信息。

下文将分别介绍图 8.1 所示的各种腐蚀类型。不过应该注意的是：任何腐蚀损伤，在发起阶段，各种类型的腐蚀常常都会起到协同作用。例如缝隙腐蚀的发生，常常会造成一个有利于点蚀、晶间腐蚀甚至应力腐蚀开裂的环境条件。

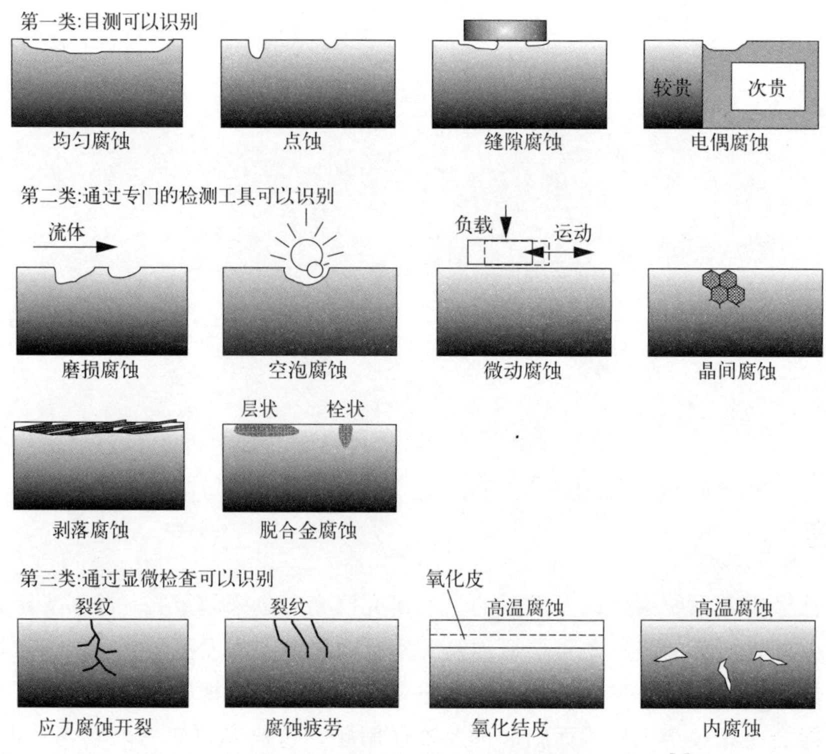

图 8.1 依据识别难易程度重新分组的主要腐蚀类型[2]

在体系、环境以及其他运行参数不同时，每种腐蚀类型实际重要性也将会有所不同。但是，通过对比图 8.2(a) 和 (b)，我们可以发现：在同种行业中，腐蚀失效类型的分布是惊人的相似。两个腐蚀失效分布图数据分别来自两个不同洲的两大化工厂，一个位于德国[图 8.2(a)]，另一个在美国[图 8.2(b)][3]。

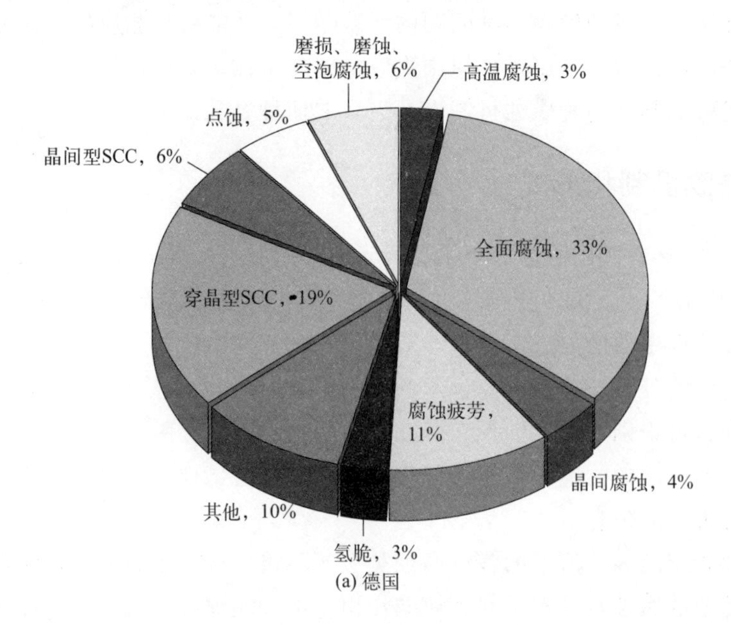

(a) 德国

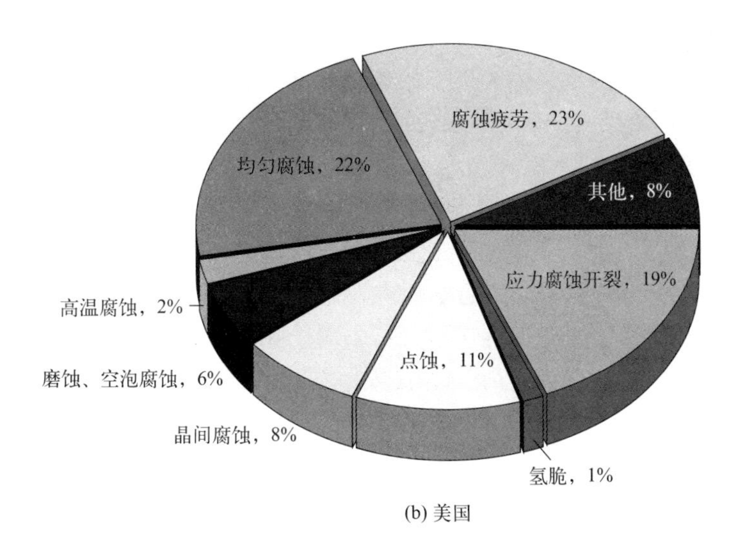

(b) 美国

图 8.2　大化工厂腐蚀失效形式的统计分布

8.2.1　全面或均匀腐蚀

均匀腐蚀是一种金属重量损失最大的腐蚀形态，如常见的废弃钢结构的生锈（图 8.3）。事实上，有些金属能成功在户外环境中使用，正是由于这种均匀腐蚀，而且在金属表面还产生丰富色调，例如作为耐久性屋顶材料的铜以及建筑和雕像用的耐候钢。从腐蚀检测的角度来看，均匀腐蚀相对比较容易检测，其影响可预测。因此，如果受腐蚀材料并未被隐藏在视线之外，实际上它的均匀腐蚀要比其他形式腐蚀造成的麻烦要小。例如：管道的内腐蚀或隐藏部件的腐蚀以及其他任何埋地或浸没结构的腐蚀就是很好的实例，即使是最简单的腐蚀过程也需要监测。控制均匀腐蚀的一个最简单的方法就是在系统设计时，依据可能的材料厚度损失，设定足够的腐蚀裕量。

图 8.3　野外废弃地下燃气储罐的锈蚀

8.2.2　局部腐蚀

8.2.2.1　点蚀

一般认为，点蚀比均匀腐蚀更危险，不仅仅是因为其检测更困难，更重要的原因是点蚀常常是造成更恶劣腐蚀模式的开始，如晶间腐蚀（IGC）、应力腐蚀开裂（SCC）以及疲劳腐蚀等。此外，一个金属总重量损失极小的狭小蚀孔，就有可能引起整个工程系统的失效。尽管金属腐蚀量很小，但是对于昂贵设备而言，穿孔仍然可能带来高昂的维修成本。

电视剧《重返危机现场》（Seconds from Disaster），其中就讲述了一个由于点蚀造成的悲壮大灾难。1992 年 4 月，墨西哥瓜达拉哈拉（Guadalajara）排污管发生爆炸，致使 215 人丧生，而且还引发了一系列的爆炸，造成 1600 栋建筑受损，1500 人受伤。从大约上午 10:30 开始，人们至少听到 9 次不同的爆炸声，爆炸撕开了一条近 2 公里长的锯齿状壕沟。壕沟与城市排污系统毗连，口孔深度至少 6m，跨度 3m。直径大于 50m 的坑在多个位置明显可见，很多车辆被埋或被掀翻在内。一个目击者说一辆公共汽车“被孔洞吞没了”。预计损失高达 7500 万美元。

排污管爆炸根源可追溯到爆炸发生之前几年承包商安装的一个输水管道。这个水管泄漏使受压水漏到位于其下方的输气管线上。受阴极保护的燃气管线上有个凹坑，凹坑中有一个孔洞（图 8.4）和一个受腐蚀区，皆沿着轴线方向。第二个孔并未穿透内壁。镀锌水管上的明显痕迹，表明在不同尺寸的蚀孔中都存在明显可见的杂散电流腐蚀作用[4]。燃气管线随后发生腐蚀，从而导致燃气泄漏进入主排污管线。

图 8.4　镀锌水管上的孔，导致燃气管线腐蚀以及随后发生燃气泄漏进入主排污管，最终导致墨西哥瓜达拉哈拉（Guadalajara）1992 大爆炸[4]

（由墨西哥电子研究所 Jose Malo 博士供图）

诸如酸度等可破坏钝化膜的水化学因子还有：低溶解氧浓度和高氯离子浓度，其中低溶解氧浓度往往会降低保护性氧化膜的稳定性。由于这些因素之间复杂的交互影响，真实环境中点蚀如何萌生和发展，可能有很大差异。例如：从冶金学角度而言，铜本身是一种相当简单的材料，但是根据水质具体条件不同，可发生以下三种不同类型的点蚀。

点蚀类型Ⅰ：与 pH 为 7～7.8 的硬水或中等硬度水有关，在冷水中发生可能性最大。蚀孔深且窄，这种点蚀会导致管线失效（图 8.5）。

点蚀类型Ⅱ：仅在 pH 值低于 7.2 的某些软水中发生，在温度低于 60℃时很少发生。蚀孔比类型Ⅰ的狭小，但仍可能造成管线失效（图 8.6）。

点蚀类型Ⅲ：在 pH 值大于 8.0 的冷软水中发生。这是一种更普遍的点蚀形态，通常浅而宽，腐蚀副产物会使水变蓝，或引起管道堵塞（图 8.7）。

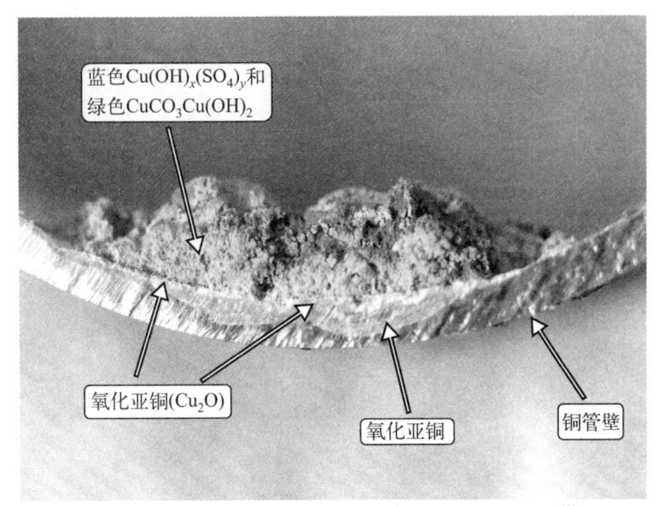

图 8.5　铜点蚀类型Ⅰ（由 TMI 公司 Russ Green 供图）

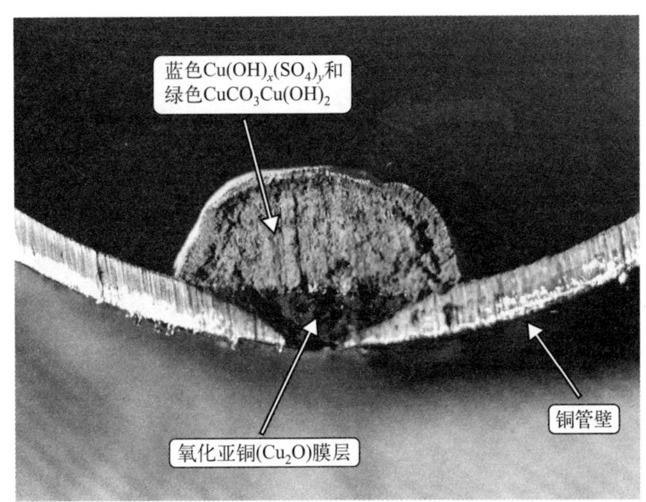

图 8.6　铜点蚀类型Ⅱ（由 TMI 公司 Russ Green 供图）

图 8.7　铜点蚀类型Ⅲ（由 TMI 公司 Russ Green 供图）

尽管蚀孔形状可能因体系和合金不同而存在很大差异（图 8.8），但是多数钢材的蚀孔通常大体上都呈碟形、圆锥形或半球形。而不锈钢在发生点蚀时，会伴随着合金表面保护性膜层产生一系列微观变化。点蚀形核通常是由氯离子迁移穿过表面膜层引起。形核位点可能随即发生再钝化，也有可能在氯化物盐溶解过程中通过形成局部饱和盐溶液进行扩展[5]。

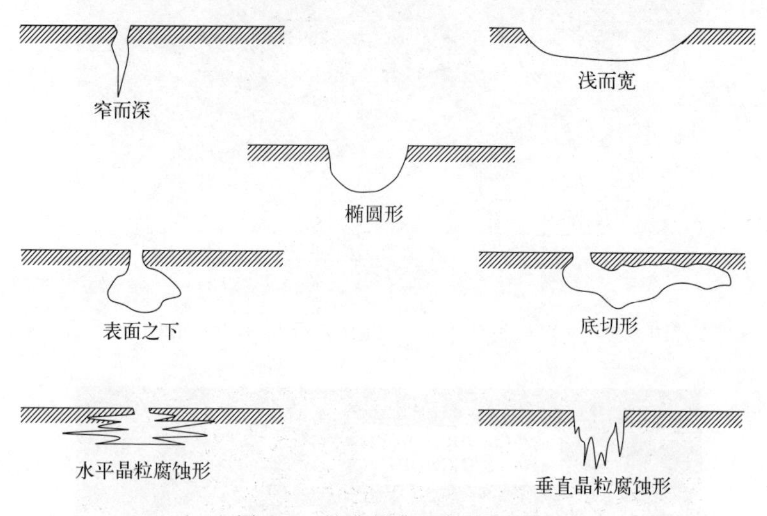

图 8.8 蚀孔的典型截面形状

胚孔及其形成是不锈钢点蚀过程的第二步。如果腐蚀电流足够高或所处部位闭塞程度足够高，胚孔可能发展成亚稳态孔。如果亚稳态孔扩展至足够大，那么可能达到稳定状态，稳定生长成具有一定大小、形状和深度的稳定孔，而且随后它们还可能无限扩展。这就是稳定孔的生长，出现稳定孔时对应的电位定义为临界点蚀电位（E_{pit}）。临界点蚀电位有时也称为突破电位、击穿电位或破裂电位。一旦蚀孔萌生后，它们的扩展通常都非常迅速，如图 8.9 所示，在电极电位刚好超过临界点蚀电位时，电流密度急剧增大[6]。

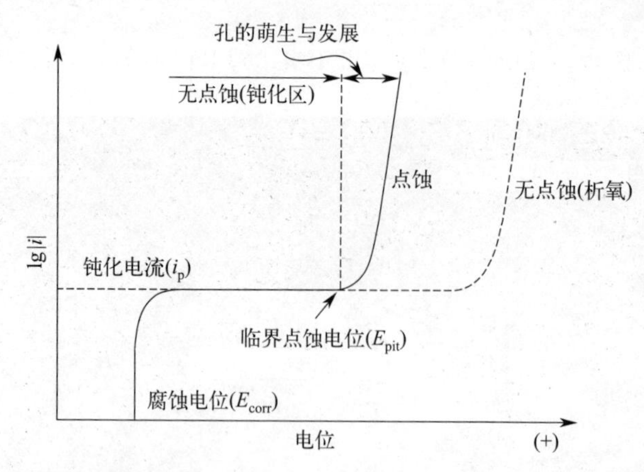

图 8.9 显示临界点蚀电位的阳极极化曲线示意图（对于钝化金属）[6]

尽管金属 E_{pit} 值与氯离子浓度等很多环境因素相关，但 E_{pit} 仍然是金属或合金的一个特征属性。例如：在氯离子浓度一定时，金属材料的耐蚀性通常随着 E_{pit} 的正向移动而提高。表 8.1 列出了各种金属和合金在 0.1mol/L 的氯化钠溶液中的临界点蚀电位[6]。在各种情况下，点蚀电位的意义：当电位低于 E_{pit} 时，点蚀不会发生；而电位高于 E_{pit} 时，点蚀会萌生和扩展。

表 8.1　各种金属和合金在 0.1mol/L 的氯化钠溶液中的临界点蚀电位（E_{pit}）

金属或合金①	E_{pit}(相对 SCE)/V	金属或合金①	E_{pit}(相对 SCE)/V
锌	−1.02	镍	+0.08
铝	−0.70	铬	+0.125
5656 铝合金(Al-5Mg)	−0.68	锆	+0.22
铁	−0.41	304 不锈钢	+0.30
M-50 钢(Fe-4Cr-5Mo-1V)	−0.23	316 不锈钢	+0.50
铜	−0.04	钛	>+1.0②
钼	+0.055		

①此表中金属或合金从上至下，耐点蚀性依次增强。

②该值是氧化膜的介电击穿而不是点蚀。

在点蚀扩展阶段，由于阴阳极环境变化（阴极区和阳极区相应地分别变得碱性更强和酸性更强），孔的扩展速率会增大。不过，由于腐蚀产物填充或阴极成膜等导致局部电池内阻增大，小孔也可能停止生长。此外，如果蚀孔表面变干，点蚀将会受到抑制，至少暂时会受到抑制。但当干燥蚀孔表面重新变得湿润时，有些孔可能再次被激活而生长。另外，金属表面溶液介质的运动，通常都会降低甚至有可能防止那些原本在静滞状态可能会发生的点蚀。

正如前面所提及，点蚀常常与其他腐蚀形态相关联。例如：晶间腐蚀（IGC）和裂纹扩展可能就是从大孔洞开始向金属内部发展。在图 8.10 所示实例中，铝锂合金薄板边缘处点蚀，就是随着孔底部的晶间腐蚀发生而发展。另外在有些情况下，晶间腐蚀是形成大深孔的前兆，如图 8.11。此外，下一节介绍的缝隙腐蚀也可视为点蚀的一种恶化情况。

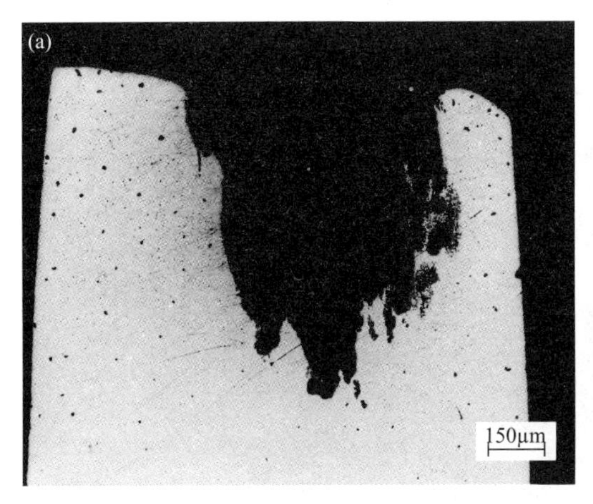

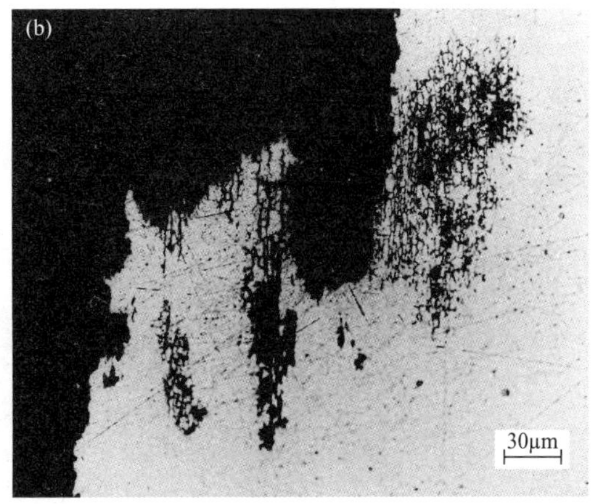

图 8.10　浸在海水中 4 个月的 8090-T851 铝锂合金板，其边缘的截面显微照片可说明点蚀的沿晶特性：(a) 64×；(b) 320×

8.2.2.1.1　点蚀的抑制

因为点蚀是一个电化学过程，所以可以通过阴极保护来抑制。此外，添加缓蚀剂也可以抑制点蚀。缓蚀剂可以改变局部电池的电极反应，消除它们的驱动力。

此外，在金属表面用另一种牺牲性金属层镀覆或包覆，如钢表面镀锌、铝表面用阿尔卡

图 8.11　S30400 不锈钢发生晶间腐蚀之后在其表面形成的大深孔

拉德（Alclad）铝[1]包覆，或涂装一层保护性涂层，通常也可以抑制该金属的点蚀。富锌涂层含有牺牲阳极活性成分，可防止钢或铝的点蚀。某些情况下，搅拌或扰动可抑制环境差异的扩大，预防静止状态下可能发生的点蚀。

8.2.2.2　缝隙腐蚀

缝隙腐蚀发生在金属装配件的配合面间形成的裂缝或缝隙中，通常呈一种点蚀或蚀斑形态。形成缝隙的两个表面可能是同种金属或异种金属，亦有可能是一个表面是金属另一个表面是非金属，如图 8.12。金属表面垢层和沉积层下以及松配合垫圈和垫片下，由于无法防止液体进入它们与金属表面之间的缝隙内，也有可能发生缝隙腐蚀。此外，缝隙腐蚀可能从暴露在空气中的金属表面开始向内发展，也可能在浸没结构中发生。

图 8.12　在桥梁钢结构中由于石块造成的一些大孔洞

造成严重缝隙腐蚀的一系列过程可总结为如下几个阶段。第一阶段，缝隙腐蚀被认为是由充气差异机制引起的。由于金属吸氧腐蚀过程会消耗缝隙深处水溶液中溶解氧，而缝外氧

---

[1] Alclad：阿尔卡拉德包层铝，一种复合锻制产品，由铝合金芯和铝或铝合金包覆层组成，即采用铝或铝合金单面或双面包覆铝合金芯，其中包覆层与铝合金芯之间是冶金结合，相对铝合金芯，包覆层是阳极，因此可对铝合金芯起到电化学保护作用。

向缝隙内扩散又受到限制，因此在缝隙微环境与外部表面之间就形成一个充气差异电池（图8.13）。图8.13中所示缝隙，可能是一个很薄的、肉眼几乎不可见的毛细管间隙大小，也可能间隙大小达到1mm甚至更大。第二阶段，缝外金属表面以发生氧还原为主，如反应式（8.1）所示，成为阴极，而缝内部分金属表面发生腐蚀成为阳极，在这种特殊的缝外与缝内表面相互作用下，缝隙内最初环境状态逐渐开始变化。对于不锈钢，其耐蚀性由合金化铬提供，其反应可表示为式（8.2）。

$$(\text{氧还原})O_2+2H_2O+4e^- \longrightarrow 4OH^-(pH\uparrow) \tag{8.1}$$

$$(\text{腐蚀})Cr \longrightarrow Cr^{3+}+3e^- \tag{8.2}$$

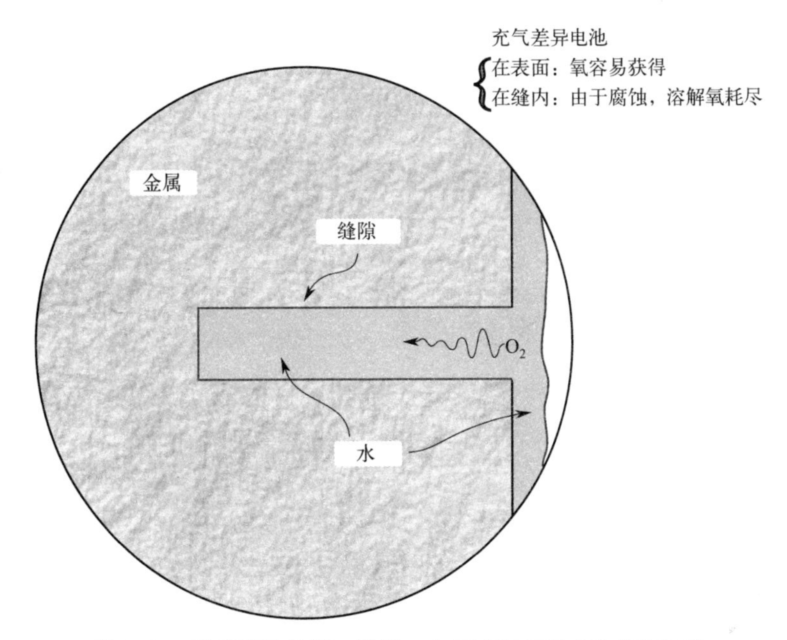

图8.13　缝隙腐蚀的第一阶段，由于充气差异电池作用触发

相比于阳极表面（S_a），大阴极表面（S_c）本身就是一个恶化因子，局部阳极表面处产生的电子很容易被大的外表面处阴极反应所消耗。在反应（8.1）中，另一个值得注意的因素是：随着氧还原反应的进行，阴极区域pH值会逐渐增大。对于钢及其他很多钝化金属而言，增大pH值通常都可提高其防护性能。但是，由于缝内阳极区产生的金属阳离子的水解反应，如反应式(8.3）所示，促使缝内pH值向相反方向变化（pH值降低）。众所周知，当pH值降低，变成酸性环境时，大多数金属腐蚀敏感性都会增加。

$$(\text{水解})Cr^{3+}+3H_2O \longrightarrow Cr(OH)_3\downarrow+3H^+(pH\downarrow) \tag{8.3}$$

据测量以及相关文献记录结果表明：缝内pH值可达到非常高的酸度值。例如：暴露在一个中性环境中的贵金属，其缝内pH值可能降低至0。大多数金属都存在这种化学变化问题，因为它们腐蚀产生的金属离子不能以其离子形式溶解于水中。这些金属离子将与水反应形成更稳定物质，如氧化物和氢氧化物，下面以铬为例加以说明。在平衡时，水解反应公式（8.3）中所涉及的化学物质浓度之比可用公式(8.4）表示。

$$K_{\text{平衡}}=\frac{a_{Cr(OH)_3}a^3_{H^+}}{a_{Cr^{3+}}a^3_{H_2O}} \tag{8.4}$$

每种物质的活度可用浓度单位表示，但因为氢氧化铬 $Cr(OH)_3$ 和水是两种纯物质（纯物质的活度为1），平衡常数（$K_{平衡}$）可简化为式(8.5)。

$$K_{平衡}=\frac{a_{H^+}^3}{a_{Cr^{3+}}} \tag{8.5}$$

与三价铬离子平衡的环境酸度可用式(8.6)表示。

$$在25℃时, pH=pK_a=\frac{-\lg K_{平衡}}{n}=\frac{4.49}{3}=1.5 \tag{8.6}$$

因此，依据上述关系，有可能将缝内腐蚀环境的pH值与该环境中金属离子的水解平衡关联起来。表8.2所示酸值是分别针对三种金属元素，通过商用热力学计算软件系统计算得到的数据[7]。其中第五列中 n 表示第二列所示每个分子中的正电荷数。表8.2所示的三种金属中，铬的缝隙腐蚀可造成缝内pH值最低，之后依次是铝和铁。

表8.2　三种金属在两个温度下水解的热力学平衡和 pK_a 值

金属		分子式	$K_{平衡}$	$\lg(K_{平衡})$	n	pK_a
铝(Al)	25℃	$Al(OH)_3$	$10^{-10.48}$	−10.48	3	3.4
		$Al_2O_3 \cdot H_2O$	$10^{-16.37}$	−16.37	6	2.7
	70℃	$Al(OH)_3$	$10^{-8.46}$	−8.46	3	2.8
		$Al_2O_3 \cdot H_2O$	$10^{-11.14}$	−11.14	6	1.8
铬(Cr)	25℃	$Cr(OH)_3$	$10^{-4.49}$	−4.49	3	1.4
		CrOOH	$10^{-2.89}$	−2.89	3	0.9
	70℃	$Cr(OH)_3$	$10^{-3.04}$	−3.04	3	1.0
		CrOOH	$10^{-1.53}$	−1.53	3	0.5
铁(Fe)	25℃	$Fe(OH)_2$	$10^{-12.83}$	−12.83	2	6.4
		$Fe(OH)_3$	$10^{-2.59}$	−2.59	3	0.9
	70℃	$Fe(OH)_2$	$10^{-10.77}$	−10.77	2	5.4
		$Fe(OH)_3$	$10^{-1.18}$	−1.18	3	0.4

在缝隙腐蚀的这一系列恶化过程中，另一个重要影响因素是缝隙内正电荷的累积。由于阴极表面产生的氢氧根离子（OH^-）是表面膜的组成部分，因此需要其他带负电荷的离子（阴离子）去平衡缝内金属腐蚀产生的正电荷。环境中可起到这种平衡电荷作用的阴离子，以氯离子和硫酸根离子最为常见，但是这些离子本身可能就有腐蚀性（图8.14）。其中氯离子是一种非常强的去钝化剂，这意味着氯离子会阻碍金属表面形成任何保护性的膜层，甚至可能破坏原有膜层。

大多数水解反应的最终结果都是使pH值降低，产生沉淀。而沉淀物的确切性质与温度及所涉及金属离子种类有关。但是，无论何种情况，沉淀物都可能以固体形式结晶析出，而且其体积比母体金属体积更大。铁和碳钢腐蚀产生的二价铁离子，发生水解形成氢氧化亚铁，接着与水和氧气反应被进一步氧化形成氢氧化铁（三价铁离子），如反应式(8.7)所示。

$$(进一步氧化) 4Fe(OH)_2+O_2+2H_2O \longrightarrow 4Fe(OH)_3\downarrow \tag{8.7}$$

干湿交替循环条件下的缝隙可能进一步恶化。对于钢筋混凝土而言，钢筋锈蚀产物可能造成很大的体积膨胀，导致混凝土碎裂。“积锈”❶是由于钢腐蚀产物的体积膨胀造成极大应

❶ “积锈”这个词常在桥梁检查中用来描述钢桥构件中钢板间出现的锈堆积现象。

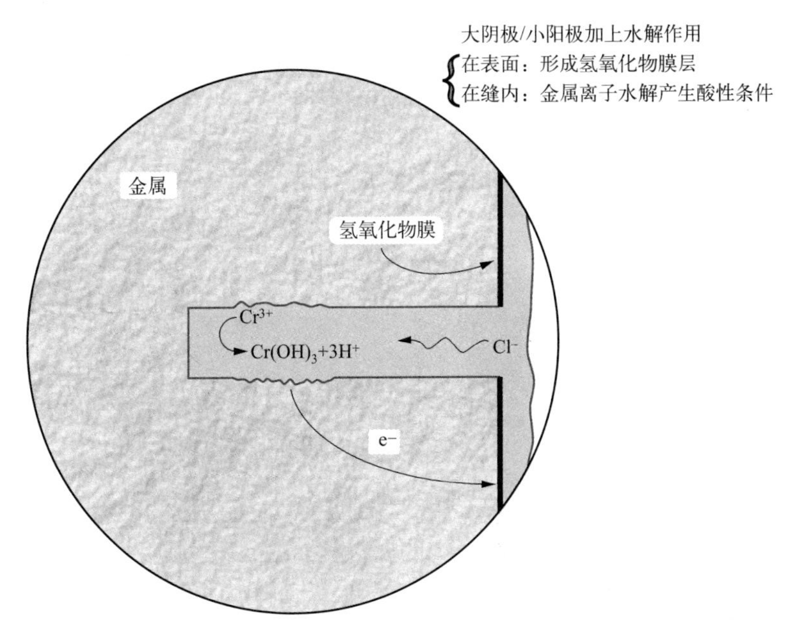

图 8.14　由于阴阳极大面积比（S_c/S_a）和金属离子水解作用促进缝隙腐蚀环境的恶化

力的另一个实例，据报道该应力可高达 70MPa[8]。图 8.15 显示了一个正在维修的钢桥上这种积锈的作用。在此实例中，锈蚀产物体积膨胀产生的膨胀力使三个桥梁铆钉分离，如图 8.15 所示。由于这种腐蚀损伤作用，如果检测人员认为桥梁承载能力已降至初始设计要求之下，那么地方当局可能就不得不考虑强制添加一个重要的降额系数，对桥梁承载能力实行降额处理。

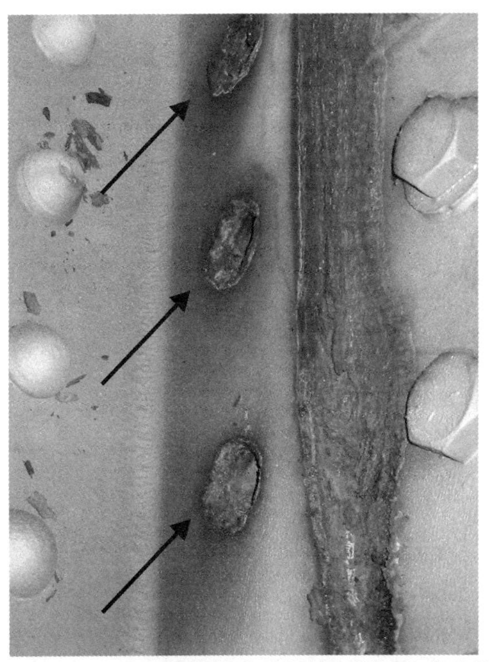

图 8.15　一个正在维修的重要钢桥上积锈造成的影响
（图片来自 Wayne Senick Termarust 技术公司 www.termarust.com）

下面这个示例中，商用飞机的铝搭接接头处发生腐蚀，由于腐蚀产物体积比原始材料大，造成铆钉间鼓起（“枕形”），产生变形。据说这是阿罗哈（Aloha）事故（图 8.16）的主要原因。1988 年 4 月 28 日，阿罗哈航空公司一架机龄 19 年的波音 737 飞机，在 7300m 高空全速飞行中，飞机前部机身上部外壳大部分发生脱落[9]。图 8.17 说明了这个迫使搭接面发生分离的“枕形”的形成过程。

图 8.16　1988 年阿罗哈事件中的阿罗哈航空公司波音 737 飞机照片，其机身上部外壳大部分完全脱落

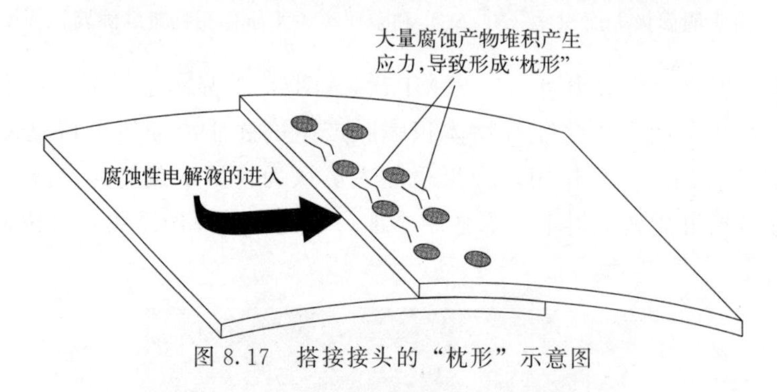

图 8.17　搭接接头的“枕形”示意图

机身搭接接头中主要的腐蚀产物水合氧化铝[$Al(OH)_3$]与铝相比，体积膨胀非常大，如图 8.18 所示[10]。水合氧化铝腐蚀产物的大量堆积，使关键紧固件孔附近不良应力增大(图 8.19)，由于“枕形”作用形成高张应力，接着会发生破裂。

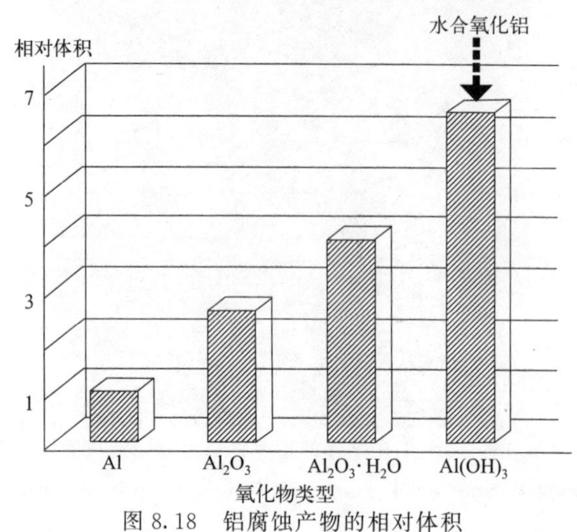

图 8.18　铝腐蚀产物的相对体积

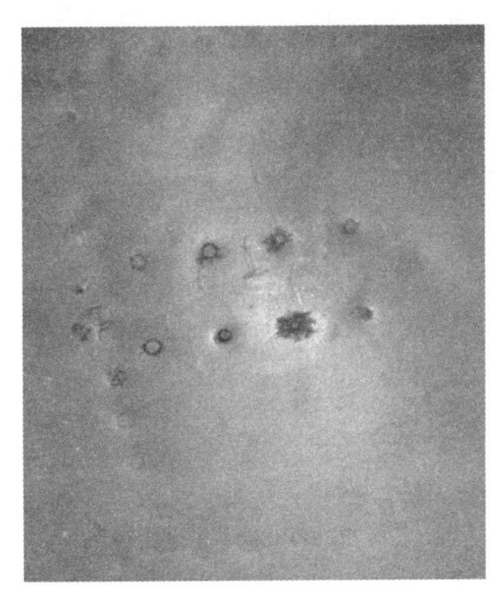

图 8.19 波音 737 机身腹部缝隙腐蚀的后期阶段，此处腐蚀产物已扩展至铆钉处，实际上大量铆钉已爆头（由 Mike Dahlager Pacific 腐蚀控制公司供图）

耐缝隙腐蚀性的检测：最常见的缝隙腐蚀试验方法可能就是溶液浸泡。试验程序上的差异主要是试验溶液、搅拌速率和温度。实验室试验方法常常根据所需模拟的环境状态以及所要求的加速程度来选择。在浸泡试验中，加速主要采取以下方式：

- 延长在疑似会引发腐蚀的临界条件下的暴露时间。例如：如果容器要用一种化学药剂分批次处理 24h，那么实验室腐蚀试验应考虑设为 240h；
- 通过条件强化去增大腐蚀速率，即增强溶液酸性、提高盐浓度、升高温度或增加压力等；
- 通过诱发可造成酸性/高氯离子条件的局部环境变化，进而促进敏感合金的缝隙腐蚀的萌生和发展，例如依据标准 ASTM G78[11]（图 8.20）。

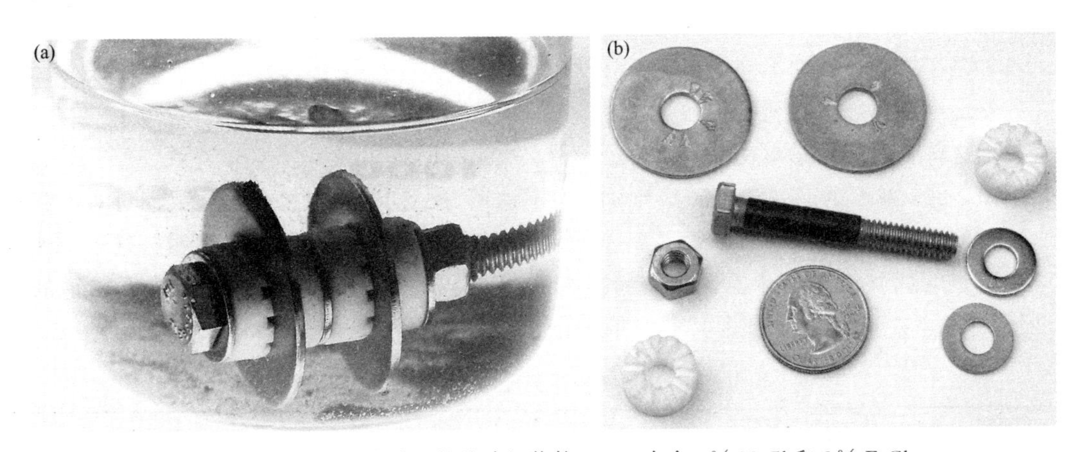

图 8.20 烧杯浸泡试验用的缝隙组装件（a）；在含 4% NaCl 和 8% $FeCl_3$ 溶液中浸泡 30 天后的装配组件和 S30400 垫圈试样（b）

在确定环境条件并设计好实验后，我们还应进行多次重复试验，以确定它是否满足重现性标准。浸泡实验可分为两种类型。

8.2.2.2.1 缝隙腐蚀的抑制

缝隙腐蚀的理想预防方式是：首先在设计阶段尽量避免形成缝隙，在施工建造过程中采用持久耐用的密封剂，去填充缝隙、排除水分，并能保持弹性。与那些已应用数十年的天然植物密封剂相比，有几种类型的人工合成密封剂，其使用寿命更长。

大多数装备中都存在缝隙。例如带垫圈的法兰盘、换热器中管与管板间的卷压接头、容器与支撑结构之间的搭接面等。水分和化学溶液可能会陷入缝内，保持滞流状态。在管道和换热器以及容器内，设计必须避免角钢结构、跳焊、容器底部排水口过高、存在“死水”区域。可用来避免缝隙腐蚀的方法有很多，如：

（1）优先使用对接，而不是搭接；

（2）消除或仔细封闭搭接头，使它们呈非“开放”状态；

（3）提供完全排空系统；

（4）定期检测，彻底清洗；

（5）对于与金属接触的包装材料或隔热层，避免使用能保存水分的材料。

糊状腐蚀：通过对金属表面进行涂装，避免其与吸湿性物质的接触，或通过设计来防止吸湿性材料在服役过程中变湿，可以预防糊状腐蚀。

“枕形”：由于很多廉价、快速、无损光学图像技术都可对凸起进行检测，因此，通过针对性检测可以预防“枕形”。但是，材料损失百分比和“枕形”表面形变之间的关系很复杂。

丝状腐蚀：在涂装耐丝状腐蚀的涂层之前，对金属表面进行细致的表面预处理，并且在涂装后，对涂层进行仔细检查，确保涂层中空隙或孔洞最少，可以最大程度地降低丝状腐蚀的可能性。

8.2.2.3 电偶腐蚀

电偶腐蚀（也称“异种金属腐蚀”）是指同时与电解液接触的两种不同金属材料在电偶接时诱发的腐蚀。在此腐蚀电池中，较贱金属材料变成阳极，常常比偶接前腐蚀速率快，而较贵金属材料作为阴极，支持阴极反应。电偶腐蚀的发生必须具备三个条件：

（1）存在电化学活性不同的金属；

（2）这些金属之间必须电接触；

（3）这些金属必须暴露在电解液中。

例如，201 型不锈钢（S20100）与 316 型不锈钢（S31600）电接触时，我们可观察到快速腐蚀现象。但是，这些金属在表 8.3[12] 所示的电偶序中分组实际情况表明：这种快速腐蚀应当并非电偶腐蚀的结果。因此，将这两种金属隔离开来并不能改善这些不锈钢的耐蚀性。

表 8.3 静止海水中某些金属和合金的电偶序

活性(阳极)
镁及其合金
锌(热浸锌、压铸锌或电镀锌)
铍(热压)
铝合金：Al 7072 包覆 7075、Al 2014-T3、Al 1160-H14、Al 7079-T6

续表

活性(阳极)
镉(电镀)
铀
铝合金:Al 218(压铸)、Al 5052-0、Al 5052-H12、Al 5456-0、H353、Al 5052-H32、Al 1100-0、Al 3003-H25、Al 6061-T6、Al A360(压铸)、Al 7075-T6、Al 6061-0
铟
铝合金:Al 2014-0、Al 2024-T4、Al 5052-H16
锡(电镀)
不锈钢 430(活性)
铅
1010 钢
铁(铸铁)
不锈钢 410(活性)
铜(电镀、铸造或锻造)
镍(电镀)
铬(电镀)
钽
不锈钢 AM350(活性)
不锈钢(活性):310、301、304、430、17-7PH
钨
铌 1%锆
黄铜(268)
铀 8%钼
黄铜、海军黄铜(464)、蒙次黄铜(280)、黄铜(电镀)
镍银(18%Ni)
青铜(220)、铜(110)、红黄铜
不锈钢 347(活性)
工业纯钼
铜镍(715)、海军锡黄铜
不锈钢 202(活性)
青铜、磷青铜 534(B-1)、蒙乃尔 400
不锈钢 201(活性)
合金 20(活性)
不锈钢(活性):321、316、309
不锈钢 17-7PH (钝态)
硅青铜 655
不锈钢(钝态):304、301、321、201、286、316
不锈钢 AM355(活性)
不锈钢(钝态):合金 20、AM355、A286
钛合金
不锈钢 AM350(钝态)
银
金
石墨
贵金属(活性低,阴极)

再看下面这个例子：一块与铸铁电机座相连的铝片，浸入热机油中，迅速发生腐蚀。这也并非电偶腐蚀所致，因为机油和大多数有机液体都是导电性极差的电解液。此外，将这两个金属隔绝，也并不会提高铝的耐蚀性。如果电解液本身的体电导率很低，或者就像在大气

暴露环境中一样，电解液仅仅以薄液膜形式存在于金属表面，那么桥连电偶对的电解液的电导率将会很低，此时参与电偶电池反应的有效面积小，除金属偶接处毗邻区域之外，其余部分的总腐蚀量通常都很小或可忽略。

识别此类腐蚀，除了依据前面所列的电偶腐蚀的三个必要条件之外，另一种方法就是查找两种不同金属连接处附近局部腐蚀特征。电偶腐蚀通常在毗邻阴极材料的阳极区最强烈，随着环境介质电导率的降低，这一点会显得越来越严重。

8.2.2.3.1 电偶序

通过观测具体环境中不同金属之间的电偶电流的方向，可揭示不同金属在该环境中的腐蚀电位差异。针对各种可能的金属和环境组合，我们可以通过这种测量，来反映它们的腐蚀电位差异。依据测量结果，可将金属排成一个序列，即所谓的电偶序。

如果采用不同实验条件（如不同电解液、不同浓度、不同充气程度、不同流速、不同温度等）重复进行这些试验，所记录的数值可能会不同，在此新电偶序中，一些金属彼此间的相对位置可能发生改变。例如：在室温下，相对于钢，锌的电位一般是很负或者说锌是阳极，正如表 8.3 电偶序所示。但是，随着温度升高，二者之间的电位差减小，甚至可能变为 0，而实际上在 60℃时，二者电位发生逆转。

关于表 8.4 所示的氧化-还原电位序表，称为电动序表（emf），在有些文献中，与此处讨论的电偶序表有些混淆。尽管这两个电位序表有类似之处，但二者有些根本性差异。标准电极电位可表征金属的稳定性，如通过 E-pH 或布拜（Pourbaix）图来判断腐蚀倾向。而电偶序是用于预测在实际环境状态中，如图 8.21 所示的一个或多个因素起作用时，金属的电偶腐蚀倾向[13]。很多电化学活性金属及其合金，由于其表面形成了结合牢固的保护性膜层，在电偶序中处于惰性较强的位置。钛及其合金就是这种电动势（emf）与实际腐蚀电位（图 8.22 所示）之间逆转的一个很好的例子，可说明实际惰性这一概念。实际惰性，在很多金属上皆能发现，布拜（Pourbaix）教授在其电化学平衡图这一里程碑式的工作中引入此概念[14]。

表 8.4 以降序排列的半电池反应的标准还原电势

半电池反应(电极反应)	$E^\circ_{还原}$(SHE)/V	半电池反应(电极反应)	$E^\circ_{还原}$(SHE)/V
$O_3(g)+2H^++2e^- \rightleftharpoons O_2(g)+H_2O$	2.07	$2H^++2e^- \rightleftharpoons H_2$	0.0000
$H_2O_2+2H^++2e^- \rightleftharpoons 2H_2O$	1.776	$Fe^{3+}+3e^- \rightleftharpoons Fe$	−0.036
$Au^++e^- \rightleftharpoons Au$	1.68	$Pb^{2+}+2e^- \rightleftharpoons Pb$	−0.1263
$PbO_2+4H^++2e^- \rightleftharpoons Pb^{2+}+2H_2O$	1.467	$Sn^{2+}+2e^- \rightleftharpoons Sn$	−0.1364
$Cl_2(g)+2e^- \rightleftharpoons 2Cl^-$	1.3583	$Ni^{2+}+2e^- \rightleftharpoons Ni$	−0.23
$O_2(g)+4H^++4e^- \rightleftharpoons 2H_2O$	1.229	$Co^{2+}+2e^- \rightleftharpoons Co$	−0.28
$Pt^{2+}+2e^- \rightleftharpoons Pt$	1.2	$Fe^{2+}+2e^- \rightleftharpoons Fe$	−0.409
$H_2O_2+2e^- \rightleftharpoons 2OH^-$	0.88	$Cr^{3+}+3e^- \rightleftharpoons Cr$	−0.74
$Hg^{2+}+2e^- \rightleftharpoons Hg$	0.851	$Zn^{2+}+2e^- \rightleftharpoons Zn$	−0.7628
$Ag^++e^- \rightleftharpoons Ag$	0.7996	$Mn^{2+}+2e^- \rightleftharpoons Mn$	−1.04
$Hg_2^{2+}+2e^- \rightleftharpoons 2Hg$	0.7961	$Al^{3+}+3e^- \rightleftharpoons Al$	−1.706
$Cu^++e^- \rightleftharpoons Cu$	0.522	$Mg^{2+}+2e^- \rightleftharpoons Mg$	−2.375
$O_2(g)+2H_2O+4e^- \rightleftharpoons 4OH^-$	0.401	$Na^++e^- \rightleftharpoons Na$	−2.7109
$Cu^{2+}+2e^- \rightleftharpoons Cu$	0.3402	$K^++e^- \rightleftharpoons K$	−2.924

相比于其他环境，人们对于海水环境中金属的腐蚀电位和电偶行为的测试研究最多，因此人们常常依据金属在海水环境中电偶序中的排序，对其他环境中可能的电偶作用趋势做最

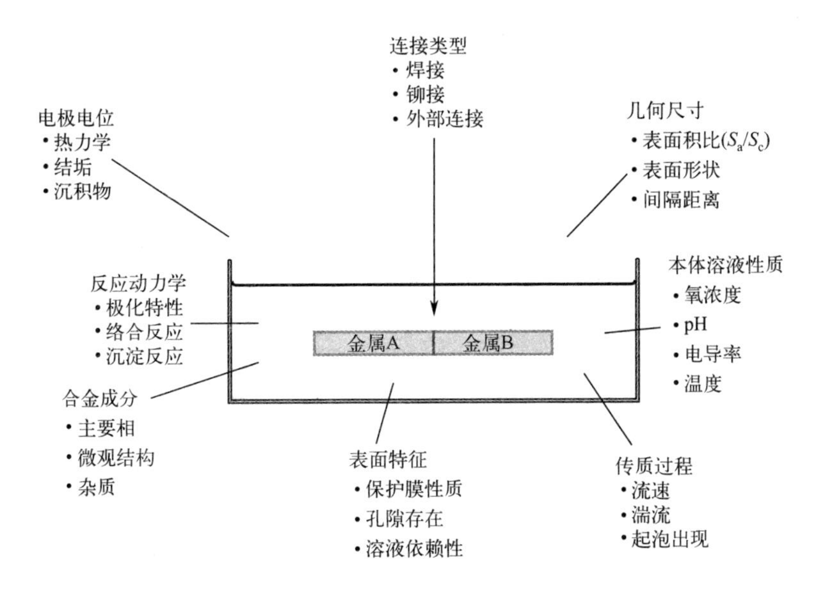

图 8.21 电偶腐蚀影响因素

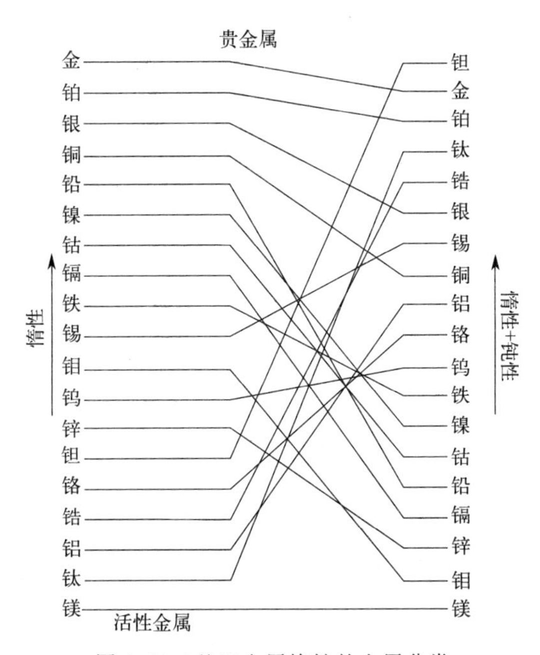

图 8.22 基于金属惰性的金属分类

初近似判断。注意，表 8.3 中有些金属组成了一组。同一组内金属间的电位差不会很大，在很多环境中，这些金属可以同时使用，没有明显的电偶效应。图 8.23 所示流动海水环境中金属电偶序附加显示了有关金属电位差异的详细信息[15]。其中正电性最大和负电性最大的金属之间电位差接近 2V，它们偶接可能会产生很大的电偶电流，因此，阳极活性最高金属的腐蚀速率很大[16]。

但是，仅凭电位差大小并不能表明电偶腐蚀速率的大小。例如：电位差仅为 50mV 的两金属偶接时，可能出现严重的电偶腐蚀问题，而电位差为 800mV 的两金属却可以顺利偶

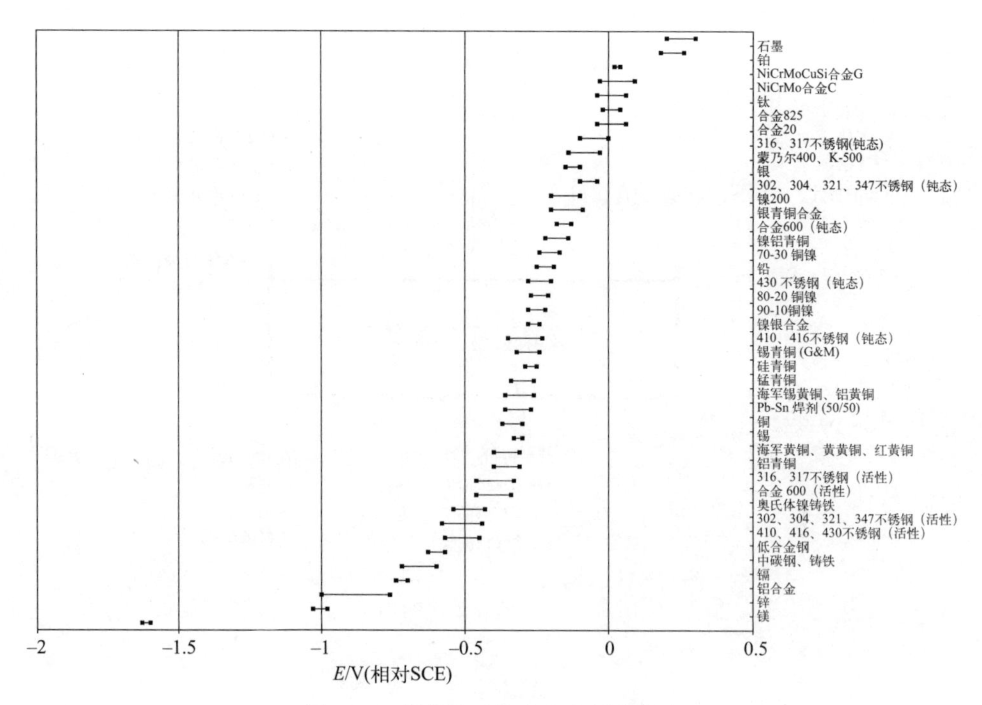

图 8.23　缓慢流动海水中金属电偶序

接使用，不发生明显的电偶腐蚀。因为电位差并未体现出电偶腐蚀动力学的任何相关信息，而流经偶对金属间的电偶电流与其动力学特征相关。

8.2.2.3.2　面积效应

关于电偶腐蚀，面积效应或者阴阳极面积比是一个必须考虑的非常重要的因素。当金属结构浸没在通常电导率很低的供给水环境中时，如果相互接触的金属的面积相近，很少会产生不良电偶效应。因此，镀锌钢管可使用黄铜连接件，但是如果直接与铜罐或筒等大面积铜接触，镀锌钢管端可能会遭受严重腐蚀。类似地，在通常情况下，不锈钢管和铜管相连不会产生明显电偶腐蚀问题，但是铜管与不锈钢储罐相连时，就有可能导致铜管腐蚀加速。当浸没在高电导性的电解液中时，如海水中，电偶腐蚀的面积效应会变大，可能使很多金属小阳极遭受严重腐蚀。

基于腐蚀过程中不可能存在净电荷累积这样一个简单的事实，我们可以很好地理解局部阳极和阴极间面积比的作用。当金属处于自然腐蚀状态时，在阳极区产生的电子流过金属，在暴露于同样环境中的阴极区反应消耗，使系统恢复电子平衡。但是，公式(8.8) 表示的是阴阳极电流完全相等的关系，并不意味着其电流密度也相等。

$$I_{\text{阳极}}=I_{\text{阴极}} \tag{8.8}$$

考虑阳极（S_a）和阴极（S_c）相对表面积以及相关电流密度 i_a 和 i_c（例如以 mA/cm^2 为单位），可将表达式(8.8) 电流转化成表达式(8.9) 中电流密度形式。很明显，每个反应的电极表面积差异必将通过不相同的电流密度来补偿均衡，如表达式(8.10)。

$$I_{\text{阳极}}=i_a \times S_a=I_{\text{阴极}}=i_c \times S_c \tag{8.9}$$

$$i_a=i_c\frac{S_c}{S_a} \tag{8.10}$$

公式(8.10) 表明：当 S_c/S_a 远大于 1 时［图 8.24(a)］，阳极电流密度可能急剧放大，而当 S_c/S_a 远小于 1 时［图 8.24(b)］，阳极电流密度可能受到极大抑制。其实，很容易理解，一定量的阳极电流，集中作用在金属表面一个小面积区域时的影响，远大于等量电流分散作用在很大表面区域。事实上，公式(8.10) 中表面积比 S_c/S_a 所蕴含意义比电偶腐蚀宽得多。对于很多局部电池腐蚀，如点蚀、缝隙腐蚀和应力腐蚀等，表面积比都是一个关键加速因子。

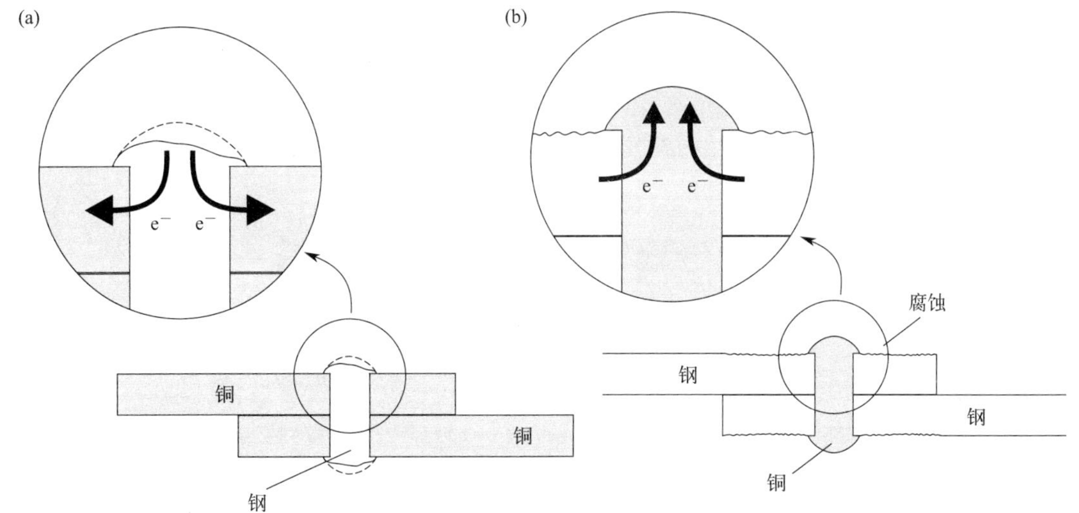

图 8.24　异种金属铆接形成的电偶：(a) 铜板上用钢铆钉；(b) 钢板上用铜铆钉

两个不同金属间相对表面积的腐蚀效应可以通过实验进行证实。如图 8.25 所示，钢铆钉安装在铜棒上，然后暴露在自然充气的盐溶液中数月。从图 8.25 可以看出，10 个月后，钢铆钉头已完全被腐蚀掉。但是，相反状态下（图 8.26），在钢面积比铜的大得多时，钢棒的腐蚀不太明显，或者说腐蚀几乎没有加速。

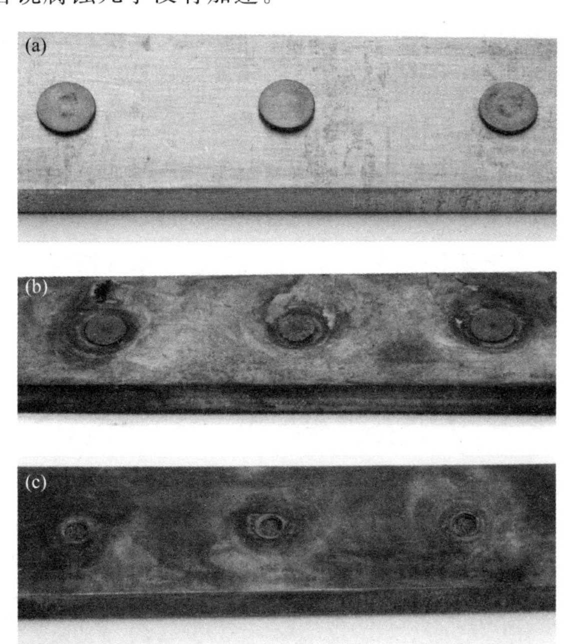

图 8.25　铜棒上安装钢铆钉：(a) 实验开始时；
(b)在 3%氯化钠溶液中浸泡 6 个月后；(c) 同样溶液浸泡 10 个月后

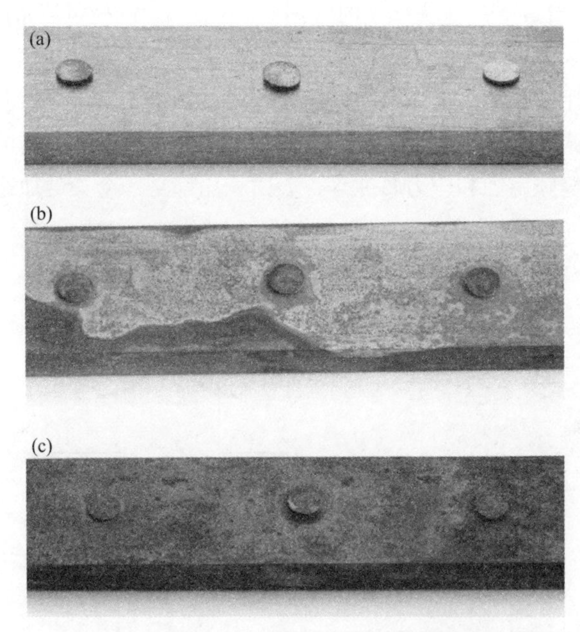

图 8.26 钢棒上安装铜铆钉：(a) 实验开始时；
(b) 在3%氯化钠溶液中浸泡 6 个月后；(c) 同样溶液浸泡 10 个月后

8.2.2.3.3 著名的历史案例：自由女神像的修复

自由女神像是一个著名的标志性建筑，在历史上曾遭受过严重的电偶腐蚀。在一本由巴博扬（Baboian）、贝兰泰（Bellante）和克利弗（Cliver）编辑的优秀出版物中，他们详细介绍了此结构的腐蚀损伤情况以及所采取的补救措施[17]。自由女神像于 1866 年 10 月 28 日在纽约港贝德罗（Bedloe）岛正式落成。此雕像设计高度超过 91m，主要包括一个刚硬的中心塔和一个附属框架，其他更细的框架结构、骨架和外壳都与附属框架相连。整体骨架采用那个年代常用的结构材料熟铁制造（更确切地说是搅炼铁）。表面外壳材料选用铜，因为在那个年代，铜是最合适的商用材料，艺术塑形容易、耐久性良好且比强度高[18]。

铜鞍座是将铜皮固定在骨架上的关键部件，如图 8.27 所示。这些 U 形部件环绕在铁条骨架上，与铜皮外壳铆接。整个雕像大约使用了 1500 个这种铜鞍座。在美国内地建造期间，骨架和铜皮外壳之间的缝隙用虫胶浸滞石棉进行绝缘，但是随时间延长，这种绝缘材料性能劣化，通过毛细作用，吸附腐蚀性电解液，二者之间的缝隙充当了腐蚀性电解液累积的不良容器。此外，雕像本身肯定也不“防水”。例如：在改装后附加照明火炬部位，有明显渗漏。通过电偶序以及不利面积比很显然可以看出：这种铜皮外壳的固定安装结构特别容易遭受严重电偶腐蚀，如图 8.27 所示。而铁腐蚀产物的膨胀应力使铜皮外壳大量严重变形。正是由于这一电偶腐蚀问题，自由女神像被迫进行大规模修复，工程耗资超过 20000 万美元私募基金[17]。

在经过电偶相容性检测之后，并且考虑到机械性能需要与原先熟铁接近，修复人员最终决定采用 AISI316L（S31603）骨架代替熟铁骨架。因为他们知道骨架与铜外壳的电接触无法避免，但是依据表 8.3 所示电偶序，如果能让不锈钢保持钝化状态，那么面积较大的铜表面将作为阳极，这样可以避免不利的阴阳极面积比，不至于产生严重的电偶效应。并且他们

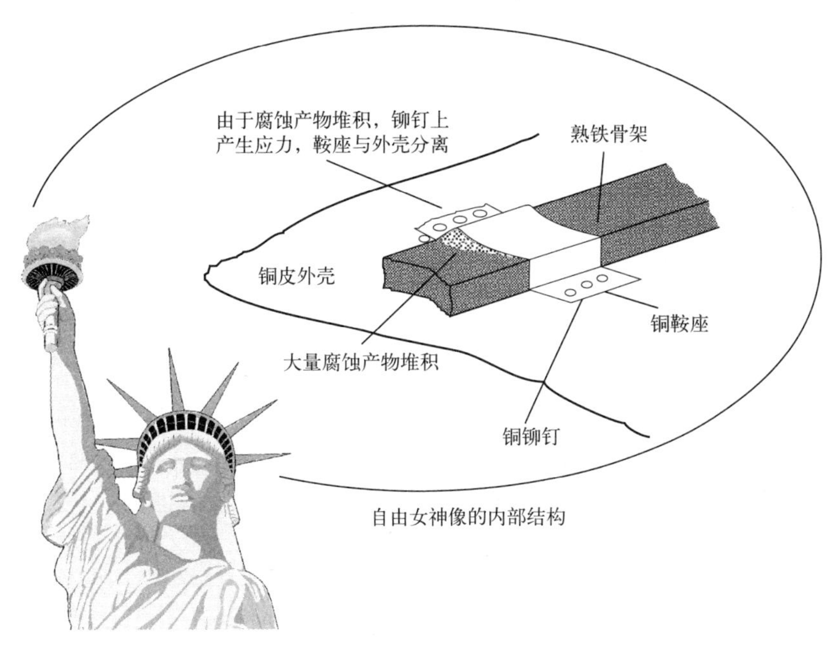

图 8.27　自由女神像的电偶腐蚀

还在不锈钢骨架、铜外壳和鞍座之间使用特氟龙绝缘层作为附加预防措施。

8.2.2.3.4　电偶腐蚀的识别

发生电偶腐蚀，必须存在三个条件：

(1) 必须存在电化学活性不同的金属；

(2) 金属间必须电连接；

(3) 金属必须是暴露在电解液环境中。

例如：与 316 型不锈钢（S31600）电连接的 201 型不锈钢（S20100）腐蚀很快。但是根据表 8.3 所示电偶序数据，我们可知：这种腐蚀加速应该不是由电偶腐蚀的作用造成的，因为这两种合金在电偶序中属于同一组。因此，将这两种金属绝缘隔离也无法改善它们的耐蚀性。

我们再分析下面这个例子。与铸铁马达件电连接的铝片，浸没在热马达油中，也会快速腐蚀。但是，这个加速腐蚀实例也不是由于电偶腐蚀的作用，因为机油和多数有机液体都不是电解液。同样，将这两种金属绝缘分开不会改善提高铝的耐蚀性。

除了前面所列的三个电偶腐蚀的必要条件之外，另一种识别此类腐蚀的方法是查找两个不同金属连接处附近的局部腐蚀。通常，电偶腐蚀在毗邻阴极的阳极区域最强烈。

8.2.2.3.5　电偶腐蚀抑制

有很多方法可以用来预防电偶腐蚀。这些方法可以单独使用，也可以联合使用。所有这些预防措施都直接遵从电偶腐蚀的基本机制。

(1) 尽可能避免使用异种金属。如果无法避免使用异种金属，那么就设法使用那些电偶序中离得近的金属（表 8.3）；

(2) 尽可能避免不利的面积比。任何情况下，都不应将小阳极与大阴极相连接；

(3) 如果使用了不同金属，将它们彼此进行电绝缘。图 8.28 所示，铝板和铜板之间通过钢螺母和螺栓组合绝缘连接，就是采用绝缘方法来抑制电偶腐蚀的应用实例。确保电偶序中相隔很远的金属部件暴露在腐蚀性环境中时，不同金属之间没有电连接，非常重要；

(4) 如果必须使用异种金属，且又无法绝缘，此时，金属活性较高的部件应设计为易于更换的形式，或使用较厚材料制造以承受较长时间的腐蚀作用；

(5) 将靠近连接处的阴极（或阳极和阳极两者）表面刷涂涂层，降低有效阴极面积，但决不能仅仅单独涂装阳极。

8.2.2.4 沉积腐蚀

沉积腐蚀是一种微妙的电偶腐蚀形式，当一个金属表面沉积析出比该金属更惰性的另一种金属之后，其中可能会伴随着点蚀的发生（图 8.29）。例如：流经铜水管的软水中会累积一些铜离子。如果随后将此软水放入镀锌钢或铝制容器中，那么部分金属铜离子可能沉积析出，在容器内表面形成沉积层，在局部腐蚀电池作用下可能诱发点蚀。

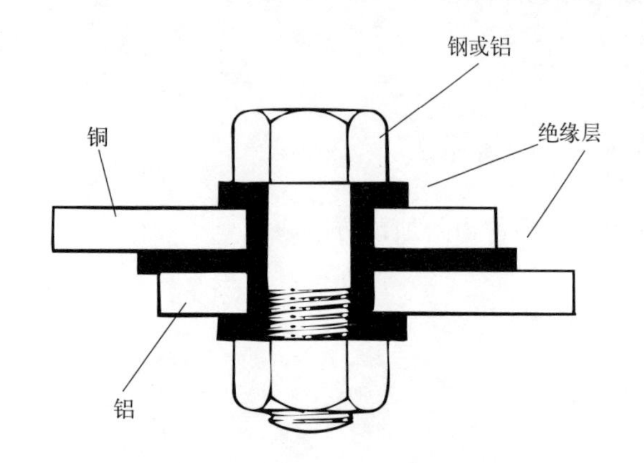

图 8.28 对两种不同金属进行绝缘防止电偶腐蚀

图 8.29 浸泡在 0.2mol/L 硫酸铜溶液中的铝棒上析出铜结节

这种析出作用或沉积腐蚀，可能是镁、锌或铝等大多数活性金属在含有铜等惰性较强金属离子溶液中腐蚀的一个重要影响因素。例如铝制散热器，即使铜离子浓度小于百万分之一，都可以显示出它对水侧铝腐蚀的显著影响。

由于即使铜离子浓度很低时，铝基体表面也有可能形成这种镀铜结节，而且分布常常很弥散，因此它们也变成了随后发生的溶解氧还原反应的一个优良催化剂。正因如此，我们强烈建议避免在含铝制品的水回路中使用铜管。

8.2.2.4.1 沉积腐蚀的控制

沉积腐蚀可通过如下方法加以避免，如：防止此类可能进入设备的阴极性离子发生聚集，或让受污染流体流经一个充填活性更强金属的塔，使这种阴极性离子能沉积在更活泼的金属上，将其从溶液中清除（图 8.30）。解决这个问题的另一手段是使用玻璃钢管道。

8.2.2.5 脱合金腐蚀

在材料自身微观结构内也有可能发生电偶腐蚀作用，使某些相或析出物受到阳极溶解。这种类型的局部腐蚀称为脱合金，有时也称为选择性溶解或优先析出，其原因就是由于合金

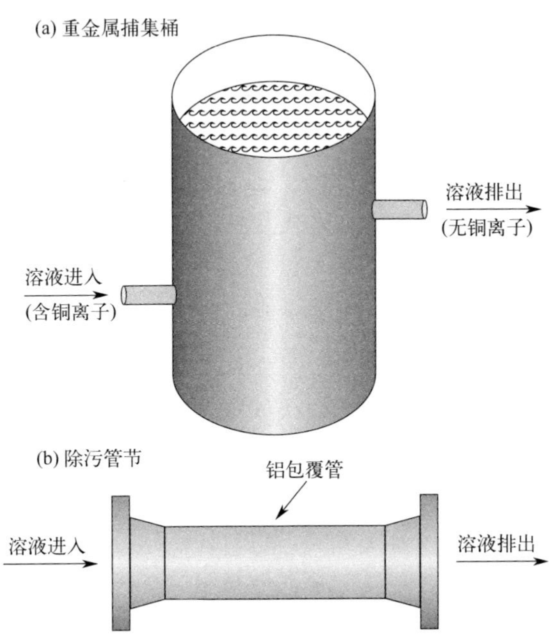

图 8.30　清除溶液中有害离子的方法：(a) 重金属捕集桶：含铜离子溶液进入充填铝刨花的桶；(b) 除污管节：通过嵌入系统中铝包覆管清除重金属离子。这个管节腐蚀后可更换

中某些元素优先受到腐蚀或者基体材料发生溶解，使合金中某种元素被选择性腐蚀去除。脱合金腐蚀的特点是形成了特别像微细海绵的多孔微观结构。其中孔相互连通，且呈开放状态，与外部环境相通。

通常，脱合金腐蚀的具体命名，一般是基于受腐蚀合金系中的溶解元素来命名（如铜镍合金脱镍、钴基合金脱钴、黄铜脱锌等），但是以石墨作为保留相来命名的石墨化腐蚀除外。表 8.5 列出了一些已见诸报道的可发生脱合金腐蚀的合金-环境组合[19]。

表 8.5　发生脱合金腐蚀的不同合金-环境组合

合金	环境	脱除元素
黄铜	很多水环境中，尤其在滞流状态下	锌(脱锌)
灰口铸铁	土壤、很多水环境中	铁(石墨化腐蚀)
铝青铜	氢氟酸、盐酸溶液	铝(脱铝)
硅青铜	高温蒸汽、酸性粒子	硅(脱硅)
锡青铜	热卤水或蒸汽	锡(脱锡)
铜镍合金	高热流量、低水流速(炼油厂中冷凝器管)	镍(脱镍)
蒙乃尔(Monels，镍铜)	盐酸或其他酸	有些酸中是铜，有些酸中是镍
金合金	硫化物溶液、人体分泌液	铜、银
高镍合金	熔盐	铬、铁、钼、钨
中、高碳钢	氧化性大气、高温氢气	碳(脱碳)
铁铬合金	高温氧化性气体	形成保护性膜的铬
镍钼合金	高温氧气	钼

一般来说，合金元素平衡电位差异很大的所有合金体系，都有可能发生脱合金腐蚀。在使用电化学扫描技术研究脱合金腐蚀体系时，我们通常可以发现如下与之相关的一些特征[20]：

• 其电化学行为特征是：存在一个临界电位，在临界电位之上，其表面会形成多孔状结构。此临界电位值与扫描速率、合金属性、试验溶液温度和组成等众多试验因素相关；

• 定性而言，由此形成的多孔结构与亚稳相❶分解体系产生的形态类似；

• 随着外加电位降低、脱合金速率下降以及电解液温度升高，平均孔间距增大；

• 脱合金腐蚀过程中，孔隙会发生粗化，且与电位相关；

• 脱合金腐蚀过程中，在合金表面可发现互混现象，这可能会使脱合金结构中形成低组分相或发生成分变化；

• 每种合金体系都存在一个合金成分临界值，低于此临界值将不会发生脱合金腐蚀。

8.2.2.5.1 脱锌

脱锌是指在锌含量高于15%的黄铜等合金中发生的锌相选择性析出。发生脱锌腐蚀的零件除了产生铜色调之外，通常肉眼观察其外观和大小都并没有发生变化。但是，零件会变脆，强度会变得很低，因此，发生失效时毫无征兆。接受过专业训练的检测人员通过显微镜很容易识别脱锌腐蚀，甚至用肉眼都能分辨，因为红铜色与黄铜的黄色很容易区分。

一般而言，有利于脱锌的条件包括：存在电解液（如海水）、微酸性环境、存在二氧化碳或氨、含有相当量的氧。脱锌有两种常见类型，最常见的类型是均匀发生的层状脱锌，如图 8.31 所示。第二种类型是指在局部区域发生的栓状脱锌。栓位置可通过其上面的白褐色富锌腐蚀产物沉积层来辨认。

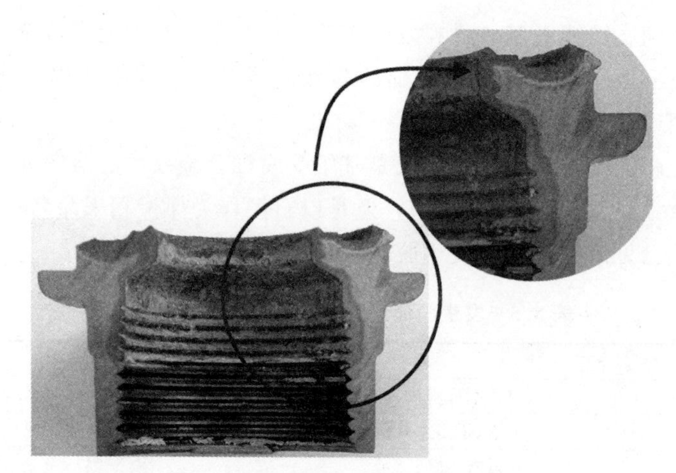

图 8.31 黄铜附件的层状脱锌——母体材料：Cu 59.3%，Zn 35.7%，铅 4.9%；析出区域：Cu 95.0%，Zn 0.7%，铅 4.1%（由加拿大-大西洋国防研发中心供图）

8.2.2.5.2 石墨化腐蚀

石墨化腐蚀是专指灰口铸铁的一种选择性析出的腐蚀形式，腐蚀后只留下材料中的石墨相。术语“石墨化”常用来辨识这种形式的腐蚀，但是在此并不推荐使用这种称谓，因为在冶金学中，石墨化常用来表示碳化物分解成石墨。灰口铸铁管可能会发生石墨化腐蚀，其结果是合金中铁素体相选择性溶解，只留下由残留石墨相（4%～4.5%）组成的多孔基体。在

---

❶ 亚稳相分解（spinodal decomposition）：一个在均相溶液中发生的偏聚反应，其中在溶液密度或成分发生极小波动时，该均相溶液都是不稳定的。因此，溶液自然就分成两相。[21]

盐水、酸性矿水、稀酸和土壤中，特别是那些含有氯离子（来源于化冰盐或海水）和硫酸盐还原菌（SRB）的环境中，灰口铸铁都可能发生石墨化腐蚀。

在灰口铸铁水管中，石墨化腐蚀相当普遍。20 世纪 50 年代球墨铸铁应用之前，或者说 20 世纪后期塑料管应用之前，灰口铸铁一直都是供水公用设施选用的一种典型材料。腐蚀后的管道表面看似正常，通常可显示出原始磨痕印迹。但是，当用锤子或类似的金属敲击时，管道发出的是相当沉闷的“咚”声，而不是完好金属发出的尖锐的“哐啷”声。此外，石墨化腐蚀后，材料会变得相当软，人们可用凿子或其他尖锐物体在其上面雕刻[22]。

石墨化腐蚀通常有三种形式。第一种形式是：有时，管道表面的石墨化腐蚀的结果正好是使管道外表面形成了一层石墨涂层。而这层石墨涂层通常可以很好地保护管道，从而延长管道的服役寿命。第二种形式是：在另外有些情况下，管道的石墨化腐蚀，会使管壁某些部位形成石墨栓。或许这个管道还可以服役多年，但是如果出现压力冲击或水击现象，这个石墨栓就有可能会喷出。通常，留下的栓孔由于水流冲击涌出作用而急剧扩大，形成更大的缺口。第三种形式是：整个管壁可能都发生了石墨化，如果管道遭受沉重土压或接头处遭受冲刷，可能发生周向破裂，因此，俗称为“主水管破裂”。

8.2.2.5.3 脱合金机制

关于脱合金形成多孔金属的一个根本性问题是脱合金机制，即维持选择性溶解过程在多个原子层上进行，进而获得三维多孔结构的机制。通过脱合金形成多孔金属有四种可能的形成机制[20]：

- 溶解/再沉积机制：此模型认为，合金中所有元素最初可能都发生溶解，但较贵金属元素会发生回镀（再沉积）。关于这种脱合金机制的观点，在历史上争议一直最大。关于这一机制方面的早期研究工作大部分都是针对黄铜，包括脱合金过程中溶液的化学分析。但是对于某些合金体系，如铜-金合金，对脱合金过程中的溶液取样进行化学分析时，研究者们并未在溶液中检测到金，此时溶解/再沉积模型就无法解释[23]。
- 表面扩散机制：此模型认为，合金中较贱金属元素被溶解，剩下的贵金属元素通过表面扩散而聚集。表面扩散机制已成为当前大家最感兴趣的机制，而且越来越多的证据也表明表面扩散机制可以最充分地解释脱合金现象，几个新研究团队的研究工作也证实了这一点[23]。此外，晶界扩散也被视为是较贱金属向表面快速扩散的一种途径，能促进脱合金腐蚀。
- 体扩散机制：通过体扩散，较贱金属元素发生溶解，并通过离子化和扩散离开金属表面。通过较贱金属元素由体相向腐蚀界面处的体扩散来持续维持其表面的供给。但是，体扩散只能解释在合金-溶液界面处所有较贱金属离子的小部分来源。因此人们相信，一定有一种可使较贱金属更快到达溶液金属界面的机制。
- 渗流模型：这个模型是表面扩散模型的扩展，考虑了二元合金中相似元素间存在互连通路。此模型认为，扩散在脱合金腐蚀中所起作用很小，主要是依赖晶格材料的互联属性。随着较贱金属组分从固态基体中选择性析出，脱合金区域的剩余原子将发生晶粒粗化。

8.2.2.6 晶间腐蚀

晶间腐蚀（IGC）是沿着狭窄的金属晶界优先腐蚀的一种局部腐蚀形式。它一般从表面开始，在局部电池作用下，向晶界紧邻区发展。尽管各种金属体系晶间腐蚀（IGC）的具体机制不同，但是对于大多数体系来说，其物理表象在微观上非常类似（图 8.10 和图 8.11）。

这种形式的腐蚀对材料机械性能可能产生极其不利的影响。晶间腐蚀会导致金属韧性降低，在可检测到拉伸强度或屈服强度的任何变化之前，这种韧性损失可能就已变得非常显著。在某些严重晶间腐蚀的情况下，即使仅有少量金属发生腐蚀，但是其拉伸性能损失却非常明显。

晶间腐蚀的主要驱动力是晶界材料和本体（晶粒内部）材料之间的腐蚀电位差。两个区域之间的电偶差异是杂质和少量合金元素在晶界处累积的直接结果。当在晶界区域有些合金元素的浓度达到足够高时，第二相或新组分可能分离或析出。相对于基体金属或相邻区域，这些新组分可能呈阳极性、阴极性或者中性。因为大多数晶间腐蚀都是由于晶界处成分存在少量差异而引起，所以合金的冶金加工历史与其平均化学成分同样重要。

例如：在铝合金中，阳极性组分有金属间相 Mg_5Al_8 和 $MgZn_2$；而在铁合金中，阳极性组分是 Fe_4N。在铝合金，阴极性组分是 $FeAl_3$ 和 $CuAl_2$；而在铁合金中，阴极性组分是 Fe_3C。当这些组分相对于毗邻晶粒是阴极时，它们会保持惰性，局部电池作用将对晶粒内部产生不利影响。在铝合金中，中性组分是 Mg_2Si 和 $MnAl_6$；而在 NiCrMo 合金中，中性组分是 Mo_6C 和 W_6C。

在温和环境下，这种晶间腐蚀渗透速率可能极其缓慢，甚至在经历相当长时间之后，可能才仅仅渗入大约十几个晶粒的深度。但在比较严苛的环境下，腐蚀渗透可能又会很快，甚至完全穿透厚截面材料。轻微的晶间腐蚀，人们可能单凭外观检测无法发现，但是在显微镜下很容易看到。

8.2.2.6.1 铝合金

铝合金的热处理和冷加工不仅影响晶粒大小和形状，而且影响第二相的组成、分布、数量和大小。将合金高温加热至刚好在其熔点之下，常常会促使合金元素溶解分散。这种称为固溶热处理的均质化处理，在实践中常用。如果随后将合金进行快速淬火，那些元素将被固定在固溶体内。此时固溶体处于过饱和状态，有些元素倾向于以第二相沉淀析出，起到补充增强作用。不过，这些沉淀析出相也可能成为晶间腐蚀的诱因，与其组成和分布有关。

在高强铝合金中，阳极性晶界析出相或紧邻晶界的溶质贫化区（SDZs）可能会成为腐蚀的通道。2000 系合金，如 Al 2024-T3（A92024），主要是由于贫铜，使溶质贫化区（SDZs）比基体更活泼，成为晶间腐蚀的通道[24]。在潮湿环境中，腐蚀驱动力来源于未受保护的合金表面附近有较高浓度的溶解氧。

在铝合金 Al7050（A97050）中，晶界处锌和镁含量高，可能形成平衡析出相 $MgZn_2$，而此相中可溶解相当数量的铜。对于此类合金，在其溶质贫化区（SDZ）形成过程中，锌、镁和铜的贫化程度都很重要，因为它们的相对组成将决定溶质贫化区是变得比基体的活性更强还是惰性更强。T7 热处理态的 7000 系合金中，这些析出相可占晶界面积的 15%～30%。不过这种贫化机制，并未考虑镁、锌等电化学活性元素偏析的影响，而这种偏析有可能造成晶界处形成活性区域或活性析出相。

对于含铜的 6000 系铝合金，不正确的热机械加工可能会增大溶质贫化区敏感性。对名义成分为 0.6Mg、0.6Si、0.2Fe、0.2Mn 和 0.1Cu 的 AlMgSi(Cu) 合金的研究结果表明：在低于 400℃之下处理 10～100s，合金的晶间腐蚀敏感性就会明显增大[25]。在相同温度处理更长时间，还会使合金容易发生点蚀。不过在温度低于 350℃时，有一个耐蚀的处理时间区，即当热处理时间控制在这个时间范围内时，材料是耐蚀的，不会发生晶间腐蚀与点蚀。但是，固溶热处理后在水中淬火处理可以预防晶间腐蚀。上述研究表明：晶间腐蚀是与晶界析出的钝性 Q 相（$Al_4Mg_8Si_7Cu_2$）与其毗邻区域之间的微电偶作用相关。点蚀是由于基体中粗大粒子引起的。

此研究工作揭示了在此类合金中诱发晶间腐蚀敏感性的晶界析出相的一些新的特征信息。在所有各种不同试样中，晶界析出相（Q 相）大且分散的试样容易发生晶间腐蚀。这种晶间腐蚀敏感性可认为是由于含铜的晶界析出相（Q 相，惰性）与毗邻的贫化区（活性）之间的微电偶作用所致。通过过时效处理，促进基体中析出相的形成以及晶粒粗化，已被人们认为是可以减少晶间腐蚀的一种手段，因为基体中溶质元素以析出相消耗，使基体与晶界溶质贫化区之间的成分差异缩小。

析出相的数量和分布很重要，因为如果它们尺寸小，且均匀分散在整个晶粒结构中，那么这种均匀分布的阳极和阴极相就不会引起晶间腐蚀。过时效处理可以使合金达到这种状态，但是这意味着需要加热更长时间，比获得最大机械性能所需时间更长。

再如，研究者们已证明铝合金 Al 6056-T6 的晶间腐蚀（IGC）是沿着晶界附近贫化区发展[26]。相对于晶粒中心区域以及富含 Si-Mg-Cu 相的晶间析出相，晶界附近贫化区是阳极，所涉及范围通常跨越晶界两边约 40nm。此例中，晶间析出相将起到局部阴极的作用，作为催化剂，使沿着晶界附近贫化区进行的腐蚀加速。

对于铝合金 Al 6056-T6，先在 200～240℃进行不到 8h 的热处理，然后再进行过时效处理，可获得此合金的 T78 退火态，此时可使沉淀硬化相的形成和生长保持在晶粒内。这一附加的过时效步骤，可平衡晶粒中心和晶界之间的腐蚀电位差异。由于此沉淀硬化相中含有铜和硅等阴极性元素，它们缩小了晶界与晶粒中心两个区域之间的电位差，因此降低了晶间腐蚀倾向。

针对 Al-Zn-Mg-Cu 合金（A97075）的特殊 T-3 时效处理，是采用过时效处理减小晶间腐蚀敏感性的另一个实例，这种处理几乎可以完全消除晶间腐蚀敏感性。但是，如果从高温开始缓慢淬火，或从热处理炉取出到浸入淬火介质中有一个时间延误，这种处理就会显著增大合金的晶间腐蚀敏感性。

8.2.2.6.2 不锈钢

奥氏体不锈钢的晶间腐蚀（IGC）通常都是由于焊接等热处理过程使合金发生敏化而引起。其中敏化通常是指由于晶界处碳化铬（$M_{23}C_6$）析出而引起的贫铬。在某些环境中，合金晶界贫铬区会发生很严重的腐蚀，且腐蚀围绕着整个晶粒，并最终使晶粒从组织结构中掉落（图 8.32）。未添加铌或钛进行稳定化处理的奥氏体不锈钢进行焊接作业时，可能会产生这一问题（图 8.33）。

在 400～900℃温度范围内加热奥氏体不锈钢，可能会导致奥氏体不锈钢发生敏化，诱发晶间腐蚀（图 8.34）。在 750℃以上温度加热时，敏化仅需几分钟，但是在较低温度下，敏化可能需要很长时间，几个小时甚至更长。加热温度和时间将决定碳化物析出相的数量和大小。当碳化铬在晶界析出时，晶界毗邻区域贫铬。如果相对连续地在晶界析出碳化铬，那么这种贫铬作用就会由于低铬贫化区优先溶解，使不锈钢很容易发生晶间腐蚀。此外，敏化作用还会降低不锈钢耐点蚀、缝隙腐蚀以及应力腐蚀开裂等各种其他形式腐蚀的能力[27]。

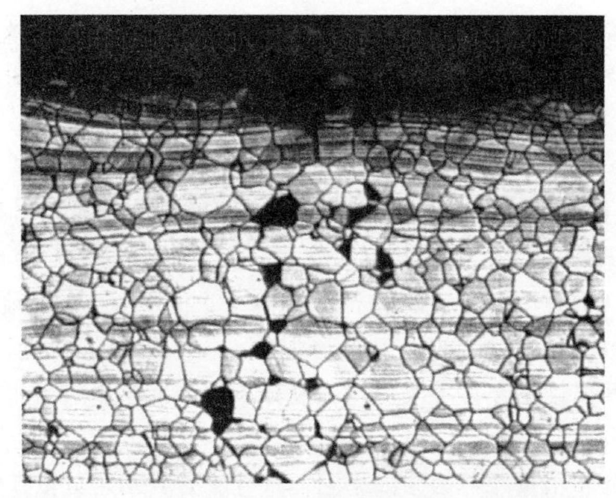

图 8.32　在海水中浸泡 4 个月后的 8090-T851 铝合金板边缘的截面显微照片，显示出晶间腐蚀特性

图 8.33　S30400 不锈钢晶间腐蚀后形成的大深孔（由 TMI 公司 Russ Green 供图）

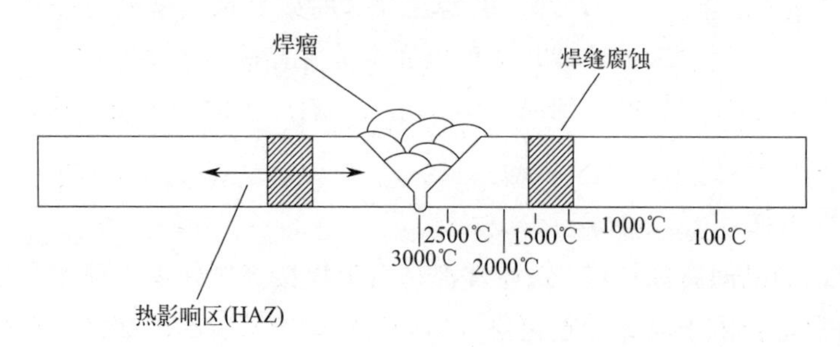

图 8.34　敏化奥氏体不锈钢（X67）焊接件的典型微观结构。316H 型不锈钢服役 7 年后，发生这一特殊问题（由腐蚀检测实验室供图）

图 8.35 中所示的敏化时间-温度曲线可用来指导人们如何去避免敏化。图 8.35 中曲线表明：对于含碳 0.062%的 304 不锈钢，为避免发生敏化，将其冷却至 595℃以下时，需在约 5min 内完成；而对于含碳 0.030%的 304L 不锈钢，将其冷却至 480℃以下，可以在 20h 之内完成，且不会发生敏化。

溶质贫化区（SDZ）通常可用图 8.36 所示铬分布图来描述[28]。此分布图的主要特征参数是由时效温度和时间等时效条件决定的贫铬区的分布宽度和最小铬浓度。由图 8.36 可知：对于 316L 不锈钢，在 600℃进行 1000h 时效处理，其晶界附近铬浓度降至约 11%（原子分

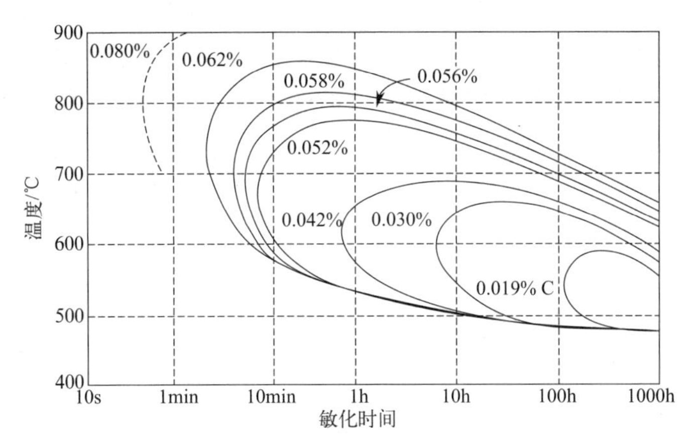

图 8.35 不同碳含量的不锈钢的敏化时间-温度曲线

数)，贫化区的宽度约 80nm。同种不锈钢，在温度 550℃时效处理 8000h，此时晶界处铬浓度降至 9%（原子分数），贫化区宽度接近 400nm（图 8.36）。

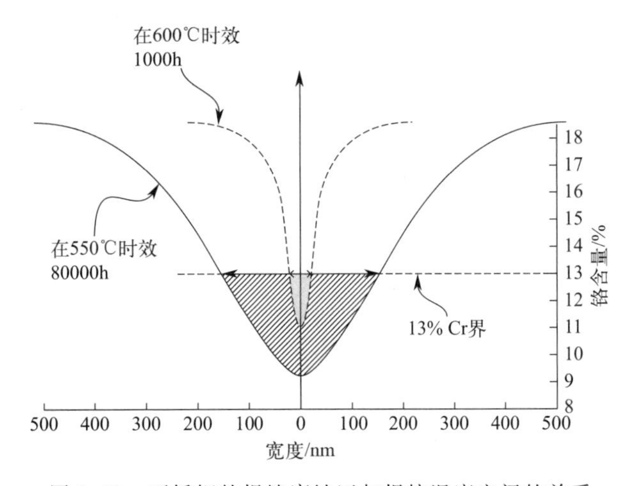

图 8.36 不锈钢的焊缝腐蚀区与焊接温度之间的关系

使用稳定化钢是一个可以彻底避免敏化的实用方法。例如：分别含有少量钛的 321 不锈钢（S32100）或少量铌的 347 不锈钢（S34700）就是经过稳定化处理的两种改进的 304 不锈钢。钛和铌这些元素与碳的亲和力比铬和碳之间的亲和力强，即使长期处于敏化温度范围内，由于碳与钛和铌结合稳定，碳也不会与铬形成铬的碳化物，因此铬仍能保持固溶状态。

退火是纠正敏化不锈钢的唯一办法。由于不同不锈钢所需温度、时间和淬火程序也不相同，因此使用者应根据材料供应商提供的信息去设计有效的退火工艺。有很多试验方法可以用来检测奥氏体和铁素体不锈钢中碳化物析出相造成的敏化问题。其中标准 ASTM A262 中所介绍的检测奥氏体不锈钢 IGC 敏感性的试验方法应用最广泛[29]。

8.2.2.6.3 镍合金

镍合金的晶间腐蚀敏感性取决于影响晶界附近析出相析出行为的杂质和合金元素含量。镍钼合金中，硅和磷杂质会促进 $M_{12}C$ 碳化物的析出，因此增大了镍钼合金的晶间腐蚀敏感性，而添加钒和铌可抑制碳化物的形成，因此可增强晶界的耐蚀性。在 Ni-15% Cr-15% Mo

系合金中，硅提高了碳的活性，这至少是该合金晶间腐蚀敏感性增大的原因之一[30]。

镍合金的晶间腐蚀是一个电化学过程，很大程度上取决于环境的氧化还原性。在还原性环境中，晶间腐蚀涉及钼贫化区（SDZ）的选择性溶解。而在氧化性环境中，晶间腐蚀主要是由于铬贫化区和富钼金属间化合物的选择性溶解。

镍钼合金如在600～800℃温度范围内加热，其晶界析出的第二相，与富含钼的碳化物相析出或700℃之上金属间化合物相 Ni_4Mo 和 Ni_3Mo 的析出相关。如果加热至1250℃以上，由于 M_6C 和 Mo_2C 等碳化物在晶界析出，镍钼合金还有可能发生更严重的刀线晶间腐蚀。对于镍铬合金，$M_{23}C_6$ 和 α 相的形成会使其晶间腐蚀敏感性增大；对于镍铬铁合金，晶间腐蚀敏感性主要是由于形成碳化物（$M_{23}C_6$ 和 M_7C_3）；对于镍铬钼合金，晶间腐蚀敏感性是由于碳化物和金属间化合物相。

图8.37[31] 所示的敏化时间-温度曲线显示了热时效对镍铬钼合金的影响（采用标准ASTM G28方法A[32]）。图8.37中曲线代表沿晶穿透深度为0.050mm。此外，对于某一合金，其曲线峰值越向右，其热稳定性越好，其敏化风险也越低。此图显示的所有合金中，合金C-276的晶间腐蚀敏感性最大。合金C-276材料的大尺寸焊接可能会存在很大问题。合金59（一种镍铬钼系的纯三元合金）的耐晶间腐蚀性能远优于合金C-276，也优于图8.37中所有其他合金。

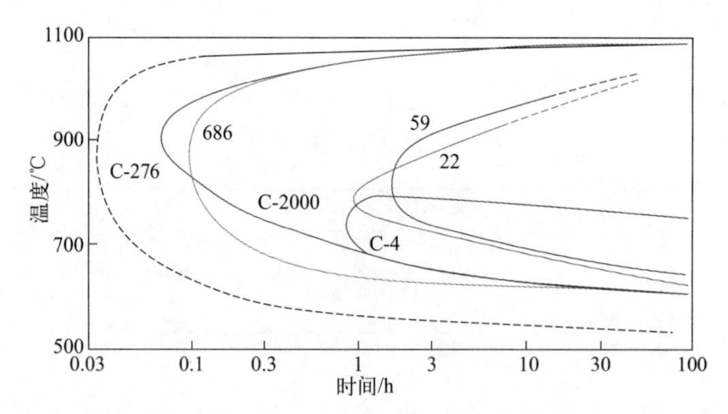

图8.37 显示不同碳含量的304型不锈钢中碳化物析出所需时间的敏化时间-温度曲线

在各种碳含量曲线的右边区域，碳化物析出[29]

8.2.2.7 剥层腐蚀

剥层腐蚀是与高强锻铝合金相关的一种特殊形式的晶间腐蚀。图8.38显示了锻铝合金中典型的非均质晶粒结构，表8.6列出了用于研究剥层腐蚀行为的三种铝合金晶粒大小及其长宽比[33]。这些合金中晶粒都被极度拉长，尤其是纵向。其中铝合金7449 T79的晶粒最长（1630μm），而铝合金7055 T7751的晶粒长宽比最大（24）。这种扁长晶粒结构容易发生剥层腐蚀。

表8.6 通过极值分布统计得到的晶粒大小和长宽比

合金	取向	长度	宽度	长宽比
7150 T651	纵向	820±170	55±5	15±5
	横向	370±50	53±9	7±2.1
7055 T7751	纵向	1270±110	52±4	24±4
	横向	430±75	50±7	9±2.7

续表

合金	取向	长度	宽度	长宽比
7449 T79	纵向	1600±210	104±17	16±5
	横向	1400±170	101±11	14±3

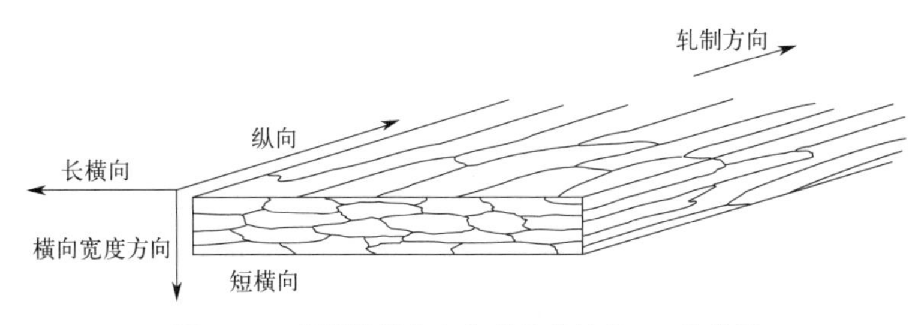

图 8.38　高强锻铝合金典型晶粒结构 3D 示意图

从锻制中心开始进行机械加工的板材，常常最容易发生这种剥层腐蚀，因为在材料此部位处，其晶粒拉伸程度最大。相比较而言，那些具有等轴晶粒结构的材料，通常是发生点蚀，而不是发生具有典型剥层腐蚀特征的剥层和鼓泡现象。

当晶界产生沉淀、容易发生晶间腐蚀时，沿晶腐蚀渗透方向通常主要是平行于表面。不溶性腐蚀产物产生的楔入力，将晶粒撑开，导致剥离。在极端情况下，腐蚀影响区域边缘呈叶片状，像浸湿后已膨胀开的书页（图 8.39）。这种腐蚀呈现出多种形态，如点蚀、粉化或表层剥落，甚至直径几个毫米的鼓泡（图 8.40）。

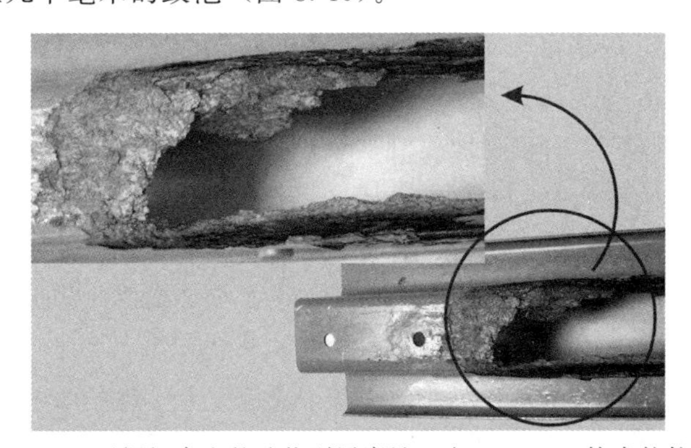
图 8.39　A92024 瓦楞铝合金的叶状剥层腐蚀（由 Kingston 技术软件公司供图）

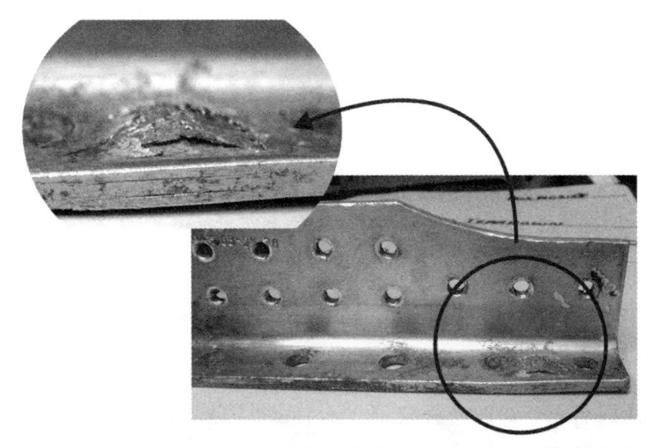
图 8.40　铝合金（A97075）的层状剥层腐蚀（由 Kingston 技术软件公司供图）

剥层腐蚀和应力腐蚀开裂（SCC）二者之间的相似度很高，因此人们相信这两种明显不同的腐蚀形式有一个共同机制。二者皆以晶间腐蚀的形式扩展，皆受到合金晶粒结构及其热处理状态的强烈影响。与锻制件加工面呈大角度的倾斜晶界，和那些几乎与加工面平行的晶界，二者之间存在化学性质差异。剥层腐蚀过程中，晶间裂纹在面内方向上快速扩展，不仅仅是因为薄片状晶粒结构中有效的裂纹扩展通道容易相互接近，而且还因为平行晶界比倾斜晶界的化学敏感性更高[34]。

8.2.2.8 氢腐蚀（氢蚀）

8.2.2.8.1 氢脆

氢原子（并非氢分子）是周期表中最小的原子，正因为它足够小，因此它可以很容易扩散通过金属结构。而氢气是由双原子的氢分子组成，因其体积太大无法进入固态金属表面。因此，氢分子首先必须分解为原子氢，才能扩散通过气体-金属界面。此外，如果金属呈熔融态，氢分子也很容易溶解在其中。

氢是水分子的重要组成部分，无论是在自然腐蚀过程中还是强制阴极保护作用下，如果存在氢原子复合成氢分子的负催化剂（如毒剂），其中就可能产生元素态氢，作为阴极反应的一部分。当复合形成氢分子的过程受到抑制时，新生态氢就有可能扩散进入金属间隙，而不是形成无害的气态反应产物。有很多化学物质可抑制氢原子复合（如氰化物，砷、锑或硒化合物）。但是最常见的物质是硫化氢（H_2S）这种在很多自然分解过程中和石油化工加工过程中都会产生的气体[35]。

很多金属及合金，当其晶格与氢接触或被氢饱和后，它们的机械性能都会下降。1874年，约翰逊（W. H. Johnson）研究发现氢和汞可以穿透金属基体并使其变脆，并首次成功尝试解释氢脆（HE）现象[36]。自首次发现这些现象之后，人们又经过反复证实，发现：氢确实对大多数金属的机械性能都会产生不利影响。不过要注意：铜、金、银和钨是例外，尽管在某些条件下它们对氢可能也很敏感。有氢存在时，开裂模式可能发生改变，从韧性穿晶开裂变为穿晶解理或沿晶开裂。此外，有氢存在时，滑移的性质也可能发生变化，变得更加局域化和平面化[37]。

人们已提出多种微观机制来解释这种氢的宏观影响，但其中多数机制都没有直接证据支持。从大量有关氢脆（HE）文献来看，单一机制似乎不太可能解释所有的观察结果，因此氢脆更有可能是多种机制同时起作用。此外，还有一种可能是：其中某种机制在初期占主导地位，但随着条件发生变化，其机制也随之变化。例如：在α钛中，当裂纹扩展速率超过氢化物形核和生长速率时，脆化过程由脆性氢化物相的解理转变为氢增强局部塑性（HELP）机制。

温度对材料氢脆（HE）有两个互相矛盾的双重影响，即：随着温度升高，氢向晶格膨胀区偏析的倾向降低；而同时随着温度升高，氢的迁移率增大[38]。正是由于这两种相反效应的联合作用，材料氢脆敏感性在某个中间温度时最高，而通常这个温度接近室温。不同合金以及不同冶金状态，最大氢脆敏感性的温度也不同。例如：很多钢的氢脆最敏感温度都在零度以下。

金属吸收的氢可在晶体中两个位置存在：晶格间隙以及与晶体缺陷有关的特殊位置。吸收氢会使金属晶格膨胀，因为新生态氢原子的有效尺寸通常比间隙尺寸大。这种尺寸差异促使氢向胀大的间隙位置移动，即新生态氢更容易停留的地方。间隙胀大的部位有：晶界、空位、位错以及所有使间隙扩大的其他体缺陷。例如：一般情况下，冷加工皆会使金属基体中位错密度和空位浓度增大，因此经过冷加工的材料暴露在水溶液中时，氢吸收量可能会增加。下面列出了一些与氢致开裂相关的一系列连续过程[38]：

（1）在设备制造或服役期间，氢被引入到设备部件中；

（2）相对于金属晶格中间隙部位，吸收的氢原子太大，而又由于氢具有高迁移性，因此吸收氢将转移至晶格膨胀的特殊部位；

（3）无应力部件中的特殊部位在整个材料中是随机分布的，主要包括：夹杂物、析出相、位错纠缠和晶界等部位；

（4）当设备服役过程中金属结构承载时，所产生应力将使晶格发生膨胀，形成晶格膨胀区，原子态氢将迁移至此，直至达到氢临界浓度水平，裂纹萌生成核；

（5）随后，微裂纹将倾向于向高氢浓度区域扩展，释放应力，使晶格恢复到原来容纳氢更少的无膨胀状态；

（6）氢将被迫迁移至邻近高应力晶格膨胀区；

（7）裂纹形核/扩展将不断重复进行，直到达到临界裂纹尺寸，设备部件发生开裂。

如果特殊部位是空位，一个单独氢原子的出现将减小由空位引起的晶格应变，氢原子成为一个置换原子而不是间隙溶质原子。如果特殊部位有位错，一连串的氢原子可能会沿着位错聚集。尽管这一连串单独氢原子的存在可能无法固定位错，但它确实增大了位错运动所需应力[39]。

但是，如果位错上两个邻近原子复合形成氢分子，位错运动所需应力将变得更大，位错将被有效钉扎在此部位。除了降低位错的移动性，溶质氢原子还可参与反应，与溶剂金属反应形成氢化物，或与一些其他溶质原子反应形成一个新相。在正常压力和温度下，铁不能与氢原子反应形成氢化物。

1969年，韦斯特莱克（Westlake）首先提出了一个基于裂纹尖端处氢化物形成和破裂的氢脆（HE）机制。对于锆、铌、钒和钽等在适宜条件下容易形成氢化物的金属材料，这一机制目前已被广泛接受[40]。氢化物致使材料韧性降低，这一现象本身就可通过多种方式显示出来。非常小的氢化物可作为微孔萌生点，仅仅通过使微孔聚结更容易，就可降低材料韧性。较大氢化物的破裂使金属基体内产生裂纹。随后，裂纹尖端应力集中使局部发生塑性变形，可能使合金韧性显著降低，这取决于氢化物数量、取向和分布[38]。

当无氢化物形成时，有大量实验和理论支撑的HE机制主要有三个，分别是：氢增强脱聚（HEDE）、氢增强局部塑性（HELP）和吸附诱导位错发射（AIDE）[40]。

8.2.2.8.2 氢增强局部塑性

氢增强局部塑性（HELP）这一机制，以可运动位错和位错障碍物周围的局部软化效应为基础。当存在氢时，障碍物对位错运动的阻力会减小，位错运动速度增大。相比于惰性环境下的开裂，通常氢增强局部塑性会使断口表面产生的韧窝更小[40]。

8.2.2.8.3 氢增强脱聚

氢增强脱聚（HEDE）机制是基于在局部高浓度氢的作用下，裂纹尖端或其附近金属-金属结合力降低，先于滑移之前，原子间发生分离。如果由于应变梯度硬化效应产生了非常高的弹性应力，那么裂纹尖端晶格内就可能产生足够高浓度的氢[40]。

8.2.2.8.4 吸附诱导位错发射

吸附诱导位错发射（AIDE）机制是基于与氢增强脱聚类似的氢致原子间键合减弱，但通过局部滑移的裂纹扩展与氢增强局部塑性（HELP）类似。在吸附诱导位错发射机制中，裂纹扩散被认为主要是通过位错发射，不过裂纹尖端的位错露头和裂纹前端形成的空隙也有一定作用。此外，裂纹前端形成的空隙还有利于维持裂纹尖端小的曲率半径和张角[40]。

8.2.2.8.5 氢致开裂

静态承载材料中，氢诱导亚临界裂纹扩展的应力强度范围与循环载荷引发疲劳的相同。因此，如果敏感材料处于疲劳状态，氢的存在可能会加速疲劳裂纹扩展。研究者们已发现：很多金属和合金中都存在这种加速作用[38]。在疲劳过程中，氢扩散的有效时间将随着循环频率和波形而变化。循环频率低时，在每个疲劳循环周期中，氢扩散的有效时间将更长，因此，亚临界裂纹扩展的时间更长。循环频率从 5Hz 降至 0.05Hz，疲劳裂纹扩展速率可能增大约 1 个数量级。

在硫化物诱导氢致开裂（HIC）发生率很高的酸性服役环境中，普遍存在的含湿硫化氢的工艺或条件状态，可能导致硫化物应力腐蚀开裂（SSC），而硫化物应力腐蚀开裂一直是油气田勘探开发中一系列问题的根源，很多国际标准主要就是针对这一问题而制订[41]。但是，无论在何处，只要存在硫化氢（如：酸性气体洗涤系统、重水工厂和废水处理），类似问题就会存在。

在有些特殊情况下，甚至铜和蒙乃尔 400（N04400）也都会发生氢致开裂。此外，一些更耐蚀材料，如常用来抵抗氢致开裂（HIC）的因科耐尔合金（Inconel）和哈氏合金（Hastelloys），在深冷加工、氢复合毒剂以及与更活泼金属或合金形成电偶的联合作用下，也可能变得对氢致开裂很敏感。

8.2.2.8.6 氢鼓泡

在低强度合金钢中，扩散进入层错或非金属夹杂等内部缺陷中的原子氢，可能重新结合成氢分子（H_2），此时主要发生氢鼓泡。当发生氢鼓泡时，其内部可能会产生极高压力，致使金属表面产生开裂、龟裂甚至鼓泡（图 8.41）。一般情况下，鼓泡直径在 3cm 左右，但在某些场合中，其直径也有可能大于 1m。

形成鼓泡需要金属能满足以下条件：①金属中含有夹杂物或其他内表面，氢可以在此累积；②在服役前或服役过程中，金属可吸收足够量氢，使发生氢聚积的内表面处压力增大；③在吸收氢以及形成高压氢气后，金属仍能保持足够的韧性[38]。夹杂物含量极低的无损伤钢或纯净钢，在一定程度上可以防止钢铁合金的氢鼓泡。

随着氢含量增加，金属韧性会降低，因此，内表面处氢气压的变化，还可能改变金属的变形和开裂特征。而氢致韧性降低的程度，通常随着合金强度提高而变大。这就解释了在高强合金中，当其内部界面处原子氢复合形成氢气时，为何产生的塑性变形非常小，形成的是裂纹，而不是鼓泡[38]。

8.2.2.8.7 氢腐蚀的抑制

为了有效控制氢腐蚀，我们必须至少大致了解氢的来源和氢脆（HE）机制。硬度是氢

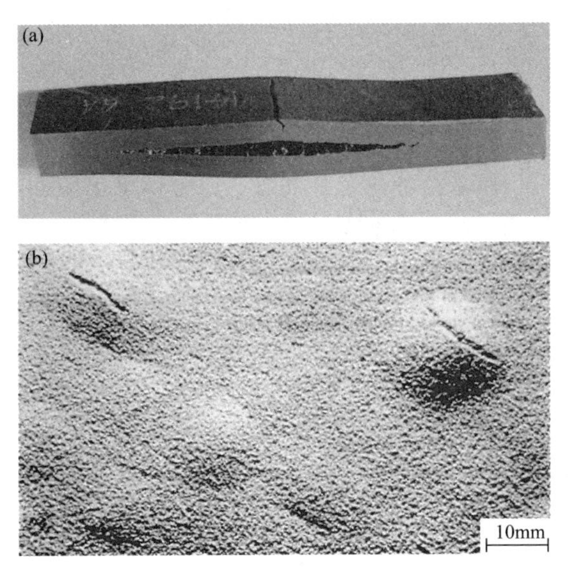

图 8.41　(a) 裂纹平行于管壁时的氢致开裂；(b) 表面鼓泡中可能还含有裂纹
(图片来自由 Yellow Pencil Marketing 公司出版的《MACAW 的管道缺陷》)

脆的主要影响因素。相比于强度较低、硬度较小的材料，硬度较大、强度较高的材料更容易发生氢致开裂失效。关于高强钢的一个常见错误用法就是，在使用较低强度钢就已能很好运行的情况下，而使用了强度更高的钢，补偿过度。在能促进氢致开裂的高拉伸应力状态下，此时就会引发一些问题。一个简单补救措施就是明确服役所需最高强度，选择相匹配的金属材料，不给氢脆留下额外机会[42]。

对于铁基金属件，热处理可能就能有效消除氢脆问题。氢在 α-铁中溶解度并不高。但是，在相转变温度（723℃）之上的高温 γ-铁中，氢的溶解度很高。在较高温度下，氢的迁移率也会增大。如果在高温、高氢分压环境中，大量氢就能渗入钢中。如果接着将其淬火至一个较低温度，氢原子就可能被困在金属内，这样就会促使这些氢原子集聚处发生氢致开裂。在 100～650℃的真空环境中烘烤一段时间，将可使氢扩散至表面。真空条件下，金属内外形成了一个压力梯度，可将内部所有氢都驱除出去。

大多数情况下，对在役金属结构进行这种真空热处理并不方便。一种替代方法就是在金属构件投入使用之前，从加工角度出发，使金属材料内部维持低氢含量。而在 α-铁状态下，缓慢烘烤是提高金属材料耐氢脆性能的第一步。在焊接前后，我们也推荐进行这种热处理。

另一常用方法是添加合金元素作为陷阱捕获氢原子。例如：铁中添加 1.5% Ti 钛，可以增加氢扩散达到最高浓度所需时间，因为氢在这些陷阱处累积，使其向内的扩散渗透减缓。还有一种方法是添加缓蚀剂。当缓蚀剂添加到工艺流体中后，金属设备的均匀腐蚀速率会降低。因此，它们能减缓表面氢原子的产生，从而减小了驱动氢向内扩散的浓度梯度。

氢浓度是促进氢脆的另一影响因素。在涂层制备过程中，如电镀，酸洗阶段就可能会在基体材料中引入氢。因为在此阶段，待镀基体材料浸泡在酸性溶液之中。而较高酸浓度以及长时间浸泡都会增大待电镀工件中氢浓度，因而增大氢脆的可能性。如采用喷砂处理清除表面锈垢后再进行离心浸涂等涂装工艺，由于此过程并未在材料中引入氢，因此有利于避免氢脆问题。

8.2.3 流动腐蚀

流动腐蚀是一个包括由于环境介质和金属表面之间的相对运动而引起或加速的各种腐蚀问题的通用表述。此类腐蚀问题的典型特征是其表面带有与流动介质和相对运动方向相关的方向性花样特征。流体可以是水溶液或者是气态，亦可以是单相或者是多相[43]。流动腐蚀中，流动和腐蚀的联合作用机制有多种[44]：

传质控制：传质控制腐蚀意味着腐蚀速率取决于金属/流体界面处对流传质过程。暴露在含氧水中的钢，其腐蚀速率最初与溶解氧向金属表面的对流通量密切相关，但随后又与氧扩散通过铁氧化物膜层的扩散过程密切相关。由传质控制的腐蚀，其表面通常呈平坦光滑流线型。

相间传输控制：相间传输控制腐蚀是指金属表面润湿与腐蚀性介质相的流动相关时发生的腐蚀。这种状态可能是由于两种液相相互分离引起，也可能是由于第二相由一种液体产生所导致。在低流动性状态下，锅炉水流经水平或倾斜管道的高热流部位时，形成非连续气泡或气相，就是后面第二种机制的一个实例。腐蚀部位表面通常很粗糙、不规则，并覆盖或带有厚厚的多孔状的腐蚀产物沉积层。

磨损腐蚀和流动加速腐蚀：磨损腐蚀和流动加速腐蚀（FAC）的产生，首先是与金属表面保护性膜层的机械性破坏有关，而随后的腐蚀加速是由于电化学或化学过程的作用。一般认为：对于某种具体材料，流体流速必须在超过其相应的临界流速时，才有可能诱发磨损腐蚀或流动加速腐蚀。流体冲击造成的机械损伤会使材料表面和/或保护性表面膜层产生一个破坏性剪切应力或压力变化，而多相流的存在可能会对这些作用力产生极大影响。流动加速腐蚀一般是与清洁流体相关，如产能设备常用的湿蒸汽，但是，磨损腐蚀涉及更宽泛的流体状态，而且可能由于流体中含有磨料粒子而使腐蚀增强。发生磨损腐蚀的金属表面可能呈现浅凹坑或马蹄形或其他与流动方向相关的局部特征（图 8.42）。

图 8.42 蒸汽管线内流动加速腐蚀造成的管壁减薄（a）和腐蚀形貌（b）

空泡腐蚀：金属表面附近液体中气泡的产生和破灭，有时可能会产生空化效应。由于流体中气泡内爆，这种空化作用可清除掉金属表面保护性氧化皮。计算结果显示：内爆冲击波压力可达 420MPa。随后的腐蚀受低压区液体的流体力学影响，其中可能涉及流速变化、流动中断或流向改变。通常，空泡腐蚀的表面呈现出密密麻麻的尖锐蚀孔或坑（图 8.43）。

图 8.43 一个除气装置内部的空泡腐蚀（由加拿大-大西洋国防研发中心供图）

8.2.3.1 流速影响

除非另有保护，金属的耐蚀性通常都是来自在腐蚀过程中金属表面形成的附着牢固的保护膜。这层膜可能包含有反应产物、吸附气体或二者皆有。对这层保护膜的任何机械干扰破坏都会促进膜下金属的腐蚀，直到保护膜重新恢复或金属已远离腐蚀环境。这种机械扰动作用本身可能就是由磨损、冲击、湍流或空化作用所造成的。

金属暴露在流速很高的介质环境中时，其腐蚀加速可能主要就是因为其表面保护膜遭受了破坏。例如：碳钢输水管，通常会受到一层锈层保护，该锈层可使溶解氧向管壁的扩散速率降低。因此其腐蚀速率通常小于 1mm/a。通过流动砂浆将水管表面锈层去除之后，结果显示其腐蚀速率增大约 10 倍，大约为 10mm/a[45]。图 8.44 显示了随着流速或表面剪切应力增大，氧化膜状态的变化[46,47]。

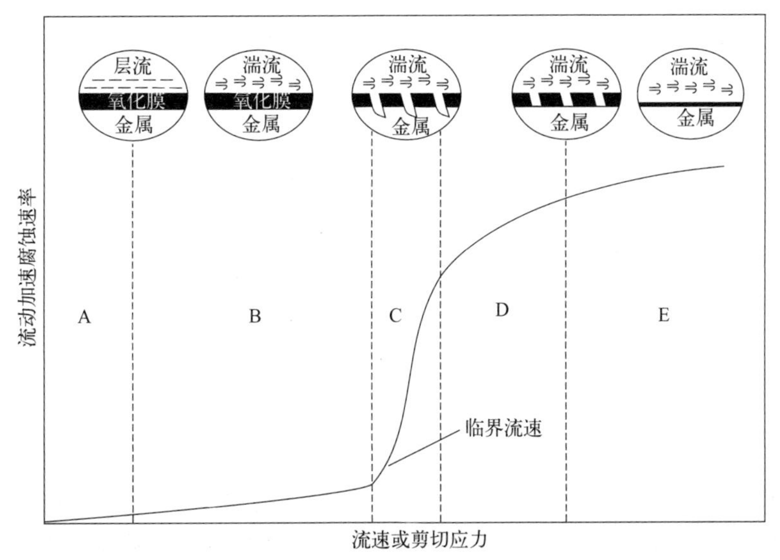

图 8.44 腐蚀和磨损机制随液体流速的变化[46]

图 8.45 和图 8.46 总结了与流动加速腐蚀相关的腐蚀和磨损机制的变化。在静水中（图 8.44 中曲线起点），由于其表面腐蚀产物膜的形成与发展，此时腐蚀速率低且随着时间呈抛物线降低[图 8.45(a)]。在低流速的层流以及同时存在湍流的状态下（图 8.44 中 A 和 B 部分），腐蚀由于流动加速而增大。表面形成的腐蚀产物保护膜被流水溶解。此时腐蚀表现为一个具有线性腐蚀动力学特征的稳定过程[图 8.45(b)]，即氧化物-水界面处溶解的膜层刚好被同样厚度的新形成的膜代替。此观点已获得人们广泛认可。

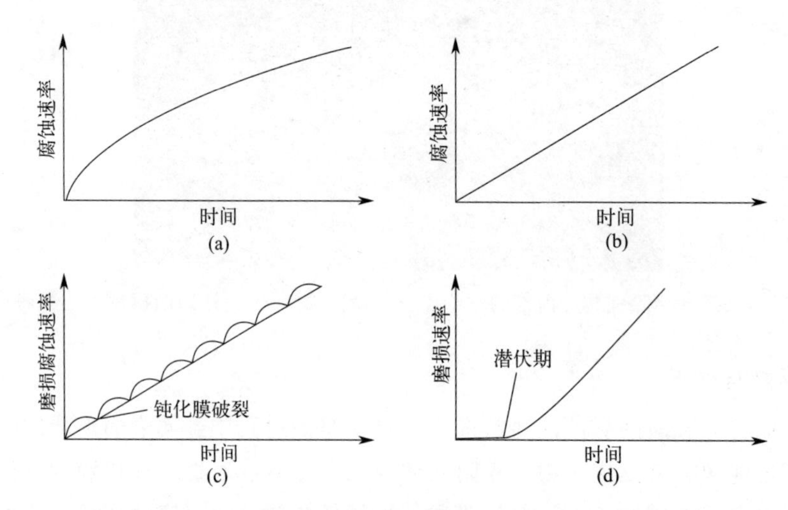

图 8.45 不同的腐蚀/磨损行为和过程随时间的变化规律

(a) 腐蚀与时间呈抛物线规律；(b) 流动加速腐蚀与时间呈线性规律；(c) 磨损和腐蚀遵循准线性规律，其中伴随着表面保护膜反复破裂；(d) 在经过最初孕育期后，磨损随时间呈线性关系[46]

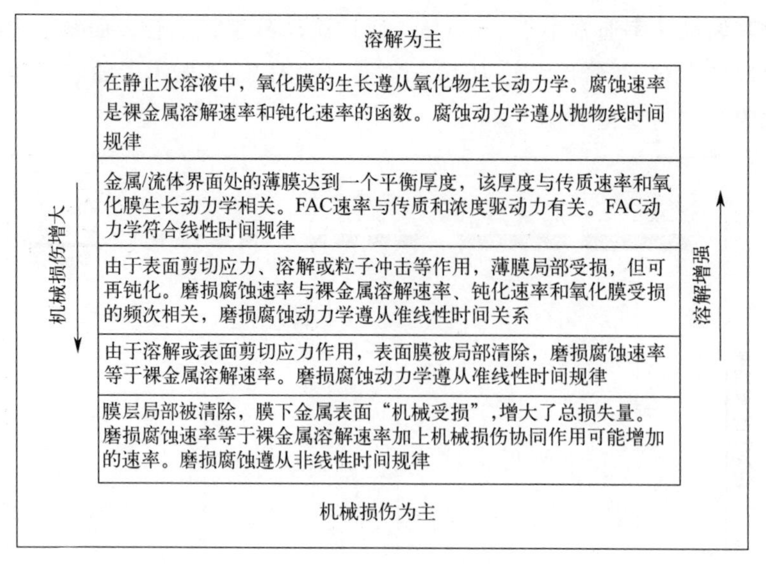

图 8.46 FAC 损伤机制总结[46]

在泵、阀门、离心机、弯头、叶轮、换热器管输入端和搅拌槽中，磨损腐蚀最为常见。流动体系中流动方向和截面发生突变的部位，比如换热器中水从水箱流入管道的部位，就是可能发生磨损腐蚀之处。

当腐蚀受溶解氧传质控制时，腐蚀速率可用舍伍德（Sherwood）数（Sh）估算，其中舍伍德数本身是个无量纲的雷诺（Reynolds）数（Re）和施密特（Schmidt）数（Sc）的函数，如公式(8.11) 所示。

$$Sh=\alpha Re^{\beta}Sc^{\gamma} \tag{8.11}$$

式中，Re 为雷诺数；Sc 为施密特数；α、β、γ 分别为经验常数。

对于光滑管道中的完全湍流状态，其中传质相关系数 α、β 和 γ 值分别设定为一个认可度最高的经验值 0.0165、0.86 和 0.33[48,49]。舍伍德数（Sh）代表了总传质与扩散传质之比。因此，舍伍德数（Sh）可直接与腐蚀速率相关联[50]，可用传质系数（k_m）来表示，如式(8.12) 所示：

$$Sh=\frac{k_{m}L}{D} \tag{8.12}$$

式中，L 为系统的特征长度，对于管道，L 是管子内径，m。

腐蚀加速有时可能会伴随着底层金属的磨损，不过在某些其他情况下，基体金属的磨损可能并没有明显影响[43]。腐蚀和磨损对保护膜的相对损伤作用，可依据测得的整体流速[51]用式(8.13) 来表示：

$$\text{磨损速率}+\text{腐蚀速率}\propto V^{n} \tag{8.13}$$

式(8.13) 中指数 n 取决于腐蚀和磨损对金属总损失的相对贡献，如表 8.7 所示。下面列出了与保护膜层及膜下金属磨损相关的各种机械作用力的来源，其相互作用如图 8.47 所示[50]。

- 湍流，剪切应力波动，存在压力冲击；
- 悬浮固态粒子冲击；
- 高速气流中悬浮液滴的冲击；
- 水流中悬浮气泡的冲击；
- 空化作用形成气泡的突然破裂。

表 8.7 流速作为一个判断金属表面保护膜受损后的磨损腐蚀速率的工具

金属损失机制	速度指数 n	金属损失机制	速度指数 n
腐蚀		磨损	
• 液相传质控制	0.8～1	• 固相粒子冲击	2～3
• 电荷转移(活化)控制	0	• 高速气流中液滴冲击	5～8
• 混合(电荷/传质)控制	0～1	• 空泡腐蚀(汽蚀)	5～8
• 活化/再钝化(钝化膜)	1		

对于铜管中单相湍流的情况，研究者们已注意到存在一个明显的“突变”流速，超过此速度时，流体才会对铜管造成损伤，因此，他们提出了一个临界剪切应力的概念[52]。近管壁处的准循环冲击，被认为是整个管壁边界剪切流中湍流能量的最主要来源，在此冲击过程中，临界剪切应力值最大[53]。对于非扰动以及受扰动的管流，皆是如此。实际上，单相水流中金属表面膜的去除总是与流体流动受到干扰时产生的涡流相关，而此扰动状态是由于流体几何形状在宏观或微观尺度上突然变化而引起的。表 8.8 总结了在海水铜合金管道系统设计时，应考虑的流动临界参数[49]。

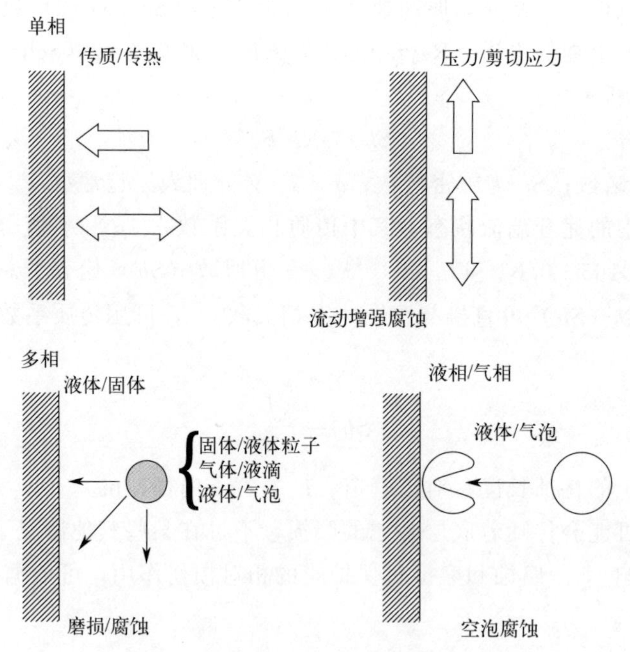

图 8.47 流体与固体界面间相互作用[50]

表 8.8 海水铜合金管道的流动临界参数

合金	CSS①/(N/m²)	CV②/(m/s)	DV③/(m/s)	MDV④/(m/s)
含铬铜镍	297	12.6	8.6	9
70-30 铜镍	48	4.6	3.1	4.5～4.6
90-10 铜镍	43	4.3	2.9	3～3.6
铝青铜			2.7	
含砷铝黄铜	19	2.7	1.9	2.4
缓蚀型海军黄铜				1.2～1.8
低硅青铜				0.9
脱氧磷铜	9.6	1.9	1.3	0.6～0.9

① CSS 为临界剪切应力；
② CV 为管径 25mm 中的临界流速；
③ DV 为基于 50%临界剪切应力的设计流速；
④ MDV 为公认或推荐的最大管道设计流速。

8.2.3.1.1 流动腐蚀的抑制

控制流动腐蚀的方法很多，其中可能涉及设计调整、工艺变更及腐蚀环境调节等多方面。这些方法也可能用来控制低湍流状态下的腐蚀。这些方法可能涉及从下列某一方面或几个方面组合来控制流动腐蚀[54]。

8.2.3.1.1.1 减少流体湍流

对于单相流体系，降低流体流速会降低湍流强度，因而可使腐蚀速率减小。尽管直观明了，但是由于工艺和设备限制，这种方法并不一定总能适用。在很多行业，针对不同工艺，人们已确定了基于“经验法则”的速度极限值。通常，这些极限值都是依据实际运行过程中腐蚀速率急剧增大时对应的流速来确定。

8.2.3.1.1.2 调整流动流体

通过调整流动流体来控制流动腐蚀的方式有两种：除去腐蚀性粒子、添加缓蚀剂等化学添加剂。

清除腐蚀性粒子，限制了腐蚀性粒子向金属表面的扩散，因此可以降低腐蚀速率。通过去除海水中溶解氧和提高盐水溶液的pH值，都是通过去除腐蚀性粒子来控制流动腐蚀的实例。机械或化学除氧，皆可降低溶液中氧浓度，从而使氧向腐蚀金属表面的传质减少，因而也可以降低腐蚀速率。

缓蚀剂等化学添加剂可调整表面腐蚀产物，改善其保护性能，降低腐蚀速率。缓蚀剂还可能设计用于改变黏度和界面的表面张力，进而调整液体紊流状态。

8.2.3.1.1.3　减少流动突变

流动状态突变是流动腐蚀失效的一个主要原因。在设计和建造过程中，采取下列任一方式都有可能最大程度地减少流动突变：

- 焊接导管和连接件时，尽可能减小不匹配度；
- 如有可能，将内部焊缝打磨光滑；
- 使用大曲率半径弯管；
- 避免管径阶梯变化；
- 安装前对管端进行铰孔和倒角；
- 在管道投入使用前，对储存管道进行保护，防止内腐蚀；
- 避免使用内表面有蚀孔的已腐蚀管道，即使这些管道可能仍然满足强度标准。

8.2.3.1.1.4　调整流动类型

流型调整主要是针对管线。通过改变管线中气体和/或液体流速，可调整流型。对管线不同管段中流型的分析，可能有助于人们确定管线中哪些部位预计会发生腐蚀，从而决定腐蚀监测部位。

8.2.3.1.1.5　更换使用更耐蚀合金

在某些情况下，使用更耐蚀合金可能是防止流动腐蚀唯一可行的办法。这通常也是成本最高的选项。例如：高流速条件下，使用碳钢或低合金钢时，其腐蚀速率特别高，此时可更换使用不锈钢。但是，对于各种不同环境，耐蚀合金可能也有相应的湍流极限，而且，使用耐蚀合金也不应被认为是流动腐蚀问题的最终解决方案。

8.2.3.2　磨损腐蚀和流动加速腐蚀

金属和合金上自然形成的表面膜性能，是理解金属材料耐磨损腐蚀性能的关键要素。对于大多数工业用金属和合金而言，其耐蚀性都是源于其表面形成和保留下来的保护膜层。保护膜可分为两类[49]：

（1）相对厚且多孔的扩散障碍层，如：碳钢表面的红锈，铜表面的氧化铜；

（2）不可见的薄钝化膜，如不锈钢、镍合金以及钛等其他钝化金属表面形成的钝化膜。

但是，如果液体流动状态变为湍流，此时液体的随机运动会冲击金属表面，破坏表面这层保护膜。然后，膜层破坏处裸露金属又与液体反应，再次被氧化。这种交替进行的氧化膜的形成和去除，将使腐蚀加速。由此造成的磨损腐蚀可能是均匀的，但更常见的是，在表面形成一些蚀坑区域，并有可能造成完全穿孔（图8.48）。

很显然，液体中存在固态粒子或气泡，也会加重这种磨损腐蚀作用。此外，如果其流体动力学发展到冲刷或空泡腐蚀的状态，甚至可能引发更严重的腐蚀问题。

图 8.48　输送海水的黄铜管的磨损腐蚀（由加拿大-大西洋研发中心供图）

业已证明：铬对改善铁及镍基合金钝化膜性能最有利，而在这些合金中加入钼，可以提高其耐点蚀性能。很多表面钝化膜中含钼量不足的镍基合金和不锈钢等金属材料，在静止和低流动性海水中，都很容易发生点蚀，但在中高流速下，却表现很好。在油田环境中，流体速度与腐蚀性成分的协同作用，造就了一个非常苛刻的服役环境。图 8.49 显示了各种不锈钢材料在流动酸性盐水中的磨损腐蚀行为，其流速在油气勘探中典型流速范围之内[55]。

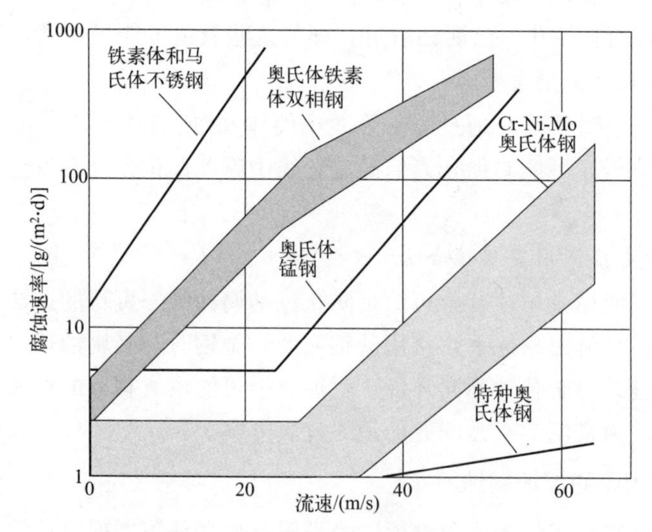

图 8.49　流速对材料在高硫化氢和低 pH 值介质中腐蚀速率的影响[55]

钛表面可形成一层牢固的 TiO_2 氧化膜，可以耐大多数氧化性和还原性介质的腐蚀。在低、中和高流速条件下，钛以及某些镍-铬-钼合金，都表现出良好的性能。通常，碳钢是很容易发生流动加速腐蚀（FAC），但少量合金添加剂可显著提高其抗流动加速腐蚀性能，如 1.25Cr-0.5Mo 和 2.25Cr-1Mo 等低合金铬钢，具有优异的耐流动加速腐蚀性能。图 8.50 显示了钢成分对其流动加速腐蚀速率的影响，该图依据胡布雷茨（Huibregts）在流速为 960m/s、含水 10%的湿蒸汽中的测试结果绘制[46]。图 8.50 依据如式（8.14）所示关系式绘制：

$$\frac{\text{FAC 速率}}{\text{FAC 速率}_{\text{最大}}}=\frac{1}{0.61+2.43[\text{Cr}\%]+1.64[\text{Cu}\%]+0.3[\text{Mo}\%]} \tag{8.14}$$

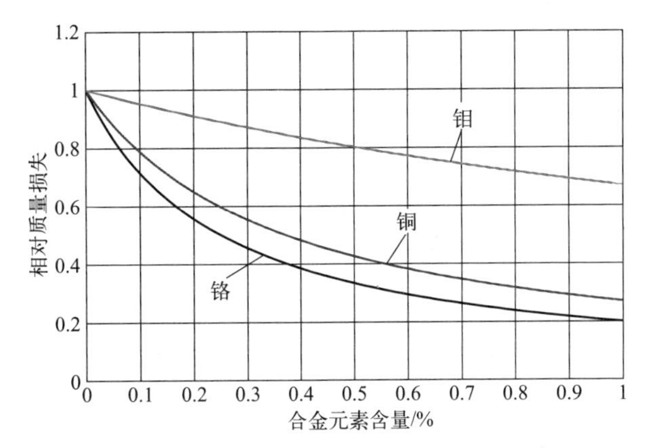

图 8.50　合金含量对磨损腐蚀速率的影响

添加某种微量元素也可能改善铜镍合金的耐磨损腐蚀性能。铁含量对 90-10 铜镍合金的耐腐蚀和冲刷性能皆有影响，其中添加约 2%铁时性能最佳[44]。由于铁氧化物掺入腐蚀产物膜中，因此固溶化的铁有益增强其耐磨损腐蚀性能。在流动海水中，镍和铁都有可能掺入腐蚀产物膜中。在铜镍合金中，如果铁析出形成铁和镍铁第二相，会使钝化膜发生劣化，影响合金的腐蚀行为。

8.2.3.3　空泡腐蚀

空泡腐蚀（有时称为空蚀或汽蚀）是一种结合了湍流或高速运动液体中机械损伤的局部腐蚀形式，呈区域性或斑块状的麻点或粗糙表面。空泡腐蚀已被定义为“液体中气泡的突然形成和破灭所造成的表面恶化”。空泡腐蚀还被类似地定义为“由于金属表面液体湍流形成空穴或空洞的突然破裂而引起的局部腐蚀。”空泡腐蚀也能在一些高振动区域发生，如发动机活塞和活塞衬套上（图 8.51）。

在某些场合，采用阴极保护法可成功减轻或防止空泡腐蚀，但由于空泡腐蚀通常同时涉及物理和电化学过程，无法总是用阴极保护这种方法来预防。此外，在某些情况下，添加缓蚀剂亦可有效抑制空泡腐蚀，如在柴油机汽缸套的水侧。在船舶螺旋桨、液压泵和涡轮机、阀门、孔板及所有遵从伯努利（Bernoulli）定律[公式(8.15)]、存在静压突变的其他地方，都存在空泡腐蚀问题：

$$P+\frac{\rho}{2}V^2+\rho gh=\text{常数} \tag{8.15}$$

式中，P 为绝对的静态压力；ρ 为流体密度；V 为流速；h 为高度；g 为重力加速度。

图 8.51　柴油发动机回程活塞衬套的空泡腐蚀（由加拿大-大西洋研发中心供图）

严格来讲，伯努利（Bernoulli）方程适用于线性流，但是对于湍流，可用整体流速来计算，尽管有点误差。因此，当液体加速通过孔板或叶轮时，速度增加会使局部静压下降。当液体通过缩流断面或接近泵内涡壳之后，液体流速会随之减缓，而局部压力又随之增大，致使由于先前压力降低而形成的空泡突然破裂。依据流动状态和几何形状，人们可以观察到五种不同类型的空泡[56,57]。

- 移动空泡是指在液体中形成的单个瞬态空泡或气泡，随着它们在其生命周期内的膨胀或收缩而移动的一种空泡形式。通过肉眼看，移动空泡可能表现为片状空泡形式。
- 云状空泡是由于旋涡脱落进入流动区域引起。它可能造成很强的振动、噪声和腐蚀。云状空泡的脱落呈周期性，喷射回流是产生云状空泡的基本机制。
- 片状空泡又称为固定空泡、附着空泡或袋式空泡。片状空泡从准稳态意义上来讲，是一种稳定空泡。在空泡闭合区，液气界面变成波纹状，并发生分离。下游液流带有大尺度涡流，以气泡簇为主。
- 超空泡是片状空泡以包络整个固体表面的方式发展而形成。通气可形成或增强超空泡。超空泡是高速运动的水下航行器降低黏性阻力的一种理想方法。据报道，水下炮弹超声速飞行时的速度超过 1500m/s。
- 涡空泡发生在旋转叶片尖端，又称为梢涡空泡。涡空泡产生于高剪切区域的旋涡中心。这种类型的空泡并非仅仅局限于旋转叶片，也可能会在钝头体分离区产生。

空泡数（σ）是一个无量纲数，可预测流体产生空泡的倾向，如公式(8.16) 所示：

$$\sigma=\frac{2(P-P_V)}{\rho V^2} \tag{8.16}$$

式中，σ 为空泡数；P 为绝对静态压力；P_V 为液体蒸气压；V 为流速。

当空泡数为 0 时，压力 P 降至蒸气压 P_V，此时将产生空泡。空泡数和净正吸入压头（NPSH）的关系可用公式(8.17) 表示：

$$\mathrm{NPSH}=\frac{(\sigma+1)V^2}{2g} \tag{8.17}$$

式中，σ 为空泡数；V 为流速；g 为重力加速度。

8.2.3.3.1 空泡腐蚀的抑制

空泡腐蚀通常通过设计和选材来进行控制。很多聚合物不仅具有优异的耐腐蚀性能，还具有良好的抗空化作用性能。例如高密度聚乙烯的耐空泡腐蚀性能，与镍基和钛合金的相似。

注入空气也可用来控制空泡腐蚀损伤，因为注入分离流态中的空气减缓了空泡的突然破裂。此外，采用阴极保护亦可以抑制空泡腐蚀，其原因是析出的氢气泡起到了缓冲作用，以及正常的对金属腐蚀的阴极保护作用。尽管对于一个敞开系统中的螺旋桨而言，采用阴极保护这种方法可能获得令人满意的效果，但对于一个密封系统而言，采用阴极保护，其中氢的析出可能很危险，而且还可能引起氢鼓泡和氢脆[58]。

有效净正吸入压头（$\mathrm{NPSH_A}$），即泵入口处总压力（绝对）与蒸气压之间的差异，是避免离心泵发生空泡腐蚀的主要设计参数，可用流体或“压头”的等效高度来表示，如式(8.18)。

$$\mathrm{NPSH_A}=\frac{P-P_V}{g\rho}+\frac{V^2}{2g} \tag{8.18}$$

式中，P 为绝对静态压力；P_V 为液体蒸气压；V 为流速；g 为重力加速度；ρ 为流体密度。

有效净正吸入压头（$NPSH_A$）必须大于泵的净正吸入压头必需值（$NPSH_R$）。后者数值随流速变化而变化，是当液体加速通过弧形叶片然后在邻近蜗壳后降速时的压力变化的函数。泵制造商提供的净正吸入压头必需值（$NPSH_R$），以无空泡腐蚀风险的泵效率为基础。在泵效率开始下降之前，泵中可能会出现明显的噪声和产生空泡。在设定正确的有效净正吸入压头（$NPSH_A$）时，一个非常重要的考虑因素是泵与盛放泵液的容器之间的相对高度。此外，吸入管线中流体摩擦也必须考虑在内，因此，吸入管线通常比输出管线的管径尺寸更大。

8.2.3.4　固体粒子冲击

流体中固体粒子的冲击，无论是对厚扩散障碍层还是薄钝化膜层，都可能造成损伤，从而导致磨损腐蚀。这些固体粒子甚至可能会磨损金属，增大整个金属损失[45,49]。在存在磨损性粒子时，磨损速率（ER）是冲击频率的函数，与局部的粒子速度（u_p）和冲击粒子的动能（u_p^2）直接相关。因此，粒子冲击作用的一级近似可用式(8.19）所示关系来表述[51]：

$$ER \propto u_p^3 \tag{8.19}$$

实际上，冲击速度和冲击角度都会受扰动流的强烈影响，而扰动流会造成最严重的磨损。在湍流管流中，冲击角度通常小于 5°，而在扰动流中，冲击角度会更大。此外，粒子形状和粗糙度会影响粒子冲击对器壁产生的有效作用力。因此，在同一系统中，表面上光滑的圆状砂粒的冲击磨损比玻璃微珠的大，相应的磨损速率（ER）比玻璃微珠的高 2 个数量级。另外，粒子冲击造成的损伤程度，还与冲击粒子和流动系统器壁的相对硬度密切相关(图 8.52)。当冲击粒子比器壁软时，磨损会急剧下降[49]。

如果缺乏有关保护膜层的机械性能及其愈合特点的详细信息，那么冲击粒子对保护膜形成发展的损害或干扰作用就很难定量化。一般而言，即使冲击粒子无法对基体金属造成磨损的情况下，它们仍可能会对保护性膜层造成损伤。通过观察腐蚀形态，有可能将固体粒子冲击作用与液体粒子冲击腐蚀区分开来。砂粒或微粒的冲击作用会产生顺着流向的流线型光滑表面。无砂井高流速状态下的腐蚀，通常表面显示出一些具有尖锐边缘的腐蚀形态，类似于带有方向性流线的台面状腐蚀❶[59]。

8.2.3.4.1　固体粒子冲击腐蚀的抑制

由于固体粒子冲击引起的腐蚀，可使用缓蚀剂和/或溶液调整来控制。有些缓蚀剂在强研磨性浆液中具有很好的效果，包括碳化硅这种最常见的磨粒成分[58]。溶液调整包括增大 pH 值和除氧（除气）。这两种腐蚀控制方法都已在长距离输浆管线中得到应用。在输浆管线中，可以采用亚硫酸钠或肼等除氧剂来除氧。在一些其他应用场合下，还可通过非化学蒸汽汽提或真空除氧来进行除氧。

当金属表面比固体粒子硬度更高时，其磨损速率会明显下降，因此，选择使用一个高表

---

❶　台面状腐蚀是碳钢或低合金钢在轻微升温的流动二氧化碳环境中的一种常见腐蚀类型。在此类环境中，通常钢表面将形成具有保护性的碳酸铁垢层，钢腐蚀速率很低。但是，在由于流动介质产生的表面剪切应力的作用下，此层垢会受到局部腐蚀损坏，具有台面状特征。

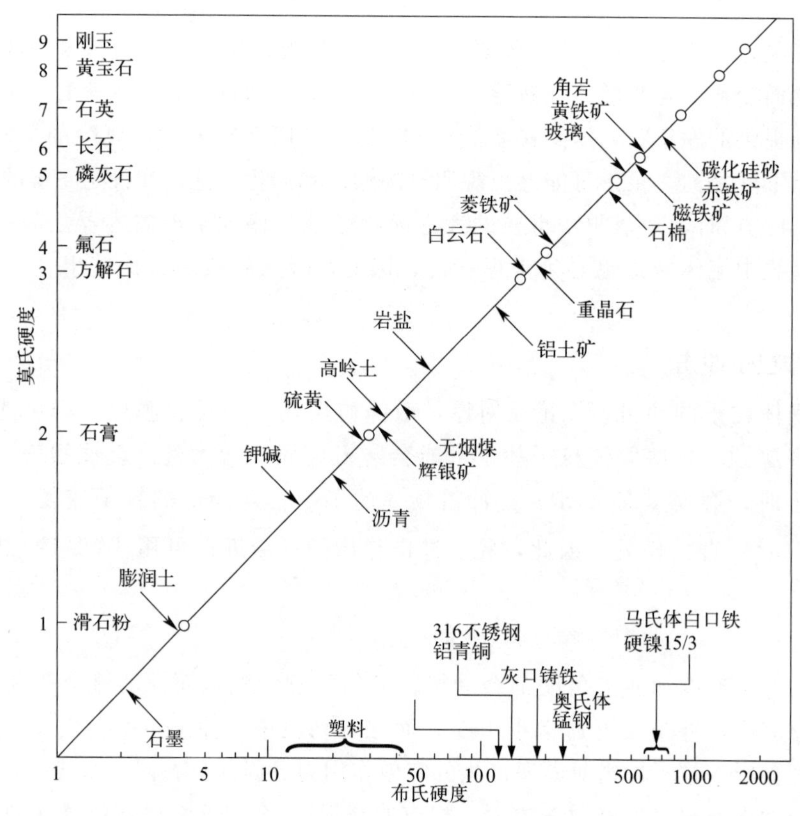

图 8.52　一些常见矿物质和金属硬度值的大致比较[45]

面硬度的合金来解决磨损问题，可能被认为是一个很简单的事情。但事实并非如此，其原因有两个：

- 耐磨损的硬质合金一般都是铸造合金，其焊接困难，通常很脆且难以加工；
- 如果腐蚀是一个需考虑的因素，那么选用的合金必须具有一定的耐蚀性，而很多合金是通过凝固过程中碳化物析出来硬化，它们的耐蚀性通常会相对较差。

通过设计和选材可控制固体粒子冲击引起的磨损。人们在设计流动体系几何构造时，应考虑能尽量减少扰动流的任何影响，例如：使用大曲率半径弯头、渐变式流动横截面、规定最大的焊根突起。当然，可能还有一些其他的设计，如：

- 增大关键区域材料厚度；
- 使用防冲板对关键区域进行屏蔽；
- 对高磨损区采取定期检查和更换方式，可能比采用昂贵材料更经济。在选矿和石油/天然气行业中，这种方式应用广泛；
- 在某些场合，还可采用旋转管道的方式来延长尾矿管线的寿命。

8.2.3.5　流动腐蚀试验

进行流动腐蚀试验的实验仪器装置必须具有一个定义明确的流场，以便能与所关注的现场体系进行切合实际的比较。因此，必须建立实验室体系与现场体系不同流动状态之间的相关性，通过测量表面剪切应力和传质系数可将二者联系起来。如果能保持实验室试验与现场环境中剪切应力相同，则可假定其局部流体动力学相似。然后，通过实验室测得的腐蚀速率，可将实验室试验与真实运行系统状态二者之间进行实际关联，如图 8.53 所示[60]。不过，为使此过程合理有效，必须满足以下假设条件[61]：

- 参数计算合理有效；
- 计算的参数都是那些控制腐蚀的或直接与腐蚀相关的参数；
- 针对腐蚀，将这些参数按比例放大至设备运行条件下，这些参数也合理有效。

管壁剪切应力和传质系数二者都满足这些基本准则。表 8.9 总结了一些试验体系的优点和显著特征[62]。

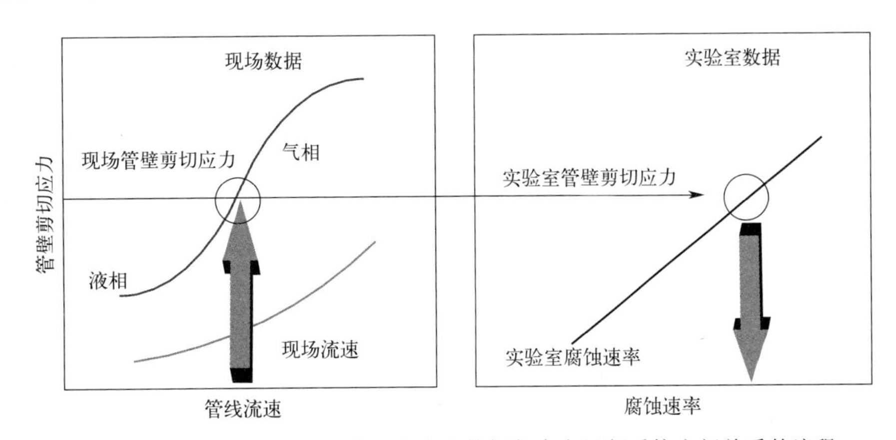

图 8.53　用流体动力学条件建立实验室数据与真实运行系统之间关系的流程。运行流速可通过管壁剪切应力计算得到，然后通过管壁剪切应力与实验室测得腐蚀速率进行关联

表 8.9　一些试验体系的优点及其显著特征

特征	旋转圆盘(层流)	旋转圆柱	冲击喷射(滞流区)	流动回路
流型特征明确	是	是	是	是①
传质均匀	是	是	是	否
一次电流分布均匀	否	是/否	否	否
剪切应力分布均匀	否	是	否	是①
旋转触点可能产生噪声	是	是	否	否
晃动可能造成误差	是	是	否	否
需要泵	否	否	是	是
发生泄漏的可能性	低	低	高	高
适用于在线表面分析应用场合	否	否	是	是②
适用于传质过程明确的研究	是	是	是	否
适用于剪切应力状态明确的研究	否	是	是	否
适用于定性筛选研究	是	是	是	是

① 这个特征仅适用于当入口区域足够大，试样表面的流动得到充分发展的情况。

② 光学原位表面分析技术需要试样平坦、静止。

下面介绍的是在油田作业中缓蚀剂最佳筛选方法评估过程中，对现场和实验室试验结果进行对比分析的一个实例。此研究中，研究者首先查阅了管线公司提供的技术文献及其他可用信息[63]。接着，他们对用于评级缓蚀剂性能的十二种实验室方法进行了严格评估。他们对三个油田设备进行现场监测，用来支持实验室评估以及确定具体实验室方法的可靠适用条件。然后，他们分别对现场和实验室测得的均匀腐蚀速率、点蚀速率以及依据现场条件下的均匀腐蚀速率和点蚀速率计算得到的缓蚀率进行定量比较，并报道了相关结果。在考虑下列因素的基础上，他们制订了相应的评级规程：

- 现场试验进行 15 天，但实验室试验进行 1 天；
- 实验室所用钢材、气体、盐水成分和温度与现场相同；
- 对于高压试验，实验室试验所采用的总压和分压与现场相同。对于大气压力试验，气体含量（如 20% H_2S、2.5% CO_2、剩余氩气）与现场相同；
- 在现场环境中，腐蚀速率通常是管底比管中部的高，管顶部最小。因此，采用管底取样数据进行分析，将反映系统的最坏状态，满足系统寿命评估所需。

他们基于以下标准，对实验室试验方法进行评级：

- 比较实验室均匀腐蚀速率与现场管道底部试样（通常此部位腐蚀更严重）的均匀腐蚀速率之比的对数值；
- 比较实验室点蚀速率与现场管道底部试样的点蚀速率之比的对数值；
- 比较实验室和现场的缓蚀率（依据均匀腐蚀速率和点蚀速率计算）。

通过此分析研究，他们发现旋转笼法是预测缓蚀剂现场应用效果的最佳方法，该方法已成为国际标准方法[63]。

8.2.3.5.1 质量传递系数

质量传递说明了流体流动对活性化学粒子传输的化学和电化学影响，包括从本体溶液通过过渡层或边界层到达固体表面以及从固体表面通过过渡层或边界层到达本体溶液。质量传递系数说明了腐蚀性粒子由外向金属表面以及腐蚀产物由金属表面向外的迁移特点。质量传递的扩散层，大体可通过扩散质量通量密度来确定，就如能斯特（Nernst）扩散模型中所示。质量传递系数（k_m）定义为质量通量密度与浓度梯度之比，表示为式(8.20)[61]：

$$k_m=\frac{J_i}{\Delta C_i} \tag{8.20}$$

式中，J_i 为粒子 i 的质量通量；ΔC_i 为浓度差。

依据通量密度的定义，代入上述方程，传质系数可重新用式(8.21)来定义：

$$k_m=\frac{D_j}{\delta} \tag{8.21}$$

式中，D_j 为粒子 j 的扩散系数；δ 为扩散层厚度。

质量传递系数通常由试验来确定。测定质量传递系数的试验方法有很多，但应用最广泛的是溶壁法、极限电流密度法和传热类比法[64]。

8.2.3.5.2 溶壁法

在溶壁法中，试样由难溶于试验介质的材料制成或涂装。已应用过的典型材料环境组合如下：

- 反式肉桂酸和水；
- 甘油/水混合液中苯甲酸；
- 水中熟石膏。

采用这种方法时，表面会随着时间迅速变粗糙，表面初始光洁度难以确定。采用这种固态模型时，那些复杂几何构型的情况难以重现，如壁厚和形状都发生改变的管道急弯头。此外，在使用涂层试样时，由于厚度均匀的涂层难以制备，因此存在厚度损失测量的准确性问题。而且，采用溶壁法，还可能引起与溶解过程具有协同效应的纯磨损。因此，对由于使用饱和试验溶液以及源于粗糙表面的所有磨损事件进行评估，必不可少。

传质系数还可通过腐蚀试样溶解来测量。这个技术已在大量具有不同传质外形的试样上进行了测试[64]。此方法涉及在含三价铁离子的稀盐酸中铜件的腐蚀。在此体系中，腐蚀速率由到达铜表面的三价铁离子决定，其中三价铁离子在铜表面被还原为二价铁离子，如反应式（8.22）所示，而阳极反应是铜的溶解形成单价铜，以氯的络合物形式存在，如反应式（8.23）所示。这个方法的重要优点是表面粗糙度比化学溶解技术小。

$$Fe^{3+} + e^{-} \longrightarrow Fe^{2+} \tag{8.22}$$

$$Cu \longrightarrow Cu^{+} + e^{-} \tag{8.23}$$

8.2.3.5.3 极限电流密度法

使用极限电流密度法（LCDT）测量质量传递系数，是将一个简单的电化学反应控制在其反应受扩散控制的电位下进行。建议使用的体系有多种，但实际最常用的是铁氰化钾/亚铁氰化钾氧化还原对的水溶液体系，反应如式(8.24）所示，其中添加氢氧化钠等非反应性电解质，其目的是减小离子迁移的影响和增加溶液电导率[65]。

$$Fe(CN)_6^{3-} + e^{-} \longrightarrow Fe(CN)_6^{4-} \tag{8.24}$$

尽管在具有不同流动几何特性条件下，这个反应都具有很好的重现性，但我们在试验中仍需采取某些预防措施。因为使用铁氰化钾/亚铁氰化钾氧化还原对时，其中可能会遇到三个问题[66]：

- 在日光暴露下亚铁氰化钾的缓慢分解；
- 亚铁氰化钾分解产生的氰化氢（HCN）对工作电极和辅助电极的毒化作用；
- 电池中存在的溶解氧可能会干扰上述电化学反应，尤其是低浓度时。

这些氰化物复合物的准确分解速率目前尚无法定量测试。但是研究已表明：如果电解液呈碱性，且保持避光，实际上可以避免氰化物分解。此外，充入氮气实际上也可以消除溶液中的氧。

一个典型实验条件是：以 5mV/s 的扫描速率进行电位扫描，扫描范围是相对开路电路＋0.5V 至相对开路电路－1.7V，其中开路电位是相对于饱和银/氯化银参比电极（图 8.52 中相对于饱和银/氯化银参比电极的开路电位为 0.22V）。从图 8.54 中很明显可以看出：阴极反应提供了一个更宽的电位“窗口”，其中极限电流在近 1V 电位区间的平台内都可以准确测量，而相比于阳极反应，可测量极限电流的电位平台仅 200～300mV 宽。但是在光照下，亚铁氰根离子最可能按反应式（8.25）发生缓慢分解，可能使测量阴极电流的重现性不佳。而与之相反，阳极反应的极限电流可能重现性更好。

$$Fe(CN)_6^{4-} + 2H_2O \longrightarrow Fe(CN)_5H_2O^{3-} + OH^{-} + HCN \tag{8.25}$$

8.2.3.5.4 传热类比

质量传递系数还可采用传热类比法，通过测量传热数据（HTD）获得，但这些测量都与其传质测量方法有类似的缺点。而且，用于表征传热的普朗特（Prandtl）数通常远低于施密特（Schmidt）数，其测量分辨率可能降低至 1/10[64]。

8.2.3.5.5 质量传递系数、表面几何形状和腐蚀速率

一旦假定了流动几何特性，质量传递系数（k_m）就可计算出来。但是，质量传递和磨

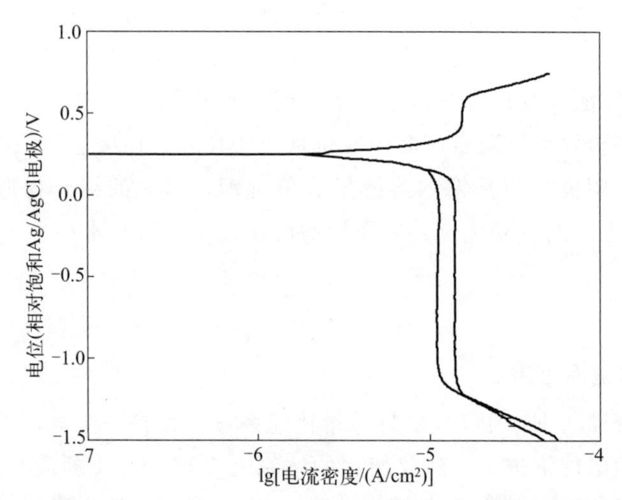

图 8.54 采用旋转圆柱电极（转速 2000r/min）的铁氰化钾/亚铁氰化钾实验体系重复性试验

两条曲线在同样电解液中间隔 5 天测量得到：0.1mol/L 铁氰化钾+0.1mol/L 亚铁氰化钾+0.5mol/L 氢氧化钾[66]

损腐蚀之间并非总是呈所预期的简单线性关系，其原因很多，包括以下几点[43]：

- 控制步骤的改变：在超过一定质量传递临界值后，保护膜的破裂会使裸基体磨损腐蚀突然增大；
- 阳极和阴极区的空间分离：阳极和阴极区域的局域化可能使传质过程与预期不符；
- 串联控制：磨损腐蚀速率由两个串联过程控制，对质量传递过程的依赖性较低；
- 偶联反应：存在偶联反应时，增强流动可能促进质量传递，但同时也可能降低腐蚀电位，可能增大表面膜的溶解性；
- 质量传递数值不恰当：多数质量传递数据（MTD）都是针对光滑表面的。当表面受到磨损时，其表面粗糙度可能会随之发生改变。这表明当表面发生磨损后，粗糙度因子可能变成了一个比初始形状更重要的控制质量传递的因素。

图 8.55 显示了上述这些因素造成的一些影响，以及相应的质量传递过程下的磨损腐蚀行为[67]。

8.2.3.5.6 旋转系统

8.2.3.5.6.1 旋转圆盘

旋转圆盘在电化学研究中很常用，因为它具有明确的液体流动流型，且使用相对容易。加工成圆柱体的待研究试样，通常都嵌装在环氧或聚四氟乙烯（PTFE）等惰性材料内，仅留下柱体试样的一个圆形端面暴露在溶液中。采用优质的金相级环氧树脂包覆试样，有利于防止在某些偶然情况下产生缝隙[62]。

旋转产生的速度场在轴向、径向和角速度方向上分量都不是零。如果电化学反应受粒子到达或离开电极表面的传输速率所限制，那么在圆盘上电流分布将保持恒定，其平均电流密度可通过下面形式的列维奇（Levich）方程得到[68]：

$$Sh = 0.6205 Re^{0.5} Sc^{0.33} \tag{8.26}$$

式中，Sh 为舍伍德数；Re 为雷诺数；Sc 为施密特数。

当雷诺数（Re）大于 2×10^5 时，总质量传递速率包括层流和过渡区的贡献，在大于

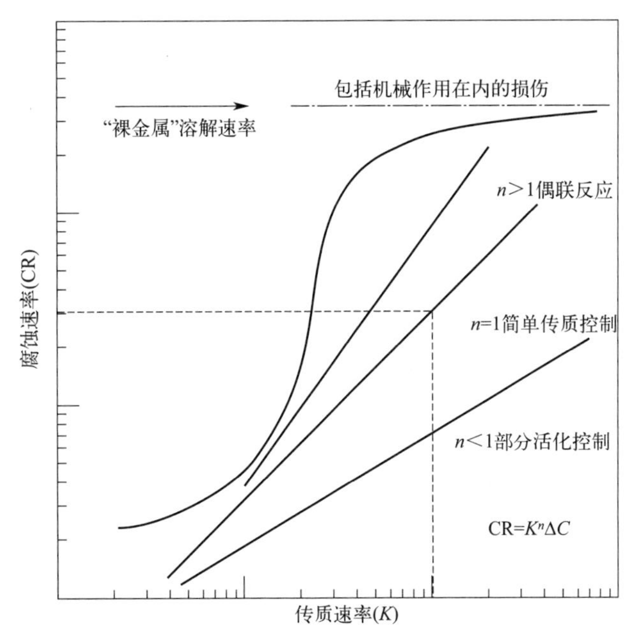

图 8.55 传质速率和腐蚀速率之间可能存在的关系

3.5×10^5 时，还包括湍流区的贡献。在雷诺数（Re）约在 10^6 以上时，此时湍流占主导地位。在腐蚀研究中，弄清楚质量传递速率的局部变化非常重要。在 Re 值达到临界 $Re_{临界}$ 之前，质量传递过程在表面上分布均匀，可用列维奇（Levich）方程[公式(8.26)]来描述。由于层流中质量传递速率在整个表面上均匀分布，因此层流状态下，金属表面可能发生的是均匀腐蚀。因此，关于欧姆降、电化学反应动力学以及质量传递之间相互作用，层流试验结果并未揭露出太多的有用信息，无法确定总体腐蚀速率及其分布的信息。在临界 $Re_{临界}$ 之上，当流型从层流变成湍流时，中心层流区被过渡区和湍流区包围，此处质量传递将随着径向距离的增大而增强[69]。

表 8.10 列出了旋转圆盘技术的优缺点[62]。使用这种技术时，需要注意的第一个问题是：使用导向轴以尽量较小晃动。另一个问题是：需避免产生涡流，因为涡流会产生空气夹带形成气泡，冲击电极表面。

表 8.10 用于腐蚀试验的旋转圆盘技术的优缺点

优点	缺点
• 流体动力学行为明确。已开发了电流和电位分布的数学模型，可从公开的文献中获得	• 电流和电位并非同时都是均匀分布。因此，对极限传质电流下数据的解析需要采用更复杂的数学模型
• 仅需按标准加工制备电极，在嵌入环氧或 PTFE 等电绝缘材料中之后，表面抛光很容易，因此可重现	• 即使在高转速条件下，圆盘上仍有小部分区域处于层流流动状态。在高转速下存在的非均匀流态，可能会造成对差异性传质作用的误导
• 系统操作容易。无需使用泵，因为流型由旋转圆盘产生	• 始终保持与旋转电极低电阻的电子连接，可能很困难
• 系统很容易适应多种溶液和流体动力学环境	• 对于所有使用旋转试样的系统，必须使用导向轴，避免晃动
• 电化学方法和质量损失法都可用来提供腐蚀速率信息	

8.2.3.5.6.2 旋转圆柱

旋转圆柱技术是研究金属材料磨损腐蚀行为的一个常用技术，因为它提供一种可在湍流状态下进行试验的简单方式，并能确定在此状态下一个给定反应是否受到质量传递极限的影响。与旋转圆盘一样，由于表面阻力，旋转圆柱也将引起流体旋转。阻力大小与精确的几何形状有关，尤其是阻碍程度。此外，在内部旋转圆柱的外面罩一个同轴的静止圆筒，这种试验装置设计对于研究湍流状态下的腐蚀行为也很有利（图8.56）[70]。因为层流仅仅出现在低转速时，例如，转速 10r/min 对应的临界 Re 值不到 200。当然，如果使外部圆筒也旋转，这个值可能变大。

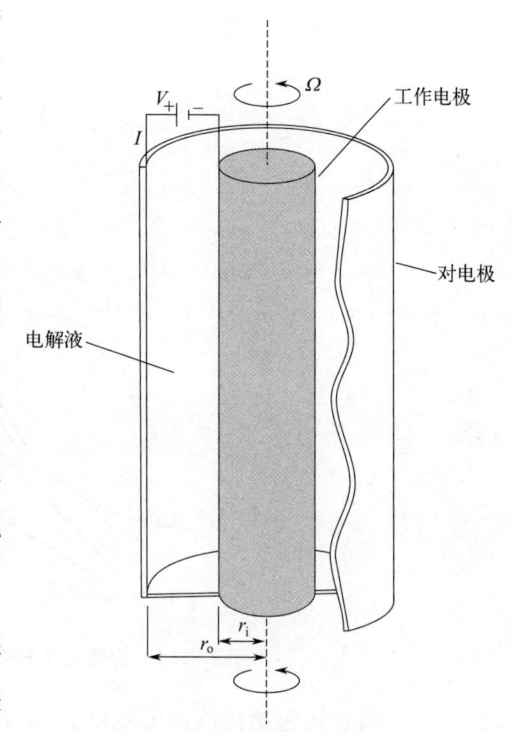

图 8.56　常见的内部圆柱可以旋转的圆柱电极体系[70]

通过位于静态外部圆筒上的 71 点电极进行一系列的极限电流密度（LCDT）测量，可以说明三种流动形态变化规律[71]：

- 在低转速时，流动是切向层流[图 8.57(a)]；
- 在大于临界泰勒（Taylor）数时，流动重新恢复到层流状态，但出现了湍流涡流，引起了叠加的径向和轴向运动[图 8.57(b)、(c)、(d)和(e)]；
- 在超过临界 Re 值之后，真正的湍流形成[图 8.57(f)]。

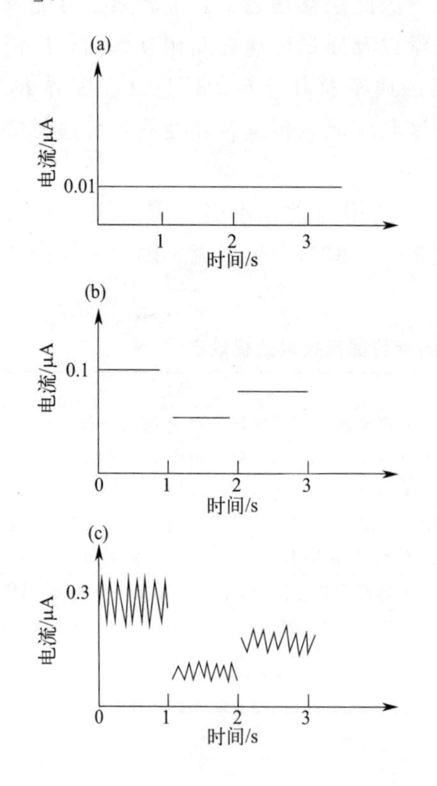

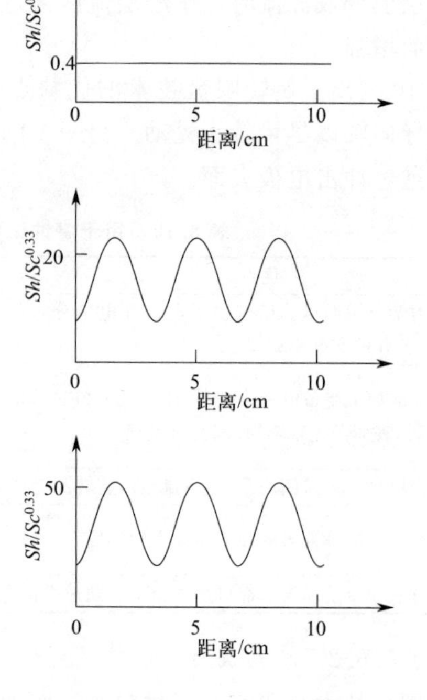

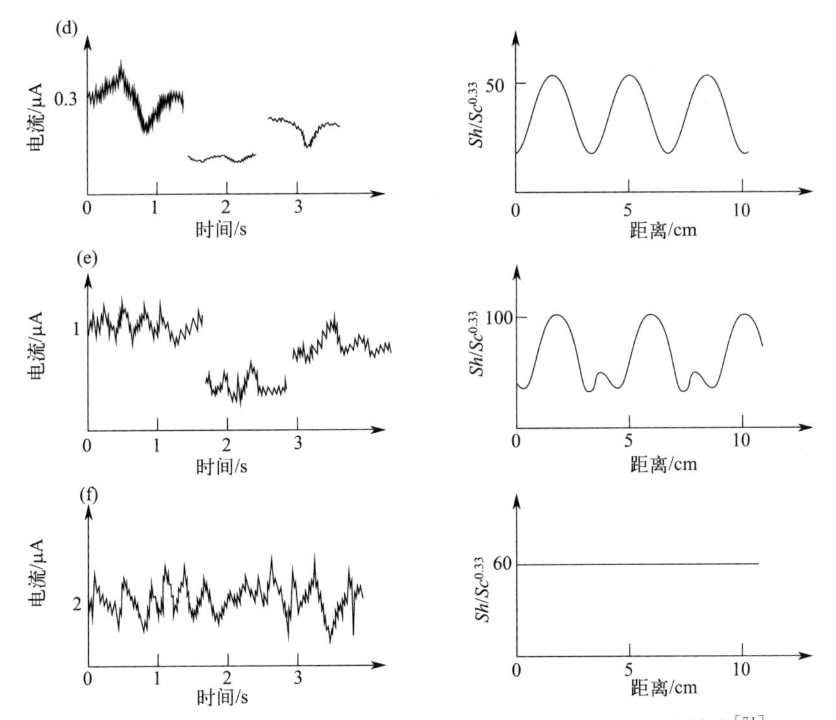

图 8.57　通过测量极限电流密度研究旋转圆柱电极上的流态转变[71]

(a) $Ta<412$ 时，层流；(b) $Ta<800$ 时，层流加涡流；(c) 和 (d) $Ta=1000$ 时，层流和湍流之间的过渡；(e) $2000<Ta<15000$ 时，湍流加涡流；(f) $Ta>15000$ 时，完全湍流

此处，泰勒数（Ta）是一个无量纲数，专门表征旋转体系中涡流程度。对于图 8.56 所示旋转体系，泰勒数（Ta）定义如式（8.27）所示：

$$Ta=Re\left(\frac{r_o-r_i}{r_i}\right) \tag{8.27}$$

式中，r_o 为外部圆筒半径；r_i 为内部圆柱半径；Re 为雷诺数。

图 8.57 中所总结的流态变化规律充分表明了局部湍流的复杂性。

在某些情况下，整个圆柱组件就是由研究金属加工成圆柱形试样，整个金属圆柱浸入在试验环境中，旋转外部的同轴网状或箔状对电极（图 8.56）。另一种方式是：将金属试样加工成环形，由环氧或 PTFE 等惰性材料支撑，将柱形外表面暴露在溶液中（图 8.58）。后面这种方式的优点是试样本身比较小，但是缺点是在低于极限电流条件下，其电流分布并不均匀[62]。

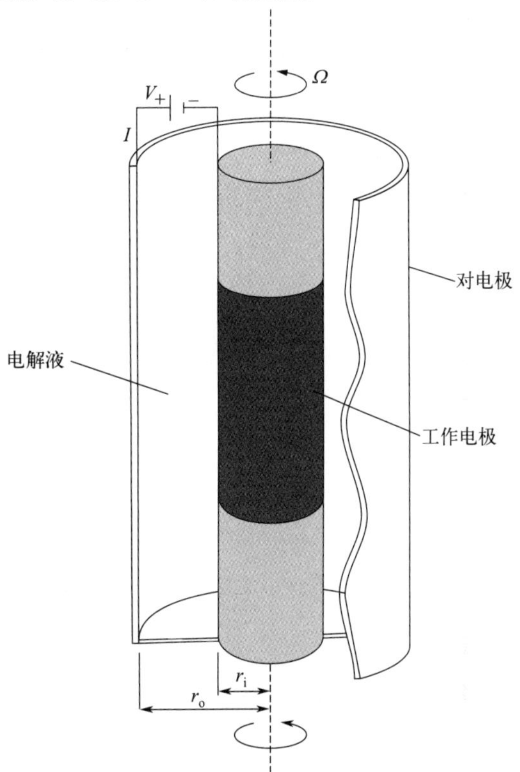

图 8.58　内部带有一个标准试样的圆柱电极体系

表 8.11 列出了旋转圆柱技术的优缺点[62]。与旋转圆盘一样，推荐采用导向轴尽可能减小摇晃。此外，涡流也会引起空气夹带形成，冲击电极表面。在电阻适度的电解液中，参比电极可远离圆柱电极放置。采取这种放置方式时，可以使用理论预测的电阻值来消除与参考电极放置相关的不确定性，并避免对工作电极附近的流型的干扰。

表 8.11　腐蚀试验用旋转圆柱技术的优缺点

优点	缺点
• 如果电极垂直于所有电绝缘平面，电流和电位分布都很均匀。电极表现为理想的一维表面，很容易模拟	• 如果电极不是垂直所有电绝缘面，电流和电位不会同时均匀分布。这种非均匀使结果解析需要应用相当复杂的数学模型
• 流体动力学流态界定明确。湍流状态下，可用经验关系式得到传质系数和摩擦因子	• 一旦嵌入环氧或 PTFE 等绝缘材料中后，电极表面抛光很困难
• 系统使用简单。无需泵，因为流动形态由圆柱旋转产生	• 维持旋转电极的低电阻连接可能很困难
• 仅需按标准加工制备电极	• 关于所有使用旋转标准试样的系统，需采用导向轴避免晃动
• 体系可适用于多种溶液和流体动力学环境	
• 腐蚀信息可通过电化学方法和质量损失两种方式获得	
• 在相对较低旋转速度下，可获得湍流	

8.2.3.5.6.3　*旋转笼*

旋转笼技术，作为一种很有前途的实验室方法，于 1990 年被人们引入到流动腐蚀研究中，它通过旋转试样在实验室中模拟管道流动，其中试样旋转速度可达 1500r/min[72]。这种越来越受欢迎的试验方法，早期是以“带旋转试样的搅拌高压釜”、“快速搅拌溶液中暴露的试样条”以及更常见的“旋转探针”形式进行。以旋转笼实验作为高速高压试验（HSAT）或旋转探针实验的相关研究已见诸报道。但是其中始终不变的是：使用旋转笼的实验都是在高压釜中高压条件下进行[73]。

图 8.59 显示了在大气压力条件下运行的旋转笼系统的示意图。容器可采用丙烯酸等很

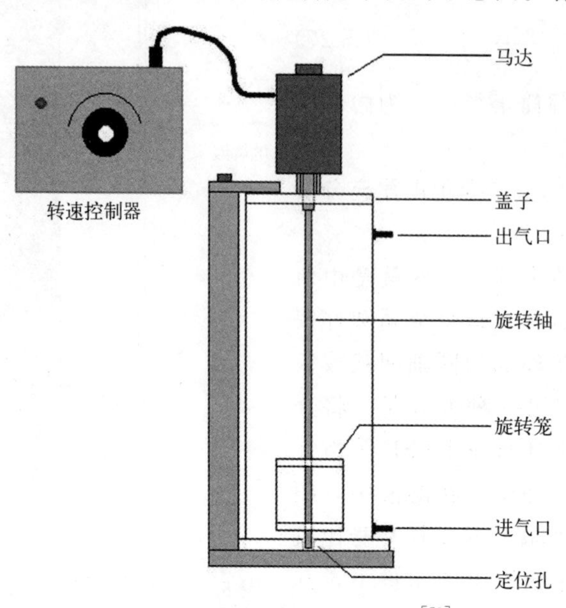

图 8.59　旋转笼组合件示意图[73]

容易获得的材料制备。容器底部与特氟龙（Teflon）基座紧紧贴合安装。在基座中心，钻有一个小孔，用来固定放置搅拌器下端。这种排布，可以稳定搅拌棒和测试试样，使其不易晃动。在此处所述试验中，8个标准试样通过两个特氟龙圆盘来固定，其中两个特氟龙圆盘安装在搅拌棒上，二者相距8cm。笼顶部和底部的特氟龙圆盘上也钻有小孔，用来增强试样内表面的湍流。该试验装置可适用的最高温度是70℃，最大旋转速度是1000r/min[73]。图8.60(a)和(b)分别显示了整个旋转笼组合件的侧视图和顶视图。旋转笼中流动形态已被定性划分为四个区域[74]：

（1）均匀区：涡流长度和宽度随着旋转速度的增大而线性增加（图8.61）；

（2）侧壁影响区：涡流长度增加但宽度已达到侧壁，与侧壁发生碰撞（图8.62）；

（3）湍流区：涡流长度渗入旋转笼中，产生了湍流（图8.63）；

（4）顶盖影响区：由于流体的反向运动，液位发生振荡并上升到顶部（图8.64）。

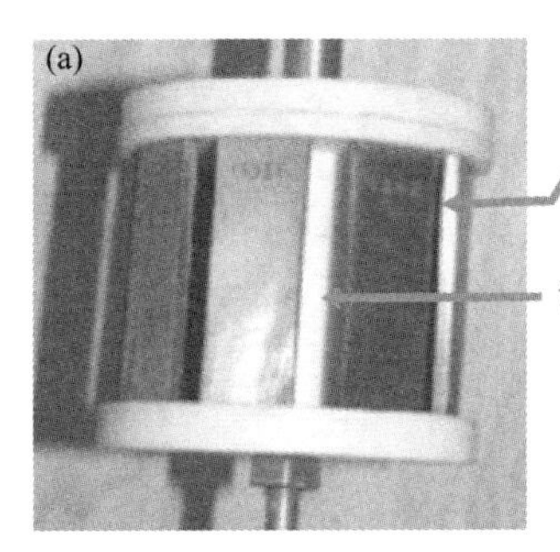

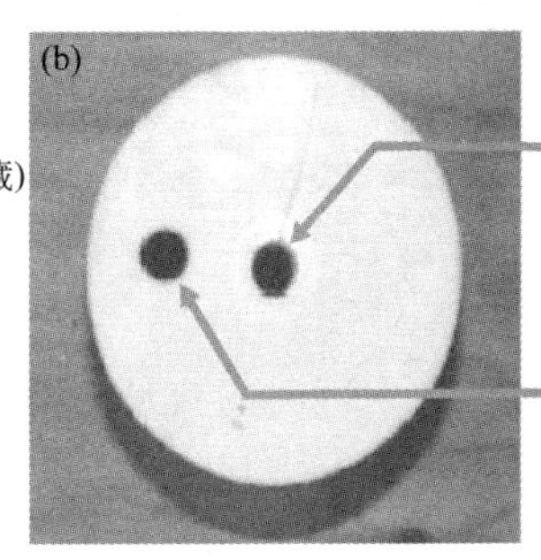

图8.60　旋转笼组合件的侧视图（a）和顶视图（b）

图8.61　完全均匀区的旋转笼[73]

图8.62　侧壁影响区的旋转笼[73]

图 8.63　湍流区的旋转笼[73]

图 8.64　顶盖影响区的旋转笼[73]

在没有旋转笼或在均匀区时的流动形态，与旋转圆柱上所观察到的流动形态类似，其壁面剪切应力可表示为式(8.28)[73]。

$$\tau_{w}=0.08Re^{-0.3}\rho r^{2}\omega^{2.3} \tag{8.28}$$

式中，τ_{w} 为壁面剪切应力；ρ 为流体密度；r 为旋转圆柱或旋转笼的半径；ω 为角速度。

在侧壁影响区和顶盖影响区，由于流体的反向运动，其壁面剪切应力比通过公式(8.28)计算得到的数值小。另外，在湍流区，由于涡流渗透通过旋转笼，其壁面剪切应力会明显大于通过公式(8.28)计算得到数值。在除了顶盖影响区之外的所有区域，由于涡流的形成，溶液都被拽向试样，至少使试样外表面上的壁面剪切应力增大。图 8.65 和图 8.66 分别形象地显示了在孔位对齐（图 8.65）后或未对齐（图 8.66）时，均匀区所对应的液体体积和旋转条件[73]。

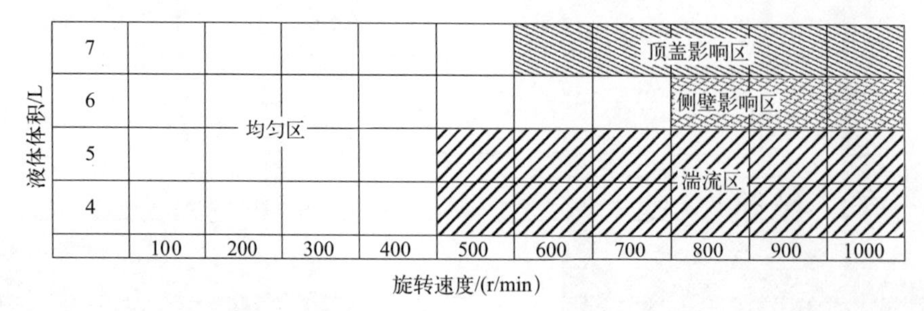

图 8.65　孔位对齐后，随着旋转速度和以水作为流体介质的液体体积的变化，流体特征的典型变化[73]

8.2.3.5.7　流动系统

采用流动系统来研究流速对腐蚀和磨损腐蚀的影响很常见，因为流动系统可更接近重现

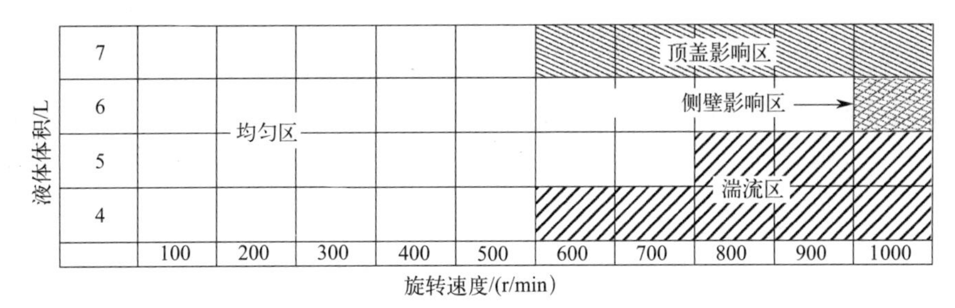

图 8.66 孔位未对齐时，随着旋转速度和以水作为流体介质的液体体积的变化，流体特征的典型变化[73]

真实运行状态。理论上，流体是非循环的一次性通过系统，但这种系统的运行和维护成本会很高。因此，大多数流动系统采用了再循环流动回路。设计用于评价流动加速腐蚀（FAC）和磨损腐蚀的流动系统有多种，大致可以分为三大类：

- 采用代表性的在役管材或特定零件组成流动回路，作为旁路试验回路；
- 用节流孔或喷嘴增大流速的流动系统；
- 采用冲击喷射使流动集中在目标表面的流动系统。

8.2.3.5.7.1 *流动回路*

流动回路系统的设计参数很多，如温度、压力、试验管段直径和长度、最大流速以及密度、黏度和热容等流体特性。表 8.12 列出了流动回路技术的优缺点。构建流动系统所选材料应能承受预期压力和温度。并非所有设计用于静态系统的材料都能在流动系统中使用。当流动系统中存在较大扰动时，层流向湍流转变的雷诺数（*Re*）下限值约为 2000。当雷诺数 *Re* 达到 100000 左右时，流动可能变为湍流。依据极限电流密度法（LCDT）在点电极上的测试结果，管道流型可分为如下几类[75]：

(a) 低雷诺数（*Re*）时，流动是没有电流波动的层流；

(b) *Re* 为 2140 时，测量中可观察到轻微波纹状扰动；

(c) 在较高 *Re* 值时，可观察到断断续续的局部湍流[图 8.67(a)]；

(d) 随着 *Re* 值增大，作为湍流运动间歇因子的时间份数也增加；

(e) *Re* 值达到 3740 时，流动呈完全湍流[图 8.67(b)]；

(f) 进一步增大 *Re* 值，极限电流密度（LCD）波动频率增加[图 8.67(c)]。

表 8.12 腐蚀试验用流动回路技术的优缺点

优点	缺点
• 对于此类系统，已提出了关于速度分布、传质特性、电流分布的数学表达形式	• 流动回路系统昂贵，运行复杂。装备的可靠性问题可能限制长期数据采集
• 对于完全展开流，如果待测试样并未干扰流动形态，剪切应力在其整个表面均匀分布	• 装置运行需使用泵，尽管采用磁力泵可避免很多问题，但仍可能出现机械密封或填料密封问题，并可能使氧泄漏进入系统
• 试样可以平行于流场和垂直于流场放置，进行不同剪切状态的研究	• 相对较容易发生颗粒或空气泡夹带，可能极大影响测量
	• 采用非均匀传质过程，结果解析复杂
	• 流动回路增加了泄漏或水患的可能性。当使用到有毒、易燃、腐蚀性或其他难以处理的液体时，这个因素需要特别加以考虑

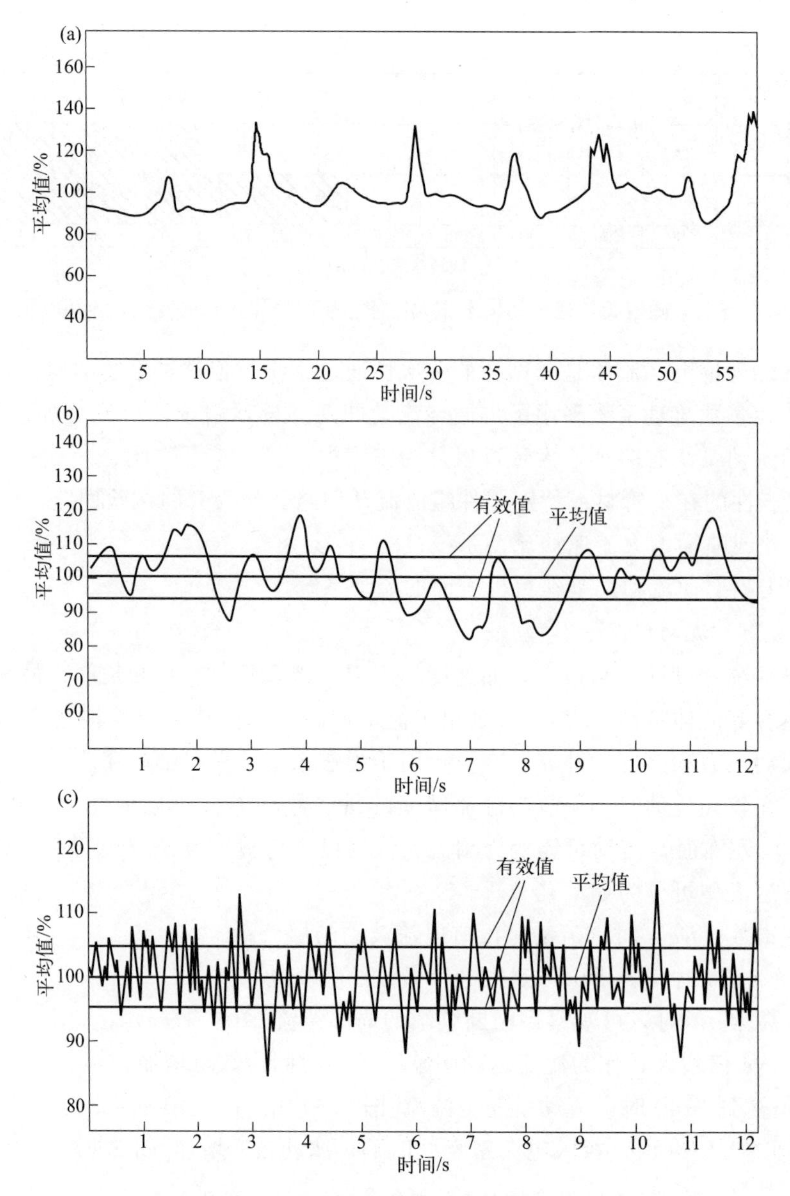

图 8.67 在不同雷诺数条件下，通过极限电流密度测量得到的管流形态变化[75]

(a) $Re=2340$；(b) $Re=3740$；(c) $Re=17300$

8.2.3.5.7.2 喷嘴或节流孔

在流动系统中待测试样表面的上游插入喷嘴和节流孔，可创建一个苛刻的流体动力学状态，加速腐蚀。因此，它们是研究不同流体动力学因素对腐蚀影响以及与实际状态相关问题的一种有用工具。传热数据（HTD）[76] 和传质数据（MTD）以及极限电流密度（LCDT）测试结果[77] 都表明：最大质量传递速率也许可以用公式(8.29) 描述[69]：

$$Sh_{最大}=0.276Re_0^{0.66}Sc^{0.33} \tag{8.29}$$

式中，$Sh_{最大}$为完全展开湍流管道流对应的舍伍德数；Sc 为施密特数；Re_0 定义为与节流孔直径（d）和管道自身直径（d_0）相关的参数，如公式(8.30) 所示：

$$Re_0 = Re\left(\frac{d}{d_0}\right) \tag{8.30}$$

当超过完全展开流对应的管道值时，如公式(8.30) 所示，在节流孔下游约两倍管径范围内，其流动将增强。如质量传递发生在节流孔之前，这种质量传递增强作用将略有降低。这种质量传递增强效应本身也可以通过将节流孔下游质量传递最大处对应的方程与完全开展流的方程相除得到，简化之后，就变成公式(8.31)：

$$\frac{Sh_{最大}}{Sh_{完全}} = \frac{0.27}{0.0165}\left(\frac{d}{d_0}\right)^{0.66}\frac{1}{Re_0^{0.19}} \tag{8.31}$$

式中，$Sh_{完全}$为完全展开湍流管道流对应的 Sh 值。

通过对传热数据（HTD）和传质数据（MTD）结果的系统分析，我们可以得到一个传质增强与节流孔距离之间的简单函数关系式[公式(8.32)][69]：

$$\frac{Sh_x}{Sh_{完全}} = 1 + A_x\left[1 + B_x\left(\frac{Re_0^{0.66}Sc^{0.33}}{Sh_{完全}} - 21\right)\right] \tag{8.32}$$

式中，Sh_x 为与节流孔距离 x 处对应的舍伍德数；$Sh_{完全}$为完全展开湍流管道流对应的舍伍德数；A_x 和 B_x 分别为与节流孔距离为 x 处对应的系数。

表 8.13 列出了依据传热数据[76] 和传质数据[77] 结果得到的与节流孔不同距离对应的系数 A_x 和 B_x 值，图 8.68 显示了用表 8.13 所列系数 A_x 和 B_x 的平均值，通过方程(8.32) 拟合的节流孔下游的传质增强曲线。

表 8.13 节流孔的传质分布方程中的常数值

与节流孔间距离	HTD		MTD	
(x/d)	A_x	B_x	A_x	B_x
0.5	2.72	0.057	2.12	0.073
1.0	3.67	0.051	3	0.049
1.5	4.52	0.059	3.75	0.062
2.0	4.7	0.066	4.2	0.072
2.5	4.5	0.068	4.17	0.079
3.0	4	0.067	3.74	0.078
3.5	3.15	0.065	2.92	0.073
4.0	2.45	0.064	2.25	0.069
4.5	1.72	0.063	1.62	0.064
5.0	1.45	0.062	1.27	0.063
5.5	1.22	0.059	0.98	0.062
6.0	1	0.058	0.77	0.062
6.5	0.82	0.056	0.6	0.062
7.0	0.67	0.055	0.45	0.062

注：HTD 为传热数据，MTD 为传质数据。

8.2.3.5.7.3 冲击射流

冲击射流是另一种日益普及的研究流动加速腐蚀的方法。加速磨损和磨损腐蚀实验用的冲击射流有三种类型，即自由射流、水下射流和狭缝射流（图 8.69）[78]。自由射流通常用于常规的液体冲击试验，其中液体射流是垂直冲击空气中的试样表面[79]。水下射流是浸没在水中的射流，可以提供更宽的试验条件，如后面所展示的各种示例。在狭缝射流中，射流是注入一个狭小缝隙中，迫使试验溶液通过局部减压，产生空泡。水下射流的平均径向流速分布介于自由射流和狭缝射流之间。

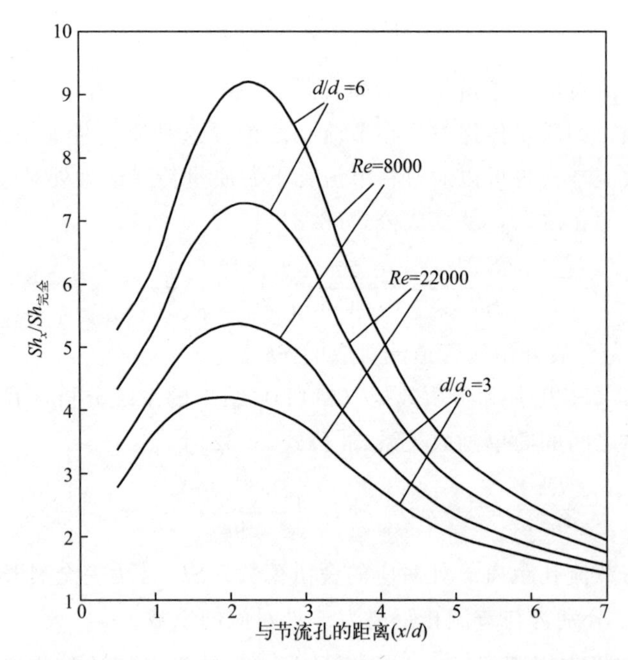

图 8.68 用表 8.13 所列系数A_x 和B_x 平均值，通过方程（8.32）拟合的节流孔下游的传质增强曲线

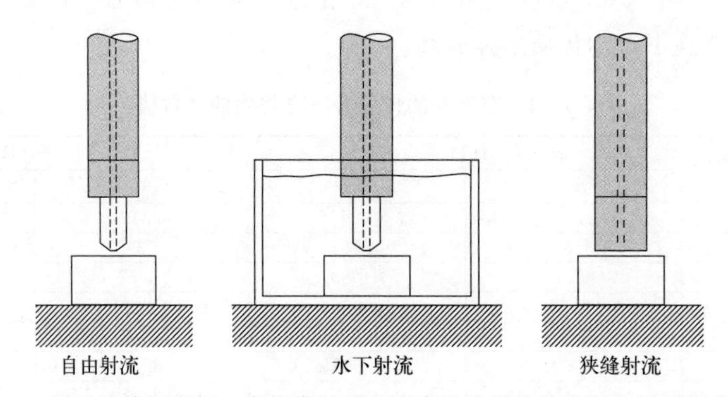

图 8.69 用于评估耐磨损、磨损腐蚀和空泡腐蚀性能的冲击射流的三种类型[78]

下面以 40℃下 3%氯化钠溶液中黄铜试样为例，说明三种冲击射流作用的主要差异。实验所用喷嘴为内径 1.6mm 的射流喷嘴，其中喷嘴与距离试样 0.8mm，试样直径 16mm。试验溶液流速 0.4L/min，因此喷嘴出口处流速为 3.3m/s，此点的雷诺数 Re 为 8100。24h 后测得试样重量损失分别为 9.7mg、10.0mg 和 11.3mg，分别对应着自由射流、水下射流和狭缝射流。试验后试样表面和截面检测结果显示：采用水下射流和狭缝射流的试样腐蚀严重，如图 8.70 所示。其中试样截面用表面粗糙度仪进行测量，与横向相比，纵向比例尺放大了 100 倍[78]。

这三种射流压力的径向分布测试结果如图 8.71 所示。图中虚线代表喷嘴内径。三种射流，其压差（ΔP）都是在接近喷嘴内径处达到峰值，朝着试样周边方向下降。由此图可以看出：在距离射流中心 2.6mm 处（即 r 处），狭缝射流的压差 ΔP 为零，随着距离进一步增大，压差会变为负值。也就是说，狭缝射流实验中，试样表面某点处剪切应力可降至零，然后再反向，这一事实表明在此点发生流动分离，在其下游产生了涡流[78]。

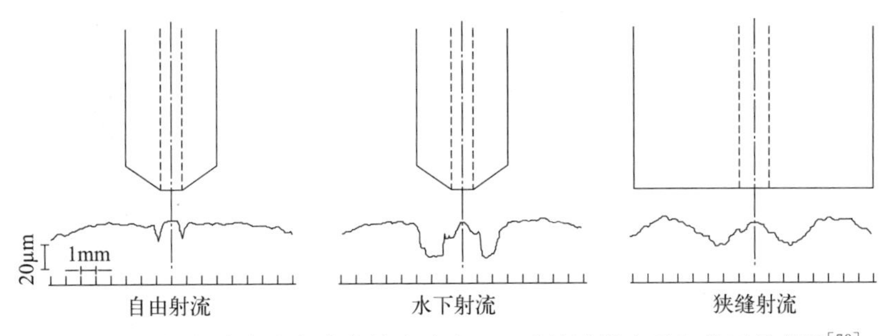

图 8.70　在氯化钠溶液中冲击射流试验 24h 后的试样表面和截面示意图[78]

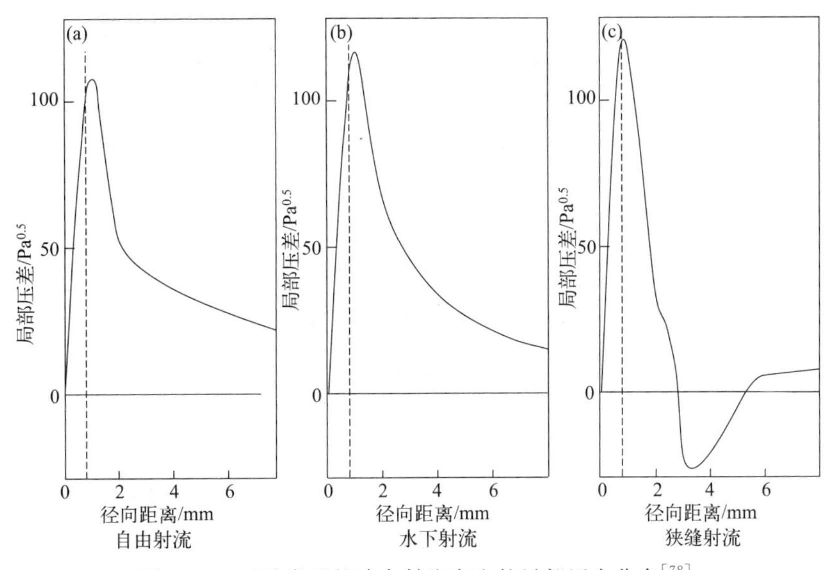

图 8.71　三种类型的冲击射流产生的局部压力分布[78]

表 8.14 列出了水下冲击射流技术的优缺点[62]。对这种射流系统的流形，主要集中在滞流和侧壁射流区域，人们进行了大量研究以及详细的数学分析（图 8.72)。射流下面的滞留区可直接观察。在这种条件下，滞流点在试样与中心轴交汇点，流动呈轴对称。因为流动对称，所以仅仅只需考虑与试样垂直的径向平面内的流动和流体性质[80]。

表 8.14　腐蚀试验所用冲击射流技术的优缺点

优点	缺点
• 流体流动状态可以很好地表征出来。冲击射流系统滞流区的流体动力学剪切作用与径向位置呈线性关系，可间接用来测量传质极限电流	• 冲击垂直流动面时，仅在滞流区可观察到均匀传质特征。在其他冲击角度或滞流区外，都观察不到这些特征
• 如果整个圆盘都位于滞流区内，那么圆盘表面的传质过程就是均匀的。这种均匀性可预防形成氧差异电池，对试验结果分析有利	• 对于腐蚀受传质控制的情况，传质极限电流分布并非一定均匀
• 电极处于静止不动状态，且表面平滑，可进行膜厚的原位测量，如采用椭圆偏光技术	• 系统中夹带有粒子和/或空气泡，可能造成不利影响
• 研究剪切磨损腐蚀时，比用旋转电极时所需试验少	• 冲击射流装置运行时需使用高压泵
	• 流动回路的使用增加了泄漏和水患的可能性。在使用有毒、易燃、腐蚀性或其他难以处理的流体时，这个因素需要特别加以考虑

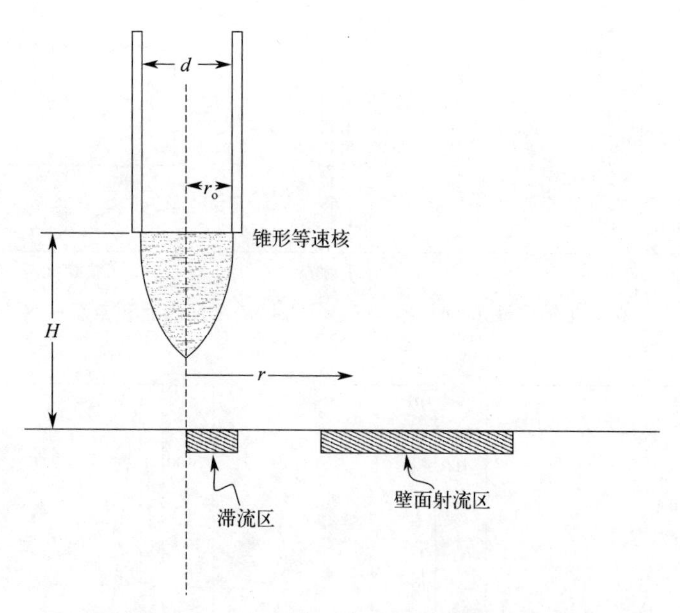

图 8.72　通过水下射流产生的流动区域的示意图

在滞流区内，轴向速度与径向位置无关。因此，此区域内流动与旋转圆盘类似，在其表面可以均匀地进行质量传递。离中心线更远处形成了一个界面层，称为壁面射流区。通常，质量传递与射流到平面的距离（H/d）及其在平面上的径向位置（x/d）二者都有关，可用方程（8.33）表示[69]：

$$Sh=\alpha Re^{\beta}Sc^{\gamma}f\left(\frac{H}{d}\right)f\left(\frac{x}{d}\right) \tag{8.33}$$

式中，Sh 为舍伍德数；Re 为雷诺数；Sc 为施密特数；$f\left(\frac{H}{d}\right)$和$f\left(\frac{x}{d}\right)$分别为与射流到平面的相对距离（$H/d$）及其在平面上的相对径向位置（$x/d$）有关的函数。

8.2.4　力作用下的腐蚀

机械作用力（如拉应力或压应力）通常对金属的均匀腐蚀影响很小，压应力甚至可以降低金属开裂敏感性。而且事实上，喷丸处理常用来降低金属材料的疲劳、应力腐蚀开裂（SCC）以及其他形式开裂的敏感性。但是，拉伸应力和特定腐蚀环境联合作用，是造成金属结构灾难性失效的最重要原因之一。

此外，应力腐蚀开裂以及其他类型环境开裂（EC）还都是一种最具隐蔽性的腐蚀形式，因为在它们扩展的早期阶段，环境开裂裂纹很细小。在很多情况下，这些早期裂纹并非明显可见，通过对暴露表面的正常外观检测或常规无损检测无法发现，可能只能通过侵入式微观检查才能检测到。随着裂纹进一步向材料内部渗透扩展，最终必定会使有效支撑截面减小至一个临界值，此时结构会由于过载而失效，如果是容器和管道，失效会造成液体或气体泄漏（渗流）。

由于引发各种形式的环境开裂（EC）条件本身固有的复杂性，因此造成这类开裂问题相关影响参数，人们常采用如表 8.15 所示的定性术语来描述。其中表 8.15 所列出的影响因素是针对三种环境开裂（EC）形式开裂，即应力腐蚀开裂（SCC）、腐蚀疲劳和前面介绍的氢致开裂（HIC）。

表 8.15 环境开裂（EC）的特征

因素	SCC	腐蚀疲劳	氢致开裂
应力	静态拉伸应力	循环＋拉伸应力	静态拉伸应力
腐蚀性水溶液	特定合金	任意	任意
温度升高	加速	加速	＜周围环境温度：加速 ＞周围环境温度：减缓
纯金属	耐蚀	敏感	敏感
裂纹微观形态	穿晶 沿晶 有分枝	穿晶 无分枝 钝形尖端	穿晶 沿晶 无分枝 尖锐尖端
裂纹中腐蚀产物	无	有	无
裂纹表面形貌	解理状	海滩纹和/或辉纹	解理状
阴极极化	抑制	抑制	促进
接近最大强度	敏感但小	促进	促进

此类失效未必一定是由服役载荷或应力所导致，很可能是由于服役载荷与结构中存在的残余应力的联合作用造成。残余应力产生来源很多，如制造加工（如深冲压、冲孔、管与管板胀接、不匹配铆接、旋压、焊接等等）。如果金属在制造加工后未经过退火或应力释放热处理，那么在金属结构中将会残留有残余应力。随着系统变得越来越大或越来越复杂，采用退火或热消除应力的方式来消除残余应力，已变得越来越不切实际。在高温服役、生产或焊接等高温环境下快速冷却时，由于冷却速度不均匀，也可能诱发金属结构内部产生内应力。人们常常会低估这类应力的大小和重要性。但是其实，由于焊接作业引起的残余应力，有可能接近材料的屈服强度。事实上，非常慢速的受控冷却是有效释放应力的先决条件。

应力的另一来源可能是源于腐蚀产物本身，因为腐蚀产物的体积通常比金属的大得多。图 8.73 所示实例中，铁棒与青铜支座接触形成电偶，在水分与电偶腐蚀联合作用下，铁棒发生腐蚀，由于铁锈累积，产生很高应力，从而诱发 SCC。

图 8.73 铁棒周围铁锈累积造成青铜雕像发生应力腐蚀开裂（金士顿技术软件公司供图）

8.2.4.1 应力腐蚀开裂

应力腐蚀开裂（SCC）是合金在低于其拉伸强度应力时发生开裂的一个力学-化学过程。敏感合金、适当化学环境以及持续拉伸应力是发生应力腐蚀开裂的必要条件。在所有环境中都完全不会发生应力腐蚀开裂的合金体系，世界上可能根本就不存在。但是，应力腐蚀开裂通常是在特定合金-环境的应力组合条件下发生，且已证实与晶粒取向密切相关，至少铝合金是如此（图 8.74）。表 8.16 列出了所列合金体系中至少有些合金可能发生应力腐蚀开裂的一些环境清单。但是要注意：此清单并不表示某类特定材料中所有合金都同样敏感，也并不意味着此类材料中没有不受所列环境影响的合金。

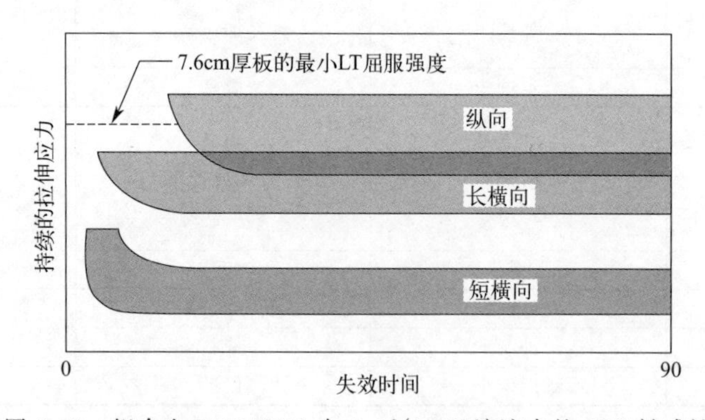

图 8.74 铝合金 7075-T651 在 3.5%NaCl 溶液中的 SCC 敏感性

表 8.16 可能发生应力腐蚀开裂的一些金属-环境组合

铝合金	$NaCl-H_2O$ 体系，NaCl 溶液，海水，汞
钛合金	氨蒸气和溶液，汞
金合金	$FeCl_3$ 溶液，醋酸-盐溶液
因科耐尔(Inconel)	氢氧化钠溶液
铅	醋酸铅溶液
镁合金	$NaCl-K_2Cr_2O_7$ 溶液，乡村和海洋大气，蒸馏水
镍	熔融氢氧化钠
碳钢	NaOH 溶液，$NaOH-Na_2SiO_3$ 溶液，$Ca(NO_3)_2$、NH_4NO_3 和 $NaNO_3$ 溶液，混合酸（H_2SO_4-HNO_3），HCN，H_2S，海水，NaPb 合金
不锈钢	$BaCl_2$、$MgCl_2$ 溶液，$NaCl-H_2O_2$ 溶液，海水、H_2S、$NaOH-H_2S$ 溶液
钛	红发烟硝酸

应力腐蚀开裂通常有沿晶（晶间）开裂（如图 8.75 所示）和穿晶（晶内）开裂（如图 8.76 所示）。有时，在一个失效事件中，我们能同时观察到这两种类型的裂纹。沿晶裂纹沿着金属内晶界发展；而穿晶裂纹穿过晶粒，与晶界无关。此外，同种材料在不同环境中，裂纹形态也可能不同。

实际上，利用其强度性能的承载材料，在含有某些容易损伤它们的不利因素的介质环境中，最容易发生应力腐蚀开裂问题。例如，当介质环境中含有氯离子时，尽管氯离子浓度可能很低，不锈钢也会存在这种弱点。遗憾的是，不锈钢这一术语有时被人们理解得太字面化。不过，结构工程师们必须清醒意识到：不锈钢绝非不会发生腐蚀，而且还可能特别容易发生局部腐蚀和应力腐蚀开裂。奥氏体不锈钢（主要是 UNS S30400 和 UNS S31600）在建筑行业中应用广泛。一个游泳池的混凝土吊顶，采用 S30400 钢棒与建筑屋顶结构连接支撑，由于 S30400 钢棒的应力腐蚀开裂，造成了一场灾难性事故。

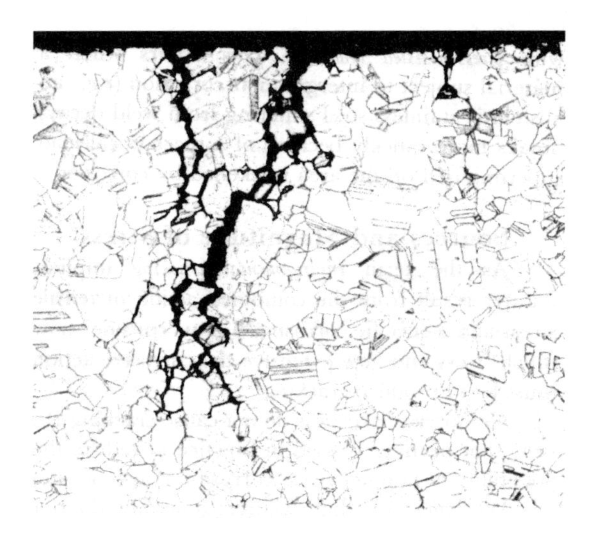

图 8.75 弹壳黄铜（70Cu30Zn）中典型的晶间应力腐蚀裂纹。金相浸蚀用浸蚀液为 30% H_2O_2、30% NH_4OH 加 40% H_2O。放大倍数：×75 倍（《腐蚀基础（第二版）》引言，已获得 NACE 授权许可）

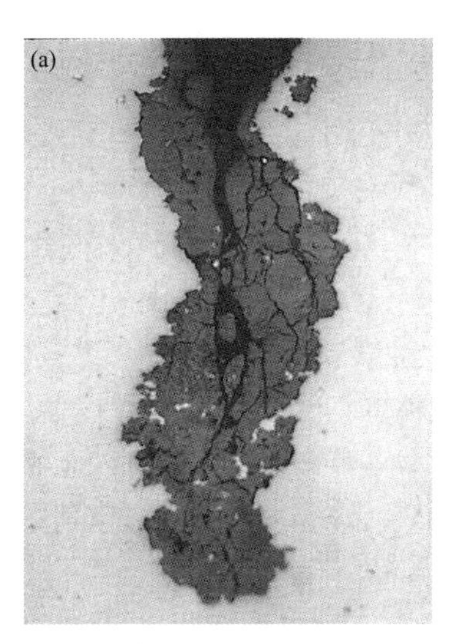

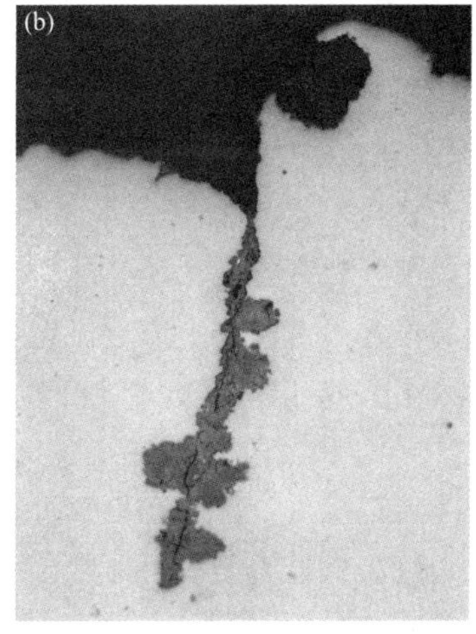

图 8.76 管线外表面观察到的轴向或穿晶裂纹，其中充满氧化物或垢层（a）；这些裂纹的产生可能与点蚀和均匀腐蚀有关（b）（图片来自《MACAW 管线缺陷》，黄铅笔营销公司出版）

在 1985 年 5 月，瑞士乌斯特市（Uster）一个游泳池上的重型吊顶，在仅仅服役 13 年之后突然崩塌，造成了灾难性后果[81]。其失效机制已被证实，就是穿晶型 SCC❶，如图 8.77 所示。毫无疑问，由于顶棚重量使不锈钢钢棒中产生了拉伸应力。而大气中弥散的氯化物粒子与薄湿液膜一起，极有可能就形成腐蚀性环境。不锈钢棒的这种失效模式的典型宏观特征是应力腐蚀开裂（SCC）的脆性，材料基本没有显示出韧性。

此次失效事故之后，在英国、德国、丹麦和瑞典，也有很多类似事故报道（所幸没有造

---

❶ 穿晶型 SCC 是通过次表面的局部腐蚀扩展，腐蚀沿着随机穿过晶粒的狭小通道进行，而晶界对裂纹方向没有明显的影响。在奥氏体不锈钢 SCC 中，可能存在穿晶型 SCC，而低合金钢 SCC 中比较少见。在某些介质中（如氨），铜合金也可能发生穿晶型 SCC。而铝合金中，穿晶型 SCC 极少见。

成灾难性后果)。尽管氯化物应力腐蚀开裂是大家公认的一种常见的不锈钢失效机制，但是有点令人惊讶的是，上述失效事件都发生在室温。按照一般经验法则，人们通常都会想当然地认为：这些合金在温度低于60℃时，实际上不会产生氯化物应力腐蚀开裂问题。

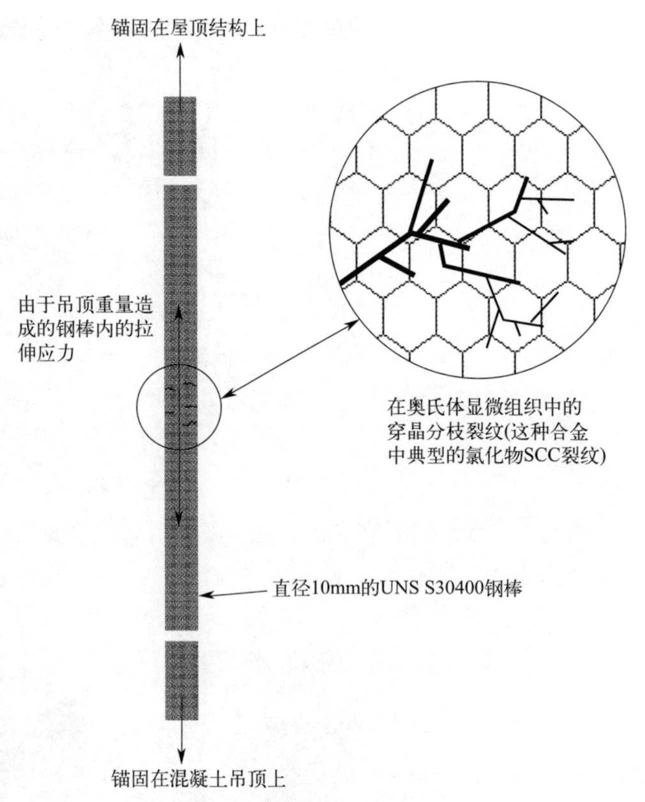

图 8.77　不锈钢支撑棒的穿晶应力腐蚀开裂（SCC）

基于低 pH 值-高氯化物微环境组合是导致应力腐蚀开裂失效的原因这一假设，研究者们已证实：在英国游泳池运营中，有多种因素都可能促进这种失效。包括较高的泳池使用率以及带有喷泉和造波机等泳池特色功能的使用，都会造成泳池运行状态的显著变化，从而使更多池水（以及氯化物粒子）弥散在大气中。由这个实例可知：很明显，避免在游泳池大气环境中使用 S30400 和 S31600 合金作为受力构件，其重要性不言而喻。

通常，应力腐蚀开裂都有一个诱导期，在此期间裂纹在微观尺度上形核。在裂纹进入扩展阶段之前，这个潜伏期（诱导期）可能相当长（如几个月或几年)。此外，下面这种情况也并不少见，即：只要裂纹远小于临界裂纹尺寸[图 8.78(a)和公式(8.34)]，在下次设备停开期或停车期间可以修复，那么这种裂纹生长就可视为可以接受。除非在检查过程中发现裂纹增长速度可能在下一次停机前（带安全系数）导致最终失效，否则人们通常也不会采取补救措施[82]。

$$K_{I_C}=\sigma_m\sqrt{C\pi a} \tag{8.34}$$

式中，σ_m 为平均应力；a 为裂纹深度；C 为几何构型常数；K_{I_C} 为发生灾难性开裂时的临界应力强度。

尽管根据现有的标准，人们或多或少都可以在一定程度上控制在准备力学试验材料构件过程中由于加工造成的各种缺陷，但事实上，服役构件发生失效前，其中实际缺陷很难确定和表征。

应力腐蚀开裂是一个阳极过程，阴极保护可以作为一种有效的预防措施也可以证明这一事实。应力腐蚀开裂可能偶尔会引起疲劳腐蚀，反之亦然。通常，我们通过观察裂纹形态，就可鉴别真正的开裂属性。在应力腐蚀开裂失效中，由于均匀腐蚀引起的金属损失通常很小。因此，一个受力螺栓生锈直至最终无法承载而失效，不能归因于应力腐蚀开裂。但是，如果均匀腐蚀产物受限堆积，致使在结构中产生应力，就可能造成应力腐蚀开裂。

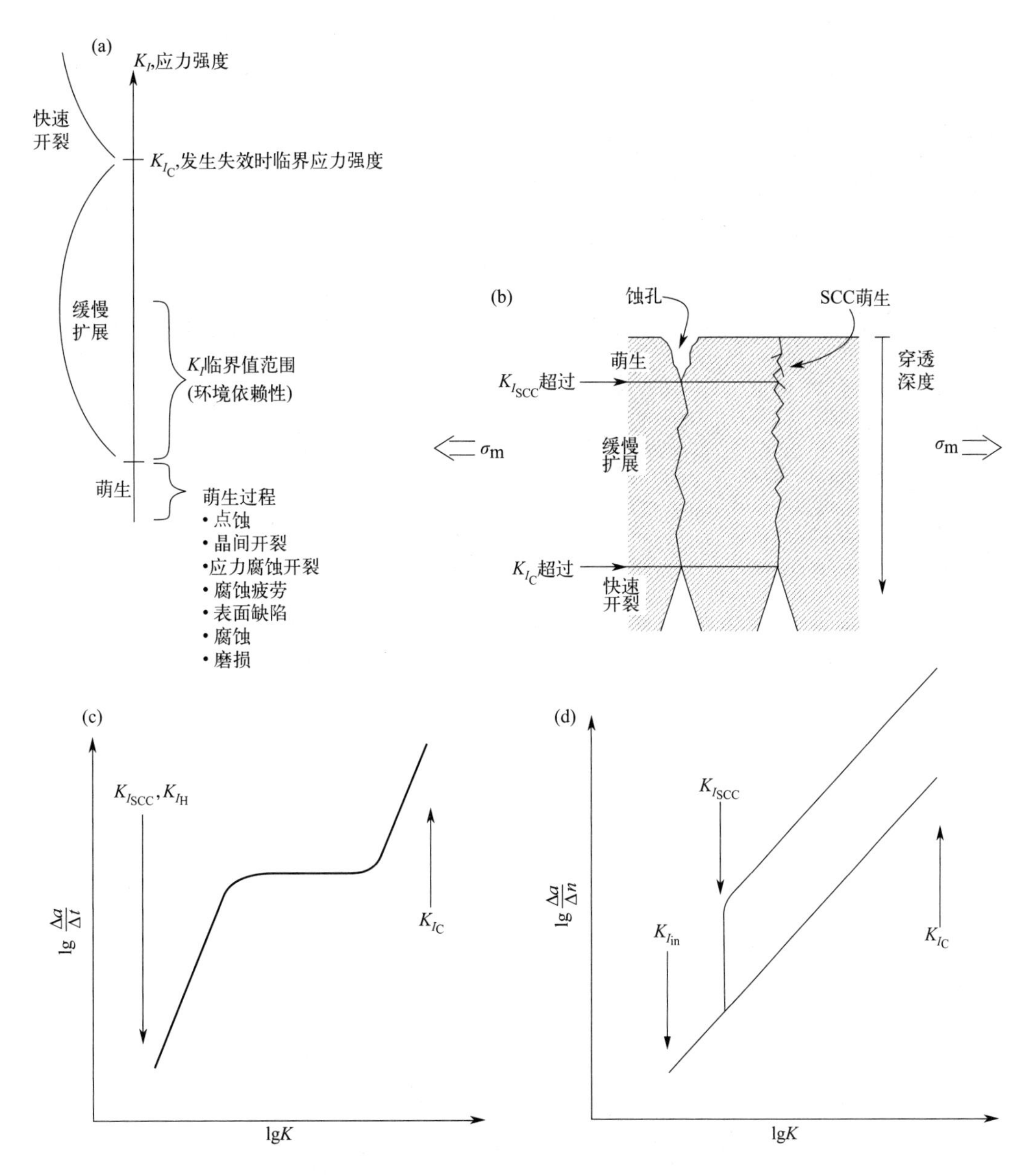

图 8.78　(a) K_I 相对大小示意图，显示了其转变及其主要依赖关系。参数 K_I 的临界范围可变，(b) 微观形态，(c) $\Delta a/\Delta t$ 与发生应力腐蚀开裂（SCC）的 K 值（$K_{I_{SCC}}$）以及类似的依赖环境缓慢扩展的氢脆等的 K 值（K_{I_H}）之间关系，(d) $\Delta a/\Delta n$ 与疲劳裂纹扩展的 ΔK 之间关系，其中显示了在缓慢扩展速率增大过程中 SCC 的可能影响[82]

8.2.4.1.1　抗应力腐蚀开裂性能的检测

评价管线钢抗应力腐蚀开裂性能最好的一种方式，是对酸性环境中的管线钢管全环试样施加应力，进行应力腐蚀试验[83]。这种试验可以采取如下方式进行：将全环试样两端用端盖焊接密封，然后再充入适当气体或液体介质对其加压（图 8.79 和图 8.80），或者通过外部载荷来给试样施加应力，如图 8.81 所示。不过，为达到规定应力载荷，并非必须对管道全环试样进行密封加压。比如，采用机械方式使管道发生椭圆形变，也可以产生等效应力。这也是全环试验的优点之一。

图 8.79　直径 45in（1143mm）管道的全环试验的准备（CAPCIS 有限公司供图）

图 8.80　依据 OTI 95-635 标准设计的管径 24in（609.6mm）的全环试验，试验溶液为 NACE TM0177-96 标准中规定的饱和 H_2S 溶液，溶液体积 300L（Bodycote 材料检测中心供图）

图 8.81　施加外部载荷的超级 13% Cr 可焊钢管，为彻底避免氧进入，试样放置在外壳安全壳中

8.2.4.1.2　应力腐蚀开裂的抑制

“预防环境开裂很简单。简单消除应力、将金属与环境隔离或改变环境!”这有点像实践腐蚀工程师们讲的一个玩笑话。当然，说比做容易得多。但是不管怎样，采取下面五种基本的腐蚀控制方法可以用来抑制环境开裂（EC）。

8.2.4.1.2.1　*更换材料*

整体或部分更换材料是一种常见方法（例如：换热器管的“安全端”）。为了达到完全可靠性，通常最经济的方法是选用完全抗开裂材料。

8.2.4.1.2.2　改变介质环境

尽可能去除氯化物、氢氧化钠或其他一些容易导致开裂的粒子，也是一种有效的解决办法。不过，某些并非很剧烈的介质环境的改变通常也很有效，如：

- 清除氧或氧化性介质；
- 调节 pH 值；
- 添加缓蚀剂，可能也有效。例如，硝酸盐可作为缓蚀剂抑制钢的碱脆。

8.2.4.1.2.3　屏蔽涂层

尽管使用临时防锈油对抑制高强钢的大气环境开裂很有利，但是使用性能优异的商用有机涂层要可靠得多。例如：使用某些硅树脂涂料，通常就可以预防隔热不锈钢容器和管道外部氯化物应力开裂。

8.2.4.1.2.4　电化学技术

人们已发现，阴极保护可有效抑制阳极性的应力腐蚀开裂。使用铅-锡焊条和镀镍可以保护不锈钢管端，抑制其在水中应力腐蚀开裂。但是，我们必须谨慎控制阴极保护运行状态，才能确保此技术的有效性。众所周知，奥氏体不锈钢不仅自身可能遭受氯化物应力腐蚀开裂，同时它还可能造成碳钢构件的电偶腐蚀。

8.2.4.1.2.5　设计

在没有合适的替代材料可选时，设计可能就是最重要的考虑因素，即如何从设计上尽可能地抑制应力腐蚀开裂。

谨慎采用合适的应力释放热处理，有可能将合金内残余应力降至最低。受控喷丸处理可在合金表面引入压应力。合理设计可消除或尽可能减少应力集中点。此外，在进行合理的结构设计时，我们还应当尽量避免人为造成缝隙以及形成那些可能发生沉积物聚集的部位。

合理设计可以尽量减少那些有利于腐蚀性粒子蒸发和浓缩的条件。管程走水的直立冷凝器应压满水，管板应能充分通风。管与管板卷边可采用密封焊或承载焊。所有焊缝都应全焊透，避免缝隙中粒子累积。

简而言之，设计中所有努力的目标就是尽量降低设备中应力以及减小其中特殊粒子的浓度，使之达到与工程性能相匹配的水平。

8.2.4.2　腐蚀疲劳

依据美国材料试验协会（ASTM）定义，腐蚀疲劳是指在腐蚀和重复循环载荷的同时作用下，在比无腐蚀介质时发生开裂所需应力水平更低或循环周期更短的情况下，材料过早发生开裂[84]。正如图 8.82 所示，外加应力循环极大降低了材料安全使用的临界应力。此图中所涉及的另一因素是缺陷尺寸。

快速脉动应力是一种常见的循环应力，其大小可能远低于材料的拉伸强度。随着应力增大，发生开裂所需循环次数会减少。对于钢，通常有一个临界应力值，应力低于此值时，即使循环无限次，也不会发生失效。引起失效所需循环数相对于施加的最大循环应力作图，可得到常见的应力-循环次数（S-N）疲劳曲线，通常称为 S-N 曲线。

当金属在腐蚀环境中同时遭受循环应力作用时，在应力条件一定的情况下，发生疲劳失效所需的循环次数，可能明显低于该金属在空气中失效所需循环次数，如图 8.83 虚线所示。比较图 8.83 中实线与参考虚线，可以显示这种所谓的腐蚀疲劳的疲劳加速作用。此图表明：

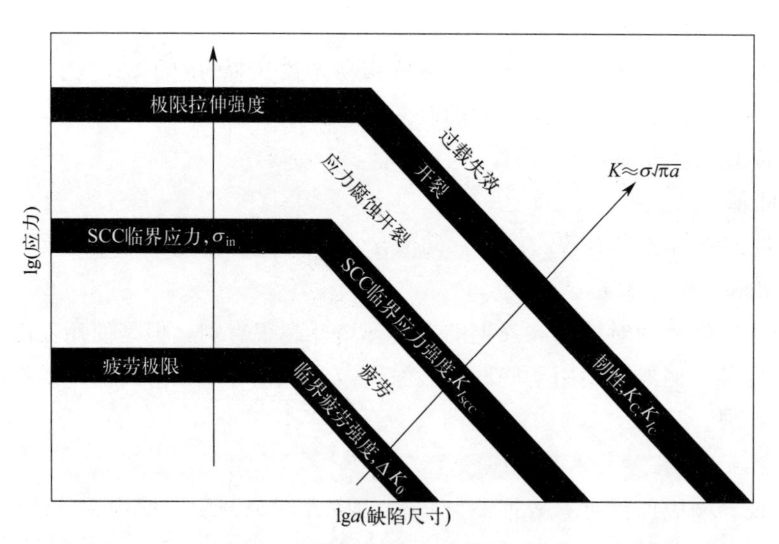

图 8.82　失效模式之间的关联性

循环应力作用下，实线所示水中的金属寿命要比虚线所示空气中的寿命短得多。包含有腐蚀作用的 S-N 曲线，通常都保持一种持续下降的趋势，即使在低应力情况下，也并未出现像常规疲劳曲线那样趋于平稳的趋势。

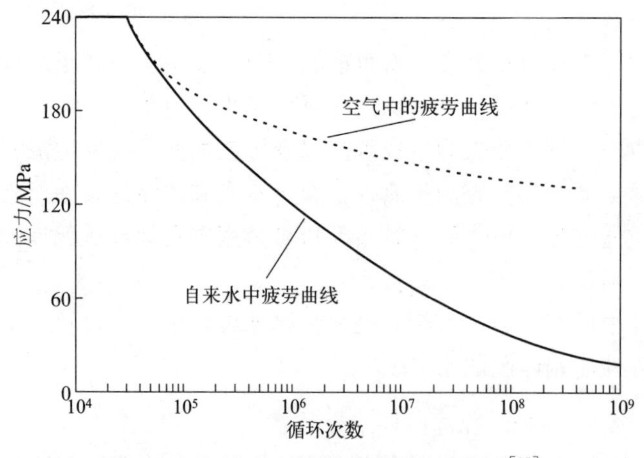

图 8.83　铝合金的疲劳和腐蚀疲劳曲线[35]

尤其是有表面膜保护的合金，在腐蚀性环境中的 S-N 疲劳曲线的下降趋势非常明显，即使在温和的腐蚀性环境中，这种下降趋势可能也很明显。例如：浸泡在去离子水中的铝合金，通常仅会发生膜的生长，但是在同时遭受循环应力作用时，铝合金的使用寿命就会明显降低。因为在循环应力的反复拉压作用下，金属表面保护性膜层会反复开裂，因此水很容易进入接近暴露的金属基体，造成金属的腐蚀。

大气环境中受到应力作用的一些振动结构（如张紧的电线或绞缆）发生失效，通常都是由于腐蚀疲劳所引起。此外，蒸汽锅炉等，由于运行过程中热循环会产生交替应力，因此也可能发生腐蚀疲劳（图 8.84）。

在石油采油生产中，腐蚀疲劳就是常常遇到的最大问题。在很多产区，接触盐水和酸性

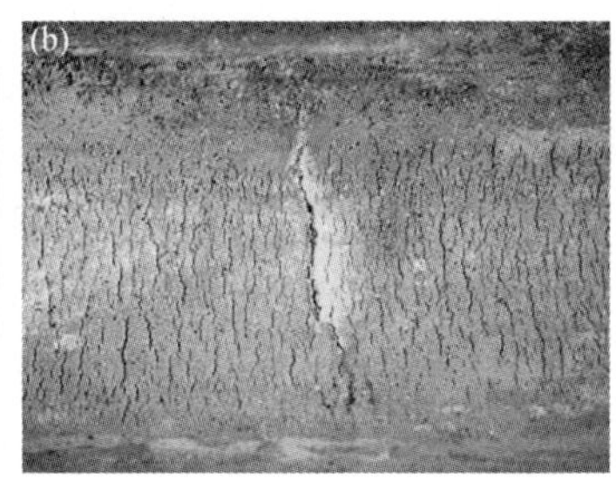

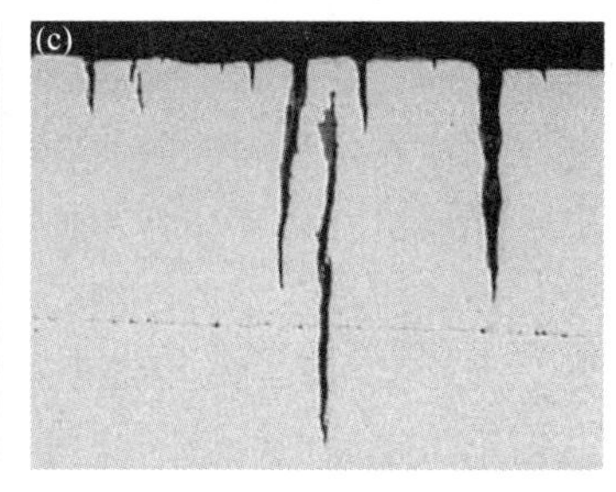

图 8.84　(a) 开裂失效的锅炉管段原始形貌。注意附着在管后部的点焊残留物以及管顶部标注的形成方位；(b) 失效管段的特征（ID）表面特写，显示存在大量与穿透裂纹方向一致的未完全穿透的平行裂纹簇（箭头）（原图放大 2 倍）；(c) 沿着失效管段开裂区纵向取样的金相试样经抛光后的显微照片。裂纹起源于特征（ID）表面。注意腐蚀疲劳的典型特征：楔形或针状，没有分枝裂纹。照片中靠近底部的模糊暗线是一个夹杂物，与失效无关（原图放大 125 倍）。[由美国纽约特拉华州（Delaware）腐蚀检测实验室供图]

原油的钻管和抽油杆都可能发生腐蚀疲劳失效，无论是从设备更换的角度，还是从“取出”修复和重新安装期间所造成的生产损失的角度而言，这种失效的代价都非常昂贵。

对于单轴向应力体系，金属的腐蚀疲劳将使表面产生大量与主应力方向垂直的平行裂纹。而扭转载荷常常会导致产生相互交叉的裂纹，与扭转轴约呈 45°。受热循环作用的管道所产生的腐蚀疲劳裂纹，常常同时包括周向裂纹和纵向裂纹。

8.2.4.3　微动腐蚀

微动腐蚀是在负载和表面往复相对运动同时作用下（图 8.85）诱发的腐蚀，如振动，可能就是一种最常见的微动磨损类型。通常，微动腐蚀发生在设计目的并非为了相互运动的两个高负载表面的接触面。在机械装置、螺栓总成和滚珠或滚柱轴承中，这种腐蚀很常见，其典型特征是蚀孔或凹槽以及氧化物碎片。运输过程中接触表面，如存在振动，也有发生这种微动腐蚀的风险。

图 8.85　在并非设计为相互运动的两个高负载表面的接触面发生的微动腐蚀（由太平洋腐蚀控制协会供图）

发生微动磨损的必要条件是：接触面必须处于受载状态和小幅度的振动或震荡运动必须能引起表面的相互碰撞或摩擦。这种情况在很多工业领域相当常见，尤其是空中和陆路运输中，那些复杂装配件常常会遭受各种不同频率的振动力作用。微动腐蚀也是髋关节和膝关节植入体以及种植牙的一个主要失效形式。在骨科植入材料中，微动腐蚀会使磨损产物在周围组织中累积，释放金属离子进入人体，造成股骨柄松弛，最终使整个人工关节失效[85]。

一般认为，在微动腐蚀中，微动磨损会使金属表面保护性氧化膜破裂，造成接触表面微凸体粘着接触。由于摩擦作用，金属表面保护膜被除去，暴露出的新鲜、活性金属，在大气作用下发生腐蚀。在相对运动中，相互接触的微凸体，由于接触表面的硬度及其相对位置不同，可能发生微观塑性变形，引发裂纹形核，或者造成擦伤，使金属原子从一个表面转移到另一个表面。此外，产生的微动磨损碎片以及新鲜表面的氧化，可能会使氧化物在接触表面累积，进而在接触面形成蚀孔。

微动磨损状态可分为两种主要类型[86]：①接触表面并非为相对运动而设计，例如冷缩配合、栓接法兰、键和键槽以及铆接件；②接触表面的相对运动是发生在部分时间内，例如轴承、弹性接头和往复运动凸轮。第一种类型的微动磨损的主要危险是疲劳失效，其次是失配。而第二种类型的微动磨损也可能造成疲劳失效，但可能排在由于碎片积累造成的风险之后，排在第二位。

事实上，接触应力有可能很高，足以明显影响裂纹的扩展。而已成核裂纹的早期扩展有可能很快，与接触应力状态有关。但是随后裂纹的最终扩展将仅取决于整体应力而不是接触应力。随着裂纹扩展进入材料内部，裂纹触及深度超过了接触应力的作用范围，此时，外加循环应力起主要作用。因此，微动磨损过程可分为四个阶段：①裂纹形核；②接触应力状态下裂纹的早期扩展；③整体应力作用下的裂纹的最终扩展；④失稳，疲劳寿命降低。上述微动磨损过程受很多不同参数的影响，如材料微观结构、应力状态、环境、相对移动幅度和接触压力等[87]。

微动腐蚀的敏感性与材料类型有关。工程结构中使用的很多高强度材料，对微动腐蚀都很敏感，图 8.86 所示结果可以证明。图 8.86 显示了由于微动腐蚀造成不同材料的疲劳强度缩减因子❶[88]。这些结果由特定试验条件和紧压状态下的对比疲劳试验得到。图 8.86 中最低缩减因子大约在 1.5，而高强合金缩减因子可能高达 4。值得注意的是：高强低合金钢比低碳钢更敏感。

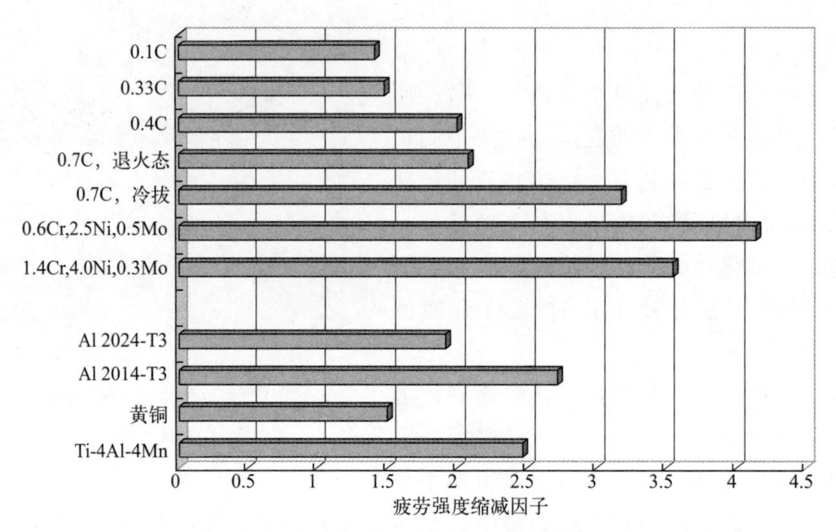

图 8.86 微动腐蚀对不同材料疲劳极限的影响（同种材料的试样和衬垫）

8.2.4.3.1 疲劳强度缩减因子

高强钢如果其表面质量高，可能疲劳寿命也会很高。但是，如果由于微动腐蚀造成损

---

❶ 疲劳强度缩减因子$=\dfrac{\text{无微动磨损时疲劳强度}}{\text{有微动磨损时疲劳强度}}$。

伤，疲劳寿命将会大幅缩减。另外一个发现是：软的退火态 0.7C 钢的缩减因子比硬的冷拔态 0.7C 钢小。这种差异可能还与软材料的切口敏感度较低有关。但是，这并不意味着软质材料的微动磨损损伤程度会更小；不过，这确实说明较软材料对表面缺陷的容忍性更好。

图 8.86 所示结果是针对相同材料两表面之间的微动腐蚀。此外，不同材料之间也可能产生微动磨损。通常，钢和铝合金就是一种不良组合。如果一个硬质材料与一个软质材料组合，由于其中硬质材料具有优异耐磨性，硬质材料的微动腐蚀损伤程度可能会降低。

8.2.4.3.2 微动腐蚀的抑制

消除两表面之间的任何滑动，可以防止微动腐蚀。因此，增加表面载荷，如果能防止其相对运动，有时就可能解决微动磨损问题。或者反之，减小表面载荷，也有可能最大程度降低振动的影响。此外，表面粗糙化会增大表面间摩擦，阻止运动。采用具有足够承载能力的润滑油对接触表面进行润滑，可将表面与环境分离，因此即使在承载和振动时，也避免了局部表面紧密结合，可以极大减缓微动腐蚀。下面列出了抑制微动腐蚀的四种方法：

（1）使用材料特性不同的配合面，如软材料对硬材料；

（2）避免表面间发生小的相对运动，如界面粗糙化和/或增加负载。或者相反，大幅加大相对运动；

（3）排除空气，即用胶黏剂或密封剂；

（4）润滑搭接表面，要么是通过硫化钼等润滑剂，要么是使用特氟龙（Teflon）等低摩擦系数材料制备其中的一个接触表面。

对于金属板的包装，硬质包装和加压填充可消除在运输过程中的相对运动，因而避免微动腐蚀。板与板之间交替插入防锈油和纸也很有益。

8.3 腐蚀失效研究

术语“失效”的字面意义，是“不达标、不足或缺乏、无法执行……”。对于腐蚀工程师而言，术语“失效”，是依据材料在指定应用场合下实现所有功能需求的好坏程度来定义。在失效分析中，使用正确和一致的术语至关重要。如果不注意这方面的细节，报告中信息资料的价值将会大打折扣。深入分析一个特定失效事件根本原因的关键，首先是准确挖掘引发失效的所有影响因素。查看一下机械故障的相关案例，我们就会发现失效有如下原因[89]：

（1）物理起因：零件失效的物理原因；

（2）人为原因：人为错误遗漏或指令错误，导致物理起因的出现；

（3）管理系统（潜在的）原因：管理系统或管理手段不完善，使人为错误持续不受控。

失效分析越详尽，理解与问题起因有关的所有事件及其机制就会更容易。依据研究的复杂性和深度，失效分析通常分为三类：

（1）部件失效分析（CFA）：部件失效分析在实验室进行，通过研究失效的机械零件（如轴承或齿轮），来确定其失效具体原因（如疲劳、过载或腐蚀）以及有哪些显著的影响因素；

（2）根源调研（RCI）：根源调研包括现场调查以及部件失效分析，比部件失效分析深入得多。根源调研实际上已超过了问题物理根源的分析深度，但通常止于主要的人为原因，并未涉及潜在的系统缺陷；

（3）根源分析（RCA）：根源分析包含了根源调研覆盖的所有问题，包括最小的人为错误原因，更重要的是，还包括管理系统中容易引起人为错误的不足之处或其他系统弱点。

8.3.1 腐蚀失效研究指南

目前，已出版的腐蚀失效分析指南有多部。对于一个资深的、经验丰富的调研人员而言，这些指南都是对其专业知识的有益补充。在日常工作压力下，这些调研人员很少有机会去有效传授他们的知识。而这些指南特别有利于填补这一知识“空白”。当腐蚀工程师遇到一些超出他们专长范围的新问题时，此类指南也相当有用。此时，查阅先前案例档案以及参阅腐蚀指南就是一个寻找线索的有效途径，失效分析指南可以指导调查这些问题的根源。

美国材料技术学会（MTI）编制的化学加工行业腐蚀及相关失效的图册，其中制定了详细的失效调研程序，从分析要求到报告的提交[90]。这是一个全面的综合性文献，我们推荐那些必须考虑腐蚀损伤问题的严重失效事件的所有调研人员参考使用。例如：一个循序渐进式程序部分，包含两个流程图，一个是针对现场调查，另一个是针对实验室部分。程序步骤和决策要素与描述具体发现及逻辑推理的图表相关联，通过显微照片和具体动作辅助说明。在 MTI 图册中第 4.5 节（此部分是关于失效起源与设备或组件几何构造的关系）所包含的某些信息要素如图 8.87 和图 8.88 所示。

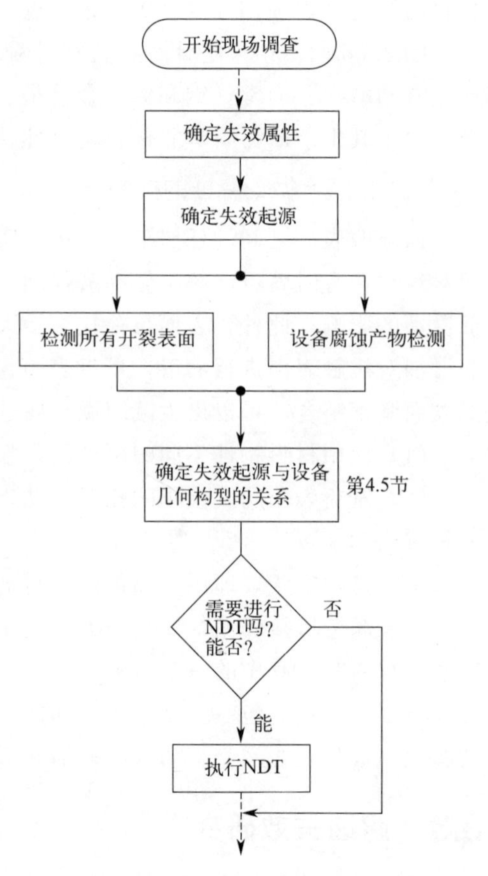

图 8.87　指导腐蚀损伤现场调查的决策树

早在 1980 年，由美国腐蚀工程师协会（NACE）出版的经典手册《腐蚀工程师指南》可能是被引用最多的腐蚀指南。正如此章前面所讨论，此指南采用方坦纳（Fontana）和格林（Greene）所推广的腐蚀分类形式，将腐蚀分为 8 种类型，并稍加调整[2]。根据外观识别的难易程度（图 8.1），八种腐蚀形式被进一步细分为三种类型。该指南结合大量不同行业分支领域的历史案例，分章分别对每种腐蚀类型进行了介绍。该指南试图采取一种统一方式，处理每个研究案例，包括腐蚀机理、材料、设备、环境、故障发生时间、注解以及重要的补救措施等信息。

《腐蚀图册（第三版）》包括 679 个案例，分别涉及 13 类材料中 135 种材料、25 个系统（装置）、44 种不同现象以及不同案例之间的相互对照[91]。案例分类采用四对数字代码表示。代码中前两位数字指受腐蚀部件或对象的材料，第二对数字指腐蚀部件所属系统或装置的类型，第三对数字指腐蚀类型或腐蚀现象，最后一对数字表示一个序列，包括处理同一主题的历史案例的数量。

《腐蚀工程指南》共计 225 页，其中约有一半篇幅都是有关化工和石化行业中常见的各

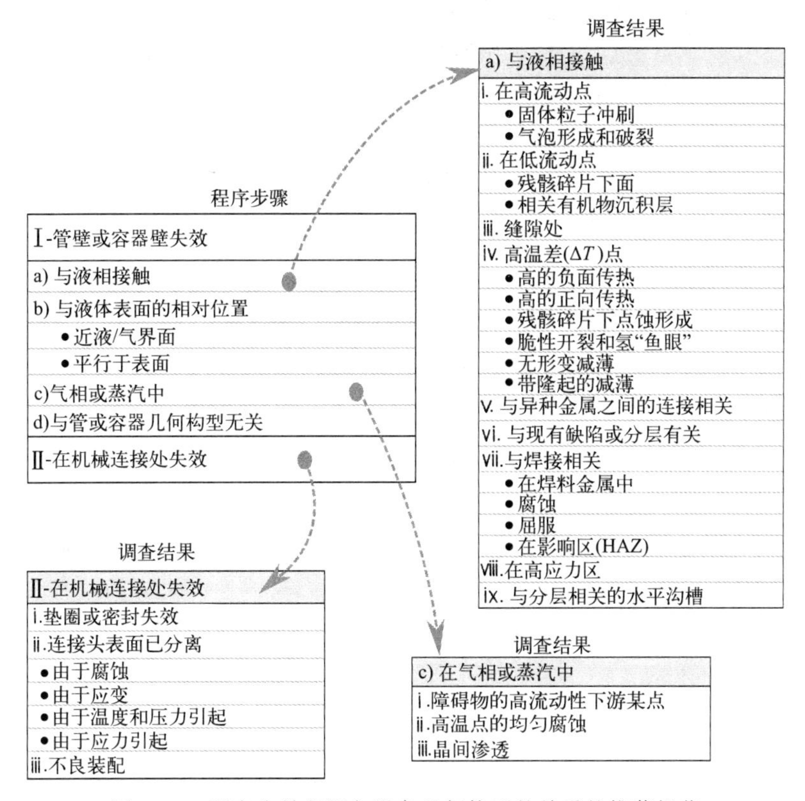

图 8.88　研究失效起源与设备几何构型的关系的推荐规范

种典型腐蚀形态的相关介绍和案例分析[92]。此指南中，另一个重要部分是这些行业中所使用的各种金属和合金的耐蚀性的相关介绍。

《冷却水系统失效分析纳尔科（Nalco）指南》是一本关于识别和预防冷却水系统及相关设备腐蚀问题的简明的权威性指南[93]。该指南通过大量实际失效事件和案例的全彩色图片，对每种常见的腐蚀形式进行了详细说明。其中涉及大量不同环境和装备，包括：敞开体系和密闭体系、循环系统和直流系统、传统管壳式换热器和板式换热器；特殊目的的冷却水装置；以及家用水系统。

《腐蚀失效分析标准指南》（ASTM G161-00），其目的是帮助指导调研人员进行那些腐蚀是或者可能是事故诱因的失效分析。此指南旨在帮助调研人员确定那些可能有利于失效分析的腐蚀信息的重要来源以及类型[94]。下文总结了此指南所推荐的腐蚀调研步骤。

8.3.2　执行失效分析

失效分析并不是一个容易或简单明了的工作。腐蚀作为一个失效因素，腐蚀的早期识别非常重要，因为如果在未进行合适的观察和检测之前，失效现场发生改变或变化，很多重要的腐蚀信息可能会丢失。为了避免发生此类问题，人们已经提出了一些系统化程序，用于指导调研人员的整个失效分析过程。但是，从根本上而言，通过实践是学习失效分析的最好方式，一个失效分析员必须通过实际调研和成功解决各种问题来取得适当的资格。

失效分析的第一步是，从现存样品中获取尽可能多的信息。在样品处理时，分析员必须谨慎小心，避免破坏有价值的证据。很多信息可以通过物理表象进行推理得到，如用肉眼或低倍放大镜或显微镜观察到。腐蚀的几何特征、颜色、腐蚀产物形态以及其他一些相关描述，所有这些都提供了有价值的线索。

其他重要信息可能只能通过改变样品形状或部分破坏样品来获取。例如：通过金相观察分析腐蚀类型和深度，通常需要对样品进行切割和抛光。在制定调研顺序时，要注意：所有外观检查、化学分析用腐蚀产物的收集，X 射线衍射分析，都应在样品切割之前完成。

8.3.2.1 制定分析计划

对于所有此类失效调研而言，腐蚀作为失效影响因素之一，其早期识别在失效分析中是至关重要的。因此，一般来说，在发生明显失效之后，尽快进行失效分析，就是一个明智之举。在分析开始之前，保护好物证，这肯定是有利的。如果失效现场发生改变或变化之前，未能进行合适的观察和检测，很多重要的腐蚀信息可能会丢失[94]。

因此，研究者应首先制订详细的书面计划。计划内容可能包括证据记录方式（分析前以及分析过程中的照片、示意图和报表）、部门责任分工、报告要求以及时间安排。

如果内部人员能力（腐蚀知识和经验）和可利用资源不足，无法及时完成分析工作，一个权宜之计可能就是寻求第三方服务。

8.3.2.2 失效部位的状态

在清洗、移动或碎片取样之前，分析人员首先应对失效部位状态进行全面检查。关于失效部位的物理布局、气味、颜色、纹理以及相邻结构状态等信息，皆可提供有关活性腐蚀过程的重要线索，分析人员应进行适当报告。

带有注解的图片、录像带以及附有说明的示意图和图纸，可作为观察结果的记录凭证，在后续评估中非常有用。

与失效发生时在现场或现场附近的人员进行面谈交流，对失效分析也很有帮助。此外，有关时间、原料、供应品的信息可能也很重要，应加以评估。

8.3.2.3 失效时运行状态

分析人员应当特别注意：发生失效时，运行状态的稳定性。因为腐蚀发生条件，可能与温度、流量、速度、pH 值和化学组成、时间和气候等有关。

此外，分析人员还应当特别注意：超出规范范围的情况以及任何其他不寻常的扰乱状态。在失效检测之前，为揭示可能影响失效的异常运行条件，分析人员可能还有必要绘制或追踪长期运行状态图。

另外，分析人员还应注意所有类似设备的运行状态，并作为一个参照。当然，分析人员还应对失效发生时所有在运行的腐蚀监测设备以及已有的标准样片进行检测，这对证明失效时的运行状态非常有帮助。

8.3.2.4 历史资料

有可借鉴的历史资料，对于认识某些情况或状态非常有用。通常，对于较旧设备，由于文件丢失或相关人员退休，其历史资料可能很难找到。此外，并非所有类型的信息资料都有用。分析人员必须依据成本、时间和预期收益进行判断，合理安排在检索历史资料中应付出的精力。

历史资料中可能还包括原始结构的一些有用的细节信息，例如设计图纸和说明书、材料规格、连接方式和表面处理等。对原始装配随后进行的相关调整的细节信息，可能也非常重要，因为它们往往显示的是非最佳现场工作状态。调整的理由可能是一个或多个，包括原始设计问题、服役要求的变更、纠正前期失效问题、纠正安全和环境问题。

8.3.2.5 取样

小心谨慎取样是成功完成腐蚀失效调研的关键。腐蚀调研取样与刑事专家的司法调查类似。ASTM 标准指南 E1459[95] 和标准实施方法 E1492[96] 解决了现场证据的标记和记录问题，可为腐蚀调研取样提供有益指导。

分析人员在取样时应使用清洁工具，并戴上手套，以保证取样过程中能避免样品受到污染。存放样品的容器应保持清洁且可密封，以保护样品免受污染和损伤。此外，存放样品的容器，其制造材料也应经过仔细挑选，避免与样品发生不良相互作用。依据采样计划，每个容器都应注明日期，并进行标识。

在识别失效诱因时，腐蚀和未腐蚀的材料样品可能都非常有用。此外，样品应足够大，足以满足后续分析需要。对于关键腐蚀区域，应采取保护措施，以免切割和运输过程中遭受破坏。对于失效萌生很明显的部位也应进行采样分析。分析人员在切割样品时应小心，防止样品受热影响，同时还应避免使用可能改变表面和金相状态的切削冷却液。另外，由于很多腐蚀产物溶于水，因此分析人员还必须保证样品免受外来水分的影响。

腐蚀产物和沉积物的取样应采取特殊处理方式，因为它们通常是认识理解失效的关键要素。收集这些样品时，所用工具也应谨慎选择。通常，优先选择非金属工具，因为它们污染样品或损坏关键腐蚀表面的机会更少。

对工艺物料流、土壤、混凝土等局部环境取样，可能也非常有益。最有价值的样品都是在失效发生后第一时间快速从失效部位取回的那些样品。后来获得样品的价值较小，因为它们可能并不能反映失效时的状态。当涉及敏感的微生物因素时，分析人员还可能必须采取特殊取样程序。

8.3.2.6 样品评估

金属样品应进行金相状态和结构评估。在有些情况下，分析人员可能必须清除掉样品上的腐蚀产物，进行进一步评估。评估本身可能涉及机械和物理性能测试、截面的金相检验和腐蚀试验：

- 机械和物理性能测试：用来评价服役温度和时间对所评估性能的影响；
- 金相检验技术：用来证实服役温度和时间对所评估金相结构的影响；
- 腐蚀试验：为核实与失效相关的金相和环境因素，可能必须对受影响材料进行腐蚀试验。

每个试样的位置和取向必须通过照片、绘图或书面说明进行记录。每个试样应加标识，来辅助识别其在样品内初始位置。对失效部位，如蚀孔、开裂表面、缝隙以及普遍受到侵蚀的表面，分析人员都应进行检查，并测量和记录表面化学成分、点蚀深度、裂纹尺寸、金属损失以及其他腐蚀形态。通常，这些检查需要借助光学显微镜、扫描电子显微镜（SEM）、X 射线衍射仪以及一些其他仪器。

8.3.2.7 腐蚀失效评估

腐蚀失效评估时，应注意腐蚀类型及程度。腐蚀程度可通过测量和计算均匀腐蚀速率、点蚀穿透速率或裂纹扩展速率来确定。将这些速率值与文献报道中或源于实践经验的预期速率进行比较，也可能获得一些有用信息。例如：通过实验室模拟就可能进行速率差异研究。

从这些观察和调查结果中，调研人员应该能够识别有关失效的原因及其影响因素。在很多情况下，一个失效事件中可能有多个因素起作用。调研人员可推荐采用的纠正措施，并提供相应的解释说明以及理论依据。

参考文献

[1] Fontana, M. G., and Greene, N. D., *Corrosion Engineering*. New York, NY, McGraw Hill, 1967.

[2] Dillon, C. P., *Forms of Corrosion: Recognition and Prevention*. Houston, TX, NACE International, 1982.

[3] Speidel, M. O., and Fourt, P. M., Stress Corrosion Cracking and Hydrogen Embrittlement in Industrial Circumstances. In: Staehle, R. W., Hochmann, J., McCright, R. D., Slater, J. E., eds. *Stress Corrosion Cracking and Hydrogen Embrittlement of Iron Base Alloys*. Houston, TX, National Association of Corrosion Engineers, 1977; 57–60.

[4] Malo, J. M., Salinas, V., and Uruchurtu, J., Stray Current Corrosion Causes Gasoline Pipeline Failure. *Materials Performance* 1994; 33: 63.

[5] Burstein, G. T., Liu, C., Souto, R. M., and Vines, S. P., Origins of Pitting Corrosion. *Corrosion Engineering, Science and Technology* 2004; 39: 25–30.

[6] McCafferty, E., *Introduction to Corrosion Science*. New York, NY, Springer, 2010.

[7] Roberge, P. R., KTS-Thermo. [2.1]. Kingston, Canada, Kingston Technical Software, 2002.

[8] External Corrosion—Introduction to Chemistry and Control, 2nd. Report M27. Denver, CO, American Water Works Association, 2004.

[9] Miller, D., Corrosion control on aging aircraft: What is being done? *Materials Performance* 1990; 29: 10–11.

[10] Komorowski, J. P., Krishnakumar, S., Gould, R. W., Bellinger, N. C., Karpala, F., and Hageniers, O. L., Double Pass Retroreflection for Corrosion Detection in Aircraft Structures. *Materials Evaluation* 1996; 54: 80–86.

[11] Standard Guide for Crevice Corrosion Testing of Iron-Base and Nickel-Base Stainless Alloys in Seawater and Other Chloride-Containing Aqueous Environments. G78-01[Vol 03.02]. West Conshohocken, PA, American Society for Testing of Materials, 2001.

[12] Dissimilar Metals. MIL-STD-889B(3). Aberdeen, MD, Army Research Laboratory, 1993.

[13] Oldfield, J. W. Electrochemical Theory of Galvanic Corrosion. In: Hack, H. P., ed. *Galvanic Corrosion*. Philadelphia, PA, American Society for Testing of Materials, 1988; 5–22.

[14] Pourbaix, M., *Atlas of Electrochemical Equilibria in Aqueous Solutions*. 2nd ed. Houston, TX, NACE International, 1974.

[15] Hack, H. P., Evaluation of Galvanic Corrosion. In: *Metals Handbook: Corrosion*, Vol. 13. Metals Park, OH, ASM International, 1987; 234–238.

[16] Francis, R., *Galvanic Corrosion: A Practical Guide for Engineers*. Houston, TX, NACE International, 2001.

[17] Baboian, R., Bellante, E. L., and Cliver, E. B., *The Statue of Liberty Restauration*. Houston, TX, NACE International, 1990.

[18] Perrault, C. L., Liberty: To Build and Maintain Her for a Century. In: Baboian, R., Bellante, E. L., Cliver, E. B., eds. *The Statue of Liberty Restauration*. Houston, TX, NACE International, 1990; 15–30.

[19] Steigerwald, R., Metallurgically Influenced Corrosion. In: *Metals Handbook: Corrosion*, Vol. 13. Metals Park, OH, ASM International, 1987; 123–135.

[20] Corcoran, S. G., Effects of Metallurgical Variables on Dealloying Corrosion. In: Cramer, D. S., Covino, B. S., eds. *Volume 13A: Corrosion: Fundamentals, Testing, and Protection*. Metals Park, OH, ASM International, 2003; 287–293.

[21] McNaught, A. D., and Wilkinson, A., *International Union of Pure and Applied Chemistry (IUPAC)—Compendium of Chemical Terminology*. Oxford, UK, Blackwell Science, 1997.

[22] Fitzgerald, III, J. H., Longevity of a Graphitized Cast Iron Water Main. *Materials Performance* 2007; 46: 30.

[23] Van Orden, A. C., Dealloying. In: Baboian R, ed. *Corrosion Tests and Standards*, 2nd ed. West Conshohocken, PA, American Society for Testing of Materials, 2005; 278–288.

[24] Knight, S. P., Salagaras, M., and Trueman, A. R., The Study of Intergranular Corrosion in Aircraft Aluminium Alloys Using X-Ray Tomography. *Corrosion Science* 2011; 53: 727–734.

[25] Svenningsen, G., Larsen, M. H., Nordlien, J. H., and Nisancioglu, K., Effect of High Temperature Heat Treatment on Intergranular Corrosion of AlMgSi(Cu) Model Alloy. *Corrosion Science* 2006; 48: 258–272.

[26] Guillaumin, V., and Mankowski, G., Influence of Overaging Treatment on Localized Corrosion of Al 6056. *Corrosion* 2000; 56: 12–23.

[27] Grubb, J. F., Debold, T., and Fritz, J. D., Corrosion of Wrought Stainless Steels. In: Cramer, D. S., Covino, B. S., eds. *Volume 13B: Corrosion—Materials*. Metals Park, OH, ASM International, 2005; 54–77.

[28] Sidhom, H., Amadou, T., Sahlaoui, H., and Braham, C., Quantitative Evaluation of Aged AISI 316L Stainless Steel Sensitization to Intergranular Corrosion: Comparison Between Microstructural Electrochemical and Analytical Methods. *Metallurgical and Materials Transactions A* 2007; 38A: 1269–1280.

[29] Annual Book of ASTM Standards, *ASTM A262: Standard Practices for Detecting Susceptibility to Intergranular Attack in Austenitic Stainless Steels*. West Conshohocken, PA, American Society for Testing of Materials, 2010.

[30] Kasparova, O. V., Intergranular Corrosion of Nickel Alloys (Review). *Protection of Metals* 2000; 36: 524–532.

[31] Kirchheiner, R., Köhler, M., and Heubner, U., Nicrofer 5923 hMo—Alloy 59, A New Highly Corrosion Resistant Material for the Chemical Process Industry, Environmental Pollution Control and Related Applications. *Materials and Corrosion* 1992; 43: 388–399.

[32] Annual Book of ASTM Standards, *ASTM 28: Standard Test Methods for Detecting Susceptibility to Intergranular Corrosion in Wrought, Nickel-Rich, Chromium-Bearing Alloys*. West Conshohocken, PA, American Society for Testing of Materials, 2008.

[33] McNaughtan, D., Worsfold, M., and Robinson, M. J., Corrosion Product Force Measurements in the Study of Exfoliation and Stress Corrosion Cracking in High Strength Aluminium Alloys. *Corrosion Science* 2011; 45: 2377–2389.

[34] Posada, M., Murr, L. E., Niou, C.-S., Roberson, D., Little, D., Arrowood, R., and George, D., Exfoliation and Related Microstructures in 2024 Aluminum Body Skins on Aging Aircraft. *Materials Characterization* 1997; 38: 259–272.

[35] Roberge, P. R. *Corrosion Basics—An Introduction*, 2nd ed. Houston, TX, NACE International, 2005.

[36] Johnson, W. H., *On some Remarkable Changes Produced in Iron and Steel by the Action of Hydrogen and Acids. Proceedings of the Royal Society of London* 1874; 23: 168–179.

[37] Robertson, I. M., Lillig, D., and Ferreira, P. J., *Revealing the Fundamental Processes Controlling Hydrogen Embrittlement*. 2009. Materials Park, OH, ASM International. Someday, B., Sofronis, P., and Jones, R., Effects of Hydrogen on Materials, Proceedings of the 2008 International Hydrogen Conference.

[38] Louthan, M. R. Hydrogen Embrittlement of Metals: A Primer for the Failure Analyst. *Journal of Failure Analysis and Prevention* 2008; 8: 289–307.

[39] Cwiek, J., Prevention Methods Against Hydrogen Degradation of Steel. *Journal of Achievements in Materials and Manufacturing Engineering* 2010; 43: 214–221.

[40] Lynch, S. P., Progress towards Understanding Mechanisms of Hydrogen Embrittlement and Stress Corrosion Cracking. Paper 07493, CORROSION 2007. 2007. Houston, TX, NACE International.

[41] NACE MR0175/ISO 15156, Petroleum and natural gas industries—Materials for Use in H_2S-Containing Environments in Oil and Gas Production. 2001. Houston, TX, NACE International.

[42] Raymond, L., *Hydrogen Embrittlement: Prevention and Control*. ASTM STP 962 ed. Philadelphia, PA, ASTM, 1988.

[43] Poulson, B. S., Erosion Corrosion. In: Shreir, L. L., Jarman, R. A., Burstein, G. T., eds. *Corrosion Control*. Oxford, UK, Butterworths Heinemann, 1994; 1:293–1:303.

[44] Shifler, D. A., Environmental Effects in Flow Assisted Corrosion of Naval Systems. CORROSION 99, Paper # 619. 1999. Houston, TX, NACE International.

[45] Postlethwaite, J., Dobbin, M. H., and Bergevin, K., The Role of Oxygen Mass Transfer in the Erosion-Corrosion of Slurry Pipelines. *Corrosion* 1986; 42: 514–521.

[46] Chexal, B., Horowitz, J., Dooley, B., Millett, P., Wood, C., and Jones, R., Flow-Accelerated Corrosion in Power Plants—Revision 1. EPRI TR-106611-R1. Palo Alto, CA, Electric Power Research Institute, 1998.

[47] Roberge, P. R., *Corrosion Testing Made Easy: Erosion-Corrosion Testing*. Houston, TX, NACE International, 2004.

[48] Berger, F. P., and Hau, K.-F. F. L., Mass Transfer in Turbulent Pipe Flow Measured by the Electrochemical Method. *International Journal of Heat and Mass Transfer* 1977; 20: 1185–1194.

[49] Postlethwaite, J., and Nesic, S., Erosion-Corrosion in Single and Multiphase Flow. In: Revie RW, ed. *Uhlig's Corrosion Handbook*. NY, Wiley-Interscience, 2000; 249–272.

[50] Heitz, E., Chemo-Mechanical Effects of Flow on Corrosion. In: Kennelley, K. J., Hausler, R. H., Silverman, D. C., eds., *Flow-Induced Corrosion: Fundamental Studies and Industry Experience*. Houston, TX, NACE International, 1991; 1-1-29.

[51] Lotz, U., Velocity Effects in Flow Induced Corrosion. In: Kennelley, K. J., Hausler, R. H., Silverman, D. C., eds. *Flow-Induced Corrosion: Fundamental Studies and Industry Experience*. Houston, TX, NACE International, 1991; 8-1-8-22.

[52] Syrett, B. C. Erosion-Corrosion of Copper-Nickel Alloys in Sea Water and Other Aqueous Environments—A Literature Review. *Corrosion* 1976; 32: 242–252.

[53] Dawson, J. L., and Shih, C. C., Corrosion under Flowing Conditions—An Overview and Model. In: Kennelley, K. J., Hausler, R. H., Silverman, D. C., eds. *Flow-Induced Corrosion: Fundamental Studies and Industry Experience*. Houston, TX, NACE International, 1991; 2-1-2-12.

[54] Efird, K. D., Controlling Flow Effects on Corrosion. In: Revie, R. W., ed. *Uhlig's Corrosion Handbook*. NY, John Wiley & Sons, 2011; 901–905.

[55] Weber, J., Flow Induced Corrosion: 25 Years of Industrial Research. *British Corrosion Journal* 1992; 27: 193–199.

[56] Knapp, R. T., Daily, J. W., and Hammitt, F. G., *Cavitation*. New York, NY, McGraw-Hill, 1970.

[57] Senocak, I. Computational Methodology for the Simulation of Turbulent Cavitating Flows. Gainesville, FL, University of Florida, 2002.

[58] Postlethwaite, J., and Nešic, S. Erosion-Corrosion: Recognition and Control. In: Revie RW, ed. *Uhlig's Corrosion Handbook*. NY, John Wiley & Sons, 2011; 907–913.

[59] Smart, III, J. S., A Review of Erosion Corrosion in Oil and Gas Production. CORROSION 1990, Paper # 010. Houston, TX, NACE International, 1990.

[60] Tomoe, Y., Miyata, K., Ihara, M., Masuda, K., and Efird, K. D., Evaluation of Corrosion Resistance of Metallic Materials for DGA Regenerators in Dynamic Conditions. CORROSION 2002, Paper # 02350. 2002. Houston, TX, NACE International.

[61] Efird, K. D., Flow-Induced Corrosion. In: Revie, R. W., ed. *Uhlig's Corrosion Handbook*. NY, Wiley-Interscience, 2000; 233–248.

[62] State-of-the-Art Report on Controlled-Flow Laboratory Corrosion Tests. NACE Publication 5A195. Houston, TX, NACE International, 1995.

[63] Papavinasam, S., Revie, R. W, Attard, M., Bojes, A., Donini, J. C., and Michaelian, K., Rotating Cage—Top Ranked Methodology for Inhibitor Evaluation and Quantification for Pipeline Applications. CORROSION 2001, Paper # 02061. Houston, TX, NACE International, 2001.

[64] Poulson, B., and Robinson, R., The Use of a Corrosion Process to Obtain Mass Transfer Data. *Corrosion Science* 1986; 26: 265–280.

[65] Wang, H., Hong, T., Cai, J.-Y., Dewald, H. D., and Jepson, W. P., Enhancement of the Instantaneous Mass-Transfer Coefficient in Large Diameter Pipeline under Water/Oil Flow. *Journal of the Electrochemical Society* 2000; 147: 2552–2555.

[66] Nesic, S., Bienkowski, J., Bremhorst, K., and Yang, K.-S., Testing for Erosion-Corrosion Under Disturbed Flow Conditions Using a Rotating Cylinder with a Stepped Surface. *Corrosion* 2000; 56: 1005–1014.

[67] Poulson, B., Predicting the Occurrence of Erosion Corrosion. In: Strutt, J. E., Nicholls, J. R., eds. *Plant Corrosion: Prediction of Materials Performance*. Chichester, UK, Ellis Horwood, 1987; 101–132.

[68] Levich, V. G., *Physicochemical Hydrodynamics*. Englewood Cliffs, NJ, Prentice-Hall, 1962.

[69] Poulson, B., Electrochemical Measurements in Flowing Solutions. *Corrosion Science* 1983; 23: 391–430.

[70] Newman, J. S., *Electrochemical Systems*. Englewood Cliffs, NJ, Prentice Hall, 1973.

[71] Mizushina, T., The Electrochemical Method in Transport Phenomena. In: Irvine, T. F., Hartnett, J. P., eds. *Advances in Heat Transfer*, Vol 7. New York, NY, Academic Press, 1971; 87–161.

[72] Schmitt, G., Bruckhoff, W., Faessler, K., and Blummel, G., Flow Loop versus Rotating Probes—Correlations between Experimental Results and Service Applications. CORROSION 1990, Paper # 90023. 1990. Houston, TX, NACE International.

[73] Papavinasam, S., Attard, M., Revie, R. W., and Bojes, J., Rotating Cage—A Compact Laboratory Methodology for Simultaneously Evaluating Corrosion Inhibition and Drag Reducing Properties of Chemicals. CORROSION 2002, Paper # 02271. Houston, TX, NACE International, 2002.

[74] Papavinasam, S., Revie, R. W., Attard, M., Demoz, A., Sun, H., Donini, J. C., and Michaelian, K., Inhibitor Selection for Internal Corrosion Control of Pipelines—1. Laboratory Methodologies. CORROSION 1999, Paper # 99001. Houston, TX, NACE International, 1999.

[75] Reiss, L. P., and Hanratty, T. J., Measurement of Instantaneous Rayes of Mass Transfer to a Small Sink on a Wall. *AIChE Journal* 1962; 8: 245–247.

[76] Krall, K. M., and Sparrow, E. M., Turbulent Heat Transfer in the Separated, Reattached, and Redevelopment Regions in a Circular Tube. *Journal of Heat Transfer—Transactions of ASME* 1966; 88: 131–136.

[77] Tagg, D. J., Patrick, M. A., and Wragg, A. A., Heat and Mass Transfer Downstream of Abrupt Nozzle Expansions in Turbulent Flow. *Transactions of the Institution of Chemical Engineers* 1979; 57: 176–181.

[78] Matsumura, M., Oka, Y., Okumoto, S., and Furuya, H., Jet-in-Slit Test for Studying Erosion-Corrosion. In Haynes, G. S., Baboian, R., eds. *Laboratory Corrosion Tests and Standards [ASTM STP 866]*. West Conshohocken, PA, American Society for Testing and Materials. Outdoor and Indoor Atmospheric Corrosion,

1985, 358–372.

[79] ASTM G73 Standard Practice for Liquid Impingement Erosion Testing. [Vol 03.02]. 1998. West Conshohocken, PA, American Society for Testing of Materials.

[80] Efird, K. D., Jet Impingement Testing for Flow Accelerated Corrosion. CORROSION 2000, Paper # 00052. 2000. Houston, TX, NACE International.

[81] Page, C. L., and Anchor, R. D., Stress Corrosion Cracking in Swimming Pools. *Materials Performance* 1990; 29: 57–58.

[82] Staehle, R. W., Lifetime Prediction of Materials in Environments. In: Revie RW, ed. *Uhlig's Corrosion Handbook*. New York, NY, Wiley-Interscience, 2000; 27–84.

[83] A Test Method to Determine the Susceptibility of Cracking of Linepipe Steels in Sour Service. OTI 95 635. 1996. Sudbury, UK, Health and Safety Executive (HSE).

[84] ASTM E1823—10a Standard Terminology Relating to Fatigue and Fracture Testing. Annual Book of ASTM Standards. 2010. West Conshohocken, PA, American Society for Testing of Materials.

[85] Sivakumar, B., Kumar, S., and Narayanan, S., Fretting Corrosion Behaviour of Ti-6Al-4V Alloy in Artificial Saliva Containing Varying Concentrations of Fluoride Ions. *Wear* 2011; 270: 317–324.

[86] Waterhouse, R. B., *Fretting Corrosion*. Oxford, UK, Pergamon Press, 1972.

[87] Hoeppner, D. W., Fretting Corrosion and Fatigue. In: *AG-AVT-140 - Corrosion Fatigue and Environmentally Assisted Cracking in Aging Military Vehicles*. Neuilly-sur-Seine, France, North Atlantic Treaty Organisation (NATO), 2011.

[88] Schijve, J., *Fatigue of Structures and Materials*. Dordrecht, The Netherlands, Kluwer Academic Publishers, 2001; 437–455.

[89] Sachs, N. W., Understanding the Multiple Roots of Machinery Failures. *Reliability Magazine* 2002; 8: 18–21.

[90] Wyatt, L. M., Bagley, D. S., Moore, M. A., and Baxter, D. C., *An Atlas of Corrosion and Related Failures*. St. Louis, MO, Materials Technology Institute, 1987.

[91] During, E. D., *Corrosion Atlas*, 3rd ed. Amsterdam, The Netherlands: Elsevier Science Publishers, 1997.

[92] Notten, G., *Corrosion Engineering Guide*. Zutphen, The Netherlands, KCI Publishing, 2008.

[93] Herro, H. M., and Port, R. D., *The NALCO Guide to Cooling Water Systems Failure Analysis*. New York, NY, McGraw-Hill, 1993.

[94] ASTM G161 Standard Guide for Corrosion-Related Failure Analysis. Annual Book of ASTM Standards, Vol 03.02. 2000. West Conshohocken, PA, American Society for Testing of Materials.

[95] ASTM E1459 92(2005) Standard Guide for Physical Evidence Labeling and Related Documentation. Annual Book of ASTM Standards. West Conshohocken, PA, American Society for Testing of Materials, 2005.

[96] ASTM E1492 05 Standard Practice for Receiving, Documenting, Storing, and Retrieving Evidence in a Forensic Science Laboratory. Annual Book of ASTM Standards. West Conshohocken, PA, American Society for Testing of Materials, 2005.

第九章

腐蚀管理、维修和检测

9.1 维修不善的代价

在大多数工业部门，维修成本在运营预算中占比都很大，尤其是涉及老化的结构和设备时。任何工业部门，在应对腐蚀问题时，实际都有各自一系列的实际控制措施，从旧的成熟技术到现代最先进的方法。其中有些实际措施就是为了提高成本效益，而另一些可能在其他方面进行改善。

现代维修管理方法，其目的就是最大程度降低成本，同时提高厂房和设备的可靠性和可用性。在许多行业，维修作业都被视为是一种投资，在总体合理化运营期间，人们常常不得不在技术和经费缩水情况下履行维修职能。在很多情况下，传统的纠正性维修和基于时间的预防性维修都无法充分满足当前的实际需求。维修不善和/或维修投资不足，可能导致如下严重后果：

- 由于停工或非最优状态运行，直接降低生产能力；
- 由于非最优状态运行，增加生产成本和罚金成本；
- 产品质量和服务降低，引发顾客不满，可能带来销售损失；
- 安全危险和事故，导致人员死亡、受伤，还可能产生巨额负债。

9.2 腐蚀管理策略

有些涉及经济成本效益的防腐蚀解决方案决策的问题，是健全系统管理的共性问题。而另外有些问题则是具体关系到腐蚀损伤对系统完整性和运行成本的影响。腐蚀管理包括，在一个结构或系统的整个使用寿命期内，所有减缓腐蚀、修理腐蚀损伤、更换因腐蚀无法再使用的结构或系统的相关活动。

修理和修复工作的目的就是使受损件恢复到初始状态或达到服役要求，以及纠正那些可能引起腐蚀破坏的缺陷。这些工作需在系统生命周期内不同时期进行。维修被认为是一项定期且非常必要的工作，具有年度成本的特征。检测是一个已列入计划的周期性工作，而修理是根据需要而定。修理可能涉及零部件的更换，但不包括基础结构的替换。修复通常是指在服役期内仅会进行一或两次的大型修理活动，一般来说，费用很高，如桥梁等结构的修复。

腐蚀管理的目标就是在最优化成本条件下实现设备预期的服役水平。

对于许多行业，特别是石油天然气行业，成本最优化可能显著影响整个完整性管理成本。腐蚀成本大体可分为两类：失效前成本和失效后成本。预防腐蚀失效的目的就是尽可能降低失效后腐蚀成本[1]。

9.2.1　腐蚀成本分类

腐蚀成本种类有多种，同时也有不同的分级和分类方式。此处建议的分类方法是：以运行期间设备或系统的失效时间先后顺序为参考，对腐蚀成本进行分类，如图 9.1 所示。失效前成本可进一步分为腐蚀工程（CE）和非腐蚀工程成本，分别对应着如图 9.2 和图 9.3 所示的完整性管理措施。在这些成本子分类中，有部分腐蚀工程成本与设计密切相关（如腐蚀裕量和选材成本），而另外部分成本则主要体现在运行阶段（如缓蚀剂和杀菌剂成本）。图 9.3 列出了一些影响非腐蚀工程成本的因素或参数。

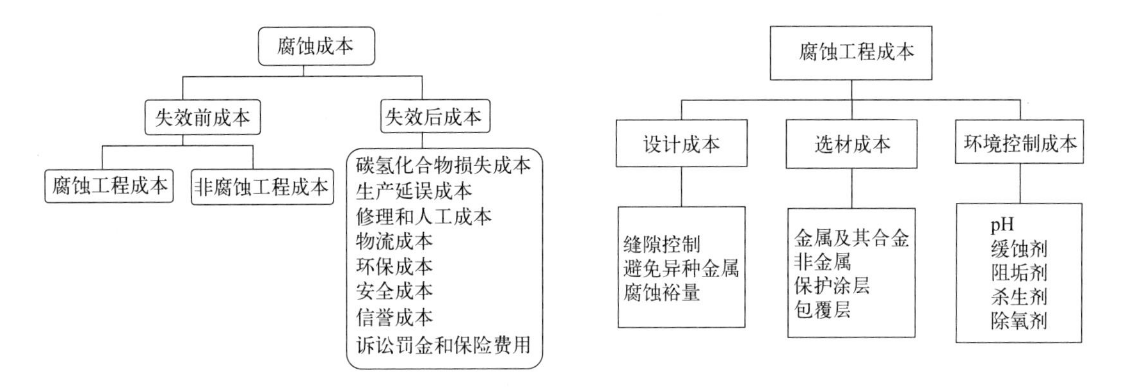

图 9.1　以运行期间设备或系统的失效时间先后顺序为参考点对油气作业中的腐蚀成本分类[1]

图 9.2　典型油气作业中基于腐蚀工程的完整性管理措施中的腐蚀成本子类划分[1]

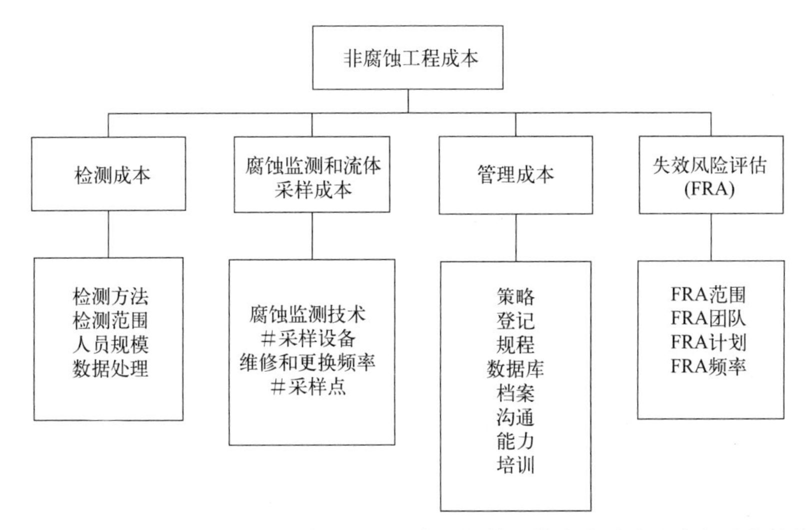

图 9.3　典型油气作业中基于非腐蚀工程的完整性管理措施中的腐蚀成本子类划分[1]

在准确识别了所有不同类型的腐蚀成本之后，我们就可以对这些成本进行优化处理，包括成本来源，以及决定和影响其大小、程度和持续时间的变量。不过，腐蚀成本优化处理必须在不牺牲任何设备资产完整性管理措施的性能和功效的前提下进行。下面两部分更详细地介绍了如何进行腐蚀管理，即如何在提高基于腐蚀工程的和非基于腐蚀工程的完整性管理措施效果的同时，最优化相关成本，实现总腐蚀成本的最优化。

9.2.2 腐蚀工程成本优化

图 9.2 中腐蚀工程成本子类下列出的各种因素，决定了相关子类的总成本及其对腐蚀工程成本的贡献。图 9.2 中所示油气作业中的三个腐蚀工程子类成本，与在资产设计阶段所进行的井下取样正确性以及样品分析准确性密切相关。关于产出液腐蚀性水平的任何错误结果都有可能严重影响成本最优化的准确性。

因此，此油气开采示例中，如果在设计阶段选择超安全设计，对整体腐蚀工程成本可能非常不利。而这种超安全设计方案中的某些组成部分（如超剂量的化学处理），在对其做出调整之前，也可能会很好地从设计阶段开始一直延续到资产运营阶段。另外，根据错误取样/分析结果对设备资产进行的欠安全设计，从设计阶段来看，似乎优化了腐蚀成本。但是，在试运行之后，此类资产就可能会承受如下的腐蚀成本：

- 增加了腐蚀工程成本，例如：由于欠安全设计会造成腐蚀失效次数增多，而为了减少失效次数，采取更换材料或加入更高计量化学药剂的措施；
- 增加了失效后腐蚀成本，由于腐蚀控制措施不足，导致资产在预期使用期内提前失效或频繁失效。

腐蚀工程成本的最优方式就是同时避免对腐蚀控制的超安全设计和欠安全设计。针对油气开采这一具体实例，井下液体取样和分析极为重要，必须一丝不苟，非常准确。

9.2.3 非腐蚀工程成本优化

如图 9.3 所示，在油气开采行业中，非腐蚀工程成本分为四个与不同的完整性管理措施相关的子类。

9.2.3.1 检测成本

如果检测范围完全基于风险分析（参见本章后面关于基于风险的检测部分），那么检测成本就是最优化的。保守的检测范围可能会带来不必要的检测成本。相反，一个非基于风险的检测范围，且检测点比基于风险分析的检测点少时，可能会漏掉一些敏感点或高腐蚀风险区域。这意味着失效可能性增大，并可能额外增加失效后的腐蚀成本。

9.2.3.2 腐蚀监测和流体采样成本

类似地，采取保守的腐蚀监测和流体采样方式也可能带来不必要的腐蚀成本。另外，一个不太保守的方式又会增大高腐蚀速率区域的漏检概率，可能造成失效以及增加相关的失效后腐蚀成本。

9.2.3.3 管理成本

大量高代价的腐蚀失效是与某些管理事项不完善或完全缺失相关，如登记、数据库、沟通、能力（图 9.3）。建立和更新这些管理事项能显著改善资产的腐蚀管理。

9.2.3.4 失效风险评估成本

唯一与失效风险评估（FRA）相关的成本就是开展失效风险评估（FRA）的成本。因此，正确规划和确保失效风险评估（FRA）执行过程中输入数据可靠，将会优化 FRA 工作，并降低其相关成本。

9.3 IMPACT 腐蚀管理体系

正如第一章所提及，美国腐蚀工程师协会在 2014 年开展了 IMPACT（国际腐蚀技术预防、应用和经济性措施研究），其目的是[2]：

（1）更新全球腐蚀成本数据；

（2）评估不同行业和地区的腐蚀管理实践（CMPs）效果；

（3）以腐蚀管理系统（CMS）形式提供腐蚀管理模板；

（4）提供寿命周期成本和投资回报率（ROI）的经济分析工具。

全球腐蚀成本分析结果已在第一章中进行了介绍。在此部分将对 IMPACT 研究的其他四个基本内容进行介绍。

9.3.1 调查

为了深入了解全球不同工业领域腐蚀管理实践（CMPs）效果，他们制定了一个调查方案，并发送到很多工业领域。所调查行业遍布全球，从航空航天到化学工业、石油化工、油气开采。调查研究的主要目的就是：评估不同行业和组织中，所有可能采用的腐蚀管理实践（CMPs），识别和了解那些可能被认为是效果最佳的腐蚀管理实践（CMPs）的缺陷或不足之处。

掌握在整个资产生命周期内腐蚀成本管理的典型业务和工作流程也非常重要。此类知识在评估不同水平的腐蚀管理实践（CMPs）的效果时可能涉及，而且也有助于识别潜在的最佳方案，以供其他组织机构采纳。这项研究采取自我评价调查和访谈并行方式进行，获得了一些重要结果和发现。访谈包括：一系列的区域性专题小组讨论和与学科专家（SMEs）的单独访谈。专题小组讨论可以就某一具体行业的腐蚀管理实践（CMPs）、商业需求、挑战和机遇展开公开对话讨论，以支持未来改进。与学科专家（SMEs）的单独访谈可以就个别组织相关问题进行更深层次讨论。

为了提供一个可重复的参考标准，用来评估一个组织内部的腐蚀管理体系（CMS）的结构、方式和特性，他们必须首先建立一个腐蚀管理实践模型（CMPM）。一般认为，腐蚀管理实践（CMPs）涉及管理体系的九个方面，如表 9.1 和图 9.4 所示。

表 9.1 腐蚀管理实践模式（CMPM）涉及领域

涉及领域	对应的腐蚀管理要素	说明
政策(包括策略和目标)	政策、策略、目标要素(图 9.4 上面三个)	政策、相关策略和目标需满足商业要求(包括合规、合法、环境和社会)
利益相关方整合		整合利益相关方需求,效益监管,合规性
机构组织		结构、互动模式、内外部参与度(销售商/供应商)
责任制度		角色、职责、资源分配
资源		能力、培训与发展、工作及工作要求的规范化
交流沟通	成因、控制、措施要素	意识、知识管理、经验教训

续表

涉及领域	对应的腐蚀管理要素	说明
腐蚀管理实践整合		整合到工作流程中，与产品质量及其他科目保持一致、事件跟踪/解决
持续改进		改进确认、优先级、选择、变更管理
绩效评估		可量化指标，如关键绩效指标(KPI)，评估和衡量一个组织或个人完成预期目标的程度

图 9.4 阐述了腐蚀管理体系（CMS）与其他组织管理体系中的标准管理体系要素和腐蚀特有要素之间的相互作用。图 9.4 显示了两大主要管理类别：解决一切威胁（包括腐蚀）的管理体系要素和腐蚀特有要素。

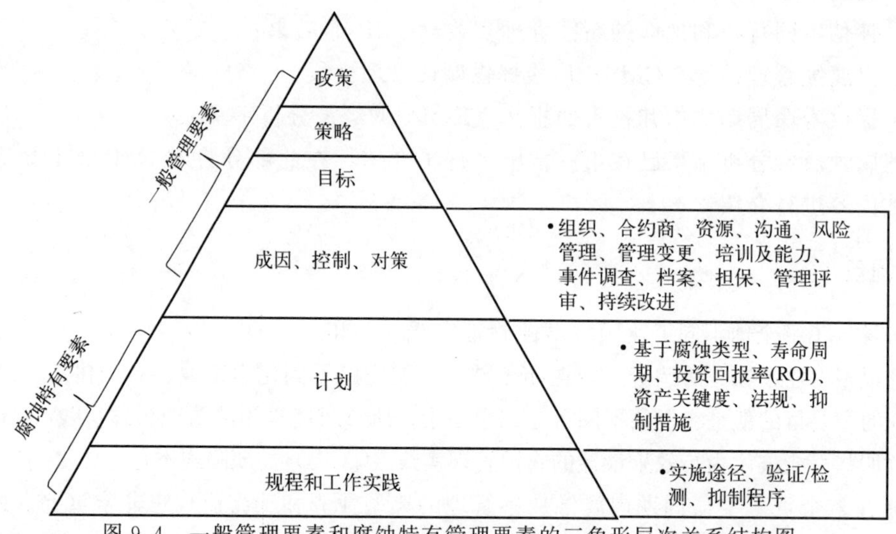

图 9.4　一般管理要素和腐蚀特有管理要素的三角形层次关系结构图

管理体系要素在图 9.4 所示的三角形层级结构的顶部，包括政策、策略、目标和成因、控制、措施。成因、控制和措施要素中包含的子要素，如组织、资源、风险管理、培训和能力、管理评审以及持续改进等，对所有管理体系要素都适用，包括腐蚀。腐蚀特有要素通过计划、规程和工作实践来实现。

开展调查的目的就是为了在被管理资产的整个生命周期内（从设计到废弃），从上述涉及范围的各方面，来检测腐蚀管理实践（CMPs）的效果。调查问卷中设置了 70 个问题，覆盖腐蚀管理实践模型（CMPM）范围和资产生命周期的各阶段。他们采用腐蚀管理实践模型（CMPM）的结构形式，将每个腐蚀管理体系（CMS）的实践都转化为一个单独的评估问题，并附带一系列预设答案选项。答案备选项通常涉及范围从“否，单位没有实行或没有能力”到“能力或熟练程度持续提高”（参见表 9.2 中示例）。

表 9.2　腐蚀管理实践模型（CMPM）中实践与对应的调查问题/答案示例[2]

CMPM 实践	腐蚀管理策略与组织的战略相关联
调查问题	你的腐蚀管理策略与组织的总体战略相关联吗？
回答选项	①否 ②是，但仅仅是与技术需求相关联 ③是，但仅仅是与营销绩效相关联 ④是，完全关联

续表

CMPM 实践	腐蚀管理策略与组织的战略相关联
得分	实践得分范围从基准"0"到最高"1" ①0 ②0.5[①] ③0.5[①] ④1.0

① 中间答案的权重可根据设置的问题和答案选项而变。

随后，他们将由此形成的评估调查问卷在若干组织机构中进行试点，以确保问卷能得到正确理解且易于完成。接着，他们建立了网络调查方式，参与调查的机构可通过给定的链接（URL）直接进入参与调查。项目研究团队与全球合作伙伴一起，帮助机构提高腐蚀管理实践模型（CMPM）自我评估调查的意识，并促进参与调查。每个全球合作伙伴事先都同意作为候选组织机构，并且支持完成自我评估调查。

所有提交的自我评估调查都通过专门的数据有效性程序进行分析处理，包括用于识别任何异常现象的逻辑与统计验证步骤。开展的自我评估调查共计 721 份，但仅有 267 份通过了全部验证程序。其中未通过验证的大部分调查，是因为其中没有包含合理纳入数据集所需的关键数据。研究团队对自我评估调查结果进行了一系列的分析，包括频次分析、能力得分分析、交叉列表分析以及相关性分析。对于每种形式的分析结果，他们都进行地理位置和行业比较，以鉴别其差异性。

调查问卷中每一个答案选项都相应设定了一个能力分值，可依据不同的参与组织、地区和行业所计算得到的分值进行相对比较。得分反映了基于所选答案选项对应的能力水平和熟练程度。根据此分析结果，他们生成了一组热区图和雷达图，用以描述具有更高能力和熟练程度的地区。腐蚀管理实践模型（CMPM）中每项实践活动的分值范围是从“0”到“1”，其中“0”和“1”分别对应于回答选项的“没有能力”和“最高水平”。一方面，热区图包含的数据量极大，除某些极端情况之外，一般很难查阅。另一方面，雷达图数据较热区图少，但是查看容易，尤其是在比较多组数据时。

9.3.2　腐蚀管理实践评估

在此研究中，为了评估腐蚀管理实践（CMPs）、鉴别最佳实践以及腐蚀管理方式间差异，他们考察了世界各地不同行业和组织所采取的腐蚀管理实践（CMPs）。

腐蚀管理的一个成功案例就是全球汽车行业中腐蚀管理策略的改变和创新技术的应用。从 1975 年开始，制造商就努力在设计、材料和加工三者之间保持协调平衡发展。但是，这种措施并不会立即见效，而是腐蚀设计以及加工决策各方面在相当长时间内的一个持续改进。汽车制造公司最高层的这些决策触发了腐蚀管理策略的转变。对于汽车购买民众来说，这种严苛的监测策略，降低了与腐蚀相关的制造成本和运营成本，延长了汽车的使用寿命[2]。

目前，大多数腐蚀专业人员都是在技术贡献者（不是财务或运营决策者）采用专业术语制订的规程和工作实践指导下进行工作。在有些情况下，腐蚀包含在运营计划之内（如资产完整性管理计划），其中整合了腐蚀与其他结构完整性风险[2]。但是，仅有少数组织将这些技术内容和计划与更多的组织管理体系要素（如政策、策略、成因、控制和措施）相关联。

没有这些关联，不可能实现系统有效和高效的商业决策。为了充分实现腐蚀技术和管理体系的关联结合，下面两个目标应事先完成：

- 拓展腐蚀专业人员的能力，包括腐蚀控制投资的经济最优化；还包括使用风险评估和其他工具对腐蚀控制投资回报率的货币化；
- 拓展意识视野以及其他沟通能力，便于与商务领导者和决策者沟通交流，提出管理体系要素变更建议，促进业务改进。

IMPACT 调查、专题小组会议以及行业学科专家（SMEs）讨论的结果表明：在不同行业领域和国家，腐蚀管理实践（CMPs）明显不同。此研究中，所选择的都是那些腐蚀对安全、环境、运行成本以及声誉等都有巨大影响的行业。这些行业分支有油气、管线、饮用水和废水等。

9.3.2.1 油气行业

油气工业是重要的资本密集型工业，其资产包括从上游的油气井、升管、钻探设备和海上平台，到中游的管线、液化天然气（LNG）终端接收站和精炼厂，以及下游部分。目前，腐蚀已成为油气设施运行的最大成本。因此，大多数油气公司或多或少都制定了腐蚀控制或管理的相关程序，其水平取决于公司规模、所处地理位置和公司文化[2]。

基准调查结果显示：在油气工业领域存在四种情况，涉及从没有合适的腐蚀管理实践（CMPs），到已成为整个管理体系的必要组成部分、成熟的腐蚀管理实践（CMPs）。

9.3.2.2 管线行业

众所周知，腐蚀是管线行业中管线失效的主要原因。管线用于输运各种产品，包括干气、湿气、含夹带/乳化水的原油、工艺流体。在回应此调查的管线公司中，其腐蚀管理方式存在明显差异。其中有些公司仅仅是达到而并没有超过法规要求。

9.3.2.3 饮用水和排污系统

2012 年，美国给水工程协会（AWWA）推断，如果同时更换所有管道，近 200 万公里的管线合计更换费用大约为 2.1 万亿美元。据估计，在未来的 20 年中，美国污水和雨水系统的资金投资总需求将达到 2980 亿美元。而其中管线的资金需求最大，占总需求的四分之三。加固现有管道和扩建新管道，可以解决生活污水管道溢流、合流污水管道溢流以及其他管道相关问题[2]。

在澳大利亚水服务协会的一份年度报告中，其中记录和测量了为近 75% 澳大利亚人口服务的 73 个供水公共设施的多达 117 个指标。他们使用其中若干指标，根据其检测结果并结合其他信息，来确定与腐蚀相关的成本。依据澳大利亚的研究结果，他们提出如下建议：①增强腐蚀意识，充分认识腐蚀对水工业中基础设施的影响及所造成的相关直接成本；②与关键利益相关方合作，增加培训。

在比较美国和澳大利亚的腐蚀管理实践（CMPs）时，他们发现：两个不同国家水工业的调查结果明显不同。澳大利亚水工业在政策方面的得分非常低，而美国水工业几乎都有相关政策，但在实施时需要做些改进。

9.3.3 腐蚀管理体系框架

从本质上来说，降低腐蚀成本（包括直接的和间接的）需要更多的技术支持，而且必须将腐蚀决策整合到组织管理体系中。IMPACT 研究项目提供了一个腐蚀管理体系（CMS）框架和指南，可以用来指导人们如何将腐蚀管理要素整合到一个组织管理体系中（图 9.5）。此外，人们还可能利用此框架开发单独的腐蚀管理体系（CMS）[2]。

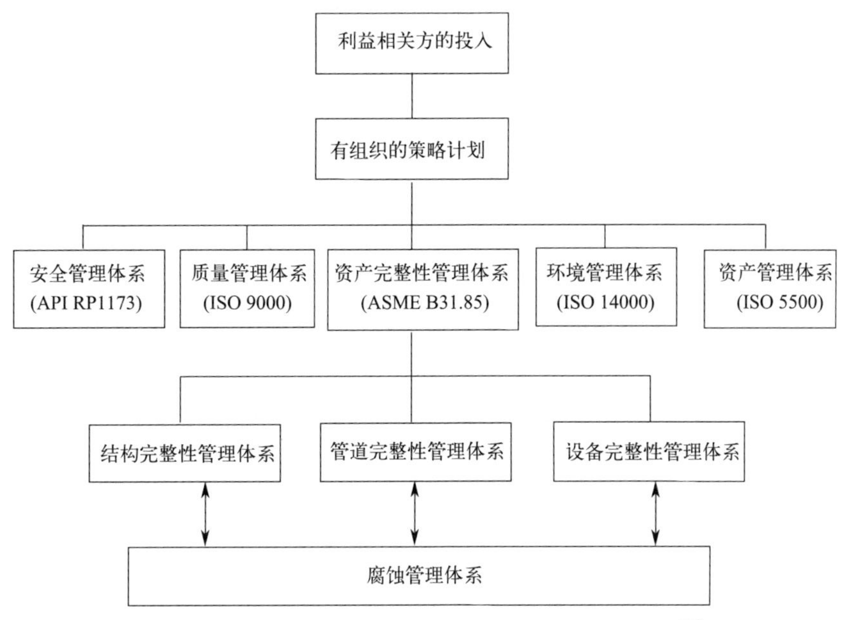

图 9.5 某管道运营公司的组织管理体系的相互关系[2]

9.3.4 经济分析工具

腐蚀管理包括，一个资产在整个使用寿命期内，所有预防腐蚀、修复损伤和更换等工作的管理，如维修、检测、修理和清除。这些工作分别在资产使用寿命期内的不同时间段进行。维修是一个定期的工作，具有年度成本特征，而检测是预先计划好的周期性工作，修理是根据需要而进行。大型修复工作，在一个结构使用寿命期内，可能仅仅进行一次或两次，其成本通常很高。

投资回报率（ROI）是一个用来评估投资（或项目）效益或比较若干不同投资的效益的一个最基本的绩效衡量指标。投资回报率所衡量的是相对于投资成本的投资回报（利润或成本节约）。投资回报率可通过计算得到，即简单地将投资回报或成本节约金额（规划的或已达到的）除以投资成本。其中投资回报率中比较复杂的部分是确定成本节约和投资成本。

例如：有人认为，通过采用最先进的腐蚀控制技术，可以节约高达 30％的腐蚀成本。如果实施这个技术的成本是所节省费用的 10％，年腐蚀成本是 10000 美元，那么预计每年节省费用为 3000 美元，而实施该技术每年成本为 300 美元。一个指定项目的成本可能包括：

- 年度成本（化学处理）；
- 规定预期寿命的一次性成本（涂层）；
- 一次性资本投入加上每年的维护成本[阴极保护(CP)]。

依据腐蚀控制方法所确定的使用寿命，上述各种成本费用都可以转化为整个使用寿命内的年度成本或总成本。投资回报率（ROI）可以根据确定的寿命年限或基于年度来计算。在我们所列举这个例子中，节约费用（可避免成本）是 3000 美元，投资是 300 美元，投资回报率为 10。有时，投资回报率也可用一个比值来表示，如 10∶1。当投资回报率小于 1 时，常常用百分数来表示。关键是在投资计算中，所有成本都需包含在内。

有些节省事项可能难以货币化，如降低环境事故风险、降低人身伤害风险、降低失效风险以及与糟糕公共关系相关的成本。如何处理这些事项的具体办法，不同行业和应用场合可能有所不同。一种处理方法是基于风险的方法，去分析特定项目的风险收益。下面一些方法使用了几种不同形式的投资回报率（ROI）或成本收益，可以评估和区分不同项目建议书或项目实施与否的差异。

9.3.4.1 成本叠加法

成本叠加法由美国国防部（DoD）提出，是采取一种自上而下的方式，计算一个资产或项目的腐蚀成本。通过分析项目集、项目和资产来确定与腐蚀相关的成本构成。这种自上而下的腐蚀成本评估法，排除所有与腐蚀无关的成本构成。但是，这种方法确定的腐蚀成本，通常与实际情况仍然会存在很明显差距，需要采用从下而上的方式进行补充。将所有腐蚀相关的支出全部加起来，可得到自下而上的成本评估结果，再与自上而下的成本评估结果进行比较，我们就有可能准确确定一个项目或资产的直接腐蚀损失，进而计算投资回报率（ROI）。

9.3.4.2 生命周期成本核算法

生命周期成本核算（LCC）是一个众所周知的方法，通过核查以下各方面内容来确定某些资产腐蚀成本：

- 资本成本（CAPEX）；
- 运维成本（OPEX）；
- 设备失效造成的间接成本；
- 材料残值；
- 资产弃用（如机会成本）；
- 任何其他的间接成本，如由于失效造成对人类、环境和结构的损伤。

利用生命周期成本核算（LCC）法，人们有可能通过量化的远期前景和确定的投资回报率（ROI）来比较各种备选方案。生命周期成本核算（LCC）可以采用多种成本计算方法进行核算。前面介绍的成本叠加法就是其中的方法之一。此外，还有贝叶斯网络（BN）法等一些其他方法。对商业影响的预测是一个很有价值的关键绩效指标（KPI），可作为运营领导们根据其风险偏好和内部决策标准，作出风险指引决策的参考依据。

9.3.4.3 约束优化法

约束优化框架可用来确定一个特定结构和设备的最佳腐蚀管理实践（CMP）。这个方法也适合在预算固定或受限情况下，对腐蚀管理实践（CMP）进行最优化。约束优化框架的形成有三个主要步骤：

- 结构的最优化支出；
- 在预算约束条件下，最大限度提高服役水平；
- 建一个约束优化模型。

9.3.4.4　维修优化法

维修优化法是对维修工作的经济效益进行预测，通过经济效益分析，使检测/修理/替换项目更加合理。当以净现值（NPV）表示时，维修项目的时间安排可能也是最优的。将腐蚀维修决策货币化的一种方法是通过一个结合了失效可能性及其后果的基于风险的分析程序，将腐蚀维修决策以成本形式表示出来。

9.3.5　IMPACT Plus

在2018年初，美国腐蚀工程师协会（NACE）正式推出了IMPACT Plus这个独一无二的平台，旨在提高所有工业部门腐蚀管理绩效，从管线、桥梁到海洋、国防系统[3]。对于专业管理人员而言，IMPACT Plus是一个工具，通过利用过程分类框架、成熟模型和基准化专业知识，使项目在技术和商业解决方案上达到平衡。IMPACT Plus门户网站有如下特点：

- 一个综合平台，以便腐蚀管理专业人员谋求推动公司向更高绩效水平；
- 一个必要的通用语言和结构，可以确保组织内各层面人员的沟通；
- 一个简洁明了的方法，便于企业鉴别由于机械、完整性或人为错误等可能使资产寿命周期缩短的过程差异；
- 一个腐蚀管理成熟模型，其中建立了各种活动、投资、最佳实践的路线图，使绩效更高；
- 一个文献图书馆，管理通过所有门户组件收集到的知识和信息。

通常，腐蚀风险应降低至资源支出与收益相平衡的一个平衡点。为判断腐蚀管理投资是否合适，人们可通过投资回报率（ROI）分析，将其与潜在的腐蚀后果进行比较。对于腐蚀管理而言，成本可能包括检测和其他维修成本。投资回报率（ROI）的收益并不在于资本收益，而是避免了安全或完整性成本。

在腐蚀管理体系（CMS）中的各种投资活动，如检测和维修，并不可能预防所有腐蚀事件，因为失效可能性几乎不可能为0。此外，由于与体系相关的一些问题，如缺乏培训、没有按照规程或应急反应不足等，发生腐蚀事件的后果可能很复杂。因此，投资一个腐蚀管理体系（CMS），通过计划、执行和持续改进等必要的体系要素来构架腐蚀活动，应被视为投资回报率（ROI）的一部分。

9.4　维修策略

维修理念或策略主要有四个基本类型，即：纠正性维修、预防性维修、预测性或基于状态的维修、以可靠性为中心的维修（RCM）。图9.6说明了不同类型维修的关系及其相关活动[4]。预防性维修是最近发展起来的一种维修策略。事实上，在维修工程体系中，上述各种维修策略都有应用。在所选策略之间进行平衡优化，以获得最大利益率，是一个挑战。一般而言，当维修要求很高时，纠正性维修是效益成本最低的选项。

9.4.1　纠正性维修

纠正性维修是指仅仅在系统或部件发生失效时，才采取的维修行动。因此，纠正性维修

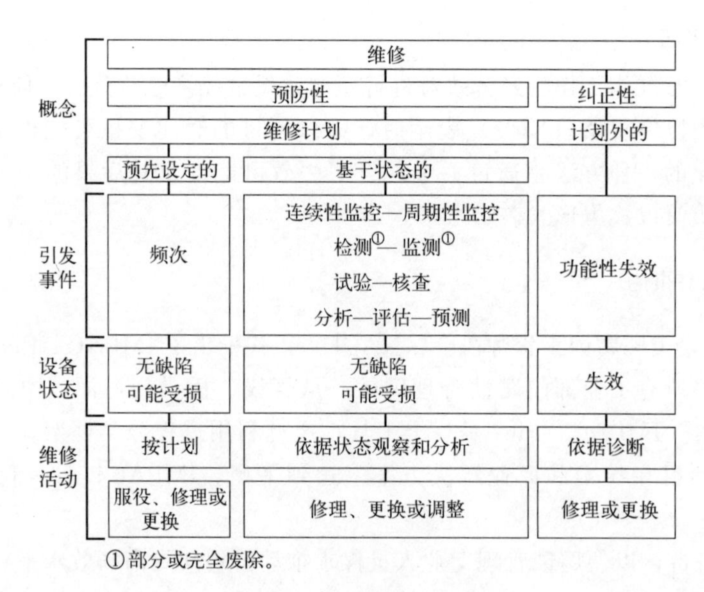

图 9.6 维修策略关系图

是个反馈式策略。在这种情况下，维修团队的任务通常就是尽可能快地促进完成修理。与纠正性维修相关的成本包括修理成本（如更换零部件、人力及耗材）、生产损失和销售损失。为使生产损失影响最小以及加速修理，维修团队可能需要考虑去扩大维修团队规模、启动备用系统、实施应急程序等措施。遗憾的是，类似这种措施的成本较高，和/或仅仅短期有效。例如：如果换热器管由于点蚀而发生泄漏，但是生产又不能耽误必须进行，当务之急的一种临时措施，可能就是将泄漏管堵住。很明显，这种临时措施，无法保障换热器的长期性能。

9.4.2 预防性维修

在预防性维修中，设备的修理和保养在失效之前进行。维修工作的频率根据计划安排已提前确定。失效后果越严重，预防性维修等级应越高，这实际上是预防性维修成本和设备停转损失之间的折中考虑。预防性维修当然也可以依据安全、环境、保险或其他法规授权开展。

在预防性维修中，检测起到了决定性作用。有计划地定期对设备零部件进行腐蚀和其他损伤检测，其本质目的就是在任何实际失效发生之前，确定纠正性措施。进行规律性定期预防性维修通常会降低失效概率。由于执行预防性维修涉及的成本高，特别是关于计划停工时间方面，因此，良好的计划至关重要。实现资产价值和绩效的最优化，其基本目的就是在其发生严重损伤之前进行预防性维修。

预防性维修的等级，需依据设备对工艺的重要性以及期望的可靠性水平而定。在综合管理系统中，其中包含有计算机化的预防性维修系统。对于大多数规模化工厂，可采用计算机化的预防性维修系统来确定维修等级。另外，一个预防性维修系统还必须是动态的，并且包含一些内置的反馈机制，可以用来确认任务是否依然合理有效还是必须用预测性任务替代。

9.4.3 预测性或基于状态的维修

预测性维修是指基于构件的实际状态而进行的维修活动。预测性维修不是按照固定的预防性计划来开展，而是在发现某个特性发生显著变化时实施。在这种维修策略中，腐蚀传感器所提供的系统或部件状态的诊断信息起到了重要作用。预测性维修的目的是排除不必要的检测和维修任务，只是根据需要进行附加维修，把精力集中在最关键的事项上。

更换汽车润滑油就是一个很好的类比实例。不管实际上润滑油是否需要更换，为延长发动机寿命，每 5000 公里都更换一次润滑油，这就是一种预测性维修策略。预测性维修是根据发动机性能发生变化，如磨屑积累来确定是否需要更换润滑油。润滑油分析结果表明：对于专用于长途高速公路行驶的汽车，且驾驶方式也非常可靠时，维修保养的临界间隔周期可以长一些[5]。

预测性维修这种主动性的计划和安排，可以减少停工维修次数和提高设备使用率，由此节省的费用和获得的收益，可作为实施预测性维修所必需的部分资金来源。此外，保持良好的档案记录，对于识别重复性问题和可能影响最大的问题部位，也非常重要。

9.4.4　以可靠性为中心的维修

以可靠性为中心的维修（RCM）包括以最经济有效且技术可行的方式来制订和改善维修程序。它是一种基于失效后果（COF）的系统化结构化方法。就其本身而言，它远离了基于时间的维修任务，强调系统部件功能的重要性及其失效/维修历史。以可靠性为中心的维修（RCM）并不是特指某种具体的维修策略（如预防性维修），而是去确认这种预防性维护对某特定系统部件是否最有效。

以可靠性为中心的维修（RCM）理念源于 19 世纪 60 年代初，宽体喷气式飞机投入商用之时[6]。对于较大型复杂飞机而言，采取基于时间的预防性维修策略可能会影响到其经济可行性，这也是航空公司极为关切的一个问题。因为采用基于时间的维修策略时，飞机在执行一定小时数的飞行任务之后，就必须对飞机部件例行进行全面彻底检修。而相比而言，正如前面所述，以可靠性为中心的维修（RCM），是根据部件的危急程度及其性能记录来确定维修时间间隔。航空公司采用以可靠性为中心的维修实践经验表明：维修成本大体不变，但飞机利用率和可靠性明显提高[6]。目前，以可靠性为中心的维修（RCM）已成为全世界大多数航空公司的标准做法。

北美民用航空公司通过“维修指导小组”（MSGs）进行了早期开发工作。成立“维修指导小组”（MSGs）的目的就是重新检查当前为保障飞机飞行所采取的各种做法。小组成员包括飞机制造商、航空公司和联邦航空管理局（FAA）的代表。在 1968 年，美国航空运输协会在华盛顿特区颁布了首个以逻辑决断方法和程序指导制定维修策略的文件。这个首次试用的文件，现称为 MSG 1。之后又出现了一个改进版本，现称为 MSG 2，颁布于 1970 年。

在 19 世纪 70 年代中期，美国国防部委托联合航空公司编写了一个以航空工业中 RCM 为主题的报告。这个报告由联合航空公司斯坦利·诺兰（Stanley Nowlan）和霍华德·希普（Howard Heap）撰写完成。此报告于 1978 年出版，至今仍然是实物资产管理史上最重要的文献之一[7]。诺兰和希普的报告显示出有关 MSG 2 思想的重大进步。1980 年颁布的 MSG 3 就是以此为基础。此后，MSG 3 又经过两次修订。修订版 1（MSG 3R1）正式颁布于 1988 年。修订版 2（MSG 3R2）颁布于 1993 年，此版本一直沿用至今，指导开发新型飞机服役前的维修大纲，如波音 777 和空客 330/340。

随着以可靠性为中心的维修（RCM）技术在民用航空领域和国防工业中得到大量应用之后，目前，该技术也已开始在核能工业、化学化工、化石燃料发电及其他工业领域获得应用。RCM 的潜在益处包括：

- 保持系统的高可靠性和高利用率；
- 尽可能地减少了不必要的维修任务；
- 为维修决策提供基础证明文件；
- 鉴别最具成本效益的检测、试验和维修方法。

9.5 检测策略

通常，检测是指对标准或规范中涉及的某些特性的质量评价。在过去的几十年，随着系统及其生产工艺过程越来越复杂，检测程序也变得更为复杂。系统是由不同材料、组件和工艺过程集中同时或按照一定顺序组成，而流程图有助于显示这些系统构成要素之间的关系。检测包括下面一系列活动：

- 技术规范的解释说明；
- 测量并与规范相比较；
- 符合性判断；
- 符合项分类；
- 不符合项分类；
- 数据记录和报告。

当有多种检测技术可供选用时，具体如何选择安排，将取决于检测的准确性和成本以及在安全措施上的资金投入与所维修系统的经济回报之间的平衡（图 9.7）[8]。

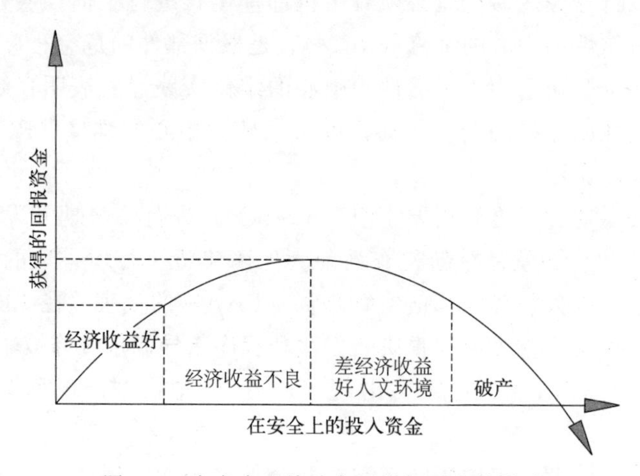

图 9.7 在安全和检验方面增加开支的影响

9.5.1 检测什么？

在总预算很紧张的情况下，对应检零部件或系统的选择至关重要。清楚地认识那些错综复杂的系统设计，就显得非常有意义，因为腐蚀常常与系统和构件的几何结构相关。对检测对象的选择也应建立在全面了解了相关工艺条件、构筑材料、系统几何特征、外部因素以及历史记录的基础之上。

9.5.1.1 预期失效点（“热点”）

收集整理先前检测和修理周期内的历史数据资料，对于确定后期维修应重点关注的特殊部位，可能非常有益。图 9.8 显示了在一架服役 50 年的海上巡逻反潜战机 P-3 上发现的一些“热点”。

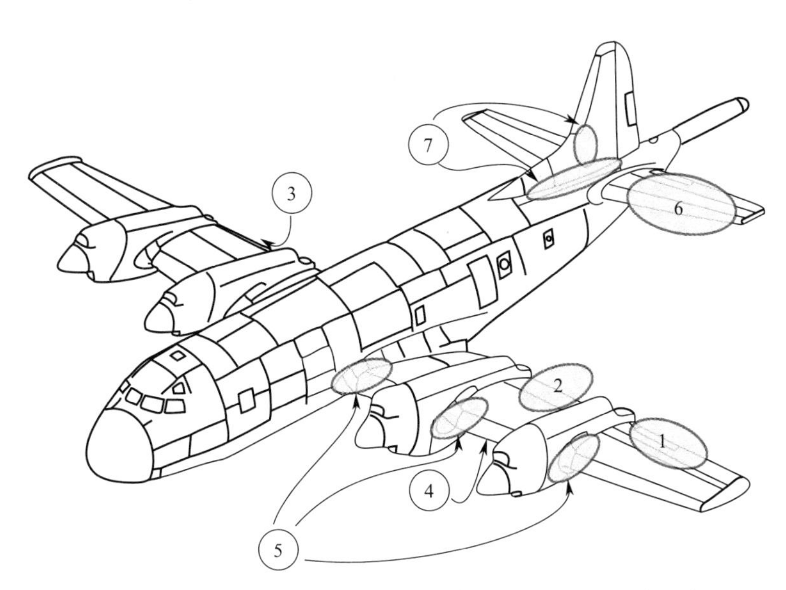

图 9.8 服役几十年后的海上巡逻反潜战机 P-3 上的一些腐蚀部位：（1）副翼黏合板；（2）襟翼黏合板；（3）主起落架承压盘；（4）内侧短舱结构；（5）弧形整流罩；（6）水平稳定器；（7）垂直稳定器

同样，在加工运行过程中，也有很多类似的问题。例如：频繁启停的设备单元，相比于同样服役环境下长期稳定运转的同样设备，其应力腐蚀开裂（SCC）敏感性会更高。因为在启动和停止操作过程中，会产生热应力和内部冲击压力，使设备在承受正常运行过程中的静态应力同时附加一个低周循环应力[9]。

显然，在一个单套设备单元中，最为关心的应该是主蒸馏炉和换热器等资本密集型设备以及那些一旦发生故障就可能影响生产的设备。在一个指定单套装置的所有相关设备中，任何运行温度更高或可能产生更高浓缩液的设备或部位，都需要格外关注。例如：当再沸器中某一结构单元表面出现腐蚀问题后，再沸器频繁发生开裂，就是由于再沸器正常运行时温度比其他相关蒸馏器的高，而且其管壁更薄，其中应力明显更高。

9.5.1.1.1 反应器开裂部位

所有焊接件都存在高的残余应力，如果不进行适当的消除应力处理，都将成为环境开裂的敏感中心点。但是无论怎样，压力容器与接管的环形焊缝处，都是特别容易发生开裂的部位。蝶形封头半径范围内也存在成形加工残余应力，当存在挥发性物质（如微量的氢或氯化铁）时，上封头常常会首先发生失效（图 9.9）[9]。外部保护套也可能引发一些腐蚀问题，尽管这些问题与加工过程无关，但是由于系统中使用了冷却水或蒸汽，可能造成容器本体外表面的应力腐蚀开裂。

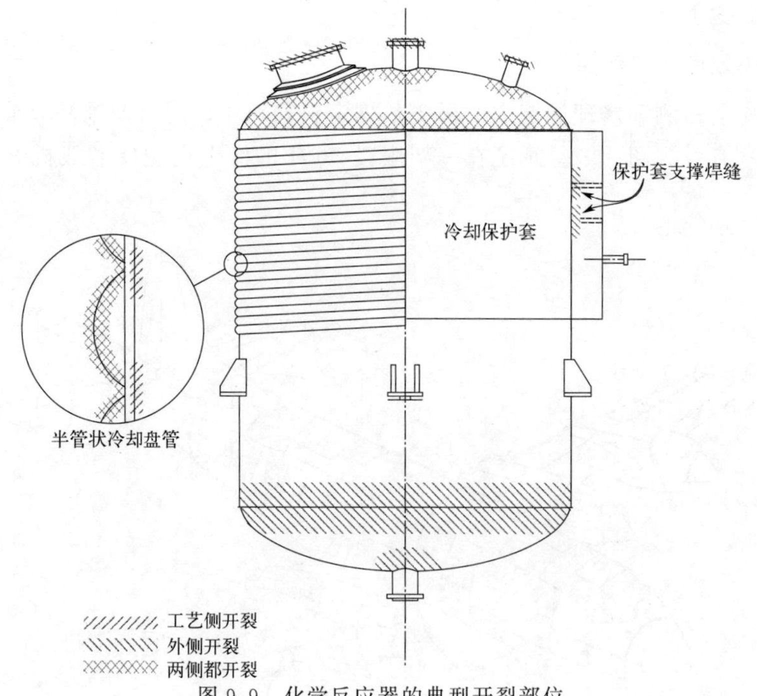

图 9.9　化学反应器的典型开裂部位

9.5.1.1.2　塔开裂部位

焊接件，尤其接管口环形焊缝，是主要腐蚀区域，蝶形封头半径区域亦是如此。如果在一个水平面内，接管口本身就有可能会积累和留存氯离子或其他腐蚀性介质，特别容易造成应力腐蚀开裂（图 9.10）[9]。

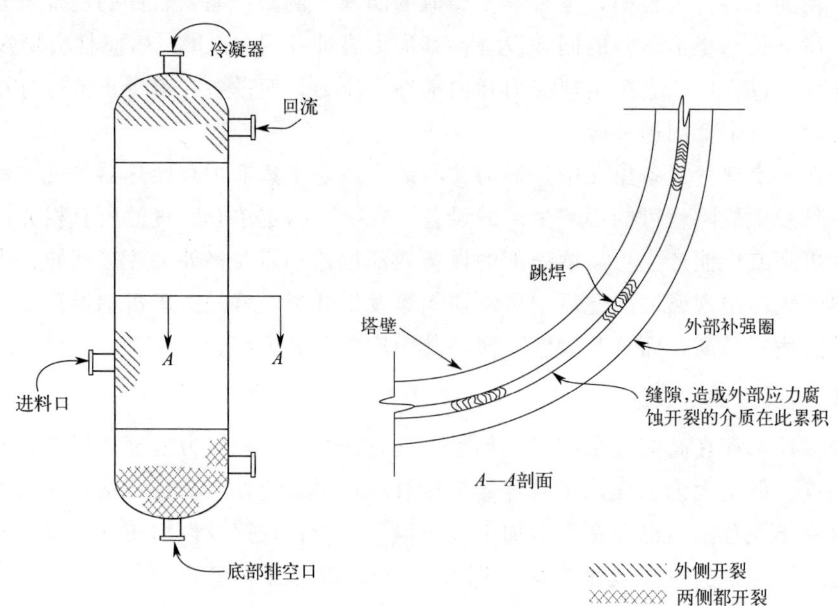

图 9.10　蒸馏塔的典型开裂部位

填料对应力腐蚀开裂尤其敏感。泡沫或网状金属填料包含大量冷加工，其中应力很高，因此，它们对应力腐蚀开裂格外敏感。尽管两种类型的填料单独或与塔本体一起，都可通过处理消除应力，但首选还是采用抗开裂合金制造。

塔板，尤其是浮阀塔板和泡罩，其中可能存在很高的残余应力，也是主要的环境开裂敏感区域。塔板立柱、固定夹、紧固件和其他五金件，皆可能承受较高应力，对应力腐蚀开裂敏感。筛孔塔板常常采用冷冲穿孔，泡罩和阀门也是冷压成型。尤其是后者，如果未进行应力释放处理或未使用耐蚀合金制造，其固定支架可能会受到损坏，它们可能从塔板跌落，仅仅留下一个效率很低的大“筛网”塔板。

9.5.1.1.3　换热器开裂部位

与其他设备一样，换热器也存在一个与焊接、接管和冷变形相关的应力问题，尤其是在封头或水箱，无法避免。但是，由于换热管挤压进入管板而产生的与弯曲 U 形管束相关的应力，是管壳式换热器所特有。管板毗邻区域以及 U 形管束自身，都是主要的环境开裂区域。

板框式换热器，其中残余应力与其零部件的加工制造方法相关。螺旋管式换热器，其中也会存在与成型加工相关的残余应力。螺旋折流板式换热器，在成形加工和焊接中，也会产生内在的残余应力。所有这些高应力区域都有发生开裂的可能。

9.5.1.1.4　管道开裂部位

管道系统中存在的大量焊缝，如果没有达到全熔透焊接，很容易遭受严重腐蚀。此外，弯曲冷加工，尤其是喇叭管的冷加工，都会使这些加工部位具有很高的环境开裂敏感性（图 9.11）。

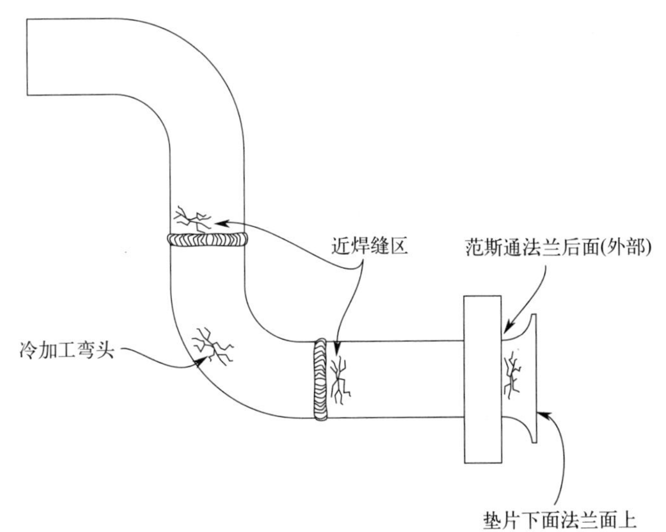

图 9.11　管道典型开裂部位

9.5.1.2　腐蚀基础设计分析

有人提出了一个根据第一性原理，通过对成套设备详细设计进行类推，来确定维修和检测活动的方法。用腐蚀基础设计分析（CBDA）法去预测性能，其实就是一系列的知识捕获过程，但是在此过程中需要详细考虑多个方面的需求[10]。

其中最重要的两个步骤就是确定环境和材料，分别如图 9.12 和图 9.13 所描述。图 9.12 中括弧内每一个数字都清楚地标明了为确定环境所必须考虑的一个明确事件。此过程的终端是一个部位分析（LA）模型的输入端，如图 9.14 所示的蒸汽发生器中的各部位。下面是对图 9.12 各单独要素的简要说明：

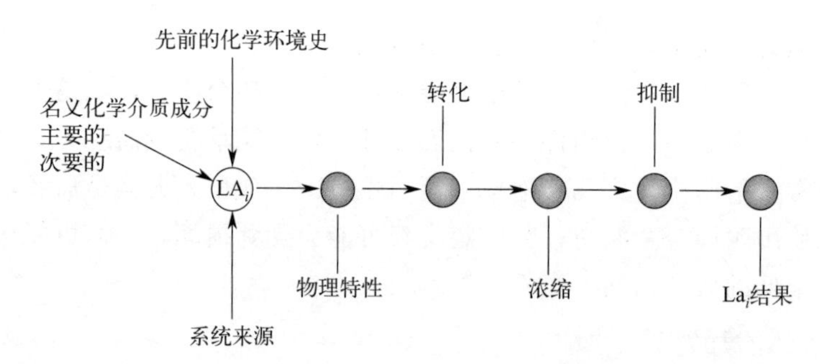

图 9.12　在部位分析（LA）中确定环境的分析次序

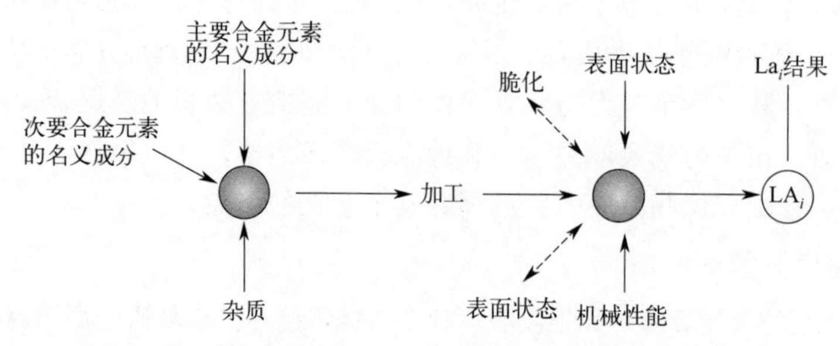

图 9.13　在部位分析（LA）模型中确定材料的分析次序

（1）名义化学环境成分：是指体相化学环境成分。对于暴露在普通大气环境中的部件而言，其主要要素是湿气，次要要素是 SO_2 和 NO_2 等工业污染物；

（2）先前的化学环境史：是指先前暴露的环境粒子，而这些粒子在可能仍然在表面或裂缝内的环境粒子中；

（3）系统来源：是指并非直接来自自身组成而是有外部来源的那些环境；

（4）物理特性：包括闭塞的几何形状、流动状态以及长距离电化学电池；

（5）转化：是指一种转化作用，例如，微生物作用能将硫酸盐等相对无害的化学物质转变为腐蚀性很强的硫化物粒子，这可能促进渗氢和加速腐蚀；

（6）浓缩：是指由于干湿交替、蒸发、电位梯度和缝隙等作用阻碍了稀释过程，导致粒子局部累积，其浓度明显高于本体环境；

（7）抑制：是指为将腐蚀降至最小而采取的措施，通常包括添加除氧剂或其他可以直接干扰阳极或阴极腐蚀反应的化学药剂。

表 9.3 详细列出了压水堆核电站蒸汽发生器中沿着管道最可能发生失效的点位（图 9.14），对应着部位分析（LA）模型中的各个部位，以及在 LA 分析中所考虑的主要失效模式及子模式。监测每个 LA 模型中参数的后续发展趋势，据此可以决定维修和检测活动。

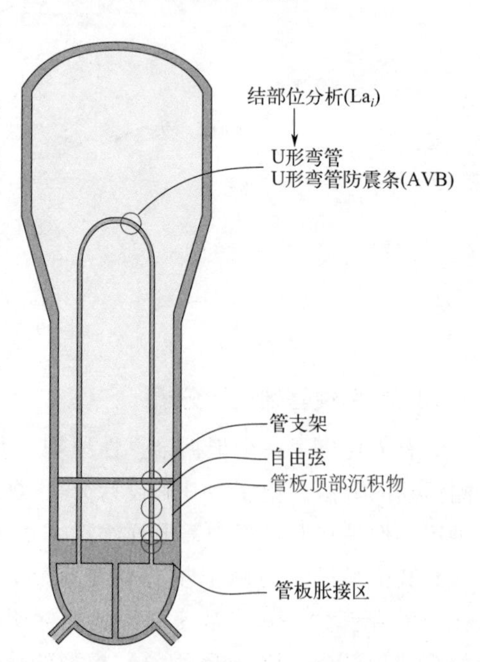

图 9.14　蒸汽发生器的不同分析部位示意图

表 9.3 组织模式-部位单元矩阵

部位分析			考虑的失效模式和子模式												
			应力腐蚀开裂的子模式						晶间腐蚀的子模式						
LA_i	ID	OD	LPSCC ($j=1$)	HPSCC ($j=2$)	AcSCC ($j=3$)	MRSCC ($j=4$)	AkSCC ($j=5$)	PbSCC ($j=6$)	HPIGC ($j=7$)	AcIGC ($j=8$)	AkIGC ($j=9$)	损耗 ($j=10$)	蚀孔 ($j=11$)	疲劳 ($j=12$)	磨损 ($j=13$)
管胀接区 ($j=1$)	X														
管胀接区($i=2$)		X													
管板顶部($i=3$)	X														
管板顶部($i=4$)		X													
沉积物($i=5$)		X													
自由弦($i=6$)	X														
自由弦($i=7$)		X													
管支架(热支柱)($i=8$)		X													
管支架(冷支柱)($i=9$)		X													
U形弯头($i=10$)	X														
U形弯头防震条($i=11$)		X													

注：Ac=酸性，Ak=碱性，HP=高电位，IGC=晶间腐蚀，LP=低电位，MR=中间范围 pH 值，Pb=铅，SCC=应力腐蚀开裂。

9.5.2 何时检测？关键绩效指标

其实，资产管理信息非常有价值，但是其重要性往往是在运行出现问题时才被凸显出来。而事实上，对于某一指定生产作业，如果预先知道其中有哪些相关进程可能会产生不利影响，并随之对其加以控制，对于操作运行将会非常有利。在此情况下，可以采用关键绩效指标（KPIs）来优化检测及其他维修活动需求及实施顺序。

在分析有关问题的预测成本、所涉及风险、受影响设备的剩余寿命以及如何改善或根除这些问题时，通常都必须掌握有关管理方面的相关信息。下文介绍的关键绩效指标（KPIs）就是为了衡量腐蚀对油气生产设施中相关资产的技术性能和经济效益的影响，以及解决与腐蚀相关的关键体系的绩效问题[11]。同样的处理方法可推广应用于很多高风险体系。

9.5.2.1 腐蚀成本关键绩效指标

腐蚀成本关键绩效指标（KPI）可将在一定时期内遭受的腐蚀损伤量转化为货币数字形式，以便更清晰地聚焦于腐蚀管理绩效。此关键绩效指标（KPI）中所考虑的因素有：设备中先前已存在损伤、修理或更换成本以及其剩余服役寿命。腐蚀管理绩效可根据上一个检测周期内的腐蚀成本、年腐蚀成本和/或寿命周期腐蚀成本计算得到。一定时期内的腐蚀成本（C_{corr}）可以通过公式(9.1)获得：

$$C_{corr}=\left(\frac{N_c R_{cost}}{FL}\right)\left(\frac{D_p}{365}\right) \tag{9.1}$$

式中，C_{corr} 为一定时间内的腐蚀成本；N_c 为至服役寿命结束时预计的更换周期数；R_{cost} 为更换成本（包括产品损失成本）；FL 为要求（规定）的剩余服役寿命（年）；D_p 为监测时长，天。

但是，如果按照公式(9.2)定义计算得到部件的剩余寿命（RL_c）比要求（规定）的现场使用寿命（FL）长，那么，腐蚀成本 C_{corr} 可假定为 0。不过，这是基于一个假设，即：腐蚀成本 KPI 只是一个反映对运行成本（O_{pex}）影响的绩效指标，而并未考虑相对初始资本成本（C_{apex}）的折旧。

$$RL_c=\left(\frac{CA-DT}{CR}\right) \tag{9.2}$$

式中，CA 为腐蚀裕量❶（设计目标或要求），mm；DT 为到目前为止的损伤量，mm；CR 为测定的腐蚀速率，mm/a。

更换周期数（N_c）可根据公式(9.3)进行估算：

$$N_c=\left[1+\left(\frac{FL-RL_c}{RL_R}\right)\right] \tag{9.3}$$

式中，FL 为要求（规定）的剩余服役寿命，年；RL_c 为按照公式(9.2)计算得到的部件剩余寿命，年；RL_R 为依据公式(9.4)所定义得到的更换部件的剩余寿命，年。

$$RL_R=\left(\frac{CA}{CR}\right) \tag{9.4}$$

---

❶ 腐蚀裕量取决于预期的缺陷类型，这需要通过检测进行确认。一旦获知了缺陷几何形状，确认了过程参数，最大的容许缺陷尺寸可依据适用性标准计算获得，以确保不发生失效。

式中，CA 为腐蚀裕量；CR 为测定的腐蚀速率。

上述公式是根据针对管道内腐蚀的实际管道监测和更换方案推导而来。在此方法中，更换成本（R_{cost}）、部件计算的剩余寿命（RL_c）以及要求的现场服役寿命（FL）都是关键影响因素，而且还需要知晓安装和更换的准确成本。要求（规定）的现场服役寿命并非一定与安装设计寿命不同，但更可能是指直至现场服役寿命或有效使用期结束之前所剩余的寿命。

9.5.2.2 维修完成率关键绩效指标

维修完成率关键绩效指标（KPI）是一个衡量腐蚀监控设备可靠性的指标，是根据修理在常规腐蚀检测中发现的设备故障时所体现出的资产维修绩效来确定。这个衡量指标反映了设备可靠性对腐蚀控制系统绩效的重要性，因此也是一个关键成本因子。这个指标是指在一个规定监测期内提出的维修次数与已完成维修次数之比，如公式(9.5）所示。

$$维修完成率\% = \frac{已完成维修次数}{提出的维修次数} \times 100 \tag{9.5}$$

9.5.2.3 选择关键绩效指标

几个世纪以来，管理部门一直通过绩效考核来评估当前的运营能力。此外，这方法还被用来评价部门和企业绩效，以及与计划相比完成绩效的趋势。对于许多工业设施而言，这些绩效考核都是与安全（如事件/事故的数量）、环保（如排放量）、成本及生产率相关。此外，这些考核也非常必要，因为其目的不仅仅是为了确定对于那些已完成的生产任务是否实行了资源和成本管理，而且也是为了确定资产或设备是否仍处于良好状态之下[12]。

为了定义一套完整的绩效考核指标，企业必须确保这些简单切实可行的指标能落实到位。事实上，其中真正的挑战是，不仅仅是需要去选择那些能满足预算目标的指标，而且还需要去构建为达到资产绩效要求而必须开展的活动。对于考核有效性而言，选择正确考核指标至关重要。但更重要的是，这些衡量标准必须建立在一个绩效考核体系之内，可以让个人和团体了解如何通过他们的行为和活动来实现企业总体目标。

9.5.2.3.1 资产绩效指标

一个资产绩效管理程序包括业务流程、工作流程、通过严谨分析有助于确定基于最佳实践的数据采集、设备历史记录以及基于事实的决策支持。与许多其他管理问题类似，建立一套绩效指标体系的关键是要分阶段进行。确定清晰的企业目标非常重要。反之，如果目标含糊不清，将有可能产生一些不切实际的视角和标准。相比而言，完备的指标体系和记分卡提供了一种可操作的评价方法，它们与预期结果具有清晰的因果关系[12]。

所有这些结果都将有助于实现其相应目标。此外，这些指标，如果选择恰当，可作为识别无效或失效的资产绩效策略的预警信号，从而将会加速促进变革。

9.5.2.3.2 战略视角

表 9.4 显示了一个为化工企业实现风险管理和提高收益率的卓越运营目标而制定的高层次的指标分解图。从这个战略目标出发，确定了四大职能及相应目标：

- 运行：降低运行成本/风险，尽可能提高产出；
- 可靠性：尽可能增加正常运行时间，保护设备、资产完整性；
- 作业管理：尽可能减少纠正性作业，以及恢复资产状态；

- 安全和环保：环保受控/已通过审查，操作能力安全/已经过审核。

对于上述四个方面中的每一项，人们都能选择恰当指标去衡量它们向共同目标迈进的步伐，从而优化受其控制的相关因素。以甲醇化工厂为例，运营目标将是集中在降低运行成本、管控生产过程和运营活动中内在风险，而同时保持甲醇产量最大。

在安全和环保方面，重点是建立体系、制订规程和组织培训，以培养操作意识、提高技能、拟定职能制度以及提高预防、管理和消除安全和环保事故的能力。

另外，在作业管理方面，重点是高效完成维修工作，同时将未来发生故障的可能性降至最低，并恢复资产的运行状态。最后，在可靠性方面，重点是建立必要的分析技能，以提高和改善设备正常运行时间，同时保持设备资产的完整性和寿命。

从上述每一个视角出发，都可设置相应的战略指标，以激发出新的产能、建立新工艺、增进与每一个单独视角目标密切关联的技能和知识。

表 9.4　为化工厂实施风险管理以及提高收益率所建立的绩效指标

运营角度	可靠性角度	作业管理角度	安全和环保角度
战略性 KPI • 设备利用率 • LPO 事件数 • 超限运行时间(%) • 设备正常运行时间(%) • 生产目标的符合性	• 设备利用率 • 主动作业订单(%) • 高关键系统上执行的紧急作业订单(%) • 明显恶化机制的改进 • 检测的符合性 • 防护设施计划符合性 • 量化的可靠性目标(总体) • 预测性维修的符合性	• 计划的符合性 • 作业订单完成情况(计划成本 20%之内) • 主动性的作业订单(%) • 进度的符合性 • 作业订单完成情况评估(总体) • 量化的有效性目标(总体)	• 事故率 • 安全绩效指标 • 已完成的工艺危害分析(PHA)/评审(总计) • 工艺安全管理(PSM)符合性审核(总体) • 明确/量化的重要环保问题(总体)
运行 KPI • 工艺可用性差异 • 效用差异 • 产品转移指标 • 质量极限偏离(总体) • 实际对策(总体) • 开机指示 • 停车指示 • 不合格品 • 残值 • 库存	• 按设备类型统计的平均故障间隔时间(MTBF) • 按设备类型统计的平均修理间隔时间(MTBR) • 按设备类型统计的平均维修间隔时间(MTBM) • 平均故障间隔时间(MTBF)发展 • 关键资产的累积未使用率 • 计划外维修事件(总计) • 已完成的工作订单中关于重要故障记录(总计) • 不良事件数量 • 当前机械利用率 • 机械利用率变化趋势	• 紧急作业订单(%) • 被动作业订单(%) • 积压待办作业订单(总计) • 加班工时数(%) • 计划的作业订单(总计) • 长期单的累积维修成本 • 每次维修作业的平均直接成本 • 已排入日程的作业订单(总计) • 返工(%) • 计划两天内完成的作业订单(%)	• 每月安全检测报告中的未决事项(总计) • A 类事件(总计) • B 类事件(总计) • C 类事件(总计) • 因受伤而损失的总天数 • 工艺危害分析行动项

9.5.3　腐蚀监测或腐蚀检测

腐蚀检测和腐蚀监测二者之间分界线并非始终那么清晰。不过，通常检测是指依据维修和检测计划进行的短期的“一次性”测量，而腐蚀监测是对腐蚀损伤在一个较长时间内的测量，常常涉及更深入理解腐蚀速率随时间波动规律及其原因。结合使用腐蚀检测和监测大有益处，也最经济实惠，因为事实上，这些相关技术和方法是相互补充并非相互替代。

作为腐蚀探测和测量的检测技术，其范围涉及从简单的、可能利用内窥镜（图 9.15）的外观检查，到无损评估。在过去十年，检测技术取得了重大技术进展。例如：联合使用声发射和超声技术，大体上，可以对一个整体结构进行检测，并根据缺陷长度和深度对缺陷扩展进行定量分析。同时，现代腐蚀监测技术，在在线监测和腐蚀早期探测两方面都获得了很大发展。

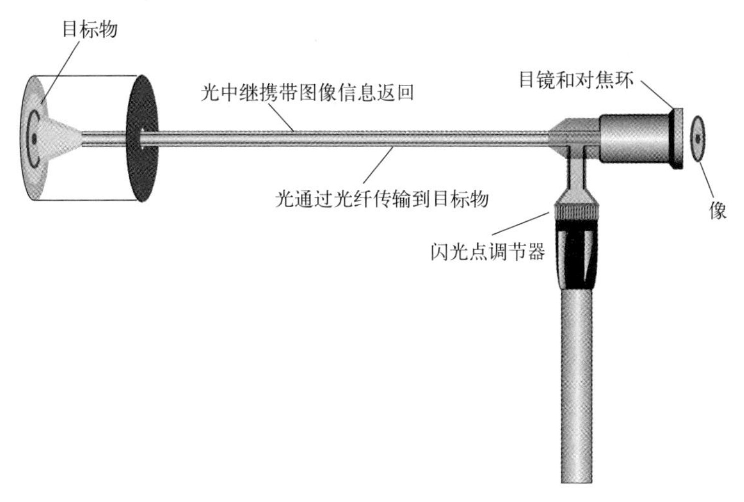

图 9.15 内窥镜示意图

具体技术和检测工具应通过图 9.16 所示成本效益分析获得的最佳值来确定[13]。就一种检测技术而言，检测工具应该具有足够精度，能探测到比可能引起失效的缺陷要小得多的缺陷，因为在两次检测之间这些缺陷大小可能变大。一个较廉价、准确度较低但使用频繁的技术，与一个较昂贵、准确度较高、不经常使用但可靠性更高的技术，其实在成本上可能相当。

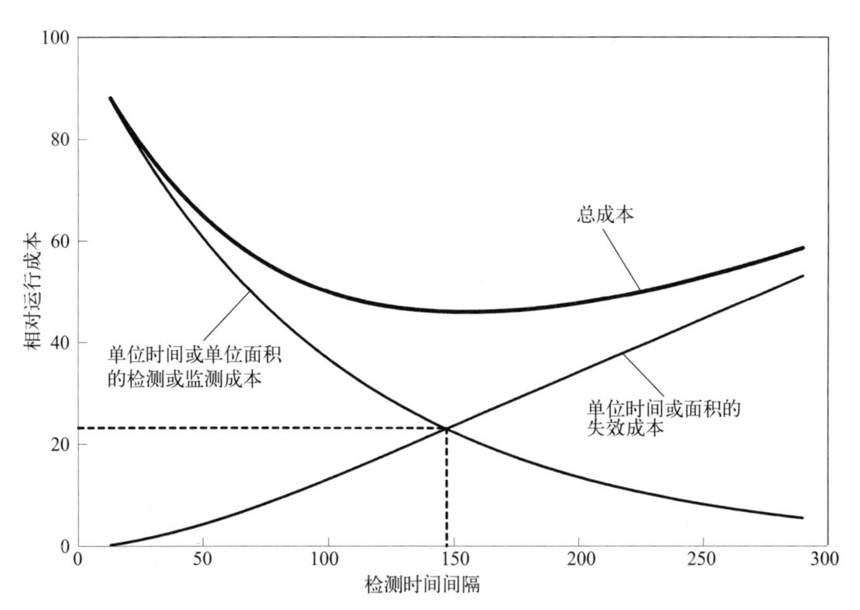

图 9.16 体系运行成本与预期的单位时间的失效和检测成本之间的关系

极端环境条件下的油气资源开采，极大地促进了腐蚀检测和监测技术的发展。在这些环境条件下进行的油气开采工作，迫切需要人们去提高仪器的可靠性以及很多任务的自动化程度，包括检测。在石油行业中，除了装备腐蚀的发生和发展常常具有不确定性之外，还有一个必须面对的问题就是工艺物料流腐蚀性也可能不断发生变化。在一个开采系统的寿命期内，井口液流的腐蚀性可能在良性与极端腐蚀性之间发生多次振荡式变化[14]。针对此类变化，人们需要在检测或监测方面进一步加强，提高腐蚀警惕性。许多在油气工业中已应用多年的技术，在交通运输、采矿及建筑等其他工业中，现在才刚刚开始应用。

9.5.4 基于风险的检测

风险分析是识别、表征和评估危险的方法。基于风险的检测（RBI）是运用风险分析原则去管理工厂设备的检测大纲。风险定义如公式（9.6）所示，很多应用领域都有各自相应的风险识别和风险分析的方法，在其中可以添加优先级和管理流程。应用一般风险分析原理去帮助优化和管理工厂设备的检测大纲，现在通常称为基于风险的检测（RBI），是风险原理的最新应用之一[15]。表 9.5 列出了一些风险标准及其单位的实例。

$$风险=失效可能性(POF)\times失效后果(COF) \tag{9.6}$$

在此公式中，失效可能性（ROF）是根据失效频次或者剩余寿命而定，而失效后果（COF）常常与安全、健康、环境和经济问题相关。

表 9.5　一些风险标准及其单位的实例

风险标准	表达形式	风险标准	表达形式
财务风险(商业影响)	停工成本/天	环境	支出费用/年
投资风险(资产损失)	设备成本/m^2	潜在的生命损失(PLL)	事件数/年
安全	工伤成本/年	失效可能性	事件数/年

基于风险的检测（RBI）法在炼油厂和石化厂设备检测中的应用始于 20 世纪 80 年代后期，最早的公开文献报道是在 1993 年。自那时起，基于风险的检测（RBI）法就开始得到了快速发展。1995 年，针对美国材料技术学会（MTI）会员企业进行的一项调查结果表明：大多数腐蚀工程师通常都会参与确定检测频次的工作，而其中大约一半皆是依据风险识别的结果。

21 家炼油和石化企业共同资助了一个联合产业项目，于 1993 年启动，在美国石油协会（API）协调配合之下，开发适用于各自企业的 RBI 方法。与此同时，美国石油协会（API）也正在为 RBI 制订一个行业统一标准[16]。

对可能导致装备失效的潜在恶化机制、发生故障的可能性以及失效的潜在后果的理解和认识是一个基于风险的检测（RBI）大纲中的关键要素。腐蚀工程师所面临的一个挑战就是：如何能让设备检测人员从技术上充分理解潜在的恶化机制，以便于制定切实有效的检测策略，从而限制潜在的设备失效风险。此外，基于风险的检测（RBI）结果还可能用来证明主动性腐蚀控制的价值，因此可以作为一种沟通手段，对工厂设备完整性和可靠性的决策者和利益相关方施加影响[15]。

基于风险的检测（RBI）的主要目标就是以风险为基础来优化和管理设备的检测程序。在一个基于风险的检测（RBI）大纲中，与每一件连续运转设备相关的风险，都通过评估其失效可能性与失效后果严重性来评级。

基于风险的评估有不同层次，通常可分为定性、半定量和定量评估，这将在本章后面加以介绍。这些方法在需要付出的努力和投入以及获得的评估准确性方面，差异很大。定性评估常用来确定与整个过程单元装置或其中大部分相关的风险。而半定量和定量评估常用于确定与单个分项设备相关的风险。

风险评估的最终结果是每个单项设备的风险等级，其变化可能依次从低到高。而且通常，大部分的风险（>80%）只是与少数单项设备（<20%）相关。一旦完成风险识别后，那么为了降低风险，具有较高风险的设备就成为检测和维修的重点，同时在不会明显增大风险的情况下，风险较低的设备的检测和维修机会将减少。推进基于风险的检测（RBI）技术应用的主要动力在不同具体行业也有所不同[17]：

- 核电工业：提高安全性和可用性；
- 火力发电工业：延长设备寿命和降低成本；
- 海洋石油工业：风险管理，如安全、环保和经济，外加缩减检测成本；
- 石油化工工业：降低成本，增加检测周期，提高设备可用性。

9.5.4.1　失效可能性评估

确定失效可能性（POF）必须考虑两个基本问题。第一个是不同腐蚀形式及其速率，第二个就是检测的有效性。很明显，失效可能性评估需要腐蚀专家的投入，需要他们去识别给定环境状态下相关腐蚀形态以及确定影响其发展速率的关键因素。在实际复杂体系中，相关参数的条件数据几乎不可能完全一致，清楚认识到这一点也很重要，因此分析时有必要进行一定的简化。

对过程装备进行评级的一种半定量方法是依据装备内在的失效可能性（POF）。其程序是根据对过程装备和检测参数的分析，将装备从1～3进行归类，其中1代表最高优先级。该程序需要相当好的工程判断能力和实践经验，同样，也取决于分析人员的背景和专业知识。该程序的设计既实用又有效。失效可能性（POF）分析将成为确定装备检测优先级的一种方便且可重复的手段。同样，在不可能进行100%检测时，这种方法也有利于对有限检测资源的最有效合理利用。

失效可能性（POF）分析方法建立在一整套规则基础之上，其中这套规则是极度依赖详细的检测历史信息、对腐蚀历程的理解以及对设备正常和非正常状态的认识。随着更多信息的获得、工艺条件的变化以及装备的老化，装备风险等级还可能需要进行调整和更新。该程序的最大效益取决于所确定的设备检测大纲，它们可以收集、记录和检索相关检测、维修以及腐蚀/失效机制信息。

9.5.4.2　失效后果评估

从工艺工程、安全、健康和环境工程专家那里获得的相关输入数据，对于失效后果（COF）评估极为重要。以流体泄漏失控为例，在此后果评估中，下面三个因素将起主要作用：

- 可能泄漏的流体类型及相关危害；
- 可泄漏的流体量；
- 泄漏速率。

泄漏速率的决定性因素是容器泄漏孔的尺寸。幸运的是，容器的大量泄漏孔只是发生小的泄漏，而一旦检测到这些泄漏，就可以采取措施很容易将其抑制和缓解，而不至于发生重大事故。这种泄漏通常都是由于局部腐蚀产生的针孔或允许少量液体渗漏的致密小裂纹而引起。此外，有一些泄漏孔是由于大破裂造成，将会导致大量有害液体在短时间内逸出。在不发生重大事故的情况下，能够足够迅速采取措施来遏制和缓解这种泄漏，非常困难，有时也不可能实现。

评估一个设备损伤程度和特性，需要腐蚀和材料工程的专业知识。正如第八章所描述的，腐蚀机制不同，损伤表面形貌可能也不同。针孔处相对于大破裂处泄漏速率的影响差异，就是一个很好的失效后果敏感性的实例。

腐蚀工程（CE）所涉及的另一个重要领域就是有关材料属性。例如，相比于高断裂韧性材料，在脆性材料中，裂纹处高速率泄漏引发灾难性爆炸的风险明显更高。材料韧性是确定所谓先漏后破安全准则和缺陷总容忍度的一个关键参数。因此，认识在服役过程中材料韧性随时间如何变化，很显然非常重要[15]。

9.5.4.3 基于风险的检测的应用

在由运营、工艺过程及设备专家、维修和检测以及腐蚀工程师等组成的多领域团队参与下，基于风险的检测（RBI）的应用效果最好。作为一个团队，专家之间可以互相交换有价值的信息，通过团队协作可找到彼此都很满意的降低风险的措施，其中可能涉及除了增加检测之外的其他手段。下文将介绍用于降低运行装备风险的三种方法，美国石油学会（API）RBI 程序已将它们整合在其中[16]。

9.5.4.3.1 优化检测/监测

当完成了风险评估之后，人们就可以使用该评估结果来评价现行检测/监测策略的有效性，同时还可用来寻找进一步优化现行检测/监测策略的途径，以降低装备继续运行的整体风险。对于认定为高风险的设备，人们还应该考虑变更具体检测计划，以降低风险。对于认定为低风险的设备，在为降低成本而变更具体检测计划的同时，还应考虑不能明显增加风险[15]。

RBI 评估可识别每台设备失效的潜在劣化机制。而在确定现行检测计划时，是否考虑到了在该服役过程中所有已经确认的潜在劣化机制，非常重要。此外，现用的检测方法是否合适？例如，现场超声测厚不可能检测发现严重的局部腐蚀。再如，或许现用的检测方法，无法用来探测服役中极有可能发生的开裂过程。当评估一种检测方法是否有可能用来探测实际劣化状态时，对劣化机制的根本性理解可能就很有价值。

9.5.4.3.2 建造材料的更换

基于风险的检测（RBI）方法也可用于评估与备选合金材料选择相关的风险降低问题。结合合适的合金成本信息，在相对成本的风险降低的基础上，人们可以优化选择替代合金。如此一来，RBI 程序就变成了腐蚀工程师们一个非常重要的选材工具。当与管理部门沟通关于材料升级成本增加的正当理由时，人们可以使用 RBI 程序这种输出类型[15]。

当为新建工程选材时，其实使用基于风险的检测（RBI）的机会很多，尽管可能并不是那么明显。迫于企业提高利益率的极大压力，在装配新设备时，人们可能会考虑如何尽量降低初始成本。不幸的是，在原始设备结构使用了腐蚀速率相当高的低成本材料时，假定设备检测程序可以维持其完整性，其最终结果其实就是仅仅节省了初期设备成本，而检测和维修成本会增加，这种情况并不少见。这种对检测的极度依赖性，通常会伴随着相当大的风险，而这些风险可能并未被项目负责人充分量化或解决。当新设备开始运行时，需要降低高风险，以确保设备机械完整性，而这常常会额外增加检测费用。正如前面所提及，仅仅通过增加检测可能并不能达到适度降低风险的目的，而且材料升级可能会比预期更早。对于新工程，基于风险的检测（RBI）的评估分析，对与代用材料选择相关的风险应进行量化分析，可作为一个权衡初始成本与风险的有效手段。

9.5.4.3.3　关键工艺参数

开发基于风险的检测（RBI）程序的一个实实在在的益处是，识别对设备劣化速率影响最大的关键工艺参数。通常，这些关键工艺参数包括流体组成、温度、pH 值以及流速等。一旦确定了这些关键参数，人们就有充分的理由对那些影响最大的工艺参数进行例行监测，并使其维持在规定的极限范围之内。令人不安的是，工艺单元操作人员有时并不能充分认识某些工艺参数与设备完整性之间的相关性，因此没有对这些参数进行例行监测。通常只有当出现一个失控事件，且其根源调查表明是由于故障设备运行期间，有一个或多个工艺关键参数超过了其极限范围，工艺单元操作人员才认识到这一点[15]。

基于风险的检测（RBI）程序可以作为一个有用的工具，定量分析一个关键工艺参数值发生变化时引起的风险。对于腐蚀工程师而言，当他们在处理运行工艺设备的管理变更问题时，这些都是非常宝贵的信息。它还能有助于实现合适的过程监测和运行条件极限二者统一，以及工艺设备操作员和管理人员就其中相关参数变化对风险影响问题进行沟通。

9.5.5　风险评估方法

基于风险的检测（RBI）程序可建立在定性或定量方法的基础之上。定性分析程序，主要是根据大量实践和工程判断，给出了设备的风险等级。基于风险的定量方法则使用多个工程规范来设置设备的优先级，并制订设备检测大纲。其中有些工程规范包括了无损检测、系统和组件设计和分析、断裂力学、概率分析、失效分析以及设备操作。

风险评估中风险详细等级应与内在危害水平相适应。一般而言，内在危害程度越大，涉及的系统复杂程度越高，则对风险评估的严密性、稳定性及精细程度要求越高，要足以显示风险是否已被降至“最低合理可行”（ALARP）水平。因此，依据要求而定的风险等级将决定所需采取的风险评估的复杂程度。

通常，定性风险方法使用起来最容易，但对风险的剖析深度最低。相反，定量风险分析（QRA）方法对资源和技能要求最高，但可能对风险进行最详尽精细的剖析，还能为涉及大额资本支出的决策提供最佳依据。半定量方法处于二者之间。下文将简要介绍一些用于腐蚀风险评估的技术。

9.5.5.1　危险与可操作性分析

危险与可操作性分析（HAZOP）是一种依据引导词来识别可能影响安全和可操作性的危险的方法。一个与装置相关的各方面专家组成的团队，在独立的危险与可操作性分析（HAZOP）负责人指导下，通常是参考工艺仪表流程图（P&IDs），对每个工艺子系统进行系统分析。这些专家使用一个标准的引导语列表，在引导语提示下，识别与设计意图之间存在的偏差。引导语都是一些简单的单词或短语，用来定性或定量描述意图和相关参数，其目的就是为了揭示偏差（表 9.6）。对于每个可置信偏差，他们都要考虑可能的原因和后果，以及是否应该建议附加安全措施。在对话过程中的结论，通常采用一种标准格式进行记录。

表 9.6 用于危险与可操作性分析（HAZOP）研究的标准和辅助引导语

引导语	意义
标准引导语	
否	否定设计意图
较多	量的增加
较少	量的减少
和	质的提高
部分	质的降低
相反	与设计意图逻辑相反
其他	完全取代
辅助引导语	
如何执行	这个步骤是如何完成的？
为什么做	这个步骤或操作确实需要吗？
什么时间	执行这个步骤或操作的时机重要吗？
什么地点	执行这个步骤的部位重要吗？

图 9.17 举例说明了如何在一个相关特定节点上执行危险与可操作性分析（HAZOP）程序。此时，HAZOP 分析中的节点是指工艺流程图（常常是 P&IDs）中的某个位置，调研此处的工艺参数偏差。节点也可能是指该点处工艺参数能体现设计意图的点。但通常，节点是指管段或容器。设备部件（如泵、压缩机、交换器）都在节点之内。同样，参数是工艺的一方面，它从物理上、化学上或正在发生的事情（如流量、水平、温度）的角度描述工艺特点。参数常常分为特殊参数和常规参数，其中特殊参数用来描述工艺方面的特点，而常规参数是用来描述去除特殊参数之后剩下的设计意图方面的特点。

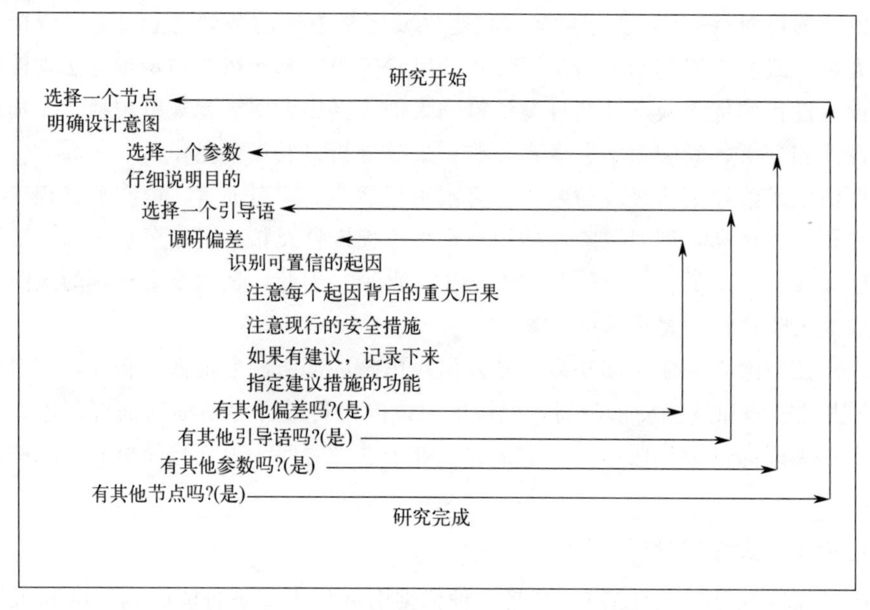

图 9.17 HAZOP 分析程序的迭代循环

危险与可操作性分析（HAZOP）程序是进行危险分析的一个强有力工具，这种有条理的分析方式确保可以探测到设计原意中的弱点并对其采取措施。危险与可操作性分析（HAZOP）在基于风险的检测（RBI）程序中应用广泛。它还可以应用在早期设计阶段，作为通过腐蚀风险评估进行材料和腐蚀控制方法选择的记录在案的过程。

HAZOP 的优势有[18]：

- 它应用广泛，对其优缺点的认识非常清楚；
- 它利用了作为团队成员的操作人员的实践经验；
- 它系统全面，并应该可以辨识所有危险工艺偏差；
- 它对技术故障和人为错误都有效；
- 它确认现行安全措施，并能为附加措施提出建议；
- 团队方式特别适合那些需要多学科或组织相互合作的业务操作。

HAZOP 的不足：

- 它的成功依赖于负责人的促进和团队的知识；
- 它针对工艺危险进行了优化，为覆盖其他类型的危险，需对其进行调整；
- 它需要编制一些通常并没有相应细节的程序说明文件。不过，这些文件可能对操作有利；
- 记录文档冗长（对于完整记录）。

9.5.5.2　失效模式、影响及危害性分析

失效模式、影响及危害性分析（FMECA）［或它的一个更简单的形式，失效模式与影响分析（FMEA）］是一种识别系统失效模式的系统方法。失效模式与影响分析（FMEA）的分析方式是，考虑车间中每一个设备及相关系统，详细列举其可能的失效模式（如压力设备的泄漏或破裂），并判断其对系统其余部分产生的影响。这种分析更关注不同模式的失效可能造成的具体影响和危害程度，而不是导致失效的机制或事件[19]。

失效模式与影响分析（FMEA）是一个简便易用的方法，但同时也是一个强有力的工具，可能用来提高产品质量以及改进工艺。它可以指引人们去专注于失效后果以及为减轻失效影而采取的附加安全措施。执行 FMEA 分析的人员，通常是熟悉系统功能的个人，不过专家团队可能对失效机制及其更广泛影响有更深刻的理解。FMEA 分析采用一个表单，从体系中所有部件的系统清单开始，通常包括：

- 部件名称；
- 部件功能；
- 可能的失效模式；
- 失效原因；
- 如何检测失效；
- 失效对主要系统功能的影响；
- 失效对其他部件的影响；
- 必要的预防/维修活动；
- 失效频率评级；
- 失效严重性（如后果）评级。

如果失效频率或严重性等级很高，此种失效被定为致命失效。在此种情况下，需要考虑采取特殊的保护措施。FMECA 的优势：

- 它应用广泛，容易理解；
- 它可由单个分析人员执行；
- 它系统、全面，且应该可以识别危险；
- 它可识别那些单一失效对整个系统都至关重要的所有关键设备。

FMECA 的劣势：

- 其效果依赖分析人员的实践经验；
- 它需要一个分层系统图作为分析基础，而分析人员通常不得不在分析前开发此图；
- 它只是针对机械和电子设备进行优化，不适用于过程或工艺装备；
- 它难以处理多模式失效和人为错误；
- 它不产生失效情况的简单清单。

实际上，大多数事故都存在很重要的人为因素影响，但 FMECA 并不能很好地识别这些问题。此外，由于 FMECA 分析可在不同层次下进行，因此在开始之前确定好在何种层次下进行很重要，否则有些受检部位的详细程度可能会明显高于其他部位。另外，如果执行的层次过高，FMECA 可能耗时且冗长乏味，但也可能让人们对系统有更深入的认识。

9.5.5.3 风险矩阵法

风险矩阵提供了一个针对危险频率和后果的清晰的检测框架。这种方法可用来依据危险的重要性进行风险排序，筛除那些无关紧要的危险，抑或评估降低每种危险的风险的必要性。风险矩阵采用矩阵，按概率（POF）和后果（COF）维度分为代表性的三到六类（图 9.18 中 A～E）。不过，有关矩阵大小或坐标轴标识等问题几乎没有标准。

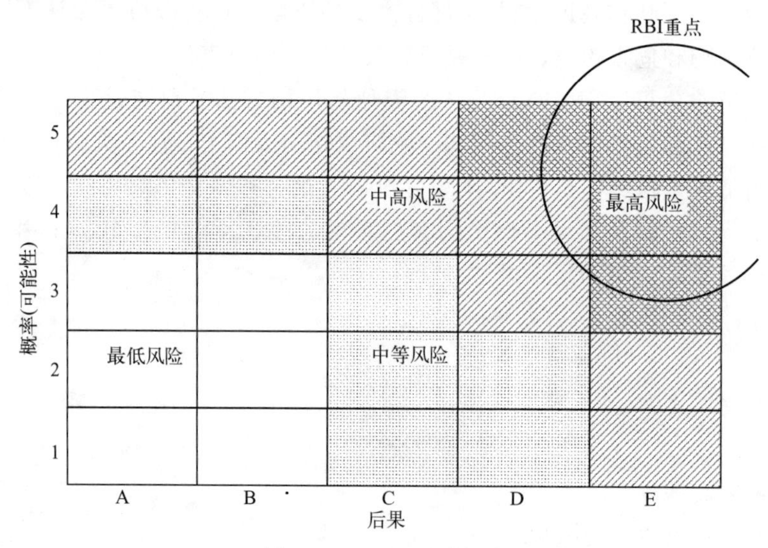

图 9.18　5×5 风险矩阵

有时风险矩阵采用量化定义的概率和后果类别。风险矩阵还有可能用概率和后果的数字指数（如 1～5）表示，然后将频率和后果对相加，就可对每种危险的风险或每个风险矩阵块进行排序。

风险矩阵法的优势[18]：

- 它使用容易，对专业技能要求不高，因此对于很多工程团队来说，极具吸引力；
- 它允许对人员、财产、环境以及商业风险进行一致处理；
- 它可以按照降低风险措施的优先次序对危险进行排序。

但是，这种方法也有一些缺点，对有些问题的表述不明确：

- 需要对可能性和后果进行大量判断，如果记录不正确，风险决策将失去基础；

● 不同团队成员之间的判断必须一致，无论是采用定量或定性方式，这种状态都很难实现；

● 对于可能存在多种后果的情况（如在光滑甲板上跌倒，其后果可能是从无任何问题到脖子受伤），此时，在风险类别中选择“正确”后果很难；

● 风险矩阵考虑的是“一次性”的而不是累积的风险，但是实际上，风险决策应该根据某个活动的总风险而定。大量的小风险可能会累积成一个令人讨厌的高风险，而每个较小风险就其自身而言，可能也无法保证能使其风险降低。因此，风险矩阵可能会由于忽略风险累积而低估总风险。

9.5.5.4　故障树分析

故障树分析（FTA）是对那些结合起来可能会产生致命事故（如管线爆炸）的大量事件和部件失效的一种逻辑表达分析。FTA 用“逻辑门”显示“底事件”如何结合引发致命的“顶事件”。“顶事件”一般是指一个严重危险事件，类似图 9.19 所示的管线应力腐蚀开裂。图 9.20 显示了在故障树结构中最常用的树和门的图形表示符号[20]。有关常用符号简要介绍如下：

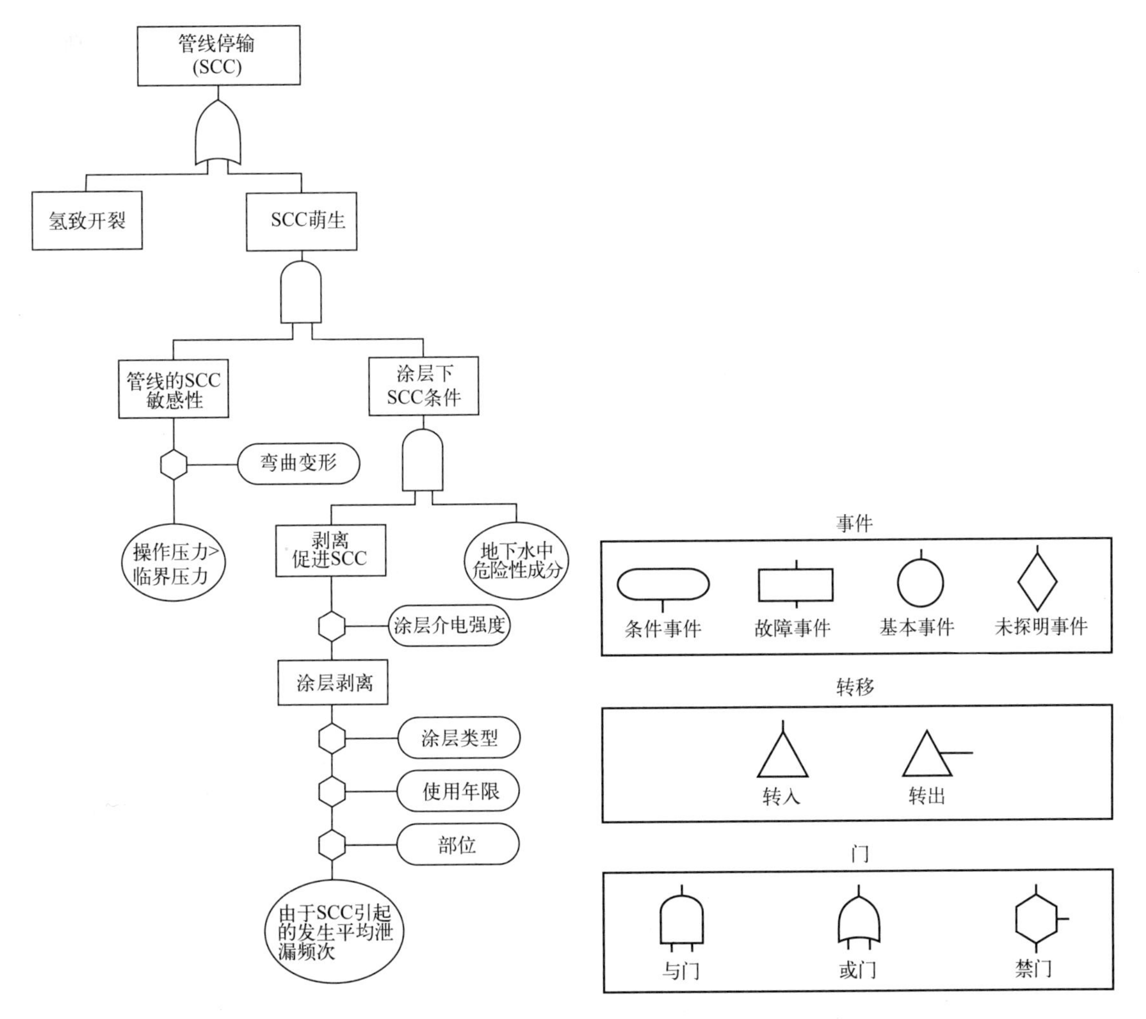

图 9.19　由于应力腐蚀开裂（SCC）导致天然气管道停输的故障树

图 9.20　故障树中事件、转移以及逻辑门的表示符号

- 故障事件（矩形）：系统级故障或顶事件；
- 条件事件（椭圆）：逻辑门的特定条件或限制（主要与禁门一起使用）；
- 基本事件（圆）：有能力引发故障的最小可检事件；
- 未探明事件（菱形）：包含一个故障的事件，其中该故障是故障树分析的最小可检事件，但会进一步扩展；
- 转移（三角形）：转移功能用于表示故障树中两个或更多部分之间的关系；
- 与门：表示只有所有输入事件都发生时，输出事件才能发生（输入事件的概率相乘，因此，降低了结果事件的发生概率）；
- 或门：表示至少有一个输入事件发生，输出事件才会发生（输入事件的概率相加，因此，增加了结果事件的发生概率）；
- 禁门（六边形）：一个输入事件是一个较低阶的故障事件，而另一个输入事件是一个条件事件（限定或加速）[其直接效应是作为衰减因子（＜1）或加速因子（＞1）]。

故障树分析（FTA）强调直接或间接促进严重故障或顶事件发生的较低阶的故障事件。该分析技术是一种“逆向思维”方式。分析人员从需要避免的最终顶事件开始分析，识别其直接原因[19]，通过分析产生较高阶故障事件所必需的较低阶故障事件的形成机制，了解系统的总体概况。一旦完成了故障树分析（FTA），工程师就可以利用故障树，通过改变树中各种低阶事件的属性，去充分评估一个系统的安全性或可靠性。采取这种形式的分析，有可能经济有效地将许多变量的影响直观显现出来。

故障树分析（FTA）法通过追溯造成最终结果的一系列事件可以告诉人们：应该在何处进行特别监测、定期检测和采取防护措施（如温度和压力传感器、报警器），可以保护和预警即将发生的失效事件。故障树分析（FTA）是用于研究事故发生路线图的一个非常有用的工具，在识别由次级和第三级原因造成的事故场景时尤其有效。但是，执行故障树分析（FTA）需要很多技能和大量精力。因此，这种方法预计只会在那些失效后果可能非常严重的行业中应用。在定量风险分析（QRA）中，故障树分析（FTA）可能应用在如下几个方面：

- 在发生频率分析中，故障树分析（FTA）常用来根据对每个组件故障率的预估，量化“顶事件”发生的可能性。其中“顶事件”可能是一个单独失效事例，也可能是事件树中的一个分枝概率；
- 在风险分析中，故障树分析（FTA）还可能用来显示各种不同的风险促进因素是如何联合作用而产生总风险的；
- 在危险识别中，故障树分析（FTA）可用于定性鉴别那些足以造成或触发“顶事件”的“基本事件”组合，称之为割集。

故障树分析（FTA）的优势[18]：

- 它是一种应用广泛且大家普遍接受的技术；
- 它适用于在定量风险分析（QRA）中针对由多种不利环境联合作用产生的大量危险的分析；
- 通常，它是针对新奇、复杂体系进行危险可能性分析的唯一可信方法；
- 它适用于技术故障和人为失误分析；
- 它的表达形式清晰、逻辑性强。

故障树分析（FTA）的劣势：

● 图表形式不利于分析人员明确阐述每个“门”的假设条件以及条件概率。通过仔细备份文本文档可以克服这一问题；

● 对于大型体系而言，故障树分析（FTA）可能很快就会变得非常复杂、耗时，甚至难以继续进行；

● 如果分析人员没有很高的专业水平以及操作人员配合，他们可能会由于在分析中忽视了失效模式，致使无法识别出共同原因所造成的不同失效（如单一故障事件影响两个或更多安全事件）；

● 所有事件都假定为相互独立；

● 对于那些并非仅仅只有简单的故障或工作状态的体系，故障树分析（FTA）很容易变得模糊不清（如人为失误、恶劣天气等）。

图 9.19 举例说明了采用故障树分析（FTA）技术对某大型燃气管道输运公司 18000km 输气管网进行应力腐蚀开裂风险评估的过程[5,21]。开裂风险的故障树分析（FTA）一般是为了强调低阶层故障事件的影响，而对系统或设备进行的审核和分析检测。这些结果对于安排维修工作、组织调研以及制订研发工作计划也非常有帮助。

图 9.19 中各个树分枝的每个要素都包含了整个管网中每个管段的历史技术数据的出现概率（用数值来表述）。在有些情况下，一个更简单的办法是对于整个体系假定一些概率值。图 9.19 中，最大容许压力下运行的概率以及存在电解液的可能性都被设为 1，由此迫使人们集中关注最恶劣的情况。其他更容易验证的一些参数可充分变化，如图 9.21 所示两个“基本”事件，显示了阴极保护不足对管网可能造成的影响。

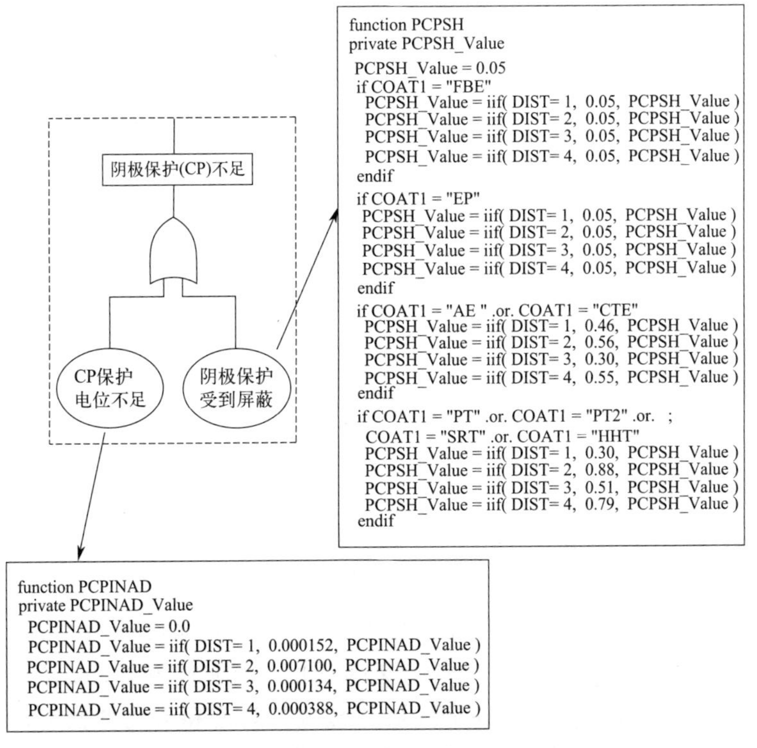

图 9.21　造成天然气管道阴极保护不足的“基本”事件的详细编码

9.5.5.5 事件树分析

事件树分析（ETA）是可能由一个初始事件触发的各种事件的逻辑表示（如某一部件失效）。它用树枝显示在每个阶段各种事件发生的可能性。它常用来将一个故障事件与不同后果模型相关联。事件树分析（ETA）还可能用来量化系统失效概率，不过此时系统失效的各种诱因只能按照时间顺序依次发生。

与故障树分析（FTA）类似，事件树分析（ETA）也是一种基于逻辑学的识别事故场景的方法，但与FTA不同，它是一种“前瞻性思维”方法。分析是从一个给定的初始故障事件开始，按照事件发展的时间顺序推导可能的后果，推测安全措施以及备用系统（如防护装置）的可用性或其他情况，不过通常都是针对一个很短时间间隔内的情况。事件树分析（ETA）是失效模式、影响及危害性分析（FMEA）的一个扩展，涵盖了一个完整的系统[19]。

事件树对失效后果的评测非常有价值，但是对分析系统失效原因不太有效。仅考虑事件短期发展可能会掩盖其长期后果，如由于其他部位失效造成的装备逐渐恶化。

事件树的构建从初始事件开始，依次建立每个树分枝。一个树分枝由一个问题来定义（如“防护装置失灵?”）。答案常常是二选一（如“是”或“否”），但也有可能是多个选项（如调节控制阀100%、20%或0%）。每个树分枝是以上一个树分枝的相对应的答案为前提条件。

通常，事件树的表达形式是：初始事件在左边，结果事件在右边，定义树分枝的问题放在树顶，向上分枝表示“是”，向下分枝表示“否”。一个概率是依据其前面所有树分枝答案获得的树分枝的条件概率（如树分枝问题的答案“是”或“否”），与每个树分枝都相关。在各种情况下，每个树分枝的概率之和都必须是1。每一个结果事件的概率是引发该结果事件的所有分枝的概率之积。所有结果事件的概率之和也必须是1。这是一个核实分析结果的有用方法。事件树分析（ETA）的优势[18]：

- 它是一种应用广泛且大家普遍接受的技术；
- 它适用于定量风险评估（QRA）中对由连续依次发生的一系列故障引发的大量危险的分析；
- 它表达形式清晰，具有逻辑性；
- 它简单易懂。

事件树分析（ETA）的劣势：

- 当大量事件必须组合在一起发生时，事件树分析（ETA）无效，因为它产生大量多余的树分枝；
- 假定所有事件都相互独立；
- 对于那些并非仅仅只有简单的故障或工作状态的体系，事件树分析（ETA）很容易变得模糊不清（如人为失误、恶劣天气等）。

图9.22显示了一个针对流化催化裂化装置（FCCU）气体设备的每一个工艺系统的事件树分析（ETA）过程，其中使用了各个工艺系统的实际概率和后果。在7个月内，该精炼厂发生了23次管道泄漏，皆发生在分馏器顶部上方管道和流化催化裂化装置（FCCU）的压缩湿气管段。后续集中超声横波检测，在流化催化裂化装置（FCCU）的气体回收段，

又确定了73处类似碳酸盐开裂的裂纹。与很多应力腐蚀开裂形式一样，碳酸盐开裂也不适宜用X射线照相术进行检测[22]。

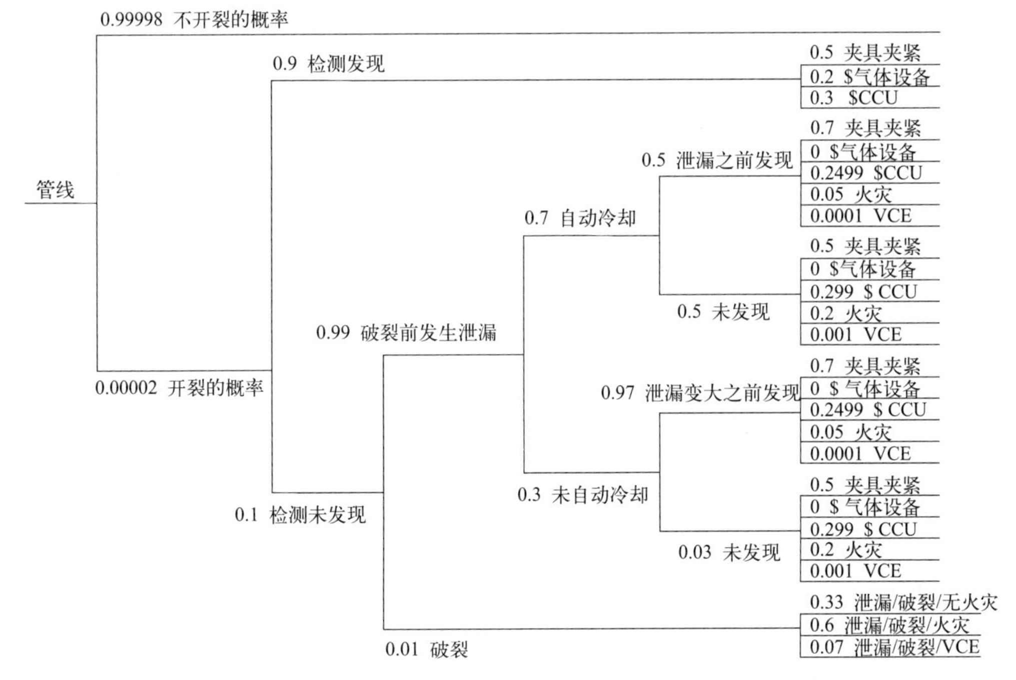

图9.22　对FCCU气体设备的每个工艺系统进行的事件树分析（ETA）
（$为损伤成本，CCU为催化裂化装置，VCE为蒸汽云爆炸）

在石油精炼过程中，碳酸盐应力腐蚀开裂可能发生在液化催化裂化（FCCU）气体设备中，因为此处工艺环境中含有大量碳酸根/碳酸氢根离子、H_2S、自由水以及氨。在FCCU气体设备中，最可能受影响的设备是主分馏正上方的冷凝器、分馏器上方蓄热器、湿气压缩机的气液分离罐和冷凝器、乙烷馏除塔（或类似的轻馏分器）以及所有相关管道，包括来自上述装置中的酸性污水系统。在这个例子中，概率是依据任一指定年份中事件发生数而定，概率数值设定为每个系统中发生开裂的焊接点数目除以总的焊接点数。可能的后果有：

- 泄漏/破裂；
- 用夹具夹紧，抑制泄漏；
- 装置关停（SID）；
- 火灾；
- 蒸汽云爆炸（VCE）。

每种后果的经济代价（按美元算）是依据过去失效成本和生产损失，由运营、工程以及检测人员协商确定。因此，风险评估结果可用于识别在精炼厂催化裂化装置（FCCU）下次转换周期中，哪些装备和管线需要替换。

9.6　工业案例

正如前面提及，企业目前面临的压力越来越大，在提高设备和装置的可靠性和可用性的同时，还需最大程度降低成本。在很多行业，维修活动被视为一种投资，要求在尽量缩减技术和经费资源情况下去完成。在此背景下，近几年来，基于风险的检测（RBI）技术，作为一种优化设备检测工作的方法，已受到极大关注，美国石油学会（API）和一些民间组织已发展了多种具体方法。例如，公用电力系统维修理念方面的最新变化，可谓意义重大，足以称为维修革命。其主要驱动因素有[6,23]：

- 更加开放、竞争的市场，强调成本问题；
- 运营维修成本直接由公用事业单位控制；
- 运营维修成本相对重要性提高；
- 老龄化资产的维修需求日益增加。

自20世纪70年代早期开始，在工业领域引入概率风险评估（PRA）技术后，基于风险的分析原理就已为电力行业所熟知。不过，风险这一概念，作为核电站安全的一种衡量方法，在20世纪80年代后期才建立起来[17]。

在20世纪80年代后期和90年代早期，世界发展重心转向经济方面，同时以可靠性为中心的维修（RCM）的概念也被人们引入到实践之中。大约同一时期，基于风险的检测（RBI）的概念也被纳入美国机械工程师协会（ASME）规范之中。在美国，用于核能领域的这些方法主要是由美国石油学会（API）针对石化厂以及美国机械工程师协会（ASME）/美国电力研究协会（EPRI）针对电力行业开发的方法的基础发展而来。欧洲也正在开展这些技术协调发展行动，即基于风险的检测和维修（RIMAP）计划。下文将介绍近年来在不同关键行业部门已开展的一些工作。

9.6.1 输送管线

输送管线工业是现代基础设施建设中一个不可替代的组成部分。管道是有史以来输送天然气和危险液体最安全的方式。不过，近期的管道失效又提高了人们对输送管道系统的认识。特别是近几十年来，世界上很多地方城市扩张，现在已逼近运行的管线系统[24]。

数百万千米的管线纵横贯穿全球，输送着石油和天然气。仅美国，输送管线大约有400万千米，其中天然气集输管线55万千米，危险液体集输管道30万千米，其余是天然气配送管线。对于管道完整性的潜在威胁及万一失效后的相关后果而言，每个管道系统都是唯一的。通过执行一个有效管理程序，去解决这些完整性威胁问题，可以降低泄漏的可能性。

管线失效有许多原因和促成因素。美国输运部（DOT）研究和特别计划管理局管道安全办公室（RSPA/OPS）汇编了管道失效及其原因的相关数据。表9.7～表9.9分别总结了在两年期间（如2002年和2003年）所收集到的天然气集输管线、危险液体输送管线以及天然气配送管线数据。

由表9.7和表9.8可以明显看出：在该统计期内，腐蚀是天然气集输管线事故的最常见原因（37%），也是危险液体输运管线事故的第二大原因（24%）。而在同一统计期间，超过60%的天然气配送管线事故是由于外力造成（如经营者或其他当事人的挖掘、自然力量的损害），仅有少部分（0.1%）的资产损失是由于腐蚀所致。图9.23和图9.24显示了8年期内（1997～2004年），由于天然气（图9.23）和危险液体（图9.24）集输管线外腐蚀和内腐蚀造成的资产损失成本。图中数据清楚表明：外腐蚀和内腐蚀对管道损害贡献都很大。

为了最大程度地降低失效的可能性，管线行业动用了相当多的资源。最近美国输运部

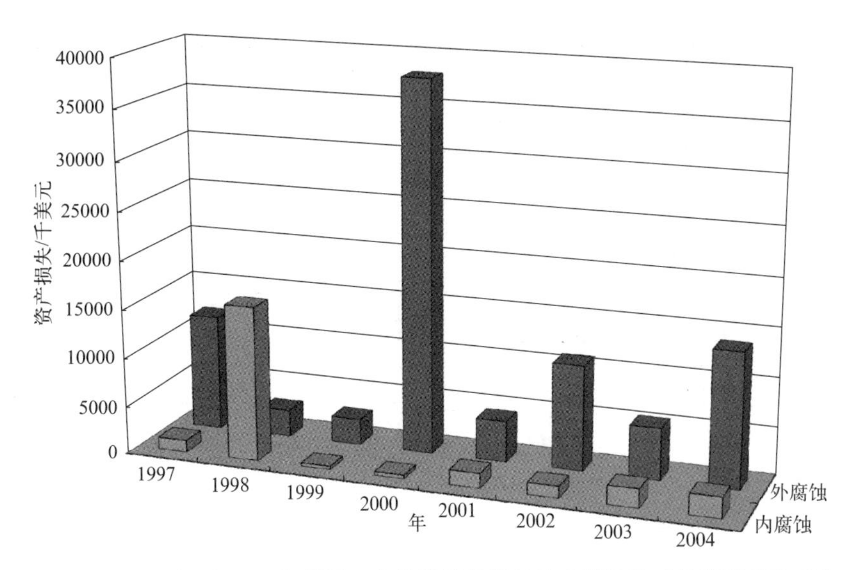

图 9.23 1997 年至 2004 年期间，集输管线外腐蚀和内腐蚀造成的资产损失成本

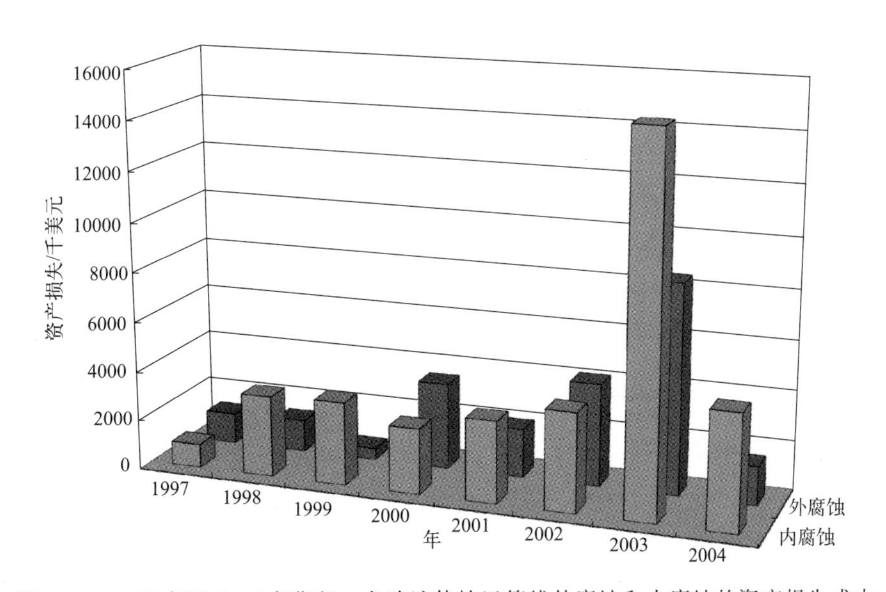

图 9.24 1997 年至 2004 年期间，危险液体输运管线外腐蚀和内腐蚀的资产损失成本

（DOT）联邦高速公路管理局（FHWA）完成了一项相关研究，研究估计管线行业每年在腐蚀控制上的支出大约为 70 亿美元。这个估计值包括运营和维修活动成本、资本性支出以及腐蚀失效修理成本[24]。操作人员最常用来验证管线完整性的方法有：外部和内部直接评价、静态水压试验、管内检测（ILI）等。上述每种方法都可用来进行不同环境下的基准评估和将来的重新评估。

表 9.7 2002 年和 2003 年天然气集输管线事故原因统计

报道的原因	事件数	事件占比/%	资产损失/千美元	损失占比/%	死亡人数	受伤人数
挖掘	32	17.8	4583	6.9	2	3
自然力量	12	6.7	8278	12.5	0	0
其他外力	16	8.9	4689	7.1	0	3

续表

报道的原因	事件数	事件占比/%	资产损失/千美元	损失占比/%	死亡人数	受伤人数
腐蚀	46	25.6	24273	36.6	0	0
设备	12	6.7	5337	8.0	0	5
材料	36	20.0	12131	18.3	0	0
操作	6	3.3	2286	3.4	0	2
其他	20	11.1	4773	7.2	0	0
总计	180		66350		2	13

表 9.8　2002 年和 2003 年危险液体输运管线事故原因统计

报道的原因	事件数	事件占比/%	损失桶数	资产损失/千美元	损失占比/%	死亡人数	受伤人数
挖掘	40	14.7	35075	8988	12.0	0	0
自然力量	13	4.8	5045	2646	3.5	0	0
其他外力	12	4.4	3068	2063	2.8	0	0
材料或焊接失效	45	16.5	42606	30682	41.0	0	0
设备失效	42	15.4	5717	2761	3.7	0	0
腐蚀	69	25.4	55610	17776	23.8	0	0
操作	14	5.1	8332	817	1.1	0	4
其他	37	13.6	20022	9060	12.1	1	1
总计	272		175475	74793		1	5

表 9.9　2002 年和 2003 年天然气配送管线事故原因统计

报道的原因	事件数	事件占比/%	资产损失/千美元	损失占比/%	死亡人数	受伤人数
结构/运营	20	8.1	3086	6.7	0	16
腐蚀	3	1.2	60	0.1	2	9
外力	153	62.2	32334	70.1	6	48
其他	70	28.5	10618	23.0	13	31
总计	246		46098		21	104

9.6.1.1　外腐蚀直接评价

外腐蚀直接评价（ECDA）是一个结构化分析过程，包括四个关键步骤：预评价、间接检查、直接检查和后评价（图 9.25）。外腐蚀直接评价（ECDA）的目的是帮助管道运营商建立管道的完整性。这个分析过程采用了地面阴极保护（CP）的某些调研方法，其中很多方法已在管道工业中应用了几十年。外腐蚀直接评价（ECDA）对这些调研方法中的过程、有效性及数据集成做了进一步的定义[24]。外腐蚀直接评价过程包含了汇编历史信息、管道和土壤调查、外部管道检查和数据分析等标准技术。

9.6.1.1.1　预评价

预评价是外腐蚀直接评价（ECDA）过程的第一步。所汇集的所有相关历史数据，一般可分为五类[25]：

- 管体相关数据；
- 管道施工相关数据；
- 土壤/环境数据；
- 腐蚀保护相关数据；

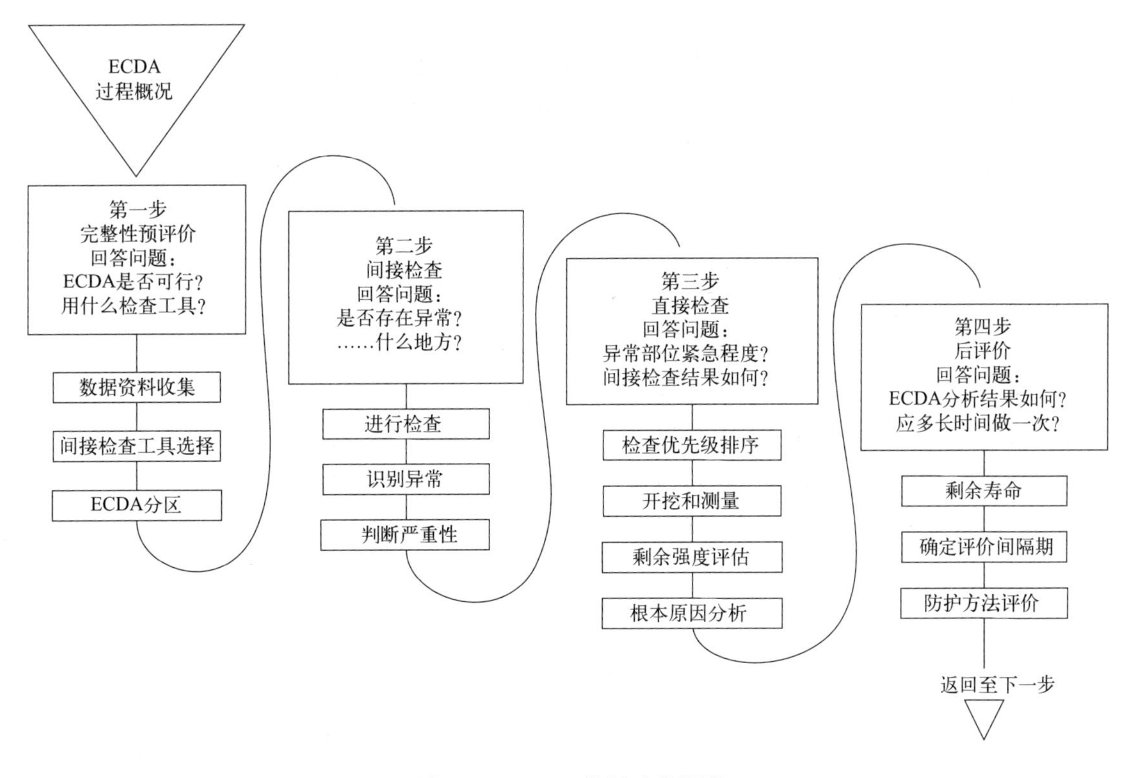

图 9.25 ECDA 分析过程概况

- 运行参数/历史记录。

预评价所收集的数据与风险评估需要的数据资料类似，二者可以同时进行。评估外腐蚀直接评价（ECDA）法是否可行，必须以可获得的数据为基础。除了受限于缺乏数据信息之外，影响选用外腐蚀直接评价（ECDA）法的其他因素还有：

- 涂层剥离引起静电屏蔽；
- 岩石地形和回填料；
- 铺砌路面；
- 难接近部位；
- 并行埋设的金属结构。

如果操作人员确定外腐蚀直接评价（ECDA）法是一种合适的评估方法，接着他们还必须对管线进行 ECDA 分区，且针对每个区域都必须选择两种不同的间接检测技术。例如：对于涂层完好的阴极保护管线，采用密间隔电位测量（CIPS）法可获得关于保护程度、是否存在干扰以及电流屏蔽等相关信息。而直流电位梯度法（DCVG）❶ 与密间隔电位测量（CIPS）法结合使用，将可以检测到受损涂层的具体部位。不过，关键一点是需采用两种互不相关的检测技术，对指定管段全范围进行外腐蚀直接评价（ECDA）。

❶ 直流电位梯度法（DCVG）是一个用来定位埋地涂层管线中的缺陷并评估其严重程度的现代方法。电位梯度是通过操作人员测量两个相距约半米的参比电极（如硫酸铜电极）之间的电位差得到。DCVG 测量时，在管线上施加一个脉冲直流（DC）电信号[26,27]。

9.6.1.1.2 间接检查

间接检查的目的是识别管线上涂层缺陷、阴极保护不足、电连接短路、干扰、地质上的静电屏蔽以及其他异常现象的部位。间接检查也可以识别可能发生腐蚀或已发生腐蚀的区域。可用于间接检查的典型的管线测量技术有[25]：

- 密间隔电位测量（CIPS）（图 9.26）❶；
- 直流电位梯度法（DCVG）；
- 电磁感应电流衰减法（交流电流衰减法）；
- 交流电位梯度法。

四种测量技术都很成熟。每一种技术都各有优缺点，具体选择取决于待检异常的类型以及管线优先权状态。但无论如何，检查人员都应选用两种技术同时进行检测，而且所测量数据与管道沿线所有永久性特征相关联，以便于两组数据能保持一致并可进行比较，这一点很重要。随后，检查人员再对数据进行分析以及识别腐蚀症状。此外，数据分析应能揭示出两组数据之间所有差异，解释这些差异，并将其与预评估结果进行比较。

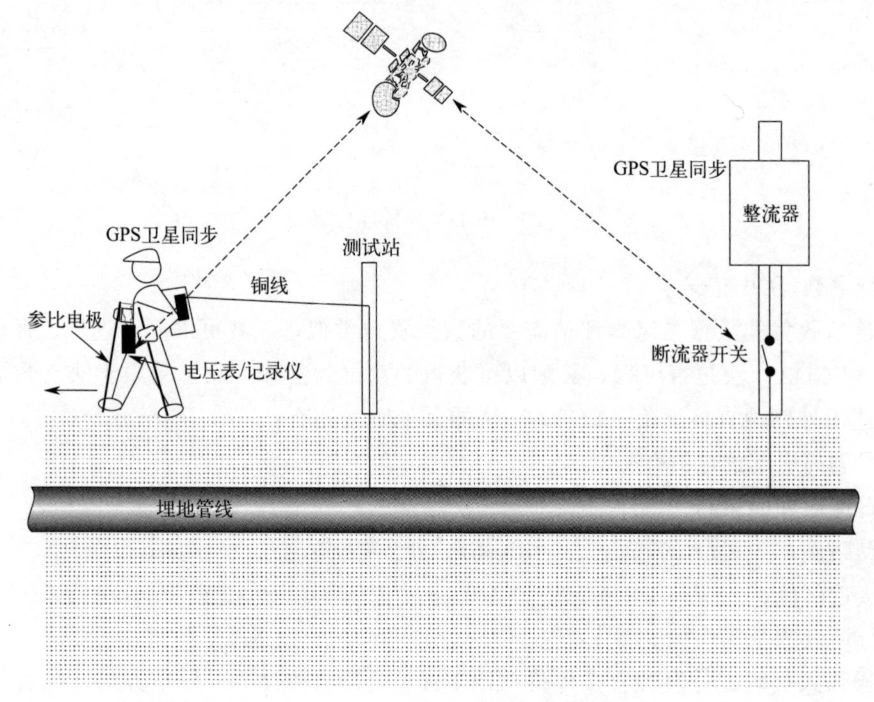

图 9.26 采用全球定位系统（GPS）记录位置数据的密间隔电位测量（CIPS）示意图

9.6.1.1.3 直接检查

直接检查需要开挖管道，对管道表面和周围土壤/水电解液，进行物理检测和试验。直接检查包括：

---

❶ 密间隔电位测量（CIPS）的基本原理是通过测量每间隔约 1m 的电位，来获得管线整个沿线长度的电位分布。其中参比电极置于管线正上方地面，测量时将参比电极沿着管线移动，每间隔一定距离（约 1m），测试一次参比电极与管线之间的电位差[26,27]。

- 对间接检测中识别的症状进行评级及排序；
- 挖掘将管道暴露，收集腐蚀可能性最大的区域的数据；
- 检测涂层损伤和腐蚀缺陷；
- 进行根本原因分析（RCA）；
- 过程评估。

将间接检查获得的各种症状，按照行动阈值归为下列几种情况之一：

- “必须立即采取行动”；
- “按计划执行”；
- “适合进行监测”。

随后，检查人员需确定暴露管道的开挖点，设定优先级。每一个外腐蚀直接评价（EC-DA）分区，都需要至少有一个开挖点和直接检查点。当检察人员首次执行 ECDA 时，必须至少采取两种直接检查方法。在开挖暴露管道之前，检查人员还应明确数据收集和记录保存程序，确保一致性。这些程序中应包括[25]：

- 影像记录；
- 管地（P/S）电位测量；
- 土壤和地下水检测；
- 涂层评估；
- 涂层下液体 pH 值；
- 腐蚀缺陷的分布和测量；
- 其他分析数据，如微生物腐蚀（MIC）和应力腐蚀开裂（SCC）。

一旦发现存在腐蚀缺陷，检查人员首先应采用标准计算程序（如 ASME B31G[28]、RSTRENG❶ 或 DNV RP-F101[29]）对管道剩余强度进行估算，然后再针对所有重要腐蚀问题进行根本原因分析（RCA），最后再实施合适的腐蚀控制方案。

9.6.1.1.4　后评价

外腐蚀直接评价（ECDA）分析过程的最后一步是后评价，检查人员通过它可以评估直接评价法的整体有效性，并根据剩余寿命计算结果，确定再评价时间间隔。其中剩余寿命计算方法有多种，如通过腐蚀增长速率、壁厚、计算的失效压力、屈服压力、最大允许操作压力以及适合的安全系数等。

在有些情况下，腐蚀速率可以通过一些腐蚀监测技术测量得到［如线性极化电阻（LPR）、腐蚀挂片］。在缺少其他数据时，美国腐蚀工程师协会（NACE）ECDA 文件[30]推荐采用 0.4mm/年作为点蚀速率值，在管道始终处于至少 40mV 的阴极保护之下时，这个值可以降低 24%。然后，检查人员可根据剩余寿命计算值的一半，确定最大再评价时间间隔。对于危险液体管道，根据高后果区（HCA）原则，最大检查间隔期定为 10 年。采用直接评价时，输气管道的最大检查间隔为 7 年或 5 年。

9.6.1.2　内腐蚀直接评价

正如图 9.23 中所讨论的那样，天然气输送管线的内腐蚀是一个严重的腐蚀问题。内腐

---

❶ RSTRENG 采用与 B31G 中相同的基本公式预测破坏应力，但需要定义三个关键变量（如流体应力、膨胀系数、损失金属面积）。最后一个参数可以直接理解为金属损失量检查结果。

蚀直接评价（ICDA）也包括四个步骤（图 9.27），主要是用来确定管线中是否存在内腐蚀，以确保管线完整性。内腐蚀直接评价适合对那些正常情况下输运干的天然气但是也会间歇性地出现液态水的天然气管道的评价。一般认为，内腐蚀发生在管道积水区域。这是采用 ICDA 法对这些区域仔细检查之后得出的结论[31]。

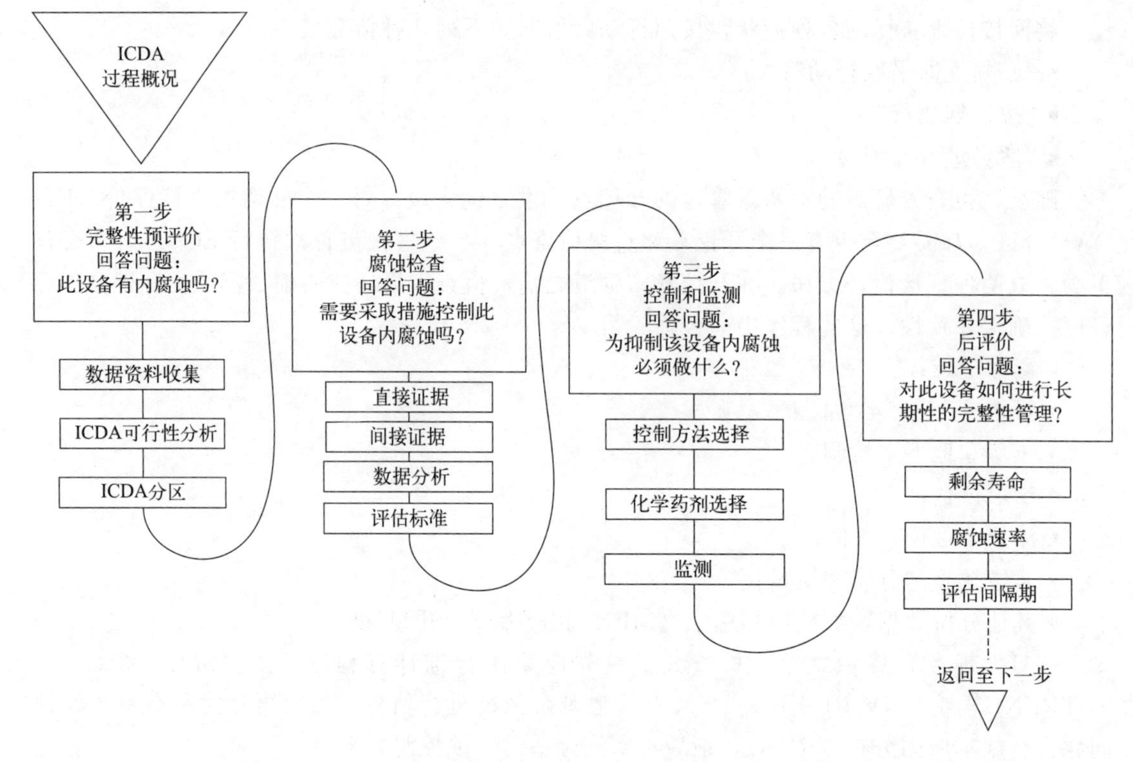

图 9.27　ICDA 过程概况

9.6.1.2.1　预评价

预评价包括评价所需基本数据的收集、内腐蚀直接评价可行性判断，以及 ICDA 区域分类。收集数据包括管线运行历史、管道设计、管道倾度和海拔数据、最大流量、温度和压力、腐蚀监测技术以及其他内腐蚀相关数据。一旦收集完成必要数据，检查人员就可以根据下面条件来判断是否满足进行 ICDA 评价的要求：

- 管道中气体含水量应低于 $110g/m^3$（通过收集流体的化学分析确定）；
- 管道应没有输送过原油或相关产品的历史；
- 管道有性能不佳的涂层使用史；
- 管道没有采用缓蚀剂处理过；
- 管道没有经过定期清管处理。

然后，检查人员再根据温度、压力和流量变化（如进出压力）对 ICDA 区域进行分类。

9.6.1.2.2　间接检查

间接检查的主要目的是预测内腐蚀的高敏感区。检查人员将针对这些区域做更仔细的检查。为此，检查人员将计算和比较管道倾斜度及其临界值。此步骤适用于层状流❶为主的管道。依据公式(9.7)进行流体建模计算，可确定倾斜临界角（θ）[31]：

$$\theta=\sin^{-1}\left(\frac{\rho_g}{\rho_l-\rho_g}\right)\times\left(\frac{V_g^2}{g\times d_{id}}\right)\times F \tag{9.7}$$

式中，ρ_l 为液体密度；ρ_g 为气体密度；g 为重力加速度（$g=9.8\text{m/s}^2$）；d_{id} 为管道内径；V_g 为表面气流速度；F 为修正的弗劳德数。

采用上述公式进行计算时，下列条件也需满足：

- 管线中表面气流速度最大值应≤8m/s；
- 名义管径应在 0.1～1.2m；
- 压力应在 3.4～7.6MPa，除非已在此压力范围之外进行了流体建模。

管道实际倾斜度通过公式(9.8)计算：

$$倾斜度=\tan^{-1}\left(\frac{高度差}{管段长度}\right) \tag{9.8}$$

通过比较管道倾斜临界角和实际倾斜度，可确定积水区，即内腐蚀最敏感区域。

9.6.1.2.3 详细检查

此步骤包括将现场检测数据与历史和现有运行数据进行比较，用以评估内腐蚀对管道的影响。对预计的高腐蚀风险区进行详细检查的目的是，确认是否存在内腐蚀。如果管道倾斜度超过临界角，则详细检查将针对高于临界角的管段进行[31]。

如果所有管段都没有超过倾斜临界角，那么详细检查将在 ICDA 区内倾斜度最大的部位进行。此外，在进行详细检查时，检查人员还必须确保管壁受损区壁厚的准确测量，而且还应确定腐蚀区域管道的剩余强度。

当检查部位外露之后，就可以安装相关腐蚀监测设施（如挂片、电阻探针），用来确认和监测管内的腐蚀性。管内检测结果还可为评估下游管道状态提供有用信息。如果腐蚀最敏感区域都未受到损伤，那么检查人员就可以认为管道完整性在很大程度上得到了保障。

9.6.1.2.4 后评价

根据详细检查的腐蚀检测结果与内腐蚀直接评价所预测区域之间的相关性，后评价可确定对干气输送管线进行 ICDA 的有效性。此外，根据管线剩余寿命和管内腐蚀速率，后评价可用来确定再评价时间间隔。

9.6.1.3 静态水压试验

静态水压试验是用来对制造阶段的新管道以及现场安装完成后服役前的管道进行强度测试的方法。有时，静态水压试验也可用来检验管道运行后的完整性。在无法对管线内部进行检查，或者怀疑存在内检测工具未探测到的缺陷时，静态水压试验常常是一个优选的完整性评价方法。

静态水压试验是一个有效的管道核查方法，可给出试验期间管道完整性状态相关信息，并作出回应“可以/不可以”。不过，尽管静态水压试验是一个验证管道近期完整性的有效方法，但是能给出的有关完整性风险状态信息有限，而且会造成与水处理相关的环境问题，有

❶ 层状流定义为一种流型，液体在管道底部流动而气体在管道上部流动。

可能明显延长停工期，影响交付。

静态水压试验可确定管线的承压能力，并可能识别出影响运行管道完整性的缺陷。此外，由于静态水压试验压力比正常运行压力高，因此它也确定了管道运行压力的安全边际条件。通常，静态水压试验预设压力为管道额定最小屈服强度（SMYS）的一个百分数（如93%～100%），试验持续时间8h。如果怀疑可能会发生应力腐蚀开裂，试验压力可能提高至额定最小屈服强度（SMYS）的100%或者更高，试验时间为30min～1h。静态水压试验可以很容易探测到轴向裂缝，如应力腐蚀开裂、纵向接缝开裂、选择性接缝腐蚀、狭长轴向腐蚀以及轴向沟槽等，但是漏磁检测器（MFL）就很难检测这类缺陷。

9.6.1.4 内检测

内检测器，通常也叫智能检测器，是管道行业中用于探测金属管道损耗以及某些管道变形的一个圆柱形的电子设备。置于管道中的内检测器受流体或气体压力驱动，在管道中移动的同时记录管道完整性的物性数据（如管壁减薄部位、凹痕等）。管道检查人员可以根据采集数据分析结果，判断管道完整性，找到可能出现问题的部位并采取预防控制措施。

自20世纪60年代以来，内检测器已经历了几代技术变革。现在，内检测器包括表征凹陷特征和椭圆度的测径规/变形检测器、表征金属腐蚀损失的漏磁检测器和超声波测厚仪。有些特殊的威胁管道完整性的问题，还可采用超声波裂纹探测仪等一些其他技术进行检测。不过，毋庸置疑，最常用最成熟的内检测器还是漏磁检测器。具体选择何种类型的内检测器，应根据如图9.28所示的几个原则来决定[32]。

9.6.1.4.1 金属损失（腐蚀）检测器

金属损失检测器是用来探测那些引起管线壁厚减薄的缺陷的一种技术，在一定程度上可以辨别出制造缺陷、腐蚀缺陷和机械损伤，主要有两类：

（1）漏磁检测器（MFL） 如图9.29所示，用内置永磁铁的漏磁周向阵列探测器将管壁磁化至接近饱和磁通量密度。漏磁检测器沿着管道移动，记录漏磁量（MFLs），漏磁量转化成反映管壁内异常现象的信息，如腐蚀点。漏磁量通过霍尔探头或感应线圈检测。

目前使用的漏磁检测器有两种类型，即高分辨率MFL和标准分辨率MFL。二者之间主要差异是传感器数目和有效分辨率。大多数漏磁检测器都可以探测到由于管道内外壁腐蚀引起的金属损失异常，并进行定位和定向。漏磁检测器还可以显示每种腐蚀异常的特征数据，包括长度和最大深度，可用于确定管道剩余强度。通常，漏磁检测器探测腐蚀深度的能力远大于管壁厚的20%。但是，轴向缺陷，如应力腐蚀开裂、焊缝区选择性腐蚀以及轴向凹沟等，漏磁检测器难以探测。

（2）超声波（UT） 测厚仪采用超声波回声时间技术测量管道剩余壁厚。超声波测厚仪通过向管壁发射一个超声波脉冲信号，直接测量其厚度。由于该技术需要管壁清洁干净，对于某些有原油积聚的管线，一般不用此法。另外，超声波检测器对检测厚度有限制，适合测量厚壁管道，对于薄壁管道测试效果不好，不如漏磁检测器应用广泛。但在管道系统环境中，超声波检测仪有如下优点：

- 可以直接测量壁厚和缺陷深度，精度高；
- 能准确区分内、外部缺陷，不过焊缝邻近区域缺陷除外；
- 超声波检测器还可用来粗略估计受影响区域管道的剩余强度；

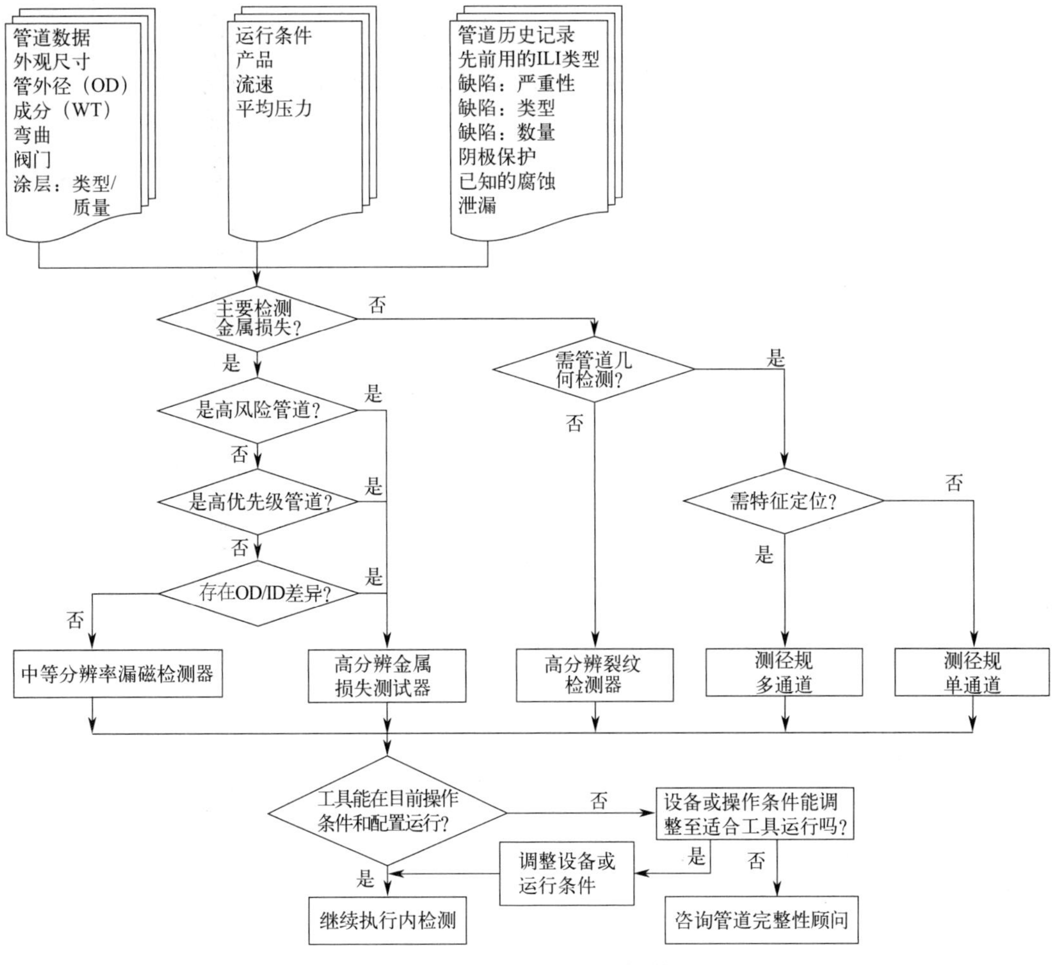

图 9.28　内检测器类型决策树

- 与漏磁检测器相比，超声波检测器显示异常现象更明显。

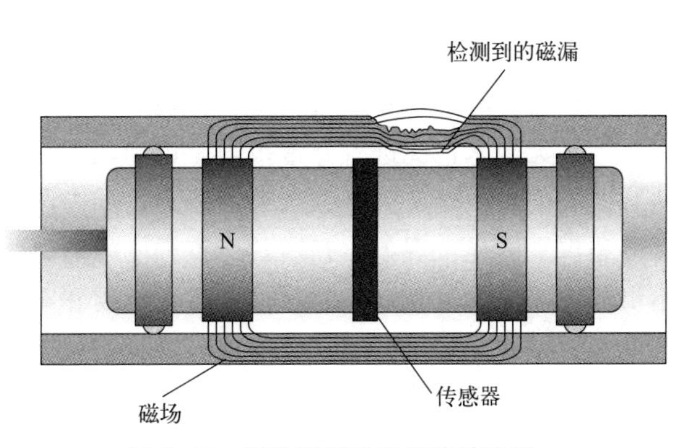

图 9.29　漏磁检测器进行管道检测

9.6.1.4.2　裂纹检测器

裂纹检测器通常都是设计用来检测轴向裂纹，但是也可以检测周向裂纹。

（1）超声波裂纹检测器向管壁发射超声波信号，被管道内外表面反射。如果探测到裂纹，超声波信号将会沿着检测器的相同路径反射返回。由于传感器和管壁之间需要有液体耦合剂，因此此检测方法只能用于液体管线；

(2) 周向漏磁检测器是将管壁沿着周向磁化，从而探测管道中裂纹，如轴向接缝裂纹和轴向接缝腐蚀。此检测器与标准漏磁检测器类似，但其感应磁场是横向或垂直管道方向。此外，周向漏磁检测器也有一些局限性，如裂纹需有足够宽度或缝隙、无法确定裂纹的严重程度等；

(3) 弹性波检测器是通过沿着管道两个方向发射出的超声，去确定纵向裂纹和制造缺陷的位置和大小；

(4) 电磁超声波检测器特别适合检测干气管线中的裂纹。它无需液体耦合剂就能产生超声波信号，并将超声波信号传入钢铁管道内。电磁超声波检测器是管道检测行业的新技术，其有效性还有待进一步验证。

9.6.1.4.3 几何检测器

几何检测器是采集管道形状或几何结构相关信息，主要用来查找管道中“外部作用损伤”或凹陷。但是，几何检测器也能用来探测和定位干线阀门或连接配件。与所有内检测器一样，在使用以及结果的有用性方面，几何检测器也有一定的局限性。

(1) 测径规使用一套压靠在管道内表面的机械爪（或臂）或者使用电磁法，去探测凹陷或变形；

(2) 管道变形检测器与测径规原理相同，只是增加了陀螺仪，用于确定管道中凹陷或变形的方位。它也可以提供管道弯头信息；

(3) 测绘检测器与其他内检测器联合使用，可以提供管道或其他实物（如阀门）的GPS影像图形信息。

9.6.1.4.4 检测器的验证

企业和监管部门已越来越意识到评价内检测器性能的必要性。检测器性能包含若干独立的衡量指标，在根据给定管道的检测要求去评价一个特定检测器是否满足需求时，对检测器这些衡量指标进行评估都是必要而且是必需的。内检测器性能主要有下面四个衡量指标，即检测能力、识别能力、定量准确度和定位能力[33]。

检测能力是一个衡量仪器搜寻和揭示管线特征及异常现象能力的指标。与检测能力密切相关的指标是误报率，对本来无异常情况进行异常报告。识别能力是衡量检测器正确识别异常现象类型以及将它从其他类型异常现象中区分出来的能力，如内腐蚀和外腐蚀的辨别。准确性是内检测器对已探测和识别的异常现象，判断其严重程度的能力的一种衡量指标。对于腐蚀而言，内检测器给出的代表性参数是缺陷的腐蚀深度、长度和宽度。这些尺寸参数可能与缺陷的实际深度、长度和宽度并不完全一致。腐蚀缺陷的真实尺寸和检测值之间差值的倒数就是检测器准确度指标。最后，定位能力是指内检测器正确定位管线特征部位的能力[33]。

这些性能指标看似互不相关，但是其实在很多情况下，它们都是互相关联的。比如：对腐蚀异常事件的错误识别，其结果可能就是漏报。类似地，定位准确性差可能导致焊缝和修复部位的错判。而事实上，根据异常事件总数去明确确定这两个参数，几乎不可能，因为这将意味着必须暴露整个管道进行彻底检测，而不是仅仅暴露管线所选区域进行评估。因此，这些参数只能根据抽样管线的特征和异常事件总数来进行估算。

例如：假定根据裂纹内检测器运行检测结果，确定管线开挖区总共为40个，其中25个用于检查腐蚀异常现象，其余15个用于检查所报告的应力腐蚀开裂（SCC）事件。在15个SCC挖掘区内，其中6个区域存在SCC，而剩余9个区域没有SCC迹象。但是，在25个腐蚀挖掘区内有2个区域存在SCC，而这并未被内检测器检测到。对于这个例子，检出率（POD）可以根据内检测器成功检测出SCC区域的总数6除以已发现SCC区域的总数8计算得到（6加2是已发现SCC事件总数），如式(9.9)所示。

$$\mathrm{POD}=\frac{6}{8}=0.75 \tag{9.9}$$

另外，误报率（POFC）可根据内检测器错报的SCC区域总数9除以内检测器所报告SCC区域总数15计算得到，如式(9.10)所示。

$$\mathrm{POFC}=\frac{9}{15}=0.6 \tag{9.10}$$

值得注意的是：POD和POFC常常互相关联，可能与管线类型特性及其尺寸有关。如果内检测器设计者和数据分析者都不想漏判管道上的致命缺陷，在选择是否报告模棱两可或不明确的异常现象时，他们常会采取过于谨慎的态度。反之，如果他们担心错报异常事件，那么他们可能仅仅报告那些确切的异常事件，但是在管道完整性领域，这种态度并不可取。

检测器性能的第二个衡量指标是识别率（POI）。有时，一个内检测器能探测和报告管线异常事件，但对其类型识别错误。这种异常事件类型的错误识别可能致使操作员无法采取适当对策。在完成管道特征的检测和识别之后，识别率（POI）就可表示为正确识别的异常事件数与被识别为此类型异常事件总数之比。

仍然利用前面的例子来说明，在15个SCC开挖区中，其中6个区域发现有裂纹状异常，其余9个并没有显示出任何开裂迹象。而实际上，在6个有裂纹状异常的区域中，也只有5个确实是由于SCC引起，而第6个非SCC异常现象其实是由于一个看似裂缝的夹杂物造成。那么，SCC识别率可用公式(9.11)计算，就此例而言，其中内检测器正确识别的SCC区域总数为5，内检测器检测出的SCC区域总数为6，二者之比即为识别率。

$$\mathrm{POI}=\frac{5}{6}=0.83 \tag{9.11}$$

定量准确度是衡量检测器检测腐蚀异常部位的准确大小或严重程度的能力指标。准确度常以容许偏差和置信水平的形式引用，如：深度±10%(80%)，表示置信水平为80%时，深度容许偏差为±10%。比较内检测器定量深度与现场测量深度的标准方法是使用一个散点图，其中每个异常事件标绘成x-y图中一个点，x坐标代表现场测量深度，y坐标代表内检测器检测深度[34]。图9.30就是根据同一位置的40个现场测量深度与内检测器检测结果绘制而成的整体比较图。

检测人员可通过比较现场挖掘测量结果与内检测器检测数据，来评价内检测器的准确度以及其性能指标是否满足要求。为解决这些问题，检测人员需要评估现场测量数据的准确度，并与内检测器检测数据相比较。对图9.30中数据点进行线性拟合，如果最优拟合线的斜率小于1，那么现场测试值可能存在明显误差。

图9.30所示现场测量数据与内检测器检测数据的差值的平均值是2.83，是现场测量与内检测器检测之间相对偏差的一个衡量指标。如果这个差值的平均值明显偏离0，那么内检

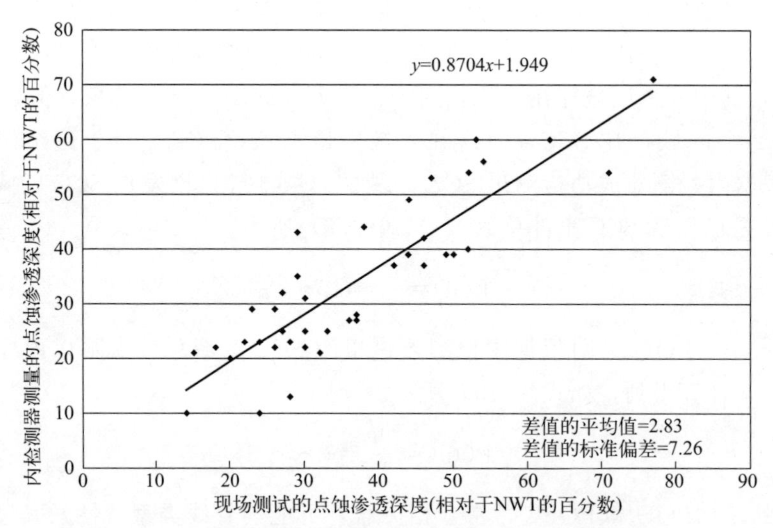

图 9.30 根据 40 个现场测试结果与内检测器测量点蚀深度结果绘制的整体比较图[33]（NWT 为标称壁厚）

测器或现场测量二者之中至少有一个可能存在偏差，系统报告的深度值将高于或低于真实值。差值的标准偏差，此例中为 7.26，是数据点随机性分布的一个衡量指标。如果内检测器或现场检测工具的检测误差相互独立，它们期望值之间的关系可根据公式(9.12) 重新整理成公式 (9.13)：

$$[S_{tdev}(ILI-Field)]^2=[S_{tdev}(ILI_{error})]^2+[S_{tdev}(Field_{error})]^2 \tag{9.12}$$

$$[S_{tdev}(ILI_{error})]^2=[S_{tdev}(ILI-Field)]^2-[S_{tdev}(Field_{error})]^2 \tag{9.13}$$

式中，$S_{tdev}(ILI-Field)$为内检测器与现场测量差值的标准偏差；$S_{tdev}(Field_{error})$为现场测量的标准偏差；$S_{tdev}(ILI_{error})$为内检测器的标准偏差。

假定现场测量数据误差的标准偏差已知为 4，那么内检测器的标准偏差可根据公式 (9.14) 和公式(9.15) 计算得出为 6 或 5.98。

$$S_{tdev}(ILI_{error})=\sqrt{[S_{tdev}(ILI-Field)]^2-[S_{tdev}(Field_{error})]^2}=\sqrt{7.26^2-4^2} \tag{9.14}$$

$$S_{tdev}(ILI_{error})=5.98 \tag{9.15}$$

如果现场测量工具误差未知，就需要采取一些其他方法对内检测器和现场测量工具两种方式的测量误差进行近似处理。为将内检测器的标准偏差转换为 80%置信水平和容许偏差，内检测器标准偏差将在原来的基础上乘以 1.28，在此例子中是 8 或 7.7(即 5.98×1.28)。因此，此例中 ILI 的准确度，经计算此次的置信水平为 80%，允许偏差为±8%。检测人员可能还希望知道内检测器是否达到了要求或预期标准。通常，内检测器数据准确度要求是置信水平 80%，偏差 10%。依据上面计算结果可知，此内检测器达到了此性能标准。

验证检测器准确度的另一方法是简单计算内检测器和现场测量工具测量结果在一些特定偏差范围内的次数。为了说明现场测量工具的测量误差，我们必须通过现场工具和内检测器的准确度来计算偏差。此例中，内检测器预期准确度是置信水平 80%，偏差±10%，现场测量工具的准确度是置信水平 80%，偏差±5%。现场测量工具误差的标准偏差是 4，因此 80%置信水平的偏差是 1.28×4=5.12≈5。置信水平 80%的总偏差可用公式(9.16) 估算。

$$置信水平80\%的总偏差=\sqrt{5^2+10^2}=11.2 \tag{9.16}$$

在图 9.30 的原始数据中，40 个数据点中仅有 5 个点的差值超过了 11.2，其余 35 个或 87.5%的都在偏差范围之内。这再次说明内检测器达到了预期性能要求。

9.6.2 海底管道-升管

30 多年海底管线失效的统计数据表明：所有上报美国内政部的 4000 起墨西哥湾意外事件中，55%都是由于腐蚀所致（图 9.31）[35]。其中由于外腐蚀和内腐蚀造成的意外事件分别占所报道腐蚀事件的 70%和 30%。升管失效的最大原因也是腐蚀，其中 92%的升管腐蚀失效都是由于外腐蚀，仅有 8%是由于内腐蚀。升管高腐蚀失效率的可能原因如下：

- 由于规章制度无效，缺少必需的检测；
- 由于操作人员政策/程序无效，缺少检测；
- 由于无效设计，缺少腐蚀保护；
- 浪花飞溅区涂层保护无效。

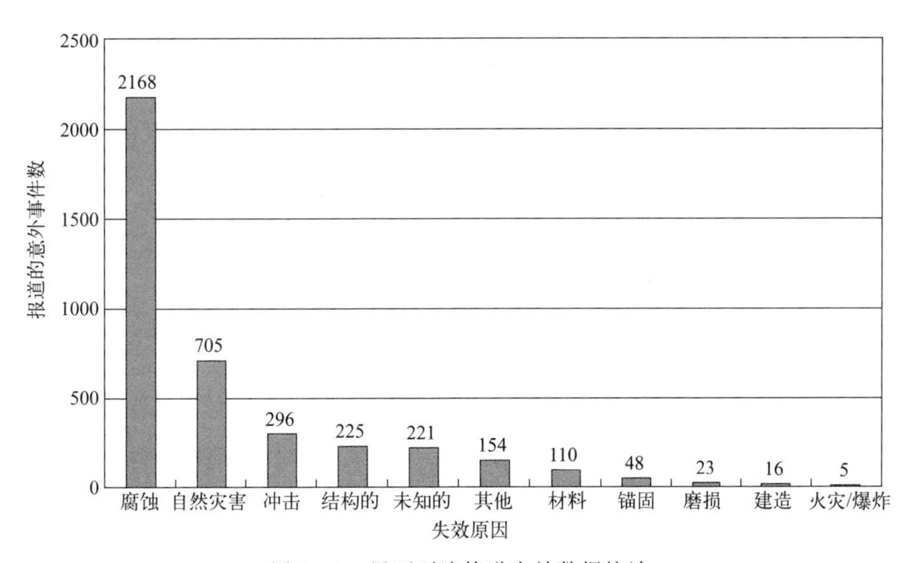

图 9.31　墨西哥湾管道失效数据统计

海底取油升管系统是海底管道与水面上加工处理装备的连接系统（图 9.32）。目前油气生产及输出升管的设计形式有多种，不同设计常常对升管的检测方式有相应的规定或限制。深海油气生产的持续发展，迫使升管腐蚀及其他损伤的监测/检测技术向更有效的方向发展。其中升管的可检测性或相关需求取决于下面这些特点：

- 建造材料是什么：即碳钢、不锈钢、钛、复合材料等等。
- 使用何种涂层体系：即无涂层、涂有涂料或喷涂铝但未绝缘的管道，或采用长效弹性体保护涂层的绝缘管道。

升管外表面通常都会覆盖一层厚厚的生物质，使检测变得困难。浪花飞溅区持续干湿交替环境作用，外加涂层中存在缺陷，是造成腐蚀的常见诱因。升管最常见的腐蚀机制如下：

- 全面腐蚀（均匀腐蚀）；
- 局部腐蚀（点蚀）；

- 磨损腐蚀；
- 缝隙腐蚀；
- 台面状腐蚀❶；
- SCC：包括硫化物 SCC、氢致 SCC 或氯化物 SCC。

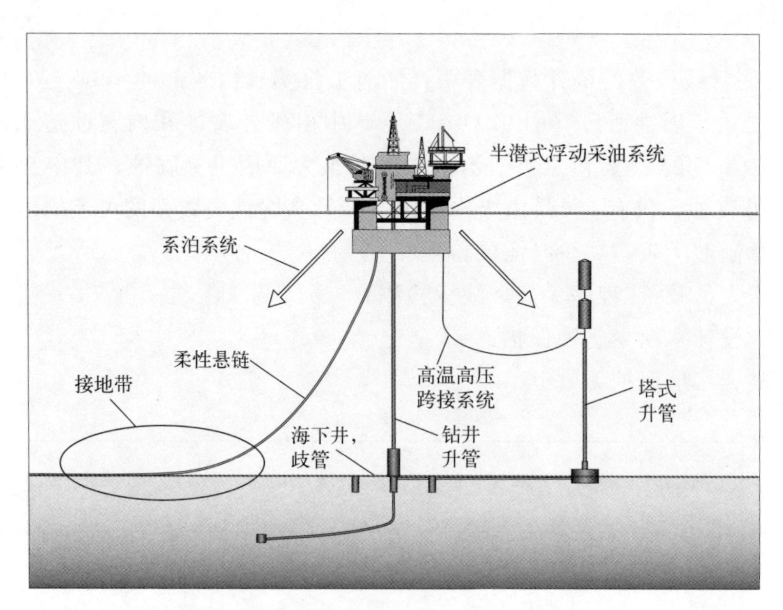

图 9.32　浮式采油系统（FPS）及升管

浪花飞溅区下方，升管的腐蚀速率预期处于中等水平（0.1mm/a），但是升管的局部连接件和其他部件，其腐蚀速率可高达 1mm/a。腐蚀可以从升管外部或内部进行检测。除漏磁检测技术之外，其他内部检测技术，都需要将升管中油气排放并用液体充满，将造成明显的生产成本损失。早在 20 世纪 90 年代初期，人们就开发出了可从内部对升管进行检测的小型升管内检测器。该系统采用常规直射束超声多路传感器获得腐蚀分布图以及超声衍射时差（TOFD）技术检测环向焊缝。

对于表面有涂层但无套管的升管，其外部检测通常是：首先将升管表面标记成一个网格图案，然后采用手动测量仪器或者采用单路或多路常规超声传感器多次扫描，对每个网格区域进行点对点超声测厚。这种工作很烦琐乏味，且其测量准确度往往有限。此外，由于需要检测人员潜水在危险的浪花飞溅区作业，其检测成本高且难度大。

表 9.10 总结了各种能探测、定位和监测升管腐蚀损伤的相关技术，包括各种技术的优缺点以及可探测的主要腐蚀损伤类型[35]。

表 9.10　探测和监测升管腐蚀损伤的方法和技术汇总[35]

方法和技术	优点	缺点	具体损伤形式
常规目测	大面积暴露，成本低	限于外部损伤；测量不准确；带有主观性；耗费人力	外部的全面腐蚀或点蚀

❶ 台面状腐蚀是碳钢或低合金钢在温度略高的流动的湿二氧化碳环境中一种常见的腐蚀类型。此环境中，钢表面可能形成一层保护性碳酸铁氧化皮。然而，由于流动介质的作用，在其表面产生表面剪切力，此氧化皮可能遭受局部腐蚀破坏，呈台面状特征。

续表

方法和技术	优点	缺点	具体损伤形式
增强型目测	大面积暴露,检测快速	需要预先准备,仍难以定量和具有主观性	通过放大或靠近观察,外部的全面腐蚀或点蚀
短程超声(手工点对点、单回波或回波对回波)	仅需进入一侧;灵敏、精确;不需清除涂层	对于单回波,需要使用耦合剂,表面清洁光滑;对于回波对回波,如果涂层厚度超过毫米,需要清除涂层	腐蚀损失和点蚀
短程超声(阵列传感器、单回波或回波对回波)	连续局部腐蚀状态监测	需要黏附一个柔性传感器带阵列,清除涂层,表面清洁光滑	腐蚀损失和点蚀
短程超声(半 AUT-TOFD)	检测快速,分辨率高	需要耦合剂,表面清洁光滑,清除涂层	磨损腐蚀
短程超声(带单/多聚焦探针或 PA 自动面扫)	检测快速,高分辨率和灵敏度	需要耦合剂,表面清洁光滑,清除锈层/涂层	如果内外表面规则,可测外/内腐蚀损失和点蚀
短程超声(带单/多路 L 波或 SV 波探针或 PA 的 AUT 清管)	检测快速,高分辨率和灵敏度	需要耦合剂,表面清洁光滑,立管开放	点蚀、腐蚀损失、应力腐蚀开裂
长距离超声(导波和干耦合传感器)	整体筛查技术,检测快速,不需要耦合剂	对内部和外部损伤都很敏感,没有绝对测量值	全面腐蚀损失
长距离超声(导波和 MsS)	整体筛查技术,检测快速,不需要耦合剂	对内部和外部损伤都很敏感,没有绝对测量值	全面腐蚀损失
长距离超声(导波/SH 波,电磁超声波传感器)	整体筛查技术,检测快速,不需要耦合剂	对内部和外部损伤都很敏感,没有绝对测量值	全面腐蚀损失和应力腐蚀开裂
常规涡流检测(ET)	分辨率良好,可检测多层膜	低检测量,操作员需要培训	表面和近表面缺陷
远场涡流检测技术(RFEC)	便于携带	对内损伤和外损伤都很敏感	表面和近表面缺陷
脉冲涡流	穿透深度大	占用空间大	全面腐蚀损失
漏磁检测(MFL)	可穿透涂层	检测厚度受限	均匀减薄和点蚀
交流电磁场检测(ACFM)	可穿透涂层	低检测量,操作员需要培训	表面和近表面缺陷
电场指纹法(FSM)	连续局部腐蚀监测	小面积,昂贵	表面缺陷
数字 X 射线摄影术(DR)	良好的分辨率和图像解译能力	辐射安全问题	点蚀和全面腐蚀
切向 X 射线照相	便携	辐射安全问题	总损失
声发射(AE)	整体监测技术	波动容易误导	SSC
红外热成像	大面积扫描	设备复杂,分层的	表面腐蚀
磁粉探伤	容易,便携	清洁表面	表面裂纹

注:AUT 表示自动超声检测,TOFD 表示衍射时差,PA 表示相控阵,L 波表示面波,SV 波表示质点振动的垂直平面内的横波分量,SH 波表示质点振动的水平平面内的横波分量,MsS 表示磁致伸缩传感器。

9.6.3 加工制造业

公众要求加工制造商在操作和维持设备运行过程中,能将意外事件降至最低。印度博帕尔(Bhopāl)事件及其他许多涉及化学品泄漏、爆炸、火灾及其他危害的安全事故都已证实:很多化学品都有“高危害性”,而加工企业未能安全经营和生产。迫于公众压力,许多国家都已颁布了一系列越来越严格的法规,来约束加工企业。

在加工生产运行中,对于可能存在极高腐蚀风险的部位,其成本通常按设备类型进行分类,并以资产流失风险进行管理(图 9.33)[36]。参考图 9.33,工艺设备运营部门可以对维修功能进行优化，可依次降低对管道系统、反应器、储罐、流程塔的关注度。关于有 SCC 损伤历史的工艺设备的一些例子，已在前文介绍过。

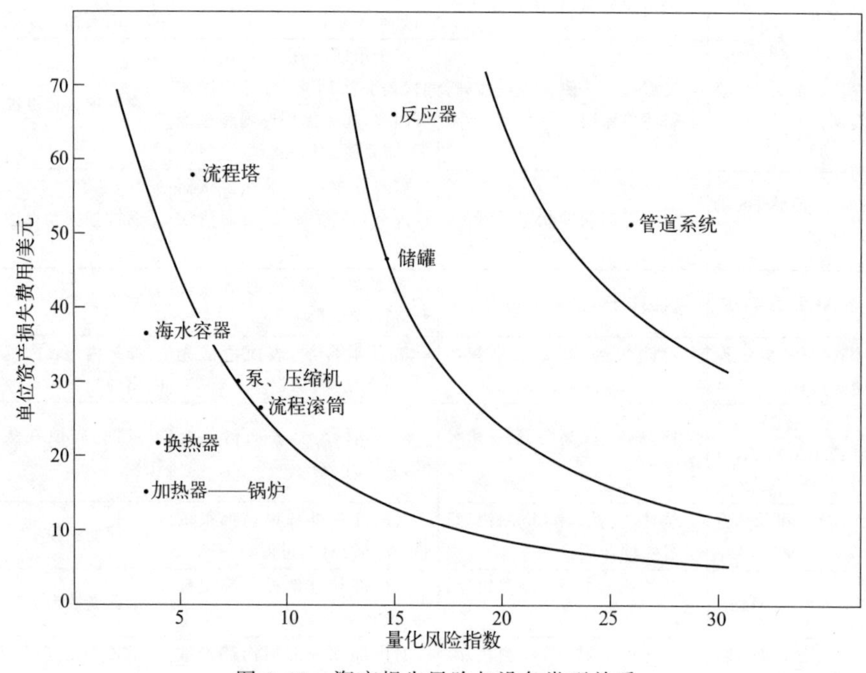

图 9.33　资产损失风险与设备类型关系

固定设备（如压力容器、管道、储罐等）的基本用途是控制工艺过程处于正常服役工况之下以及储存或处理加工各种物质。在工艺过程发生偏离时，用不同控制方式和压力释放装置来缓解极端条件，同时以安全方式控制任何失控现象。其他工艺装备（如泵、阀门、仪表）的基本功能之一也是维护控制安全[37]。

工艺装备必须有足够的强度，在服役条件下受压或承受其他机械载荷时，仍能足以维持工艺安全。工艺安全控制已成为一项公开的公共政策，在未来极有可能会变得更为苛刻。因此，企业在实现并能持续维持设备完整性在目前可接受甚至更高水平的责任将越来越大。大量化工企业都采用基于风险的检测（RBI）方式来提高其机械设备的完整性。各种不同的便携式或固定式的检测工具以及数据采集仪器，可以满足不同的检测需求。

与设备可靠性相关的最重要的检测工作，可能就集中在工艺管线系统。管线系统不仅连接着单元装置中的所有其他设备，也连接着整个运行过程中各单元装置。因此，服役管线的完好状况也可作为一个指定工艺过程状态正常与否的很好的标志。如果检测部门能够控制好一个生产单元中的管道状态，那么此单元中其余设备状态也将拥有很高的可靠性，实践已反复证实了这一点[36]。工艺装备的主要部件发生腐蚀或其他形式劣化，而与之连通的管道中却没出现腐蚀，这种情况极少见。一般来说，后者更容易发生腐蚀，且容易最先失效，因为：

- 管道腐蚀裕量往往仅有加工装置中其他部件的一半；
- 管线中流体速度往往更高，会加速腐蚀；
- 正常情况下，管道设计压力更高，相比于装置中其他部件，管道可能遭受更严酷的外部载荷、振动以及热应力作用；

- 管道系统中检测更多，体现了其控制和监测任务更重。

加压管道系统泄漏极端危险，已造成了多起大灾难。下面这些情况需要密切关注：

- 管线运行在露点温度之下；
- 管线运行在工业海洋大气环境中；
- 建筑物、涵洞等进出口点，可能存在保温中断；
- 管道支撑结构的状态、防火设施；
- 管道定线、热膨胀预留、管鞋在支架上的位置；
- 由于残余应力效应和应力集中现象，焊接接头处应力水平很高，而且几何形状不连续，金相结构复杂，可能存在电偶腐蚀或优先焊缝腐蚀；
- 有泄漏迹象的法兰或螺栓连接处；
- 影响流体流动特性的几何形状变化（如弯管、弯头、截面变化等），有产生磨损/腐蚀的风险。

处理压水舱盐水、酸、碱和卤水等腐蚀性原料的管线会遭受内腐蚀，需要反复检测直至达到满意的服役状态。针对管线意外泄漏的严重性以及破坏速率，其检测频率和程度必须单独考虑。管道系统检测的各种常用技术主要包括：压力试验、X射线照相术、染色渗透、磁粉探伤、超声波检测、涡流检测。

9.6.4 电力行业

最近美国发表了电力行业中下面各行业部门的腐蚀成本详细数据[38,39]：

- 化石燃料蒸汽发电；
- 燃气轮机发电；
- 核能发电；
- 输电和配电。

编辑整理排序后的成本如表9.11所示，成本由高到低进行排列。表中总金额数（美元）包含了与运行维护和资产折旧相关的腐蚀成本，也包括了直接腐蚀成本和间接腐蚀成本。表中所列各项总成本接近117亿美元，约占1998年总腐蚀成本154亿美元的76%。其余的腐蚀成本（约37亿美元）可能源于其他各种低成本的腐蚀问题。

正如表9.11所示，排在表前列的核能发电和化石燃料蒸汽发电部门的腐蚀成本巨大，在整个电力行业中占主导地位，值得重点关注。针对这些重要行业应用领域，人们已开发出一些专门的监测工具和技术，可作为常规水化学控制措施的补充。

这些工具的设计目的就是帮助操作人员去执行一些特定的监测任务，如结垢和沉积物、两相区中水液滴和液膜成分、原位的腐蚀电位、某温度下pH、过热器和再热器表面剥落。表9.12简单介绍了通过这些手段可以得到的相关监测结果，而图9.34则以压水堆（PWR）蒸汽发生器为例，介绍了其中的监测点分布情况[40]。

在发电行业，通常有两个因素的监测力度不够，即：大型构件中可能导致低周腐蚀疲劳（CF）的热应力，以及旋转设备中可能导致高周腐蚀疲劳（CF）的振动。表9.13总结了可用来现场监测这些问题的腐蚀监测和检测手段。

此外，表 9.11 还表明：在一些配电、输电和燃气轮机发电部门的腐蚀成本也相当可观，值得注意。有关表 9.11 中所列各类问题的详细讨论可查询美国电力协会（EPRI）的专门报告[39]。此处我们仅仅简单讨论表 9.11 所列的十种成本最高的腐蚀问题。

表 9.11　1998 年腐蚀成本：所有电力行业部门[39]

腐蚀问题	行业部门	成本/百万美元	成本占比/%
腐蚀产物活化和沉积	核电	2205	18.80
蒸汽发生器管腐蚀(含 IGA 和 SCC)	核电	1765	15.05
锅炉管水侧/汽侧腐蚀	化石	1144	9.76
换热器腐蚀	化石、核电	855	7.30
涡轮机腐蚀疲劳(CF)和 SCC	化石、核电	792	6.75
燃料包壳腐蚀	核电	567	4.83
发电机腐蚀	化石、核电	459	3.91
流动加速腐蚀	化石、核电	422	3.60
工况水腐蚀	化石、核电	411	3.51
管道和内部构件的晶间 SCC	核电	363	3.10
汽轮机氧化物颗粒的磨蚀	化石	360	3.07
水冷壁管火侧腐蚀	化石	326	2.78
一回路水中非蒸汽发生器合金 600 部件 SCC	核电	229	1.95
同轴中性线腐蚀	配电	178	1.52
汽轮机中铜沉积	化石	149	1.27
过热器和再热器管火侧腐蚀	化石	149	1.27
地下室设备腐蚀	配电	142	1.21
烟气脱硫系统腐蚀	化石	131	1.12
阀门腐蚀	核电	120	1.03
旋风锅炉液渣腐蚀	化石	120	1.02
尾端露点腐蚀	化石	120	1.02
辅助设施的大气腐蚀	配电	107	0.91
燃气轮机(CT)叶片热腐蚀	燃气轮机	93	0.79
碳钢(CS)和低合金钢零件硼酸(H_3BO_3)腐蚀	核电	93	0.79
反应堆内部构件辐射辅助 SCC	核电	89	0.76
泵腐蚀	核电	72	0.61
塔基腐蚀	输电	45	0.38
燃气轮机叶片热氧化	燃气轮机	35	0.30
沸水堆控制叶片腐蚀	核电	32	0.27
锚杆腐蚀	输电	27	0.23
塔结构腐蚀	输电	27	0.23
余热蒸汽发生器(HRSG)腐蚀疲劳(CF)	燃气轮机	20	0.17
导线老化	输电	18	0.15
HRSG 流动加速腐蚀	燃气轮机	10	0.09
HRSG 沉积物下腐蚀	燃气轮机	10	0.09
燃气轮机(CT)压缩机部件腐蚀	燃气轮机	9	0.08
CT 排气管腐蚀	燃气轮机	9	0.08
电缆接头腐蚀	输电	9	0.08
屏蔽线腐蚀	输电	9	0.08
变电站设备腐蚀	输电	5	0.04

表 9.12　与水及蒸汽化学状态、结垢和沉积物相关的监测[40]

监测工具	应用	监测结果
蒸汽轮机沉积物收集器/模拟器	高压(HP)、中压(IP)和低压(LP)涡轮机	沉积物成分、形貌、运行条件下的沉积速率
LP 涡轮机收缩-分离喷嘴	化石和核电 LP 涡轮机 模拟 HP 涡轮机沉积过程	LP 涡轮机叶片沉积杂质的数量和类型，以及环境腐蚀性
HP 涡轮机收缩喷嘴	模拟 HP 涡轮机热表面脱湿过程	HP 涡轮机叶片沉积杂质的类型
湿蒸汽级吸湿探测仪	锅炉/涡轮机	收集 LP 涡轮机低挥发性杂质沉积物
锅炉携带监测器	LP 涡轮机、锅炉、冷凝器	机械携带
早期冷凝物取样器	管道、涡轮机，也常用于监测蒸汽泄漏和外来物损伤的影响	LP 涡轮机末级产生的水滴的化学性质
剥落氧化物粒子流监测仪	冷凝器、冷却塔管道、换热器、锅炉	过热和再热蒸汽中氧化物粒径分布和数量
生物污损监测器	锅炉管道	生物淤积检测，有机质采集
原位 pH 和腐蚀电位	锅炉管道	均匀腐蚀和局部腐蚀敏感性
热流计	涡轮机沉积物发展	局部热流量值、沸腾类型、杂质浓缩可能性
穿壁式热电偶	涡轮机内沉积和磨蚀	锅炉管结垢与温度变化关系
转子定位和推力轴承磨损		叶片上沉积物累积引起的推力轴承损伤
涡轮机调节级压力		调节级的沉积或磨蚀程度

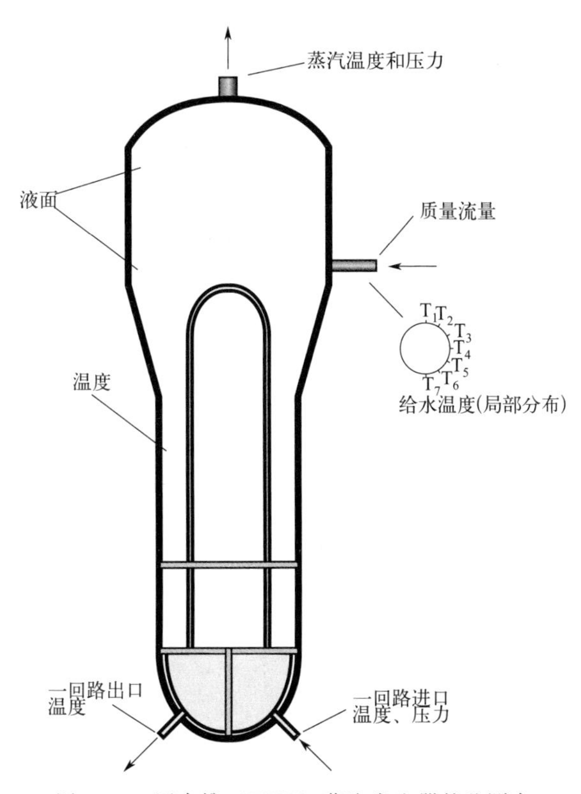

图 9.34　压水堆（PWR）蒸汽发生器的监测点

表 9.13　发电厂在线腐蚀监测设备总结[40]

设备	应用	监测结果
腐蚀产物监控器	包括给水加热器的给水系统	腐蚀产物传输的定量测定
磨损腐蚀(流动加速腐蚀)	管线组件	管线特殊敏感区域材料的减薄速率

续表

设备	应用	监测结果
U形弯管和双U形弯管试样	LP涡轮机、管道、给水加热器、冷凝器、锅炉	检测均匀腐蚀、点蚀及SCC；双U形弯管模拟缝隙和电偶效应
断裂力学试样	LP涡轮盘和转子、管道、封头、除气器	应力腐蚀和腐蚀疲劳裂纹生长速率和裂纹潜伏期
换热器或冷凝器测试管	冷凝器、给水加热器及其他换热器；安装在回路中	与特定设备运行工况相关的结垢和腐蚀
缝隙模型	研究缝隙内化学环境和换热器腐蚀，压水堆(PWR)蒸汽发生器	特殊条件下的缝隙内化学环境和腐蚀数据
氢腐蚀监测器	锅炉管道、给水系统、压水堆(PWR)蒸汽发生器腐蚀	检测相对载荷和化学环境的均匀腐蚀；炉管的氢损伤、苛性槽蚀、杂质浓缩倾向
振动特征	涡轮机和泵的定期监测	检测裂纹及其他缺陷
锅炉管泄漏监测器	化石燃料锅炉	管道泄漏的早期检测和定位
声发射检漏仪	给水加热器和其他换热器	炉管泄漏的早期检测
空化监测	给水管道和泵	空化噪声的早期检测
应力和状态监测系统	所有类型的蒸汽循环系统及主要部件	实际在线压力、温度及其他条件；用于确定受损情况和剩余寿命
涡轮叶片遥测技术	LP涡轮机	共振频率和交变应力

9.6.4.1 腐蚀产物活化和沉积

由于腐蚀产物活化和沉积所造成的腐蚀被认为是电力工业中成本最高的问题。腐蚀产物活化和沉积问题在所有核电站都存在，是由于腐蚀产物在反应堆芯内累积和激活，随后这些活性物质分布在反应堆冷却剂系统周围而造成腐蚀。这必将增加如辐射防护、放射性废物处理、污染清除、一回路冷却剂系统化学状态控制等工作成本。

9.6.4.2 压水堆蒸汽发生器管腐蚀

业已证明：蒸汽发生器问题，尤其是蒸汽发生器管劣化，是导致机组被迫停机和减容的主要原因[23]。很显然，这些蒸汽发生器管的劣化与否体现了反应堆冷却剂系统的压力边界。事实上，压水堆（PWR）蒸汽发生器管道系统的腐蚀成本在核电行业中高居第二。蒸汽发生器管腐蚀，尤其是二回路侧的轧制退火N06600合金管晶间腐蚀（IGA）和应力腐蚀开裂，多年以来一直都是一个主要问题。正因如此，核电站检修工作量大大增加，而且需要大量更改设备设计及运行规范来显著改善水化学控制措施，甚至有很多电站需要更换蒸汽发生器。

由蒸汽发生器管道失效引发的安全问题通常是与反应堆芯过热（复合管破裂）以及放射性压水回路管道破裂处的辐射泄漏相关。蒸汽发生器修理和更换成本巨大，根据反应器大小不同，其更换成本在1亿～3亿美元。强制关停一个500MW的核电机组，每天的损失可能超过50万美元。由于蒸汽发生器问题，设备退役成本可达数亿美元。

9.6.4.3 锅炉管水侧/汽侧腐蚀

在化石燃料蒸汽发电厂，锅炉管水侧/汽侧腐蚀的成本最高。这个特殊腐蚀问题是炉管失效的最大原因，也是发电厂被迫停产的最主要原因。这些腐蚀问题涉及如下几个方面，按照重要性依次降低的顺序为：

- 水侧腐蚀疲劳（CF）；

- 由于腐蚀使过热器及再热器管长期过热蠕变加重；
- 水冷壁的沉积物腐蚀，如氢腐蚀、酸性磷酸盐腐蚀、苛性槽蚀；
- 氮氧化物控制的火侧腐蚀；
- 由于错误停机造成的点蚀，是燃煤电厂另一个需要重视的问题。

9.6.4.4 换热器腐蚀

在核电厂和化石燃料电厂，很多类型的换热器都会受到腐蚀影响，包括冷凝器、给水加热器、工艺水换热器、润滑油冷却器、部件冷却水换热器以及余热排出换热器。换热器腐蚀给核电站和化石燃料电厂都造成了很大损失。涉及腐蚀的机制很多，包括：

- 铜合金管进口端磨损腐蚀；
- 铜合金管在受污染污水中的硫化物腐蚀；
- 碳钢（CS）管和支撑件的流动加速腐蚀（FAC）或磨损腐蚀；
- 不锈钢（SS）管以及某些类型铜合金管的应力腐蚀开裂；
- 铜合金、碳钢及不锈钢管的点蚀、微生物腐蚀（MIC）和沉积物下腐蚀（垢下腐蚀）；
- 钛管的氢化；
- 碳钢（CS）水箱和管板与铜合金管板的电偶腐蚀；
- 铜合金管板脱合金腐蚀和铸铁水箱的石墨化腐蚀。

9.6.4.5 涡轮机中的应力腐蚀开裂和腐蚀疲劳

应力腐蚀开裂和腐蚀疲劳都会给核电厂和化石燃料电厂带来巨大损失。涡轮盘的许多部位都可能发生应力腐蚀开裂，包括盘孔，而且常发生在榫槽处。沿着盘面在叶片连接处的高应力部位也很容易发生应力腐蚀开裂，常称为轮辋开裂。在涡轮叶片上，应力腐蚀开裂和腐蚀疲劳都有可能发生。涡轮盘及叶片的应力腐蚀开裂和腐蚀疲劳，显著增加了定期检修成本和转子非定期更换成本。为确定应力腐蚀开裂和腐蚀疲劳这类事件的发生原因，人们已进行了大量研究，包括确定合金成分和蒸汽系统化学成分的敏感性以及开发检测和补救方法。

9.6.4.6 燃料包壳腐蚀

为使核电站燃料包壳内腐蚀和外腐蚀维持在合理水平，人们强制为燃料燃耗和局部功率水平设置限制条件。而对燃耗和局部功率水平的这种限制，其实造成的损失极大。目前沸水堆（BWR）燃料问题包括次级劣化问题，例如在最初包壳穿透处，由于外来杂质，导致内部构件氢化、包壳开裂、燃料通过裂缝泄漏以及随之带来的污染问题。针对次级劣化问题，对屏蔽包壳进行改进，其结果似乎又再次使燃料芯块与包壳间的相互作用问题更加常见。污垢造成燃料失效是另一个需要付出昂贵代价的问题。

9.6.4.7 发电机腐蚀

在大型水冷发电机中，有两个很重要的腐蚀问题。其中一个问题是由含磷5%青铜合金制造的较老式发电机中箍扣与绞线间的缝隙腐蚀。影响水冷发电机的另一个问题是定子冷却水系统中由于腐蚀造成流量受限，即堵塞中空绞线或滤水管。

几十年前，发电机端环的应力腐蚀开裂也是一个大问题。不过，目前这个问题基本上已得到控制，即通过将端环材料由较敏感的18Mn-5Cr钢更换为18Mn-18Cr钢，以及加强定期检测和修理。不过，持续性检测和临时性修理工作也带来了一些持续性高额费用支出。

9.6.4.8 流动加速腐蚀

由于流动加速腐蚀（FAC），核反应器中碳钢管线和部件壁厚减薄很快，每年可能高达几个毫米。在两相流区域，流动加速腐蚀问题最严重，如在蒸汽排出管和汽水分离再热器中，但是在单相冷凝和给水系统中，也可能发生流动加速腐蚀（FAC）。流动加速腐蚀（FAC）会导致严重的管道破裂，被迫进行重大检测、修理和更换。目前人们已充分认识到这个问题，并且已知其影响因素有材料成分、流速、温度、pH 值、氧化还原电位等多个变量。众所周知，改变水质化学状态，如提高 pH 值，是一个有效的补救措施。化石燃料发电厂和核电厂都可能发生流动加速腐蚀，但就成本而言，核电厂中流动加速腐蚀更值得注意，因为这些设施的故障停机、检测和修理的成本更高。

此外，在化石燃料发电单元装置中，优化供给水化学，如使用充氧水，可以降低这些设备流动加速腐蚀的速率和程度。

9.6.4.9 原水管道腐蚀

原水管道系统和部件存在大量腐蚀相关问题。在安装输送海水或苦咸水的灰浆衬里碳钢和铸铁管线时，通常都会在现场制作的结构接头处局部涂抹灰浆，而管线损坏往往就是由于在现场安装接头处发生腐蚀和泄漏所致。使用淡水作为工业水和循环水的碳钢管线，通常无衬里，同样也很容易发生各种类型的腐蚀，包括微生物腐蚀（MIC）、点蚀、磨损腐蚀以及沉积物下腐蚀。铜合金、碳钢、不锈钢以及其他合金管道和换热器管，也会发生沉积物下腐蚀，而且通常会由于微生物腐蚀而加重。亚洲蛤蚌和斑马贻贝污损常常会促进沉积物下腐蚀。在埋地碳钢管线的外部涂层缺陷处，有时也会发生局部腐蚀。大口径钢筋混凝土管道中，钢筋也会遭到腐蚀。

9.6.4.10 沸水堆管道和内部构件的晶间应力腐蚀开裂

在含氧量约 200μg/kg 的标准水质环境中，沸水堆（BWR）冷却剂就会发生氧化，足以使敏化奥氏体不锈钢和敏化 N06600 合金发生晶间应力腐蚀开裂（IGSCC）。为解决管线晶间应力腐蚀开裂问题，在 20 世纪 70 年代后期和 80 年代，人们提出了一系列的补救措施，包括替换敏感性管道、感应加热改善热应力、热沉焊接、采用富氢水以及降低反应堆冷却剂中杂质含量等。由于采取了这些对策，沸水堆（BWR）管道现在已很少发生晶间应力腐蚀开裂。此外，通过改进的检测方法，人们已可以在引起严重问题之前检测到沸水堆（BWR）管道晶间应力腐蚀开裂并进行纠正消除。

9.6.5 飞机维修

尽管媒体对空难的报道很多，但是飞机仍然是最安全的交通工具之一。事实上，如果以大多数工业标准来衡量，飞机运营商们的可靠性和安全性记录其实非常令人羡慕。

目前运营机群可分为三代。第一代飞机包括：B-707、DC-8、DC-9、B-727、L-1011 以及 B-737(B-737-100、B-737-200)、B-747(B-747-100、B-747-200、B-747-300、B-747-SP) 和 DC-10 的早期产品型号。这一代飞机的特点是：在设计中主要解决强度和安全故障标准问题，而很少或根本没在意要在其中结合考虑腐蚀保护措施[41]。目前，有些 20 世纪 50 年代和 60 年代设计的喷气式运输机仍在服役中。

第二代喷气式运输机，20 世纪 70 年代和 80 年代设计，包括 B-737(B-737-300、B-737-

400、B-737-500)、B-747(B-747-400)、B-757、B-767、MD-81、MD-82、MD-83、MD-88、MD-11 和 F-100。这些第二代飞机的特点是：在设计中除了考虑强度和故障安全性要求之外，还将耐久性和损伤容限标准融入其中。人们已意识到：飞机的腐蚀问题已逐渐成为一个经济负担，可能对飞机结构完整性造成不利影响。因此，飞机机身制造商已开始使用防腐底漆和封闭剂对搭接接头和紧固孔的搭接面进行保护，并作为耐久性标准的一部分。

第三代喷气式运输机包括 B-777 和新一代 B-737(B-737-600、B-737-700 和 B-737-800)和 B-747(B-747-400)。这些第三代飞机的特点是：除了具有第一代和第二代飞机的关键特性之外，在设计中还融合了腐蚀预防和控制技术的重要改进。

9.6.5.1　腐蚀等级定义

美国联邦航空局（FAA）已发布了与设计和维修中腐蚀控制相关的适航性指令（AD）。在美国联邦航空局适航性指令的腐蚀控制大纲中，飞机腐蚀程度被分为三个等级。不过应当注意的是：这些定义并未涉及腐蚀的各种类型，仅仅是规定了影响一个结构承载能力的材料总损失量[41]。

9.6.5.1.1　一级腐蚀

- 发生在两次相邻检测之间的局部性的腐蚀损伤，在制造商所规定的容许极限范围之内，可以重新加工或消除；
- 超过了容许极限的局部性的腐蚀损伤，但不是运营商同一机队其他飞机可能发生的典型腐蚀情况（如水银或酸溢出）；
- 已经营运商多年实践经历证实的发生在两次相邻检测之间的轻微腐蚀，但最近一次检测发现，累积清除后现已超过了容许极限。

9.6.5.1.2　二级腐蚀

- 发生在两次相邻检测之间的腐蚀，根据原设备制造商结构修理手册规定，需要对结构部件重新加工或更换。

9.6.5.1.3　三级腐蚀

- 在第一次或随后的检测中发现的腐蚀问题，被确定为（通常由运营商确定）可能影响飞机适航性，必须进行紧急处理的腐蚀问题。

除了腐蚀程度，该腐蚀控制大纲还考虑到腐蚀涉及范围。在一个单独的蒙皮、单独的纵桁或单独框架上发生的腐蚀，并没有影响其他任何毗连部件，定义为局部性腐蚀。在两个或更多毗邻的框架、弦、纵梁或加强筋上发生的腐蚀，定义为广布腐蚀。

此基准大纲的设计目的是消除飞机的严重腐蚀，控制所有主要结构件腐蚀在一级或更好水平，这意味着腐蚀要最轻，绝不能影响飞机的适航性。原则上，二级和三级腐蚀必须向飞机制造商报告，由他们根据上报数据决定所需采取的任何措施，以确保飞机持续适航性和运营经济性。

9.6.5.2　维修计划

一个典型的维修大纲是：首先，从每架飞机的每天夜间检查开始，其中包括详细的外观检查和对飞行员报告的审查；然后，再按照计划执行定期检测[41]，包括：

A 检：这是一个更细致的外观检测，在每飞行 65～75h 后，每 4～5 天进行一次。对每架飞机内部和外部的整体状态以及所有明显损伤部位进行外观检查，并且特别关注那些可能发生意外或环境损害的暴露部位；

B检：这个检查工作大约每30天进行一次。检查人员会移开专门的检修口盖板进行检测。除了发动机保养，还会检测其他安全和适航性项目；

C检：这个工作是在飞机已飞行约5500h后，每12～18个月进行一次。这是一个彻底的、详尽的检查，也是对重型结构的检查以及维修检查；

D检：这是最全面的检查，在飞机飞行20000～25000h之后进行。清除外表面涂层，将飞机内部完全拆卸，可对飞机机身所有结构部件进行严格检查。

9.6.5.3 腐蚀管理评估

目前，新型飞机在腐蚀设计方面已有了显著改善。在过去的三十年里，飞机机身制造商们在设计上已进行了许多关键性的改进。改进之处包括从腐蚀敏感材料的更换，如铝合金7057-T6(UNS A97075)，到粘接工艺的改善，以及紧固件孔内和搭接表面上密封剂的使用，还有溢出的控制，如厨房和盥洗室的流体。其他型号飞机也有些类似的改进。

不同类型的航空公司，其维修操作规范可能会有所不同。例如：美国某主要航空公司，通过飞机机尾号和趋势数据追踪腐蚀问题，从而确定整个机队的维修阈值。根据美国联邦航空局（FAA）要求，每9个月到1年都要进行字母检（重大检测）。由于所有飞机的飞行剖面图和使用周期都非常接近，而且局部基础环境对腐蚀或其他维修因素的影响很小，因此该航空公司认为该机队中所有飞机都可以等同对待。由此，该航空公司能非常准确地预测和规划他们所有飞机的维修需求，同时保持维修工作的高效性。

9.6.5.4 维修指导小组体系

航空公司及其管理机构还另外建立了一个自上而下的体系，用来反映飞机部件的失效可能性，即维修指导小组（MSG）。第一代正式的航空运输机维修大纲，以飞机每一部件都需要定期彻底检修这种信念为基础。但随着实践经验的积累，他们发现，飞机某些部件根本不需要像其他部件那样高度关注，并且也提出了一些新维修控制方法。由此，状态监控被引入到最初的维修指导小组（MSG）文件（MSG-1）的决策逻辑中，并在波音747飞机上应用实施。

他们在MSG-1实践经验基础上对其决策逻辑进行了更新，并建立了一个更通用的文件，可适用于其他飞机和动力装置[42]。在某一特定类型飞机上应用时，通过维修指导小组（MSG）更新文件MSG-2的逻辑分析，将产生一个重要维修项目（MSIs）清单，而每个维修项目对应一种或多种维修方式类别，即“定时”、“视情”、“状态监控（可靠性控制）”。

维修指导小组（MSG）体系最近的重要更新是在1980年。更新的文件MSG-3仍然是基于MSG-1和MSG-2的基本理念，但是规定了分配维修需求的不同方式。在1991年，美国航空公司和管理当局一起开始制定增强版的MSG-3。通过这些卓有成效的工作，他们制定了MSG-3的修订版2（MSG-3-R2），并于1993年9月提交给美国联邦航空局（FAA），几周后就得到批准[43]。在这个版本中，尤其值得注意的增加内容是MSG逻辑分析中结合腐蚀损伤的程序。环境损伤分析（EDA）涉及飞机结构对可能暴露的不利环境的抵抗能力评价。损伤评价以参考材料支持下的一系列步骤为基础。其中参考材料包含有表示结构材料对不同类型的环境损伤的敏感性的基准数据。这个损伤评价结果作为制定结构维修大纲的输入数据。

MSG-3-R2 结构分析的第一步是将飞机系统进行完全分解，直至每个组件。第二步是将所有结构分为两类，即重要结构项目（SSIs）和其他结构项目。一个项目是否归为重要结构项目（SSI），取决于对失效后果（COF）和失效可能性（POF）以及材料、防护、可能暴露的腐蚀性环境等情况。第三步是将所有列为 SSIs 的项目归类为损伤容限或安全寿命项目，并设定寿命极限[42]。第四步是依照如图 9.35 所示的逻辑框图，对这些重要结构项目（SSIs）进行偶然损伤、环境损伤、腐蚀预防和控制以及疲劳损伤评价。在 MSG-3 结构分析完成之后，结构分析框图（图 9.35）中每个要素都可以直接扩展至单个部件相关检测和维修工作。在使用如图 9.36 所示的环境损伤分析（EDA）逻辑框图时，需要输入大量参数，如部件编号、位置、材料成分以及保护性涂层等，可以参考图 9.37 的实用模板。

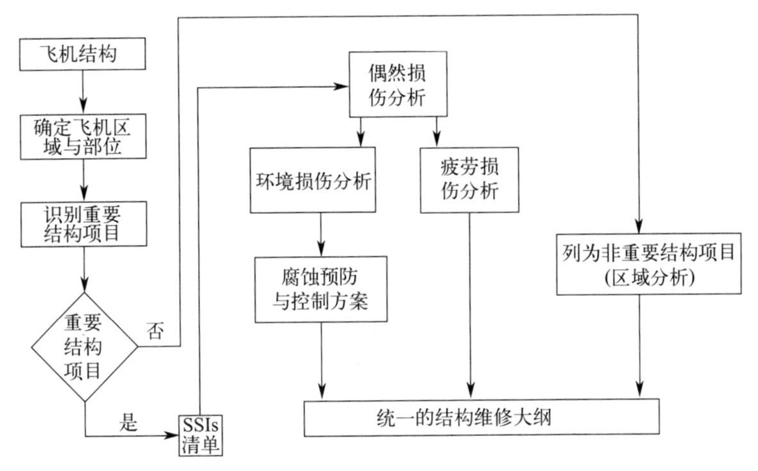

图 9.35　MSG-3-R2 结构分析逻辑框图

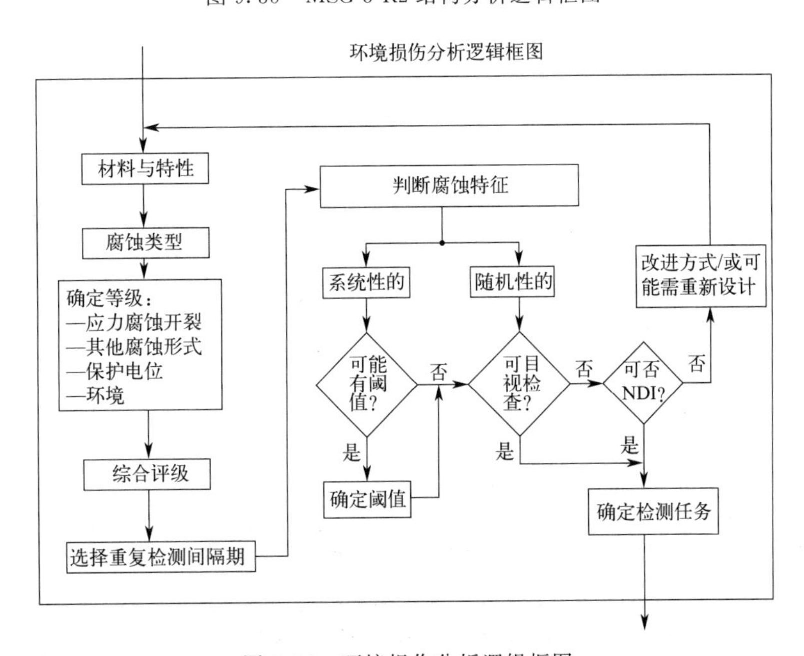

图 9.36　环境损伤分析逻辑框图

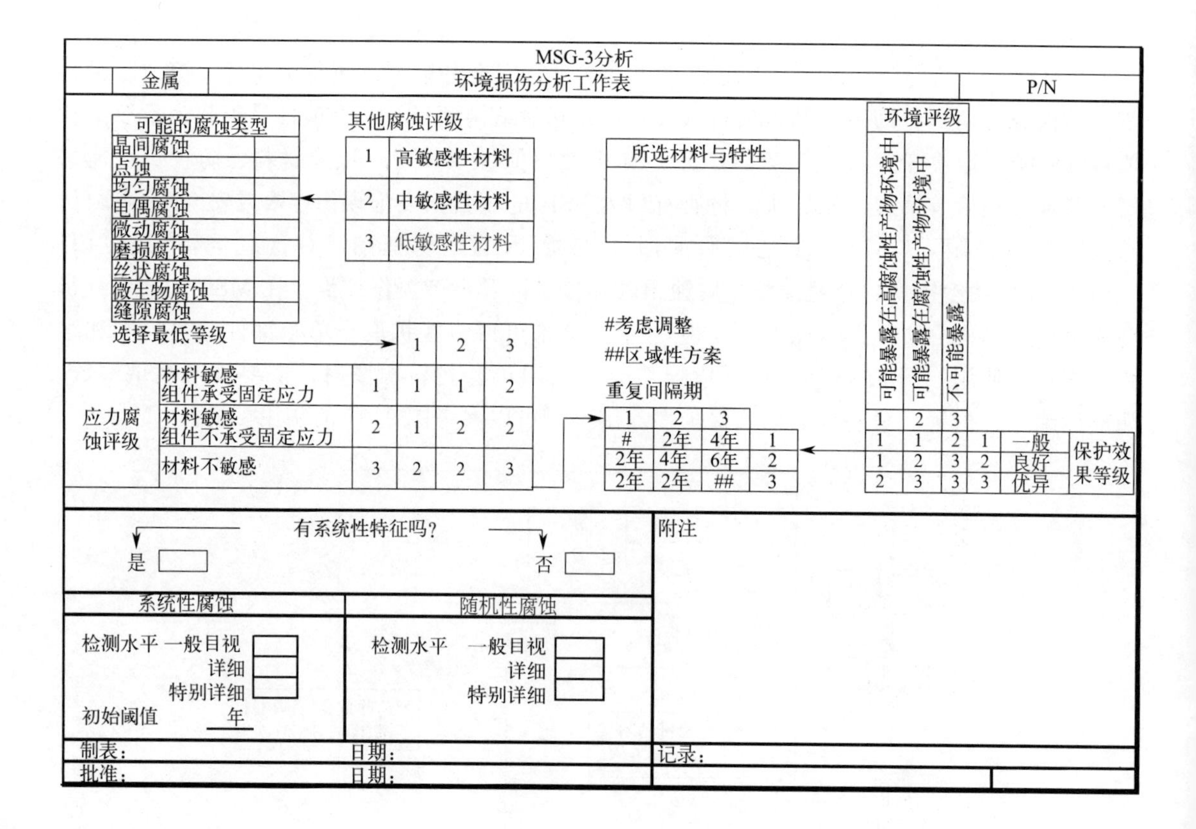

图 9.37 环境损伤分析(EDA)模板

参考文献

[1] Morshed, A., Corrosion Management and Cost Optimization. *Materials Performance* 2017; 56: 61–64.

[2] Koch, G. H., Varney, J., Thompson, N., Moghissi, O., Gould, M., and Payer, J., International Measures of Prevention, Application, and Economics of Corrosion Technologies (IMPACT). Report No OAPUS310GKOCH. Houston, TX, NACE International, 2016.

[3] NACE International Institute Unveils New Corrosion Management Tool. *Materials Performance* 2018; 57.

[4] Guidance for Optimizing Nuclear Power Plant Maintenance Programmes. IAEA-TECDOC-1383. Vienna, Austria, International Atomic Energy Agency (IAEA), 2003.

[5] Roberge, P. R., *Handbook of Corrosion Engineering*. New York, NY, McGraw-Hill, 2000.

[6] Douglas, J., The Maintenance Revolution. *EPRI Journal* 1995; 20.

[7] Nowlan, F. S., and Heap, H. F., *Reliability Centered Maintenance*. AD-A066-579. Washington, DC, National Technical Information Service, 1978.

[8] Kletz, T., *HAZOP and HAZAN*. 3rd ed. Rugby, UK, Institution of Chemical Engineers, 1992.

[9] McIntire, D. R., and Dillon, C. P., *Guidelines for Preventing Stress Corrosion Cracking in the Process Industries*. Columbus, OH, Materials Technology Institute, 1985.

[10] Staehle, R. W., Lifetime Prediction of Materials in Environments. In: Revie, R. W., ed. *Uhlig's Corrosion Handbook*. NY, NY, Wiley-Interscience, 2000; 27–84.

[11] Queen, D. M. E., Ridd, B. R., and Packman, C., Key Performance Indicators for Demonstrating Effective Corrosion Management in the Oil and Gas Industry. CORROSION 2001, Paper # 056. Houston, TX, NACE International, 2001.

[12] McNeeney, A., Selecting the Right Key Performance Indicators. *Maintenance Technology* 2005; 18: 27–34.

[13] Bray, D. E., and Stanley, R. K., *Nondestructive Evaluation*. New York, NY, McGraw Hill, 1989.

[14] Moreland, P. J., and Hines, J. G., Corrosion Monitoring—Select the Right System. *Hydrocarbon Processing* 1978; 57: 251–253.

[15] Horvath, R. J., The Role of the Corrosion Engineer in the Development and Application of Risk-Based Inspection for Plant Equipment. *Materials Performance* 1998; 37: 70–75.

[16] *Risk-Based Inspection*. ANSI/API RP 580, 1st ed. Washington, DC, American Petroleum Institute, 2002.

[17] Report on Current Practices. DNV Report No. 2004-0305. Hovik, Norway, DNV Library Services, 2005.

[18] Marine Risk Assessment. Contract Research Report 2001/0631. Sudbury, UK, Health and Safety Executive (HSE), 2002.

[19] Wintle, J. B., Kenzie, B. W., Amphlett, G. J., and Smalley, S. Best Practice for Risk Based Inspection as a Part of Plant Integrity Management. Contract Research Report 363/2001. Sudbury, UK, Health and Safety Executive (HSE), 2001.

[20] Mahar, D.J., *Fault Tree Analysis Application Guide*. Rome, NY, Reliability Analysis Center (RAC), 1990.

[21] Roberge, P. R., Modeling Corrosion Processes. In: Cramer, D. S., Covino, B. S., eds. Vol. 13A: *Corrosion: Fundamentals, Testing, and Protection*. Metals Park, OH, ASM International, 2003; 430–445.

[22] Rivera, M., Bolinger, S., and Wollenweber, C., Carbonate Cracking Risk Assessment for a FCCU Gas Plant. CORROSION 2004, Paper # 639. Houston, TX, NACE International, 2004.

[23] Douglas, J., Solutions for Steam Generators. *The EPRI Journal* 1995; 20: 28–34.

[24] Vieth, P. H., Comprehensive, Long-Term Integrity Management Programs are Being Developed and Implemented to Reduce the Likelihood of Pipeline Failures. *Materials Performance* 2002; 41: 16–22.

[25] Kroon, D. H., External Corrosion Direct Assessment of Buried Pipelines: The Process. *Materials Performance* 2003; 42: 28–32.

[26] Peabody, A. W., and Bianchetti, R. L., *Peabody's Control of Pipeline Corrosion*. 2nd ed. Houston, TX, NACE International, 2001.

[27] Roberge, P. R., *Corrosion Basics—An Introduction*. 2nd ed. Houston, TX, NACE International, 2005.

[28] ASME B31G—Manual for Determining the Remaining Strength of Corroded Pipelines. New York, NY, American Society of Mechanical Engineers (ASME), 1992.

[29] DNV-RP-F101 Corroded Pipelines. Høvik, Norway, Det Norske Veritas, 2004.

[30] NACE *RP0502-2002—Standard Recommended Practice Pipeline External Corrosion Direct Assessment Methodology*. Houston, TX, NACE International, 2002.

[31] Tadepally, V. P., and Hendren, E. S., Internal Corrosion Direct Assessment: Refining the Method through New Decision Support Models. CORROSION 2005, Paper # 178. Houston, TX, NACE International, 2005.

[32] Waker, S., Rosca, G., and Hylton, M., In-Line Inspection Tool Selection. Corrosion 2004, Paper # 168. Houston, TX, NACE International, 2004.

[33] Desjardins, G., Assessment of ILI Tool Performance. CORROSION 2005, Paper # 164. Houston, TX, NACE International, 2005.

[34] In-line Inspection Systems Qualification Standard. [API 1163]. Washington, DC, American Petroleum Institute (API), 2005.

[35] Lozev, M., Grimmett, B., Shell, E., and Spencer, R., Evaluation of Methods for Detecting and Monitoring of Corrosion and Fatigue Damage in Risers. Project No. 45891GTH. Washington, D.C., Minerals Management Service, U.S. Department of the Interior, 2003.

[36] Timmins, P. F., *Predictive Corrosion and Failure Control in Process Operations*. Materials Park, OH, ASM International, 1996.

[37] Smallwood, R., Equipment Integrity in the New Millennium. CORROSION 2004, Paper # 215. Houston, TX, NACE International, 2004.

[38] Syrett, B. C., and Gorman, J. A., Cost of Corrosion in the Electric Power Industry—An Update. *Materials Performance* 2003; 42: 32–38.

[39] Cost of Corrosion in the Electric Power Industry. EPRI 1004662. Palo Alto, CA, Electric Power Research Institute (EPRI), 2001.

[40] Jonas, O., Monitoring of Steam Plants. *Materials Performance* 2003; 42: 38–42.

[41] Koch, G. H., Brongers, M. P. H., Thompson, N. G., Virmani, Y. P., and Payer, J. H. *Corrosion Costs and Preventive Strategies in the United States*. FHWA-RD-01-156. Springfield, VA, National Technical Information Service, 2001.

[42] Anonymous, Chapter 571—*Maintenance of Aeronautical Products*. In: *Airworthiness Manual*, TP6197E. Ottawa, Canada, Transport Canada Aviation, 1987.

[43] Nakata, D., MSG-3 Aircraft Systems/Powerplant Analysis Method. In: *Aircraft Maintenance and Reliability Seminar/Workshop*, Vol. 1. Palm Harbor, FL: Transportation Systems Consulting Corp., 1997.

第十章 腐蚀监测

10.1 什么是腐蚀监测?

一般而言，腐蚀监测是指在工业或实际运行工况条件下进行的腐蚀测量。现场条件下腐蚀评估是一个很复杂的问题，因为工业系统中工艺条件和液相状态的变化很大。此外，有些单位已建有完善的主动性腐蚀管理程序，而有些机构仅将腐蚀损伤视为一个麻烦问题，他们二者对腐蚀监测方案的预期差异很大。

当今软硬件工具的发展，促使腐蚀监测工具也向着与其他工艺控制设备关联、同步进行实时数据采集的方向发展。但是，腐蚀监测通常比其他工艺参数监测更具有挑战性，因为：

- 可能同时存在不同类型的腐蚀；
- 腐蚀可能在整个区域均匀分布，也可能集中在非常小的局部区域，如点蚀；
- 均匀腐蚀速率的变化可能非常大，甚至有可能是距离非常小的两个区域之间；
- 单独一种技术不可能检测所有各种条件下的腐蚀。

因此，在实施腐蚀监测方案之前，仔细研究历史服役数据以及认真考虑所需监测的腐蚀类型非常有益。当然，采取多种技术相互补充，而不是单纯依赖某个单独的监测方法，也非常可取。

腐蚀检测和腐蚀监测二者之间的界限，其实并不一定总是那么清晰。腐蚀检测一般是指根据维修和检测日程安排，进行的短期的“一次性”测量，而腐蚀监测则是指在较长一段时间内对腐蚀损伤的连续性测量，通常是试图去更深入理解腐蚀速率的变化规律，即随时间如何波动以及为何波动。不过，腐蚀检测和监测技术的组合使用才是一种最经济有效的方式，因为在相关技术和使用方法上，二者实际上是相互补充而并非相互替代。

极端环境条件下的油气开发是促进腐蚀检测和监测技术发展的一个重要因素。在那些极端工况条件下作业，迫切需要增强各种仪器可靠性以及提高大量工作的自动化程度，包括检测。此外，设备腐蚀的发生和发展常常具有不确定性，而且油气开采中工艺物料流的腐蚀性也会不断变化，而有些介质的腐蚀性相当强，这些都是石油行业必须面对的问题。例如：在整个开采系统的使用寿命期内，井口处介质的腐蚀性，可能在良性与极度腐蚀性之间反复多次变化[1]。

有些现代腐蚀监测技术，特别适合用来揭示那些与时间密切相关的腐蚀过程的特性。因此，如果这些技术能集成到现行系统中，它们也将有可能对代价高昂的腐蚀损伤进行早期预警。操作人员可以通过这些最新技术将腐蚀过程与工艺条件直接相联系，并能实时采取措施控制腐蚀速率，降低腐蚀对设备运行的影响[2]。

一个理想的腐蚀控制方案中，检测和维修应该是仅仅在确实需要的时间和部位进行。理论上，腐蚀监测系统所提供的信息对实现这个理想目标大有帮助。但事实上，腐蚀工程师们想得到管理部门承诺在这类项目上进行投资，有时候很困难。在工业设备及其他工程系统中，腐蚀监测的重要性体现在，它是为实现如下目标的一项投资：

- 提高安全性；
- 减少故障停机时间；
- 代价高昂的严重损伤发生之前进行早期预警；
- 降低维修成本；
- 减少污染及降低污染风险；
- 延长维修计划间隔期；
- 降低运行成本；
- 延长使用寿命。

新的集成技术使人们有可能利用生产设施中现有数据采集系统和自动化系统，去监测和控制工艺过程、获取关键过程信息发展趋势以及管理和优化系统生产率。通过在这种系统中集成腐蚀监测设备，可以实现数据采集自动化，并能与其他工艺变量相结合。相比于那些独立式的数据采集系统，这种集成方式的优势主要体现在以下几个方面[2]：

- 成本效益高；
- 完成重要工作的体力劳动减少；
- 与原位系统融合度更高，便于记录、控制和优化；
- 不同团队之间重要信息（腐蚀和工艺数据、相关作业指令和后续报告）的高效配置，可以满足提高工作效率和方便文档编制之需。

10.2 腐蚀监测技术

为探测、测量和预测腐蚀损伤，人们已开发了大量腐蚀监测技术和系统，尤其在过去的20年。随着高效监测技术的发展和人性化软件系统的开发，那些直到最近仍被很多人认为仅仅是实验室新奇事物的新技术，现在也已有可能在现场应用。

专家们和各类兴趣用户已将大量可能作为腐蚀监测和检测技术使用的现有技术进行了归纳整理，如表10.1和表10.2所示[3]。在这些专家撰写的报告中，直接技术是指直接测量受腐蚀过程影响的相关参数的技术，而间接技术是指测量影响或受环境腐蚀性影响，或者是影响或受腐蚀产物影响的相关参数的技术。

此外，如果一种技术需要通过管道或器壁将探头置入系统内部才能进行测量，那么这种技术可称为侵入式技术。最常用的侵入式测试技术就是利用某种形式的探针或试样，包括嵌装式探针设计。有些间接技术可以在线实时监测各种参数变化，而有些间接技术则只能根据既定方法对从工艺物料流中或其他运行部位采集的样品作进一步分析之后，提供离线数据。关于这些技术的详细介绍已超出了本章范围，如欲了解更多，读者可以查阅专家报告或近期出版的相关主题的书籍[4]。

表 10.1 直接的腐蚀测量技术

侵入式技术
物理技术
• 质量损失片
• 电阻探针(ER)
• 目视检测
直流电化学技术
• 线性极化电阻(LPR)
• 异种合金电极间的零阻电流计(ZRA)——电偶电流
• 同种合金电极间的零阻电流计(ZRA)
• 动电位/动电流极化
• 电化学噪声(EN)
交流电化学技术
• 电化学阻抗谱(EIS)
• 谐波失真分析
非侵入式技术
针对金属损失的物理技术
• 超声波检测
• 漏磁检测(MFL)
• 电磁法——电涡流
• 电磁法——远场技术(RFT)
• X 射线照相术
• 薄层活化和伽马射线测定
• 电场映射
针对缺陷探测和缺陷发展的物理技术
• 声发射
• 超声波(缺陷探测)
• 超声波(缺陷大小测量)

表 10.2 间接的腐蚀测量技术

在线技术
腐蚀产物
• 氢监测
电化学技术
• 腐蚀电位(E_{corr})
水化学参数
• pH
• 电导率
• 溶解氧
• 氧化还原电位
流体检测
• 流态
• 流速
工艺参数
• 压力
• 温度
• 露点
沉积物监测
• 污垢
外部监测
• 热成像

续表

离线技术
水化学参数
• 碱度
• 金属离子分析(铁、铜、镍、锌、锰)
• 溶解固体的浓度
• 气体分析(氢气、硫化氢或其他可溶解气体)
• 残留氧化剂(卤素、卤化物、氧化还原电位)
• 微生物分析(硫离子检测)
残留缓蚀剂
• 成膜型缓蚀剂
• 反应型缓蚀剂
过程样品化学分析
• 总酸值
• 硫含量
• 氮含量
• 原油含盐量

10.2.1 直接的侵入式技术

10.2.1.1 物理技术

腐蚀监测的物理技术，通过测量暴露的标准试片或试验试样的几何变化，来确定腐蚀损伤。由于腐蚀，试样的很多特性可能会在一定程度上发生变化，如质量、电阻（ER）、磁通量、反射率、刚度或任何其他机械特性等。当采用电子技术测量这些物理性能时，试样可以保持在原位，且示数可多次反复读取。但是，如果为了测量某些物理特性，必须将试样从工艺环境中取出时，此时反复读数就难以实现。

10.2.1.1.1 质量损失片

通常，质量损失片是设计用来监测现有设备的腐蚀速率、评价设备结构的替代材料，有时也用来确定实验室无法重现的工艺条件的影响。这种简单经济的腐蚀监测方法，就是将小试样暴露在试验环境中一段时间，随后再取出进行失重和其他更详细的检测。尽管这个方法基本原理相当简单，但是仍有很多可能容易让人犯错的陷阱，不过按照 ASTM G-4 等综合标准手册中的推荐规范进行试验可以避免[5]。

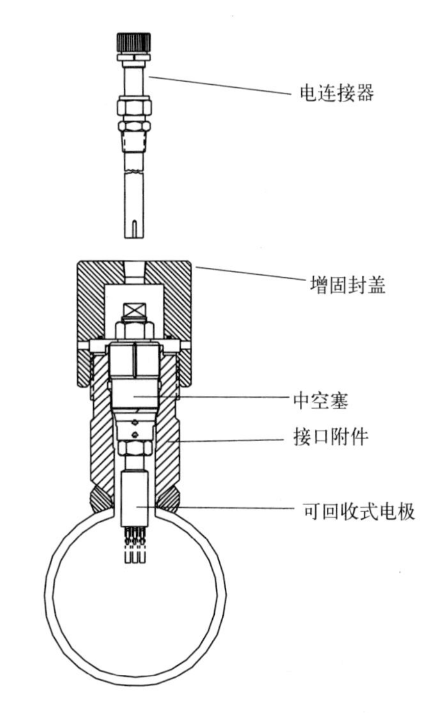

图 10.1 用来插入可回收式腐蚀探针的高压接口附件（由金属样品公司供图，网址 www.metalsamples.com）

将设备制造材料的标准试片装入运行设备中的方式有很多。对于高压运行设备，腐蚀设备供应商可提供一些专门的附件装置。图 10.1 是一种用来插入可回收式腐蚀探针的单接口高压附件，可用来装配大多数可回收式探针（图 10.2）。正如前面已提及，有专门工具可以用来在高压运行条件下插入和取回探针（图 10.3）。

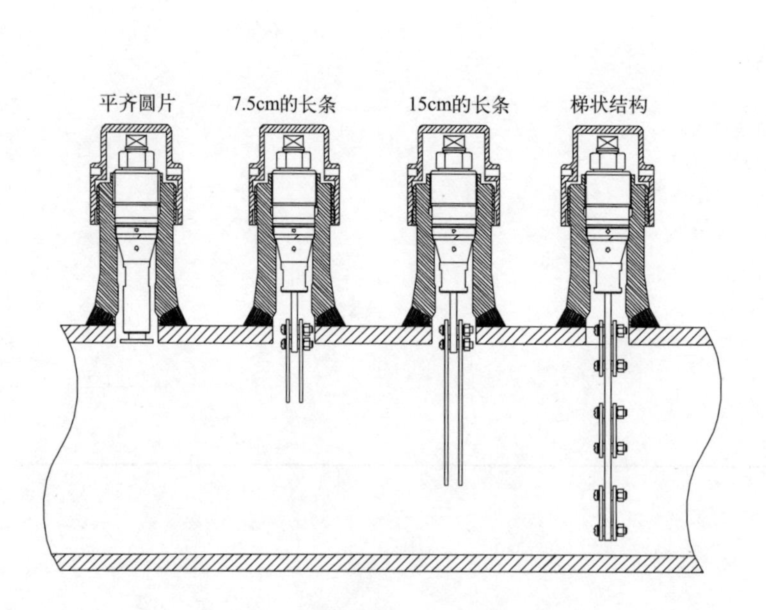

图 10.2　可用来固定不同类型的可回收式腐蚀探针的单接口高压附件（由金属样品公司供图，网址 www.metalsamples.com）

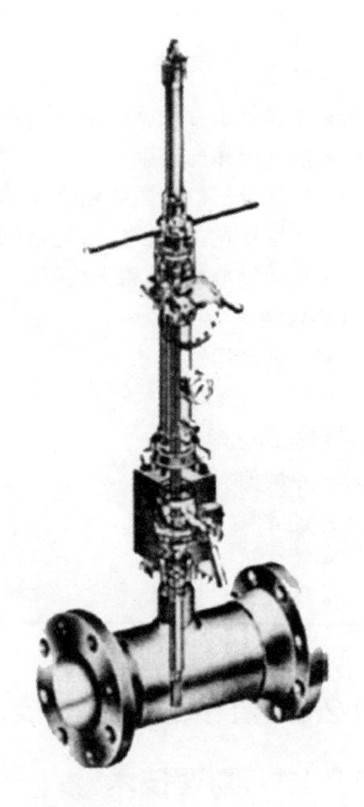

图 10.3　压力状态下腐蚀探针的取出工具（由金属样品公司供图，网址 www.metalsamples.com）

相比于实验室挂片试验，质量损失挂片试验有一些特别之处。人们可以在实际工艺条件下，将很多材料同时暴露在实际工艺物料流中进行试验，并对其进行排序。例如：一个滑动支架，可用一个可伸缩式试样固定器将其插入设备中或从设备中取出（图 10.4）。其中一个杆状试样固定器安装在一个与等径闸阀法兰连接的回撤腔内。回撤腔另一端有一个密封套，

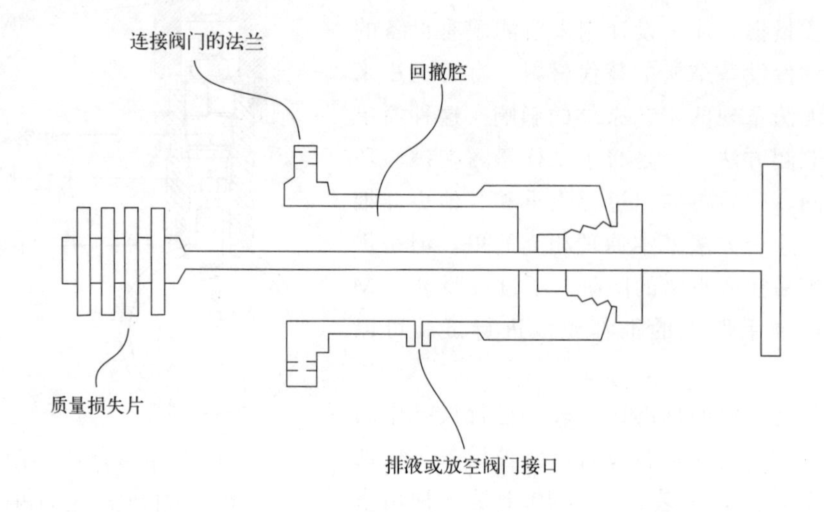

图 10.4　可伸缩式试样固定器的示意图[6]

试样固定器能通过。安装在杆伸长区的试片可缩回到回撤腔内。回撤腔用螺栓固定在闸阀上，当闸阀开启时，试样可滑入工艺物料流中。取出测试试样时，顺序相反。杆或柄上必须配备有约束链或其他装置，以防止在压力系统中取出试样时，试样固定器脱出。

由于在运行环境中可同时暴露放置多个试样，因此可以采用二个或三个相同试样进行测试（去测量分散性），也可采用模拟焊接、残余应力或缝隙等状态的不同试样进行。在获得了这些相关参数之后，工程师们将更有信心处理新设备选材、维修或修理等问题[6]。

质量损失片也可用来检测缝隙腐蚀、点蚀以及脱合金腐蚀（选择性腐蚀）等腐蚀问题。质量损失片可以放置在整个工艺流程中某个部位，而该部位环境状态是被认为严苛程度适当且具有重要代表性的研究环境。另一可选方式是，将质量损失片放置在与主工艺物料流分离的旁路中。试片的设计应与试验目标相匹配，如：均匀腐蚀或点蚀试验可用简单的平板试片，而焊接区域的局部腐蚀测试可采用焊接试样，研究应力腐蚀开裂（SCC）问题可使用应力或预制裂纹试样[3]。

10.2.1.1.1.1 试验周期和局限性

一般来说，考虑到各种可能发生的局部腐蚀问题以及便于充分评估服役环境，质量损失挂片试验周期应尽量长一些。对于点蚀和缝隙腐蚀，一般最小试验暴露周期为 3 个月。对于均匀腐蚀，标准 ASTM G-31 规定了一个最小试验持续周期（小时数），大约为 50 除以预期腐蚀速率（mm/a）[7]。

例如：当预计腐蚀速率为 0.05mm/a 时，试验周期至少应为 1000h。根据试样暴露条件是否控制良好，如实验室试验或现场试验，试验周期可以进行调整。但是无论如何，使用质量损失片法又都会存在如下局限性[3,6]：

- 这个技术仅仅确定了整个实验暴露期间的金属损失的平均速率；

(1) 质量损失片试验不能用于检测一个工艺过程中腐蚀性的快速变化情况；

(2) 即使延长试验时间，也并不能保证在试样取出之前能发生局部腐蚀。

- 一般不推荐将用过的试样再重新放入；
- 通常短期暴露试验，并不能反应金属损失的平均速率，因为通常放入工艺环境中的试片，在最初适应阶段，其金属损失一般比较大；

(3) 通过质量损失片计算得到的腐蚀速率可能并不能反映设备装置的腐蚀情况，因为存在很多因素的影响。例如：多相流，其中水相比有机相或蒸汽相的腐蚀性要强得多；再如：由于搅拌器、弯头、阀门、泵及其他情况引起的湍流，会加速设备中某个特殊部位的腐蚀，而这个部位远离试样放置位置。

- 质量损失片分析程序可能劳动强度很大；
- 质量损失片试验的另一个缺点是存在磨损腐蚀和传热效应的不真实影响，在工艺设备中小心放置试样，可能轻微弥补这些弱点。

(4) 由于某些影响因素未达到工艺条件要求，在腐蚀速率随时间变化非常明显的情况下，此时质量损失片实验可能会产生误导。

在一些特殊行业，如食品加工、医药以及电子设备制造等行业，工艺流体中污染物，对于腐蚀监测而言，可能也是一个问题。

10.2.1.1.1.2 均匀腐蚀试片

用于评价均匀腐蚀的试片形状各异，但以矩形最为常见，因为大多数合金都有平板或薄板可用。但是当可用产品形式受到限制或对材料状态有特殊要求时，其他形状的试样也可以使用。此外，试样标识必须清晰耐久。最简单的首选标识方法是用漏字版压模[6]。

试样抛光对总成本的贡献很大。在满足所用监测技术要求的情况下，抛光应选用成本最低的方法。例如：在水处理方案中通常用作缓蚀剂效果监测的碳钢试样，采用一个低成本的抛光处理就可满足要求。将冲压或剪切成型后的试样接着进行玻璃珠喷砂处理即可。但是，在需要针对某个工艺环境对合金材料进行评级时，试样必须通过研磨抛光或机械加工平行边缘以及喷砂处理表面。理想状态下，试样表面光洁度应与设备的光洁度一致。但是，由于种种原因，这很难实现，比如当暴露在工艺条件下时，试样表面会发生老化和结垢等。

通过冲剪或剪切加工的试样有一些冷作加工边缘。冷加工影响区从剪切边缘开始向后延伸约一个材料厚度的距离，通过磨削或机加工可以清除。在某些情况下，冷加工边缘可能会影响腐蚀速率，而且由它引起的残余应力可能使某些材料发生应力腐蚀开裂（SCC)。此时，对大量边缘的预处理加工是试样制备成本的主要来源。

10.2.1.1.1.3　电偶腐蚀试片

将试样配对进行电偶连接，可以研究电偶腐蚀效应。通常，试样暴露面积比是从 1∶1 到 10∶1 或者更高。电偶腐蚀试片的主要问题是在整个试验暴露期间，要始终保持电连接。腐蚀产物膜可楔入机械耦接的两个腐蚀试样之中，使之发生分离，因此消除了电接触和电偶腐蚀作用。美国材料试验协会标准 ASTM G-71 中，有些关于电偶腐蚀试验的规定，无论是对于现场和实验室试验，都非常有价值[6,8]。

对于可吸氢变脆的金属（如钛、锆、钽和可硬化钢)，电偶对中阴极或受保护的金属可能会受到较大损伤。但是，常规的质量损失片电偶腐蚀试验无法揭示这种损伤。

10.2.1.1.1.4　缝隙腐蚀试片

在复杂系统中，设备间存在缝隙的情况相当普遍。即使在一个温和的工艺环境中，这些缝隙部位也很容易引发局部腐蚀。很多金属在缝隙处与其他未屏蔽区域之间的腐蚀行为都会有所不同。缝隙腐蚀试验的方法很多，如橡皮圈、点焊搭接、沿着螺栓绕线等。每个缝隙腐蚀试验都会在指定的材料之间建立一个特定几何结构的缝隙，具有一个特定的阳极/阴极面积比。

在现场缝隙腐蚀挂片试验中，两个最常用的缝隙几何结构形式是将试片用绝缘垫圈分隔和电绝缘。垫圈通常是平垫圈或多层缝隙垫圈。两种垫圈都可以使用不同材料制造，从硬的陶瓷材料到软的热塑性树脂皆可。美国材料试验协会标准 ASTM G-78 和 G-48 为缝隙腐蚀试样的设计提供了很多有价值的信息，人们在试图进行缝隙腐蚀试验之前就应该查询了解[9,10]。在标准 ASTM G-78 试验中，垫圈在试样其中一面形成了大量接触点（图 10.5)。在规定时间内，发生腐蚀的点位数量，可与材料抑制局部腐蚀萌生的能力相关联，而平均腐蚀深度或最大腐蚀深度，则可与局部腐蚀扩展速率相关联。

10.2.1.1.1.5　应力腐蚀开裂试片

造成服役设备发生应力腐蚀开裂（SCC）的持续张应力通常都是来自设备中的残余应力，主要是由于成形加工和焊接作业过程中产生的应力以及与过盈配合部件相关的装配应力，尤其是在锥形、螺纹连接时。因此，最合适做设备应力腐蚀开裂试验的试样是自应力弯曲和残余应力试样。方便实用的试样有 O 形环试样、U 形弯曲试样[11]、C 形环试样[12]、音叉试样以及焊接试样[13]。在所有这些方法中，随着裂纹的形成和扩展，应力试样都会出

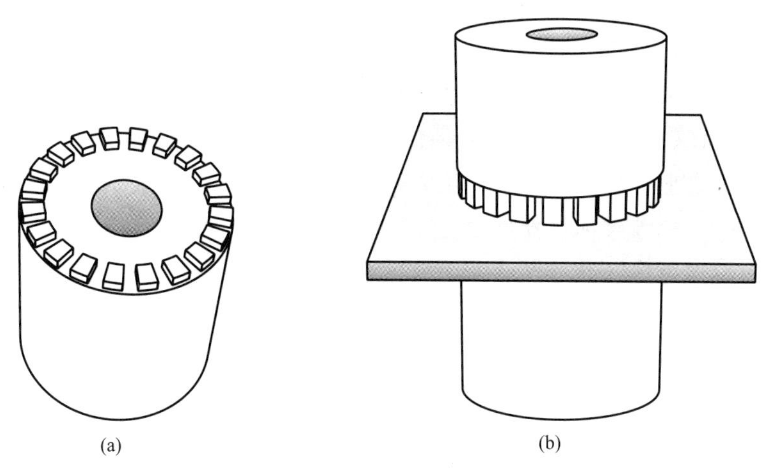

图 10.5　ASTM G-78 缝隙腐蚀敏感性试验用（a）垫圈和（b）垫圈组件示意图

现载荷（应力）持续下降。因此，试验人员其实很难观察到试样完全开裂，而且必须仔细检测才能发现裂纹。

10.2.1.1.1.6　传热试片

为研究传热影响，需要使用专门设计的试样，用以模拟类似加热元件或冷凝管中所遭受的那种传热作用的影响。试样设计形式多样，可以是热电偶形式元件，也可以是试验用换热器中的试样管。热电偶形式元件试样，在其内部进行加热或冷却，并被放入工艺物料流之中[5]。传热试样试验也可以在实验室内进行，只不过此时，试样可作为试验容器壁的一部分，因此可以从容器另一侧进行加热或冷却。由于涉及的成本高，传热质量损失片试验一般仅针对从大批材料中优先出来的一种（或许有两种）合金进行[6]。

10.2.1.1.1.7　焊接试片

焊接是制造设备的一个最重要方法，因此，使用焊接试片进行腐蚀试验也很合理。除了考虑残余应力的影响之外，焊缝和热影响区（HAZ）的行为也是一个值得重点关注的问题。有些合金，由于热影响区发生敏化，可能产生严重的晶间腐蚀（有时也称为刀线腐蚀）。而有些合金中，热影响区（HAZ）相对于母材金属是阳极。如有可能，利用实际产品尺寸的焊件制备焊接试样比焊制小试样更真实[6]。

由于焊接金属和热影响区的受热状况与焊接道次、金属厚度、焊接部位和焊接技术等有关，因此大家普遍认为采用焊接试样去评价焊接造成敏化的可能性的这种实际做法并不好。一般来说，使用非焊接试片在试验之前进行敏化热处理，然后在试验之后寻找晶间腐蚀或开裂的证据，这种评价方式更好。

10.2.1.1.1.8　金属敏化

敏化是指某些贵重合金（如奥氏体和铁素体不锈钢、镍基合金）在一些特殊条件下受热后发生的一种金相组织变化。敏化可能导致碳化物或其他金属间化合物相在晶界析出，从而可能降低合金的耐蚀性。任何热诱导过程都可能引起金属（或合金）的敏化，取决于加热时间和温度。每一特定合金都有一个具体的敏化温度范围，在此范围内合金会迅速发生敏化。

焊接是造成敏化的最常见原因。但是，焊接试样可能并未显示出敏化作用，因为与实际工艺装备相比，它们的焊接道次不够多。因此，焊接试样在敏化区温度范围内停留时间不够，其晶间腐蚀敏感性可能无法检测出。

一个恰当的敏化热处理应确保由焊接或热处理诱发的任何腐蚀敏感性都能检测出来。合金不同，其敏化处理的理想温度和时间范围也不尽相同。例如敏化 S31600 不锈钢，一般来说，在温度 650℃下处理 30min 就足够。有些含 3%～6%镁的耐蚀铝镁合金，如 5000 系列，在 65～175℃温度范围之内加热，也可能发生敏化[14]。

10.2.1.1.1.9　试片清洗和评价

待试验结束取出试样之后，检测人员应尽快对试样进行清洗。清洗和称重流程与实验材质和腐蚀程度有关，这在标准 ASTMG-1 中已有论述[15]。对清洗和称重后的腐蚀试样进行检测，应可以揭示出与试样同材质的设备预期可能发生的腐蚀形式。试样检查时，检测人员可先通过肉眼检查，然后再用双目显微镜逐渐放大倍数至 30～50 倍后进行检查。此外，扫描电镜（SEM）也是一个很常见的检测表面局部缺陷的非常有用的工具[6]。

在某些情况下，为揭示某些类型的腐蚀损伤，检测人员还必须对试样进行弯曲和/或从中截取部分进行金相分析。有些特殊的局部腐蚀作用，可能不仅会影响实际腐蚀速率的确定，而且还可能指示存在一些其他危险的腐蚀类型。一旦试样经过反复彻底清洗之后，检测人员就根据质量损失图估算腐蚀或渗透速率（图 10.6）[15,16]。其速率可通过公式(10.1)估算。

$$R=\frac{K(m_1-m_2)}{A(t_1-t_2)\rho} \tag{10.1}$$

式中，R 为渗透（腐蚀）速率，mm/a；A 为暴露面积，cm^2；m_1 和 m_2 分别为初始质量和最终质量，其中 m_2 是图 10.6 中 BC 延长线与 Y 轴相交的截距，g；t_1 和 t_2 分别为开始时间和结束时间，h；ρ 为密度，g/cm^3；K 为单位转换常数。

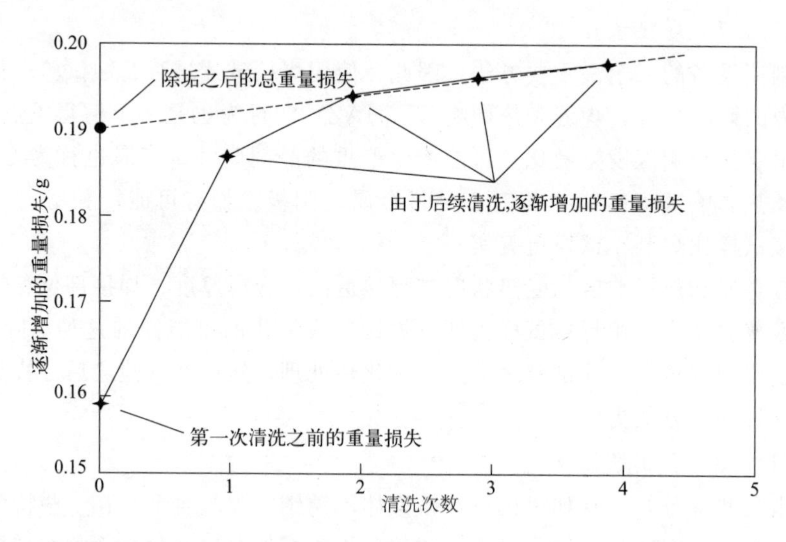

图 10.6　确定腐蚀试样的重量损失的清洗程序，从中可以得到垢的重量、总腐蚀重量损失以及清洗程序的误差[15,16]

在估算浸泡试验结果重现性时，有一个问题就是不确定度的大小，其中可观察量（如时间、质量损失和面积）的每次测量都会影响公式(10.1) 中总的不确定度。这个误差可定义为指定实验中，渗透速率可能的最小不确定度。在下列条件下，这种不确定度可能最小[17]：

- 没有局部腐蚀；
- 试片表面均匀腐蚀；
- 投影面积与实际表面积相同；
- 腐蚀产物清除未影响金属重量；
- 在试验暴露期间面积没有变化；
- 渗透速率与时间无关。

为将不确定度降至最小，重量测量必须准确。天平准确度至少为 0.1mg，每个试样至少称重 3 次，然后取到平均值，这将可能会稍微减小不确定度。

假定环境保持不变，试样暴露于环境中时间越长，误差将越小。正如前面所讨论，参照标准 ASTM G-31 推荐方式进行试验，是一个很好的将误差降至最小的经验法则。但是环境控制能力可能也会制约试验持续时间。因此，如想准确测量一个低腐蚀速率体系的腐蚀速率，就必须长时间维持环境不变，但是实际上这可能根本无法实现。

10.2.1.1.2 电阻探针

在 20 世纪 50 年代研究者们建立腐蚀速率与电阻之间相关性之后，电阻腐蚀监测方法就迅速被人们所接受[18,19]。现在，电阻探针技术应用很广泛，其实基本原理相当简单，即传感元件由于腐蚀造成截面积变小而使电阻增大。一个金属或合金元件的电阻（R）可用公式（10.2）表示：

$$R = r\frac{L}{A} \tag{10.2}$$

式中，L 为探针元件长度，cm；A 为截面积，cm^2；r 为金属探针的电阻率，Ω·cm。

由于腐蚀，元件截面 A 减小或发生金属损失，将使元件电阻（R）成比例增大。由于温度影响探针元件电阻，因此电阻传感器实际上通常都是测量一个腐蚀的传感器元件相对于一个完全相同的受屏蔽保护的元件的电阻（图 10.7）。商用传感器元件有管状、片状或丝状（图 10.8）。

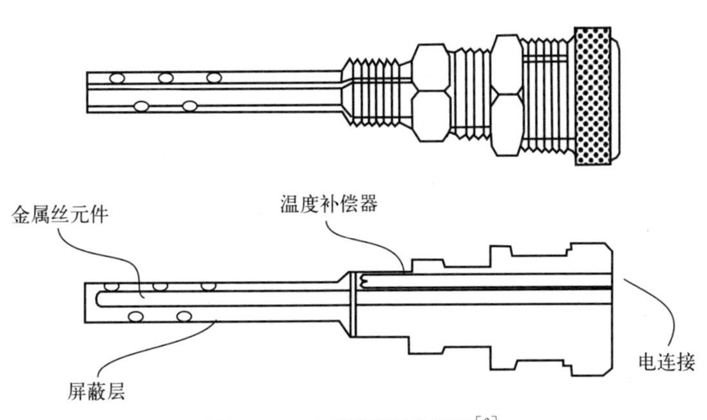

图 10.7 电阻探针示意图[6]

减小传感器元件厚度可以提高传感器的灵敏度。但是，提高灵敏度可能会降低传感器使用寿命，二者之间需要合理权衡选择。电阻探针制造商们针对不同几何结构的传感器，提出

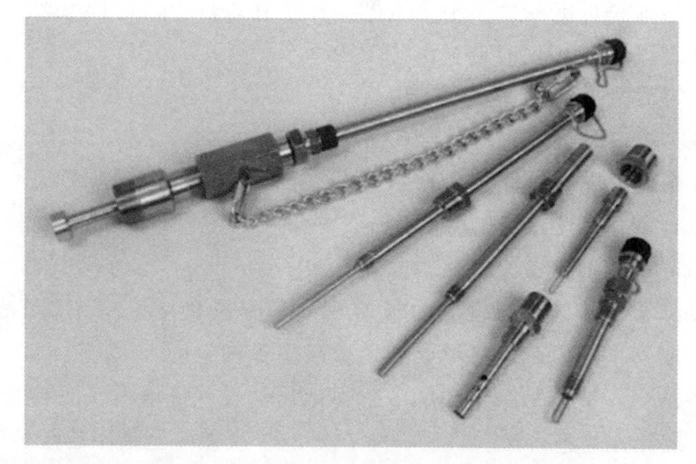

图 10.8　用于电阻测量的商用传感器元件（由金属样品公司供图，网址 www.metalsamples.com）

了相应的选用指南（图 10.9）。电阻探针通常都有一定的使用寿命，即对应达到它们原始厚度的一半的时间，但金属丝传感器除外。电阻金属丝传感器的寿命较短，对应于其四分之一原始厚度损失值。

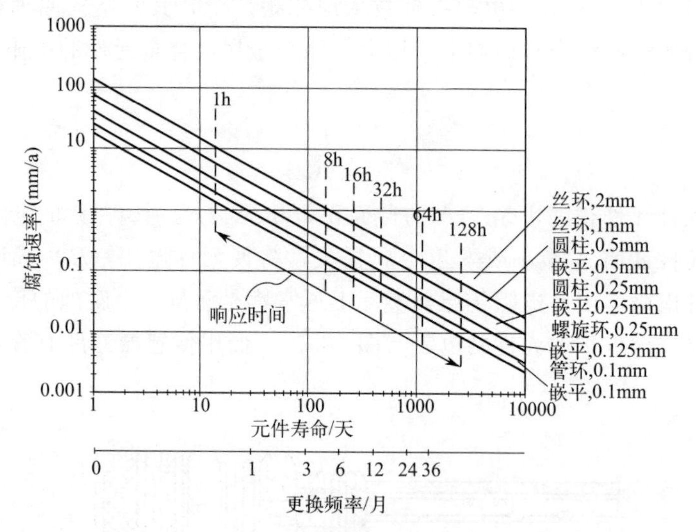

图 10.9　电阻探针元件选择指南（改编自金属样品公司资料）

很明显，如果在传感元件上有导电性的腐蚀产物或表面沉积物形成，利用电阻探针监测到的腐蚀结果肯定不正确。在酸性油/气田系统中或在微生物腐蚀中形成的硫化铁，以及大气腐蚀中的含碳沉积物，就是这种实例。在电子导电环境中，如熔盐或液态金属，电阻探针的应用同样也会受到限制。

为获得腐蚀速率，测试人员须在一定时间内，进行一系列的电阻测试，然后将测试结果与实验暴露时间作图，最后通过图中直线斜率，求得腐蚀速率[20]。

电阻探针腐蚀监测技术有很多优点。由于探针相对很小，因此监测系统安装很容易，且可以直接导线连接到控制室，或与探针位置处的便携式电桥直接相连。如果探针用金属导线直接与控制室系统相连，数据采集和腐蚀速率测试结果可通过计算机系统进行传输。而如果采用便携式电桥在探针部位进行测量，有时不太现实，因为电阻监测是一个耗时的持久过程。无论采用上述何种形式进行监测，由于监测系统中温度补偿仪器反应迟缓，如果测量过程中温度发生变化，都会带来误差[6]。

此外，短时间内测得的腐蚀速率数值可能并不准确，因为这种方法仅仅是针对剩余金属来测量，而由于短时间内两次测量值都比较大，通过这种大数值来预测小的差异，就会产生明显误差。通常探针测量范围为 0.05～0.64mm，测量分辨率一般为探针总测量范围值的千分之一。由于实际测到的探针电阻变化很小，温度、热应力或电子噪声都能影响测量信号，因此所测得信号必须采用硬件和软件进行滤波处理。

电阻探针测试结果是衡量由于全面腐蚀造成的金属损失的一个很好的标准。但是电阻探针对局部腐蚀作用的敏感性低，因为局部腐蚀仅仅是增加电阻传感元件很小区域的电阻。不过，接近使用寿命末期的环状元件探针除外，因为此时局部腐蚀如果完全腐蚀穿透传感元件，其电阻会增大很多直至无限。监测缝隙腐蚀敏感性的专用探针可以通过在测量元件上创建多重缝隙来制备，如金属环状探针上撒上玻璃粉。

10.2.1.1.3 感应电阻探针

这种新型的金属损失监测技术是随着电子、信号处理和测量技术的发展进步，由电阻腐蚀传感监测技术衍生而来。目前，这种腐蚀监测技术已发展成为一种同时兼具高分辨率和长探针使用寿命，且能在碳氢加工设备环境中真正安全运行的技术[21]。

传感元件厚度的减小通过嵌入在传感器中线圈的感应电阻的变化来测量（图 10.10）。高磁导率的传感元件增强了线圈周围的磁场，因此传感元件厚度变化会影响线圈的感应电阻。据称，感应电阻探针灵敏度比电阻探针高几个数量级。

此外，感应电阻探针系统的测量几乎不受温度、流体静压力、冲击载荷（油泥）、流形等工艺参数的影响。而且，此系统也不受外来工业噪声的影响，尤其是电磁感应和热感应电动势。如果传感器表面金相及微观结构完全相同，感应电阻传感器元件将拥有很高的几何和物理对称性。

10.2.1.2 电化学技术

电化学监测技术涉及特殊界面性质的测定，大致分为三大类：

- 腐蚀电位测量：腐蚀电位实际上是一个最容易观测的参数，理解腐蚀电位与系统热力学的关系可以获得非常有用的系统状态信息；
- 以电流密度表示的反应速率：通过对浸泡在给定环境中的金属进行极化，结合一个基本电化学行为的简单假设和模型，就有可能去估算阳极和阴极极化的净电流，并从中推导出腐蚀电流密度；
- 表面阻抗：通过建立一个腐蚀界面模型，来描述其界面所有的阻抗特性。电化学阻抗谱（EIS）是一个成熟的研究腐蚀过程的强有力工具。

与在实验室操作相比，电化学监测技术在现场使用所受限制要更为严重，其中最主要的原因就是实际探针的几何构造问题。例如：常用于实验室装置中减小溶液电阻干扰的毛细管盐桥（如鲁金毛细管）太易脆，难以在现场使用[3]。

10.2.1.2.1 直流极化测试方法

直流（DC）极化方法是改变工作电极（WE）或测试电极的电极位，监测产生的电流

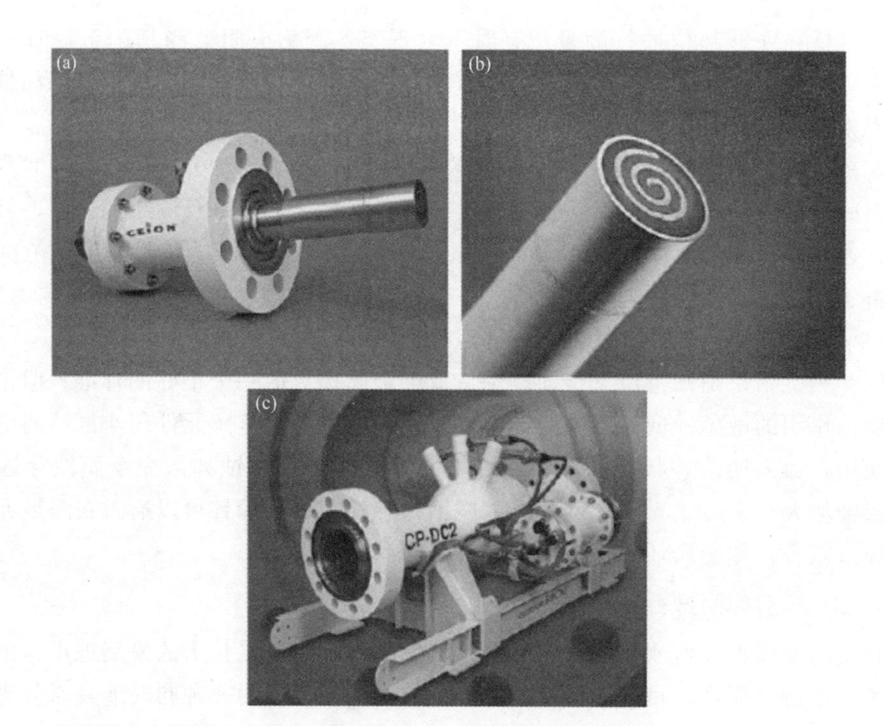

图 10.10 海底感应电阻探针（a）、探针元件（b）和海底卷轴式仪器包（c）（由 Cormon 公司供图）

随时间或电位的变化。阳极极化时，电位向阳极（或更正方向）方向变化，使工作电极成为阳极，迫使其释放电子。阴极极化时，工作电极电位负向移动，金属得到电子，有时可能会发生电沉积。循环极化时，阳极极化和阴极极化交替循环进行[22]。实验室极化测试装置如图 10.11 所示。

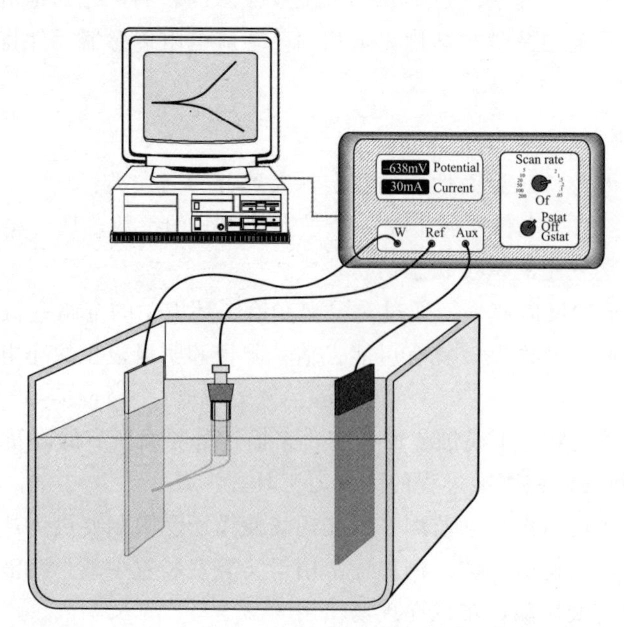

图 10.11 动电位极化测试用电化学仪器，其中恒电位/恒电流仪用来控制极化电流通过试样或工作电极（W）、辅助电极（Aux），而参比电极（Ref）用来监测工作电极电位

• 恒电位仪必不可少，用以维持工作电极电位接近预设值；

• 电流测量仪器，用来监测施加外加电位时产生的电流。电流测量仪器可以自动调整量程或测量范围（很重要）；

• 数据可以直接存储在计算机上或直接作图（很重要）；

• 极化电解池：可用于极化测试的商用电解池有多种。极化电解池有多种配置形式，可以满足不同测试需求，从小试样到片状材料的测试以及在高压釜内测试等。在生产环境中，电极还可能被直接插入工艺物料流中。

目前，大家公认的可用来腐蚀监测的直流极化方法有很多种。

10.2.1.2.1.1 动电位极化

动电位极化是指电极电位以设定速率在一个相对较大的电位区间内变化，测量相应的流过电解液电流的极化技术。图 10.12 是通过动电位极化得到的 S43000 不锈钢试样在 0.05mol/L H_2SO_4 溶液中极化曲线。

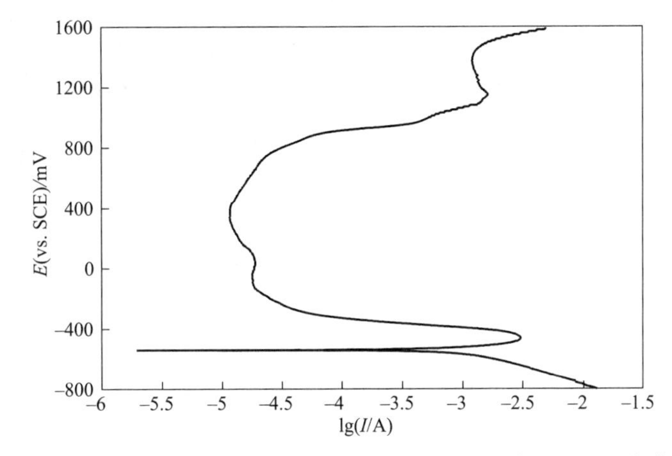

图 10.12 S43000 在 0.05 mol/L H_2SO_4 溶液中的典型阳极极化曲线

循环伏安法是动电位极化的一种变化形式，包括先电位正向扫描直至预设电流值或电位值，然后再反向电位扫描直到初始电位值。在某些情况下，为确定电流-电位曲线的变化情况，这种循环扫描可能反复进行多次。

动电位极化的另一种变化形式是电位阶梯扫描。这种技术是指对电极进行一系列电位阶跃极化，其中每个电位下极化时间保持不变，但一般是在电流稳定之后，再改变电位进行下一次阶跃。每次阶跃电位的增加值可能很小，此时，所测得曲线与动电位极化曲线类似。[22]

电化学动电位再活化（EPR）是动电位极化技术的另一种应用形式，可用来评价 S30400 和 S30403 等不锈钢的敏化程度。这种方法是从材料的钝化到活化（称为再活化）的电位区间进行动电位扫描。

不过，动电位极化的另一种变化形式循环极化测试，可能最常用。这种测试常用来评价材料的点蚀敏感性。这种方式一般是从腐蚀电位开始扫描，进行一个循环或略小于一个循环的电位扫描。电位首先向阳极或惰性方向增大（正向扫描）。在某一选定电流或电位值处，电位向阴极或活性方向反向扫描（反向或逆向扫描），在另一个设定电位值处结束扫描。一般认为，正向扫描和反向扫描响应电流之间存在的滞后现象可说明有点蚀发生，而滞后环本身的大小通常与蚀孔数目相关。

这种技术特别适合用来评价 S31600 不锈钢、含铬的镍基合金以及钛和锆等钝性合金的局部腐蚀敏感性。尽管极化扫描测试很简单，但其结果分析可能很困难[23]。

下面示例中，极化扫描测试分别是在试样暴露在 49℃化学品中 1 天和 4 天之后进行。此测试的目的是检测 S31600 不锈钢能否用来短期存储含 50%工业有机酸（氨基三亚甲基膦酸）的水溶液。此外，此酸性化学品中，可能还含有少量氯离子（1%）。

在此例子中，电位扫描速率是 0.5mV/s，电位扫描是先进行正向扫描，在电流达到 0.1mA/cm^2 后再进行反向扫描。挂片浸泡试验在相同介质条件下进行，试验时间为 840h。其中 S31600 不锈钢试样分别暴露在液相、气液界面和气相环境中。选择三种暴露条件的原因是，考虑到在大多数储存情况下，密闭容器都是与气液界面和气相介质暴露接触，至少部分时间如此。而在这些区域中的腐蚀与液相中的可能差异很大。这种试样还配有人造缝隙装置。

图 10.13 和图 10.14 分别为 S31600 不锈钢在介质中暴露 1 天和 4 天之后的动电位循环极化曲线。在这两条曲线中，需要考虑的重要参数有“阳极-阴极”过渡区（相对于腐蚀电位）、再钝化电位及其相对于腐蚀电位的电位值、点蚀电位及其相对腐蚀电位的电位值、滞后环（正向或负向）。表 10.3 对这些结果进行了总结说明。

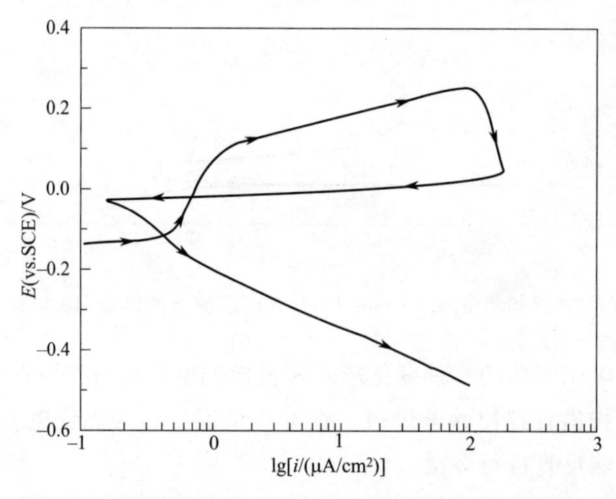

图 10.13 S31600 不锈钢在 50%氨基三亚甲基膦酸溶液中暴露 1 天后的动电位循环极化曲线（箭头代表扫描方向）

表 10.3 用于说明图 10.13 和图 10.14 的特征参数及数值大小

特征	数值(图 10.13)	数值(图 10.14)
再钝化电位(相对于腐蚀电位)	0.12V	0V
点蚀电位(相对于腐蚀电位)	0.22V	0.12V
阳极-阴极转化电位(相对于腐蚀电位)	0.12V	0V
滞后环	负向(滞后)	负向(滞后)
活化-钝化转变	无	无

一般来说，负向滞后现象表示有可能发生局部腐蚀，取决于腐蚀电位与极化曲线中显示那些特征电位的相对大小。试样在介质中暴露一天之后，预计不会出现点蚀问题，因为点蚀

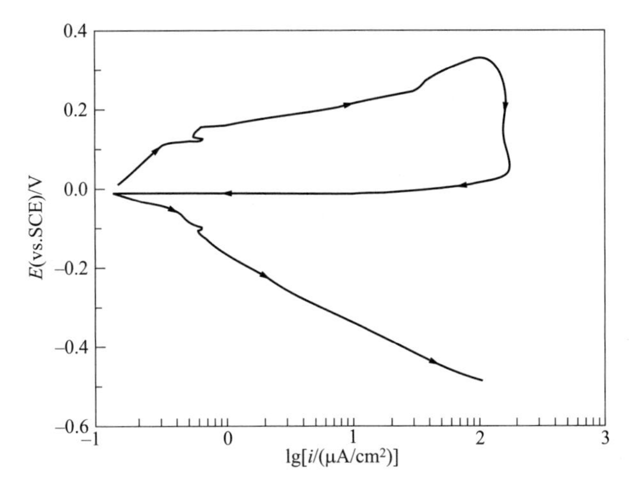

图 10.14　S31600 不锈钢在 50%氨基三亚甲基膦酸溶液中暴露 4 天后的动电位循环极化曲线（箭头代表扫描方向）

电位远比腐蚀电位正。但是回扫电流比 S31600 正常钝化状态下的明显大。这些结果表明有诱发腐蚀的风险，尤其是在那些 pH 值可能急剧下降的局部区域[23]。

但是试样在经过 4 天暴露后，局部腐蚀风险增加。此时，再钝化电位和阳极-阴极转化电位与腐蚀电位相等。点蚀电位仅仅比腐蚀电位正约 0.1V，且滞后环仍然是负向的。此时，点蚀风险已增大成为一个令人担忧的问题。

挂片浸泡试验证实了对此长期腐蚀结果的预测。在全浸条件下，人造缝隙下面有轻微腐蚀。根据在服役环境中这一研究结果，得到的实际结论就是：由于局部腐蚀发生往往需要一定时间，因此 S31600 不锈钢在这种化学介质中可以短期暴露（暴露几天）。但是，建议避免长期暴露在这种化学介质中，因为经过较长时间的暴露，点蚀和缝隙腐蚀都有可能发生。

10.2.1.2.1.2　线性极化电阻

另一种广泛使用的直流极化方法是线性极化电阻（LPR）法。一个材料的极化电阻定义为电位-电流密度曲线在自然腐蚀电位处的斜率（$\Delta E/\Delta i$）(图 10.15)。极化电阻 R_p 通过斯特恩-吉里（Stern-Geary）方程与腐蚀电流（i_{corr}）相关联[24]。

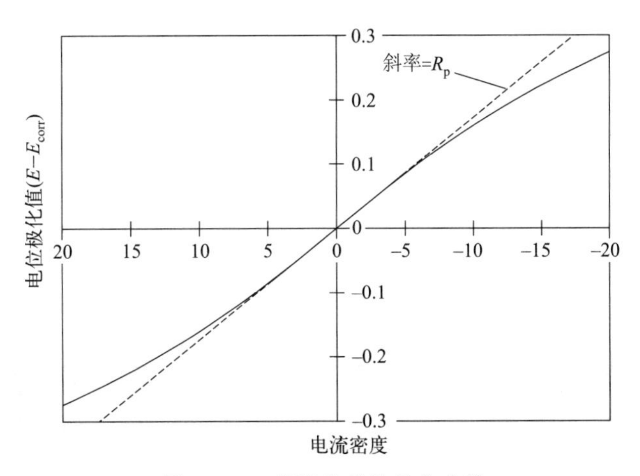

图 10.15　假设的线性极化曲线

$$R_p=\frac{B}{i_{corr}}=\frac{(\Delta E)}{(\Delta i)}_{\Delta E\to 0} \tag{10.3}$$

式中，R_p 为极化电阻；i_{corr} 为腐蚀电流；B 为极化电阻经验常数，与阳极塔菲尔斜率（b_a）和阴极塔菲尔斜率（b_c）相关，如公式(10.4)。

$$B=\frac{b_a b_c}{2.3(b_a+b_c)} \tag{10.4}$$

此方程中塔菲尔（Tafel）斜率可用图 10.16 所示的实测极化曲线进行估算或通过查阅文献获取[24]。腐蚀电流可以用法拉第定律转化为其他腐蚀速率单位，或者更简单地采用表 10.4 或表 10.5 所示转换表进行转换。第十三章中缓蚀率的测定就是线性极化电阻技术（LPR）的一个应用实例。

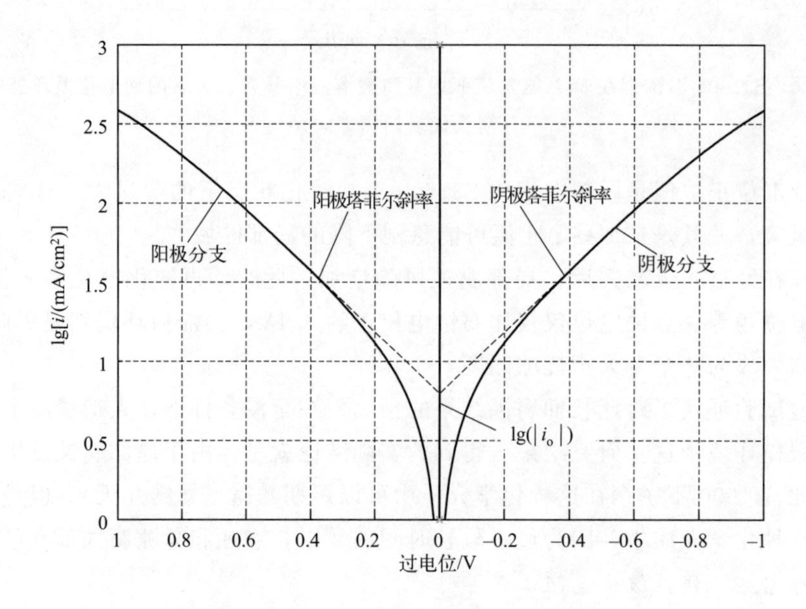

图 10.16　过电位 η 与 lg｜i｜曲线或塔菲尔曲线，其中交换电流密度可以通过阴极阳极塔菲区延长相交求得

表 10.4　所有金属都适用的腐蚀速率的电流、质量损失和腐蚀深度指标之间的转化关系①

项目	mA/cm²	mm/a	mpy	g/(m²·d)
mA/cm²	1	$\frac{3.28M}{nd}$	$\frac{129M}{nd}$	$\frac{8.95M}{n}$
mm/a	$\frac{0.306nd}{M}$	1	39.4	2.74d
mpy	$\frac{0.00777nd}{M}$	0.0254	1	0.0694d
g/(m²·d)	$\frac{0.112n}{M}$	0.365/d	14.4/d	1

① 此表应从左向右读，即 $1mA/cm^2=(3.28M/nd)mm/a=(129M/nd)mpy=(8.95M/n)g/(m^2\cdot d)$。

注：mA/cm^2 为毫安/厘米²；mm/a 为毫米/年；mpy 为毫英寸/年；$g/(m^2\cdot d)$ 为克/(米²·天)；d 为密度；M 为原子量；n 为腐蚀反应电子数。

表 10.5 适用铁的腐蚀速率的电流、质量损失和腐蚀深度指标之间的转化关系①

项目	mA/cm^2	mm/a	mpy	$g/(m^2 \cdot d)$
mA/cm^2	1	11.6	456	249
mm/a	0.0863	1	39.4	21.6
mpy	0.00219	0.0254	1	0.547
$g/(m^2 \cdot d)$	0.00401	0.0463	1.83	1

① 此表应从左向右读，即 $1\ mA/cm^2 = 11.6mm/a = 456mpy = 249g/(m^2 \cdot d)$。

在设备工况条件下，如欲采用线性极化电阻技术进行腐蚀速率监测，就必须将某种形式的探针（图 10.17 所示探针中一种）插入容器内预设的监测部位（图 10.18）。然后再通过一个外加电源对试样从腐蚀电位开始极化，记录响应电流，作为计算腐蚀速率的测量值。有些商用探针和分析系统可以直接与远程计算机数据采集系统连接。此系统还可作为报警器，当腐蚀速率过高时，向设备操作人员发出报警信号[6,20]。

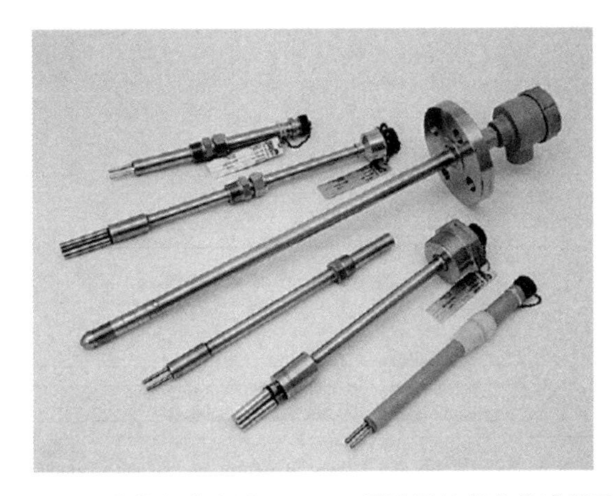

图 10.17 线性极化电阻（LPR）测试用的商业传感器元件
（由金属样品公司供图，网址 www.metalsamples.com.）

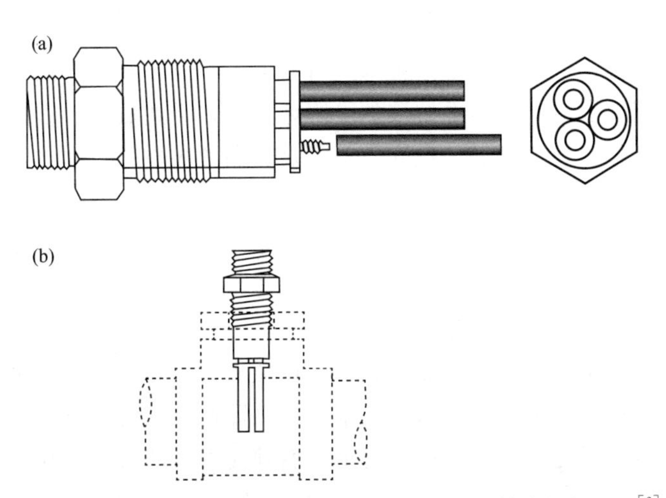

图 10.18 典型的线性极化电阻探针（a）和丁字管中探针（b）[6]

线性极化电阻（LPR）探针通常是配置成一个两电极或三电极体系，其中电极可以是嵌平式的或凸出式电极。腐蚀测试采用一个三电极体系在测试电极上进行。因为这些测量仅需几分钟，对参比电极的稳定性要求很低。对于现场监测，其中参比电极通常可用不锈钢或与被监测对象相同的合金材料制备。辅助电极通常也是用与被监测对象相同的合金材料制得。而参比电极与测试电极的接近程度决定了溶液电阻补偿的有效程度。采用两电极体系时，腐蚀速率的测量值是两个电极的平均速率。此时两个电极都采用被监测合金材料制成[3]。

一种结合了线性极化电阻（LPR）和零阻电流计（ZRA）❶ 的测量方法，可用来评估流动环境中局部腐蚀速率。在此研究中，大电极（表面积大）处于高流速条件下，而小电极（表面积小）置于低流速的旁流回路中，形成的流动差异电池如图 10.19 所示[25,26]。当将大电极和小电极通过零阻电流计电连接之后，大电极变成阴极而小电极变成阳极，由于充气差异使小电极优先腐蚀。随着试验时间延长，小电极表面逐渐被沉积物覆盖，其腐蚀速率可以很好地反映沉积物下腐蚀或局部腐蚀状态。

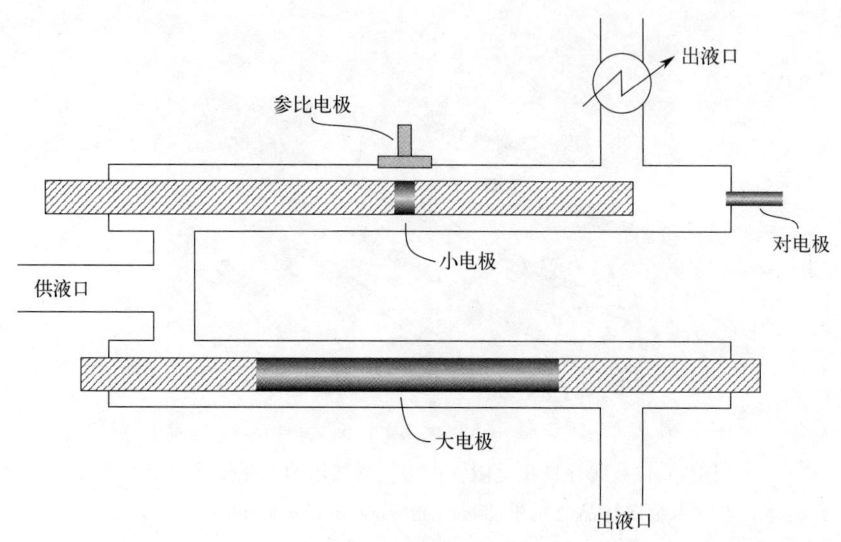

图 10.19　包括快流电极（FE）、慢流电极（SE）和惰性对电极（CE）的流动差异电池示意图[25]

当然，采用线性极化电阻（LPR）技术进行腐蚀监测时也有一些局限性。比如：腐蚀介质环境必须是低电阻率的电解液。电解液的电阻率过高，会造成测量误差过大，测得腐蚀速率会明显偏低。由于这种技术要求环境介质具有足够高的导电性，在油气行业、炼油厂、化工厂以及其他低电导率环境中的应用受到限制。

线性极化电阻（LPR）技术的另一个问题是：探针必须穿透容器或管壁，因此涉及泄漏、人身安全及其他问题。此外，在使用线性极化电阻（LPR）技术进行监测时，可以从探针部位通过导线与远程控制室直接相连，尽管这个特点可取，但是安装这种配线系统费用很高。另外，线性极化电阻（LPR）测量无法给出点蚀和应力腐蚀开裂（SCC）等局部腐蚀相关信息，而且由于线性极化电阻（LPR）技术测定腐蚀速率的前提条件是满足最佳线性近似关系，因此，这种方法最适合监测那些运行期间腐蚀速率可能发生实质性改变的系统[6,20]。

❶ 零阻电流计是一个电流-电位转换器，其输出电压正比于其输入端之间电流，而施加给外电路的电位降为 0。

10.2.1.2.2　电化学阻抗谱

相比于其他电化学技术，电化学阻抗谱（EIS）的一个重要优点就是给体系施加信号振幅可以非常小，不会明显干扰被测体系。但是，根据公式（10.3）可知极化电阻（R_p）与所监测界面处的腐蚀速率成正比，而为了估算极化电阻（R_p），就必须借助界面模型对EIS结果进行解析。

在大量用来模拟电化学界面的等效电路中，其实只有其中几个可真正适用于自然腐蚀体系。图10.20中第一个电路是描述金属/电解液界面的最简单的等效电路，其阻抗行为可用公式(10.5)表示。

$$Z(\omega)=R_s+\frac{R_p}{1+(j\omega R_p C_{dl})^{\beta}} \tag{10.5}$$

式中，$Z(\omega)$ 为角频率 ω 时的阻抗；R_s 为溶液电阻；R_p 为极化电阻；ω 为角频率；C_{dl} 为双电层电容。

在图10.20中 Q 项描述了一个“漏电电容器”行为，对应常相角元件（CPE）[27]。图10.21(a)是图10.20(a)所示电化学阻抗谱（EIS）模拟等效电路的复平面图（Nyquist图），其中 $R_s=10\Omega$，$R_p=100\text{k}\Omega$，Q 分解为 $C_{dl}=40\text{mF}$ 和 $n=0.8$，图10.21(b)为同样数据的Bode图形式。

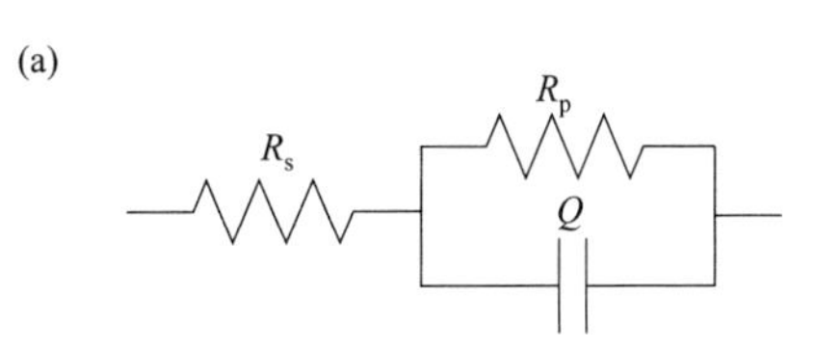

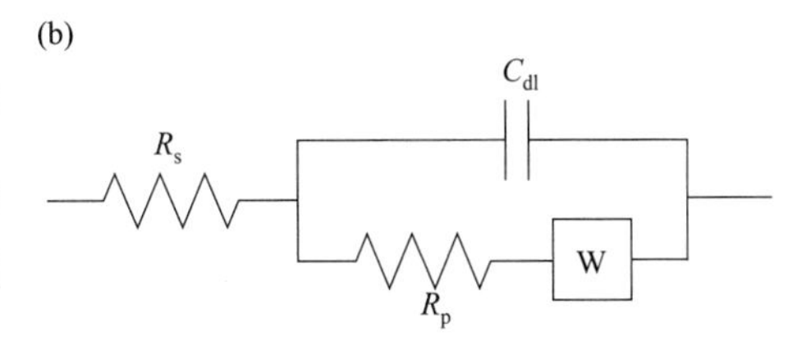

图10.20　针对不同腐蚀体系的EIS数据解析的等效电路模型：
(a) 电化学界面最简单表示形式；
(b) 带有扩散弛豫时间常数的电化学界面

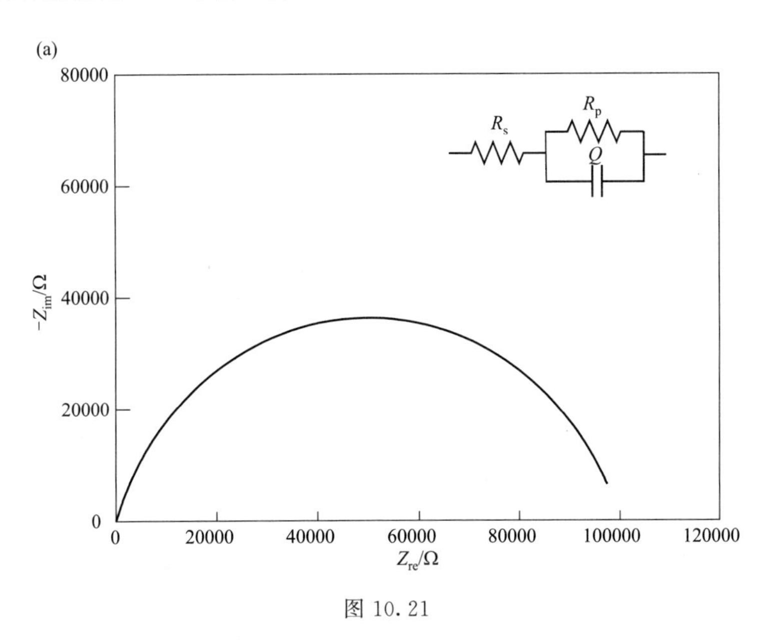

图10.21

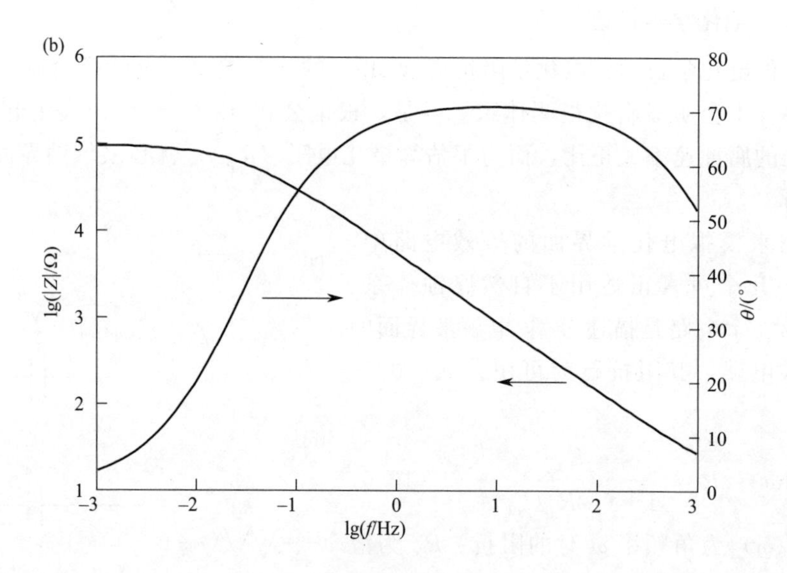

图 10.21　与图 10.20(a) 所示等效电路相应的模拟数据的 (a) 复平面图 (Nyquist 图) 和 (b) Bode 图
其中 $R_s=10\Omega$，$R_p=100k\Omega$，Q 分解为 $C_{dl}=40\mu F$ 和 $n=0.8$

第二个等效电路[图 10.20(b)]由赫拉德基 (Hladky) 等人[28] 提出，其中考虑了有限扩散行为，对应着韦伯 (Warburg) 元件，可用公式(10.6) 描述。公式(10.6) 中指数 n 可在 0.5～0.25 之间，与金属表面平滑度有关，即 0.5 对应最光洁表面，而 0.25 对应多孔或表面非常粗糙的材料[29]。公式(10.6) 中 R 和 C 分别为电阻和电容，与无线传输线 R-C 分布有关。

$$Z(\omega)=\omega^{-n}\sqrt{0.5\left(\frac{R}{C}\right)} \tag{10.6}$$

式中，$Z(\omega)$ 为角频率 ω 时的韦伯 (Warburg) 阻抗；ω 为角频率；R 和 C 分别为电阻和电容，与无线传输线 R-C 分布有关。

图 10.22(a) 是对应于图 10.20(b) 等效电路拟合数据的复平面图，$R_s=10\Omega$，$R_p=100k\Omega$，$C_{dl}=40\mu F$ 和 Warburg 元件的指数 $n=0.4$ 。图 10.22(b) 是对应的 Bode 图。

交流阻抗谱 (EIS) 的测量周期，由测试频率范围确定，对于腐蚀监测而言，相当关键，尤其是低频区。例如：一个单频率点 1mHz 下的阻抗测试，需要 15min，从高频向低频扫描至此低频率，测试时长可能超过 2h。因此，为了能在常规腐蚀监测中的应用交流阻抗谱技术，就必须进行适当简化处理，最大程度利用高频区数据，并大幅缩短测量时间。此外，对于现场腐蚀监测而言，数据处理和分析过程简单化，技术使用简便化，也非常重要。为此，研究者们提出了一种处理方法，即通过阻抗复平面图中三个连续数据点确定圆弧的几何中心 (图 10.23)[30,31]。

这种三点法是两点法的改进。两点法是基于高频和低频数据点的比较，其中高频点阻抗与溶液电阻 (R_s) 成正比，而低频点阻抗是 R_s 与 R_p 之和[32]。在实际环境状态下，两点法的假设条件很难满足，即两点法分析时，假定所测试阻抗数据点中所包含虚部成分应该是可以忽略不计 (如 0 相位角偏移)，而通常在低测试频率下很难从实际意义上满足这一条件。

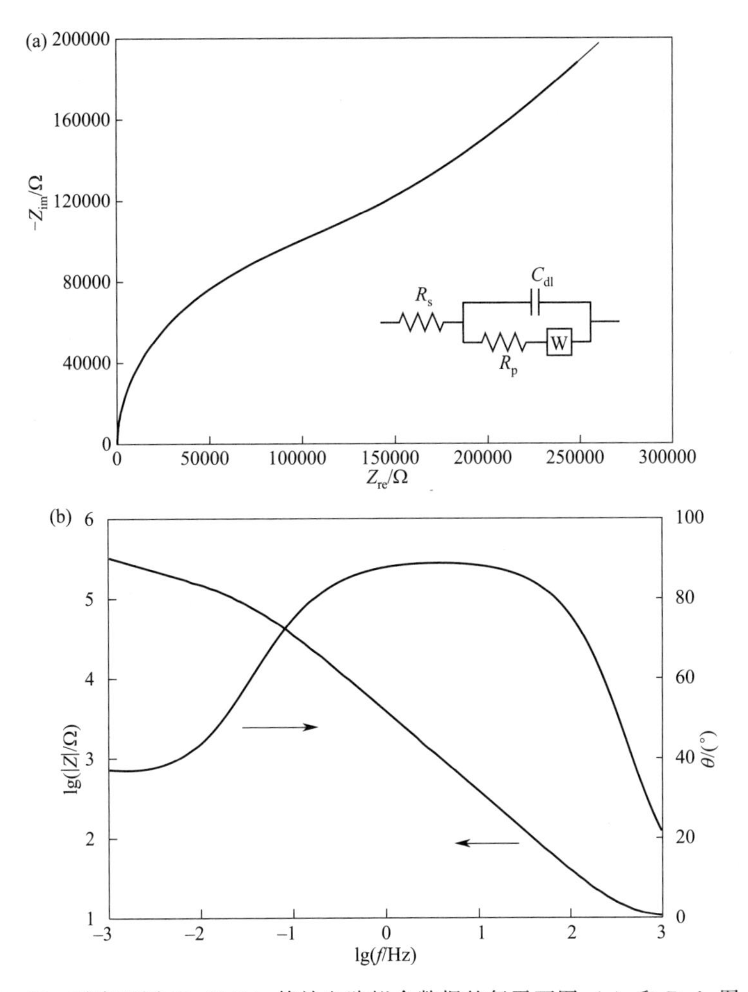

图 10.22　对应于图 10.20(b) 等效电路拟合数据的复平面图（a）和 Bode 图（b）

其中 $R_s=10\Omega$，$R_p=100\ k\Omega$，$C_{dl}=40\mu F$ 和 Warburg 元件的指数 $n=0.4$

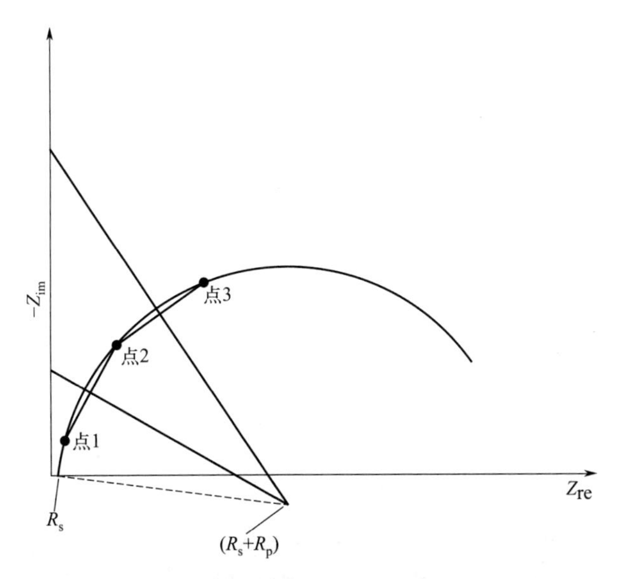

图 10.23　从 EIS 谱图中求取极化电阻的方法示意图

通过将与推测圆弧几何中心的相关数据点重新排列，从而获得所推测圆弧中心的总体情况，是对三点分析技术的进一步改进。这一改进可以实现数据分析自动化，同时还可提供一些相关信息来判断测试结果与公式(10.5）所描述的电阻-电容（RC）行为的相符性，而这种电阻-电容（RC）行为可用来评价均匀腐蚀的相关参数[31]。

10.2.1.2.3　电化学噪声

金属试样腐蚀过程中存在电位或电流波动，这是一个众所周知且很容易观察到的现象。自 1968 年艾弗森（Iverson）有关电化学噪声（EN）的论文发表之后，电化学噪声（EN）技术作为一种腐蚀研究方法，其应用日益增多[33]。人们已发现：电化学噪声（EN）技术特别适合去监测那些导致发生局部腐蚀的起因事件的发生过程，以及认识这类腐蚀的典型初始事件的时间发展历程。

局部腐蚀过程中，电化学噪声（EN）被认为是钝化膜破裂和再钝化等随机性过程与膜形成或点蚀发展等引起的确定性过程的综合作用结果。

10.2.1.2.3.1　电极配置

为了能够利用电化学噪声（EN）技术来监测局部腐蚀，尤其是点蚀，人们在电极设计方面做了相当多的工作，如使用两个非常小（$\leqslant 1\mathrm{mm}^2$）或非常大（$\geqslant 100\mathrm{cm}^2$）的电极以及阵列电极等。通过零阻电流计（ZRA）将在同一溶液中的两个全同腐蚀电极进行电连接，是可用来进行电化学噪声（EN）测量的一个很简单的电极体系设置。此外，第三个全同电极也可放置于溶液中，作为“噪声”伪基准电极，与前两个电极通过高阻电位计相连。在现场应用中，这种电极配置方式非常有吸引力，因为相比于实验室用电极，这种金属电极更坚固。可用来进行电化学噪声测量的电极配置形式有很多[34]：

- 三全同电极体系：其中两个通过零阻电流计相连，另一个作为伪基准电极，同时（图 10.24）或连续（图 10.25）测量电流和电位；

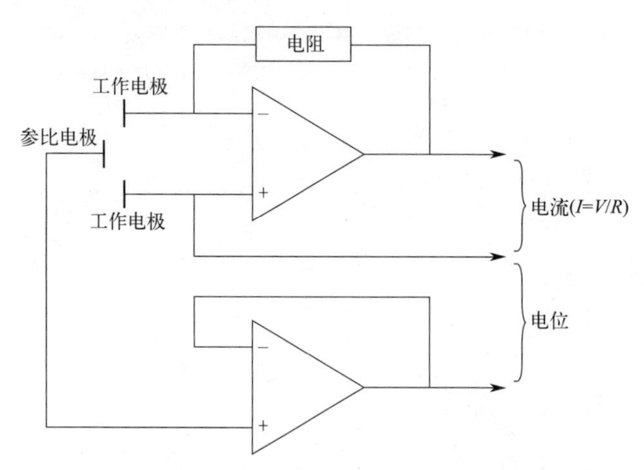

图 10.24　用三全同电极体系同时进行电流和电位监测[34]

- 恒电位模式的三全同电极体系（工作、参比和辅助）：基准电位设置为 0V(图 10.26)，同时测量电流和电位。这种特殊排布形式很有用，因为这种恒电位控制方式可用来进行其他受控极化测试，如线性极化电阻（LPR）或谐波失真分析（HDA）等；
- 由试验材料制成多电极阵列，用扫描技术测试单个或组合元件之间的电流和/或电位，

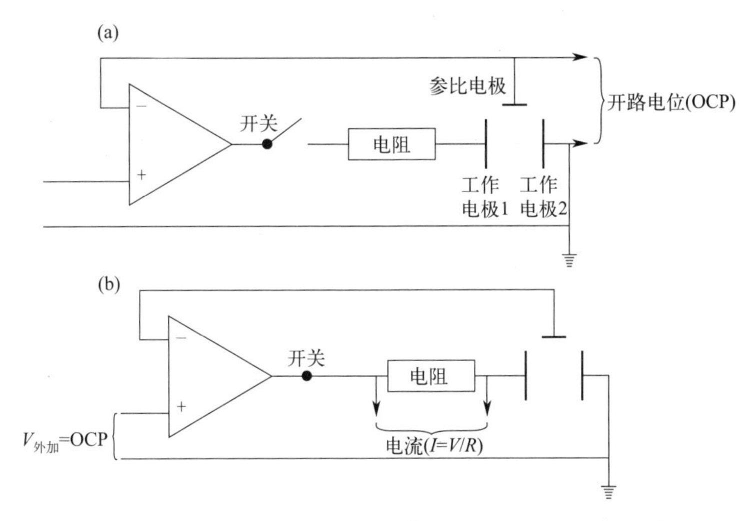

图 10.25　采用三全同电极体系依次进行电流和电位监测：

（a）工作电极 2 的开路电位（OCP）和（b）闭合运行模式[34]

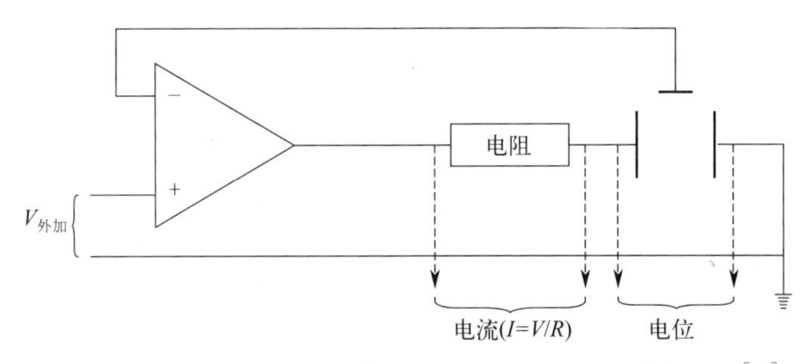

图 10.26　采用三全同电极体系同时测试电流和电位的设置[34]

以识别某一个或几个电极上的局部阳极行为（图 10.27）；[35]

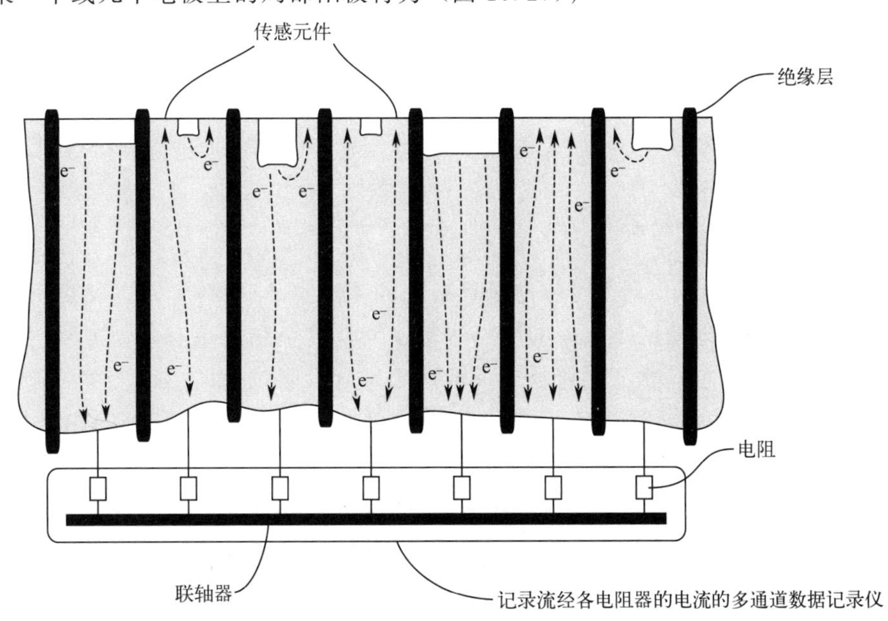

图 10.27　多电极阵列的多通道电流或电位测量[35]

● 由一个工作电极（WE）构成的单电极探针，其电流（图 10.28）或电位（图 10.29）的测量都是相对于所研究部件。与三电极体系类似，它也可以用来评估极化响应。

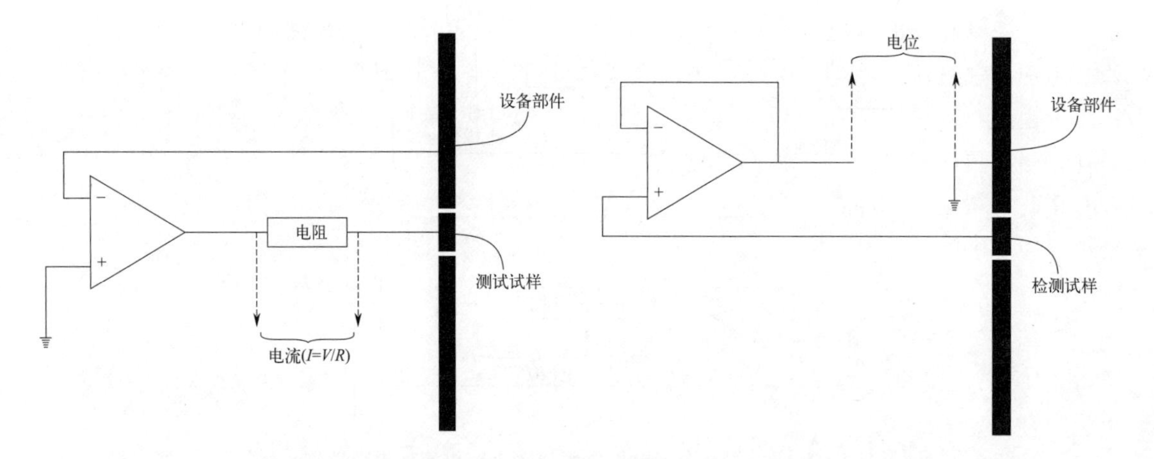

图 10.28　单电极测量相对于设备的电流[34]　　图 10.29　单电极测量相对于设备的电位[34]

10.2.1.2.3.2　信号分析

电化学噪声分析（ENA）几十年前人们就开始研究，但是直到最近研究者们才将其作为一种可靠的腐蚀监测技术引入腐蚀研究领域。从这一点上来说，伊顿（Eden）等人开创性工作起到了非常重要的推动作用，他们在腐蚀研究中引入了这样一个理念，即：一个腐蚀电解池中可包含两个工作电极，电位和电流波动都可测量[36]。剩下的问题就是如何建立一个基础坚实的数据解析方法。因为单一腐蚀电极上的电化学噪声（EN）测量结果不足以评估电极的腐蚀速率，所以在大多数现场应用中，电化学噪声测量都是建立在包含两个全同工作电极（同材质、同尺寸、同表面处理）的电解池的基础之上，通过零阻电流计将两个工作电极相连，使它们处于同一腐蚀电位之下[37]。

对于在具有外加或自然存在的非对称性的两个工作电极之间的电化学噪声结果的分析，可以考虑使用公式(10.7)。此公式表明一个电解池的噪声阻抗（Z_n）取决于两个工作电极的阻抗（Z_1 和 Z_2）以及用功率密度谱（ψ_{i_1} 和 ψ_{i_2}）表示的噪声水平，其中功率密度谱通过使用快速傅里叶变换（FFT）或最大熵值法（MEM）对噪声信号进行分析得到。

$$Z_n(f)=\sqrt{\frac{\psi_V(f)}{\psi_I(f)}}=|Z_1(f)Z_2(f)|\sqrt{\frac{\psi_{i_1}(f)+\psi_{i_2}(f)}{|Z_1(f)|^2\psi_{i_1}(f)+|Z_2(f)|^2\psi_{i_2}(f)}} \tag{10.7}$$

在最简单的情况下，即当两个工作电极具有相同阻抗（$Z_1=Z_2$）时，噪声阻抗等于电极阻抗的模值$|Z(f)|$。即使两个电极的噪声水平不同，这个结果也有效，与噪声信号来源（局部腐蚀或均匀腐蚀，或者由于阴极反应气泡逸出）以及阻抗谱的形状无关。在这种情况下，噪声测量就相当于阻抗测量，其中外加扰动信号用腐蚀过程产生的内部噪声信号代替[37]。

但是，当两个工作电极阻抗不同时，噪声阻抗分析就需要更谨慎小心地去解析。根据电流噪声来源，测量的阻抗可能是一个静止阴极或静止阳极的阻抗，而中间状态，即测试的阻抗（Z_n）显示的是阳极与阳极的一个混合行为，解释更困难。例如：如果阴极产生气泡，同时阳极发生全面腐蚀，阴极噪声比阳极噪声大几个数量级，因此，噪声阻抗（Z_n）等于

阳极阻抗的模值 $|Z_a|$。在此种情况下，测量的是阳极阻抗，阴极噪声作为输入信号，而时间记录似乎仅仅显示阴极过程。

还有一种相反的情况，即：在一个电解池中，阳极发生点蚀，而阴极是发生溶解氧的还原或施加外加电流。因为阳极噪声占优，根据公式（10.7）可知，噪声阻抗（Z_n）等于阴极阻抗模值 $|Z_c|$。阳极噪声是内部信号源，用来测量阴极阻抗。

在很多情况下，尤其是现场应用，使用那些实验室常用的低噪声参比电极根本就不切实际。在此种情况下，第三个电极可使用与两个工作电极类似材料的制备。很显然，此时参比电极对体系的噪声会有贡献。但是，已经过证实，这种电极体系中噪声阻抗（Z_n）是总噪声阻抗（Z）的一部分，即$\sqrt{3}|Z|$，因此进行简单修正就可以解决这个问题。但是，更关键的问题是，噪声信号由这三个具有相同阻抗和相同噪声的电极共同决定。而正如每个腐蚀工作者所知，初始状态完全相同的电极随着时间延长也会有发生行为偏离的趋势。实践经验也表明：在发生局部腐蚀时，这个问题特别麻烦，会带来显著误差且难以修正。

电化学噪声分析基本上可分为三类：直观检查分析；非时序分析法，即处理采集的电位或电流数值时，不考虑读数的时间顺序状态（转折点、平均值、方差、标准偏差、偏斜度和峭度）；考虑时间序列的分析法（自相关、功率谱、分形分析、随机过程分析）[38]。

时间记录扫描线的直观检查分析，可以指示正在发生的腐蚀类型。下面以工业煤气洗气系统为例来说明：当系统中可能形成高腐蚀性薄液膜时，如何通过一个电化学噪声测量结果的简单分析来揭示各个点位的腐蚀性[39]。当气流遇冷降至露点温度之下时，系统中某些部位就可能形成这种高腐蚀性薄液膜状态。因为露点冷凝形成的薄液膜（湿气）中常常含有高浓度的腐蚀性粒子。

此例中所用腐蚀探针如图 10.30 和图 10.31 所示。为了使传感器表面与洗涤塔壁内表面平齐，此处使用了一个插入深度可灵活变化的伸缩式探针。其中碳钢传感器元件采用密间距设计，在运行过程中其表面可形成不连续薄液膜。这个腐蚀探针用多股屏蔽线与手持式多通道数据记录仪相连（图 10.32）。因为气体洗涤塔的管道极度隔热，无需专门采取措施对腐蚀传感器表面进行冷却。

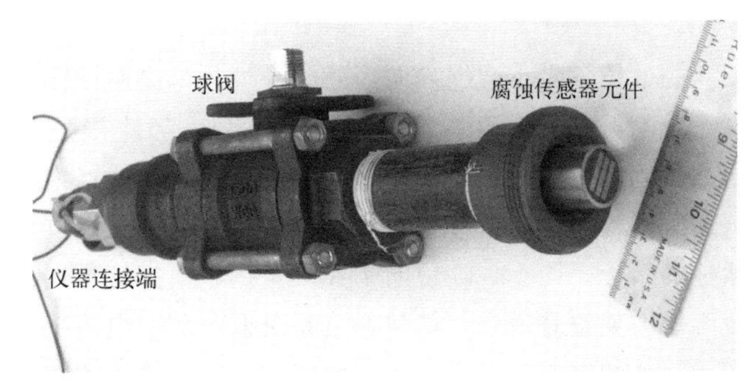

图 10.30　用于薄膜腐蚀监测的腐蚀传感器和接口配件［由金士顿（Kingston）技术软件公司供图］

在洗涤塔锥形底部接触介质的最初第一小时内，记录的电位噪声和电流信号如图 10.33 所示。根据设备运行历史记录可知：冷凝物容易累积的部位就是那些高腐蚀环境的区域。在图 10.33 中，高水平的电位噪声和电流噪声表明发生严重点蚀，这一结果与运行实践一致。应当注意的是：在监测期内大部分时间，电流噪声实际上都超过了量程范围，即超过了 10mA。

图 10.31 薄膜腐蚀监测用腐蚀传感器元件特写照片［由金士顿（Kingston）技术软件公司供图］

图 10.32 现场腐蚀监测用电化学噪声手持式数据记录仪［由金士顿（Kingston）技术软件公司供图］

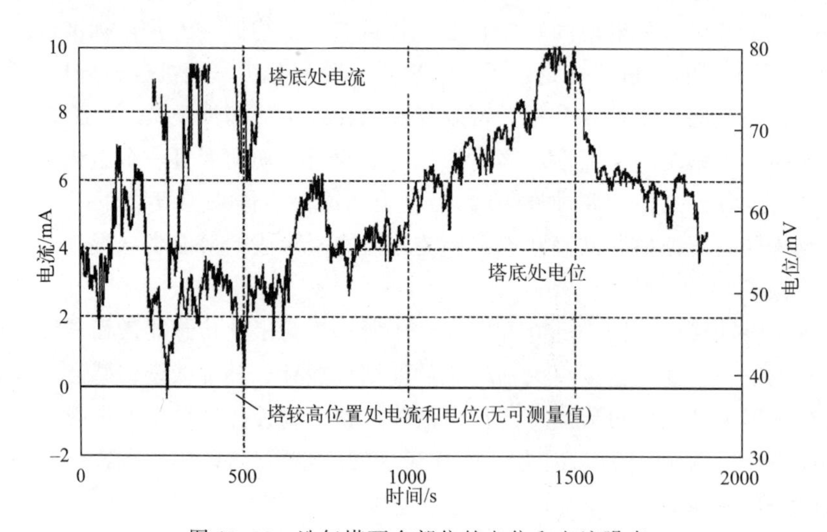

图 10.33 洗气塔两个部位的电位和电流噪声

从此传感器位置监测到的电化学噪声数据表明：此处环境具有高腐蚀性。由扫描电镜可观察到传感器表面有严重点蚀，就是一个直接证据（图 10.34）。与此相反，在洗涤塔内较上部位置处，传感器表面几乎总是处于干燥状态，电流和电位信号都始终维持在一个较低水平。

在工业应用中，通常都对这个简单分析方法进行了改进，即把电位和电流信号宽度作为所监测体系中腐蚀活性的指标。图 10.35 说明了在一个用来研究管道运行状态变化和腐蚀机制之间相互影响的脱丁烷塔架空管道中，如何通过系统监测到的电流带宽减小来理解其全面腐蚀活性的降低。图 10.36 和图 10.37 说明了在脱丁烷塔架空管道评估研究中，如何通过噪声监测来追踪点蚀迹象以及相关系统的不稳定性。

目前已开发的电化学噪声分析（ENA）技术中，大多数都是用来建立噪声数据记录中时而出现的细微特征与体系腐蚀性变化之间的相关性，尤其是关于这些变化对局部腐蚀的影响。此外，研究者们还提出了三种技术，可用来在已知或已测得体系塔菲尔常数的情况下，求得作为均匀腐蚀速率衡量指标的极化电阻。

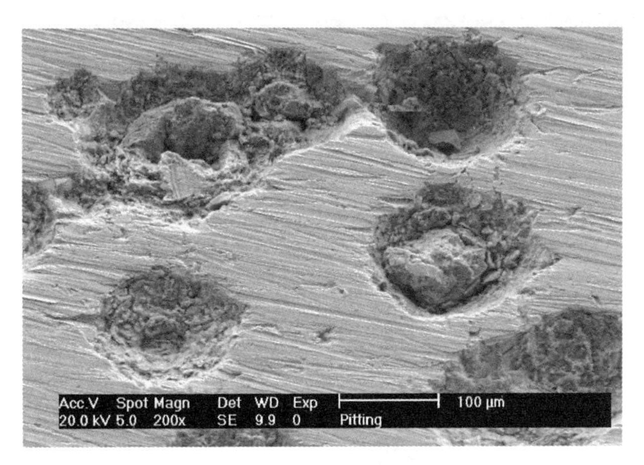

图 10.34　暴露在洗气塔底部的传感器元件表面（带有清晰的点蚀坑）扫描电镜照片

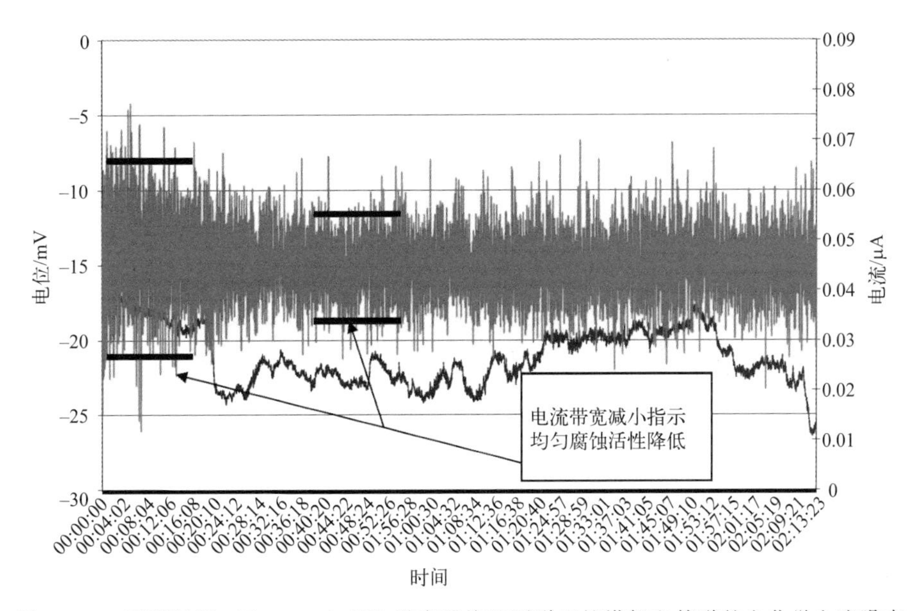

图 10.35　用科胜通（Concerto）VT 噪声系统监测脱丁烷塔架空管道的电化学电流噪声（大带宽）和电位噪声（小信号）（由 CAPCIS 有限公司供图）

噪声电阻（R_n）是电位标准偏差与电流标准偏差之比，该方法是一种非时序分析方法。噪声阻抗（R_{imp}）是低频极限下的电位功率密度平方根与电流功率密度平方根之比，该方法是一种时序分析方法。电位功率密度和电流功率密度通过傅里叶变换或最大熵值法等功率密度谱技术计算得到[40]。最后一个是噪声瞬态电阻（R_{tran}），是单个瞬态的电位幅值与电流幅值之比[41]。瞬态电阻（R_{tran}）给出了最精确的腐蚀电阻数值，但数据分析也最复杂，因为该技术取决于是否能找到可清晰阐明的瞬态。

尽管这些利用电化学噪声测量极化电阻的技术都已在可控的实验室研究中广泛使用，但是由于现场环境的高度变化性，而且已有电阻探针、线性极化电阻或质量损失片等多种确立已久的可用技术，因此给人的印象就是电化学噪声分析并不适合测量均匀腐蚀速率。

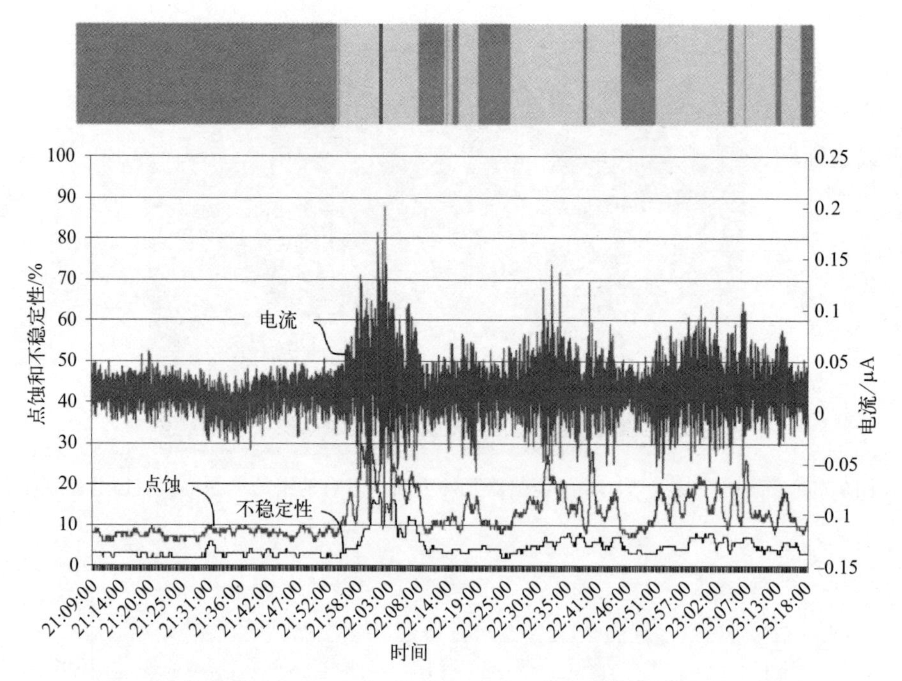

图 10.36　用科胜通（Concerto）VT 噪声系统监测脱丁烷塔架空管道，在末期观察到大电流瞬变，说明点蚀活性增大（由 CAPCIS 有限公司供图）

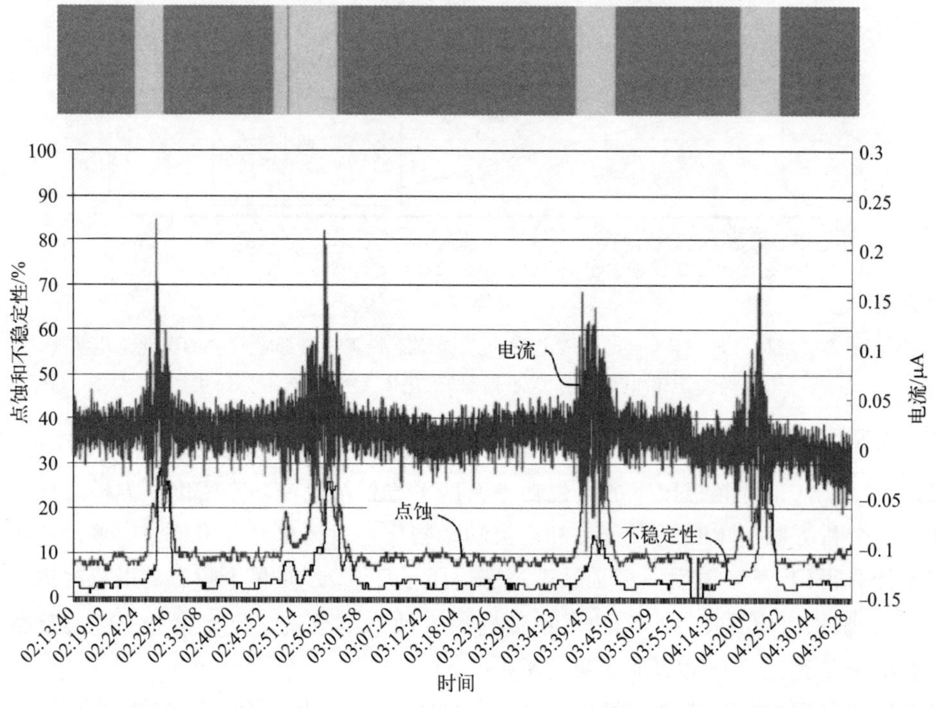

图 10.37　由科胜通（Concerto）VT 噪声系统监测脱丁烷塔架空管道，观察到间隔非常规律的噪声信号，反映出中等程度点蚀问题（由 CAPCIS 有限公司供图）

10.2.1.2.4 零阻电流计

这种电化学技术，其实就是通过零阻电流计来测量两个异种电极之间的电偶电流。传感器元件间差异性设计可能是针对监测系统中一些感兴趣的特性而定（如不同成分、热处理、应力水平或表面状态等）。这种技术也可使用名义上的全同电极，用来揭示腐蚀环境的变化，因此可作为腐蚀速率变化的指示器。

此技术的主要原理就是放置在工艺物料流中的两个电极的电化学行为存在差异，致使两电极的氧化还原电位不同。而一旦两个电极通过外部电路相连，较贵金属电极就会成为主要阴极，而较活泼金属则变为主要阳极和牺牲性阳极。当阳极反应相对稳定时，电偶电流可监测在工艺物料流环境中阴极反应的变化。当阴极反应稳定时，电偶电流监测的则是阳极反应对工艺环境波动的响应[3]。

人们已发现：在研究电偶对中阴极去极化作用时，这个技术非常有效，从中可获得低含量溶解气体（尤其是氧气）或出现细菌等相关反馈信息，因为它们都会使电偶对阴极发生去极化，从而增加电偶电流。当用来检测低含量氧时，其他溶解性气体可能会产生干扰。如果要求定量，常常需要用溶解氧测量仪进行校准。

如果影响因素有限，且最好是已通过其他方法进行了验证，那么此时零阻电流计法可以作为一种定量标准。但是，在监测溶解性气体影响时，电流信号转化为气体浓度并不精确。另外，当其他因素也起作用时，如生物膜化合物形成过程中或存在缓蚀剂，此方法实际上不能给出其中任何一种因素的量化指标。

此外，电偶探针监测结果并不一定总能够反映真实的电偶腐蚀速率，因为电偶腐蚀与相对面积以及部件具体几何形状有关，在设计的探针与实际所监测设备部件之间，这些都会存在差异。而且，零阻电流计技术无法区分阳极反应和阴极反应的各种活化作用。例如：溶解氧量增加使阴极活化，微生物活性增加使阳极活化，或这些因素结合，都会使监测电流增大。如果必须区分其中各种电化学因素，有时可对各种因素进行单独分析。

10.2.2 直接的非侵入式技术

按照定义，直接的非侵入式测试技术，不需要进入所监测系统的内部，因此避免了一些与侵入式设备在线插入和取回操作相关的常见风险。与侵入式腐蚀监测技术相比，这些非侵入式技术的一个重要优势就是监测的是实际设备材料而不是可能存在差异的试样材料。所监测的设备材料面积一般都比嵌入式试样的大，当然这与具体技术和实施方式有关。

10.2.2.1 薄层活化和伽马射线照相术

薄层活化（TLA）和伽马（γ）射线照相术，是从核科学领域发展而来，使用这种技术时，材料小部分表面会在高能荷电粒子束作用下产生一个放射性表面层。例如：质子束可用来在钢铁表面产生放射性同位素 Co-56。而同位素 Co-56 会衰变为 Fe-56，同时发射 γ 射线。放射性粒子浓度很低，所监测设备部件的冶金学性能基本不会发生变化。由于该技术中的放射性作用比传统 X 射线照相术的低得多，因此也不会涉及健康风险问题。低水平放射性涉及的处理程序不多，除了人类消费品，其他类产品质量都不会受到影响。

用一个单独的检测器测量表面层发射出的 γ 射线的变化，可研究表面物质清除速率。放射性表面可直接在设备部件（非侵入式）上制备或在单独的传感器（侵入式）表面形成。所测γ射线取决于初始放射性示踪剂的数量以及同位素随时间的自然衰变（与其半衰期有关）。这种技术可用来检测表面腐蚀产物清除之后的磨损、磨蚀和腐蚀情况。此外，一个系统中不同部件可用不同同位素进行辐照，因此可以对这些部件同时进行检测。而且，活化面积可以很小（$<mm^2$），因此可以利用这个技术来监测焊缝和焊接热影响区（HAZs）等特殊金相组织区域。

通常，γ射线可以穿透厚达5cm的钢板，而信号衰减适中，因此，利用γ射线技术有可能在现场外部监测内部产生的活性层，而内表面和外表面之间并无任何物理连接。为了补偿同位素自然衰变和自然本底水平，每一次读数都需进行三次测量，即活性部件、相同同位素参考样品（自然衰变）以及背景辐射（系统中和大气中的自然辐射）[3]。但是，这些技术完全是测量材料损失，不区分磨损和腐蚀作用。此外，那些仍然附着于材料表面的腐蚀产物，不能作为材料损失被检出。

10.2.2.2 电场指纹法

电场指纹法（FSM）是一种非侵入式技术，可以直接监测管壁腐蚀。这种技术最初主要是针对油气生产领域而开发，一般是通过贴附在管线外表面的探针监测管壁内表面的腐蚀损伤，其中探针通常受腐蚀保护。这种技术可检测到实际设备结构几米范围内的腐蚀损伤，可适用那些传统侵入式探针难以接近的部位以及探针和超声波检测受限的高温环境（超过150℃）中的检测。由于在最初安装完成后一般不需要再次进入，因此这种技术非常适合监测那些难以接近的部位。除了在高腐蚀速率环境下管段自身可能有损耗之外，此监测系统在使用中并无其他消耗性零部件。

电场指纹法需在监测管段中施加一个电流，通常对于大管道是间隔3～10m，小管道是间隔几个厘米，测量由此产生的电位分布，从而探测腐蚀损伤（图10.38）。探针阵列通过电栓焊、胶黏或弹簧加载，与整个结构外表面进行电连接。

从腐蚀监测角度而言，在设计电场指纹法监测矩阵时的一个关键问题是确定预期可能发生腐蚀的部位和类型。通常，某一部位的监测可能使用多达84个探针对。如果监测局部腐蚀，探针对之间距离更近，而对于均匀腐蚀，探针对可以分布在一个大得多的区域。对于同时监测两种腐蚀类型，一般原则是探针对相对位置距离是管壁厚度的三倍[42]。

操作人员通过监测电位示数并进行比较，可以搜寻到监测管段中所有可能由于开裂或点蚀造成的不均匀性（图10.39和图10.40）。将探针对上的平均电位降与参考元件上的电位降进行比较，可以用来监测全面腐蚀的金属损失。监测面积取决于探针间距，其分辨率与探针间距和壁厚成反比[3]。在使用参考元件的情况下，对于全面腐蚀的金属损失，其灵敏度约为壁厚的千分之一。如果由于测量电位需要对接触探针进行重新准确定位，探针不是永久性黏附在管壁的情况下，电场指纹法监测元件灵敏度会比较低。

一旦确定了易腐蚀部位，那么该处工艺温度就必须加以考虑。电场指纹法监测系统有两种类型：高温系统和低温系统，根据硬件要求，以大约150℃为界。高温FSM系统需要在绝缘层外侧加装一个接线盒。但其实理论上来讲，FSM技术没有温度限制[42]。在FSM系统安装完成之后，下一个应该重点关注的问题应该就是数据分析，因为数据分析可能相当复杂。此外，这种技术无法区分管内和管外表面的缺陷或总材料损失。

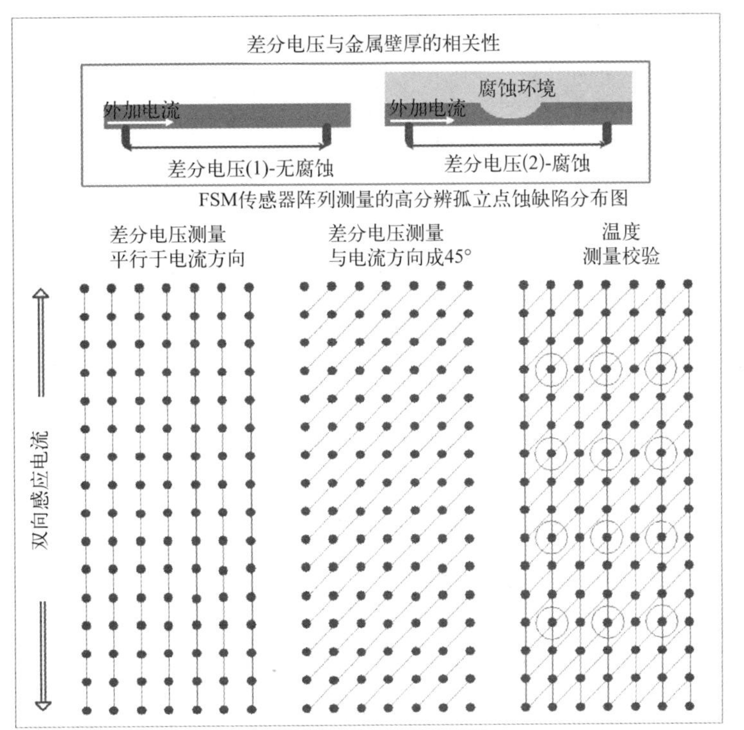

图 10.38　用 FSM 测量孤立点蚀缺陷高分辨分布图的电场监测传感器阵列示意图

（由 PinPoint 腐蚀监测技术公司 Eric Kubian 供图）

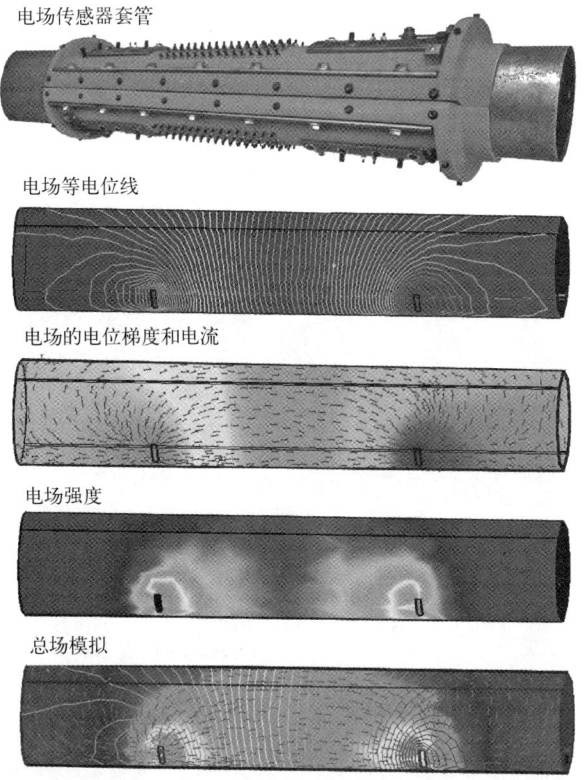

图 10.39　电场传感器套管和 FSM 监测时两个传感器测量点之间各种代表性的电场行为

（由 PinPoint 腐蚀监测技术公司 Eric Kubian 供图）

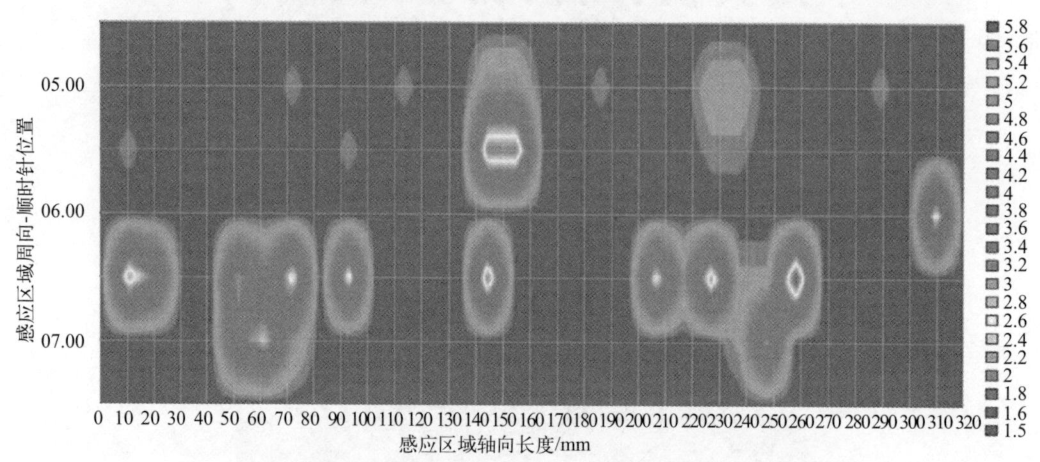

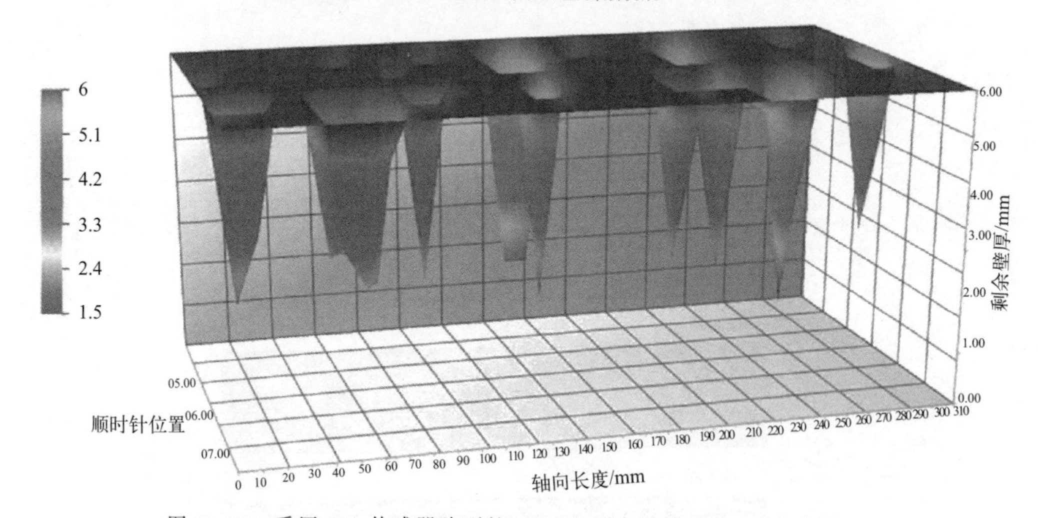

图 10.40 采用224-传感器阵列的FSM监测点蚀管道的3D分布图

10.2.2.3 声发射

声发射（AE）技术是基于测量微观缺陷（如应力腐蚀裂纹）生长过程中发出的声波。

因此，传感器元件实际上就是非常灵敏的麦克风，按照一定策略排布在结构设备上。声波是由于在压力或温度变化过程中，设备内产生的机械应力而引起。背景噪声的影响是一个必须考虑的问题，在在线测量中，这个问题可能特别麻烦。声发射技术的输出数据量很大，需要进行相当复杂的数据筛选和分析。

声波传感器探测的就是裂纹生长甚至塑性变形过程中产生的声波。次级发射，即由于裂纹微动或腐蚀鼓泡破裂产生的声波，也可以用于探测缺陷。这种技术本质上只是定性地识别缺陷区域，对这些缺陷的进一步研究可能还需要采用一些其他无损检测技术，如超声波[3]。

声发射检测通常都是通过改变外加压力或在温度变化的停车过程中离线完成，这样可以最大程度减小背景噪声影响。声发射技术也可以用于在线检测，但由于背景噪声，其检测范围会缩小。人们可以根据滤波调节程序，调整传感器频率和增益。离线检测是一种用来监测完整性的短期检测，而在线检测是用于追踪可能促进裂纹生长的运行状态。对于初始覆盖范围很宽的离线检测，其频率范围一般是 150～175kHz。对于以缺陷为监测目标的在线检测，使用频率为 1MHz 左右，其检测覆盖范围降至约 0.50m。

三角测量可用来估测不断扩展的缺陷的位置。传感器检测到的声能取决于缺陷大小及其与传感器间距离。在离线检测中，超压只能检测在监测期间那些能量足够高即将扩展的缺陷，并不能检测在外加应力发生短时偏离的情况下那些非活性缺陷，尽管在出现更严苛工艺偏离的情况下这些缺陷可能是潜在弱点或会发生活性生长。

10.2.3 间接的在线技术

目前已有大量监测技术，可用于检测有关环境介质或金属部件的某些间接变化，而这些变化可能是在腐蚀过程中会发生的，也可能会使腐蚀过程加速。监测和评估这些腐蚀损伤影响以及相关因素的手段涉及不同学科领域（如冶金、物理、生物、化学、核科学），这也体现出这种变化的多样性。

10.2.3.1 氢监测

氢探针的基本原理是基于如下事实，即：在非氧化性酸性体系中，一个阴极反应的产物是原子态氢，它能扩散通过容器或管壁，在外表面重新结合成氢分子。当环境中存在某些抑制原子氢复合以及随后氢分子释放的化学物质或毒剂（如氰化物、砷、锑、硒或硫化物等）时，原子氢就会被材料“吸收”。通过检测这种“吸收”的原子氢，可以监测腐蚀，包括侵入式和非侵入式方法。后者，即非侵入式方法，是将氢监测传感器贴附安装在容器和管道外壁。此时最关心的问题就是原子氢在金属基体内扩散，因为这有可能造成氢致开裂（HIC）之类的问题。

氢监测技术非常适合在那些涉及碳氢化合物物料流的炼油和石化行业中使用。因为这些行业中，普遍都会存在硫化氢，而它会促进设备部件的氢吸收。可用来监测氢流量的氢探针有多种类型（图 10.41）[43]。不过这些探针都是基于下面三个原理的其中之一：

- 氢压（真空）探针：这种探针有一种形式是侵入式的，由含有内腔的嵌入式钢管或钢筒构成，用压力计测量内腔压力。另一种是非侵入式的探针，是一个含有一个可安装贴片探针的设备，其中片或薄片通过焊接或其他方式密封在管道或容器外部，形成一个空腔。某些类型氢压探针的可测压力范围从大气压为 0 的绝对压力开始，即在真空范围内。但是其他类

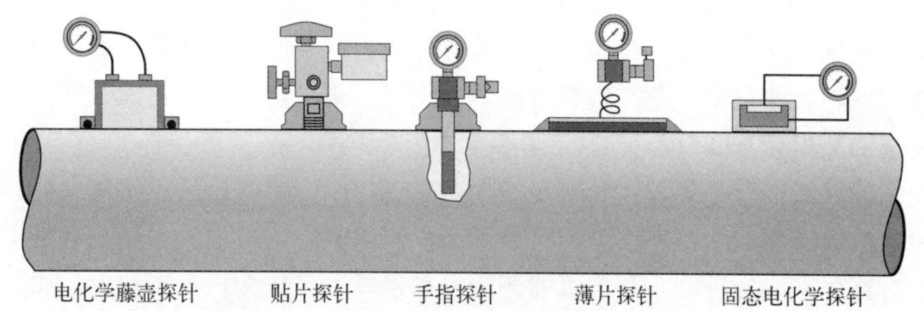

图 10.41　各种不同的氢探针，可插入容器或管道内，或者黏附在其外部[43]

型氢压探针，一般都是测量高于大气压的正压。随着时间延长，空腔内压力增加，据此可以探测通过管或筒壁的氢流量。通过的氢流量越大，压力随时间的增加会越来越快[3]。

- 贴片式电化学氢探针：这种非侵入式探针设备是贴附在监测管道或容器外表面。贴片探针本身由一个含有合适电解液的小电化学池组成，电解液与被监测设备部件直接接触（图 10.42）。一般情况下，这个小的电化学池可使用镍镉电池的镍电极，其中含有碱性电解液与管道接触。但是通常是用钯箔将电解液与外表面隔离，以钯箔作为检测回路的电极。当氢进入电池时，电池工作使氢氧化。产生的电流与进入电化学池的氢流量成正比[3]。
- 氢燃料电池探针：这是另一种非侵入式探针，也是一种电化学装置，不过是由一个小的燃料电池组成。正如图 10.43 所示，电池包括固体电解质膜、阴极和表面被钯催化活化的阳极。进入电池中的氢在活化钯表面反应，而周围环境中氧（空气）透过多孔阴极发生反应，这样在外部电路的阴阳极之间就会产生电流。而这个电流直接正比于通过钯膜的氢流量[44]。

当原子氢在材料中的相对分布恒定时，通过氢渗透率就可以获得相对腐蚀速率信息。不过，这种技术更多的是用于探测可能使钢材发生氢鼓泡和氢致开裂的高流速渗氢。

但是，析氢反应仅仅是可能与实际阳极腐蚀反应同时发生的多种阴极反应之一。因此，在任何其他阴极反应（如溶解氧还原）占优的情况或环境下，采用这种技术测量腐蚀速率就不太合适。此外，目前人们对于氢扩散速率与腐蚀速率、开裂或鼓泡之间的绝对关系的认识尚不清楚，事实上，如果不针对实际受影响钢材进行专门具体分析，就无法获知它们之间的绝对关系。

10.2.3.2　腐蚀电位

腐蚀电位测量是一个相当简单的侵入式技术，广泛用于混凝土和在阴极或阳极保护下埋地管线类结构中钢筋的腐蚀监测。此外，腐蚀电位变化也可以指示不锈钢活化/钝化行为。但是，这种技术仅仅指示腐蚀风险，不能检测腐蚀或点蚀速率。

腐蚀电位（也称为稳定电位、开路电位或自腐蚀电位）是相对于参比电极的相对电位值，其中参比电极的特点是有稳定的半电池电位。为了测量腐蚀电位，参比电极放置方式有两种，即要么是将参比电极直接置于腐蚀介质中，要么是使用外部参比电极，建立一个导电连接装置通过湿电解液与之相连（即通过盐桥结构与外部参比电极相连）。

腐蚀电位测量的成功与否取决于参比电极的长期稳定性。人们已开发出多种用于连续测量腐蚀电位的参比电极。但是，在现场腐蚀监测中，这些电极的使用可能会受到温度、压力、电解液组成、pH 值以及其他相关参数条件的限制。当运行温度在水沸点（约 100℃）之上时，测量腐蚀电位就需要使用一些特殊参比电极。

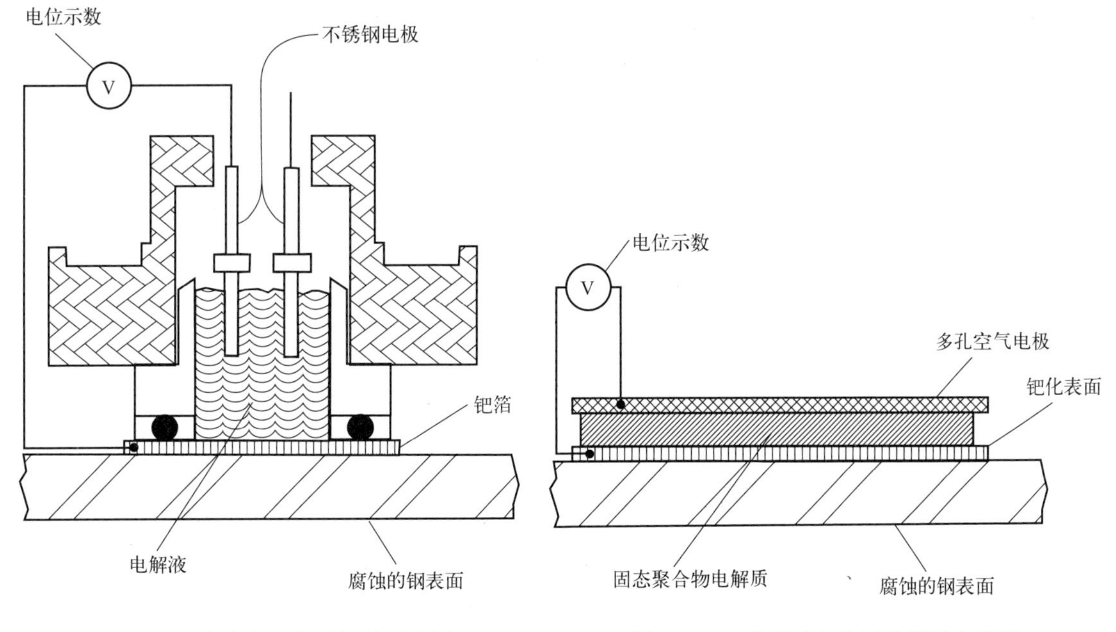

图 10.42 贴片式电化学探针示意图

图 10.43 采用固态电解质质子交换膜燃料电池的氢探测仪示意图

对于工艺环境中的现场腐蚀监测，腐蚀电位测量技术不如极化电阻技术应用广泛。但是，其实在某些情况下，尤其是对于在特定工艺物料流环境中同时具有活化和钝化腐蚀行为的合金，这种技术非常有价值。例如：不锈钢只要能维持钝态，就会具有优异的服役性能。但是，如果有氯离子或其他还原剂进入工艺物流中，破坏不锈钢表面的钝态，那么这些合金就会转变为活化状态，腐蚀速率就会很高。通过腐蚀电位测量，就可以表明这种活化腐蚀是否发生，可用线性极化电阻（LPR）等来加以证实[6]。

10.2.3.3 在线水化学分析

各种类型的化学分析可为腐蚀监测程序提供很多有价值的信息。pH 值、电导率、溶解氧、金属及其他离子浓度、碱度、悬浮固体物含量、缓蚀剂浓度、结垢指数等参数的测量都属于此范畴。其中很多参数都可以使用合适传感器进行在线检测。

下列所有测量方法都非常适合在水处理中应用，而且通常也只适用于水溶液环境。为了评价水的结垢倾向和腐蚀性，可将其中很多参数都结合起来一起使用，形成各种评价指标，如第三章讨论的朗格利尔（Langelier）指数。

10.2.3.3.1 pH

水相环境的 pH❶ 值可用仪器测量，或者在已确定某些相关参数的情况下，通过计算得到。水自身会轻微电离产生等量的 H^+ 和 OH^-，呈平衡状态，如反应式(10.8) 所示。

$$H_2O \rightleftharpoons H^+ + OH^- \qquad (10.8)$$

术语 pH 是衡量氢离子浓度的一种习惯表达方式。pH 值是氢离子浓度的对数的相反数，

❶ pH，最初由丹麦生物化学家索伦·彼得·劳里茨·索伦森（Søren Peter Lauritz Sørensen）在 1909 年定义，是一个氢离子浓度的衡量标准。

如表达式(10.9）所示。

$$pH=-\lg(a_{H^+}) \tag{10.9}$$

式中，lg为以10为底的对数符号；a_{H^+}是氢离子活度❶（与浓度相关）。

pH值较高意味着自由氢离子较少。一个单位pH的变化表示氢离子浓度10倍的变化。例如：pH值为7表示氢离子浓度为pH值为8时的10倍。pH值小于7时，物质被认为是显酸性，pH值大于7时则为碱性。因此，pH值为2时为强酸性，pH值为12时为强碱性。一般来说，对于钢铁而言，低pH值（或高酸性）就是一个强腐蚀性环境。对于其他金属，情况可能有所不同。

pH值是一个很重要的腐蚀影响因素，主要原因有两个：第一，氢离子能还原成氢气，作为阴极反应参与了整个腐蚀过程；第二，pH值影响化学腐蚀反应产物的溶解度，尤其是钝化反应涉及的氧化物、硫化物或碳化物等。作为酸碱度的一个衡量标准，pH值也是结垢指数中一个非常重要的组成部分（参见第三章）。

pH值的测量通常都会受到最高温度（沸水）和最大压力（约2MPa）的限制，尽管有些特制探针可在高达70 MPa的环境中使用。

此外，pH值的测量还会受到锂离子、钠离子和钾离子等干扰性离子的影响，因为它们可与pH电极中感应玻璃薄膜反应。但是，由于一般的样品溶液中没有锂离子，而钾离子干扰性很小，因此，通常钠离子就是干扰性最显著的离子。

另外，探针测量元件的污染，如烃类污染，可能降低甚至完全阻滞探针对pH值变化的响应。因此，探针可能需要经常维护以确保清洁，并进行校准。此外，低电导率溶液的pH测量也是一个难题。即使使用低离子强度pH值探针，在测量电导率低于20 μS/cm的溶液pH值时，也会存在问题。有些低电导率探针通过注入电解液去对高的溶液电阻进行纠正。

10.2.3.3.2 电导率

在此处，电导率是指水中电解质的电流负载容量，很大程度取决于盐和固体物溶解产生的离子浓度[45]。当盐电离时，产生的离子与周围溶剂分子或离子相互作用形成荷电团簇，即溶剂化离子。在外加电场的作用下，这些溶剂化离子可在溶液中迁移。这种电荷移动称为离子导电。离子电导，是本体溶液中唯一存在的电导，是离子电阻的倒数。离子电导与导体尺寸和形状有关，可以用电导率k而不是电导G来修正离子电导对导体尺寸和形状的依赖性，对于图10.44所示的简单几何结构，电导率可以用公式(10.10）表示。

$$\kappa=\left(\frac{l}{A}\right)\frac{1}{R}=G\left(\frac{l}{A}\right) \tag{10.10}$$

式中，l为导体长度，即图10.44中两电极间距离；A为每个电极的截面积，假定两个电极尺寸相同；G为电导；R为电阻。

因为腐蚀是一个电化学过程，所以，电导率增加通常都会使溶液腐蚀性增强。但这并不意味着电导率为0时腐蚀就会终止。例如：事实已证明，核反应堆用的超纯水，即使其中不含少量溶解氧或其他钝化剂，也有相当强的腐蚀性。

另外，电极界面的电化学反应会影响仪器示数，与测量所使用频率有关。因此，为了避

❶ 公式(10.9）中“p”代表德语“力量或浓度”（potenz），因此pH是“氢浓度”的缩写。

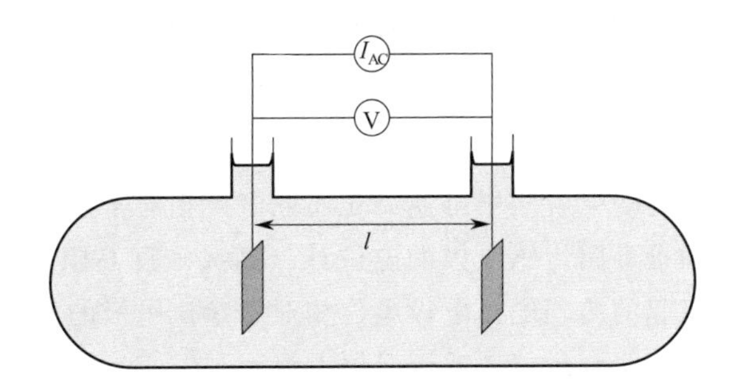

图 10.44　电导率测量用电解池示意图（其中含有电解液和两个表面 A 互相平行且相距 l 的电极）

免此问题，测量频率常用 1kHz。此外，为了预防由于电极桥接或隔膜污染而造成错误读数，对测量用电解池进行日常清洗维护，通常也非常有必要。

10.2.3.3.3　溶解氧

溶解氧是指溶液中溶解的氧量，在工程领域常用十亿分之几（μg/kg）或百万分之几来表述，在化学领域常用每升毫克数（mg/L）来描述。氧的溶解度与温度、压力和溶液摩尔浓度有关。压力增大，氧溶解度增大，而温度升高，氧溶解度会降低。

溶解氧量可用离子选择性电极来测量，或者用电流探针估测低水平氧含量（图 10.45）。氧离子选择性电极中有一个有机薄膜，其上面有一层电解液和两个金属电极。氧扩散通过薄膜，在阴极发生电化学还原。恒定阴极和阳极之间电压，使电解池中只能发生氧还原。氧分压越高，在规定时间内，扩散通过薄膜的氧量越多。产生的电流与样品中氧含量成正比[46]。

温度传感器可内置在探针中，用来校正样品和薄膜温度。溶解氧含量可通过阴极电流、样品和薄膜温度、大气压力和盐度等参数计算得到，用浓度（mg/kg、μg/kg 或 mg/L）或饱和度（%）表示。

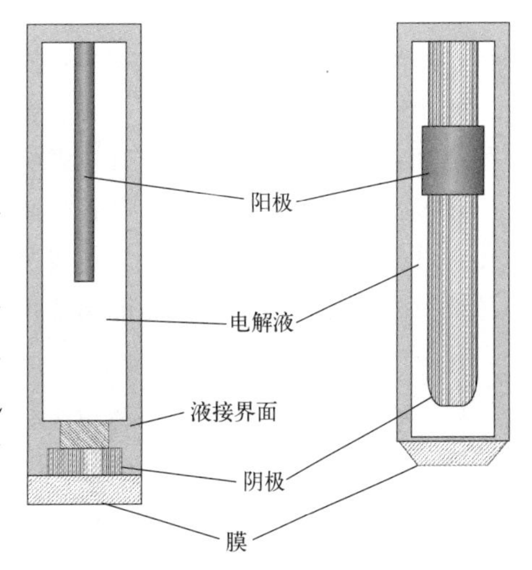

图 10.45　测量溶解氧的两种不同电极化学池设计

大量腐蚀发生是由于氧对大多数结构金属都具有很强的亲和力。另外，氧具有腐蚀和钝化双重作用。在北美，控制油田和锅炉中碳钢腐蚀的常用手段，就是结合各种物理和化学方式除去所有或大部分的氧分子。将氧含量降低至 20μg/kg 或 20μg/L 以下，腐蚀就会得到明显抑制。使用除氧剂，通常可将氧含量降至 1μg/kg 或 1μg/L 之下。但是在某些使用高纯去离子水的锅炉中，在谨慎控制锅炉水化学状态的情况下，有意在给水锅炉中加入少量氧或过氧化氢作为钝化剂，而不是使用除氧剂除氧，可以很好地控制腐蚀。

一般来说，测量溶解氧时，其限制温度最高为 65℃，压力最大为 200～350kPa。此外，由于探针上的电极反应会消耗部分氧，也可能使探针附近的氧浓度降低，因此通常建议在测试时，使样品流动或进行搅拌。而且，随着氧的还原，电解液中活性成分也会耗尽，因此电解液也需定期更换，更换周期可能是几周或几个月，取决于探针设计和使用要求。因此，在实际操作中，推荐对探针进行定期校准。尽管如此，电极仍然还是有可能发生中毒。这也妨碍了电化学测量溶解氧技术在很多工业环境中的应用，如涉及重质烃类和水的工艺环境。

10.2.3.3.4 氧化还原电位

氧化还原电位是在指定的电解液中可逆氧化还原电极相对于参比电极的电位。测量系统包括一个连接参比电极和贵金属传感电极的电位计（高灵敏度高阻电压计）。测量的是由于粒子发生氧化或还原而引起的传感电极电极电位相对于参比电极的变化。然后，这个电位差被转化为电信号，在实时在线测量仪表或记录器上显示。

这种技术还可用来检测水处理过程中的氧化或还原反应终点，以便更准确控制氧化性杀菌剂添加量，如氯和溴，因为这些杀菌剂可能会明显影响腐蚀速率。

氧化还原电位还是衡量土壤腐蚀性的一个重要指标，因为土壤中氧化还原电位实际上与充气程度相关。高的氧化还原电位表明含氧量高。低氧化还原电位值则说明此土壤条件可能有利于厌氧菌活动。不过，由于土壤取样会造成明显的氧气暴露，因此，在受到扰动的土壤中，所测得的氧化还原电位值可能并不是一个稳定值。

10.2.3.4 工艺参数

10.2.3.4.1 流态

腐蚀通常发生在金属表面水相润湿部分。这个润湿作用和腐蚀剂向表面的传输过程会受流态影响。在某些流态（如弹状流）下，高表面剪切应力和极端湍流会使腐蚀难以控制，腐蚀速率可能增至每年几厘米。在流速较高的流态下，由于双相流造成的冲击、空穴以及磨蚀性环境，这种流体可能具有极强的腐蚀性。

对于单相流，根据雷诺数的定义，流态通常可分为层流、过渡流、湍流，取决于流速、管径、流体黏度及流体密度。在多相流中，多相的相对流型很重要，可定义为雾状流、环状流、弹状流。在单相流环境下，流态影响向金属表面的传质过程以及金属表面的剪切应力，这些都对金属表面腐蚀速率有直接影响。

在多相流环境下，流态随着各相流速变化、高程变化、管线或导管具体几何结构不同而变化。目前，声学监测和在线 γ 射线照相术已在弹状流下的腐蚀检测中得到应用。基于建模和其他经验数据，流动特征还能用来预测腐蚀速率。

10.2.3.4.2 压力

压力会影响容器或管道中各相成分比例，或工艺物料流的组成。介质相和成分不同，流体腐蚀性可能会有很大差异。例如：CO_2 分压影响水中 CO_2 溶解量，而由于产生碳酸，从而影响流体的腐蚀性。类似地，H_2S 分压是影响各种合金的硫化物应力腐蚀开裂敏感性的主要决定性因素。

总压可以在线实时测量，分压可根据工艺流体组成、温度和总压来确定，其中会涉及工艺流体的取样分析。在某些气/液双相体系中，压力影响气体溶解度，但二者关系复杂。因此，压力检测通常仅仅是用来分析和预测流体中某些相是否存在，而不是作为一种在线检测手段。

10.2.3.4.3 温度

工艺流体温度会直接影响材料的腐蚀动力学行为，且这种影响可能是一种非线性关系。

低温会产生凝结水或其他腐蚀性液体。而高温增大了化学反应速率，可能改变工艺物料成分。一般来说，温度升高会使化学反应速率增大。而且，温度还可能导致汽化（变成干燥环境）或凝结（由干燥变成潮湿环境），这两种变化都会影响腐蚀。

10.2.3.4.4 露点

露点是流体由蒸汽或气相开始发生冷凝的温度。露点监测非常重要，因为在原本干燥的环境中，水和腐蚀性流体的冷凝区域对金属的腐蚀有重要影响。在某些含有多种气体和可凝结物质的环境中，这个问题可能相当复杂。在大气环境中，凝结液体是水，露点可用湿球温度计测量。在工艺环境体系中，采用湿球温度计测量露点可能就不切实际，此时露点可采用一个带光学镜的系统来测量，即让流体在光学镜上冷却至凝结点温度。

露点温度条件的直接影响可通过质量损失片或电阻探针来测量。当然，也可以采用电化学噪声和耦合多电极阵列系统（CMASs）等电化学方法来评价露点温度条件的直接影响。方式类似，要么是作为时间-湿度指示器，要么是测量腐蚀速率，因为即使仅有部分表面湿润，这些电化学技术也都可以实施。此外，还可以对待测腐蚀表面进行强制冷却，使待测表面产生合适的露点。

10.2.3.5 污垢

污垢是由于循环液流中的有机质和无机物在设备表面累积以及金属表面原位形成的腐蚀产物和硬度盐等无机沉积物的累积造成。污垢是沉积物下腐蚀的主要原因，因为污垢可形成高阳极活性区，成为腐蚀活性点，例如在锅炉中。此外，污垢还可能增大流体通过设备的压降，进而限制流体流动，亦可能由于形成绝缘性沉积层而影响传热。旁流和内联侵入式测量技术，结合目视检查，可用来判断污垢情况。监测污垢有两种技术可供选用，即热传监测或压降监测。

10.2.4 间接的离线测量技术

多年以来，腐蚀控制服务运营商和供应商大量使用各种各样的化学分析技术（离线测量技术）来评估腐蚀对系统的某些影响、评价给定环境的腐蚀性或化学添加剂的有效剂量等。下文将介绍通过这些间接的离线技术可以获得的各类信息[3]。

10.2.4.1 离线水化学参数

10.2.4.1.1 碱度

碳酸盐和氢氧化物结垢是一个很常见的问题，因此碱度可作为水质处理的一个重要衡量指标。采用标准酸溶液滴定至甲基橙终点（pH 值约为 4.5），可得到水的总碱度，此种碱度有时简记为“M 碱度”。总碱度包括多种碱性成分，如氢氧化物（OH^-）、碳酸盐（CO_3^{2-}）和碳酸氢根（HCO_3^-）。

10.2.4.1.2 金属离子分析

由于有些腐蚀产物可溶，通过分析检测工艺物料流中金属离子，可以确定溶于工艺物料流的金属损失量或以腐蚀产物（如铁、铜、镍、锌、锰）形式被工艺物料流携带的损失量。这种分析可在现场进行，简单、经济、快速。由于假定金属损失发生在整个表面或者溶液中离子浓度与腐蚀速率成正比，这种情况通常并不真实，因此这种金属离子分析技术可能仅能提供一个趋势性指标。另外，金属离子浓度低并不能保证腐蚀速率就小，因为有局部腐蚀的可能性、温度或 pH 变化造成金属离子沉积或者分析测量有明显的时间延误。

在密闭系统中，如果腐蚀产物可溶或与特定可溶性粒子浓度相关，此时采用金属离子分析方法最有效。在敞开系统中，分析不同部位间离子浓度的相对变化，也可以得到一些有用信息。但是，在含有硫化氢的流体中，由于可溶性金属离子可能形成不溶性硫化物沉淀，或者在碱性溶液中，由于可溶性金属离子会形成氢氧化物沉淀，这种金属离子分析技术的分析结果通常并不可靠。

在采集代表性水相样品时，应格外小心，包括采样点设计，因为采样点可能也会累积腐蚀产物。从工艺物料流中采集代表性样品，有时也可能很困难，因为流体流速、温度、压力可能随时间变化很大，除非采取措施小心加以预防。

10.2.4.1.3 溶解性固体浓度

溶解性固体总量是水中溶解矿物质的总含量，因此，它是确定结垢指数（参见第三章）的一个重要参数。溶解性固体总量可通过将预先称重样品中的水分蒸发来测定。溶解性固体总量也可以通过加入各种阳离子和阴离子进行分析计算得到。

10.2.4.1.4 气体分析

气体分析通常包括氢气、硫化氢或其他可溶性气体。这种技术通常是在实验室使用，但也能用来现场分析某些气体，确定可能存在的腐蚀性气体组分，尤其是那些水合后能变得极具腐蚀性的酸性气体，例如：某些气体当温度降至露点温度之下时就可能发生水合。但是，这种技术仅限于一些非常特殊的气相工艺状态的分析，而且分析设备购置和维护会相当昂贵。

10.2.4.1.5 残留氧化剂

臭氧和卤素类，尤其是液氯、二氧化氯和溴水都是强氧化剂，广泛用于水溶液体系的微生物污染控制。残留卤素粒子可直接氧化用来抑制腐蚀或污损的缓蚀剂。水溶液环境中可溶性卤素粒子可通过氧化还原电位或各种比色分析技术来测量。

卤化物是由卤酸（典型的有 HF、HCl、HBr 和 HI）形成的盐。卤化物与应力腐蚀开裂诱发剂直接相关，而且由于增加了环境导电性，间接影响到电偶腐蚀。卤化物可用专门的离子选择性电极或比色测定法进行测量。

10.2.4.1.6 微生物分析

在大量腐蚀环境中，微生物腐蚀都会普遍存在。由于微生物腐蚀问题非常重要，在本章有专门章节介绍那些最容易造成腐蚀损伤的微生物和细菌的监测技术和方法。

10.2.4.2 残留缓蚀剂

系统中缓蚀剂残留量的测量可以显示系统中不同部位缓蚀剂的浓度。在确定了分析测试方法的可信度以及容许的缓蚀剂最低浓度之后，测量整个系统中缓蚀剂浓度就可以表明在每个取样部位是否都可得到充分的腐蚀保护。由于系统设备或环境之间反应（如吸附、中和、沉淀、固体颗粒或腐蚀产物表面的吸附等）所造成的缓蚀剂额外损失，可以通过多种技术检测出来，并且可以选择合适剂量来进行补偿。

（1）成膜型缓蚀剂：成膜型缓蚀剂是一种只需添加少量，就可以在系统设备表面吸附并屏蔽腐蚀介质，从而抑制金属设备腐蚀的化学药剂。通常，测量成膜型缓蚀剂的残留量就是为了确保系统中缓蚀剂量充足，可以弥补由于吸附和维持缓蚀膜而造成的缓蚀剂浓度的降低。

（2）反应型缓蚀剂：反应型缓蚀剂是指可与系统中可能出现的腐蚀剂反应，抵消其不良影响，并能与系统中某些成分反应原位生成缓蚀剂的化学药剂。测量反应型缓蚀剂残留量可以确保加入系统内的反应型缓蚀剂量足够，可以提供过量的反应物。在有氧化剂进入（如氧或空气进入）之后，测量反应型缓蚀剂残留量，可以确保参与反应的反应型缓蚀剂量足够同时仍能有部分残留。

反应型缓蚀剂可能是一种碱性的中和剂，可使 pH 值维持在安全运行范围内，可调节蒸馏系统中酸性气体凝结处的 pH 值等。确定这类缓蚀剂有效性的一个代表性参数是检测系统中适当部位的 pH 值。此外，反应型缓蚀剂还可能是用来与系统环境中氧化剂反应或将其还原清除的物质。这类缓蚀剂或除氧剂有亚硫酸盐、重亚硫酸盐、肼等。

10.2.4.3 过程样品化学分析

在存在腐蚀速率忽高忽低的情况时，过程样品的化学分析有助于人们辨别系统中哪些成分会导致腐蚀速率升高。根据分析结果，人们可以查找侵蚀性成分的来源，并进行修正或调整。在石油开采中，对原油和凝析油样品进行分析，通常是为了测量其中有机氮和酸的含量。另外，为了精炼，人们通常还会测量硫、有机酸、氮、盐含量。通过综合分析这些参数，人们可以预测油品的腐蚀性。

在天然气加工处理中，对产出和处理的天然气以及气液混合物进行取样分析，通常都是为了确定其中硫化氢、二氧化碳、水、羰基硫化物、二硫化碳、硫醇和/或氧气含量，进而预测和评估生产井、气体采集系统和加工操作中的腐蚀风险。

在这种监测技术中，采集的工艺物料流的代表性样品，应保存在能维持样品初始状态的容器中，便于后续分析。采样方法可能相当复杂，因为样品需维持与工艺物料流相同的压力状态。对于高压处理系统，采样尤其困难。

10.2.4.3.1 硫含量

硫是除了碳和氢之外，石油中含量最丰富的元素。硫含量超过 0.2%时，碳钢腐蚀速率可能变得极高（约 100mm/a!）。硫元素可以单质硫、溶解硫化氢、硫醇、硫化物以及多硫化物的形式存在。总硫含量分析一般依据美国材料试验协会标准 ASTM D4294 进行。这种方法会受到卤化物和重金属离子的干扰。一般认为，与设备腐蚀相关的是：在炼油加热过程中，转化形成硫化氢的硫化物量，而不是硫化物总含量。

10.2.4.3.2 总酸值

酸含量通常用总酸值（TAN）或中和值（neut）来表示。为了预测炼油厂原油蒸馏装置的腐蚀，一般认为，总酸值阈值为 0.5 左右（全原油）和 2.0 左右（原油馏分）。人们已发现：在石油产品中，有机氮质量分数和总酸值的代数积越大，金属腐蚀速率越低。

使用这种检测技术时，检测人员首先需将原油样品溶解在含少量水的甲苯和异丙醇混合液中，然后加入含酒精的氢氧化钾溶液并搅拌，再根据两个标准 ASTM D 664 和 ASTM D 974 去测定总酸值。但是，根据标准 ASTM D 664 测得值比 ASTM D 974 的高 30%～80%。

测量有时会受到无机酸、酯类、酚类化合物、含硫化合物、内酯、树脂、盐、缓蚀剂和清洗剂等添加剂的干扰。环球石油公司（UOP）制订的方法 565 和 587 规定了在分析有机酸之前，清除最大干扰物的程序。

10.2.4.3.3　氮含量

总氮含量通常依据标准 ASTM D 3228 进行分析，其目的是评估工艺原料的腐蚀性。高氮含量表示石油生产中的原油或凝析油具有一定的缓蚀性能。正如前面所述，腐蚀速率与有机氮质量分数和总酸值的代数积成反比。但是，在石油精炼过程中，当有机氮浓度超过 0.05%时，流体介质中可能会形成氰化物和氨，并在水相中聚集，对某些材料造成腐蚀。

10.2.4.3.4　原油中盐含量

采出水中含有盐（主要是氯化钠，外加少量氯化钙和氯化镁），而且这种采出水可能在原油中分散、夹带和/或乳化。由于这些盐加热和水解会生成盐酸，因此它们也会造成炼油设备和管道的腐蚀。此外，盐类沉淀物可在加热器和换热器中结垢，也会加速设备腐蚀。因此，炼油厂通常将加工原油中盐含量限制在 2.5～12mg/L。

原油盐含量可依据标准 ASTM D 3230 来测定。此分析规范中，假定钙和镁皆以氯化物形式存在，所有氯化物以氯化钠计算。

10.3　腐蚀监测部位

在建立腐蚀监测系统时要解决的一个关键性问题是，确定传感元件放置位置，即监测点位的选择。很明显，从经济角度考虑，选定的监测点数量肯定有限，因此，人们常常希望能选择监测那些预计腐蚀最严重的“最坏情况”状态点。通过腐蚀基本原理分析、服役失效记录分析、与业务人员磋商等方式，通常可以判断确定这些部位。例如：水箱中腐蚀最厉害的部位通常是在水/气界面。为了监测这种部位的腐蚀，检测人员可将腐蚀传感器附在一个浮动平台上，并维持这种状态不随水位变化。

在任何实际监测系统中，要想实现探针的最理想布置，通常都不太可能。例如：检测人员总是希望将探针放置在腐蚀性最强的环境中（如管道 6 点钟方向、容器底部或分离塔溶液积液区等）。但是几乎无一例外，可放置探针的位置总是无法满足这些要求。尽管通过调整设计（如在 12 点钟方向位置安装一个长条凸出式电极探针延伸至水相）可以满足使用，但这无疑是技术供应商们提出的一个折中方案[47]。

很明显，放置在系统中的腐蚀传感器还必须能反映被监测系统或部件实际状态。如果无法满足这个要求，那么后续信号处理或数据分析都会受到负面影响，获得的信息价值就会大打折扣，甚至毫无意义。例如：如果安装在管道中的凸出式电极诱发了附近区域局部湍流现象，也就是无法代表管道的实际状态，那么传感器就非常有可能显示管壁局部腐蚀损伤风险极高，但是并非实际管道的局部腐蚀风险。在这种特殊情况下，如果腐蚀监测的目的就是局部腐蚀，那么此时腐蚀传感器就应选用嵌入式腐蚀传感器来代替（图 10.46）。

实际上，监测点的选择还受到是否有合适接入点的限制，尤其是在高压系统中。通常，最好是使用现有的接入点，如传感器安装法兰。如果在指定位置安装合适的传感器有困难，使用装有定制传感器和接口配件的附加旁路，可能是一个可行的替代方案。采用这种旁路技术的一个优点是：可提供一个高腐蚀性区域的局部条件状态，在此条件下进行试验，过程可控，且不影响实际运行设备。

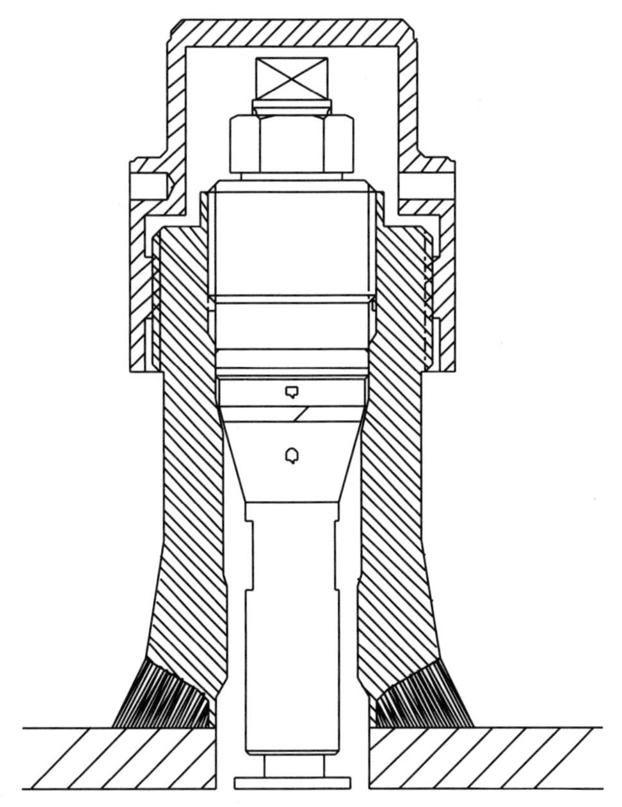

图 10.46　入口安装的嵌入式腐蚀传感器（由金属试样公司供图，网址 www.metalsamples.com）

对于原油或湿气开采系统，在选择腐蚀监测部位时，最重要的考虑因素是找到一个靠近管道末端位置，使腐蚀挂片或探针能浸入在所有采出水中。这种部位通常位于管道水平截面的 6 点钟方向，因为采出水比原油或凝析油重。在图 10.47(a) 中，监测探针安装在 6 点钟方位就是一个检测腐蚀过程的理想位置。

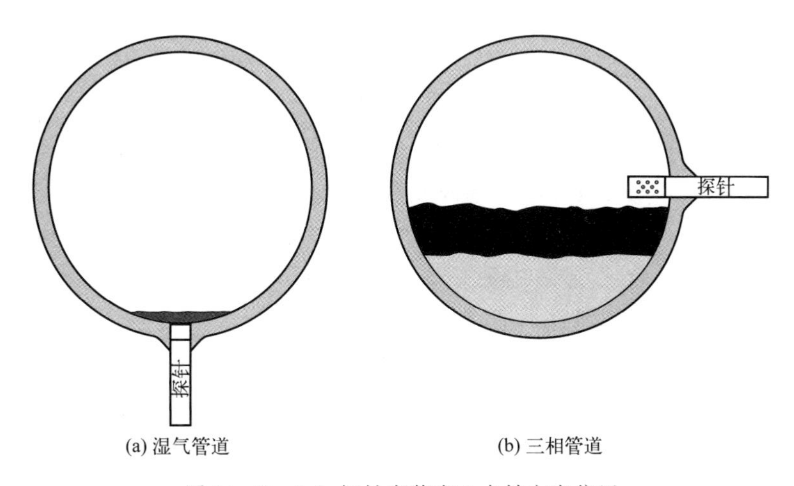

图 10.47　(a) 探针安装在 6 点钟方向位置
（对于湿气或三相管道系统，即便是仅含有少量产出水，嵌平式探针皆处于最佳位置）；
(b) 探针安装在 3 点钟方向位置
（这个侵入式探针放置位置不正确，无法监测水相中的腐蚀。因为探针处于气相或油相中，监测结果无效）

图 10.47(b) 显示了一个含少量凝析液和采出水的采气管线。对于水平敷设管道，水是沿着管道底部向前运动的。(仅在流速极高时，水才是沿着管道四周向前运动。) 因此，监测部位选择在管道侧面 (3 点或 9 点钟方向) 位置，如图 10.47(b) 中所示，就无法准确监测管道底部水相中的腐蚀速率。

遗憾的是，大量管道及装置设计者都将监测位置设置在了管道侧面而不是底部。尽管检测人员可能更容易接近侧面位置进行挂片或安装探针，但是如果管道不是几乎完全充满水，这些试片或探针就无法提供准确数据。因此，在选择挂片或探针监测位置时，绝不能仅仅为了操作人员方便，而以牺牲监测结果的有效性为代价。

10.4 腐蚀监测系统

不同腐蚀监测系统的复杂程度可能存在非常明显的差异，从简单的挂片暴露或手持式数据记录仪，到具有远程数据访问和数据管理功能的完全集成的过程监测装置。选择腐蚀监测系统的第一步，也是最基本的一步，就是要明确监测工作的总体目标，但是这一点常常被人们所遗忘。如果腐蚀监测就是为了控制腐蚀，确保资产寿命不会因过多的高腐蚀速率事件而受到损失。那么此时腐蚀监测的主要目标就应该是：在达到系统设计使用寿命之前，在没有完全耗尽系统的腐蚀裕量的情况下，限制“腐蚀事件”的发生。在这种情况下，监测系统的设计和选择主要应依据下列因素来确定[48]：

- 可用的腐蚀裕量；
- 非受控的腐蚀速率；
- 事件率；
- 腐蚀速率检测灵敏度和响应速度；
- 规定的服役寿命。

当然，如果为了控制腐蚀而进行腐蚀监测，那么对于不合规运行情况下的腐蚀机制和腐蚀速率，就必须相对清楚。当然，有时腐蚀监测也有可能是为了优化腐蚀控制方案，如：检测缓蚀剂有效性、调整缓蚀剂注入量或研究腐蚀机制等。这种测量，既可以在实际系统中仪表安装部位进行，亦可以在旁路中进行。

另外，从更广义的完整性管理角度来看，为确保系统在不超过其边界条件下运行，腐蚀监测也非常有必要。完整性管理活动的间隔周期可能比设备使用寿命短得多。因此，通过腐蚀监测，确保设备完整性可以维持至下一个检测日，并能对其下一个周期的完整性进行再评估，这样就有可能实现确保系统在不超过其边界条件下运行这一目标。

高效腐蚀监测系统应具有如下特点[49]：

- 用户友好：对于系统操作员而言，监测系统的安装、使用以及结果解释都必须很简单。系统至少具备一些足够完善的解释说明功能，以便与化学处理设备或在线清洗系统的报警器和控制器相接；
- 坚固耐用：如果布置在工业环境中，监测系统必须能承受正常使用和滥用的考验；
- 灵敏度高：监测元件或探针必须能敏感捕捉到发生的腐蚀问题，并能实时提供明确指示信息，而这些信息可能用作过程控制参数或用来评价控制措施的有效性；
- 准确：由于流动、侵蚀和污损等干扰作用所造成的一些错误的正面、负面或其他指示信息，会带来多方面的不利影响。错误读数可能会严重影响一个腐蚀监测方案的可信度和简明实用性；

● 可维护：在使用过程中，预期探针肯定会受到污损。在大多数应用情况下，最小服役间隔周期一般是要求在几个月甚至几年。定期维修和校准应该简单易行；

● 经济效益高：监测系统的成本必须显著低于通过监测避免的停车损失或通过监测节省的处理成本。监测技术的响应速度和准确性也会影响监测系统的经济效益。

10.5 过程控制集成

在大多数现场作业中，人们通常将间隔相当长时间的两次测试结果之间差异视为腐蚀。这种腐蚀衡量标准通常都是基于测量参数的变化值，即通过超声检测直接获得金属厚度的变化或通过监测探针元件电阻变化或挂片质量损失变化等。这种监测可以周或月，有时也会以年为周期进行[2]。但是，这种传统腐蚀监测手段仅能指示测量间隔周期内腐蚀损伤累积程度和平均的金属损失速率。采用这种监测策略，人们不能捕捉和记录与工艺条件变化相关的腐蚀速率峰值。

近些年来，腐蚀监测技术已从人工离线处理发展到在线实时监测（图 10.48）。自动化技术的发展和应用，减少了人们获取高可靠性数据的时间和精力，这也是腐蚀监测技术发展的第一驱动力。在对测量的过程变量和监测的关键性能指标进行分析时，可以同步考察腐蚀监测结果，此时腐蚀监测就有了新的意义。

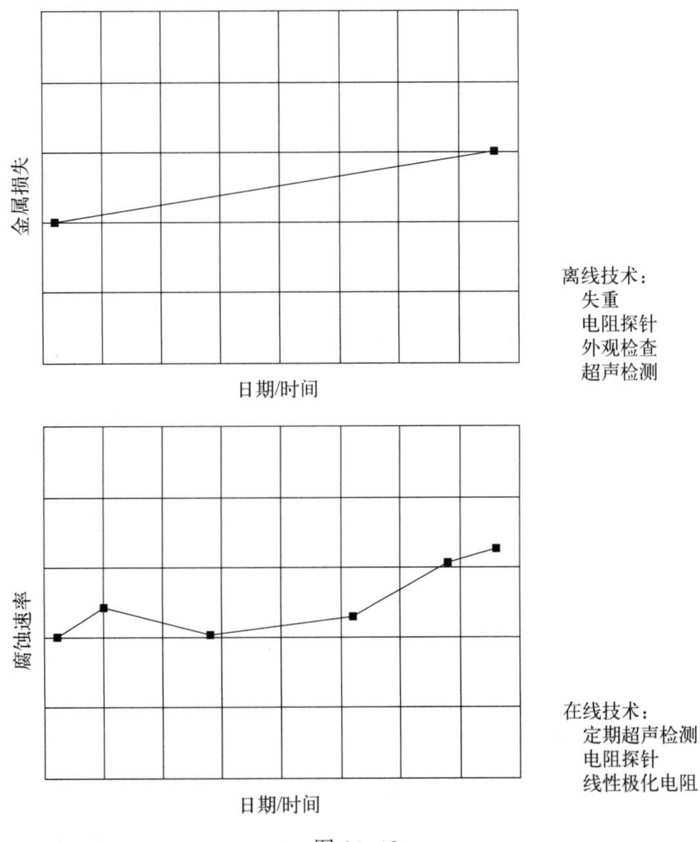

图 10.48

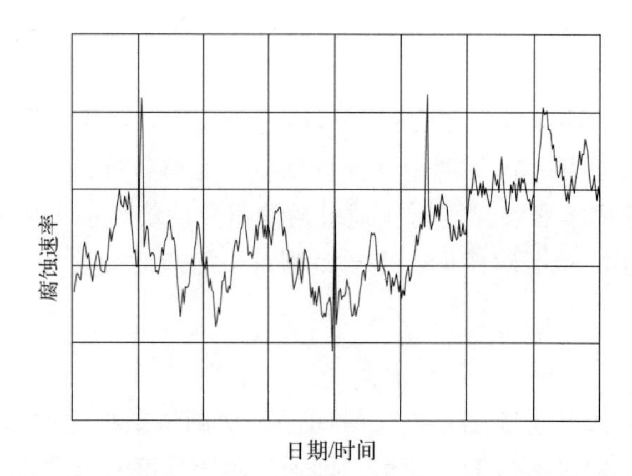

图 10.48 腐蚀监测由离线到在线、再到实时在线测量的发展过程[2]

就监测技术的发展而言，与传统的有线信号传输技术相比，通过无线技术，人们可以为现场资产和工艺设备建立覆盖范围更广的实时腐蚀数据采集网络。监测位置可根据关键需求而不是有线布设的方便性来定。由于腐蚀可能是在一个局部区域发生的现象，因此这种无线监测技术可对更多部位进行监测，可以更大程度上确保将关键部位包含在内[2]。

当然，一般而言，掌握有关所存在腐蚀问题的预计成本、所涉及的风险、受影响设备的剩余寿命以及如何改进或根除这些问题等管理信息资料也非常重要。

10.6 腐蚀监测响应模型

当腐蚀过程本身就很简单或对腐蚀速率影响因素的理解很透彻时，解释腐蚀监测结果可能相当简单。但是实际上，对于很多状态下所涉及的工艺条件及相关流体或化学介质，人们可能从未在受控条件下真正研究过。在这种情况下，腐蚀监测可能对于人们深刻理解所考虑或选择的合金材料与所处理的流体之间的复杂关系非常有帮助。但是很遗憾，对实际工艺物料流中所有变化都进行检测，代价可能非常昂贵。因此，通过比较在实际工艺环境中的监测结果与根据模型预测得到的材料性能之间的关系来进行选材与腐蚀控制等相关工作，可能会显著节省成本[50]。

目前，研究者们对于大量金属材料局部腐蚀的萌生、发展和再钝化的理解和认识，已取得了相当大的进展。他们在进行局部腐蚀过程建模时，已考虑到了一系列的原子/分子过程和传输过程。虽然利用这些模型已成功解释了点蚀和缝隙腐蚀的诸多不同，但是这些模型通常都需要太多根本无法测量的参数[50]。

目前，人们已提出了多种用来预测复杂化学环境中局部腐蚀的方法，其中有一种相对比较新的方法，实质上就是考虑了两个可测量的参数：再钝化电位（E_{rp}）和腐蚀电位（E_{corr}）。再钝化电位 E_{rp} 是判断合金局部腐蚀倾向的一个衡量指标。使用再钝化电位 E_{rp} 的原因是基于这样一个实验观察结果，即只有那些产生稳态孔或缝隙的腐蚀作用才能对设备部件的寿命起关键作用，而在萌生阶段之后那些形核未生长的小孔（亚稳态小孔）并未对工程结构性能产生不利影响。研究结果表明：对于贵金属合金，在再钝化电位 E_{rp} 之下，稳态点蚀或缝隙腐蚀不会发生，而且再钝化电位 E_{rp} 对先前蚀孔深度和表面光洁度并不敏感。在一个给定环境中，通过比较再钝化电位 E_{rp} 和腐蚀电位 E_{corr} 之间的关系可以揭示合金的局部腐蚀敏感性。

图 10.49 说明了这个观念。对于某特定合金，再钝化电位 E_{rp} 随着氯离子浓度升高而负移。这种再钝化电位 E_{rp} 的变化规律一般有三种类型，但是有时仅能观察到半对数降低规律。如果没有发生明显的局部腐蚀，其实氯离子浓度对腐蚀电位 E_{corr} 自身的影响很轻微。当再钝化电位 E_{rp} 比腐蚀电位 E_{corr} 更负时，合金发生局部腐蚀需要氯离子浓度达到临界浓度之上［图 10.49(a)］。类似的，在氯离子浓度一定时，发生局部腐蚀就需要满足一个临界温度［图 10.49(b)］和临界缓蚀剂浓度［图 10.49(c)］条件。在很多工艺过程中，工艺流体意外受到氧化还原物质的污染，可能会导致腐蚀电位 E_{corr} 正移，使再钝化电位 E_{rp} 比腐蚀电位 E_{corr} 更负，如果此时氯离子浓度超过了临界浓度，此时局部腐蚀就有可能发生。一个系统中实际状态是图 10.49(a)～(d) 所示的各种理想化状态的综合。

通常，通过循环极化测试可以揭示这些特征参数，并能依此评价材料的点蚀敏感性。电位扫描通常是从腐蚀电位开始，进行一个单循环或略小于一个循环。在进行循环极化测试时，电位扫描首先是朝着阳极或惰性方向逐渐增大正向扫描（正向扫描）。在达到某些设定的电流和电位值后，电位扫描反向，朝着阴极或活性方向扫描（回扫或反向扫描），在达到另一设定电位时，扫描结束。正向扫描和反向扫描过程中响应电流之间的滞后现象可作为发生点蚀的指示信息，而滞后环自身大小与扫描过程中产生

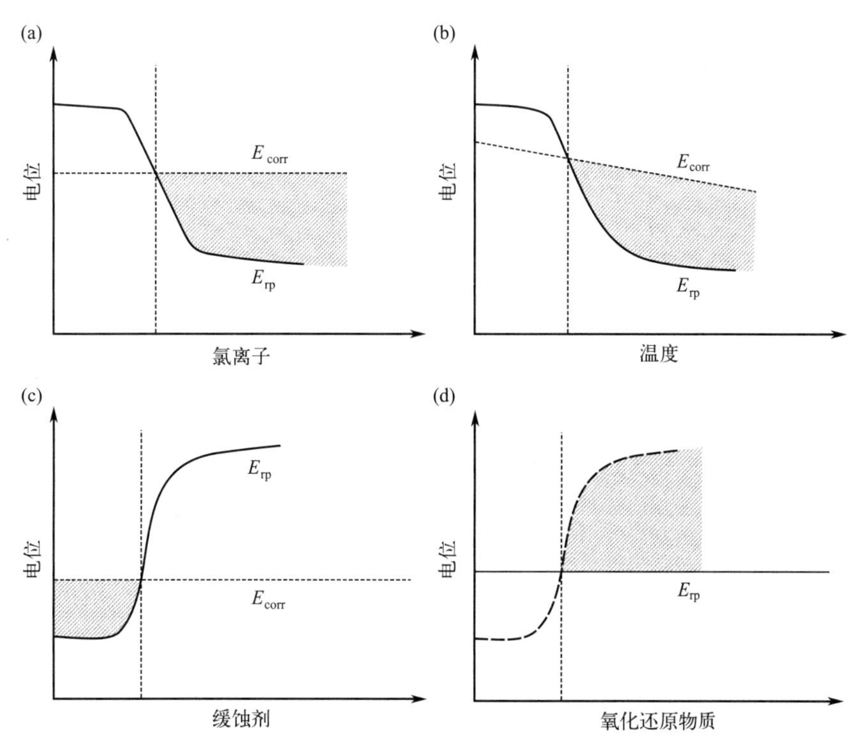

图 10.49 不同环境参数下的再钝化电位（E_{rp}）和腐蚀电位（E_{corr}）的比较：
(a) 氯离子含量；(b) 温度；(c) 缓蚀剂浓度；(d) 氧化还原物质
阴影部分表示发生局部腐蚀区域

的蚀孔数量相关。

这种技术对于评价钝化合金材料的局部腐蚀非常有用，如 S31600 不锈钢、含铬的镍基合金及其钛和锆合金等钝化合金。不过，尽管极化曲线测量很简单，但是分析解释可能很难[23]。

10.7 探针设计与选择

腐蚀传感器（探针）是所有腐蚀监测系统中一个最基本元件。传感器性质取决于监测使用的各种不同技术，不过，一个腐蚀传感器通常都可视为一个仪表化的试样。用来安装嵌入可回收式腐蚀探针的单高压接口附件，对于大多数类型的可回收式探针都适用。在高压运行状态下，传感器可通过专门工具（和勇敢的专业操作人员！）插入和取回。

不过由于探针设计不合适致使获得腐蚀数据的质量和相关性大打折扣的情况非常常见。正因如此，了解原始设计以及持续暴露期间的探针表面状态都极为重要。

表面粗糙度、残余应力、腐蚀产物、表面沉积物、已存在的腐蚀损伤及温度等一些其他因素，对腐蚀损伤都有重要影响，在制作探针时也必须考虑在内。鉴于存在这些影响因素，将制备腐蚀传感器所用材料先在实际运行环境中进行预先腐蚀处理，可能是一个可取的办法。此外，为使传感器表面状态能反映某些设备运行条件范围，可能还会采用专门设备对腐蚀传感器进行加热和冷却处理。采用管线和换热器管中的短接管、候选材料的凸缘部分或搅拌器螺栓连接的测试桨叶等材料来设计传感器，也体现出人们在制备那些能代表真实运行状态的传感器所做的努力。

具体如何选择监测探针还应当根据预期的腐蚀速率以及敏感度要求来定。在进行短期腐蚀测试时，可能期望探针灵敏度高一些。但是，对于长期腐蚀监测，可能会希望探针元件较厚实，使用寿命较长。

10.7.1 灵敏度和响应时间

一个腐蚀监测系统的有效性，很大程度上取决于它对有害腐蚀状态的预警能力。各种测量技术的有效性都可以转化为两个密切相关的性能指标来描述：

- 探测腐蚀速率变化的灵敏度；
- 探测这种变化所需时间，即响应时间。

基于大量系统的测量原理可知，灵敏度和响应时间二者之间成反比关系。为了比较腐蚀监测系统的灵敏度，区别测量腐蚀速率的准确度和测量腐蚀速率变化的灵敏度非常重要。测量腐蚀速率的灵敏度是测量准确度和运行时间的综合结果[48]。

某种技术的灵敏度（S）和响应时间（R）二者密切相关，可用图 10.50 所示的一个单线图简单表示。这种 S-R 曲线用对数坐标图显示最方便。图 10.50 示例中，响应时间要求是 1～7 天，而腐蚀速率测量灵敏度要求是达到 1～20mm/a 数量级。如果某一特定技术的 S-R 线位于此窗口之下，那么该技术就可以满足此应用的各项要求。表 10.6 列出了一些典型腐蚀监测应用场合及相应特点。图 10.51 描述了这些应用及其相应的 S-R 窗口。

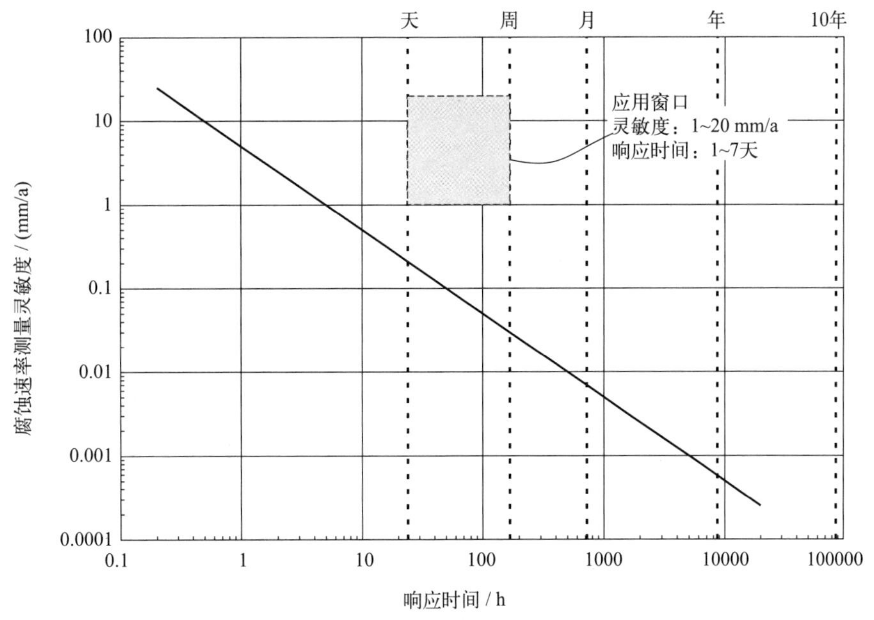

图 10.50　针对给定系统性能阈值（实线），一个腐蚀监测系统的灵敏度（1～20mm/a）/响应时间（1～7 天）的应用窗口

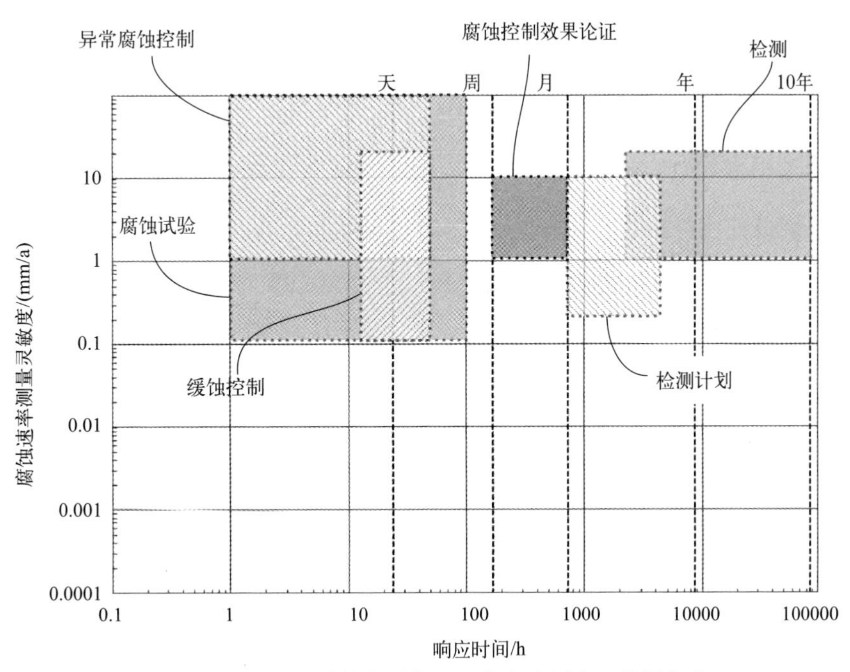

图 10.51　用 S-R 图显示的应用窗口（其中应用窗口范围如表 10.6）

表 10.6　典型腐蚀监测技术的灵敏度和响应时间

应用	灵敏度范围/(mm/a)	响应时间	系统特点
腐蚀试验	0.1～100	1 小时～5 天	连续
缓蚀控制	0.1～20	0.5～2 天	持续优化
腐蚀控制(异常)	1～100	1 小时～2 天	连续监测(异常)
腐蚀控制效果论证	1～10	1 周～1 月	连续/间歇测量
检测计划	0.2～10	1 月～半年	间歇
检测	1～20	3 月～10 年	间歇

由于监测系统自身存在固有的不稳定性，可能无法进行长时间跨度的准确测量。监测系统这种内在不稳定性，可能是由于传感器性能退化或是记录仪漂移造成。对于需要在整个长间隔周期内进行高灵敏度测量的系统，推荐做法是对监测设备定期进行验证和校准。

针对高速流体环境或者如果存在悬浮固体的情况下，传感器元件应采用流速屏蔽层进行保护。此外，电阻探针也可用来测量与砂子或其他固体物相关的“磨损速率”。不过此时，传感器元件应选用不腐蚀的金属材料制备[51]。

10.7.2 嵌平式电极设计

对于那些需要进行清管处理的油气管线等应用场合，使用嵌平式电极设计最合适。但是，采用这种为适应实际运行需求的探针设计，会极大限制电极的暴露表面积和测量准确度，特别是在低电导率环境中或使用低灵敏度仪器时。与大多数测量程序一样，实际测量面积要与实际测量低概率腐蚀事件的概率一起权衡考虑[47]。

此外，由于有可能产生一些人为因素造成的不利结构（如缝隙），所以在制备这类探针时，还必须格外小心。例如：电极外圆周和周围绝缘材料间的缝隙是局部腐蚀活性集中点，会给测量带来明显误差。使用较大表面积电极可以减小这种影响。

尽管制备这种类型探针时可以给电极留足材料损耗裕量，保证部件生命周期内可以持续使用，但是将探针制成那种可以定期更换的形式，便于外观检查以及可以及时对测量数据进行确认，无疑对监测更为有利。

10.7.3 凸出式电极设计

凸出式电极设计比嵌平式电极设计的应用更为广泛。因为采用可更换电极更为经济有效，而这种凸出式电极设计，更换电极更方便。而且由于增加电极暴露长度，电极暴露表面积与可能产生缝隙的区域（即电极圆周）之比增大，发生缝隙腐蚀的可能性更小。但是，由于这种设计需将电极表面完全暴露在腐蚀环境中，可能会导致一些其他问题，如：在监测系统区域内流态可能变为湍流，也可能使运行期间该区域含水量明显减少[47]。

10.7.4 特殊应用探针

每种腐蚀监测的应用场合都有各自特殊的要求和需求。下文将介绍几种针对特殊劣化机制和应用环境而设计的探针。

10.7.4.1 应力腐蚀开裂探针

为适应管道或容器的运行条件，人们已开发出一种以预应力电极作为工作电极的三电极腐蚀探针。例如：美国相关部门对汉福德（Hanford）放射性废物双壳罐（DSTs）的腐蚀监测和控制，过去一直采用化学废物取样分析方案。通过比较双壳罐中化学废物定期取样的分析结果与罐用钢材在各种正常和异常的化学废物中一系列实验室浸泡测试结果，来预测废物储罐的腐蚀[52]。

这种化学废物取样分析方法确实很有效，但是昂贵、耗时且无法获取实时数据。华盛顿里奇兰（Richland，Washington）附近的汉福德（Hanford）地区有 177 个地下废物储罐，存放了约25300万升近50年间钚生产过程中产生的放射性废物。1996年，美国能源部重点区域储罐管理部门发起了一项尝试性工作，其目的是改进汉福德双壳罐腐蚀监测策略，并帮助解决这些储罐剩余使用寿命的相关问题。他们评估了几种新型的在线监测局部腐蚀的新技术，结果表明电化学噪声技术最适合监测和识别局部腐蚀的萌生。因此，他们选择采用电化学噪声技术开展进一步研究。

基于一系列研究成果，他们设计和制备了一个三通道的现场探针原型，并于1996年8月部署实施。经过近1年原型试验论证后，他们于1997年9月又设计和安装了一个寿命更长更先进的八通道系统，图10.52显示了此系统的安装过程。与前面原型探针不一样，此系统中罐内探针是从罐顶一直延伸至罐底，电化学噪声电极其中两个通道暴露在罐底污泥中，四个通道暴露在上清液中，还有两个通道置于罐蒸汽区域。另外四套类似设计的系统也已安装在其他双壳罐中。

图10.52 在汉福德（Hanford）现场首个双壳罐内全尺寸探针的安装［由海琳（HiLine）工程与制造公司供图］

与大多数的电化学噪声腐蚀监测系统类似，汉福德现役监测系统所监测的也是浸在罐内废物中的三个名义成分完全相同电极（全同电极）通道上的噪声。每个系统都包括罐内探针和罐外数据采集硬件。罐内探针由一根长17m直径25cm的不锈钢管制成。八个三电极通道沿着探针主体结构分布。电极采用热处理后的UNS K02400钢制备，与罐壁热处理一致。每个探针上其中有四个通道由一组弹头形电极（$25cm^2$/电极）构成。另四个通道由一组厚壁C形环电极（$44cm^2$/电极）组成。图10.53显示了最新探针的两个通道。无应力弹头形电极用来监测点蚀和均匀腐蚀。每个C形环通道上有个工作电极带有缺口、预制裂纹，并在安装之前预加应力，用来监测罐内化学状态变化可能造成的应力腐蚀开裂（SCC）。每个C形环通道上的另两个C形环电极并未预加应力，与容器运行压力条件相适应。弹头形和C形环通道沿着探针长度方向交替安装。双壳罐（DST）中的废物水平通过三个弹头形电极通道和三个C形环电极通道来监测。

在此方法中，工作电极以最能体现服役材料状态的形式工作，因此提供的腐蚀信息反映了设备的真实服役状态。根据这种单独或多个腐蚀探针的暴露监测结果，人们可以在材料选择或消除应力处理工艺选择等问题上做出明智决策。

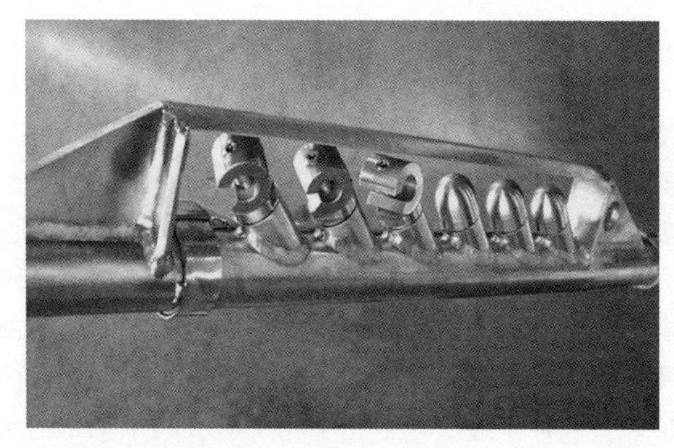

图 10.53 汉福德现场弹头形（25cm^2/电极）和环形通道（47cm^2/电极）电极的详情［由海琳（HiLine）工程与制造公司 Glenn Hedgemon 供图］

10.7.4.2 碳氢化合物环境中的腐蚀

在碳氢化合物环境中，如果有腐蚀发生，那么环境中就一定会有离子导电相，通常是水溶液相或极性溶剂相。例如：在石油天然气应用环境中或化工工艺环境中，管道中的流体可能就是一个离子导电相，而在其中装入一个复杂探针系统可能并不是那么简单。

针对这种应用场合，人们已开发出专用的环形短管式探针，可以使电极接触工艺介质环境时，能最大程度地体现出沿着管线或管道的“真实”流动状态，尤其是存在多相流的油气应用环境。

这种环形传感器的基本原理是：首先是将管道“萨拉米（Salami）”式切片制备成环片，然后将各个环片绝缘隔离后，再重新成对装配在一起，重新做成可以维持管线压力的管段。每个电绝缘环片的腐蚀状态都可以通过与连接在外表面的信号采集线来进行监测。如果将信号接收线沿着环形传感器等间距分布连接，那么仪器就可装配用来测量总体金属损失和每个采集点之间部分的金属损失（图 10.54）。

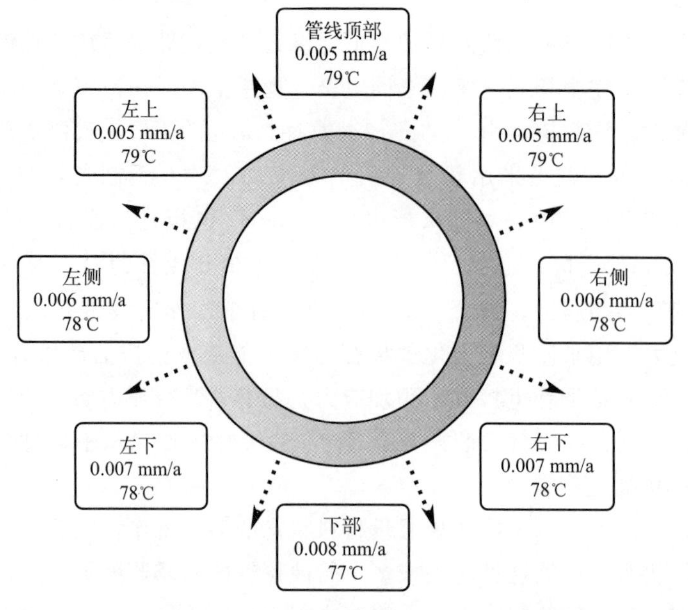

图 10.54 环对腐蚀监测原理［科尔蒙（Cormon）有限公司供图］

每对环片中其中一个表面涂覆有一层非常完整致密的陶瓷薄膜，将此表面与工艺物料隔离。此带涂层的环片作为另一个与介质接触的环片的参比。

使用多对环片可以研究包括焊缝和热影响区材料等不同材料是否存在焊缝优先腐蚀的问题。除了能采集元件温度数据，测量装置中的运行压力也很简单。总之，这些信息综合起来可能会极大地增进人们对管线中流体腐蚀行为的理解。

标准环件的厚度与原始管线相同，这样应该可以避免与管线服役寿命相关的传感器元件寿命不足的问题。但是，环壁较厚时，响应速度较慢，不一定能满足监测要求，尤其是为了进行化学处理的实时调节时。在这种情况下，结合使用两个同心环件，通过较厚环支撑内部的薄环，可以实现快速响应。

传感器元件潜在使用寿命与系统腐蚀控制措施相关，因此提高主动控制措施能力，维持系统低腐蚀速率，可以延长设备和传感器的使用寿命。因此，在考察各种材料在真实管流状态下的腐蚀特征和腐蚀程度时，短管式传感器是一个非常通用的检测工具。它可以经过精细调节，高精度完成要求的监测任务。

图 10.55 在海底管线安装过程中部署的环对腐蚀监测系统［由科尔蒙（Cormon）有限公司供图］

传感器外壳利用了双压屏蔽原理。传感器环、封边垫条和绝缘隔离器通过一个夹具形成一个内部受压密封圆筒，并保持受压状态。此圆筒采用一对弹性密封环安装在外壳内，形成一个主安全壳。外壳是一个单独的耐压密封组件，用法兰盘、环形接头和垫圈环密封。这种探针所采用的电子、外壳、功耗和遥感技术，大多与侵入式探针类似。图 10.55 是一套部署在海底管线中的监测系统。

10.7.4.3 耦合多电极阵列系统及传感器

耦合多电极阵列系统（CMAS）是可用来进行腐蚀监测的一个比较新颖的技术。使用多电极阵列系统的优点有：可以获得更多的电流波动统计样本；更大的阴、阳极面积可以促进萌生后局部腐蚀的生长；通过合理设计，可以用来预估点蚀速率以及获得局部腐蚀的宏观空间分布[53]。

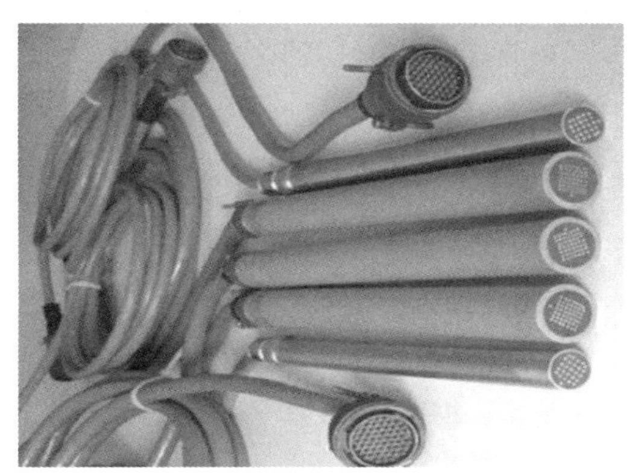

图 10.56 用于实时腐蚀监测的典型 CMAS 探针［由腐蚀仪器有限责任公司（Instruments，LLC）Corr 供图］

图 10.27 显示了耦合多电极阵列系统的基本原理，其中每个电极通过电阻器与公共耦合点相连。来自腐蚀电极或腐蚀相对较严重电极的电子流经与之相连的电阻器，产生一个小的电压降，一般为几个微伏。此电位降可使用高分辨率的电位计测量，并由此得到每个电极上的电流。耦合多电极阵列系统探针可依据应用要求制成不同的结构和大小。图 10.56 显示了一些可在实时腐蚀监测中使用的典

型探针。

从 CMAS 探针上获得的数据，其实就是在一段指定时间内流经各个电极的大量电流数据值。在 CMAS 探针分析体系中，这些数据被简化为一个单一参数，因此人们可以很方便地运用此探针进行实时在线监测。例如：最大阳极电流，可作为一个 CMAS 探针的单参数信号。由于 CMAS 探针中阳极模拟的是金属表面阳极区域，因此最大阳极电流可视为金属表面腐蚀最严重区域的腐蚀电流。

表示金属腐蚀最严重区域的腐蚀电流的另一种方法是采用电流标准偏差的三倍值。由于 CMAS 探针中所包含的电极数目肯定有限，而且通常都远远少于金属试样表面腐蚀区域数目，因此，人们认为基于统计参数的数值（如电流标准偏差的三倍值），比单一最大阳极电流值更适合。其中标准偏差值可能仅仅包括阳极电流，也有可能包括阴极和阳极电流。

在腐蚀性较低的环境中或使用耐蚀性较强的合金时，即使是 CMAS 探针中阳极活性最大的电极，其表面可能也并未完全被阳极活性点覆盖，一直到电极完全腐蚀。也就是说，即使阳极活性最高的电极，其表面仍可能存在一定可利用的阴极区域，因此部分电子可能从同一电极内的阳极区域流向阴极区域。总阳极腐蚀电流 I_{corr} 与测量的阳极电流 I_a^{ex} 可能存在如下关系，如公式(10.11) 所示：

$$I_a^{ex}=\varepsilon I_{corr} \tag{10.11}$$

式中，ε 为一个电流分配因子，表示流经外电路的可以测量的腐蚀电流占总腐蚀电流的分数。ε 数值可在 0 与 1 间变化，取决于表面非均匀性、环境、电极大小以及传感电极的数目。如果一个电极腐蚀严重，且明显比探针中其他电极阳极活性更高，此时这个腐蚀电极的 ε 值接近 1，所测得的外部电流将等于此电极总的局部腐蚀电流。

不过，由于探针中单个电极表面积通常在 $1\sim0.03mm^2$，比常规的线性极化探针或电化学噪声探针的电极面积小约 2～4 个数量级，因此在大多数应用场合下，假定这种小面积电极上发生的是均匀腐蚀，并据此预测穿透速率或局部腐蚀速率也符合实际情况。目前，CMAS 探针已用来监测各种金属及其合金在下列环境和条件下的局部腐蚀：

- 硫酸盐还原菌的沉积物；
- 空气中盐沉积物；
- 模拟高压天然气系统；
- H_2S 体系；
- 油/水混合物；
- 阴极保护系统；
- 冷却水；
- 海水中模拟缝隙；
- 饱和盐水溶液；
- 浓缩氯化物溶液；
- 混凝土；
- 土壤；
- 低电导率饮用水；
- 高温化工设备工艺物料流；
- 涂层。

10.8 数据传输和分析要求

由腐蚀传感器发出的信号，一般都必须进行处理和分析。信号处理包括滤波、平均以及单位转换等。此外，在一些腐蚀传感技术中，传感器表面必须在外加输入扰动信号作用下，才能产生输出信号。在老式系统中，电子传感器引线通常就是为了施加外加扰动信号，并将传感器信号中继传输至信号处理单元。随着微电子技术的发展，微芯片在传感器信号调节和处理中应用越来越广泛，目前微芯片已成为传感器单元不可或缺的组成部分[54,55]。其实，这种传感单元中所使用的无线数据传输技术也是微电子技术革命的产物。

无论传感器具体细节如何，为实现在线实时腐蚀监测，数据采集系统都必不可少。在有些工厂，数据采集系统放在能确保真正安全的移动实验室内。通常，计算机系统同时承担数据采集、数据处理和信息管理系统的相关功能。在数据处理时，计算机系统首先会启动一个程序，将腐蚀监测数据（低内在价值）转换为过程相关信息（较高内在价值）。而且计算机系统可以同时获取来自腐蚀传感器的数据以及工艺参数记录日志和检测报告等其他相关来源的补充数据，作为信息管理系统的输入数据。

在启动腐蚀监测程序时，确定从发出腐蚀超限信号到实施补救措施的一个完整的数据传输链很重要。在整个传输链中，每个步骤的时间均应保持均衡，换言之，如果信息处理需要几周或实施后续补救措施需要几个月，那么很显然，投资建设一个响应时间为 1 天的系统根本就没多大必要。数据传输处理过程可能涉及下列相关人员[48]：

（1）工艺装备操作员，收集数据；

（2）腐蚀监测专业人员（腐蚀或检测工程师），处理数据；

（3）腐蚀工程师，信息评估和确定后续行动；

（4）运行或维修工程师，计划和实施补救措施。

从“传感器到桌面”，即从第一步到第三步的响应时间，决定了一个腐蚀监测系统的真实响应时间。对于极其关键的监测任务，数据可直接发送到负责补救工作的一方，如：发送至控制室，由操作员采取行动。

监测系统和策略的重要性，必须通过完整性管理所涉及所有个体的奉献投入才能反映出来，即：资产持有者，通常是操作人员，但也包括维修和检测人员、腐蚀工程师、生产药剂师以及化学处理承包商。而且此监测措施必须得到包括上述各方人员在内的团队的一致同意并实施，并由他们共同决定如何控制腐蚀以及如何进行腐蚀监测，这一点至关重要。

参考文献

[1] Moreland, P. J., and Hines, J. G., Corrosion Monitoring—Select the Right System. *Hydrocarbon Processing* 1978; 57: 251–253.

[2] Kane, R. D., A New Approach to Corrosion Monitoring. *Chemical Engineering* 2007; 114: 34–41.

[3] Techniques for Monitoring Corrosion and Related Parameters in Field Applications. NACE 3T199. Houston, TX, NACE International, 1999.

[4] Roberge, P. R., *Corrosion Inspection and Monitoring*. New York, NY: John Wiley & Sons, 2007.

[5] Standard Guide for Conducting Corrosion Tests in Field Applications. G4-01. West Conshohocken, PA, American Society for Testing of Materials, 2001.

[6] Dean, S. W., Corrosion Monitoring for Industrial Processes. In: Cramer, D. S., Covino, B. S., eds. Volume 13A: *Corrosion: Fundamentals, Testing, and Protection*. Metals Park, OH, ASM International, 2003; 533–541.

[7] Standard Practice for Laboratory Immersion Corrosion Testing of Metals. ASTM G31-72. West Conshohocken, PA, American Society for Testing of Materials, 2004.

[8] Standard Guide for Conducting and Evaluating Galvanic Corrosion Tests in Electrolytes. Annual Book of ASTM Standards. G71-81[Vol 03.02]. Philadelphia, PA, American Society for Testing of Materials, 2003.

[9] Standard Guide for Crevice Corrosion Testing of Iron-Base and Nickel-Base Stainless Alloys in Seawater and Other Chloride-Containing Aqueous Environments. G78-01[Vol 03.02]. West Conshohocken, PA, American Society for Testing of Materials, 2001.

[10] Standard Test Methods for Pitting and Crevice Corrosion Resistance of Stainless Steels and Related Alloys by Use of Ferric Chloride Solution. Annual Book of ASTM Standards. G 48-03[Vol 03.02]. Philadelphia, PA, American Society for Testing of Materials, 2003.

[11] Standard Practice for Making and Using U-Bend Stress-Corrosion Test Specimens. G30-97[Vol 03.02]. West Conshohocken, PA, American Society for Testing of Materials, 2003.

[12] Standard Practice for Making and Using C-Ring Stress-Corrosion Test Specimens. G38-01[Vol 03.02]. West Conshohocken, PA, American Society for Testing of Materials, 2001.

[13] Standard Practice for Preparation of Stress-Corrosion Test Specimens for Weldments. G58-85[Vol 03.02]. West Conshohocken, PA, American Society for Testing of Materials, 1999.

[14] Standard Test Method for Determining the Susceptibility to Intergranular Corrosion of 5XXX Series Aluminum Alloys by Mass Loss After Exposure to Nitric Acid (NAMLT Test). Annual Book of ASTM Standards. G 67-04[Vol 03.02]. Philadelphia, PA, American Society for Testing of Materials, 2004.

[15] Standard Practice for Preparing, Cleaning, and Evaluating Corrosion Test Specimens. G1-03[Vol 03.02]. West Conshohocken, PA, American Society for Testing of Materials, 2003.

[16] Hausler, R. H., Corrosion Inhibitors. In: Baboian, R., ed. *Corrosion Tests and Standards*, 2nd ed. West Conshohocken, PA, American Society for Testing of Materials, 2005; 480–499.

[17] Freeman, R. A., and Silverman, D. C., Error Propagation in Coupon Immersion Tests. *Corrosion* 1992; 48: 463–466.

[18] Dravnieks, A., and Cataldi, H. A., Industrial Applications of a Method for Measuring Small Amounts of Corrosion without Removal of Corrosion Products. *Corrosion* 1954; 10: 224–230.

[19] Freedman, A. J., Troscinski, E. S., and Dravnieks, A., An Electrical Resistance Method of Corrosion Monitoring in Refinery Equipment. *Corrosion* 1958; 14: 175t–178t.

[20] Standard Guide for On-Line Monitoring of Corrosion in Plant Equipment (Electrical and Electrochemical Methods). Annual Book of ASTM Standards. G 96-90[Vol 03.02]. Philadelphia, PA, American Society for Testing of Materials, 2001.

[21] Denzine, A. F., and Reading, M. S., An Improved, Rapid Corrosion Rate Measurement Technique for All Process Environments. *Materials Performance* 1998; 37: 35–41.

[22] Van Orden, A. C., Applications and Problem Solving Using the Polarization Technique. *Corrosion* 98, Paper # 301. Houston, TX, NACE International, 1998.

[23] Silverman, D. C., Tutorial on Cyclic Potentiodynamic Polarization Technique. *Corrosion* 98, Paper # 299. Houston, TX, NACE International, 1998.

[24] Grauer, R., Moreland, P. J., and Pini, G., *A Literature Review of Polarisation Resistance Constant (B) Values for the Measurement of Corrosion Rate*. Houston, TX, NACE International, 1982.

[25] Yang, B., Method for On-Line Determination of Underdeposit Corrosion Rates in Cooling Water Systems. *Corrosion* 1995; 51: 153–165.

[26] Yang, B., Real Time Localized Corrosion Monitoring in Refinery Cooling Water Systems. Corrosion, Paper # 595. Houston, TX, NACE International, 1998.

[27] Boukamp, B. A., Equivalent Circuit (Equivcrt.PAS) Users' Manual. Report CT89/214/128. The Netherlands, University of Twente, 1989.

[28] Hladky, K., Callow, L. M., and Dawson, J. L., Corrosion Rates from Impedance Measurements: An Introduction. *British Corrosion Journal* 1980; 15: 20.

[29] de Levie, R., *Electrochemical Response of Porous and Rough Electrodes*. New York, NY, Wiley-Interscience, 1967.

[30] Roberge, P. R., Analyzing Electrochemical Impedance Corrosion Measurements by the Systematic Permutation of Data Points. In: Munn, R. S., ed. STP 1154—Computer Modeling in Corrosion, 197–211. Philadelphia, PA, American Society for Testing and Materials. 1992.

[31] Roberge, P. R., and Sastri, V. S., On-Line Corrosion Monitoring with Electrochemical Impedance Spectroscopy. *Corrosion* 1994; 50: 744–754.

[32] Haruyama, S., and Tsuru, T., A Corrosion Monitor Based on Impedance Method Electrochemical Corrosion Testing. In: Mansfeld, F. and Bertocci, U, eds. STP 727—Computer Modeling in Corrosion, 167–186. Philadelphia, PA, American Society for Testing and Materials. 1981.

[33] Iverson, W. P., Transient Voltage Changes Produced in Corroding Metals and Alloys. *Journal of the Electrochemical Society* 1968; 115: 617–618.

[34] Eden, D. A., Electrochemical Noise—The Third Octave. *Corrosion* 2005, Paper # 351. Houston, TX, NACE International, 2005.

[35] Yang, L., and Sridhar, N., Coupled Multielectrode Online Corrosion Sensor. *Materials Performance* 2003; 42: 48–52.

[36] Eden, D. A., Hladky, K., John, D. G., and Dawson, J. L., Simultaneous Monitoring of Potential and Current Noise Signals from Corroding Electrodes. *Corrosion* 1986, Paper # 274. Houston, TX, NACE International, 1986.

[37] Huet, F., Bautista, A., and Bertocci, U., Listening to Corrosion. *The Electrochemical Society Interface* 2001; 10: 40–43.

[38] Cottis, R. A., Al-Awadhi, M. A. A., Al-Mazeedi, H., and Turgoose, S., Measures for the Detection of Localized Corrosion with Electrochemical Noise. *Electrochimica Acta* 2001; 46: 3665–3674.

[39] Roberge, P. R., *Handbook of Corrosion Engineering*. New York, NY, McGraw-Hill, 2000.

[40] Cottis, R. A., and Turgoose, S., *Corrosion Testing Made Easy: Electrochemical Impedance and Noise*. Houston, TX, NACE International, 1999.

[41] Klassen, R. D., and Roberge, P. R., Self Linear Polarization Resistance. *Corrosion* 2002, Paper # 330.Houston, TX, NACE International, 2002.

[42] Scanlan, R. J., Boothman, R. M., and Clarida, D. R., Corrosion Monitoring Experience in the Refinery Industry Using the FSM Technique. *Corrosion* 2003, Paper # 655. Houston, TX, NACE International, 2003.

[43] Kane, R. D., and Cayard, M. S., Use of Corrosion Monitoring to Minimize Downtime and Equipment Failures. *Chemical Engineering Progress* 1998; 94(10): 49–57.

[44] Vera, J. R., Méndez, C., Hernández, S., and Cerpa, S., Field Results of the Hydrogen Permeation Sensor Based on Fuel Cell Technology. Corrosion 2002, Paper # 346. Houston, TX, NACE International, 2002.

[45] Standard Test Methods for Electrical Conductivity and Resistivity of Water. Annual Book of ASTM Standards. D 1125-95. West Conshohocken, PA, American Society for Testing and Materials, 2005.

[46] Standard Test Methods for Dissolved Oxygen in Water. Annual Book of ASTM Standards. D 888-03. West Conshohocken, PA, American Society for Testing and Materials, 2003.

[47] Eden, D. C., Cayard, M. S., Kintz, J. D., Schrecengost, R. A., Breen, B. P., and Kramer, E. Making Credible Corrosion Measurements—Real Corrosion, Real Time. *Corrosion* 2003, Paper # 376. Houston, TX, NACE International, 2003.

[48] Thomas, M. J. J. S., and Terpsta, S., Corrosion Monitoring in Oil and Gas Production. *Corrosion* 2003, Paper # 431. Houston, TX, NACE International, 2003.

[49] Zintel, T. P., Licina, G. J., and Jack, T. R., Techniques for MIC Monitoring. In: Stoecker II, J. G., ed. *A Practical Manual on Microbiologically Influenced Corrosion*. Houston, TX, NACE international, 2001.

[50] Anderko, A., Sridhar, N., Yang, L. T., Grise, S. L., Saldanha, B. J., and Dorsey, M. H., Validation of Localised Corrosion Model Using Real Time Corrosion Monitoring in a Chemical Plant. *Corrosion Engineering, Science and Technology* 2005; 40: 33–42.

[51] Powell, D. E., Ma'ruf, D. I., and Rahman, I. Y., Practical Considerations in Establishing Corrosion Monitoring for Upstream Oil and Gas Gathering Systems. *Materials Performance* 2001; 40: 50–54.

[52] Edgemon, G. L., Electrochemical Noise Based Corrosion Monitoring: Hanford Site Program Status. *Corrosion* 2005, Paper # 584. Houston, TX, NACE International, 2005.

[53] Yang, L., Sridhar, N., Pensado, O., and Dunn, D. S., An In-Situ Galvanically Coupled Multielectrode Array Sensor for Localized Corrosion. *Corrosion* 2002; 58: 1004–1014.

[54] Zollars, B., Salazar, N., Gilbert, J., and Sanders, M., *Remote Datalogger for Thin Film Sensors*. Houston, TX, NACE International, 1997.

[55] Kelly, R. G., Yuan, J., Jones, S. H., Blanke, W., Aylor, J. H., Wang, W., and Batson, A. P., Embeddable Microinstruments for Corrosion Monitoring. *Corrosion* 1997, Paper-294. Houston, TX, NACE International, 1997.

第十一章

工程材料：选材和设计要素

11.1 选材

有时人们是通过反复试错或简单地根据以前所使用经验来选择材料。尽管这种方法被频繁使用，但选材结果并不一定最理想或有创新。随着计算机时代的到来，工程设计程序也发生了彻底改变。现在人们想进行设计变更和快速制作原型件，可能根本就毫不费力。此外，随着计算机技术的应用，人们想要建立一个可供即时检索具有所期望性能的可选材料信息的材料性能数据库，而且能将这些信息整合到设计程序之中，这些都已成为可能。因此，近些年来，选材程序已发生了根本性改变。

剑桥大学迈克尔·阿什比（Michael Ashby）提出的选材方法论就是一个很好的实例。在此方法中，选材问题已很好地融入设计程序之中。首先，人们可以根据功能和设计要求，确定约束条件，从大量现有材料中确定备选材料的类别。在设计优化和细化时，人们可将从备选材料子集中获取的更准确的附加数据信息结合考虑进来，从而将选材范围缩小至某种材料。人们还可将材料成本和加工性能等影响因素纳入体现设计和功能的约束条件因子之中。因此，目前这种方法已成为一个相当有力且经济高效的选材方法。

在阿什比（Ashby）的模型中，一种材料的特性包括：密度、强度、电性能等[1]。设计要求的某些特性可能包括：低密度、高强度、成本适中，可能还有高导电性等。此时选材问题就可归结为：首先是确定所期望的材料特性，然后将其与那些实际的工程材料相比较，从而找到最佳匹配材料。

在基于阿什比原理开发的材料选择器软件系统中，选材过程如下：首先，对候选材料进行筛选和排序，给出最终候选材料清单；然后，再收集清单中每种候选材料的详细支撑信息；最后，据此做出最终选择。在选材之初，人们心中就应有一份完整的材料清单，这一点很重要。如果无法做到这一点，就意味着可能会错失一些良机。人们如果想做一个创新性材料选择，必须要在设计早期进行确认。因为后面所做决策和投入太多，已不允许做根本性改变，正所谓机不可失，失不再来。

首先，人们可以通过性能限制条件，将那些性能不满足设计要求的材料筛除，将选材大范围缩小。然后，人们可再依据最优性能，对候选材料进行评级，并据此进一步缩小选材范围。通常，材料性能并非只是仅受限于某单一特性，而是多种特性的综合。例如：针对材料的两种基本机械性能（即强度和杨氏模量），通过材料选择器在其支持数据库中进行检索，所获得结果可用一个简便的选择图显示，如图 11.1 所示。

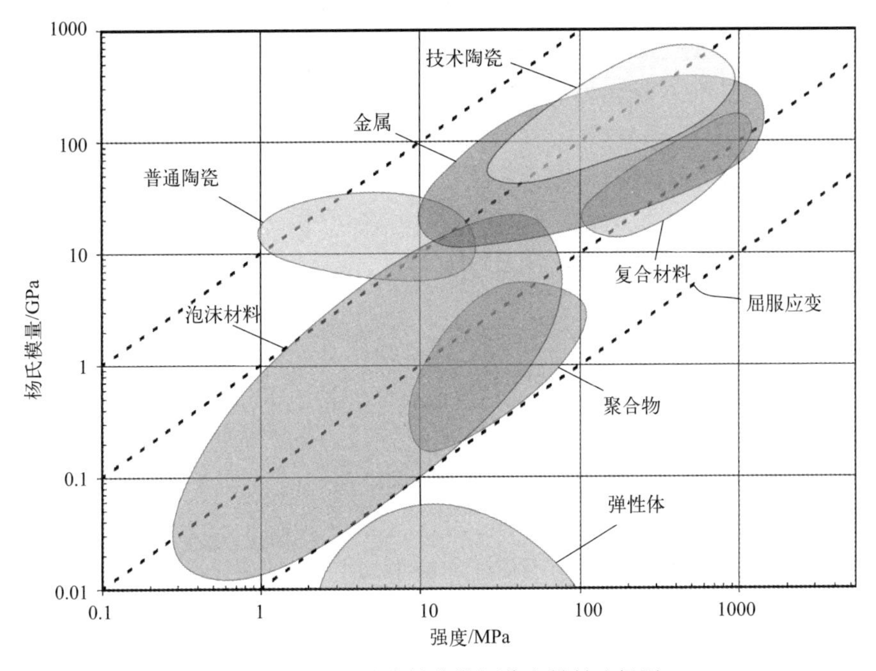

图 11.1　基于强度性能的阿什比材料选择图

但是，在阿什比模型中，没有任何一个条款是明确包含耐蚀性这一要素的。其主要原因可能是：与疲劳等其他设计要素不同，腐蚀设计问题绝对不是仅凭一个简单过程就能解决的，因为每种腐蚀形式实质上都是一个需要分别考虑的独立的失效模式。设计者们所面临的一个挑战就是，如何在分析的精细程度与现有的可利用资源（包括时间和预算问题）之间找到平衡[2]。

11.2　选材腐蚀意识

在现实生活中，总会发生一些预料之外的腐蚀问题，而纠正这些问题可能需要训练有素的专业人士采取一个被动应急措施。但是，理想情况下，在还没“锁定”所选材料时，在系统设计早期，人们就应主动考虑材料的耐蚀性问题，尽可能地减小腐蚀。然而，由于腐蚀问题的复杂性，腐蚀分析实际上更像是一种实践或训练（如可靠性工程），而不是一个结构抗疲劳性设计的简单过程。对腐蚀问题考虑不当的影响，也与可靠性考虑不当的影响类似：出现一些预料之外的问题，缩短设备正常状态时间，增加寿命周期成本[2]。

遗憾的是，设计者们所接受的有关选材知识的培训，其中很少明确指出要考虑腐蚀预防和控制（CPAC）问题。人们可能很好奇，为何至今仍未能开发出一个基于设计的、将腐蚀预防和控制问题考虑在内的、切实可行的材料选择程序。下面列出了一些给开发这种简单、易于理解且考虑腐蚀因素的选材过程造成很大困扰的相关影响因素。

11.2.1　金属为何腐蚀?

很多工程师都认为：在日常环境中，金属及其合金处于热力学稳定状态。这是一个错误的观点。金属发生腐蚀是金属以单质形式暂时存在的自然结果。为了能将金属从自然矿石中还原出来，就必须为此过程提供一定的能量。因此，当金属暴露在环境中，它们会逐渐恢复到最初在自然界中的原始状态，这是一种自然现象。我们可以通过铁的变化来阐述这个典型的循环过程。例如：铁的主要腐蚀产物是 $Fe(OH)_2$（或更可能是 $FeO \cdot nH_2O$），但在氧和水的作用下，可形成其他各种颜色不同的产物，如：

- $Fe_2O_3 \cdot H_2O$ 或水合氧化铁，有时也写成 $Fe(OH)_3$，是红棕色锈的主要成分。它可形成一种最常见的铁矿石，人们称之为赤铁矿；
- $Fe_3O_4 \cdot H_2O$ 或"水合磁铁矿"，又称亚铁酸铁（$Fe_2O_3 \cdot FeO$），最常见的颜色是绿色，但当存在有机络合剂时，也可能呈深蓝色；
- Fe_3O_4（"磁铁矿"），黑色。

当铁腐蚀形成其最初形态的化合物时，所释放的能量就是铁矿石转变为金属铁所需能量。表 11.1 列出了暴露在真实环境中试样表面腐蚀产物的 XRD 分析结果，从中可以看出：腐蚀过程中，金属通常都是转变为自然存在的矿石形式[3]。矿物转化为金属所需的能量以及金属中存储的能量或者因腐蚀而释放的能量，因金属不同而不同。例如：对于镁、铝和铁等金属而言，这个能量相当大，而对于铜、银和金等金属而言，这个能量又很小。表 11.2 列出了一些金属，按其氧化物转化为金属所需能量大小递减排序。

镁和铝的高反应活性，在表 11.2 中以能量形式表示，与过去人们将这些金属从各自相应矿石中提炼过来需要采取一些特别措施相对应。例如：直到 19 世纪末，人类才发明了工业上大规模生产金属铝的工艺。在 1884 年，建造商将重达 2.85kg 的铝盖作为华盛顿纪念牌的最后一个零件时，那时人们仍然认为这种金属制品很新奇。当时，人们认为铝是一种贵金属。

金属与其矿石之间的能量差可用电化学术语表示，与化合物的生成热相关。依据所需能量而确定的从矿石中提取金属的难易程度，以及由于腐蚀而释放出这种能量的趋势，可通过纯金属在电动序表中的相对位置来反映，有关电动序的内容将在后面讨论。

表 11.1　暴露在真实环境中试样 XRD 分析结果[3]

样品说明	化学或矿物名称	化学式
自来水中浸泡三个月后镁合金表面的腐蚀产物	三水菱镁矿	$MgCO_3 \cdot 3H_2O$
	氟硅酸钙	$CaSiF_6$
	β-碳化硅	β-SiC
	硫化钠	Na_2S
	氟化钠	NaF
	碱式碳酸镁氯化镁水合物	$MgCl_2 \cdot 2MgCO_3 \cdot Mg(OH)_2 \cdot 6H_2O$
	焦磷酸镁	$Mg_2P_2O_7$
	钠斜微长石	$(Na,K)AlSi_3O_8$
	α-方晶石	SiO_2
	氢氧化钠	NaOH
	硫铝钙石	$Ca_4Al_6O_{12}SO_4$
换热器上的产物	岩盐	NaCl
漆膜下金属表面上的产物	α-石英	SiO_2
服役三年的汽车保险杠支架上的产物	纤铁矿	γ-$Fe_2O_3 \cdot H_2O$
	针铁矿	$Fe_2O_3 \cdot 2H_2O$

续表

样品说明	化学或矿物名称	化学式
海洋环境中转换器部件上的产物	锌铁尖晶石	$ZnO \cdot Fe_2O_3$
	钴铁尖晶石	$CoO \cdot Fe_2O_3$
	铁酸亚钴	$CoO \cdot Fe_2O_3$
	岩盐	$NaCl$
	氧化铬	Cr_2O_3
	镍锌铁尖晶石	$(Ni,Zn)O \cdot Fe_2O_3$
	氟钍酸钠	$Na_3Th_2F_{11}$
	氯溴银矿	$Ag(Cl,Br)$
	镁铁尖晶石	$MgFe_2O_4$
	铍钯	$BePd$
	铁磁矿	Fe_3O_4
	镍钛	$NiTi$
自来水中浸泡三个月后的铜表面产物	斜绿铜矿	$CuCl_2 \cdot 3Cu(OH)_2 \cdot 3H_2O$
	黑柱石	$Ca(Fe,Mn,Mg)_2(Fe,Al)(SiO_4)_2OH$
深海环境中铝铜合金表面产物	二水合氟化铜铵	$(NH_4)_2 \cdot CuF_4 \cdot 2H_2O$
	氰化钾	KCN
	氧化铝	Al_2O_3
	铝酸钙	$3CaO \cdot Al_2O_3$
	α-碘化镉	CdI_2
深海环境中铝锌镁铜合金表面产物	氧化铝	Al_2O_3
	α-碘化镉	CdI_2
深海环境中铝锰合金表面产物	二水合氟化铜铵	$(NH_4)_2CuF_4 \cdot 2H_2O$
	四水硼钙石	$CaB_6O_{10} \cdot 4H_2O$

注：加粗字标识的物质并非体系中涉及的主要金属或合金的腐蚀产物。

表 11.2　一些金属氧化物还原转化为金属所需能量排序

能量递减	金属	氧化物	能量/(MJ/kg)
最高能量	Li	Li_2O	40.94
↓	Al	Al_2O_3	29.44
	Mg	MgO	23.52
	Ti	TiO_2	18.66
	Cr	Cr_2O_3	10.24
	Na	Na_2O	8.32
	Fe	Fe_2O_3	6.71
	Zn	ZnO	4.93
	K	K_2O	4.17
	Ni	NiO	3.65
	Cu	Cu_2O	1.18
	Pb	PbO	0.92
	Pt	PtO_2	0.44
	Ag	Ag_2O	0.06
最低能量	Au	Au_2O_3	−0.18

11.2.2　金属如何腐蚀?

无论何种设计，人们都需要考虑到腐蚀形态的多样性问题，而且同时还要考虑到各种腐蚀形态之间常常是一种相互竞争的关系。正如第八章中所述，各种形态的腐蚀常常都是由于某些相对复杂且肉眼不可见的活性腐蚀单元而激活。例如：一个部件的应力腐蚀开裂或腐蚀疲劳，常常都是在应力区腐蚀点形成之后发生的。此时，腐蚀过程的诱发是受点蚀机制控制，而随后腐蚀发展是受开裂模式控制。

11.2.3 多种材料/环境组合

材料/运行环境组合形式多样，而每种组合都有可能存在腐蚀问题。目前已知的元素有106种以上，其中金属大约有80种，每种金属都有不同的机械、化学及物理性能。尽管所有金属都能腐蚀，但其腐蚀形式各不相同。而且，大多数金属都可以合金化，制备出成千上万种不同合金。

从纯技术角度来看，选用更耐蚀性材料无疑是一种解决腐蚀问题的方法。而且，在很多情况下，选用耐蚀材料也确实是一种可替代其他腐蚀控制措施且很经济实用的方法。为了评估在役材料或考虑使用的材料的腐蚀行为，我们首先应解决表11.3所示的这些问题[4]。

表11.3 预估材料腐蚀行为所需信息

- 腐蚀性介质变量
  主要成分(名称和含量)；
  杂质(名称和含量)；
  温度；
  pH值；
  充气程度；
  搅拌速度；
  压力；
  各变量的估计范围
- 应用类型
  零件或设备的功能是什么？
  均匀腐蚀对其适用性会有何影响？
  尺寸变化、外观或腐蚀产物是否会影响使用？
  局部腐蚀对其有效性会有何影响？
  是否有应力存在？
  有可能发生应力腐蚀开裂吗？
  设计与材料腐蚀特性是否匹配？
  预期服役寿命是多少？
- 经验经历
  材料在相同环境中使用过吗？
    - 具体结果是什么？
    - 如果设备仍在运行，是否检测过？
  材料在类似环境中使用过吗？
  新旧环境下性能有何差异？
  在中试设备上实践应用过吗？
  有设备腐蚀试验数据吗？
  进行过实验室腐蚀试验吗？
  有无任何可用的报告？

一种常见的表示材料耐蚀性的方式是所谓的“等蚀图”。用前缀“iso”表示在一定浓度和温度变化范围内，腐蚀行为保持不变的线（或区域）。图 11.2 显示了在重要工业原料硝酸或硫酸及其混合酸环境中，一些不锈钢与其他金属材料的“等蚀图”比较[5]。

《金属腐蚀数据调查》[5] 和《非金属腐蚀数据调查》[6]，这两本出版物就是采取这种策略来表示有关材料腐蚀信息。其中，金属腐蚀行为用腐蚀深度单位描述，即毫米/年（mm/a）或千分之英寸/年（mpy），而非金属腐蚀行为则采用“推荐”“存疑”“不推荐”等定性术语来表示。图 11.3 说明了如何使用《金属腐蚀数据调查》中的模板来表示最常用金属的耐蚀性，图 11.4 以充气醋酸服役介质中的 S30400 和 S31600 不锈钢为例，说明了如何使用模板去归总材料的耐蚀性。

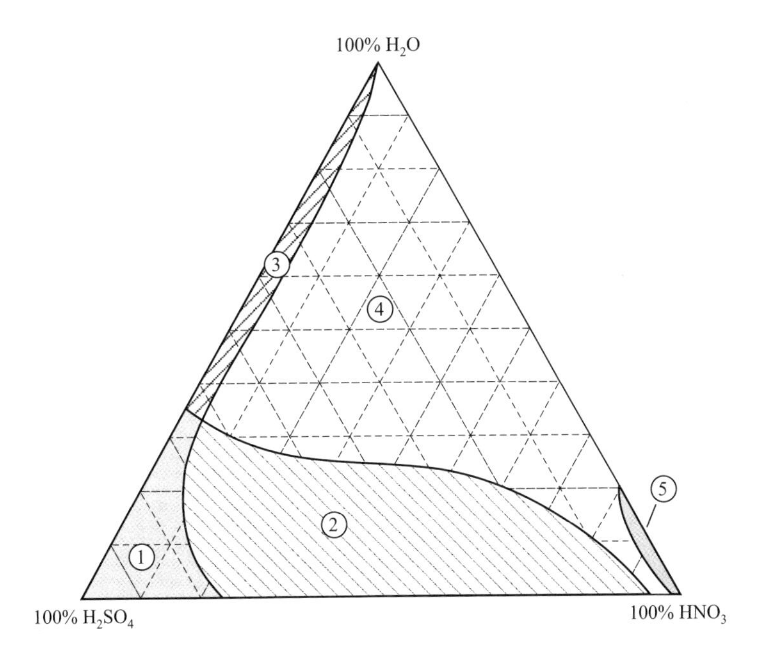

阴影区内材料的腐蚀速率小于 0.50mm/a

区域 1	区域 2	区域 3	区域 4	区域 5
20Cr30Ni	18Cr8Ni	20Cr30Ni	18Cr8Ni	18Cr8Ni
金	20Cr30Ni	金	20Cr30Ni	20Cr30Ni
铅	铸铁	铂	金	铝
铂	金	硅铁	铂	金
硅铁	铅	钽	硅铁	铂
钢	铂		钽	硅铁
钽	硅铁			钽
	钽			

图 11.2　混酸环境中的等蚀图

11.2.4　腐蚀数据的准确性

绝大多数的腐蚀数据都是经验数据，通常都非常分散且形式多样。此外，文献中的腐蚀数据极少能直接用来预测现场应用环境中的腐蚀速率。为何腐蚀试验结果通常比其他类型试

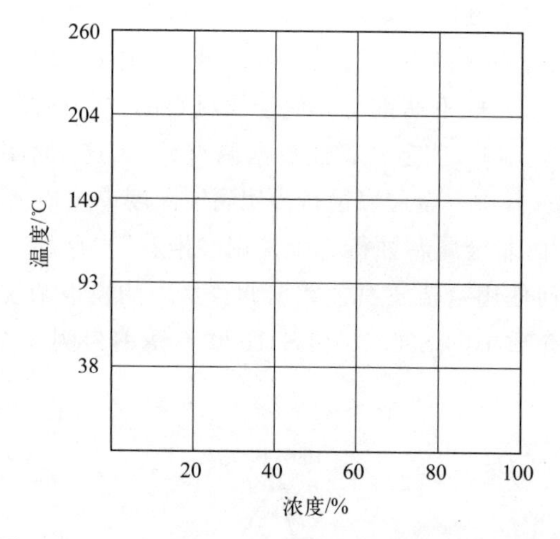

图 11.3　工业环境中大多数金属耐蚀性的标识模板

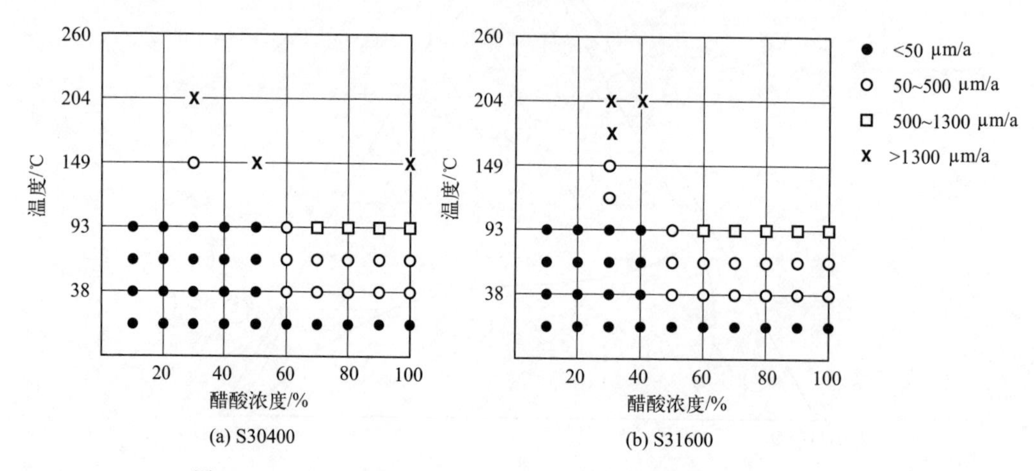

图 11.4　S30400 和 S31600 不锈钢在充气的纯醋酸中的腐蚀行为

验结果更分散，其中原因很多，材料自身或试验环境中少量杂质对腐蚀速率的影响肯定是重要原因之一[7]。

数据准确度与试验时间和若干因素的关系可用一个 3D 图（图 11.5）来描述，这也表明重现工业实际腐蚀问题比较困难。这种系统内在的复杂性，也决定了将腐蚀试验结果向实际服役环境应用转化也是一项艰巨的任务。

金属的腐蚀通常都是金属表面状态与金属所处环境之间的复杂相互作用的结果。因此，任何一种腐蚀试验都不是万能的，通过一个腐蚀试验也不可能实现所有目标。此外，腐蚀数据也是针对某种特定的材料和环境组合。而且，材料成分及材料加工过程中极其微小差异或试验环境的细微变化，都有可能极大地影响腐蚀类型和腐蚀速率。因此，实际性能最可靠的预测工具是实际服役经历及紧随其后的现场试验，因为这两者都是以实际真实环境及其复杂性变化为基础的。

很多研究者习惯性地避免使用统计技术，因为他们认为这种可靠性的增加似乎并不能补偿熟悉这种统计方法或进行必要计算所需的精力和时间。最常见的情况是，这种结

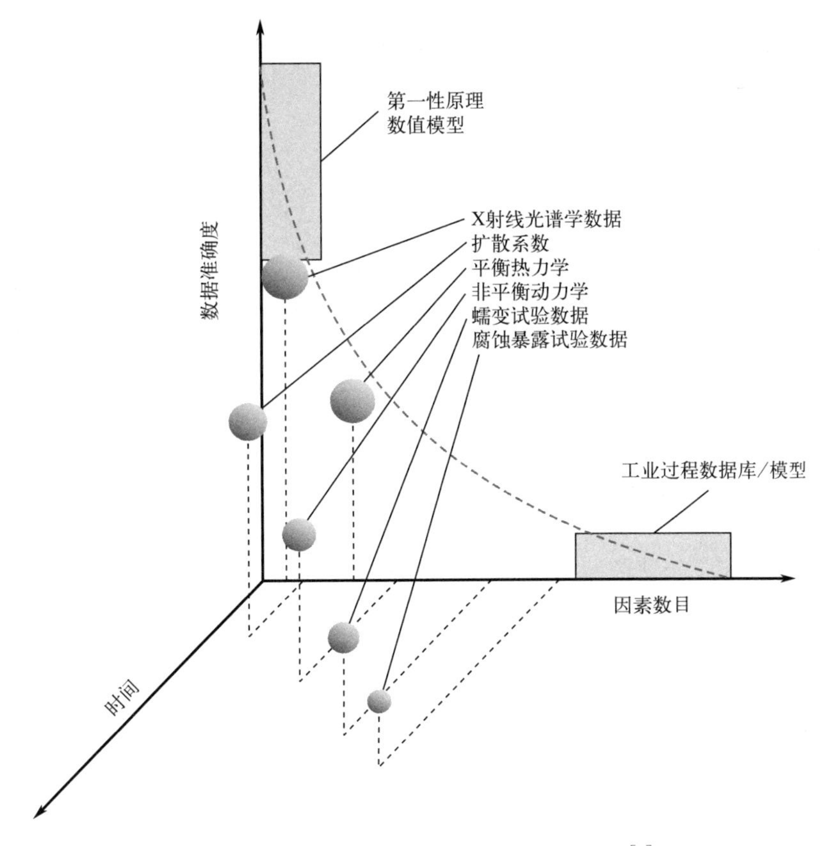

图 11.5　数据库和模型的时间和环境依赖性[8]

果只能从相对排序的角度来解释。而这种解释可能带有主观性，很大程度上取决于研究者的判断力。

11.2.5　材料/性能交互作用的复杂性

针对某一特定应用/环境组合条件，材料有可能发生各种形式的腐蚀，而要想获取所有可能的腐蚀形式的相关腐蚀数据，可能根本无法实现。此外，材料本身固有的耐蚀性，在很大程度上取决于其元素组成、加工历史、表面形貌、几何形状，某些情况下还与其大小有关。下面示例说明在高强铝合金工件生产制造过程中，如何通过有意增加一定材料消耗，去尽可能降低其剥层腐蚀开裂倾向。其中剥层腐蚀开裂是高强铝合金晶间腐蚀的一种特殊形式。

通过挤压或其他重度加工制备的合金，其晶粒呈细长扁平状结构，此时它们非常容易发生这种形式的腐蚀损伤，这在第八章已进行大量讨论。第八章中图 8.38 可说明，在晶粒结构各向异性的锻铝合金中，腐蚀产物会沿着晶界堆积，在晶粒之间产生应力，最终产生撑开或叶浮效应（第八章图 8.40）。这种腐蚀损伤通常从机加工边缘、孔或凹槽处的端面晶粒开始，随后可发展至整个截面。图 11.6 显示了如何通过牺牲小部分材料来降低零件短横切面的腐蚀开裂敏感性。

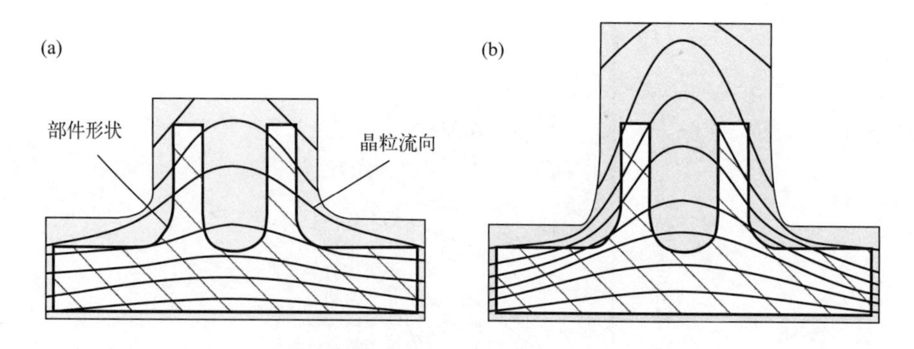

图 11.6　通过机加工消除晶粒流向对耐蚀性的影响：
（a）节省材料，放低寿命要求；（b）延长寿命，放低材料要求

11.3　选材的折中考虑

设计者很少关注腐蚀预防与控制的常见原因之一是，他们缺乏处理腐蚀方面问题的经验。工程师们不仅需要权衡考虑控制腐蚀与其他性能参数的相对潜在收益，而且还必须考虑其长期特性，如服役寿命、预期维修和修理以及废弃处置等。

很明显，从腐蚀角度出发，选择“最佳”材料可能并不是一项简单任务。要想做出明智的选择，需要考虑的因素众多，且选材途径也并不唯一。最终，设计者必须权衡考虑耐蚀性与其他性能要求以及其他具体因素，包括成本、可获得性和可维修性，然后再依据最佳“工程评价”去选择最优材料。

材料的选择是多种因素综合折中考虑的结果。例如，合金的技术评价结果通常就是耐蚀性与强度和可焊接性等其他性能之间的一个折中考虑。最终的选择必定是技术方面和经济因素的一个折中的综合考虑结果。在选择确定一个材料时，此项任务常常需要分三个阶段完成：

（1）列出需求清单；

（2）选择和评估候选材料；

（3）选定最经济材料。

表 11.4 列出了选材的一些特殊要求和典型注意事项。当然，选材过程也会受到某些实际情况的影响，如：为建设新系统选材还是为调整或维修现有设备选材。对于新建系统装备，选材程序应在确定最终设计之前尽快展开，因为耐蚀性优化设计可能对系统装配或建造有很大影响。

而在为设备修理进行选材时，由于重新设计几乎不可能，因此通常此时选材的主要决策准则将集中在交付时间和现场装配的便利性。此外，在修理前首先对装备的剩余寿命进行评估，避免修理时过度设计腐蚀裕量，无疑也是非常明智的。

事实上，要想找到一个“完美”的选择很难，认识到这一点很重要，因为大多数经济适用的商用材料在某些特定条件下都会发生腐蚀。相反，设计师应能鉴别出那些能满足各项目预算限制的材料和相关腐蚀预防与控制（CPAC）的实际方案。

表 11.4 选材核查清单

• 需求 性能（腐蚀、机械、物理、外观）； 制造（成形、焊接、机加工）； 与现用设备的兼容性； 可维修性； 设计数据的可用性
• 选材注意事项 设备或工艺的预期总寿命； 预测的材料服役寿命； 可靠性（安全和失效的经济后果）； 可得性和交付时间； 进一步试验的必要性； 材料成本； 制造成本； 维修和检测成本； 投资回报率分析； 与其他腐蚀控制方法比较

11.3.1 生命周期成本核算

生命周期成本核算法是采取普遍认可的会计惯例，来确定在整个服役周期内的资产或项目的总成本。经济分析通常都是为了比较多种竞争性候选方案。由于初期资本支出、整个服役周期内的支持和维修成本、废物处置成本都需要考虑在内，因此，货币的时间价值在生命周期成本核算中很重要。将未来现金流折现为现值，实质上是将所有相关成本按一个共同的时间点进行折算，以便进行客观比较。

在过去，经济核算一直都是一个耗时费力过程，因为只有那些了解所有影响因素之间相互关系的人员，才有可能正确开展这项工作。在美国腐蚀工程师协会制订的相关国际标准中，他们提出采用一些简易公式来进行经济核算，而这些公式整合了初始成本、寿命、折旧率、税金、物主/雇主的货币价值的相对准确估算值，无需很好的经济学知识，就可使用[9]。这个标准文件主张使用现金流折现法，以便比较净现值。计算净现值时需要考虑的因素有：

（1）初始成本；

（2）预期寿命的最佳估算；

（3）应急修理的一般停工时长；

（4）计划停工期间计划维修成本；

（5）失效对整个设备运行的影响。

财务负责人肯定更愿意倾听那些基于经济核算的推荐提议，因为各核算项为他们提供了一个用以决策可用资金如何使用以及使用在何处的客观基础，而且也增加了建议的可信度。

如式(11.1) 所示的广义经济分析公式，特别适合处理一些腐蚀工程问题。此公式包含了与大多数腐蚀问题相关的大量不确定性因素，可以对各种预防和控制备选方案进行相当准确的经济估算。此公式还包含了现值和年度成本核算中的税金、直线折旧、运行费用及残值[10]。

$$\mathrm{PW}=-P+\left[\frac{t(P-S)}{n}\right]\left(\frac{P}{A},i\%,n\right)-(1-t)(X)\left(\frac{P}{A},i\%,n\right)+S\left(\frac{P}{F},i\%,n\right) \tag{11.1}$$

式中，A 为年度期末现金流；F 为未来总值；$i\%$为利率；n 为年数；PW 为现值，也称为净现值（NPV）；P 为体系的初始成本，对应时间点为 0；S 为残值；t 为用小数表示的税率；X 为运行费用。

（1）第一项[$-P$]：此项代表了项目初始成本，对应时间点为零。由于该项是支出，所以设定为负值。该值不需要转换为时间上的未来值，因为 PW 法是将所有货币价值折现为现值（时间为零）。

（2）第二项[$t(P-S)/n(P/A,i\%,n)$]：公式中第二项代表系统折旧。方括号内的部分表示每年允许的税收抵免额。圆括号内部分表示通过现值转变，将系统折旧转变为时间点 0 时的等现值。

（3）第三项［$-(1-t)(X)(P/A,i\%,n)$］：在此公式中第三项由两部分组成。$(X)(P/A,i\%,n)$代表应作为支出适当计入的成本项，如维修成本、保险和缓蚀剂成本。由于该项涉及经费支出，所以前面也带有负号。第二部分 $t(X)(P/A,i\%,n)$ 说明与此业务支出费用相关的税收抵免，因为它体现了节省，前面用正号表示。

（4）第四项［$S(P/F,i\%,n)$］：第四项是将残值的未来值折算为现值。这是一次性事件，而不是一个等值系列，因此包含了一次性支付的现值因子。很多腐蚀检测，如涂层和其他重复性维修检测，没有残值，此时这项为 0。

通过下面公式，现值（PW）可转化为等值年度成本（A）：

$$A=(\mathrm{PW})(A/P,i\%,n) \tag{11.2}$$

通过参考利率表或简单使用各种功能关系式，可以计算得到不同选项。资本回收函数（P/A），或指定等值年度成本（A）时计算初始成本（P），可依据公式(11.3)：

$$\left(\frac{P}{A},i\%,n\right) \quad 其中 P_n=A\frac{(1+i)^n-1}{i(1+i)^n} \tag{11.3}$$

复利因子（P/F），或给定未来总值（F）时计算初始成本（P），可依据公式(11.4)：

$$\left(\frac{P}{F},i\%,n\right) \quad 其中 F_n=P(1+i)^{-n} \tag{11.4}$$

资本回收因子(A/P)，或给定初始成本（P）时计算等值年度成本（A），可通过公式(11.5)：

$$\left(\frac{A}{P},i\%,n\right) \quad 其中 P_n=P\frac{i(1+i)^n}{(1+i)^n-1} \tag{11.5}$$

一些采用此广义方程去分析腐蚀工程问题的应用实例，可以在文献中查到[10,11]。

11.3.2 状态评估

资产生命周期管理的第二个主要组成部分是系统的状态评估调查。状态评估调查（CAS）的目的就是提供有关资产状态的全面综合信息。这个信息，对于预测中长期维修需求、估算剩余服役寿命、制定长期维修和更换策略、规划未来用法以及确定应对损伤的有效反应时间都非常重要。因此，状态评估调查与发现严重缺陷时进行“修理”的短期策略形成鲜明对比。状态评估调查包括三个基本步骤[11,12]：

- 将一个设备分成各个系统和子系统，形成工作分解结构（WBS）；

- 制定标准，用来鉴别影响工作分解结构中每个部件的缺陷以及确定缺陷的程度和范围；
- 以标准或参考部件为参照，对工作分解结构中每个部件进行评估。

状态评估调查为资产维护管理者提供了优化配置有关资产修理、维修和更换的经费资源所需要的分析信息。通过执行良好的状态评估调查（CAS）程序，调查人员可以获得关于系统或组件的具体缺陷、缺陷的程度和范围以及修理的紧迫性等信息。在出现或存在下列情况时，就表明在腐蚀控制策略中，需要加入状态评估调查：

- 资产逐渐老化，伴随着腐蚀风险增大；
- 资产是一个复杂的工程系统，尽管看起来似乎并非总是如此（如“普通”混凝土实际上是一个极其复杂的材料）；
- 执行类似目的的资产在设计和运行记录中有变化；
- 现存资产信息不完整和/或不可靠；
- 先前已进行过腐蚀维修/修理工作，但缺乏文字记录；
- 资产状态信息并未从现场转移至管理部门，决策者不知情；
- 维修成本越来越高，而资产利用率越来越低；
- 类似资产的状态从差到优异，其变化性很大。状态似乎是取决于局部运行微环境，但并不知道下一个主要问题将出现在何处；
- 长期规划的信息很少甚至没有；
- 组织内部对实施腐蚀控制的长期策略和规划的承诺有限或缺乏。

11.3.3 优先级

与仅仅以一种被动的短期模式来解决维修问题的方式不同，一个有条理有组织的维修方式的核心是对维修活动进行优化排序。从前面章节内容我们可以明显看出：资产生命周期管理可用来制定优化排序方案，并可能据此进行一系列更宽泛的资金分配决策，而不仅仅是决策“是/否”维修。当然，这就需要根据预设的价值特性（如关键绩效指标）对每次维修工作进行系统评估。

确定优先级的方法通常都包含一个数字评级系统，用来确保最重要工作受到的关注程度最高。设备的关键度是某些评级系统中一个重要因素。这样一种“不带任何感情色彩”的客观公正评级，将可以确保所作决策都是基于工程系统的最佳整体绩效，而不是过分强调其中某个零件的性能。

清楚认识在风险环境中有关设备失效的潜在劣化机制、发生失效的可能性以及失效的潜在后果非常重要。事实上，让设备检测人员能从技术上充分理解潜在的劣化机制，以便他们制定切实有效的策略，限制潜在的设备失效风险，也正是腐蚀工程师们所面临的一个挑战。当然这也是一个机会，通过这种方式，腐蚀工程师可以展示主动性腐蚀控制的价值，并用优先级分析结果去影响与设备完整性和可靠性相关的决策者和利益相关方[13]。

在第九章中所介绍的那些风险评估模型工具，为优化和管理设备检测大纲提供了坚实基础。用这些方法，人们可以通过评估失效可能性与失效后果的严重性，对与每个持续运行设备部件相关的风险进行排序。

11.4 选材路线图

材料选择路线图可能是一种很好的选材方式，它突出了评价一个新设计是否存在腐蚀敏感性以及如何有效减缓或消除潜在问题所需的主要步骤。对于腐蚀可能造成高风险或严重安全问题的重要场合，通常最好是邀请一个有资质的专家或专家团队参与，以确保设计各个方面都能得到彻底调查。

11.4.1 初始候选材料清单的确定

图 11.7 所示流程图显示了一个采用大量传统方法筛选材料的通用程序。设计者应首先

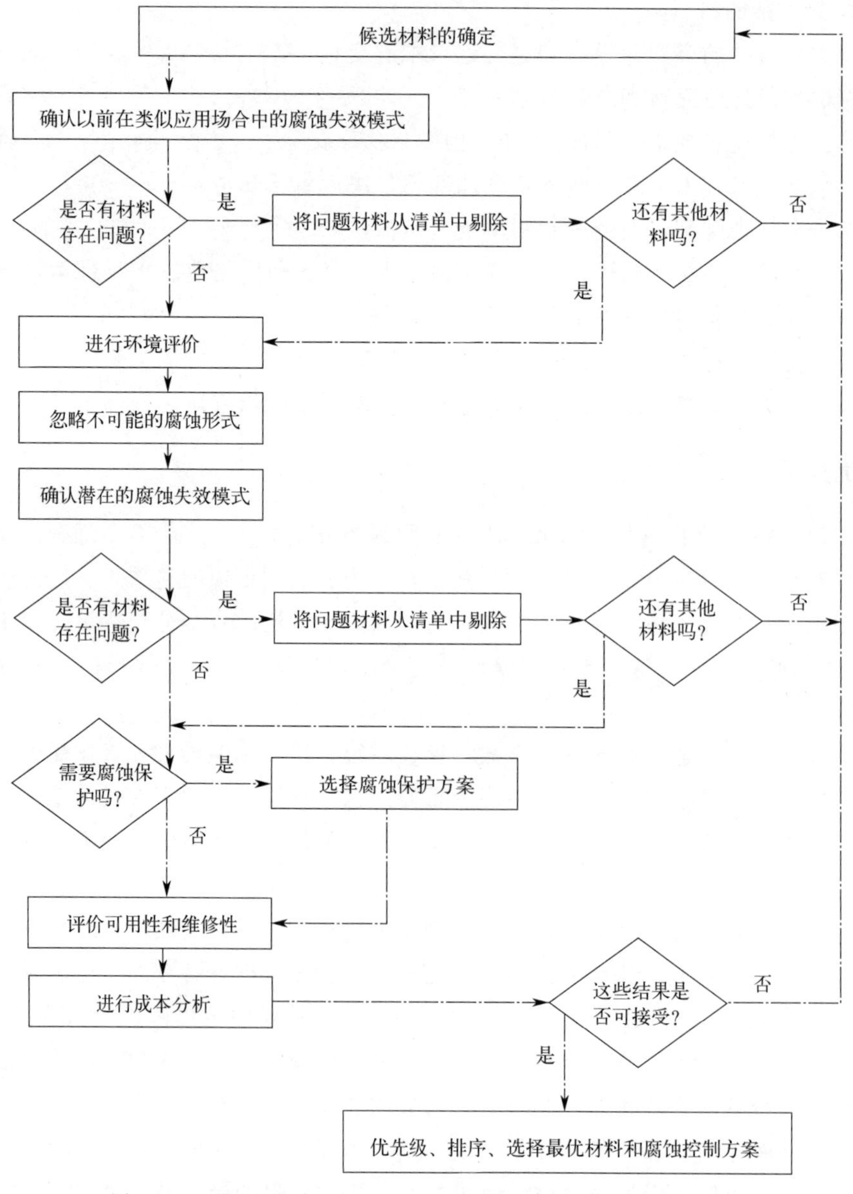

图 11.7　耐蚀性选材通用程序——降低生命周期成本的流程图

确定一个拥有必要的物理、机械、热和/或电性能的候选材料清单，然后再开始执行这个程序。初始候选材料的数量可能会因应用场合的关键程度和所采用的设计程序不同而不同。

在选材程序的最初阶段，考虑大数量材料的优点是，明显增加了找到合适候选材料的可能性，即候选材料满足常规需求同时达到要求的耐蚀性。其缺点就是这种分析成本通常会很高。对于有严格截止日期的极其重要的选材决策，最有效的方法是同时对多种材料进行分析，因为这样对项目计划进度的影响最小。

11.4.2　基于过去经验的材料筛选

选择初步可考虑材料之后，下一步就是去查看在与设计体系类似的应用环境中，这些材料是否曾经发生过腐蚀问题，并查明这些问题的本质原因。然后，将所有在类似的应用环境中曾经发生过腐蚀问题的材料从考虑选用的材料清单中剔除，特别是那些腐蚀问题无法通过经济实用的腐蚀预防与控制方法控制的材料。这一步通常都很方便，不过可供参考的相关资料信息来源与很多因素有关，且不同组织机构间的差异可能也很大。当然，如果能够访问一个有相关参考文献和在线文档的好图书馆去查询这些信息，肯定会更加便捷。

另外，能够咨询可能涉及所选材料类似应用的任何工作人员，或查询维修记录（如有）也同样重要。目前大量机构组织都已广泛利用计算机技术来跟踪和管理维修工作，通常都是通过计算机电子化的技术图纸、零件清单以及详细的零件描述来加以辅助。图 11.8～图 11.11 显示了如何通过这种信息技术提供的一个简单图表界面去查询飞机历史维护记录[14]。

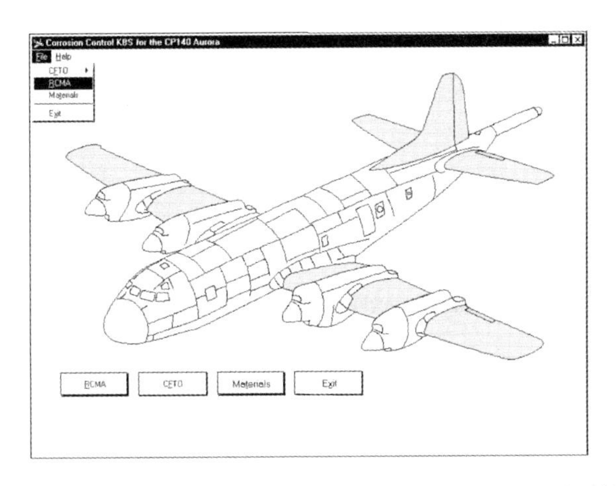

图 11.8　一个知识库系统（KBS）的主界面，显示了飞机结构完整性大纲（ASIP）所覆盖的巡逻机各部分

11.4.3　进行环境评估

选材程序的下一步是忽略掉那些不可能发生的腐蚀形式。例如：如果设计应用环境不是暴露在流体中，那么磨损腐蚀就可以不考虑。为了确定哪种形式的腐蚀更可能发生，分析员应检测应用环境中是否存在各种形式的腐蚀引发因素，然后再确定其中可能存在哪些腐蚀形式。

在选定候选材料之后，下一步就是系统运行环境分析。在考虑运行环境时，很多人可能

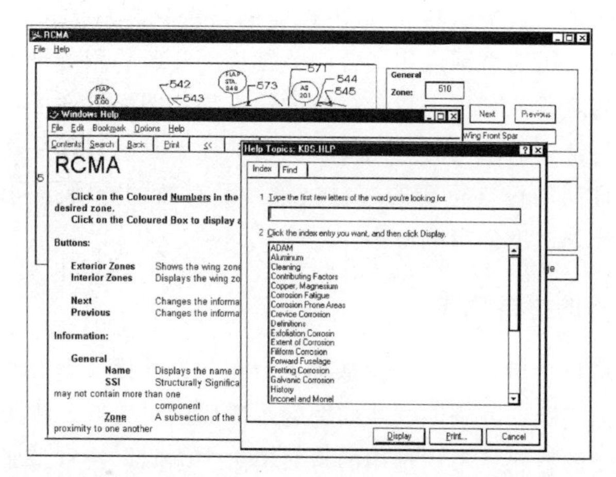

图 11.9　将图形和数据库信息集成到飞机结构完整性大纲的知识库系统中示例

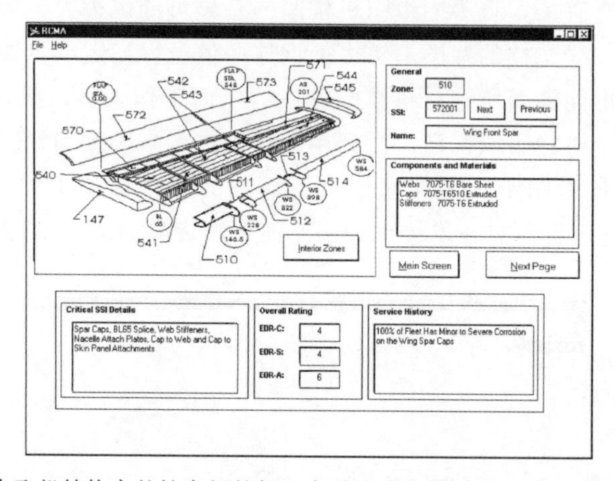

图 11.10　在飞机结构完整性大纲的知识库系统中提供上下文相关辅助说明的示例

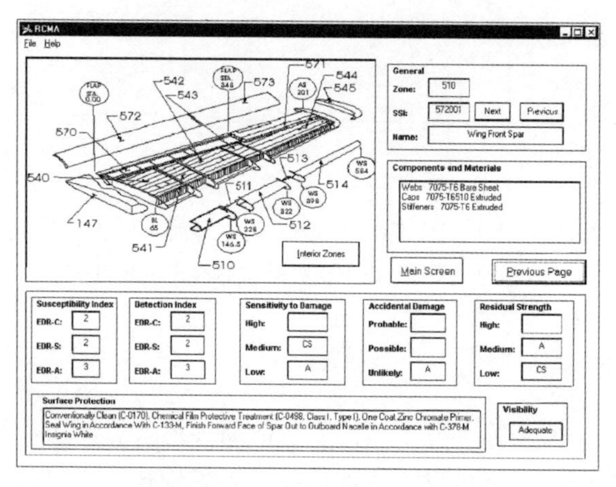

图 11.11　显示飞机结构完整性大纲的知识库系统中保留的一些关键部件信息

很自然地考虑将大气、工业环境或海洋环境暴露作为腐蚀诱发因素。尽管这些因素很重要，但这种总的或“宏观”视角的局限性可能太大，因为系统配置和运行状态都有可能造成局部腐蚀电池和特殊腐蚀微环境的形成。

例如，储罐和管线内积垢就可能造成腐蚀性介质在垢下累积，并促进一种非常严重且隐蔽的局部腐蚀过程。在20世纪70年代能源危机之后，这种情况已变得非常严重，所谓的绝缘层下腐蚀（CUI）就是这种特殊实例。系统建造中涉及的某些结构细节部位，包括搭接头、垫片以及无法接近的密闭位置都存在同样问题，尽管有时可能并没那么严重。

设计者应对运行条件进行彻底分析，因为整个系统决定了设计细节、温度、湿度以及所有部位可能接触的化学介质等各种可能组合情况，并会受到各种组合因素的影响。此外，设计者还应考虑系统在整个生命周期内遇到的各种状态，包括维修、储存和运输。

运行环境的综合分析可能是一项涉及面非常广的工作。因此，设计者应根据可利用的时间和资源，采用分等级分析，进行从常规到非常详尽等不同程度的分析。最重要的是首先要明确常规运行条件（如大气、溶液浸没、埋地等），随着获取信息越来越多，设计者可以进一步确定更准确的条件。此外，一个详细环境评估可能还包括一些pH值、污染物、温度以及其他相关因素的细节特征。设计者不应忽视这些设计细节问题，因为造成特殊形态腐蚀的微环境肯定与它们有关。

11.4.4 基于潜在腐蚀失效模式的材料评估

在确定了候选材料和环境条件之后，设计者还必须调研各种形式腐蚀的可能性。在选材分析程序进行到这一环节时，候选材料清单中应至少还有一种候选材料可以考虑，并且有预期环境条件下的潜在腐蚀形式清单。由于分析范围已经确定，因此设计者可以评估候选材料在该运行环境中，所有可能发生的各种形式的腐蚀是否会变得活跃。

调研这些问题的最经济的方法是：首先进行文献分析，在有设备和时间允许的情况下，紧接着再进行试验。在文献分析和/或试验完成之后，设计者应已获取足够信息，可以排除任何有疑问的材料。这样就可以得到一个其他性能满足要求同时又拥有合适耐蚀性的候选材料清单。

11.4.5 腐蚀预防和控制方法的选择

与具体防腐蚀设计中的实际选材工作相比，或许为可能需要保护系统或其组件选择合适的腐蚀预防与控制技术更为艰巨。有些材料由于拥有耐蚀的表面，对腐蚀控制的要求很低。不锈钢就是具有这种耐蚀特性的一个很好的实例。但是，大多数金属（以及一些其他材料），可能仍然需要人们采取某些附加保护措施，才能抵御其在腐蚀性运行环境中的腐蚀。

如果有必要，人们还可以同时采取多种策略来保护金属材料免遭腐蚀。其中一种策略就是构建一个屏障，防止腐蚀性环境与材料表面接触。有效的屏障包括第十二章讨论的涂层和表面处理以及第十三章讨论的防腐蚀化合物（CPCs）的使用。另一种策略是调整自身环境。很显然，一个结构暴露在它们自身元素环境之中时，不会发生腐蚀，但是在结构或系统内部，尤其是处于完全封闭状态时，腐蚀仍然有可能发生。供热设备就是一个很好的例子。供热设备中，蒸汽在锅炉与换热器之间循环。在这种密闭体系中，运行介质环境是水，其中肯定充满可以激活腐蚀反应的矿物质和其他污染物。在这种情况下，防腐蚀化合物可作为一种缓蚀剂，混入流体之中来降低环境的腐蚀性，或以气态形式分布在密封系统之中（参见第十三章）。

此外，利用某些手段去调整材料腐蚀电化学过程的机制，也是一种可以减轻腐蚀的方法。例如，阴极保护，无论是牺牲阳极系统还是外加电流系统，都可以将材料从通常情况下非常容易腐蚀的状态转变为耐腐蚀的状态。这种方法，是第十四章的主题内容，可以很好地保护土壤、海水或其他任何电解导电介质等潜在腐蚀性环境中的固定资产。

11.5 冶金学基础

由于金属是发生腐蚀劣化的主要材料，因此，为了充分认识它们的腐蚀行为，深入理解金属原子组织结构很重要。金属以及其他所有材料都是由原子和构成原子的更小粒子组成。数量众多的粒子自行排列，使带正电荷粒子或中性粒子聚集在一起形成原子核，带负电荷粒子或电子在轨道或“壳层”上围绕原子核旋转。

化学简式用来表示这些原子状态。例如：Fe 是中性铁原子的化学简写，而 Fe^{2+} 代表一个被夺走了两个电子的铁原子，称之为亚铁离子或 Fe(Ⅱ)。类似的，Fe^{3+} 表示一个被夺走了三个电子的铁原子，称之为三价铁离子或 Fe(Ⅲ)。化学家们将从原子中夺走电子的过程称为氧化。注意，术语氧化是指粒子被氧化成一个更高氧化态的过程，并不一定与氧气反应有关。

当然，也有可能发生与氧化相反的过程，例如当一个中性原子获得一个额外电子后，则该原子会带上净负电荷。一个原子或离子的任何负电荷增加（或正电荷减少）的过程称为还原。

大量化合物，如盐，都是由两种或更多带有相反电荷的离子构成。当这些化合物溶解在水中时，它们能很容易分解成两个或更多不同离子，电荷数量相等但电荷符号相反。这个过程又称离子化（电离）。水溶液中电流正是通过这些粒子进行传导。

对于那些未发生反应的原子来说，其中负电荷粒子正好与原子核中的正电荷相平衡。电子有序占据壳层，以平衡原子核的正电荷。最外层电子称为价电子。这些电子可参与化学反应，从原子中“剥离”出去，并因此而极大地改变原子性质。因此，此时原子核与核外电子的电荷不平衡，原子呈正电性，又称离子。

几乎所有金属和合金都呈一种晶态结构。组成晶体的原子呈一种有序的 3D 结构排列。图 11.12 是金属和合金最常见晶体结构的晶胞示意图。单位晶胞是包含所有几何特征的晶体结构的最小单元。大多数金属的晶体结构皆可归为三种简单类型，即体心立方结构（bcc）、面心立方结构（fcc）和密排六方结构（hcp）。例如：V、Fe、Cr、Nb 和 Mo 具有体心立方结构，而 Al、Ca、Ni、Cu 和 Ag 是面心立方晶系，Ti、Zn、Co 和 Mg 是密排六方结构。一种金属溶于另一种金属中可形成合金，其溶解度在很大程度上取决于这些金属晶格的相似性以及原子大小等其他特性。值得注意的是由铁（Fe，bcc）、镍（Ni，fcc）和铬（Cr，bcc）构成的合金族，它们的晶体结构变化如图 11.13 所示。

金属晶体或晶粒是由三维重复排列的单位晶胞组成。然而，金属的晶体属性并不是很容易就能显现出来，因为金属表面通常与铸造或成形加工的形状保持一致。不过，在某些情况下，晶体结构可以自然观察到。第一个例子是热镀锌钢柱。在没有进行任何刻蚀的热镀锌钢柱的表面有典型的亮斑图案花样（图 11.14），实际上就是一些肉眼可见的大晶粒。第二个例子是黄铜门把手。通常情况下，黄铜门把手会闪闪发亮，但是由于人手上带来的腐蚀性汗液的刻蚀作用，经过一段时间之后，合金表面就会显示出其晶体特征（图 11.15）。

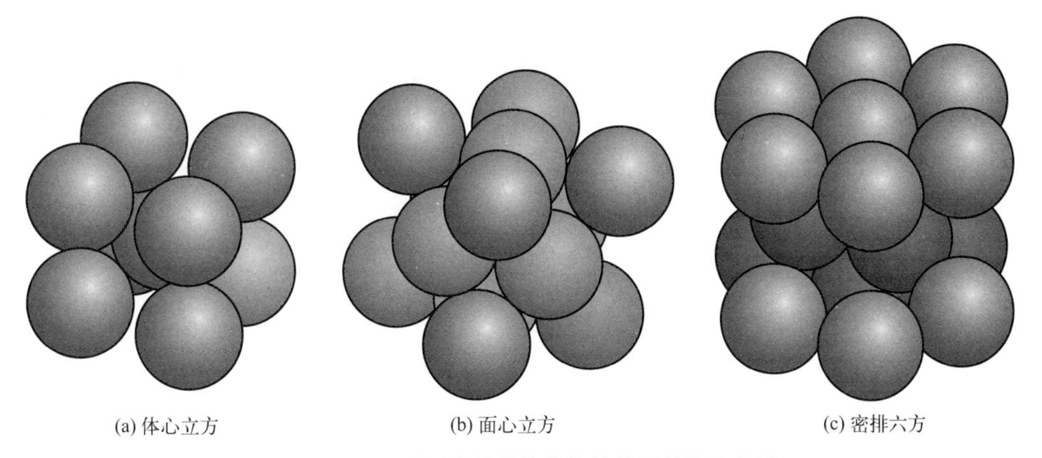

图 11.12 金属最常见晶体结构的单元晶胞示意图

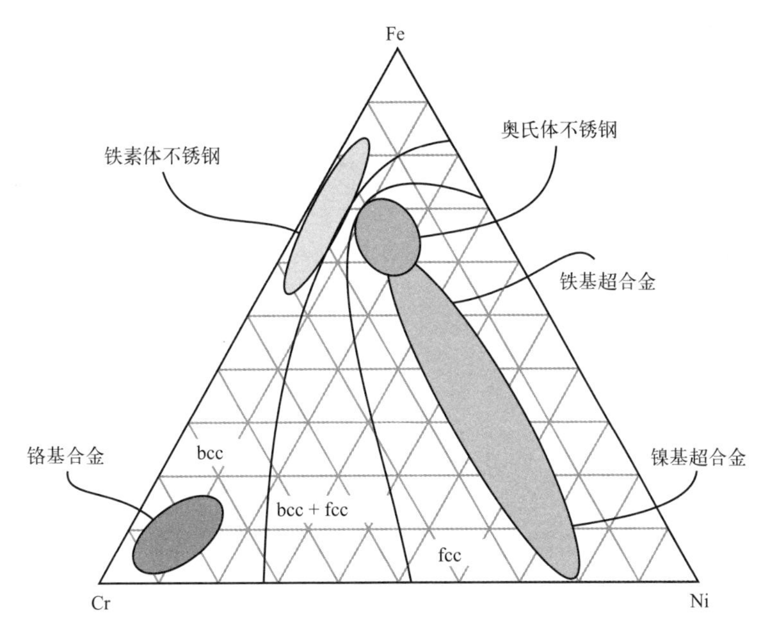

图 11.13 Cr-Fe-Ni 三元相图，显示合金族中呈体心和面心立方晶体结构的区域

图 11.14 热浸镀锌钢表面显示晶粒结构特征的亮斑花样

图 11.15 黄铜门把手在腐蚀性汗液刻蚀后显示出晶体结构［由金士顿技术软件（Kingston Technical Software）公司供图］

确定金属或合金晶粒大小或显微结构的一般程序是：首先，将试样用塑性材料封装，经表面打磨和抛光制备得到金相显微试样；然后，再将抛光表面用合适的浸蚀剂进行浸蚀。表 11.5 是各种浸蚀处理的简单介绍。由于金属显微结构中晶界更容易受到腐蚀，因而在浸蚀之后，其金相结构特征就可以显示出来。

表 11.5　一些常见金属的显微结构特征分析用的化学浸蚀剂

用途	浸蚀剂	说明
铁和钢	3%或 5%硝酸浸蚀液	最常用的浸蚀剂，可显示铁素体晶界、珠光体、马氏体和贝氏体。对于低温转变相的高分辨观察效果不如苦味酸浸蚀液
铁和钢	苦味酸浸蚀液	同上，但对碳化物更敏感。适用于冷轧、退火带钢中碳化物的浸蚀。对细珠光体、马氏体和贝氏体分辨率更高
铁和钢	Brauners 试剂	显示回火钢中奥氏体晶界
铁和钢	Fry 试剂	显示变形区域和变形流线(吕德斯线)。先于刻蚀之前，在 150～200℃回火
铁和钢	SASPA 试剂	偏析敏感刻蚀剂。也适用于变形流线(吕德斯线)
铁和钢	LePera 试剂	适用于双相钢中马氏体、贝氏体定量评价。马氏体呈白色，贝氏体呈黑色，铁素体呈棕褐色
不锈钢	王水	显示不锈钢基本组织结构
不锈钢	Glycer regia 试剂	适用于奥氏体铁铬基合金
不锈钢	酸性氯化铁	通用不锈钢刻蚀剂
不锈钢	Vilella 试剂	刻蚀 Fe-Cr、Fe-Ni、Fe-Cr-Mn 钢，加热显示奥氏体晶界
不锈钢	Kalling 试剂	显示树枝状图案。暗色铁素体和马氏体，明亮色奥氏体，不腐蚀碳化物
铜合金	酸性氯化铁	铜、黄铜和青铜的通用刻蚀剂

注：硝酸浸蚀液（1～10mL 硝酸＋90～99mL 甲醇）；苦味酸浸蚀液（2～4g 苦味酸＋100mL 乙醇）；Brauners 试剂（2-萘胺-6-磺酸）；Fry 试剂（盐酸、氯化铜、乙醇混合液）；SASPA 试剂（饱和苦味酸水溶液）；LePera 试剂（1% 焦亚硫酸钠水溶液＋4% 苦醇溶液）；王水（3 份盐酸＋1 份硝酸）；Glycer regia 试剂（45mL 甘油＋15mL 硝酸＋30mL 盐酸）；酸性氯化铁（10g 氯化铁＋30mL 盐酸＋120mL 水）；Vilella 试剂（1g 苦味酸＋5mL 盐酸＋100mL 乙醇）；Kalling 试剂（2g 氯化铜＋40～80mL 甲醇＋40mL 水＋40mL 盐酸）。

图 11.14 和图 11.15 所示金属晶粒都非常大，但其实大多数金属晶体的晶粒一般都没这么大。通常情况下，金属晶粒都很小，只能通过显微镜才能正确观察到。一般晶粒直径在 25～250μm。美国材料试验协会（ASTM）标准中定义的晶粒度（G）可由公式(11.6）来定义和图 11.16 来说明，是描述材料晶粒尺寸的一个简便方法。

$$N=2^{G-1} \tag{11.6}$$

式中，N 为在放大倍数为 100 时，每平方英寸（6.4516cm^2）中晶粒的数目。

晶粒大小对材料的物理性能有重要影响。大家普遍认为：在室温服役环境下，细晶粒钢拥有较高的强度和韧性，而粗晶粒钢则具有较好的机械加工性能。霍尔-佩奇（Hall-Petch）关系描述了材料晶粒大小与屈服强度之间的关系，如公式(11.7）所示。此关系表明：金属晶粒尺寸越小，强度越大，屈服强度越高。

$$\sigma_y=\sigma_0+\frac{k_y}{\sqrt{d}} \tag{11.7}$$

式中，k_y 为与材料种类相关的常数；σ_0 为与位错运动的起始应力相关的常数；d 为晶粒直径；σ_y 为屈服强度。

此外，很多金属和合金都会受到所含杂质、夹杂物和冷加工、晶界以及不同晶粒取向的

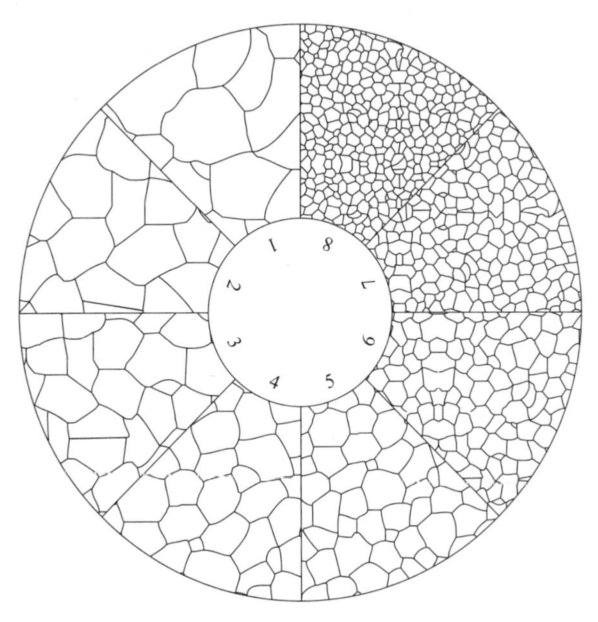

图 11.16　不同晶粒的 ASTM 晶粒度的可视化描述

影响，同样也可能导致其电化学活性的显著不同。即使稍微加快合金的冷却速率，都有可能使最终晶界成分与晶核内成分产生明显差异。这种晶粒内部与外部之间的化学成分差异称为显微偏析或结晶偏析。图 11.17(a) 中明显可见的树枝晶，就是一种典型的与非平衡凝固相关的显微偏析。同为 70Ni30Cu（N04400）合金，即著名的蒙乃尔合金 400，热轧成型后，晶粒结构如图 11.17(b) 所示。

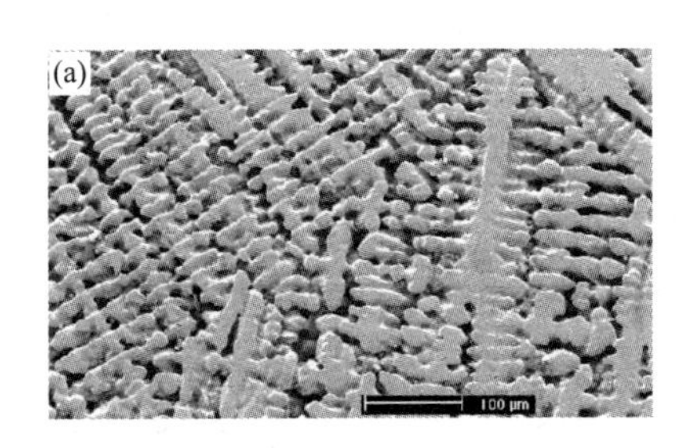

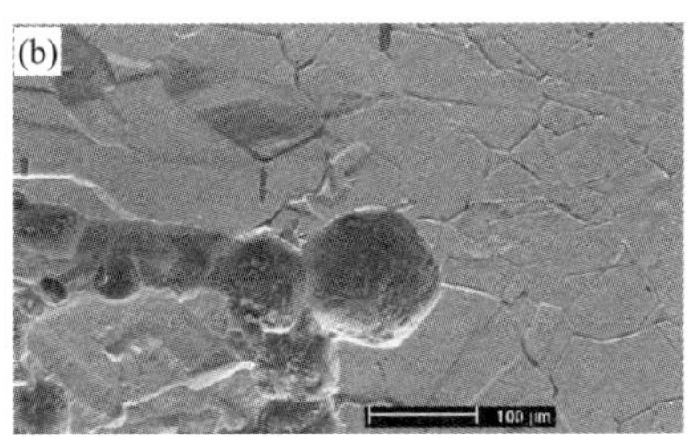

图 11.17　经过不同处理的同种合金 70Ni30Cu（N04400）腐蚀后的表面：
(a) 浇铸后冷却和 (b) 热轧后

在大多数应用场合或使用条件下，金属的晶界效应影响其实很小甚至没有。因为通常晶界反应活性仅仅比基体略高一点点，如果金属发生腐蚀，也仅仅是均匀腐蚀。但是，在某些条件下，晶粒界面反应活性很高，引发晶间腐蚀，有可能造成严重问题（详情参见第八章）。

11.5.1　合金化

一个合金元素加入基体金属中，其晶体结构有可能保持基本稳定，形成一个简单的固溶体。例如：铜是面心立方结构（fcc），镍也是面心立方结构（fcc），镍加入铜中，并不会改变晶体结构。这种无晶体结构变化的铜溶于镍或镍溶于铜中，最终就形成了一个固溶体或单相。

固溶体有两种基本类型。在置换固溶体中，合金元素原子占据基体金属晶格上的一个位置。形成置换固溶体，必须满足若干与原子大小和电子结构相关的限制条件。另一类固溶体，实际上是小原子进入大原子金属晶格间的空隙（间隙）区域，这种合金相称为间隙固溶体。其中最值得注意的是碳，间隙固溶于铁中，形成钢。

尽管固溶体范围很宽，但是很多情况下，一种金属并不可能大量溶于另一种金属之中。如果出现这种情况，其结果就是在合金中形成两个或更多相，取决于合金成分的种类和数量。

钢及其他任何多相材料的性质在很大程度上都取决于合金中不同相的相对物理和结构特征（数量、分布、大小、形状和强度）。从腐蚀角度看，由于不同相的电化学性质可能不同，在很多情况下，多相材料都有一个共性问题，即腐蚀。在腐蚀环境中，合金中某一相可能会被选择性地优先腐蚀。不过，有些双相合金两相之间的电化学性质差异很小，具有优异的耐蚀性。还有一些双相合金，表面可形成保护膜，改善了两相的耐蚀性。一般来说，相比于同等的单相材料，合金中多相的存在都会降低其耐蚀性。但是，仍有很多例外情况值得注意。

11.5.1.1 相图

一种金属在另一种金属中的含量与温度之间的平衡关系可用一幅图来显示。尽管压力也应视为一个变量，但是通常压力对金属冶金学特征影响甚小。描述相稳定性与温度和组成之间关系的图称为相图。这种相图常称为平衡相图，因为它是建立在合金平衡状态基础上，相图上所显示的都是每一温度和组成条件下的最稳定相。

包含两个金属组分的相图称为二元相图。二元体系相图情况差别很大，各种情况都有，可能非常简单，也可能十分复杂。前面已简单讨论过的铜镍体系（图 11.18），其相图就是最简单的那一类，因为铜和镍在所有组成情况下都完全互溶，无论是固态还是液态。此外，对大多数金属而言，气态可以忽略，因为通常气态金属温度都远远高于暴露环境温度。但是，在简单二元合金体系中，加热和冷却速率会极大影响某些合金的特性。例如：快速冷却可能使原子来不及扩散，有可能导致在室温下形成一个或多个非平衡相。

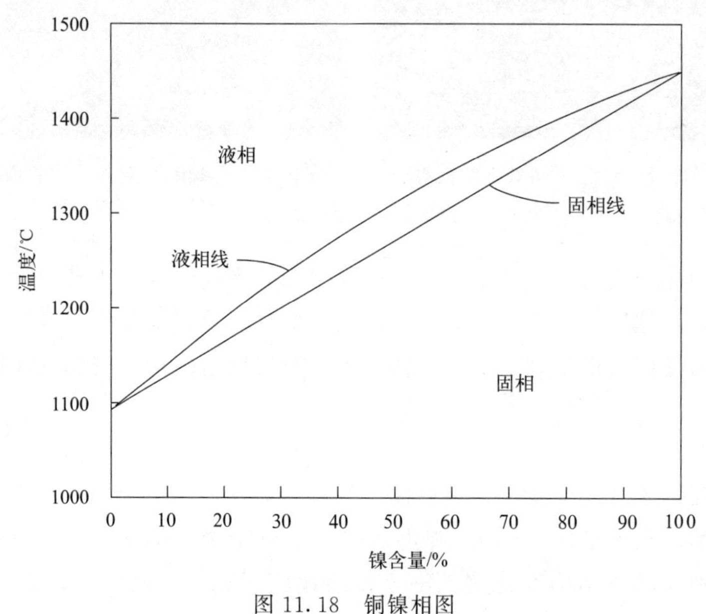

图 11.18　铜镍相图

图 11.19 是铁铬体系相图，是不锈钢技术中一个极其重要的相图。尽管此相图是针对 Fe-Cr 二元体系，但是第三个重要合金元素碳的含量增加会使 γ 区（γ 相，fcc）扩大。此外，在此相图中，σ 相也非常重要，同样值得注意，因为 σ 相通常都会使合金机械性能和耐蚀性降低。

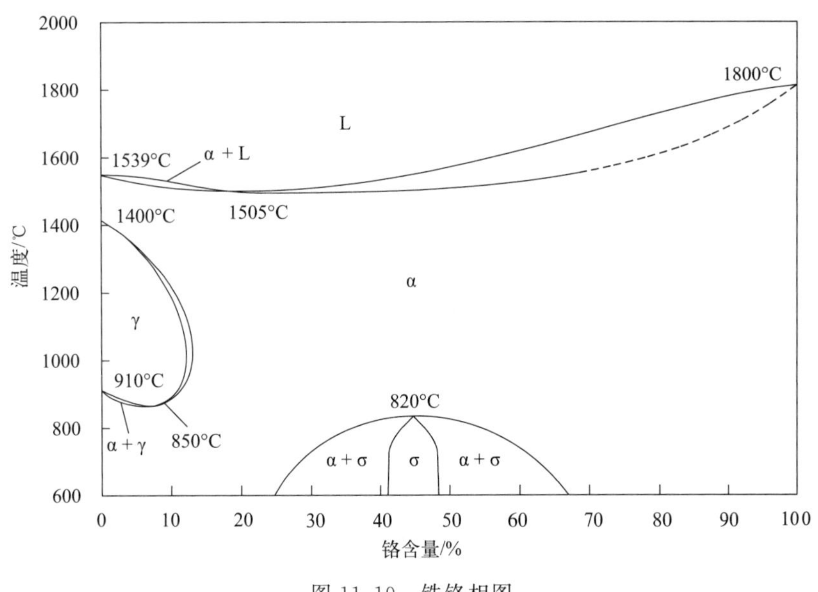

图 11.19　铁铬相图

当铬原子与铁原子比为 1∶7 时，合金表面所自然形成的氧化膜，可以极大提高合金的耐蚀性。以重量计，此比例相当于铬含量略高于 10%，400 系不锈钢（S40000）就是基于此比例的铁铬体系合金。400 系不锈钢分为两种类型：①铁素体型，表示室温下合金保持 α 相（α 铁，bcc）；②马氏体型，通过淬火由 γ 相或奥氏体区转变形成非平衡相。后者通常碳含量较高，γ 相区扩大。通过淬火由 γ 相区（γ 铁，fcc）转化形成的非平衡相，极其坚硬且牢固，但是通常都很脆，此相称为马氏体。

图 11.20 显示了在含铬 18%的铁镍铬体系中，富铁部分合金的一般特点。其中虚线代表 Mr-M 相组成，是最常见的奥氏体不锈钢组成。Fe-Cr-Ni 奥氏体不锈钢，即 300 系不锈钢（S30000），其耐蚀性一般比 400 系（S4000）Fe-Cr 不锈钢好。当然，由于环境原因，尤其是含氯离子环境的影响，也有些情况例外。通过相图我们可以明显看出：在合金结构从体心立方（bcc）的 α 相（铁素体）向面心立方（fcc）的 γ 相（奥氏体）转变过程中，镍的影响很大。这个截面图显示含镍 8%以上的奥氏体相在室温下基本“稳定”。

从上述讨论我们应该可以明显看出：尽管相图很复杂，但是它们对于理解最常用合金的应用、制备甚至是预测非平衡态，又极为重要。关于平衡相图在热处理、退火和加工制造中的应用将在本章后文中讨论。

11.5.1.2　铸件

预测非平衡凝固的非均质化学相组成，可能是用相图预测非平衡状态的最好实例。决定铸造合金腐蚀特性的因素很多，但是这种非均质性起到了非常重要的作用。

当合金冷却通过固-液线时，在固-液两相区内，固相与液相同时存在，但是二者成分差异很大（图 11.21）。在缓慢的平衡冷却条件下，由于原子在接近熔点的固相中的快速扩散，

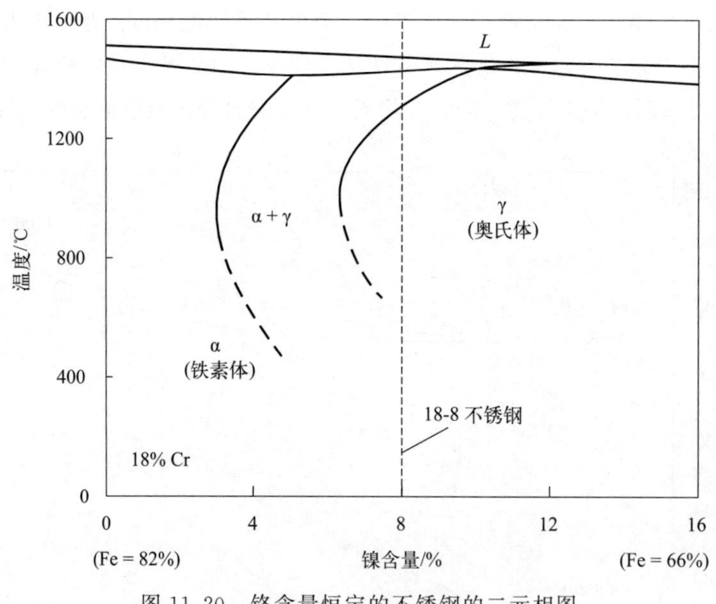

图 11.20　铬含量恒定的不锈钢的二元相图

消除了固相中的这种成分差异，因此合金完全凝固后，所形成的是均匀同质性的固相。但是如果冷却速率很快，结果会如何？在此种情况下，由于无法充分扩散，因此固相中就会形成非平衡组织。

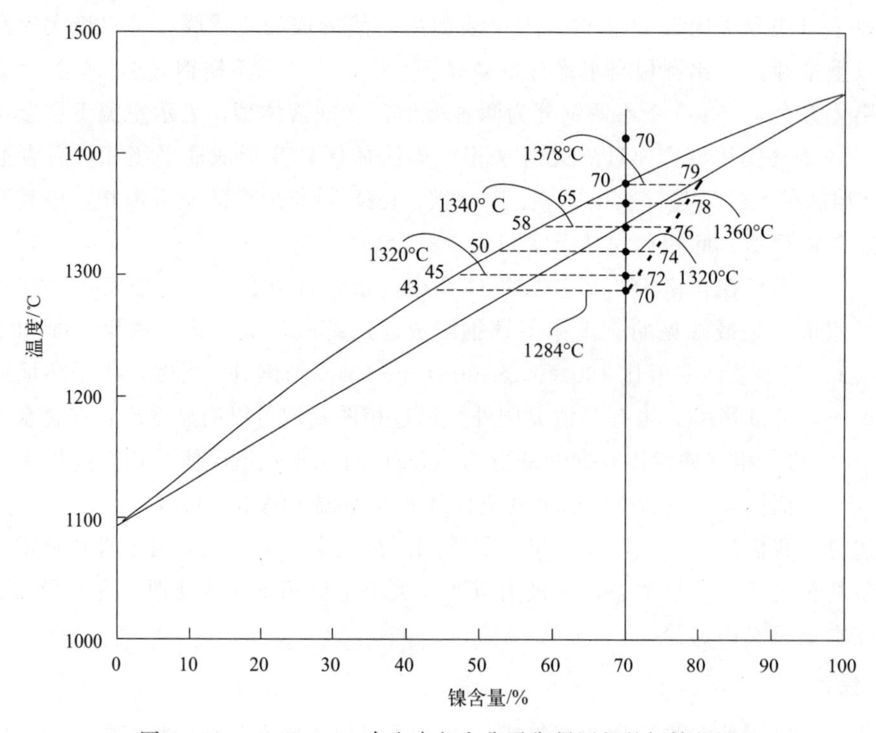

图 11.21　70-Ni30-Cu 合金中包含非平衡凝固相的铜镍相图

下面我们来分析一下由液相快速冷却凝固形成的单个晶粒。由于在凝固和生长时，扩散不够快，无法使晶粒化学成分均匀化，因此晶粒内部和表面的成分将存在差异。在快速冷却的合金中，诸多晶粒同时生长，晶界成分与晶粒内部肯定会存在差异。

在某些情况下，通过重新加热至略低于固相线的某一温度并保温相对较长一段时间，有可能缩小这种偏析结构的主要化学成分差异。这种热处理可以促进扩散，使合金均质化。通常，这种偏析结构的腐蚀特性差异很大，实际上在合金中形成了一个内置电化学池。

通过相图分析，人们可预测铸造合金中发生严重结晶偏析的可能性，同时也可确定均质化退火的大致温度。化学均质性对一个耐蚀性铸造合金的耐蚀性影响非常重要，再怎么强调也不为过。此外，快速冷却通过固态的两相区也有可能产生一些非均匀相，这也很重要，值得注意。这种化学成分非均匀性造成晶间腐蚀的实例很多。

上述实例都说明合金平衡相图中包含有重要冶金学和腐蚀数据信息。如果使用得当，这些信息将可能极大地帮助人们如何从合金材料自身出发最大限度地提高材料的耐蚀性。

11.5.2　金属热处理

金属材料最终所拥有的很多机械和耐蚀性能，都与热处理相关。下文将阐述和讨论大量金属和合金最常见的热处理方式及其与材料机械强度和耐蚀性的关系。

11.5.2.1　退火

金属退火处理通常有如下两种作用之一：

（1）对可能出现化学成分不均匀（结晶偏析）的铸造合金的均质化；

（2）消除形变金属中的残余应力和冷加工状态。

合金化学成分均匀性差异通常都是由于铸造金属快速冷却造成（这种情况已在前文相图中介绍过）。均匀化退火的目的就是消除或减小这种化学成分的不均匀性。

冷作加工金属（塑性变形成不同的固定形状）经历了晶粒结构的畸变和分裂，其中残余应力很高。这种残余应力通常对有应力腐蚀开裂倾向的材料都非常不利。第二种形式的退火是通过应力释放和金属再结晶，去降低或消除这种冷加工状态。

11.5.2.1.1　均匀化退火

合金化学均匀性对材料耐蚀性的重要性，再怎么强调也不为过。铸态材料通常都会存在结晶偏析或化学偏析。而这种不均匀性常常会使材料机械性能及耐蚀性明显降低。

均匀化退火处理的主要目的是通过扩散（固态中原子的迁移）使化学成分均匀化。为获得最大扩散速率，退火温度通常都尽可能接近熔点。例如：大多数非铁合金（非铁基合金）的退火温度通常都不会比固相线温度低太多（图 11.18）。而铁合金（铁基合金）的均匀化退火温度可控制在固相线温度与 γ 相转变为 α 相的转化温度之间的某些中间温度。

均匀化退火时间长短不一，可能是几分钟或者几天，取决于材料和结构的非均匀性以及相关经济因素。一般来说，先前经过冷加工处理的合金的均匀化速率比铸造件的快。因为遭到破坏的晶格在高温下的重排，有助于合金中不同元素的重新分布。

11.5.2.1.2　冷加工材料的退火

由于金属具有塑性（不失效的形变能力），金属材料的形状和横截面都可以发生较大改变。因此，人们可以通过热锻和冷锻、轧制、拉拔等，将金属材料加工成各种形状以适应不同用途。冷加工通常都会提高金属的硬度和强度，但是同时会使其形变能力降低。

图 11.22 显示了冷加工对材料的影响以及所引起的材料性能变化。消除冷加工影响通常

都很重要。通过在某温度下进行退火处理可以消除这种冷加工影响，因为在此退火温度下，扩散使无应力晶粒发生重组，进而可以完全消除冷加工结构。

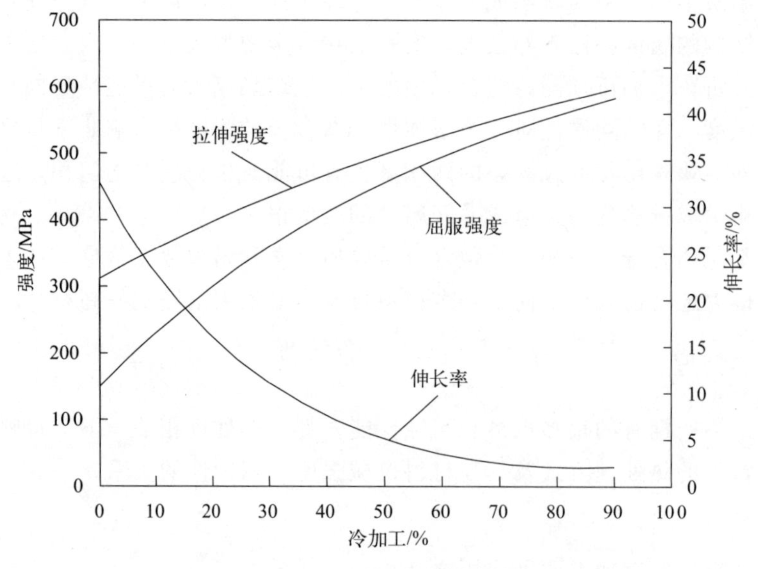

图 11.22　冷加工对铜的机械性能的影响

形变材料的退火处理包括三个阶段：回复、再结晶和晶粒长大。这三个阶段标注如图 11.23 所示[15]。此图同时还包括了一系列典型显微照片，可以显示每个阶段的微观结构的变化。

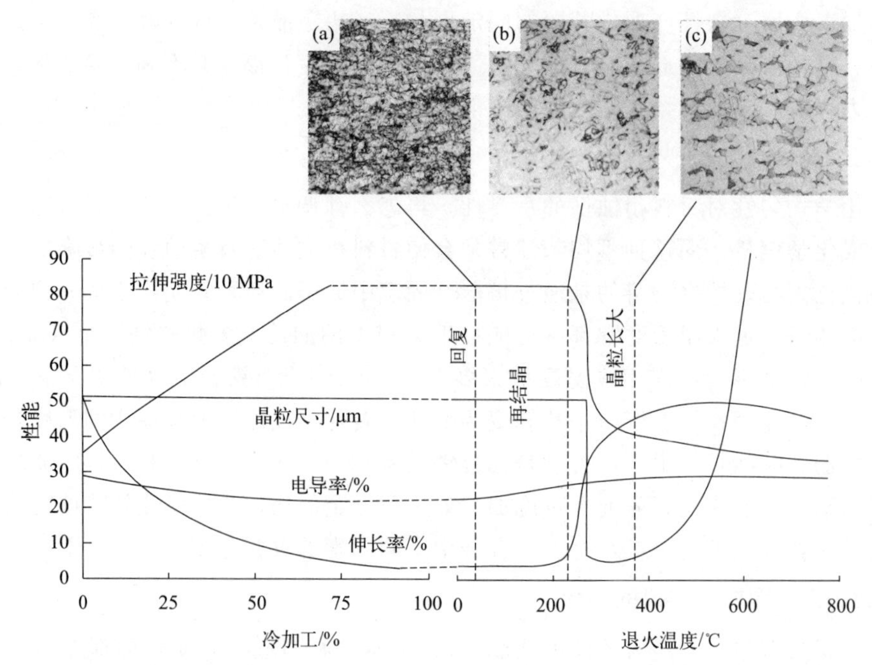

图 11.23　冷加工对 Cu-35%Zn 合金性能的影响以及退火温度对经过 75%冷加工的 Cu-35%Zn 合金性能的影响

(a) 回复；(b) 再结晶；(c) 晶粒长大

第一个阶段，即回复阶段：冷加工金属延展性略有回复，同时其强度损失也很少或无损失。通常人们希望能保留冷加工状态的较高强度，因此一般利用退火曲线回复段进行热处理。此时，材料仍保持较高硬度和强度，而其疲劳寿命、韧性和耐蚀性通常会得到明显改善。这种部分或预退火称为应力消除。

冷加工材料退火的第二阶段是再结晶。在此阶段，冷加工材料的晶界处，新的无应力晶粒开始生长。这些晶粒通过扩散生长，直到新的无应力晶粒代替所有严重变形的金属晶粒。再结晶后，机械性能发生很大变化，其延展性、硬度和其他强度恢复到冷加工前的水平。

退火热处理的最后一个阶段是晶粒长大。在此阶段，一些再结晶晶粒长大，同时消耗掉其他晶粒。这进一步提高了金属的延展性，降低了强度和硬度。不过，由于大晶粒常常会增加后续加工制造过程的难度，且降低材料的疲劳寿命，因此控制晶粒尺寸非常重要。

11.5.2.1.3　冷加工与耐蚀性的关系

冷加工通常都会降低材料的耐均匀腐蚀性能。在很多合金中，冷加工还可能造成一个更易发生应力腐蚀开裂的条件。但是，近些年来有些证据表明：超高纯金属的冷加工对它们总体耐蚀性影响很小。这似乎说明杂质和合金化元素，再加上冷加工，才是塑性形变的金属材料耐蚀性降低的真正原因。但是，超高纯金属由于成本高和强度低，在大多数场合都不会使用。

从本质上来看，形变降低耐蚀性是因为形变增加了冷变形金属中的位错。而杂质或合金化金属原子通常都会向这些缺陷处迁移，使这些缺陷处电化学特性发生较大变化。由于退火可以减少冷加工金属中的位错，因此，可以明显改善耐蚀性。正如均匀化退火的目的是使化学组成更均匀，而完全退火旨在使晶体结构更均匀、缺陷更少。

11.5.2.2　硬化热处理

某些合金可以通过热处理来改善其机械性能。在有些合金中，通过所谓的时效硬化或沉淀硬化处理可以产生这种硬化作用。而在某些合金中，通常是钢，淬火就可产生一个具有极高机械强度的非平衡相，即马氏体相。接下来的两部分将介绍这两种类型的硬化反应的基本特点。

11.5.2.2.1　沉淀硬化

铝、镁、镍、铜以及某些不锈钢，当与某些元素合金化后，可通过沉淀硬化进行强化。其实这种类型的合金很多，在合金技术中占有很重要的地位。铝和镁的时效硬化合金由于兼具轻量化和高强度的特点，已成为一种非常重要的飞机结构部件材料。

杜拉铝（硬铝）是历史上第一种沉淀硬化合金。杜拉铝这个名称源于20世纪早期最初由德国开发和授权的商标名。此合金含有大约4%的铜，而铜在这种特殊铝合金的时效硬化过程中起到了很重要的作用。

铝铜合金（2000系）是早期的研究结果，其耐蚀性不佳。不过总体而言，它比纯铝更显惰性。但是，众所周知，纯铝表面形成的氧化铝薄膜，可以非常有效阻碍环境的侵蚀。这也说明了本身活性相当高的铝，为何具有极好的耐蚀性这一事实。

复合铝制品，即著名的阿尔卡拉德（Alclad）包层铝，就是通过包层铝来改善高强度时效硬化铝合金的耐蚀性。此复合层包含一个纯铝或特殊铝合金的薄膜包层（一般占复合层总厚度的5%～10%），与芯部高强铝合金的一面或两面冶金结合在一起。此包层相对于芯部高强铝合金是阳极，因此，对芯部铝合金可起到阴极保护作用。

不过，热处理不当有可能会使包层材料耐蚀性能劣化。例如：如果固溶退火时间过长或多次重新退火，铜将有可能扩散进入铝包层中。在晶界处铜的快速扩散，降低了在晶界与表面交界处的包层材料原始氧化膜保护作用。因此，过长退火时间或过高的固溶退火温度，都有可能降低包层合金的耐蚀性。

在沉淀硬化铝合金中，沉淀相有可能造成所谓的贫化区，而此贫化区紧邻晶界，更容易受到腐蚀攻击，在很多种腐蚀性环境中，都有可能由此而导致材料在毗邻晶界或晶界处发生晶间腐蚀。

11.5.2.2.2 马氏体相变

时效硬化合金的淬火态处于软态，而钢的淬火态与之不同，钢的正确淬火是从高温γ相区开始快速冷却，在达到室温之前，钢中就会形成一个硬质的非平衡相。马斯顿（Martens），一位早期德国冶金学家，首先认识到这个相变反应的基本特征。因此在马斯顿（Martens）之后此相就被称为马氏体。相转变程度取决于钢的组成、工件尺寸和形状以及冷却介质的淬火能力。

钢经淬火从面心立方的γ相转化形成一个高度过饱和状态，因为碳在γ铁中的溶解度可能比在α铁中的溶解度高100多倍。中间马氏体相的形成就是由于这种极度过饱和状态所导致。由此形成的马氏体晶格处于高应力状态，将使钢极度硬化。

淬火态马氏体钢通常都非常脆。因此，在快速淬火过程中，由于马氏体相变，很多钢都有可能发生开裂或破裂。不过，尽管室温下马氏体结构很硬且脆，但是重新加热至某些中间温度可使其软化，使亚稳态的马氏体开始转变为一个更稳定的结构。这个过程称为回火，可降低材料脆性，尽管总强度会降低，但是提高了延展性，是强度和韧性的最佳结合。因此，钢在淬火之后几乎都是紧接着再进行回火处理。

热处理通常都会提高强度和硬度，但是同时也会伴随着耐蚀性的降低。如果可能，可采取某些表面处理技术，包括简单刷涂料或涂润滑油到特殊电镀或涂装等，对腐蚀性环境中硬化钢进行保护。

抽油泵中所谓的抽油杆，如采用经热处理、无保护的高强钢制造，就是这一问题的很好例证。当遭遇盐水或硫化氢溶液环境时，抽油杆就非常有可能发生应力腐蚀开裂（SCC）。因此，为预防这些失效，抽油杆必须采用特殊合金材料制造，并且热处理要极其谨慎。

11.5.2.3 奥氏体不锈钢的敏化

不锈钢，尤其是300系（S30000），通常都会受到一种敏化的热处理影响。这些钢，在427～760℃范围内受热时，会产生碳化铬。而在此温度范围内的短期暴露，碳化铬仅仅在晶界形成（这类似于铝合金时效处理过程中$CuAl_2$沉淀物）。因此，晶界附近铬以碳化物形式存在，不能再作为腐蚀抑制剂。而晶界相对于周围晶粒是阳极，因此容易发生晶间腐蚀。

不仅仅是不锈钢，也包括很多其他金属和合金，热处理一定要小心谨慎，这一点非常重要，无论怎么强调都不为过。热处理的基本原则就是必须考虑如何能将材料机械性能和环境稳定性最有效结合起来，这一原则对所用各种材料都适用。

11.5.2.4 焊接

由于存在热效应，焊接有可能诱发相转变、产生第二相沉淀和在或邻近焊缝处产生高应力，从而有可能极大降低相应区域的耐蚀性。例如：焊接会使邻近焊缝的热影响区的不锈钢发生晶间敏化。

此外，焊接过程中，熔池金属与基体金属之间的热膨胀差异很大，常常会使凝固后在焊缝区产生很高的残余拉应力。在腐蚀性环境中，高应力区容易发生应力腐蚀开裂。因此，对于暴露在易发生应力腐蚀开裂的环境中的焊接件，进行消除应力处理非常重要。此外，改进设计通常也可以消除那些可能诱发应力的焊缝区，从而避免这类失效。

在焊接中，我们还应考虑本章中前面已讨论过的其他基本冶金学因素。例如：为获得最佳耐蚀性，保持焊缝与基体金属的同质性就非常重要。因此，焊料金属应选用那些化学和电化学性质与基体金属类似的材料（相对基体金属，它既不是强阳极也不是强阴极）。此外，在评估焊接结构的腐蚀稳定性时，我们还必须考虑在焊接中可能发生的任何相转变，尤其是焊缝热影响区。

11.5.3　预防腐蚀的冶金学原理

下文将简单介绍在腐蚀控制中一些重要的冶金学原理。

11.5.3.1　高纯金属

与相应的商业产品相比，高纯金属的耐均匀腐蚀性能更好，且点蚀倾向更小。但是，高纯金属的机械性能差，也极大地限制了其应用。通过去除合金化元素或杂质，可以提高材料的耐蚀性。例如：降低普通碳钢中硫含量，可以提高碳钢的耐蚀性，就是一个很好的实例。再比如：铁杂质对镁合金的耐蚀性的影响也极大。铁在镁中固溶度是0.003%，如果镁合金中铁含量低于这个值（0.003%），铁对镁合金的腐蚀影响很小甚至没有，但是当铁含量高于这个值（0.003%）时，铁会在镁合金中析出形成富铁相。由于富镁相和富铁相之间的电位差很大，所以富镁相会快速腐蚀，最终导致在含富铁析出相的区域发生严重的点蚀。

压铸锌合金中，铅对材料的腐蚀性能有很大影响。如果铅浓度超过0.002%，铅会在晶界处析出，从而增大晶间腐蚀倾向。

低碳的300系（S30000）不锈钢，命名为300L（S30003），其中碳含量的最大极限值是0.03%。这种很低的碳含量，降低了由于焊接和热处理引起敏化的可能性。其实类似例子很多，当低含量的合金元素对合金材料的耐蚀性影响很大时，很多合金都可以通过进一步降低其中合金元素含量的方式，来减小焊接和热处理造成敏化的可能性。

此外，固溶体中含有电极电位差异很大的元素时，这种元素的影响可能也会非常显著。事实上，固溶体中极少量杂质都有可能对材料耐蚀性产生不利影响。传统不锈钢中碳和氮含量都非常少，但是通过真空冶炼进一步减少碳和氮含量，仍然可以明显提高不锈钢的耐蚀性。

11.5.3.2　合金添加剂

一些特殊的合金添加剂可以提高合金的耐蚀性。在铁中添加12%或更多的铬，就是一个最值得注意的实例，前面已讨论过。铬含量在此浓度及以上时，合金表面就会形成一层铬铁氧化物的钝化膜，这也是不锈钢耐蚀的基础。

此外，控制添加非常少量的某些特定合金添加剂，也有可能明显改善合金表面膜的稳定性。某些建筑用低合金钢就是这种情况的最好实例，在短期暴露大气中老化之后，低合金钢表面可形成一层稳定的保护性锈层。

当然，改变合金中第二相的电极电位，也有可能提高其耐蚀性。在铝合金中添加铬和锰，可以提高其耐蚀性。因为铝合金中的中间化合物 $FeAl_3$ 会极大影响合金的耐点蚀和均匀腐蚀性能，而添加铬和锰，可将 $FeAl_3$ 转化为一个与铝基体自身电位接近的复合 Al-Fe-Mn 或 Al-Fe-Cr 化合物，因此，点蚀倾向大大降低。

由于晶界处碳化铬析出而造成不锈钢的晶间敏化在第八章已讨论过，但是当时并介绍如何通过合金化来预防这种敏化效应。其实，在这些不锈钢合金中，添加铌（S34700）或钛（S32100），选择性地将碳固定为碳化物，就有可能避免形成碳化铬，从而消除合金的敏化。

另外，还有很多合金化元素，能形成或促进形成耐蚀性钝化膜，从而提高合金的耐蚀性，其中以铬和铝元素的这种作用最为显著。铜合金中加入铝或锰，也有可能使合金表面形成耐蚀的钝化膜。铝合金中添加锰，尽管可能降低了合金的腐蚀电位，但是由于锰能使铝表面自然氧化膜增厚且更稳定，因此仍然能提高铝合金的耐蚀性。

11.5.3.3 热处理

研究表明：各种形式的热处理，都有可能改善金属和合金的组织结构。通过均匀化退火可以改善铸造合金的耐蚀性能，前面已讨论过。时效硬化热处理对合金的耐蚀性也有很大影响。很多合金都有一个对晶间腐蚀不敏感的时效温度范围。但是合金获得最佳机械性能的时效温度，可能处于敏化温度范围之内，因此有可能产生晶间腐蚀敏感性。

提高材料的耐蚀性，通常可能都必须以牺牲材料某些机械性能为代价，尤其是对应力腐蚀开裂很敏感的合金。业已证明：应力消除可以极大提高 300 系（S30000）不锈钢的抗应力腐蚀开裂能力。冷加工态的高锌黄铜，对应力腐蚀开裂很敏感，但通过应力消除也能得到有效改善。

通过表面热处理来提高表面硬度或改善表面膜层的稳定性，是提高材料耐各种类型的腐蚀能力的重要手段，不过对于改善抗微震腐蚀和磨损腐蚀性能尤为有效。

特定合金的制造商或使用者通常都已经对各种热处理工艺进行过仔细评估，针对具体的腐蚀环境，选择相应的热处理工艺，可以获得相应的最具稳定性的结构。对于一个具体应用场合，在合金热处理之前，此类信息必须仔细核查。

11.5.3.4 冶金史和腐蚀

金属所有各种劣化形式几乎都与材料的冶金史有关。最初提炼过程中残留的杂质、铸造和成形加工过程中引入的夹杂物和缺陷、由于热处理产生的结构变化等，所有这些都会影响金属或合金的耐蚀性。因此，全面掌握材料背景信息非常重要。例如：

（1）当采用酸性平炉炼制钢时，钢中硫含量较高，当然，其耐蚀性就会较差；

（2）热轧钢产生的氧化皮，如果不通过酸洗进行适当清除，就会成为蚀孔萌生部位；

（3）S30000 不锈钢频繁缓慢冷却通过 760～427℃温度区间，会使材料发生敏化，容易诱发晶间腐蚀。但是如果快速冷却或淬火，由于通过这个温度范围的时间停留很短，就可以预防敏化；

（4）由于合金冷加工或焊接件不均匀冷却而产生的残余应力，可能会造成应力腐蚀开裂。

11.6 工程材料

下文将介绍几种非常重要的工程金属和合金的一些特性。其中很多材料的化学组成已在附录 D 中列出。

11.6.1　铝及其合金

铝是地球上第二丰富的金属元素。据估算，地壳中约含有8%的铝，它们通常以氧化物形式存在，称为铝土矿（铝矾土）。以体积用量计，铝是应用最广泛的有色金属。尽管以单位重量为基准计，铝价格比较贵，但是如以单位体积或表面积为基准计，铝是除钢之外最便宜的金属。纯铝质软且强度低，但是合金化和热处理可极大地改善其机械性能。强化处理一般都会降低材料的耐蚀性，尤其是抗应力腐蚀开裂性能，因此，结构铝合金常常用一层薄薄的纯铝包覆，即阿尔卡拉德（Alclad）包层铝。

铝合金可分为两大类：铸造铝合金和铸造（或变形）铝合金。后者又可分为热处理型铝合金（可热处理强化型）和非热处理型铝合金（不可热处理强化型），并可再进一步细分为各种机械加工产品形式。

铸铝合金成分采用三位数字体系后加一个小数进行描述。这个小数代表产品形态，即0代表铸件，1和2代表铸锭。锻铝合金的组成采用四位数字体系表示。

表11.6介绍了铸铝和锻铝的标识体系[16]。其中3000、5000和6000系铝合金在加工制造行业中应用非常广泛。铝合金可采用砂型铸、压铸或永久模铸铸造成型。此表还列出了一些铝合金的机械性能，从中可以看出不同铝合金其性能范围很宽。例如：退火态工业纯铝的拉伸强度为90MPa，而热处理态7178（A97178）铝合金拉伸强度可达600MPa。在非热处理铝合金中，5052铝合金（A95052）的强度最高。7178铝合金是在飞机和航空航天领域中使用的强度最高的热处理型铝合金。

表11.6　铸造和锻造铝合金的标识体系

锻造铝合金		
1xxx①	工业纯铝(>99%)	不能时效硬化
2xxx	Al-Cu和Al-Cu-Li	可时效硬化
3xxx	Al-Mn	不能时效硬化
4xxx	Al-Si和Al-Mg-Si	如果含镁，可以时效硬化
5xxx	Al-Mg	不能时效硬化
6xxx	Al-Mg-Si	可时效硬化
7xxx	Al-Mg-Zn	可时效硬化
8xxx	Al-Li,Sn,Zr,B	可时效硬化
9xxx	目前未用	
铸造铝合金		
1xx.x②	工业纯铝	不能时效硬化
2xx.x	Al-Cu	可时效硬化
3xx.x	Al-Si-Cu或Al-Mg-Si	有些可以时效硬化
4xx.x	Al-Si	不能时效硬化
5xx.x	Al-Mg	不能时效硬化
7xx.x	Al-Mg-Zn	可时效硬化
8xx.x	Al-Sn	可时效硬化
9xx.x	目前未用	

① 第一个数字表示主要合金元素，第二个数字表示改型情况，最后两个数字表示Al含量的百分小数位（如1060，表示铝含量是99.60%）。

② 最后数字表示产品形态，1和2是铸锭（与纯度有关），0是铸件。

11.6.1.1 铝的生产

目前，所有铝的生产都是基于霍尔-埃鲁（Hall-Heroult）工艺。其基本过程是：首先将从铝矾土（铝土矿）中提炼出的氧化铝，溶入冰晶石电解槽中，其中添加不同氟化盐，用来控制槽温、槽液密度、电阻率和氧化铝溶解度；接着，给电解槽通电，电解已溶解在槽中的氧化铝，碳阳极上产生氧并与碳阳极反应，同时在阴极铝还原聚集成金属液层；然后，通过虹吸或真空法定期将分离的金属铝液转移到坩埚中，随后再将其转移到铸造设备中，重熔或制成铸锭。熔炼铝（原铝）中主要杂质是铁和硅，但是常常也含有锌、镓、钛和钒等次要污染物。精炼可以获得高纯度铝。纯度 99.99%的铝可通过分步结晶或胡普斯（Hoopes）电解池法（三层液电解精炼法）获得。

有些铝合金可通过固溶处理提高其强度。这种固溶处理的主要步骤是：首先，将铝合金加热至 460～530℃，此时所有合金化元素都处于固溶状态（固溶处理）；然后，将合金快速冷却，一般通过水淬。此时，合金处于一种不稳定状态，会促使合金元素形成硬质金属间化合物粒子，从固溶体中析出，此过程称为自然时效，大约需要 5 天。但是，有些合金自然时效太慢且不完全，因此需要通过沉淀处理来加速此过程，即人工时效。这种人工时效过程就是将合金加热至不超过 200℃的某一温度，并保持一段时间。

非热处理铝合金常用退火处理来将合金软化，使其更容易加工成形。这种退火处理就是将合金加热至 350～425℃，然后再冷却。除了热处理型铝合金之外，对于其他铝合金而言，其中冷却速率并不重要。但是对于热处理型铝合金，必须缓慢冷却，以防止时效硬化。不过尽管铝合金密度仅约为钢的三分之一，但是其成本约为钢的三倍。

11.6.1.2 机械性能

通过合金化、应变强化、热处理或三种技术结合等方法可以改善铝的机械性能。铜、镁、锰、硅和锌常用作铝合金的主要合金添加元素。铬、铅、镍和一些其他元素常作为少量合金成分添加剂，用于某些特殊用途。铁等杂质影响铝合金性能，必须加以考虑去除。纯铝通过少量锰（最高 1.25%）和镁（最高 3.5%）进行合金化可以提高其强度。镁添加量较大的铝合金仍有较高强度，但为获取满意性能，必须采取预防措施。这些合金和纯铝可通过冷加工进一步硬化，拉伸强度可达 200MPa 甚至 300MPa。某些可热处理铝合金可达到更高强度。

11.6.1.3 铸造铝

铝合金常用的三种铸造工艺：砂模、永久模（金属模）和压模。可热处理铝合金一般采用砂模或永久模铸造。主要铸铝合金系列包括下列各种组合：

纯铝：很少作为铸件使用，但在电气领域可能需要这种特殊的铸件；

Al-Si：硅是赋予铝合金良好铸造性能的主要元素；

Al-Si-Mg：优异铸铝合金，可以通过固溶处理和时效硬化，获得良好的机械性能；

Al-Mg：在铸铝合金中强度和韧性的最优组合；

Al-Cu：中高强度、中等或较差耐冲击性、快速铸造成形性；耐蚀性最差的铝合金；

Al-Mn：一种价格便宜的非热处理型铝合金，机械性能差，铸造性能适中，非常适合在温度高达 500℃的非承重应用场合中使用（例如家用炊具煤气炉）。

铸铝合金的主要铸造方法如下：

高压真空压铸：将金属注入压力在14～70MPa的无空气的型腔内，制成铸件。这种铸件可承受高达450℃高温，而不发生鼓泡。

超高压真空压铸：将金属注入压力在14～140MPa的无空气的型腔内，制成铸件。

固溶热处理真空压铸：真空压铸成型后，再经过固溶热处理，以增强其性能。

永久模合金高压真空压铸：永久模合金被注入高压无空气的型腔内，制成铸件。

铸件成分通过三位数字体系后加一小数来进行描述。小数.0表示铸件合金组成极限。小数.1和.2表示铸锭（坯料）组成不同。

1xx.x：控制非合金化成分的铝（纯铝），特别适合制造转子；

2xx.x：以铜为主要合金元素的铝合金；

3xx.x：以硅为主要合金元素，但也规定了铜和镁等其他合金元素的铝合金；

4xx.x：以硅为主要合金元素的铝合金；

5xx.x：以镁为主要合金元素的铝合金；

6xx.x：尚未使用；

7xx.x：以锌为主要合金元素，但也可能指定铜和镁等其他合金元素的铝合金；

8xx.x：以锡为主要合金元素的铝合金；

9xx.x：尚未使用。

11.6.1.4 锻造铝

超高纯铝（>99.99%）仅限于在某些化工设备、建筑防水板以及其他一些要求极高耐蚀性和/或高延展性的应用场合使用，因为在这些场合下，人们有充分理由去使用这种高成本材料。常用的其他铝合金有Al-Mn、Al-Mg、Al-Mg-Si、Al-Cu-Mg、Al-Zn-Mg、Al-Li以及Al-Sn（Al-Sn可用作轴承材料，尤其作为汽车引擎钢壳包层及其他类似场合）。

锻铝合金组成，采用一个四位数字系统来描述，具体如下：

1xxx：控制非合金化成分的铝（纯铝），铝含量达到99%或更高。纯铝的一般特点是对很多化学介质都具有优异的耐蚀性，且拥有高的导热、导电性，但是机械性能差。例如：1100-O（退火态）纯铝，其室温最小拉伸强度为75MPa，其屈服强度也仅有25MPa。纯铝中主要杂质是铁和硅。工业纯铝（99.00%～99.80%）有三种纯度等级和一系列加工硬化等级，可用于各种常规应用场合，以及加入一些特殊成分后可用于电气领域。高纯铝可用于很多电气加工设备。1xxx系中一些较高纯度的铝合金可用来制造那些处理过氧化氢和发烟硝酸等化学介质的设备。

2xxx：合金中铜为主要合金化元素，但可能也规定了其他元素含量，尤其是镁。此类合金包含了第一类可时效硬化的铝合金，有一系列不同成分的产品。2xxx系铝合金的强度高，但是铜降低了其耐蚀性。这类合金的轧制板材和薄板，通常其两面都用一层厚度约为薄板厚度5%的纯铝层进行包覆。阿尔卡拉德（Alclad）包层铝就是使用这种涂层工艺的一种铝合金产品的著名商标。

3xxx：合金中主要合金元素是锰。此系合金主要有两类。一类是合金中加入大约1.25%的锰，提高合金强度，同时也没有损害其延展性。另一类是合金中同时加入锰和少量镁，在略微提高其强度的同时保持良好的延展性。通常，该系合金都具有较好的耐蚀性、中等强度。例如：3003-O室温最小拉伸强度为125MPa，屈服强度35MPa。此系铝合金易于加工成形，容易焊接，通过包层处理后耐点蚀性能优异，是大型储罐、换热器部件和工艺管道等中应用较为广泛的一种材料。

4xxx：合金中硅是主要合金元素。铝中加入硅可大大降低其熔点，而不会使合金变脆。

5xxx：合金中镁是主要合金元素。该系合金的特点是其良好的耐蚀性和中等强度。例如：5858-O 室温最小拉伸强度为 215MPa，屈服强度 80MPa。该系合金由五种标准组成，镁含量最高可达 4.9%，并含有少量锰或铬。该系合金可以加工硬化，具有中高强度和延展性，而且具有良好的耐海水腐蚀性，但是如果合金中镁含量大于 3.5%时，合金的耐蚀性可能会降低，需要小心。该系合金广泛用来制造低温设备和硝酸铵溶液以及喷气燃料的大型储罐。采用含镁量略高于母材的焊料很容易对 5xxx 系铝合金进行焊接。此外，该系合金很适合进行阳极氧化处理。但是冷加工制造过程中，某些限制条件必须注意。镁含量超过 3.0%的 5xxx 系合金的工作温度应限制在 66℃之下，以免引起应力腐蚀开裂敏感性。

6xxx：合金中镁和硅是主要合金元素。该系合金可以挤压成形，具有良好的加工成形性，容易焊接且易于进行阳极氧化处理。经热处理和时效处理后的 6xxx 系合金，具有中等强度以及良好的延展性。常见的 6061-T6 铝合金的最小拉伸强度为 260MPa，最小屈服强度为 240MPa。6063 铝合金拥有良好的耐大气腐蚀性能，是最常用的挤压成形铝合金材料，如窗户、门、店面和幕墙等。6061 和 6063 等铝合金中镁和硅含量比例均衡，形成了一个具有化学计量比的第二相金属间化合物硅化镁（Mg_2Si）。而 6351 等铝合金中硅含量相对镁过量，不均衡。

7xxx：合金中锌为主要合金元素，但可能也规定了铜、镁、铬和锆等其他合金元素含量。较低 Zn/Mg 比值的铝合金，具有合适的强度和良好的焊接性。该系合金的轧制板材可使用 Al-1% Zn 合金作为包层。

8xxx：合金中包含锡和锂组分，其特点是组成多种多样。大多数 8xxx 铝合金都不可热处理，但当用在可热处理合金上面时，它们可能会吸收一些合金成分，获得有限的热处理响应能力。

9xxx：尚未使用。

11.6.1.5 特殊铝制品

近年来，人们已开发出了大量新型的铝合金材料。例如：粉末冶金法可能是使用常规铝合金制造铝合金零部件最经济划算的方法，尤其是要求尺寸公差小的小零件（如冷冻机连杆）。但是此工艺仍然相对比较昂贵。快速凝固和气相沉积工艺可以制备一些传统铸造或锻造方法无法获得的特殊成分和微观结构的铝合金制品。

另外，陶瓷纤维增强铝合金可以提高铝合金弹性模量（尤其是高温）、抗蠕变强度和耐热腐蚀性，但是降低了断裂伸长率，增大了机械加工难度。

11.6.1.6 铝合金热处理状态标识体系

下面列出了铝合金的热处理状态标识体系：

F：自由加工态（制造态）。适用于冷加工、热加工或铸造成形，且无需对热处理条件或加工硬化等进行特别控制的产品。

O：退火态。适用于退火获得最低强度状态的锻造制品，以及退火改善延展性和尺寸稳定性的铸造产品。O 后可加一个非零的数字。这个数字表示一种特殊状态。如：对于可热处理铝合金，O1 表示产品在与固溶热处理大致相同的温度和时间条件下进行热处理，然后空冷至室温。

H：加工硬化态（仅针对锻制品）。适用于已经过加工硬化增强，再附加（也可以不附加）热处理以适当降低其强度的产品。H 后面总是紧接两个或更多数字。H1、H2 和 H3 后面的数字表示加工硬化的程度，数字从 1 到 8。8 表示完全退火之后，最终拉伸强度达到经 75％减薄冷轧后的强度（减薄冷轧温度不超过 50℃）。

√ H1：仅加工硬化。适用于仅通过加工硬化达到预期强度，没有附加热处理的产品。H1 后面的数字代表加工硬化程度。

√ H2：加工硬化和不完全退火。适用于加工硬化超过了期望的最终强度值，然后通过不完全退火降低强度至预期水平的产品。H2 后面数字代表产品经过不完全退火后保留的加工硬化程度。

√ H3：加工硬化和稳定化。适用于加工硬化后，再通过低温热处理以轻微降低拉伸强度和改善延展性获得稳定的机械性能的产品。这个标识仅仅适用于那些如果不稳定化处理，在室温下会逐渐老化变软的合金。H3 后面数字代表产品经过稳定化处理后的加工硬化程度。

W：固溶热处理态。一种不稳定状态，仅适用于固溶热处理后，再自然时效的铝合金产品。这个标识仅仅是在指明了自然时效的时间时才有明确意义。

T：热处理后稳定态。热处理后获得的非 F、O 和 H 的稳定态。适用于热处理，经过（或不经过）加工硬化，达到稳定态的产品。T 后总是接着一个或更多数字：

√ T1：从高温成形过程冷却，自然时效至一个基本稳定的状态。适用于铸造或挤压等高温成形过程冷却后，不再进行冷加工，通过室温时效至机械性能达到稳定的产品。

√ T2：高温成形过程冷却，冷加工后自然时效至一个基本稳定的状态。适用于从滚压或挤压等热加工过程冷却后，专门采用冷加工提高强度，然后室温时效至其机械性能达到稳定的产品。

√ T3：固溶热处理后，再冷加工，然后自然时效至基本稳定状态。适用于固溶热处理后，专门采用冷加工提高强度，然后通过室温时效至其机械性能达到温度的产品。

√ T4：固溶热处理后，自然时效至基本稳定状态。适用于固溶处理后，不再进行冷加工，通过室温时效至其机械性能达到稳定的产品。

√ T5：从高温成形过程冷却，然后人工时效。适用于从滚压或挤压等高温成形过程冷却后，不再进行冷加工，然后通过沉淀热处理大幅度改善机械性能或尺寸稳定性或同时改善二者的产品。

√ T6：固溶热处理后，再人工时效处理。适用于固溶热处理后，不再进行冷加工，然后通过沉淀热处理大幅度改善机械性能或尺寸稳定性或同时改善二者的产品。

√ T7：固溶热处理后，稳定化处理。适用于沉淀热处理至过时效状态的产品。稳定化热处理使机械性能超过其最大强度值，提供某些特殊性能，如提高抗应力腐蚀开裂或剥落腐蚀性能。

√ T8：固溶热处理后，再冷加工，然后人工时效处理。适用于固溶热处理后，专门采用冷加工提高强度，然后通过沉淀热处理大幅度改善机械性能或尺寸稳定性或同时改善二者的产品。

√ T9：固溶热处理后，再人工时效处理，然后冷加工。适用于沉淀热处理后专门采用冷加工提高强度的产品。

√ T10：从高温成形过程冷却后，再冷加工，然后人工时效。适用于从滚压或挤压等热加工过程冷却后，采用冷加工提高强度，然后通过沉淀热处理大幅度改善机械性能或尺寸稳定性或同时改善二者的产品。

11.6.1.7 应用

11.6.1.7.1 建筑结构应用

铝材广泛应用于各种建筑结构，如桥梁、塔器和储罐。因为结构钢型材和板材的初期成本一般较低，所以仅在需要考虑工程优势、结构特点、特殊建筑设计、轻量化和耐蚀性时，人们才会考虑使用铝材。波纹薄板或其他形式增强的薄板铝材产品常用来制造工业和农业建筑结构的屋顶和侧板。此外，通风机、排水挡条、储料仓、窗框和门框以及其他部件等，亦可用薄板、平板、铸件和挤压件等铝材来制造。

铝制品在民宅、医院、学校、工业和办公建筑中应用很多，如屋顶材料、遮雨板、水槽、落水管等。此外，各种形式铝材和铝制成品还可用在很多室内场合，如外墙、幕墙以及配线、导管、管线、风道、五金件、栏杆等。目前，可移动式军用桥梁和超高速公路立交桥已越来越多使用铝材建造。铝合金还可加工成各种特殊状态结构，用来制造脚手架、梯子、变电站构架以及其他公用设施结构。此外，人们还常用铝合金来制造贮水箱，以提高其耐蚀性，并可美化外观。

11.6.1.7.2 容器和包装材料

对于必须进出加热或冷冻区域的容器或传输装置，选用低容积比热材料制造比较经济。对于容易发生火灾和爆炸危险的面粉厂及其他工厂，铝不会因碰撞产生火花这一特性很可贵。在运输易碎商品、贵重化学品以及化妆品时，容器和包装材料的耐蚀性很重要。设计用于空运、船运、铁路运输、货车陆运的封闭铝制容器，可用来储运不宜货舱装运的化学品。目前，包装材料已成为铝材增长最快的应用市场之一。产品涉及家用包装膜、软包装材料和食品容器、瓶盖、可折叠管、饮料和食品易拉罐。饮料易拉罐是铝最成功的工业应用实例，并由此而使铝的应用市场不断扩大。软饮料、啤酒、咖啡、休闲食品、肉类甚至葡萄酒，皆可采用铝罐包装。生啤可盛放在用阿尔卡拉德（Alclad）包层铝制造的辊筒中进行运输。铝还广泛用作盛放牙膏、药膏、食品和涂料的软管材料。

11.6.1.7.3 交通运输

锻铝和铸铝在汽车结构件中的应用都很多。在发动机结构中，无论是铝合金砂铸、压铸和永久模铸，都极其重要。铸铝轮毂的重要性也在逐渐增长。此外，铝板还可用来制造引擎盖、行李箱盖、光亮表面装饰件、空气进气口以及保险杠等。由于重量受限但又期望能增加有效载荷，因此对于驾驶室、拖车、车皮等结构，制造商们已大量采用铝材设计。采用铝合金板制造货车驾驶室，同时通过铝合金挤压成形制造纵梁、车架轨道和横梁，都可以减小自重。另外，挤压或成形加工铝制保险杠和锻造铝轮毂也很常用。

铝材还可用来制造卡车拖车、房车、旅行拖车和公共汽车，主要是尽可能减轻自重。此外，铝材在有轨电车、轴承、海洋和航空等其他应用领域也有很多应用。事实上，铝材几乎在飞机、导弹和航天工业中所有部件都有应用。由于其高的比强度、耐蚀性及有效载荷，铝材在这些领域中应用十分广泛，特别是设计作为抗压结构件。

11.6.1.7.4　加工行业

在化工行业中，过氧化氢制备及硝酸生产和输送设备常用铝材制造。由于铝在低温下能保持良好强度和延展性，铝材还可用来制造液化气生产和配送设备，与镍钢相比，还具有低密度的优点。

铝不能在强碱性溶液环境中使用，但是在缓蚀处理的弱碱性溶液中，铝不会发生腐蚀，可使用。此外，氨水溶液（热的和冷的）介质的处理设备也可以采用铝材制造。但是，铝不能抵抗其他大多数强碱的作用。除卤素盐外，其他强酸性盐和弱碱性盐对铝的腐蚀影响都很小。铝还可以用来处理硫及其化合物介质。另外，铝会受到汞和汞盐腐蚀。

不过，铝合金用于处理氯化溶剂时，需特别小心。在大多数情况下，特别是在室温条件下，铝合金可以耐卤化有机化合物腐蚀，但是在某些情况下，它们可能与某些有机卤化物发生快速或剧烈反应。此外，如果存在水，这些有机卤化物可能水解产生无机酸，破坏铝表面的保护性氧化膜。而这种由于无机酸引起的腐蚀有可能反过来进一步促进这些有机卤化物自身反应，因为腐蚀形成的卤化铝是某些化学反应的催化剂。为确保安全，铝合金用于处理这些有机卤化物时，应事先核实服役条件。

11.6.1.7.5　电气应用

由于铝具有价格低、导电性好、机械强度足够、密度小以及耐蚀性优异等综合性能，铝可用来制作导线。发动机和发电机中相关零部件（定子架和端罩、直流电机的励磁线圈、发动机定子绕组、变压器以及大型涡轮发电机励磁线圈）也可使用铝材制备。铝材还可用于空冷功率变压器中以及磁悬浮式恒流变换器的二次线圈绕组。此外，在照明设备和电容器中，铝也有应用。

11.6.1.7.6　机械设备

在石油工业中，铝可用来制造一些加工处理设备，如：钢制储油罐的铝顶盖、输运石油产品的铝制管道。在橡胶工业中，铝也可用来制造相关加工设备，因为铝可以抵抗橡胶加工中所有腐蚀，且无黏性。由于铝具有不产生火花的特点，在易爆品的生产设备中，铝合金应用广泛。铝还可用来制造纺织机械和设备、造纸和印刷设备、煤矿开采机械、便携式灌溉管道和器具、钻模、卡具和模型以及很多仪器设备。

11.6.1.8　铝合金的焊接性

铝材在进行焊接时，首先必须清除或破坏掉铝表面氧化膜，以利于基体和焊料的熔合。而且，熔合区内熔融铝必须与空气隔离，直至重新凝固。清除氧化物和保护熔池的方法有多种。铝的焊接可采用气体保护和涂药焊条，其中焊药可穿透氧化铝膜并能保护熔化金属。不过如果焊接后清除不完全，此焊药会腐蚀铝基体。最常见的两种工业焊接技术是：气体保护金属极弧焊（GMAW）和气体保护钨极弧焊（GTAW）。在这两种技术中，铝表面氧化膜都是通过高温和电弧冲击作用被破坏掉。熔池采用氩气或氦气等惰性气体进行保护，其中气体从焊枪尖端逸出，并环绕电极流动[17]。

非热处理型铝合金的强度取决于加工硬化以及镁和锰等合金元素的固溶强化效果。这类合金主要包括 1xxx、3xxx 和 5xxx 系铝合金。因此，焊接可能会使这些合金的加工硬化效果受损或丧失，从而导致邻近焊缝的热影响区软化。

可热处理型铝合金的硬度和强度取决于合金组成和热处理（固溶热处理和淬火后自然或人工时效，使合金成分精细分散）。这类合金主要是 2xxx、6xxx、7xxx 和 8xxx 系铝合金。熔化焊接使热影响区中硬化成分重新分配，降低局部材料强度。

大多数锻造级 1xxx、3xxx、5xxx、6xxx 系铝合金和中等强度 7xxx（如 7020）系铝合金皆可使用钨极惰性气体保护焊（TIG）、金属极惰性气体保护焊（MIG）和氧燃料气焊等熔化焊工艺进行焊接，特别是 5xxx 系铝合金，焊接性能优异。但是，对于高强铝合金（如 7010 和 7050）以及大多数 2xxx 系铝合金，不推荐采用熔化焊，因为熔融-凝固很容易使它们发生开裂。

11.6.1.8.1　合金焊料

金属焊料组成取决于：

- 母体金属的焊接性；
- 焊缝金属的最小机械性能；
- 耐蚀性；
- 阳极性涂层要求。

非热处理型铝合金的焊接常使用名义成分相同的金属焊料。但是，对于低合金材料和热处理型铝合金的焊接，使用成分不同的焊料进行可预防凝固开裂。

11.6.1.8.2　焊接缺陷

事实上，只要防范措施适当，铝及其合金很容易焊接。

11.6.1.8.3　气孔

多孔性常常被认为是金属极惰性气体保护焊（MIG 焊接工艺的固有特征。产生气孔的主要原因是熔池内吸收的氢，在焊缝金属凝固过程中逸出从而形成分散的孔洞。最常见的氢来源是母材及焊丝表面污染物中的碳氢化合物和水分以及保护气氛中的水汽。即使痕量水平的含氢量，也可能超过在熔池中氢气泡形核所需的极限浓度，因此铝是最易产生焊接气孔的金属之一[17]。

为尽可能降低产生气孔的风险，材料表面和焊丝都应经过严格清洗。有三种清洗技术可用：机械清洗、溶剂除油和化学刻蚀清洗。此外，在使用气体保护焊时，还应确保有效的气体保护，以避免空气吸入，而且电弧也不能受气流影响。另外，还应采用预防措施，避免来自气流和焊接设备的水汽聚集。

11.6.1.8.4　裂纹

由于焊接过程中铝的高热膨胀（其热膨胀系数是钢的两倍）以及大凝固收缩（通常比相同钢焊缝高 5%以上）而产生的高应力，可能会造成铝合金开裂。凝固裂纹在焊缝中心产生，在凝固过程中通常沿着中心线扩展。在焊接作业结束时，凝固裂纹也可能出现在焊口。凝固裂纹产生的主要原因是：

- 不当的焊丝/母材组合；
- 不当的焊缝几何形状；

- 高约束条件的焊接。

使用非同质的抗开裂焊料，通常是 4xxx 或 5xxx 系合金，可降低开裂风险。采用这种焊料的缺点是焊缝金属的强度可能比母体金属低，且随后的热处理对其也不起作用。此外，焊道还必须足够厚，可以承受收缩应力。另外，通过恰当的接边加工（坡口加工）、准确的接缝设置以及正确的焊接顺序，可最大程度地降低对焊接的制约程度。

当晶界处形成低熔点膜层时，焊接热影响区有可能发生熔融开裂，因为膜层不能承受焊缝金属凝固和冷却时所产生的应力。热处理型铝合金，如 6xxx、7xxx 和 8xxx 系合金，更容易发生这种类型开裂。使用熔点比母材低的金属焊料可降低这种风险，例如采用 4xxx 系金属焊料来焊接 6xxx 系合金。但是，焊接高镁含量的铝合金（如 5083），不应使用 4xxx 系焊料，因为熔合区可能产生过量硅化镁，降低其延展性，增大开裂敏感性[17]。

焊道外形不好，也容易造成开裂。焊接参数设置不正确或焊接工技术不佳，都有可能造成焊道外形缺陷，如未完全熔合、未焊透、咬边。由于铝的高热导率和熔池的快速凝固，铝合金特别容易出现这种焊道外形缺陷。

当使用铝合金焊料时，焊点熔合变成了由母体合金元素与焊料合金元素组成的铝合金。因此，为了尽可能地避免使焊道相对于其毗邻热影响区或被焊母体金属呈阳极性，需要正确选择合金焊料。焊接对特定环境中铝合金耐蚀性的影响取决于母体合金、焊料合金以及采取的焊接工艺。下列因素可能会影响特定环境中铝合金焊接件的腐蚀行为：

- 焊缝与被焊合金的组成差异；
- 焊道的铸造组织与被焊合金的组织；
- 由于焊接合金凝固造成的焊接合金的成分偏析；
- 由于热影响区过时效引起沉淀析出从而造成的焊接合金的成分偏析；
- 由于焊道表面暴露的气孔、焊道冷隔（褶皱）和微裂纹产生的缝隙作用。

11.6.1.9 耐蚀性

铝的耐蚀性在很大程度上取决于其表面附着非常牢固且稳定的保护性氧化膜。此氧化膜在 pH 值约为 4.0～8.5 的水介质中很稳定。此氧化膜具有天然的自我修复能力，在意外磨损或其他机械损伤时，被破坏的膜可快速修复。因此，促进铝及其合金腐蚀的条件必定是：该条件下膜层会受到持续机械磨损或者会促使保护性膜层局部劣化，并且可用于修复氧化膜的氧量不足[18]。

水中铝的腐蚀产物呈白色至半透明色。在低温下，最先形成的是无定形（如非晶态）的水合氧化铝［$Al(OH)_3$］膜，可能恢复成勃姆石（$Al_2O_3 \cdot 3H_2O$ 或 $AlO \cdot OH$）以及最终的三羟铝石（$Al_2O_3 \cdot 3H_2O$）。在较高温度下（水沸点之上），形成的氧化膜包括两层，其中内层是无定形氧化铝和随机取向的勃姆石，外层是高度取向的勃姆石。

环境酸碱性对铝合金的腐蚀行为有显著影响。在较低和较高 pH 值下，铝都可能很容易发生腐蚀，但也并非完全如此。例如：铝在浓硝酸中的耐蚀性很好。暴露在碱性环境中的铝也可能发生腐蚀，当氧化膜局部有孔时，腐蚀会加速，因为铝基体腐蚀比表面氧化膜溶解得快，并最终导致点蚀。而在酸性介质中，铝表面氧化膜溶解比铝基体腐蚀更快，因此发生均匀腐蚀。

铝合金的耐蚀性通常都比工业纯铝差，尤其是 2xxx 系铝合金。例如：有些铝合金，由于低温时效反应及随后在晶界处沉淀析出，容易发生晶间腐蚀。

铝材可用于高纯水系统以及储存和运输各种不同有机溶液。但是，铝制容器储存低浓度乙醇时可能会有问题，此外还应避免使用铝制容器储存有机卤化物和完全脱水的有机酸。汞和重金属盐溶液也会造成铝的腐蚀。在工业应用中，1xxx、3xxx、4xxx 和 6xxx 系或镁含量低于 3%的 5xxx 系合金，一般都不会发生剥层腐蚀（剥蚀）和应力腐蚀开裂。而敏感性铝合金（2xxx、高镁 5xxx 和 7xxx 系）在化学加工行业中尚未大量使用。热处理，如过时效，可以改善那些铝合金的开裂敏感性。Al-Zn-Mg 合金是有史以来最容易发生开裂的铝合金。

铝材用在复杂结构中时，可能会发生电偶腐蚀问题。因为相对于大多数常见结构材料，如铁、不锈钢、钛、铜及镍合金等，铝都是阳极。如果形成电偶接触状态，铝将优先腐蚀，可能无法满足服役要求。不过，其实铝可以在很多环境条件下使用，无需表面保护且所需维修极少。在大气环境以及工业烟尘和蒸汽环境中，铝拥有良好的耐蚀性，很常用[19]。此外，由于铝具有良好的低温机械性能（可用于温度低至－250℃），铝合金在低温环境中应用也很广泛。

11.6.1.9.1　合金化的影响

添加合金化元素可以改变铝合金的电化学电位，即使合金元素以固溶状态存在，也会影响铝合金的耐蚀性。锌和镁都会将使铝合金的电位明显向阳极方向移动，硅的这种阳极效应最小。添加铜可使电位明显向阴极方向移动。总之，合金化会使金属内形成局部阳极和局部阴极位点，从而影响腐蚀速率和腐蚀类型。

特高纯铝合金（含铝 99.99%或更纯更高）具有很好的耐点蚀性。任何合金化添加物都会降低高纯铝合金的耐点蚀能力。5xxx 系 Al-Mg 合金和 3xxx 系 Al-Mn 合金的耐点蚀性能几乎相同。纯金属和 3xxx、5xxx 及 6xxx 系铝合金可以抵抗多种形式的局部腐蚀、剥层腐蚀和应力腐蚀开裂。但是，经过冷加工的镁含量超过其固溶度极限（含镁 3%以上）的 5xxx 系合金，在约 80～175℃长时间加热，会很容易发生剥层腐蚀和应力腐蚀开裂[20]。

11.6.1.9.2　冶金热处理和机械加工处理的影响

铝合金的冶金和机械处理常常会起到协同作用，造成合金中形成一些人们期望或不期望的显微结构特征。改变热处理方式可以显著影响高强度热处理型铝合金的局部化学状态，从而影响合金的耐局部腐蚀性。理想情况下，所有合金元素都应完全溶解，淬火冷却速率应足够快，以使它们都保持固溶状态。

通常，造成显微组织结构不均匀的一些实际处理方式，都会降低铝合金的耐蚀性，尤其是在微观结构局部区域受影响时。沉淀强化或时效硬化处理主要是为了提高强度。有时沉淀强化处理时有意时效过度，使合金超过其最大强度状态（T6 态），目的就是通过形成随机分布、不黏聚的沉淀相（T7 态），提高合金的耐晶间腐蚀、剥层腐蚀和应力腐蚀开裂性能。因为淬火慢、时效不足或时效至峰值强度时，可能会使沉淀相析出局限在晶界处，沉淀强化或时效处理可以减轻这种不利影响。

机械加工影响合金组成粒子的晶粒形态和分布。这两者都会影响局部腐蚀类型和速率。铸铝制品通常是等轴晶粒组织结构。采取某些特殊加工工艺可以在轧制薄板和某些挤压成形件中形成精细的等轴晶粒，但大多数锻造制品（轧制、锻造、拉拔或挤压制品）一般都具有高度取向的各向异性晶粒组织结构，正如第八章剥层腐蚀部分所介绍。

几乎所有形式的腐蚀，包括点蚀，都在不同程度上受到晶粒取向的影响。但是，高度局部化的腐蚀，如沿着晶界发展的剥层腐蚀和应力腐蚀开裂，它们受晶粒组织结构的影响非常大。实际上，对于极易发生剥层腐蚀的铝合金来说，长宽薄饼状晶粒是发生剥层腐蚀的一个先决条件。

这种显微结构取向会明显影响高强合金产品的耐应力腐蚀开裂和剥层腐蚀性能，表 11.7 所示应力腐蚀开裂敏感性等级就是一个证明。表 11.7 是依据 ASTM G 44 推荐操作规程（通过在 3.5%氯化钠中交替浸滞试验评价金属和合金抗应力腐蚀开裂性能的操作规程），对至少 10 个随机批次样品的测试结果收集整理得到。测试条件分别对应下列各种不同应力状态，根据置信水平为 95%时至少有 90%的测试结果都相符，来确定耐应力腐蚀开裂的最高等级[18]：

A. ≥额定最小屈服强度的 75%；

B. ≥额定最小屈服强度的 50%；

C. ≥额定最小屈服强度的 25%或 100MPa，以高者计；

D. 未达到等级水平 C 的标准。

表 11.7　在不同热处理状态和工况条件下各种铝合金的耐 SCC 性能

合金	热处理状态	应力方向	板材	杆/棒	挤压成形	锻造
2011	T3	L	—	B	—	—
		LT	—	D	—	—
		ST	—	D	—	—
	T4	L	—	B	—	—
		LT	—	D	—	—
		ST	—	D	—	—
	T8	L	—	A	—	—
		LT	—	A	—	—
		ST	—	A	—	—
2014	T6	L	A	A	A	B
		LT	B	D	B	B
		ST	D	D	D	D
2024	T3	L	A	A	A	—
		LT	B	D	B	—
		ST	D	D	D	—
2024	T4	L	A	A	A	—
		LT	B	D	B	—
		ST	D	D	D	—
2024	T6	L	—	A	—	A
		LT	—	B	—	A
		ST	—	B	—	D
2024	T8	L	A	A	A	A
		LT	A	A	A	A
		ST	B	A	B	C
2048	T851	L	A	—	—	—
		LT	A	—	—	—
		ST	B	—	—	—

续表

合金	热处理状态	应力方向	板材	杆/棒	挤压成形	锻造
2124	T851	L LT ST	A A B	— — —	— — —	— — —
2219	T351X	L LT ST	A B D	— — —	A B D	— — —
2219	T37	L LT ST	A B D	— — —	A B D	— — —
2219	T6	L LT ST	A A A	A A A	A A A	A A A
2219	T85XX	L LT ST	A A A	— — —	A A A	A A A
2219	T87	L LT ST	A A A	— — —	A A A	A A A
6061	T6	L LT ST	A A A	A A A	A A A	A A A
7005	T63	L LT ST	— — —	— — —	A A D	A A D
7005	T53	L LT ST	— — —	— — —	A A D	A A D
7039	T64	L LT ST	A A D	— — —	A A D	— — —
7049	T73	L LT ST	A A A	— — —	A A B	A A A
7049	T76	L LT ST	— — —	— — —	A A C	— — —
7149	T73	L LT ST	— — —	— — —	A A B	A A A
7050	T736	L LT ST	A A B	— — —	A A B	A A B
7050	T76	L LT ST	A A C	A B B	A A C	— — —
7075	T6	L LT ST	A B D	A D D	A B D	A B D

续表

合金	热处理状态	应力方向	板材	杆/棒	挤压成形	锻造
7075	T73	L LT ST	A A A	A A A	A A A	A A A
7075	T736	L LT ST	— — —	— — —	— — —	A A B
7075	T76	L LT ST	A A C	— — —	A A C	— — —
7079	T6	L LT ST	A B D	A B D	A B D	A B D
7175	T736	L LT ST	— — —	— — —	— — —	A A B
7178	T6	L LT ST	A B D	— — —	A B D	— — —
7178	T76	L LT ST	A A C	— — —	A A C	— — —
7475	T6	L LT ST	A B D	— — —	— — —	— — —
7475	T73	L LT ST	A A A	— — —	— — —	— — —
7475	T76	L LT ST	A A C	— — —	— — —	— — —

11.6.1.9.3　氢的作用

在熔融状态下以及在温度接近合金熔点且含有水汽或碳氢化合物的气氛中进行热处理时，氢都将会溶解在铝合金中。在凝固时，溶解氢的析出将会导致产生多孔和表面鼓泡。最近文献调研结果显示：关于到底有多少高强度铝合金是由氢致脆（如果存在），仍有相当大的争议。有些证据表明：从阳极溶解的裂纹尖端处析出的氢，可在裂纹尖端前面的晶界处溶解进入金属。因此，这可能是某些 7xxx 系合金（可能还包括某些 2xxx 系合金）发生应力腐蚀开裂的一个影响因素。尽管如此，氢脆并未限制高强铝合金的商业化应用[20]。

11.6.1.9.4　保护涂层

正如前面已提及，纯铝、3xxx、5xxx 及大多数 6xxx 系铝合金在工业大气和水介质中具有足够好的耐蚀性，无需任何保护涂层，如炊具、船舶和建筑产品等。不过，对于高强度的 6xxx 系合金以及所有 2xxx 和 7xxx 系合金，有必要采用涂层来提高其耐蚀性。第十二章保护涂层将介绍很多种涂层以及相关制备技术，它们已成功用于提高铝合金的服役性能。

11.6.1.9.5 应力腐蚀开裂

铝合金的应力腐蚀开裂主要发生在2000（A92000）和7000（A97000）系等通过沉淀强化热处理而不是冷轧获得较高强度的铝合金中。但是，含镁量超过3.5%的铝镁合金也有可能发生应力腐蚀开裂，某些高强度铝合金也曾发生过应力腐蚀开裂。

因为铝合金应力腐蚀开裂通常是晶间型开裂，当张应力方向是短横截面方向或厚度方向时，敏感合金和热处理最易诱发应力腐蚀开裂，致使裂纹沿晶界扩展。同种材料（如7075-T651板）在应力方向沿着轴向与主要晶粒流平行时，显示出更高的抗应力腐蚀开裂性能。在此情况下，晶间裂纹一定沿着非常曲折的路径扩展，而且通常也不会发生严重扩展。

图 11.24 由2024铝合金挤压成形的螺母的晶间型应力腐蚀开裂（其中应力是横向的）

注意：裂纹如何沿着系列晶界发展；刻蚀液为：2.5% HNO_3+1.5% HCl+1% HF溶液；放大倍数×100。

因此，载荷作用下形成的连续裂纹网络会使材料在短截面方向受力时引起开裂所需应力，比相对于轧制或挤压方向纵向受力时引起开裂所需应力要小得多。图11.24显示了在横向应力作用下材料内裂纹如何发展连接形成连续裂纹[15]。例如：在空气中测量7075-T6（A97075）铝合金的屈服强度，当测试应力沿纵向方向上时，是550MPa，而应力沿着短横截面方向时，则降至410MPa。而且临界应力（在3.5% NaCl溶液中浸泡10min+空气中放置50min的循环交替浸滞条件下，材料不失效时可以承受的最大应力）降低程度也明显不同，沿纵向方向上施加应力时，临界应力降至410MPa（屈服强度的四分之三），而沿着短横截面方向时，则降至82MPa（屈服强度的五分之一）。

腐蚀产物沿着晶界堆积会使晶粒间产生应力，通常最终都会导致剥层腐蚀（参见第八章）。这种薄层腐蚀损伤常常从机加工边缘、孔洞或凹槽处端面晶粒开始，随后可发展贯穿至整个截面。

针对各种具有高抗应力腐蚀开裂或剥层腐蚀性能的T7态铝合金材料，人们已开发出了一些特殊时效处理方法，用以抵消这种择优取向晶粒组织结构的不利影响。对于2xxx和7xxx系铝合金，已有多种不同人工时效态的铝合金产品，可供人们在最大强度和最大耐剥层腐蚀和应力腐蚀开裂性能之间合理选择[5]。

11.6.2 镉

镉是一种强度很低的金属，其拉伸强度仅有70MPa，其伸长率为50%。除了在低熔点合金和某些轴承中应用之外，镉几乎全部都用在电镀涂层方面。由于镉外观光亮且容易焊接，可用在电子设备和五金制品中。镉的电负性比锌小，在许多情况下，其实并不能对铁起到牺牲阳极的作用。在工业大气环境中，镉对钢铁的保护性能略低于锌。此外，镉比锌贵，且镉盐有毒。但与锌不同，镉具有一定的耐碱性。

在飞机用高强钢表面电镀镉，可以改善钢的耐腐蚀疲劳性能。但是，镀镉可能会引起氢脆问题。不过，目前氢脆问题已得到解决，即通过选择合适的电镀工艺以及电镀后烘烤除氢。此外，在镉的熔点附近温度（321℃），镉会腐蚀钢。

11.6.3　铸铁

铸铁是对含硅的高碳铁合金的通称。最常见的铸铁有灰口铸铁、白口铸铁、可锻铸铁、延性或球墨铸铁。灰口铸铁约含2%～4%碳和1%～3%硅，是最便宜的工程材料。由于显微组织结构中存在游离石墨薄片，灰口铸铁的端口呈暗色或浅灰色。由于灰口铸铁具有优异的流动性和相对较低的熔点，因此铸造容易，可铸造各种复杂形状零件。此外，通过合金化可以提高灰口铸铁的耐蚀性和强度。

在大多数情况下，由于铁锈产物会通过石墨薄片相互黏合，灰口铸铁在水中的耐蚀性大约是钢的两倍。不过，软水或低pH值的水可能会引起石墨化腐蚀。在现代工程实践中，大多数铸铁管道的内壁都涂覆有水泥涂层，以提高其水侧的耐蚀性。

11.6.3.1　碳的存在形式

铸铁通常是根据高含量碳的存在形式来分类。

11.6.3.1.1　白口铸铁（渗碳体）

白口铸铁中，碳以渗碳体形式存在，主要是通过降低碳和硅含量以及快速冷却，使大量碳以碳化铁的形式保留，并不形成石墨薄片。但是，碳化铁或渗碳体非常硬和脆，因此，这种铸铁件可用于要求高硬度和高耐磨性的场合。

11.6.3.1.2　未合金化白口铸铁

与碳钢等竞争性材料相比，未合金化白口铸铁（纯白口铸铁）的优点是非常硬、耐磨性好且成本低。脆性是未合金化白口铸铁的最主要缺点，受压时容易开裂。此外，这种白口铸铁不能进行机械加工和研磨抛光。

11.6.3.1.3　低合金白口铸铁

低合金白口铸铁具有良好的韧性和耐磨性。其主要缺点是成本较高。

11.6.3.1.4　马氏体白口铸铁

马氏体白口铸铁比其他类型的白口铸铁硬度更高，且韧性更好。由于含有铬，马氏体白口铸铁在高温下（480～540℃）很稳定。此外，低碳含量的马氏体白口铸铁韧性更好，但是其硬度会降低。其主要缺点还是成本较高。另外，为获得最优性能，马氏体白口铸铁还必须进行去应力热处理。

11.6.3.1.5　高铬白口铸铁

高铬白口铸铁的耐磨性与马氏体白口铸铁类似，但韧性、强度和耐蚀性更高。其缺点也是成本高。

11.6.3.1.6　可锻铸铁（不规则粒状石墨结构）

可锻铸铁是对严格控制成分的白口铸铁进行热处理而得到，即通过热处理将碳分解，使碳聚集体分散在铁素体或珠光体基体内。由于形状致密的碳不会像石墨片那样降低基体延展性，因此可锻铸铁的延展性可以满足使用要求。可锻铸铁可以分为下面几种类型：白心、黑心以及珠光体可锻铸铁。

由于可锻铸铁具有优异的机械加工性能以及良好的延展性，因此常常被人们选用。在某些应用场合中选用可锻铸铁，还因为它同时兼具良好的可铸造性、韧性和机械加工性能。此外，有时选用可锻铸铁，也可能仅仅是因为它具有良好的耐冲击性能。可锻铸铁可用来制造那些要求有良好机械加工性能的低应力零部件，如转向齿轮、外壳、载体、固定架等。它还可用于制造压缩机曲轴和轮毂，连杆和万向节叉等高强度零件，变速齿轮、差速器箱和某些齿轮，以及铁轨、海洋及其他重载服役的法兰盘、管道配件、阀门配件。

11.6.3.1.7　白心可锻铸铁

白心可锻铸铁是由高碳白口铸铁在脱碳介质中退火而制得。铸件表面在碳被脱除后，仅仅通过内部碳的扩散来补偿。白心铸铁件是非均质的，有脱碳表皮和高碳芯部。

白心可锻铸铁中碳含量比其他类型的可锻铸铁的高，因此白心可锻铸铁的铸造性更好，特别是薄片件。表面脱碳层改善了白心可锻铸铁的焊接性能，该表面柔软且延展性好，可吸收内部冲击波。白心可锻铸铁在100℃以上仍具有优异的抗冲击性能，并可用于450℃以下的熔炉。此外，白心可锻铸铁表面还可电镀锌层，而不会发生电镀脆裂。这种铸铁具有很好的机械加工性能，但不宜长时间热处理。

11.6.3.1.8　黑心可锻铸铁

黑心可锻铸铁是由低碳（2.2％～2.9％）白口铸铁进行无脱碳的退火处理而制得。黑心可锻铸铁中铁素体基体内碳的组织结构均匀分布，比白口铸铁机械加工性能好。黑心可锻铸铁是机械加工性能和铁质材料强度的最佳结合，其成本比球墨铸铁低。但是，如果不进行表面处理，黑心可锻铸铁不能在耐磨场合使用。此外，与球墨铸铁相比，黑心可锻铸铁的热处理周期长。

11.6.3.1.9　珠光体黑心可锻铸铁

珠光体黑心可锻铸铁的基体组织是珠光体，而不是铁素体，它比铁素体黑心可锻铸铁的强度更高，但是其延展性更低。珠光体黑心可锻铸铁具有良好的耐磨性，是强度最高的可锻铸铁。珠光体黑心可锻铸铁可以进行硬化处理，通过控制基体显微结构，可以在一个较宽的硬度范围内与其他性能相结合。但是，珠光体黑心可锻铸铁难以焊接，与球墨铸铁相比，其热处理周期更长。

11.6.3.1.10　灰口铸铁（石墨薄片）

灰口铸铁含碳2.0％～4.5％，含硅1％～3％。在其显微结构中，碳存在于珠光体、铁素体或二者混合的基体内，形成了树枝状的互相连接的石墨薄片。灰口铸铁中石墨片形成了薄弱面，因此其强度和韧性比结构钢差。灰口铸铁可用来制造很多机械设备和结构中各种不同类型的零部件。表11.8列出了这种广泛应用的铸铁的优缺点。

低合金灰口铸铁可以用来替代原先较高载荷场合所使用的未合金化灰口铸铁铸件，而无需重新设计或采用昂贵材料。但合金添加剂可能会带来铸造碎料如何再利用的问题。此外，低合金化的灰口铸铁，尽管由于合金化作用使机械强度提高，但是其疲劳强度并未得到相应的改善。Cr、Mo和V是碳稳定剂，可以提高灰口铸铁的强度和耐热性，但对机械加工性能不利。

表 11.8　灰口铸铁的优缺点

优点
• 最普通的铸铁类型；
• 最廉价的金属铸件材料，尤其是对于小批量生产；
• 铸造非常容易，比钢的凝固温度范围窄得多；
• 由于石墨片的形成，在铸模中收缩小；
• 良好的机械加工性能，铁素体基灰口铸铁的材料加工速率快，但表面光洁度差，而珠光体基灰口铸铁正好与之相反；
• 石墨起到碎片机和润滑剂的作用；
• 阻尼性能非常高；
• 无论有无缺口，其疲劳强度都没有差异；
• 由于其中有石墨存在，灰口铸铁干式轴承性能优良；
• 保护性氧化皮形成之后，在大量常见的工程环境中具有良好的耐蚀性
缺点
• 由于石墨片末端尖锐，易脆（低冲击强度），在一些关键场合，其应用严重受限；
• 石墨作为空隙，降低了强度；
• 最大推荐设计应力是极限拉伸强度的四分之一；
• 最大疲劳载荷极限是疲劳强度的三分之一；
• 截面尺寸改变将会导致机械加工性能的变化（由于微观结构的变化）；
• 高强度铸铁的生产成本更高

11.6.3.1.11　球墨铸铁（球状石墨颗粒）

如果调整石墨形状消除片状薄弱面，则灰口铸铁的机械性能会得到极大改善。如果将含3.2%～4.5%碳和1.8%～2.8%硅的铸铁熔化，在铸造前，再添加镁或铈，就有可能调整石墨形状。由此制得的铸件中，石墨以球状形式存在，而不是片状，因此称为球状石墨或球墨铸铁。球墨铸铁的基体组织可以是珠光体、铁素体或珠光体＋铁素体，与灰口铸铁相比，球墨铸铁是更好延展性和更高强度的结合。

在很多应用场合中，球墨铸铁件都可作为结构件使用，特别是那些要求材料同时具有良好强度和韧性以及机械加工性能且低成本的应用场合。汽车行业和农业是球墨铸铁件的主要用户。仅1988年，美国球墨铸铁件产量就差不多达到一百万吨[21]。由于具有良好的经济性和高可靠性等优点，球墨铸铁可用来制造曲轴、前轮主轴支架、形状复杂的转向节、盘式刹车卡钳、发动机连杆、空转臂、轮毂、转向架轴、悬架零件、动力传输轭、高温环境下涡轮机壳和集合管等。此外，球墨铸铁还可轧制或旋压成所需形状或铸造成精确特定尺寸件。铸铁管是球墨铸铁的另一大用户。

11.6.3.2　焊接性

铸铁的焊接性能取决于其微观组织结构和机械性能。例如：灰口铸铁由于其固有的脆性，通常无法承受焊接冷却造成的应力。由于灰口铸铁中含有粗大的石墨片，导致其延展性差；而可锻铸铁中石墨簇和球墨铸铁中球状石墨明显提高了其延展性，改善了其焊接性能。另外，焊接过程中，热影响区内会产生一些由渗碳体（碳化铁）和马氏体组成的脆硬显微结构，可能会降低铸铁的焊接性。但是，球墨铸铁和可锻铸铁产生马氏体的可能性极小，因此它们焊接更容易，特别是铸铁中铁素体含量较高时。此外，白口铸铁很硬，其中含有碳化铁，不能焊接[22]。

为避免开裂，铸铁常使用青铜焊工艺进行焊接。由于氧化物和其他杂质不能通过熔化清除掉，而机械清理常常会使石墨涂抹整个表面，所以表面必须经过彻底清洗，如通过盐浴清洗。此外，铸铁焊接还可能出现高碳焊缝金属沉积物的问题，不过如果使用消耗性的镍或镍合金，让石墨精细分散、降低孔隙率以及形成容易加工的镍沉积物，可以避免这一问题。但是，由于母体金属稀释作用，镍沉积物可能含有高含量的硫和磷，又可能引起凝固开裂。

热影响区中脆硬组织结构的形成，使铸铁在焊后冷却过程中特别容易发生热影响区开裂。预热和焊后缓慢冷却可降低热影响区开裂风险。因为预热可同时降低焊缝沉积物和热影响区的冷却速率，抑制马氏体的形成，而且热影响区硬度也有一定程度降低。此外，预热还可以消除收缩应力，减少畸变，从而降低焊缝和热影响区开裂的可能性。表 11.9 列出了典型预热处理温度。另外，在预热复杂铸件过程中或对大型构件局部预热时，很可能会因为膨胀程度不同而开裂，因此，预热应保持循序渐进。此外，铸件还应采取缓慢冷却的方式，避免热冲击。

表 11.9　焊接铸铁用典型预热等级

铸铁类型	预热温度/℃			
	手工金属电弧焊	金属极气体保护焊	气焊(熔化)	气焊(粉末)
铁素体,石墨片	300	300	600	300
铁素体,球墨	RT～150	RT～150	600	200
铁素体,白心可锻	RT①	RT①	600	200
珠光体,石墨片	300～330	300～330	600	350
珠光体,球墨	200～330	200～330	600	300
珠光体,可锻	300～330	300～330	600	300

① 表示芯部高碳含量时，预热温度是 200℃。

注：RT 为室温。

11.6.3.3　耐蚀性

11.6.3.3.1　腐蚀形式

11.6.3.3.1.1　选择性腐蚀

石墨化腐蚀是一种选择性腐蚀。在一些比较温和的环境中，灰口铸铁可能发生石墨化腐蚀，其中铁被选择性浸出，留下结构极差的石墨网络。铁的选择性浸出是由于石墨相对于铁是阴极，在灰口铸铁内石墨与铁基体之间形成了一个非常好的电偶电池。不过，这种石墨化腐蚀只在腐蚀速率很低的情况下才会发生。因为如果金属腐蚀变快，那么包括石墨在内整个表面都会被腐蚀掉，此时腐蚀或多或少都会呈现均匀腐蚀形态。不过，迄今为止，人们仅在灰口铸铁中观察到石墨化腐蚀。球墨铸铁和可锻铸铁都没有石墨薄片结构，无法提供将腐蚀产物聚在一起的网络结构。

11.6.3.3.1.2　微动腐蚀

铸铁具有较好的耐微动腐蚀性能，受润滑状态变化、材料间的硬度变化、垫片以及涂层等因素的影响。

11.6.3.3.1.3　点蚀和缝隙腐蚀

存在氯离子以及缝隙或其他屏蔽区域，都是促进铸铁点蚀和/或缝隙腐蚀的有利条件。据报道，在稀的烷基芳基磺酸盐溶液、三氯化锑（$SbCl_3$）溶液以及静止海水等环境中，铸铁都可能会发生点蚀。合金化处理可以改善铸铁的耐点蚀和缝隙腐蚀性能。例如：添加镍可以降低铸铁在静止海水中的点蚀敏感性；含铬或钼的高硅铸铁具有很好的耐点蚀和缝隙腐蚀性能。

11.6.3.3.1.4　晶间腐蚀

有关铸铁晶间腐蚀（IGA）问题的仅有一篇文献报道，是未合金化铸铁在硝酸铵（NH_4NO_3）溶液中的晶间腐蚀（IGA）。

11.6.3.3.1.5　磨损腐蚀

流体自身流动或其中夹带的固体粒子都有可能造成铸铁的磨损腐蚀。增强铸铁的耐磨损腐蚀性能方法有两种。第一种方式是通过固溶硬化或相变硬化提高铸铁的硬度。第二种方式是通过提高铸铁自身固有的耐蚀性。奥氏体含镍铸铁的硬度与未合金化铸铁相似，但是奥氏体含镍铸铁的耐磨损腐蚀性能更好，就是因为镍合金化提高了铸铁固有的耐蚀性。

11.6.3.3.1.6　应力腐蚀开裂

在某些环境和应力组合条件下，铸铁可能会发生应力腐蚀开裂，而且有时可能还是一个很严重的问题。由于未合金化铸铁与普通碳钢的耐蚀性类似，因此普通碳钢可能发生应力腐蚀开裂的环境，同样也可能导致未合金化铸铁的应力腐蚀开裂问题。在下列的介质环境中，未合金化铸铁有可能发生应力腐蚀开裂[21]：

- 氢氧化钠（NaOH）溶液；
- 氢氧化钠-硅酸钠（$NaOH-Na_2SiO_3$）溶液；
- 硝酸钙［$Ca(NO_3)_2$］溶液；
- 硝酸铵（NH_4NO_3）溶液；
- 硝酸钠（$NaNO_3$）溶液；
- 硝酸汞［$Hg(NO_3)_2$］溶液；
- 混合酸（$H_2SO_4-HNO_3$）；
- 氰化氢（HCN）溶液；
- 海水；
- 酸性硫化氢（H_2S）溶液；
- 熔融钠-铅合金；
- 酸性氯化物溶液；
- 发烟硫酸（H_2SO_4）。

11.6.3.3.2　合金化的影响

合金化元素对铸铁的腐蚀敏感性起主导作用。硅是提高铸铁耐蚀性的最重要合金化元素。不过，通常只有硅含量超过3%后，硅才被认为是铸铁的一种合金化元素。硅含量在3%～14%时，铸铁耐蚀性会有一定提高，但是当硅含量超过约14%之后，铸铁的耐蚀性会显著提高。添加高达17%的硅，可以进一步提高铸铁的耐蚀性，但是硅含量超过16%后，铸铁会变得特别脆，难以加工。用硅合金化可以促进铸铁表面形成一层附着牢固的表面膜。不过，铸件表面形成完整膜层可能需要较长时间。因此，在某些服役环境中，在暴露的最初几个小时甚至几天，铸铁的腐蚀速率可能比较大，但是随后会逐渐降至一个很低的水平并一直保持。

镍提高铸铁的耐蚀性，也是由于在铸件表面可形成保护性氧化膜。至多添加4%镍，与铬联合作用，就可同时提高铸铁合金的强度和耐蚀性。提高硬度和耐蚀性对改善材料的耐磨损腐蚀性能特别重要。此外，添加镍还可增强铸铁耐还原性酸和碱的能力。为获得最佳耐蚀性，铸铁中镍含量必须达到12%甚至更多。

铬通常是单独添加，但也可与镍和/或硅结合使用，目的就是提高铸铁的耐蚀性。添加少量铬与镍配合使用，可以细化石墨和基体显微结构，提高铸铁在海水和弱酸中的耐蚀性。铬添加量达到15%～30%时，可以提高铸铁抗氧化性酸的能力。同样，铬之所以能提高铸铁耐蚀性，也是由于在铸件表面形成了保护性氧化膜。形成的氧化物膜可抵抗氧化性酸，但对于还原性介质环境保护作用很小。

在一些特殊情况下，铸铁中还可能添加铜。添加0.25%～1%的铜可以提高铸铁在稀醋酸、硫酸和盐酸以及酸性矿井水的耐蚀性。此外，少量添加铜还可增强铸铁的耐大气腐蚀性。在一些高镍-铬铸铁中，添加高达10%的铜，其实也是为了提高其耐蚀性。

11.6.3.3.3 基于耐蚀性的分类

铸铁也可根据其耐蚀性进行分类，下文就按照耐蚀性次序分类介绍[21]。

11.6.3.3.3.1 未合金化灰口铸铁、球墨铸铁、可锻铸铁和白口铸铁

未合金化灰口铸铁、球墨铸铁、可锻铸铁和白口铸铁代表了第一类，也是最大的一类。所有这些材料都含碳和不超过3%的硅，且没有人为添加镍、铬、铜或钼。总体而言，这类铸铁材料是铸铁中腐蚀速率最大的一类，其耐蚀性与未合金化碳钢相当或者略好一点。这类铸铁材料有多种不同结构和合金形式。

11.6.3.3.3.2 低中合金化铸铁

低中合金化铸铁是第二大类。这类铸铁含有未合金化铸铁中的铁和硅，加上含量可达百分之几的镍、铬或钼。总体而言，这些材料的服役寿命是未合金化铸铁的两到三倍。

11.6.3.3.3.3 高镍奥氏体铸铁

高镍奥氏体铸铁有高含量的镍和铜，耐酸腐蚀性相当好。当镍超过18%后，奥氏体铸铁几乎不受碱或苛性碱的影响，尽管有可能发生应力腐蚀开裂。高镍铸铁可以通过球墨化处理制备球墨铸铁。

11.6.3.3.3.4 高铬铸铁

高铬铸铁大体上就是用12%～30%铬合金化的白口铸铁，但其中可能同时加入其他合金化元素，用以改善铸铁在特殊环境中的耐蚀性。当铬含量超过20%时，高铬铸铁显示出良好的耐氧化性酸的性能。它们可用在盐溶液、有机酸、海洋和工业大气环境中。这些材料展现出优异的耐磨性，与适当的合金化添加剂配合使用，还能抵抗磨料和流体混合的磨损腐蚀，包括某些稀酸溶液。

11.6.3.3.3.5 高硅铸铁

高硅铸铁的主要合金元素硅含量在12%～18%。当硅含量超过14.2%时，高硅铸铁显示出优异的耐蚀性。硅也可与铬和钼结合使用，用来开发耐特殊环境腐蚀的铸铁材料。高硅铸铁是目前最常用的价格适中的耐蚀材料。当硅含量超过14.2%时，高硅铸铁对大多数无机酸和有机酸皆具有优异的耐蚀性能。此外，这些材料在氧化性和还原性环境中也具有良好的耐蚀性，浓度或温度没有明显影响。但是高硅铸铁不耐氢氟酸（HF）、氟盐、亚硫酸（H_2SO_3）、亚硫酸盐、强碱以及交替酸碱环境。

高硅铸铁的耐蚀性主要源于金属表面形成的一层硅的水合氧化物钝化膜。由于铁从金属

基体中溶解，表面留下硅与水分发生水合，随着时间的增长，表面就逐渐形成了这种钝化膜。钝化膜中任何缺陷都将降低其保护效果。

水合氧化硅钝化膜桥接在铸铁表面，形成一层非渗透的阻挡膜层，而且这层膜在晶粒细小、球状石墨的高硅铸铁表面形成，要比在含粗大石墨片的铸铁表面容易得多。因此，在晶粒粗大、石墨片结构的高硅铸铁表面钝化膜中存在结构缺陷和瑕疵的可能性要大得多。钝化膜中缺陷处就是膜发生破裂的部位。腐蚀介质向膜下渗透，由于石墨片处电阻比水合氧化硅膜低等原因，因此缺陷处局部区域电流优先通过，优先腐蚀。

冷铸高硅铸铁的晶粒细小、石墨呈球状、成分更均匀，因此可以预期其耐蚀性比砂铸高硅铸铁更好。合金中石墨存在形态影响材料的机械性能。片状石墨起到了应力集中器的作用，但球状石墨没有。灰口铸铁和球磨铸铁的差异就是这种作用的典型实例。

一个简单的高硅铸铁，如杜里龙（Duriron），可能其中仅含有约 14.5%硅和 0.95%碳。但是为了获得耐蚀性和机械强度的最佳组合，这种铸铁成分必须严格控制在一个小范围之内。杜里科洛尔 51（Durichlor 51）具有优异的耐盐酸、氯化物、漂白剂、含氯化合物腐蚀性能以及耐点蚀性能，现已替代了先前的含钼合金杜里科洛尔（Durichlor）。杜里科洛尔 51 中含有铬以及一定量钼，可以改善其耐氧化性介质的性能。例如：在含三氯化铁或氯化铜的盐酸中，杜里科洛尔 51 的腐蚀会受到抑制，并非像大多数金属和合金中那样发生严重的选择性腐蚀。

图 11.25　用于外加电流阴极保护系统的高硅铸铁阳极。左边是新阳极，右边是消耗殆尽的阳极（由美国西海岸防腐有限公司 Rookes 主任供图）

杜里龙和杜里科洛尔 51 的拉伸强度都在 138MPa 左右，洛氏硬度皆为 C53。二者的相对密度皆为 7.0。两种合金都很脆，仅能通过研磨机械加工。这两种合金焊接都非常困难，但是在采用适当防范措施时，管道等简单形状制品可以进行焊接，不过，焊接复杂形状工件不切实际。

高硅铸铁仅能通过铸造的方式来制备排水管道、泵、阀门和其他工艺设备。此外，它们还广泛用作外加电流阴极保护系统的辅助阳极（图 11.25）。

11.6.4　铜及其合金

与铅、镍、银及锌等元素一样，铜也是天然存在于自然界中。无论作为纯金属还是作为合金化元素，铜的工业应用都非常广泛。铜工业包括两部分：生产商（采矿、熔炼以及精炼公司）和加工商（线材加工厂、黄铜加工厂、铸造厂、粉末加工厂）。铜生产商提供的最终产品中，最重要的就是精炼电解铜和线材，几乎全部出售给铜加工商。铜加工商提供的最终产品，一般可分为轧制和铸造产品，主要包括电线电缆、薄板、条带、平板、棒、块、丝、管、锻件、挤压制品、铸件、粉末冶金成形件等。这些产品被出售给广大工业用户。

采矿公司必须从露天矿中去除大量低品位的矿石原料覆盖层，才能提取出地壳中的铜。提取 1t 铜大约需清除 2t 的覆盖层。其提炼过程通常可分为下面几个步骤。第一步是获取精矿石，即将铜矿砂捣碎、研磨以及浓缩，然后一般再通过浮选，这样就可获得含铜约 25%的精矿石。第二步就是将精矿石还原为金属态，最常用的方法是采用高温冶金工艺（火法冶金法）。该精矿石通过氧/闪速熔炼，得到含铜最高可达 60%的硫化铜-硫化铁冰铜。排放气体中所含的二氧化硫可以用来制备硫酸，这是熔炼铜的一个重要副产品。然后，将冰铜在转炉中氧化，将其中硫化铁转变为氧化铁，并从炉渣中分离，然后，再将硫化铜还原为含铜 98.5%以上的粗铜。接着，火法冶炼除去粗铜中大部分氧和其他杂质，得到纯度为 99.5%的铜产品，并铸造成阳极铜。最后一步就是电解精炼。经过电解精炼后，大多数阳极铜通常可达到 99.95%以上纯度。

表 11.10 简要描述了铜及其合金的优缺点。铜基合金一般根据某种主要合金元素来分类。黄铜和青铜是铜合金的两个主要类别。黄铜实际上是铜锌合金，其中还可能加入其他元素。真正的青铜是指铜锡合金。

表 11.10　铜及其合金的优缺点

优点	缺点
• 高电导率，优于其他所有金属，除了银（以单位体积计）和铝（以单位质量计）	• 相对于其他常见金属，价格较高
• 高热导率	• 少量其他元素降低了热导率
• 优异的延展性，容易加工	• 铜及其合金的铸造温度高
• 铜基合金类型多，其中大多数退火态合金具有良好的延展性和可锻性，特别适合管材成形、热成形、纺丝、深拔等	• 高温性能不佳，限制了其应用
• 通过合金化可以提高铜的强度、抗蠕变性能、疲劳性能等机械性能（但导电性受损）	• 当温度超过 700℃需防范铜与氧的“气体”反应
• 在饮用水、大气和海洋环境中具有良好的耐蚀性，通过合金化处理可以进一步提高	• 有毒性，因此禁止在与食品接触场合使用（如食品加工设备）
• 铜及铜盐具有杀菌性能	• 有些铜合金容易发生应力腐蚀以及其他形式腐蚀（如黄铜脱锌）
• 具有很多特殊性能，如高的阻尼性能	
• 低温下保持良好的机械和电性能	
• 适当工艺条件下，焊接性好	
• 除了某些铜镍合金之外，没有磁性	

统一数字编号系统（UNS）是美国公认的合金命名系统，适用于锻造和铸造的铜及铜合金[23]。美国铜和黄铜业界提出的三位数字编号系统，目前已由三位数字扩展为前缀字母 C 后接 5 位数字，成为金属和合金统一数字编号系统的一部分。而统一数字编号系统命名只是在先前命名方法基础上做了简单的扩展。例如：在原三位数字系统中为编号 377 的铜合金（可锻黄铜），在统一数字编号系统中现标识为 C37700。统一数字编号系统受美国材料试验协会（ASTM）和汽车工程师协会（SAE）联合监督管理。

铜合金命名系统由铜业发展协会（CDA）直接管辖。其中新牌号是指已进入商业应用的新的铜和铜合金，而当该合金停止商业应用后，该牌号就会停止使用。每个标准牌号的合金，都规定了相应的成分范围，但这并不排除可能存在其他未提及的元素。但是，通常铜合金的成分分析仅针对成分列表中所列出的微量元素，另外加铜或锌或者除某种主要元素外的所有其他主要元素。未被分析的主要元素由所有这些分析的元素含量之和与100%之间差值来决定。如果一个铜或铜合金满足下面三个标准，就会被命名为一个新牌号：

（1）公开了完整的化学成分；

（2）已商用或建议商用的铜或铜合金；

（3）成分不在列表中所有牌号的成分范围之内。

在命名系统中，锻造合金编号是从C10000到C79999。铸造铜合金是从编号C80000至C99999。这两大类合金，依据成分可分为下列几种铜和铜合金。更详细的合金系列介绍见表11.11和表11.12，分别对应锻造合金和铸造合金[24]。其中某些相关合金的商品名称见表11.13。

（1）铜（紫铜）：指铜含量为99.3%或更高的纯铜。

（2）黄铜：锌作为主要合金元素，可能还含其他指定合金元素（如铁、铝、镍和硅）。锻造合金包含黄铜的三个主要系列。铸造合金包括黄铜的五个系列。用于制造铸件的重熔铸锭，其成分可能与所标识的范围略有差异。

（3）青铜：广义而言，青铜是指主要合金元素不是锌或镍的铜合金。其实最初，青铜是指锡是唯一或主要合金元素的铜合金。现在，这个术语通常与改性的附加词连用。毋庸置疑，青铜是最通用的耐蚀耐磨材料之一，有多种类型及不同成分的合金可供选择，以满足不同的性能要求。

（4）铜镍合金：以镍作为主要合金元素的合金，亦有可能含有其他元素。如：锌和镍作为主要和第二合金元素的合金，通常称为“镍银（镍黄铜）”。

（5）铅铜：这些合金主要是含铅20%或更多的铸铜合金系列，有时可能含有少量银，但没有锡或锌。

（6）特殊合金：合金化学成分不在上述任何一种合金范围之内的合金统称为“特殊合金”。

表11.11　锻造铜合金的通用分类

合金	UNS编号	成分
铜		
纯铜(紫铜)	C10100～C15760	>99%Cu
高铜合金	C16200～C19600	>96%Cu
黄铜		
黄铜	C20500～C28580	Cu-Zn
铅黄铜	C31200～C38590	Cu-Zn-Pb
锡黄铜	C40400～C49080	Cu-Zn-Sn-Pb
青铜		
磷青铜	C50100～C52400	Cu-Sn-P
铅磷青铜	C53200～C54800	Cu-Sn-Pb-P
铜磷合金和铜银磷合金	C55180～C55284	Cu-P-Ag
铝青铜	C60600～C64400	Cu-Al-Ni-Fe-Si-Sn
硅青铜	C64700～C66100	Cu-Si-Sn

续表

合金	UNS编号	成分
其他		
其他铜锌合金	C66400～C69900	
铜镍合金	C70000～C72950	Cu-Ni-Fe
镍银(镍黄铜)	C73200～C79900	Cu-Ni-Zn

表 11.12　铸铜合金的通用分类

合金	UNS编号	成分
铜		
纯铜(紫铜)	C80100～C81100	>99%Cu
高铜合金	C81300～C82800	>94%Cu
黄铜和青铜		
红黄铜和铅红黄铜	C83300～C85800	Cu-Zn-Sn-Pb(75%～89% Cu)
黄黄铜和铅黄黄铜	C85200～C85800	Cu-Zn-Sn-Pb(57%～74% Cu)
锰青铜和铅锰青铜	C86100～C86800	Cu-Zn-Mn-Fe-Pb
硅青铜和硅黄铜	C87300～C87900	Cu-Zn-Si
锡青铜和铅锡青铜	C90200～C94500	Cu-Sn-Zn-Pb
镍锡青铜	C94700～C94900	Cu-Ni-Sn-Zn-Pb
铝青铜	C95200～C95810	Cu-Al-Fe-Ni
其他		
铜镍	C96200～C96800	Cu-Ni-Fe
镍银(镍黄铜)	C97300～C97800	Cu-Ni-Zn-Pb-Sn
铅铜	C98200～C98800	Cu-Pb
其他合金	C99300～C99750	

表 11.13　一些常用铜合金的商品名

合金	商品名
纯铜(紫铜)	
C10100	无氧电子铜(OFE)
C10200	无氧铜(OF)
C10300	超低磷高导电无氧铜(OFXLP)
C10400	含银无氧铜(OFS)
C10500	含银无氧铜(OFS)
C10700	含银无氧铜(OFS)
C10800	低磷无氧铜(OFLP)
C11000	电解韧铜(ETP)
C11010	重熔高导电铜(RHC)
C11020	火法精炼高导电铜(FRHC)
C11030	化学精炼韧铜(CRTP)
C11100	耐退火电解韧铜
C11300	含银韧铜(STP)
C11400	含银韧铜(STP)
C11500	含银韧铜(STP)
C11600	含银韧铜(STP)
C12200	高磷脱氧铜(DHP)
C12900	含银火法精炼韧铜(FRSTP)
C14200	含砷磷脱氧铜(DPA)

续表

合金	商品名
C14300	脱氧镉铜
C14500	碲铜-轴承
C14510	碲铜-轴承
C14520	含碲磷脱氧铜(DPTE)
C14700	硫铜
C15000	锆铜
高铜	
C16200	镉铜
C17000	铍铜
C17200	铍铜
C17500	铍铜
C18200	铬铜
C18400	铬铜
黄铜	
Copper	先前的商标名
C21000	镀金黄铜(光亮黄铜),95%
C22000	商用青铜,90%
C22600	珠宝青铜,87.5%
C23000	红黄铜,85%
C24000	低黄铜,80%
C26000	弹壳黄铜,70%
C26800	黄黄铜,66%
C27000	黄黄铜,65%
C27400	黄黄铜,63%
C28000	蒙次黄铜,60%
C31400	含铅商用青铜
C31600	含铅商用青铜(含镍-轴承)
C32000	含铅红黄铜
C33000	低铅黄铜(管)
C33200	高铅黄铜(管)
C33500	低铅黄铜
C34000	中铅黄铜,64.5%
C34200	高铅黄铜,64.5%
C35000	中铅黄铜,62%
C35300	高铅黄铜,62%
C35600	超高铅黄铜
C36000	易切削黄铜
C36500	含铅蒙次黄铜,无限制
C37000	易切削蒙次黄铜
C37700	锻造黄铜
C38500	建筑青铜
C44300	含砷海军锡黄铜
C44400	含锑海军锡黄铜
C44500	含磷海军锡黄铜

续表

合金	商品名
C46200	海军黄铜,63.5%
C46400	海军黄铜,无限制
C46500	含砷海军黄铜
C47000	海军黄铜焊接和钎焊条
C48200	中铅海军黄铜
C48500	高铅海军黄铜
青铜	
C50500	磷青铜,1.25% E(含锡 1.25%)
C51000	磷青铜,5% A(含锡 5%)
C51800	磷青铜
C52100	磷青铜,8% C(含锡 8%)
C52400	磷青铜,10% D(含锡 10%)
C53400	磷青铜 B-1
C54400	磷青铜 B-2
C65100	低硅青铜 B
C65500	高硅青铜 A
C66700	锰黄铜
C67000	锰青铜 B
C67500	锰青铜 A
C68000	低烟青铜(镍)
C68100	低烟青铜
C68700	含砷铝黄铜
C69400	硅红黄铜
铜镍合金	
C70400	铜镍合金,5%(含镍 5%)
C70500	铜镍合金,7%(含镍 7%)
C70600	铜镍合金,10%(含镍 10%)
C70800	铜镍合金,11%(含镍 11%)
C71000	铜镍合金,20%(含镍 20%)
C71500	铜镍合金,30%(含镍 30%)
镍银(镍黄铜)	
C74500	镍银,65-10(含锌 10%、含镍 25%)
C75200	镍银,65-18(含锌 18%、含镍 17%)
C75400	镍银,65-15(含锌 15%、含镍 20%)
C75700	镍银,65-12(含锌 12%、含镍 23%)
C76700	镍银,56.5-15(含锌 15%、含镍 28.5%)
C77000	镍银,55-18(含锌 18%、含镍 27%)

11.6.4.1 焊接性

就可焊接性而言，铜合金所涉及的焊接特性范围比较宽。由于铜的热导率高，在焊接时通常都需要焊前充分预热，以抵消其非常高的热沉。不过，有些与低碳钢热导率相近的铜合金，如铜镍合金，通常无需预热就可以熔焊。

11.6.4.1.1　紫铜

紫铜（韧铜、纯铜）含有少量细条状的铜的氧化物（以 Cu_2O 计，含氧<0.1%），这种氧化物并不损害锻件的机械性能而且还具有高的导电性。当然，无氧铜或磷脱氧铜更容易焊接。首选焊接工艺是钨极惰性气体保护焊（TIG）和金属极惰性气体保护焊（MIG），但氧乙炔焊和手工金属电弧焊（MMA）也可用于紫铜（韧铜）零件的修理。为抵消高热导率的影响，可用弧电压更高的氦和氮基气体替代氩气[25]。

11.6.4.1.2　高铜合金

添加少量硫或碲，可以改善铜的机械加工性能。但是通常认为这些含硫或含碲的铜合金不能焊接。添加少量铬、锆或铍，可制备得到沉淀硬化铜合金，经过热处理后具有优异的机械性能。但是，铬铜和铍铜合金，如果不进行焊前热处理，可能发生焊接热影响区（HAZ）开裂。此外，在焊接铍铜合金时，操作一定要小心，以免吸入焊接烟尘。

11.6.4.1.3　黄铜和镍银（镍黄铜）

依据黄铜的可焊接性，我们可简单将其分为两类，即低锌（最多 20%锌）和高锌（30%～40%锌）黄铜。镍银是指为提高强度，加入 20%～45%的锌和镍的铜合金。这些合金在熔焊时的一个主要问题是锌的蒸发会产生氧化锌白色烟气，造成焊缝金属产生气孔。一般认为，只有低锌黄铜，适合采用钨极惰性气体保护焊（TIG）和金属极惰性气体保护焊（MIG）工艺进行熔焊。

钨极惰性气体保护焊（TIG）和金属极惰性气体保护焊（MIG）工艺中，所使用的保护气体都是氩气或氩气-氦气混合气而不是氮气。由于低锌黄铜（<20%Zn）的热导率高，为避免熔合缺陷，通常需进行焊前预热处理。而对于锌含量较高的合金，尽管并非必须进行焊前预热，但是通过预热可以降低焊后的冷却速率，降低开裂风险。此外，焊后热处理也有助于降低高约束区的应力腐蚀开裂（SCC）风险。

11.6.4.1.4　青铜

锡青铜中锡含量在 1%～10%。磷青铜中磷含量可高达 0.4%。炮铜实际上是含锌量最高可达 5%的锡青铜，其中还可能添加高达 5%的铅。硅青铜通常含 3%的硅和 1%的锰，可能是最容易焊接的青铜。

一般认为，除了磷青铜和含铅炮铜之外，其他青铜都可焊接，并且通常都采用成分配套的焊料进行焊接。对于磷青铜，不推荐使用自熔焊接（气焊）工艺，因为这样很容易产生气孔，但是使用脱氧剂含量较高的焊丝可以降低这种风险。一般认为，炮铜不可焊接，因为存在焊缝金属和热影响区（HAZ）热开裂问题[25]。

铝青铜大体上分为两类：一种是单相合金，含 5%～10%铝及少量铁或镍；另一种是更复杂的双相合金，含铝量最高可达 12%，其中有些特殊合金还含约 5%铁及少量镍、锰和硅。对于这类合金，气体保护焊工艺是首选。在钨极惰性气体保护焊（TIG）焊接中，由于合金可能形成附着牢固的难熔氧化膜，因此需要采取气体保护下的交流（氩气）或直流（氦气）焊接方法。因为铝青铜的热导率低，除了厚截面零件的焊接之外，正常情况下铝青铜不需要进行预热处理。

为避免产生多孔，材料表面必须进行严格清洗，包括每次焊接前后。单相合金容易发生焊缝金属开裂，在高约束状态下，还可能发生热影响区（HAZ）开裂。通常，为保持合金的高耐蚀性，焊料必须选用配套金属焊料，但使用不匹配的双相焊料可以降低开裂风险。双相合金更容易焊接。应严格控制预热和焊层间温度，预防这两种类型的开裂。表 11.14 简要介绍了其中部分青铜合金的应用[26]。

表 11.14　主要青铜轴承材料的性能及其应用

锰青铜：C86300、C86400
这几种锰青铜是蒙次黄铜(60%铜、40%锌的黄铜)的改良，其中添加少量锰、铁和铝，以及为改善润滑性、防卡死性和可嵌入性而加入铅。与铝青铜类似，锰青铜兼具高强度和优异耐蚀性。锰青铜轴承可在高速重载荷场合使用，但要求轴的硬度高且运行工况下无磨损
锡青铜：C90300、C90500、C90700
这类青铜中，锡的主要作用是提高合金强度。(锌也可以提高强度，但锌含量大于约 4%后，会降低轴承合金的抗摩擦性能。)锡青铜有很高的强度和硬度，且韧性非常好。这类青铜合金由于具有上述综合性能，因而具有很高的承载能力、良好的耐磨性以及抗冲击性。此外，这类青铜合金还以耐海水和卤水腐蚀而著称。 由于锡青铜具有很高的硬度，它们难以适应那些有偏心或表面粗糙的轴。同时，这种轴承材料难以容纳灰尘颗粒，不能让杂质粒子嵌入，因此必须在干净可靠的润滑系统中工作。此外，它们还要求轴的布氏硬度在 300～400BHN。如果采用油润滑，锡青铜也比其他青铜运行效果好。此外，它们还可以很好地适应边界油膜润滑工况，因为它们可以与少量润滑油形成极性化合物。不同锡青铜在机械性能方面差异不大。有些锡青铜含锌，用锌作为增强剂，部分代替较贵的锡
铅锡青铜：C92200、C92300、C92700
有些锡青铜含有少量铅。在这类合金中，铅的主要作用是改善机加工性能。由于铅含量较低，不会明显影响合金的承载能力。此外，有些铅锡青铜中还含有锌，其中锌可以提高强度，且价格比锡低。此系列铅锡青铜在其他方面的性能和应用场合与锡青铜的类似
高铅锡青铜：C93200、C93400、C93500、C93700、C93800、C94300
高铅锡青铜系列包括重负荷的轴承青铜合金。合金 C93200 的应用范围较广，比所有其他轴承材料更常用。合金 C93200 及其他高铅锡青铜可在中等载荷和速率的通用场合下使用，这也是大多数轴承使用条件。高铅锡青铜具有优异的减摩和机械加工性能，但其强度和硬度略低于锡青铜。 合金 C93200 结合利用锡和锌，经济有效地提高了合金强度，而 C93700 仅仅是利用锡来达到同一强度水平。C93700 合金除了强度高，还因具有优异的耐弱酸性矿井水、矿泉水、造纸厂亚硫酸盐蒸发液等介质腐蚀而闻名。在高速、高负荷及冲击振动工况下，C93700 合金仍具有很好的耐磨性。此外，合金 C93700 铸造性能也比较好，在需制备大型或复杂轴承时，可以考虑使用。此外，合金 C93700 含有足量的铅，可以在润滑状态不确定或可能中断的工况条件下使用，但轴必须经过硬化处理。铅的添加赋予合金良好的机械加工性能。含铅 15%和 25%的青铜合金(C93800 和 C94300)，尽管牺牲了一定的高强度性能，但获得了优异的润滑性能。 在所有含铅青铜中，铅都是以分散的微小颗粒形式存在。在合金 C93800 和 C94300 中，铅含量充足，可覆盖轴颈表面，在润滑油缺失的情况下，可预防焊合和卡死。此外，铅也赋予材料优异的机械加工性能。 合金 C93800 和 C94300，由于它们强度相对较低以及延展性略有下降，不应在高载荷或存在冲击的场合下使用。它们的最佳运行工况是中等载荷和高速，尤其是可能润滑失灵的情况。它们的环境适应性很好，可以在受污染工况环境中运行，广泛用于越野、土运和重型工业装备
铝青铜：C95300、C95400、C95500、C95510
铝青铜是最坚固最复杂的铜基轴承合金。此类合金中，铝含量是决定其高强度的最主要因素，此外，含铝的青铜也是唯一可以热处理的轴承青铜。铝青铜的强度很高，其屈服强度可高达 470MPa，拉伸强度高达 820MPa，其单位承载能力比含铅锡青铜高 50%。但是，由于它们的强度高，因此其延展性相当差，不能适应或嵌入凹槽内，进行镶嵌配合。因此，使用这类合金制作的轴承时，需将轴硬化至 550～600 BHN(布氏硬度)。此外，轴和轴承表面都必须非常光滑，都需要抛光至表面粗糙度(RMS)1520μm 之内。 由于这些合金没有通常铅锡青铜轴承材料所具有的防卡死性能，因此使用时，润滑油的清洁度和可靠性也需要特别注意。另外，铝青铜还具有优异的耐蚀性，是船用螺旋桨和泵轮的理想材料。铝青铜还拥有很高的高温强度，是唯一可运行在 260℃以上温度的常规轴承材料

11.6.4.1.5 铜镍合金

铜镍合金含镍量在5%～30%，某些特殊合金中还添加铁和锰。90/10和70/30（Cu/Ni）合金是常见的焊接级合金。这些合金都是单相合金。一般认为，这些合金的焊接都很容易，惰性气体保护焊较常用，而手工金属极电弧焊（MMA）使用较少。焊接一般都使用配套焊料，但70/30（C18）通常被认为是这些合金的通用焊料。由于铜镍合金的热导率与低碳钢相似，因此焊接时也无需预热处理[25]。

这些合金不含脱氧剂，为避免产生气孔，因此不推荐使用自熔气焊。通常，金属焊料中含有0.2%～0.5%钛，可以预防焊缝金属产生气孔。采用钨极惰性气体保护焊（TIG）和金属极惰性气体保护焊（MIG）时，保护气体通常是氩气，但在钨极惰性气体保护焊（TIG）焊接中，如采用氩气-氢气混合气，再加上合适的焊料，可以改善焊缝熔池的流动性，而且焊道更清洁。推荐使用气体逆行（通常是氩气），特别是在管道焊接中，这样可以使焊道下无氧化物。

11.6.4.2 耐蚀性

各种等级的铜材都具有良好的耐大气腐蚀性，因此，铜材广泛用作顶面材料，并在大多数接触水域的场合中使用。铜表面最初会生成一层附着牢固的保护性膜层，即初始氧化物，但随着膜层增厚，用作顶面材料的铜合金表面会形成大家熟知的铜绿，而青铜雕像表面则会变成深棕色。由于铜基本不受饮用水的腐蚀影响，因此家庭和工业用水的输运管道大量采用铜合金材料。在下列粗略分类的各种应用环境中，铜及其合金都显示出优异的耐蚀性[27]：

- 大气环境，如屋顶和其他建筑应用领域；
- 管道系统，对饮用水和土壤皆具有优异的耐蚀性；
- 强制要求耐海水和防污损的海洋环境应用，包括供电线、换热器及五金制品等；
- 暴露在各种有机和无机化学介质中的化工工艺设备。

黄铜是用量最大应用最广的铜合金，因为黄铜价格低廉、制备和加工容易、成本低，且在很多侵蚀性环境中都具有较好的耐蚀性。但是，黄铜一般强度低（相对青铜而言），且不能在某些可能引发脱锌的环境中使用。在这类黄铜合金中，锌加入量在5%～45%。一般而言，黄铜的耐蚀性随着锌含量增加而降低。通常，黄铜可分为锌含量低于15%的低锌黄铜（耐蚀性更好）和锌含量较高的高锌黄铜合金。高锌合金的主要问题是脱锌和应力腐蚀开裂（SCC)。高锌黄铜发生脱锌腐蚀时，多孔无锌层会在局部或表面形成。在大量不同酸性、中性和碱性介质中，高锌黄铜皆有可能发生脱锌腐蚀[28]。

保持锌含量在15%以下，可以避免黄铜脱锌。此外，加入1%的锡，可最大程度降低脱锌风险，如：海军锡黄铜（C44300）和海军黄铜（C46400)。如果黄铜具有单一α-相结构，加入不超过0.1%的砷、锑或磷，可以进一步提高其耐蚀性能。在同时存在氨和水的环境中，高锌黄铜合金容易发生应力腐蚀开裂（SCC)。此时，将锌含量降低至15%以下，也有利于抑制应力腐蚀开裂（SCC)。在满足下面条件的情况下，锌含量不超过15%的黄铜可用来处理很多酸、碱和盐溶液[29]：

（1）最低程度的曝气环境；

（2）不存在硝酸和重铬酸盐等氧化性物质，也不含氨和氰化物等络合剂；

（3）无硫、硫化氢、汞、银盐或乙炔等直接与铜反应的元素或化合物。

11.6.4.2.1 大气环境

在不含氨的工业、海洋和乡村大气环境中，铜和铜合金都具有良好的耐蚀性，但在含氨的大气环境中，锌含量超过20%的黄铜曾发生过应力腐蚀开裂（SCC）。在大气环境中，铜合金表面首先会形成一层附着牢固的保护膜层，即初始氧化物，但随着膜层增厚，铜合金顶面材料表面会形成一层常见的铜绿锈，而青铜雕像表面会变成深棕色。合金C11000［电解韧铜（ETP铜）］应用最为广泛，特别是用作屋顶、遮雨板、水槽以及落水管等。其他用量较大的铜合金有合金C22000（商用青铜）、C23000（红黄铜）、C38500（建筑青铜）和C75200（65-12镍银）。

11.6.4.2.2 水

铜管最大的单一用途就是作为建筑结构中冷热水配送管线，少量用作热力管线、排水管线和消防安全管线。铜合金表面自身可形成一层保护膜，膜层的保护性能与水中矿物质、氧气和二氧化碳含量有关。黄铜在未污染的淡水中耐蚀性能也很好，但在不流动或流动缓慢的含盐水或弱酸性水中，可能发生脱锌腐蚀。铜镍合金、硅青铜和铝青铜都显示出了优异的耐蚀性[27]。

低温水环境中，铜合金的腐蚀产物是略带红色的氧化亚铜（Cu_2O），可能以一层非常薄的彩虹色暗锈薄膜形式存在。如连续暴露在低温含氧水或高温水环境中，铜合金会腐蚀生成黑色氧化铜（CuO）。通常，氧化铜在氧化亚铜表面形成，呈灰黑色粉状外观。铜及其合金的耐蚀性取决于其表面保护性膜层的稳定性，但是这层膜可能会由于酸的溶解作用或水流速影响而遭到破坏，还可能与污染物（痕量硫化氢）发生化学反应。

水中氧含量及氯含量增加，都会增强水的腐蚀性，因此在含高氧和含氯的水中，需要使用耐蚀性更好的铜合金。尽管纯铜和红黄铜在淡水环境（如饮用水）中广泛应用，但在充气的流动冷却水系统中，需要使用耐蚀性更好的黄黄铜（如海军锡黄铜C44300）。在完全无氧的海水环境中，纯铜适用的最高流速约8m/s。但是，在传统换热器中，所选材料至少是砷铝黄铜（C68700）或耐蚀性更好的材料。在海水应用环境中，为满足工艺侧要求，目前已大量使用铁改性90-10铜镍合金（C70600）或70-30铜镍合金相关型号（C71500）代替原用材料。含锡铝青铜（C61300）也可以在严苛的海水环境中使用。

在含二氧化碳、硫化物或氨的水中，铜合金的耐蚀性很差。

充气软水中所含游离的二氧化碳，通常都是由水中有机物分解产生，如水库和某些河流中的水。水库水在进行沉降处理的过程中，可释放大量的二氧化碳。饮用水可能使铜管附件表面腐蚀产生绿斑。

在某些井水、地表水和矿井水中可能含有由于硫酸盐还原菌作用而产生的硫化物。硫化物会影响铜合金表面防护膜层。在含有少量硫化氢（仅仅10～15mg/kg）海水中，即使是90-10镍铜合金，也有可能发生点蚀。在含硫化物的淡水中，黄铜合金的耐蚀性比纯铜更好。

含硫化物和含氮化合物（如氨）的污染海水和苦咸水，对铜合金的腐蚀性非常强。已有报道，含锡超过4%的黄铜对污染水具有良好的耐蚀性。

11.6.4.2.3　土壤

在大多数类型的土壤中，铜皆具有很高的耐蚀性。土壤腐蚀试验研究结果表明：紫铜、脱氧铜、硅青铜和低锌黄铜的耐蚀性基本相似。但是，在含有高浓度硫化物、氯化物或氢离子的煤渣土壤中，这些铜合金材料都会发生腐蚀。在这种受污染的土壤中，含锌量超过22%的黄铜合金会发生脱锌腐蚀。在那些仅含硫化物的土壤中，黄铜腐蚀速率随着合金中锌含量提高而降低，且不发生脱锌腐蚀。在静止地下水中，铜的腐蚀速率随着时间延长而趋于降低，与水中溶解氧量有关。

11.6.4.2.4　蒸汽系统

铜及铜合金可以抵抗纯蒸汽腐蚀，但如果蒸汽中存在二氧化碳、氧气或氨，凝结水对铜合金具有相当强的腐蚀性。现代电厂锅炉给水处理，通常就是添加有机胺除氧和提高水 pH 值，来抑制系统中铁质部件的腐蚀。但是，有机胺之类的化学药剂很容易释放出氨，可能导致某些铜合金发生腐蚀。

11.6.4.2.5　盐

大量锡黄铜、铝青铜和铜镍合金的耐海水性能都优于纯铜，其原因就是合金表面形成的腐蚀产物不溶且兼具耐磨蚀和防污性能。如：C70600 和 C71500 这两种铜合金都显示出了优异的耐海水腐蚀性能。下一节将专门介绍这些合金在海洋环境中的腐蚀行为。通常，在海水环境中，铜基合金之间都具有很好的电偶相容性。尽管铜镍合金相对于不含镍的铜基合金略显阴极性（惰性），但如果不是特别不利的阴/阳极面积比，这种小的腐蚀电位差异一般不会引起严重的电偶腐蚀效应。

铜合金广泛用来制造各种盐溶液的处理设备，包括钠和钾的硝酸盐、硫酸盐及氯化物等。尽管硅酸钠、磷酸钠和碳酸钠等碱性钠盐对铜合金的腐蚀很小，但是碱性氰化物盐具有侵蚀性，对铜合金腐蚀相当快，因为形成了可溶性络合铜离子，如 $Cu(CN)$、$Cu(CN)_2^-$ 和 $Cu(CN)_3^{2-}$。

11.6.4.2.6　污染的冷却水

在污染海水中，铜合金腐蚀加速的主要原因是厌氧环境下硫酸盐还原菌的作用以及长期停工期间海水系统内动植物有机质腐烂产生有机硫化合物的分解。不过，长期以来大家公认，铜合金具有防海洋污损的固有特性，最主要的原因就是铜离子通常对微生物都具有杀生作用。

11.6.4.2.7　酸和碱

铜合金通常可在氧化剂浓度足够低的非氧化性酸中使用，如溶解氧或空气、三价铁离子（Fe^{3+}）、重铬酸根离子（CrO_7^{2-}）等含量足够低。铜和铜合金已成功用于处理磷酸、醋酸、酒石酸、甲酸、草酸、苹果酸及其他有机酸等介质，这些酸对铜的作用与硫酸类似。铜及铜合金可耐碱性溶液的腐蚀，但是那些含有氨水或可以水解产生氨水的化合物或含有氰化物的碱性溶液除外。因为氨水与铜反应形成可溶性铜氨络离子 $Cu(NH_3)_4^{2+}$。

11.6.4.2.8　液态金属脆裂

汞会使铜变脆，铝或锌合金化的铜的脆化程度更严重。无论是在拉伸应力还是疲劳应力作用下，这种脆裂都有可能发生，且受晶粒大小和应变速率影响。锂、钠、铋、镓和铟等其他合金元素对铜的脆化也有影响。

11.6.4.2.9 有机化合物

铜和很多铜合金都可耐很多有机化合物介质的腐蚀，如：有机胺类、烷醇胺、酯类、二醇类、醚类、酮类、醇类、醛类、石脑油、汽油及大多数有机溶剂。铜及铜合金在烷醇胺和有机胺中的腐蚀速率也很低，但是如果这些有机物受到污染，尤其在高温环境下，腐蚀速率会明显增大。

11.6.4.2.10 应力腐蚀开裂

一般认为，氨或可分解释放氨气的有机胺，是黄铜和青铜开裂的活性环境。黄铜中铜含量增加，可提高抗应力腐蚀开裂（SCC）能力。因此，红黄铜（铜含量 85%）通常是比黄黄铜（铜含量约 65%）更耐应力腐蚀开裂（SCC）。

然而，在某些环境条件下，即使是商用纯铜管，也可能发生应力腐蚀开裂（SCC）失效。民宅和街道煤气总管之间连接铜管的应力腐蚀开裂（SCC）失效事件，已有两例见诸报道。由于铜管（无氧铜，含磷 0.033%）都是成卷供应，因此使用时人们需将铜管拉直，而将成卷的材料拉直或一次展开过多而重新打卷，这一过程被认为是造成应力的主要来源。在土壤中，腐蚀性物质可能来源于腐烂的植物。幸运的是，这类设施的失效事件极少发生（如：在超过 50000 台设施中发生失效的仅有四五台）。

在第一次和第二次世界大战期间，人们对弹壳黄铜（C26000）的应力腐蚀开裂（SCC）敏感性问题进行了广泛研究。轻武器弹壳就是由这种合金通过一系列深拉加工而成，其中采用了一系列中间退火处理，以消除其残余应力。尽管处理成本很高，但是为预防由于过度变形造成金属开裂以及降低应力腐蚀开裂（SCC）敏感性，这种退火处理似乎必不可少。

11.6.4.3 铜镍合金在海洋环境中的应用

在海水中，铜镍合金（白铜）具有优异的耐蚀性和防污性能，多年以来一直大量应用在海洋服役环境中。这种合金的研制始于 20 世纪 30 年代，当时是为了满足英国海军对改进冷凝器材料的需求。当时海洋环境中使用的材料是 70-30 黄铜，但已无法充分承受当时主流设计流速条件下海水的侵蚀。为此，人们基于铁和锰含量极易影响 70-30 铜镍合金性能的这一研究结果，通过优化铁和锰合金元素含量，获得了具有最优的耐流速作用、沉积腐蚀和点蚀的铜镍合金。最终筛选结果是含铁 0.6%和锰 1.0%[30]。

自 20 世纪 50 年代开始，90-10 铜镍合金作为商船和海军舰船的冷凝器材料以及海水管道系统材料，已逐渐得到大家公认。在海军舰船中，90-10 铜镍合金是水面舰艇的优选材料，而 70-30 铜镍合金的强度更高，可以承受更高的压力，在潜艇中使用。此类铜镍合金材料还可用作发电站冷凝器以及海上油气开采平台的海水管道材料。此外，这类材料在海水淡化工业中的用量也很大，并且还可作为海洋建筑结构的包层和外壳材料[31]。

在海水服役环境中使用的可锻铜镍合金主要有两种，分别为镍含量 10%和 30%。对比国际上各种不同标准，这两种合金成分范围略有差异，如表 11.15 和表 11.16 所示，分别对应 90-10 和 70-30 铜镍合金。实际上，这些差异对合金整体服役性能影响很小。不过，在两种合金中，铁都是必不可少的重要元素，因为它改善了铜镍合金抵抗流速作用造成的腐蚀即抗冲刷腐蚀的能力[32]。铁的最优含量在 1.5%～2.5%，可能与其固溶度有关。只要合金中铁能以固溶体形式存在，铜镍合金的耐蚀性就会随着铁含量增加而增强。规范规定的铜镍合金成分就是根据这一结果而设定。

表 11.15　不同标准的 90-10 铜镍合金成分对照表（给定范围的除外，其余是指最大值）

合金	ISO(国际标准化组织) CuNi10Fe1Mn	BS(英国标准) CN 102	UNS(美国标准) C70600	DIN(德国标准) CuNi10Fe 2.0872
铜				
最小	余量	余量	余量	余量
最大				
镍				
最小	9.0	10.0	9.0	9.0
最大	11.0	11.0	11.0	11.0
铁				
最小	1.2	1.0	1.0	1.0
最大	2.0	2.0	1.8	1.8
锰				
最小	0.5	0.5	—	0.5
最大	1.0	1.0		1.0
锡				
最小	—	—	—	—
最大	0.02	—	—	—
碳	0.05	0.05	0.05①	0.05
铅	0.03	0.01	0.02①	0.03
磷	—	—	0.02①	—
硫	0.05	0.05	0.02①	0.05
锌	0.5	0.5	0.5①	0.5
其他杂质总量	0.1			0.1
总杂质	—	0.3	—	—

① 需要焊接时。

表 11.16　不同标准的 70-30 铜镍合金成分对照表（给定范围的除外，其余是指最大值）

合金	ISO(国际标准化组织) CuNi30Mn1Fe	BS(英国标准) CN 107	UNS(美国标准) C71500	DIN(德国标准) CuNi30Fe 2.0882
铜				
最小	余量	余量	余量	余量
最大				
镍				
最小	29.0	30.0	29.0	30.0
最大	32.0	32.0	33.0	32.0
铁				
最小	0.4	0.4	0.4	0.4
最大	1.0	1.0	1.0	1.0
锰				
最小	0.5	0.5	—	0.5
最大	1.5	1.5	1.0	1.5
锡				
最小	—	—	—	—
最大	0.02	—	—	—

续表

合金	ISO(国际标准化组织) CuNi30Mn1Fe	BS(英国标准) CN 107	UNS(美国标准) C71500	DIN(德国标准) CuNi30Fe 2.0882
碳	0.06	0.06	0.05①	0.06
铅	0.03	0.01	0.02①	0.03
磷	—	—	0.02①	—
硫	0.06	0.08	0.02①	0.05
锌	0.5	—	0.5①	0.5
其他杂质总量	0.1			0.1
总杂质	—	0.3	—	—

① 需要焊接时。

锰作为熔炼过程中的脱氧剂，在合金中必然存在，但是它对合金耐蚀性的影响不如铁那么明确。此外，铅、硫、碳和磷等元素，尽管对合金的耐蚀性影响极小，但是可能影响热延展性，从而影响焊接性和热加工性能，因此这些杂质元素的含量必须被严格控制。

表 11.17 比较了 90-10 和 70-30 两种铜镍合金的物理机械性能。换热器和冷凝器用材料中，人们最关心的是导热性和膨胀性能。尽管两种合金热导率都很好，但是相比之下，90-10 铜镍合金热导率更高。这也是人们更多选用 90-10 铜镍合金作为换热器和冷凝器用材料的部分原因，因为此时高强度已不是最重要的因素[31]。70-30 铜镍合金基本没有磁性，磁导率非常接近 1。铁含量较高的 90-10 铜镍合金，如果在加工过程中，铁仍能保留在固溶体中，则无磁性。扫雷舰用的 90-10 铜镍合金管，最终退火后空冷，充分抑制了沉淀析出，因此此时合金的磁导率也很低。

此外，这两种铜镍合金都有良好的机械强度和延展性，但是，镍含量较高的 70-30 合金，其自身强度更高。这两种铜镍合金都是单相固溶体合金，都不能通过热处理进行硬化，但是可加工硬化。退火态 90-10 铜镍合金管的弹性极限应力在 100～160MPa，而冷拔态的通常可达到 345～485MPa。

表 11.17 90-10（C70600）和 70-30（C71500）铜镍合金的物理机械性能

性能	90-10 铜镍合金	70-30 铜镍合金
密度/(g/cm^3)	8.9	8.95
比热容/[J/(kg·K)]	377	377
熔点/℃	1100～1145	1170～1240
热导率/[W/(m·K)]	50	29
线膨胀系数		
−180～10℃/$10^{-6}K^{-1}$	13	12
10～300℃/$10^{-6}K^{-1}$	17	16
电阻率/(mΩ·cm)	19	34
电阻率系数/10^{-6}	70	50
弹性模量/GPa		
退火后	135	152
冷加工 50%	127	143

续表

性能	90-10 铜镍合金	70-30 铜镍合金
刚性模量/GPa		
退火后	50	56
冷加工	47	53
屈服强度(0.2%)/MPa	140	170
拉伸强度/MPa	320	420
伸长率/%	40	42

11.6.4.3.1 腐蚀行为

在海水中，90-10 和 70-30 铜镍合金的均匀腐蚀速率都很小，年均腐蚀深度在 2.5～25μm。就大多数应用场合而言，如此低的腐蚀速率，完全可以满足寿命要求，而且本身这种均匀腐蚀机制导致过早失效的可能性就很小[31]。

11.6.4.3.1.1 点蚀

尽管铜镍合金表面有一层钝化膜，但它们仍具有高的防生物损污性能，并由此减少了可能发生腐蚀的潜在活性位点数目，这也是它们优于其他合金之处。在静止海水中，铜镍合金还具有内在固有的高耐点蚀和缝隙腐蚀性能。其点蚀渗透速率，保守估计应在每年 127μm 以下。对 70-30 铜镍合金历时十六年的试验结果显示：20 个最深蚀孔的平均深度不到 127μm[31]。此外，铜镍合金发生点蚀时，蚀孔往往浅而宽，而不是某些其他类型合金中可能出现的底切型蚀坑。

11.6.4.3.1.2 应力腐蚀开裂

90-10 和 70-30 铜镍合金皆可耐氯化物和硫化物应力腐蚀开裂（SCC）。而有些铜基合金如铝黄铜，在含氨水的环境中可能发生应力腐蚀开裂。事实上，也正因如此，铝黄铜等铜基合金在电厂冷凝器除气段的应用受到一定限制。但是，铜镍合金可以耐应力腐蚀开裂（SCC)，因此在除气段，常用铜镍合金。

11.6.4.3.1.3 脱镍

在精炼厂塔顶冷凝器中，碳氢化合物凝结温度在 150℃以上，此处 70-30 铜镍合金偶尔会发生脱镍（即合金基体中镍选择性溶出）。这似乎是由于局部“热点”引起的热偶效应所致。解决办法就是通过更频繁的清洗或提高流速，以清除能造成“热点”的沉积物。最近在现代战舰的换热器上，人们也发现了脱镍问题，其中有些 70-30 铜镍合金管由于脱镍引起了严重的“热点”腐蚀。为防止再次发生这种问题，建议采取相应措施保持海水连续流动，并安装牺牲阳极[33]。

11.6.4.3.1.4 电偶效应

一般而言，在海水环境中，铜基合金彼此之间具有良好的电偶兼容性。铜镍合金相对于无镍铜基合金略显阴极性（惰性），但是如果不是阳极/阴极面积比特别不利，这种小的电位差异通常也不会引起合金间严重的电偶效应。表 11.18 显示了 C70600 和 C71500 铜镍合金与其他材料形成电偶对时，各电偶对合金的腐蚀速率。这些数据表明：铜镍合金与较贱（活性较高）的碳钢形成电偶对时，增大了碳钢的腐蚀；当铜镍合金与更贵（惰性）的钛合金耦接形成电偶对时，铜镍合金的腐蚀会增大；铜镍合金与铝青铜通常电偶兼容。不过应当注意的是，碳钢等较贱材料与铜镍合金耦接时，可以为铜镍合金提供阴极保护作用，有效降低铜镍合金的腐蚀速率，但是也抑制了合金固有的抗生物污损能力[34]。

C70600 铜镍合金相对于 C71500 铜镍合金略显阳极活性，我们可以利用这一优点。例如：C70600 铜镍合金可作为油冷却器 C71500 铜镍合金基材的金属包层。紊流海水造成的 C70600 任何局部穿透，如磨损腐蚀，在 C70600 阳极包层材料被消耗掉之前，都不会影响到底层 C71500 铜镍合金。一个全 C70600 铜镍合金的板式冷却器的连续使用寿命约为 6 个月，使用这种金属包层结构可延长至 5 年以上。

表 11.18　C70600 和 C71500 铜镍合金与其他材料构成的电偶对在流速 0.6m/s 的海水中的腐蚀数据（暴露时间 1 年，偶对等面积）

项目	腐蚀速率/(μm/a)	项目	腐蚀速率/(μm/a)
未偶接		碳钢	787
C70600	31	C70600	208
C71500	20	钛	2
铝青铜(C61400)	43	C71500	18
碳钢	330	铝青铜(C61400)	64
钛	2	C71500	3
偶接后		碳钢	711
C70600	25	C71500	107
铝青铜(C61400)	43	钛	2
C70600	3		

表 11.19 是 C70600 铜镍合金与几种铸造铜基合金和铁基合金构成的电偶对的短期电偶试验结果。等面积 C70600 铜镍合金对耦接的铸造 70-30 铜镍合金的腐蚀速率并无影响，但会使耦接的其他铸造铜基合金的腐蚀速率有一定增大。另外，C70600 铜镍合金与铸造不锈钢耦接时，C70600 铜镍合金的腐蚀速率会增大，而铸造不锈钢的腐蚀速率降低。与等面积 C70600 铜镍合金耦接时，灰口铸铁的电偶效应最大，含镍耐蚀合金的腐蚀速率名义上会增大一倍。

换热器管和管板接触亦有可能引起电偶腐蚀，尤其在选材时没有充分考虑时。蒙次黄铜（C63500）或铝青铜管板与钛或不锈钢管（尤其是更换管件）组合使用，是近年来出现的一个关键材料组合问题。这种组合会造成铜合金管板的严重电偶腐蚀问题，而且研究结果显示有效阴极面积比设想的面积大很多倍，其阴阳极面积比接近 1000∶1。因此，对于与钛或不锈钢连接的铜合金管板，需谨慎设计阴极保护系统来进行保护[34]。

表 11.19　C70600 铜镍合金与铸造合金电偶对在海水中的电偶腐蚀数据①

合金	电偶效应	
	C70600	其他合金
C70600	1	—
铸造 90-10 铜镍合金	0.8	1.6
铸造 70-30 铜镍合金	0.9	1.0
85-5-5-5(C83600)	0.9	1.5
蒙次黄铜(C92200)	0.7	1.8
CN7M 不锈钢	1.5	0.6
CF8M 不锈钢	1.2	0.1
灰口铸铁	0.1	6.0

续表

合金	电偶效应	
	C70600	其他合金
含镍耐蚀合金Ⅰ型	0.4	2.1
含镍耐蚀合金Ⅱ型	0.3	2.6
含镍耐蚀合金 D2 型	0.3	2.0

① 海水流速 1.8m/s，海水温度 10℃，暴露时间 32 天，等面积电偶对，偶对质量损失比。

11.6.4.3.1.5　微生物污损

铜合金具有良好的防生物污损性，但是并非完全不受微生物污损影响。研究发现：在换热器和冷凝器管中，都存在生物污损问题。但是研究也表明：铜合金清洗的间隔时间为 90～100 天，而其他合金冷凝管清洗间隔时间需在 10 天之内[35]。海水服役环境中的铜镍合金换热器，无需加氯消毒，仅需每间隔 3～4 个月机械清洗一次，就能使铜镍合金表面持续保持有效的防生物污损性。很显然，这一特点非常有益，这也是无论在何种情况下使用盐水冷却时，铜镍合金始终都是作为可选用的管材的原因之一。

因为冷凝器是发电厂、加工厂以及运行船舶上排热系统的心脏，其可靠性和效率将直接影响到整个系统的性能。管道内表面积累和生长的沉积物和膜层，会影响热交换能力，进而影响到蒸汽凝结能力。其实，换热器就是一个引导两股流体流动按一定路径流动的设备，即让两股流体各自始终保持物理分离状态下流动，而通过导热壁进行热接触交换。为了提高换热效率，换热管壁厚都会相对较薄，因此薄壁换热管就成为冷凝器及其他换热器的关键部件，即使有时运行工况非常苛刻，也必须能保持长时间良好运行状态[36]。

11.6.4.3.2　保护膜的形成

铜镍合金在海水环境中具有良好的耐蚀性，主要就是因为合金表面形成了一层保护性膜层。自然快速形成的表面膜，改变了合金最初暴露在海水中的状态。在清洁海水中，合金表面膜主要由氧化亚铜组成，镍和铁的加入增强了其保护性能。通常，膜中还含有羟基氯化亚铜和氧化铜[35]。

多年来腐蚀速率测量结果表明：铜镍合金表面膜的保护性随着时间延长而逐渐增强。研究结果显示：在静止海水中，历经 4 年之后，铜镍合金的腐蚀速率才几乎不再降低。而在流动海水中，90-10 和 70-30 两种铜镍合金类似，其腐蚀速率持续降低至少 14 年以上。通常，铜镍合金表面的腐蚀产物膜很薄，附着力好且耐久性强。铜镍合金表面膜层一旦完全形成并经过适度发展之后，那么这层薄膜将可以承受大幅度波动的环境条件下的侵蚀，比如水流速度、污染及其他不利条件。在低 pH 值的除气海水中，铜镍合金仍能保持良好的耐蚀性，在许多蒸馏式海水淡化装置中的实际应用已证实了这一点[34]。

11.6.4.3.3　流速的影响

在静止、干净和充气海水中，铜镍合金具有的优异性能，不仅均匀腐蚀速率低，而且耐点蚀和缝隙腐蚀能力很强。随着海水流速增大，由于铜镍合金表面存在优异保护性膜层，腐蚀速率仍然很低。但是，一旦流速过大使膜层受损，那么膜层下金属就会裸露出来，迅速发生磨损腐蚀（冲刷腐蚀）。导致发生冲刷腐蚀的海水流速，常称为破裂速度，不同铜基合金的破裂速度不同。

90-10 铜镍合金比铝黄铜耐冲刷性能好，而铝黄铜优于紫铜[37]。70-30 铜镍合金的耐冲刷腐蚀性优于 90-10 合金。当然，这种表述并不全面，因为腐蚀速率不仅与海水流速有关，而且还与管道直径有关。表 11.20 比较了在两个独立实验室分别进行的冷凝管合金材料的喷射冲刷试验结果。一般经验表明：90-10 铜镍合金可以成功应用在水流速不超过 2.5m/s 的冷凝器和换热器中。采用大口径管道的管道系统，可在更高海水流速下安全运行，正如操作规范中所标注。对于管径 100mm 或更大的 70-30 铜镍合金管道，最大设计流速是 4m/s[34]。

尽管有关流速影响的研究报道很多，但是很少有人关注低流速下所发生的非常严重损伤作用。多起 C70600 管失效事件分析结果显示：失效管道的初始设计流速都低于 1m/s。在这种低流速状态下，即使是非常轻的淤泥和沉积物也有充足时间在管中沉积，引起沉积物下腐蚀（垢下腐蚀），从而造成管道失效。实际上，低流速比高流速的危害性可能更大，应在初始设计和运行中小心提防[34]。

表 11.20　两个独立实验室进行的冷凝管合金试验结果比较

［试验条件：喷射流速 4.58m/s，空气含量 3%（体积分数），持续时间 28 天］

材料	平均腐蚀深度/μm	
	BNFMA①	LCCT②
含砷海军黄铜	340	270
含砷铜	300	—
70-30 铜镍合金(含 0.04%Fe)	110	220
铝黄铜	40③	200
70-30 铜镍合金(含 0.8%Fe)	20	—
70-30 铜镍合金(含 0.45%Fe)	—	100
70-30 铜镍合金(含 2%Fe)	0	150

① 英国有色金属材料研究协会试验室。

② 美国拉奎（LaQue）腐蚀技术中心。

③ 二十个样品，其中有一个样品点蚀深度达到 650μm，其他皆没有超过 200μm。

11.6.4.3.4　硫化物的影响

污水中的硫化物，可能来源于排放的工业废水，或者是由于水质条件促进了硫酸盐还原菌繁殖所致。此外，在滞流的海水中，有机质也可分解成硫化物和氨。硫化物在合金表面形成一层黑色腐蚀产物膜，这层膜附着力不佳，其保护性能比正常氧化膜差，在某些敏感环境条件下，可能会触发有害的点蚀或使均匀腐蚀加速。

在完全无氧的情况下，硫化物膜显示出一定的保护作用。但是，如果海水中含有溶解氧，或者如果先暴露在无氧的含硫化物水中，紧接着又暴露在充气的清洁水中，此时硫化物就变得十分有害。业已证明：即使海水中硫化物浓度低至 0.01mg/L，也会促进 90-10 铜镍合金的腐蚀，流速和硫化物的联合作用的影响更加显著[31]。

不过幸运的是，当清洁充气海水替代污染海水后，铜镍合金表面会重新生成一层正常氧化膜，代替原来在污染海水中形成的硫化物膜。船舶在污染的港口舾装，然后在开放海域航行时，就可能出现这种情况。在膜层转变过渡期，铜镍合金仍将会以较高速率持续腐蚀一段时间。实践经验表明：一旦船只开始正常运行，正常氧化膜就会开始形成，当膜层充分形成后，就可以维持至下一次港口停泊期间。无论是在船舶还是电厂设备中，一种理想状态是：

在初始启动阶段，让充气的干净海水在系统中循环流动，有充足时间在铜镍合金表面形成一层具有良好保护性膜层。形成完好的保护性膜层，就可对随后暴露在硫化物环境中的铜镍合金提供很好的腐蚀保护作用。

11.6.4.3.5　海水处理的影响

在海水中添加亚铁离子（直接添加硫酸亚铁或者通过铁的阳极溶解方式添加），可以减轻铜镍合金的腐蚀。由于亚铁离子在海水中非常不稳定，不过短短 3 分钟内就会衰变，因此连续添加方式比间歇添加更为有效[32]。在污染和未污染海水环境中，采用亚铁离子处理均能降低铜镍合金的腐蚀速率。无论如何，当海水环境中进行补给时，这一点非常有吸引力。例如：为促进舾装期间合金表面形成优异原始膜层，系统可先用含 5mg/kg 硫酸亚铁的淡水充填并保持 1 天。然后，系统就可用于正常舾装，但硫酸亚铁溶液（浓度 5mg/kg）应在整个舾装期间每天循环 1h[31]。此外，在系统换管或更新时，这种实际操作也很有益处。

添加硫酸亚铁并非成功应用的关键，但可将其视为问题发生后的一种补救措施，抑或是对可能出现问题的预防措施。其实，在役的大多数船舶，在没有添加任何硫酸亚铁处理的情况下，也都能很好地运行。

多年以来，沿海电厂和加工厂一直都使用氯来控制生物污损和黏液形成。注氯处理通常是用在沿海工厂中那些每年清洗次数很少超过 1 次的换热器，以及在任何时候都必须保持设备最高效率的海军舰艇。氯可以气态形式加入，或通过电解制氯器原位产生。

当连续注入氯，使电厂冷凝器的出口管板上残留氯浓度达到 0.2～0.5mg/kg 时，此时氯可作为一种有效杀菌剂[35]。铜镍合金可以承受在控制微生物污损所需正常氯浓度范围之内氯的腐蚀。但是，氯过量会损害铜合金管。有些证据表明：高流速下，加氯消毒会促进 90-10 铜镍合金的冲刷腐蚀，但是降低 70-30 铜镍合金的冲刷腐蚀[31]。此实验中，冲击喷射水流速度是 9m/s。不过应当注意到：对于铜镍合金而言，9m/s 的流速通常不会遇到或者说不推荐使用。

尽管 C70600 铜镍合金本身可以抵抗污损生物附着，但是在处于低流动性或停机状态时，即使是通过最小孔隙进入的少量幼虫也可能附着在合金表面。正是这些少量微生物的附着决定了为完全恢复传热性能所需要的机械清洗间隔周期长短。没有加注氯时，为恢复传热性能所需要的机械清洗间隔周期可能是 1 个月或 2 个月。而加注氯，将会延长机械清洗间隔周期，维持初始热交换能力的时间也会延长。

11.6.4.4　装饰性腐蚀产物

几个世纪以来，人们就一直利用铜及其合金表面的自然腐蚀现象，来产生一系列可通过合金性质及相关环境来调控的色彩和色调。通常，铜绿（绿锈）是由于长期环境暴露或人造环境作用，在铜和青铜表面自然形成的一层绿色或褐色膜，就其颜色而言，常常具有很高的美学价值。在建筑领域，人们广泛使用铜和铜合金，并充分利用其自身固有的系列颜色。尽管在很多场合，铜及其铜合金应用都是基于其供货态的自然本色，但是有时人们还是希望能对纯铜、商用青铜和建筑青铜等进行化学着色。

最常见的着色处理颜色分别被称为褐色雕像饰面（青铜）以及绿色铜锈饰面（紫铜）。下文内容概述了这两种色彩的制作工艺及配方。尽管所介绍的化学处理溶液都是金属表面精饰行业普遍认可的，但仍存在很多变化。各种不同颜色和色调的制作在很大程度上取决于技能和经验。化学着色技术涉及时间、温度、表面预处理、水的矿化度、湿度以及其他影响最终结果的参数。下文将介绍制备这些彩色饰面所涉及的工艺技术基础。

11.6.4.4.1 绿色铜锈饰面

包括古教堂在内的各种古老铜屋顶以及暴露在大气环境下的青铜雕像和其他铜金属表面，都有一层非常令人羡慕的天然的蓝绿色铜绿保护层。由于这种自然铜绿膜层的形成需要很长时间，因此，目前大量研究都是针对人造铜绿。天然铜绿中主要着色的是一层碱性硫酸铜膜。此外，其中也可能存在不同浓度的铜的碳酸盐和氯化物盐。在沿海地区，铜绿膜的主要组成部分可能是氯化物盐。铜的碱性氯化盐不仅溶解度大，而且具有光敏性[38]。

人工制备铜绿或加速促进铜绿形成能否取得成功，与溶液的使用方式、处理时的天气情况以及处理后表面暴露的气候环境似乎都有很大关系。由于涉及因素很多，化学制备的铜绿，通常存在附着力不佳、过度沾染毗连材料、在大表面积上颜色不均匀等问题。

11.6.4.4.1.1 清洗

待着色铜表面必须非常清洁，因为表面任何污渍、油渍、油脂都会妨碍溶液与表面的化学作用。清洗的目的主要是去除污染物，包括铜和黄铜板轧制过程中在其表面残留的油膜，以及处理和安装过程中其表面残留的指纹和沉积污垢。在清洗之后，应紧接着进行彻底漂洗，除去所有残留的清洗剂。如果清洗彻底，漂洗水将会在表面均匀铺展，不会起泡或形成球状液滴。如果有必要，可能需要反复多次清洗，直到达到这种状态。

铜表面氧化膜会影响铜绿与基体的附着力。经过 6 个月或更长时间大气老化后的铜屋顶表面应已存在一层氧化物膜，在着色处理之前，应将其清除。用 5%～10%的冷硫酸溶液擦洗表面，可以清除这层氧化物膜。在擦洗处理之后，应立即再次用清水对表面进行彻底漂洗。无论是新的还是旧的铜合金屋顶，这样处理后，其表面状态就应该非常适合进行着色处理。

11.6.4.4.1.2 着色

人工加速形成铜绿有三个基本工艺，其中一个是使用硫酸盐溶液，另外两个是使用氯化物盐溶液。

- 硫酸铵溶液处理

硫酸铵溶液组成如表 11.21 所示，其中所用浓氨水的密度应为 $0.900 g/cm^3$，一般应在耐蚀塑料衬里容器中配置和储存。不过，如果所有暴露的金属部位都用铅封住，采用木桶和木盆也可以。溶液配置的基本过程如下：首先，将硫酸铵溶于水中，待完全溶解之后，加入硫酸铜；然后，再缓慢加入氨水，同时不断搅拌。其中氨水加入量的准确性非常重要，因为必须维持氨和水的比例恰当。

施涂方式是将溶液喷洒在金属表面。内壁涂覆沥青涂料的普通塑料或镀锌钢制的园艺箱式喷雾器就很合适。另外，在喷洒时，溶液应尽量控制成细雾状，且要快速进行，避免产生易于聚集的大液滴，造成表面产生条痕。此外，喷洒量也需要控制，每次喷洒量不宜过多，量不足也比过量要好。而且，再次喷洒应在上次喷完、溶液晾干之后进行[38]。喷洒和干燥依次循环重复 5～6 次。

表 11.21　铜合金表面铜绿饰面的快速形成处理液

硫酸铵溶液/L	氯化铵溶液	氯化亚铜溶液/L
涂覆约 $15m^2$ 硫酸铵 111g 硫酸铜 3.5g 浓氨水 1.6mL	氯化铵(饱和)	氯化亚铜 164g 盐酸 117mL 冰醋酸 69mL 氯化铵 80g 三氧化砷 11g

当施涂完成之后，铜合金表面并不会立即显现出所预期的颜色。此时，铜表面应像是覆盖了一层“透明”涂层，有点类似暗色厚涂清漆。需要经过一段时间之后，铜表面才有可能形成预期颜色。而且，最终颜色取决于合适的气候条件。如果喷涂后在 6h 或 8h 内遭受雨淋，雨水有可能会将那些还未来得及与铜反应的部分溶液冲走。

在施涂处理之后，形成绿色铜绿饰面颜色的理想气候条件是中到重度露水、薄雾或烟雾或者其他相对湿度 80%及以上大气环境。大气中水分结合沉积溶液与铜发生化学反应，可形成所期望的蓝绿色铜绿。如果这种化学作用能在不受干扰情况下持续进行至少 6h，那么铜合金表面就可以形成一层深度合适的着色层。此着色层区域在下一次雨水将其中残留的沉积物冲洗掉之后，就会显露出蓝绿色的铜绿。最初，铜表面所形成颜色比自然铜绿略显更蓝，但是随着时间推移，它将会褪变成自然铜绿颜色。

- 氯化铵（卤砂）溶液处理

饱和氯化铵溶液可通过刷涂或喷涂方式施涂在非常干净的铜表面。此工艺可能需要进行多次施涂。弗兰克·劳埃德·赖特（Frank Lloyd Wright）推荐使用这种工艺。他特别指出：溶液应混合 24h 之后再使用。两次施涂之间应间隔 48h。在最终施涂后的 24h 内，铜表面应用冷水喷雾处理。而且，他还强调在整个处理期间，需要天气干燥[38]。此外，如果溶液施涂过多，氯化铵溶液容易产生白垩或薄片，也容易被大雨冲掉。

- 氯化亚铜溶液处理

酸性氯化亚铜溶液组成如表 11.21 所示，可使用喷涂、刷涂或点彩法施涂。溶液应在非金属容器存储和使用。溶液呈酸性且有毒。这种溶液既可用来处理光亮的铜也可用来处理老化褪色的铜。如果可能，应尽量单次施涂处理就获得预期颜色。重复施涂，尤其是在阳光直晒下，可能会引起溶液与初次沉积盐反应，在铜表面形成一层光滑、坚硬、无色膜层，类似于清漆表面外观。

11.6.4.4.1.3　维护

对于已存在的自然铜绿或正在形成的铜绿无需维护。如果希望铜表面保持自然雕像饰面，可涂抹适当油（如生亚麻籽油或柠檬油）。涂油间隔周期从 1 到 3 年不等，取决于主要气候条件和暴露程度。有记载表明：最初涂过两薄层油的部位，其自然雕像饰面可保持 10 年以上。

紫铜、青铜和黄铜都具有良好耐蚀性。自然形成的铜绿实际上是一层保护膜。铜质量较轻、容易加工、容易连接、美观、非常耐久。这也是铜材能在屋顶、招牌、水槽、落水管、防水板、店面、栏杆、格栅和其他建筑应用领域沿用几百年的原因之一。

11.6.4.4.2　褐色雕像饰面

雕像饰面其实就是一层转化膜层。在转化处理中，铜合金表面要么转化为一层通常包括金属氧化物或硫化物的保护性膜层，要么就是转化为化合物沉淀在表面形成膜。这种使用化学溶液处理的方法通常称为氧化，尽管最古老的方法和在铜合金表面可产生棕色到黑色的系列色调的碱性硫化物溶液处理方式，实际上使金属表面形成的并不是金属氧化物而是金属硫化物饰面。最初使用的是硫肝石，是一种多硫化钾和硫代硫酸钾的天然混合物，也称含硫钾[39]。

使用钠、钾、钡和铵的硫化物可对这些配方进行调整，据说可以产生不同的色调，但是，目前几乎所有硫化物色调都是由多硫化物溶液处理得到，其中多硫化物溶液以浓缩液形式出售，有多种商品牌号。

为获得良好外观，所有硫化物膜都需要采用湿或干丝刷清理，如果再涂油、打蜡保护，或涂上一层良好透明清漆永久性保护，外观看起来会更好。通过浮石膏擦刷或用“无脂”抛光剂在抛光轮上抛光，可以获得理想的对比度色调。但无论何种情况，使用的硫化物溶液，其浓度都应该很稀，因为高浓度溶液处理可能获得的是一层无黏附力的脆性膜。

11.6.4.4.2.1　清洗

金属表面应采用三氯乙烯或类似溶剂进行脱脂除油。这不仅可以清洁表面，而且还可提高着色前机械抛光的抛光质量。采用含精细印度浮石粉的5%草酸和水的混合液进行清洗，可以获得光洁明亮表面。清洗过程通常是：首先，应使用较硬的短毛清洁刷沿着纹理方向进行清洗；然后，使用干净湿白布用上述混合物，沿着原来方向，再次清洗金属表面；随后再用一块新布擦拭，干净清水冲洗，然后晾干。

铜表面抛光可使用砂带、磨盘或砂轮，或使用便携式抛光机上无油研磨剂。最后一道工序是：先采用细磨盘用浮石水浆液进行手工擦拭，以确保完全去除表面所有的油脂薄膜，然后再用干净的湿布或海绵擦去所有浮石的痕迹[39]。

11.6.4.4.2.2　青铜雕像饰面

根据着色液浓度和使用次数的不同，雕像饰面可以制成浅棕色、中棕色和深棕色。着色方法是用2%～10%的硫化铵、硫化钾或硫化钠水溶液擦拭或刷涂。最后可能还需要手工调色或混配调匀，以获得满意的颜色搭配和均匀色调[39]。

11.6.4.4.3　紫铜雕像饰面

其基本制备过程为：先用浮石水或浮石有机溶剂进行清洗铜表面，以除去所有灰尘、油脂和暗锈；然后，再用2%硫化铵水溶液刷拭整个表面；干燥之后，可以用刷毛或细铜丝刷沾上浮石水轻轻擦拭，使颜色均匀。

11.6.4.4.3.1　维护

在后续的常规维护方案中，大多数设施都可以通过涂油或打蜡来维护，有些可以通过上清漆维护，少数还可以采用抛光维护。用充分浸渍的干净软布涂抹，然后再用一块干净软布擦去多余的油或蜡，这样获得涂油膜和涂蜡层看起来效果最好。上油和涂蜡频次与所用油和蜡同样重要。新处理金属表面在第一个月应每周上油，以形成一层保护膜。交通流量大的地区，金属件应每隔一至两周涂油或打蜡一次。交通流量中等或较小的地区，每月涂油或打蜡处理一次可能就足够。没有交通流量的地区，一个季度或半年进行一次涂油或打蜡也可以。

11.6.4.4.3.2　上漆

在铜表面涂上一层透明有机清漆，可以获得长期保护效果。风干型配方使用最方便，其中，英科纳克（INCRALAC）配方的保护效果最好[39]。无论是室内还是室外大气环境，甚至是高腐蚀性的工业和海洋环境大气环境中，经过适当清洗的金属表面，喷涂上该清漆，都可形成一层具有良好的保护作用的清漆涂层。其中表面清洗时，先使用磨盘打磨再用清洗溶剂清洗，这样清洗效果最佳。由于钢丝绒中有时含有缓蚀剂，可能导致后期变色，所以清洗不应使用钢丝绒。

11.6.5　高性能合金

一般而言，主要用于高温强度场合的合金（通常称为超合金或高温合金）和那些主要用于耐蚀性场合的合金之间肯定有区别。在本书中，高性能合金是指可以在高温（>550℃）和高压条件下工作的合金，如镍基、镍铁基以及钴基合金。铁、钴、镍是过渡金属，在周期表中处于连续位置。自然界矿藏丰度按铁、钴、镍的顺序依次降低。

高性能合金的组成和机械性能的范围很宽。大多数高性能合金的名义成分见附表 D。时效杜拉镍（Duranickel，N03301）具有非常高的机械性能，在很多环境中耐蚀性也很好。蒙乃尔合金（Monel）是优异的耐氢氟酸材料。克罗利麦特 3 号（Chlorimet 3，N30107）和哈氏 C（Hastelloy C，N10002）合金是两种最常用的商用耐蚀合金。克罗利麦特 2 号（Chlorimet 2，N30007）和哈氏 B（Hastelloy B，N10001）合金在很多非氧化性环境中具有良好的耐蚀性。尼克洛姆（Nichrome，N06003）合金常用作电阻器（加热元件）。

铁镍基高性能合金是不锈钢技术的扩展，一般都可以锻造。而钴基和镍基高性能合金，依据其组成或制备方法，既可能是可锻合金，也可能是铸造合金。所有成分适宜的高性能合金基本牌号都可以锻造，可轧制成板材或加工成形为其他各种形状。合金化成分更高的合金通常被加工成铸件。典型的高性能合金弹性模量在 200GPa 左右或更高。高性能合金主要微观结构参数包括[40]：

- 析出相数量及形态；
- 晶粒尺寸和形状；
- 碳化物分布。

镍基和铁镍基高性能合金性能受这三个参数控制。但是钴基高性能合金，第一个参数基本不存在。对于名义成分相同的高性能合金而言，通过变形加工或铸造成型的结构件的性能各有优缺点。高性能合金铸件通常晶粒粗大，合金偏析较多，具有较好的蠕变和断裂特性。而高性能合金锻件一般组织更均匀，通常晶粒更细小，拉伸强度高和疲劳性能好[40]。

高性能合金自身强度特性受晶粒分布控制。但是，多晶合金的有效强度取决于晶界状态，尤其是碳化物相形态和分布。可锻镍基和铁镍基高性能合金一般都具有最优的拉伸强度和疲劳性能。尽管标准热处理工艺中一般包含连续降温步骤，但是有些热处理工艺还包含一组或多组时效温度，在较高温度时效处理后接着进行较低温度时效处理[40]。

晶粒大小也会影响高性能合金的强度。晶粒大小均匀的合金，其性能也会较好，但对于常规锻造件或大型结构铸件，实现晶粒大小均匀化很困难。采用恒温锻造工艺，尤其是采用粉末坯料，获得的晶粒尺寸最均匀。对于小型镍基和钴基合金铸件，晶粒大小可能很均匀。晶粒粗大或极其微细，都不是所期望的状态，因为在这种极端晶粒尺寸情况下，并不能获得最优蠕变断裂和疲劳性能。

然而，关于钴基高性能合金中晶界硬化的程度和性质，目前人们尚未充分认识，对于所有高性能合金体系，其基体中氮化物析出相对合金强化的作用也不是很明确。硼化物和碳化物在其中的作用可能相似。钴基高性能合金中，晶界处碳化物起到了阻碍晶界滑移的作用。

在碳含量最高的铸造钴基高性能合金中，碳化物骨架网络实际上可能承担了部分载荷，就如复合材料增强一样。

钴基高性能合金的室温强度和延展性变化与精细的 $M_{23}C_6$ 型碳化物析出相相关。钴基高性能合金对时效处理的响应可能比较复杂，因为其中可能涉及大量的碳化物反应。而且，时效作用可能还与材料是铸态还是固溶态有关[40]。

11.6.5.1 镍基和铁镍基合金

镍基材料是一类可在腐蚀环境中使用的重要材料。镍及镍合金，可以抵抗很多腐蚀性介质，是处理碱性溶液的自然选择。涉及苛性碱溶液的一些棘手的腐蚀问题，大多数都可以采用镍合金来解决。事实上，合金在氢氧化钠介质中的耐蚀性大致与镍含量成正比，如：含2%镍的铸铁的耐蚀性就明显优于未合金化的铸铁。

高性能镍基和铁镍基合金，由面心立方（fcc）的奥氏体基体 γ 相加上各种第二相组成。所有各种类型的高性能合金中，其主要第二相包括碳化物 MC、$M_{23}C_6$ 和 M_6C，有些还包括 M_7C_3。在镍基和铁镍基高性能合金中，其中还有由规则排列的面心立方 $Ni_3(Al,Ti)$ 金属间化合物构成的 γ′相[40]。高性能合金的强度主要源于固溶强化剂和沉淀相。碳化物可能通过弥散强化而起到有限的直接强化作用，或者是通过稳定晶界防止过度剪切而起到间接强化作用，后者更常见。此外，除了那些能起到固溶强化以及促进碳化物和 γ′相形成的那些元素之外，硼、锆、铪或铈等其他元素的加入，也能提高合金的机械或化学性能。

有些碳化物和 γ′相形成元素还可能显著改善合金的化学性质。表 11.22 列出了高性能合金中合金元素含量范围及其影响[40]。镍基高性能合金既可以作为铸件使用，也可以作为锻件使用。在一般大气环境、天然淡水以及除气非氧化性酸中，镍都具有良好的耐蚀性，而且镍在苛性碱液中的耐蚀性非常优异。因此，镍本身就具有非常有用的耐蚀性，是开发特种合金的一种优异基体材料[41]。

表 11.22 高性能合金中主要添加元素含量范围及其作用

元素	镍基	钴基	作用
铬(Cr)	5～25	19～30	提高耐氧化和耐热腐蚀性； 形成碳化物； 固溶强化
Mo、W	0～12	0～11	形成碳化物； 固溶强化
铝(Al)	0～6	0～4.5	沉淀硬化； 耐氧化性
钛(Ti)	0～6	0～4	沉淀硬化； 形成碳化物
钴(Co)	0～20	—	影响析出(沉淀)相的量
镍(Ni)	—	0～22	稳定奥氏体； 形成硬化沉淀相
铌(Cb)	0～5	0～4	形成碳化物； 固溶强化； 镍基、铁镍基合金中沉淀硬化
钽(Ta)	0～12	0～9	形成碳化物； 固溶强化； 耐氧化性

11.6.5.1.1　合金化元素的影响

铜：添加铜可以提高镍在非氧化性酸中的耐蚀性。特别是含铜30%～40%的合金对除气硫酸具有很好的耐蚀性，在所有浓度的脱氧氢氟酸中皆具有优异的耐蚀性。镍钼铁合金中加入2%～39%铜，还可以提高合金对盐酸、硫酸和磷酸的耐蚀性[41]。

铬：添加铬可改善合金在硝酸、铬酸等氧化性介质以及热磷酸、高温氧化性气体、热含硫气体等其他高腐蚀性环境中的耐蚀性。铬作为合金添加剂，其添加量一般在15%～30%，铬含量高达50%的合金除外。

铁：镍基合金中加入铁，通常是为了降低成本，并不是去提高耐蚀性。不过，铁也可以改善镍基合金在50%以上浓度硫酸中的耐蚀性。此外，铁还可增大镍中碳的溶解度，因此可改善合金抗高温碳化环境的能力[41]。

钼：钼可大幅度改善合金对非氧化性酸的耐蚀性。目前已开发出钼含量高达28%的商用合金，可用于盐酸、磷酸和氢氟酸等非氧化性酸性环境以及浓度60%以下硫酸介质中。钼同时也显著改善了合金的耐局部腐蚀性能，并赋予合金高温服役强度。

钨：钨的作用与钼类似。但是由于钨原子量大以及成本高，一般优先选择添加钼。镍铬基合金中同时加入3%～4%钨和13%～16%钼，可以明显提高合金的耐局部腐蚀性能[41]。

硅：在大多数镍基合金中，硅通常只是少量存在。在含较大量铁、钴、钼、钨或其他难熔元素的合金中，硅含量必须小心控制，因为硅可形成稳定的碳化物以及有害的金属中间相。但是已有报道，以硅作为主要合金元素，可极大改善镍对热浓硫酸的耐蚀性。对于这种热浓硫酸服役环境，含9%～11%硅的铸态合金可以使用[41]。

钴：对于设计用于耐水溶液腐蚀的合金，钴通常都不是其中的主要合金元素。但是，对于设计用于高温服役环境的材料而言，钴赋予了材料独特的强度特性。与铁类似，钴增大了镍基合金中碳的溶解度，因此增强了合金的耐碳化性能。

铌和钽：铌和钽两种元素最初都是作为稳定化元素加入，它们与碳结合固定碳，预防由于晶界碳化物析出导致晶间腐蚀（IGC）。随着氩氧脱碳熔炼技术的出现，这种添加剂已并非必需。在高温合金中，这两种合金元素皆通过固溶强化和沉淀硬化机制来提高合金的高温强度。此外，添加这两种元素还有利于降低焊接过程中镍基合金的热开裂倾向[41]。

铝和钛：在耐蚀合金中，常常会添加少量铝和钛，其目的是脱氧或固定碳和氮。当同时添加这两种元素时，该合金可通过时效硬化获得高强度，能在低温或高温环境中使用。此外，添加铝还可以促进高温下形成牢固附着的氧化皮，提高合金的抗氧化、碳化和氯化性能[41]。

碳和碳化物：有证据表明在高温下形成的镍的碳化物，在较低温度时，并不稳定，会分解成镍和石墨。因为此混合相一般延展性较低，所以在耐蚀应用场合下，低碳的镍合金才是优选材料。此外，用铜与镍进行合金化，也在一定程度上可以缓解碳化物分解问题。在其他镍基合金中，碳化物的形成取决于其中特殊合金元素和碳含量。在耐蚀性合金中，很多碳化物都被认为是有害的，因为热处理或焊接加工过程中，它们都可能在晶界析出，消耗了合金耐蚀性所必需的基体合金元素，导致在随后的服役过程中发生晶间腐蚀（IGC）或开裂。而在高温合金中，通常是希望通过碳化物来控制晶粒大小，以提高合金的高温强度和延展性[41]。

在这些镍基合金中，碳化物有两种基本存在形式。一次（初生）碳化物是在凝固过程中形成的枝状晶碳化物，通常是一种亚稳态相，如果在高温下停留足够时间，它们将发生溶解。但是，在实际金属制造过程中，这种碳化物未能完全溶解，其中部分会保留在最终产品中，沿着金属流动的主要方向分布，呈条带状。通常，合金必须能够容忍一定数量的这种带状结构碳化物的存在，因为完全避免它们不经济。但是如果大量存在这种带状结构，势必会影响合金的成形性、焊接性以及服役性能。

二次碳化物析出相是在加工制造过程中或零部件服役过程中，合金受热影响的结果。这些碳化物在晶界及孪晶界、位错等晶内缺陷处优先析出。二次碳化物析出相含量取决于固溶体中碳含量、暴露温度以及该温度下持续时间。因此，在形成碳过饱和固溶体之后，接着进行缓慢冷却或热稳定在碳化物固溶度曲线温度之下，这种状态势必将会造成大量二次碳化物析出，而这通常会降低合金的延展性和韧性，对加工制造性能和服役性能带来不利影响。

金属间化合物相：镍基合金中，金属间相的出现同时存在正面与负面两种相反的影响。正面影响是：由于镍基合金含有这种独特的金属间化合物相，使得镍基体系成为高强高温合金开发中应用最为广泛也是最为成功的合金基体材料。负面影响是：某些金属间相的沉积，如前面讨论的碳化物，可能严重降低材料延展性和耐蚀性。对于耐蚀性镍基合金而言，尤其是固溶体型，由于服役温度通常远低于金属间相发生明显析出的温度点，因此在此类合金中，金属中间相极少析出。在这种情况下，仅需限制合金成分，就足以保证合金具有满意的制造、加工和使用性能。而对于高性能镍基合金而言，一个主要问题就是不利的金属中间相的析出，尤其是在要求寿命长或修复容易的应用场合中[41]。

大多数高强度镍基合金都与AlB型化合物沉淀相 γ′相有关。通过增加 Al＋Ti 含量以获得较高的 Ti 的体积分数，可以提高镍合金强度。但是高 Al＋Ti 含量的镍基合金，难以锻造加工和制造，最好是作为铸件利用。添加难熔金属，通过改变晶格错配和反相畴界能，也可提高强度。添加钴，由于提高了钛固溶度曲线分解温度，同样也能提高镍合金强度[41]。

另一种可以用于增强镍基合金的重要金属中间相是亚稳态的 Ni_3Nb，称为 γ″相。大多数情况下，γ″相主要用于增强铁含量比较大的镍基合金。γ″相具有体心正方晶格结构。在705℃ 及以上温度，γ″相会迅速过老化，转化为斜方晶系的 Ni_3Nb。由于沉淀反应的迟缓性，通过 γ″相增强的镍基合金具有优异的焊接性能[41]。

11.6.5.2 钴基合金

钴基高性能合金都是通过碳化物和固溶硬化剂的联合作用来增强。由于钴铬合金可以在很宽的温度范围内保持高强度，且在很多环境中（尤其是恶劣环境中）皆具有良好的耐蚀性，它们可用作耐磨材料以及高温结构材料。耐磨损钴合金的含碳量一般较高（0.25%～2.5%），以利于碳化物的形成，其使用通常是通过浇铸或通过所谓的表面硬质堆焊工艺涂覆在关键表面。用作高温结构件的钴合金，碳含量较低，并含有适量的镍，可进行锻造加工。在耐磨钴合金中，碳化物增强了其耐磨性，但也降低了其延展性[42]。

钴合金中，铬具有双重作用。铬既是主要的碳化物形成元素，同时又是基体中最重要的合金化元素。在这类钴合金中，最常见的碳化物是富铬的 M_7C_3 型，不过在低碳钴合金中，大量存在富铬的 $M_{23}C_6$ 碳化物。钨和钼可进一步提高基体强度。当钨和钼含量比较高时，在凝固过程中，它们参与形成碳化物，促进 M_6C 的析出。冷却速率和细微化学变化都会极大影响钴合金中碳化物粒子的大小和形态。这些变化显著影响合金的耐磨性，因为磨粒的大小、硬质粒子结构尺寸以及耐磨性之间具有很明显的相关性[42]。

钴合金结构材料的成功主要可归结为在宽温度范围内的固有强度以及对恶劣环境的耐蚀性。结构钴合金通常含有相当数量的镍。镍有助于稳定面心立方（fcc）结构，以期改善服役材料的延展性。含有足量镍的结构钴合金，在变形过程中容易产生孪晶。与大多数耐磨合金相比，尽管结构钴合金中碳含量低，但合金强度的进一步提高仍然依赖碳化物的析出。在结构钴合金中，尽管 M_6C 和 MC 也很常见，但其中含量最大的碳化物是富铬的 $M_{23}C_6$，这与其他合金添加剂的种类和含量有关[42]。

11.6.5.3 焊接和热处理

从可焊接性角度出发，高性能合金可依据合金元素改善合金机械性能的方式分为两类，即固溶体合金和沉淀硬化合金。沉淀硬化合金的一个显著特征就是可通过热处理使硬质粒子精细分布在富镍基体内，从而提高其机械性能。

固溶体合金一般为退火态，容易熔焊。Ni200、蒙乃尔（Monel）400 系、因科耐尔（Inconel）600 系、因科洛伊（Incoloy）800 系、哈氏合金以及某些尼孟镍克（Nimonic）合金（如 75 和 PE13）等，都是一些值得关注的固溶体合金实例。由于焊接热影响区（HAZ）不会发生硬化，因此固溶体合金一般都不需要进行焊接后热处理（PWHT）。而沉淀硬化合金，包括蒙乃尔 500 系、因科耐尔 700 系、因科洛伊 900 系以及大多数尼孟镍克（Nimonic）合金，都可能很容易发生焊后热处理（PWHT）开裂。

11.6.5.3.1 焊接性

钴基高性能合金采用气体保护金属极弧焊（GMA）或气体保护钨极弧焊（GTA）工艺很容易焊接。有些铸造和锻造钴基高性能合金（如 188 合金）已广泛用于焊接。焊料金属一般采用合金成分含量略低的钴基合金，不过有时也使用母体金属棒或丝。钴基高性能合金薄板还可以采用电阻焊技术焊接。气体保护金属极弧焊（GMA）或气体保护钨极弧焊（GTA）均需进行适当的预热处理，以消除热开裂倾向。当然，钴基高性能合金也可使用电子束（EB）和等离子弧（PA）焊技术进行焊接，但是由于这类合金太容易焊接，在大多数情况下一般都无需使用这类技术[40]。

镍基和铁镍基高性能合金的可焊接性明显低于钴基高性能合金。因为镍基和铁镍基高性能合金含有强化相，很容易发生热开裂和焊后热处理（PWHT）开裂。热开裂发生在焊接热影响区（HAZ），其开裂程度与合金成分和焊件受约束状态有关。不过，镍基和铁镍基高性能合金还是可以采用气体保护金属极弧焊（GMA）、气体保护钨极弧焊（GTA）、电子束（EB）、激光以及等离子弧（PA）焊技术进行焊接。为了尽可能降低热开裂倾向，焊接时一般使用强度较低但延展性较好的奥氏体合金作为焊料金属。此外，考虑到这些合金中 γ' 相的特性和强化机制，焊接用镍基和铁镍基高性能合金大多是固溶热处理态合金。此外，某些合金还需要进行特殊的焊前热处理。而有些合金（如 A-286），尽管其中 γ' 硬化相含量仅仅处于中等水平，但是天生就难以焊接[40]。

高性能合金的焊接技术不仅涉及解决焊接热开裂问题，而且还涉及解决焊后热处理（PWHT）开裂问题，特别是涉及微裂纹的问题，因为亚表面的微裂纹很难检测。微裂纹对拉伸强度和断裂强度几乎没有影响，但会使疲劳强度急剧降低。除了前面提及的常规熔合焊接技术之外，镍基和铁镍基高性能合金薄板的焊接还可以采用电阻焊技术。对于这些合金，钎焊、扩散压合焊、瞬态液相扩散焊也适用。不过，钎焊接头的延展性比熔焊的更差。

多数镍基合金皆可采用钨极惰性气体保护焊（TIG）或金属极惰性气体保护焊（MIG）等气体保护熔合焊。在熔合焊接工艺中，手工电弧焊（MMA）比较常用，而埋弧焊（SAW）应用较少，仅限于固溶体镍基合金，如镍200、因科耐尔合金（Inconel）600系和蒙乃尔合金（Monel）400系。焊接用的镍基合金中，其中固溶体合金通常是退火态合金，而沉淀硬化合金是固溶处理态合金。如果无因湿气凝结引发气孔的风险，无需进行焊前预热处理。而对于存在残余应力的材料，建议在焊接前进行固溶处理，以释放应力[33]。

如果仅仅是为了恢复材料的耐蚀性，焊后热处理通常并非必需，但是如果是为了沉淀硬化或消除应力避免应力腐蚀开裂（SCC），此时可能就必须进行焊后热处理。焊料组成通常与母体金属相匹配。不过，为了尽可能降低产生孔隙和发生开裂的风险，大多数焊料皆含有少量钛、铝和/或铌等合金元素。尽管镍及镍合金焊接很容易，但是焊前清洗也必不可少。常规清洗方法包括表面除油，通过机械加工、打磨或钢丝刷清理等方法清除所有表面氧化物以及最终脱脂。但是，这些合金仍有可能出现下列焊接缺陷和焊后损伤问题[43]。

11.6.5.3.1.1 孔洞

孔洞可能是由于空气夹杂和表面氧化物中的氧和氮或表面污染物中的氢所引起。仔细清洗工件表面以及使用含铝和钛等脱氧剂的焊料，可以降低这种风险。当在钨极惰性气体保护焊（TIG）和金属极惰性气体保护焊（MIG）中使用氩气时，必须注意对熔池的屏蔽效果，包括使用反向气体系统。在钨极惰性气体保护焊（TIG）中，使用具有轻微还原性的氩气-氢气混合气，可以非常有效地抑制孔洞。

11.6.5.3.1.2 氧化物夹杂

由于镍合金表面氧化物的熔点温度远高于基体金属，因此在焊接过程中，这些氧化物可能仍然保持固态。那些落入熔池中的氧化物就成为焊缝夹杂物。而在多道焊接中，焊珠表面氧化物或熔渣，不会在后续焊道中消耗，将产生未焊透缺陷。因此焊接之前，必须通过机械加工或研磨清除掉表面氧化物，尤其在高温下形成的氧化物；而仅仅采用金属丝刷清理表面只是抛光了表面氧化物，清理并不充分。在焊接过程中，每道焊接之间，表面氧化物和熔渣都必须被清除掉[43]。

11.6.5.3.1.3 焊缝金属凝固开裂

焊缝金属开裂或热开裂是由于焊缝中心线处污染物富集和熔池形状不利所导致。焊接速度过快，形成的熔池狭窄，有利于杂质在中心线处富集，在凝固时，会产生足够大的弯曲应力，导致产生裂纹。仔细清洗连接区域，避免焊接速度过高，可以降低这种风险[43]。

11.6.5.3.1.4 微裂纹

与奥氏体不锈钢类似，镍基合金在再加热焊缝金属区或母材金属热影响区（HAZ）容易产生熔融裂纹。这种类型的裂纹受晶粒大小或杂质含量等因素控制，无法通过焊机控制。不过有些合金相对更敏感。例如：有些铸造超合金很容易诱发熔融裂纹，而目前大量研究的因科耐尔合金（Inconel）718，其敏感性就低得多。

11.6.5.3.1.5 焊后热处理开裂

这种开裂也被称为应变时效或再热开裂。在沉淀硬化合金的焊后时效过程中，就有可能发生这种焊后热处理开裂，但是焊前热处理可最大程度地降低这种开裂倾向。焊前热处理一般是固溶退火处理，但是实际上过时效处理才是最佳的抗焊后热处理开裂的方式。因科耐尔合金（Inconel）718就是专为抵抗这种类型开裂而开发的合金材料。

11.6.5.3.1.6　应力腐蚀开裂

焊接通常不会增大镍合金的焊缝金属或热影响区（HAZ）腐蚀的敏感性。但是，当与氢氧化钠、氟硅酸盐或氢氟酸等介质接触时，镍合金材料就有可能发生应力腐蚀开裂（SCC）。

11.6.5.3.2　热处理

除非另有规定，通常，固溶强化高温合金的供货态都是固溶热处理态。在这种状态下，合金显微组织结构中的一次碳化物，一般分散在单相基体中，而晶界基本没有杂质偏析。通常这种状态就是该类合金的最佳状态，即同时具有最好的高温服役性能和室温加工性能。此类合金的固溶热处理温度通常在1100～1200℃[44]。

在固溶热处理温度范围以下所进行的热处理，可分为轧后退火和应力消除热处理。其中轧后退火处理，通常是用来恢复那些经过成形加工、部分锻造或其他形式加工的合金材料的性能，将其恢复至可以继续进行加工制造的状态。这种轧后退火处理还可能用于经修整后的原材料，使其产生适合特定成型工艺的最佳结构。最低轧后退火温度推荐在900～1050℃[44]。

与轧后退火不同，对这些固溶强化高温合金的应力消除热处理的界定其实并不是很清晰。应力消除可能是通过轧后退火，也可能需要通过等同的全固溶退火，需依据具体情况而定。适用于碳钢或不锈钢材料的低温处理，对于这类高温合金，一般都不会有效果。一个有效的高温热处理条件，通常是实际应力释放与同步的结构变化或部件尺寸稳定性之间的折中选择。

11.6.5.3.2.1　冷成形或温成形时的退火

高温合金对热处理的响应与进行热处理时材料所处的状态密切相关。当材料不是处于冷或温加工状态时，热处理的主要响应结果通常都是二次碳化物相的数量和形貌的变化。当然，其中还可能有些影响较小的其他响应，但是如果材料未进行冷或温加工，其晶粒结构通常都不会因热处理而改变[44]。此外，在对这些合金进行冷成形加工时，必须小心避免在某些部位可能出现小于10%冷加工，因为程度较小的冷加工，可能导致退火过程中晶粒过大或反常生长。但是，在一些复杂零件的日常制造中，要避免此类低程度的冷加工或诱导应力，几乎不可能。

11.6.5.3.2.2　热成形时的退火

采用热成形技术制造的零件，如果需要在工序中进行热处理，通常应采取固溶热处理，而不是轧后退火。如果成形要求在炉温低于固溶处理温度范围下进行，中间轧后退火处理能否实施，可能受到成形设备的限制。热成形零件，尤其高温成形件，在成形作业过程中，本身通常都会经历回复、再结晶过程，甚至可能存在晶粒长大过程。类似地，待热处理工件如果在热成形期间发生了少量变形，则其中可能会产生一些不均匀结构，导致其对热处理的响应也不均匀[44]。

11.6.5.3.2.3　最终退火

固溶热处理是高温合金最常见的最后工序，通常都会在使用规范中进行强制规定。当工件经历过超过10%冷加工时，最终退火（成品退火）通常都是一种强制性规定。因为如果冷加工态的高温合金材料直接投入使用，那么合金有可能发生再结晶，形成非常细小晶粒，使合金的应力断裂强度急剧降低。真空钎焊就是一个很好的实例。由于钎焊化合物熔点低，因此真空钎焊通常都是作为制造某些零件的最后一道工序，后续不可能再进行固溶处理。因而钎焊实际操作温度，有时会被调整至可以同时对零件进行固溶热处理的温度。不过，在真空炉中，即使采用了先进气体冷却设备，加热和冷却速率都相当慢，也必须清楚认识这样处理获得的合金结构和性能可能并非最优[44]。

11.6.5.3.2.4　应力消除

（1）去应力退火（应力消除）：只有在热处理不会造成材料发生再结晶的情况下，才应考虑使用。由于不均匀冷却引起的热应变，或在定型工序中发生的轻微变形，都可能在合金中产生残余应力，而消除这种应力通常很困难。在很多情况下，在比预期使用温度高55～110℃的轧后退火温度下进行应力释放，效果会很好。而在另外有些情况下，在允许温度范围的下限温度下进行完全固溶退火，消除应力效果可能最佳，不过此时可能会使材料发生反常晶粒长大[44]。

（2）加热速率和冷却速率：在对这些高性能合金进行热处理时，加热和冷却速率都应尽可能快。一般来说，快速加热升温有益，有利于最大程度降低在加热周期内碳化物析出，并能保留从冷或温加工过程中获得的能量。缓慢加热获得的晶粒可能比其他方式加热所预期或要求的更加精细一些，尤其是对于那些在退火温度下保持时间有限的薄壁零件。对于某些合金，为减少其中晶界碳化物析出和其他可能发生的相反应，在轧后退火处理后，需要快速冷却通过980～540℃这一温度区间。而且，考虑到设备的限制以及零件畸变最小的需求，从固溶退火温度降至540℃以下这一过程，其冷却速率应尽可能快。如有可能，首选水淬[44]。

11.6.5.3.2.5　保护气氛的使用

大多数高性能合金，可在氧化性环境中进行退火处理，但是此时合金表面会产生一层结合牢固的氧化皮，而在进一步加工处理之前，通常必须清除掉这层氧化皮。有些高温合金，其中含有铬元素。对这类含铬合金材料进行退火处理，应在中性至轻微还原性气氛环境中进行。在期望获得光亮表面时，可采取保护气氛退火，这一点对所有这类材料都适用。这种退火最好是在低露点的氢气环境中进行。当然，退火也可在氩气和氦气气氛中进行。一般来说，在氮气或裂解氨气中进行退火，肯定不是首选，但在某些情况下也可以接受。真空退火通常都可以接受，但也有可能产生浮色，与处理设备和温度有关。此外，强制气冷所用气体也会影响真空处理效果。一般来说，氦气是首选保护气体，其次是氩气和氮气[44]。

11.6.5.4　耐蚀性

高性能合金一般都会与氧发生反应，环境对这类合金的一个主要影响就是氧化。中等温度下，即约870℃及以下，一般的均匀氧化并不是一个大问题。但是在较高温度下，工业镍基和钴基高性能合金，都会发生氧腐蚀。在温度低于1200℃时，合金抗氧化能力与铬含量相关，因为铬可在合金表面形成保护性的氧化铬（Cr_2O_3）膜。在此温度之上，铬和铝协同作用可增强抗氧化性。后者（铝元素）使表面形成保护性氧化铝膜。铬含量越高，形成高保护性氧化铝（Al_2O_3）膜所需的铝含量可能越低[40]。

在运行温度低于875℃时，由于选择性熔剂的作用，高性能合金的氧化可能会加速。硫化就是一个已经实践证明的加速氧化过程的实例。这种热腐蚀过程可分为两种情况：低温和高温。防止硫化的主要方法就是在基体合金中添加高含量铬（>20%）。尽管钴基高性能合金和许多铁镍基高性能合金的含铬量都在此范围之内，但大多数镍基高性能合金，特别是那些高蠕变断裂强度型合金，并非如此[40]。在较低温度下，镍基和铁镍基高性能合金都有可能发生应力腐蚀开裂（SCC）。关于这类合金的低温氢脆，也已有报道。

在很多含氯化物的还原性介质中，不锈钢都会发生腐蚀，但是镍及其合金一般皆具有良好的耐蚀性。添加钼和铜可以进一步增强镍合金对还原性介质的耐蚀性。含钼28%的合金B（N10001）可耐盐酸腐蚀。含铜30%的蒙乃尔（Monel）400（N04400）在天然水和换热器中广泛应用。蒙乃尔（Monel）400对盐酸也具有良好的耐蚀性，但是有可能发生应力腐蚀开裂（SCC）。尽管蒙乃尔（Monel）400的应用场合与不锈钢S31600类似，但是其腐蚀行为在很多方面与不锈钢相反。例如：蒙乃尔（Monel）400耐氧化性介质性能差，但是不锈钢对氧化性介质的耐蚀性很好。如果在镍合金中添加铬，将可提高镍合金在很多不同种类的氧化性和还原性介质的耐蚀性。因科耐尔（Inconel）600就是一个很好的示例。如果再加入钼，如哈氏合金（Hastelloy）C（N10002），合金将可以耐更大范围的还原性和氧化性介质的腐蚀，而且还具有非常优异的耐氯离子点蚀性能。

这些高镍合金可耐高温氯化物环境中的穿晶型应力腐蚀开裂（SCC），而常规奥氏体不锈钢对这类腐蚀非常敏感。不过有趣的是，S43000不锈钢也耐这类腐蚀环境。含铬的高镍合金，其耐点蚀性能一般都优于不锈钢，但是对晶间腐蚀（IGC）更敏感，因为：

（1）随着镍含量增加，碳在奥氏体中的溶解度降低，从而增大了形成碳化铬的倾向；

（2）一般来说，合金中合金元素含量越高，金属间化合物越容易析出，必定会消耗合金基体组织中镍、钼等，从而导致合金耐蚀性降低。

碳化铬及其他一些金属间化合物在大约600～1000℃温度范围内会析出。因此，这类合金作为焊接材料使用，会受到一定限制。此外，在高温水（300℃）环境中，因科耐尔（Inconel）600也曾发生过应力加速晶间腐蚀（IGC）。

哈氏合金（Hastelloy）由于具有优异的耐蚀性，在化工行业中的应用已越来越广泛。哈氏合金的特点是：不仅具有很高的耐均匀腐蚀性能、出色的耐局部腐蚀性能、优异的抗应力腐蚀开裂（SCC）性，并且焊接和制造容易。最通用的哈氏合金是C系。哈氏合金C-22（N06022）特别能耐点蚀和缝隙腐蚀。这种合金在极具腐蚀性的烟气脱硫（FGD）系统以及最复杂的制药反应器中广泛使用。

11.6.5.4.1　镍基合金

工业纯镍（N02200）很少在工业水环境中使用，但是在淡水和海水环境中，蒙乃尔400（N04400）的应用很广泛。镍基合金耐海洋生物污损能力不如铜基合金。与很多其他材料一样，也必须避免形成缝隙，以预防镍基合金在含溶解氧的水中发生点蚀。不过，蒙乃尔合金已在海水蒸发器中使用，白铜已用于制造管道和换热器管。

在中性和微酸性溶液中，镍通常都具有良好的耐蚀性，在食品工业中广泛应用。不过，镍不能耐强氧化性溶液，如硝酸和氨。此外，镍还是一种制造高温高强合金的良好基材。但是，在高温含硫气氛中，镍及其合金会发生腐蚀和脆化。

与不锈钢类似，镍及其合金可以提供很宽泛的耐蚀性能。但是，相比于铁，镍固溶体可以容纳更高含量的合金元素，主要是铬、钼及钨。因此，与不锈钢相比，镍基合金通常可用在更苛刻的环境之中。事实上，为了稳定面心立方（fcc）的奥氏体相，某些高合金含量的不锈钢中会添加高含量镍，因此这种高合金含量的不锈钢与镍基合金之间的界限其实很难区分。镍基合金的成分范围很宽，包括从工业纯镍到含有多种合金元素的复杂合金[41]。

无铬的镍合金表面形成的氧化膜是 NiO。在低温水中，镍表面会形成一层薄薄的肉眼几乎看不见的黄色膜层。在锅炉水中，镍表面氧化膜呈暗灰色，且轻微粉化。

在高温水环境下，含铬的镍合金表面会形成尖晶石氧化物（M_3O_4），其中 M 是指铬、镍或铁等金属原子。在氯化物水溶液中，因科耐尔（Inconel）（N06600）和因科洛伊（Incoloy）（N08800）等这类不含钼的镍合金容易发生点蚀。而因科洛伊（Incoloy）825（N08825）这种含钼镍合金，在耐氯化物点蚀方面有实质性改善，某些高钼牌号镍合金，如合金 C-276（N10276）和合金 625，甚至可以耐热海水。

镍基合金体系中，最重要的腐蚀类型有均匀腐蚀、点蚀和缝隙腐蚀、晶间腐蚀（IGC）和电偶腐蚀。另外，应力腐蚀开裂（SCC）、腐蚀疲劳和氢脆也很重要。无论评估合金在何种服役环境中的性能，确定介质环境组成都至关重要，对于液态环境而言，环境与合金之间的电化学作用也必须考虑。镍钼哈氏合金（Hastelloy）B-2（N10665）就是一个很好的实例。此合金在除气的纯硫酸（H_2SO_4）和盐酸（HCl）溶液中的耐蚀性能非常好，但是当溶液中存在氧和三价铁离子等氧化性杂质时，其性能会急剧劣化。

11.6.5.4.1.1　镍基合金在酸性介质中

硫酸是最常见的化学工业介质环境。随着酸的浓度和杂质含量不同，硫酸的电化学性质会发生很大变化。一般认为，浓度不超过约 50%～60%的纯硫酸，是非氧化性酸，而超过此浓度后，硫酸具有氧化性。通常，在硫酸浓度不超过 90%时，镍基合金腐蚀速率会随着酸浓度增大而增大。更高浓度的硫酸通常对镍基合金的腐蚀性较低[41]。氧化性杂质可能对镍铬钼合金有利，因为这种氧化性杂质可促进钝化膜形成，从而抑制腐蚀。氯离子的存在（Cl^-）是影响腐蚀的另一个重要因素。通常，氯离子会加速腐蚀，但对于不同合金，腐蚀加速程度各异。

在室温下浓度不超过 10%的除气盐酸中，工业纯镍（N02200 和 N02201）和蒙乃尔（Monel）合金的腐蚀速率皆低于 0.25mm/a。在浓度低于 0.5%的盐酸中，这些合金的使用温度可达到 200℃左右。

氧化性介质，如二价铜离子、三价铁离子和铬酸根离子或曝气等，会使镍合金的腐蚀速率明显增大。但是镍铬钼合金，如因科洛伊（Incoloy）625（N06625）或哈氏合金（Hastelloy）C-276（N10276），在这些氧化性环境中具有良好的耐蚀性，因为氧化性介质可促进合金钝化。

此外，镍铬钼合金还表现出对纯盐酸的高耐蚀性。例如：合金 C-276、625 和 C-22 都显示出了对高温稀盐酸的优异耐蚀性，在室温下很宽浓度范围的盐酸中，这些合金也具有很高的耐蚀性。这些合金对盐酸的耐蚀性取决于合金中的钼含量。在所有镍基合金中，含钼量最高的合金［如哈氏合金（Hastelloy）B-2］显示出对盐酸的耐蚀性最佳。因此，此合金可用在有关热盐酸或非氧化性氯盐分解生产盐酸的各种工艺设备中[41]。

对于镍基合金在硝酸介质中的耐蚀性而言，铬是其中必不可少的合金元素，因为铬在这种环境中很容易形成钝化膜。因此，铬含量越高，镍合金在硝酸中的耐蚀性越好。在这类环境中，铬含量最高的镍基合金，如哈氏合金（Hastelloy）G-30（N06030），其耐蚀性似乎也最高。不过，钼一般对合金在硝酸中的耐蚀性不利。

11.6.5.4.1.2 氯离子环境中的点蚀

在氧化性氯离子环境中，镍铬钼合金，如哈氏合金（Hastelloy）C-22 和 C-276 以及因科耐尔（Inconel）625，都显示出了非常高的耐蚀性。表 11.23 列出了各种镍铬钼合金在氧化性氯离子溶液中的临界点蚀温度。在含氯离子环境中，点蚀最常见，不过，也有报道指出，其他卤素离子和某些硫化物也能诱发点蚀。评价材料耐点蚀性的方法有多种。临界点蚀电位（击穿电位）和点蚀保护电位分别表示能诱发点蚀和使点蚀生长停止时对应的临界电极电位。对于某一具体合金而言，这些电位与溶液浓度、pH 值以及温度有关，其值越正，表明合金的耐点蚀性越好。临界点蚀温度（即低于此温度时，点蚀不会发生）也常作为一个耐点蚀性能的衡量指标，尤其是对于高耐蚀性合金（表 11.23）。业已证明，铬和钼添加剂对提高合金的耐点蚀能力非常有利[41]。

表 11.23 镍合金在 6%$FeCl_3$ 溶液中浸泡 24h 后的临界点蚀温度

合金	UNS(美国牌号)	临界点蚀温度/℃	
825	N08825	0.0	0.0
904L	N08904	2.5	5.0
317LM	S31725	2.5	2.5
G	N06007	25.0	25.0
G-3	N06985	25.0	25.0
C-4	N06455	37.5	37.5
625	N06625	35.0	40.0
C-276	N10276	60.0	65.0
C-22	N06022	70.0	70.0

11.6.5.4.2 钴基合金

有关纯钴的腐蚀行为的研究记载不如镍的那样广泛。但是其实，钴的腐蚀行为与镍的很类似，只不过总体上而言，钴的耐蚀性低于镍。例如：在 0.5mol/L 的硫酸溶液中，钴显示出与镍相似的钝化行为，但是其临界致钝电流密度比镍的大 14 倍。目前，已有研究者对钴铬二元合金进行了一些研究。他们发现：在钴基合金中，仅需含 10%的铬就足以使阳极致钝电流密度从 $500mA/cm^2$ 降至 $1mA/cm^2$；而对于镍基合金，将其阳极致钝电流密度降至同等水平，所需铬含量为 14%左右。

不过应当注意：所有钴基合金，无论其中铬和钼含量是多少，在稀硫酸（H_2SO_4）中都显示出相似的耐蚀性。因此，高铬的钴基合金与低铬的钴基合金在稀硫酸（H_2SO_4）中的腐蚀速率基本相同。镍铁铬钼合金也具有类似的腐蚀规律。对于镍铁铬钼合金和钴基合金而言，只要其中含有最低量的铬和钼或钨元素，镍和钴元素含量就能决定合金在硫酸（H_2SO_4）和盐酸（HCl）中的腐蚀行为。事实上，在浓度不是非常低的盐酸（HCl）中，锻造钴基合金的耐蚀性并不好[42]。不过，大量工业钴基合金在稀硝酸中的耐蚀性相当好，因为其中都含有相当数量的铬。而在强氧化性铬酸中，无论是含铬的钴基还是镍基合金，其耐蚀性都不好，可能是因为在此酸中形成的氧化铬钝化膜并不稳定[42]。

11.6.5.4.2.1 环境脆化和应力腐蚀开裂

钴基合金主要用于高温环境。一般认为，在这种高温应用环境中，氢脆和应力腐蚀开裂（SCC）其实并不重要。但是，当钴基合金在腐蚀性水溶液环境中使用时，这两种形式开裂可能变得都很重要，不能忽视。钴基合金可在那些能引发钢氢脆失效的环境中使用。即使在最严苛的充氢环境中，退火态的钴基合金也并未显示出明显的氢脆敏感性。在冷加工至超过其屈服强度（1380MPa）的水平时，钴基合金可能仍然未发生脆化[42]。

不过，在高温浓缩氢氧化钠溶液中（如：50%氢氧化钠，温度＞200℃），合金 200（N02200）和蒙乃尔（Monel）400（N04400）皆有可能发生应力腐蚀开裂（SCC），但是其耐蚀性仍比奥氏体不锈钢高一个数量级。纯镍甚至比因科耐尔（Inconel）合金更耐蚀。在温度大约 450℃以上的环境中，推荐使用低碳含量牌号的镍（＜0.02%碳）。目前，有关哈氏合金（Hastelloy）B 的应力腐蚀开裂（SCC）尚未见相关实例报道。

此外，在同时含氧的氢氟酸蒸汽环境中，蒙乃尔合金（Monel）400 也容易发生应力腐蚀开裂（SCC）。很显然，当处于完全浸没状态时，蒙乃尔合金（Monel）400 并不会发生开裂。因此，充入氮气保护可以防止大气中水分和氧的进入，从而抑制应力腐蚀开裂（SCC）。但是，温和的全面腐蚀和铜沉积腐蚀可能与应力腐蚀开裂（SCC）一起同时发生。钴基合金的另一个重要特点是：当耐蚀合金中镍含量超过 30%之后，其抗应力腐蚀开裂（SCC）性能会显著提高。例如，因科耐尔（Inconel）合金就具有优异的耐应力腐蚀开裂（SCC）性能。

11.6.5.5 高性能合金的应用

高性能合金可以采用铸造、轧制、挤压、锻造、粉末加工等方式进行加工，且可以加工制成各种不同形状，如薄板、棒材、板材、管材、翼型、圆盘、压力容器等。高性能合金已在飞机、工业和船用燃气轮机、核反应堆、飞机蒙皮、航天器结构件、石油化工生产以及环保领域得到大量应用。尽管高性能合金是针对高温环境而开发，但有些合金也可在低温环境下使用。

此外，在炼油和石化装置中，对于那些要求设备既能耐低温的液相和气相腐蚀同时能耐高温的场合，镍铬铁合金的应用也很广泛。表 11.24 介绍了在一些非常苛刻的服役环境中，预期可以获得满意效果的主要高性能合金和高度合金化的不锈钢的实际腐蚀行为。

表 11.24 高性能合金和某些高合金化不锈钢的简要描述、耐蚀性及其应用

合金 20Cb-3(N08029)
• 简要描述及耐蚀性
该合金镍含量高，同时含有铬、钼和铜，具有很好的耐点蚀和氯离子应力腐蚀开裂性能。含铜与其他元素相结合，赋予该合金在各种浓度的硫酸环境中非常优异的耐蚀性。添加铌稳定了热影响区的碳化物，因此该合金可以在焊态下使用。此外，合金 20 还具有良好的机械性能以及相当好的加工性能
• 应用
合金 20 是一个高度合金化的铁基镍铬钼不锈钢，主要针对硫酸相关的工艺环境而开发。除了用于硫酸相关工艺环境之外，在化工、制药、食品、塑料、合成纤维、酸洗、烟气脱硫(FGD)系统及其他一些典型应用环境中，该合金也具有很好的耐蚀性
合金 25(R30605)
• 简要描述及耐蚀性
合金 25 是一种钴镍铬钨合金，具有优异的高温强度和良好的耐氧化性能，耐温性可达约 980℃。在含硫介质环境中，合金 25 也具有良好的耐蚀性，此外，合金 25 还具有良好的耐磨性，有些轴承和阀门就是采用这种冷加工态的合金制造。
• 应用
合金 25 主要用于制造航空航天结构零件、早期使用的燃气涡轮机的内部构件，在大量的工业领域也有很多应用

续表

合金 188(R30188)
• **简要描述及耐蚀性** 合金 188 也是一种钴镍铬钨合金，是合金 25 的升级。它兼具优异的高温强度与耐氧化性，耐温可达约 1095℃。其热稳定性比合金 25 好，且更容易加工。此外，合金 188 还具有比大多数固溶强化合金更优异的抗低周疲劳性能，而且该合金耐热腐蚀性能也非常好。 • **应用** 它广泛用于军用和民用燃气轮机中，以及各种工业应用领域
合金 230(N06230)
• **简要描述及耐蚀性** 合金 230 是一种镍铬钨钼合金，兼具优异的高温强度、突出的耐氧化性能(耐氧化温度高达 1150℃)、极好的耐氮化性能以及优异的长期热稳定性。此外，合金 230 比大多数高温合金的膨胀系数都要小，并且还具有非常好的抗低周疲劳性能，且可以显著抑制高温长期暴露下晶粒粗化。合金 230 零件加工制造很容易，采用常规工艺就可制备，而且该合金也可以铸造。 • **应用** 合金 230 的主要应用包括： ○ 锻造和铸造燃气轮机的定子； ○ 航空航天结构件； ○ 化学加工和动力设备内部构件； ○ 热处理设备和固定装置； ○ 蒸汽处理设备内部件
钴合金 6B(R30016)
• **简要描述及耐蚀性** 钴合金 6B 是一种含铬钨的钴基合金，可用于存在卡齿、刮擦和磨损等作用的耐磨性场合。钴合金 6B 具有良好的耐擦伤磨损性能、摩擦系数低，在很多情况下可与其他金属滑动接触，而不会造成黏着磨损。在无润滑剂或无法使用润滑剂的应用场合中，该合金可最大程度地降低卡死和刮擦损伤。 对于大多数磨损类型，钴合金 6B 皆具有优异的耐磨损性能。它的耐磨性是其自身固有的特性，并非通过冷加工、热处理或任何其他方法处理获得。正是由于钴合金 6B 的这一固有特性还可以减少热处理和加工后处理的次数。此外，钴合金 6B 还具有突出的耐空泡腐蚀性能(空蚀)。采用钴合金 6B 制造的蒸汽轮机防蚀罩，可以保护涡轮叶片持续服役多年。另外，钴合金 6B 还具有良好的耐冲击和抗热震性能，可以抵抗高温和氧化，即使在炽热状态下也可以保持高硬度(红硬性)(在随后冷却后，可以完全恢复初始硬度)，并且可耐各种腐蚀性介质。钴合金 6B 适用于那些需要材料同时具有耐磨和耐蚀的应用场合。 • **应用** 钴合金 6B 的应用场合主要包括螺旋输送机中对开套筒和半轴套管、瓷砖制造机、岩石破碎辊、钢筋水泥加工设备等。此外，钴合金 6B 非常适合用来制造阀门零件、泵活塞。其他应用还包括： ○ 蒸汽涡轮机抗磨防蚀罩； ○ 电锯导轨； ○ 高温轴承； ○ 炉风机叶片； ○ 阀杆； ○ 食品加工设备； ○ 针型阀； ○ 离心机内衬； ○ 热挤压模具； ○ 成形模； ○ 喷嘴； ○ 挤出机螺杆
钴合金 6BH(R30016)
• **简要描述及耐蚀性** 钴合金 6BH 与钴合金 6B 化学成分相同，但是钴合金 6BH 经过了热轧再时效硬化处理。热轧后直接时效硬化处理，使合金获得最大硬度和耐磨性。这种处理的好处是延长了磨损寿命、保留边刃特性、提高了硬度。除了上述这些性能之外，钴合金 6BH 还保留了常规钴合金 6B 的抗擦伤磨损性。目前在业内，钴合金 6BH 仍然被认为是一种尖端材料。其经济优势在于长磨损寿命、少故障停工时间和更少的更换次数。

续表

钴合金 6BH(R30016)
• 应用 蒸汽轮机防蚀罩、电锯导杆、高温轴承、炉内风机叶片、阀杆、食品加工设备、针阀、离心机内衬、热挤压模、成形模、喷嘴、挤出机螺杆以及其他各种耐磨表面。钴合金 6BH 也可应用在瓷砖制造机、岩石破碎辊、钢筋水泥加工机。此外,钴合金 6BH 也是非常适用于制造阀门零件、泵活塞
超级双相不锈钢 F255(S32550)
• 简要描述及耐蚀性 此合金(Ferralium 255)具有高的临界点蚀温度和临界缝隙腐蚀温度,比低合金含量的不锈钢材料的耐点蚀和缝隙腐蚀能力更强。此合金具有非常高的屈服强度和良好的延展性,因此工艺设备壁厚可以减小。 • 应用 在化学、海洋、冶金、市政卫生、塑料、石油和天然气、石油化工、污染防治、湿磷酸、造纸和金属加工等很多工业应用领域,选用合金 255 都很经济划算。该合金之所以被称为“超级”,是因为合金 255 比普通不锈钢中合金成分更高,且具有更优异的耐蚀性,可用于传统不锈钢性能不足或不是最好的场合。一个很好的实例就是造纸工业。在造纸业中,大量环保法规的颁布实施,迫使工厂业主不得不对工艺液体进行循环利用,以减少废液排放节约支出,但由此导致一系列的腐蚀问题。在密闭系统中,随着时间延长,氯离子等化学介质会发生浓缩,形成强腐蚀性的浓缩液。造纸商们已发现:先前服役状态很好的普通不锈钢设备,已无法适用于现在的很多场合。 合金 255 是一个经济划算的备选材料,可替代镍合金、合金 20、黄铜和青铜等。过去长期以来,在海洋环境中所使用的材料主要是海军锡青铜。但是目前,在海上平台、甲板装备、方向舵和轴类等应用场合,合金 255 正逐渐取代海军锡青铜以及镍合金。在一些镍合金和高性能合金的“临界”腐蚀应用场合,合金 255 已逐渐得到应用,因为在目前看来,这些场合中使用镍合金和高性能合金可能并非绝对必要。有时,合金 255 甚至还用来替代磷酸介质中所使用的高性能镍铬钼氟铜合金
哈氏合金 C-276(N10276)
• 简要描述及耐蚀性 镍铬钼可锻合金被认为是一种最通用的实用耐蚀合金。此合金可以抑制焊接热影响区晶界沉淀相形成,因此,焊态哈氏合金 C-276 可直接用于大多数化工工艺应用环境。此外,合金 C-276 还具有优异的耐点蚀和应力腐蚀开裂性能,并且可以耐温度高达 1050℃的氧化性气氛。在大量各种化学介质环境中,合金 C-276 都具有优异的耐蚀性。 哈氏合金 C-276 是镍铬钼合金,具有通用于多种环境的耐蚀性,其他任何合金都无法与之相比。在大量不同化学工艺介质中,它都具有突出的耐蚀性,包括氯化铁和氯化铜、受污染的热无机酸、有机溶剂、氯及含氯介质(包括有机和无机)、干氯、甲酸和乙酸、乙酸酐、海水和盐水、次氯酸盐和二氧化氯溶液。此外,合金 C-276 还能抑制焊接热影响区晶界沉淀相形成,焊态哈氏合金 C-276 可直接用于大多数化工工艺应用环境。而且,它还具有优异的耐点蚀和应力腐蚀开裂性能。 它是为数不多的可以耐湿氯气、次氯酸盐和二氧化氯溶液腐蚀的合金之一。它对氯化铁和氯化铜等氧化性盐溶液皆具有优异的耐蚀性。其焊接状态下也不易产生晶界析出相,因此它适用于很多化工应用场合。 • 应用 哈氏合金 C-276 的一些典型应用场合包括:化学和石油化工行业中处理有机氯化物以及利用氯化物或酸作为催化剂的工艺设备的零部件。在其他行业中的应用有:纸浆和造纸(蒸煮器和漂泊区域)、洗涤器和烟气脱硫系统导管、制药和食品加工设备
哈氏合金 B-2(N10665)
• 简要描述及耐蚀性 哈氏合金 B-2 是一种镍钼合金,在氯化氢气体、硫酸、乙酸和磷酸等还原性介质环境中,具有优异的耐蚀性。此外,合金 B-2 还可以耐纯硫酸以及大量非氧化性酸。但是,在氧化性介质或含有氧化性杂质的还原性介质中,合金 B-2 不适用。如果在含铁或铜的盐酸环境中使用,合金 B-2 可能会提前失效。这种可以耐各种有机酸和耐氯化物诱导应力腐蚀开裂性能的材料,广受工业用户欢迎。 合金 B-2 能抑制焊接热影响区晶界碳化物沉淀析出,其焊态材料可直接用于大多数化工工艺应用环境中。热影响区碳化物或其他析出相的减少,提高了合金的耐均匀腐蚀性能。此外,合金 B-2 还具有优异的耐点蚀和应力腐蚀开裂性能。 • 应用 在盐酸、氯化铝催化剂及其他强还原性化学介质中,该合金具有优异的耐蚀性。在惰性气氛和真空环境中,该合金还具有优异的高温强度性能。哈氏合金 B-2 是一种镍钼合金,尤其适合制造处理还原性化学介质的设备。它还可用在硫酸、磷酸、盐酸和乙酸等化学工业环境中。它的适用温度从室温到 820℃,与环境相关(请咨询技术顾问)

续表

哈氏合金 C-22(N06022)
• **简要描述及耐蚀性** 哈氏合金 C-22 是一种镍铬钼合金，具有高的耐点蚀、缝隙腐蚀及应力腐蚀开裂性能。它同样可以抑制焊接热影响区晶界碳化物沉淀析出，可以焊态直接应用。合金 C-22 同时具有优异的耐还原性介质和氧化性介质的性能，因此可用于那些腐蚀环境可能很“混乱”的场合。此外，作为消耗性焊料丝和电极，它还具有优异的焊接性和高的耐蚀性。合金 C-22 作为焊丝可在很多场合使用，包括很多其他耐蚀性焊丝难以适用的场合。 在氧化性腐蚀介质中，合金 C-22 比 C-4、C-276 和 625 合金的耐均匀腐蚀能力更强。合金 C-22 具有突出的耐局部腐蚀性能以及优异的耐应力腐蚀开裂性。合金 C-22 是最好的通用型焊料合金，可以抵御焊缝腐蚀。 • **应用** 由于其延展性好，合金 C-22 冷加工很容易，因此冷加工成形是其首选成形方式。但是由于该合金通常比奥氏体不锈钢硬，因此加工时需要的能量更高
哈氏合金 G-30(N06030)
• **简要描述及耐蚀性** 哈氏合金 G-30 是镍铬铁钼铜合金 G3 的升级牌号。哈氏合金 G-30 中铬含量更高，并添加钴和钨，在工业磷酸以及含硝酸/盐酸、硝酸/氢氟酸和硫酸等强氧化性酸的复杂环境中，其耐蚀性优于大多数其他镍基合金和铁基合金。哈氏合金 G-30 能抑制焊接热影响区晶界碳化物沉淀析出，可以焊态直接应用。 • **应用** 在加工成形性能方面，哈氏合金 G-30 基本与其他高性能合金相同。但是，它通常比奥氏体不锈钢硬。哈氏合金 G-30 具有良好的延展性，冷加工相当容易，是其首选成形方式。哈氏合金 G-30 焊接也很容易，可采用钨极气体保护弧焊、金属极气体保护弧焊和自保护金属极弧焊。焊接特点与 G-3 相似
哈氏合金 X(N06002)
• **简要描述及耐蚀性** 哈氏合金 X 是一种镍铬铁钼合金，兼具优异的耐氧化性、可加工性和高温强度。合金 X 是在燃气涡轮机零件中应用最广泛的镍基超级合金之一。这种固溶强化型合金具有良好的强度和优异的耐氧化性能，可耐 1093℃(2000℉)以上高温。哈氏合金 X 具有优异的耐还原性或碳化气氛的性能，可用来制造熔炉部件。但是由于哈氏合金 X 中钼含量高，在 1200℃高温下有可能发生灾难性的氧化。 在石油化工环境、碳化和氮化环境中，哈氏合金 X 都具有非常好的抗应力腐蚀开裂性能。它是一种兼具优异高温强度和耐氧化性能的锻造镍基合金。而且它还具有非常好的抗应力腐蚀开裂能力。其成形加工和焊接产品的外形都很好。尽管这种合金主要以耐热和耐氧化而著称，但是它同样具有良好的抗氯化物应力腐蚀开裂性以及耐碳化性能。 • **应用** 哈氏合金 X 可用于制造石油化工加工处理设备和燃气轮机热燃烧区内部件。因为其优异的耐氧化性，哈氏合金 X 还可用于制造工业炉窑中的结构部件。因为哈氏合金 X 具有独特的耐氧化性、还原性和中性气氛的特性，特别推荐在熔炉应用场合使用。采用此合金制造的熔炉辊轴在 1200℃高温下运行 8700h 后，仍然保持良好状态。用于承载重负荷的炉内托盘，在温度高达 1250℃的氧化性气氛中使用，没有变形弯曲或卷曲。合金 X 是特别适合制造喷气发动机排气管、加力燃烧室部件、涡轮叶片、喷嘴环叶片、加热舱以及其他飞机零件。 合金 X 广泛用于制备燃气轮机燃烧区零件，如过渡导气管、燃烧室腔体、喷油管、火焰稳定器以及加力燃烧室内、排气管、加热舱。因为它拥有独特的耐氧化性、还原性和中性气氛的性能，推荐用于工业熔炉。此合金制造的炉内辊轴在 1177℃高温下运行 8700h 后，仍然保持良好状态。合金 X 还可用于化学加工行业，如蒸馏釜、马弗炉、催化剂载体格栅、炉内导流板、高温热解运行管道及急骤干燥器部件
因科洛伊(Incoloy)合金 800(N08800)
• **简要描述及耐蚀性** 该合金是镍铁铬合金，具有高强度以及优异的耐高温氧化和碳化气氛的性能。而且，该合金可耐很多水溶液环境中的腐蚀。此外，该合金在高温环境长期暴露下可以保持稳定的奥氏体结构。 • **应用** ○ 工艺管道； ○ 换热器； ○ 渗碳设备； ○ 加热元件护板； ○ 核电蒸汽发生器管

续表

因科洛伊(Incoloy)合金 825(N08825)

• **简要描述及耐蚀性**

该合金是添加钼和铜的镍铁铬合金。它对还原性酸和氧化性酸皆有优异的耐蚀性，而且还具有优异的耐应力腐蚀开裂以及点蚀和缝隙腐蚀等局部腐蚀性能。该合金特别能耐硫酸和草酸。

• **应用**

○ 化学品加工；
○ 污染防治设备；
○ 油气井管道；
○ 核燃料后处理；
○ 酸的生产；
○ 酸洗设备

因科洛伊(Incoloy)合金 925(N09925)

• **简要描述及耐蚀性**

该合金是一种可沉淀硬化的含钼和铜的镍铁铬合金。它结合了沉淀硬化合金的高强度特点以及合金 825 优异的耐蚀性。在大量含硫化物和氯化物的水溶液环境中，该合金皆具有出色的耐均匀腐蚀、点蚀、缝隙腐蚀和应力腐蚀开裂性能。

• **应用**

○ 酸性气井的地面和井内设备；
○ 石油开采设备

因科耐尔(Inconel)合金 600(N06600)

• **简要描述及耐蚀性**

合金 600 是一种镍铬合金，设计使用温度范围是从低温到 1093℃高温。合金镍含量高，在还原性介质条件具有很好的耐蚀性，可以抵抗许多有机和无机化合物的腐蚀。此外，合金含镍，赋予其优异的耐氯离子应力腐蚀开裂性能，同时使其在碱性溶液中具有优异的耐蚀性能。

合金含铬赋予其耐硫化物和各种氧化性介质腐蚀的性能。合金含铬使其在氧化性介质中的耐蚀性优于纯镍。但是在强氧化性溶液中，如热浓硝酸，合金 600 耐蚀性很差。在大量中性和碱性盐溶液中，此合金也相当耐蚀，因此可用于一些氢氧化钠环境中。合金 600 还可以抵抗水蒸气以及水蒸气、空气和二氧化碳混合气的腐蚀。

合金 600 无磁性，具有优异的机械性能，兼具高强度和良好的加工性能，且容易焊接。合金 600 具有良好的冷加工性能，与常规铬镍不锈钢相当。合金 600 可以耐多种腐蚀介质。合金含铬使其比合金 200 和 201 在氧化性介质中的耐蚀性更好，同时高镍含量又使其具有良好的耐还原性介质的性能。此外，该合金还具有如下特性：

○ 几乎不发生氯离子应力腐蚀开裂；
○ 对乙酸、甲酸和硬脂酸等有机酸表现出足够好的耐蚀性；
○ 在压水堆一回路和二回路用高纯水中具有优异的耐蚀性；
○ 在室温和高温的干氯气或氯化氢等干燥气体中，很少或几乎不受腐蚀。业已证明，在温度高达 550℃的这些介质中，该合金是最耐蚀的常规合金之一；
○ 高温条件下，退火和固溶退火处理后的合金，表现出良好的尺寸稳定性和高强度；
○ 耐含氨气氛以及氮气和碳化气体；
○ 在氧化性和还原性交替循环的环境中，该合金可能发生选择性氧化。

• **应用**

典型腐蚀应用领域包括二氧化钛的生产(氯化物工艺路线)、全氯乙烯合成、氯乙烯单体(VCM)以及氯化镁等工艺环境。合金 600 可用于制造化学品和食品加工、热处理、苯酚冷凝器、肥皂制备、蔬菜和脂肪酸的容器等。在核反应堆中，合金 600 可用于制造沸水反应堆中作为控制棒的入口短管、反应堆容器部件和密封件、蒸汽干燥器以及分离器。在压水反应堆中，它可用作控制棒导管、蒸汽折流板。其他应用还有：

○ 热电偶外壳；
○ 二氯乙烯(EDC)裂解管；
○ 二氧化铀与氢氟酸转化生成的反应器；
○ 苛性碱的生产，特别是硫化物存在时；
○ 氯乙烯生产中使用的反应器和换热管；
○ 氯代烃和氟代烃的生产工艺设备；
○ 炉膛密封件，风扇和固定装置；
○ 辊炉和辐射管，特别是在碳氮共渗过程中

续表

因科耐尔(Inconel)合金 601(N06601)
• **简要描述及耐蚀性** 合金 601 最重要的性质是在高达 1250℃温度下的抗氧化性能，即使在循环加热和冷却的苛刻条件下。这可能是由于合金 601 表面牢固附着的氧化膜层的抗剥落性能很好。该合金还具有如下特性： ○ 抗碳化性能很好，也能耐碳氮共渗作用； ○ 由于含铬高和一定量的铝，在高温含硫的氧化性气氛中表现出良好的耐蚀性。 • **应用** ○ 在渗碳和碳氮共渗等各种热处理中，用作搁物盘、搁物篮以及卡具等； ○ 耐火锚栓、退火用绞线及辐射管、高速燃气燃烧器、丝网带等； ○ 氨转化炉的绝缘罐和硝酸生产中使用的催化剂支撑栅； ○ 汽油发动机排气系统中热反应器； ○ 燃烧室； ○ 发电行业中管支架和灰盘
因科耐尔(Inconel)合金 625(N06625)
• **简要描述及耐蚀性** 此合金具有优异的耐点蚀、缝隙腐蚀和应力腐蚀开裂性能，对大量有机酸和无机物都具有很高的耐蚀性，且拥有良好的高温强度。该合金的其他特性如下： ○ 在极低和极高温度环境下皆具有优异的机械性能； ○ 突出的耐点蚀、缝隙腐蚀和晶间腐蚀性能； ○ 几乎完全不会发生氯化物应力腐蚀开裂； ○ 高耐氧化性，可耐 1050℃的高温； ○ 良好的耐硝酸、磷酸、盐酸以及碱腐蚀的性能，应用该材料可减小高传热结构零件的壁厚。 • **应用** ○ 需要暴露在海水和高机械应力下的部件； ○ 在温度超过 150℃且存在硫化氢和硫黄环境的油气开采设备； ○ 暴露在烟道废气或烟气脱硫设备的部件； ○ 海上石油平台上的燃烧烟囱； ○ 焦油砂和油页岩回收工程中的碳氢化合物的加工处理设备
因科耐尔(Inconel)合金 718(N07718)
• **简要描述及耐蚀性** 该合金是一种 γ' 相增强的合金，具有优异的高温和低温机械性能，适用温度可达 700℃。该合金容易加工，且可以时效硬化处理。该合金在－250～705℃温度范围内可以保持高强度。它可在完全时效状态下时效硬化且可以焊接，具有优异的耐氧化性，温度可高达 980℃。 • **应用** 该合金常常用于燃气轮机部件和低温储罐。如喷气式发动机、泵体和零件、火箭发动机和反推装置、核燃料元件垫片、热挤压模具
蒙乃尔(Monel)合金 400(N04400)
• **简要描述及耐蚀性** 蒙乃尔合金 400 是一种镍铜合金，在多种介质中，皆具有优异的耐蚀性。该合金特点是具有良好的耐均匀腐蚀性能、良好的焊接性以及中高强度。该合金已应用于很多领域。它在高速流动的苦咸水或海水中具有优异的耐蚀性能。它对除气的盐酸和氢氟酸也特别耐蚀。该合金在室温下具有轻微磁性。该合金广泛用于化学工业、石油和海洋工业。 在大量的海洋和化学介质环境中，从纯水到非氧化性无机酸、碱和盐，该合金皆具有良好的耐蚀性。该合金在还原性介质中比镍耐蚀，在氧化性介质中比铜耐蚀，但是，在还原性介质中的耐蚀性比氧化性介质中的更好。该合金还具有如下特性： ○ 在零下至约 480℃温度范围内皆具有良好的机械性能； ○ 对硫酸和氢氟酸具有良好的耐蚀性，但充气将导致腐蚀速率增大。可用于处理盐酸，但存在氧化性盐时，腐蚀速率将急剧增大； ○ 对中性、碱性和酸性盐耐蚀，但对于氯化铁等氧化性酸性盐耐蚀性差； ○ 优异的耐氯离子应力腐蚀开裂性能。

续表

<table>
<tr><th>蒙乃尔(Monel)合金 400(N04400)</th></tr>
<tr><td>• 应用
○ 给水和蒸汽发生器管道；
○ 油轮惰性气体保护系统中的卤水加热器、海水洗涤器；
○ 硫酸和氢氟酸烷基化装置；
○ 酸洗槽加热盘管；
○ 各种行业中使用的换热器；
○ 炼油厂原油塔输送管道；
○ 核燃料生产中提炼铀和分离同位素的设备；
○ 全氯乙烯和氯化塑料生产中的泵和阀门；
○ 单乙醇胺(MEA)再沸管；
○ 炼油厂原油塔上部区域的包层；
○ 螺旋桨和泵轴</td></tr>
<tr><th>蒙乃尔(Monel)合金 500(N05500)</th></tr>
<tr><td>• 简要描述及耐蚀性
蒙乃尔合金 K-500 是一种镍铜合金，由于其中添加了铝和钛，因此可以沉淀硬化。蒙乃尔合金 K-500 保留了蒙乃尔合金 400 的优异耐蚀性，而且经沉淀硬化之后比合金 400 的强度和硬度更高。蒙乃尔合金 K-500 的屈服强度大约是蒙乃尔合金 400 的三倍，其拉伸强度约为蒙乃尔合金 400 的两倍。在沉淀硬化之前进行冷加工，可以进一步提高蒙乃尔合金 K-500 的强度。该合金在零下至约 480℃温度范围内，皆具有优异的机械性能。它可以耐大量海洋和化学介质环境的腐蚀，从纯水到非氧化性无机酸、碱和盐。
• 应用
该合金的典型应用是：利用其高强度和耐蚀性特点，制备舰船和海上钻井平台用泵轴、叶轮、传动轴、阀门组件以及油气开采生产中用连接紧固件、油井钻环以及仪表组件。该合金特别适合制造在海洋工业环境中使用的离心泵，因为它具有高强度且在高流速海水中腐蚀速率低</td></tr>
<tr><th>镍 200(N02200)</th></tr>
<tr><td>• 简要描述及耐蚀性
该合金是工业可锻纯镍，不仅在很宽的温度范围内具有良好的机械性能，而且在大量腐蚀性介质中(特别是氢氧化物介质中)具有优异的耐蚀性。镍 200 几乎可以热成形加工成任意形状。热成形加工的推荐温度范围是 650～1230℃，此温度区间应谨慎遵守，因为正确处理温度是获得热延展性最重要的影响因素。而且在开始加工前，还应掌握成形工艺的所有信息。镍 200 也可以采取传统工艺进行冷加工成形，但是因为镍合金比不锈钢硬得多，所以加工所需要的能量更高。该合金还有如下特性：
○ 对酸和碱都具有良好的耐蚀性，最常用于还原性介质环境；
○ 优异的耐苛性碱的性能，包括熔融状态；
○ 在酸、碱及中性盐溶液中，都具有良好的耐蚀性，但在氧化性盐溶液中会发生严重腐蚀；
○ 耐室温所有干燥气体，在干燥氯气和氯化氢气体环境中，其使用温度可达 550℃；
○ 对无机酸的耐蚀性与温度、浓度以及溶液是否充气有关。在除气酸中耐蚀性更好。
• 应用
○ 氢氧化钠的生产和处理，尤其是在温度超过 300℃的情况下；
○ 黏胶人造丝的生产、肥皂制造；
○ 苯胺盐酸盐的生产和脂肪族烃如苯、甲烷、乙烷的氯化反应；
○ 氯乙烯单体的生产；
○ 苯酚储罐和配送系统，完全不受苯酚侵蚀，可确保产品绝对纯度；
○ 制氟及氟与烃反应的反应器和容器</td></tr>
<tr><th>镍 201(N02201)</th></tr>
<tr><td>• 简要描述及耐蚀性
镍 201 几乎可热加工成任意形状。热成形加工的推荐温度范围是 650～1230℃，应谨慎遵守这一加工范围，因为正确的处理温度是获得热延展性最重要的影响因素。而且在开始加工前，还应掌握成形工艺所有信息。镍 201 可以采取传统方法进行冷加工成形，但是因为镍合金比不锈钢硬得多，所以加工所需能量更高。镍 201 是镍 200 的低碳含量牌号。在暴露环境温度超过 320℃ 的应用场合，镍 201 比镍 200 效果好。由于其基体硬度低以及加工硬化速率较低，该合金特别适合冷加工成形。该合金还具有如下特性：</td></tr>
</table>

续表

镍 201(N02201)
○ 良好的耐酸碱介质的腐蚀，最适用于还原性介质环境； ○ 优异的耐苛性碱性能，包括熔融状态； ○ 在酸、碱以及中性盐溶液中，皆具有良好的耐蚀性，但是在氧化性盐溶液中，会发生严重腐蚀； ○ 耐室温所有干燥气体，在干燥氯气和氯化氢气体环境中可用温度可达 550℃； ○ 对无机酸的耐蚀性与温度、浓度以及溶液是否充气有关，在除气酸中耐蚀性更好； ○ 温度在 315℃以上时，几乎不会发生晶间腐蚀，但氯离子必须保持在最低水平。 • **应用** 此合金是可锻工业纯镍，其性能与合金 200 类似，但碳含量更低，可抑制高温环境下晶界碳引起的脆裂： ○ 氢氧化钠的生产和处理，尤其是在温度超过 300℃时； ○ 黏胶人造丝的生产和肥皂制造； ○ 苯胺盐酸盐的生产和脂肪族烃如苯、甲烷、乙烷的氯化反应； ○ 氯乙烯单体的生产； ○ 苯酚储罐和配送系统，完全不受苯酚侵蚀，确保产品绝对纯度； ○ 制氟及氟与烃反应的反应器和容器
尼莫尼克(Nitronic)60(S21800)
• **简要描述及耐蚀性** 尼莫尼克(Nitronic)60 是一种通用型金属合金材料。该合金是一种全奥氏体合金，最初是设计用作 980℃左右的高温合金。尼莫尼克(Nitronic)60 的耐氧化性与不锈钢 S30900 相当，远超 S30400 钢。由于合金中含硅和锰，即使在退火态状态下，该合金仍具有良好的耐磨、耐擦伤和微震磨损性能。通过冷加工可提高合金强度，且经过深度冷加工之后，合金仍能保持全奥氏体状态。通常，碳钢和有些不锈钢通过冷加工能改善其防黏着性能，但是尼莫尼克(Nitronic)60 不能。冷或热加工的目的是提高其强度和硬度。 尼莫尼克(Nitronic)60 含有铬和镍，其耐蚀性与不锈钢 S30400 和 S31600 相当，但是其屈服强度是常规不锈钢的两倍。退火后零件仍具有高强度，因此可以减重和降低成本。在大多数环境介质中，尼莫尼克(Nitronic)60 的耐均匀腐蚀性优于不锈钢 S30400，但其屈服强度大约是 S30400 和 S31600 不锈钢的两倍。而且，尼莫尼克(Nitronic)60 耐氯离子点蚀能力优于不锈钢 S31600。此外，尼莫尼克(Nitronic)60 还具有优异的耐高温氧化性和耐低温冲击性能。 尼莫尼克(Nitronic)60 很容易焊接，可使用传统焊接工艺进行焊接，其处理方式与 S30400 和 S31600 不锈钢类似。除重载装配情况下需进行正常去应力处理之外，该合金无须进行焊接前预热或焊接后热处理。如果不考虑耐蚀性问题，大多数情况下，尼莫尼克(Nitronic)60 都以焊接态应用。尼莫尼克(Nitronic)60 可使用气体保护钨极弧焊(GTA)进行无焊料熔焊(自生)。这些焊缝不会发生开裂，其抗擦伤和空蚀性能与未焊接基体类似。采用此工艺制备的厚堆焊层性能也很好，比未焊接基体金属强度更高。气体保护金属极弧焊(GMA)焊缝的金属-金属间耐磨性略低于基体金属。 • **应用** 尼莫尼克(Nitronic)60 可用于制造阀杆、座椅、汽车内饰、紧固系统、滤网、销钉、套管和滚珠轴承、泵轴和套环等。尼莫尼克(Nitronic)60 还可用于耐磨护板、导轨、桥梁销栓等。与镍基或钴基合金相比，在耐磨和抗擦伤场合使用这种合金，可以显著降低成本。该合金也可以用于下列场合： ○ 车用阀门：可以承受高达 820℃的高温，最少持续 80000km； ○ 紧固件擦伤磨损：可以频繁装配和拆卸，在螺纹损坏前，可以进行多次紧固，也利于避免紧固件卡住锈死； ○ 销钉：用于轧辊纠偏和束缚，确保零件配合更好(公差更小、无润滑)和更持久； ○ 船用轴：屈服强度是 304 和 316 不锈钢的两倍，且更耐蚀； ○ 桥梁用销拴和吊杆膨胀接头：与常用的 A36 和 A588 碳钢相比，更耐腐蚀和抗擦伤，且低温韧性更好，在零度以下的冲击强度更高
尼莫尼克(Nitronic)50(S20910)
• **简要描述及耐蚀性** 尼莫尼克(Nitronic)50 不锈钢兼具耐蚀性和强度特性，在其成本范围内，没有任何其他商用材料可与之相比。此奥氏体不锈钢耐蚀性优于 S31600 不锈钢，室温屈服强度约为 S31600 不锈钢的两倍。此外，除了高耐蚀性之外，尼莫尼克(Nitronic)50 还可采用奥氏体不锈钢常用的传统焊接工艺焊接。 即使在 675℃下对模拟该合金重型焊件热影响区进行敏化处理 1h，它们仍具有优异的耐晶间腐蚀性。经 1066℃退火处理后的合金，在大多数应用场合中皆具有良好的耐晶间腐蚀性能。不过，当厚型材以焊态直接应用于某些强腐蚀性介质中时，退火温度为 1121℃时，材料耐蚀性最优。

续表

尼莫尼克(Nitronic)50(S20910)
• 应用 由于尼莫尼克(Nitronic)50 具有优异的耐蚀性能，在那些属于 316、316L、317 和 317L 型不锈钢应用边界的环境中，尼莫尼克(Nitronic)50 不锈钢的应用占据主要地位。在石油工程、石油化工、化肥、核燃料回收、纸浆和造纸、纺织、食品加工及海洋船舶工业中，尼莫尼克(Nitronic)50 合金应用效果非常好。其他应用还包括： ○ 紧固件； ○ 海洋船用五金配件——船桅、拉紧器； ○ 船用泵轴； ○ 阀门和管件； ○ 井下索具

11.6.6 铅及其合金

铅是最稳定的金属之一，也是人类最先使用的金属之一。罗马帝国时期，铅常被用来制造水管，其中有些铅质水管目前仍然在使用之中。此外，在几千年以前，人们就使用铅来制作铅饰品和硬币。铅表面会形成一层由腐蚀产物构成的保护性膜层，如硫酸盐、氧化物和磷酸盐等。因此，铅可在一定浓度和温度范围的硫酸环境中使用，如图 11.26 所示。在英国，有些屋顶材料也是用铅制造的，尤其是古建筑。在户外环境中暴露，铅表面会形成一层灰色氧化物，带有金属特征外观。但是，这层氧化物有可能并未黏附在基体上，因此可能“溢流”污染相邻区域，破坏铅屋顶的美感。另外，铅质软，容易加工成形，且熔点低。因此，衬铅钢通常都是采用“烧涂法”制备。不过，由于质软，铅很容易发生磨损腐蚀。

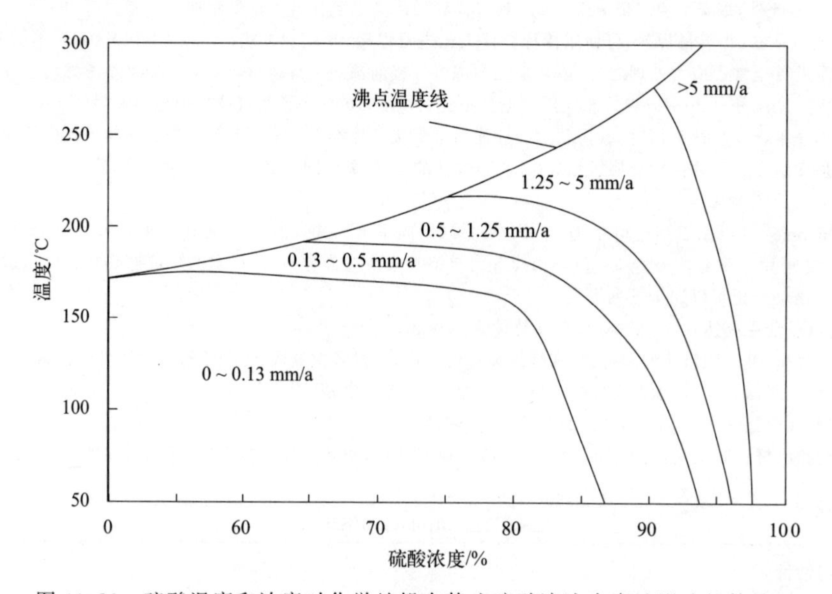

图 11.26 硫酸温度和浓度对化学纯铅在静止硫酸溶液中腐蚀影响的等蚀图

铅的生产工艺与锌的基本相同。通过高炉内一个连续处理，首先将硫化铅矿转化为氧化铅，然后再还原为金属铅。精炼高炉铅锭，可获得纯度 99.99%的铅。铅的成本相对较低、容易加工且具有良好的抵抗环境能力，因此在过去铅作为一种防护材料使用也很合乎情理。

不过，近些年来，由于铅的高毒性、高密度及低蠕变强度等问题，铅已被一些聚合物材料和铝等金属材料所取代，铅的应用也越来越局限于那些最终产品需利用铅独有特性的特殊场合。

当需要对工艺设备进行防腐蚀保护时，特别是对于硫酸介质，规定使用的是含铜约0.06%的化学纯铅。这种铅合金可耐一定浓度范围内的硫酸、铬酸、氢氟酸及磷酸的腐蚀以及中性溶液、海水和土壤环境的腐蚀。但是，铅在醋酸中会发生快速腐蚀，且也一般不适用于硝酸、盐酸或有机酸介质。

化学纯铅的室温拉伸强度约为16MPa。含锑3%～18%的硬铅的拉伸强度是化学纯铅的两倍。但是，这两种材料的强度都会随着温度升高而急剧下降，在大约110℃时，二者强度相当。在较高温度下，铅的设计强度降为零。

11.6.7 镁及其合金

镁是最轻的商用金属材料之一，其密度为1.74g/cm^3。镁的主要矿石有白云石、菱镁矿和光卤石。此外，镁还以氯化物形式天然存在于海水、地下天然卤水和盐矿之中。事实上，海水是镁的无限来源[45]。

镁是耐蚀性最差的金属之一，因此常用作阴极保护系统和海水激活电池的牺牲阳极。尽管如此，但是由于镁质量轻，人们对于镁合金在各种领域中应用的研究兴趣依然十分高涨。目前，镁合金主要消费产品包括：个人电子产品（便携式计算机、相机）、行李箱、手动工具、太阳镜框，甚至还有火星上使用的太空服。在汽车领域中，镁合金最重要的应用是作为变速箱外壳材料，因为这些部件必然是大型结构件，使用镁合金减重的效果非常明显（比铝轻20%～25%）。镁合金的军事用途也很广，包括雷达设备、便携式地面装备、诱饵曳光弹、直升机变速箱和转子外壳、鱼雷等[46]。

如果不通过正确设计或表面保护来避免电偶作用，在很多环境中，镁合金零件都会遭受严重腐蚀。未合金化的镁（纯镁）很少直接作为结构材料使用，通常所使用的都是合金化的镁（镁合金）。因此，镁合金的腐蚀才应该是主要关注的问题。

11.6.7.1 镁合金

镁及镁合金有各种锻造和压铸形式的产品可供选用。镁合金的拉伸强度大约在100～340MPa。镁合金有两大体系，可供设计者选用[47]。第一类是含铝2%～10%，并添加有少量锌和锰的镁合金。这类合金应用广泛且成本适中，在95～120℃温度下亦能保持良好的机械性能。

第二类是使用其他元素（如稀土、锌、钍、银等，但铝除外）进行合金化的镁合金，而且都含有少量的锆。这类镁合金中尽管锆含量很少，但是由于锆能非常有效地细化晶粒，因此改善了镁合金的机械性能。由于锆合金添加剂价格更高，且需要特殊的制造工艺，因此这类合金的成本明显更高，但是通常这类合金的耐高温性能更好。此类镁合金的名义成分参见附录D。

11.6.7.1.1 含铝和锌的镁合金

在含铝和锌的镁合金（AZ系列）中，锌是第二合金化元素，该系列合金凝固后晶粒细小，足以满足绝大部分的性能要求。这类合金具有很好的铸造性能，且热开裂倾向很小，但是随着锌含量提高，其开裂倾向会增大。在所有镁合金中，AZ91镁合金最常用，因为其相对价格较低、机械性能和加工性能优异。在AM60镁合金中，锰是第二合金化元素，其铸态的延伸率通常可达6%，该合金具有较高的延展性和韧性，可以满足压铸汽车车轮的要求。在AS41镁合金中，硅和锰是第二合金元素，该合金具有良好的耐高温性能，可用于发动机领域，如制造风冷发动机的曲柄箱[45]。

11.6.7.1.2　含锌、稀土和银的镁合金

在此类镁合金中，镁与锌之间非常有效的沉淀硬化反应和锆的细化晶粒作用相结合，赋予合金高强度和良好延展性。含锆以及钍或稀土（RE）的镁锌合金兼具良好的室温屈服强度和延展性。在此类镁锌合金中，锌含量的增加，可能会导致微孔和热开裂问题，不过，在含钍或稀土元素的镁锌合金中，这种倾向较小。此类镁合金通常都比镁铝合金价格更高，一般在服役温度高于150℃时选用。此类镁合金，由于稳定了晶界析出相，因此获得良好的高温性能，而且一般都具有良好的铸造性能。但是，镁稀土合金容易发生氧化，其中镁钍合金氧化问题更严重[45]。

11.6.7.2　加工与性能

镁合金铸造工艺有液态和半固态模铸，而镁合金锻造成形工艺有挤压、锻造以及薄板和板材轧制。镁合金零件的制造几乎全部都是采用高压压铸（HPDC）工艺，特别是砂模铸和永模铸。

镁铝锰体系构成了所有压铸镁合金的基础。通常，随着铝元素含量增大，镁合金自身固有的延展性会降低，但是可铸造性会提高。高压压铸技术的独特之处是浇筑速度快、金属压力高且无有效热屏蔽层，因此冷却速率极高。也正因如此，高压压铸合金材料的显微组织结构精细，机械性能优异。使用该技术可消除$Mg_{17}Al_{12}$金属间化合物相，并减少了孔隙等铸造缺陷，可能也是铸造质量提高的原因。$Al_{11}RE_3$金属间化合物相的凝固温度约600℃，即接近含铝6%～8%的镁合金的初始凝固温度[45]。

11.6.7.2.1　铸造镁合金

铸造镁合金有两个主要体系，可供设计者选用。第一类是含铝2%～10%，添加有少量锌和锰。这类合金应用广泛，成本适中，在120℃温度以下机械性能良好。第二类是采用锰合金化，含有多种其他合金元素（如稀土、锌、钍、银等，但铝除外），而且都含有少量但能有效细化晶粒和改善机械性能的锆。这类合金一般耐高温性能更好，但合金添加剂价格更高，且需要特殊的制造工艺，因此成本明显更高。

11.6.7.2.2　锻造镁合金（变形镁合金）

锻造镁合金材料主要是在300～500℃温度范围内，通过挤压、轧制和压锻成形。在已开发的可锻造特殊镁合金之中，大多数都与铸造镁合金的类别相同。AZ31镁合金板材就是一个实例，由于兼具良好的强度、延展性和耐蚀性，因此AZ31镁合金应用最为广泛。强度更高的镁合金（如AZ81）的比强度与强度最高的锻铝合金相当。

11.6.7.3　耐蚀性

由于金属镁表面可形成一层保护性氧化膜，在一般大气环境中，镁合金具有良好的耐蚀性。但是当暴露在含有盐污染物的大气中时，镁合金表面氧化膜常常会由于点蚀而遭到破

坏，此时必须采取一定措施进行保护。具体保护措施包括涂层和“铬”洗（铬酸氧化处理），其中“铬”洗还可为后续涂层提供良好基底。镁合金的耐蚀性通常都会因杂质和合金化程度提高而降低。不过，据报道，铝含量超过4%时，镁合金的耐蚀性会显著增强。

镁合金的耐碱性明显优于铝合金，但是在除氢氟酸（HF）和铬酸之外的所有无机酸中，镁合金的腐蚀都很快。氢氟酸不会对镁合金产生明显腐蚀，因为镁合金表面可形成一层不溶性的氟化镁保护膜。但是在低浓度氢氟酸中，镁合金仍然会发生点蚀。

在不含盐雾的室内或户外大气环境中，未进行保护的清洁镁合金表面所形成的一层灰色膜，可以保护金属免受腐蚀，且镁合金的机械性能损失也可忽略不计。由于氯化物、硫酸盐以及外来杂质等可锁住镁合金表面湿气，因此如果没有适当涂层对镁合金表面进行保护，这些杂质将会促进某些合金的均匀腐蚀和点蚀[47]。

与其他大多数金属材料一样，在大气环境中，镁铝合金表面也会形成一层保护膜。如果大气中含有二氧化碳（在工业大气中），镁铝合金表面形成的这层膜是水滑石❶和水菱镁石❷的混合物。因此，在这种含二氧化碳的工业大气环境中，镁铝合金的防锈性能比其他镁合金更好[46]。由于锻造镁合金中铝含量（3%～8%）通常比铸造镁合金（6%～9%）低，而且锻造合金纯度一般也比较低，因此锻造镁铝合金的腐蚀速率略高于铸造镁铝合金。此外，锻造镁合金各向同性较差，可能也是腐蚀速率较高的部分原因。

表11.25列出了多种镁合金在三个不同大气试验站经过2.5～3年暴露试验后的平均腐蚀速率。可以看出：镁合金纯度（铁含量）和大气类型都会影响镁合金的腐蚀速率[46]。不过，薄板和挤压制品之间的腐蚀速率差异微不足道。不含铝的镁合金的腐蚀速率比含铝的AZ型镁合金略微高一点，在不同大气环境中，二者之间的腐蚀速率比值大致是2∶1（乡村大气）、1.65∶1（工业大气）和1.25∶1（乡村海洋大气）。

有效预防镁合金零件和装配件的腐蚀应从设计开始。选用不含重金属杂质和钎剂夹杂的高纯镁合金铸件，可最大程度地降低镁合金在盐水中的均匀腐蚀速率。

镁合金本身就具有一定的耐晶间腐蚀（IGC）性能，因为其晶界组成相对于晶粒本体始终是阴极。因此，镁合金的腐蚀集中在晶粒内部，晶界不仅更耐蚀，而且还受到邻近晶粒的阴极保护。但是，在温和腐蚀介质中浸泡早期阶段，镁合金可能在邻近阴极性析出相的晶界处发生局部腐蚀，这可认为是一种晶间腐蚀形式。

表11.25　镁合金大气暴露2.5～3年后的腐蚀速率[46]

统一编号系统(UNS)①	合金牌号热处理状态	乡村/(mm/a)	工业/(mm/a)	乡村海洋/(mm/a)
薄板				
M11311	AZ31B-H24(0.0001% Fe)	0.013	0.025	0.017
M11312	AZ31C-O(0.0007% Fe)②	0.012	0.025	0.038
M13310	HK31A-H24	0.018	0.030	0.016
M13210	HM21 A-T8	0.020	0.032	0.022
M16100	ZE 10A-O	0.022	0.030	0.028

❶ 水滑石的化学分子式：$MgCO_3 \cdot 5Mg(OH)_2 \cdot 2Al(OH)_3 \cdot 4H_2O$。

❷ 水菱镁石的化学分子式：$3MgCO_3 \cdot Mg(OH)_2 \cdot 3H_2O$。

续表

统一编号系统(UNS)①	合金牌号热处理状态	乡村/(mm/a)	工业/(mm/a)	乡村海洋/(mm/a)
挤压件				
M11311	AZ31B-F	0.013	0.025	0.019
M13312	HM31A-F	0.018	0.035	0.020
M16600	ZK60A-T5	0.017	0.032	0.025
铸件				
M11630	AZ63A-T4	0.0086	0.022	0.019
M11914	AZ9IC-T6(0.0035% Fe)②	0.0043	0.015	0.022
	AZ91C-T6(0.0001% Fe)	0.0027	0.014	0.0064
M11920	AZ92A-T6	0.0094	0.020	0.025
M12330	EZ33A-T5	0.020	0.040	0.028
M13310	HK31A-T6	0.017	0.035	0.028
M13320	HZ32A-T5	0.015	0.038	0.028
M16620	ZH62A-T5	0.015	0.040	0.041
M16510	ZK51A-T5	0.014	0.035	0.025
试验站点平均值		0.014	0.030	0.024

① 与试验合金成分相当的可能 UNS 编号。在有些情况下，一个合金牌号可能注册了多个 UNS 编号。

② 铁含量可能超过规定值。

11.6.8 贵金属

贵金属材料的特点是自腐蚀电位比其他金属高、耐蚀性优异且价格高。也正因其价格高，人们才将这类金属称为贵金属。在大多数情况下，贵金属表面都无需形成保护性膜层(钝性)。贵金属材料包括金、银、铂及其他五个“铂族”金属（铱、锇、钯、铑、钌）。金、银、铂和钯有多种商业产品形式。前三种贵金属在工业中广泛应用，其他贵金属主要作为合金化元素。表 11.26 列出了铂族金属的物理机械性能[48]。

贵金属珠宝首饰，众所周知。尽管价格高，但是在很多腐蚀性环境中，使用贵金属材料仍然是一种最经济的选择。铑和锇电镀制品的质量很好，常用于关键阀门配件和其他需要对侵蚀性环境完全耐蚀的应用场合。

表 11.26 铂族金属的物理机械性能

项目	铂	铱	锇	钯	铑	钌	金	银
化学符号	Pt	Ir	Os	Pd	Rh	Ru	Au	Ag
原子序数	78	77	76	46	45	44	79	47
原子量	195.09	192.22	190.2	106.4	102.9055	101.07	196.967	107.87
晶体结构	fcc	fcc	hcp	fcc	fcc	hcp	fcc	fcc
密度/(g/cm^3)	21.45	22.65	22.61	12.02	12.41	12.45	19.3	10.5
熔点/℃	1769	2443	3050	1554	1960	2310	1064.43	961.93
维氏硬度(退火态)	41	220	—	41	101	—	20	26
0℃时电阻率/($\mu\Omega \cdot$ cm)	9.85	4.71	8.12	9.93	4.33	6.80	2.4	1.6
热导率/[W/(m·℃)]	73	148	87	76	150	105	293	419
拉伸强度(退火态)/MPa	124.2	979.8	—	151.8	621	496.8	96.6	124.2

注：fcc 为面心立方，hcp 为密排六方。

11.6.8.1　金

金是人类应用最古老的金属之一，因为人类发现它在自然界中以天然金属态形式存在。金最初主要用来制作珠宝和硬币，现在最大的消费市场仍然是珠宝首饰。金在稀硝酸和热强硫酸中耐蚀性优异。但是，金在王水、浓硝酸、氯和溴、汞、碱性氰化物中仍然会发生腐蚀。

由于纯金太软，因此在用于制作珠宝首饰时使用的是铜合金化的金。一克拉是二十四分之一，因此纯金是 24 克拉，12 克拉是含金 50%。此外，金及其合金还可用于镶牙、电接触头、电镀层、餐具、工艺设备（如冷凝器和蒸馏炉）、印刷电路、金箔、外科和人体植入材料、装饰用标识和显示。薄金底镀层（上面镀镉）可以抑制高强钢的氢脆。

11.6.8.2　铂

在很多氧化性介质环境中，尤其是高温空气中，铂都具有优异的耐蚀性。此外，铂还具有良好的高温机械性能，如表 11.26 所示，但是金和银这方面性能较差。

铂还可用来制作热电偶（Pt-PtRh）、储罐、熔融玻璃喷丝板、化学分析用坩埚、电阻炉线圈（温度可达 1760℃）、温度超过 982℃的极端腐蚀环境中反应室或燃烧室。其中后者，即用来制作燃烧室或反应室时，一般是在合金基体上衬铂片。在铂表面涂覆一层氧化膜层（如 Al_2O_3），可抑制铂与基体材料的合金化或化学反应。在很多这种类型的化学环境中，铂片衬里已取代了熔凝石英。顺便提一下，在很高温度下与碳化硅接触，铂会发生脆化。此外，铂还广泛用作催化剂，也证明了铂的化学惰性。

铂及其合金还有其他一些用途，如：用来制造人造丝的纺嘴（70Au30Pt），安全性高，其脆化温度高达 482℃，相比之下，银能在 149℃以下良好运行，而金只能在 71℃以下；用来制造硫酸吸收器、电镀用阳极、外加电流阴极保护用阳极、其他化工设备以及高质量珠宝。此外，铂还可耐汞的腐蚀。

不过，在王水、氢碘酸和氢溴酸、氯化铁、液氯和溴水介质中，铂也会发生腐蚀。

11.6.8.3　银

银的用途以纯银和镀银形式制作的硬币和餐具最为著名。标准纯银中含有不超过 7.5% 的铜，主要是为提高硬度。银与硫化物接触，会明显失去光泽，丧失其“高贵性”。银可用来制作电接触头、电气母线排（甚至在炽热态）、铜焊、锡焊、含汞牙科合金。在化学工业中，银的应用也很广泛，可以作为纯银制品，亦可以作为包层或钎焊衬里层，包括蒸馏炉、纯氢氟酸的加热盘管和冷凝器、制备化学纯无水氢氧化钠用的蒸发盘、尿素生产用高压釜以及纯度要求至上的所有食品和药品生产用设备。此外，银还具有优异的耐有机酸腐蚀性能。

但是，在硝酸、热盐酸、氢碘酸和氢溴酸、汞、碱性氰化物环境中以及在含有氧化剂的还原性酸中，银都会发生腐蚀。

11.6.9　难熔金属

与钢铁材料相比，难熔金属材料的典型特征就是熔点极高。喷射发动机和外太空计划促进了这些金属的商业化应用。在水溶液腐蚀领域之中，铌、钼、钨和锆都是相对较新型的材料，但是金属钽长期以来一直应用于严苛的腐蚀环境。这些金属的典型性能如表 11.27 所示。

表 11.27 钼、铌、钽和钨的典型性能

项目	单位	钼(Mo)	铌(Nb)	钽(Ta)	钨(W)
性质					
原子序数		42	41	73	74
原子量	g/mol	95.95	92.91	180.95	183.86
原子半径	nm	0.1363	0.1426	0.143	0.1371
晶格类型		bcc	bcc	bcc	bcc
晶格常数(20℃)	nm	0.31468	0.3294	0.33026	0.31585
质量					
密度(20℃)	g/cm^3	10.2	8.57	16.6	19.3
热性能					
熔点	℃	2610	2468	2996	3410
沸点	℃	5560	4927	6100	5900
线膨胀系数	/℃	4.9×10^{-6}	7.1×10^{-6}	6.5×10^{-6}	4.3×10^{-6}
热导率(20℃)	W/(m·K)	147	219	54	167
比热容(20℃)	J/(kg·K)	255	525	151	134
电性能					
电导率	% IACS(Cu)	30%	13.2%	13%	31%
电阻率	μΩ·cm	5.7	15	13.5	5.5
电阻系数(0～100℃)	$℃^{-1}$	0.0046		0.0038	0.0046
机械性能					
拉伸强度(20℃)	MPa	700～1400	195	240～500	700～3500
(500℃)	MPa	240～450		170～310	500～1400
(1000℃)	MPa	140～210		90～120	350～500
杨氏模量(20℃)	GPa	320	103	190	410
(500℃)	GPa	280		170	380
(1000℃)	GPa	270		150	340
工作温度	℃	1600		室温	1700
再结晶温度	℃	900～1200	800～1100	1000～1250	1200～1400
去应力温度	℃	800		850	1100

难熔金属熔点高（皆超过 2000℃）和蒸气压低，电子工业就是利用了这两个特性。只有钼、铌、钽和钨这四种难熔金属，具有工业规模的产量，且商业化生产多年，主要用作钢、镍和钴基合金的添加元素以及应用在某些电子领域。此外，难熔金属具有良好的高温强度、相对低的热膨胀系数和高的热导率等，这意味着它们都具有良好的耐热冲击性能。

不过，钼和钨容易发生高温氧化和低温脆化，这两个特点也限制了它们的应用。难熔金属中，钽在化学加工行业中应用最多，而且其中大多数应用环境都是不能使用铁或镍基合金处理的酸性溶液。但是，在热碱液、三氧化硫或氟环境介质中，钽不适用。此外，钽容易吸附氢，进而形成脆性氢化物，钛和锆亦是如此。钽常用作金属包层。

难熔金属的耐蚀性仅次于贵金属。与贵金属不同，难熔金属本身属于活性金属。不过，难熔金属的耐蚀性也正是源于这种高反应活性。因为一旦与空气或任何其他氧化剂接触之后，难熔金属表面就会立即形成一层非常致密牢固的氧化物钝化膜层。而这层钝化膜可以阻碍氧化剂进入底层金属，抑制金属的进一步氧化。遗憾的是，这些氧化物在高温下可能剥落

或蒸发，使基体金属外露，即使在温度低至300℃时，基体金属也很容易被氧化。在非氧化性介质的高温应用环境中，难熔金属会发生腐蚀，此时金属表面必须通过涂层进行保护，如金属硅化物涂层。

11.6.9.1　钼

钼对氢氟酸、盐酸、硫酸介质都具有良好的耐蚀性，但是在硝酸等氧化性介质中，钼会快速腐蚀。在碱性水溶液中，钼也具有良好的稳定性。在约700℃以上的空气中，金属钼表面会形成一层易挥发的氧化物（MoO_3）膜。就机械性能而言，钼的最大优点是弹性模量高，可达345GPa。当然，这也意味着钼非常硬，在载荷和横截面一定时，远比钢难弯曲。

钼的耐蚀性略优于钨。在非氧化性无机酸介质中，钼具有优异的耐蚀性。钼的加工成形件（丝、薄板）在低温下有延性，其延性脆性转变温度在200℃左右。此外，钼还可用来制造高温零件（但必须采用气氛或涂层保护以防止氧化），尤其是绕组。另外，钼还可用作玻璃熔炉中镀覆金属用电极以及一些航空结构零件，如前缘和支撑架。

在温度1100℃之下的二氧化碳、氢气、氨气、氮气等气氛中，钼相当惰性，在含硫化氢的还原性气氛中，亦是如此。在一定的极限温度以下，钼对碘蒸气、溴和氯等都具有优异的耐蚀性。此外，钼对铋、锂、钾和钠等多种液态金属也具有很好的耐蚀性[49]。

在灯具行业中，钼用来制作芯轴和支撑体已应用多年，但通常是作为灯丝使用。由于钼具有多种独特性能，可以满足更苛刻的工业需求，其他形式钼制结构件在各种工业环境中的应用也日益增多。

11.6.9.1.1　钼合金

钼有多种合金：

- TZM（钛、锆、钼）：这是一种重要的钼合金，其中含钼99%、钛0.5%和锆0.08%，且含有可形成碳化物的痕量碳。在温度1300℃以上时，TZM钼合金的强度是纯钼的两倍。TZM合金的再结晶温度比钼高约250℃，因此其焊接性能更好。

TZM钼合金晶粒更细小，在钼晶界处形成的TiC和ZrC，不仅抑制了晶粒生长，同时也抑制了由于沿晶开裂引起的基体金属失效，也改善了合金的焊接性能。TZM钼合金材料成本比纯钼高约25%，但是其机加工成本仅高约5%～10%。对于那些需要高强度的应用场合，如火箭喷嘴、熔炉结构部件、锻模等，略微增加这点成本非常值得。TZM钼合金有板材和棒材，除了薄箔片之外，其尺寸规格与纯钼基本相同。

- 钼/30%钨：这是为满足锌工业发展需求而开发的一种具有特殊性能的钼合金。该合金可以耐熔融态锌的腐蚀。不过目前已经证实：Mo/30W用来制造火箭喷嘴效果也很好，而且需要考虑所有侵蚀问题的一些应用场合，Mo/30W有可能发挥出其更好的性能。

- 钼/50%铼：此合金兼具钼的强度、铼的延展性和焊接性。这是一种昂贵合金，可供选用产品的尺寸范围都非常有限。在制作高温精密零件的薄箔片，尤其是那些必须进行焊接的零件时，此合金具有明显优势。注意，尽管这种合金中铼的名义含量是47%，但通常习惯将这种合金称为50/50钼/铼合金。其他钼/铼合金还有含47.5%和41%铼的钼/铼薄板。钼/41%铼合金并未出现σ相，因此材料在高温下延展性甚至可能更好。

11.6.9.1.2　钼合金的应用

高速发展的电子和航空航天工业，对那些能够在不断提高的温度条件下仍能保持高可靠性的材料的需求也日益增加。由于钼合金可以满足这些性能需求，它们在该领域中的应用也越来越多。钼合金具有如下特点，可以满足大量电子领域应用需求[49]：

- 优异的高温强度和刚度；
- 良好的导热性；
- 低热膨胀系数；
- 低辐射系数；
- 低蒸气压；
- 电阻率；
- 耐蚀性；
- 纯度；
- 延展性和可制造性；
- 可切削加工性。

因为钼合金结合了上述各种性能和特点，我们可以预计在火箭喷嘴、喷射折流片、高温模具、电极、钻杆、工具、钎焊夹具、电接触头、舰船、隔热罩以及高真空等很多其他领域中，钼合金的应用将会越来越多。而且，钼也可加工成多种形式产品，如线材、丝带、箔片、板材、薄板、棒、方坯、厚板、条带、挤压型材、管材以及粉末。

此外，钼还有一个独特用途，就是作为玻璃-金属密封剂。钼具有线性膨胀性，在20～500℃，所测平均膨胀系数为4.9×10^{-6}。钼适合作硬质玻璃的密封，因为它的膨胀系数与玻璃几乎相同，且转变温度在700℃以下，而且钼的氧化物很容易溶解在玻璃之中，因此玻璃和金属的黏结强度高，密封非常严密。

不过，在金属钼与玻璃接触之前，金属钼表面必须经过恰当的氧化处理。如果钼表面清洁，且没有沟槽和裂纹，此时氧化处理很容易。不过，表面氧化的最好方法是在空气-燃气或氧气-燃气火焰中进行短时加热。此外，必须要注意避免过度氧化，因为过度氧化产生的氧化物不能被玻璃完全吸收，有可能导致出现封闭气孔。

钼的氧化处理应采取快速加热、短时保持高温的方式进行。气焰本身就是防止过度氧化的一种指示方法，可通过产生的轻微烟雾来反映氧化状态。相反，还原焰会使氧化不充分，因此必须加以避免。最佳密封温度取决于硬质玻璃的黏度，通常在1000～1200℃。预氧化处理的钼棒，在略微冷却后呈蓝色，表示氧化物含量低。

11.6.9.1.3 机械加工性能

压制和烧结或再结晶的钼合金的机械加工与中等硬度铸铁非常类似。锻造钼合金可采用与不锈钢类似的传统工具和设备进行加工。但钼合金的机械加工特点与那些中硬度铸铁和冷轧钢也存在两个明显不同，即：

（1）切削刀具变钝后，切削边缘处容易发生破裂；

（2）非常难磨，导致工具磨损比切削不锈钢时快得多。

11.6.9.1.4 焊接和钎焊

钼材可使用除燃气焊之外的各种传统公认的焊接技术进行焊接。氦弧焊最常用，通常都可以获得满意的焊接效果。某些复杂焊接作业，可能需要采取更精巧或特殊技术。

仔细清理接头表面非常重要，也必不可少。使用干燥箱等来控制焊接气氛，很可取，但并非必需。此外，在设计固定装置时，所有夹持力都应是压应力，且应能在焊接后立即释放，进行无应力冷却。在制作一个强度相对较低的接头时，以铜基合金作为钎焊合金通常就可以满足要求。而对于较高强度接头，钎焊合金可以选用金、铂或其他更特殊的钎焊合金[49]。

如采取适当的温度防范措施，钎焊接头的延展性通常都优于熔焊。与钨类似，钼具有优异的高温性能，但是钼的抗氧化性差，温度较高时需进行涂层保护。存在少量氧、氮和碳时，钼的延展性会降低。在锻制产品所有可能的污染物之中，铁是一个主要问题。其他污染物，如铝、碳、钙和镍，也可能以单质元素形式存在，但更多的是以氧化物的形式存在。为确保能清除掉所有的污染物，预期可能会同时清除掉一定量的基体金属[49]。

11.6.9.1.5　耐蚀性

钼的耐蚀性与钨类似。钼特别能耐非氧化性无机酸。钼对温度高达 1100℃的二氧化碳、氨气和氮气皆呈惰性，在含硫化氢的还原性气氛中亦是如此。在一定的温度极限之下，钼对碘蒸气、溴和氯等都具有优异的耐蚀性。钼还对铋、锂、钾和钠等多种液态金属具有很好的耐蚀性。表 11.28 是钼在各种化学环境中的耐蚀性等级[50]。

表 11.28　钼的化学反应活性

环境	耐蚀	可用	不耐蚀性
Al_2O_3、BeO、MgO、ThO_2、ZrO_2（<1700℃）	×		
铝（熔融态）			×
王水（冷）		×	
王水（热）			×
液氨		×	
氢氧化钠/钾碱水溶液	×		
铋	×		
硼（热）-形成硼化物			×
溴	×		
碳（1100℃）-形成碳化物			×
二氧化碳（1200℃）-氧化			×
一氧化碳（1400℃）-形成碳化物			×
铯		×	
氯	×		
钴（熔融态）			×
氟（室温）			×
镓		×	
烃类（1100℃）-形成碳化物			×
盐酸（冷）	×		
氢氟酸	×		
氢气	×		
惰性气体（所有）	×		
碘	×		
铁（熔融态）			×
KNO_2、KNO_3、$KClO_3$（熔融态）			×
铅		×	

续表

环境	耐蚀	可用	不耐蚀性
锂		×	
镁		×	
汞		×	
熔融烧碱		×	
含 KNO_2、KNO_3、$KClO_3$、PbO_2 的熔融烧碱			×
热熔玻璃	×		
镍(熔融态)			×
硝酸(冷)		×	
硝酸(热)			×
硝酸/氢氟酸混合液(热或冷)			×
氮气	×		
氧气或空气(>400℃)		×	
氧气或空气(>600℃)			×
含磷的	×		
钾		×	
硅(1000℃)-形成硅化物			×
钠		×	
硫化物(440℃)		×	
硫酸(热)		×	
锡(熔融态)			×
水	×		
锌(熔融态)		×	

11.6.9.2 铌

铌是钽的一种廉价的替代品。但是铌的耐蚀性较有限，主要是由于它容易受大多数碱和一些强化剂的腐蚀。此外，铌的机械强度也比钽差，但是在无需利用钽的极端惰性的某些服役环境中，此时选择使用铌仍然很经济。铌与钽在自然界中以钶铁矿和钽铁矿形式存在。

在诸如湿氯或干氯、溴、饱和盐水、氯化铁、硫化氢、二氧化硫、硝酸和铬酸、一定温度和浓度范围的硫酸和盐酸等强腐蚀性介质中，铌都完全耐蚀。铌与钽非常相似，有些合金可直接以电弧熔铸态和锻造态使用。在所有难熔金属中，铌熔点最低、弹性模量和热导率最小，而热膨胀系数最高。在难熔金属中，铌的强度和密度也最低。

铌的韧脆转变温度范围是－101～－157℃。此外，铌还具有低的热中子捕获截面，这是核应用领域所需的特性。铌的熔点高，在超过铁、镍和钴基金属的最高使用温度的环境中也可以使用。而且，铌还具有优异的延展性和可加工性。

铌合金也已应用多年。因为 Nb/1％Zr 能抵抗中子轰击，迄今为止，核反应堆中燃料芯块的导管材料仍然一直都使用的是铌合金。与 C-103 一样，由于铌具有高的比强度和耐氧化性，铌合金还用来制造火箭发动机喷管、喷气发动机排气喷管。最近，在半导体设备部件和耐蚀部件上，纯铌金属的应用也受到大家青睐[51]。

铌在室温下可以弯曲、旋绕、深拉、变形，直到达到其最大加工硬化状态。不过，铌的机械加工稍微显得有些困难。但是，如采用高速刀具辅以恰当润滑剂，也可对铌进行机械加工。不过，刀具磨损会很快，且加工时应保持高倾角。在核算铌制零件成本时，工具维护费用必须考虑在内。但是尽管如此，在那些考虑使用钽的场合中，金属铌仍然是一个理想的低成本备选项。

11.6.9.2.1　铌合金的应用

综合铌的强度、熔点、耐化学介质腐蚀性及低中子吸收截面等特点，在核工业中，铌越来越受到人们的青睐。它已被确定为空间动力系统计划中第一个反应堆的首选结构材料。铌轧制产品已用来制造耐蚀工艺设备，包括反应器、塔、卡口式加热器、管壳式换热器、U形管、热电偶、喷雾器、防爆膜及喷嘴等。铌合金的应用领域还包括燃气涡轮火箭发动机、高温部件、衬里和包层、反应堆燃料容器等[51]。

11.6.9.2.2　加工成形和机械加工特点

铌的冷加工性能优异。由于铌是一种体心立方结构（bcc）晶体，它的韧性非常好，可以承受超过95%的冷轧减薄而不失效。此外，铌的锻造、轧制或型锻加工也都很容易，且可以在室温下直接对铸锭进行加工。铌非常适合深冲成形。金属铌还可以加工制成杯型或拉成管状，但是在加工时，必须特别注意润滑。铌金属薄板也很容易通过常规薄板金属加工成形技术来制备。铌的加工硬化速率低，减少了回弹，有利于成形加工。

铌的机械加工可按照标准工艺进行。但是，由于铌易于擦伤，因此在机械加工时，需特别注意工具角度和润滑。此外，在金属成形作业过程中，铌还可能黏附在工具上。因此，为了避免发生黏着磨损，在高压成形作业时，需要采用特殊润滑剂和模具材料。

11.6.9.2.3　焊接

铌是一种高活性金属。在铌熔点温度以下时，它能与所有常见气体反应，如氮气、氧气、氢气和二氧化碳等。在铌熔点温度及以上时，它能与所有已知的熔剂反应。这严重限制了焊接工艺的选择。但是，铌还是可以与多种金属进行焊接，其中之一就是钽。通过电阻焊、钨极惰性气体保护焊、等离子焊以及电子束焊等方法，很容易完成焊接。

铌可能与很多金属形成脆性的金属间化合物相，在焊接时，必须加以避免。将金属表面加热至300℃以上时，应采取氩气或氦气等惰性气体保护，以预防脆化。此外，确保焊接前金属表面清洁也至关重要。推荐在焊接前进行酸浸蚀清洗。常用的室温环境下浸蚀清洗溶液是25%～35%氢氟酸加25%～33%的硝酸。

11.6.9.2.4　耐蚀性

必须注意，铌的耐蚀性比钽更有限，铌对大多数碱和某些强氧化剂都很敏感。但是对诸如湿氯或干氯、溴、饱和盐水、氯化铁、硫化氢、二氧化硫、硝酸和铬酸，铌具有极好的耐蚀性。在特定温度和浓度范围内的硫酸和盐酸等强腐蚀性介质中，它也很耐蚀。

在很多液态金属中，铌也耐蚀，如：Li，＜1000℃；Na、K＋NaK，＜1000℃；ThMg，＜850℃；U，＜1400℃；Zn，＜450℃；Pb，＜850℃；Bi，＜500℃；Hg，＜600℃。由于铌表面可形成稳定的氧化物钝化膜，因此可作为许多腐蚀问题的一个独特解决方案。但是，在超过200℃的空气中，铌不能使用。表11.29列出了各种化学环境中铌的腐蚀速率[51]。

表 11.29 工业纯铌在各种环境中的腐蚀速率

环境	浓度/%	温度/℃	腐蚀速率/(mm/a)
无机酸			
盐酸	1	沸腾	0
盐酸(充气)	15	室温～60	0
盐酸(充气)	15	100	0.025
盐酸(充气)	30	35	0.025
盐酸(充气)	30	60	0.05
盐酸(充气)	30	100	0.125
盐酸	37	室温	0.025
盐酸	37	60	0.25
盐酸	37%,含氯气	60	0.5
盐酸	10%,含 0.1% $FeCl_3$	沸腾	0.025
盐酸	10%,含 0.6% $FeCl_3$	沸腾	0.125
盐酸	10%,含 35% $FeCl_2$ +2% $FeCl_3$	沸腾	0.05
硝酸	65	室温	0
硝酸	70	250	0.025
磷酸	60	沸腾	0.5
磷酸	85	室温	0.0025
磷酸	85	88	0.05
磷酸	85	100	0.125
磷酸	85	沸腾	3.75
磷酸	85%,含 4% HNO_3	88	0.025
磷酸	40%～50%,含 5mg/kg F^-	沸腾	0.25
硫酸	5～40	室温	0
硫酸	98	室温	脆化
硫酸	10	沸腾	0.125
硫酸	25	沸腾	0.25
硫酸	40	沸腾	0.5
硫酸	40%,含 2% $FeCl_3$	沸腾	0.25
硫酸	60	沸腾	1.25
硫酸	60%,含 0.1%～1% $FeCl_3$	沸腾	0.5
硫酸	20%,含 7%HCl 和 100mg/kg F^-	沸腾	0.25
硫酸	50%,含 20% HNO_3	50～80	0
硫酸	50%,含 20% HNO_3	沸腾	0.25
硫酸	72%,含 3% CrO_3	100	0.025
硫酸	72%,含 3% CrO_3	125	0.125
硫酸	72%,含 3% CrO_3	沸腾	3.75
有机酸			
乙酸	5～99.7	沸腾	0
柠檬酸	10	沸腾	0.025
甲醛	37	沸腾	0.0025
甲酸	10	沸腾	0
乳酸	10～85	沸腾	0.025
草酸	10	沸腾	1.25

续表

环境	浓度/%	温度/℃	腐蚀速率/(mm/a)
酒石酸	20	室温～沸腾	0
三氯乙酸	50	沸腾	0
三氯乙烯	99	沸腾	0
碱			
氢氧化钠	1～40	室温	0.125
氢氧化钠	1～10	98	脆化
氢氧化钾	5～40	室温	脆化
氢氧化钾	1～5	98	脆化
氢氧化铵	所有	室温	0
盐			
三氯化铝	25	沸腾	0.005
硫酸铝	25	沸腾	0
硫酸铝钾	10	沸腾	0
氯化钙	70	沸腾	0
硝酸铜	40	沸腾	0
氯化铁	10	室温～沸腾	0
氯化汞	饱和	沸腾	0.0025
碳酸钾	1～10	室温	0.025
碳酸钾	10～20	98	脆化
磷酸钾	10	室温	0.025
氯化镁	47	沸腾	0.025
氯化钠	饱和，pH=1	沸腾	0.025
碳酸钠	10	室温	0.025
碳酸钠	10	沸腾	0.5
硫酸氢钠	40	沸腾	0.125
次氯酸钠	6	50	1.25
磷酸钠	5～10	室温	0.025
磷酸钠	2.5	98	脆化
氨基磺酸(NH_2SO_3H)	10	沸腾	0.025
三氯化镍($NiCl_3$)	30	沸腾	0
氯化锌($ZnCl_2$)	40～70	沸腾	0
其他			
液溴	液态	20	0
溴	蒸气	20	0.025
镀铬液	25% CrO_3，12% H_2SO_4	92	0.125
镀铬液	17% CrO_3，2% Na_5SiF_6，痕量 H_2SO_4	92	0.125
过氧化氢	30	室温	0.025
过氧化氢	30	沸腾	0.5

11.6.9.3　钽

钽是一种相当昂贵的重金属，其密度是钢的两倍以上。不过，钽除了熔点更高（3000℃）之外，其他物理性质与低碳钢类似。钽的拉伸强度约 345MPa，冷加工可以使其强度提高约 1 倍。钽质软、有延性、可塑性好，可以加工成一些复杂形状。钽可以使用多种技术进行焊接，但整个焊接都需要完全在惰性气体保护条件下进行。

钽具有良好的导热性能，结合其耐蚀性，是酸处理设备中换热器用材的理想选择。在导热和耐蚀这两个方面，钽都优于镍基合金。此外，钽表面还会形成一层稳定氧化物，对电子工业领域的应用很有利。过去大家一直认为，铼是唯一适合做质谱仪灯丝的材料，但是其实钽可以替代铼用作质谱仪灯丝材料，目前这已得到公认。更多信息请参考表 11.30[50]。

表 11.30　钽的化学反应活性

环境	耐蚀	可用	不耐蚀
乙酸	×		
乙酸酐	×		
氯化铝	×		
硫酸铝	×		
氨		×	
氯化铵	×		
氢氧化铵		×	
硝酸铵	×		
磷酸铵	×		
硫酸铵	×		
乙酸戊酯或氯化物	×		
王水	×		
亚砷酸	×		
氢氧化钡	×		
溴(干,<200℃)	×		
氢氧化钙	×		
次氯酸钙	×		
加氯的盐水	×		
氯代烃	×		
氯(干,<175℃)	×		
氯(湿)	×		
二氧化氯	×		
氯乙酸	×		
铬酸	×		
镀铬液	×		
清洗液	×		
铜盐	×		
二溴化乙烯	×		
氯乙烷	×		
脂肪酸	×		
三氯化铁	×		
硫酸铁	×		
硫酸亚铁	×		
氟			×
甲酸	×		
发烟硝酸	×		
发烟硫酸			×
氢溴酸	×		

续表

环境	耐蚀	可用	不耐蚀
盐酸	×		
氢氰酸	×		
氢氟酸			×
溴化氢	×		
氯化氢	×		
碘化氢	×		
过氧化氢	×		
硫化氢	×		
次氯酸	×		
碘(<1000℃)	×		
乳酸	×		
氯化镁	×		
硫酸镁	×		
氯化汞	×		
甲基硫酸	×		
氯化镍	×		
硫酸镍	×		
硝酸	×		
发烟硝酸	×		
氮氧化物	×		
亚硝酸	×		
氯化亚硝酰	×		
有机氯化物	×		
草酸	×		
高氯酸	×		
苯酚	×		
磷酸(<4mg/kg F^-)	×		
酸洗用酸(王水除外)	×		
邻苯二甲酸酐	×		
碳酸钾		×	
氯化钾	×		
重铬酸钾	×		
氢氧化钾(稀)		×	
氢氧化钾(浓)			×
碘化钾-碘	×		
硝酸银	×		
硫酸氢钠(熔融)			×
硫酸氢钠(溶液)	×		
溴化钠	×		
碳酸钠		×	
氯酸钠	×		
氯化钠	×		
氢氧化钠(稀)		×	
氢氧化钠(浓)			×

续表

环境	耐蚀	可用	不耐蚀
次氯酸钠	×		
硝酸钠	×		
硫酸钠	×		
硫化钠		×	
亚硫酸钠	×		
氯化锡	×		
硫(＜500℃)	×		
二氧化硫	×		
三氧化硫			×
硫酸(＞160℃)	×		
氯化锌	×		
硫酸锌	×		
液态金属			
铋(＜900℃)	×		
镓(＜450℃)	×		
铅(＜1000℃)	×		
锂(＜1000℃)	×		
镁(＜1150℃)	×		
汞(＜600℃)	×		
钠(＜1000℃)	×		
钠钾合金(＜1000℃)	×		
锌(＜500℃)	×		

11.6.9.3.1 钽合金

下面两种钽合金具有特殊的商业价值：

- Ta-2.5W（97.5%钽、2.5%钨）：在那些强调材料的低温强度同时还需要具有良好耐蚀性和加工成形性能的场合，这种钽合金特别适用。此钽合金强度比纯钽高，同时还保留了纯钽的可加工性。此合金产品的尺寸和形状与纯钽基本相同，成本也相当。
- Ta-10W（90%钽、10%钨）：在同时需要满足高温和高强度要求的腐蚀性环境中，这种钽合金可考虑使用。尽管此钽合金的拉伸强度约为纯钽的两倍，但是它仍然保留了钽的耐蚀性和良好的延展性特点。不过，此钽合金制备不如纯钽或上面提及钽合金（Ta-2.5W）那么容易，其成本略高一些。

11.6.9.3.2 钽合金的应用

在电子元器件、化工装备、导弹技术以及核反应堆中，钽已获得广泛应用。在电子工业中，钽大量用于制作电容器，约占钽产量的60%。在其他与腐蚀相关的行业，特别是化学加工处理行业中，钽的应用也越来越多，在钽消费市场中所占比例也越来越大。钽可用于制备腐蚀性液体中使用的阀门、制造酸加热器以及火箭发动机的热屏蔽罩[52]。

在半导体制造工业中，钽还可用来制造离子注入机的零部件。此外，由于钽并不是低中子吸收截面的材料，还可用作辐射屏蔽防护层。钽轧制品还用来制造耐蚀性工艺设备，包括反应器、卡扣式加热器、管壳式换热器、U形管、热电偶、喷雾器、防爆膜、节流孔等。

通常，钽制设备与玻璃、玻璃衬里钢及其他非金属结构材料一起配合使用。此外，钽还广泛用于修复玻璃衬里钢设备中的损伤和缺陷。

11.6.9.3.3 加工特性

钽的加工极其容易，采用标准设备就可对其进行冷加工。由于钽是一种体心立方（bcc）晶体结构，因此它的韧性很好，可以承受超过 95%的冷轧减薄而不失效。钽还可以进行轧制、锻造、冲压、成形、拉拔。在冷却剂合适的情况下，钽还可以使用高速碳化物刀具进行切削加工。钽的退火处理是在高真空环境中进行，将金属加热至 1100℃以上。

加工和制造钽产品的大多数工艺都是传统常规工艺，人们掌握起来并不困难。不过，钽的两个重要特性必须始终牢记在心[52]：

（1）退火态的钽，有“黏性”，与铜、铅、不锈钢和某些其他金属相似。因此，钽很容易发生咬合、撕裂、擦伤。为避免这种情况，钽的高压形成作业，必须使用专用润滑油和模具材料。

（2）所有成形、弯曲、冲压和深拉拔作业，通常都在冷态下进行。大型型材的锻造可加热至约 425℃。

11.6.9.3.4 焊接

钽可以与很多其他金属焊接，电阻焊、钨极惰性气体保护焊、等离子体焊以及电子束焊等焊接工艺皆可适用。不过，钽可能与很多金属都能形成脆性的金属间化合物相，必须避免。此外，在钽表面加热至 300℃以上时，应通过氩气或氦气等惰性气体进行保护，以预防脆化。钽还可以通过惰性气体保护弧焊与钽自身焊接。氧乙炔火焰焊接对钽会造成破坏。

电阻焊可以使用传统装备进行。其使用方法与焊接其他材料基本没有差别。但是，由于钽的熔点比 SAE1020 钢高 1500℃，而电阻率仅仅是 SAE1020 钢的三分之二，因此为获得满意的焊接件，钽的焊接需要采用更高功率设备。而且焊接持续时间应尽可能短（如频率 60Hz，循环 1～10 次），以防外部过度受热。另外，如有可能，工件应浸入水中冷却，以减少氧化。

采用钨极惰性气体保护焊（TIG），制得的焊接件强度高且延展性好。由氦气、氩气或二者混合气形成的保护性气氛，可防止受热金属吸收氧、氮或氢等而引起脆化。如果焊接在纯惰性气氛中进行，焊件熔合区及其邻近区域都将具有很好的延展性。因此为获得特别高的延展性，焊接可在真空或惰性气体保护的焊接室中进行[52]。

11.6.9.3.5 耐蚀性

在大多数氧化性和还原性酸中，钽的惰性都非常强，不过发烟硫酸除外。在热碱液和氢氟酸中，钽也会发生腐蚀。此外，还要注意，钽非常容易捕获氢而发生脆化。在化学加工处理工业中，钽主要用于制造卡扣式加热器、换热器、节流孔板、阀门以及镀钽管。钽贴片可用于玻璃衬里钢制容器的孔隙的修理。不过，必须保持钽贴片与容器中其他金属组件之间电绝缘，以避免钽脆化。钽在其他方面的应用包括：热电子管用电极、电容器、外科植入材料、化学工业中耐蚀性衬里等。由于钽价格高，强度不足，但是加工性好，因此钽通常都是用作某一强度高价格低的基体材料的衬里层。多数钽管都是由碳钢管内衬薄壁钽管组成。

钽有两个主要优点，即：钽阳极氧化膜介电常数高（比铝高）和韧性脆性转变温度非常低。钽还是一种耐水溶液腐蚀的通用型材料。在大多数环境中，钽的耐蚀性可与玻璃媲美，而其物理机械性能与低碳钢相当。钽亦可耐很多液态金属的腐蚀，如对于 Li，＜1000℃；Na、K＋NaK，＜1000℃；ThMg，＜850℃；U，＜1400℃；Zn，＜450℃；Pb，＜850℃；Bi，＜500℃；Hg，＜600℃。

钽可以耐大多数酸，但易受氢氟酸和苛性碱的腐蚀。与玻璃不同，在发烟硫酸、二氧化硫、氯磺酸中，钽会发生腐蚀。由于价格很高，钽通常仅限于在极端严苛腐蚀条件下应用。另一个缺点是钽在500℃以上与大多数气体会发生反应，且容易发生氢脆。表 11.30 列出了钽在很多化学介质环境中的耐蚀性等级[50]。

11.6.9.4 钨

钨是一种白色的重金属，是熔点最高的金属。钨在自然界分布广泛，但是储量小，约为铜的一半。钨很脆，难以加工。钨广泛用于制造合金钢、磁性材料、重金属、电接触头、电灯丝、火箭喷嘴以及电子器件。钨制零件、棒材、薄板都是采用纯度 99.99％的钨粉通过粉末冶金制备得到，并在高温下进行轧制和锻造。轧制金属及拉制线材皆具有极高的强度和硬度。火花塞和电子用钨丝都是通过粉末冶金制备。在铜合金中添加钨晶须，可以提高铜合金强度。在四种常见难熔金属中钨的熔点最高，为 3410℃。此外，钨的密度为 $19.3g/cm^3$，仅次于金属铼和锇。

在照明行业中，钨用作灯丝由来已久。在高温下，钨仍然具有极高的强度。事实上，在四种常见难熔合金中，钨的高温强度性能最佳。钨兼具优异的高温强度与良好的电阻率特性，它不仅仅是用作灯丝，在其他领域中的应用也很普遍[53]。例如：金属钨可用来制作真空炉加热元件，其使用温度高于钼和钽，亦可在其他一些加热器中使用。此外，人们已广泛认同，钨是制作电触头、玻璃-金属密封剂、支架和电极的一种非常重要的材料。

当与其他金属合金化时，钨会赋予其他金属一些钨的特性。长期以来，碳化钨一直都是耐用刀具的首选材料。高密度的钨与铜、镍、铁及钴结合可形成重金属合金。此合金含有90％～97％钨，其他金属作为黏结剂使钨结合在一起，赋予其机械加工性能，并降低纯钨的脆性。

11.6.9.4.1 钨的应用

电子、核能及航空航天工业等领域，对在不断升高的温度条件下仍能保持高可靠性的材料的需求日益增长。由于钨可以满足这些性能需求，其需求量也在不断增加。在众多电子领域和高温环境中钨的广泛应用，主要源于钨的如下特性[53]：

- 高温强度和刚度；
- 良好的导热性能；
- 低的热膨胀系数；
- 低辐射系数。

钨的膨胀系数与硬质玻璃的相近，因此钨广泛用作硬质玻璃灯和电子领域中玻璃-金属密封材料。在某些特殊情况下，钨还可与石英一起使用。由于钨棒在高温下仍具有很高强度，因此钨也可以作为高温源（如照明灯丝和电子加热器）的支撑结构。通过特殊加工制成的钨焊条，在惰性气体保护弧焊和原子氢焊技术中广泛应用。

其他类型的钨棒可用作电极。无论常规钨棒还是镀钍钨棒，都可作为真空熔炼、电阻焊、火花放电加工用电极。在管件应用方面，尤其是闪光管和氙气管，使用纯钨或含钍 1％

和2%的钨合金，可以获得更大的辐射率。

11.6.9.4.2　加工特性

钨的加工制造非常困难。加工钨需要丰富的经验。铣削几乎完全不可能。即使是那些经验最丰富的专业人士，加工起来难度也很大，且成本非常高昂。此外，钨的成形加工还必须在非常高的温度下进行，且必须仔细进行应力消除。钨材的连接，不推荐使用熔合焊，但是即使在最有利的情况下，铆接也很困难。因此，设计钨制零件时，必须非常小心。

11.6.9.4.3　与其他金属的结合

钨最好采用钎焊与其他金属连接，大多数高温钎焊方法皆可以使用。但是在钎焊时，应避免过量使用镍基焊料，因为钨和镍相互作用会引起钨的再结晶，也应避免与石墨接触，防止形成脆性碳化钨。焊接后，焊缝非常脆，发生剥层和开裂的可能性很大。由于钨很脆，在所有实际应用环境中，对钨进行铆接都极其困难，不过在某些低应力状态下，也可能成功铆接。

在钨锻件所有可能污染物之中，铁是一个主要问题。铝、碳、钙、铜或镍等其他污染物，可能以单质元素的形式存在，但是更常见的是氧化物形式。此外，为了确保能彻底清除污染物，清洗处理有可能会清除掉一定量的基体金属。钨的四种主要清洗工艺为：

● 熔盐：这是最常见的清洗工艺之一，仅需在含氧化剂的熔盐槽内简单浸泡即可。此处理工艺不会对基体金属造成侵蚀。

● 碱性水溶液：此工艺对被氧化钨表面（黄钨）处理效果很好。但是还原或中间氧化物（棕色、紫色等）（如果有）对此过程的反应更慢。与熔盐法类似，该方法同样不会侵蚀基体金属，也需要氧化剂。

● 酸溶液：与多数常见金属相比，钨与单独某酸的反应速率更慢。HCl、HF 和 H_2SO_4 基本没有作用。在用酸溶液对钨进行处理时，即使进行快速彻底冲洗，通常钨表面都仍然会受残留氧化物污染。

● 电解法：电解蚀刻是在能够溶解电解产物的介质中，通过施加外加电压去除基体金属。电解法可在熔盐或水溶液中进行。电解电流和时间决定了金属去除量。

对于重垢的快速清除，熔盐法明显优于其他方法。此外，如果没有氧化剂，使用熔盐法也不用担心基体金属会损失。如果处理的材料尺寸或体积可观，尤其去除的基体金属量较大时，酸溶液法处理就不仅仅涉及废液处置问题，还涉及操作方面的问题。相比于其他方法，电解刻蚀法能否实施与工件几何形状的关系更大。电解法处理长线材效果很好，但是清洗大量小型零件时，则存在电接触问题。

11.6.9.4.4　耐蚀性

表11.31列出了钨在大量化学介质中的耐蚀性[50]。

表11.31　钨的化学反应活性

环境	耐蚀	可用	不耐蚀
氧化铝-氧化			×
氨	×		
氨(<700℃)	×		

续表

环境	耐蚀	可用	不耐蚀
氨(＞700℃)		×	
含过氧化氢的氨		×	
王水(冷)	×		
王水(温/热)			×
氢氧化钠/钾水溶液	×		
溴(炽热)			×
碳(＞1400℃)-形成碳化物			×
二氧化碳(＞1200℃)-氧化			×
二硫化碳(炽热)			×
一氧化碳(＜800℃)	×		
一氧化碳(＞800℃)		×	
氯(＞250℃)		×	
氟			×
盐酸	×		
氢氟酸	×		
氢气	×		
硫化氢(炽热)		×	
氢气/氯化物气(＜600℃)	×		
空气中		×	
存在 KNO_2、KNO_3、$KClO_3$、PbO_2			×
碘(炽热)			×
氧化镁-氧化			×
汞(及蒸气)	×		
硝酸	×		
硝酸(热)-氧化			×
硝酸/氢氟酸			×
氮气	×		
氧气或空气(＜400℃)	×		
氧气或空气(＞400℃)		×	
亚硝酸钠(熔融态)			×
硫(熔融,沸腾)		×	
二氧化硫(炽热)			×
硫酸		×	
氧化钍(＞2220℃)-氧化			×
水	×		
水蒸气(炽热)-氧化			×

11.6.10 不锈钢

不锈钢和耐热钢在常温和高温腐蚀介质中皆具有优异的耐蚀性，有一系列不同物理机械性能的产品可适用各种不同的专门用途。所有不锈钢，除了含铁和铬之外，都还含有一定的碳。将不锈钢中碳含量控制在0.03%以下很困难，不过有时人们也会有意将不锈钢中碳含量增大至1.00%或更高。但是碳含量越高，所需的铬含量也会越高，因为碳与铬形成碳化物会消耗掉合金中大量的铬，约为碳自重的 17 倍。而碳化铬对改善不锈钢耐蚀性的作用很小。因此不锈钢中加入碳的目的很明确，与普通钢相同，都是为了提高合金强度。

不锈钢中加入其他合金元素是为了改善耐蚀性、可加工性以及调整强度。这些合金元素包括含量较大的镍、钼、铜、钛、硅、铝、硫，还有很多其他显著影响冶金性能的元素。

不锈钢可分为六类，在下文将进行简单介绍。这些合金的名义成分见附表 D，其中大多数合金的一些关键机械性能见表 11.32～表 11.36。

表 11.32　马氏体不锈钢的机械性能（如未特殊标明，皆是针对退火态薄板）

UNS 编号	类型	拉伸强度/MPa	屈服强度(0.2%)/MPa	伸长率(50mm)/%	硬度(洛氏硬度)
S40300	403	483	310	25	B80
S41000	410	483	310	25	B80
S41400	414	827	724	15	B98
S41600	416	517	276	30	B82
S41623	416Se	517	276	30	B82
S42000	420	655	345	25	B92
S42020	420F	655	379	22	B97
S42200	422	1000	862	18	C23
S43100	431	862	655	20	C24
S44002	440A	724	414	20	B95
S44004	440B	738	427	18	B96
S44004	440C	758	448	14	B97

表 11.33　铁素体不锈钢的机械性能（如未特殊标明，皆是针对退火态薄板）

UNS 编号	类型	拉伸强度/MPa	屈服强度(0.2%)/MPa	伸长率(50mm)/%	硬度(洛氏硬度)
S40500	405	448	276	25	B75
S40900	409	446	241	25	B75
S42900	429	483	276	30	B80
S43000	430	517	345	25	B85
S43020	430F	655	586	10	B92
S43023	430FSe	655	586	10	B92
S43400	434	531	365	23	B83
S44200	442	552	310	20	B90
S44600	446	552	345	20	B83
S44635	Monit	620	515	20	C28

表 11.34　奥氏体不锈钢的名义机械性能

UNS 编号	类型	拉伸强度/MPa	屈服强度(0.2%)/MPa	伸长率(50mm)/%	硬度(洛氏硬度)
S20100	201	655	310	40	B90
S20200	202	612	310	40	B90
S20500	205	831	476	58	B98
S30100	301	758	276	60	B85
S30200	302	612	276	50	B85
S30215	302	655	276	55	B85

续表

UNS编号	类型	拉伸强度/MPa	屈服强度(0.2%)/MPa	伸长率(50mm)/%	硬度(洛氏硬度)
S30300	303	621	241	50	B84
S30323	303Se	621	241	50	B96
S30400	304	579	290	55	B80
S30403	304L	558	269	55	B79
S30430	302HQ	503	214	70	B70
S30451	304N	621	331	50	B85
S30500	305	586	262	50	B80
S30800	308	793	552	40	B80
S30815	253MA	600	310	40	B90
N08904	904L	460	200	25	B95
S30908	309S	621	310	45	B85
S31000	310	655	310	45	B85
S31008	310S	655	310	45	B85
S31254	254MO	550	260	35	B95
S31400	314	689	345	40	B85
S31600	316	579	290	50	B79
S31620	316F	586	262	60	B85
S31603	316L	558	290	50	B79
S31651	316N	621	331	48	B85
S31700	317	621	276	45	B85
S31703	317L	593	262	55	B85
S31726	317LMN	662	373	49	B88
S32100	321	621	241	45	B80
S32654	654MO	620	340	35	B98
N08830	330	552	262	40	B80
S34700	347	655	276	45	B85
S34800	348	655	276	45	B85
N08020	20C-3	550	240	30	B96
N08367	AL6XN	760	360	50	B88

表 11.35 沉淀硬化（PH）不锈钢的机械性能最低值

UNS编号	类型	拉伸强度/MPa	屈服强度(0.2%)/MPa	伸长率(50mm)/%	硬度(布氏硬度)
马氏体					
S13800	PH13-8Mo	1410	1520	10	430
S15500	15-5PH	1275	1380	14	388
S17400	17-4PH	1170	1310	10	388
S45000	Custom 450	1170	1240	10	363
S45500	Custom 455	1520	1620	8	444
半奥氏体					
S15700	PH15-7Mo	1210	1380	7	415
S17700	17-7PH	1035	1275	6	388
S35000	AM-350	1170	1380	15	380
S35500	AM-355	1070	1170	12	341
奥氏体					
S66286	A-286	690	1005	25	320

表 11.36 双相不锈钢的机械性能最低值

UNS 编号	类型	拉伸强度/MPa	屈服强度(0.2%)/MPa	伸长率(50mm)/%	硬度(布氏硬度)
第一代					
S32900	329	485	620	15	269
J93370	CD-4MCu	490	696	12	287
第二代					
S31200	44LN	450	690	25	
S31260	DP-3	450	690	25	270
S31500	3RE60	440	630	30	290
S31803/S32205	2205	450	620	25	293
S32304	SAF2304	400	600	25	290
S32550	Ferralium255	550	760	15	302
S32750	SAF2507	550	795	15	310
S32760	Zeron 100	550	750	25	270
S32950	7-Mo PLUS	485	690	15	

注意，不锈钢材料所覆盖的性能范围很宽。例如：飞机和导弹用的高强不锈钢，具有良好的比强度，而高硬度不锈钢材料可用于那些需要耐磨以及某些耐磨损腐蚀的应用场合（如高压蒸汽阀的阀内件）。

退火态的 200 和 300 系不锈钢的机械性能基本相同。例外情况主要是含有双相显微组织结构的铸造合金。不锈钢在化工行业中的一个主要用途是制造浓酸处理设备。

表示材料耐蚀性的一种最常见的形式是用所谓的“等蚀图”。用前缀“iso”表示在一定的浓度和温度变化范围内腐蚀速率不变的线（或区域）。图 11.27 显示了在很重要工业原料硝酸或硫酸及其混合酸中，一些不锈钢与其他金属材料的耐蚀性比较结果[5]。

在大多数环境中，不锈钢铸件和锻件的耐蚀性都可认为是大致相当。一个铸件在铸造成形后不会再进行轧制或变形，因此“双相”合金中的显微组织，可能会因其中铁素体含量不同而存在很大差异。奥氏体基体中高含量的铁素体主要是提高不锈钢的强度。通过提高铁素体形成元素（Cr 和 Mo）的百分含量以及降低奥氏体形成元素和稳定剂（Ni、N 和 C）百分含量，可以控制铁素体相的含量和范围。(普通 18-8 不锈钢中加入了足量镍去平衡合金，即使其完全变成奥氏体。) 锻制品生产商无法利用这种现象，因为奥氏体-铁素体混合相结构会使轧制变得困难。

11.6.10.1 不锈钢类型

11.6.10.1.1 马氏体不锈钢

之所以称为马氏体不锈钢，是因为此种不锈钢可以采用与碳钢类似的热处理方式进行硬化。马氏体不锈钢的基本构架是 410 型不锈钢，其中含铬 12%和碳 0.12%。马氏体不锈钢是一类可以通过热处理硬化的耐蚀不锈钢合金。事实上，马氏体不锈钢就是一种很简单的不含镍的铬钢，有磁性。马氏体不锈钢主要用在对材料硬度、强度和耐磨性有要求的场合。

马氏体不锈钢的耐蚀性一般比铁素体或奥氏体不锈钢的低。马氏体不锈钢可通过热处理可以达到很高的拉伸强度。硬化态马氏体不锈钢的耐蚀性通常比其退火态或软化态的要好。马氏体不锈钢可用于那些要求高强度或硬度且中等耐蚀性的场合。

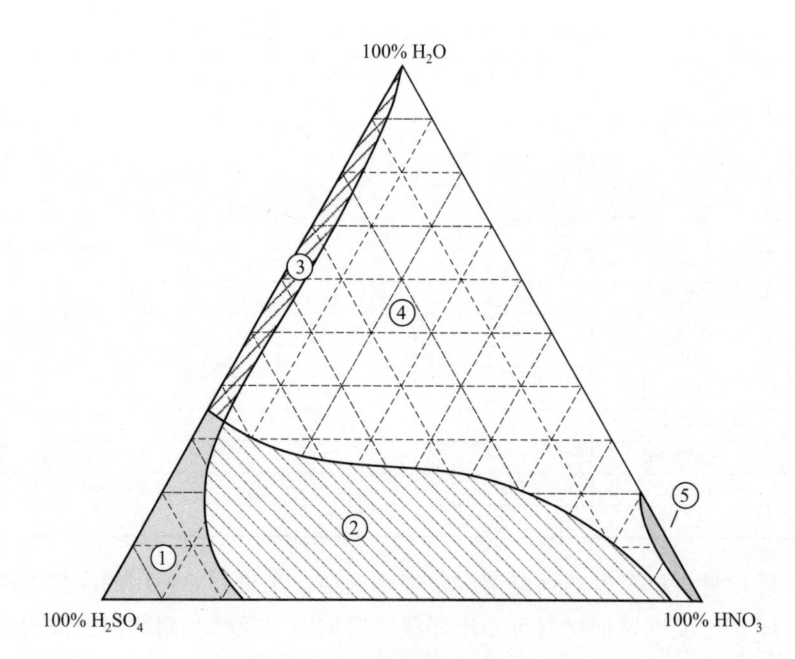

在阴影区域内材料的腐蚀速率小于 0.50mm/a

区域 1	区域 2	区域 3	区域 4	区域 5
20Cr 30Ni	18Cr 8Ni	20Cr 30Ni	18Cr 8Ni	18Cr 8Ni
金	20Cr 30Ni	金	20Cr 30Ni	20Cr 30Ni
铅	铸铁	铂	金	铝
铂	金	硅铁	铂	金
硅铁	铅	钽	硅铁	铂
钢	铂		钽	硅铁
钽	硅铁			钽
	钽			

图 11.27　混酸等蚀图

最常见的马氏体不锈钢的成分见附表 D，其重要机械性能见表 11.32。含铬 11%～13%（如 S41000）的马氏体不锈钢，可耐水腐蚀，但是很容易发生严重的氯离子点蚀。在除气的锅炉补给水环境中，铸造马氏体不锈钢（如 CA6NM）的应用很成功。这种马氏体不锈钢还可用于一些其他方面，如制造阀门配件、滚珠轴承（S44002）、外科器械（S42000）等。不过，这种马氏体不锈钢一般都不会用来制造容器和管线等工艺设备。

416 型马氏体不锈钢（S41600）的切削加工更容易，可用于来制作阀杆、螺母、螺栓及其他零件，降低加工成本。

11.6.10.1.2　铁素体不锈钢

铁素体不锈钢以含 17%铬的 430 型不锈钢成分为基础，一般仅含有铬。这种铁素体不锈钢的延展性比奥氏体不锈钢略差，由于热处理过程中没有高温相变，因此，铁素体不锈钢不可硬化。铁素体不锈钢是一类既可耐腐蚀又能耐氧化的不锈钢种，同时还具有很高的抗应力腐蚀性能（SCC）。这类合金有磁性，可以冷加工，通过退火可以软化。总体而言，铁素体不锈钢的耐蚀性优于马氏体不锈钢，但通常低于奥氏体不锈钢。

最常见的铁素体不锈钢的成分见附表 D，其重要机械性能见表 11.33。430 型

（S543000）铁素体不锈钢加工成形容易，且具有良好的耐大气腐蚀性能，这也是它们在汽车装饰中应用最多的原因之一。此外，该类合金还可以作为硝酸生产中的氨氧化设备以及硝酸储罐和槽罐车用材。不锈钢在化工设备中的首次应用就是由430型不锈钢制造的硝酸运输槽罐车。不过，在这些化工应用场合，目前已大量由18-8不锈钢代替，因为18-8不锈钢焊接更容易，且延展性和耐蚀性更好。

相比于那些铬含量较低的不锈钢牌号（如S41000、S40500和S40900），430型铁素体不锈钢可靠性更高，但是在含氯离子的水中，仍然很容易发生点蚀。不过，在一些其他侵蚀性水环境中，低间隙原子的超级铁素体（S44625）不锈钢的耐点蚀和抗应力腐蚀开裂（SCC）性能都非常好，29-4系列不锈钢（如S44700、S44800和S44735）甚至可以处理热海水。

在那些要求设备耐热的场合，如熔炉部件和热处理设备，可以选用442和446型不锈钢（S44200和S44600）来制造。这类合金铬含量高，因此具有良好的耐高温氧化和含硫气体腐蚀性能。但是，这类合金的结构稳定性或高温强度并不是很好，在选材时应谨慎。

11.6.10.1.3 奥氏体不锈钢

这是一类同时含铬和镍的不锈钢合金，基本上是在含铬18%和含镍8%的302型不锈钢基础上发展而来。奥氏体不锈钢是一类常用的不锈钢。最常见的奥氏体不锈钢的成分见附录D，其重要的机械性能见表11.34。大多数奥氏体不锈钢都有较高含量的镍，作为主要的奥氏体形成元素，但是201和202型这类较新品种（S20100和S20200）的不锈钢含镍量较低，因此锰含量较高（作为主要奥氏体形成元素）。

由于奥氏体不锈钢中铬和镍含量都很高，在机械性能非常优异的各种不锈钢中，奥氏体不锈钢是耐蚀性最好的一类不锈钢。奥氏体不锈钢不能通过热处理硬化，但是冷加工硬化效果显著。普通奥氏体不锈钢最大含碳量为0.08%。

“L”级不锈钢可改善焊接后的耐蚀性。不锈钢牌号后面的字母L表示低碳含量（如304L）。碳含量保持在0.03%或更低水平，可以避免敏感温度范围（430～900℃）内碳化铬在晶界析出。因为碳化铬在晶界析出，使钢中固溶体形式的铬含量减少，会促进晶界邻近区域的腐蚀。通过控制碳含量，可以将这种风险降至最低。因此，焊接时，可以选用L级奥氏体不锈钢。

H级奥氏体不锈钢的含碳量最低为0.04%，最高可达0.10%，主要在高温环境中使用。

奥氏体不锈钢基本无磁性。奥氏体不锈钢具有良好的延展性和抗低温冲击性，可用于处理液氧和液氮。冷加工是对奥氏体不锈钢进行硬化的唯一可行方法。冷加工通常会使奥氏体不锈钢的耐蚀性略微降低，但是在某些苛刻环境中，由于材料冷加工和退火态区域之间形成腐蚀原电池，会促进腐蚀。301型（S30100）不锈钢是最常见的冷加工态奥氏体不锈钢，如制造火车和卡车车体等。冷轧奥氏体不锈钢线材的强度可提高至2000MPa左右。在严苛的腐蚀性环境中，301和302型（S30100和S30200）不锈钢都不适用，前者是由于铬和镍含量低，后者是因为碳含量高。

11.6.10.1.4 时效或沉淀硬化不锈钢

时效或沉淀硬化不锈钢合金通常都含有铬和镍以及少量其他元素，其中镍含量不超过8%。沉淀硬化不锈钢的硬化和强化处理是先固溶淬火，然后再加热至约427～538℃温度范围保温一段时间。沉淀硬化型不锈钢是唯一兼具良好的可加工性、强度、易热处理性以及耐蚀性的不锈钢，这种独特的性能组合，任何其他类别的不锈钢材料都不具备，为设计者提供了一个很好的选择。最常见的沉淀硬化不锈钢的化学成分如附录D所示，其重要机械性能见表11.35。沉淀硬化不锈钢的拉伸强度可高达1375MPa左右。在严苛环境中，沉淀硬化不锈钢的耐蚀性通常都比奥氏体不锈钢差。

奥氏体沉淀硬化不锈钢，目前大多已被强度更高和更先进的超级合金所取代。马氏体沉淀硬化不锈钢的最大用途是在腐蚀环境相对温和的飞机和导弹工业中。尽管马氏体沉淀硬化不锈钢的主要设计用途是作为棒材、线材及锻件，但是轧制板材的应用现在也越来越多。半奥氏体沉淀硬化不锈钢主要设计用作薄板和带材产品，但是在很多应用场合，也会使用这种不锈钢的其他形式的产品。尽管沉淀硬化不锈钢主要是为航空航天材料而开发，但是其中很多钢种在大量应用领域都可作为一种真正经济实用材料，正逐渐获得业界认同。

沉淀硬化不锈钢具有较高的硬度，可降低阀座和阀瓣等摩擦部件发生咬死和磨损的倾向。

11.6.10.1.5 铸造不锈钢

铸造不锈钢通常与相应等级的锻造不锈钢在化学组成上会略有差异。其中差异之一是铸造不锈钢添加硅含量较高。在铸造不锈钢中，添加硅可改善其铸造性能，通常硅含量最高可达1%。尤其是对于铸造薄壁或小零件，高含量硅特别重要。最常见的铸造不锈钢的化学组成见附录D。大多数铸造不锈钢都是由某种锻造等级不锈钢直接衍生而来，如C-8相当于304型锻造不锈钢的铸造合金。前面的C表示合金主要用于耐液体腐蚀环境，H则代表应用于高温环境。

11.6.10.1.6 双相不锈钢

一代和二代双相不锈钢的化学组成见附录D，其重要机械性能见表11.36。这类不锈钢中同时存在明显的两相显微组织（铁素体和奥氏体）。与奥氏体或铁素体不锈钢相比，双相不锈钢耐氯离子应力腐蚀开裂更优，且强度更高。双相不锈钢同时结合了奥氏体和铁素体不锈钢的特点，是最新型的不锈钢品种。现代双相不锈钢充分利用了铁素体-奥氏体这种双相显微结构所产生的高强度和硬度、耐磨损、疲劳和应力腐蚀开裂性能、高热导率以及低热膨胀系数等特点。

双相不锈钢中一般铬含量比较高（18%～26%），而镍含量较低（4%～8%），且通常含有钼。双相不锈钢具有中等磁性，不能通过热处理硬化，任意厚度的材料都很容易焊接。双相不锈钢的缺口敏感性比铁素体不锈钢低，但是如果长期保持在（300℃）以上高温，则其冲击强度会受损。因此，双相不锈钢是结合了两大类不锈钢的某些特性。双相不锈钢可以抗应力腐蚀开裂，但是不如铁素体钢，其韧性优于铁素体钢，但又不如奥氏体钢。双相不锈钢的屈服强度明显较高，约为退火态奥氏体不锈钢的两倍。

11.6.10.2 焊接、热处理和表面处理

11.6.10.2.1 可焊接性

舍弗勒（Schaeffler-de-Long）相图是确定合金中可能存在的组织结构成分的一个辅助工具。掌握了不同相的性质，就有可能判断各相组成对焊件使用寿命的影响程度。注意，舍

弗勒相图中所标示的是从 1050℃快速冷却到室温所得到的组织结构，并不是一个平衡相图。绘制这个相图的最初目的是去粗略预估不同奥氏体不锈钢的焊接性能。在绘制此相图时，不锈钢中合金元素通常被分为两类，即奥氏体稳定元素和铁素体稳定元素[54]。在此相图中，铁素体数（FN）是衡量室温下焊缝金属中 δ 相或凝固铁素体含量的国际标准。铬和镍的当量值分别构成图 11.28 所示舍弗勒（Schaeffler-de-Long）相图中的两个坐标轴，它们可以通过如下关系来估算[55]：

$$\%\text{铬当量} = 1.5\text{Si} + \text{Cr} + \text{Mo} + 2\text{Ti} + 0.5\text{Nb} \tag{11.8}$$

$$\%\text{镍当量} = 30(\text{C} + \text{N}) + 0.5\text{Mn} + \text{Ni} + 0.5(\text{Cu} + \text{Co}) \tag{11.9}$$

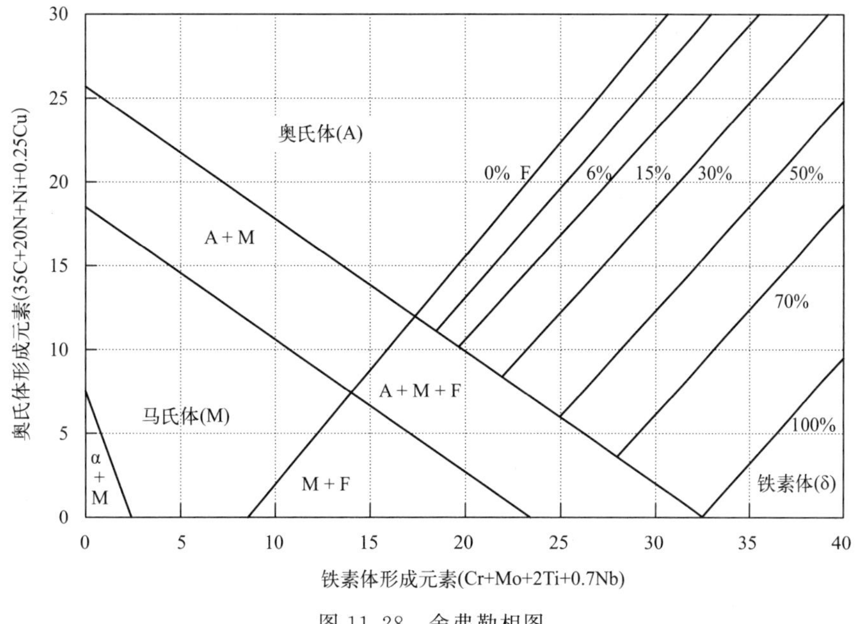

图 11.28　舍弗勒相图

11.6.10.2.1.1　奥氏体不锈钢

S30400、S31600、S30403 和 S31603 奥氏体不锈钢都具有优异的焊接性能。焊接后晶间腐蚀的老问题，现在已很少发生。因为目前适用湿腐蚀环境中的奥氏体不锈钢，要么是碳含量低于 0.05%，要么就是含有稳定化元素铌或钛。此外，这类不锈钢还特别不易发生热开裂，主要因为它们凝固产生的铁素体含量高。合金含量更高的奥氏体不锈钢（如 S31008 和 N08904），焊接凝固形成全奥氏体组织，因此焊接时要控制热输入。高含铬和镍的奥氏体不锈钢及焊接金属在高温下持续暴露一定时间后，可能会析出脆性 σ 相。温度在 750～850℃时，铁素体转变为 σ 相或奥氏体直接转变为 σ 相的转变速度最快。高热输入焊接会使冷却速率降低，尤其是薄型焊件。因此，焊接时在 750～850℃持续时间的延长，增大了 σ 相的析出风险。

11.6.10.2.1.2　铁素体不锈钢

铁素体不锈钢通常比奥氏体不锈钢更难焊接，这也是铁素体不锈钢的应用不如奥氏体不锈钢那么普遍的一个主要原因。较早型号的铁素体不锈钢，如 AISI 430（S43000），主要由于焊接热影响区不仅晶粒会强烈长大，而且还有马氏体相析出，因此焊缝金属的延展性会急剧降低，此外，这类铁素体不锈钢在焊接后，还容易发生晶间腐蚀。因此，这类不锈钢的焊接通常是先焊前预热，再焊后退火。不过，新型的 S44400 和 S44635 铁素体不锈钢的焊接性能相当好，因为其中碳和氮含量低而且加入了稳定化元素钛/铌。但是如果未在控制低热输入条件下进行焊接，其中肯定仍然会存在晶粒长大的风险。通常，这种新型铁素体不锈钢在焊接后，无须再进行退火处理。这种铁素体不锈钢使用配套的或奥氏体超合金焊料进行焊接[56]。

11.6.10.2.1.3　双相不锈钢

现代双相不锈钢的焊接性能要明显优于那些早期型号的双相不锈钢。新型双相不锈钢的焊接性能与普通奥氏体不锈钢多少有些类似。那些早期的双相不锈钢，除了容易发生晶间腐蚀之外，还容易发生热影响区铁素体晶粒长大，而且转变为奥氏体相的铁素体量也很少，因此其延展性会降低。现代双相不锈钢中不仅镍含量较高，而且还加入氮进行合金化，因此在大多数情况下，热影响区中都会有足够量的奥氏体相形成。但是，焊接后如果急速冷却，例如搭接处或起弧点，可能导致铁素体含量过多产生不利影响。此外，极端高热输入［其中热输入定义如公式(11.10）所示]，还会使热影响区内铁素体晶粒严重长大[56]。

$$\text{热输入}=\eta\frac{UI}{1000v} \tag{11.10}$$

式中，η 为与焊接方法相关的常数（0.7～1.0)；U 为电压，V；I 为电流，A；v 为焊接速度，mm/s。

采用常规热输入方式(0.6～2.0kJ/mm）同时使用焊料对 S31803（合金 2205）双相不锈钢进行焊接，可以获得一个铁素体-奥氏体相保持相对适度的平衡状态。但是对于新型的 S32750（合金 2507）超级双相不锈钢，推荐使用的热输入值不同（0.2～1.5kJ/mm)。降低热输入下限值的原因是此超级双相不锈钢中氮含量比 S31803 钢高很多。而氮有利于奥氏体的快速形成，在低热输入焊接时这一点非常重要。而减小热输入上限值是为了最大程度地降低二次相析出风险。

双相不锈钢的焊接可使用双相不锈钢或奥氏体不锈钢焊料。在没有后续淬火退火的情况下，不推荐采用无焊料焊接工艺。氮不仅影响显微组织结构，而且影响焊接熔池渗透性。增加氮含量，可降低熔池向母材金属的渗透作用。此外，在采用钨极惰性气体保护焊工艺时，为避免焊缝金属产生气孔，推荐采用小焊珠。对于普通 S31803 双相不锈钢，为尽可能提高焊缝根部的耐点蚀能力，应使用氩气和氮气混合气（$Ar+N_2$）或者氩气、氮气和氢气混合气（$Ar+N_2+H_2$）作为清根气进行处理。而对于超级双相不锈钢，不推荐使用含氢气氛作为焊接保护气体。不过，用等离子体焊接工艺焊接 S31803 双相钢时，有时也可以使用 5%氢气+氩气（$5\%H_2+Ar$）作为保护气体，结合使用焊料，并随后再进行淬火退火处理。

11.6.10.2.1.4　马氏体和马氏体-奥氏体不锈钢

马氏体相含量及其硬度是造成这类不锈钢焊接问题的主要原因。全马氏体钢是经空气淬硬，因此对氢脆非常敏感。在整个焊接过程中，由于焊接在高温下进行，因此热影响区可以保持奥氏体组织状态和良好韧性，但是在冷却后，这些奥氏体相会转变形成马氏体相，因此必须在约 650～850℃下进行回火处理，而且最好将其作为最终热处理。不过，焊缝必须首先能被冷却至 150℃以下。

马氏体-奥氏体不锈钢，如 13Cr/6Ni 和 16Cr/5Ni/2Mo，通常无焊前预热和焊后退火。

但是，奥氏体含量低的13Cr/4Ni型不锈钢，在焊接前必须在100℃左右进行预热处理。如果希望获得最佳强度性能，可在600℃下对焊件再进行焊后热处理。此类不锈钢的焊接可使用匹配焊料或奥氏体焊料。

11.6.10.2.2 不锈钢焊料

11.6.10.2.2.1 奥氏体焊料

大多数常用不锈钢都使用奥氏体焊料进行焊接，所得焊缝金属在室温下铁素体数为2%～12%。因为铁素体对杂质的溶解性比奥氏体强得多，所以金属中含有少量铁素体，可以显著降低热开裂风险。此外，这种奥氏体焊料金属具有非常好的焊接性，通常不需要热处理。

使用铬当量值超过20的高合金焊料时，如果焊缝金属被加热到550～950℃，可能会形成脆性σ相。此外，如果使用高热输入焊接，高含钼焊料中钼与铁素体的共同作用，也可能产生σ相。多道次焊接亦有同样的影响。σ相使材料延展性降低，促进热开裂。因此，在使用这些高含钼焊料时，应限制焊机的热输入。使用氮合金化焊料所形成的焊缝金属也不易析出σ相。

使用碳含量超过0.05%的非稳定化焊料时，焊缝金属中会产生碳化铬，使焊件耐湿环境腐蚀性能变差。不过，最新型的非稳定化焊料，如果不是用于高温环境，通常碳含量都不超过0.04%。

高铁素体含量（15%～40%）的超合金焊料，具有非常好的焊接性能，通常用于低合金焊料和不锈钢之间的混合焊接接头。使用这种超合金焊料，可得到一种奥氏体型的混合焊缝。而普通奥氏体焊料在用于低合金焊料与不锈钢之间混合焊接时，由于稀释作用，得到的可能是一种脆性的马氏体-奥氏体焊缝。

超合金焊料还可用作铁素体不锈钢与铁素体-奥氏体不锈钢之间焊接用焊料。合金化程度最高的29Cr-9Ni焊料，常用于严酷磨损环境中的焊接或难焊接钢的焊接，如14%Mn钢、工具钢和弹簧钢。

11.6.10.2.2.2 全奥氏体焊料

有时不锈钢的焊接需要选用不含铁素体的金属焊料，因为一般铁素体都有一定的选择性腐蚀风险。但是与含有少量铁素体的焊缝金属相比，全奥氏体焊缝自身又更容易发生热开裂。因此，为降低这种风险，常用锰合金化的焊料，且尽可能降低其中微量元素含量水平。此外，大焊接熔池也会增加热开裂风险。

一个大的全奥氏体熔池，凝固速率缓慢，晶粒粗大，有效晶界面积小。而小熔池凝固速率很快，显微结构会更精细。由于痕量元素一般在晶界析出，而在粗大结构中这种晶界析出沉淀物相较大，在一定程度上使晶界变弱，因此增大由于析出相引发晶界处显微裂纹的风险。大量微裂纹相互结合，就形成肉眼可见的热裂纹。

因此，全奥氏体焊料应选用低热输入设备。由于焊料中痕量元素的含量通常低于母材金属，因此如果在熔池中加入大量焊料，将会降低热开裂风险。此外，由于焊缝金属不含铁素体相，因此低温冲击强度很好。对于那些用于输送低温冷却液体的焊接容器设备制造商来说，这一点非常重要。

11.6.10.2.2.3 铁素体焊料

过去，大家一直认为全铁素体焊料非常难焊接，而且还需对焊缝金属进行焊后热处理。

不过现在所使用的铁素体焊料中，碳和氮含量都非常低，而且通常还采用钛进行稳定化处理。因此，使用现代铁素体焊料获得的焊缝金属，对晶间腐蚀不敏感，也无需任何焊后热处理。不过，另外有一个非常重要的现象是：焊缝金属中容易产生粗大晶体，所有全铁素体金属焊料都是如此。而焊缝延展性随着晶粒大小增大而急剧降低。因此使用这些全铁素体焊料进行焊接时，必须选用低热输入设备。

11.6.10.2.3 焊接缺陷

11.6.10.2.3.1 奥氏体不锈钢

尽管奥氏体不锈钢很容易焊接，但是焊缝和热影响区仍然有可能发生开裂。在全奥氏体焊接结构件中，焊缝金属凝固开裂的可能性更大，比含少量铁素体的焊缝金属的开裂敏感性更大。铁素体的优点主要是对有害杂质的溶解能力强，可将大量杂质溶于铁素体之中，否则这些杂质会形成低熔点的偏析相以及枝晶间裂纹。

在显微组织中含5%～10%铁素体相，非常有利于抑制开裂，因此选择成分合适的焊料是抑制开裂风险的关键所在。舍弗勒图可用来标识不同成分的铁素体-奥氏体两相间的平衡状态。例如：焊接304不锈钢时，所使用的308型焊料就与304不锈钢的成分略有差异。

11.6.10.2.3.2 铁素体不锈钢

铁素体不锈钢焊接中存在的主要问题是热影响区韧性差。如果晶粒过度粗化，可能引起高度受限接头和厚型材的开裂。但是，薄型材（＜6mm）的焊接，无需采取特别的预防措施。

较厚型材的焊接必须选用低热输入方式，以最大程度降低晶粒粗化区宽度，并需使用奥氏体焊料，以获得韧性较好的焊缝金属。此外，尽管预热不会减小晶粒尺寸，但是可以降低焊接热影响区的冷却速率，使焊缝金属维持在韧脆转变温度之上，并且可降低残余应力。预热温度应控制在50～250℃，具体温度值根据材料化学成分而定。

11.6.10.2.3.3 马氏体不锈钢

如果采取合适的预防措施避免热影响区开裂，尤其是对于那些厚壁零件和高受限接头，其实马氏体不锈钢也可以成功焊接。但是，由于焊接热影响区硬度高，因此这类不锈钢焊接特别容易造成氢致开裂。而且，碳含量增加通常都会使开裂风险增大。为降低这种开裂风险，可采取的一些必要预防措施包括：

- 使用低氢焊接工艺（钨极惰性气体保护焊或金属极惰性气体保护焊），确保焊剂或加药焊剂按照制造商说明书要求进行干燥（人工金属极电弧焊和埋弧焊）；
- 预热至200～300℃。实际预热温度取决于焊接工艺、材料化学成分（尤其是铬和碳含量）、型材厚度、进入焊缝金属中的氢量；
- 维持层间温度在推荐的低限值；
- 进行焊后热处理（如650～750℃）。处理时间和温度依据材料化学成分而定。

对于低碳含量的薄型材（一般指厚度小于3mm），如果采用低氢焊接工艺，在焊接头受约束程度低，且特别注意对焊接头区域进行清洗的情况下，通常无需焊前预热处理。而碳含量较高（＞0.1%）的较厚型材，可能需要进行焊前预热和焊后热处理。此外，焊后热处理还应在焊接完成之后立即进行，因为这样不仅可以调整结构（增韧），而且还能促使氢从焊缝金属和热影响区逸出。

11.6.10.2.3.4　双相不锈钢

尽管现代双相钢的焊接都很容易，但是为获得合适的焊缝金属结构，焊接作业必须严格遵从焊接工艺规程，特别要注意焊机热输入范围。尽管大多数焊接工艺都可适用于双相不锈钢的焊接，但是通常须避免使用低输入焊接工艺。一般情况下，此类金属的焊接无需预热处理，但是需要控制焊层间最高温度。此外，焊料的选择也很重要，因为所用焊料要能让焊接后所形成的焊缝金属具有与母材相匹配的铁素体-奥氏体两相平衡的组织结构。另外，为了弥补氮的损失，焊料可能使用过量氮合金化，或者所用保护气体本身含有少量氮。

11.6.10.2.4　不锈钢热处理

锻造不锈钢在冷加工和热加工之后再进行固溶退火的目的是溶解碳化物和 σ 相。锻造不锈钢在 425～900℃加热或缓慢冷却时，可能会析出碳化物。σ 相常常在 925℃以下形成。因此，热处理技术规范一般要求：固溶退火温度在 1035℃之下，并进行快速淬火冷却。含钼不锈钢的固溶退火温度可以稍微更高一点，通常在 1095～1120℃，可以使合金中钼的分布更加均匀。

有时不锈钢材料在经过加工后，可能还需要进行应力消除热处理。当然，去应力的方法有多种。对于不锈钢薄板和棒材，在经过大于 30％的冷压加工处理后，随后在 290～425℃温度范围内进行热处理，可以使材料中峰值应力发生明显的重新分布，并同时提高其拉伸强度和屈服强度。在 290～425℃进行应力重新分配热处理，可减少后续机械加工中的变化，有时还会提高材料强度。由于应力再分配处理温度在 425℃以下，因此碳含量较高的不锈钢，也不存在碳化物析出和晶间腐蚀敏感性的问题。

在 425～595℃进行的去应力热处理，通常是以将畸变降至最小，否则机加工后的尺寸会超出公差范围。不过，由于高碳含量不锈钢在加热至约 425℃以上后很容易诱发晶间腐蚀，因此，425℃以上的去应力热处理只适用于 L 等级的低碳不锈钢或稳定化的 S32100 和 S34700 等级的不锈钢焊接件。

在需要对装置进行完全消除应力时，有时可能需要在 815～870℃温度下进行去应力热处理。不过，在此温度范围内的热处理应仅仅只是针对那些 L 等级的低碳不锈钢（如 S32100 和 S34700）设备。即使所用材料是低碳和稳定化等级的不锈钢，最好还是依据 ASTM A262 标准进行晶间腐蚀敏感性检测，以确认在此温度范围的去应力热处理到底会不会产生敏化。而对于那些 400～900℃温度范围内使用的设备，偶尔还会进行热稳定化处理，即：控制温度 900℃以上，保温时间 1～10h。热稳定化处理的目的是使碳化物聚集，预防碳化物进一步析出和诱发晶间腐蚀[57]。

11.6.10.2.5　表面处理（表面加工）

为了恢复不锈钢表面自身固有的耐蚀性，在除油脱脂后，还必须清除表面其他污染物，如在制造车间成型和搬运处理时掺入的铁渣、焊接飞溅物、回火色（热氧化皮）、夹杂物以及其他金属粒子。清除不锈钢表面污染物最有效且应用最广的方法是使用硝酸-氢氟酸（10％ HNO_3＋2％ HF，温度 49～60℃）浸蚀（酸洗），可以通过浸滞或者局部涂覆浸蚀膏的方式进行。以草酸或磷酸为电解液，铜棒或铜板为阴极，不锈钢为阳极，进行电化学抛光处理，可能也同样有效。此外，电化学抛光可以仅针对焊缝附近局部区域和针对整个表面进行，去除氧化皮。浸蚀和电化学抛光都是去除表面几个原子层深度的膜层。清除这种表面膜层的另一个益处是去除了最终热处理造成的表面贫铬层。

玻璃珠和核桃壳喷丸处理也是一种非常有效的清除表面污染物的方法，而且对表面无损伤。为了恢复某些重污染不锈钢表面，如罐底，有时也可选用喷砂处理，不过必须确保砂子清洁干净，而且不能循环使用，也不能使表面粗化。此外，喷丸处理不应使用钢丸，因为钢丸会产生铁沉积物污染不锈钢表面。

另外，用不锈钢丝刷洗或用清洁的氧化铝磨盘或片状研磨轮进行轻磨，也有利于清除表面污染物。而使用砂轮或连续带式砂磨机研磨或抛光，很容易造成表面过热，即使随后再进行浸蚀处理，也无法完全恢复不锈钢表面耐蚀性。表 11.37 简要介绍了不锈钢表面的热轧、冷轧以及机械处理等级。

表 11.37 常见不锈钢的表面处理介绍

热轧	
0# 精饰处理	也称为热轧退火(HRA)。在此工艺中，板材先经热轧至所需厚度，然后再退火。无浸蚀或钝化处理，表面呈鳞片状黑色氧化皮。不锈钢表面并没有形成一个完整的耐蚀膜层，除了某些高温耐热场合，这种处理不适合常规用途
1# 精饰处理	板材经过热轧、退火、浸蚀和钝化处理。这种处理后的表面暗淡无光、略显粗糙，适于工业应用，包括常规厚度范围内的各种板材
冷轧	
2D 精饰处理	经过 1# 处理的材料，再经冷轧、退火、浸蚀和钝化处理。这种表面呈均匀暗淡无光泽，优于 1# 处理。这种表面适合各种工业应用，特别适合重度深冲压，因为在拉拔过程中，这种无光表面(加工后可抛光)可锁住润滑油
2B 精饰处理	经过 2D 处理的材料，随后在抛光轧辊间进行调质轧制(表皮光轧)冷轧处理。2B 表面通常可以满足各种薄板材的要求。表面比 2D 处理的表面光亮，半反光。它常用于最大深冲压操作，比 2D 处理表面更容易抛光至所需的最终表面
2BA 精饰处理	通常被称为光亮退火(BA)处理。对经 1# 处理的材料，通过高抛光辊进行冷轧，获得光滑和明亮表面。随着轧制材料变得越来越薄，表面的平滑度和反射率也不断提高。为了实现厚度减薄要求而必须进行的任何退火处理，包括最终退火处理，都在控制非常严格的惰性气氛中进行。因此，表面不会发生氧化或也产生氧化皮，也不需要另外进行酸洗和钝化。最终表面具有镜面光亮，与高度抛光的 7# 和 8# 处理
机械抛光	
3# 精饰处理	这种处理是用 80～100# 磨料单向研磨获得一个均匀表面。这是对于后续加工或成形后需进一步抛光获得更精细表面的零件的一个良好的中间或基础表面处理方法
4# 精饰处理	这种处理是用 150# 磨料单向研磨获得一个均匀抛光表面。此表面反光性不高，但是对于在服役过程中会遭遇野蛮处置的零件，是一个很好的通用型表面处理方法
6# 精饰处理	这是通过涂上研磨膏的抛光布[坦皮科(Tampico)纤维，平纹细布或亚麻布]对表面进行抛光处理。表面光洁度取决于使用的磨料精细度、初始表面的均匀性和光洁度。此表面具有反射率不同的无方向性纹理。缎面合金色表面就是一个实例
7# 精饰处理	这种处理获得的是一个具有高度反光的抛光表面。该表面通过使用越来越细的磨料和抛光剂逐级处理得到。此表面可能会残留一些最初原始表面存在的一些细小划痕
8# 精饰处理	处理方式与 7# 处理相同，只不过最终抛光处理使用的是极精细抛光剂。成品表面无污染，影像高度清晰，真正的镜面光亮

11.6.10.3 耐蚀性

不锈钢材料主要用于湿腐蚀介质环境之中。随着铬和钼含量的增大，不锈钢对侵蚀性溶液的耐蚀性逐渐增强。高含量镍可以降低应力腐蚀开裂风险。各种奥氏体不锈钢或多或少都具有一定的耐均匀腐蚀、缝隙腐蚀和点蚀能力，与合金化元素含量有关。如果在含氯离子环境中应用，此时不锈钢的耐点蚀和缝隙腐蚀性能就显得格外重要。通常不锈钢的耐点蚀和缝隙腐蚀能力随着铬、钼和氮含量增加而提高。图 11.29 显示了在化学加工行业中，不锈钢失效模式的分布情况[58]。

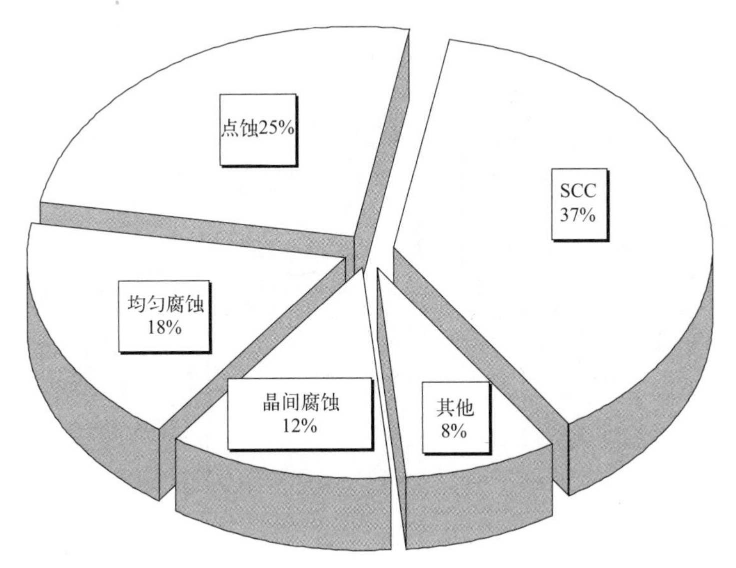

图 11.29　化学工业中不锈钢失效模式分布情况

富含氯离子的海水是一种非常苛刻的腐蚀环境，会导致不锈钢发生点蚀和缝隙腐蚀。不过，现已开发出一些特殊牌号不锈钢，可在这种腐蚀性介质环境中使用。如在近海、海水淡化和沿海加工行业中，由超级奥氏体不锈钢合金 254 SMO（S31254）制造的海水处理装置就有长期成功服役的良好记录。不过，尽管超级奥氏体不锈钢合金 254 SMO（S31254）有大量良好的跟踪使用记录，但是仍有一些关于缝隙腐蚀问题的报道。在存在非常严重缝隙和苛刻温度条件的场合中，更好的材料是超级奥氏体不锈钢合金 654（S32654）。

大多数无钼不锈钢都可用于高温热气体环境，因为不锈钢表面会形成一层附着牢固的氧化膜层。不过，在非常高的温度下，表面氧化物开始起皮，随着铬含量增加，相应的发生起皮温度也会升高。常见的高温合金，如高镍奥氏体不锈钢（S31008），不含钼但含有 24%～26%的铬。奥氏体不锈钢合金 253 MA（S30815），由于成分均衡且添加有铈等其他合金元素，甚至可在高达 1150～1200℃的空气中使用[56]。

11.6.10.3.1　合金元素的影响

不锈钢的耐蚀性不仅与合金成分有关，还与热处理、表面状态、制造工艺等有关，因为所有这些因素都有可能改变其表面热力学活性，从而极大影响其耐蚀性。不锈钢的钝化，并非必须通过化学钝化处理才能实现，在含氧环境中，不锈钢表面会自发形成一层钝化膜。为提高不锈钢钝化性能进行表面处理时（钝化处理），通常酸洗（浸蚀）去除表面污染物后，在空气中不锈钢表面会立即重新生成一层钝化膜。赛德克斯（Sedriks）[54] 首次提出了合金元素对典型不锈钢的阳极极化曲线的影响的概要图，如图 11.30 所示[59]。下文将讨论主要合金元素对不锈钢耐蚀性的影响[60]。

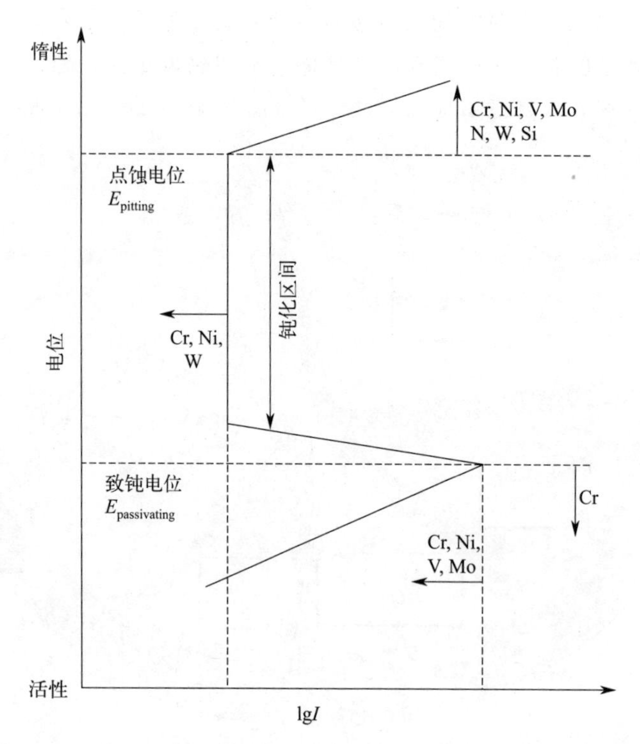

图 11.30　合金元素对典型不锈钢的阳极极化曲线的影响的概要图

11.6.10.3.1.1　铬

很显然，铬是钝化膜或耐高温腐蚀的氧化铬的主要形成元素。其他合金元素会影响钝化膜形成或维护过程中铬的有效性，但是其他任何元素自身都无法产生不锈钢的不锈特性。当钝化膜中铬含量约为 10.5%时，此时它仅能对大气环境中的金属提供有限保护作用。随着钝化膜中铬含量增加，钝化膜的腐蚀保护作用也逐渐增强。当铬含量水平达到 25%～30%时，保护膜的钝性非常高，此时其耐高温氧化性能也达到最佳。

11.6.10.3.1.2　镍

含量充足的镍是用于稳定奥氏体相，并形成奥氏体不锈钢。镍可以提高不锈钢的耐蚀性，尤其是还原性环境中的耐蚀性，因为镍能有效促进不锈钢的再钝化。此外，镍还非常有利于提高不锈钢的耐无机酸腐蚀性能。值得注意的是：当镍含量达到约 8%～10%时（此镍含量水平是为确保含铬 18%左右的不锈钢的显微结构是奥氏体相），不锈钢耐应力腐蚀开裂性能会下降；但是当镍含量超过此水平之后，不锈钢耐应力腐蚀开裂能力又会随着镍含量增大而提高。

11.6.10.3.1.3　锰

有时，锰也可作为一种奥氏体稳定剂与少量镍结合使用，所起作用与固溶体中镍作用大致相同。不过，有关锰对不锈钢腐蚀行为的影响至今仍无很好的文献记载。但是，目前已知锰可以与硫结合形成硫化物，而这些硫化物的形貌和成分对不锈钢的耐蚀性会产生实质性影响，尤其是对耐点蚀性能。

11.6.10.3.1.4　其他元素

在存在氯离子的情况下，不锈钢中添加适量钼，与铬联合作用，可以非常有效地稳定钝化膜。钼可以非常有效地提高不锈钢的耐点蚀和缝隙腐蚀性能。而碳本身似乎对不锈钢的腐蚀特性没有什么内在影响，但是它起到了一个很重要的作用，就是由于它有形成碳化物的倾向，从而造成基体或晶界成分变化，有可能导致不锈钢的耐蚀性降低。氮是奥氏体不锈钢的有益元素，因为它可增强不锈钢的耐点蚀性能，阻碍 σ 相的形成，可能也有利于减轻双相不锈钢中铬和钼的偏析。

11.6.10.3.2　铁素体不锈钢

高铬含量的铁素体不锈钢具有良好的高温性能，但是在 550～950℃温度范围内容易形成脆性 σ 相。铁素体不锈钢 S44600 含铬 27%，在空气中的氧化起皮温度约为 1070℃。现代的钼合金化的铁素体不锈钢的耐蚀性与 S31600 奥氏体不锈钢基本相当，但是其耐应力腐蚀开裂性能优于大多数奥氏体不锈钢。热水加热器就是此类铁素体不锈钢的一个典型应用实例。对于存在高点蚀风险的含氯离子环境（如海水中），可以选用高合金的铁素体钢 S44635 (25Cr-4Ni-4Mo)。铁素体不锈钢的耐蚀性一般都远低于奥氏体不锈钢，但优于大多数马氏体不锈钢。铁素体不锈钢仅能耐温和的腐蚀性介质环境，可用于汽车工业和建筑工程装饰构件。在淡水中，铁素体不锈钢具有良好的抗氧化性，但是在苦咸水和海水中，容易发生点蚀。此外，铁素体不锈钢还可以用制造室温稀碱液和中温碳氢化合物的处理设备[61]。

在任何还原性酸或有机酸中，如草酸、甲酸和乳酸等，铁素体不锈钢皆不适用，但是可用来处理硝酸和很多其他有机化学品。S43000 不锈钢由于价格低廉，在这些用途中应用最普遍。现已开发出一些 S43000 改良钢种，如含硒的 S43023 铁素体不锈钢，可适用高速切削场合。在 S43000 系列很多其他钢种中，还有部分钢种含钼 1.0%～2.0%，如含钼 1.0%～1.3%的 S43400 不锈钢。这些都改善了不锈钢在还原性介质中的耐蚀性，同时也降低了点蚀倾向。此外，增加铬含量可降低高温下氧化和起皮倾向，两个著名铁素体不锈钢 S44200 和 S44600 的铬含量分别高达 21%和 26%，服役温度极限分别可提高至 980℃和 1090℃[61]。

在含少量氯离子的环境中，S43000 和 S43600 铁素体不锈钢的耐应力腐蚀开裂优于奥氏体不锈钢。不过，由于焊接会降低它们的延展性、耐应力腐蚀开裂和耐晶间腐蚀性能，因此有时会加入钼、镍和六种铂族金属之一进行合金化处理[61]。

直到最近，铁素体不锈钢的可焊性差、缺乏韧性和延展性，一直都是严重限制其应用的主要原因。但是现在氩氧脱碳（AOD）和真空吹氧脱碳（VOD）的不锈钢冶炼技术解决了这个问题。尽管真空吹氧脱碳技术的成本更高，但是比氩氧脱碳技术更优，因为 VOD 技术可将碳和氮含量降至 0.025%以下，而 AOD 只能降至 0.035%。因此现在利用这种技术可生产出低碳低氮铁素体不锈钢。而这种低碳低氮铁素体不锈钢可以充分利用高铬和钼(1.5%～4%）的联合作用，具有优异的耐蚀性，特别是抗应力腐蚀开裂性能，而且成本也很具有竞争力。

有关铁素体不锈钢耐蚀性方面的研究非常广泛。依据铁素体不锈钢在沸腾腐蚀性溶液中的慢应变试验结果，可用下面表达式来概括不同合金元素对铁素体不锈钢耐蚀性的影响[49]。不锈钢在每种腐蚀性环境中的应力腐蚀指数（SCIs）是指所有合金元素的有益（－）或有害（＋）影响（用%含量表述）的总和。在 pH 值为 2 浓度为 4mol/L 的沸腾硝酸钠溶液中，应力腐蚀指数可用公式(11.11）估算。

$$SCI_{NO_3}=1777-996C-390Ti-343Al-111Cr-90Mo-62Ni+292Si \qquad (11.11)$$

在 8.75mol/L 氢氧化钠溶液中，应力腐蚀指数可用公式(11.12）估算。

$$SCI_{OH}=105-45C-40Mn-13.7Ni-12.3Cr-11Ti+2.5Al+87Si+413Mo \quad (11.12)$$

在75℃的0.5mol/L碳酸钠+0.5mol/L碳酸氢钠溶液中，应力腐蚀指数可用公式(11.13)估算。

$$SCI_{CO_3}=41-17.3Ti-7.8Mo-5.6Cr-4.6Ni \quad (11.13)$$

11.6.10.3.3 奥氏体不锈钢

奥氏体不锈钢的耐蚀性优于简单含铬不锈钢（马氏体和铁素体）。因此，奥氏体不锈钢大多是用于那些较苛刻的腐蚀性环境中，如加工行业中常遇到的介质环境。S30400奥氏体不锈钢是不锈钢的一个成功典范，占所有不锈钢产量的50%以上，几乎在每个行业中都有应用。S30403钢是低碳的S30400钢，主要是为了降低焊接件的敏化倾向，避免发生晶间敏化腐蚀。S30409钢的碳含量高于S30403钢，其强度也较高（尤其500℃以上强度）。此等级不锈钢的设计应用场合不是针对那些可能发生敏化腐蚀的环境。

S30400不锈钢在很多介质环境中皆具有优异的耐蚀性。S30400不锈钢在大气中不生锈，可用来制造建筑构件、厨具、食品加工及调制设备，以及用于不希望存在污染（生锈）的场合。S30400不锈钢可以耐大多数食品加工环境的腐蚀，且容易清洗，能耐有机化学品、染料及大量的无机化学品的腐蚀。但是，在温热氯离子环境中，S30400不锈钢会发生点蚀和缝隙腐蚀，在温度超过50℃同时承受拉应力时，可能发生应力腐蚀开裂。不过，采用间歇式暴露且定期清洗，S30400不锈钢仍然可以在温热氯离子环境之中成功应用。

S30400钢具有良好的耐氧化性，在间歇式服役环境中，最高可耐870℃高温，而连续式服役环境中，可耐925℃的高温。如果预期后续会暴露在室温水溶液环境中，则不推荐在425～860℃连续服役时使用S30400不锈钢。不过，如果服役温度不在425～860℃范围之内，S30400不锈钢的服役效果仍然非常好。S30403不锈钢耐碳化物析出能力更强，可在上述温度范围（425～860℃）使用。在高温强度很重要的应用场合，此时需要使用更高碳含量的不锈钢。在气体液化温度以下的环境中，S30400不锈钢仍具有优异的韧性，可以使用。与其他等级的奥氏体不锈钢类似，退火态的S30400不锈钢磁导率很低。

在含氯离子环境中，奥氏体不锈钢容易发生应力腐蚀开裂。标准S30400、S30403、S31600和S31603不锈钢对应力腐蚀开裂最敏感。将镍含量提高至18%～20%及以上或使用双相或铁素体不锈钢，都可以提高其耐应力腐蚀开裂性能。高残余应力或外加应力、温度高于65～71℃以及存在氯离子，都会增加应力腐蚀开裂的可能性。缝隙和液-气界面等干/湿交替部位以及湿隔离状态，特别有可能诱发敏感合金的应力腐蚀开裂。注意，应力腐蚀开裂的萌生孕育期长短不一，有些可能需要几周、1～2年，有些甚至可能需要7～10年[62]。

在用作管壳式换热器管材时，奥氏体不锈钢受损的主要原因或许是暴露在热水或冷水中。图11.31显示了实际发生腐蚀的区域。如果管板温度足够高，当水蒸发时，盐就会在管板的缝隙中或紧靠管板后面累积。而这些盐分中含有氯离子，会造成此区域中受拉应力的金属部位发生开裂。

当选用奥氏体不锈钢作为管壳式换热器材料时，设计最重要。例如：为预防金属表面泥沙淤积或浓缩盐类沉积物累积，设计可能要求管侧走水，冷凝器壳程走工艺物料流。在水走

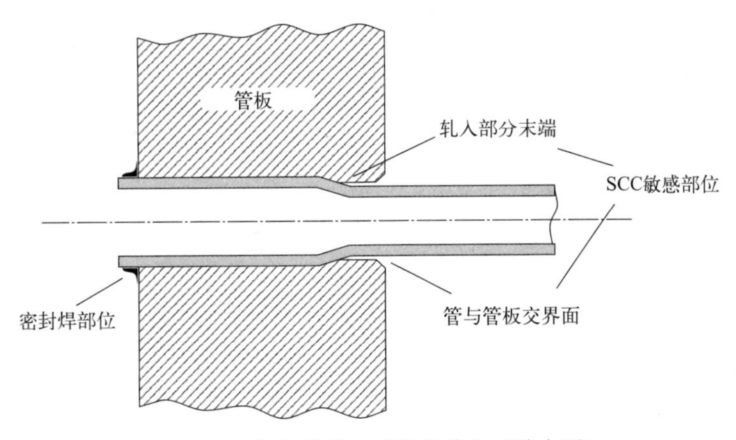

图 11.31　不锈钢管与管板连接头（放大图）

壳侧时，将换热器设计为水平放置而不是垂直放置，可能可以消除冷却水上方的空腔。当然，还有其他方法也可以解决这种环境中材料的腐蚀问题。

11.6.10.3.4　马氏体不锈钢

马氏体不锈钢具有中等水平的耐蚀性（即：它优于碳钢和低合金钢，但是比奥氏体钢差）。马氏体不锈钢常用于一些具有轻微腐蚀性的环境之中，例如用于处理水、水蒸气、天然气和石油等介质。含铬 17%的马氏体不锈钢，耐氧化起皮温度最高可达 800℃，发生高温硫化物腐蚀的敏感性低。

S41000 不锈钢是一种低成本的通用型可热处理马氏体不锈钢。此马氏体不锈钢广泛应用于一些腐蚀不严重的环境（空气、水、一些化学介质、食品酸味剂）。其典型应用还有制造兼具强度和耐蚀性的高受力零件，如紧固件等。S41008 不锈钢的含碳量比 S41000 不锈钢低，其焊接性好，但可硬化性差。S41008 不锈钢是一种通用型耐蚀耐热铬钢，推荐用于耐蚀性场合。

S41400 不锈钢中添加镍（2%）是为了改善耐蚀性，其典型应用是作为弹簧和餐具用钢。S41600 不锈钢添加硫的目的是提高其机械加工性能，其典型应用是用于制造螺丝机部件。S42000 不锈钢中碳含量高是为了提高其机械性能，其典型应用是用于制造外科手术器械。S43100 不锈钢中铬含量高是为了改善耐蚀性和机械加工性能，其典型应用是作为阀门和泵等高强度零件用钢。S44000 不锈钢中铬和碳含量更高，用其目的是改善其韧性和耐蚀性，其典型应用是用于制造仪器仪表。

11.6.10.3.5　双相不锈钢

双相不锈钢包含一系列不同等级，所涵盖的耐蚀性能范围很宽。双相不锈钢中铬含量通常都高于耐蚀性奥氏体不锈钢，钼含量最高可达 4.5%。较高含量铬和钼这种组合，是获得良好耐氯离子点蚀和缝隙腐蚀性能的一种经济有效的手段。通常，大多数双相钢的耐氯离子性能都优于常规奥氏体不锈钢。此外，获得所期望双相组织平衡状态的限制条件决定了双相不锈钢中镍的含量。不过，在很多化学介质中，由此限制条件所确定的镍含量已足以体现出其显著作用[63]。表 11.38 显示了不同合金添加剂和微观结构对双相不锈钢耐点蚀和缝隙腐蚀性能的影响。

表 11.38 不同合金添加剂和微观结构对双相不锈钢耐点蚀和缝隙腐蚀性能的影响

合金元素	影响	原因	实际限制量
碳(C)	负面	形成碳化铬,出现贫铬区	最大约 0.03%
硅(Si)	正面	稳定钝化膜	最大约 2%,由于它对结构稳定性和氮的溶解性有影响
锰(Mn)	负面	富锰硫化物是点蚀诱发点。锰还可能使钝化膜不稳定	约 2%。锰含量过高也可能增加金属间化合物析出风险
硫(S)	负面	如果不是富含铬-钛或铈,硫容易诱发点蚀	如果要求最高耐点蚀性能,硫含量最大约 0.003%。为了获得合理的机加工性能,容许硫最大量 0.02%
铬(Cr)	正面	铬稳定钝化膜	铬含量最大在 25%~28%,取决于钼含量。较高铬含量增大了金属间化合物析出风险
镍(Ni)	负面	增加镍,其他元素保持不变,稀释了含氮的 γ 相,因此降低了 γ 相的耐点蚀当量值(PRE)。如果合金非常容易析出氮化铬,镍会有一个积极作用	镍主要是为了控制奥氏体相含量
钼(Mo)	正面	钼稳定钝化膜,直接或通过膜下富集	最大约 4%~5%,取决于铬含量。钼增加了金属间化合物的析出风险
氮(N)	正面	氮急剧增大了 γ 相的耐点蚀当量值(PRE),不仅是由于增加了 γ 相中含氮量,而且还提高了铬和钼的含量	在无钼钢中氮含量约 0.15%。在超级双相钢中含氮约 0.3%,在某些含 25%铬、高钼、高锰双相钢中氮含量可达 0.4%
铜(Cu)	有争议	正面或负面影响都微不足道	最大约 2.5%。较高含量铜会降低热加工性能,淬透性也不理想
钨(W)	正面	与钼作用可能相同	增大了金属间相析出风险
铁素体	正面	提高铁素体含量,增加了 γ 相中氮、铬和钼含量	铁素体含量过高,会增加粗大组织结构中碳化铬/氮化铬的析出
金属间化合物相	负面	金属间相析出,伴随着合金元素贫化(铬、钼)	如果遵循钢铁制造商的推荐规范,在热处理或焊接过程中不应发生金属间化合物析出
碳化铬和氮化铬	负面	碳化铬/氮化铬析出,导致形成贫铬区,在某些腐蚀介质会发生选择性腐蚀	较早一代双相钢,氮化物通常出现在焊接头和含粗大晶粒的基体金属中。腐蚀失效很少是由于它们引起的

双相钢的应用始于 20 世纪 30 年代。第一代双相钢，如 S32900 不锈钢，由于其中铬和钼含量高，具有良好的耐局部腐蚀性能。但是焊接破坏了这些等级钢中奥氏体和铁素体相间的最佳平衡状态，因此焊接后双相钢的耐蚀性和韧性都会降低。尽管焊接后热处理可以恢复其耐蚀性和韧性等性能，但是实际上，一代双相不锈钢大多以无焊接的完全退火态形式应用[63]。

在 20 世纪 70 年代，人们以氮作为合金添加剂，很好地解决了一代双相钢中存在的这种焊接问题。通过氩氧脱碳（AOD）技术，可以准确且经济地控制不锈钢中氮含量。

尽管最初使用氮作为合金化元素，只是由于氮是一种廉价的奥氏体形成元素，但是不久人们就发现加入氮还有一些其他益处，包括：提高拉伸强度、增强耐点蚀和缝隙腐蚀性能[63]。此外，氮还会使奥氏体相形成温度升高，在快速热循环之后，焊后热影响区奥氏体和铁素体相能恢复到合适的平衡状态。正是由于氮具有这种优点，因此那些含氮双相钢可以在焊态下直接使用，第二代双相钢也由此而诞生。

目前大量双相钢都使用了氮合金化技术，其中大多数都作为专利产品进行销售。除了那些已生产的双相钢产品等级，其实还有些等级的双相钢产品在市场上并不容易获得。但是，

S31803双相钢合金是个特例，很多生产商都可以提供此种不锈钢产品，并可在金属服务中心通过正常和可靠的途径获得。S31803双相钢已成为应用最广泛的第二代双相钢[63]。最新开发的双相钢中铬、钼和氮含量都非常高，如超级双相钢合金2507（S32750），其耐蚀性优于S31803双相钢，在很多情况下可与6Mo钢，即254 SMO（S31254）相媲美。

选用双相钢的主要原因之一其实就是因为它们良好的耐氯离子应力腐蚀开裂性能。在此耐蚀性方面，双相钢要比常规奥氏体不锈钢优越得多。具有合适的双相平衡组织成分的现代双相钢，如合金2205（UNSS31803），与第一代双相钢类似，同样具有良好的耐点蚀性，焊接后也不易发生晶间腐蚀。但是，在沸腾42%氯化镁溶液中，所有双相钢都容易发生应力腐蚀开裂。不过幸运的是，这种试验介质过于苛刻，其结果并没有太大实际意义，因为大多数奥氏体不锈钢发生应力腐蚀开裂的典型应用环境都是低浓度的氯离子环境。业已证实，沸腾25%氯化钠溶液中的应力腐蚀试验和氯化钠“灯芯（wick）试验”，与应力腐蚀开裂现场实践有很好的相关性，而在这两种试验检测条件下，双相钢完全可使耐应力腐蚀开裂[63]。

11.6.10.3.6　点蚀和缝隙腐蚀

大量研究者已对不锈钢在含氯离子水溶液中的点蚀和缝隙腐蚀行为进行过研究。但是，根据这些研究结果，我们可以发现：腐蚀发生部位明显一致的腐蚀事件所占比例差异很大。根据在规定的氯离子浓度环境中腐蚀发生部位明显相同的腐蚀事件所占百分比，可以更好地描述腐蚀试验结果。那些非常狭小紧密的缝隙，会增加腐蚀的可能性。粗糙表面、剪切边缘、划痕以及类似缺陷部位，也容易引起腐蚀问题。在沉积物下或依附金属表面生长的生物膜下金属，也有可能发生缝隙腐蚀或点蚀。表11.39列出了大量耐蚀奥氏体不锈钢和双相不锈钢的临界缝隙腐蚀温度，表11.40是其中某些合金在选定的化学环境中的腐蚀速率。

表11.39　临界缝隙腐蚀温度

UNS(统一编号系统)	型号	温度/℃
S32900	329	5
S31200	44LN	5
S31260	DP-3	10
S32950	7-Mo Plus	15
S31803	2205	17.5
S32250	Ferralium 255	22.5
S30400	304	<−2.5
S31600	316	−2.5
S31703	317L	0
N08020	20Cb-3	0
N08904	904L	0
N08367	AL-6XN	32.5
S31254	254SMO	32.5

表11.40　各种不锈钢在选定的化学环境中的腐蚀速率　　单位：mm/a

环境	温度/℃	S30400	S31600	S31703	N08020	S31803	S32550
1%盐酸	沸腾	—	—	0.0025	—	0.0025	0.0025
10%硫酸	66	—	—	0.226	—	0.030	0.0051
10%硫酸	沸腾	42.0	21.7	12.4	1.09	5.23	1.01

续表

环境	温度/℃	S30400	S31600	S31703	N08020	S31803	S32550
30%磷酸	沸腾	—	—	0.170	—	0.0406	0.0051
85%磷酸	66	—	—	0.0051	—	0.010	0.0025
65%硝酸	沸腾	8	0.28	0.533	0.203	0.534	0.13
10%乙酸	沸腾	—	—	0.0051	—	0.0025	0.0051
20%乙酸	沸腾	7.6	2	—	0.051	—	—
20%甲酸	沸腾	—	—	0.2159	—	0.033	0.010
45%甲酸	沸腾	43.6	520	—	0.18	0.124	—
3%氯化钠	沸腾	—	—	0.0254	—	0.0025	0.010

此外，相对耐蚀性还可以用（临界）氯离子浓度来表征，低于此浓度值时，缝隙腐蚀几乎不会发生。点蚀，尤其在焊缝处或其附近以及缝隙内，常常会导致设备在几个月内就发生穿孔。因此，选择具有高耐局部腐蚀性的合金非常必要。通常，用耐点蚀当量（PREN）来定义合金的耐局部腐蚀性能。耐点蚀当量由经验公式计算得到，公式形式有多种。公式(11.14）就是其中应用最为广泛的一种，可用于预测奥氏体和双相不锈钢的耐点蚀性能[59]：

$$PREN = Cr + 3.3(Mo + 0.5W) + xN \tag{11.14}$$

式中，Cr、Mo、W和N分别为铬、钼、钨和氮含量，%；x 为常数，对于双相不锈钢为16，对于奥氏体不锈钢为30。

11.6.10.3.7　应力腐蚀开裂

尽管马氏体和奥氏体不锈钢在热氢氧化钠溶液中（以及铁素体不锈钢在某些含氯离子的特殊环境中）都会发生应力腐蚀开裂，但主要还是奥氏体不锈钢为主。

18-8系列不锈钢（如S30400、S31600以及它们的低碳及添加铌和钛稳定化的衍生钢种）对应力腐蚀开裂都非常敏感，特别是在氯离子作用下。在含氯离子的冷却水环境中，当不锈钢换热器管表层温度高于60℃时，一个常见问题就是应力腐蚀开裂。那些能累积氯离子的缝隙处，如换热管与管板挤压连接处（图11.31），对应力腐蚀开裂特别敏感。钙质或其他膜层或沉积物会使这种状态恶化，由于阻塞和浓缩，缝隙内氯离子比本体溶液浓度更高。

当18-8不锈钢设备保温层下基体受到由于盐水渗漏或暴风雨带来盐水中氯离子污染时，设备外表面可能就会发生一种特别令人讨厌的应力腐蚀开裂。在天然水中，氯离子应力腐蚀开裂一般都是穿晶型（即使是敏化的18-8不锈钢也是如此）。在这种类型的环境中，传统18-8系列不锈钢与相应等级的锰钢（如S20400、S21600）系列之间的差异似乎很小。

对于18-8系列奥氏体不锈钢而言，最常见的应力腐蚀开裂就是由于氯离子污染所导致。氯化钠是一种在水和大气等环境中普遍存在的氯化物。通常，仅在约50～200℃温度范围内，氯化钠才会引发应力腐蚀开裂。但是，当存在其他卤化物时（如：含硫/氯化钠混合物、硫化氢/氯化钠＋氯化氢水溶液），在室温甚至低温条件下，皆有可能发生应力腐蚀开裂。对于明显外露的表面，预期会发生应力腐蚀开裂的氯离子浓度与pH值之间大体上有一定的对应相关。当然，如果附着在不锈钢表面膜层（如氧化皮、热染色、焊渣、锈层、钙质沉积物、生物质）内，由于蒸发或闭塞或吸附，可能导致氯离子浓缩，那么此时就不会存在所谓的不发生应力腐蚀开裂的最小氯离子浓度[64]。

当来自大气、水渗漏或保温层下的氯离子在18-8型不锈钢表面浓缩时，设备外表面有可能发生应力腐蚀开裂。钢法兰生锈产生的三价铁离子将使这种状态进一步恶化。外表面应力腐蚀开裂的最好预防措施，就是在容器和管道表面涂装一层厚度在 10cm 以上的无锌无氯涂层体系。

在含氯离子和苛性碱两类介质环境中，奥氏体不锈钢的应力腐蚀开裂都是属于典型的穿晶型开裂，但精炼厂由于连多硫酸以及核能发电超临界水中溶解氧造成的敏化 18-8 不锈钢应力腐蚀开裂除外。

奥氏体不锈钢的应力腐蚀开裂并非一定发生在高温条件下。如：大气环境温度下，冷拔金属线缆等高应力零件就可能发生开裂。在热苛性碱溶液中，即使是含有痕量氢氧化钠的高压蒸气中，18-8 系列奥氏体不锈钢也很容易发生应力腐蚀开裂。

人们已发现，硫化氢可使重水设备中 18-8 型不锈钢表面的钝化膜变脆弱，使诱发应力腐蚀开裂所需氯离子浓度和温度远低于其他含氯离子天然水。在温度极高的水中，敏化 18-8 不锈钢会发生晶间型应力腐蚀开裂，如核反应堆中，这种开裂形式称为氧诱发应力腐蚀开裂。

类似地，在精炼厂停工期间，敏化不锈钢发生的晶间型应力腐蚀开裂（IGCSCC）是一种由连多硫酸引起的应力腐蚀开裂。在系统中有空气进入时，硫化氢或金属硫化物与二氧化硫和水之间反应会产生连多硫酸。据报道，稳定化等级不锈钢不会发生应力腐蚀开裂，但是低碳等级的不锈钢并不可靠，因为在正常服役温度条件下，可能遭受长时间的敏化作用。对设备进行碱或氨洗再加上氮气保护，可以解决这种类型的腐蚀问题。

目前，人们已开发出专门用于抵抗氯离子应力腐蚀开裂（SCC）的新型超级铁素体不锈钢、特殊专用级产品以及“超级”不锈钢。通常，这些材料含镍量都超过 29%，不会发生氯离子诱发开裂。但是这些材料在苛性碱和其他环境中的耐蚀性目前尚不明确，有待进一步研究。

11.6.10.3.8　高温

在高温环境下，可能造成不锈钢性能劣化的原因有很多。性能劣化的后果取决于工艺过程以及对材料的期望值。

11.6.10.3.8.1　σ 相

铁素体不锈钢中 σ 相仅包括铁和铬两种元素。而奥氏体不锈钢中，σ 相组成要复杂得多，包括镍、锰、硅和铌，还有铁和铬。铁素体和奥氏体不锈钢中 σ 相是在 593～927℃温度下，由不锈钢中铁素体或亚稳态奥氏体转变而来。σ 相会使材料在 120～150℃温度下的延展性和韧性受损，但是如果在役材料不存在明显的残余冷加工，此时 σ 相对材料在 σ 相形成温度范围内的性能影响很小。但是在这种情况下，材料蠕变强度可能受损[62]。

在 σ 相形成温度范围内使用的大量工业合金，随着服役时间延长，不可避免会有 σ 相形成。幸运的是直接由此引起的失效事件其实很少。但是如果零件暴露在此临界温度范围之内，随后遭遇大量循环条件或冲击载荷，则应选用不受 σ 相影响的材料或更稳定的材料。通过平衡选择奥氏体与铁素体形成元素的成分，使材料中不存在多余铁素体相，可以提高材料的耐蚀性或免疫力。这可根据前面已讨论过的舍弗勒相图来确定。

11.6.10.3.8.2　敏化

敏化是奥氏体不锈钢高温劣化的另一种形式。敏化是由于碳化铬优先在晶界析出而引起。在某些腐蚀性环境中，与晶界毗邻的贫铬区容易优先腐蚀。在焊接加热、不正确热处理或在480～815℃温度范围内服役等过程中，奥氏体不锈钢都有可能发生敏化。敏化对材料机械性能几乎无影响，但是在连多硫酸等侵蚀性水溶液环境中，可能导致材料发生严重的晶间腐蚀。即使在高温环境下硫化氢腐蚀很轻微，在停机期间，设备表面也有可能形成连多硫酸。腐蚀产物硫化亚铁与空气和水分结合形成酸，并诱发晶间腐蚀和开裂[62]。

为了尽可能减小在加工过程中发生敏化的可能性，一种选择是在钢中加入碳化物形成元素作为稳定剂。最常用的是加入钛（如S32100钢）和铌（如S34700钢）。另一种选择就是使用碳含量小于0.03%的低碳等级不锈钢（如S30403钢和S31603钢），不过需要注意此等级不锈钢的强度较低。对于S34700不锈钢，为了最大程度地降低在敏感温度范围内频繁或连续暴露对材料所造成的影响，建议采取的应对措施是在870～900℃温度下热稳定化处理4h。但是对于S32100不锈钢，这种热稳定处理措施不适用。

耐热不锈钢由于碳含量较高且存在其他元素，在高温暴露过程中会发生“老化”。时效（老化）是由于形成了次生碳化物和其他析出相。时效一般会提高材料强度，但是也会使室温下材料延展性降低，可能导致加工问题。与锻造耐热不锈钢相比，铸造耐热不锈钢由于初始碳含量一般都比较高，时效问题更大。

在与合金类型相适应的温度下先固溶退火，随后再快速冷却，有可能修复存在上述各种劣化问题的材料。对于300系不锈钢，退火可在1066℃温度下进行，而对于高碳耐热不锈钢，退火可能需要在高达1177℃温度下进行。此外，这种性能恢复也不是永久性的，当再次暴露在诱发环境下，材料性能将会再次劣化[62]。

11.6.11 钢

钢和铁是最常用的金属材料，在很多介质环境中都会发生腐蚀，包括大多数户外大气环境。通常，选用钢铁材料，并非因为它们的耐蚀性，而是由于它们的强度、易加工制造以及价廉等特性。因生锈而引起的金属损失率，可显示出不同钢铁材料之间耐蚀性差异。在潮湿大气中，所有各种钢和低合金钢皆会生锈。不过，业已证实：钢中添加铜、磷、铬和镍元素可以明显改善碳钢的耐大气腐蚀性。例如在某些情况下，碳钢中加入0.3%铜，可使其锈蚀速率降低四分之一甚至一半。钢表面形成致密、附着牢固的锈层是其腐蚀速率降低的原因之一。由于这种锈层改善了钢的耐蚀性，因此在某些情况下，未保护的钢的耐蚀性可能也已足够满足要求，而且在这种锈层保护下，涂层保护下的钢材腐蚀量也可以减少，涂层寿命将会延长。钢在大气环境中的锈蚀速率，通常都是第一年高于随后几年的，而且，其锈蚀速率随着空气中污染和潮湿程度增大而显著增加。

在碱、很多有机物以及强氧化酸中，钢皆具有相当好的耐蚀性，不过通常应避免在酸中使用。在含硝酸盐、过氧化氢、氨水以及硫化氢等介质环境中，软钢（低碳钢）很容易发生应力腐蚀开裂。此外，任何析氢皆有可能造成钢的脆化和鼓泡。不过，在钢中加入铜可以降低其中磷、硫夹杂物对钢在稀酸中耐蚀性的不利影响。水中溶解氧对钢也有害。与其他能形成钝化膜的金属类似，基本上无氧可使阴极反应去极化的环境或者拥有足够的氧化能力可形成稳定氧化膜的环境，对铁有利[4]。

低合金钢是指主要合金元素含量不高于5%的钢。低合金钢的设计强度比非合金化钢的高，除了耐大气腐蚀性能有所改善之外，在其他介质环境中耐蚀性与非合金化钢的相似。例如：合金钢的锈蚀速率可能是不含铜的普通碳钢的三分之一。此外，为避免钢在大气中生锈，其中一般需添加约10％～12％的铬。

11.6.11.1　碳钢

普通钢实质上就是铁和碳的合金，其中添加少量锰、硅等元素以获得必要的机械性能。这种钢由生铁和废钢混合料经熔融处理去除其中过量的碳和其他杂质后制成。这些钢通过连续浇铸可制成线材或铸造成单个铸锭，然后再通过轧制、拉拔或锻造，制成最终产品。在热轧或锻造过程中，钢表面被空气氧化，形成的氧化皮通常称为轧制铁鳞（轧制氧化皮）。在空气中，钢表面的轧制铁鳞在短期内可能会使钢的腐蚀速率降低，但是较长时间之后，钢的腐蚀速率仍然会趋于升高。而且，钢表面存在的大量轧制铁鳞，可能会造成钢在水中发生严重点蚀。

可供选用的碳钢种类很多，体现出这种最常见结构材料性能的多元化特点。工业碳钢和低合金钢通常用四位数字系统进行标识（表11.41）。前面两位数字是指合金类型，后面两位数字则是指碳含量。

表11.41　钢和其他铁基合金碳钢和低合金钢的成分

牌号	描述
10xx	普通碳钢
11xx	含硫量高于常规的碳钢，用以改善机械加工性能
13xx	含锰1.75％
23xx	含镍3％
25xx	含镍5％
31xx	含镍1％，含少量铬
33xx	含镍3％，含少量铬
40xx	含钼0.25％
41xx	含钼0.25％，含铬1％
43xx	含钼0.25％，含铬0.8％，含镍1.8％
50xx	含铬0.3％
51xx	含铬1.0％
52xx	含铬1.5％
61xx	含铬0.5％，含钒0.15％
86xx	含铬0.5％，含镍0.5％，含钼0.2％

注：xx代表碳百分含量；因此4340钢含有0.40％碳、0.25％ Mo、0.8％ Cr、1.8％ Ni、0.7％ Mn、0.04％（最大）S、0.04％（最大）P和0.3％ Si。

工业纯铁包括锭铁和阿姆科铁（Armco）。工业纯铁质地软弱，不能在以材料强度为主要要求的场合中使用。但是，柔软金属可用来制造垫圈以及其他需要变形的零件。

碳含量较低的钢（G10050-G10100）可进行深冷加工而不发生开裂。因此，运输罐和桶或其他要求大幅度冷弯曲的设备，可用这种低强度合金制造。

钢中添加约0.2％铜，可以使钢在大气中的腐蚀速率下降至1/2～1/3。普通钢中其他元素的变化对腐蚀速率影响程度很小，不过，随着碳、锰和硅含量增加，钢的腐蚀速率呈下降趋势。例如：在敞开大气环境中，与含硅0.02％的类似钢相比，含硅0.2％的钢的锈蚀速率可降低约10％[65]。

11.6.11.2 高强低合金钢

碳钢可以通过单独或组合添加百分之几或更少量的铬、镍、铜、钼、磷和钒进行合金化，制成高强低合金钢（HSLA）。高强低合金钢通常就是含锰最高可达1.5%，并添加少量铬、铜、钒或钛等元素进行强化的低碳钢，有时亦可采用特殊轧制和冷却技术进行强化。在高强低合金钢中添加锆、钙或稀土元素的目的是控制硫化物夹杂的形态，改善加工成形性。合金添加量越高，一般机械加工性能和硬化性能也越好。

由于高强低合金钢的强度较高，因此可使用较薄型材。对于那些减重很重要的运输设备部件而言，这一点非常有吸引力。从腐蚀角度来看，合金含量较低（总合金含量最大约2%）的高强低合金钢更具有吸引力。相比于普通碳钢，高强低合金钢的强度明显更高，但是其实最重要的特性是在无保护状态下，高强低合金钢耐大气腐蚀性能更好。

铬钼系列合金钢可用于制造锅炉零件，因为它们具有良好的耐高温性能，且蒸汽和水对它们基本没有腐蚀性。

在航空航天领域中，材料的强度重量比（比强度）已成为一个首要考虑因素，此时，强度非常高的合金钢具有非常重要的意义。例如：H-11钢（5Cr-1.5Mo-0.4V-0.35C）通过热处理强化，其拉伸强度可达到2060MPa以上。

少量合金元素的添加，可以极大改善低碳或中碳结构钢的机械性能。例如：添加1%铬可使钢的屈服强度（0.2%永久变形量）从280MPa提高至390MPa。这也促进了一系列高拉伸强度性能的高强低合金钢的发展。尽管在高强低合金钢中，添加合金元素的主要目的是提高钢的强度，至少最初是如此，但是目前非合金化钢在机械性能方面也获得很大改善，导致高强低合金钢和非合金化钢这两类材料在很多性能方面其实都相互重叠。在某些情况下，添加低含量合金，除了可能进一步改善钢的机械性能之外，有时甚至还可能提高钢的耐蚀性。另外，高强低合金钢这一类钢并非不腐蚀，但是在适宜条件下，如室外暴露环境，其锈蚀速率要比非合金化的软钢（低碳钢）的慢几倍。旨在降低锈蚀速率的低合金钢，通常称为耐候钢，其中铬、镍和铜是改善耐大气腐蚀性能的最常见的合金元素[66]。

无涂层保护的耐候钢已出现多年。无论从短期成本还是长期成本来看，选用这种耐候钢材料都相当经济实用。不需要对初始钢结构进行涂装，可抵消使用这种等级钢的额外成本。对于那些预期具有高耐大气腐蚀性的合金钢，其牌号后面带有字母“W”标识[53]。此外，使用耐候钢材料还具有重要的环境效益，因为初始涂装量的减少，大大降低了使用油基涂层时有机挥发性物质的释放量，而且也不存在涂层清除和表面喷砂产生的污染碎片处置问题。

有案可循的实例表明：对于一个结构件，在计划实施重新涂装时，由于其中材料回收和处置的预算成本太高，最终导致该结构要么被废弃要么被更换。此外，还有文献报道，在不适合的位置或不合适的环境条件下使用此类钢材，效果并不令人满意。大多数情况下，这种使用性能不佳都是由于对耐候钢使用限制条件缺乏认识。在下列环境中使用无涂层的耐候钢，将无法获得预期效果，而且持续腐蚀可能造成严重损伤[67]：

11.6.11.2.1 沿海地区

沿海含盐空气可能通过盛行风（季风）传播到内陆地区。而钢表面氯离子就是由含盐空气传播而来，它对无涂层耐候钢结构的性能影响与盛行风方向、与海岸线距离、地区地形以及环境特征有关。因此，无涂层耐候钢结构的老化行为，因地区不同可能存在显著差异。

11.6.11.2.2　频繁高降雨量、高湿度或多雾地区

这些气候条件可能造成钢表面水过量凝结，并延长钢表面处于湿润状态的时间。在长期处于这种气候条件的地区，在未评估钢表面湿润时间的情况下，不应选用无涂层耐候钢。

11.6.11.2.3　工业地区

在建有化工厂和其他制造厂的重工业地区，空气中可能含有化学杂质，而这些杂质可在钢表面沉积并腐蚀钢表面。

11.6.11.3　焊接性

常用钢材都很容易焊接，可依据钢的金相结构和焊接特性对钢进行分类。下文将分别介绍这几类钢材焊接中存在的主要风险以及主要焊接缺陷[68]。

11.6.11.3.1　低碳非合金钢和/或低合金钢

未合金化薄壁型材通常都很容易焊接。但是，对于厚壁型材，采用手工金属熔焊工艺焊接时，热影响区存在开裂风险，有必要采用低氢含量的金属电极（焊条）。合金化程度较高的材料，为了避免热影响区开裂，同样也需预热或使用低氢焊接工艺。

11.6.11.3.2　2-5镍钢、铬钼钢以及铬钼钒抗蠕变钢

薄壁型材的焊接，如采用气体保护焊接工艺（钨极惰性气体保护焊和金属极惰性气体保护焊）可能无需预热。但是较厚壁材料的焊接，如采用熔合焊工艺，必须预热并使用低氢焊条，以避免热影响区和焊缝金属开裂。此外，焊后热处理可以改善热影响区的韧性。

11.6.11.3.3　含铬（12%～20%）的铁素体或马氏体不锈钢

为获得与母体金属相匹配的焊缝金属强度，可使用焊料对此类材料进行焊接，但为了避免热影响区开裂，必须进行焊前预热处理。为了恢复热影响区的韧性，焊后热处理也必不可少。在不可能进行预热和焊后热处理情况下，可以考虑使用奥氏体不锈钢焊料。

11.6.11.3.4　气孔

气孔是由于焊接熔池凝固过程中，气体在非连续气穴中滞留夹闭形成。气体可能源于不良的气体保护、表面污染物（锈或油脂等），也有可能是由于母材、焊条或焊丝中除氧剂不足。“蛀孔”是一种特别严重的气孔形式，由于表面大量污染物或使用受潮焊条焊接所致。母材金属、焊条和焊料中含锰和硅都有利于消除气孔，因为它们充当了脱氧剂，可与熔池中夹杂气结合形成熔渣。高含氧的沸腾钢的焊接，只有使用可向熔池提供铝的熔化电极，才有可能获得满意的效果[68]。为获得完好的无气孔焊缝，焊接前应对焊缝区域进行清洗和脱脂除油。当使用气体保护焊接工艺时，表面清洗要求更严格，如先进行脱脂除油、打磨或机加工，最后再进行脱脂，而且还必须防止电弧拖曳。

11.6.11.3.5　凝固开裂

纵向凝固开裂是由于焊缝强度不足、无法承受焊缝金属内部收缩应力所致。母材中硫、磷和碳在焊接熔池的聚集，增大了焊缝金属（凝固）开裂风险，尤其是厚型材和高约束焊缝。在焊接高碳和硫含量的钢时，薄焊缝更容易发生凝固开裂。不过，深宽比大的焊缝，也可能发生开裂。在此种情况下，焊缝中心最后凝固区域的杂质浓度很高，增大了开裂风险[68]。避免凝固开裂的最好措施是谨慎选择熔化电极、精心控制焊接参数以及焊接工技术

娴熟。为尽可能降低开裂风险，首选碳和杂质含量低、锰和硅含量相对较高的熔化电极。大电流密度的焊接工艺，如埋弧焊和二氧化碳气体焊，更容易诱发开裂。

11.6.11.3.6　氢致开裂

高碳钢和低合金钢的一个特点是在焊接时紧邻焊缝的热影响区会发生硬化，随之伴随着冷（氢致）开裂的风险。其中产氢量取决于电极焊条类型和焊接工艺。碱性焊条的产生氢量比氧化钛药皮焊条的少，而气体保护焊工艺在熔池内仅产生少量氢。钢的化学组成和冷却速率决定了热影响区的硬度。材料的可硬化性取决于其化学组成，钢中碳和合金元素含量越高，其热影响区硬度越高。型材厚度和电弧功率影响冷却速率，从而也影响热影响区的硬度。

由于氢致开裂仅在温度略高于周围环境温度的情况下发生，因此在钢材的加工制造过程中，维持焊缝区域温度在推荐使用温度之上非常重要。另外，如果材料冷却太快，在焊接后几个小时就有可能发生所谓的氢致滞后开裂。因此，焊接后，根据钢材厚度，维持加热一定时间（保温时间）使氢从焊缝区域扩散出去，也十分有益[68]。在焊接碳锰（C-Mn）结构钢和压力容器钢时，预防热影响区开裂的措施也完全可以避免焊缝金属的氢致开裂。不过，随着焊缝金属的合金化程度不断提高（如焊接合金化钢或调质钢），焊接时可能必须采取一些更严格的预防措施。使用低氢工艺、低氢电极焊条、高电弧功率以及降低焊缝约束限制程度，都可以降低热影响区开裂风险。

11.6.11.3.7　再热开裂

厚型材零件（特别是厚度大于50mm）的热影响区有可能发生再热或应力松弛开裂。其中引起开裂最可能的原因是在高温服役或去应力热处理中，热影响区的脆化。因为晶粒粗大的热影响区更容易发生开裂，所以低输入功率的电弧焊接工艺可以降低这种风险。此外，在焊接过程中，尽量避免产生高应力和消除应力集中点（如焊趾修整），可以降低这一再热开裂风险，尽管如此，但是有些敏感材料仍有可能发生再热开裂[68]。

11.6.11.4　耐蚀性

11.6.11.4.1　碳钢

铜含量相近的锻铁和软钢（低碳钢），在海水浸没或埋地环境中的腐蚀速率并无明显差异。钢中有很多相且表面不均匀，可形成局部电池。铁的耐蚀性差，因为铁表面阴极反应很容易进行，而且腐蚀产物多孔、附着力差。相反，铝和一些其他轻金属的腐蚀产物可在金属表面牢固附着形成一层致密膜层，从而抑制腐蚀。不过，碳钢仍然是应用最为广泛的金属材料，主要是因为其价廉、机械性能很好且加工制造容易[61]。

工业大气环境的腐蚀性相对较强，因为空气中含有水分和化学污染物。二氧化硫和沿海地区氯化物都有很高的侵蚀性，而且还降低了触发腐蚀的临界湿度。

二氧化硫可促进去极化，在金属表面容易被氧化为三氧化硫，进而转化为硫酸。类似地，酸性蒸气、硫化氢以及有机蒸气，即使含量很小，也会使大气侵蚀性急剧增加[61]。尽管有这些缺点，但是普通碳钢的应用仍然十分广泛，包括含或不含少量合金元素的碳钢。碳钢是一种在周围侵蚀性环境下使用的最经济的结构材料，可与涂层保护和其他腐蚀预防或控制措施等结合使用。使用低碳钢可以获得满意效果的环境条件见表11.42。

表 11.42 使用低碳钢可以获得满意效果的环境条件

服役环境	压力/kPa	温度/℃
丙酮	1030	370
乙炔[①]	1030	150
空气(压缩)	1030	360
空气(压缩)	2070	室温
乙醇	2070	200
氨(无水气体)	4140	500
氨(无水液体)	4140	500
氨水	4140	500
苯[①]	3240	450
卤水(氯化钙)[②]	340	100
丁醇[①]	1030	385
二氧化碳[①]	3100	150
二硫化碳(无水)[①]	2070	500
四氯化碳	2070	500
氢氧化钠(浓度＜5%)[①]	2760	120
氢氧化钠(浓度 0～10%)	1030	180
氢氧化钠(11%～50%)[③]	1030	120～150
氯气(无水气体)	340	150
三氯甲烷(氯仿)[①]	2070	500
道氏热载体"A"	1030	750
气体(城市用)	140	100
气体(惰性)	1030	350
气体(天然气)[①]	3401	140
气体(天然气)	690	315
气体(天然气)	4140	80
氢气	1030	450
氢气[①]	4140	500
氯化氢(无水气体)[①]	1030	500
煤油[①]	860	350
甲醇[①]	1030	390
氮气	4830	500
氰化钠(26%溶液)[①]	170	100
多硫化钠溶液	1030	500
硫酸(工业纯)[④]		
60°Be	690	105
66°Be	690	120
109°(40%发烟硫酸)	690	160
二甲苯[①]	520	150

① 不含铜的钢；

② 钢的经济寿命，常规维护，最低温度－26℃；

③ 如有微量蒸汽，应力消除后的焊缝和冷带；

④ 不流动或流速很低；在给定温度下，寿命 6～8 年。

11.6.11.4.1.1　水介质中的腐蚀

天然水大量使用钢管、镀锌钢管和钢罐来配输和储存。只要将天然水中氯离子和酸性粒子等侵蚀性离子合理控制在一定浓度之内，天然水就无腐蚀性。在此种环境中，低碳钢管道和储罐可使用多年。这种天然水中主要杂质是钙盐和镁盐。当钢暴露在这种硬水中时，这些盐可在钢表面转化形成一层坚硬的保护性垢层。事实上化学纯去离子水也有腐蚀性，当水中此类盐浓度很低时，必须通过化学处理减少水中含氧量或采取阴极保护来控制钢的腐蚀。

保护性碳酸盐垢不仅与钙盐和镁盐浓度有关，还受到水的碱度和其他盐浓度的影响。饱和指数可作为监测这些盐浓度的一个参数。其中朗格利尔（Langelier）指数，作为一个确定形成这种保护性膜层的水质状态和浓度的简单方法，应用最为普遍[61]。用来监测结垢倾向的朗格利尔指数以及很多其他指数和方法，在第三章已有介绍。

钢管已成功用于氯化钠浓度低于1%的苦咸水处理设备。此外，钢制容器还可以用来储存静止海水介质。不过，在这种情况下，应去除海水中的氧，来控制其点蚀倾向。在矿井水中，钢管预期使用寿命是2～5年，取决于水的成分。在天然水中控制钢腐蚀的主要因素有：

溶解氧：在溶解氧浓度小于25～30mg/kg时，由溶解氧诱发的碳钢腐蚀速率与氧浓度成正比，而当水中溶解氧浓度高于此浓度之后，碳钢的腐蚀会降低。升高温度和压力、降低pH值，都会增加水的腐蚀性。二氧化碳的腐蚀性尽管仅约为氧的10%，但是二氧化碳的溶解度是氧的近100倍。水中溶解的硫化氢，甚至在无氧情况下，也能腐蚀钢[61]。

氢离子浓度（pH）：pH值在4.5～9.5时，碳钢的均匀腐蚀很轻微。在此pH范围内，腐蚀产物能维持钢表面pH值在9.5左右。但在碳酸等弱酸中，pH值在6以下时，钢表面就开始析氢和腐蚀，当pH值达到5.0之下时，析氢和腐蚀速率会很快。在强酸中，析氢速率更快，钢的腐蚀也相当快。

溶解盐：大多数溶解盐都会降低氧在水中的溶解度，因此在浓缩水溶液中，碳钢的腐蚀速率通常比较低。其中有些盐对溶液的pH值有缓冲作用。而有些盐（如卤化物和硫化物）自身就有腐蚀性。因此，中性和酸性盐（如氯化钠或硫酸钠）溶液有增大铁腐蚀的倾向，通常不能在钢制设备处理。但是碳钢设备可用来处理水解后溶液pH值在9.5左右的碱性盐溶液。而且这些盐还可作为某些侵蚀性溶液环境中的缓蚀剂。如在制冷系统中，氢氧化钙可用来控制由于溶液中氯化钙引起的腐蚀[61]。

温度和流速的影响：当水流速度高于3m/s时，碳钢可能发生湍流和冲刷腐蚀。水温是另一个影响因素。温度升高18～20℃，可能使某些水的腐蚀性加倍。

11.6.11.4.1.2　碱

低碳钢是室温碱性液体和碱液以及碳酸钠和磷酸钠等碱性盐的运输和储存设备的传统用材。在pH值大于10时，铁会钝化。不过在这种碱类的浓缩液中，铁的钝性会降低，因为此时铁有溶解形成亚铁酸氢根离子（$HFeO_2^-$）的倾向。不过幸运的是，室温下碳钢的腐蚀速率低，因此浓缩液和固态苛性碱可以使用碳钢桶盛放。在高温下，浓碱的侵蚀性比较强，用来处理和熔炼氢氧化钠和碳酸钾的容器都是用厚壁铸铁或碳钢板制成。在很多化工加工行业中，碱性溶液的处理设备也都由碳钢制造[61]。

但是在高温碱性溶液中，同时存在拉应力的情况下，碳钢会沿着晶界发生开裂，习惯称为碱脆。这种腐蚀形式特别危险，首次发现这种开裂是在铆接的蒸汽锅炉上，由于铆钉下面缝隙中碱发生浓缩，从而导致碱脆。采用焊接结构的锅炉可降低这种失效概率。

11.6.11.4.1.3　酸

相比于其他大多数金属，铁上析氢反应更容易，因此在 pH 值 4 以下的酸性溶液中，碳钢的腐蚀会很严重。此外，氧也有去极化作用，当酸中存在氧时，腐蚀甚至会变得更严重。但是强氧化性酸可使碳钢钝化，因此用于处理、储存和运输这些强氧化性酸的设备可用碳钢制造。在浓度低于 60%的硫酸中，碳钢腐蚀很严重，但是在浓度 90%及以上的硫酸溶液中，碳钢可用。在所有浓度的盐酸和磷酸中，碳钢都会快速腐蚀。镇静钢（完全脱氧钢）可用来处理浓度在 80%以上的氢氟酸。另外，要注意：所有各种形式的碳钢通常都不能用来处理有机酸溶液[61]。

11.6.11.4.1.4　无水有机溶剂

在不含水的有机溶剂中，钢并不会腐蚀，因此可用来制备醇类和二醇类的处理设备。即使有机溶剂中仅添加少量水分（约 0.1%），都有可能会产生不利影响，尤其是氯代有机溶剂。碳钢广泛用来制造炼油厂压力容器、原油蒸馏塔、管式蒸馏釜、换热器、管道、阀门、所有服务管线、储罐。不过，含硫原油会腐蚀碳钢。当原油中含硫时，选用耐蚀材料衬里或涂覆的碳钢或低合金铬钢很经济[61]。

11.6.11.4.1.5　气体和蒸汽

大多数完全干燥的气体和蒸汽，都可用钢制设备来处理。但是由于有些钢缺乏抗低温冲击性能，有时在零下低温环境中，使用钢可能会存在问题。有关酸性气体或蒸汽环境，如氮和硫的氧化物或氯气，当这些气体中存在水分时，碳钢的腐蚀会特别严重。高温下水蒸气并不会促进钢腐蚀，但是当温度达到露点时，蒸汽会发生凝结，此时钢腐蚀速率将急剧增大。钢可用来制造处理热干氯气、液氯和含硫气体的设备。对于蒸汽锅炉，钢是常用的结构材料，但是锅炉给水系统中水中溶解氧是一个最危险因素，极具腐蚀性。通过化学或物理处理，将水中溶解氧浓度控制在 0.01mg/kg 之下，可以解决锅炉给水腐蚀问题。此外，钢中添加铬可以预防此类腐蚀[61]。

当钢制设备用于处理 400℃以上的氢气时，氢可与钢中碳反应生成甲烷。这种脱碳作用使裂纹沿着晶界产生。添加铬、钼和钛等碳稳定化元素对钢进行合金化处理，可控制这种称为氢脆的现象。在合成氨和石油裂解装置中，当温度超过 500℃时，钢也有可能发生类似的氢脆和氮脆，尤其在使用高碳钢时。用 2%铬对钢进行合金化处理可减少此类问题。在过去，为了抵抗温度在 400～450℃、中等压力环境下的氢腐蚀，使用的都是镍铬钼低合金钢。但是现在这种环境中使用的高温高压反应器，都采用不锈钢材质。尽管有上述各种各样的缺点，但是普通碳钢仍然是各种环境条件下广泛使用的最经济的结构材料。而且，使用有机和无机涂层、衬里和包层等各种防护措施还可延长在侵蚀性环境中碳钢的预期使用寿命[61]。

11.6.11.4.2　低合金钢

添加少量合金可以提高钢的防锈蚀性能，不过很显然，其效果与所添加合金元素的本性和含量有关。顺便说明一下，在有些情况下这些添加剂的作用并非简单的加和。通常，在自然暴露的敞开工业大气环境中，耐候钢的效果最好[66]。添加铜和铬可以提高钢表面的电位，促进表面钝化，进而降低锈蚀速率。但是，在高湿度环境中，处于最大硬度状态的高强低合金钢（HSLA），非常容易发生应力腐蚀开裂。

耐候钢在最初使用过程中也会发生锈蚀，似乎与低碳钢一样，并且很快呈现出一种精细的砂状外观。但是如果暴露环境能使其表面周期性干燥，低碳钢表面氧化物会反复脱落，而耐候钢与低碳钢不同，其表面锈层会随着时间延长而逐渐稳定。然后，耐候钢表面此锈层会变得颜色更暗，呈一种粒状结构，与基体牢固附着，而且其中所有孔洞或裂纹皆被不溶性盐填充。不过，由于稳定锈层需要间歇式干燥环境，因此从腐蚀的角度来看，在天然水浸泡环境或埋地土壤环境中，使用耐候钢是否值得，目前还存在疑问[66]。

在户外大气环境中，低合金钢表面锈层通常比普通碳钢表面锈层的颜色更暗、晶粒更细。而且相比于通碳钢，低合金钢的锈蚀速率随着时间延长而降低趋势似乎更明显。表 11.43 所示数据可以证明这一点[66]。低合金钢的缓慢锈蚀行为特点就是由于其表面这种保护性锈层的逐渐形成。而在无法形成这种锈层的环境中，低合金钢的腐蚀行为与非合金化钢的差异很小。需要特别注意的是：在露天大气环境中才能体现出来的合金钢的这种有益效果，通常无法扩展至那些使钢处于封闭不受雨淋的环境条件之中。

表 11.43　锈蚀速率随时间的变化

钢	锈蚀速率/(mm/a)		比值(B/A)
	A	B	
	第 1 到 2 年	第 6 到 15 年	
普通低碳钢(0.02Cu)	0.129	0.094	0.73
低合金钢(1.0Cr,0.6Cu)	0.077	0.025	0.33

11.6.11.4.2.1　自然环境中的腐蚀

正如先前提及，不同合金元素的作用并非简单的累加。基于此，下面仅就单独各种元素的实际作用总结如下：

(1) 铜添加至约 0.4%时，可以明显改善钢的耐蚀性，但进一步增加铜含量，差异很小；

(2) 磷至少与铜结合使用时，非常有益。但是实际上，磷含量超过约 0.10%后会对机械性能造成不利影响；

(3) 添加百分之零点几的铬，就会显著影响钢的腐蚀速率。虽然铬似乎总是有益的，但也有一些与之矛盾的结果报道，而且它对含铜和磷的复杂低合金钢的腐蚀速率的影响并不大；

(4) 镍尽管也会小幅度降低腐蚀速率，但其作用不如前面提及的元素重要；

(5) 在含氯离子的环境中，锰可能具有特殊意义，但对其作用人们知之甚少；

(6) 硅的情况与锰类似，但关于其作用的有些证据互相矛盾；

(7) 钼很少在低合金钢中使用，但可能与铜具有同样效果，值得进一步研究。

11.6.11.4.2.2　工业环境中的应用

大气环境中服役的大多数钢结构工程，一般都会使用某些类型的防护性涂层进行保护。如果涂层能持续保持完好状态，那么钢将不会发生锈蚀，在这种情况下，从腐蚀角度来看，使用低合金钢来替代低碳钢就没有优势。但是，从另一方面来讲，如果保护涂层可能会被损坏或发生劣化，应考虑使用低合金钢。钢表面形成的锈层越致密，腐蚀区域邻近涂层发生剥落的可能性就会越小，那么涂层破损扩展速率将会降低。许多研究者已报道，与普通碳钢相比，低合金钢表面的保护性涂层显示出了更好的性能和耐久性。因为在低合金钢表面，所有漆膜破损处或空隙处或膜层下面的锈蚀量都很小，而由于锈蚀量较小，漆膜较少发生破裂，因此能到达钢基体表面促进腐蚀的水分也会较少[66]。

不过，耐候钢最大的用途还是作为建筑和桥梁用钢，尤其是那些涂层维护特别困难、危险、不方便或特别昂贵的场合。陆地桥、跨河桥、铁路桥、公路桥都属于这一类情况，不过在后两种应用场合下，空气中盐分是一个需要慎重考虑的因素。公路桥会受大气或水中含盐量的影响，其中盐分是由于冬季使用除冰盐或砂砾清除冰雪所致。空气中携带的氯化物可能是由于行经车辆掀起路面冰雪而造成，也可能是桥面渗漏的结果。一个重要的衡量准则在于设计。目前在大量桥梁结构中，耐候钢已获得成功应用，但是在设计阶段，就将公路化冰盐的影响考虑在内，对于实现桥梁最大免维护使用寿命非常重要[66]。

为使钢表面颜色均匀，必须被清除掉钢表面所有轧制氧化皮（轧制铁鳞）和残余油污或油迹，喷砂处理就是一种最好的方法。此外，所有结构的细节之处皆应该尽量避免形成口袋状、裂缝及其他任何可以长期聚集和保存水分的区域。而对于所有已存在的类似部位以及搭接面，皆应使用涂层进行保护。事实上，耐候钢与普通钢对涂层要求完全一样，但是由于耐候钢缓慢锈蚀的特性，所以耐候钢上所有涂层体系都能体现出更长的免维护使用寿命[66]。

预计地表水的径流路线是设计中需要考虑的一个重要问题，因为水中含有少量褐色锈层粒子，可能污染材料表面，尤其是在锈层预稳定期间。哑光多孔表面特别容易受到污染，因此地表水径流不应通过混凝土、灰泥、镀锌钢、无釉面砖或石头等。

11.6.11.4.3 应力腐蚀开裂

20 世纪上半叶，铆接蒸汽锅炉和盛放高温氢氧化钠的焊接容器的应力腐蚀开裂是低碳结构钢最常见的失效形式。

锅炉失效的原因很清楚，就是由于在浓缩水中沉积物累积的铆接处出现了细小渗漏，同时铆钉孔错位或者大量填缝预防渗透而造成钢中存在残余应力。这种特别的应力腐蚀开裂形式常称为碱脆，大量锅炉爆炸事故就是因此引发。

用内燃机取代蒸汽机以及用焊接压力容器代替铆接锅炉，可以从根本上消除此类失效。但是，有关盛放热浓缩氢氧化钠溶液的焊接钢制容器，无论容器表面是无搪瓷保护还是经铝矾土保护处理，已有相关应力腐蚀开裂失效案例报道。

在实验室，使用沸腾浓缩硝酸盐溶液可以很容易让结构钢试样发生应力腐蚀开裂。有些研究者将钢在硝酸盐溶液中诱发应力腐蚀开裂的碳含量上限设定为 0.20%，但是洛根（Logan）已发现含碳 0.03%的钢也可能发生应力腐蚀开裂。此外，他还发现表面碳含量低于 0.01%的脱碳钢也可能发生应力腐蚀开裂[69]。

应当注意，低碳钢或中碳钢还有一种特殊失效情况，即农用氨的储存和输运容器的失效。关于此类服役环境中容器应力腐蚀开裂引发灾难性事故的报道有很多。经广泛调研，建议遵照如下程序以预防此类容器的失效：

（1）容器（直径超过 1m），制造加工后进行去应力退火，消除残余应力；

（2）容器在盛装溶液前，进行净化去除空气；

（3）含水量应保持在 0.2%以上。

除去空气是尽可能地从源头上消除腐蚀过程，而添加水是在空气意外进入氨中时作为腐蚀过程的抑制剂。

众所周知，在一氧化碳、二氧化碳和水（蒸汽或蒸气）混合气体中，钢也可能发生环境开裂。但前提条件是必须在这种特殊混合物气体中，而单独组分或两种组分混合没有作用。此外，钢在一些含有碳酸盐或碳酸氢盐的环境中也可能发生开裂。有些情况其实就是环境明显转化成游离碱的环境（在高温情况下）。但是还有些情况，如在某些特殊成分的土壤中，可能主要是氢致开裂作用。

目前，解决低碳钢应力腐蚀开裂问题有多种方式。第一种方式是，使用硝酸钠、磷酸盐、单宁酸及其他各种化学药剂对机车锅炉水进行处理。第二种方式是，对于盛放热碱液的焊接钢制容器，很多权威人士推荐对焊接结构在650℃左右进行退火处理，消除残余应力。第三种解决办法是，使用涂层作为热碱液与受力容器之间的屏蔽层。对于气态环境中使用的焊接结构件，如有可能，也应对焊缝进行退火处理或者考虑采取涂层保护。此外，还有一种可能的方式就是选材，即选用在预期的特殊环境中对应力腐蚀开裂不敏感的材料。

11.6.12 锡和马口铁（镀锡铁皮）

锡的主要用途是作为其他金属的表面涂层，该项用途占锡产量一半以上，主要用在钢表面，制造“锡”罐。除了拥有良好的耐蚀性之外，镀锡钢还具有易加工成形和焊接、可作为有机涂层的良好基体、锡本身无毒且外观良好等优点。锡是一种强度低、质地软的韧性金属，其室温拉伸强度约17MPa，且随着温度升高，强度急剧下降。

锡涂层可采用浸涂法制备，但大多数都是通过电镀法制备。电镀锡法具有两个优点，即：厚度可控和可在薄钢板两面镀制不同厚度。通常，锡罐内侧比外侧厚。锡罐可用来盛放食品、酒水饮料、石油产品和涂料。含锌、镍、镉或铜的锡合金镀层可以通过电沉积法制备。

在最常见环境中，锡相对于铁都是作为阴极，但在大多数盛装食品的密封罐中，可能发生极性反转，此时锡作为牺牲性涂层，可以保护钢。很显然，造成这种极性反转是由于有络合离子形成。锡相对惰性，但在有氧或其他氧化剂存在时，也会发生腐蚀。

锡对纯水显示出相当优异的耐蚀性。实心锡管和薄板以及镀锡铜材，常用在蒸馏水制备与处理装置中。锡软管已用于盛放牙膏和药膏。锡的另一个重要用途是制造焊料，在焊料中锡和铅含量可在30%～70%变化。锡基巴氏合金可用来制造轴承。

锡具有良好的耐大气腐蚀性能，在无空气的稀无机酸中以及很多有机酸中，皆表现出良好的耐蚀性，但是在强无机酸中会腐蚀。此外，通常，锡不能用来处理碱。

11.6.13 钛及其合金

在地壳所有金属元素中，钛含量居第四，主要以氧化物矿形式存在。重要的商品矿石包括金红石型（二氧化钛）和钛铁矿（钛铁氧化物），前者钛含量最高。钛的工业提取过程包括：首先用氯气对钛矿石进行处理，制成四氯化钛，接着提纯四氯化钛，再用镁或钠将四氯化钛还原，得到海绵钛；然后是钛的熔炼，即海绵钛与预加合金元素混合，真空熔融。为获得均质的钛锭，熔炼可能需要多次。钛锭一般先经过锻造，接着再轧制加工成各种可用形状。尽管钛材比较贵，但其实从基于预期性能的角度来考虑，我们可以合理解释在很多具体应用场合选用钛合金材料的成本问题[70]。

在1887年，首次分离出来了纯度不高的金属钛，在1910年，分离出了较高纯度的钛。

首次作为结构金属材料使用是在1952年，因此相对而言，钛是一种较新型材料。钛的强度高，密度为$4.5g/cm^3$，大约介于铝和钢之间。钛的比强度高，是优异的飞机和军火用材。其实，钛首次作为结构材料就是用于飞机和军火。尽管目前钛合金主要的应用市场仍然是航空工业，但是由于钛具有很多非常的优异性能，在其他工业领域中，钛和钛合金的应用也越来越广泛。

钛是一种活性金属，其耐蚀性取决于表面保护性膜（二氧化钛）。钛的熔化和焊接必须在惰性环境中进行，否则会由于吸收气体使金属变脆。钛有三个非常突出的特点，可解释它们为何能广泛应用于下列强腐蚀性服役环境：

- 海水和其他氯化物盐溶液；
- 次氯酸盐和湿氯气；
- 硝酸，包括发烟硝酸。

氯化铁和氯化铜等盐，可诱发大多数其他金属和合金的点蚀，但是实际上能抑制钛的腐蚀。在相对纯的硫酸和盐酸中，钛并不耐蚀，但是在被三价铁和二价铜等重金属离子严重污染的这些酸中，钛却具有良好的耐蚀性。

在侵蚀性水环境中，钛具有很高的耐蚀性，甚至超过锆。在大约400℃的蒸汽环境中长期服役后，钛表面仅形成无光泽二氧化钛膜层。如果工艺侧介质也与钛相容，那么钛就是优异的海水冷却换热器管材料。不过，在二氧化氮含量高和水含量低的红色发烟硝酸中以及干卤素气体中，钛会发生灾难性腐蚀。

用约30%钼进行合金化可以极大增强钛对盐酸的耐蚀性。加入少量锡可以降低热轧过程中的氧化皮损耗。添加少量钯、铂以及其他贵金属，可以增强钛对中等还原性酸的耐蚀性，例如含钯约0.15%的钛合金就是一种商用钛合金。此外，还有些其他商用钛合金，包括含铝、铬、锰、钼、锡、钒及锆等的钛合金。

目前，钛已成为一种越来越重要的结构材料，有强度且重量适中。表11.44列出了一些钛及钛合金的机械性能。与铁相比（200GPa），钛的弹性模量较低（115GPa）。不过，钛也有一些缺点，限制了它的应用。比如与S31600等比较贵的奥氏体不锈钢相比，钛的价格仍然偏高。此外，尽管目前市面上各种常规形式的钛材都有，但其实钛的成形加工并不容易。

根据合金的不同，可选择使用真空电弧重熔、电子束或等离子体熔融等不同方法来制备钛合金产品。通常，钛锭直径为60～120cm，重量为2300～1800kg。传统的空气冶金工艺可用来制备锻造钛合金。目前，市面上有各种标准轧制产品可供选用。此外，还可采用熔模铸造和石墨铸型技术来生产钛合金铸件。

表11.44　钛及钛合金的机械性能

UNS（统一编号系统）	ASTM	商品名	拉伸强度/MPa	屈服强度/MPa	弹性模量/GPa
R50250	1	未合金化钛	241	172	103
R50400	2	未合金化钛	345	276	103
R50550	3	未合金化钛	448	379	103
R60700	4	未合金化钛	552	483	103
R56400	5	Ti-6Al-4V	896	827	113
—	6	Ti-5Al-2.5Sn	827	793	110

续表

UNS （统一编号系统）	ASTM	商品名	拉伸强度 /MPa	屈服强度 /MPa	弹性模量 /GPa
R52400	7	Ti-0.15Pd	345	276	103
R56320	9	Ti-3Al-2.5V	620	483	90
—	10	Ti-11.5Mo-6Zr-4.5Sn	689	620	103
R52250	11	Ti-0.15Pd	241	172	103
R53400	12	Ti-0.3Mo-0.8Ni	483	345	103
—	13	Ti-0.5Ni-0.05Ru	276	172	103
—	14	Ti-0.5Ni-0.05Ru	414	276	103
—	15	Ti-0.5Ni-0.05Ru	483	379	103
R52402	16	Ti-0.05Pd	345	276	103
R52252	17	Ti-0.05Pd	241	172	103
R56322	18	Ti-3Al-2.5V-0.05Pd	620	483	105
R58640	19	Ti-3Al-8V-6Cr-4Zr-4Mo	793	758	103
R58645	20	Ti-3Al-8V-6Cr-4Zr-4Mo-0.05Pd	793	758	103
R58210	21	Ti-15Mo-2.7Nb-3Al-0.25Si	793	758	103
—	23	Ti-6Al-4V ELI①	793	758	112
—	24	Ti-6Al-4V-0.05Pd	896	827	113
—	25	Ti-6Al-4V-0.5Ni-0.05Pd	896	827	113
—	26	Ti-0.1Ru	345	276	103
—	27	Ti-0.1Ru	241	172	103
—	28	Ti-3Al-2.5V-0.1Ru	620	483	90
—	29	Ti-6Al-4V-0.1Ru	827	758	112

① 超低间隙原子。

11.6.13.1 基本性能

钛及其合金的性能取决于它们的基本金相组织结构以及生产制造过程中所采用的机械加工和热处理方式。当受热时，钛的原子结构将会在882℃发生相转变，从密排六方结构（α钛）转变为体心立方结构（bbc，β钛）。添加合金元素可在很大程度上调控这个相转变过程，从而获得四类主要钛合金。商用钛合金的化学成分见附录D。有时选用钛合金，还因为它具有下列性能：

11.6.13.1.1 低膨胀系数

钛的膨胀系数明显低于铁基合金。正因如此，钛与陶瓷或玻璃的相容性也明显优于大多数金属，特别是涉及金属-陶瓷/玻璃密封连接时，这一特性尤为重要。

11.6.13.1.2 无磁性

钛几乎完全无磁性，因此，在那些必须最大程度减小电磁干扰的应用场合，如电子设备外壳、医疗器械、测井下井仪等，选用钛材非常适合。

11.6.13.1.3 优异耐火性

即使在非常高的温度下，钛也能耐火。对于石油化工设备以及海上平台消防系统等应用场合，这一点非常重要，因为承受烃类火灾的能力是一个基本要素。

11.6.13.2　钛合金

11.6.13.2.1　α 钛合金

α 钛合金主要是单相合金，其中含铝最高可达 7%（α 相稳定剂）以及少量（<0.3%）的氧、氮和碳。α 钛合金在钛合金中强度最低。但是，α 钛合金可以加工成形和焊接。有些 α 钛合金中也含有 β 相稳定剂，其目的是提高合金强度。α 钛合金一般都是退火态或去应力态。在经过 675～790℃ 下 1h 或 2h 热处理后的 α 钛合金，可以认为是完全退火态。α 钛合金的屈服强度在 170～480MPa。通常，合金元素不同，钛合金强度不同。α 钛合金的加工制造通常都是在退火态下进行。所有适用于不锈钢设备的加工制造技术，α 钛合金基本上都适用。在恰当气体保护下，α 钛合金很容易焊接，可认为其可焊接性很好。钛合金 R50400 和 R53400 就是具有 α 相结构的钛合金实例。

11.6.13.2.2　α/β 钛合金

α+β 钛合金广泛用于高强度应用场合，但是其抗蠕变性能中等。通常，实际所使用的都是退火态或固溶处理+时效处理态的 α/β 钛合金。退火处理一般是在 705～845℃ 温度范围内保温 0.5～4h。固溶处理通常是在 900～955℃ 温度范围内进行加热，接着进行水淬冷却。时效处理是在 480～593℃ 温度范围内保温 2～24h。准确选择处理温度和时间，可以获得预期的机械性能。α/β 钛合金的屈服强度在 800MPa 以上，最高可达 1.2GPa 以上。α/β 钛合金强度同时随所选合金元素和热处理不同而变化。此外，为获得更高强度，必须进行水淬。在选用这些材料时，型材厚度要求也是应该考虑的因素之一。通常，α/β 钛合金的加工制造都是在高温下进行，然后再进行热处理。注意，α/β 钛合金不能通过冷作成形。R58640 和 R56400 就是 α/β 钛合金的实例。

11.6.13.2.3　近 α 钛合金

近 α 钛合金具有中等强度，但其抗蠕变性能优于 α 钛合金。由 β 相合金经热处理优化其抗蠕变性能和低周疲劳性能，可以得到近 α 钛合金。其中有些近 α 钛合金可以进行焊接。

11.6.13.2.4　β 钛合金

β 钛合金通常呈亚稳态，淬火态的 β 钛合金可以成形加工，而且时效处理可以获得最高强度，不过此时合金缺乏延性。完全稳定的 β 钛合金，需要加入大量的 β 相稳定剂（钒、铬和钼），因此其密度过大。此外，如果没有 β 相结构能分解析出 α 相，此时钛合金弹性模量很低（<100GPa）。β 钛合金在 200～300℃ 温度范围内的稳定性不好，抗蠕变性能也很差，难以进行无脆化焊接。亚稳态的 β 钛合金在高强度紧固件方面有些应用。

可用的 β 钛合金通常都经过固溶处理加时效处理。经冷加工后再直接时效处理，β 钛合金可达到很高的屈服强度（> 1.2GPa）。此外，在服役温度低于 205℃ 时，退火态的 β 钛合金也可以使用。退火和固溶处理温度在 730～980℃，其中 815℃ 左右最常用。时效处理在 482～593℃ 温度范围内进行，时间 2～48h，其目的是获得理想机械性能。双重时效处理通常是为了改善时效效果，其中第一时效处理是在 315～455℃ 温度范围内处理 2～8h，接着再进行第二次时效处理，即在 480～595℃ 温度范围内保温 8～16h。β 钛合金的屈服强度在

780MPa 以上，最高可达 1.4GPa 以上。在酸性服役环境中，由于其硬度限制，这些合金只能在低于其最大强度的状态下使用。

α 钛合金的所有加工制备技术都可用于 β 钛合金，包括其固溶态的冷作成形。相比于 α 钛合金，由于 β 钛合金屈服强度高，成形压力将增大。β 钛合金可以焊接，也可以焊接后进行时效处理，以提高强度。焊接处理后，合金呈退火态，其强度为 β 钛合金的低限。R56260 是一个 β 钛合金实例。

11.6.13.2.5 商用等级

通过合金化，可以提高钛合金强度，有些合金强度可高达 1.3GPa，而其耐蚀性仅小幅下降。相比于统一编号系统（UNS）的数字编号，人们更熟悉的是采用美国材料试验协会（ASTM）ASTM 等级所描述的商用合金类型。表 11.45 列出了不同钛合金产品的 ASTM 通用技术规范。1、2、3 和 4 级钛实际上都是未合金化的钛（纯钛）。7 和 11 级钛含钯 0.15%，用以提高合金耐缝隙腐蚀和还原性酸腐蚀性能，其中添加钯增强了钛合金的钝化行为。12 级钛含 0.3%钼和 0.8%镍，以极高的耐缝隙腐蚀性能而著名，其设计裕量比未合金化的钛更高，有多种产品形式可供选用。其他合金元素（如钒、铝）常用于提高钛的强度（如 5 和 9 级钛）。

表 11.45 不同钛合金产品的 ASTM 通用技术规范

ASTM B265	板材与薄板
ASTM B299	海绵体
ASTM B377	管道(退火态、无缝的、焊接态)
ASTM B338	焊接管道
ASTM B348	棒和方柱
ASTM B363	配件(连接件)
ASTM B367	铸件
ASTM B381	锻件
ASTM B862	管道(焊接态,没有退火)
ASTM B863	丝(钛及钛合金)
ASTM F1108	Ti-6Al-4V 铸件,用作外科植入材料
ASTM F1295	Ti-6Al-4V 加铌合金,用于外科植入材料
ASTM F1341	未合金化钛丝,用于外科植入材料
ASTM F136	Ti-6Al-4V ELI 合金,用于外科植入材料
ASTM F1472	Ti-6Al-4V 合金,用于外科植入材料
ASTM F620	Ti-6Al-4V ELI 合金锻件,用于外科植入材料
ASTM F67	未合金化钛,用于外科植入材料

11.6.13.3 焊接性

工业纯钛（98%～99.5% Ti）或添加少量氧、氮、钼和铁增强的钛合金，熔合焊接很容易。退火态的 α 钛合金可熔合焊，退火态的 α/β 钛合金焊接也很容易。但含有大量 β 相的钛合金不易焊接。工业纯钛及 Ti-6Al-4V 钛合金的衍生品种是在工业中应用最广泛的可焊接钛合金，其中 Ti-6Al-4V 钛合金被视为标准飞机用合金。钛及钛合金的焊接，可依据美国焊接协会技术规范 AWS A5.16-90 中规定进行，使用与之成分相匹配的焊料[71]。

如果采取适当预防措施，钛及其合金的熔合焊都很容易。对于薄壁部件（一般指厚度小于 10mm），可以氩气或氩气-氦气作为保护气体，使用钨极惰性气体保护焊和等离子体焊接工艺进行焊接。厚度小于 3mm 的薄壁零件，可用钨极惰性气体保护焊自熔焊。而厚度小于 6mm 的薄壁零件，可用等离子体自熔焊。脉冲金属极惰性气体保护焊优于浸透式金属极惰性气体保护焊，因为其飞溅程度低。

11.6.13.3.1　焊缝金属气孔

焊缝金属中气孔是最常见的焊接缺陷。由于气体在固相中的溶解度明显更低，因此凝固过程中，当气体被夹杂在两个枝晶之间时，就会产生气孔。在钛中，来自电弧环境或焊料和母体金属表面污染物水分中的氢是产生气孔的最可能的诱因。因此，对连接头和附近表面区域进行清洗必不可少。一般清洗过程是：首先，通过蒸汽、溶剂或碱进行除油，或通过蒸气除油；然后，再通过浸蚀（$HF-HNO_3$ 溶液）、轻磨或清洁不锈钢丝刷刷洗，清除表面所有氧化物。在使用钨极惰性气体保护焊技术焊接薄壁部件时，接头区域还应进行干式机械加工，以获得光滑表面。

11.6.13.3.2　脆化

焊缝金属受到表面吸附气体或者粉尘（铁粒子）等溶解性污染物的污染时，皆有可能引起焊缝脆化。在温度高于 500℃时，钛与氧、氮和氢的亲和力都非常高，因此焊接熔池、热影响区和冷却中的焊道，都必须用惰性气体（氩气或氦气）进行保护，以免氧化。当发生氧化时，薄氧化膜层会产生干扰色。这个干扰色可以表明屏蔽保护是否充足或者污染程度是否不可接受。

11.6.13.3.3　污染开裂

如果零件表面存在铁粒子，而这些铁粒子将会溶解在焊缝金属之中，降低合金的耐蚀性，当铁含量足够高时，还会引起脆化。热影响区中铁粒子也同样有害，因为铁粒子部分熔化形成一个小的钛铁共熔合金区，有可能产生微裂纹，但更可能这个富铁小区域将成为优先腐蚀区域。为避免腐蚀开裂，并尽可能降低脆化风险，一种推荐的实际做法是在一个专门的洁净环境中进行焊接[71]。

11.6.13.4　应用

11.6.13.4.1　飞机

飞机工业是钛产品最大的单一市场，主要是由于钛有特殊的比强度、高温性能和耐蚀性。钛在飞机中最大的单一用途是燃气涡轮机。在最先进的喷气发动机中，钛基合金零件占净重的 20%～30%，主要用在压气机中。其应用包括叶片、压盘或轮毂、入口导流叶片、壳体等。钛是发动机零件最常用材料，工作温度可达 593℃。无论民用还是军用飞机，钛合金都是铝、镍和铁基合金的强有力竞争者。例如：全钛的 SR-71（美国战略侦察机）仍然保持着飞行速度和高度的所有记录。

选用钛合金作为机身和发动机材料，都是基于钛的基本特性（即：由于比强度高可以减重，并结合其优异的服役可靠性；相比于其他可选结构材料，具有更优异的耐蚀性）。从早期的水星号和阿波罗飞船大量使用钛材开始，钛合金至今仍广泛用于军事和空间领域。除载人飞船外，钛合金还被美国宇航局（NASA）广泛用于固体火箭助推器壳体、制导控制压力导管以及大量同时要求轻量化和可靠性的其他应用场合。

11.6.13.4.2 工业应用

目前，钛基合金的主要工业应用包括[11]：

• 燃气涡轮机：钛合金可能是高效燃气涡轮机中一些零部件的唯一可选材料，如风扇叶片、压缩机叶片、压盘、轮毂及很多非转动部件。在这种应用场合中，钛基合金的关键优势是高比强度、中等温度下高强度、良好的抗蠕变和抗疲劳性能。钛铝化物的开发也使钛合金可应用在新一代发动机中的更高温部分。

• 传热：钛在工业上的一个主要应用是以海水、苦咸水或受污染水作为冷却介质的传热场合。钛制冷凝器、管壳式换热器、板框式换热器等在发电厂、精炼厂、空调系统、化工厂、海上平台、水面舰艇以及海下潜艇中广泛应用。

• 形稳阳极（DSA）：具有独特电化学性能的钛形稳阳极（DSA）是氯、氯酸盐和次氯酸盐生产中能效最高的元件。

• 金属提炼和电解冶金：使用钛制反应器，通过湿法冶金提炼法从矿石中提取金属是一种既安全又环保的冶炼工艺，可以替代熔炼工艺。使用钛电极可以延长使用寿命、增大能效以及提高产品纯度，这些因素促进了钛电极在铜、金、锰等金属以及二氧化锰的电解冶炼和电解提纯中的应用。

• 医疗应用：钛广泛用作植入材料、外科器械、起搏器壳体以及离心器。在所有金属中，钛的生物相容性最好，因为它能完全抵抗体液侵蚀，且其强度高、模量低。

• 海洋应用：由于钛具有高韧性、高强度以及优异的耐磨损腐蚀性能，目前钛材已用来制造水下球阀、消防泵、换热器、铸件、深海潜水器外壳材料、水喷射推进系统、船用冷却系统以及管道系统。

• 化学加工：钛制容器、换热器、储罐、搅拌器、冷却器以及管道系统可用来加工处理一些侵蚀性化学品，如硝酸、有机酸、二氧化氯、加缓蚀剂的还原性酸、硫化氢等。

• 纸浆和造纸：为满足废液再循环以及设备可靠性更高和使用期限更长的发展需求，钛已成为纸浆造纸厂漂白区所用鼓式洗浆机、扩散漂白清洗器、泵、管道系统及换热器的标准用材。对于二氧化氯漂白系统设备，尤为如此。

11.6.13.5 耐蚀性

钛是一种高活性金属，但是由于其表面形成了一层钝化膜，显示出优异的耐氧化性酸介质的性能。在20世纪50年代首次商业应用之后，钛就成了公认的耐蚀材料。在化学工业中，工业纯钛应用最多。与不锈钢类似，钛的耐蚀性取决于表面氧化膜。因此，在热硝酸等氧化性介质中，钛的应用效果最好。与不锈钢相比，钛表面形成的氧化膜的保护性能更强，在那些可引起不锈钢点蚀和缝隙腐蚀的介质（如海水、湿氯气、有机氯化物）中，钛通常都能显示出良好的耐蚀性。不过，尽管钛可以耐这类介质的腐蚀，但是并不意味着钛不会发生腐蚀，在高温环境下就很可能发生点蚀和缝隙腐蚀。例如：如果海水温度超过约110℃，钛就会受到腐蚀影响[4]。

钛并不是解决所有腐蚀问题的灵丹妙药，但是随着产量的增加和加工技术的改进，钛材成本逐步降低，目前在经济上已经可以与一些镍基合金甚至一些不锈钢相竞争。钛密度低的优点也弥补了材料成本相对高的缺点，而且由于其耐蚀性良好，换热器管可以做得更薄。表11.46列出了工业纯钛在很多化学介质环境中的腐蚀速率[72]。

表 11.46　工业纯钛的腐蚀速率

环境	浓度/%	温度/℃	腐蚀速率/(μm/a)
乙醛	75	149	1
	100	149	0
乙酸	5～99.7	124	0
乙酸酐	99.5	沸腾	13
CO_2、H_2O、Cl_2、SO_2、SO_3、H_2SO_4、NH_3 的酸性气体		38～260	＜0.025
己二酸	67	232	0
氯化铝(充气)	10	100	2[①]
氯化铝(充气)	25	100	3150[①]
氟化铝	饱和	25	0
硝酸铝	饱和	25	0
硫酸铝	饱和	25	0
磷酸二氢铵	10	25	0
无水氨气	100	40	＜125
氨蒸气(含水)	—	222	11000
乙酸铵	10	25	0
碳酸氢铵	50	100	0
亚硫酸氢铵(pH 2.05)	纸浆废液	71	15
氯化铵	饱和	100	＜13
氢氧化铵	28	25	3
硝酸铵+1%硝酸	28	沸腾	0
草酸铵	饱和	25	0
硫酸铵	10	100	0
硫酸铵+12%硫酸	饱和	25	10
王水	3∶1	25	0
王水	3∶1	79	890
氯化钡	25	100	0
氢氧化钡	饱和	25	0
氢氧化钡	27	沸腾	有些小蚀点
硝酸钡	10	25	0
氟化钡	饱和	25	0
苯甲酸	饱和	25	0
硼酸	饱和	25	0
硼酸	10	沸腾	0
溴	液态	30	快速
溴水	蒸汽	30	3
N-丁酸	未稀释的	25	0
亚硫酸氢钙	蒸煮液	26	10
碳酸钙	饱和	沸腾	0
氯化钙	5	100	5[①]
氯化钙	10	100	7[①]
氯化钙	20	100	15[①]
氯化钙	55	104	1[①]
氯化钙	60	149	1[①]
氢氧化钙	饱和	沸腾	0
次氯酸钙	6	100	1
次氯酸钙	18	21	0
次氯酸钙	饱和悬浮液	—	0
二氧化碳	100	—	优异
四氯化碳	液体	沸腾	0

续表

环境	浓度/%	温度/℃	腐蚀速率/(μm/a)
四氯化碳	气体	沸腾	0
氯气(湿)	> 0.7 H_2O	25	0
氯气(湿)	> 1.5 H_2O	200	0
氯集管污泥和湿氯	—	97	1
干氯气	<0.5 H_2O	25	可能反应
二氧化氯+水+空气	5(蒸汽中)	82	<3
蒸汽(含二氧化氯)	5	99	0
三氟化氯	100	30	剧烈反应
氯乙酸	30	82	<0.125
氯乙酸	100	沸腾	<0.125
氯磺酸	100	25	190~310
三氯甲烷(氯仿)	蒸气和液体	沸腾	0
铬酸	10	沸腾	3
铬酸	15	82	15
铬酸	50	82	28
含氟离子镀铬液	240g/L镀盐	77	1500
铬酸+5%硝酸	5	21	3
柠檬酸	50	60	0
柠檬酸	50(充气)	100	127
柠檬酸	50	沸腾	127~1300
柠檬酸	62	149	腐蚀
氯化铜	20	沸腾	0
氯化铜	40	沸腾	5
氯化铜	55	119(沸腾)	3
氰化氢	饱和	25	0
氯化亚铜	50	90	<3
环己烷(加痕量甲酸)	—	150	3
二氯乙酸	100	沸腾	7
二氯苯+4%~5%盐酸	—	179	102
二亚乙基三胺	100	25	0
乙醇	95	沸腾	130
二氯乙烯	100	沸腾	5~125
乙二胺	100	25	0
氯化铁	10~20	25	0
氯化铁	10~30	100	<130
氯化铁	10~40	沸腾	0
氯化铁	50	113(沸腾)	0
氯化铁	50	150	3
九水合硫酸铁	10	25	0
氟硼酸	5~20	高温	快速
氟硅酸	10	25	48000
食品	—	室温	不腐蚀
甲醛	37	沸腾	0
甲酰胺蒸气	—	300	0
甲酸(充气)	25	100	1[②]
甲酸(充气)	90	100	1[②]
甲酸(无空气)	25	100	2400[②]
	90	100	3000[②]
糠醛	100	25	0

续表

环境	浓度/%	温度/℃	腐蚀速率/(μm/a)
葡萄糖酸	50	25	0
甘油	—	25	0
氯化氢(气体)	空气混合物	室温	0
盐酸	1	沸腾	＞2500
盐酸	3	沸腾	14000
盐酸+氯(饱和)	5	沸腾	10000
	5	190	＜25
	10	190	＞28000
盐酸+200mg/kg 氯气	36	25	432
盐酸+1%硝酸	5	93	91
盐酸+5%硝酸	5	93	30
盐酸+5%硝酸	1	沸腾	70
盐酸+5%硝酸+1.7g/L 四氯化钛	1	沸腾	0
盐酸+0.5%三氧化铬	5	93	30
盐酸+1%三氧化铬	5	38	18
盐酸+1%三氧化铬	5	93	30
盐酸+0.05%硫酸铜	5	93	90
盐酸+0.5%硫酸铜	5	93	60
盐酸+0.05%硫酸铜	5	沸腾	60
盐酸+0.5%硫酸铜	5	沸腾	80
氢氟酸	1.48	25	快速
过氧化氢	3	25	＜120
过氧化氢	6	25	＜120
过氧化氢	30	25	＜300
硫化氢(蒸气+0.077%硫醇)	7.65	93～110	0
次氯酸(含氧化二氯和氯气)	17	38	0
碘水+碘化钾	—	25	0
乳酸	10～85	100	＜120
乳酸	10	沸腾	＜120
乙酸铅	饱和	25	0
亚麻籽油(煮沸过)	—	25	0
氯化锂	50	149	0
氯化镁	5～40	沸腾	0
氢氧化镁	饱和	25	0
硫酸镁	饱和	25	0
二氯化锰	5～20	100	0
马来酸	18～20	35	2
氯化汞	10	100	1
氯化汞	饱和	100	＜120
氰化汞	饱和	25	0
甲醇	91	35	0
氯化镍	5	100	4
氯化镍	20	100	3
硝酸(充气)	10	25	5
硝酸(充气)	50	25	2
硝酸(充气)	70	25	5
硝酸(充气)	10	40	3
硝酸(充气)	50	60	30
硝酸(充气)	70	70	40

续表

环境	浓度/%	温度/℃	腐蚀速率/(μm/a)
硝酸(充气)	40	200	600
硝酸(充气)	70	270	1200
硝酸(充气)	20	290	300
硝酸(无空气)	70	80	25～70
硝酸	17	沸腾	70～100
硝酸	35	沸腾	120～500
白色发烟硝酸	—	82	150
	—	160	<120
硝酸(红色发烟)	<约2%水	25	忽略不计
	>约2%水	25	不可忽略
硝酸+0.1%重铬酸钾	40	沸腾	0～15
硝酸+10%高氯酸钠	40	沸腾	3～30
磷酸	10～30	25	20～50
照相乳剂	—	—	<120
溴化钾	饱和	25	0
氯化钾	饱和	25	0
	饱和	60	<0.3
重铬酸钾	—	—	0
氢氧化钾	50	27	10
高锰酸钾	饱和	25	0
硫酸钾海水(4.5年测试结果)	10	25	0
硝酸银	50	25	0
	100	<590	良好
乙酸钠	饱和	25	0
碳酸钠	25	沸腾	0
氯化钠	饱和	25	0
氯化钠(pH1.5)	23	沸腾	0
氯化钠(钛与特氟龙接触)	23	沸腾	缝隙腐蚀
四氯化锡(熔融的)	100	66	0
二氯化锡	饱和	25	0
硫(熔融的)	100	240	0
二氧化硫(水饱和)	近100	25	<2
硫酸(充空气)	1	60	7
	3	60	12
	5	60	4.8
硫酸+0.25%硫酸铜	30	100	60
硫酸+0.25%硫酸铜	30	93	80
硫酸+10%硝酸	90	25	450
硫酸+30%硝酸	70	25	630
硫酸+50%硝酸	50	25	630
单宁酸	25	100	<120
酒石酸	10～50	100	<120
	10	60	2
	25	60	2
对苯二甲酸	77	218	0
锡(熔融的)	100	498	耐蚀
三氯乙烯	99	沸腾	2～120
氯化铀	饱和	21～90	0
尿素-氨反应物料	—	高温高压	无腐蚀

续表

环境	浓度/%	温度/℃	腐蚀速率/(μm/a)
尿素+32%氨、20.5%水、19%二氧化碳	28	82	80
水(除气)	—	315	0
X 射线显影液	—	25	0
氯化锌	20	104	0
	50	150	0
硫酸锌	饱和	25	0

① 可能发生缝隙腐蚀。

② 7 和 12 级钛不受影响。

11.6.13.5.1 耐酸性

钛合金可耐大多数酸性介质环境。因为大量工业酸性蒸气中所含污染物，实际上都有氧化性，通常都能使钛合金发生钝化。而且污染金属离子的浓度仅需 20～100mg/kg，就可以极其有效地抑制钛的腐蚀。钛在还原性酸性介质中的强效缓蚀剂都是在典型工艺操作中很常见的一些物质。溶解氧、氯、溴、硝酸盐、铬酸盐、高锰酸盐、钼酸盐以及三价铁离子

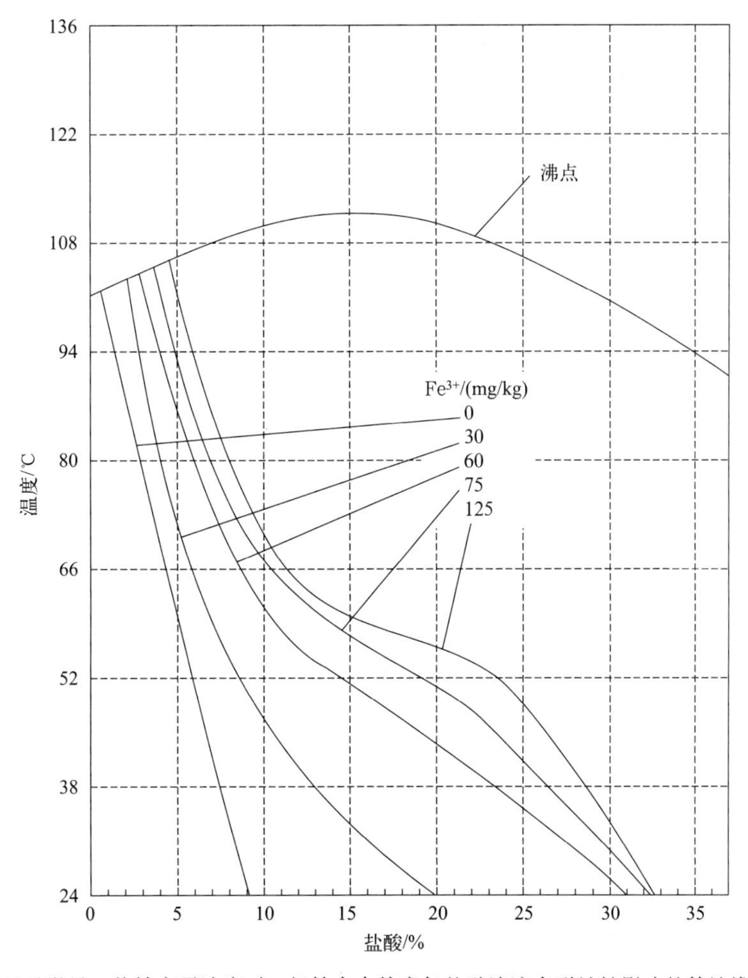

图 11.32 显示微量三价铁离子浓度对 2 级钛在自然充气盐酸溶液中耐蚀性影响的等蚀线（1mm/a）

(Fe^{3+})、二价铜离子(Cu^{2+})、镍离子(Ni^{2+})等金属阳离子和很多贵金属离子，都可以抑制钛的腐蚀。图 11.32 显示了氯化铁对不同浓度和温度盐酸中 2 级钛的缓蚀作用。图 11.33 和图 11.34 相应地分别显示了 7 级钛和 12 级钛的类似行为。正是由于金属离子的这种强效抑制作用，在金属矿石浸出工艺的热盐酸和硫酸处理设备中，钛合金才能得以成功应用。

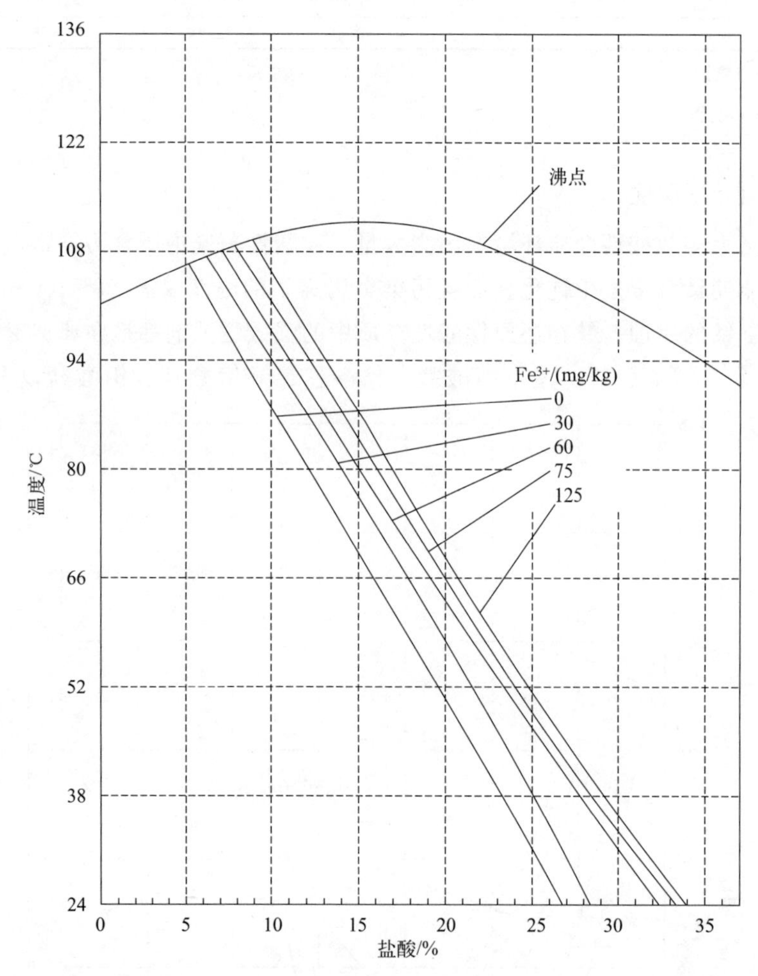

图 11.33 显示微量三价铁离子浓度对 7 级钛在自然充气盐酸溶液中耐蚀性影响的等蚀线(1mm/a)

11.6.13.5.2 氧化性酸

在很宽的浓度和温度范围的硝酸和铬酸等氧化性酸中，钛通常都具有优异的耐蚀性。钛广泛用来制造硝酸工业处理设备。在很大浓度范围的硝酸之中，钛的腐蚀速率都很低。但钛对沸点及以上温度的纯硝酸非常敏感。通常酸中污染物和金属离子含量越高，钛的耐蚀性越好，而不锈钢正好与之相反，因为酸污染通常都会对不锈钢造成不利影响。此外，由于钛的腐蚀产物(Ti^{4+})具有强效缓蚀作用，在再生硝酸物料流(如再沸器循环回路)中，钛通常都具有优异的耐蚀性。有研究证明，钛制换热器在温度 193℃压力 2.0MPa 的 60%硝酸环境中运行 2 年多，未发现任何腐蚀迹象。钛制反应器、再沸器、冷凝器、加热器以及热电偶套管都已在含 10%～70%的硝酸溶液环境中获得实际应用，涉及温度范围从沸点到

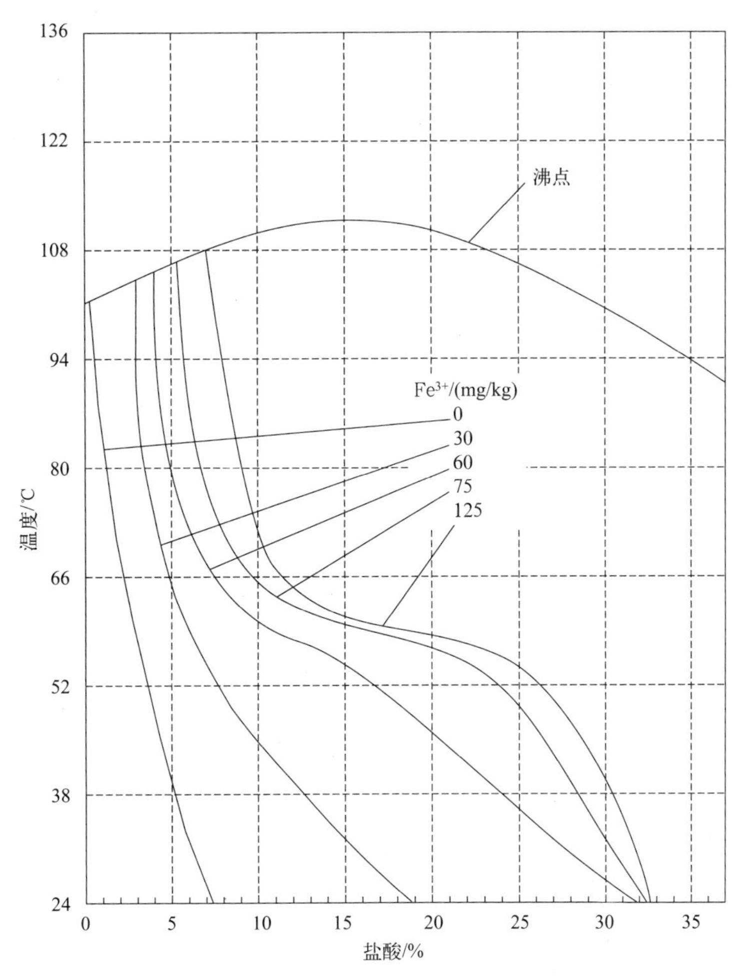

图 11.34　显示微量三价铁离子浓度对 12 级钛在自然充气盐酸溶液中耐蚀性影响的等蚀线（1mm/a）

600℃[11]。尽管在很宽浓度和温度范围内的硝酸中，钛都具有优异的耐蚀性，但是钛不应在红色发烟硝酸环境中使用，因为有自燃的危险。

11.6.13.5.3　还原性酸

通常，钛合金在弱还原性酸中也很耐蚀，但是在强还原性酸中的应用严重受限。在所有浓度范围内的亚硫酸、乙酸、对苯二甲酸、己二酸、乳酸以及大量有机酸等弱还原性酸中，钛通常都很耐蚀。但是，比较纯的盐酸、氢溴酸、硫酸、磷酸、草酸、氨基磺酸等强还原性酸会促进钛的均匀腐蚀，其腐蚀速率与酸的温度、浓度和纯度相关。但是钛-钯合金在这些介质中具有很好的耐蚀性。事实上，在稀还原性酸中，钛钯合金的耐蚀性通常比镍合金优异得多。在氢氟酸中，即使浓度很低，钛的腐蚀也很快。因此，在氢氟酸溶液或 pH 值在 7 以下的含氟化物溶液中，不建议使用钛。但是，某些络合金属离子（如铝），有可能有效抑制钛在稀氟化物溶液中的腐蚀[11]。

11.6.13.5.4　有机酸

钛合金在有机酸中一般都具有优异的耐蚀性。在有机工艺物料流中，即使其中没有空气，但只要存在极少量水分，通常就足以确保钛表面形成稳定的保护性氧化膜。钛对烃类、含氯烃、氟碳化合物、酮类、醛类、醚类、酯类、胺类、醇类以及大多数有机酸，也都具有极高的耐蚀性。钛已成为对苯二甲酸和乙醛生产的传统设备用材。乙酸、酒石酸、硬脂酸、乳酸、单宁酸以及大量其他有机酸对于钛材而言皆是非常良性的环境。但是，在强有机酸介质中，如草酸、甲酸、氨基磺酸、三氯乙酸等，钛的耐蚀性与酸浓度、温度、充气程度以及可能存在的缓蚀剂有关，此时必须正确选择合适的钛合金，通常 7 级和 12 级钛合金是优选材料[11]。

11.6.13.5.5　钛和甲醇

无水甲醇的独特之处在于它会导致钛和钛合金的应力腐蚀开裂。工业甲醇中一般都含有足够水分，可使钛免遭腐蚀。过去历史已证实，除了最恶劣条件之外，甲醇中只需含水 2%，就足以为工业纯钛设备提供充分保护。其实在这种条件下，考虑到温度和压力的影响，选用钛合金可能更理想。在海洋工业应用领域，确立的边界条件更为保守，含水量至少 5%。

11.6.13.5.6　碱性介质

在氢氧化钠、氢氧化钾、氢氧化钙、氢氧化镁以及氢氧化铵溶液等碱性介质中，钛一般都具有非常优异的耐蚀性。但是在高碱性氢氧化钠或氢氧化钾溶液中，钛可能仅限用于 80℃之下，因为在热强碱性介质中，钛合金可能会过量吸氢，并最终导致脆化。对于含氯化物或氧化性氯化物粒子的碱性介质，通常钛都是首选材料。即使在较高温度的碱性环境中，钛仍然能耐点蚀、应力腐蚀开裂以及大量不锈钢常常会发生的碱脆[11]。

11.6.13.5.7　氯气、含氯化学品和含氯溶液

钛广泛用于处理潮湿或含水氯气，并以对这种介质的优异耐蚀性而闻名。强氧化性的潮湿氯气可使钛表面钝化，因此钛的腐蚀速率很低。选择合适的耐蚀钛合金有可能解决湿氯气环境中设备表面温度超过 70℃时的缝隙腐蚀问题（表 11.46）。干氯气会引起钛的快速腐蚀，在水分很低时，甚至有可能引发火灾。但通常仅需 1%的水就足以使在室温静态氯气环境中钛表面钝化或受到机械损伤后再钝化。

钛也能完全耐亚氯酸盐、次氯酸盐、氯酸盐、高氯酸盐及二氧化氯等溶液的腐蚀。在纸浆造纸工业中，用于处理此类化学介质的钛制设备，使用多年也并未发现任何腐蚀问题。钛可在所有浓度的氯化盐溶液以及其他卤水介质中使用，特别是在温度升高时。在 pH 值 3～11 范围之内的卤水介质中，钛的腐蚀速率接近零。氧化性金属氯化物，如氯化铁、氯化镍或氯化铜等，可提高钛的钝化性能，使钛在更低 pH 值条件下也能发生钝化[11]。在狭小缝隙以及垢或其他沉积物下，未合金化的钛有可能发生局部性点蚀或腐蚀。不过，无论溶液 pH 值是多少，当温度在 70℃以下时，工业纯钛和钛合金通常都不会发生此类腐蚀。

11.6.13.5.8　蒸汽和天然水

在水、天然水以及 300℃以上的水蒸气中，钛合金皆具有优异的耐蚀性。在高纯水和淡水中，钛同样具有优异的耐蚀性。此外，钛还基本不受微生物腐蚀影响。天然水中存在的污染物，如铁和锰氧化物、硫化物、硫酸盐、碳酸盐以及氯化物等，通常也并不会影响钛的性能。为控制生物污损而进行的氯化处理，也完全不会影响钛。

11.6.13.5.9　海水和盐溶液

对于大多数盐溶液环境，在很宽 pH 值和温度范围之内，钛皆具有优异的耐蚀性。在硫

酸盐、亚硫酸盐、硼酸盐、磷酸盐、氰化物、碳酸盐和碳酸氢盐中，钛具有良好性能。在硝酸盐、钼酸盐、铬酸盐、高锰酸盐、钒酸盐等氧化性阴离子盐以及三价铁离子、铜离子、镍离子等氧化性阳离子盐溶液中，钛也具有类似的耐蚀性。

将海水和天然卤水加热至沸点之上，会在局部造成一种还原性的酸性环境，钛有可能发生点蚀。相比之下，7 级、11 级和 12 级钛合金具有更强的耐还原性酸性氯化物的腐蚀以及缝隙腐蚀性能。注意选择合适的重型法兰和高压紧力的法兰接头设计以及垫圈规格，对预防钛的缝隙腐蚀也很有利。在垫圈中掺入含镍、铜、钼或钯等物质也是一种对策。

在天然海水中，钛都具有足够的耐蚀性，无需考虑化学成分变化以及污染物（如硫化物）的影响。在海水全浸区和浪花飞溅区或潮汐区服役 20 年后，所测得的钛腐蚀速率都在 0.0003mm/a 以下。在海水中，钛合金不会发生任何形式的局部腐蚀，可以承受流速超过 30m/s 的海水冲击。表 11.47 比较了未合金化钛与两种海水中常用材料的耐磨损腐蚀性能[11]。此外，大多数钛合金的疲劳强度和韧性也不会受海水服役环境的影响，而且大量钛合金在海水中都不会发生海水应力腐蚀。

表 11.47　未合金化钛在含悬浮固体粒子的海水中的磨损腐蚀速率

流速/(m/s)	悬浮物	持续时间/h	磨损腐蚀速率/(μm/a)		
			2 级钛	70/30 铜镍合金①	铝青铜
7.2	无	10000	0	点蚀	点蚀
2	40g/L 60# 砂	2000	2.5	99.0	50.8
2	40g/L 10# 砂	2000	12.7	严重磨损腐蚀	严重磨损腐蚀

① 高铁高锰的 70/30 铜镍合金。

在海水中与其他异种金属接触时，钛合金也不会发生电偶腐蚀。但是，钛可能会促进其他活性金属的腐蚀，如铁、铝和铜合金。电偶腐蚀的程度与很多因素有关，如阴阳极面积比、海水流速及海水化学成分等。避免这种电偶腐蚀最成功的对策是：使用更耐蚀、兼容的钝性金属与钛耦接或使用全钛结构或介电（绝缘）连接。

11.6.13.5.10　耐气体腐蚀性

11.6.13.5.10.1　氧气和空气

钛合金完全可以抵御各种形式的大气腐蚀，无论海洋大气、乡村大气还是工业大气，也无论大气中是否存在污染物。钛合金对氧气和空气都具有优异的耐蚀性，温度可高达 370℃。但是，在 370～450℃的温度范围之内，钛表面会形成有色的氧化膜，且随着时间延长膜会缓慢增厚。大约在 650℃之上，由于钛中氧扩散加速，钛合金会丧失长期耐氧化性而变脆。在氧气中，钛不会自燃，但在氧浓度超过 35%、压力超过 2.5MPa 时，新鲜钛表面会燃烧。

11.6.13.5.10.2　氮气和氨气

氮气与钛的反应要比氧气慢得多。但是在温度超过 800℃后，氮的过度扩散可能会引起金属脆化。在室温无水液氨中，钛不会发生腐蚀。干或湿氨气或氨水（NH_4OH）溶液，即使在沸点甚至沸点以上，也不会腐蚀钛。

11.6.13.5.10.3　氢气

钛表面氧化膜是氢气的高效屏蔽层。只有当这层保护性膜层受到机械损伤或化学或电化学破坏时，氢才可能渗透过去。水分能有效维持氧化膜的完好性，甚至在相当高的温度和压力条件下，也能抑制氢的吸附。换言之，钛材应避免在无水纯氢气环境中使用，尤其是当压力和/或温度升高时。在工业服役环境中所发生的少量钛的氢脆案例，通常都涉及下列环境条件：

- 高温、高碱性介质；
- 热硫化物物料流中，钛与活性钢耦接；
- 海水中钛经受严重的持续阴极极化。

11.6.13.5.10.4　含硫气体

在典型操作温度条件下的含硫气体中，钛具有非常高的耐蚀性，可以抵抗硫化物应力腐蚀开裂和硫化作用。无论干的还是湿的二氧化硫和硫化氢，对钛都没有腐蚀作用。即使是在沸腾的亚硫酸中，钛仍然具有非常优异的耐蚀性。在燃煤发电厂的烟气脱硫（FGD）洗涤塔系统现场环境中，钛也表现出了类似的优异性能。不过，在湿三氧化硫环境中，钛有可能发生腐蚀，因为此时有可能形成非缓蚀性的纯的强硫酸溶液。在这类情况下，工艺环境的化学背景成分是钛合金成功应用的关键。

11.6.13.5.10.5　还原性气氛

通常，钛可以耐温和还原性、中性以及高氧化性环境的腐蚀，从低温一直至相当高的温度。在很多高侵蚀性环境中，其中存在的氧化性物质（包括空气、氧气和铁基合金的腐蚀产物），通常都会扩大钛合金的耐蚀性能的极限范围。但是在强还原性条件下，氧化膜可能遭到破坏，因此钛可能发生腐蚀。

11.6.13.5.11　应力腐蚀开裂

首个钛合金应力腐蚀开裂问题案例是，某钛合金在290℃以上的有机氯化物介质中的应力腐蚀开裂。其原因被认为是由于氯化物发生分解而产生了氯化氢。后来，研究者们发现表面涂覆有海盐、化学纯氯化钠或很多其他氯化物（钡、铯、锂或锶）的高应力钛合金试样，在实验室加热炉中加热至400～430℃后，也会产生应力腐蚀裂纹。

为避免可能发生的高温氯化物开裂失效，钛合金零件在制造完成之后与热处理之前，应用无氯溶剂进行清洗。甚至有人认为，汗液或指纹都有可能使后续经热处理的钛合金材料发生失效。

液态四氧化二氮（N_2O_4）或甲醇的钛制储罐发生应力腐蚀开裂事例也已有报道。少量水可以抑制钛合金在甲醇中的应力腐蚀开裂。工业纯钛试样在醇类蒸气中应力腐蚀开裂速率比浸没在液态中时更快。甲醇比乙醇等较高级醇促进钛开裂的能力更强。

钛合金在热盐、四氧化二氮（N_2O_4）和甲醇中的应力腐蚀开裂机制复杂，难以解释。钛合金在室温氯化物和甲醇中的开裂，可视为氢致开裂机制的一个实例。

11.6.14　锌及其合金

锌大部分皆以金属形式使用，约占其产量的四分之三，主要作为涂层保护钢铁（镀锌钢）、作为合金化元素制造青铜和黄铜、作为锌基压铸合金以及轧制锌材。锌产量的剩余四分之一，以锌化合物形式消耗，主要用于橡胶、化工、涂料和农业等行业。此外，锌还是人类、动物和植物适度生长和发展的必需元素之一，是人体内自然存在的仅次于铁的第二常见微量元素。

锌主要用作热浸涂层（如热浸镀锌）或电镀锌层。镀锌层可在冷水环境中应用，但是如果在热水系统中使用，应先谨慎评估。因为在某些含有特殊化学成分的水中，温度接近80℃左右时，锌相对于钢有可能变成阴极，致使钢腐蚀加速。溶解氧和二氧化碳都会促进锌在水中的腐蚀，在极端pH值条件下亦是如此。锌是两性金属，即自由酸和自由碱都会腐蚀锌。

由于锌熔点低，锌合金零件一般都采用压铸方式制造。很多汽车零件，如格栅和门把手，皆是由锌压铸而成，但一般会在锌表面镀上耐蚀金属。

在正常大气环境下，锌表面形成的一层碱性碳酸锌膜，可极大降低锌的腐蚀速率，与铝表面形成的氧化铝膜降低其腐蚀速率的原因类似。当锌与其电位序之后的异种金属接触时，锌会对异种金属起到牺牲保护作用，这也是镀锌钢在工业上应用广泛的原因。锌还可以锌棒或锌块形式作为牺牲阳极用来保护船壳、管线以及其他结构。

11.6.15　锆

锆一般用铌或锡进行合金化，并控制氧含量，以获得特定的强度，其中铪是自然存在的杂质。含量可控的β相稳定剂（即铁、铬和镍）、强α相稳定剂锡以及氧是锆合金的主要合金元素[61]。核能工程用材料有一些特殊性能要求，需要材料在高温条件下，同时具有低中子吸收、足够高的强度和耐蚀性等性能。为满足这种特殊需求，目前已开发出特纯锆和一些锆合金，可用作核反应堆包壳材料[73]。

因为自然界中，锆总是与铪相伴相生，自然存在比例为1∶50，因此工业品级锆材中含铪量约2%。但是由于铪对热中子具有高吸收能力，因此核反应堆级锆材中含铪量不允许超过0.025%，一般铪含量接近0.01%。

鉴于上述原因，目前批量生产的锆合金有两个系列，表11.48列出了这些合金的化学组成。锆合金R60804和R60802均用于水冷核反应堆之中。一般对于与原子能没有特殊关联的化学工程师而言，在那些需要金属材料具有特殊耐蚀性的场合中，含铪的未合金化锆材（含铪纯锆）是一个不错的选择。表11.49比较了锆合金R600802与其他不同耐蚀合金材料制成各种产品的相对成本。

表11.48　锆合金的化学成分

UNS编号	合金牌号	Hf/%	Fe/%	Cr/%	Sn/%	O/%	Ni/%	Nb/%
工业级								
R69702	702	4.5	Fe+Cr 0.2		—	0.16	—	—
R69704	704	4.5	Fe+Cr 0.3		1.5	0.18	1.5	1.5
R69705	705	4.5	Fe+Cr 0.2		—	0.18	—	—
R69706	706	4.5	Fe+Cr 0.2		—	0.16	—	—
核级								
R60001	未合金化锆	—	—	—	—	0.8	—	—
R60802	锆-2	—	0.1	0.1	1.4	0.12	0.05	—
R60804	锆-4	—	0.2	0.1	1.4	0.12	—	—
R60901	锆-2.5铌	—	—	—	—	0.14	—	2.6

表 11.49　一些商用金属产品与 S31600 不锈钢产品的相对成本

UNS 编号	金属或合金	板材	管材	容器	换热器
S31600	316	1	1	1	1
R50400	2 级钛	2.0	2.25	2.0	1.5
R53400	12 级钛	3.1	9.6	2.2	1.7
N06600	因科耐尔合金(Inconel)600	3.6	4.0	3.0	1.8
R52400	7 级钛	6.5	8.8	2.0	2.0
R60802	锆-2	8.0	9.0	3.5	2.2
N10276	哈氏合金(Hastelloy)C-276	7.0	7.5	4.0	3.0
N10665	哈氏合金(Hastelloy)B-2	9.7	11.0	4.5	3.0
—	钽	—	24.8	—	—

不同等级锆材的机械性能在很大程度上取决于熔炼所用海绵锆的纯度。锆的硬度和拉伸强度随着锆中杂质含量增加迅速提高，尤其是氧、氮和铁。化学级锆的机械性能列于表 11.50。表 11.51 列出了锆合金 R69702 和 R69705 的一些其他物理机械性能。锆比钢、铜、黄铜和不锈钢等最常见的结构材料轻，其密度 6.574g/cm^2。锆具有相当好的耐高温性能和抗蠕变性能，其熔点为 1850℃。在室温下，锆是密排六方（hcp）结构（α 相），在约 870℃时，会发生同素异构转变，形成体心立方（bcc）结构（β 相）。因此锆和大多数锆合金皆具有很强的各向异性，对其工程性能影响很大。

表 11.50　锆合金的机械性能

合金	商业牌号	拉伸强度/MPa	屈服强度(0.2%变形量)/MPa	伸长率/%
		工业级		
R69702	702	379	207	16
R69704	704	413	241	14
R69705	705	552	379	16
R69706	706	510	345	20
		核级		
R60001(退火态)	未合金化锆	296	207	18
R60802(退火态)	锆-2	386	303	25
R60804(退火态)	锆-4	386	303	25
R60901(退火态)	锆-2.5 铌	448	344	20
R60901(冷加工态)	—	510	385	15

表 11.51　锆合金 R69702 和 R69705 物理机械性能

物理性能	单位	R69702	R69705
密度	g/cm^3	6.510	6.640
晶体结构			
α 相		hcp(<865℃)	
β 相		bcc(>865℃)	bcc(>854℃)
α+β 相			hcp+bcc(<854℃)
熔点	℃	1852	1840
沸点	℃	4377	4380
线膨胀系数	/℃	5.89×10^{-6}	6.3×10^{-6}
热导率(300～800K)	W/(m·K)	22	17.1
比热容(20℃)	J/(kg·K)	285	281
电性能(20℃)			
电阻率	μΩ·cm	39.7	55.0
电阻率温度系数	/℃	0.0044	—

续表

物理性能	单位	R69702	R69705
机械性能			
弹性模量	GPa	98.5	95.8
剪切模量	GPa	35.9	34.2
泊松比(20℃)		0.35	0.33

少量杂质（尤其氧）对锆的相转变温度影响很大。此外，氧还对锆的强度有重要影响，因此氧含量必须谨慎控制。如氧含量降至 1000mg/kg 以下，则锆合金强度将会降至容许极限之下。α 相稳定元素（如铝、锑、铍、镉、铪、铅、氮、氧和锡）使 α 相向 β 相的转变温度升高，而 β 相稳定元素（如钴、铬、铜、铁、锰、钼、镍、铌、银、钽、钍、钛、钨、铀和钒）则会使之降低。即使在超过 1000℃ 高温条件下，碳、硅及磷在锆中溶解度依然都很低，容易形成金属间化合物，且对热处理相当不敏感。多数元素和杂质都可溶于 β 锆中，而在 α 锆中相对不溶，以第二相金属间化合物形式存在。

锆及其合金铸锭，最常见规格是直径 40～760mm，重 1100～4500kg。锻造锆及其合金，有各种形状和尺寸产品可用，如薄板和薄带、板材、箔片、棒和杆、丝、管材、管壳等。锆合金铸造产品有阀体、泵铸件和叶轮等[11]。锆的制造加工特点与钛类似，在成形、机械加工和焊接时，也必须采取类似的预防措施。此外，由于锆比钛更贵，因此锆通常都是作为较廉价的结构基材的衬里或包层[61]。

锆合金的应用通常都是基于其退火态或去应力态。锆合金的完全退火处理是在 675～800℃ 温度范围内保温 2～4h。当在高于 675℃ 温度下对锆合金进行热处理时，应注意控制随后的冷却速度。在锆合金温度降至 480℃ 之前，其冷却速率不应超过 110℃/h。锆合金的去应力退火是加热至 540～595℃，保持 0.5～1h。

锆合金最常见的焊接方式是钨极气体保护电弧焊（GTAW），其他焊接方式包括金属极气体保护电弧焊、等离子（PA）焊、电子束焊和电阻焊等。所有锆合金的焊接都必须在惰性气氛中完成。焊接时选用合适的保护气体，非常重要，因为在焊接温度下，锆对多种气体皆有反应活性。

11.6.15.1　应用

锆及其合金可用于核工业领域之中，该领域需要材料对高温水和蒸汽的良好耐蚀性，同时具有小的热中子吸收截面以及良好高温强度的场合。锆合金的另一个主要用途是作为化学加工处理设备的结构材料。锆合金对大多数有机和无机酸、盐溶液、强碱以及一些熔盐，皆具有优异的耐蚀性。在某些应用场合，由于锆合金独特的耐蚀性能，其寿命可能比设备的剩余寿命还要长。

尽管锆及其锆合金价格昂贵，但是由于它们腐蚀速率极低，可以延长设备服役寿命并降低维护成本和停工成本，因此与其他常见耐蚀性材料相比，选用锆及其锆合金仍然很经济划算。表 11.49 比较了不锈钢 31600 与各种耐蚀金属和合金的成本，结果表明：尽管 R69702 比不锈钢、因科耐尔（Inconel）以及钛合金更贵，但其成本与某些哈氏合金（Hastelloy）相当或甚至更低，且明显低于钽。

这种昂贵的奇特金属及其合金常用于换热器。如果采用塑料、陶瓷和复合材料等可选耐蚀性材料来替代，由于这些材料热导率低，因此换热器尺寸必将大大增加。尽管锆及其合金成本高，但是由于它们具有优异的耐蚀性，可以保证设备拥有很长的免维护服役寿命，因此在很多腐蚀问题非常重要的化学加工和其他应用领域中，使用锆及其锆合金仍然极具成本效益。

目前，在很多化学加工行业（包括过氧化氢生产、人造棉制造、磷酸和硫酸以及乙苯处理）中所使用的各种形式换热器、汽提塔、反应器容器、泵、阀门及管道等，其中很多就是采用锆及其合金制造。锆在气体洗涤器、浸蚀槽、树脂生产设备、煤气化反应器等场合中的应用充分体现了锆对有机酸的良好耐蚀性的特点。此外，锆还拥有一个特别有利的特性，就是可以承受介质环境的酸性和碱性交替变化[73]。

11.6.15.1.1 换热器

由于锆展现出了罕见的耐蚀性，在换热器中那些使用锆合金的部位，几乎不存在结垢或形成垢的问题。因此，污损容限系数可以大大降低甚至消除。换热器的设计和运行可基于计算的总传热系数而不是设计的传热系数。由于表面无腐蚀、无结垢及高表面膜系数，因此设计系数也较高。此外，由于不需进行常规的定期清洗，因此设备有效运行时间显著增加。

11.6.15.1.2 塔

锆合金常用作汽提塔或干燥塔的结构材料。锆合金选用等级取决于所涉及的腐蚀性介质。锆合金 R60702 可用于最严苛的腐蚀环境，如浓度 55%以上的硫酸。在适用腐蚀性介质环境中，相比于锆合金 R60702，使用强度更高的锆合金 R60705 可以显著降低成本。锆合金 R60702 和 R60705 均已被认可为压力容器的结构材料。由努特（Nooter）公司建造的世界上最大的锆合金塔之一，塔高 40m，直径约 3.5m[74]。

11.6.15.1.3 反应器

锆合金衬里可解决钢壳反应器和储罐中最难以处理的一些腐蚀问题。锆合金板可焊接成任意尺寸的容器。锆合金作为钢制容器衬里时，强度会得到增强。衬里可以是非固定式的衬里、电阻焊衬里或者是爆炸黏合衬里。可用最少的焊接接头制造大设备。锆合金具有优异的耐有机酸性能，可作为乙苯反应器中的反应器、储罐、管道的结构材料。气体洗涤器和浸蚀罐、树脂处理设备、氯化处理系统、间歇式反应器、燃煤脱气反应器仅仅是锆合金少量的应用实例，相比于很多其他常用金属，锆合金设备效率更高。

11.6.15.2 耐蚀性

从生产制造角度来看，锆与钛类似。在耐蚀性方面，锆与钛也很类似。但是，在盐酸中，锆更耐蚀性。此外，锆还可以耐除了三氯化铁和氯化铜之外的所有氯化物。由于锆对很多高温、高压、高浓度的腐蚀性化学介质都具有优异的耐蚀性，所以尽管锆及其合金的成本高，但仍在很多化学加工行业中应用。表 11.52 显示了锆制设备在一些腐蚀性环境中的腐蚀速率和预估寿命[61]。

表 11.52 锆制设备在某些腐蚀性介质中的腐蚀速率和预估寿命

介质环境	浓度/%	温度/℃	腐蚀速率/(mm/a)	预估寿命/a
乙酸	100	200	<0.025	>20
盐酸	32	82	<0.025	>20
盐酸+100mg/kg 三氯化铁	20	105	<0.125	2
盐酸	2	225	<0.025	>20

续表

介质环境	浓度/%	温度/℃	腐蚀速率/(mm/a)	预估寿命/a
硝酸	10～70	室温～200	＜0.025	＞20
硝酸+1%三氯化铁	70	120	0	＞20
海水	天然	200	＜0.025	＞20
氢氧化钠溶液	50	57	＜0.025	＞20
氢氧化钠溶液	73	129	＜0.05	10
氢氧化钠溶液	73	212	＜0.5～1.25	1或更短
氢氧化钠+16%氨	52	138	＜0.125	2
硫酸	70	100	＜0.05	10
硫酸	65	130	＜0.025	＞20
硫酸+1000mg/kg三氯化铁	60	沸腾	＜0.025	＞20
硫酸+10000mg/kg三氯化铁	60	沸腾	＜0.125	2
尿素反应器	—	193	＜0.025	20

含锡的锆合金-4（R60704）是用量最大的锆合金，尤其是在核工业压水堆（PWRs）中的应用。在沸点温度之上，锆合金表面仍能保持镜面光泽。在温度更高（约260℃）时，锆合金表面会形成一层有光泽的黑色膜层。膜层中氧锆比例略低于2∶1，因此膜显示出一定的金属特性（如光泽以及非常好的传热性）。在260℃暴露几年或在425℃暴露几天后，黑色氧化物会转化为白色粉状的二氧化锆膜，此膜绝缘，但呈粉状，因此腐蚀防护性差。

与钛和其他有色金属及合金类似，锆的耐蚀性也是由于其表面有层氧化膜，且该膜层致密、稳定、可自修复，可以保护300℃以下基体金属免受化学品腐蚀和机械破坏。锆对强碱、大多数有机酸和无机酸以及某些熔盐，都具有优异的耐蚀性。对于交替接触强酸和强碱的工艺处理设备而言，锆是一种非常优异的结构材料。锆合金在温度超过400℃的空气、二氧化碳、氮气、氧气和蒸汽等氧化性介质中，也不容易发生腐蚀，但存在氯化物的情况除外。在氟离子、湿氯气、王水、浓度超过80%的浓硫酸、氯化铁或氯化铜介质中，锆会发生腐蚀。锆不需要阳极保护系统。

在海水环境中，锆和钛皆具有优异性能，但二者耐蚀性特点有所不同。在非酸性氯化物介质中，如海水或氯化物溶液，在很宽的条件范围内，锆和钛都具有良好的耐蚀性，但是锆比钛更耐缝隙腐蚀，因为缝隙环境随着时间延长趋于变成还原性环境。在乙酸、柠檬酸和甲酸等有机酸介质中，锆也比钛优越得多，在所有浓度范围内和高温条件下，锆都耐蚀，但是钛在这些酸中的耐蚀性，受充气和水含量影响。锆可耐200℃以下的干氯气环境的腐蚀，但是在湿氯气环境中，容易发生局部腐蚀。

11.6.15.2.1 酸腐蚀

在室温下浓度不超过80%的硫酸以及沸点温度下浓度不超过60%的硫酸中，未合金化锆具有优异的耐蚀性。腐蚀速率由低向高转变发生在一个非常小的酸浓度范围内，与再结晶母材相比，焊缝和热影响区发生腐蚀所需酸浓度更低。如果此类腐蚀发生，腐蚀会很快沿晶间发展，形成一个极易自燃的表面层，很容易燃烧。不同锆合金的腐蚀影响略有差异[61]。

硫酸中氧化性杂质（如三价铁离子、二价铜离子和硝酸根离子）含量达到约200mg/kg时，会对耐蚀性产生不利影响，如果要求腐蚀速率小于0.125mm/a，可以承受的酸浓度降低约5%。

当硫酸浓度低于65%时，R69702和R69704锆合金不会受到酸中这些氧化性杂质的影响，硫酸浓度低于60%时，R69705锆合金也不会受影响。当硫酸浓度低于65%时，即使二价铜离子和三价铁离子等杂质浓度达到1%，也不会促进R69702锆合金的腐蚀。不过，锆对硫酸中氟化物杂质的容忍性很差，即使酸浓度很低。在浓度50%以上的硫酸中，甚至浓度低至1mg/kg的氟离子，也将显著加速腐蚀。因此，在必须使用锆制设备处理含氟离子的硫酸时，酸中氟离子必须需用海绵锆和五氧化二磷等缓蚀剂络合。

锆对盐酸具有优异的耐蚀性，优于其他任何工程金属材料，在所有浓度范围内，即使是温度在沸点之上，其腐蚀速率皆低于0.125mm/a。盐酸中充气，不会影响锆的耐蚀性，但是氧化性杂质（如很少量氯化铜或氯化铁）会使其耐蚀性降低。因此，如需在盐酸环境中使用锆材，要么避免这些离子，要么采用合适的电化学保护。浓度在90%以下，温度在200℃以下的硝酸中，锆也具有优异的耐蚀性，只有铂可与之相比，而且焊接后的锆及锆合金仍然能保持这种耐蚀性。不过，在浓度超过70%的浓硝酸中，如果存在高的拉伸应力，锆有可能发生应力腐蚀开裂[61]。

浓度55%以下磷酸，即使温度超过沸点，锆也有较高耐蚀性。但是当磷酸浓度超过55%后，锆的腐蚀速率会随其浓度和温度升高而增大，不过在60℃下即使磷酸浓度达到85%，锆的腐蚀速率仍然低于0.125mm/a。磷酸中氟离子杂质会使锆腐蚀加速。锆不耐氢氟酸，即使浓度低至0.001%。

11.6.15.2.2　碱腐蚀

锆几乎可耐所有碱腐蚀，无论是溶液还是熔融态，温度可达沸点。锆可耐氢氧化钠和氢氧化钾溶液的腐蚀，即使是无水的熔融态氢氧化钾和氢氧化钠，后者温度可超过1000℃。锆可以耐浓度28%以下的氢氧化钙和氢氧化铵溶液的腐蚀，温度可达沸点。锆对碱和酸皆具有良好耐蚀性，是用于酸液和碱液循环条件下设备的优选材料。

11.6.15.2.3　水和海水腐蚀

锆对海水、淡水、苦咸水及其他污染水皆具有优异的耐蚀性，可代替钛钯合金，作为此类服役环境中换热器、冷凝器及其他设备的结构材料。此外，与钛及钛合金不同，锆还具有很强的耐缝隙腐蚀性能。由于锆合金对高压水及蒸汽都具有很高的耐蚀性，且中子吸收率低（低铪含量的锆）、机械强度和延展性良好，在核反应堆工作温度下，即使遭受强辐射，也仍能保持稳定，因此锆合金在沸水堆和压水堆核电站中的燃料包壳、燃料管道和压力管道等设备中广泛应用。不过，在这种应用场合下，锆合金都用锡、铁、铬和镍等进行合金化，以提高其强度。

11.6.15.2.4　熔融金属和盐的腐蚀

锆可以耐有些熔盐的腐蚀，也可以耐一些熔融金属的腐蚀，如核反应堆中钠、钾以及钠钾共熔合金。在600℃以下液态铅、800℃以下液态锂、100℃以下水银以及600℃以下熔融钠中，锆的腐蚀速率皆低于0.025mm/a。但是，熔融金属中痕量杂质（如氢、氮或氧）会影响锆的腐蚀速率。此外，在熔融铋、镁和锌中，锆会发生严重腐蚀。

11.6.15.2.5　有机物腐蚀

在有机物介质中，特别是大多数有机酸，锆都具有非常好的耐蚀性。在任意浓度和温度的乙酸和乙酸酐中，锆的腐蚀速率皆低于0.05mm/a。在柠檬酸、甲酸、乳酸、草酸、单宁酸、酒石酸以及氯代有机酸中，锆也皆有很高的耐蚀性。用作燃料包壳的核反应堆级的锆合金，在高达465℃温度下，与聚苯等有机冷却剂接触，其腐蚀速率与在低压蒸汽中的相近。但是，由于锆合金会从冷却剂中吸氢产生氢化，可能导致应力腐蚀开裂和氢脆。减少冷却剂中水分含量，并尽可能降低其中溶解氢和氯含量，可将氢化作用降至最低。在海水和大多数化学介质水溶液中，锆及其合金都不会发生应力腐蚀开裂，但是在含有重金属氯化物的甲醇溶液、气态碘或含碘熔盐中，已发现锆的应力腐蚀开裂。

11.7 设计要素

工程结构的设计目标应该是为了确保工程结构质量，使其在规定服役期内可提供预期功能。这就意味着结构设计既不能安全系数过低（风险太大），亦不能安全系数过高（成本太高）。对于一个缜密的设计，所需要考虑的绝不仅仅是一个强度是否足够的问题。因为零部件的使用寿命需能满足规定要求，腐蚀也是必须考虑的问题。但是任何一本教科书或一门学术课程都不可能为工程师或技术人员解决所有腐蚀问题。表11.53列出了在设计新装置时可能面临的一些问题清单。

表11.53 腐蚀控制的一些设计要素

厂房建筑：
盛行风向是否合适？
冷却水方式(敞开循环、盐水、双重交换、水池、空冷)？
冷却塔在下风口吗？
有密闭结构吗(管道或活塞杆等)？
外部设计中有无口袋状结构？
储罐底部保护形式(阴极保护或密封，与类型有关)？
对相互接触的金属之间进行保护了吗？
设备保护涂层的设计得当吗？
水压试验会造成钢的腐蚀或会在不锈钢表面残留氯离子吗？
需要对材料进行系统验证吗？
建造前所有钢材都会进行清洗和涂底漆吗？
对于某些结构需要临时保护吗？
目前应该安装阴极保护系统吗？
为预防杂散电流腐蚀，电子设备正确接地了吗？
设备设计：
管线、储罐、容器中有无“死角”？
所有可能产生的缝隙是否密封或嵌平？
入口-出口形状是否合适？(如不是，是否采取保护措施？)
机械设备偏斜是否正确调平？
是否存在其他可能发生疲劳的部位？
如需要，能否对设备进行充分清洗？
会发生端面晶粒腐蚀问题吗？
需要均质化退火处理吗？
需要进行去应力退火，以预防应力腐蚀开裂吗？
焊缝熔覆层与母材在化学成分和硬度上是否相容？
金属厚度是否加上了腐蚀裕量？
可能发生液态金属脆化吗(如不锈钢上锌层)？
需要干燥通风孔吗？

续表

温度：
蒸发区域——蒸发或沸腾会引起腐蚀问题吗？
热点——源于物流注入点？
热点——由于撞击火焰？
冷点——由于与外部金属接触？
冷点——凝结区有腐蚀问题吗？（如有，保持高于露点温度 10℃以上）
是否超过临界点（如不锈钢表面有机酸）？
冻融区保护是否妥当？
速度：
线性流流速是否过大？
是否存在湍流（由于流速过高；由于设计，如管端凸起）？
流动不充分？（金属钝化需要氧气。能否形成蒸汽空泡？）
弯曲处曲率半径是否足够大？
流体切向注入混合还是在容器内混合？
冲刷和空穴：
是否超过限制条件？
弯曲处曲率半径足够大吗？
管线是否存在变径？
分析与泵相关问题了吗？
流体入口带有折流板吗？
双金属问题：
在曝气电解液中，是否形成了电偶？
铝或钢设备上游是否存在重金属（铁、铜）？
是否存在膨胀系数不同的问题？
环境控制：
是否考虑了对物料流进行中和、脱水或除气处理？
用于减缓腐蚀的操作参数是否向操作人员登记了？
是否对双相液流系统进行了充分评估？
对气-液界面进行评估了吗？
在所有气相或液相流体中是否存在固体粒子？
对腐蚀剂超过容许极限时设置了充足报警吗（mg/kg 级过量都可能造成灾难性后果）？
可能存在原子态氢吗？有何影响？
细菌可能创建一个腐蚀性环境吗？
试验：
通过初始试验确定了所需材料吗？
设备上是否有附加接管，可用于后面试验架的接入？
电阻探针有帮助吗？
线性极化仪有帮助吗？
在关键测试区域可以设置旁流吗？
腐蚀试验程序设计严密吗？
对于关键设备，确定超声基准示数了吗？

避免腐蚀的最佳方法是知识的创新运用。正确进行失效分析、合理使用技术资料以及创新性运用工程原理，结合对所涉及经济要素的深刻领悟，必将促进选材方法改进，有助于消除大量无谓的代价昂贵的腐蚀失效问题。为改善工程结构的耐蚀性，并能在兼顾选材和后期维护的经济性同时获得更好的服役性能，很多工作可以贯穿在详细设计过程之中。在设计一个服役条件苛刻的系统之时，必须牢记下面三件重要事情[75]：

（1）设计完善的自然排流系统；

（2）消除或密封焊缝；

（3）容易检测。

腐蚀控制必须从“制图板”开始，而且设计细节对于确保充足的长期保护效果至关重要，这一点无论如何强调都不为过。下文以一些排水系统和连接件为例，介绍如何通过设计来避免腐蚀问题。

11.7.1 设计充足的排水系统

排水口应始终位于储罐最低点，储罐和排水管之间的连接头应设计成可自流排水的形式（图 11.35）。这种设计可避免存在焊缝凸出，因为焊缝凸出可能会使储罐内部分残留液或水分无法排出。在大型储罐中，使用集水槽是一种解决排水问题的有效方法，不过在集水槽设计中需特别注意，应确保它们可以自流排水或可以检查且容易清理。设计检查法兰可以很方便地实现这种目的[76]。如果雨水可以汇集到集水槽，正如图 11.36 所示，那么集水槽自身也应采取相应的保护措施，这点在图 11.36 所示实例中不明确。

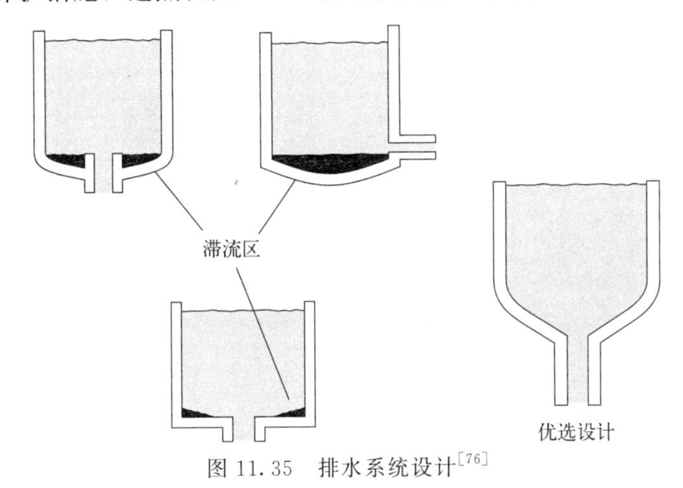

图 11.35 排水系统设计[76]

图 11.36 防水层涂覆不良的户外油罐，带有一个集水池

大型平底储罐排水问题比较特殊，因为很难避免存在一些难以排水的区域。在设计时，应结合一些积极的排水方式，或许可以倾斜储罐底部等。此外，由于毛细作用，容器外部的雨水或其他水分可渗入平底储罐下面。沿着此类储罐边缘设计使用“滴水裙边”，将可以预防水黏附储罐或渗入储罐底部（图 11.37）。

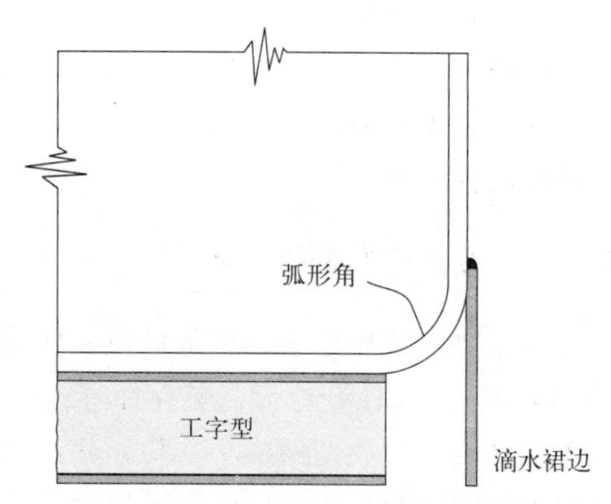

图 11.37　设计一个滴水裙边，用以减少平底储罐下部湿气聚集[76]

对于小中型储罐，采用支柱架起来而不是放置在衬垫上，是一种非常好的解决排水问题的实际措施。金属结构直接坐落在混凝土上会产生一个特殊腐蚀问题，因为混凝土多孔，可以锁住水分，最终可能造成基座材料发生缝隙腐蚀，产生锈蚀产物堆积，并丧失支撑强度，如图 11.38 和图 11.39 所示。

图 11.38　由于基座腐蚀导致城市路灯柱倒塌（由 Kingston 技术软件公司 Bruce Hector 供图）

图 11.39　用钢基座固定在混凝土上的钢制旗杆，锈层堆积区和由于基座腐蚀使旗杆丢失后的特写照片

金属结构应与地面分开，不应直接坐落在地面上，这样溢出水和清洗水与金属仅仅是短暂接触。混凝土结构与金属构件接触面分离过渡区应带有一定倾斜度，以便迅速排水[图 11.40(a)]。薄壁容器或其他任何钢基固定设施都应采用支座支撑，使其根本不与混凝土结构接触，如图 11.40(b)[77] 或图 11.41 所示。如果卧式储罐必须置于混凝土鞍座上，如图 11.42 所示，此时应将支撑垫板焊接在容器壁上，并留出足够厚度的腐蚀裕量。当然，金属鞍座是优选。

对于平底储罐，凸面垫板有利于内容物的自流排出，尤其是备有集水槽的地方。凸面也有利于在静压头变化时，储罐底部下面液体的自由排出，其中静压头变化可以向外拉拽储罐下面的腐蚀性液体。使用直径略小于储罐底部的垫板，可降低由于表面张力作用而使水分和化学介质进入储罐下面的危险。下文介绍了六种常见储罐底部布置方式，并从腐蚀工程角度进行了说明。

(1) 最差 [图 11.43(a)]：直角平底储罐设计，可能导致储罐内部拐角焊缝的过早失效，因为沉积物将在拐角处汇集，增大了缝隙腐蚀的可能性。而水分渗入平底支撑垫内，会

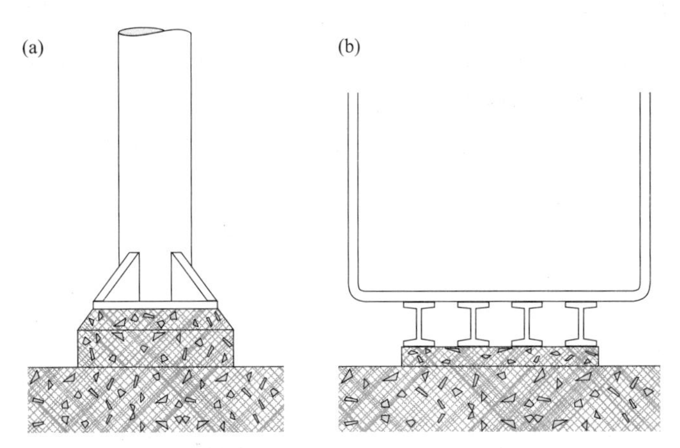

图 11.40　(a) 底板固定在水泥地面之上的支撑柱；(b) 用支架将储罐固定在水泥地面之上[77]

图 11.41　灯柱镀锌钢基座与混凝土之间保留一定间隔，以预防缝隙腐蚀和锈层堆积

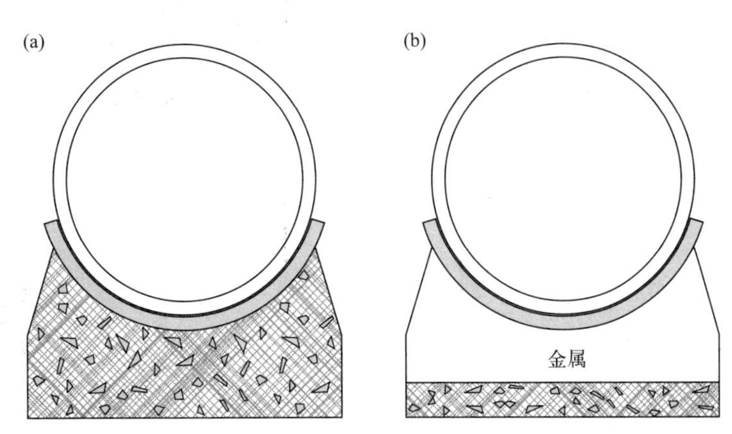

图 11.42　(a) 支撑垫保护卧式储罐使之与混凝土鞍座隔离；(b) 更好的设计：带支撑垫的金属鞍座

导致储罐外底部迅速发生缝隙腐蚀。

(2) 拐角良好，罐底外部不好［图 11.43(b)］：此处圆弧形拐角底部，改善了储罐内部耐

蚀性，但外部设计实际上很糟糕，因为凝结水可直接漏进储罐底部与支撑垫间的缝隙之中。

(3) 内外部皆不好［图 11.43(c)］：通过灌水泥浆填塞角缝，将凝结水转向，最初确实有利，但是不久后灌浆处会产生收缩，自身也需要维修。

(4) 内部良好，外部良好［图 11.43(d)］：此处显示的裙边设计，对于平底储罐而言，是最好的选择。

(5) 内外部皆良好，且耐疲劳［图 11.43(e)］：此处显示的储罐凹面底，以及下面支撑结构上的碟形封头底，都是非常好的设计，不仅是在耐蚀性方面，而且还包括抗疲劳性能，优于所有平底储罐设计。此外，对于平底储罐，由于装填和排空造成的疲劳应力，在设计中极少考虑，但其影响可能很重要，甚至可能导致失效。相比于平底，凹面底和碟形封头底可以承受更大的疲劳载荷。

(6) 内部外部皆最优，且耐疲劳［图 11.43(f)］：蝶形封头底。

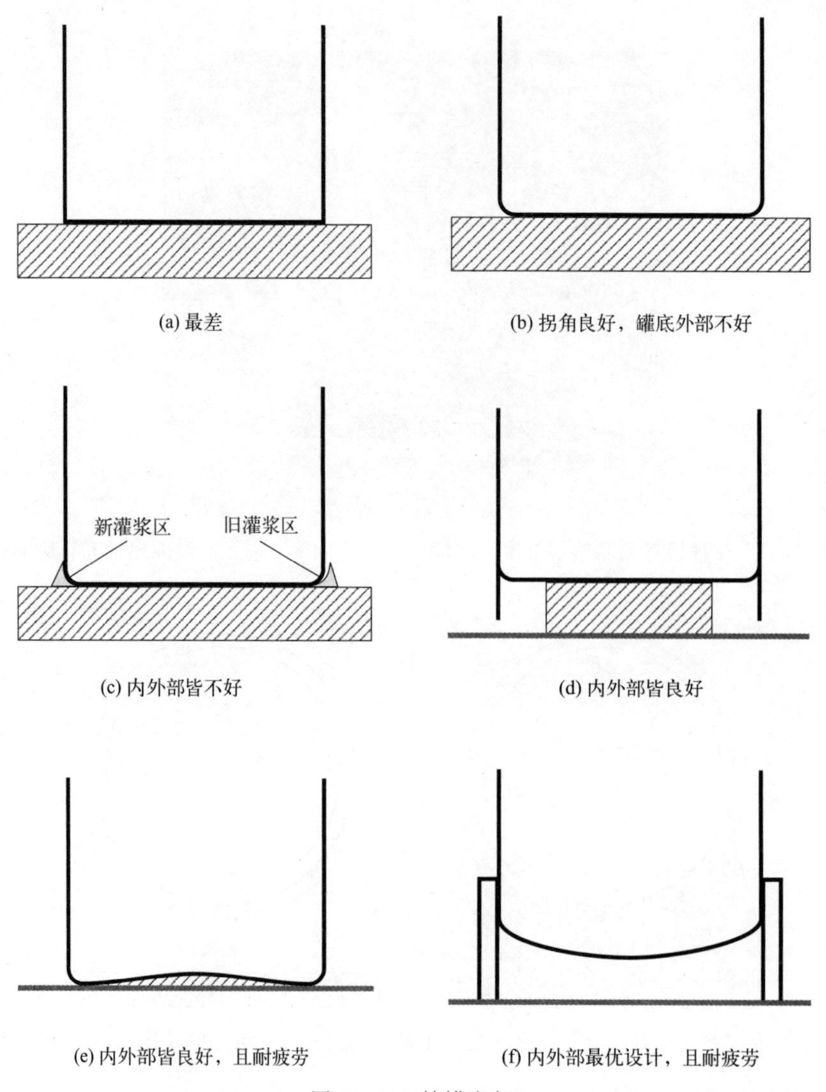

(a) 最差　(b) 拐角良好，罐底外部不好

(c) 内外部皆不好　(d) 内外部皆良好

(e) 内外部皆良好，且耐疲劳　(f) 内外部最优设计，且耐疲劳

图 11.43　储罐底部

11.7.2 设计恰当的连接方式和附件

所有附件都可能成为潜在的缝隙源。图 11.44(a) 所显示的是为了获得足够强度，采取断续焊方式在容器内壁焊接塔盘支撑角钢。但是，角钢和容器内壁间存在危险缝隙，残渣可能会塞满其中，引发缝隙腐蚀，导致过早失效。

图 11.44(b) 显示的是同样塔盘支撑结构角钢，但是在角钢上面采用连续密封焊接方式将其焊接在容器内壁，以预防有害物沿着器壁从上面进入缝隙。不过，塔盘支撑角钢下面仍然处于敞开状态，但是这种缝隙状态的危害小得多。图 11.44(c) 显示的是支撑角钢上面和下面皆采用全封闭焊接。此时，可能的缝隙都完全被封住了。

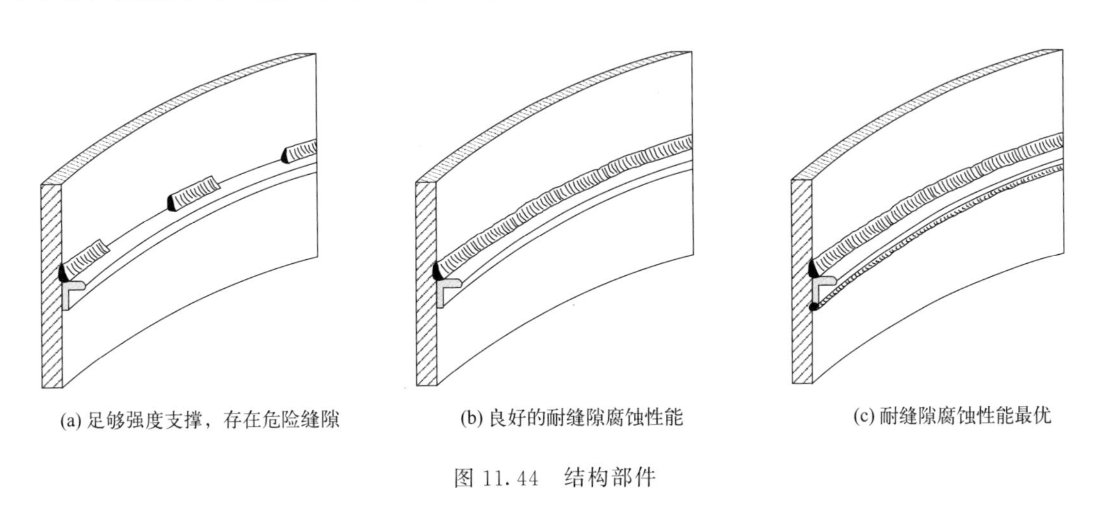

(a) 足够强度支撑，存在危险缝隙　(b) 良好的耐缝隙腐蚀性能　(c) 耐缝隙腐蚀性能最优

图 11.44　结构部件

当底部角焊缝侧壁与底部形成直角时，填角焊缝极少能像图 11.45(a) 所示的那样光滑。一般填角焊缝的表面都很粗糙，而且为补偿装配差异，其宽度也常常会有变化。由于处于角落位置，很难通过打磨使其与邻近器壁融为一体。因此，残渣容易在此处聚集，且难以清除，从而引起沉积物型的缝隙腐蚀。采取如图 11.45(b) 所示的外部焊接方式，这个拐角处就不容易发生缝隙腐蚀。不过，此时容器内焊缝区域仍然是一个令人担忧的因素。

将拐角变成圆弧，并将焊缝移至侧壁，可同时解决上面两个问题，如图 11.45(c)。这种结构极大改善了耐蚀性，也提高了抗疲劳性能。

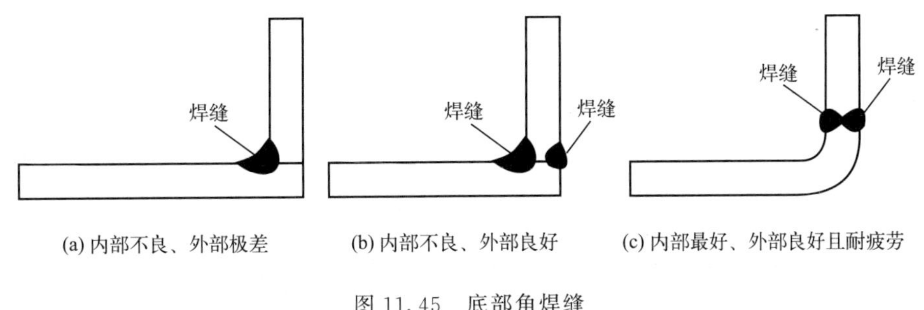

(a) 内部不良、外部极差　(b) 内部不良、外部良好　(c) 内部最好、外部良好且耐疲劳

图 11.45　底部角焊缝

参考文献

[1] Ashby, M. F., Materials Selection in Mechanical Design. 3rd ed. Oxford, UK, Elsevier, 2005.

[2] Rose, D. H., Brumbaugh, D. J., Craig, B. D., and Lane, R. A., Selecting Materials for Improved Corrosion Resistance. *AMPTIAC Quaterly* 2005; 9(3): 5–13.

[3] Mapes, R. S., and Berkey, W. W., X-Ray Diffraction Methods for the Analysis of Corrosion Products. In: Ailor, W. H., ed. *Handbook on Corrosion Testing and Evaluation*. New York, NY, John Wiley & Sons, 1971; 697–730.

[4] Henthorne, M., Materials Selection for Corrosion Control. *Chemical Engineering* 1971; 1139–1146.

[5] *Corrosion Data Survey Metals*. 6th ed. Houston, TX, National Association of Corrosion Engineers, 1985.

[6] *Corrosion Data Survey Non-Metals*. 5th ed. Houston, TX, National Association of Corrosion Engineers, 1975.

[7] Standard Guide for Applying Statistics to Analysis of Corrosion Data. In: *Annual Book of ASTM Standards*. Philadelphia, PA, American Society for Testing of Materials, 1999.

[8] Tomiura, A., Lessons for a Case Study of Property Databases in Materials Development. In: Nishijima, S., Iwata, S., Newton, C. H., eds. *Computerization/Networking of Materials Databases, STP 1311*. Philadelphia, PA, American Society for Testing and Materials 1996; 3–20.

[9] *Economics of Corrosion*. NACE 3C194.Houston, TX, NACE International, 1994.

[10] Verink, E. D., Corrosion Economic Calculations. In: *Metals Handbook: Corrosion*. Metals Park, ASM International, 1987; 369–374.

[11] Roberge, P. R., *Handbook of Corrosion Engineering*. New York, NY, McGraw-Hill, 2000.

[12] Coullahan, R., and Siegfried, C., Life Cycle Asset Management. *Facilities Engineering Journal* 1996.

[13] Horvath, R. J., The Role of the Corrosion Engineer in the Development and Application of Risk-Based Inspection for Plant Equipment. *Materials Performance* 1998; 37: 70–75.

[14] Townley, N. J., Roberge, P. R., and Little, M. A., Corrosion Maintenance trough Knowledge Re-Use: the CP140 Aurora. *Canadian Aeronautics and Space Journal* 1997; 43: 189–194.

[15] Roberge, P. R., *Corrosion Basics—An Introduction*. 2nd ed. Houston, TX, NACE International, 2006.

[16] Askeland, D. R., and Phulé, P. P., *The Science and Engineering of Materials*. 4th ed. Pacific Grove, CA, Thomson, 2003.

[17] Weldability of Materials: Aluminum Alloys. www.twi.co.uk/bestprac/jobknol/jk21.htm. 2011.

[18] Hollingsworth, E. H., and Hunsicker, H. Y., Corrosion of Aluminum and Aluminum Alloys. In: *Metals Handbook: Corrosion Vol. 13*. Metals Park, OH, American Society for Metals, 1987; 583–609.

[19] Cooke, G., Koch, G., and Frechan, R., Corrosion Detection & Life Cycle Analysis for Aircraft Structural Integrity. Report ADB-171678. Washington, DC, Defense Technical Information Center, 1992.

[20] Lifka, B. W., Aluminum (and Alloys). In: Baboian, R., ed., *Corrosion Tests and Standards*. Philadelphia, PA, American Society for Testing of Materials, 1995; 447–457.

[21] Stickle, D. R., Corrosion of Cast Irons. In: *Corrosion*. Metals Park, OH, ASM International, 1988; 566–572.

[22] Weldability of Materials: Cast Irons. www.twi.co.uk/bestprac/jobknol/jk25.htm. 2011.

[23] *Source Book on Copper and Copper Alloys*. Metals Park, OH, American Society for Metals, 1979.

[24] CDA UNS Standard Designations for Wrought and Cast Copper and Copper Alloys: Introduction. http://properties.copper.org/standard-designations/homepage.htm. 2011.

[25] Weldability of Materials: Copper and Copper Alloys. www.twi.co.uk/bestprac/jobknol/jk23.htm. 2011.

[26] Selecting Bronze Bearing Materials. http://www.copper.org/industrial/bronze_bearing.htm. 2011.

[27] Cohen, A., Copper (and Alloys). In: Baboian, R., ed. *Corrosion Tests and Standards*. Philadelphia, PA, American Society for Testing of Materials, 1995; 466–475.

[28] Polan, N. W., Corrosion of Copper and Copper Alloys. In: *Metals Handbook: Corrosion Vol. 13*. Metals Park, ASM International, 1987; 610–640.

[29] Copper & Copper Alloy: Corrosion Resistance Database. http://protection.copper.org/database.htm. 2011.

[30] Bailey, G. L., Copper Nickel Iron Alloys Resistant to Seawater Corrosion. *Journal of the Institute of Metals* 1951; 79: 243–292.

[31] Powell, C. A., Copper-Nickel Alloys—Resistance to Corrosion and Biofouling. http://marine.copper.org/. 2011.

[32] Parvizi, M. S., Aladjem, A., and Castle, J. E., Behaviour of 90-10 Cupronickel in Seawater. *International Material Reviews* 1988; 33: 169–200.

[33] Lenard, D. R., and Welland, R. R., *Corrosion Problems with Copper-Nickel Components in Sea Water Systems*. CORROSION/98, Paper No. 599. Houston, TX, NACE International, 1998.

[34] Kirk, W. W., and Tuthill, A. H., Copper-Nickel Condenser and Heat Exchanger Systems. http://marine.copper.org/3-toc.html. 2011.

[35] Tuthill, A. H., Guidelines for the Use of Copper Alloys in Seawater. *Materials Performance* 1987; 26: 12–22.

[36] Gilbert, P. T., A Review of Recent Work on Corrosion Behavior of Copper Alloys in Seawater. *Materials Performance* 1982; 21: 47–53.

[37] Gilbert, P. T., Corrosion Resisting Properties of 90/10 Copper Nickel Iron Alloy With Particular Reference to Offshore Oil and Gas Applications. *British Corrosion Journal* 1979; 14: 20–25.

[38] Green Patina Finishes. http://protection.copper.org/green.htm. 2011.

[39] Brown Statuary Finishes. http://protection.copper.org/brown.htm. 2011.

[40] Donachie Jr. M. J., Introduction to Superalloys. In: *Superalloys Source Book*. Materials Park, OH, American Society for Metals, 1984; 3–19.

[41] Asphahani, A. I., Corrosion of Nickel-Base Alloys. In: *Metals Handbook: Corrosion*. Metals Park, ASM International, 1987; 641-57.

[42] Asphahani, A. I., Corrosion of Cobalt-Base Alloys. In: *Metals Handbook: Corrosion*. Metals Park, ASM International, 1987; 658–668.

[43] Weldability of Materials: Nickel and Nickel Alloys. www.twi.co.uk/bestprac/jobknol/jk22.htm. 2011.

[44] Fabrication of Haynes and Hastelloy Solid-Solution-Strengthened High-Temperature Alloys: General Guidelines for Hot Working, Cold Working, Heat Treating, Joining, Descaling and Pickling, and Finishing. Report H-3159A. Kokomo, Indiana, Haynes International, 2002.

[45] Ghali, E., Dietzel, W., and Kainer, K. U., General and Localized Corrosion of Magnesium Alloys: A Critical Review. *Journal of Materials Engineering and Performance* 2004; 13: 7–23.

[46] Shaw, B. A., and Wolfe, R. C., Corrosion of Magnesium and Magnesium-Base Alloys. In: Cramer, D. S., Covino, B. S., eds. Volume 13B. *Corrosion: Materials*. Metals Park, OH, ASM International, 2005.

[47] Froats, A., Aune, T. K., Hawke, D., Unsworth, W., and Hillis, J., Corrosion of Magnesium and Magnesium Alloys. In: *Metals Handbook: Corrosion*. Metals Park, ASM International; 1987: 740–754.

[48] Davis, J. R., *Metals Handbook, Desk Edition*. Materials Park, OH, ASM International, 1998.

[49] Molybdenum. www.rembar.com/moly.htm. 2011.

[50] Rembar/Technical Data. www.rembar.com/tech2.htm. 2011.

[51] Yau, T. L., and Webster, R. T., Corrosion of Niobium and Niobium Alloys. In: *Metals Handbook: Corrosion*. Metals Park, ASM International, 1987; 722–724.

[52] Tantalum. www.rembar.com/tant.htm. 2011.

[53] Tungsten. www.rembar.com/tung.htm. 2011.

[54] Sedriks, A. J., *Corrosion of Stainless Steels*. New York, NY, John Wiley & Sons, 1979.

[55] Avesta. *Stainless Steel from Avesta Sheffield—Steel Grades*. 2nd ed. Avesta, Sweden, Avesta Sheffield, 1997.

[56] Holmberg, B., *Stainless Steels: Their Properties and Their Suitability for Welding*. Avesta, Sweden, Avesta Welding, 1994.

[57] *Metals Handbook: Heat Treating, Cleaning and Finishing*. 10th ed. Metals Park, OH, American Society for Metals, 1991.

[58] Congleton, J. Stress Corrosion Cracking of Stainless Steels. In: Shreir, L. L., Jarman, R. A., Burstein G. T., eds. *Corrosion Control*. Oxford, UK, Butterworths Heinemann, 1994; 8:52–8:83.

[59] Gunn, R. N., *Duplex Stainless Steels*. Cambridge, UK, Abington Publishing, 1997.

[60] Craig, B. D., and Anderson, D. S., *Handbook of Corrosion Data*. 2nd ed. Materials Park, OH, ASM International, 1995.

[61] Chawla, S. L., and Gupta, R. K., *Materials Selection for Corrosion Control*. Materials Park, OH, ASM International, 1993.

[62] Tillack, D. J., and Guthrie, J. E., Wrought and Cast Heat-Resistant Stainless Steels and Nickel Alloys for the Refining and Petrochemical Industries. NiDI Technical Series 10071. Toronto, Canada, Nickel Development Institute, 1992.

[63] Davidson, R. M., and Redmond, J. D., Practical Guide to Using Duplex Stainless Steel. NiDI Technical Series 10044. Toronto, Canada, Nickel Development Institute, 1990.

[64] Dillon, C. P., *Corrosion Resistance of Stainless Steels*. New York, NY, Marcel Dekker, 1995.

[65] Chandler, K. A., Hudson, J. C., Iron and Steel. In: Shreir L.L., Jarman R.A., Burstein G.T., eds. *Corrosion Control*. Oxford, UK: Butterworths Heinemann, 1994; 3:3–3:22.

[66] Hudson, J. C., Stanners, J. F., Hooper, R. A. E., Low-Alloy Steels. In: Shreir, L. L., Jarman, R. A., Burstein, G. T., eds. *Corrosion Control*. Oxford, UK: Butterworths Heinemann, 1994; 3:23–3:33.

[67] Willett, T. O., Technical Advisory: Uncoated Weathering Steel in Structures. T 5140.22. U.S. Department of Transportation, Federal Highway Administration, 1989.

[68] Weldability of Materials: Steels. www.twi.co.uk/bestprac/jobknol/jk19.htm. 2011.

[69] Logan, H. L., *The Stress Corrosion of Metals*. New York, NY, John Wiley and Sons, 1966.

[70] *Titanium Industries Data and Reference Guide*. Morristown, NJ, Titanium Industries Inc., 1998.

[71] Weldability of Materials: Titanium and Titanium Alloys. www.twi.co.uk/bestprac/jobknol/jk24.htm. 2011.
[72] *Corrosion Resistance of Titanium*Denver, CO, Titanium Metals Corporation (TIMET), 1997.
[73] Cotton, J. B., and Hanson, B. H., Titanium and Zirconium. In: Shreir, L. L., Jarman, R. A., Burstein, G. T., eds. *Corrosion Control*. Oxford, UK, Butterworths Heinemann, 1994; 5:36–5:59.
[74] *Zircadyne Properties and Applications*. Albany, OR, Teledyne Wah Chang Albany, 1991.
[75] Avery, R. E., and Tuthill, A. H., Guidelines for the Welded Fabrication of Nickel-containing Stainless Steels for Corrosion Resistant Services NiDI Report 11007. NiDI 11007. Toronto, Canada, Nickel Development Institute (NiDI), 1992.
[76] Verink, E. D., Designing to Prevent Corrosion. In: Revie, R. W., ed. *Uhlig's Corrosion Handbook*. NY, NY, Wiley-Interscience, 2000; 97–109.
[77] Bradford, S. A., *Corrosion Control*. Edmonton, Canada, CASTI Publishing, 2001.

第十二章

保护涂层

12.1 涂层类型

表面涂层的应用历史非常悠久，其起源已成历史之谜。旧石器时代洞穴壁画已有数万年历史。那时人们可能利用手指、树枝手工涂刷涂层，或者像有些人认为的那样，通过中空的芦苇吹颜料喷涂。涂层保护技术的应用，有据可查的最早证据可以追溯到公元前4000年前，当时埃及人已开始使用清漆。公元前300年，罗马人就已开始利用涂层同时进行装饰和保护，那时彩色的希腊雕像随处可见。在中国，涂层保护技术在工艺品中的应用历史也很悠久，甚至比西欧还要早。

涂层保护，即通过有机或金属的屏蔽涂层将材料与侵蚀性环境隔开，已成为大多数工程材料的最主要保护方法之一。涂层大体可分为三类：有机、无机和金属涂层。但是，一个保护涂层体系通常都同时具备多种功能，因此其中可能包含多种类型的涂层。

有机涂层是一种常用的金属防腐手段，如果以重量为计量标准，通过有机涂层保护的金属量比其他任何防腐手段的都多。有机涂层除了能对基体提供物理屏蔽保护作用之外，其中可能还含有缓蚀剂或其他抑制腐蚀的添加剂，可对基体起到缓蚀保护作用。有机涂层包括色漆（油漆）、树脂漆、挥发性漆和清漆。

根据美国商务部统计局数据，美国1997年有机涂料销售总量高达55.6亿升，价值165.6亿美元。此总销售量包含了各种建筑涂料、贴牌生产（OEM）涂料产品、特殊用途涂料以及其他涂料产品，其中以防腐蚀为主要目的涂料约占销售总量的三分之一[1]。

无机涂层包括搪瓷、玻璃衬里和转化膜层。搪瓷涂层在水中呈惰性，且在大多数气候环境中都具有良好的耐蚀性，常用于家用电器和卫生器具的保护。在可能存在产品污染或腐蚀问题的加工行业中，玻璃衬里金属的应用非常广泛。转化膜层通过对金属表面进行人为可控腐蚀而制得，即通过在金属表面生成一层附着良好的腐蚀产物膜，从而保护金属免受进一步腐蚀。铝的阳极氧化就是这种转化膜层技术最常见的应用实例，即通过人为可控腐蚀在铝金属表面生成一层保护性的氧化铝膜[2]。

金属涂层（镀层）也可以用作金属基体与环境之间的一个屏蔽层保护基体金属。此外，当涂层金属活性比基体金属活性高时，金属涂层还可以提供阴极保护作用。制备金属涂层以及其他无机涂层的技术和方法有很多，包括：热浸、电镀、包层（包覆）、热喷涂、化学气相沉积以及定向能束（激光或离子）表面改性等。

镀锌是应用最广泛的防腐蚀金属涂层，主要通过金属锌涂层对碳钢基体进行防腐。其中最常见的镀锌工艺是热浸镀锌，顾名思义，就是将钢构件浸入熔融锌槽中镀制锌涂层。根据美国商务部的数据，仅 1997 年，美国热浸镀锌钢和电镀锌钢产量就分别高达约 860 万吨和 280 万吨。据估计，在美国，喷涂锌和镀锌市场总额可能高达 14 亿美元。

12.2 涂层失效原因

很多情况下，需要可能也是必须对保护涂层体系进行更系统的研究，包括从初期规划、施工作业、现场检查到事后监督，因为如能据此研究结果做出正确选择，无疑会带来极大益处，绝对可抵得上前面研究所付出的努力和代价。根据 84 个涂层失效事件的全面调查结果，可将涂层失效的主要责任主体划分为如下几类，如图 12.1 所示[3]。

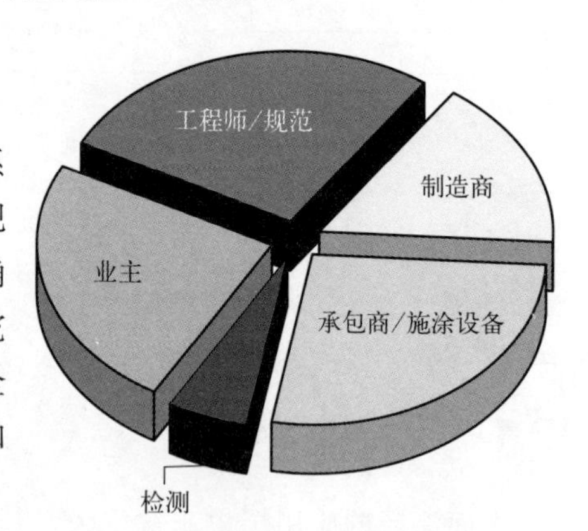

图 12.1 依据 84 个涂层失效调查结果划分的涂层失效的责任主体

但是，很多潜在的不利条件都有可能导致涂层失效。其中有些可认为是机械性损伤，如机械擦伤或冲击使涂层被破坏或更轻微的局部损伤，但是几个月后它们有可能形成一个腐蚀点。而造成涂层体系保护性能不佳的一个重要原因，常常都是由于对涂层体系缺乏系统整体考虑。在涂层保护工程设计时，那些成功的涂层工程师们，通常都会采取与处理其他工程问题同样的方式，从表面设计开始，直至制订完工后的监控计划。

加工预处理和装配后进行修整，无疑可以提高涂层整体防护性能，可以采取的主要措施包括：消除尖角及其他难以触及的地方、通过设计来避免积水或碎屑杂物聚集、在凹陷区域设置排水、粗糙表面的光滑处理和尖角的倒圆处理、去除焊缝飞溅，避免跳焊以及缝隙的嵌缝等[4]。

此外，工件形状应尽量设计为管状或箱式，以尽可能减少边缘和内角。如果有可能，所选金属材料应具有良好的耐蚀性，或者通过合金化可以增强其表面涂层性能。而且，在设计时，还应特别注意：通过设计尽量减少工件在大气凝结条件下的暴露时间，并要特别关注那些遮阳面[5]。对于那些未完全密闭的大闭塞空间（如箱梁内部），在设计时就应考虑采用相应的涂装保护措施，必要时还需设计风扇强制通风系统。另外，涂层选用决策绝不能由无经验人员随意决定。很显然：

（1）只有那些经验丰富的专业人士，才有可能正确决策选用高效的防护性涂层体系；

（2）涂装性能不良的涂层，可能会造成灾难性的经济后果；

（3）所选涂层材料是否容易获得，也是必须认真考虑的问题；

（4）无论在何种环境中使用涂层保护技术，合适的表面处理都是影响该技术经济实用性的一个主要因素；

（5）对于一个昂贵的涂装工程，决定其成败的因素有很多，如工人技能、施工和完工后正确检验、能否及时提供合适涂装设备等。

对备选涂层体系的持续测试和评估，以及对实际在用涂层体系的考核，主要目的是为正确选择提供依据。因此，在涂层失效分析中，无论是在加速试验中获得的还是在使用过程中发现的所有信息，都非常宝贵。图 12.2 给出了前面所提及的 84 种涂层失效类型的分布情况[3]。表 12.1 简要介绍了常见的涂层缺陷、引发原因及其补救措施。下面简要总结了可能导致涂层失效的各种因素：

表 12.1　常见涂层缺陷形式、引发原因和补救措施

缺陷形式	引发原因	补救措施
流挂、凹陷或帘挂：涂料使用过量	喷枪过于靠近工件，涂料太稀；基体表面太硬或过于光滑	如在固化前，清除掉过量涂料以及调整喷涂条件；如在固化后，打磨光后再刷一层涂层
橘皮：涂层表面凹凸不平，类似橘子皮	涂料太黏，喷枪太靠近表面，溶剂挥发过快，雾化空气压力太低	如在固化前，清除掉过量涂料以及调整喷涂条件；如在固化后，打磨光再刷一层涂层
过喷	超出预定表面的涂漆；可能是干喷或湿喷，通常是干喷	改变使用方法或装备；遮盖非涂漆区域
干喷：干燥平坦卵石状表面	喷枪离表面过远，雾化过度，不良溶剂	改变使用方法，降低雾化程度，更换溶剂
鱼眼：湿膜发生分离或被撕扯开，暴露出了下面的膜层或基体	表面有油污、灰尘、含有硅树脂或不相容涂层	喷砂或砂纸打磨清除；刷涂或喷涂新涂层
针孔锈点：膜层针孔或无膜处生锈	漆膜太薄未能覆盖整个表面	清洁表面，必要时附加涂层
泥裂：类似于干泥巴的不规则的深裂纹	柔韧性相对较差的涂层刷涂太厚(尤其是无机锌)	喷砂清除厚涂层，然后再刷涂较薄涂层
刷痕：漆膜干燥后，每道刷痕或喷涂痕迹皆可见	工艺不良，溶剂快速挥发，表面过热	更换溶剂，保持喷涂均匀，注意涂装时间，每天在钢基体达到最高温度之前涂装

（1）吸水：所有有机涂层都可能吸水，防腐涂层的吸水率通常在 0.1%～3%（质量分数）；

（2）湿气传输：水蒸气以分子形式穿过有机涂层。一般而言，湿气传输速率越小，有机涂层保护性能越好；

（3）渗透：指水通过渗透膜（即有机涂层），从低浓度溶液流向高浓度处；

（4）电渗：通常由于金属表面与介质环境间存在电场作用而造成。电渗可认为是在极性膜引起的电场作用下，水强行通过膜层；

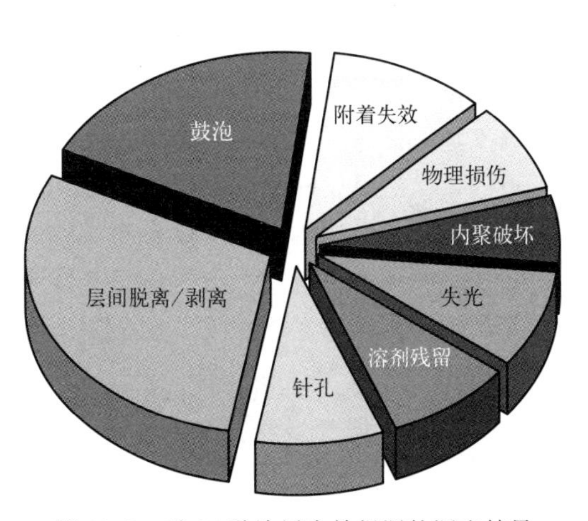

图 12.2　对 84 种涂层失效根源的调查结果

（5）由于空气或气体夹杂引起鼓泡：空气泡，或成膜过程中涂层中挥发性组分挥发后形成的气泡；

（6）成膜过程中相分离产生的鼓泡：在涂层配方中含有两种溶剂时，可能发生一种特殊的渗透起泡，即在成膜后期，在涂层/基体界面可能发生相分离；

（7）表面污染：无论是在涂装前或涂装过程中，皆有可能引入大量的表面污染物。其中水或水/油乳化液可能来自有故障的压缩机。此外，由于喷砂磨料酸性太强或碱性太强或其中含有少量的盐，也有可能造成污染；

（8）表面缺陷：在金属成型或加工制造中，金属基体表面可能会形成大量缺陷，包括毛刺、堆叠、针孔和焊瘤等；

（9）涂层中可溶性组分：有些涂层组分，如底漆中防锈颜料，肯定都有一定的水溶性，因为只有如此，防锈颜料才有可能在水汽渗透过涂层时钝化基体。但是，当防锈底漆在浸泡环境中使用时，其中水溶性颜料可能很快就会成为起泡位点，因为在水的持续湿润作用下，防锈颜料会不断溶解，有可能进一步造成鼓泡/剥落；

（10）温差或冷壁效应：在容器的非隔热区或散热器区域，鼓泡现象并不少见。这种鼓泡是由于金属外部或内部区域存在温差，如果通过强制促进固化以驱除膜层中残留溶剂，有可能部分缓解这一问题。不过，对外表面进行绝热处理，以减小温差，可能才是真正的解决之道。

12.3 可溶性盐分和涂层失效

不妨设想一下，当水分和氧渗入涂层中之后，会有什么现象发生？当然，如果涂层与基体确实结合得非常紧密牢固，可能什么事情也不会发生，但是实际上，很多反应都有可能发生。例如：在钢基体与水分接触的部位，铁将会被进一步氧化。此时，自由裸露铁表面，有可能形成一个与小孔腐蚀电池类似的腐蚀电池。此外，如果铁基体与涂层界面受到污染，这些污染性离子还会增大电解液的导电性，使腐蚀电池的作用增强。

事实上，很多污染物（如氯化物和其他可溶性盐），都有可能渗入到腐蚀电池的化学介质之中，从而促进腐蚀。因此大多涂层工程承包商们都特别强调指出：必须检测这些盐分水平，并且要求持续清洗表面，直至其含量降至允许范围之内。而水和污染物扩散通过涂层的速率，在很大程度上，取决于涂层厚度和配方，因此涂层厚度是一个很重要的影响因素。基于经验数据、经济因素和一些理论分析结果，大家普遍认为：为抵抗大气中水分渗透及其他恶化现象，保护涂层的厚度至少要达到 125μm。

不过，涂层厚度固然很重要，但是其重要性也不能过度强调。因为涂料自身很多性质也会起到很重要的影响。例如：如果涂料的流平性不好，漆膜中可能会形成一些薄弱点（尤其是边缘处）或孔洞。有时，涂料的润湿性能不足，可能无法适应金属基体截面轮廓（轮廓深度和起伏的均匀性）变化，膜层在金属凸起处较薄，并在凸起点之间延伸，在一定范围内形成不均匀膜层，使涂层粗糙度增加。很明显，上述因素皆有可能导致涂层快速失效，降低涂层的服役寿命。

此外，在湿度和氧渗透条件一定时，初始腐蚀点还可能随机移动，因为腐蚀产物会使此处基体表面的氧含量降低，而这些低氧含量的阳极区域相比于周围氧饱和的阴极区域，其阳极活性将变得更强。随后发生一种呈蠕虫丝状的腐蚀，俗称丝状腐蚀（图 12.3）。

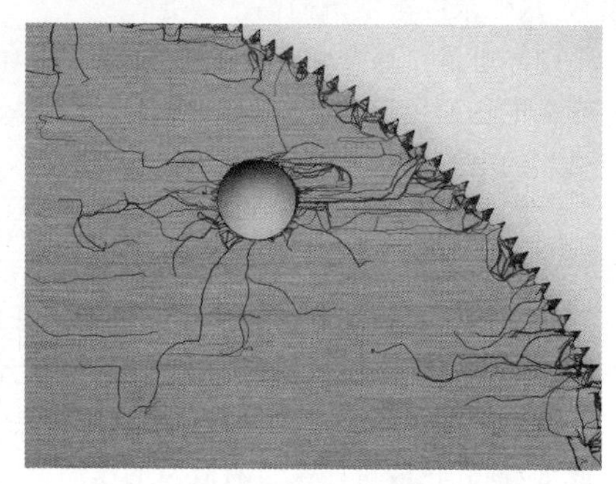

图 12.3　新手锯表面清漆下的丝状腐蚀
（由 Kingston 技术软件公司供图）

对于一些侵蚀性环境中服役的涂层（如在海洋环境中），鼓泡和剥离是最重要的两种失效机制。通常，人们都是将这两种失效模式分别对待处理。但是，从机械学角度来看，这两种模式其实很类似，其差别仅仅是侵蚀程度不同而已[6]。

如果涂层中存在缺陷，那么其下钢基体将直接暴露在周围环境之中，此时钢基体就有可能发生腐蚀，如反应式(12.1) 所示。而为了维持整个体系的电中性，此腐蚀过程的阳极反应至少对应有一个阴极反应与之平衡。在大多数自然腐蚀环境中，此阴极反应就是来自大气中的溶解氧的还原，如反应式 (12.2) 所示。这两个反应最初在相互毗连处发生，但随着涂层下阴极区的移动，不久就会分开。

$$Fe(s) \longrightarrow Fe^{2+} + 2e^- \tag{12.1}$$

$$O_2 + 2H_2O + 4e^- \longrightarrow 4OH^- \tag{12.2}$$

在如反应式(12.1) 所示的阳极反应中，阳极区所产生的二价铁离子产生携带正电荷，同时在阴极区的阴极反应产生带负电荷的氢氧根离子 (OH^-)，如反应式(12.1) 所示。因此，在局部阳极区正电荷过剩，而局部阴极区负电荷过剩，这种局部电荷的不平衡就是一种不稳定状态。此外，在有氧存在情况下，此腐蚀反应中形成的二价铁离子也无法稳定存在，正如 E-pH 图 (图 12.4) 中所示，图中虚线 b 是氧还原的 pH-电位线。此时，二价铁离子会立即与水反应形成所谓的铁锈，或随着氧化水解反应的进行，形成氢氧化铁[$Fe(OH)_3$]，如反应式(12.3) 所示。

$$Fe^{2+} + 3H_2O \longrightarrow Fe(OH)_3 + 3H^+ + e^- \tag{12.3}$$

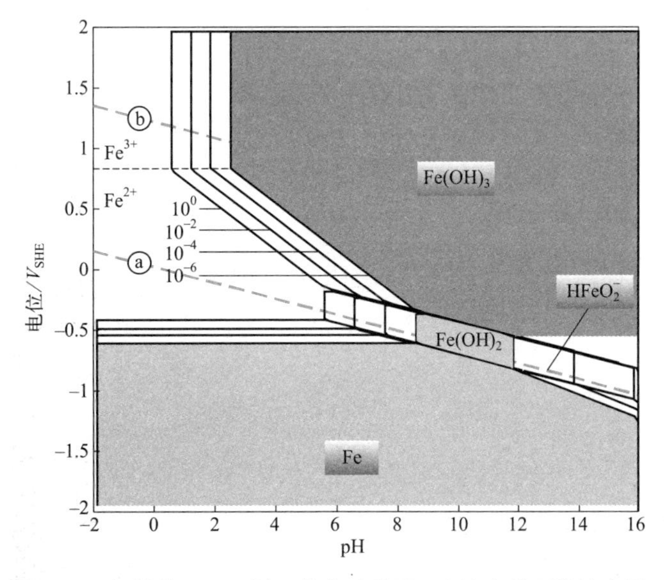

图 12.4 钢铁的 E-pH 图，其中显示了四个浓度的可溶性离子、三种可溶性离子以及两种湿腐蚀产物 (25℃)

同时，氧还原反应也会消耗掉反应式(12.3) 中所产生的电子。尽管这种现象并非只发生在带涂层的钢基体表面，而是所有暴露于潮湿大气环境中钢铁表面腐蚀的一种普遍现象，但是二者之间有一重要差异，即：为使最初电荷不平衡达到平衡，相互吸引的异种荷电离子的移动方式不同。对于无涂层钢材，抗衡阳离子和阴离子分别到达相应的阴极负电荷区域和阳极正电荷区域，其路径简单直接。但是带涂层钢材的情况就比较复杂。当涂层与基体附着良好时，抗衡离子从暴露环境到电荷不平衡的阴/阳极区域之间的运动路径可能会受到限制或者完全被堵塞，将在相当程度上抑制腐蚀初期的腐蚀进程。

对于附着不良的涂层，抗衡离子的运动通道（细小粉尘、涂层孔隙和漏点）受限程度可能很小，腐蚀反应可以较快速进行。在这种情况下，阳极区累积的质子（氢离子），将有可能触发第二个阴极反应，析出氢气，如反应式(12.4）所示。而氢分子（H_2）是一种高活性气体，很容易使涂层发生剥离。

$$2H^{+}+2e^{-} \longrightarrow H_2(g)\uparrow \tag{12.4}$$

另一加速涂层恶化的因素是碱性（碱度），因为有机涂层通常抗碱性都较差，氢氧根离子的攻击可能会严重损害涂层表面附着强度。这种碱性造成的失效，其原因可归结为涂层的皂化作用、界面处氧化膜层的溶解以及膜层离子电阻的变化[6]。阴极保护的外部阴极电流或无机锌添加剂在浸泡过程中所产生的内部阴极电流等，会促进氢气和氢氧根离子等阴极反应产物的生成，从而增大由于氢气和氢氧根离子造成涂层失效的可能性。

此外，钢基体上外部或内部阴极电流还会促进更多的水通过涂层。这种由于电流作用促使水强制扩散通过涂层的现象，术称电渗透（电渗）（请勿与渗透混淆，渗透作用是指由于涂层下可溶性盐的作用，使水以高于正常速率通过膜层）。因此，阴极电流如果足够大，将会使涂层从钢表面剥离。半个世纪之前，人们就已证明，水和氧很容易透过有机涂层，它们向阴极区域的渗透速率足以满足腐蚀过程所需[7]。

大量研究者都已证实，涂层劣化过程有个独特特点，即：从在腐蚀环境中暴露开始，到基材上涂层发生起泡或剥离，有一个滞后期或萌生期。其中部分原因是建立氧、水和相关离子通过膜层或沿着漆膜/金属界面的稳态扩散状态都需要一定的时间[7]。

涂层劣化从损伤点区域周围鼓泡的萌生开始。随着时间延长，这些小鼓泡会逐渐变大，直至完全合并。当鼓泡完全合并后，涂层就会开始发生剥离，且腐蚀过程会明显加速。随着涂层从某缺陷处发生剥离开始及其后的持续发展，在涂层剥离处后面与基体交界区的 pH 将会不断降低。

事实上，这种涂层劣化过程可能是一个循环过程，从无明显活性区域的鼓泡萌生期开始。如图 12.5 所示，一个经常行驶在冬季化冰盐环境中的小汽车，其车门处涂层，在这个循环进程的持续作用下，最终导致失效。

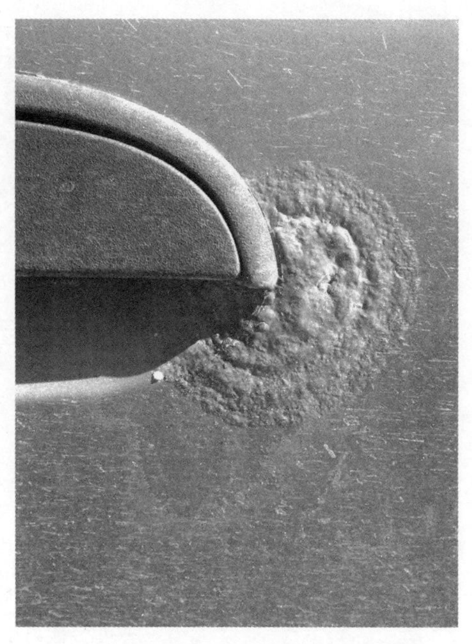

图 12.5　海滩状波纹显示造成小汽车车门涂层失效的循环过程

在有机涂层的失效过程中，鼓泡和剥离二者相互关联。随着鼓泡在涂层某一缺陷附近形成和发展，鼓泡会合并形成一个大的剥离区域，为最终涂层剥离的发生和发展提供了场所。

12.4 涂层选用和维护的经济因素

涂层体系成本常用成本/米^{2}或成本/米^2·年（更好）、维护成本百分比、投资成本百分比等经济术语来描述。然而，这类表达形式尽管都可相对比较各种涂层体系成本，但是作为经济决策的基础，这种信息并不完全。因为事实上，在一个涂层体系的大修维护中，涂层材料成本仅占总费用的5%～20%，而表面处理成本通常占总成本的45%左右。此外，在总体决策矩阵之中，涂层性能也必须考虑在内。例如：在考虑设计涂层服役寿命为10年以上时，与那些“廉价”涂层体系相比，选用高性能环氧聚酰胺、聚氨酯或富锌涂层体系等，可节约成本近40%。

为了保证在工程服役周期内，涂层体系能持续稳定提供充足稳定的保护作用，所用涂层层数、涂层间相容性及其维护要求等因素，也都必须考虑在内。鉴于进行此类成本分析所需变量众多，且可选变量也会经常变化，因此针对一个具体工业环境，鉴别确定一个合适的保护涂层系统，可能确实是一项令人生畏的艰巨任务。不过幸运的是，根据目前已发布的通用指南，我们可以大致估算那些能满足预期服役寿命要求的可选涂层体系的实施成本。该指南第一版首次出版于1979年，此后，每隔几年更新一次[8]。

最新版指南介绍了经济分析和论证的基本要素，并可以指导现值分析的编制以及维护顺序对长期成本和体系性能的影响分析[9]。此最新版指南涉及内容包括：①典型服役环境中的最常见的通用涂层体系；②每种涂层的服役寿命；③当前材料成本；④当前现场和车间喷涂成本。此外，该指南还涉及了估算长期寿命周期成本和满足预期寿命所需涂装量的问题。

表12.2和表12.3分别列出了各种涂层体系及其在大气暴露和浸泡服役环境中的服役性能。在此新指南中，浸泡服役环境分为三类（饮用水、淡水和盐水），而大气暴露环境的严苛性等级，则是依据ISO 12944标准来确定的[10]：

C_2（低腐蚀性）：低污染的大气（乡村地区）；

C_3（中等腐蚀性）：城镇和工业大气，中度二氧化硫污染地区，以及低盐度沿海地区；

$C_{5\text{-}I}$（非常高腐蚀性的工业大气）：高湿度和高侵蚀性的工业地区；

$C_{5\text{-}M}$（非常高腐蚀性的海洋大气环境）：高盐度的沿海和近海区域。

表12.2 实际涂层体系在大气环境中的服役寿命预估值（以首次维护涂装前的年限表示）[9]

类型	用于大气环境的涂层体系（底漆/中间漆/面漆）	表面预处理	层数	DFT	C_2	C_3	$C_{5\text{-}I}$	$C_{5\text{-}M}$
丙烯酸树脂	水性丙烯酸/水性丙烯酸/水性丙烯酸	手工/电动	3	1.5	12	8	5	5
丙烯酸树脂	水性丙烯酸/水性丙烯酸/水性丙烯酸	喷砂	3	1.5	17	12	9	9
醇酸树脂	醇酸树脂/醇酸树脂	手工/电动	2	1.0	6	3	2	2
醇酸树脂	醇酸树脂/醇酸树脂/醇酸树脂	喷砂	3	1.5	14	9	5	5
醇酸树脂	醇酸树脂/醇酸树脂/有机硅醇酸	喷砂	3	1.0	11	6	3	3
环氧树脂	低表面处理环氧漆(STE)	手工/电动	1	1.3	12	8	5	5
环氧树脂	低表面处理环氧漆(STE)/STE	手工/电动	2	2.5	17	12	9	9
环氧树脂	低表面处理环氧漆(STE)/STE	喷砂	2	2.5	21	15	12	12
环氧树脂	低表面处理环氧漆(STE)/聚氨酯	手工/电动	2	1.8	17	11	6	6

续表

类型	用于大气环境的涂层体系（底漆/中间漆/面漆）	表面预处理	层数	DFT	C_2	C_3	$C_{5\text{-}I}$	$C_{5\text{-}M}$
环氧树脂	低表面处理环氧漆(STE)/聚氨酯	喷砂	2	1.8	20	14	9	9
环氧树脂	低表面处理环氧漆(STE)/STE/聚氨酯	手工/电动	3	3.0	23	17	12	12
环氧树脂	低表面处理环氧漆(STE)/STE/聚氨酯	喷砂	3	3.0	26	20	15	15
环氧树脂	全固份环氧树脂/渗透性封闭剂/环氧树脂	手工/电动	2	1.5	13	8	5	5
环氧树脂	全固份环氧树脂/渗透性封闭剂/聚氨酯	手工/电动	2	1.5	13	8	5	5
环氧树脂	环氧树脂/环氧树脂	喷砂	2	1.5	18	12	9	9
环氧树脂	环氧树脂/环氧树脂	喷砂	2	2.0	20	14	11	11
环氧树脂	环氧树脂/环氧树脂/环氧树脂	喷砂	3	2.5	23	17	14	14
环氧树脂	环氧树脂/聚氨酯	喷砂	2	1.5	17	11	8	8
环氧树脂	环氧树脂/环氧树脂/聚氨酯	喷砂	3	2.0	20	14	11	11
环氧树脂	水性环氧树脂	喷砂	3	2.3	18	12	9	9
环氧树脂	环氧沥青	喷砂	2	4.1	21	17	14	14
环氧富锌	环氧富锌/环氧树脂	喷砂	2	1.8	26	18	12	12
环氧富锌	环氧富锌/环氧树脂/环氧树脂	喷砂	3	2.8	30	21	15	15
环氧富锌	环氧富锌/聚氨酯	喷砂	2	1.8	24	17	12	12
环氧富锌	环氧富锌/聚氨酯/聚氨酯	喷砂	3	2.8	32	23	15	15
环氧富锌	环氧富锌/环氧树脂/聚氨酯	喷砂	3	2.3	29	20	14	14
无机富锌	无机富锌(IOZ)	喷砂	1	0.8	27	17	12	12
无机富锌	无机富锌(IOZ)/环氧树脂	喷砂	2	1.8	26	18	14	14
无机富锌	无机富锌(IOZ)/环氧树脂/环氧树脂	喷砂	3	2.8	32	23	17	17
无机富锌	无机富锌(IOZ)/聚氨酯/聚氨酯	喷砂	3	2.8	32	23	17	17
无机富锌	无机富锌(IOZ)/环氧树脂/聚氨酯	喷砂	3	2.3	30	21	15	15
无机富锌	无机富锌(IOZ)/水性丙烯酸	喷砂	3	1.5	24	17	12	12
金属覆层	金属锌覆层(至少90%锌)	喷砂	1	1.3	33	22	16	16
金属覆层	金属锌覆层/封闭剂	喷砂	2	2.3	34	24	17	18
金属覆层	金属锌覆层/封闭剂/聚氨酯	喷砂	3	3.3	39	27	22	22
湿固化聚氨酯(MCU)	MCU渗透性封闭剂/MCU/MCU	手工/电动	3	1.8	15	14	7	9
湿固化聚氨酯(MCU)	富锌MCU/聚氨酯/聚氨酯	喷砂	3	2.3	30	21	15	15
湿固化聚氨酯(MCU)	富锌MCU/MCU/MCU	喷砂	3	2.3	29	21	14	15
混合	通用底漆/环氧树脂	手工/电动	2	1.5	12	8	5	5
混合	通用底漆/环氧树脂/聚氨酯	手工/电动	3	2.0	14	9	6	6

注：1. 服役寿命预估值　所有预估值（年）是体系的“实际”寿命。其中此实际寿命是指从开始到涂层发生5%～10%破坏（对应标准SSPC-Vis 2中的等级4）的时间，基体表面出现活性锈蚀。

2. 表面预处理定义　手动/电动：要求SSPC-SP 3（电动工具清理）或SP2（手动清理）。喷砂：要求SSPC-SP 6（工业级喷砂）或SP 10（近白级喷砂）。

3. DFT是干膜厚度（mm）。

4. 服役环境依据ISO 12944-2划分“环境等级”：

C_2（低）：低污染大气环境，大多数乡村区域；

C_3（中）：城镇和工业大气，中度二氧化硫污染，及低盐度沿海区域；

$C_{5\text{-}I}$（很高，工业）：高湿度和高侵蚀性的工业大气区域；

$C_{5\text{-}M}$（很高，海洋）：高盐度的沿海和近海区域。

5. 典型的涂层维护顺序：

修补涂刷：在实际或此表中所示的“实际（P）”服役寿命期内；

维护性重涂：在超过“实际（P）”服役寿命33%（即“P”×1.33）；

全部重涂：维护重涂年限＋“P”服役寿命50%（维护重涂年限＋“P”×0.5）。

6. 热浸锌层（最小厚度0.1mm）的服役寿命数据，来源于美国电镀协会的相关报道：在不同腐蚀性大气环境中，对应的寿命分别为68年（温和的乡村大气）、33年（中等腐蚀性的工业大气）和21年（严酷的重污染工业大气）。

表 12.3　浸泡环境中实际涂层体系的服役寿命预估值（以首次维护涂装前的年限表示）[9]

类型	用于大气环境的涂层体系（底漆/中间漆/面漆）	表面预处理	层数	DFT	PW	FW	SW
环氧树脂	环氧沥青	喷砂	2	4.1	—	17	14
环氧树脂	环氧树脂/环氧树脂	喷砂	2	2.0	12	9	8
环氧树脂	环氧树脂/环氧树脂	喷砂	2	1.5	10	8	6
环氧树脂	环氧树脂/环氧树脂/环氧树脂	喷砂	3	2.5	15	12	11
金属覆层	锌金属覆层/环氧树脂	喷砂	2	2.3	20	17	15
金属覆层	锌金属覆层/环氧树脂/环氧树脂	喷砂	3	3.3	24	20	18

注：1. 服役寿命预估值　所有预估值（年）是体系的“实际”寿命。其中实际寿命是指从开始到涂层发生5%～10%破坏（SSPC-Vis2 等级 4）的时间，基体表面出现活性锈蚀。

2. 表面预处理　喷砂：对于浸泡服役环境要求 SSPC-SP 10（近白级喷砂）。

3. DFT 是干膜厚度（mm）。

4. 服役环境：

饮用水（PW）：室温室压环境下浸泡，涂层需获得美国卫生基金会（NSF）许可；

淡水（FW）：室温室压环境下浸泡；

盐水（SW）：室温室压环境下浸泡。

5. 典型的涂层维护顺序：

修补涂刷：在此表中所示的实际服役寿命期（“P”）；

维护重涂：在超过“P”服役寿命 33%（“P”×1.33）；

全部重涂：维护重涂年限＋“P”服役寿命 50%（维护重涂年限＋“P”×0.5）。

此外，指南还介绍了容器因子选用准则，帮助人们根据容器类型来估算涂层的清除成本。与单列的表面处理成本一样，在进行成本预估时，这些成本也需要考虑在内。

最终决策是否需要完全重涂，或者与之相反，采用维护重涂或修补涂刷，应依据调查结果而定。一般而言，当腐蚀点数量有限或腐蚀区域分散不连续时，涂层维护方式可以选择修补刷涂。对于需采用维护重涂方式进行维护时，能否实施成功，取决于涂层类型、厚度、在役涂层的附着力以及基体状态。该指南中所介绍的一般程序，可以用于确定任意组合的涂层维护项目的建设成本和生命周期成本。

此外，该指南还依据净现值和线性折旧的基本经济原则，以详细的工作表形式，对比说明了不同维护方案的成本差异。

12.5 有机涂层

随着表面科学与工程、涂层技术以及服役环境需求的快速发展，有机涂层材料也变得越来越复杂。与仅通过简单覆盖金属基体表面将其与环境隔离的保护技术相比，目前人们更加关注的是如何正确选用涂层材料，实现高效保护。在高性能有机涂层的发展中，石油工业起到了非常重要的作用，因为开发合成树脂所需要的各种基础原料大多数皆来源于它。

美国钢结构涂装协会（SSPC）是世界公认的涂层保护技术资源的权威机构。该协会的使命就是推动涂层保护技术的发展，促进其应用，以保护工业海洋环境中商用结构零件及基材。表 12.4 简要介绍了目前美国钢结构涂装协会（SSPC）所保留的大部分标准和指南。

表 12.4　涂装标准和规范的参考目录、目的及简要说明

1. SSPC-VIS 1-89 钢表面喷砂清理的目视评级标准(标准参考图) 此指南介绍了如何使用标准参考图来说明先前未涂漆的热轧碳钢在喷砂清理前后的目视外观。这些标准参考图是书面正式的 SSPC 喷砂清理表面处理状态规范的补充说明。但是要注意，书面正式规范说明是确定是否符合喷砂清理要求的基本手段，这些图片并不能代替那些正式规范。

续表

2. 目视评级标准指南 2#

评价涂漆钢表面锈蚀程度的标准方法指南

此指南仅仅是对标准评价方法的形象化描述，并不能代替那些标准。其目的是用于比较，与涂装要求并无直接关系。

3. SSPC-VIS 3

动力工具和手工表面清理的目测评级标准(标准参考图)

此指南介绍了如何使用标准参考图说明先前未涂漆、涂过漆以及焊接的热轧碳钢在动力工具和手工表面清理前后的外观。这些标准参考图是书面正式描述 SSPC 动力工具和手工表面处理状态规范的补充说明。但要注意，书面正式规范说明是确定是否符合清理要求的基本手段，这些图片不应代替那些正式书面规范。

表面预处理规范 1# (SSPC-SP 1)

溶剂清洗

此规范涉及钢铁表面溶剂清洗的要求。通过溶剂、乳液、清洗剂、蒸汽或其他类似材料和方法(与溶剂或清洗处理相关的方法)，清除钢铁表面所有外来有害杂质，如油、油脂、灰尘、泥土、盐分、拉伸和切割用乳化液以及其他污染物等。

表面预处理规范 2# (SSPC-SP 2)

手工机械清理

此规范涉及对钢铁表面进行手工清理的相关要求。通过手工钢丝刷、手工打磨、手工刮擦、手工铲削或其他手工清理工具，或将这些方法组合，在一定程度上可清除所有锈垢、氧化皮、疏松锈层和松动漆膜。金属基体表面应具有微弱的金属光泽，且无油、油脂、灰尘、泥土、盐分和其他污染物。

表面预处理规范 3# (SSPC-SP 3)

动力工具清理

此规范涉及钢铁表面动力工具清理的要求。通过电动钢丝刷、电动冲击机、电动研磨机、砂磨机，或将这些方法组合，在一定程度上可清除所有锈垢、氧化皮、松动漆膜和疏松锈层。金属基体表面应具有很明显的金属光泽，且无油、油脂、灰尘、泥土、盐分和其他污染物，但其表面不应磨光或抛光。

粘接表面预处理标准(SSPC-SP 5/NACE No. 1)

出白级金属喷砂清理

此标准涉及使用磨料对钢铁表面进行出白级金属喷砂清理的要求。通过使用喷砂喷嘴或离心转盘驱动磨料，清除所有氧化皮、锈、锈皮、涂层或其他外来杂质。

出白级金属喷砂处理表面是指呈灰白均匀金属色，且具有适合涂装的轻微粗糙化锚纹的表面。若不放大观察，其表面应是无油、油脂、灰尘、可见的氧化皮、锈、腐蚀产物、氧化物、涂层以及其他任何外来污染物。

粘接表面预处理标准 3# (SSPC-SP 6/NACE No. 3)

商业级喷砂清理

此标准涵盖了使用磨料进行钢铁表面商业级喷砂清理的要求。使用喷砂喷嘴或离心转盘驱动磨料，清除氧化皮、锈、锈皮、涂料及其他外来杂质，使表面达到规定程度。商业级喷砂清理表面成品是表面油污、油脂、灰尘、锈皮及外来杂质皆被彻底清除，所有锈层、氧化皮和旧漆膜也被完全清除，但表面可能存在由于锈迹或氧化皮导致的轻微暗影、条痕或变色、微量结合致密的涂料或涂层残留。如果表面有麻点，可能在麻点底部存在微量锈或涂料残留。但是，至少每平方英寸表面有三分之二是无可见残留物，而其余部分也应仅限于上面所提及的轻微变色、锈迹或致密残留物。

粘接表面预处理标准 4# (SSPC-SP 7/NACE No. 4)

清扫级喷砂清理

此标准涉及使用磨料进行钢铁表面清扫级喷砂清理的要求。使用喷砂喷嘴或离心转盘驱动磨料，清除疏松氧化皮、疏松锈层、疏松漆膜，使表面达到规定的清洁程度。清扫级喷砂清理后，表面并非没有任何轧制氧化皮、铁锈和油漆，但是残留的应仅仅是那些结合紧密的氧化皮、锈和涂料，可为涂层提供良好的附着和结合强度。清扫级喷砂清理表面成品是指表面所有油污、油脂、灰尘、锈皮、疏松氧化皮、疏松锈、疏松油漆或涂层皆已被完全清除，但是在对整个所有氧化皮和铁锈都进行了喷砂处理，并充分露出大量均匀分布的底层金属斑点的情况之下，允许存在结合紧密的氧化皮、附着牢固的铁锈、油漆或涂层。

表面预处理规范 8# (SSPC-SP 8)

浸蚀(酸洗)

此规范涉及钢铁表面浸蚀的要求。通过化学反应或电解作用，或二者结合，清除所有氧化皮、锈和锈垢。浸蚀处理后的表面应完全没有氧化皮、铁锈和外来杂质。而且，表面不应残留未反应或有害的酸或碱或污迹。

粘接表面预处理标准(SSPC-SP 10/NACE No. 2)

近出白级喷砂清理

此标准涉及通过使用磨料进行钢铁表面近出白级喷砂清理的要求。使用喷砂喷嘴或离心转盘驱动磨料，清除几乎所有

续表

氧化皮、锈、锈垢及外来杂质，表面清洁程度达到规定要求。近出白级喷砂清理表面成品是指其表面油污、油脂、灰尘、氧化皮、锈、腐蚀产物、氧化物、涂料及外来杂质皆被彻底清除，但是可能存在由于锈迹或氧化皮导致的非常轻微的暗影、非常轻微的条痕或轻微变色或微量结合致密的涂料或涂层残留。每平方英寸表面上至少其中95%应该是无可见残留物，其余部分也应仅限于上面提及的轻微变色。

表面预处理规范11#(SSPC-SP 11)

动力工具清理到裸金属

此规范涉及采用动力工具清理的要求，其目的是获得裸露的金属表面，并维持或达到一定表面粗糙度。此规范适用于要求获得粗糙、清洁的裸金属表面，但是喷砂清理又不可行或不允许使用的情况。

粘接表面预处理标准(SSPC-SP 12/NACE No. 5)

重新涂装前，钢铁及其他硬质材料的高压及超高压水射流表面处理和清理

此标准规定了用高压和超高压水射流清理以获得不同洁净度表面的要求。此标准仅限于不含固体颗粒的水流清洗。

磨料规范1#(SSPC-AB 1)

矿物和矿渣磨料

此规范规定了用于涂装及其他目的的钢铁及其他表面喷砂清理所用矿物和矿渣磨料的选用和评估要求。

磨料规范2#(SSPC-AB 2)

循环使用黑色金属磨料的清洁度规范

此规范涉及用于清除钢铁或其他表面的涂层、涂料、垢、锈及其他外来杂质的喷砂清理中，循环使用的黑色金属磨料的清洁度要求。此规范适用于循环使用的黑色金属磨料的实验室和现场试验。可循环使用的黑色金属磨料主要是用于钢铁或其他表面的现场或车间喷砂清理。

加热预清理规范(NACE 6G194/SSPC-SP-TR 1)

加热预清理规范

这一最新规范是针对使用高性能或高温焙烧涂层和衬底体系的大型容器、船舶、油罐车和漏斗车及其他工艺装备的加热预清理。

4. 涂料体系指南1.00

油基涂料体系的选择指南

这个规范是针对采用手工或动力工具清理的钢铁表面的油基涂料体系。

5. 涂料体系规范1.04

用于保护镀锌钢或非镀锌钢(使用含锌粉、氧化锌、亚麻籽油的底漆)的三层油性醇酸(无铅和铬)涂料体系

此规范涉及用于保护新的或已老化(白色或红色锈蚀)的镀锌钢的油基无铅无铬涂料体系，对使用手工或动力工具进行表面清理的非镀锌钢也有效。这个体系适用于暴露在1A环境带(室内，常干)和1B环境(室外，常干)的结构或零部件。成品涂料可选择耐久、不易褪色的颜色。

6. 涂料体系规范1.09

三层油基氧化锌涂料体系(无铅或铬颜料)

此规范涉及一种对手工或动力工具清理的钢铁表面进行保护的油基、无铅铬的涂料体系。成品涂料可选择耐久、不易褪色的颜色。

7. 涂料体系规范1.10

四层油基氧化锌涂料体系(无铅或铬颜料)

此规范涉及一种对手工或动力工具清理的钢铁表面进行保护的油基、无铅无铬的涂料体系。此涂层体系适用于环境带1A(室内，常干)和环境带1B(室外，常干)的结构或零部件。成品涂料可选择耐久、不易褪色的颜色。

8. 涂料体系规范1.12

三层油基铬酸锌(锌铬黄)涂料体系

此规范涉及一种对手工或动力工具清理的钢铁表面进行保护的油基铬酸锌涂料体系。此涂层体系适用于环境带1A(室内，常干)和环境带1B(室外，常干)的结构或零部件。成品涂料可选择耐久、不易褪色的颜色。

9. 涂料体系规范1.13

单层慢干维护性油基涂料体系(无铅或铬颜料)

此规范涉及一种对手工或动力工具清理的钢铁表面进行保护的油基无铅或铬的涂料体系。此涂层体系适用于环境带1A(室内，常干)和环境带1B(室外，常干)的结构或零部件。由于此体系干燥时间很长，因此不可作为车间漆使用。此外，由于慢干、漆膜表面易打滑，容易引起危险，因此此体系也不适用于那些需要工人在其上面行走或攀爬的场合。

10. 涂料体系规范2.00

醇酸树脂涂料选用指南

续表

这个规范是针对商业级喷砂清理或浸蚀的钢铁表面进行保护的醇酸涂料体系。此类涂料体系适用于环境带1A(室内,常干)和环境带1B(室外,常干)的结构或零部件。但是,成品涂料必须采用规定颜色。

11. 涂料体系规范2.05

适用于无锈镀锌钢的三层醇酸涂料体系(大气暴露环境)

此规范涉及一种用于保护新的、未生锈、未处理的镀锌钢表面的醇酸树脂涂料体系。此类涂料体系适用于环境带1A(室内,常干)和环境带1B(室外,常干)的结构或零部件。底漆在清洁的镀锌钢上具有良好的附着力,但是在生锈的镀锌钢表面附着性能不佳。成品涂料可以选择持久耐褪色的颜色。对于生锈的镀锌钢,应选用涂料体系1.04。

12. 涂料体系规范3.00

酚醛涂料体系选择指南

此规范涉及对喷砂清理钢表面进行保护的酚醛涂料体系。这些涂料体系是适用于暴露于环境带1A(室内,常干)、环境带1B(室外,常干)以及环境带2A(常被淡水润湿)的结构或零部件的表面保护。酚醛涂料正常干燥时间约12h。为获得各层间最佳附着力,每层涂层涂装应至少间隔24h。成品涂料必须指定颜色。

13. 涂料体系规范4.00

乙烯基涂料选择指南

此指南是针对喷砂清理或浸蚀的钢表面的乙烯基涂料体系。这些涂料体系适用于环境带1A(室内,常干)、环境带1B(室外,常干)、环境带2A(常被淡水润湿)、2B(频繁被盐水润湿)、3B(中性化学介质)及3C(碱性化学介质)。成品涂料必须采用规定颜色。

14. 涂料体系规范9.01

超厚冷涂沥青胶泥涂料体系

此规范是针对地面上钢结构进行保护的超厚冷涂沥青胶泥涂料体系。此体系适用于环境带2A(常被淡水湿润)、2B(频繁被盐水湿润)、2C(淡水浸泡)、2D(盐水浸泡)、3A(酸性化学介质)。该体系不能在那些含有油、溶剂或其他药剂使之软化或破坏的环境中使用。

15. 涂料体系规范10.01

热涂煤焦油磁漆涂料体系

此体系适用于暴露在环境带2C(淡水浸泡)、3B(中性化学介质)、3C(碱性化学介质)中的结构或零部件的表面保护。此体系具有良好的耐磨性。它也能用于地下环境。不过,由于该类涂层可溶于某些有机溶剂和被氧化性溶液腐蚀,因此在腐蚀性化学介质环境中使用,需要慎重。当在有阳光照射的环境下使用时,煤焦油磁漆表面应涂上一层煤焦油乳液,以抑制涂层龟裂。

16. 涂料体系规范10.02

冷涂煤焦油乳胶漆体系

此规范涉及用于保护地下或水下钢结构的冷涂煤焦油乳胶漆体系。此体系由两种冷涂涂料组成。此涂料体系适用于环境带2C(淡水浸泡)、3B(中性化学介质)、3C(碱性化学介质)中的结构或零部件的表面保护。该涂层体系耐磨性非常好,可用于地下结构的表面保护。不过,在腐蚀性化学介质环境中使用该涂层体系时,需要慎重,因为涂层可溶于某些有机溶剂和被氧化性溶液腐蚀。当在阳光照射环境中使用时,煤焦油乳胶漆表面应涂上煤焦油乳液,以抑制涂层发生龟裂。

17. 涂料体系规范11.01

黑(或暗红)煤焦油环氧聚酰胺涂料体系

此规范涉及一种对处于严苛腐蚀环境中的钢表面进行保护的完全的黑(或暗红)煤焦油环氧聚酰胺涂料体系。此体系适用于环境带2A(常被淡水湿润)、2B(频繁被盐水湿润)、2C(淡水浸泡)、2D(盐水浸泡)、3A(酸性化学介质)、3B(中性化学介质)、3C(碱性化学介质)中的结构或零部件的表面保护。该体系耐磨性非常好,可用于地下结构的表面保护。一般认为,该涂料体系具有良好的耐化学烟雾、雾气和飞溅能力,不过在没有实际应用案例可参考的情况下,该体系能否承受某些特定化学介质中的长时间浸泡作用,应预先通过试验来进行确认。此体系可用于地下环境,亦可作为海洋环境和某些化学环境中高性能混凝土表面的保护涂层。在该涂层体系表面施涂一层与之相容的铝粉面漆,可以改善其耐候性。尽管此涂料本身是底漆,对清洁的钢结构表面具有良好的附着力,但是它也可以施涂于适合的防锈底漆之上。如果不是指定要求红色,该体系颜色通常都选用黑色。

18. 涂料体系指南12.00

富锌涂料体系指南

此指南给出了有关富锌涂料的类型、选择和应用的通用信息,并且还涉及面漆的选择。富锌涂料是高颜料含量的底漆涂料,其独特之处是它对那些狭小划痕和空白等涂层非连续处的钢基体表面可以提供阴极保护作用。富锌涂料的主要颜料组分是无机或有机的锌粉。富锌涂料可分为如下几类。IA型(无机):后固化,亲水,碱金属硅酸盐;IB型(无机):自固化、水性、碱金属硅酸盐;IC型(无机):自固化、溶剂型、烷基硅酸盐;IIA型(有机):热塑性涂料黏合剂;IIB型(有机):热固性黏合剂。有些富锌涂层体系,无论是否有面漆,都可以对钢基表面进行保护。但是在某些服役环境条件下,富锌涂层体系并不适用。

续表

19. 涂料体系规范 12.01

单层富锌涂料体系

此规范是针对在温和或中等苛刻腐蚀环境中使用的钢基材进行表面保护的单层富锌涂料体系。此涂料体系适用于暴露于环境带 3B(中性化学介质)中的结构或零部件的表面保护，不推荐用于含有腐蚀性污染物的 pH 值在 5 以下或 9 以上或非常严苛的腐蚀环境中。此体系推荐用作耐久性的车间底漆或作为常规大气老化环境和某些浸泡环境中的单层保护涂层。此规范不适用于那些保护焊接预制件的富锌底漆，因为此时所用富锌涂层较薄，仅 1mil(25μm)或更薄。关于该类富锌底漆及其他富锌底漆的更多相关信息，可参考指南 SSPC-PS 12.00"富锌涂料体系的选择指南"。

20. 涂料体系规范 4.02

四层乙烯基涂料体系(适用于淡水、化学介质和腐蚀性大气环境)

此规范涉及一个用于保护结构钢的完全的乙烯基涂料体系。此体系适用于暴露于环境带 2C(淡水浸泡)、3A(酸性化学介质)和 3B(中性化学介质)。成品涂料颜色可选。

21. 涂料体系规范 4.04

四层白色或加色乙烯基涂料体系(适用于淡水、化学介质和腐蚀性大气环境)

此规范涉及一个用于保护结构钢的完全的乙烯基涂料体系。此体系适用于暴露于环境带 2B(海水频繁湿润)、2C(淡水浸泡)、3A(酸性化学介质)和 3B(中性化学介质)。成品涂料颜色可选。

22. 涂料体系规范 7.00

单层车间涂料体系选择指南

此指南涉及对非长期暴露于腐蚀介质的钢基表面进行保护的单层车间漆。此类涂料体系也可用于无需钢基与混凝土相互黏合的用混凝土包覆的钢基表面保护。此类涂层体系还可用于防火设施的保护。其适用环境包括环境带 0(混凝土或砖石包覆的，常干)、1A(内部，常干)。此指南涉及的涂料是底漆，如果要求采用非标准色，那么必须指定颜色。

23. 涂料体系规范 8.00

富锌底漆的面漆选用指南

此指南包含了富锌底漆(包括无机富锌和有机富锌底漆)配套面漆的选择和应用(包括表面处理)。注意，此指南并未涉及富锌底漆的选择和使用。

24. 涂料体系规范 13.01

环氧聚酰胺涂料体系

此规范概括了用于保护暴露于工业、海洋以及酸碱性化学介质环境中钢表面的三层环氧聚酰胺涂料体系。在使用正确和固化恰当的情况下，此体系对在环境带 2A(常被淡水湿润)、2B(频繁被盐水湿润)、3A(酸性化学介质)、3B(中性化学介质)和 3C(碱性化学介质)中钢结构或零件具有优异的保护性能，但是，对于饮用水箱，此体系不适用。尽管此规范中所提及涂层体系耐化学介质性能优异，但在无实际应用案例参考的情况下，在选用时，仍应先进行适当试验。

25. 涂料体系规范 14.01

钢梁车间漆涂料体系

此规范是针对运输或建造过程中，钢梁临时保护用的单层车间底漆。此体系是单层车间漆，用于建筑物内部封闭或暴露的空腹大跨度钢梁的临时保护。其中钢梁实际服役环境是：环境带 1A(室内，常干)，且很少出现温度降至露点之下和湿度超过 85%的情况，通常无需进行防腐。

26. 涂料体系规范 15.00

氯化橡胶涂料体系选择指南

此规范涉及对喷砂清理或浸蚀处理后钢基表面进行保护的氯化橡胶涂料体系。在含有强有机溶剂、氧化性酸的环境，或表面温度超过 165℉(74℃)的环境中，不推荐使用此类涂料，因为在直链不饱和酸、动植物油脂作用下，这些涂层会发生软化和隆起。此体系适用环境带 1A(室内，常干)、1B(室外，常干)、2A(常被淡水湿润)、2B(频繁被盐水湿润)、2C(淡水浸泡)、2D(盐水浸泡)、3A(酸性化学介质)、3B(中性化学介质)和 3C(碱性化学介质)。氯化橡胶涂料是单组分体系，通过溶剂蒸发干燥，涂层中水汽和氧的渗透率低。干燥后，此类涂层不燃，有抗霉菌性。成品涂料颜色必须指定。

27. 涂料体系规范 15.01

耐海水浸泡的氯化橡胶涂层体系

此规范涉及针对结构钢保护的一个完全的氯化橡胶涂料体系。此体系适用于环境带 2B(频繁被盐水湿润)和 2D(盐水浸泡)。成品涂料颜色可选。

28. 涂料体系规范 15.02

耐淡水浸泡的氯化橡胶涂层体系

此规范涉及针对结构钢进行保护的一个完全的氯化橡胶涂层体系。此体系适用于环境带 2A(频繁被淡水润湿)和 2C(淡水浸泡)。成品涂料颜色可选。

续表

29. 涂料体系规范 15.03

适用于海洋和工业大气环境的氯化橡胶涂层体系

此规范涉及针对结构钢进行保护的一个完全的氯化橡胶涂层体系。此体系适用于环境带 1A(室内,常干)、1B(室外,常干)、2A(常被淡水湿润)、2B(频繁被盐水湿润)、3A(酸性化学介质)、3B(中性化学介质)和 3C(碱性化学介质)。成品涂料颜色可选。

30. 涂料体系规范 15.04

可现场涂装在溶剂型无机富锌车间底漆之上的氯化橡胶涂层体系

此规范针对的是可现场应用在溶剂型无机富锌车间底漆之上的氯化橡胶涂层体系。此涂层体系适用环境包括:环境带 1A(室内,常干)、1B(室外,常干)、2A(常被淡水湿润)、2B(频繁被盐水湿润)、3A(酸性化学介质)、3B(中性化学介质)和 3C(碱性化学介质)。成品涂料颜色可选。

31. 涂料体系规范 16.01

用于新钢结构表面的有机硅醇酸涂料体系

此规范涉及针对结构钢进行保护的一个完全的有机硅醇酸涂料体系。此体系适用于暴露在环境带 2A(频繁被淡水湿润)的结构或零部件,包括高湿度、频繁浸泡和温和的化学气氛。此体系的主要优点是外观耐久性好,有机硅醇酸面漆的劣化程度很小,如抗粉化、保光性和保色性都很好。此外,成品涂料颜色可选。

32. 涂料体系规范 17.00

聚氨酯涂料体系的选择指南

此指南概括了用于结构钢表面保护的聚氨酯涂料体系。指南涉及三种类型的聚氨酯涂料,分别为依据 ASTM 标准 D16 分类的Ⅱ、Ⅳ和Ⅴ型。这几类涂层体系可用来保护多种服役环境下的结构或零部件,包括从严苛腐蚀环境到温和大气环境。这些涂层体系可对结构钢进行保护,具有优异的耐老化、保色性以及耐化学介质性能。成品涂料颜色必须指定。

33. 涂料体系规范 18.01

三层乳胶漆体系

此规范涉及用于结构钢保护的完整的乳胶漆体系。此体系可用来保护在环境带 1A(室内,常干)、1B(室外,常干)、高湿或温和化学气氛中服役的结构或零部件。成品涂料哑光,具有抗粉化性,颜色可选。

34. 涂料体系指南 19.00

船底涂料体系的选择指南

此指南涉及用于保护钢船船底从骨架到轻载水线区域的涂料体系。从轻载线到深吃水线区域,通常称为水线带,尽管 SSPC-PS 指南中涂料体系 20.00 已包含了专门针对水线带的涂料体系,但是此船底涂料体系也适用此环境。不过应当注意,目前商船其实很少使用水线涂料,而此类船底涂料体系可以扩展至深吃水线区域。该类船底涂料体系还可以用来保护暴露或浸没于盐水或苦咸水中的其他浮动的或静止的结构,包括驳船、浮标、海洋构筑物等。

35. 涂料体系指南 20.00

水线带涂料体系选择指南

此指南涉及用于保护钢船水线区(此区域指从轻载线到深吃水线)外表面的涂料体系。应注意的是,水线带涂料很少用于商船,船底涂料体系可以延伸用于深吃水线。通常情况下,指南 SSPC-PS19.00 中涉及的防腐防污涂料都可以在水线区域使用。

36. 涂料体系指南 21.00

船舶水线上部涂料体系选择指南

此指南是针对用于保护钢船水线上或外部区域的涂料体系。其区域包括从深吃水线到船舷上檐栏杆,通常称为干舷、甲板及其上层建筑。此体系也可用来保护在盐水或淡水以及正常海洋服役环境中的浮动结构水面之上的部位。这些体系的适用范围还包括像甲板设施或机械、吊杆、桅杆和挡浪板等所有水面之上区域。

37. 涂料体系指南 22.00

预组装或预制造用单层涂料体系的选择指南

此指南涉及那些在现代造船厂中使用的车间底漆,针对喷砂清理的钢结构和钢板的预组装和预制造的预涂底漆。为最大程度提高新工程建造效率,所有船用扁钢、型钢和角钢都先经过喷砂清理、预涂底漆,然后再保存,便于后续制造船体各部分,即模块或单元。车间预涂底漆包含在通用分类之中。

38. 涂层体系指南 23.00

热喷涂金属涂层体系指南

此指南涉及钢表面防腐用的热喷涂金属涂层的要求,无论有无密封剂和面涂层。金属涂层类型有:纯锌、纯铝和锌/铝合金(锌和铝的质量分数分别为 85%和 15%)。此体系适用于 SSPC 环境带 1A(室内,常干)、1B(室外,常干)、2A(常被淡水湿润)、2C(淡水浸泡)中暴露的结构和零部件。如果加上适当的封闭处理/面漆(参见指南第 6 部分及注解 11.2),此类涂层体系也可在环境带 2B(频繁盐水湿润)、2D(盐水浸泡)、3A(酸性化学介质)、3B(中性化学介质)和 3C(碱性化学介质)中使用。此指南文件的目的是指导人们制订热喷涂的应用规范。

续表

39. 涂料体系规范 24.00 基于性能分类的工业和海洋大气环境下使用的乳胶涂料体系 此规范涉及一种用于钢表面保护的乳胶涂料体系，该体系由多层空气干燥型单组分乳胶漆组成，其总干膜厚度最小为6mil(152μm)。该涂料体系可依据其在喷砂清理的钢表面(待保护基材)上的性能水平进行分类。此外，该涂料体系也可根据乳胶漆中挥发性有机物来分类。此体系适用环境包括环境带1A(室内，常干)、1B(室外，常干)、2A(常被淡水湿润)、2B(频繁盐水湿润)、3A(酸性化学介质)、3B(中性化学介质)、3C(碱性化学介质)和3D(化学介质，温和溶剂)。不过，此体系设计应用目标环境并非浸泡服役环境。 **40. 涂料规范 5#** 锌粉、氧化锌和酚醛清漆 此规范涉及一种用于保护钢或镀锌钢表面的由锌粉、氧化锌及酚醛清漆组成的快干型涂料。该涂层防锈性能很好，但对于已生锈、含油污或油脂的表面，浸润性一般。该涂料干燥时间约12h，耐候性很好，可以用作中间漆或面漆。该涂料分双包装供应:其中一个是液态调漆料(组分A)，另一个是锌粉、氧化锌颜料(组分B)。该涂层可在环境区域1A(室内，正常干燥状态)和1B(户外，正常干燥状态)中应用，尤其适合在环境区域2A(经常被淡水湿润)中使用。该涂料可以采用刷涂或喷涂方式，在经过相应预处理的钢基体或超净镀锌钢表面施涂，其中预处理可以相应依据下列标准进行，SSPC-SP 6"工业喷砂清理"、SSPC-SP 10"近白级喷砂清理"、SSPC-SP 5"白级喷砂清理"以及SSPC-SP 8"酸洗"。该涂料可作为车间底漆、野外现场底漆、维修底漆或中间漆，但此时应依据SSPC-PA 1"车间、现场以及维护涂装"进行施工。该涂料干燥时间约12h，为获得最佳层间结合效果，多层涂装时间间隔应在24h之内。 **表面预处理规范-4 (SSPC-SP 4)** 火焰表面清理 采用高温高速氧乙炔焰加热基材整个表面，用以清除疏松氧化皮、锈层以及其他有害杂质，并随后再用钢丝刷进行清理。此外，基材表面还应无油脂、灰尘、泥土及其他污染物。

石油裂解产生的大量未饱和且易加工的化合物，是很多树脂聚合物的重要制备原料，如乙烯基以及丙烯酸树脂等。此外，溶解树脂所必需的溶剂也来源于石油或天然气行业[11]。环氧树脂以及现代聚氨酯涂料的合成原料都是源于炼油产品的其他衍生物。表12.5总结了多种现代涂层体系中涂层类型、性能和应用[12]。

表 12.5 现代有机涂层材料、应用及其性能[12]

涂层类型	固含量/%	厚度/μm	表干时间	再涂间隔时间	用途和性能
醇酸树脂漆					
快干磁漆	32	38	1～2h	6～8h	室外暴露
罐面铝漆	52	25	45min	6h	钢制储罐的外部
红丹底漆(铁红底漆)	42	38	2h	24h	无铅、通用型，膜坚硬、防水、耐蚀
磷酸锌底漆	54	38	2h	24h	无铅、无铬，大气环境中钢表面的通用型底漆，可重涂，一种传统涂料体系
常规光亮漆	55	38	1h	16h	间歇式水浸泡和大气暴露的区域
高光优质面漆	54	38	1h	16h	高光磁漆，内外表面
铝粉面漆	48	25	45min	6h	干货舱、抗冲击性好
通用底漆	32	25	10min	30min	快干型，耐蚀
环氧煤沥青					
聚酰胺固化煤沥青	80	400	7h	24h	双组分，单层，高固含量，优异的耐水耐油性，固化温度可低至10℃，干燥环境下耐温可达93℃
聚酰胺加成物固化煤沥青	71	125～500	4h	6h	双组分，厚涂，表面无冰时固化温度可低至－5℃

续表

涂层类型	固含量/%	厚度/μm	表干时间	再涂间隔时间	用途和性能
环氧涂层					
无溶剂环氧(喷涂或抹涂)	100	500~625	2h	6h	高抗潮汐冲击性能,耐油、耐水、附着力好
耐候环氧丙烯酸	44	50	2h	2~3h	双组分,面漆,优异的耐候性、保色保光性能,无异氰酸盐
防滑环氧	72	500~1000	20h	24h	直升机甲板、斜坡、走道以及混凝土地面、耐化学泄漏
高固含量厚浆环氧	85	75~200	5h	16h	饮用水系统,耐阴极剥离
高固含量环氧底漆	73	75~150	3h	16h	作为环氧、聚氨酯、乙烯基涂层的底漆,与钢基和混凝土结合牢固,具有良好的耐化学介质性能,可接触食品
装甲环氧	100	3000~5000	6h	24h	无溶剂,石英增强
环氧富锌底漆	46	25~63	10min	6h	双组分,快干型,用于快速周转中的临时保护底漆
厚浆防腐环氧	61	125~150	2h	3h	双组分,适用于陆地和海洋结构,无限外涂次数,良好的抗冲击性能和柔韧性
多功能环氧底漆	52	50~125	30min	8h	双组分,保护底漆,其上可外涂多种其他涂料
环氧基附着底漆/封闭漆	57	38	1h	8h	双组分,适用于大气和水下体系,对老化锌涂层具有优异的附着力和封闭性能
云母氧化铁环氧底漆	61	75~150	2h	3h	双组分,适用于陆地和海洋结构
厚浆环氧内衬	78	250	3h	8h	有效的双层储罐涂层,耐化学介质种类广泛
环氧厚浆/面漆	55	57~150	3h	10h	双组分,大气环境中底涂钢和混凝土的面漆,封闭剂,无机锌涂料
无溶剂环氧	100	300	4h	24h	用于原油/压载舱及脂肪族石油产品
厚浆耐磨环氧	88	250~500	3h	16h	胺衍生物固化,玻璃鳞片增强
耐酸环氧	55	75~150	3h	20h	双组分,聚酰胺固化
厚浆可复涂环氧	62	150	2h	12h	双组分,通用型
无溶剂环氧	100	>300	5h	40h	单层,用于钢结构和脂肪族石油产品中的长效保护
低表面处理厚浆环氧	80	125~200	2.5h	6h	用于不能进行喷砂清理部位的维护
酚醛环氧	60	50~100	45min	18h	双组分,管内低摩擦,耐含 H_2S 和 CO_2 的原油
酚醛环氧内衬	55	75~150		12h	适用于含硫原油、卤水、石油加工产品,含 H_2S 和 CO_2 介质
酚醛环氧储罐内衬底漆/中间漆和面漆	66	100	2h	24h	双组分,良好的耐化学品性能,耐温更高
耐热涂层					
耐热铝漆	28	35	30min	8h	双层体系或作为无机富锌底漆的外涂层,耐温可达 360℃
耐热铝面漆	50	25	60min	16h	耐温达 175℃

续表

涂层类型	固含量/%	厚度/μm	表干时间	再涂间隔时间	用途和性能
耐热涂层					
湿固化无机硅酸盐	38	50	60min	5h	作为无机富锌底漆的面漆，耐温可从－90～600℃
无机锌					
水基无机锌底漆	65	100～125	15min	8h	自固化，碱性硅酸盐底漆，适用于大多数涂料体系，耐温性能从－90～600℃皆良好，可承受1h雨淋，柔韧性好，耐磨性好
聚氨酯					
高固分脂肪族丙烯酸聚氨酯	60	51～76	1h	12h	双组分，复涂无限制，优异的耐水、油和溶剂等化学品性能，坚韧、柔韧、耐磨，遮盖力极佳
脂肪族丙烯酸聚氨酯	41	50	30min	4h	双组分，上色性优异，极好的耐大气暴露性，耐矿物油、石蜡和汽油等
水性涂料					
水性底漆	43	50～75	10min	2h	单组分底漆，作为钢表面完整的水性体系的底漆
水性带锈底漆	43	50～75	30min	6～8h	适用于轻微锈蚀钢，无需进行喷砂处理，与环氧面漆配套
水性面漆	42	50～75	30min	1h	与水性底漆配套，适用于轻中度化学介质或高湿度环境暴露，耐机械损伤性能优异
水性铝漆	45	50～75	15min	2h	可作为底漆、中间漆、面漆，铝质外观、耐久性优异
混合型					
聚乙烯醇缩丁醛反应性底漆	10	13	5min	1h	作为铁和非铁金属的黏附底漆
乙烯基面漆	35	50	60min	16h	作为厚浆氯化橡胶和乙烯基体系的长效面漆，适用于海洋和工业环境中结构内外表面的保护
水性墙面装饰漆	42	38	15min	2h	用于室内和室外的墙壁和天花板的平面装饰面漆
低黏度无溶剂环氧密封剂	100			16h	涂装前使用，是混凝土的优异渗透封闭剂和附着力促进剂，耐化学介质性能优异

12.5.1　最新进展

在20世纪80年代，有关限制涂层中挥发性有机物排放的法规很少，但是20世纪90年代之后，随着美国清洁空气法案的修订完成，一系列有关限制挥发性有机物排放的国家法规相继出台，而且现在已变得越来越严苛。在欧洲，在1999年就已制订了欧盟溶剂排放指令，但直到2005年，欧盟才开始首次实施限制挥发性有机物排放的指令[13]。这些法规的颁布，实际上意味着热塑性涂层（乙烯基和氯化橡胶）应用的终结，因为这类涂层的挥发性有机物含量非常高，不可能满足法规要求。因此，环氧树脂和聚氨酯等双组分材料就成为涂料用树脂的首选。但是，对于涂料配方开发者来说，如何利用这些双组分树脂体系，在维持高性能的同时，降低溶剂用量并减少挥发性有机物排放，仍然是一个极大的挑战。

增加涂料中固含量，可以减少挥发性有机物含量，但是在不影响涂料施涂、干燥以及涂层性能的前提下，做到这一点并非易事，尤其是在固含量特别高时。为达到这种极高固含量，必须选用合适的树脂和固化剂，而且由于黏度高，可能同时还需要采用更先进的装备进行涂装。水性涂料的挥发性有机物含量很低，是一种可供选择的替代技术。二十五年前，水性涂料还仅限于单组分乳胶漆，而且由于现场施工后漆膜干燥速度慢、膜层性能差且附着力不佳，通常都无法在重防腐场合应用，而是主要在室内环境中使用[13]。

12.5.1.1 水性涂料

水性涂料的最初应用，仅限于两个方面：一是作为室内或者极低和低腐蚀性环境中的防护涂层，二是作为混凝土封闭剂和防护涂层。目前已陆续开发出的低挥发性有机物的双组分水性聚氨酯涂料可作为金属防护涂层。在一些轻工业工程结构中，这些水性聚氨酯涂料可以作为底漆使用，直接与金属接触。丙烯酸体系的水性涂料在混凝土和石工建筑领域中应用很广泛，它们可作为面漆/封闭剂，具有良好的耐候和耐化学品性能。目前已开发出的水性环氧涂料，可作为混凝土防护涂层，特别适合用于湿敏感混凝土（地面）的表面保护[13]。

12.5.1.2 高固含量涂料

传统溶剂型涂料总固含量大约50%～60%。而高固含量涂料的总固含量更高，可分为两个体系：无溶剂体系（100%固含量）和溶剂型体系（固含量比传统溶剂型涂料更高）。

12.5.1.2.1 100%固含量涂料

在无溶剂体系的研究和开发方面，目前进展很大，包括：纯脂肪族聚脲面漆，具有良好防紫外线及保光保色性能；柔性聚氨酯体系，具有良好的防水性能，可用作混凝土地坪，特别是暴露在恶劣环境条件下的多层停车场。不过，最常见的100%固含量的涂料体系仍然是环氧树脂体系。与传统固含量涂层体系相比，该类涂层体系在钢铁和混凝土表面附着力都非常好，且同时拥有高的耐化学介质性和耐磨性[13]。

12.5.1.2.2 高固含量涂料

目前，高固含量防护涂料通常都以聚硅氧烷和聚脲为基础。如：基于改性聚硅氧烷的高光面漆，固化速度快，且涂层具有良好的耐久性和耐蚀性能，可用于钢基表面防护。不含异氰酸酯的单组分丙烯酸-硅氧烷涂料，对环境更友好，挥发性有机物含量低，且漆膜耐磨性良好。脂肪族聚脲和聚氨酯树脂体系，同样也具有快速固化和高光泽度特点，可用作混凝土地坪以及对中等腐蚀性环境中钢结构的保护。高固含量环氧涂料，采用酚醛胺等各种固化剂固化，常用来保护浸泡环境和大气环境中的钢结构和混凝土地坪[13]。

12.5.1.3 传统涂料

在传统溶剂型涂料方面，进展也很大，其固含量已提高至接近60%～70%。不过目前聚氨酯和环氧体系仍然是主流。丙烯酸聚氨酯面漆可作为桥梁、储罐和其他钢结构的长效保护涂层，聚氨酯面漆可作为重型混凝土地坪涂层。高性能环氧富锌和常规防锈环氧底漆可以用于海洋工业的严苛服役环境。

12.5.2 涂层功能

很多涂层组分可能多达15～20个，而其中每种组分都有各自不同的功能。在防腐蚀涂层设计中，其中主要考虑的因素包括：

● 抗渗透性：理想的抗渗透涂层应完全不受目标应用环境因素的影响，其中最常见的环境因素有湿气、水分或气体、离子或电子等其他腐蚀剂。这种涂层应具有高的介电常数，优异的附着性能，可以避免腐蚀剂渗入。

● 抑制腐蚀：与抗渗透性涂层不同，缓蚀性涂层是通过与某种介质反应，在金属表面形成一层保护膜或屏障层，从而起到抑制腐蚀的作用。

● 阴极保护性颜料：与涂层的缓蚀作用类似，涂层的阴极保护作用基本上也都是由底漆中的添加剂来提供。这些添加剂的主要作用就是使服役环境中金属电位负移至一个低腐蚀性的阴极电位。无机锌基底漆就是一个很好的实例。

对于苛刻的腐蚀环境，其长效防护的一个解决方案是使用含有各种可抑制腐蚀的添加剂的涂层体系（底漆、中间漆和面漆）。

● 底漆：术语“底漆”的最初含义是指它是基材表面的首道涂层，因为它在基材上的附着力优异，相比于将后道涂层直接涂装在基体表面，如先施涂底漆再刷涂后道涂层，会显著提高涂层的附着强度。此外，底漆还可以作为缓蚀剂或锌粉等阳极活性金属组分的载体。这两个主题将在此章后面部分做进一步讨论。

目前，在大量应用场合中，底漆一般都比较薄（75μm 或更小），金属和木材表面皆可使用。在木材表面使用时，底漆的作用是封闭表面纹理或为面漆提供光滑基底。在混凝土表面应用时，为改善后续涂层的附着力和使用寿命，所用底漆应能与混凝土的碱性表面相适应。

● 第二道或中间漆：第二道漆，可能是面漆或终道漆，也可能是作为多层涂层的中间漆。中间漆，必定是底漆和后续涂层之间的粘接层，其组分可能与底漆和后续涂层组分皆有所不同。如所使用的三层涂层配方皆不同，整个涂层厚度通常主要由中间漆膜厚度而定。

● 面漆：在很多情况下，使用面漆的目的可能都是为了延长前面各道涂层的使用寿命。一般而言，面漆比涂层体系中其他各道漆膜的致密性和疏水性更好，这样可以降低水分向下面涂层的渗透速率。当然，选用面漆还有一些其他原因，如可能预赋予涂层反射性、抑制光降解或改变颜色等功能。

12.5.3　基本组成

涂料基本组成包括：黏结树脂、颜料、添加剂、溶剂和分散剂（100%固含量涂料不含有后两项）。涂料固含量包括树脂、颜料、非挥发性添加剂以及填料。这些固相成分分散在载体（液体溶剂或分散介质）中，通过添加稀释剂可以调节其黏度。此分散载体最终还有可能成为涂层的黏结剂（将颜料黏合在一起，并黏附于基体上）。

在最终所固化形成的涂层中，只有其中的固相成分会附着在基体表面。不过，载体也可能部分或全部与树脂（100%固含量涂料）反应形成最终的膜层。添加颜料是为了着色或作为底漆（首道漆）的缓蚀剂。而添加填料是为了增大涂层体积、提高密度、增强耐磨性以及膜层的遮盖能力。填料或添加剂的错误选择和过量添加，皆有可能使涂层的渗透性增加或膜层内聚力降低，从而导致涂层性能下降。很显然，最终膜层厚度取决于液态涂料的固含量，可依据指定面积内的用量，按照公式(12.5) 计算得到。

$$d=\frac{V\times w\%}{S} \tag{12.5}$$

式中，d 为膜厚，μm；V 为液态涂料体积，mL；$w\%$ 为固含量，%；S 为刷涂面积，m^2。

不过，此理论膜厚计算值可能并不准确，因为表面有一定的粗糙度，而且在施工中会有湿膜损失。喷涂的湿膜损失，预计在15%左右。

12.5.3.1 黏结剂

在实际刷涂后，涂料必须能转化形成一层致密结实且附着牢固的膜层，其中膜层性能在前面已讨论过。而黏结剂就是一种使涂料能结合形成致密牢固膜层的物质。黏结剂可使涂层变得均匀连续，但是并非所有黏结剂都能耐腐蚀，因此在防护涂料配方中，可选用的黏结剂只有少数几种。黏结剂形成致密牢固膜层的能力与其分子大小和复杂程度直接相关。大分子量黏结剂可通过溶剂挥发成膜，而小分子量黏结剂通常通过原位反应成膜。依据所发生的基本化学反应类型，黏结剂可分为如下几类。

12.5.3.1.1 氧反应型黏结剂

氧反应型黏结剂，通常都是一些低分子量树脂，只能通过与氧气分子间的反应来形成涂层。而且，此反应常常需要金属钴或铅盐作为催化剂。如：

- 醇酸树脂：醇酸树脂是一种由天然干性油经化学反应形成的合成树脂，具有良好的固化成膜性以及耐化学介质和耐候性能。
- 环氧酯：环氧树脂与干性油发生化学反应，形成环氧酯。其分子中干性油部分决定了环氧酯涂层的基本性能。环氧酯涂料通过氧化干燥成膜，其氧化方式与醇酸树脂相同。
- 聚氨酯改性醇酸树脂：醇酸树脂也能与干性油化学结合，作为分子的一部分，进一步与异氰酸酯反应形成聚氨酯改性醇酸树脂。当聚氨酯改性醇酸树脂作为液态涂料使用时，树脂-油的组合体通过氧化转化为固态成膜。
- 有机硅改性醇酸树脂：醇酸树脂与有机硅分子反应结合，可形成耐候性能优异的组合体，即有机硅醇酸树脂。

12.5.3.1.2 挥发性漆

挥发性漆本身就是一种涂料，不过它仅仅是通过溶剂挥发，由液态转化为固态膜层。挥发性漆的固含量通常都比较低，其具体实例有：

- 聚氯乙烯聚合物：这是一种最重要的防腐蚀挥发性漆，由聚氯乙烯共聚物制得。这种漆中乙烯基分子很大，且能有效溶解在溶剂中（20%以内）。
- 氯化橡胶：氯化橡胶必须通过其他耐蚀性树脂来改性，以改善其性能，提高其固含量，并降低膜层脆性以及提高粘接强度。
- 丙烯酸树脂：丙烯酸树脂也是一种高分子量树脂，它可与乙烯基结合，改善其室外耐候性和保色性。
- 沥青类物质：这种挥发性漆，通常都是通过将沥青和煤焦油溶解于适当溶剂中而制得。这类涂层具有良好的耐蚀性，但是仅能在那些对外观无要求的场合使用。

12.5.3.1.3 热转化型黏结剂

属于热转化型黏结剂的实例有：

● 热熔性黏结剂：此类热熔性黏结剂，包括沥青或煤焦油，通常都可将其熔化并在热液条件下，作为100%固含量涂料使用。

● 有机溶胶和塑料溶胶：此类黏结剂都是一些高分子量的树脂（有机溶胶）或乙烯基物质（如塑料溶胶）。它们被加热分散在溶剂或塑化剂中，形成溶剂化物，作为成膜材料。

● 粉末涂料：粉末涂料是通过将极细小的高分子量的热塑性树脂或半热固性树脂粉末熔化，然后喷涂在基体上成膜。粉末涂料可利用涂料和基体之间由于带有极性相反电荷而形成的电场进行涂装，即静电涂装。这是一种非常高效的涂装方法，因为基体涂覆部分会变成绝缘，只有剩余的未涂覆部分对粉末具有静电吸引作用。

12.5.3.1.4　共反应型黏结剂

共反应型黏结剂由两种低分子量树脂组成，即在施涂之前，将两种树脂混合，通过二者在基体表面反应形成结合牢固的致密膜层。例如：

● 环氧树脂：环氧树脂黏结剂由每个分子末端皆带有环氧基团的较低分子量环氧树脂组成。这些低分子量环氧树脂，与不同分子量的有机胺类化合物反应，固化形成高分子量的黏结剂。它们具有很好的耐溶剂和化学介质性能。

● 聚氨酯：聚氨酯是一种共反应型黏结剂，其中含有乙醇或氨基的低分子量树脂与二异氰酸盐反应形成中间树脂预聚体，进而与其他含有机氨基的物质或乙醇甚至水发生反应。

12.5.3.1.5　缩合型黏结剂

缩合型黏结剂主要是通过高能量作用，使树脂分子间相互反应形成交联聚合物。这种黏结剂也称为高温烘焙剂，常用于储罐和管道内衬。这种缩合型黏结剂在聚合过程中主要释放出水。

12.5.3.1.6　聚结型黏结剂

聚结型黏结剂是指涂料中各种树脂类黏结剂通过乳化形成的液态黏结剂。其中树脂乳化最主要的方式是水乳化，其次是其他溶剂乳化。在金属基体表面施涂后，随着涂料中溶剂蒸发，黏结剂树脂会逐渐汇流到一起或聚结，进而形成连续膜层。

12.5.3.1.7　无机黏结剂

无机黏结剂基本上都是一些溶于水或其他溶剂中的无机硅酸盐，在基体表面施涂之后，它们会与空气中水分（湿气）发生反应。依据固化过程中硅酸盐形成方式，无机黏结剂可分为下列几种类型：

● 后固化硅酸盐：可溶性硅酸盐与锌粉结合，形成非常坚硬的岩石状膜层，而这层膜还可与酸性固化剂反应，进一步稳定化。

● 自固化水溶性硅酸盐：这种可溶性碱金属硅酸盐，可与硅溶胶结合使用，提高其固化速度。在基体表面施涂之后，与空气中二氧化碳和水分反应，转化形成一层非水溶性的膜层。

● 自固化溶剂型硅酸盐：此类黏结剂是一种含二氧化硅的有机酯类黏结剂，通过与空气中水分反应，从液态转化为固态，从而形成一个非常坚硬的耐蚀黏结膜层。此类黏结剂的一个主要优点是在施涂之后，它们可以很快转化为耐雨水或湿气的膜层。

12.5.3.2　颜料

颜料基本上都是一些不能溶解于涂料介质之中的干燥粉末，因此，在涂料中加入颜料时，需要利用某种分散技术对其进行分散混合。颜料来源很广，包括天然矿物到各种人工合成的有机物。一个保护涂层体系必须具备几个必要的基本性能，而颜料在其中起到了很重要的作用。当然，一种涂料，其中可能包含有多种不同颜料，而每种颜料可能对涂层某些基本的重要功能特性都有各自不同的作用，如：

- 颜色；
- 对树脂黏结剂的保护；
- 抑制腐蚀（缓蚀）；
- 防腐蚀作用；
- 增强膜；
- 防滑性；
- 控制流挂性；
- 增强遮盖性；
- 隐身和控制光泽；
- 附着力。

磷酸锌可能是一种最重要的防腐涂料用颜料。正确选择与颜料相适应的黏结剂非常重要，因为黏结剂可能会极大影响涂料中颜料的性能。红铅（四氧化铅）颜料可能会加速非铁金属的腐蚀，而铅酸钙颜料可以非常有效地提高涂层在无任何表面预处理的新镀锌钢表面的附着力，而且据报道，在其他金属表面也有类似效果。

12.5.3.3 溶剂

大多数涂料都是由多种溶剂配制而成，只使用单一溶剂的极少。溶剂会影响涂料的黏度、流动性、干燥速度、喷涂和刷涂性以及涂层光泽。而且，没有一种溶剂是万能的，可适用于所有防护涂料。此外，一种溶剂，对于某种涂料体系而言，可能效果最好，但是对另外一种涂料体系来说，它可能就不合适。例如：沥青在烃类化合物中很容易溶解，但是不溶于醇类。溶剂的错误选择是最严重的涂料问题之一，因为溶剂会极大影响最终涂层的固化特性和附着力。为便于介绍，在此我们将溶剂重新归为以下几类：

• 脂肪烃类：脂肪烃或链烷烃，如石脑油或松香水等，在沥青基、油基和乙烯基涂料中很常用；

• 芳香烃类：芳香烃（如甲苯、二甲苯或一些高沸点同系物）常用于氯化橡胶、煤沥青以及某些醇酸树脂涂料。

• 酮类：酮类物质（如丙酮、甲乙酮、甲基异丁基或戊基酮及很多其他酮类），在乙烯基、有些环氧树脂及其他树脂涂料中，使用效果皆很好。

• 酯类：酯类物质（如乙酸乙酯、乙酸丙酯、乙酸丁酯及乙酸戊酯），常作为环氧和聚氨酯涂料体系的助溶剂（一种溶剂类型，在室温下仅可使黏结剂溶胀）。

• 醇类：醇类物质（如甲醇、丙醇、异丙醇或丁醇以及环己醇等），是酚醛树脂等高极性黏结剂的优良溶剂。有些醇类物质还可在环氧树脂涂料中使用。

• 醚类和醇醚类：乙醚等醚类是某些天然树脂、油类和脂肪的优异溶剂。在防护涂料中，醚类通常都以醇醚的形式使用，如乙二醇单甲醚，常称为纤维素溶剂（溶纤剂）。溶纤剂是一种很好的溶剂，在很多油类、树胶、天然树脂以及合成树脂，如醇酸树脂、乙基纤维素、硝酸纤维素、聚醋酸乙烯酯、聚乙烯醇缩丁醛、酚醛树脂中，都可使用。此外，纤溶剂还是一种慢挥发性溶剂，在很多挥发性漆中使用，可以改善其流动性和光泽。

● 水：由于最近有关限制有机溶剂产生的挥发性有机物排放的相关法规的实施，涂料业内人士不得不重新考虑以水作为溶剂的问题。金属防护用水性涂料，其中大多数的成膜方式都是空气干燥或90℃之下热力干燥。大量水性涂料配方皆属于此类。其中水稀释性醇酸树脂和改性醇酸树脂、丙烯酸乳液、丙烯酸环氧复合体系最常用。

12.5.4　临时防腐剂

有一类涂料，即所谓的临时防腐剂，其应用日益增长，并且呈现出多样化的发展态势。术语“临时”是表示对特定室内或室外环境中金属部件提供保护作用的时间间隔相对较短，当然有可能是几小时至数月不等，甚至可能是几年。这种附加的临时保护通常都是针对那些已采用包层（包覆）或转化膜层等技术进行永久性或半永久性保护的结构表面。其中有些临时保护剂可能是一种易于使用或清除的流体产品，如胶结剂、密封剂和防蚀化合物（CPCs）。此外，还有一些其他类型的临时保护剂，如气相缓蚀剂（VPIs），可对密闭狭小空间内的设备系统起缓蚀保护作用。通常在系统寿命周期内，所有这些临时保护剂都需要定期更换或更新。关于防蚀化合物（CPCs）和气相缓蚀剂（VPIs），我们将在第十三章介绍。

胶结剂，主要用来保护接头，其目的是阻挡污物和水分进入，并为可溶性缓蚀剂提供存储场所。而密封剂，主要用于预防连接处燃油等液体逸出，不过它们也能阻挡湿气进入。另外，胶结剂还必须具有足够的柔韧性，便于零部件拆卸，很多合成树脂都可满足这一要求。而且，可作为胶结剂的这些化合物，在结构边缘处应能充分硬化，易于涂料附着，而在接头内部，它们应仍然能保持良好的胶黏性，不会因弯曲造成开裂。对于湿式安装的紧固件，使用缓蚀性密封剂对其搭接面和对接接头进行处理，是一种非常有效的方法。在绝缘连接异质金属时，使用缓蚀性密封剂处理，效果也很好。

12.5.5　不粘涂料

在工业、建筑、汽车以及海洋船舶等行业中，不粘涂料应用很广泛。如不粘性船壳涂料，可以抵抗海生物的牢固附着，避免船舶的海生物污损，而无需使用在环境中会累积的重金属杀生剂。通过合适的表面处理，在健康保健设施和食品加工设备表面形成一个具有抗微生物附着的不粘表面，卫生维持就会很容易。

不过，目前有关不粘表面的研究，通常都集中在表面，而忽视了黏附物本身。长期以来，表面自由能或临界表面张力一直被认为是黏附强度的决定因素。其中表面自由能是指表面上的基团、原子或分子相对于其体相内的过剩能量。而自由能大小可以体现表面与其他物质相互自发作用的能力。有机聚合物的表面自由能通常在11～80mJ/m^2。在不粘涂料的研究开发中，大量使用的就是那些较低表面自由能的商用聚合物（表12.6）。其中聚乙烯和聚丙烯等烃类化合物很容易获得，且价格便宜，但是这些化合物无法充分溶解成膜。而未取代的烃类化合物很容易被氧化，在室外使用时，其不粘特性会快速退化。目前，含氯（特别是含氟）卤代聚合物受到了人们的广泛关注，其中至少有六种商品化的产品，如：含有氟乙烯、偏二氟乙烯、四氟乙烯、六氟丙烯或三氟氯乙烯的均聚物和共聚物商品。它们的表面自由能皆在 15～31mJ/m^2，且耐化学品性能优异。[14]

表 12.6　一些聚合物的表面自由能

聚合物	表面自由能/(mJ/m^2)	聚合物	表面自由能/(mJ/m^2)
聚乙烯	34	聚二甲基硅氧烷	22
聚三氟氯乙烯	31	聚四氟乙烯	19
聚丙烯	30	聚四氟乙烯六氟丙烯共聚物	18
聚氟乙烯	28	聚[3,3,3-三氟丙基甲基硅氧烷]	18
聚乙烯四氟乙烯共聚物	27	聚乙烯三氟氯乙烯共聚物	15
聚偏二氟乙烯	25		

现有的一些商品化的氟化前驱物，可以帮助人们解决聚合物的可溶性以及与基体附着的问题。这些低聚物（氟化前驱物）的分子量在 2000～7000，分子中含氟，赋予其低表面能特性，含羟基，赋予其反应活性和黏附性能。它们可与聚异氰酸酯配制成聚氨酯涂料。目前使用最多的氟化多元醇，是三氟氯乙烯和各种非卤化乙烯醚的共聚物。其中后者（非卤化乙烯醚）的作用就是提供反应活性、黏附性和可溶性，其结构和组成变化范围很大。这种材料一般被称为氟化乙烯基醚（FEVE）树脂（FEVE 氟碳树脂）[15]。

由六氟丙酮（HFA）衍生制得的氟化多元醇，也可用来制备表面涂层。此类氟化多元醇的表面自由能接近聚四氟乙烯（PTFE）。而聚四氟乙烯（PTFE）可在树脂中分散，与传统涂料中颜料类似。干膜中互相堆叠的片状聚四氟乙烯（PTFE），可以改善涂层的屏蔽性能。此类涂层可用作大型燃油储罐的内部衬里、船舱和容器的防腐涂层、小型船只的无毒防污涂层。

在工业和船舶涂料中，含有氟化乙烯基醚（FEVE）或六氟丙酮（HFA）的氟聚氨酯，常作为聚氨酯或环氧底漆的配套面漆使用。在底涂层完全固化之前，再施涂面漆，此时两涂层之间会发生化学反应，使涂层体系具有良好的附着力和耐久性。而氟化基团会优先迁移至上表面，使涂层具有不粘特性。

但是，氟碳化合物涂层表面依然有一些缺点。例如：纯聚四氟乙烯（PTFE）的表面孔隙非常多，尽管其表面自由能很低，但是由于海生物会渗入孔内黏附，形成机械嵌合互锁附着，因此海洋生物污染物仍然会迅速在其表面积累，造成生物污损。此外，氟原子增加了绕主链旋转的阻力，使氟聚合物链的刚性增大。另外，氟聚氨酯涂料是一种高度交联的热固性材料，几乎没有分子流动性[14]。

12.6　无机（非金属）涂层

无机涂层，可在通电或不通电的情况下通过化学反应制备得到，涉及的材料种类很多，包括可用于水下施工的水硬性水泥、陶瓷和黏土、玻璃、碳、硅酸盐以及其他材料等。其中有些无机涂层通过在金属表面形成一层具有保护性的金属氧化物或化合物膜层而制备，而这层膜的耐蚀性优于自然氧化膜，可为后面采用涂料等防护奠定良好基础或者起到非常关键的作用。

12.6.1　水硬性水泥

水硬性水泥常用来涂覆管道内部和外部，尤其是埋地管道或水下管线，如水管或下水管道。例如，输送气体或液态烃类化合物的水下管线，其内表面可涂覆水硬性水泥进行保护，不过可能需要与重晶石或其他重质材料混合使用，使管道具有下沉力。此外，水硬性水泥还可能与有机物混合使用，用以维持钢表面非腐蚀性的 pH 值环境。

在铸铁、球墨铸铁或钢管表面涂覆水硬性水泥，可在工厂利用机器进行，即：让管道绕其纵向轴线中心旋转，同时将砂浆混合物均匀致密地喷射到管道内表面。经过适当固化形成涂层之后，如果管道处理仔细得当，此混凝土涂层将可很好地保护管道内表面，抵御水和很多其他液体以及气体腐蚀性介质的侵蚀。

混凝土涂层可在各种构型的钢结构表面上使用，只要混凝土不发生开裂或散裂[如图12.6(a)和(b)所示]，它们皆能对钢起到良好的保护作用，因为水硬性水泥的碱性反应可使钢表面维持在一个高 pH 值状态，有效抑制钢的腐蚀。例如：当用水硬性水泥包覆钢筋时，此时所形成的混凝土涂层既能起到增强作用，同时还能起到保护钢筋的作用。

图 12.6　水管上混凝土涂层散裂的概况（a）和细节（b）
[由美国加州东湾水利局路易斯（Lewis）供图]

12.6.2　陶瓷和玻璃

陶瓷在很多方面的应用，可能都与水硬性水泥相同，只不过，陶瓷通常都是在受热或受高速热气流的攻击场合使用。在火箭喷嘴等热气排气管道、炉膛内衬和其他类似应用场合中，陶瓷涂层很常用[5]。

还有一种陶瓷材料，由耐酸水泥衍生而来，可认为是一种特殊水泥砂浆。这种水泥砂浆制成的涂层，具有优异的耐酸、耐碱和耐热性，可用于钢或混凝土的表面保护。此外，这种材料还可以利用金属丝网增强，达到并维持其正常应用所需厚度。此类材料的膨胀系数与钢接近，从而解决了无机材料在钢表面应用时所面临的一个主要问题。另外，在洗涤器或其他要求内壁清洁的工艺设备中，这种材料还能用作底板或容器内壁。

玻璃用作涂层，无论是何种配方，通常都是在设备的生产制备过程中，以浆料形式施涂在基体表面后固化形成，其应用极少以维修为目的。在施涂完成形成玻璃涂层之后，只要未受到机械损伤破坏，玻璃表面通常都具有极高的耐酸性，且能耐很多微碱性腐蚀介质的侵蚀。此外，玻璃表面很容易清洗，但是受损后难以修复。在化学、制药和食品工业中，各种类型的玻璃衬里和涂覆的管道、阀门、泵及容器的应用非常广泛。由碱性硼硅酸盐玻璃制得的涂层，与碱性硼硅酸盐玻璃一样，有可能在温度高达 175℃左右的大多数不含氟化物的混合酸环境中使用。

12.6.3 阳极氧化膜

阳极氧化，即通过给金属表面施加一定的阳极电位来制备无机防护涂层。这种技术在铝、镁、钛及很多其他金属及合金等工程金属材料中广泛应用。但是需要注意的是，如果在施加阳极电位进行阳极氧化的这一过程中，金属表面并未能形成一层保护性的阻挡膜层，阳极氧化通常都会对金属造成极大的腐蚀。例如：在流经电解槽的阳极电流作用下，金属铝表面可转化形成一层耐久性的氧化铝膜。与通过电沉积在基体表面制备金属涂层的电镀方法的区别之一是，通过阳极氧化在金属基体表面形成的氧化物涂层，与金属基体形成了一个整体。此外，经过氧化处理后的金属表面，通常都比较硬、耐磨，且具有良好耐蚀性。

迄今为止，在所有可以阳极氧化处理的金属中，应用最广泛的仍然是铝合金，涉及很多不同领域。表 12.7 列举了一些适合进行阳极氧化处理的铝合金，并介绍了一些典型阳极氧化膜层的相关性能以及最终使用建议。为何对一个零件进行阳极氧化处理，其原因很多，相关处理工艺也很多。在选择阳极氧化类型和工艺时，可能需要考虑下列相关因素：

- 外观：产品看起来很光亮，外观显得更干净、更好，且耐久性更佳；
- 耐蚀性：可保持表面光滑，同时减缓老化，适用于食品加工和海产品；
- 易于清洗：经过阳极氧化处理的产品，更容易保持清洁，且维持时间更长，更容易清洗；
- 耐磨性：经过处理的金属表面坚硬，比很多磨料的硬度都高，是工模具和气缸的理想选择；
- 不易卡死：螺钉和其他活动件将不会发生卡死、受阻或堵塞，同时也会减轻这些部位的磨损；典型应用有枪炮瞄准镜、仪器以及螺纹等；
- 热吸收：用于食品加工行业中的铝制设备，阳极氧化后，其表面吸热更均匀或选择性更好；
- 热辐射：阳极氧化是电散热器和取暖器的常用表面处理方法。

表 12.7 适合阳极氧化处理的铝合金

系列	涂层性能	应用	使用建议
1xxx	干净,光亮	罐、结构件	这种光亮涂层易腐蚀、染色;当摆放此类软质产品时要小心
2xxx	黄色,保护作用差	飞机结构材料	由于含铜量高于2%,此类合金表面形成的氧化物涂层呈黄色,耐候性差
3xxx	浅灰褐色	罐、建筑、照明	各片薄板之间的颜色很难匹配一致(灰色/褐色颜色程度变化不定),广泛用于建筑涂装产品
4xxx	暗灰色(深灰色)	建筑、照明	在过去多年,用作 4043 和 4343 铝合金建筑结构的暗灰色饰面,不过其表面产生的深黑色污迹很难清除
5xxx	清洁,良好的保护作用	建筑、焊接、照明线	对于 5005 铝合金:保持 Si＜0.1%和 Mg 在 0.7%～＜0.9%;最大作业误差±20%;注意氧化条纹
6xxx	清洁,良好的保护作用	建筑、结构件	哑光:Fe＞0.2%; 光亮:Fe＜0.1%; 6063 与 5005 匹配最佳; 6463 最适合进行化学抛光
7xxx	清洁,良好的保护作用	汽车	锌含量超过 5%时,涂层(膜层)呈褐色;对外排废水中锌含量进行监测;适合制备光亮涂层

12.6.3.1　阳极氧化工艺流程

铝阳极氧化处理工艺流程如图 12.7 所示，包括多个步骤，即依次将零件在各种浴槽中浸滞处理，其具体过程和相应作用如下：

- 预处理：用 80℃左右的非刻蚀性的碱性去污剂清洗。此步骤的目的是清除表面累积的污染物和轻质油污；
- 漂洗（水洗）：在每个步骤之后都进行漂洗，有时需严格使用去离子水；
- 浸蚀（化学刻蚀）：在氢氧化钠溶液中进行浸蚀，其目的是化学清除铝表面薄膜，为后续阳极氧化做准备。在碱性浸蚀之后，铝合金表面粗糙无光；
- 去污出光：在酸性溶液中清洗，去除浸蚀后表面残留的有害粒子；
- 阳极氧化：将铝浸入酸性氧化液中，并以铝作为阳极、容器作为阴极构成电解池，施加直流电进行氧化处理；
- 着色：阳极氧化膜可用各种方法进行着色处理，包括吸附性染色、有机和无机染料、电解着色；
- 封闭：在整个阳极氧化处理过程中，多孔氧化膜层的封闭处理对氧化膜性能影响极大。为使涂层具有最佳的耐蚀防污性能，对氧化膜孔洞必须进行封闭处理，使其无吸水性。

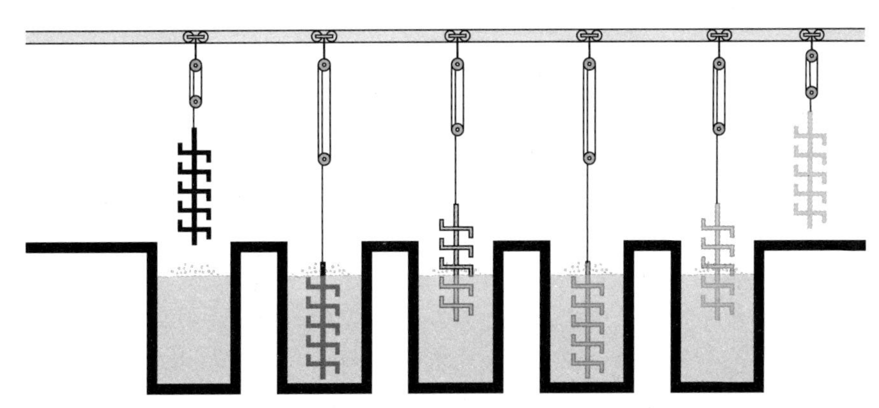

图 12.7　将铝制零件浸入浴槽中进行阳极氧化处理的一系列连续步骤，包括清洗、刻蚀、阳极氧化及封闭处理

铝的阳极氧化处理可以在很多酸性溶液中进行，但硫酸溶液最常用。不过，在某些特殊应用场合，铬酸、草酸和磷酸也比较常用[16]。采用“标准”硫酸阳极氧化（类型Ⅱ）制备的氧化膜，最适合进行着色处理。其中氧化液为浓度 15％的硫酸溶液，温度维持在 20℃。随着温度升高，氧化膜多孔性增加，可改善其着色能力。但是，随着温度升高，酸对氧化膜表面的溶解作用增强，使氧化膜硬度降低，且表面会失去光泽。

硬质氧化（类型Ⅲ）通常是指采用更高浓度的硫酸溶液、更低氧化温度（－1～4℃）、更高氧化电压和电流进行阳极氧化处理的一种工艺。硬质氧化处理后，铝表面将形成一层非常坚硬、致密、耐磨的氧化膜。由于低温电解液的冷却效应，所形成的氧化膜很致密。因为在此温度范围内，硫酸对氧化膜的侵蚀作用比高温时弱。此外，由于氧化温度较低，维持较高电流密度需要更高电压，也有利于形成更小更致密的孔洞，因此膜层具有高硬度和优异的耐磨性。

铬酸阳极氧化（类型Ⅰ）可作为海洋服役环境中飞机的涂装前处理手段，以及在某些组装件内可能残留酸液时的表面处理手段。尽管所形成的铬酸阳极氧化膜非常薄，但是它的耐蚀性非常优异，而且如果需要，还可进行着色处理。通常，铬酸阳极氧化处理所用氧化液中铬酸浓度在5%～10%，氧化温度控制在35～40℃。目前，铬酸阳极氧化处理有两种主要工艺：其中一种氧化电压为40V；另一种工艺较新，氧化电压为20V。

有时也可以选用草酸作为氧化液，所用处理设备类似。草酸阳极氧化处理时氧化温度无需很低，氧化膜厚度就可达50μm。大多数铝合金上，草酸阳极氧化膜通常都呈金色或金铜色。一般情况下，所用氧化液中草酸浓度皆在3%～10%，氧化温度约在27～32℃，直流氧化电压为50V左右。

磷酸阳极氧化，常作为飞机用铝合金表面粘接前处理手段，也是一种非常好的铝合金表面电镀前处理方式。通常，所用氧化液中磷酸浓度在3%～20%，氧化温度在32℃左右，氧化电压可达60V。

12.6.3.2 阳极氧化膜的性质

铝阳极氧化膜的厚度通常在2～25μm，由邻近基体的薄的无孔阻挡层和外部的多孔层构成，可采用蒸汽或热水进行几分钟的封闭处理。这种阳极氧化膜不导电。铝电解电容器就是利用了阳极氧化膜的这种绝缘特性，不过，此时氧化处理通常都是采用专门的硼酸或酒石酸氧化液。

各种不同性能的铝阳极氧化膜，基本上都通过调整阳极氧化处理工艺条件制备得到，从装饰用的薄氧化膜到工程用的超硬耐磨氧化膜。例如：一个光亮饰面的铝合金表面，可以通过电解抛光或化学出光与阳极氧化薄膜制备技术相结合来制得，而其他手段根本无法复制。此外，很多建筑师们偏爱的一种“青灰色”无光罩面，可以结合铝合金阳极氧化与表面蚀刻技术得到。

通常，阳极氧化膜都多孔，因为只要电解液能轻微溶解氧化膜，就会形成这种多孔状膜。孔洞的形成就是由于在直流电作用下，氧化膜在生长的同时，也会发生溶解。氧化膜的多孔性，赋予其良好的着色性能，因为有机染料、颜料通过浸泡很容易渗入膜层孔洞之中，而且着色的金属粒子通过电解沉积也容易沉积到孔洞之中。

阳极氧化工艺条件对铝氧化膜性能的影响很大。采用低温和低浓度酸液，制得的膜层孔洞较少，且膜层较硬。随着氧化温度升高，氧化膜中孔洞会增多，可着色性得到改善。但是，由于温度升高后，酸对氧化膜表面的溶解作用加强，导致膜层硬度降低，同时表面会失去光泽。此外，随着孔径增大，封闭将会变得更困难，而且封闭过程中还会有大量颜料浸出。

12.6.3.3 阳极氧化膜的封闭

为获得所需的最佳保护性能和耐蚀性，铝合金阳极氧化膜，无论是否经过着色处理，都必须进行封闭处理。封闭处理形成的水合氧化物层，可以改善膜层的保护性能。图12.8阐明了封闭处理过程中最初多孔阳极氧化膜的演变过程。

水热封闭（90～100℃）处理是将阳极氧化处理的零件浸滞在沸水或乙酸镍等其他溶液中，让其中氧化铝与水发生水合反应，形成水合氧化物。由于水合氧化物比无水氧化物体积大，因此膜层中孔洞被填充或堵塞，可以进一步提高膜层的防污耐蚀性能。在大多数情况下，含镍盐的封闭剂可以抑制染料在封闭过程中的浸出。

由于水热封闭处理温度较高，本身能耗成本较高，因此，化工厂商们又开发出了一些温

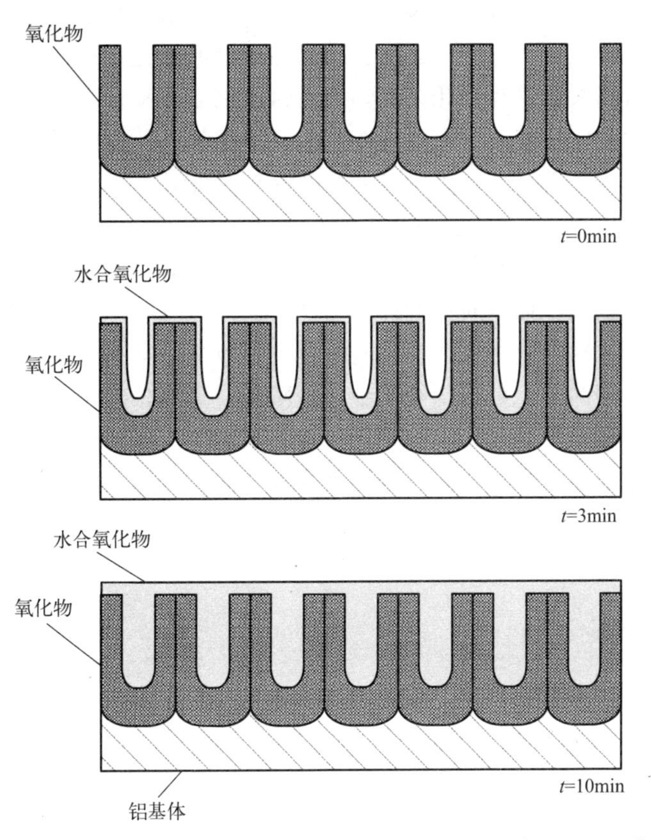

图 12.8　多孔阳极氧化膜随封闭处理（85℃）时间的演变过程示意图

度较低的中温封闭剂（70～90℃）。此类封闭剂中含有镍、镁、锂及一些其他金属盐，由于这种中温封闭处理，能耗成本低而且操作简便，目前应用很广泛。不过，这种中温封闭处理有一个缺点，即：在封闭过程中，有机染料容易从着色零件中浸出。稍微增大封闭液浓度，并将操作温度提高至上限温度（90℃），可弥补这一问题。

环境友好的无镍封闭剂，目前已迅速成为透明或电解着色零件封闭处理的首选。这种中温封闭剂，不存在颜料浸出问题，无需使用重金属离子，就可实现氧化物的水合。此外，在封闭液受到污染或失效后，封闭废液也无需进行后续污水处理（当然有可能需要进行 pH 值调节），就可以直接排放至下水道。这为最终决策者提供了一个更安全的可选方案，取代必须进行废水处理的含重金属的封闭剂。

此外，阳极氧化铝的室温封闭处理技术（20～35℃）也得到了很大发展。与通过水合封闭的高温和中温封闭剂不同，室温的冷封闭剂是通过氧化铝与封闭液中氟化镍之间的化学反应来封闭氧化膜孔。遗憾的是，室温下这个反应很慢，封闭处理长，可能需要 24h。不过，在冷封闭剂中浸泡之后，再温水（70℃）漂洗，可以加速此封闭进程，这种方式可用来处理和包装已封闭零件。此外，对有机染色零件，冷封闭处理更有益。光稳定性（抗褪色性）测试结果也表明：冷封闭零件的耐光性更好。

12.6.4　磷化膜

磷化处理是一种非常成功的钢铁表面处理技术，所形成膜称为磷化膜或磷酸盐转化膜。

磷化膜是由细小磷酸盐晶粒构成的一种多孔的厚膜，牢固附着在钢基表面。作为一种汽车车身涂装前处理手段，磷化处理已应用多年。磷化处理的基本过程是：首先可采用酸洗或一些其他净化处理方式对钢表面进行净化处理，然后再将钢立即浸入含锌盐的热磷酸溶液中进行磷化处理，其中磷化液中可能还含有锰盐和一些其他添加剂。目前有关钢铁磷化处理工艺的专利很多，如帕克（Parkerizing）工艺（一种以磷酸二氢锰为主盐的磷化处理工艺）和邦德（Bonderizing）工艺（一种添加少量铜离子加速磷化的锌系磷化工艺）。

其实，单纯磷化处理后，基体表面的耐蚀性并不是很好，但是可为涂油、涂蜡或刷涂料提供一个非常优异的基底，而且对抑制涂层下锈层扩展很有利。但是，渗氮或机械抛光的钢铁表面不宜进行磷化处理。此外，含铝、镁或锌的钢铁零件，在磷化液中很容易发生点蚀。热处理不锈钢和高强钢的磷化处理也会受到一定限制。另外，磷化处理需要可盛放热酸性磷化液的容器，对于大型钢件处理，也会受到一定的限制。

注意，上述磷化处理不应与在金属表面喷涂温热酸性盐溶液的冷磷酸盐处理方式相提并论。因为这种冷磷酸盐处理方式会造成金属表面的酸浸蚀，而且金属表面会残存一些磷酸盐，但是并未形成一个完整的磷酸盐转化膜。

12.6.5 铬酸盐转化膜

如果一个清洁金属表面能氧化形成一层连续的双金属氧化物薄膜，那么金属的耐蚀性将有可能得到极大的提高。铝、锌和镉通常都可采用一些专用铬酸盐转化处理工艺进行氧化处理，一般都是采用在强酸性铬酸盐溶液中进行短时间浸泡的方式，但是对于零件修复，也可使用喷涂、刷涂或抹涂等方式。膜厚一般在 5μm 左右，其颜色与基体合金有关，铝表面上形成的膜为金黄色，在镉和锌表面形成的是暗金色膜，而在镁表面形成的是棕色或黑色膜。

此外，铬酸盐转化膜层中含有可溶性的铬酸盐，作为缓蚀剂，可提高膜层的耐蚀性。与磷化膜类似，铬酸盐转化膜也是一种优异的涂装底层。实际上，有色金属如果不经过这种铬酸盐转化处理，聚合物涂层很难在其表面非常牢固地附着。例如：环氧底漆无法在裸铝合金表面牢固附着，但可与化学转化膜良好附着。然而，由于六价铬毒性的问题，铬酸盐转化处理已受到了极大限制。

12.6.6 渗氮（氮化）膜层

渗氮处理可使含有铬、钼、铝和钒等氮化物形成元素的钢表面形成一层性能优异的硬质膜层，从而改善钢的耐磨性。不同的渗氮处理工艺，大多有各自特点，不过，一般都包括将洁净金属表面暴露在高温无水氨气环境中这一过程。与最初未氮化的钢相比，由于所形成的氮化物硬度高且体积大，因此氮化处理后的钢表面不仅硬度更高，而且还存在残留压应力。因此，渗氮钢通常都具有优异的抗疲劳和腐蚀疲劳性能。其实，喷丸处理也有类似的提高抗疲劳性能的有利作用。

12.6.7 钝化膜

发蓝处理作为一种钢表面制备保护性膜层的一种方法，应用历史悠久。经发蓝处理再加上涂油维护后，钢铁表面这层薄氧化膜就足以预防正常大气环境中钢铁的生锈。在干蒸气、强碱液、氰化物或很多其他化学介质环境中，洁净的钢表面都有可能形成这种氧化膜层。但是，只有那些非常薄且连续的氧化膜，才有可能具有人们所预期的那些物理机械性能。

奥氏体不锈钢以及可硬化不锈钢，如马氏体不锈钢、沉淀硬化不锈钢和马氏体时效不锈钢等，很少会应用涂层进行保护，它们的耐蚀性主要取决于自然形成透明的氧化膜层。不过，一些有机或金属或无机物等表面污染物，可能会损害表面这层氧化膜。

可在清洁无油的钢材表面形成均匀保护性氧化膜的钝化处理方法，通常都包括钢在硝酸溶液和重铬酸盐溶液中浸泡处理这一过程。

12.6.8 包埋渗层

某些物质可以扩散进入金属表面，形成一个完全不同于金属的表面产物层，即渗层。这种制备渗层的工艺，称为包埋渗，其方法是：用含碳材料、铝化物、铬酸盐或硅化物的粉末，将待渗工件包埋在容器内，然后经过足够长时间的高温处理，让碳、铝、铬或硼等扩散进入金属表面。经此处理后，在金属表面可形成一层厚约 20～50μm 的坚硬耐磨膜层。对燃气涡轮叶片和导向叶片进行包埋渗处理，可明显改善其耐磨性和/或耐高温性能。对铝制换热器表面进行包埋渗处理，在其表面制备一层渗铝涂层，可提高其抗含硫气体侵蚀（H_2S、SO_2、SO_3）能力。

渗锌处理是将钢件在高温锌粉中滚动，使锌扩散渗入钢表面。

12.7 金属涂层（镀层）

在很多苛刻服役环境中，采用金属涂层进行保护可能更为合适。例如：零部件在服役过程可能遭受严重冲击、磨损或高温条件作用时，此时就可考虑选择使用金属涂层保护。但是如果服役环境中含有电解液，此时首先必须检测基体金属与所用涂层金属之间是否存在任何电偶不相容性问题，这一点非常重要。因为如果保护性金属涂层中有一个破口（缺陷），电解质溶液就可能通过缺陷渗入，导致两种不同金属通过电解液而相互导通，那么其中较为活性的金属（可能是基体金属亦可能是涂层金属）的腐蚀就可能加速或加重，当然，这种情况是否会发生以及如何发生，取决于所处服役环境状态以及金属涂层与基体之间的电偶关系（图 12.9）。表 12.8 概括介绍了金属涂层中各主要元素的特性及应用。

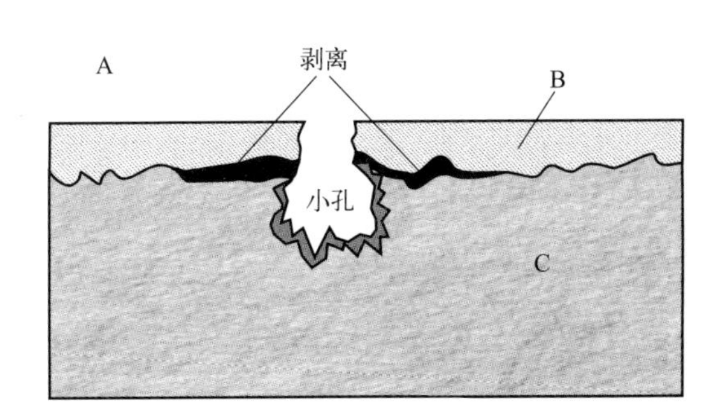

图 12.9　由于阴极性涂层中空隙（孔洞）最终造成基体金属发生点蚀的示意图

箭头显示离子离开基体金属的可能途径：A—电解液；B—阴极性涂层；
C—基体金属；图中所标示的剥离现象可能发生，也有可能不会发生

表 12.8　保护涂层中主要金属元素的特性及其应用

铝

在钢表面制备铝涂层，可采用热浸、渗、离子气相沉积或喷涂等各种方式。但唯有喷涂技术，长期以来一直被人们广泛使用。离子气相沉积是一种相对比较新颖的技术。包埋渗铝技术在燃气轮机零部件的表面处理中广泛应用。在软化水中，铝相对钢是阴极。但是，在海水或有些含氯离子或硫酸根离子的淡水中，铝相对钢可能会变成阳极，此时，铝涂层的牺牲性腐蚀可以对钢起到阴极保护作用。不过，实际情况并非总是如此，后面文中将会提及。

喷涂铝涂层，厚度约 100～150μm，有黏性，且有一定的吸附性。喷涂铝涂层对钢的保护效果非常好，采用有机挥发性涂料或色漆进行封闭处理，可进一步提高铝涂层的保护性能，延缓表面可见锈的出现。但是，首先需对钢表面进行喷砂处理，使其表面粗糙化，便于涂层粘接。另外，由于喷涂铝涂层较厚，且表面相对比较粗糙，不适合小公差零部件的表面保护。

离子气相沉积铝涂层在很多零部件上都已有应用，包括：钢和钛紧固件、电子插接件、发动机支架和定子叶片、起落架部件、整体成型机翼蒙皮以及大量混杂零部件等。离子气相沉积铝涂层是以商用铝合金（1100 合金）丝为原料，在惰性气体辉光放电环境中将其熔化、汽化和离子化，然后在基体表面沉积制得。离子气相沉积铝涂层质地较软且延展性好。该工艺适合批量生产。待涂覆零件相对于蒸发源处于高负电位状态，带正电荷的气态离子轰击零件表面，可对零件表面进行最后清洗。在铝被蒸发和离子化后，离子化铝将加速飞向零件表面，并在表面沉积，最终形成一层附着牢固的致密涂层。

离子气相沉积铝涂层，通常最小厚度在 8～25μm，可直接应用，亦可再进行铬酸盐钝化处理，进一步提高其耐蚀性。螺纹等小公差零件表面通常所用涂层较薄；零件内表面或预期腐蚀环境较为温和的场合，通常使用的是中等厚度涂层（＞13μm）；而高腐蚀性服役环境的零件外表面和发动机部件，通常所用涂层较厚（＞13μm）。目前，离子气相沉积铝涂层已被人们视为燃气涡轮机冷却部件（温度低于 454℃）的扩散镍镉和铝粉涂料的一种替代品。离子气相沉积铝涂层工艺亦已成为高温零件表面包埋渗制备铝化物涂层的一种替代工艺。此时，高温零件表面离子气相沉积的铝，通过扩散进入镍基超合金基体内，最终形成镍铝涂层。

铝离子气相沉积技术避免了使用镉所涉及的相关环保和毒性问题，仅此一点，该技术就非常有吸引力。此外，铝离子气相沉积技术，既不会引起钢的氢脆，也不会导致钢或钛的固溶合金脆化，而且所制得的铝涂层与铝合金结构之间的电偶相容性更好，可以避免敏感铝合金结构的剥落腐蚀。不过，关于铝涂层对钢紧固件的保护能力，目前似乎还有些不同观点。其中就有人认为：在含氯离子环境中，纯铝涂层无法对钢基体提供足够的牺牲性保护作用。因此，他们建议开发含有少量锌或其他元素的铝涂层，以提高其保护作用。

镉

在飞机制造业中，镉镀层（涂层）在电镀钢紧固件和轴承组合件中广泛应用，因为镉与铝二者之间电偶效应并不很明显，可以接受。此外，镉相对钢是阳极，可对涂层划伤或缝隙处及剪切边缘处露出的钢基体提供阴极保护作用。而且，镉镀层（涂层）还具有良好的表面润滑性、导电性、抗微动腐蚀和疲劳的性能，其腐蚀产物也不会造成接触面咬合。不过，电沉积制备镉镀层通常使用的都是氰化物镀液，但有时也可能使用氟硼酸酸盐或氨基磺酸盐镀液。另外，为了降低氢的渗透，镀液中还可能加入一些专用添加剂。镉镀层厚度通常在 5～25μm 左右。

总体而言，使用金属镉镀层会带来四个问题。第一个问题是镉的高毒性，环境中镉排放问题一直都是环保机构的重点关注对象。与镀镉零件的最终处置一样，氰化物镀镉废液的处置同样也是一个问题。第二个问题是在电镀过程中，零件表面暴露部位会发生阴极析氢，而由于大量高强钢对氢脆都极其敏感，因此，零件表面电镀镉后的高温烘烤除氢处理至关重要。事实上，大多数镀镉工艺技术规范，都有对镀件的烘烤要求以及后续取样检测以确认其无脆性的相关规定。如采用离子气相沉积工艺制备镉涂层，则可以避免氢脆问题，因为此过程中不会析氢，但是成本较高。不过，在那些难以通过烘烤除氢的超高强度钢表面镀镉时，还是可以考虑使用离子气相沉积工艺。此外，在钢表面气相沉积与电镀镉层基本类似的镉涂层后，此表面还是需要再采用同种类型的涂料进行附加保护。第三个问题是镉会引起钢和钛合金的金属固溶脆化。第四个问题是在铆接或螺栓连接结构件中，与那些敏感铝合金相接触的紧固件表面的镉镀层，会引起敏感铝合金的剥落腐蚀。

镀镉的替代工艺有很多，但是没有一种是万能的、可替代所有的镀镉工艺。下面列出了部分镀镉的替代工艺，有镀锌、镀锡或锡合金、镀钴-锌、镀锌-镍、镀锌-铁、片状锌粉涂层、金属陶瓷涂层、离子气相沉积铝等。在上述替代工艺中，其中应用最为成功的是电镀历史悠久的镀锌-镍。一般而言，一个成功的镀镉替代品，首先是必须具有足够好的耐蚀性，其中耐蚀性依据标准测试来衡量。此外，在某些军事和航空航天应用领域，镉镀层的替代品还必须具有一些其他所需性能，如润滑性等。事实上，由于市场萎缩以及限制排放标准提高，在大量电镀车间，目前镀镉已基本完全被淘汰。

铬

通常，铬涂层（铬镀层）都是作为一种耐摩擦、耐磨损及耐腐蚀的保护性涂层来使用。铬涂层（铬镀层）硬度高，在 900～1100HV，且具有低摩擦性和高反射性。薄铬镀层的厚度通常只有 0.2～1μm，是铜-镍-铬多层镀层中的最后一层；厚铬镀层的厚度可达 300μm，具有良好的耐磨性。在铜-镍-铬多层镀层中，铬镀层作为其中的一部分，赋予整个涂层高硬度、反射性以及抗污染性等特性。而整个涂层的耐蚀性则主要是来源于铬镀层下面厚镍层的屏蔽作用。不过，由于铜、镍和铬相对于钢都是阴极，一旦涂层遭到破坏而暴露出下面的钢基体，那么钢基体将会加速腐蚀。因此，在主要考虑涂层的防腐蚀作用时，这种涂层不适用。

续表

镀硬铬通常都是直接在钢制零件上进行，其目的是改善表面耐磨损、耐摩擦及耐腐蚀性能，镀层厚度可达 300μm 左右。此外，镀硬铬还可用来修复磨损件或尺寸不足的零件。使用较厚铬镀层，除了容易产生微裂纹之外，可能并无其他不利影响。不过，电镀铬的阴极电流效率很低，且伴随着零件表面铬的沉积，同时会大量析氢。因此，零件在电镀后必须及时进行烘烤除氢，以预防氢脆。

传统铬镀所使用的都是六价铬镀液，但是目前三价铬镀铬工艺的应用已明显增加，尤其是近十年。但是无论使用何种工艺，通常皆以镍/铜或镍为底层。在有些应用领域，三价铬镀铬已成为一种经济且极具吸引力的六价铬镀铬的替代技术。但是，由于与标准六价铬镀铬层在外观上仍然存在一定的差距，因此三价铬镀铬的应用一直都受到很大限制。此外，三价铬镀液药品比六价铬的贵。不过，由于三价铬电镀体系中金属离子含量低(三价铬镀液中总含铬量更低)，而且避免了电镀过程中六价铬的还原，因此，三价铬镀铬工艺会明显节约成本。其实，三价铬镀铬的总成本大约是六价铬镀铬的三分之一。

对于那些要求耐磨的工具、液压缸及其他金属表面，都可以考虑使用镀硬铬。例如：在采矿行业中，镀硬铬的应用就很广泛。其实，镀硬铬和装饰性镀铬之间最大区别就在于镀铬层的厚度。通常，硬铬层厚度是装饰性铬镀层的几百倍。此外，尽管人们在利用三价铬替代六价铬的镀硬铬工艺方面做了很多研究探索，但目前仍未研究出一个商品化的工艺。而在考虑选用其他材料来替代硬铬层方面，则主要集中在沉积层的筛选。目前，有些替代镀硬铬的工艺也已获得工业应用。作为可替代镀硬铬层的镀层材料，其中以化学镀镍的应用最为成功。电镀镍合金和镍基复合材料也属于备选材料，不过目前尚处于研究之中。电镀硬铬的替代方法有刷镀、真空镀膜和金属喷涂等。

在航空航天领域中，铬的最大用途可能就是铝的表面处理。零件表面铬与铝相结合，可以提高零件表面的耐蚀耐磨性以及表面涂装或着色的化学活性，这是铬的用途之一。铬酸阳极氧化和铬酸盐转化是两种最常见工艺。目前，这两种工艺所使用的槽液都含有六价铬。其中阳极氧化工艺是采用电解方式，而转化膜处理工艺仅需进行简单浸泡处理。不过，由于六价铬的毒性等问题，近十年以来，为寻找这些工艺的替代方案，人们开展了大量的研究工作。目前，在很多应用场合，人们都已经确定并采取了相应的替代方案。如：常规硫酸阳极氧化和硫酸/硼酸阳极氧化已部分取代了铬酸阳极氧化，而无铬转化处理(如高锰酸钾盐、稀土金属以及锆氧化物)也已代替了少量的铬酸盐转化处理。

在铝表面处理中，铬的另一用途是脱氧/除渍去污。这种预处理(有时结合为一步)，可去除那些可能影响铝表面处理过程(如阳极氧化)的氧化物和其他无机物。不过，此类铬基产品可用含有各种氧化剂和/或浸蚀剂的铁盐和铵盐或有机胺类等替代。随着人们对铝表面无铬处理技术的研究不断深入以及成功开发，在铝表面处理领域，含铬处理技术最终必将会走向消亡。可以预计，在下一个十年，含铬技术将会大规模地被取代。但是，完全淘汰含铬技术可能仍将需要很长时间，因为在未能找到满足需求的替代技术之前，有时仍然会少量采用一些含铬处理技术。

镍

迄今为止，电镀镍的最大用途仍然是与镀铜和镀铬联合使用，保护钢基体，正如前面所述。此外，我们还可以通过化学镀或非电解技术，在金属和非金属表面沉积镍镀层。将基体浸入含有金属镍离子、还原剂、缓冲剂(常常是有机酸盐)和金属镍离子的络合剂的溶液中，在催化活性基体表面，金属镍会自发沉积，此即化学镀镍。

化学镀镍液通常都含有磷或硼，即使在零件尖角和深凹处，化学镍镀层的厚度也都很均匀。与电沉积镍镀层相比，化学镀镍层的内应力较低，磁性更弱，其硬度约 500HV。通过热处理，此类镀层硬度可以达到 1000HV 左右，具有优异的耐摩擦磨损性能。因为化学镀镍层通常都含有 5%～10%的磷，其中沉淀硬化作用将大大提高镀层的硬度。热处理温度在 400℃左右。

通常，化学镀镍层厚度在 25μm 左右，经烘烤除氢之后，可以提高沉淀硬化不锈钢的抗应力腐蚀开裂性能。

锌

锌涂层可以采用电镀或喷涂方法制备。电镀锌层的厚度通常小于 25μm，在螺纹件上甚至有可能只有 5μm。在乡村大气环境中，锌涂层对钢具有良好的保护作用，但是在海洋或工业大气环境中，却并非如此。例如：一个厚度为 30μm 的锌涂层，在乡村或郊区大气环境中，其使用寿命大概可达 11 年或更长，在沿海地区大气环境中约为 8 年，而在工业大气环境中仅有 4 年。在工业大气环境中，锌涂层使用寿命最短，究其原因主要是由于污染大气中硫酸的侵蚀。此外，在热带海洋大气环境中，锌镀层的保护作用也不如镉镀层，因此航空器中采用镉镀层更为合适。当然，在允许使用较厚锌涂层时，可以通过喷涂沉积制备厚锌涂层来提高其保护作用，但是否适合，还必须与通常作为首选的铝涂层相比较。

12.7.1 电镀

电镀是指在含可溶性金属离子的溶液和待镀金属工件之间施加一定的外加电流，使金属离子还原沉积的过程。其中待镀金属工件作为电化学池的阴极，捕获来自溶液中的金属离子。无论是黑色金属还是有色金属，都可以通过电镀的方法在其表面制备各种不同的金属镀层，包括铝、黄铜、青铜、铬、铜、铁、铅、镍、锡、锌以及贵金属（如金、铂和银）。

电镀过程可通过调节各种工艺参数来控制，包括电压和电流、温度、电镀时间以及电解液纯度。通常，电镀液基本上都是水溶液，因此一般来说，只有那些能从自身盐的水溶液中还原出来的金属才可以被电沉积还原出来。镀铝是唯一的例外，它只能在非水的有机电解液中进行。一个电镀作业，通常都包含一系列连续的单元操作步骤，如各种清洗步骤、旧镀层或涂层清除及电镀步骤，而且每个操作步骤前后，皆需对待镀表面进行漂洗。其实，化学镀操作步骤与电镀类似，只不过化学镀是在无外加电流的情况下金属的还原沉积。

对于螺栓和螺钉等小型复杂形状零件，可以采用滚镀方式进行电镀。在滚镀过程中，装有待镀零件的转筒在电解液中缓慢旋转，同时电流流向转筒内滚动的零件。

有时电镀还可能采取刷镀方式，特别是进行小表面修补时。在刷镀时，金属阳极表面缠绕吸湿性软布，用来保存电解液，而金属阳极作为电刷，在阴极表面移动。

在塑料制品出现之前，汽车零件一直都大量采用镀铬处理。这种镀铬处理其实就是制备一个三层涂层（镀层）。第一层是薄铜层；而中间一层是厚镍层，最终涂层的厚度主要由它决定；薄且硬的光亮铬层作为面涂层。涂层（镀层）总厚度一般在 25～50μm。

导致电镀层失效的一个常见原因是循环热胀冷缩或冲击开裂。此外，电镀过程中阴极表面会伴随大量析氢，是与电镀相关的另一个问题。其中部分氢可渗入基体金属之中（通常是钢）。对于低强度钢（硬度低于 R_c22），由于氢渗透引起的问题极少。但是对于较高强度钢，氢渗透可能引起严重脆化，导致过早失效。当镀液中含有抑制氢分子复合的毒剂时（如 S、CN、As、Cd 等），钢中原子态氢的吸收量可能很高。如果吸收的原子氢并没有立即对钢造成损伤，将零件放置在约 200℃下进行烘烤，可将大多数氢从金属中驱出。

在电接触头和电子设备中，电镀金、铂及银薄膜很常见。在小电流的关断或连通的电接触件中，镀金和镀铂非常重要，因为金和铂具有抗氧化性，可以避免电接触面发生氧化而导致接触电阻增大。

12.7.2 化学镀（无电镀）

化学镀镍（EN）是一个化学还原过程，即在无外加电流作用下，水溶液（含有化学还原剂）中镍离子的催化还原以及随后金属镍的沉积。化学镀镍在工业中应用很广泛，不过其主要目的通常都是为了满足某些最终功能性需求，而很少以装饰性为目的。

在化学镀镍中，金属镍离子还原及其沉积的驱动力来源于溶液中的还原剂。如果通过充分搅拌能确保溶液中金属离子和还原剂浓度均匀分布，那么待镀工件表面所有部位，化学镀的这一驱动力都将保持相对恒定不变。因此，在各种不同形状和尺寸的工件表面，化学镀层的厚度都非常均匀。在不规则形状工件、小孔、深凹处、内表面、阀门、螺纹件等表面制备金属镀层时，化学镀工艺的优势很明显。

在实际化学镀过程中，金属离子仅能在与镀液接触的具有催化活性的基体表面还原沉积。不过，在催化活性基体表面被沉积金属覆盖之后，由于沉积金属同样具有催化活性，因此，化学镀仍然可以继续进行。

通常，化学镀镍层中皆含一定量的磷，实际上是镍磷合金镀层，在磷含量不超过 8%时，一般都具有独特的磁性。在镍磷镀层中，磷以过饱和的细小微晶固溶体形式存在，呈无定形或流状体（玻璃态）的亚稳结构，含磷量大于 8%的镍磷镀层无磁性与此有关。

第二代化学镀镍技术是通过微米级碳化硅粒子与镍共沉积，制备一个非常耐磨耐蚀的复合镀层。在这种复合镀层中，镍基体赋予镀层耐蚀性，碳化硅粒子增强镀层耐磨性。

12.7.3 热浸镀

热浸镀锌是通过将钢或铁浸入主要由熔融锌组成的镀液之中，在其表面制备锌涂层的一种工艺。镀锌涂层的应用，几乎涉及铁或低碳钢的所有主要应用领域和行业。与其他防腐措施相比，镀锌工艺一个显著优点就是简单。汽车行业对镀锌工艺的依赖程度极大，涉及大量汽车零部件的生产，包括组装后整个车体。表 12.9 列举了汽车制造业中涉及的相关金属涂层材料及工艺。

表 12.9 汽车钢板用涂层（镀层）

钢基表面涂层	方法介绍	典型应用
热浸镀锌涂层(常规和小锌花)	在热浸镀锌生产线上制备，供货态是带卷和剪切板。包括各种型号的常规板和小锌花板，经光整后表面非常光滑	车门下围板、驾驶室和内外镶板、行李舱地板、保险杠补强件、车身内部加固、浅盘形地板
热浸镀锌涂层(全合金化锌铁涂层)	通过热处理或擦除表面纯锌层，可得到全合金化锌铁涂层产品	车身纵梁、十字横梁、轻型载重车厢型底座
热浸锌涂层(差厚锌涂层)	钢板双面都是锌，但厚度不同的热浸镀锌涂层产品	车横梁、引擎盖、挡泥板、门外侧板、后顶盖侧板、驾驶室、各种车身底座部件
热浸镀锌涂层(差厚锌铁涂层)	更薄的全合金化锌铁涂层，通过热处理或擦除表面纯锌层制得，除此之外，其他同上	挡泥板、车门、车体外板、后顶盖侧板、引擎盖、底板、门内侧板、前围板
热浸镀锌涂层(单面)	采用连续热浸镀方式生产的单面锌涂层的冷轧钢板，另一面无锌，主要是为了提高后续涂料涂装的附着力	挡泥板、车门外侧板、后顶盖板、装饰盖板、下部后围板、车顶、引擎盖
电镀锌(闪镀)	通过连续闪镀制备锌涂层，两面的总锌量为 30～60g/m^2，用于耐蚀性要求最低的场合	窗玻璃导轨、雨刮器架、无线扩音器框、头枕支架
电镀锌涂层	通过连续电镀锌制得。两面涂层可以完全相同或不同。产品一面是标准的冷轧表面	外露及未暴露的车体外板
电镀铁锌合金涂层	通过同时电镀锌和铁形成合金涂层。两面涂层可以完全相同，亦可以不同	外露及未暴露的车体外板
电镀锌镍合金涂层	通过同时电镀锌和镍形成合金涂层。两面涂层可以完全相同，亦可以不同	外露及未暴露的车体外板
铝涂层	在连续生产线上通过热浸镀方式在冷轧钢板上制备。该产品同时具有钢的高强度和铝的表面特性	排气系统、底盘部件
铝锌涂层	在连续生产线上通过热浸镀方式在冷轧钢板上制备。该产品具有钢的高强度特性，同时还具有优异的耐蚀性	排气系统、空气净化器盖、芯塞、刹车护罩、底盘盖
锌铝混合稀土涂层	在连续生产线上通过热浸镀在冷轧钢板上制备。该产品成型加工性能最佳，且耐蚀性优异	燃料箱护罩、燃油过滤器护罩、发动机外壳、减震器以及其他深冲压车身底座
长铅锡合金钢板(钢板厚度在 0.3～2mm)	通过连续热浸镀在冷轧钢板两面镀铅锡合金	油箱(燃料箱)、燃料管线、刹车管线、散热器和加热器部件、空气过滤器
镍/铅锡镀层	先在冷轧钢板上闪镀一层镍，然后两面连续热浸镀铅锡合金。其耐蚀性优于标准的长铅锡合金钢板	油箱(燃料箱)、燃料管线、刹车管线、散热器和加热器部件、空气过滤器
锡镀层	通过连续电镀工艺在冷轧钢板上制备	燃料过滤器、加热器部件
锌铬涂层	冷轧钢板上底涂层主要含铬和锌，面涂层是为提高耐蚀性的可焊性富锌底漆。通常只有一面带有这种锌铬涂层，而另一面是典型的冷轧表面，目的是提高涂料在基体上的附着力	门内外侧板、挡泥板、后顶盖侧板、引擎盖、装饰盖板、下部后围板、行李箱外部

镀锌历史最早可追溯至 1742 年，一位名叫马卢因（P. J. Malouin）的化学家，在呈送给

法国皇家科学院的报告中，介绍了一种通过将铁浸入熔融锌液中在铁表面制备锌涂层的方法。1836年，另一位法国化学家索勒（Sorel）申请获得了一项在钢表面制备锌涂层的专利。该专利方法是先采用9%硫酸对钢表面进行清洗，然后用氯化铵助熔，最后再镀锌。在1837年，英国授权了一个与索勒（Sorel）工艺类似的热浸镀锌工艺专利。截至1850年，在英国镀锌行业中，每年有一万吨的锌都是用于钢铁保护[17]。

镀锌的应用几乎遍及铁或低碳钢的所有主要应用领域和行业。在公共设施、化学加工、纸浆和造纸、汽车以及交通运输等各行各业中，过去一直都是大量通过镀锌来控制腐蚀。其实直至今天，依然如此。一百五十多年以来，在全世界无数应用领域，镀锌防腐工艺都获得了极大成功。

锌的电化学保护作用是影响镀锌层对钢铁保护效果的一个至关重要的因素。所有镀锌产品剪切边缘处裸露出的钢基体，都需依靠锌的阴极保护作用来防护。如果裸露钢材完全依靠锌的牺牲性腐蚀来保护，那么可利用锌量将决定最终的腐蚀防护效果。此外，在侵蚀性环境中，利用锌对无涂层钢基材进行阴极保护时，锌的溶解速度可能比正常情况下高25倍左右。

12.7.4 包覆（包层）

在采用较便宜或强度较高的结构材料去制造关键部件或系统时，为提高其表面耐蚀性，可以通过各种不同方法在其表面覆盖一层不同厚度的金属层，包覆技术就是方法之一。包覆通常都在片材、板材、管材或硬币的轧制加工阶段进行。通过冲压、滚压或挤出等各种包覆技术，人们可以制备得到厚度和分布皆可大范围调控的无孔隙涂层。

包覆技术实际上对涂层厚度几乎没有限制，不过，仅能在形状简单且无需后续机械成型加工的工件上应用实施。其主要应用有：铅和镉包覆电缆、建筑用铅防护板、换热器用复合挤压管。

经彻底清洁和处理后的两金属层表面，通过重型轧制而成对结合，形成包覆材料。包覆层厚度一般为钢基材厚度的5%～10%。不过，包覆材料中有可能存在一些未黏合的小区域。两种金属还可以通过一个压模共挤压而结合在一起。

此外，表面包覆层还可以采用那些制备较厚熔覆金属层的电弧焊或气焊等其他方法制备，或者采用手工或机械方法制备。耐化学介质腐蚀的纸浆蒸煮器的内壁或其他压力容器的表面包覆层，可以采用此种方式制备。

在爆炸黏合制备包覆层时，在一个适宜的密闭容器中，包覆层金属放置在彼此相互接触的基体金属之上，而易爆层放置于包覆层金属之上，通过易爆层爆炸产生的振动冲击波，将两种材料黏合在一起，形成包覆材料，如图12.10所示。

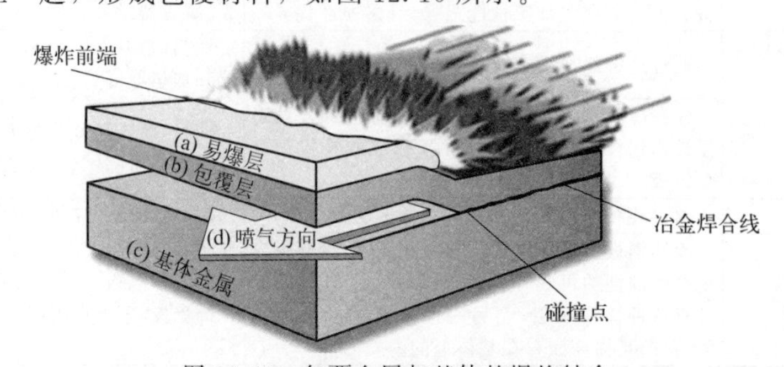

图12.10 包覆金属与基体的爆炸结合

（a）易爆物；（b）包覆层；（c）基体金属；（d）显示利于包覆金属与基体牢固结合的“喷气”方向

12.7.5 金属喷涂（热喷涂）

金属喷涂是一种利用热喷涂技术在金属基体表面制备金属涂层的技术。通常，在钢或钢筋基体表面喷涂一层金属层（如锌），可为钢筋混凝土中钢筋提供阴极保护作用，在第五章混凝土部分已讨论过。可喷涂的金属材料种类很多，表 12.10 列举了一些主要的金属喷涂材料。热喷涂工艺种类也很多，选择何种工艺，应依据多种因素而定，如：待喷涂零件或系统的尺寸和状态、金属喷涂材料的自身性质以及与设备利用率相关的其他因素、成本等。表 12.11 简要介绍了一些金属涂层重要的先进喷涂技术。相应地，表 12.12 简要介绍了这些先进技术的主要应用领域和成本，表 12.13 总结归纳了每种技术的应用限制条件和适用性。

表 12.10　一些主要的金属喷涂材料

涂层种类	一般特性
铝	高耐热、耐热水以及耐腐蚀气体性能；优异的热分散和反射性能
巴氏合金(Babbitt)	耐磨性优异
黄铜	表面外观良好
青铜	耐磨性优异，切削性能突出，且涂层致密(尤其是铝青铜)
铜	高导热性和导电性
铁	加工质量极好
铅	耐蚀性良好，沉积速度快，且涂层密实
钼[(Molybond)(钼盐粘接剂)]	与表面预处理后的钢可自粘接
蒙乃尔合金(Monel)	优异的加工质量，高耐蚀性
镍	机加工精度良好，耐蚀性优异
镍铬	高温场合应用
钢	硬饰面、切削性良好
铬钢[(Tufton)(聚乙烯纤维)]	光亮、硬饰面、高耐磨性
不锈钢	优异的耐蚀性和高耐磨性
锡	高纯度，适用于食品工业
锌	优异的耐蚀性和粘接性

表 12.11　金属涂层重要的先进喷涂技术

燃烧炬/火焰喷涂
火焰喷涂是一种利用燃烧火焰喷枪进行喷涂的工艺。燃料气和氧气由喷枪送入，通过燃烧火焰将粉末或丝状涂层材料加热至接近熔点或熔点温度之上，并利用压缩空气将涂层熔滴加速至 30～90m/s，撞击基体表面，最后涂层材料熔滴在基体表面流动、凝固形成涂层
燃烧炬/超声速火焰喷涂(HVOF)
超声速火焰喷涂(HVOF)技术是通过燃气燃烧将涂层材料加热至接近其熔点或熔点温度之上，同时利用高速燃气流对涂层材料熔滴进行加速。通常，氧气燃料在燃烧室内连续燃烧，产生的燃气流速度更高(550～800m/s)。常用燃气有：丙烷、丙烯、MAPP、氢气
燃烧炬/爆炸枪
使用爆炸枪喷涂时，氧和乙炔混合气与粉末同时被导入长约 1m 直径约 25mm 的水冷枪管中。火花引发爆炸，产生的热膨胀气，将粉末材料(含碳化物、金属黏结剂、氧化物等)加热和加速，使粉末材料形成流塑态，温度在 1100～19000℃。通过多次反复的可控爆炸，最终形成一个完整涂层
电弧喷涂
电弧喷涂时，两金属丝末端在二者之间产生的电弧作用下不断熔化，而气体射流(空气、氮气等)将熔滴以 30～150m/s 的速度吹向基体
等离子喷涂
等离子喷涂是一种以等离子体为热源的喷涂技术。等离子产生的基本原理是：在喷枪喷嘴内壁(水冷铜阳极)和钨阴极之间产生一个直流电弧，当工作气流(通常是氩气)通过电弧时，发生气体电离，形成等离子体。等离子体(温度超过 30000℃)将粉末涂层材料加热熔化，然后再通过压缩气体将熔融液滴以极高速度射向工件，其速度可能超过 550m/s

续表

离子镀/等离子体镀
等离子体镀是离子镀技术中一种最常见形式。基体与等离子体非常接近，通过在基体上施加负偏压，对等离子体中离子进行加速。不同能量的加速离子以及等离子体中电荷交换形成的高能中性粒子，飞向基体表面，沉积成膜。此外，在等离子体镀膜过程中，基体表面暴露在等离子体"活化"的化学粒子周围，同时吸附的气态粒子又形成了一个等离子体环境
离子镀/离子束增强沉积(IBED)
在离子束增强沉积(IBED)镀膜过程中，真空室内基体表面有荷能粒子的沉积，同时还会受到荷能粒子的轰击。轰击粒子可能是从离子枪中发射出的离子或者其他物质。在离子轰击基体的同时，涂层材料中性粒子通过某种物理气相沉积技术(如蒸发或溅射)在基体上沉积。由于二次离子束可以单独控制，因此离子束中的荷能粒子能量可以在大范围内调控，窄范围选用。通过改变沉积粒子的能量，可以改善涂层的界面附着力、密度、形态和内应力等性能
离子注入
离子注入并不是在基材表面形成一个分立的膜层，而是通过注入表面的高能离子(能量在10～200keV)与基体金属元素形成合金膜层，同时改变基体表面的元素化学组成。将含待注入元素的气体引入离子源中，通过热阴丝发射的电子，将气体电离，形成等离子体。用带偏置电压的引出电极将待注入离子从离子源中引出，并聚焦成束。如果能量足够高，离子将注入基体表面内改变表面成分，而不是沉积于表面之上。目前，人们已开发出三种类型的离子注入技术，即：离子束线注入、直接离子注入和等离子体源离子注入(等离子体浸没式离子注入)，其区别就是等离子体形成和离子加速方式不同。离子注入前，基材表面需进行预处理(脱脂除油、漂洗、超声清洗)，目的是清除所有表面污染物。离子注入可在室温下进行，处理时间依据工件的耐温性以及所需剂量而定
溅射和溅射镀
溅射是一个为了改变表面物理性质的刻蚀过程。在高能粒子的轰击侵蚀作用下，基材(膜材)露出下表层。轰击粒子与(膜材)表面原子之间快速发生动量交换，将固体(膜材)表面或近表面区域的原子溅射出来。从膜材中溅射出的中性原子(粒子)与气态原子碰撞，使携带不同能量的粒子从不同方向撞击真空室内待镀基材(工件)。原子(膜材)在待镀基材表面(工件)不断附着沉积，并最终成膜。这种沉积膜层很薄，在0.00005～0.01mm。最常用的镀膜材料有铬、钛、铝、铜、钼、钨、金、银和钽。溅射镀膜用等离子体有三种类型：二极管等离子、射频(RF)二极管和磁控管增强溅射
激光表面合金化
激光表面改性技术在工业中的应用已是越来越广泛。激光表面改性方法种类很多，表面合金化处理只是其中之一。激光表面合金化处理，类似于一个表面熔融过程，但是它是向熔池中加入了其他物质(合金材料)来促进表面合金化，因此添加的这种新合金材料成分会融入熔融层之中。激光熔覆是激光表面合金化技术之一。该技术的主要目的是在指定区域进行选择性涂覆。激光熔覆时，金属薄膜(或金属粉末)在高温加压作用下与基体金属结合。具体而言，即用二氧化碳激光束将涂覆在基体表面的陶瓷或金属粉末熔化，同时热量传导使基体表面受热。此时，粉末材料在激光束作用下直接熔焊在基体表面区域，与基体冶金结合。其中，粉末材料通过气体载体供给，与粉末热喷涂系统中的供粉方式类似。移动基体，重复上述过程，并使每次涂覆区域部分重叠，可以进行大面积激光熔覆。而旋转激光束，可以实现轴及其他圆形工件的表面熔覆处理。表面膜层的微观结构，由粉末材料和基体金属冶金学特点决定，但是通过作用时间和激光参数可以进行调控。此外，激光熔覆技术与其他物理沉积方法不同，预处理对激光熔覆处理层性能的影响并不是很重要。不过，在沉积之前，可能需要先对基体表面进行粗化处理，而且，沉积之后，一般都需要进行研磨和抛光
化学气相沉积(CVD)
在进行气相沉积时，特别是化学气相沉积，基材表面的预处理非常重要。表面预处理是指在基材放入反应器之前，通过各种机械和化学手段，最大程度地清除其表面污染物。气相沉积之前，不仅基材表面必须经过净化处理，而且反应室自身也必须保持洁净、密闭不漏气、无灰尘和湿气。而且，在沉积过程中，基材表面也必须始终保持洁净，防止微粒在沉积物中累积。通常，可以使用超声清洗和/或蒸气除油来净化基材表面。为提高膜层的附着力，表面净化之后，可能还需进行喷气清理。另外，在加热升温过程中形成的氧化物膜，通常可用弱酸或弱酸性气体清除。此外，气相沉积之后，可能也需对膜层进行后处理，其中可能包括对膜层的热处理，以促进涂层材料向基材扩散

表12.12　金属涂层重要的先进喷涂技术的应用领域和成本

燃烧炬/火焰喷涂
该技术可用来沉积制备铁基、镍基及钴基合金和部分陶瓷材料涂层。该技术适合修复机械磨损表面、活塞和轴承或密封区域，以及在锅炉和桥梁等结构表面制备的耐蚀耐磨涂层
燃烧炬/超声速火焰喷涂(HVOF)
目前，某些喷气式发动机部件仍采用电镀硬铬处理，超声速火焰喷涂可能就是一种有效的替代技术。该技术的典型应用包括：矫正磨损件、增强机械零件、提高密封件耐磨以及熔接陶瓷硬面

续表

燃烧炬/爆炸枪

这种技术可选用的涂层材料和基体材料的范围都很窄。该技术比较常用于沉积制备氧化物和碳化物涂层。不过，碳化钨和碳化铬等硬质材料对基材表面的高速冲击作用，限制了可用金属基材的种类

电弧喷涂

其工业应用有：纸张、塑料以及其他用于电磁屏蔽设施和机械磨具的热敏材料表面涂层的制备

等离子喷涂

此技术可用来制备活塞环表面的钼沉积层、喷气式发动机燃烧腔的钴合金沉积层、电工刀刃的碳化物沉积层以及计算机零部件表面的耐磨涂层

离子镀/等离子体镀

等离子体镀技术可选用的涂层材料有钛、铝、铜、金和钯合金等。该技术在X射线管的生产，空间应用领域，化工管道螺纹，航空发动机涡轮叶片，工具钢钻头，齿轮齿，高公差注塑模具，铝真空密封法兰，装饰性涂层，核反应堆防腐，半导体、铁氧体、玻璃和陶瓷表面的金属化，人体植入材料等诸多领域中皆有应用。此外，该技术还广泛用来制备耐蚀性铝涂层，可以替代镉涂层。该技术可用来制备高附加值设备表面涂层，如昂贵的注塑模具，而不是廉价的钻头。不过，这种技术的投资成本高，是其推广应用的最大障碍

离子镀/离子束增强沉积(IBED)

尽管离子束增强沉积目前仍然属于一种新兴技术，但已在红外光学器件等特殊的光学领域获得应用，如制备致密的光学透明膜层。这种技术投资成本高，极大地阻碍了其推广应用。低成本、高电流、大面积的反应活性离子束源的开发，将有利于改善离子束增强沉积设备的高成本现状

离子注入

离子注入技术是一种表面改性的有力手段。例如：为提高金属的耐磨性，通常会采用离子注入氮，因为氮离子束很容易获得。此外，还可以在各种基材表面离子注入钛、钇、铬和镍等金属元素，以获得各种不同性能的改性表面层。不过，目前，离子注入主要还是用于那些高价值零部件的表面耐磨处理，如生物医学上用的器件(假体)、工具(模具、压铸模、冲压机、切削刀具、镶嵌件)以及航空工业中齿轮和轴承等。离子注入在其他工业领域也有很多应用，包括在半导体行业中，如在塑料、陶瓷、硅和砷化镓基材上沉积注入金、陶瓷和其他材料。美国海军已证实，离子注入铬可提高喷射发动机中滚珠轴承的寿命，其收益与成本之比为20∶1。此外，经离子注入处理的成形模，可加工近5000个汽车零件，而经过镀铬硬化处理的类似设备，正常使用寿命是加工2000个零件。尽管目前已证明对于大规模系统而言，离子注入技术经济成本效益显著，但是其初期投资成本仍然相对比较高。依据对三个公司的六套离子注入系统的对比分析结果可知：离子注入技术的涂层制备成本在0.04～0.28美元/cm^2。根据生产规模不同，投资成本一般在400000～1400000美元，而运行成本预计在125000～250000美元

溅射和溅射镀

在日常应用中，溅射镀膜层可作为一种简单的装饰性涂层，如作为表带、眼镜和珠宝首饰表面装饰层。在电子工业领域，溅射镀技术至关重要，芯片和磁头上的薄膜配线、磁性和磁光记录介质等表面功能性涂层和膜层皆主要采用该技术制备。此外，这种技术还可用来制备电子器件的耐磨表面层、耐蚀膜层、扩散障碍层以及黏附层等。另外，溅射镀膜层还可作为建筑用玻璃反射膜、汽车行业用塑料表面装饰膜。在食品包装行业中，溅射膜层可作为椒盐脆饼干、马铃薯片及其他食品等塑料薄膜外包装表面。与其他沉积技术相比，溅射镀技术的成本相对较低

激光表面合金化

尽管激光表面处理技术已出现多年，但是在工业中的应用还是相对有限。激光熔覆技术(激光表面合金化)的应用包括：改变表面成分制备表面耐磨耐高温的结构件；补强磨损件；提高耐蚀性；增强抗机械冲击性能；改善金属零件外观。同样，这种技术的投资成本高，是其工业推广应用的一大障碍

化学气相沉积(CVD)

化学气相沉积可用来沉积制备涂层、制备箔片、粉体、复合材料、无支撑体结构、球形粒子、细丝、晶须等。无论是从数量上还是复杂程度上，化学气相沉积的应用发展都很迅速。1998年，化学气相沉积在美国的应用市场总额已达12亿美元，其中77.6%是电子产品和其他大应用领域，包括建筑应用、光学、光电学、光伏和化工等。据相关分析人士预计，在电子领域的应用，化学气相沉积技术仍将会持续不断增长。化学气相沉积也必定依然是解决材料难题的一个重要方法。不过，目前化学气相沉积工艺仍仅在少数材料和应用领域中实现了商业应用。化学气相沉积工艺的启动成本通常都很高

表12.13　重要的热喷涂涂层技术的应用限制条件和适用性

燃烧炬/火焰喷涂

火焰喷涂技术的局限性是：涂层孔隙率比较高、金属部件有明显氧化、抗冲击性或负载性能差、厚度受限(通常0.5～3.5mm)。该技术的优点是：设备投资成本低、工艺简单、操作人员培训相对容易。此外，该技术材料有效利用率高，且维护成本低

燃烧炬/超声速火焰喷涂 (HVOF)

由于存在极高速的冲击作用，因此该技术制备的涂层孔少甚至无孔。而且，沉积速率相对较高，结合强度令人满意。涂层厚度在0.000013～3mm。其局限性是：可能有部分金属粒子氧化或部分氧化物还原，改变涂层性能

续表

燃烧炬/爆炸枪 该技术可用来制备一些致密度极高的耐热涂层。几乎任何金属、陶瓷或水泥等熔化不分解的材料都可作为该技术的涂层材料。涂层厚度通常在0.05～0.5mm，不过，该技术也可制备更厚和更薄的涂层。与其他热喷涂技术相比，爆炸喷涂由于速度快，沉积角度对涂层性能的影响明显更小
电弧喷涂 涂层厚度最小在十几或几十微米，但是最大厚度几乎不受限制，依据最终用途而定。电弧喷涂可用来制备铜和锌等简单金属涂层以及某些铁合金涂层。电弧喷涂技术的缺点是：涂层孔隙率高，且黏结强度低
等离子喷涂 等离子喷涂涂层厚度通常在0.3～6mm，与涂层和基材材质有关。喷涂涂层材料包括：铝、锌、铜合金、锡、钼、某些钢和多种陶瓷材料。适当控制喷涂工艺，可在很大范围调控涂层的物理性能，如涂层孔隙率可从基本为0到变化很高程度
离子镀/等离子体镀 等离子体镀膜层厚度一般在0.008～0.025mm。该技术的优点包括：沉积膜层材料可通过很多不同工艺获得；成膜前对基体的原位清洗作用；优异的表面覆盖性；良好的附着力；薄膜性能调整灵活，如形态、密度和残余薄膜应力；其设备要求和成本与溅射镀技术相当。该技术的缺点有：控制工艺参数太多；污染物在等离子体作用下可能被释放和"活化"；气态轰击粒子可能掺入基体和涂层等
离子镀/离子束增强沉积(IBED) 该技术的优点有：改善附着力；增加涂层密度；降低涂层孔隙率和针孔率；更有利于控制涂层内应力、形貌、密度和成分。该技术的缺点有：设备投资成本和涂层制备成本高；涂层厚度有限；零件几何形状和大小受限；有些注入气态前驱体有毒。该技术可制备铬沉积层，单层厚约10μm，更厚膜层可通过分层堆叠制得。不过，在那些要求极硬铬层(膜厚在25～75μm，某些尺寸修复工件甚至可能要求膜厚750μm)的应用场合中，离子束增强沉积膜层还是太薄，而且分层堆叠技术还将显著增加处理成本。另外，尽管离子束增强沉积过程中，高能惰性气体离子流对初次照射的基材表面有一定的清洗作用，但是使用该技术时，我们仍然需要基材进行预清洗处理(如脱脂)
离子注入 离子注入可以在基材表面注入所有可在真空室内汽化和离化的元素。因为离子注入表面内，而不是表面上，所以基材(工件)尺寸没有明显改变，也不存在膜层附着力问题。离子注入技术优点有：工艺控制容易、可靠性高且重现性好、无需后处理、产生的废物量极少。但是，由于基体表面注入离子的渗透深度有限，注入离子在高温条件下可能会通过扩散远离表面，因此，离子注入改性层未必能抵抗严酷的磨粒磨损。离子注入的目的通常都是为了改变表面特性，如硬度、摩擦、耐磨性、导电性、光学性能、耐蚀性以及催化活性等。不过，目前离子注入技术的商业应用仍然很有限，主要是因为人们普遍对此技术不熟悉、设备不足、缺乏质量控制和保证、与其他表面改性技术相比，缺乏竞争力。目前，关于离子注入技术的研究应用主要集中在下面几个方面：高温内燃机用陶瓷材料的离子注入改性；为降低红外辐射传播和减缓腐蚀，玻璃表面的离子注入改性；为减轻磨损，对汽车零件(活塞环、缸套)表面的离子注入改性
溅射和溅射镀 溅射镀(溅射沉积)是一种通用的表面涂层制备技术，可用于制备各种不同类型的涂层，包括金属、合金、化合物以及介电材料涂层等。该工艺已成为一种制备工业硬质防护涂层的较常用方法。如氮化钛(TiN)及其他氮化物和碳化物膜层，硬度都很高，且孔隙率低、化学惰性强、导电性良好、外观美丽迷人。溅射镀制备的膜层通常都很致密，可接近于体相材料。但该技术在下列方面还有待将来进一步研究和发展：更好的原位控制沉积过程的方法；涂装不良或磨损件上氮化钛(TiN)膜层及其他硬质类陶瓷涂层的无损清除方法；增强对影响膜层性能的相关因素的理解和认识
激光表面合金化 适用于激光表面合金化技术的材料，大多数皆与热喷涂技术相同，而且两种技术所用粉末材料也基本相同。但是，易发生氧化的涂层材料，如果不采取惰性气体保护和包膜保护，涂层很难沉积。沉积速率取决于激光功率、粉末供给速率和移动速度。使用一个功率为500W的激光束，涂层速率通常在2×10^{-4} cm^3左右。激光束每扫描通过一次，所形成的改性层为几百微米，通过多次扫描累积，改性涂层厚度可达到几个毫米。但是，如果粉末密度过大，激光束多次扫描的热循环作用会使前道涂层开裂和剥离，严重限制了激光表面合金化层可达到的增强效果。此外，研究也表明：铝等容易被氧化的材料，这种激光熔覆技术(激光表面合金化)也不适用，因为脆性氧化物容易开裂和剥离。有些钢材表面可能也很难进行激光表面熔覆。此外，激光束的束斑小，很难经济高效地处理大型工件。而且，由于外形阻碍了光线进入待涂区域的工件，此技术也无法实施
化学气相沉积(CVD) 化学气相沉积的主要目的是提高表面耐蚀性和耐磨性。当然，在通过其他手段很难获得材料的某些特殊性能时，通常也可以考虑使用化学气相沉积技术。这种技术非常独特，因为它可控制沉积膜层的微观结构和/或化学成分。化学气相沉积膜层的微观结构由下列因素决定：撞击基体的原子、离子或分子碎片的化学组成和能量；基体化学成分和表面性能；基体温度；是否给基体施加偏压。应用最多的化学气相沉积涂层是镍、钨、铬和钛的碳化物涂层。其中，碳化钛可用作冲孔和压花器的表面涂层，提高其耐磨性

喷涂涂层材料的形式可以是棒材、线材或粉末。喷涂工艺基本过程是：首先，将涂层原料（如金属丝）送入火焰中熔化；然后，熔化原料从金属末端脱离，通过高速压缩空气流或其他气流将其雾化，并飞向待喷涂基体或工件。涂层/基体的界面结合方式与基体材料相关，可能是通过粗糙表面的机械互锁结合，也可能是局部扩散和合金化的结合，而且可能还包括范德华力结合（如两表面之间的吸引力和内聚力）。热喷涂技术有三种基本类型：

（1）火焰喷涂：将金属丝或金属粉送入氧乙炔焰或氧氢焰中熔化（图 12.11）；

（2）电弧喷涂：将金属丝送入电弧的高温区，通过压缩空气流将熔化的喷涂材料射向待涂基体表面（图 12.12）；

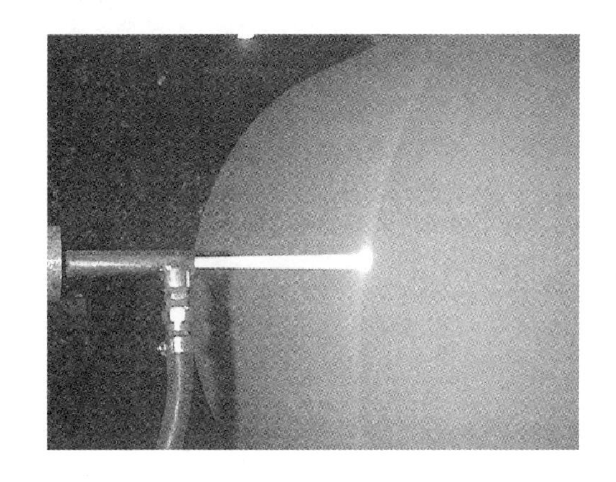

图 12.11 超声速火焰喷涂工艺（由加拿大蒙特利尔 WEIR 工程服务公司的 M. Gariepy 供图）

图 12.12 电弧喷涂工艺（由加拿大蒙特利尔 WEIR 工程服务公司的 M. Gariepy 供图）

（3）双弧喷灯或等离子体喷灯：将气体中悬浮的金属粒子吹入双弧喷灯火焰（图 12.13）或等离子体（图 12.4）中熔化，该工艺可喷涂管线和管道内壁。

图 12.13 用于管内表面金属喷涂的双弧喷灯（由加拿大蒙特利尔 WEIR 工程服务公司的 M. Gariepy 供图）

图 12.14 用于管内表面金属喷涂的等离子体喷灯（由加拿大蒙特利尔 WEIR 工程服务公司的 M. Gariepy 供图）

由于喷涂到基体表面的金属熔滴在凝固之前皆需与基体黏合，因此为了涂层与基体良好结合，在喷涂之前，通常都必须对基材进行彻底的表面处理。但是无论如何处理，喷涂涂层肯定都会有少许氧化，存在一定孔隙。此外，金属喷涂层一般都是用在钢基体表面，如海上采油平台、化学品运输船隔室、大烟囱烟道总管、其他结构钢定位件等。金属喷涂层表面通常需再刷涂一层面漆（图 12.15）进行保护。

图 12.15 采用电弧喷涂不锈钢 S43000 涂层和刷环氧面漆保护的泵壳：
（a）未保护；（b）保护处理后（由加拿大蒙特利尔 WEIR 工程承服务公司的 M. Gariepy 供图）

12.8 涂层检测和试验

涂料和涂层的过早失效可能会造成巨大的经济损失。由于修复工作及停工期间相关债务问题的复杂性，涂层过早失效的成本一般都会远远超过涂料的初始成本。因此针对不同应用场合，选择相应合适的涂层体系非常重要。而检测和试验是选择涂层的一个客观依据，所以无论何种规模的涂层作业，都应该有相应类型的关键试验程序。因为这些试验程序是决策未来如何开展工作的唯一客观基础。这些试验程序应包括对所选材料、表面处理、应用场景、检验规程的评估。

此外，涂层失效后，及时开展失效原因调查也很重要，因为调查结果可能为纠正问题以及避免同样问题再次发生，提供重要的参考信息。当然，调查工作可以是由企业自己内部组织进行，或者也可以委托其他咨询公司，特别是那些缺乏相关必备人员的企业。在保护涂层项目开始实施之前，还应组织类似的专家小组从下列几个方面对结构或设备开展状态调查[3]：

- 确定基材状态；
- 确定现存的保护涂层体系的状态；
- 确认用于保护基材的涂层体系所处环境；
- 估算需进行涂层保护的表面积。

一个合理调研工作的基本过程是：首先，调查小组需要将结构或设备划分为容易识别的部分、区域或片段；然后，再有条不紊地进行调研，去准确确定自上一次涂装以来，结构和涂层系统所发生的变化。

12.8.1 基材状态

在任何一个状态调查中，确定基材状态都是其中一个非常重要的组成部分。因为有些在基材上发生的相当严重的腐蚀问题，有可能被涂层掩盖一段时间。保温层下腐蚀就是一个很好的实例：由于保温层下发展形成了一个非常恶劣的腐蚀环境，造成基体发生严重腐蚀，但是被保温层所掩盖，可能直到发生灾难性泄漏之前，基体的腐蚀都一直未曾被人们察觉。由于工艺或环境受到扰动而引入的污染物，单纯凭借视觉，很难被发现，因此为了发现那些被涂层掩盖的腐蚀问题，调查人员必须采取某些方式去接近涂层下面的基材。例如：为了确定保温层下基材状态，调查人员可能需要在所设置的检查窗口处将保温层或包覆层切开，对基材进行适当的检测或监测，然后才有可能确定其真实状态。

为了确定一个旧防护涂层体系下基材状态，调查人员可能需要将所设置的检测窗口部位的涂层清除，以接近基体，进行类似的测试，从而确定基材的真实状态。此外，调查人员可能还需要依据标准 ASTM D3359[18]或 ASTM D4541[19]核查涂层附着力。如果有肉眼可见的锈蚀点，调查人员还必须确定锈蚀程度和蚀点深度，可依据指南 SSPC-VIS 2[20] 进行。该指南提供了形貌对比照片，并介绍了不同锈蚀等级，如表 12.14 所示。

表 12.14 指南 SSPC-VIS 2：评价涂漆钢表面锈蚀程度的标准方法

锈蚀等级	说明	标准
10	无锈蚀，或锈蚀面积小于 0.01%	不需要
9	极轻微生锈，锈蚀面积小于 0.03%	9#
8	少量孤立锈点，锈蚀面积小于 0.1%	8#
7	锈蚀表面不到 0.3%	7#
6	很多腐蚀点，但锈蚀表面不到 1%	6#
5	锈蚀表面达到 3%	5#
4	锈蚀表面达到 10%	4#
3	锈蚀表面约占 1/6	3#
2	锈蚀表面约占 1/3	2#
1	锈蚀表面约占 50%	1#
0	锈蚀表面几乎达到 100%	不需要

此外，调查人员还应依据标准 ASTM D714[21]，识别涂层鼓泡程度。依据鼓泡的大小、形状、位置和分布密度，该标准将鼓泡程度分为几类。标准包含一套描述鼓泡大小的形貌照片，从最大的 2# 到最小的 8#，且在照片中还对鼓泡密度进行了相应描述，如：小、中等、中等密、密。

另外，确定肉眼可见锈蚀表面处金属初始壁厚损失，通常也至关重要。很多仪器都可用来测量壁厚。便携式 A 型扫描超声波测厚仪非常实用，可以测量和保存某结构任意指定点的剩余壁厚。而 B 型扫描超声波测厚仪，可测量和勾画出整个结构或部分结构从孤立腐蚀点开始的壁厚、器壁腐蚀速率、平均壁厚，并且可将所测部位可视化图像显示出来。

如果调查液体储罐或其他容器基材状态，调查人员首先必须鉴别液体类型和温度，然后还必须分析与液体相关的基材表面污染物。如果没有识别和清除这类污染物，钢基体表面可能看似完全清洁其实并非如此，因此，尽管涂装等其他方面都正确，但是钢基涂层仍然会过早失效。

12.8.2 现存涂层体系的状态

涂层体系首次应用情况以及定期年度调查的历史记录，可以很好地指示涂层体系的相对剩余寿命，特别是结合美国钢结构涂装协会（SSPC）发布的预期寿命图表进行对照分析后。该预期寿命图表，依据涂层基本类型和服役环境二者进行分类。例如：众人周知，环氧树脂在阳光紫外辐射下会变脆，而且紫外线还会使环氧树脂发生降解，促进漆膜粉化，易被风吹雨淋走，并最终使底层涂层或基体暴露出来。通过核查其服役历史记录，人们可以很好地预估涂层体系的剩余寿命。

简单的视觉扫描检测可以明确指示出结构设施中劣化速率较快的部位信息。例如，如果透过残留有色面漆显示出氧化铁红底漆外观，这种信息就可以非常令人信服地表明：需要立即采取纠正措施，且在所有实际维护实践中，此时维护成本最低。如果在涂层表面并未发现肉眼可见的腐蚀迹象，将其表面用淡水简单喷射清洗之后，再使用同类新面漆或某种与先前涂层体系匹配的面漆重新涂装，可将现有涂层体系的寿命延长多年。

如果仅在结构设施中某些孤立小区域出现腐蚀，而其他大部分区域皆显示完好，这种信息可以提示工程师规划相应的维修方案，即：首先采取喷砂或动力工具对锈点部位进行白级金属表面清理，接着用防锈底漆打底，然后用原体系所用面漆进行恢复。这种状态检查和修复非常经济地避免了保护涂层系统的整体崩溃，因为如果涂层系统整体崩溃，维修人员将不得不彻底清除掉整个涂层体系，进行完全更新，这种维护方案成本最昂贵。

12.8.3 涂层检测

一个经过适当预处理的表面的特征，可用以毫米深度为标准以及其他标准的表面轮廓参数来描述。在某些情况下，尤其对于薄膜涂层，准确描述表面特征非常重要。如果某基材表面轮廓如图 12.16 所示，即表面凸峰之处涂层沉积厚度不足或表面谷底之处涂层桥式跨接，那么涂层失效随后就可能在此处开始，或者，最好的情况是刷涂更多涂料充分覆盖表面凸峰。

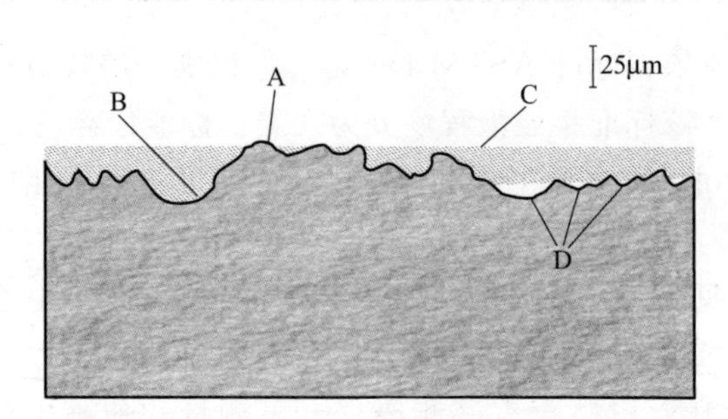

图 12.16　基体采用 G-50（精细）离心喷砂处理后再涂装的试样截面图

注意：峰 A 突出到涂层表面之上，B 是谷底，C 是涂层表面。

涂层失效最先发生在峰 A 处，而 D 点是指可能引发涂层失效的谷底“桥式跨接”之处

表面轮廓可用各种相关仪表和设备进行检测（图 12.17～图 12.22）。经验丰富的检测人员利用这些仪器，可以快速、合理地统计评估那些经适当处理后的表面。表面轮廓仪（一种有用的实验室用仪器）可以给出表面轮廓的准确信息，但是难以用于现场测试，实际上通常都无法在现场使用。

图 12.17 基恩-塔特（Keane-Tator）表面轮廓比较器（KTA-Tator 公司供图）

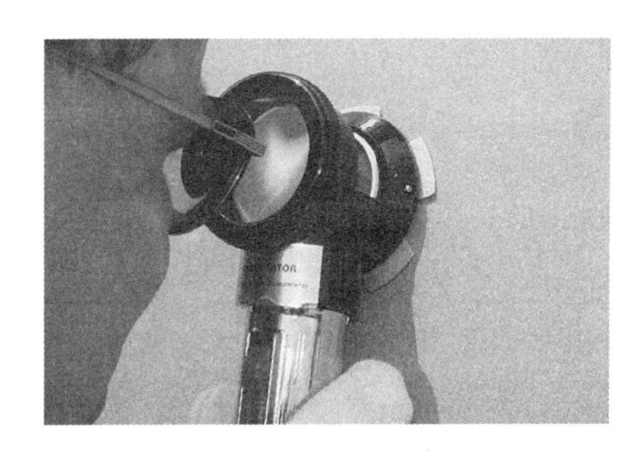

图 12.18 采用基恩-塔特（Keane-Tator）表面比较器法测量表面轮廓深度（KTA-Tator 公司供图）

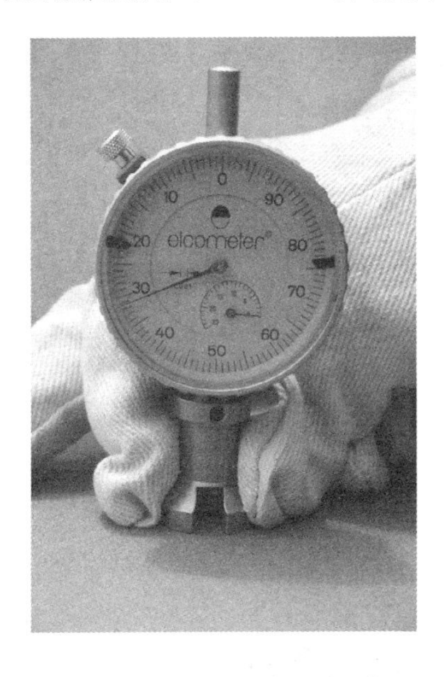

图 12.19 用深度千分尺测量表面轮廓深度（由 KTA-Tator 公司供图）

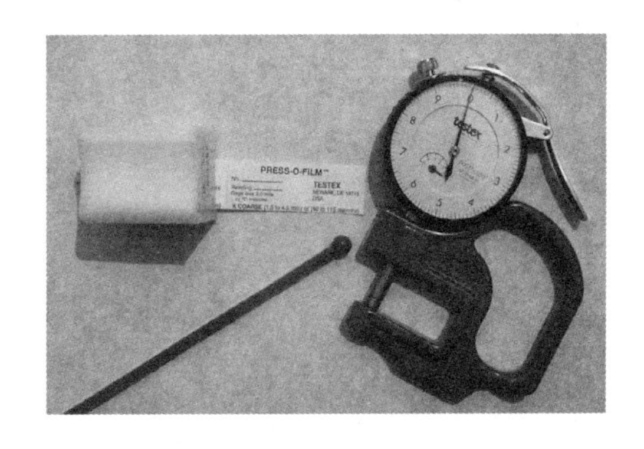

图 12.20 Testex Press-O-Film 复制胶带表面轮廓测量仪（由 KTA-Tator 公司供图）

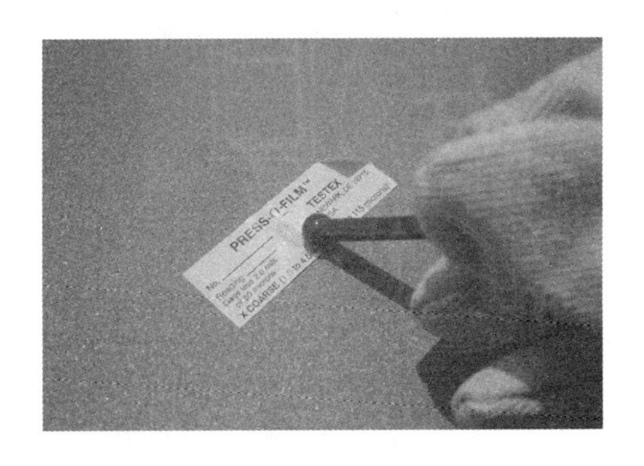

图 12.21 擦亮的 Testex Press-O-Film 复制胶带（由 KTA-Tator 公司供图）

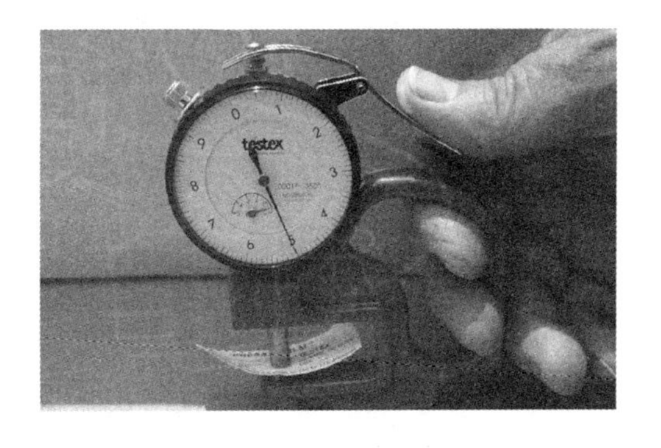

图 12.22 用 Testex 千分尺测量表面轮廓深度（由 KTA-Tator 公司供图）

湿膜厚度测量仪：湿膜厚度可用任何一种在手持标尺边缘刻有一系列标准化压痕的量规来测定（图 12.23）。如果体积固含量已知，干膜的大致厚度亦可以计算得到。

干膜厚度测量：测定干膜膜厚的电子和磁性无损检测仪以及可视的破坏性检测仪，在文中多处都已介绍过（图 12.24 和图 12.25）。

覆盖完整性：覆盖完整性可以通过多层涂层的不同颜色或涂层导电和非导电性来检测。

外观检查：外观检查可在放大条件下或不放大条件下进行。托克测量仪（Tooke gauge）可以在放大条件下测量和鉴别涂层，但需沿对角线切透涂层露出基体（图 12.26 和图 12.27）。由于操作比较慢，且需要切开涂层露出基体，此类测量仪通常很少使用。

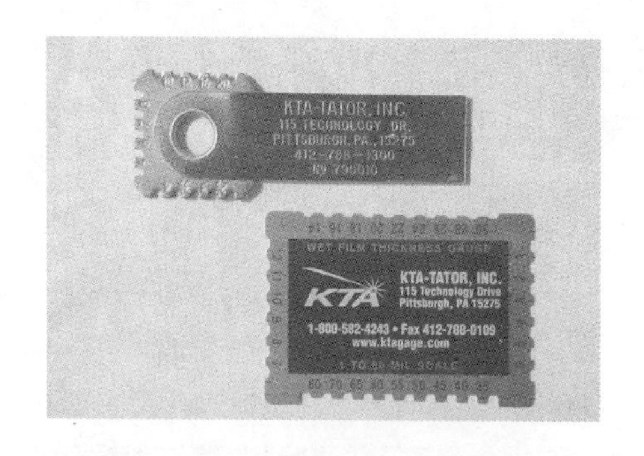

图 12.23 槽口型湿膜厚度测量仪
（上：不锈钢；下：铝）（由 KTA-Tator 公司供图）

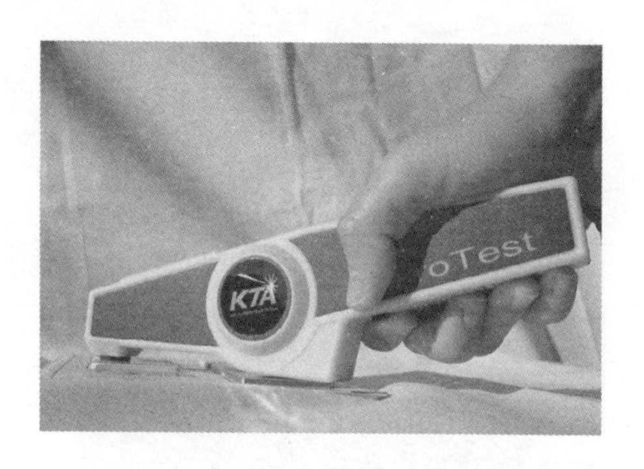

图 12.24 磁性拉伸式干膜测厚仪
（由 KTA-Tator 公司供图）

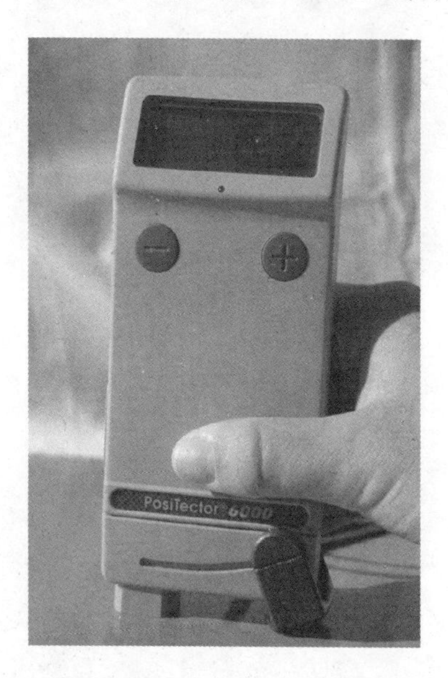

图 12.25 电子干膜测厚仪
（由 KTA-Tator 公司供图）

图 12.26 托克（Tooke）测量仪
（由 KTA-Tator 公司供图）

12.8.4 实验室试验

无论何时，实验室试验都应该尽可能参考并遵循美国材料试验协会（ASTM）、美国腐蚀工程师协会（NACE）或美国钢结构涂装协会（SSPC）等组织提供的标准测试程序和评

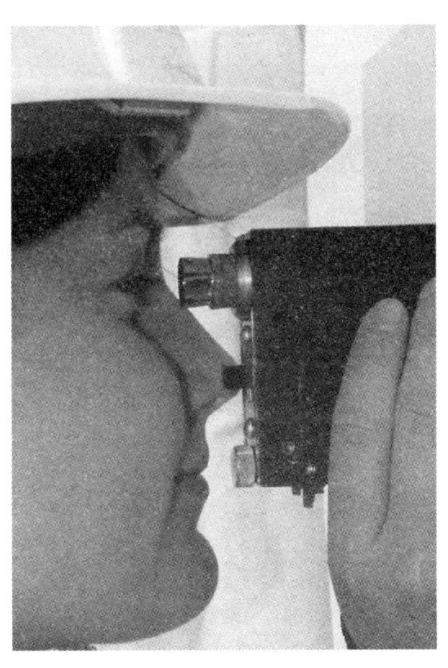

图 12.27　使用托克（Tooke）测量仪测量涂层（由 KTA-Tator 公司供图）

估方法进行。因为唯有如此，试验人员才有可能将自己的试验结果与其他人员的结果相关联。通过美国钢结构涂装协会（SSPC）和美国腐蚀工程师协会（NACE）认证的涂料/腐蚀专业人士，接受过涂料失效调查相关专门培训，他们清楚选用何种分析技术和研究方法才有可能提供最有用的信息。

例如：气相色谱分析是一种非常好的检测溶剂的方法，但是在判断醇酸树脂为何失效时，其作用就很小。再如：当涂装后的镀锌钢板产生白锈时，为区分到底是涂料储存问题还是涂料施工/配方问题，可能只有电化学阻抗谱（EIS）和实际暴露试验才有可能揭示二者之间的区别，而其他传统方法根本无法区分。专业人士凭借这种洞察力，仅仅通过选择正确的试验方法，就可以省去很多无谓的精力和资金付出。

各种试验皆可在实验室进行，而且对试验的数量和类别几乎没有限制。表 12.15 列出了美国材料试验协会（ASTM）规定的一些与保护涂层相关的试验项目。由于涂层现场试验需要投入大量的时间、劳力和设备上，代价都很高，因此建立合理的加速试验方法非常有意义，已成为配方设计师、原材料制造商以及涂料用户们一个持之以恒的追求目标。目前已建立的加速试验方法有很多，其中有些可能仅仅涉及一些相对简单程序，但是也有些程序可能极其复杂。

表 12.15　与防腐蚀有关的涂层试验和方法

ASTM 标准	名称
B 117	盐雾试验方法
B 368	铜加速醋酸盐雾试验方法(CASS 试验)
B 457	测量铝表面阳极氧化膜层阻抗的试验方法
C 536	通过电气测试搪玻璃钢设备上涂层连续性的试验方法
C 743	搪瓷涂层连续性测试方法
D 522	附着有机涂层的芯轴弯曲试验方法
D 523	镜面光泽度测试方法
D 610	评价涂层钢表面锈蚀等级的试验方法
D 662	评价外涂层腐蚀程度的试验方法

续表

ASTM 标准	名称
D 714	评价涂层起泡程度的试验方法
D 822	涂料和相关涂层及材料在过滤后的明火碳弧灯下暴露的实施规程
D 823	在试验板上制备厚度均匀的色漆、清漆、挥发性漆及相关产品薄膜的实施规程
D 870	水浸滞法测试涂层耐水性的实施规程
D 968	用落砂法测定有机涂层耐磨性的试验方法
D 1014	钢表面防腐涂料的户外暴露试验方法
D 1186	铁基上非磁性涂层干膜厚度的无损检测方法
D 1400	非铁基上非导电性涂层干膜厚度的无损检测方法
D 1567	评定某些搪瓷腐蚀效果用洗洁剂的试验方法
D 1653	有机涂层水蒸气渗透率的测试方法
D 1654	涂漆或涂层试样的腐蚀环境评估方法
D 1735	用水雾装置测试有机涂层耐水性的实施规程
D 2197	刮板式黏合试验器测定有机涂层黏合性能的标准试验方法
D 2247	涂层在 100%相对湿度下耐水性测试规程
D 2248	有机罩面漆耐洗涤剂性的测试规程
D 3258	漆膜孔隙率的测试方法
D 3273	环境室内涂层表面抗霉菌生长的试验方法
D 3276	涂料检验员指南(金属基材)
D 3359	胶带法测试附着力的试验方法
D 3361	露水循环法测试色漆、清漆、挥发性漆及相关产品用曝光(未过滤的碳弧型)曝水装置的操作规程
D 3363	铅笔硬度测试方法
D 4145	预涂板涂层柔韧性试验方法
D 4585	用控制冷凝法检测涂层耐水性的实施规程
D 4587	涂料和相关涂层及材料的紫外-冷凝-光照-水浸试验的实施规程
E 376	磁场或涡流(电磁场)法测试涂层厚度的实施规程
G 8	管线涂层的阴极剥离的试验方法
G 12	钢管涂层厚度的无损检测的试验方法
G 42	高温条件下管线涂层阴极剥离的试验方法
G 53	非金属材料曝光曝水装置(紫外荧光-冷凝型)的操作规程
G 60	循环湿度试验的实施方法
G 80	管线涂层特定阴极剥离的试验方法
G 84	在大气腐蚀试验中表面暴露在潮湿条件下的湿润时间的测量的操作规程
G 85	改良后的盐雾试验的操作规程
G 87	金属潮湿二氧化硫(SO_2)腐蚀试验的实施规程
G 90	以聚集自然光对非金属材料进行室外加速老化试验的实施规程
G 92	大气试验网点的表征程序

通过加速试验可以鉴别涂层体系的某种特性。但是，这种特性鉴别能力通常只是针对特定的加速试验的类型，一般都无法预示该涂层的实际服役性能到底如何。但是，在开发涂层或评价涂层应用或使用的新理念时，这些加速试验非常有意义。

常规浸泡试验：有些常规浸泡试验可能很简单，如大气环境用涂层的标准盐水浸泡试验，但也有一些试验可能很复杂，如用于测试长期浸泡服役环境中重防腐涂层“冷壁”效应的浸泡试验。在评价浸泡服役环境中涂层时，试验模拟环境状态必须尽可能接近预期服役现场暴露状态。

盐雾试验：盐雾试验的最初设计目的是检测金属基体上涂层，现已广泛用来评价海洋环境中或在沿海地区服役金属的耐蚀性[22,23]。不过，大量实践经验已表明：尽管盐雾试验所获得结果与海洋服役环境中的有些相似，但是它并未能模拟海洋服役环境所有腐蚀影响因素。因此，盐雾试验仍应被视为一种主观的性能试验，其有效性取决于盐雾试验结果与预期状态或服役环境中腐蚀行为之间的相关程度。另外，这种连续喷雾的盐雾试验方法，尽管目前广泛使用，但是它有一个很严重的缺陷，实际上并不能真实模拟户外环境。

阴极剥离试验：阴极剥离试验是一种通过外加电流对带有涂层的材料施加不同电压的加速试验，一般所施加电压都会超过正常阴极保护所需电压，其目的是证实涂层的抗阴极剥离性能或抗电渗性（图 12.28）。

图 12.28　阴极保护作用下涂层剥离试验的实验室装置（由 Corrpro 供图）

冷凝箱：冷凝箱是可以让水在涂层表面凝结的密闭试验箱。基于涂层对凝结水渗透的敏感性，可在实验室型密闭箱（冷凝箱）内进行筛选试验。性能不良的涂层将会发生剥离。

环境试验室：环境试验室可设置不同的温度、雾气、湿度和模仿雨淋环境的组合条件，以加速方式再现实际暴露环境中存在的多种因素的影响。大多数情况下，环境试验箱试验用的测试样件都是使用切割或机械加工的小试样，有时也可能以仿制装配件和完整系统作为测试样件，如图 2.24(a)和(b)所示。

12.8.5　漏点检测

漏点是指常规非导电有机涂层中存在的针孔和空隙，电流可以顺着针孔和空隙通过涂层达到金属基体。常规或增强目视检查工具，往往无法探测到这些非连续的漏点。但是漏点检测仪，通过给涂层施加一个外加电压，帮助人们发现涂层缺陷（图 12.29）。一个电极在整个涂层表面划过，在穿过缺陷（漏点）时，会发生放电或产生火花。因此，检测到放电或火花产生之处就代表检测到漏点。项目验收接受之前，操作员可以将检测到的漏点标记出来，以便随后进行维修。

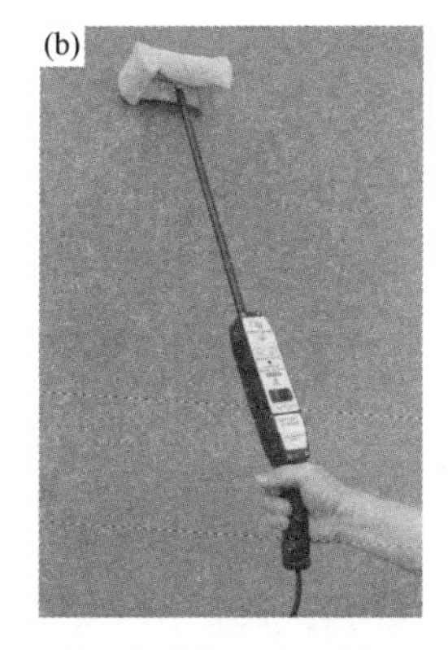

图 12.29　采用高压漏点检测仪（a）、低压漏点检测仪（b）和高压脉冲直流漏点检测仪进行漏点检测（c）（由 Tinker 和 Rasor 供图）

不过需注意：在选择漏点检测仪时，必须依据所检测涂层的厚度和类型而定。如果检测仪电压设置过高，可能产生应力或对薄涂层造成损伤。建议按照制造商的指导说明进行漏点检测，包括涂层供应商和漏点检测仪制造商。美国材料试验协会（ASTM）标准 ASTM G62-07 介绍了管线涂层中漏点检测的两种测试方法。

其中标准 ASTM G62-07 中方法 A 是针对厚度在 0.0254～0.254mm 的薄涂层中的针孔和空隙，漏点检测所使用的介质是普通自来水，施加的直流电压小于 100V。其实，在使用水作为湿润剂时，对于膜厚达到 0.508mm 的涂层，此方法也适用。由于施加电压相对较低，因此，标准 ASTM G62-07 中方法 A 可视为是一种无损检测方法。不过，依据方法 A，无法探测到厚涂层中那些较薄弱点，即使至薄至 0.635mm。然而，依据标准 ASTM G62-07 方法 B，可以探测到这些薄弱点，因为方法 B 中外加直流电压较高，在 900～2000V。但是由于高电压通常都会损伤涂层厚度较薄的薄弱点，因此标准 ASTM G62-07 中方法 B 被认为是一种破坏性的检测方法。

12.9 表面处理

基材的表面处理是涂装工程中一个非常关键的环节，因为基材表面状态必须与所用涂料和涂层材料相适应，而基材表面状态与表面预处理密切相关。一个保护涂层体系中，基材表面洁净度和表面粗糙度或轮廓形貌是需要重点关注的基材表面状态特征，其中表面粗糙度或轮廓形貌决定了涂层与基材之间的机械锚合强度的大小。一般认为，在整个涂装作业成本中，表面预处理和劳动力成本占比高达$\frac{1}{2}$～$\frac{2}{3}$。

在某些特殊情况下，可能无法实施充分恰当的表面处理，使基体表面达到最适宜状态，其原因可能是由于资金或时间不足，无法进行，也有可能是由于表面处理可能会造成产品污染、存在火灾隐患或一些其他原因，不允许进行。但是无论如何，我们都必须清楚意识到：如果基材表面处理不佳，涂层体系使用寿命可能会大打折扣。

此外，待涂装基体的表面性质也会影响涂层性能。表面存在压应力，通常会提高涂层性能，因为与受压较小的表面相比，较大压应力的表面受腐蚀攻击的倾向更小，换言之，表面存在拉应力可能会使该部位的涂层优先失效。一般而言，涂层和基体二者之间的膨胀系数都存在一定差异，这种差异也会使涂层内产生应力，有可能导致涂层开裂和失效。此外，涂层厚度不足和过厚也可能导致涂层失效。

12.9.1 涂层附着原理

喷砂处理是一种非常有效的表面清理方法，通过喷砂处理，有可能使表面达到最接近理想形貌状态，最洁净且单位有效表面积最大。但是即使经过最佳喷砂处理，表面仍然会受到残留金属氧化物、外来灰尘、喷砂粒子、表面吸附气体的严重污染，因此设计选用的涂料必须对可黏合位点具有最强的竞争力，使涂层能在黏合位点牢固附着黏合。正因如此，那些含有很强的黏合竞争力的羟基（OH—）和其他极性官能团，特别是含有羰基（C═O）官能团的涂层，与金属基体附着力最佳。

很显然，液态涂料对基体表面的良好润湿性也是涂层良好附着的一个必要条件。另外，涂层材料还必须稳定，能维持足够的附着强度。因为涂层组分发生氧化、交联或挥发，会引起涂层收缩产生应力，也可能导致涂层从表面脱落。很显然，由于此类原因导致任何附着力受损，都并非人们所愿。

12.9.2　喷砂清理

涂装前喷砂清理方法主要有两种：离心喷砂和空压喷砂。离心喷砂处理是利用专门机械设备，通过高速旋转将磨料加速喷向待清理表面。喷砂材料（通常是砂粒和/或弹丸，但有时也有使用一些其他专门喷砂材料，如金属丝、各种硬质氧化物或碳化物）撞击表面，清除表面污染物，同时在表面产生压痕，如图 12.16 所示。这种包含凸峰和凹谷特征的表面，是涂层材料与基体表面化学黏合的锚固点。与光滑表面相比，这种粗糙表面轮廓所暴露的实际总表面积明显大得多。

对于连续或间歇式出货的钢材，例如在钢材制造车间，采用离心喷砂机进行表面喷砂清理最为经济。在接收到钢材之后，可迅速对所有钢材表面进行离心喷砂清理处理，并立即施涂预装配底漆，作为后续涂层体系的一个良好开端。如果钢材表面未经过这种预处理，而是在装配之后再进行表面清理，可能不仅仅是费时、费钱，而且可能也相当困难。即便如此，在装配之后进行离心喷砂清理，也无法将那些搭接重叠表面以及装配结构中大量凹陷之处彻底清理干净并完好涂刷底漆。此时，还必须采用空压喷砂处理进行补充清理。

现场空压喷砂是指通过合适的喷嘴将高速空气流中携带的固体磨粒喷射出来，撞击并净化基体表面（图 12.30）。标准商用压力喷砂装备如图 12.31 所示[5]。

图 12.30　(a) 船壳和 (b) 管线的干喷砂（由 Barton Mines 公司供图）

对于小型项目或修补作业，表面喷砂处理可使用带罐文丘里喷砂枪。在此设备中，磨料从喷枪下面固定的小储罐中进入空气流。这种设备适合非专业的业余人士使用，可在汽车漆重喷车间使用，适合小区域或车间内小型工件的喷砂处理。

工人娴熟技能是做好喷砂清理工作的前提条件，因为只有娴熟技能的工人才有可能保证喷砂作业时喷射气流角度和距离适当，同时还能确保所有区域都得到彻底清理。美国腐蚀工程师协会（NACE）和美国钢结构涂装协会（SSPC）皆已同意采纳将喷砂处理的钢材表面清洁程度分为五个等级的分级方式。其简要描述如下：

(1) NACE 1/SSPC 5，即白级金属喷砂清理：表面呈灰白色，均匀，带有金属颜色光泽，没有明显的外来杂质残留；

(2) NACE 2/SSPC 10，即近白级金属喷砂清理：清除了外来杂质，但允许金属灰白表

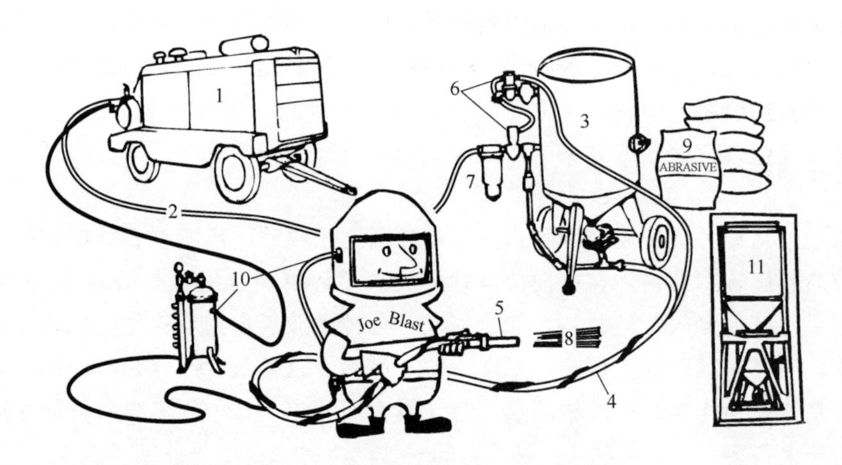

图 12.31 典型的空压喷砂装备

1—高效且气量充足的空气供给设备（压缩机）；2—大小满足需求的气管、接头和阀门；3—便携、高效的喷砂机；4—带外部快速连接头且尺寸合适的抗静电耐压软管；5—高效的文丘里喷嘴；6—为提高安全和节约成本的气动远程控制阀；7—高效除湿器；8—高喷嘴气压；9—合适的喷砂料；10—充气安全头盔和空气净化器；11—大容量磨料储料斗，位于带有远程控制阀的压力喷砂导管上（当弹起式进料阀开启时，磨料从料斗中进入喷砂机内）

面存在不同暗影；

（3）NACE 3/SSPC 6，即商业级喷砂清理：除了结合牢固的氧化物斑点或表面小部分区域均匀分布的漆膜之外，表面锈和外来杂质皆被清除，但蚀孔内可能有些残留物；

（4）NACE 8/SSPC 14，即工业级喷砂清理：与 NACE 3/SSPC 6 类似，但在清洁表面允许残留均匀分布的氧化皮岛状斑点；

（5）NACE 4/SSPC 7，即清扫级喷砂清理：允许存在分散于整个表面的轻质氧化皮和附着牢固的锈。

12.9.3 水压射流清洗

水压射流是指通过高压（大约 35～275MPa）水流高速喷射表面进行清洗的方法（图 12.32）。表面垢层或污染物被高能量水流冲走，暴露出现存涂层下基材表面轮廓。对于那些无法通过喷砂处理有效清除的表面弹性体污染物以及格栅或筛网等横截面复杂结构表面的污染物，此方法的清除效果特别好。水压射流清洗还可以在喷砂处理可能引起火灾或造成环境危害的场合中使用。此外，水压射流清洗特别适合清除表面水溶性盐污染物。在涂料行业中，水压射流清洗表面的目的主要是为了在粗糙度满足要求的表面部位进行重新涂装或重新衬里。

美国腐蚀工程师协会（NACE）和美国钢结构涂装协会（SSPC）皆已共同正式采纳了将水压射流清洗的钢材表面清洁程度分为四个等级的分类方式，它们与喷砂清理等级并行。标准 NACE 5# 和 SSPC SP-12 规定的等级简要介绍如下：

WJ-1：“清洁至裸露基体”的表面，没有任何可见锈层、灰尘、先前的涂层、氧化皮和外来杂质；

WJ-2：“非常彻底或实质性清洁”的表面，允许存在随机分布的锈斑、牢固附着的薄涂层以及其他牢固附着的外来杂质，但是锈斑或牢固附着物不超过每单位面积的5%；

WJ-3："彻底清洗"的表面，允许残留的锈斑或牢固附着物不超过每单位面积的33%；

WJ-4："轻度清洗"的表面，其清洗程度比彻底清洗（WJ-3）低。其目的是在涂装之前，可以尽量保留现存涂层或外来杂质，起到粗化表面的作用。

图12.32　水压射流清洗操作（a）和加压设备（b）（由Termarust科技公司供图）

12.9.4　湿喷砂清理

湿喷砂清理是磨粒空气喷砂的一种变形，是将磨料同时引入到高速水流和气流之中。与单独干喷砂处理相比，这种水流和气流相结合的处理方式，明显降低了大气污染程度。通常，水流中含有一定量缓蚀剂，可以减轻涂装底漆之前"清洁"钢基体表面的锈蚀。

湿喷砂清理系统通常有三种类型：①空气/水/磨粒喷射清理，使用压缩空气驱动磨料；②加压水/磨料喷射清理，使用水驱动磨料；③结合加压水和压缩空气驱动磨料。表面轮廓形貌特征由磨料决定。

12.9.5　其他表面处理方法

作为工厂、船舶、桥梁和其他大型系统结构最终涂装前的表面处理方法，喷砂清理和水压射流清洗应用最广泛，不过，其实很多其他方法也可用于涂装前的表面处理。

某些表面可能仅需使用某种溶剂进行擦拭，就可以去除其表面油污、油脂以及疏松灰尘。此时，使用洗涤液以及异丙醇、酮类、脂肪族和芳香族烃类等溶剂，就非常有效。此工艺的主要目的就是彻底清理表面，获得一个干燥干净的基体表面，不残留任何污染物。这种洗涤液或溶剂清洗的方式常用来处理经过预清洗的钢材表面、不锈钢表面、末道涂装前的旧漆膜或喷砂清理前的受污染钢。

蒸气除油处理是将工件悬置于含有正在凝结的溶剂蒸气的密闭小空间内进行处理，可以获得一个干燥无油污残留的表面。蒸气在工件上凝结、积聚，并溶解污染物，随后从表面滴落。过去，1,1,1-三氯乙烷（九氯）和四氯乙烯是两种应用很广泛的蒸气溶剂。但是由于存在高的健康和环境风险，这些优异的溶剂已逐渐被淘汰。不过目前仍有很多流水线产品采用此种方式进行涂装前清洗。当然，盛放清洗溶剂的浴槽可能也需要进行预处理，清除槽内油性或松散污染物。水性去污剂体系、乳化剂体系以及碱性槽浴，还可与适当的机械或超声搅拌配合使用，以确保清洗液对表面的冲洗效果。

热水加热器或蒸汽发生器（“发电机”或“发电机组”）可用于对金属、涂层或混凝土表面的现场清洗。水中加入的强效清洗剂或碱液，可以乳化油脂和类似的相关有机污染物。热的强效乳化剂作用在基体表面，甚至可以快速去除重质黏土。在喷砂处理前，使用此方法进行清洗，一般都可以获得很好的效果。

相比于美国，火焰清理工艺在欧洲更受欢迎。氧乙炔火焰清理技术应用很广泛，它对钢铁零件表面存在两种作用。第一，由于锈垢与基体之间热膨胀系数存在差异，锈皮或氧化皮较重部位将会从表面爆开脱落。第二，如果对基体加热充分，其表面将很干燥无湿气。在某些应用场合，火焰清理去除钢件表面疏松锈蚀粒子后，接着立即进行涂装，就可以满足涂装程序要求。不过，当使用明火清理时，需极其小心，谨防火灾和爆炸。

手工或动力工具清理可能是一种最不彻底且效率最低的表面处理方式，但是有时可能仍然会选用。例如：由于成本、零件部位或可用工具等限制，有时可能不得不选用这种方式。正常情况下，通过此方法仅能去除钢板基体外部疏松锈层，而湿气或其他污染物仍然会残留在残余锈皮内。此外，在使用刷子或砂轮清理时，工具与基体的相容性也非常重要。例如：使用钢刷或青铜刷去清理铝材，可能会使表面受到重金属（铜或铁）污染，诱发严重的金属点蚀问题。另外，气动针刺枪也是通过机械作用进行小面积清理的一种可用手段。滚筒清理也是一种小零件表面清理的方法，就是将零件放置在含有磨料的转筒之中处理。

浸蚀处理（酸洗）也是一种常用表面清理方法，在生产车间或金属回收站，大量片材、板材、卷材及其他形状金属材料都是采用此方法处理。钢制产品浸蚀处理的目的是去除热处理（>575℃）过程中形成的表面氧化皮。处理槽液是含有缓蚀剂的热盐酸、硫酸或磷酸（使用较少）。注意，所用缓蚀剂必须能均匀作用在金属表面，尽可能减少金属损失，并且在浸蚀处理钢材时，必须保证表面干净无碳污染。

这种浸蚀处理需要在大容器中进行，本身就不适宜现场使用。此外，弱浸蚀也是一种浸蚀处理方式，采用酸凝胶或磷酸基洗涤剂可对清除重锈垢后的钢表面进行弱浸蚀处理。不过，这种类型的“浸蚀”仅限于在酸液可以合理控制的情况下一些小型工件的处理。

参考文献

[1] Koch, G. H., Brongers, M. P. H., Thompson, N. G., Virmani, Y. P., and Payer, J. H., Corrosion Costs and Preventive Strategies in the United States. FHWA-RD-01-156. Springfield, VA, National Technical Information Service, 2002.

[2] Natishan, P., Introduction to Methods of Corrosion Protection. In: Cramer, D. S., Covino, B. S., eds. Volume 13A: *Corrosion: Fundamentals, Testing, and Protection*. Metals Park, OH, ASM International, 2003; 685–686.

[3] Vincent, L. D., *The Protective Coating User's Handbook*. Houston, TX, NACE International, 2004.

[4] *Coatings and Linings for Immersion Service*. Revised Edition ed. Houston, TX, NACE International, 1998.

[5] Roberge, P. R., *Corrosion Basics—An Introduction*. 2nd ed. Houston, TX, NACE International, 2006.

[6] Greenfield, D., and Scantlebury, J. D., Blistering and Delamination Processes on Coated Steel. *The Journal of Corrosion Science and Engineering (electronic)* 2000; 2.

[7] Mayne, J. E. O., The Mechanism of the Protective Action of an Unpigmented Film of Polystyrene. *Journal of the Oil and Colour Chemists' Association (JOCCA)* 1949; 32: 481–487.

[8] Brevoort, G. H., and Roebuck, A. H., Simplified Cost Calculations and Comparisons of Paint and Protective Coating Systems, Expected Life and Economic Justification. CORROSION, Paper # 037. Houston, TX, NACE International, 1979.

[9] Helsel, J. L., Melampy, M. F., and Wissmar, K., Expected Service Life and Cost Considerations for Maintenance and New Construction Protective Coating Work. CORROSION, Paper # 318. Houston, TX, NACE International, 2006.

[10] Corrosion of Metals and Alloys—Corrosivity of Atmospheres—Guiding Values for the Corrosivity Categories. [ISO 9224]. Switzerland, International Organization for Standardization (ISO), 1992.

[11] Munger, C. G., and Vincent, L. D., *Corrosion Prevention by Protective Coatings*. 2nd ed. Houston, TX, NACE International, 1999.

[12] Trethewey, K. R., and Chamberlain, J., *Corrosion for Science and Engineering*. 2nd ed. Burnt Mill, UK, Longman Scientific & Technical, 1995.

[13] Goldie, B., Where are we Now? Three Decades of Change in the Coatings Industry. *Special issue of The Journal of Protective Coatings & Linings (JPCL)* 2013; 22–31.

[14] Brady Jr. R. F., In Search of Non-Stick Coatings. *Chemistry & Industry* 1997; 6: 219–22.

[15] Munekata, S., Fluoropolymers as Coating Material. *Progress in Organic Coatings* 1988; 16: 113–134.

[16] Grubbs, C. A., Anodizing of Aluminum. *Metal Finishing* 2002; 100: 463–478.

[17] *Hot-Dip Galvanizing for Corrosion Protection: a Specifiers Guide*. Centennial, CO, American Galvanizers Association, 2006..

[18] ASTM D3359: Standard Test Methods for Measuring Adhesion by Tape Test. Annual Book of ASTM Standards. West Conshohocken, PA, American Society for Testing of Materials, 2002.

[19] ASTM D4541: Standard Test Method for Pull-Off Strength of Coatings Using Portable Adhesion Testers. Annual Book of ASTM Standards. West Conshohocken, PA, American Society for Testing of Materials, 2002.

[20] SSPC-VIS 2: Standard Method of Evaluating Degree of Rusting on Painted Steel Surfaces. Pittsburgh, PA, The Society for Protective Coatings, 2002.

[21] ASTM D714: Standard Test Method for Evaluating Degree of Blistering of Paints. Annual Book of ASTM Standards. West Conshohocken, PA, American Society for Testing of Materials, 2002.

[22] Capp, J. A., A Rational Test for Metallic Protective Coatings. *Proceedings American Society for Testing of Materials* 1914; 14: 474–481.

[23] Finn, A. N., Method of Making the Salt-Spray Corrosion Test. *Proceedings American Society for Testing of Materials* 1918; 18: 237–238.

第十三章 缓蚀剂

13.1 基本概念

缓蚀剂是可以阻滞或减缓特定环境中金属的一个或多个腐蚀进程，使体系中金属总腐蚀速率降低的化学物质。为了降低酸、冷却水、蒸汽以及很多其他环境的腐蚀性，人们通常都会向其中连续或间歇式地加入少量缓蚀剂。

在很多环境中，皆可以采用添加缓蚀剂的方法来降低金属的腐蚀速率，但是具体情况千差万别。在原油开采和加工行业中，缓蚀剂一直是作为防腐蚀的第一道防线。其实，目前关于缓蚀剂的科学研究很多，但是关于指导缓蚀剂开发和应用的理论很少，大多数已实际应用的缓蚀剂都是依靠实验室和现场反复试验得到。此外，不同缓蚀剂和环境之间的交互作用往往都很复杂，而商用配方通常都是不同缓蚀剂复配而得。

有些缓蚀剂是通过在金属基体表面吸附形成一层仅几个分子层厚的肉眼不可见的薄膜来抑制腐蚀；但是有些缓蚀剂起保护作用则是通过在金属表面形成可见的沉淀物覆盖膜。还有一种缓蚀机制也很常见，即在金属发生腐蚀时，通过吸附与腐蚀产物相结合形成一层钝化膜，抑制腐蚀。此外，还有些其他类型的缓蚀剂，可能是通过引起环境条件变化，促进形成保护性沉淀物膜，或者是去除腐蚀环境中的侵蚀性成分。目前，缓蚀剂已成为最通用的防腐蚀方法之一。下面列举了采用缓蚀剂保护的直接益处：

（1）延长设备寿命；

（2）预防停车；

（3）预防由于脆性（或灾难性）失效造成的意外事故；

（4）避免产品污染；

（5）防止传热损失；

（6）保持外形美观。

为了确定缓蚀剂方案是否经济可行，我们必须对实现上述每个目标可能带来的收益（节省成本）进行评估。因为有时成本很难直接估算，最好是依据从被保护系统或类似系统的历史运行记录中获取的维护、更换等相关数据来进行分析评估。与缓蚀剂保护技术相关的成本种类很多。实际上，任何缓蚀剂的经济评估都必须考虑下列各种成本因素（可能是一种或多种）：

(1) 缓蚀剂加注设备的安装；
(2) 加注设备的维护；
(3) 缓蚀药剂的购买；
(4) 缓蚀剂浓度的监测；
(5) 为适应缓蚀剂保护，对系统的调整；
(6) 为适应缓蚀剂技术，对运行条件的改变；
(7) 系统清洗；
(8) 废物处置；
(9) 个人安全防护设备。

很多腐蚀科学技术文献已报道了大量缓蚀性能优异的缓蚀剂配方和化学药剂。但是，事实上能实际应用的却很少。其中部分原因是成本、毒性、可获得性以及环境友好性等问题，其中环境友好性往往起到了关键作用。毫无疑问，在添加缓蚀剂进行保护可以避免系统重大停工时，可获得的经济收益非常清楚明了。但是在经济效益并不是太清晰时，我们可能必须进行更详细的经济分析。

13.1.1　缓蚀率（缓蚀效率）

按照定义，缓蚀剂是在将其少量加入环境介质中时，可以有效降低金属腐蚀速率的一种化学物质。缓蚀剂的缓蚀率（缓蚀效率）可通过这种腐蚀速率降低程度来进行描述：

$$\eta=\frac{CR_0-CR_1}{CR_0}\times 100\% \tag{13.1}$$

式中，η 为缓蚀率，%；CR_0 为系统中未加缓蚀剂时的腐蚀速率，μm/a；CR_1 为系统中加入缓蚀剂后的腐蚀速率，μm/a。

例如：低碳钢在冷却水中的腐蚀速率是 1650μm/a。当加入 10mg/kg 的缓蚀剂后，腐蚀速率降至 120μm/a。此时，缓蚀剂的缓蚀率是多少？

将 $CR_0=1650\mu$m/a 和 $CR_1=120\mu$m/a 代入公式(13.1)，即可计算得到缓蚀率为：

$$\eta=\frac{CR_0-CR_1}{CR_0}\times 100\%=\frac{1650-120}{1650}\times 100\%=93\%$$

缓蚀剂的缓蚀率一般会随着缓蚀剂浓度增加而增加，例如：某种性能良好的缓蚀剂，在浓度为 0.008%时，缓释率为 93%，而浓度为 0.004%时，缓释率降至 90%。

下面实例说明了如何通过相对简单的试验去评估残留缓蚀剂的缓蚀率。五十年前，胡格尔（Hugel）通过测试多种缓蚀剂对钢在 60℃的 6mol/L 的盐酸溶液中的缓蚀性能发现，烯基醛和芳醛都能非常有效地抑制腐蚀[1]。其中肉桂醛是效果最好的缓蚀剂之一，缓蚀率几乎达到 99%。此后，大量基于醛类（特别是肉桂醛）的用于抑制酸性介质中钢材腐蚀的缓蚀剂专利被授权。

在此示例中，胡格尔（Hugel）采用基于电化学技术的线性极化电阻（LPR）法对肉桂醛（TCA）的缓蚀率进行了评估。其中线性极化电阻（LPR）法作为一种监测技术，已在第十章进行了详细介绍。肉桂醛作为缓蚀剂可抑制钢在酸洗过程中或油田酸化处理过程中的腐蚀。线性极化电阻（R_p）通常根据极化曲线的斜率计算得到，即：

$$R_p = \frac{\Delta E}{(\Delta I)_{\Delta E \to 0}} \tag{13.2}$$

式中，R_p 为线性极化电阻，$\Omega \cdot cm^2$；$\frac{\Delta E}{(\Delta I)_{\Delta E \to 0}}$为线性极化曲线的斜率。

腐蚀电流密度可依据下面公式计算，即：

$$I_{corr} = \frac{B}{R_p} \tag{13.3}$$

式中，i_{corr} 为腐蚀电流密度，mA/cm^2；B 为与阳极（b_a）和阴极（b_c）塔菲尔斜率相关的理论常数。其中理论常数 B 可依据公式(13.4) 计算得到：

$$B = \frac{b_a b_c}{2.3(b_a + b_c)} \tag{13.4}$$

式中，b_a 为阳极塔菲尔斜率；b_c 为阴极塔菲尔斜率。

图 13.1 是碳钢在 6mol/L 盐酸溶液中的极化曲线，首先，线性极化电阻（R_p）可通过线性极化曲线斜率估算得到。假定阳极（b_a）和阴极（b_c）塔菲尔斜率相等，即每个数量级的电流变化对应的电位（0.1mV）变化相等，那么线性极化电阻（R_p）可以通过公式(13.3) 和公式(13.4) 转化为腐蚀电流密度。因此，每种溶液中缓蚀剂的缓蚀率可通过公式(13.1) 计算得到。表 13.1 显示了相关计算结果，其中腐蚀速率转化为 mm/a 的形式。

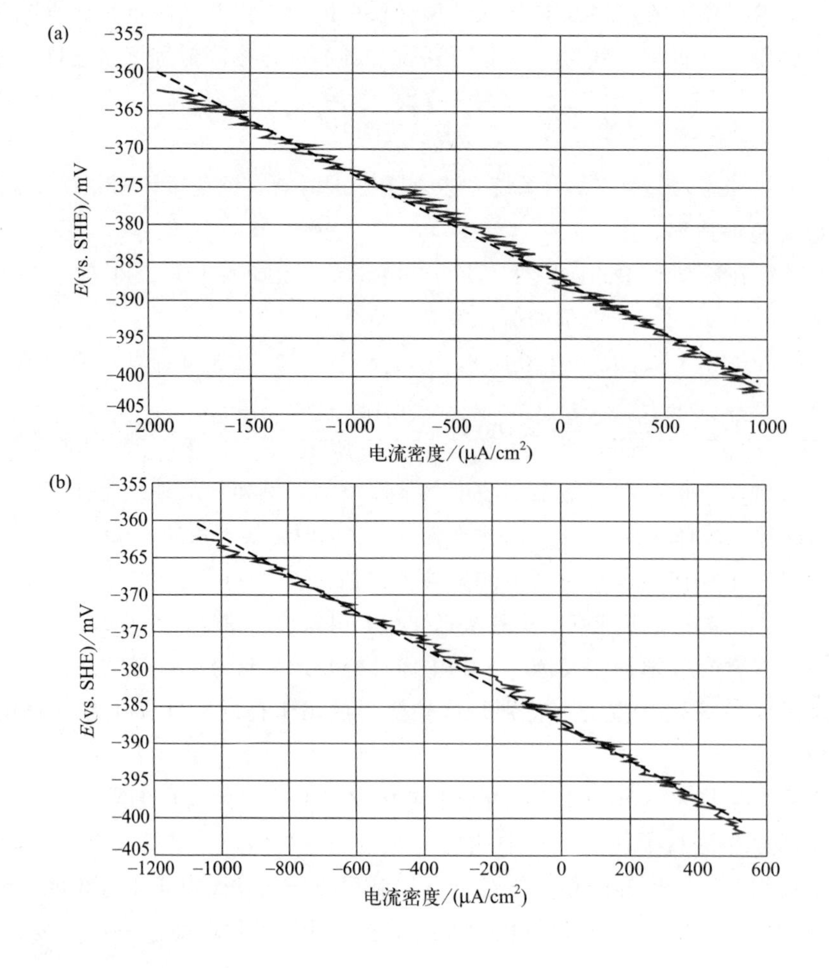

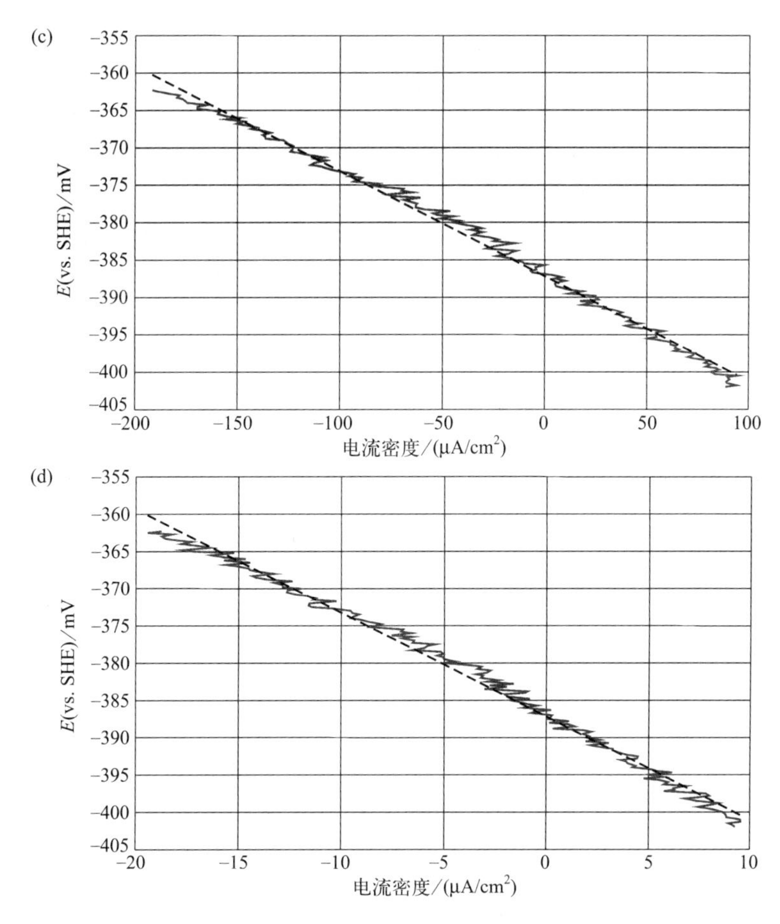

图 13.1　AISI 1018 碳钢在 6mol/L 盐酸中的极化曲线：

（a）未加缓蚀剂；（b）加入 250mg/kg 肉桂醛（TCA）；

（c）加入 1000mg/kg TCA 和（d）加入 5000mg/kg TCA。

图中点线图是用来估算线性极化电阻（R_p）的曲线，该曲线斜率即为线性极化电阻（R_p）

表 13.1　肉桂醛（TCA）对碳钢在 6mol/L 盐酸溶液中的缓蚀率

肉桂醛(TCA)/(mg/kg)	线性极化电阻(R_p)/(Ω·cm²)	腐蚀电流密度(I_{corr})/(mA/cm²)	腐蚀速率(V_h)/(mm/a)	缓蚀率(η)/%
0	14	1.55	18	0
250	25	0.87	10.1	44
1000	140	0.155	1.80	90
2000	1400	0.0155	0.18	99

13.1.2　缓蚀剂有效性

多年来，人们在设计新管道和设施时，一直都是利用缓蚀率概念来进行量化处理有关采取缓蚀剂保护技术的效益问题。但是，在处理复杂系统时，这种简单模型存在严重的不足。例如，在阿拉斯加（Alaska）普拉德霍湾（Prudhoe Bay）油田，他们采取连续加入缓蚀剂的方式对管线进行保护，历史使用记录显示：在 1994 年加入缓蚀剂后，保护效果良好，缓蚀率皆在 98.6%～99.7%。但是尽管如此，仍然只有 40%的管线的腐蚀速率在可接受的范围之内，即低于 0.05mm/a[2]。

缓蚀率模型有个假设条件，即假定系统中始终含有适当剂量的缓蚀剂，在整个系统服役期限内没有中断。但是，实践经验表明：在实际应用中，这种假设并不合理，原因有很多，如泵故障或设置不正确、注入阀和管道阻塞或泄漏、缓蚀剂供应中断、生产速率或含水量变化，或者管线中固体沉积、缓蚀剂达到金属表面受阻等。

缓蚀率模型存在的另一个关键问题是：该模型仅仅集中于单一腐蚀速率大小。毫无疑问，对于实际生产中并不多见的均匀腐蚀体系，采用这种缓蚀率模型很合适。但是对于更常见的复杂体系，这种模型肯定无法真实反映出其中所有的腐蚀损伤，因为复杂体系中，腐蚀通常是由多种不同因素引起，而且还有可能发生各种局部腐蚀，如点蚀、应力腐蚀开裂等。此时，体系中金属腐蚀速率通过对数正态概率分布可更好地体现出来。

此外，对于缓蚀剂保护技术而言，监测体系均匀腐蚀速率变化固然很重要，但是监测腐蚀速率分布范围变化可能更为重要。图 13.2 以曲线形式比较了体系中未加缓蚀剂（最大概率的腐蚀速率为 1.0mm/a，平均腐蚀速率 1.0mm/a，标准偏差 0.4mm/a）与添加两种不同缓蚀剂（理论上所到达的缓蚀率基本相同，皆大于 90%）的腐蚀速率的分布。缓蚀剂 A 和 B 皆能将大多数情况下的腐蚀速率降低至 0.1mm/a，但缓蚀剂 A 仅能将标准偏差降至 0.3mm/a，而缓蚀剂 B 则可降至 0.2mm/a。

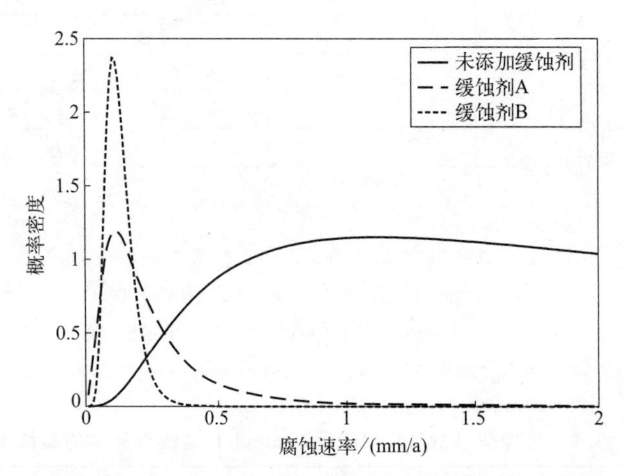

图 13.2 体系中加缓蚀剂和未加缓蚀剂的腐蚀速率的对数正态分布曲线[2]

从图 13.2 中我们可以清楚看出：添加缓蚀剂的主要益处应该是缩小了腐蚀速率的分布范围，避免了高极端速率的腐蚀发生。因此，一个性能优异的缓蚀剂应该是可以将最高腐蚀速率降至规定的目标值。为了达到这种状态（最高腐蚀速率降至规定目标值），体系的平均腐蚀速率和最大概率的腐蚀速率可能都必须降至明显低于目标值。

因此，人们又建立缓蚀剂的有效性（$A\%$）模型，替代缓蚀率模型，并尽可能将这些实际问题包含在内。缓蚀剂有效性（$A\%$）可定义为如公式(13.5) 所示，即：在规定剂量下，体系中缓蚀剂实际有效作用时间占比。

$$A\%=\frac{T}{L}\times 100\% \tag{13.5}$$

式中，$A\%$为缓蚀剂的有效性，%；T 为缓蚀剂维持在最小剂量或以上的时间；L 为系统的使用寿命。

因为总腐蚀裕量（CA）肯定是体系中加缓蚀剂时的腐蚀裕量与未加缓蚀剂时的腐蚀裕量之和，所以，容许的腐蚀速率可通过公式(13.6）进行估算。

$$CA=CR_1 \cdot A\% \cdot L+CR_0(1-A\%)L \tag{13.6}$$

式中，CA 为总腐蚀裕量；CR_1 为缓蚀剂时的腐蚀速率；CR_0 为未加缓蚀剂时的腐蚀速率；$A\%$为缓蚀剂的有效性,%；L 为系统的使用寿命。

如果在设计阶段，假定加入缓蚀剂后腐蚀速率可降至 0.1mm/a（实际应用时的最小值)，那么腐蚀裕量就可以用式(13.7）计算。

$$CA=0.1 \cdot A\% \cdot L+CR_0(1-A\%)L \tag{13.7}$$

与缓蚀率模型相比，尽管有效性模型略显复杂，但是其中考虑到了添加缓蚀剂后系统实际可达到的腐蚀速率，并且突显了缓蚀剂供给维护和管理的重要性[3]。人们还可以缓蚀剂有效性作为关键性能指标，建立采出液中需要加入缓蚀剂浓度与实际注入的缓蚀剂浓度之间的相关性。这种缓蚀剂有效性的关键性能指标 KPI%（缓蚀剂有效性）可用公式(13.8）加以表述：

$$IN_{AV}=\left(\frac{C_a}{C_r}\right)\times 100\% \tag{13.8}$$

式中，IN_{AV} 为缓蚀剂有效性的关键性能指标,%；C_a 为实际加入的缓蚀剂浓度，mg/kg；C_r 为需要加入的缓蚀剂浓度，mg/kg。

如将此缓蚀剂有效性关键性能指标直接与腐蚀成本关键性能指标（C_{corr}）关联，那么它就可以清晰表明资产设备的防腐蚀效果，同时也有利于人们在发现异常情况时（如腐蚀成本开始增加)，更准确判断在何时何处采取有效措施可以改善整体性能。图 13.3 显示了缓蚀剂有效性与运行成本之间的相关性，即在缓蚀剂有效性高时，系统运行成本会下降，而当有效率低于 90%时，系统运行成本可能会很高。

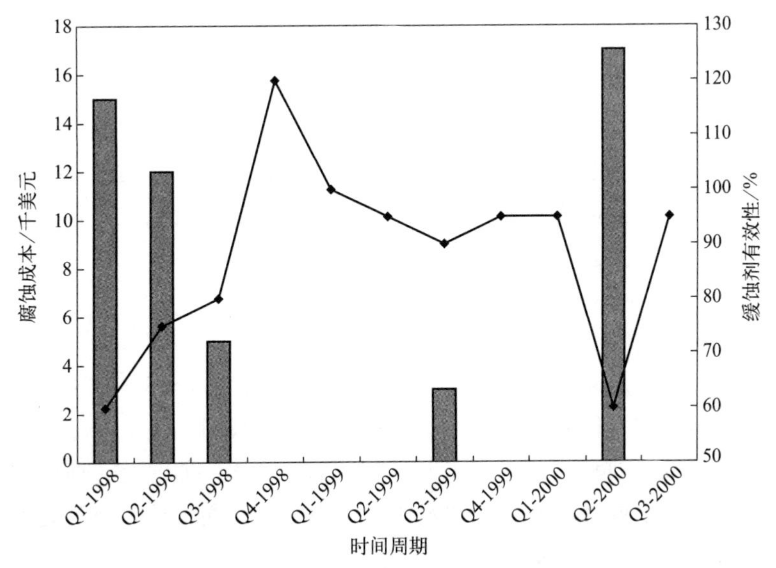

图 13.3 用于预估腐蚀管理绩效的腐蚀成本和缓蚀剂有效性的关键性能指标示例[2]

13.1.3 缓蚀剂风险分类

在新项目早期阶段，人们通常都是依据理想情况下的全生命周期成本，来考虑与工程结构材料相关的所有选项。但是，随着项目设计的不断推进，很多选项都会受到成本约束［资本成本（CAPEX）］，此时人们在考虑选材时，重点关注的是成本最小化[2]。在很多情况下，选用碳钢材料外加缓蚀剂保护，去代替使用耐蚀合金（CRAs），将材料成本转移至运营成本（OPEX），都是一种非常实用的方法。但是，使用缓蚀剂来控制腐蚀，对后续运行会带来一定的风险。常见的缓蚀剂风险类型如表 13.2 所示。

表 13.2 基于腐蚀裕量小于 8mm 使用寿命为 20 年的缓蚀剂风险分类[2]

风险类型	所需最大有效性	未加缓蚀剂时预期最大腐蚀速率/(mm/a)	说明	建议类型名称
1	0%	0.4	良性流体，不需使用缓蚀剂。腐蚀裕量可以满足预期金属损失量	良性
2	50%	0.7	可能需要添加缓蚀剂，但在预期的腐蚀速率下，人们有时间根据检测数据来评估是否需要添加缓蚀剂	低风险
3	90%	3	在油田寿命期的大部分时间内，都必须添加缓蚀剂，但缓蚀剂加注设备无需从第一天就开始投入使用	中风险
4	95%	6	在系统运行寿命期内，系统的安全运行高度依赖缓蚀剂的使用，为确保运行安全，缓蚀剂加注设备需从第一天起就投入使用	高风险
5	>95%	>6	在整个油田寿命期内，选用碳钢同时添加缓蚀剂进行保护，亦无法保证设备的完整性。需选用耐蚀材料或指定维修和更换计划	不可接受

表 13.2 将与使用缓蚀剂的相关风险分为五类，采用数字 1～5 来表示，其中数字 1 代表最低风险，数字 5 代表最高风险。一个系统的风险类型，由通过模型预测的未加缓蚀剂时的腐蚀速率、有效的腐蚀裕量以及项目要求的使用寿命等各种因素来确定。在获知这些参数之后，我们就可以计算出使用缓蚀剂将腐蚀速率降至 0.1mm/a 的可信度。

此外，对于已投入运行过一段时间的系统，我们还需要考虑某些附加的缓蚀剂风险，因为在老旧、已被腐蚀、存在蚀点的管道或设施以及含有大量碎片杂质的系统中，缓蚀剂的缓蚀效果会较差。此时，我们可能必须考虑增加缓蚀剂的用量或对系统进行清洗，在某些情况下，可能还需考虑在缓蚀方案中加入阻垢方案[3]。

13.1.4 环境问题

缓蚀剂基础产品的生产商所生产的大部分产品，都是出售给那些为水处理、润滑油和燃料、金属处理和油田生产等行业定制最终用途产品的服务公司。最终产品通常还包括一些其他功能性成分以及大量溶剂和分散剂。在大多数发达经济体，如北美、西欧和日本等，这些最终产品的最大市场是水处理，其中冷却水所占份额最大。润滑油和燃油是第二大市场，其次是油田和水基流体[4]。

这一商业领域的主要发展趋势与监管和环境问题密切相关，其最终结果是某些类型的产品被其他低毒性或对环境威胁较小的产品所替代。这些环境问题可能关系到缓蚀剂产品本身，也可能关系到缓蚀剂产品终端市场的发展。

由于缓蚀剂化学品可能会影响到水生物，因此它们在北海油田等海洋环境中的排放已受到越来越严格的监管。如果将这些化学品排放到海洋中，其中有些化学物质将会长期持续存在，对环境造成不利影响。其中有些化合物可能对海生物有毒、生物降解性低，甚至有可能在生物体内累积。防止陆源海洋污染巴黎委员会（PARCOM）为此专门拟定了一个协议，包括三项检测内容：生物体内累积、生物降解、水生物毒性[5]。

13.1.4.1　生物体内累积

有些物质即使在实际水环境中浓度很低，但是它们在水生物体内累积也可能产生长期的毒性作用。某种化合物在生物体内累积的可能性，常常通过测量该化合物在正辛醇与水中的分配系数（P_{ow}）来确定，其中分配系数定义如式(13.9）所示。不同化合物的分配系数（P_{ow}）与它们在鱼类体内累积具有极其显著的相关性。

$$P_{ow}=\frac{C_{no}}{C_{w}} \tag{13.9}$$

式中，P_{ow} 为化合物的分配系数；C_{no} 为化合物在正辛醇中的浓度；C_{w} 为化合物在水中的浓度。

由于分配系数是两个浓度之比，因此它无量纲，通常写成以 10 为底的对数形式，即 $\lg P_{ow}$。依据经济合作与发展组织（OECD）准则 11729，$\lg P_{ow}$必须小于 3。

13.1.4.2　生物降解

生物降解是一种衡量物质在环境中停留时间长短的方法。经济合作与发展组织（OECD）试验准则 306 就是主要针对海洋环境中的生物降解。依据该准则，化合物需经过为期 28 天的生化需氧量测试（BOD）。以 10%化合物发生分解的时间点作为降解的开始。在降解开始后的 10 天内必须至少能降解 60%，才能说明该化合物可以快速降解。

如果化合物在环境中无法快速降解，那么就可能意味着如果将化合物排放到水中，可能会产生长期毒性，而且波及范围会越来越广。

13.1.4.3　水生物毒性

毒性试验需在食物链不同层次的生物体上进行，包括藻类（骨藻）等初级生产者、鱼类和甲壳类（纺锤水蚤）等消费者、海底蠕虫（蜾蠃蜚属）等沉积物再造者。

通常，水生物毒性可用某种藻类 72h 或 96h 的半数有效浓度（EC50❶）、甲壳类动物 48h 的半数有效浓度（EC50）或者沉积物再造者 240h 的半数致死量（LC50❷）来表示。

13.1.4.4　环保合规缓蚀剂的选择

为了预防陆地和近海污染物对东北（NE）大西洋的污染，保护东北大西洋海洋环境公约（OSPAR 公约）缔约国拟定了一个针对近海化学品的使用和排放的统一强制性管控方案（HMCS）。该方案的第一步是针对产品中所有组分的初选。如果下列问题的答案都是“否”，那么该化学品就需按照完整的海上化学品统一通知格式（HOCNF）进行填报[3]：

（1）该化学品是在环境危害风险小或无风险（PLONOR）清单中吗（对环境危害风险

❶ EC50（半数有效浓度），是指对 50%的试验水生生物产生负面影响所必需的化学物质的有效浓度。

❷ LC50（半数致死量），是指杀死 50%的试验水生生物所必需的化学物质的有效浓度。

小或无风险)?

(2) 该化学品是包含在《保护东北大西洋海洋环境公约(OSPAR 公约)》关于危险物质的附件 2 中，或被官方当局认定为需同等关注的物质吗?

(3) 该化学品是无机物吗?

如果某化学品满足了下列两个标准，那么该化学品就基本上通过了初选阶段:

(1) 28 天内可生物降解 20%以上;

(2) 满足下列三项中其中两项:

① 毒性，即 LC50 或 EC50 大于 10mg/L;

② lg P_{ow} 小于 3;

③ 可生物降解性大于 60%。

如果化学品中某种成分不满足上述两条标准中的其中任何一条，那么该成分都将标记为需替代。统一强制性管控方案(HMCS)的第二步是使用由政府机构和行业团体联合开发的化学危害评估和风险管理(CHARM)模型进行评估。计算危害商数(HQ)，需先估算出下列数据:

(1) 产品中该成分的百分含量;

(2) 产品预期投放剂量率;

(3) 分配系数 lg P_{ow};

(4) 毒性(mg/L);

(5) 生物可降解性。

危害商数(HQ)是标准运行状态下，化学物质的预测环境浓度(PEC)与预测无效应浓度(PNEC)之比。当预测环境浓度大于预测无效应浓度时，危害商数大于 1;因此，危害商数值越高，对水体环境的潜在影响越大。

13.2 缓蚀剂类型

缓蚀剂有多种不同的分类方式。例如，有些研究者倾向于按照缓蚀剂的化学功能进行分类。但是，迄今为止，最常见的分类方案是在功能分类基础上再结合缓蚀剂作用机制进行归类，本文此处就采用此种分类方式进行介绍。下面按照缓蚀剂的两种基本类型进行介绍，即液相缓蚀剂和大气缓蚀剂[6]。

13.2.1 液相缓蚀剂

液相缓蚀剂一般是添加在溶液中，通过一种或多种作用机制，抑制金属基体的腐蚀。其中缓蚀剂作用机制有下列五种，即:钝化(阳极)、抑制阴极过程、增大欧姆电阻、有机成膜(吸附膜)、诱导沉淀(沉淀膜)。

13.2.1.1 阳极钝化型缓蚀剂

阳极抑制作用机制如图 13.4(b)所示，当加入阳极型缓蚀剂时，阳极极化率增大(小电流变化引起大的电位改变)。加入阳极型缓蚀剂后，腐蚀电位正移。

阳极钝化型缓蚀剂是指可使腐蚀电位大幅正移的阳极型缓蚀剂，可分为两类:①在无氧条件下也可以使钢钝化的氧化性阴离子，如铬酸根、亚硝酸根、硝酸根等;②需在

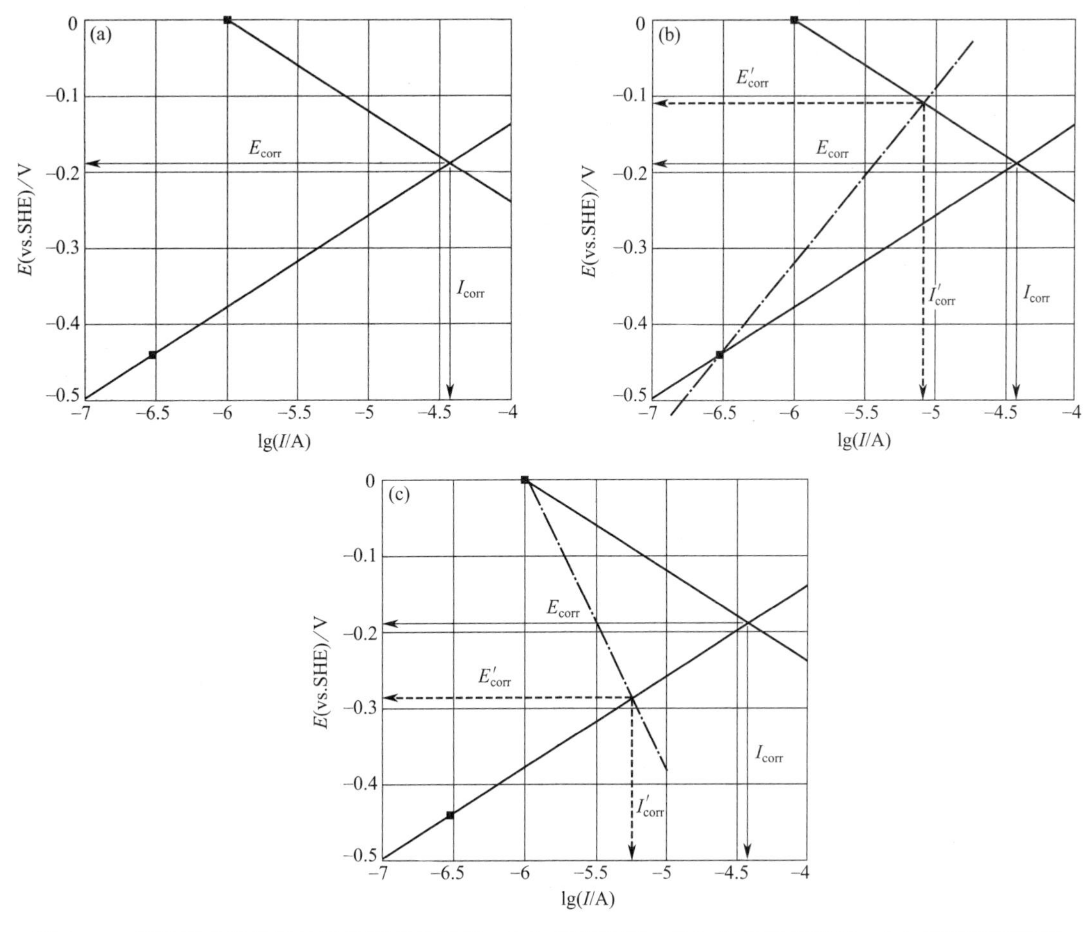

图 13.4　缓蚀剂对钢的极化行为特点的影响：(a) 无缓蚀剂；(b) 阳极型缓蚀剂；(c) 阴极型缓蚀剂

有氧条件下才能使钢钝化的非氧化性离子，如磷酸根、钨酸根、钼酸根等。当加入量足够时，阳极钝化型缓蚀剂效果非常好，但使用时需小心控制，因为用量不足或过量皆有可能加速腐蚀。

尽管铬酸盐缓蚀剂的实际应用已受到严格的环保法规制约，但是铬酸盐目前仍然是一个优异缓蚀剂的典范，关于铬酸盐对钢的钝化机制人们也已进行了广泛深入研究。铬酸盐缓蚀剂通过在金属表面吸附并与金属发生氧化形成氧化物膜，从而保护金属基体。吸附有利于阳极极化，使金属表面电位正移，促进水合氧化铁薄膜的形成。由于钢表面氧化膜肉眼并不可见，因此，即使在某些其他侵蚀性环境中，铬酸盐钝化保护的钢制品仍然能够保持表面光亮。此氧化膜是铁和铬氧化物的混合物，可修复性良好，只要溶液中含有足够浓度的铬酸根离子，通过铬酸根离子的表面吸附及其与少量金属的氧化作用，即可修复。

苯甲酸钠、多聚磷酸盐、肉桂酸钠等非氧化性钝化剂，只有在有氧条件下，才能钝化金属抑制腐蚀，而在无氧情况下，它们没有缓蚀作用。很显然，这种非氧化性钝化剂的作用是促进氧在阳极的吸附，使金属阳极极化进入钝化区。不过，非氧化性钝化剂也是一种危险型缓蚀剂，如果加入量不足，也会促进金属的腐蚀，因为钝化所需的氧也是一个良好的阴极去极化剂。

13.2.1.2 阴极型缓蚀剂

阴极型缓蚀剂，可能是由于减缓阴极反应过程本身而起到抑制腐蚀的作用，也可能是由于在阴极区域选择性沉积，增大回路电阻，限制可还原性粒子向阴极区域扩散，从而抑制腐蚀。阴极型缓蚀剂对阴极极化的影响如图 13.4(c)所示。此时，阳极极化不受影响，而腐蚀电位负向移动。

氢离子还原析出氢气是一个常见的阴极反应。有些阴极型缓蚀剂，由于增大了析氢过电位，可使析氢变得更困难。这种类型的缓蚀剂，通常在酸或除氧体系中使用，比如某些含砷和锑的化合物。此外，阴极反应也有可能是氧的还原，比如在很多碱性环境中。针对此阴极反应的缓蚀剂与那些酸性体系中所用的缓蚀剂不同。

还有一些其他的阴极型缓蚀剂，利用阴极区域碱度的增加，使金属表面沉积一层不溶性化合物膜层，从而抑制腐蚀。无论阴极反应是析氢反应还是氧还原反应，它们都会使紧邻阴极区的环境碱性增强，因此，钙、锌或镁等阳离子可能最终以氧化物形式沉淀出来，在金属表面形成保护性膜层。很多天然水具有自缓蚀作用，就是因为水中天然存在的某些离子沉淀析出，在金属表面形成一层保护性垢层。

对阴极反应进行极化，可以抑制腐蚀，而极化的方式有多种，前面已介绍了很多相关实例。阴极型缓蚀剂就是通过影响阴极反应而抑制腐蚀的缓蚀剂，有三种主要类型：阴极反应毒化剂、阴极沉淀膜和除氧剂。

13.2.1.2.1 阴极反应毒化剂

阴极反应毒化剂是指阻碍阴极还原反应过程的物质，如抑制氢原子形成和氢气析出。由于整个腐蚀进程中阳极反应和阴极反应速率必须相等，因此，如果阴极反应速率变慢，那么整个腐蚀过程就会变慢。

不过有些阴极反应毒化剂（如硫化物和硒化物），可吸附在金属表面，而有些毒化剂（如砷、铋和锑的化合物），可在阴极还原沉积形成相应的金属膜层。但是，由于硫化物和硒化物本身在酸液中的溶解度就不大，与很多金属离子又可形成沉积析出，而且有毒性，因此它们一般不用作缓蚀剂。砷酸盐可在强酸中作为缓蚀剂使用，但是由于砷有毒，近年来已更多趋向于选用有机缓蚀剂（将在本章后面讨论）。

使用阴极反应毒化剂作为缓蚀剂，有时会导致钢发生氢鼓泡，增加氢脆敏感性，这是毒化剂的一个严重缺陷。由于阴极反应毒化剂抑制了氢原子的复合，因此表面原子氢的浓度增大，氢原子向钢中扩散的概率也增大，换言之，在腐蚀反应所产生的氢原子中，其中更多氢原子将被钢吸收。注意：原子氢是吸附在钢表面，但是其中有些氢将被吸收到钢内部。

而且，钢中渗入的氢原子可能会进一步向另一侧扩散。当氢原子在钢内部结合形成氢分子（H_2）时，就会发生鼓泡（更详细介绍参见第八章）。由于氢分子无法扩散穿过钢而逸出，因此它们会聚集在缺陷或空隙处，可能产生极高压力，可达几千兆帕甚至更高。

13.2.1.2.2 阴极沉淀膜

钙和镁的碳酸盐是应用最广泛的阴极沉淀膜型缓蚀剂，因为天然水中本身就含有这些物质，作为缓蚀剂使用时，通常仅需调整 pH 值即可。硫酸锌（$ZnSO_4$）也是一种阴极沉淀膜型缓蚀剂，在阴极区可形成氢氧化锌[$Zn(OH)_2$]沉淀。磷酸盐和硅酸盐既不是明显的阴极缓蚀剂，亦不是明显的阳极缓蚀剂，而是两种类型的混合，因此后面将其视为一种沉淀膜型缓蚀剂。

很多天然水和城市自来水中皆含有碳酸钙（石灰石，$CaCO_3$）。石灰石在水中溶解形成可溶性的碳酸氢钙[$Ca(HCO_3)_2$]。提高碳酸氢钙溶液的碱性或向其中加入更多钙离子，石灰石将重新沉淀出来，溶液变成乳白色悬浮液。加入生石灰，通常可以同时起到上述两种作用（碱性增强和钙离子浓度增大）。

对水进行缓蚀处理的目的是提高水的碱性，维持在碳酸钙差不多正好沉淀析出的 pH 值。如果 pH 过高，碳酸钙沉淀所形成的黏滑多孔沉积层，不但没有防腐蚀作用，而且还有可能造成氧浓差电池促进腐蚀。但是，如果 pH 值条件合适，所形成的碳酸钙沉积层将会相当坚硬光滑，与鸡蛋壳类似。此外，在保护性沉积层形成之后，水的 pH 值仍须维持在相对平衡的状态，因为如果水变成酸性，保护性沉积层会重新溶解。第三章中所讨论的结垢指数就是一个描述水质状态的简便方法，可以指示碳酸钙的沉积析出倾向。

13.2.1.2.3　除氧剂

在 pH 值大于 6 的水中，如果水中含有溶解氧，钢也会发生腐蚀，因为溶解氧可作为阴极反应的去极化剂，促进腐蚀。在温度为 21℃时，与大气环境保持平衡的低含盐量中性水中，溶解氧的浓度约为 8mg/kg。随着盐浓度增加以及温度升高，溶解氧浓度会降低。在动态系统环境中，仅需含有 0.1mg/kg 的溶解氧，就能使腐蚀显著加剧。而在静态系统中，欲使腐蚀速率明显增大，所需溶解氧浓度要更高，因为腐蚀反应会很快耗尽金属邻近区域提供的氧，而静态环境中氧扩散较慢。

水中加入除氧剂，由于减少或避免了氧的阴极去极化，因此有利于抑制腐蚀。除氧剂可以单独或者与某种缓蚀剂一起添加至水中，抑制腐蚀。在充气的卤水中，单独加入有机缓蚀剂，可减缓均匀腐蚀，但是不一定能抑制点蚀；但是，如果有机缓蚀剂与除氧剂同时加入，可能效果会更好。在室温水中，最常用的除氧剂有亚硫酸钠（Na_2SO_3）、焦亚硫酸钠（$Na_2S_2O_5$）、亚硫酸氢钠（$NaHSO_3$）和亚硫酸氢铵（NH_4HSO_3）等。所有这些亚硫酸盐皆能与氧反应生成硫酸盐，如亚硫酸钠的氧化反应如式(13.10）所示。在高温环境中，可用肼（N_2H_4）作为除氧剂，与氧反应生成氮气，反应如式(13.11）所示。

$$2Na_2SO_3 + O_2 \longrightarrow 2Na_2SO_4 \tag{13.10}$$

$$N_2H_4 + O_2 \longrightarrow 2H_2O + N_2\uparrow \tag{13.11}$$

低温条件下，亚硫酸盐与氧的反应速率很慢，因此，通常会加入催化剂来加速反应。最好的催化剂是钴、锰和铜盐。其中钴盐的催化活性最强，反应速率增幅最大。铜盐不能在与钢或铝相接触的水中使用，因为它可能在钢或铝表面还原析出金属铜，使析氢过电位降低，从而促进腐蚀。因此，钴盐是首选催化剂，锰盐是第二选择。

在无催化剂的低温水中，肼与氧之间的反应非常缓慢，因此，通常肼都不会用作低温环境下的除氧剂。此外，肼的危险性较高，尤其是对于未经培训的人员而言。但是，在高压锅炉中，肼仍然是首选的除氧剂。

13.2.1.3　欧姆型缓蚀剂

欧姆型缓蚀剂是指增加电解回路中欧姆电阻的缓蚀剂，在前面讨论阳极和阴极成膜型缓蚀剂时已涉及部分内容。通常情况下，通过提高本体电解液电阻来增加电解回路阻力并不现实，因此，实际上增加回路阻力都是通过在金属表面形成微观薄膜来实现。如果薄膜选择性沉积在阳极区域，腐蚀电位会正移；如果薄膜沉积在阴极区域，腐蚀电位将负移；如果薄膜同时覆盖阳极和阴极区域，腐蚀电位可能仅仅只是发生轻微正移或负移。

13.2.1.4 有机缓蚀剂

有机化合物缓蚀剂（有机缓蚀剂）的应用非常广泛，无法将其严格分类为阳极、阴极或欧姆型缓蚀剂。有时我们可能仅能观察到有机缓蚀剂的阳极或阴极抑制作用，但是如果添加浓度足够，有机缓蚀剂通常都会影响整个腐蚀金属表面。阳极和阴极过程可能同时都会受到抑制，但是程度不同，与金属的电位、缓蚀剂分子的化学结构以及分子大小有关。

图 13.5 是根据前面讨论结果以及表 13.1 所示数据绘制的缓蚀率与缓蚀剂浓度之间的关系曲线。很明显，缓蚀作用效果随着缓蚀剂浓度增大而增加，这表明此种缓蚀作用是由于缓蚀剂在金属表面吸附的结果。可溶性有机缓蚀剂通过吸附可在金属表面成膜，即吸附膜。此例中缓蚀剂是肉桂醛（TCA），形成的吸附膜肉眼不可见，仅仅只有几个分子层厚度。

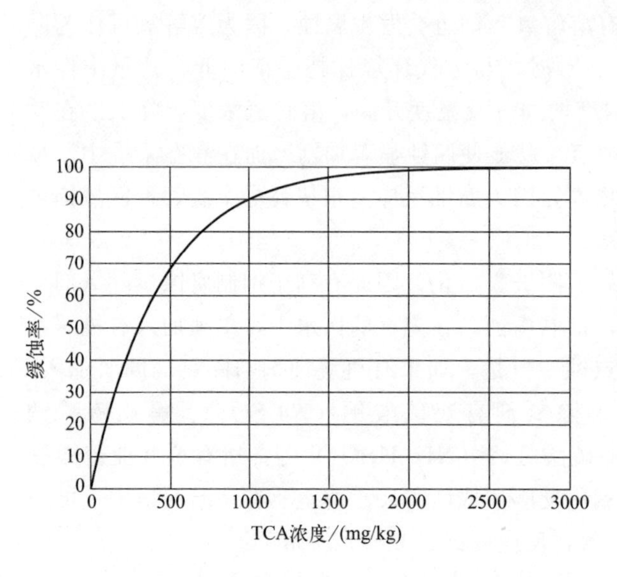

图 13.5 根据图 13.1 和表 13.1 结果绘制的缓蚀率与缓蚀剂浓度之间的关系曲线

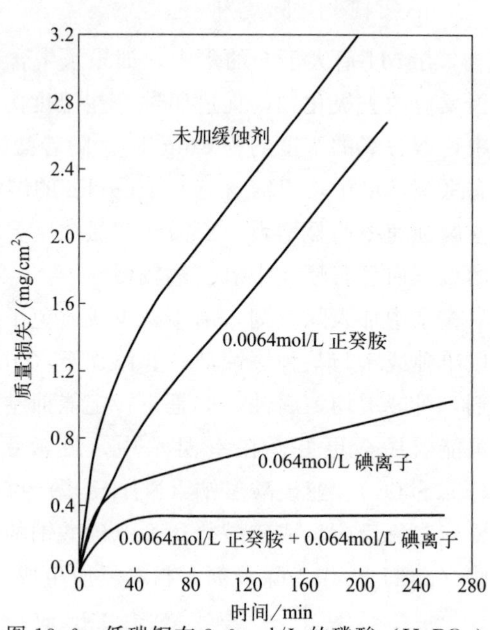

图 13.6 低碳钢在 3.0mol/L 的磷酸（H_3PO_4）中的腐蚀失重结果，显示了正癸胺和碘离子的协同效应

有机缓蚀剂在金属表面能否吸附成膜，取决于缓蚀剂离子电荷和金属表面电荷状态。由于异种电荷会相互吸引，因此，如果金属表面带负电荷，表面将会优先吸附有机胺类等阳离子缓蚀剂（带正电荷，+），反之，如果金属表面带正电荷，表面将会优先吸附磺酸盐类等阴离子缓蚀剂（带负电荷，−）。既不优先吸附阳离子也不优先吸附阴离子的中间电位，称为零电荷电势（ZPC）。因此，阴极保护与在负电势下吸附更强的缓蚀剂保护联合使用，比单独使用阴极保护或缓蚀剂，防腐蚀效果更好。

13.2.1.4.1 与卤素离子间的协同作用

环境介质中含有某种卤素离子时，有机胺类缓蚀剂的缓蚀作用会增强。其实，某些卤素离子在单独使用时，也可以在一定程度上抑制酸中金属的腐蚀。其中碘离子（I^-）效果最好，其次是溴离子（Br^-）和氯离子（Cl^-），而氟离子（F^-）没有明显的缓蚀作用。例如，氯离子可降低钢在硫酸中的腐蚀速率。胺与碘化物联合使用，可能比单独使用时，缓蚀作用更强，即二者之间具有协同效应。

图13.6比较了低碳钢在分别含有正癸胺、碘离子以及同时含有正癸胺和碘离子的3.0mol/L的磷酸（H_3PO_4）中的腐蚀速率[7]。由图13.6可知，正癸胺和碘离子对钢在磷酸中的腐蚀具有明显的协同抑制作用，其中原因之一就是由于钢表面优先吸附碘离子（负离子），使钢表面电位负移，进而促进阳离子型有机胺在金属表面的吸附。

13.2.1.4.2　分子结构的影响

事实上，关于有机分子大小如何影响有机缓蚀剂的缓蚀效果这一问题，人们已进行了很充分的研究。不过，很多研究结果并非完全一致，迄今为止，人们尚未获得一个有关增大分子量对缓蚀效果的影响的一般规律。

正癸胺等伯胺，随着分子链长度增加，缓蚀效果增强；但是与之相反，丁硫醇等主要脂肪硫醇类和一些醛类，随着分子链长度增加，缓蚀效果降低。其原因可能是因为影响分子吸附键合强度、吸附膜层紧密度、吸附分子交联倾向或与其他相邻分子间作用等各种因素之间相互作用的强弱程度不同。

毫无疑问，有机胺分子与金属表面通过氮原子相互结合。例如，在一系列饱和环亚胺中，环亚胺的缓蚀率随着环中碳原子数目增加（至少可达到10）而逐渐增大，如图13.7所示[8]。

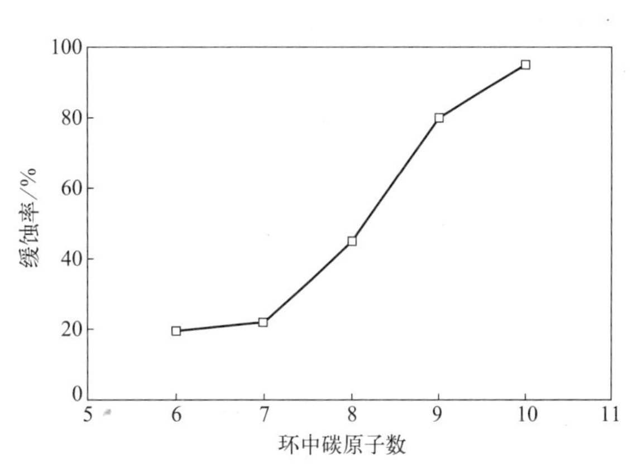

图13.7　饱和环亚胺对钢在6mol/L盐酸（22%）中的缓蚀率

13.2.1.4.3　吸附

先前研究结果表明：在可溶性有机缓蚀剂中，吸附键合强度是影响缓蚀效果的主要因素。金属表面吸附溶液中的缓蚀剂分子，建立吸附平衡状态，如式(13.12)所示：

$$I_{sol} \rightleftharpoons I_{sur} \tag{13.12}$$

式中，I_{sol}为溶液中缓蚀剂浓度；I_{sur}为金属表面吸附的缓蚀剂浓度。

这种吸附平衡是一个动态平衡，如果其中一种粒子浓度改变，那么与之平衡的粒子浓度也将相应地随之同向改变，以维持平衡。从式(13.12)可知，溶液中缓蚀剂浓度增大，即增加环境中缓蚀剂浓度，金属表面缓蚀剂吸附量也会随之增大。缓蚀率随着金属表面缓蚀剂浓度增大而提高，直至表面缓蚀剂达到饱和，即所有可吸附部位都吸附了缓蚀剂分子。因此，吸附强度越大，达到一定的表面覆盖度，所需溶液中缓蚀剂浓度就越低。

单纯的可溶性有机缓蚀剂在金属表面形成的保护性膜层，仅仅只有几个分子层厚度，但是如果在可溶性有机缓蚀剂溶液中加入弥散分布的不溶性有机缓蚀剂的细小液滴，那么保护性膜层将可能持续长厚，甚至可达100μm以上。所形成的这种厚膜层持久性良好，即使在环境中不再继续注入缓蚀剂时，这一膜层仍能继续起到抑制腐蚀的作用。对于只能间歇式地加注缓蚀剂的系统，缓蚀剂保护作用的持久性是一个重要性能指标。

13.2.1.5 沉淀膜型缓蚀剂

沉淀膜型缓蚀剂是一种作用在整个金属表面且可成膜的化合物，因此它会同时间接干预阳极和阴极过程。此类缓蚀剂以硅酸盐和磷酸盐最为常见。

在 pH 值接近 7.0 的低浓度氯化物水溶液中，如果溶液中含氧，那么硅酸盐和磷酸盐就可以使钢钝化，因此，硅酸盐和磷酸盐相当于是一种阳极型缓蚀剂。而且它们也显示出了阳极型缓蚀剂的另一个行为特征，即它们在盐水中含量不足时，同样也会造成局部腐蚀。但是，对钢表面进行阴极极化时，硅酸盐和磷酸盐又会在钢表面沉积，显示出一种阴极型缓蚀剂的行为特征。因此，硅酸盐和磷酸盐这种行为与混合型缓蚀剂的行为相似，即兼具阳极型和阴极型缓蚀剂的作用。

在含氧的低盐度水中，最常用的缓蚀剂是硅酸盐。它可以抑制表面带有锈垢的钢材的腐蚀，且效果极好。保护钢材所需硅酸盐浓度，与水中含盐量有关，在大多数城市自来水中，初期所需浓度约 5～10mg/kg，在保护性沉淀膜层形成之后，可逐渐降低至 2～3mg/kg。此外，水中如果含有高浓度钙和镁离子，会影响硅酸盐的缓蚀效果，但是在水中再另外添加 2～3mg/kg 的多聚磷酸盐可避免这一问题。

在很多自用软水器中，可利用硅酸钠来预防因形成悬浮氢氧化铁而产生红水或锈水。不过，由于硅酸盐去除水中铁离子是利用硅酸根离子与铁离子间的沉淀反应作用，因此在不允许结垢的场合下，硅酸盐不宜使用。

硅酸钠可以保护充气热水体系中的钢、铜和青铜。但是，保护效果并不稳定，与 pH 值和水质成分有关。最好的预防措施是通过改变水质条件调节饱和指数，促进形成保护性硅酸盐膜。

与硅酸盐类似，磷酸盐也需要在有氧存在时，才能起到有效的缓蚀作用。此外，流动状态也会极大影响磷酸盐的缓蚀效果。比如，在流动的充气水中，添加约 10mg/kg 的六偏磷酸钠（一种代表性的多聚磷酸盐），就可以起到良好的缓蚀作用；但是在静止水中，由于氧浓差电池的形成，加入六偏磷酸钠有可能会加速腐蚀。

除了流动状态之外，水中含有钙离子也是磷酸盐能起缓蚀作用的一个必要条件。但是，磷酸盐可抑制碳酸钙沉淀的沉积，因此为获得良好的缓蚀效果，磷酸盐和钙离子浓度必须保持适度平衡。一个经验法则是：磷酸盐浓度不能超过碳酸钙浓度的两倍。例如，如果水中含碳酸钙 10mg/kg，那么作为缓蚀剂的磷酸盐浓度最大 20mg/kg。如果水质过软，可以加入生石灰提高钙含量。

在工业冷却塔中，可用六偏磷酸钠[$(NaPO_3)_6$]缓蚀剂来进行保护，其用量为约 50mg/kg。维持水质 pH 在 6～7，可以预防点蚀和过度结垢。

此外，硅酸盐和磷酸盐的缓蚀效果皆不如有环境毒性的铬酸盐和硝酸盐。硅酸盐和磷酸盐作为缓蚀剂的主要缺点是：能否适用取决于水质成分，而且必须小心控制，才能获得最佳缓蚀效果。

13.2.2 大气缓蚀剂

此类缓蚀剂通常是指以蒸汽相的形式散布到达金属零件表面，来预防大气腐蚀的缓蚀剂。

13.2.2.1 气相缓蚀剂

气相缓蚀剂（VPIs），也称挥发性缓蚀剂，是指可通过蒸发（挥发）传输至密闭系统中腐蚀位点来抑制腐蚀的化合物。在锅炉中，吗啉、十八胺等易挥发碱性化合物，可随着蒸汽传输至冷凝管，与酸性二氧化碳中和，从而预防冷凝管腐蚀。这种易挥发的碱性化合物，通过碱化环境来抑制腐蚀。在密闭蒸汽空间，如船运集装箱，可使用二环己基胺、环己胺及六亚甲基亚胺的亚硝酸盐、碳酸盐和苯甲酸盐来进行防腐。这类化合物的缓蚀机制至今尚不十分清楚，但比较明确的一点是分子中有机基团的作用仅仅是提供挥发性能。

当与金属表面接触时，缓蚀剂蒸汽发生凝结，并与水分发生水解反应，释放亚硝酸根、苯甲酸根或碳酸氢根离子。因为空气中含有充足的氧气，与在水溶液中一样，亚硝酸根和苯甲酸根离子可以钝化钢表面。气相缓蚀剂分子中的有机胺基团可能通过吸附以及增强碱性，起到辅助缓蚀作用。不过，碳酸氢根离子的作用机制可能与亚硝酸根和苯甲酸根离子的不同。

一个理想的气相缓蚀剂，应该具有快速产生缓蚀效果且持久有效的特性。因此，气相缓蚀剂化合物应具有高挥发性，可以尽快挥发到气相空间并达到饱和，但是其挥发性又不能过高，以免由于包装或容器任何泄漏使缓蚀剂损失过快。因此，气相缓蚀剂的最佳蒸气压，应该是能维持金属表面缓蚀剂浓度恰好满足缓蚀所需。

表 13.3 列出了一些气相缓蚀剂蒸气压及其他性能。其中环己胺碳酸盐的蒸气压比二环己胺亚硝酸盐的高 2000 倍，因此，在偶尔敞开的容器中，使用环己胺碳酸盐更好，因为它的挥发性更好，能使气相空间迅速重新饱和。

表 13.3 常见挥发性缓蚀剂饱和蒸气压

物质名称	温度/℃	蒸气压/mmHg	熔点/℃
吗啉	20	8.0	
卞胺	29	1.0	
环己胺碳酸盐	25.3	0.397	
二异丙胺亚硝酸盐	21	4.84×10^{-3}	139
吗啉亚硝酸盐	21	3×10^{-3}	
二环己胺亚硝酸盐	21	1.3×10^{-4}	179
环己胺苯甲酸盐	21	8×10^{-5}	
二环己胺辛酸盐	21	5.5×10^{-4}	
铬酸胍	21	1×10^{-5}	
环己亚胺苯甲酸盐	41	8×10^{-4}	64
六亚甲基胺硝基苯甲酸盐	41	1×10^{-6}	136
二环己胺苯甲酸盐	41	1.2×10^{-6}	210

很明显，最有效的挥发性缓蚀剂都是一些弱挥发性碱与弱挥发性酸的反应产物。此类物质尽管在水溶液中也会发生电离，但是其水解程度几乎与浓度无关。对于胺的亚硝酸盐和羧酸盐，最终反应结果可描述如下：

$$H_2O+R_2NH_2NO_2 \longrightarrow (R_2NH_2)^+:OH^- + H^+:(NO_2^-) \qquad (13.13)$$

在仅一次性开启但可能长期储存的容器中，使用二环己胺亚硝酸盐的效果会比较好。气相缓蚀剂所需用量与应用环境条件有关，不过，二环己胺亚硝酸盐和环己胺碳酸盐的推荐用量分别为 2.2kg/100m^2 和 2.2kg/30m^2。此外，这些气相缓蚀剂对有色金属皆有不同程度的腐蚀性，因此对于具体应用环境，我们建议用户使用前应对多种商业气相缓蚀剂进行筛选试验，特别要注意考虑胺类和亚硝酸盐与铜合金的相容性问题。

13.2.2.2 防腐蚀化合物

防腐蚀化合物（CPCs）作为一种临时防护手段，应用很广泛，对很多种金属都有很好的保护效果。防腐蚀化合物以液态形式使用，可以采用涂抹、刷涂、喷涂或浸涂等方式涂覆在金属表面。防腐蚀化合物通常不能与水混溶，但是其中可能含有可置换水的成分，可以除去金属表面和缝隙中的水分。

目前，有很多商用防腐蚀化合物产品可供选用。它们大多数都是以羊毛脂为基础，再添加不同溶剂和缓蚀剂。在溶剂蒸发后，金属表面会残留一层薄薄的软膜、半硬膜或者硬树脂膜，提供不同程度的短期保护作用。很显然，我们无法确定这些防腐蚀化合物的准确组成。但是，材料安全数据表（MSDS）中相关信息显示这些防腐蚀化合物中可能包括[9]：

- 一种油基、脂基或树脂基成膜剂；
- 一种挥发性的、低表面张力的载体溶剂；
- 一种非挥发性疏水添加剂；
- 磺酸盐等各种缓蚀剂，或表面活性剂。

水置换型防腐蚀化合物的基本作用机制是：涂覆在金属表面的防腐蚀化合物，沿着表面扩散进入裂纹和缝隙将水置换出来，溶剂挥发后的残留物作为进一步防腐蚀的屏蔽层。而硬膜型防腐蚀化合物的基本作用原理是：涂覆在金属表面的硬膜型防腐蚀化合物，干燥后形成蜡状或硬树脂状光亮表面，作为腐蚀性环境的屏蔽膜层。

防腐蚀化合物已在很多可能发生的腐蚀场合中获得应用。例如，飞机制造商通常都会在维护手册中推荐，采用防腐蚀化合物产品作为预防某些特殊部位腐蚀的一种手段。防腐蚀化合物的使用非常简单，用专门设计的高压泵将其变成浓雾，直接喷雾至需保护区域或孔洞内即可（图 13.8）。

图 13.8 使用商用防腐蚀化合物产品对飞机进行喷雾作业（由 Mike Dahlager Pacific Corrosion Control Corp 供图）

这种防腐蚀化合物商用产品在公路车辆上的应用也很广泛，可以减轻车辆的腐蚀程度，特别是在使用化冰盐除雪化冰的寒冷地区。因为车辆上有很多可以积水的部位，而积水会促进这些部位的腐蚀，使设备过早失效或金属板穿孔。汽车下侧由于暴露在高水分环境中，也特别容易生锈和腐蚀。

自 20 世纪 70 年代起，在新车制造过程中，制造商们就已开始广泛使用热熔蜡这种热塑性防腐蚀化合物来保护底部结构部件，增强车辆的耐久性。热熔蜡的涂覆通常采用浸涂方式，基本过程是：首先，将蜡预热至 125～195℃；接着，将零件碱洗和水洗；然后，再浸入热熔蜡中。零件表面蜡层厚度可通过控制浸入前零件预热温度和在热熔蜡中的浸入时间来控制。

薄液膜型防腐蚀化合物常作为公路车辆年度维护中的一种附加的防腐蚀措施。防腐蚀化合物所用空气喷涂设备很便宜，大多数防锈处理中心都有（图 13.9）。此外，待保护设备表面也无需特殊预处理。

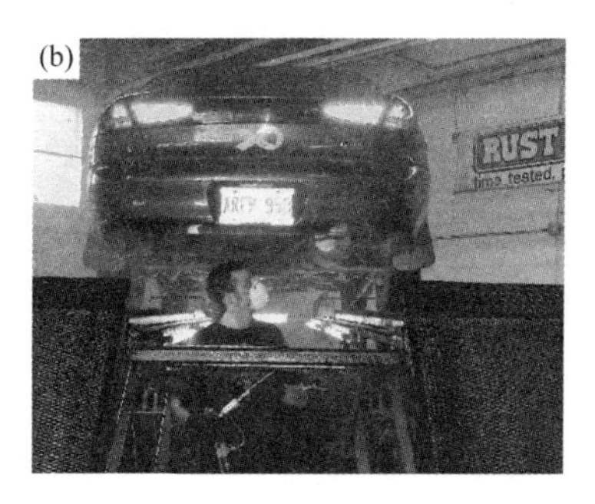

图 13.9　使用商用防腐蚀化合物（CPC）对汽车行李箱（a）和车身底座（b）进行喷雾处理
（由 Kingston Technical Software 供图）

在室外喷涂时，我们建议与室内喷涂一样，佩戴美国国家职业安全卫生研究院（NIOSH）认可的防油雾口罩。由于喷雾罐或空气喷枪冷却速度很快，操作人员并非必须戴手套，当然，戴手套会更舒适。另外，在喷涂处理之后，过量液体可使用布或纸巾擦拭掉。

13.3　环境因素

13.3.1　水系统

迄今为止，在所有可使用缓蚀剂保护技术的腐蚀环境中，仍然以水系统环境最为常见。由于水的溶解能力很强，且水可以同时携带大量不同离子，因此不同水系统对缓蚀的具体要求可能存在很大差异，这与水中溶解性粒子种类和数量有关。此外，没有一种通用的缓蚀剂可适用所有水体系环境，一种缓蚀剂对某一系统可能缓蚀效果很好，但是对另一体系可能无效甚至有害。因此，在水系统环境中应用缓蚀剂技术时，我们必须考虑相关具体环境因素，其中主要影响因素有：盐浓度、pH 值、溶解氧浓度以及干扰粒子浓度[10]。

13.3.1.1　不同溶解性粒子的影响

无论工业用水还是生活用水，其中都会含有很多影响水腐蚀性的可溶性物质，而这些可溶物的性质决定了对所选用缓蚀剂的各种具体要求。下面将介绍一些最常见的可溶性物质及其对缓蚀剂缓蚀作用的影响。

13.3.1.1.1　氧

在天然水中，溶解氧（O_2）会导致金属发生腐蚀，因此在某些水系统中，例如锅炉和热水供给系统，如果通过除氧剂或除气将氧含量降至 0.1mg/kg 之下，腐蚀就可得到充分控制。不过，氧还有促进钝化的有益作用，有些钝化型缓蚀剂，就是利用氧来使钢表面发生钝化。此外，有机缓蚀剂，如果其中不含苯甲酸根或亚硝酸根等具有钝化能力的基团，很少能有效抑制水系统中的氧腐蚀。

13.3.1.1.2　氯离子

在含有氯离子（Cl^-）的水系统中，钢以及很多其他金属的钝化都会变得更加困难。因此，如果水系统中含有氯离子，在使用钝化型缓蚀剂进行保护时，所需缓蚀剂浓度会更高。而在使用非钝化型缓蚀剂时，由于氯离子受钢强烈吸附，所需缓蚀剂浓度同样也会更高。

13.3.1.1.3　硫酸根离子

硫酸根离子（SO_4^{2-}）对钝化的影响与氯离子类似，但影响程度较小。换言之，硫酸根也有可能使水系统中钢去钝化，因此，我们应避免蒸发使硫酸根或氯离子在系统中累积。

13.3.1.1.4　碳酸氢根离子

在硬水系统中，碳酸氢根离子（HCO_3^-）可形成沉淀起到自然缓蚀作用。在软水系统中，如果水中溶解了过量二氧化碳，会生成大量碳酸氢根离子，从而造成一个酸性介质环境，那么此时我们就必须使用缓蚀剂来进行缓蚀处理。

13.3.1.1.5　硫离子

硫离子（S^{2-}）可与很多金属离子形成沉淀，因此含有锌离子等金属离子的缓蚀剂不能在含有硫离子的水系统中使用。而氧化性缓蚀剂可将硫离子氧化成单质硫，因此只有氧化性缓蚀剂用量超过与硫离子反应所需量，且系统中允许存在胶状单质硫时，氧化性缓蚀剂才能起到有效缓蚀作用。

13.3.1.1.6　金属阳离子

钠离子（Na^+）和钾离子（K^+）对缓蚀剂没有特殊影响。水中含有适量的钙离子（Ca^{2+}）和镁离子（Mg^{2+}）时，金属表面可形成一层保护性沉淀膜，但是如果钙离子（Ca^{2+}）和镁离子（Mg^{2+}）浓度很高，所形成的沉淀物无保护性，会干扰缓蚀剂的作用。此外，钙离子（Ca^{2+}）和镁离子（Mg^{2+}）还可与磷酸根（PO_4^{3-}）和硅酸根（SiO_3^{2-}）等缓蚀剂反应生成沉淀，影响缓蚀剂的缓蚀效果。而铜和汞等重金属离子，即使含量非常低，也会严重干扰缓蚀剂。

13.3.1.1.7　酸

氢离子（H^+）会加速腐蚀，增加钢的钝化难度。钝化型缓蚀剂可在硫酸和磷酸介质中使用，但对盐酸介质不适用。因此，在酸洗（浸蚀）处理中，为避免由于去钝化造成灾难性后果，首选缓蚀剂是非钝化型的有机或阴极型缓蚀剂（如胍或砷酸钠）。

13.3.1.1.8　碱

在碱性溶液（OH^-）中，钢的腐蚀受氧通过沉淀腐蚀产物[通常是氢氧化亚铁（$Fe(OH)_2$）]的扩散过程控制，因此腐蚀速率小。而且，在碱性溶液中，钢的钝化也比较容易。在低浓度碱液中，铝、锌和铅等两性金属的腐蚀速率也都很小，但是在 pH 高于 9.0 的碱液中，它们的腐蚀速率很大，需要使用缓蚀剂来进行保护。

13.3.1.2　中低浓度含盐水

城市用水、冷却水、海洋和近海作业、油田注水系统中，通常所使用的都是中低浓度含盐水。由于金属表面会吸附水中可溶性离子，与在软水中相比，中低浓度含盐水中缓蚀剂达到金属表面取代吸附离子更困难，因此，所需缓蚀剂浓度更高。而且，氯离子具有去钝化作用，在含氯离子的盐水中，更难以通过钝化型缓蚀剂对金属的钝化作用来抑制腐蚀。因此，在含可溶性盐的水系统中，特别是在含有氯离子时，将缓蚀剂浓度始终维持在安全水平之上非常重要。

由于大多数缓蚀剂皆存在一定毒性，它们都无法在城市饮用水中使用。不过，使用生石灰处理将水的 pH 值提高，通常就可以充分保护钢或铸铁水管。如果水中氯离子或硫酸根离子含量高，可以在水中再加入多聚磷酸盐，来提高缓蚀效果。此外，在城市用水中，有时还可用硅酸盐作为缓蚀剂，但是要注意，硅酸盐与铁及钙离子反应可产生沉淀，有可能造成管道结垢，影响传热表面。

冷却水系统可分为循环式和直流式两大类。在密闭的循环系统中，由于可以采取各种方式驱除水中溶解氧，因此一般情况下，调整溶液 pH 值至碱性，即可控制腐蚀。与直流系统相比，在循环冷却水系统中，通过缓蚀剂技术来控制腐蚀更容易，因为在循环使用的水中，添加高浓度的缓蚀剂更切实可行。

在用作发动机冷却和太阳热能转移的乙二醇-水的混合液中，通常以硼砂和巯基苯并噻唑混合物作为缓蚀剂，其中硼砂用于稳定碱性的 pH 值，而巯基苯并噻唑可抑制青铜和紫铜的腐蚀。单独使用硼砂可以抑制钢在乙二醇-水混合液中的腐蚀，但是硼砂和乙二醇都可以快速腐蚀镀锌层以及青铜中的锌，因为低温下可形成锌的络合物。

因此，在多种金属混用的冷却系统中，添加巯基苯并噻唑缓蚀剂很有必要。此外，在冷却水系统中，人们还经常加入一种可溶性油，用来增强保护作用，同时改善活动零件间的润滑效果。在有些多金属混用的冷却体系中，目前使用的缓蚀剂是硅酸盐和亚硝酸盐。有机胺磷酸盐也长期在此类冷却系统中应用。

在直流式冷却水系统中，所用缓蚀剂必须价格低廉且性能良好。与密闭式系统相比，敞开式直流冷却水系统中，金属腐蚀更严重，因此所用缓蚀剂性能必须更好。此情况与城市供水体系类似，可使用类似的补救措施进行处理，即加入生石灰或多聚磷酸盐。

在可能含有较大量有机质的水系统中，如海水和油田注入盐水，人们通常不会采用氧化性缓蚀剂来抑制腐蚀，因为有机质氧化会消耗掉大量氧化性缓蚀剂。而硅酸钠等非氧化性无机缓蚀剂的添加浓度也必须很高，因为盐水中含有高浓度氯离子。一般而言，有机缓蚀剂保护是抑制有机物盐水中金属腐蚀的最佳方式。在油田盐水中，脂肪胺缓蚀剂浓度只需达到 10～20mg/kg，就可以有效控制腐蚀。

13.3.1.3　高浓度含盐水

在制冷系统中，传热水溶液是浓度极高的含盐水。因为盐水可循环利用，且始终处于低温状态，因此在系统中维持高浓度的缓蚀剂，成本上切实可行。在制冷系统中，铬酸钠缓蚀剂非常有效，但由于毒性问题而受到限制。如果考虑到生理学影响问题，缓蚀剂可选用磷酸氢二钠，尽管其缓蚀效果不如铬酸钠。

13.3.1.4　pH 的影响

水溶液 pH 值是一个极其重要的影响因素，可确定何种类型缓蚀剂最经济有效。天然硬水中除了含有二氧化碳之外，还含有钙质化合物，包括碳酸钙（$CaCO_3$）和碳酸氢钙［$Ca(HCO_3)_2$］。这些粒子之间存在一个平衡关系，如式(13.14) 所示。

$$CaCO_3 + CO_2 + H_2O \rightleftharpoons Ca(HCO_3)_2 \tag{13.14}$$

在高温条件下，该反应可逆向进行，因此，高温表面会被碳酸钙所覆盖。当阴极区附近变成碱性时，碳酸氢钙也可转化形成保护性垢层。由于沉积垢层减少了阴极面积，限制了阴极去极化的扩散过程，增大了欧姆阻力，因此抑制了腐蚀。在海水中受阴极保护的钢表面通常都会形成这种垢层，常称为钙质沉积层（参见第三章）。因此，有些天然硬水比软化水的腐蚀性低。类似地，在碱性溶液中，由于硫酸锌在阴极区可形成不溶性氢氧化锌沉积层，因此添加硫酸锌也能抑制腐蚀。

有关硫化氢的腐蚀问题特别棘手。在刚开始时，由于形成保护性硫化亚铁保护膜层，水中溶解的硫化氢仅会缓慢腐蚀钢。但是，硫化亚铁膜仅能起到临时保护作用，因为硫化氢可渗透通过硫化亚铁膜，随着时间延长，腐蚀速率会增大，产生鼓泡、金属损失变大甚至可能引发氢脆。尽管使用有机缓蚀剂可使腐蚀加速的时间延后，但是硫化亚铁膜最终还是会阻碍缓蚀剂与金属表面接触，因此，缓蚀剂无法抑制该腐蚀进程的持续进行。

保护系统免受硫化氢腐蚀（酸腐蚀）最有效的化学方法是：通过逆流脱气除去水中硫化氢，或者使用酸定期清洗钢表面使缓蚀剂能到达金属表面。有时使用强润湿剂对钢表面进行充分清洗，也可非常有效地抑制硫化氢腐蚀。

13.3.2 强酸环境

在浸蚀处理、油井酸化处理以及化学处理酸液的运输过程中，所遇到的介质环境是一种高浓度酸环境。如果系统设备中含有钢材，在任何浓度的盐酸环境中，系统都需要利用适当的缓蚀剂来保护。在浸蚀处理中，所选用的缓蚀剂不能影响酸对钢表面锈垢的溶解效果，但是又能有效保护金属，避免明显的腐蚀。在浸蚀酸液中加入约 0.2%的苯胺、吡啶、硫脲或磺化蓖麻油等有机物，可以有效抑制浸蚀液对金属基体的腐蚀。砷酸盐[如砷酸钠(Na_3AsO_4)]等阴极型缓蚀剂也是可在浸蚀酸液中使用的良好缓蚀剂，但是不如有机缓蚀剂应用普遍，因为它们有可能导致某些钢材发生鼓泡和氢脆。此外，在催化加工处理的流体中，应避免使用含砷化合物缓蚀剂，因为对大多数催化剂而言，砷都是一种毒剂。

在浓度 70%以下的硫酸和磷酸溶液中，钢的腐蚀控制方式与盐酸溶液中的类似。在浓度高于 70%的硫酸中，钢腐蚀速率很慢，不需进行缓蚀处理，因为此时硫酸具有强氧化性，可使钢表面钝化。在肥料级磷酸（73%黑酸）中，钢容易发生腐蚀，通常可添加碘离子进行缓蚀。在浓磷酸中，单独使用有机缓蚀剂并没有缓蚀效果，已有报道指出：如果使用脂肪胺，则同时还需加入低浓度的碘化钾，才能抑制腐蚀。

很多物质都可以用来抑制酸中金属的腐蚀，如卤素离子、一氧化碳以及很多有机物，特别是那些含有Ⅴ和Ⅵ族（见元素周期表，附录 A）元素的物质，即氮、磷、砷、氧、硫和硒。含有多重键的有机物，特别是含有三键的有机物，通常都有良好的缓蚀作用。在酸溶液中，金属表面通常并无氧化物，缓蚀剂能否起到缓蚀作用，关键就是在金属表面的吸附。吸附在金属表面的缓蚀剂通过阻碍阴极和/或阳极电化学腐蚀过程，从而抑制腐蚀。

在酸溶液中，缓蚀剂可与金属相互作用，从多方面影响金属的腐蚀反应，其中有些可能同时发生，还可能受各种因素影响而变化，如浓度、酸液 pH 值、酸中阴极离子性质和溶液中存在的其他粒子、次生缓蚀剂的反应程度、金属属性等。此外，含有相同官能团的缓蚀剂的缓蚀作用机制还可能受到分子结构对官能团电子密度的影响、分子中碳氢链的大小等因素的影响。

13.3.2.1 缓蚀剂在金属表面的吸附

缓蚀率一般与吸附缓蚀剂在金属表面的覆盖率（θ）成正比。但是有些情况下，缓蚀剂的缓蚀率在低表面覆盖率（$\theta<0.1$）时反而会更高。在某些情况下，缓蚀剂的吸附，甚至有可能会促进腐蚀，如在某些稀溶液中，金属表面吸附硫脲和胺类等缓蚀剂时。缓蚀剂在金属表面的吸附受下列主要特性影响。

13.3.2.1.1 金属表面电荷

吸附可能是由于被吸附粒子上的离子电荷或偶极子与金属/溶液界面金属表面的电荷之间的静电吸引力作用而引起的。水溶液环境中金属表面的电荷状态，可用相对于零电荷电势的电势来表征。金属表面的电极电势正向移动，有利于阴离子吸附，而负向移动，则有利于阳离子的吸附。

13.3.2.1.2 缓蚀剂中官能团及其结构

缓蚀剂也可能通过电子转移形成配位化合物而吸附在金属表面。含有低能量空电子轨道的金属表面，如过渡金属等，容易发生这种化学吸附。此外，含有相对结合较弱电子的吸附粒子，如含有与多重键（特别是三键）或芳环等结构相关的孤对电子或空轨道的阴离子和中性有机分子，容易向金属表面转移电子。在相关的系列化合物中，缓蚀率随着官能团中电子密度的增加而增加。其原因同样也是由于配位键合作用增强。因为电子密度增加，电子转移更容易，缓蚀剂与金属表面的配位键合作用更强，因此缓蚀剂在表面的化学吸附更强。

13.3.2.1.3 缓蚀剂与水分子的相互作用

缓蚀剂分子在金属表面的吸附，通常是一个去除表面吸附的水分子而吸附缓蚀剂分子的替换反应。缓蚀剂分子在金属表面的吸附过程中，从溶解状态转化为吸附状态时，与水分子间相互作用能的变化，是其吸附自由能变化的重要组成部分。随着吸附粒子的溶解能增加而此能量变化会增大，而溶解能随着有机物中碳氢链大小增加而增大。因此，分子大小增大可降低溶解性，而提高吸附性。因此，在维持缓蚀剂浓度不变时，缓蚀率随着缓蚀剂分子大小增大而增加。

13.3.2.1.4 吸附缓蚀剂粒子间的相互作用

随着表面吸附粒子覆盖度的增加，粒子间彼此逐渐靠近，吸附缓蚀剂粒子间的横向相互作用可能会变得非常明显。而这种横向相互作用，可能是相互吸引，也可能是相互排斥。长碳氢链分子（如 n-烷基链）间的横向作用是相互吸引。随着链长度增加，邻近分子间的范德华吸引力增大，因此覆盖率增大，缓蚀剂的吸附作用增强。而离子或含有偶极子的分子之间相互排斥，因此高覆盖率时，缓蚀剂的吸附强度反而会减弱。

在使用离子型缓蚀剂时，如果金属表面能同时吸附相反电荷的离子，吸附离子间的相互排斥作用可变为相互吸引。例如，与单独仅含缓蚀性阳离子（或阴离子）的溶液相比，在同时含有缓蚀性的阳离子和阴离子的溶液中，两种离子在金属表面的吸附可能同时增强，使缓蚀率显著提高。因此，在同时含有缓蚀性阳离子和缓蚀性阴离子的缓蚀剂中，阴阳离子间存在缓蚀协同效应。

13.3.2.1.5 吸附缓蚀剂的反应

在某些情况下，金属表面吸附的缓蚀剂可能会发生化学反应（通常是发生电化学还原），而反应产物可能也具有缓蚀作用。直接加入物质的缓蚀作用，称为初级缓蚀作用，而反应产物的缓蚀作用称为次级缓蚀作用。因此，在这种情况下，缓蚀率随时间延长而增加还是降低，取决于次级缓蚀作用比初级缓蚀作用强还是弱。例如，亚砜可在吸附金属表面还原为缓蚀效果更好的硫化物。

13.3.2.2 缓蚀剂对腐蚀过程的影响

在酸性溶液中，腐蚀的阳极过程是金属离子从无氧化物的金属表面溶解进入溶液，而主要的阴极过程是氢离子还原形成氢气。在空气饱和的溶液中，金属表面可能还会发生溶解氧的阴极还原。但在 pH 值不超过 3 的酸溶液中，与氢还原速率相比，铁表面的氧还原反应并不明显。此外，一个缓蚀剂有可能降低阳极过程或者阴极过程的反应速率，也有可能会同时降低阴阳极过程的反应速率。金属腐蚀电位是一个非常有用的参数，可通过加入缓蚀剂后腐蚀电位的变化来表明腐蚀反应的哪个过程受到抑制。腐蚀电位正移，表明主要是阳极过程受阻（阳极控制）；腐蚀电位负移，则表明阴极过程减缓（阴极控制）；如果腐蚀电位变化很小，则表明阳极和阴极过程同时受阻。

下面详细介绍了在工业设备的酸洗过程中阳极型和阴极型缓蚀剂的具体使用情况。溶液中金属表面可能同时发生膜生长和沉积，在金属表面形成一层污垢层，严重影响换热器、锅炉和蒸汽发生器的效率。因此，为了恢复换热器、锅炉和蒸汽发生器的效率，必须采取相应措施来清除这些污垢。电位-pH 图表明，铁基锅炉管中 Fe_3O_4 和 Fe_2O_3 污垢，可在酸性或碱性腐蚀区溶解。事实上，实践已反复证明，使用添加缓蚀剂的盐酸是清除这种污垢的最有效方法。这种氧化物垢的化学清除原理大体涉及四个反应。其中三个反应分别代表三个阴极过程：反应式(13.15）和式(13.16)，对应图 13.10 和图 13.11 中 A、A′和 A″，以及反应式(13.17)，对应图 13.10 和图 13.11 中 B。另一个反应代表一个阳极过程，即管材溶解，如式(13.18）所示，对应图 13.10 和图 13.11 中的 C[11]：

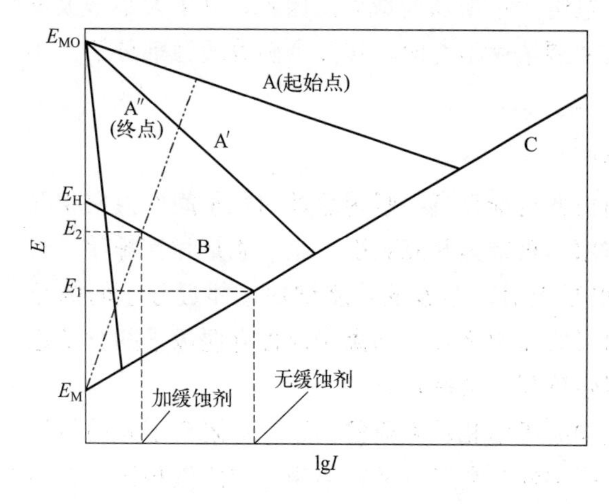

图 13.10 阳极型缓蚀剂对铁和铁氧化物的溶解速率的影响[11]

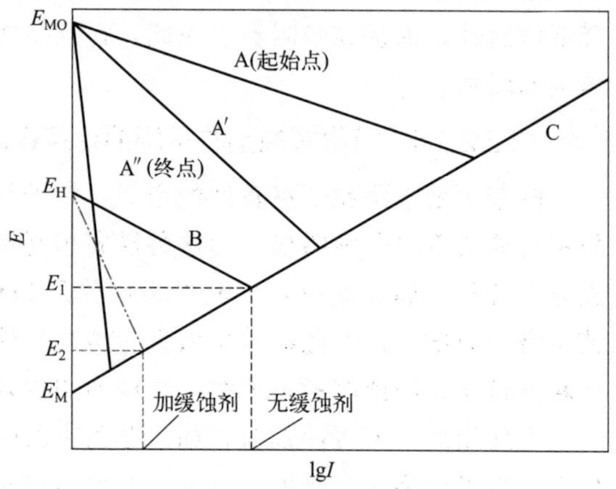

图 13.11 阴极型缓蚀剂对铁和铁氧化物溶解速率的影响[11]

$$Fe_2O_3 + 4Cl^- + 6H^+ + 2e^- \longrightarrow 2FeCl_2(\text{吸附}) + 3H_2O \tag{13.15}$$

$$Fe_3O_4 + 6Cl^- + 8H^+ + 2e^- \longrightarrow 3FeCl_2(\text{吸附}) + 4H_2O \tag{13.16}$$

$$H_2 + 2e^- \longrightarrow H_2(\text{气}) \tag{13.17}$$

$$Fe + 2Cl^- \longrightarrow FeCl_2(\text{吸附}) + 2e^- \tag{13.18}$$

上述反应表明铁基体在氧化物的加速溶解过程中起到了减速器的作用。不过，由于氧化物污垢的溶解终点很难确定，因此为安全起见，一般人们在酸洗液中皆会加入缓蚀剂。图13.10和图13.11说明：阳极型（图13.10）或阴极型缓蚀剂（图13.11）都能抑制表面去除氧化物垢之后裸金属的腐蚀。而且，在氧化物溶解终点，阳极型缓蚀剂阻碍了铁的阳极溶解，同时也降低了氧化物的化学溶解速率。

与阳极型缓蚀剂不同，阴极型缓蚀剂是同时抑制质子还原成氢和基体金属的溶解，而对氧化物垢的还原无影响。此外，电位-pH图还表明：氧化物垢亦有可能溶解在碱性溶液中。不过，在高pH值环境中，阳极和阴极反应动力学过程相当慢，因此，在这种强碱性条件下，氧化物垢的溶解反应的实际意义甚小。

电化学研究结果已表明：缓蚀剂可能通过下列方式来影响酸性溶液中金属的腐蚀反应。

13.3.2.2.1　形成扩散阻挡层

吸附缓蚀剂在金属表面可能形成一层物理阻挡膜层，限制离子或分子在溶液与金属表面之间的扩散，从而抑制腐蚀反应。大分子缓蚀剂，如蛋白质（明胶、琼脂等）、多糖（糊精等）或含有长碳氢链的化合物，特别容易在金属表面吸附产生这种作用。此类缓蚀剂在金属表面所形成的表面膜，既能引起电阻极化，也会造成浓度极化，同时影响阳极和阴极反应。

13.3.2.2.2　阻塞反应活性点

缓蚀剂通过简单阻塞减少可发生腐蚀反应的表面金属原子的活性点数目，即可抑制腐蚀反应。反应机制不受影响，极化曲线的塔菲尔斜率也保持不变。但应注意，阳极和阴极过程所受抑制程度可能不同。一般认为，金属离子的阳极溶解过程发生在金属表面台阶或错位露头处，因为相比于平坦表面处，此处金属原子与其邻近原子结合较弱。在金属表面，这种容易腐蚀的活性位点很少。在缓蚀剂表面覆盖率低时，缓蚀剂优先在这种阳极反应活性位点吸附，因此阻碍了阳极反应。而在表面覆盖率较高时，缓蚀剂在阳极和阴极反应活性位点都会发生吸附，同时抑制阳极和阴极反应。

13.3.2.2.3　参与电极反应

腐蚀反应通常都会涉及在金属表面反应所形成的吸附中间粒子，如析氢反应中的吸附氢原子和铁阳极溶解反应中的吸附（FeOH）。金属表面吸附的缓蚀剂会干扰表面吸附中间粒子的形成，而电极过程可能因此而改变反应途径，通过形成含有缓蚀剂中间粒子的方式进行。在此反应过程中，缓蚀剂粒子充当了反应的催化剂，反应前后保持不变。缓蚀剂以这种形式参与电极反应的行为特征，通常表现为金属阳极溶解反应的塔菲尔斜率增大。

此外，缓蚀剂还可能影响电极反应机制，使金属表面析氢反应速率降低，如使阴极极化曲线塔菲尔斜率增大。在使用含有苯基硫脲、炔基烃类、苯胺衍生物、苯甲醛衍生物和吡喃盐等缓蚀剂保护铁基体时，我们可以观察到这种现象。

13.3.2.2.4　双电层的变化

可在金属表面能形成离子的粒子或离子在金属表面的吸附，将会改变金属-溶液界面的双电层，从而影响电化学反应速率。例如，季铵盐离子和质子化胺等阳离子在金属表面的吸附，使溶液中距离金属最近的离子面上的电位正移。而电位正移将会阻碍带正电荷的氢离子接近，抑制析氢还原过程。

反之，金属表面阴离子吸附，使双电层金属侧电位负移，将促进氢离子还原。目前人们已发现：磺基水杨酸根离子和苯甲酸根离子就是这种类型的缓蚀剂。

13.3.3 近中性环境

金属在中性溶液与在酸溶液中的腐蚀有两个重要的不同点。在空气饱和的中性溶液中，主要阴极反应是溶解氧的还原，而酸性溶液中主要阴极反应是析氢反应。酸性溶液中，腐蚀金属的表面没有氧化物，而在中性溶液中，金属表面覆盖有氧化物、氢氧化物或盐膜，因为这些粒子在中性溶液中的溶解度低。因此，通过在无氧化物金属表面的吸附来抑制酸溶液中金属腐蚀的缓蚀剂，一般不能抑制中性溶液中金属的腐蚀。

可在近中性溶液中使用的典型缓蚀剂是弱酸的阴离子，其中最重要的是铬酸盐、亚硝酸盐、苯甲酸盐、硅酸盐、磷酸盐和硼酸盐等。由于此类阴离子可使金属表面钝化形成高电阻氧化物膜，阻碍金属离子的扩散，因此，金属溶解的阳极反应会受到抑制。这种缓蚀性阴离子通常称为阳极型缓蚀剂，常常作为近中性溶液中铁、锌、铝、铜及其合金的缓蚀剂使用，比阴极型缓蚀剂更为常用。在近中性溶液中，这种阳极型缓蚀剂中缓蚀性阴离子的主要作用如下：

（1）降低氧化物钝化膜的溶解速率；

（2）通过再钝化稳定氧化物膜；

（3）通过形成不溶性化合物堵塞孔洞，修复氧化物膜；

（4）防止侵蚀性阴离子的吸附。

上述作用中，其中最重要的可能就是作用（1），即通过降低氧化膜的溶解速率稳定钝化膜。氧化物中金属离子（即 Fe^{3+}、Zn^{2+}、Al^{3+}）可与缓蚀性阴离子形成更稳定的表面配合物，比与水、氢氧根离子或侵蚀性阴离子形成的配合物更稳定。

作用（2），即通过再钝化使氧化膜稳定也很重要。作用（3）形成不溶性物阻塞孔洞，似乎并非缓蚀剂的主要作用，但对于扩展缓蚀剂的适用范围非常有利。作用（4），即通过参与金属表面动态可逆的竞争吸附平衡抑制侵蚀性阴离子，似乎与阴离子常规吸附行为有关，而并非缓蚀性阴离子的特殊性能。

此外，中性溶液中的缓蚀剂还可能通过在金属表面沉积化合物，形成保护膜层或使保护膜更稳定，从而抑制腐蚀。通过沉淀或其他反应，缓蚀剂还可能在金属表面形成一层不溶性盐膜。这种成膜型缓蚀剂有：

（1）锌、镁、锰和镍等金属盐：可以形成不溶性氢氧化物，特别是在阴极区域，因为氧还原产生氢氧根离子使碱性增大；

（2）可溶性钙盐：在含二氧化碳的水中，可以形成碳酸钙沉淀，而在阴极区域，高 pH 值条件可以维持很高浓度的碳酸根离子；

（3）多聚磷酸盐：在有锌和钙离子的环境中，可反应形成无定形盐膜。

一般来说，所形成的盐膜很厚，甚至可能肉眼可见，可抑制溶解氧向金属表面的扩散。此外，盐膜的电子导电性很差，因此氧还原反应不能在盐膜表面上发生。这类缓蚀剂称为阴极型缓蚀剂。

13.3.4 非水体系

在燃料、润滑油、食用油等非水液体中，金属的腐蚀通常都是由于其中含有少量水所导致。水在石油产品中轻微可溶，随着温度升高，溶解度增加。如果非水溶剂被水饱和，在降低温度时，其中部分水将可能从中分离，与水相接触的钢将会发生腐蚀。在空气中高温处理的油中含有机酸，其中存在的水分可将这些有机酸萃取出来，加速钢的腐蚀。

可在湿油处理设备系统中抑制钢腐蚀的缓蚀剂，既有无机缓蚀剂，也有有机缓蚀剂。高效有机缓蚀剂有各种胺类、卵磷脂和巯基苯并噻唑。无机缓蚀剂有亚硝酸钠和硝酸钠。不过，在非水环境中，使用铬酸盐缓蚀剂肯定不是最佳选择，因为它们很容易与有机物发生反应。

在某些非水溶剂系统中，少量水也可以作为缓蚀剂来抑制腐蚀。不过，在非水的卤化溶剂体系中，如含有氯化物、氟化物、溴化物或碘化物等溶剂，控制腐蚀可能很麻烦。有机胺是一种可有效抑制钢制脱脂容器在热氯化溶剂中腐蚀的缓蚀剂。

抑制卤化溶剂中铝材的腐蚀更困难。如果溶剂干燥，铝与很多一碳和二碳的氯代烃（溶剂）接触，经过不同潜伏期后，可能发生爆炸。在溶剂中添加几 mg/kg 的水，可以抑制这种反应。但是，如果水加入过量，超过了溶剂的极限溶解度，卤化溶剂将会发生水解，致使金属表面水膜变成高酸性。因此，系统中含有这类物质时，我们必须谨慎处理。

此外，水还能抑制钢在氨中的应力腐蚀开裂，以及钛在“干”氯气中的腐蚀。痕量水(0.001%）可以作为镍在液态氟化氢中的钝化型缓蚀剂。这个极端实例充分体现了溶剂与缓蚀剂相互作用的重要性。不过，关于其中水的确切缓蚀作用机制目前仍然不是很清楚，但是已知其中的钝化作用与钢在含铬酸盐的水溶液中的类似。

一般认为，缓蚀剂在非水介质中的溶解性是评估非水液相体系中缓蚀剂性能的一个重要指标，因为非水溶剂的溶解能力远比水差。而缓蚀剂必须通过环境传输至腐蚀位点，因此缓蚀剂必须可溶解在环境介质中，或者能以足够细小液滴分散而不发生沉积。此外，缓蚀剂还不能与金属或非水液相成分反应形成阻塞过滤器的不溶性产物。以前在汽油中使用的有些缓蚀剂，可与镀锌燃料容器中的锌反应形成沉淀，阻塞油料过滤器。

测试非水介质中缓蚀剂性能比测试水溶液中的更困难，特别是在腐蚀是由于发生水相分离形成两相体系而引起的情况下。这种腐蚀条件在实验室很难重复，而且由于大多数非水溶剂导电性很差，也无法有效运用极化曲线来评价缓蚀剂性能。另外，通过检测放置在输送燃油或类似产品的管道或容器中的腐蚀样品，所得到的结果可能并不正确，因为腐蚀样品可能并未与水相接触或被水相润湿。

通过旋转盛放有两相介质的试验瓶，使其中有机相和无机相交替润湿腐蚀标准样片，这种针对双相体系的试验方法已为大家广泛接受，称为轮式试验。尽管这个试验非常有用，但由于溶剂容量受限，难以重复真实体系中流速和滞流的影响，因此结果并不一定可靠。

13.3.5 油气系统用缓蚀剂

在油气生产环境中，水很常见，且来源很多，可能是化学反应产物水，亦可能是冷凝水，还有可能是辅助出油注入水等等。此外，采出液中通常还含有硫化氢和二氧化碳等酸性气体，而有些注入水中还含有氧等污染物。这些酸性气体增大了水对钢的腐蚀性，显著影响采油管和设备、生产容器、运输系统的安全运行寿命。

几乎所有油田缓蚀剂有机分子中都带有很强的极性官能团，其中很多都是氮基官能团，如胺、酰胺、咪唑啉、季铵盐、含氮羧酸盐、聚烷氧基的含氮化合物、含氮杂环化合物以及含 P、S、O 化合物。有关缓蚀剂中实际提供保护作用的粒子，目前人们的观点尚不完全统一，因为实际使用中缓蚀剂会发生水解等反应，例如，咪唑啉水解生成酰胺。

- 大多数油田缓蚀剂都是含氮基官能团的表面活性剂。尽管人们将这类表面活性剂归为可除去金属表面水的成膜/吸附型缓蚀剂，但是实际上其中很多也都可作为中和剂和阳极型缓蚀剂使用。
- 缓蚀剂在油相和水相中的相对溶解性或分配特性和分子量，都是很重要的参数，可用来确定它们的使用类型和方式，如作为气相缓蚀剂、油溶-水分散型缓蚀剂（输油管线）、水溶性缓蚀剂（高含水管线连续注入）或作为间隙式缓蚀剂（高持久性）等。
- 在对高风险系统采用加注缓蚀剂方式进行保护时，加药设备的可靠性非常关键，一旦发生故障停机/不可用，有可能对系统造成极大影响。此时，缓蚀剂有效性就成了衡量缓蚀剂性能的一个重要参数，因为它决定了药剂加注时间间隔长短。
- 推动符合环保要求的缓蚀剂的应用发展，将成为世界多数地区越来越迫切需要解决的问题。

一般而言，缓蚀剂无法有效抑制在原油生产和运输系统中可能发生的微生物腐蚀和氧去极化腐蚀。类似地，金属表面无机垢层也可能使缓蚀剂缓蚀率大打折扣。因此，对于油气系统，除了缓蚀处理之外，我们可能还必须进行阻垢、抑菌和除氧处理。而且，我们还必须评价不同处理药剂之间的相容性[3]。

即使在早期的原油开采系统中，石油生产商也会大量使用各种化学药剂，以尽可能地降低油井自身和地面处理设备的腐蚀损伤程度，事实上，有些缓蚀剂技术的应用还是非常成功的。而伴随着有机胺类和咪唑啉类缓蚀剂开始投入使用之后，油井的缓蚀处理效果也得到了极大提高。以总采出液为基准，新型油田缓蚀剂的使用浓度通常在 15-50mg/kg，无论是连续加注式还是间歇加注式缓蚀剂。相比于二十年前，现在可用的油田缓蚀剂化学品种类更多。近些年来，人们还开发出了多种组合形式的含硫、磷和氮的有机分子缓蚀剂。此类缓蚀剂扩展了油田缓蚀剂的性能，尤其是在氧污染物的容忍性以及高 CO_2、低 H_2S 环境下的腐蚀控制方面[12]。

目前采油井中所使用的缓蚀剂大多数都是含氮有机化合物。其中最基础的类型是分子结构中含有长链烃（通常是 C18）的有机物。今天成功应用的绝大部分缓蚀剂，都是基于长链脂肪族的二元胺或者是基于长碳链的咪唑啉及其衍生物。这些基础缓蚀剂的分子结构经过不同修饰调整后，可以获得不同的物理性能，例如，这些化合物与环氧乙烷按照不同分子百分比进行反应，可以制得盐水分散性能不同的聚乙二醇衍生物。此外，这些化合物还可与很多羧酸反应，制成胺或咪唑啉的盐。采油生产中所用缓蚀剂通常可分为如下几类[13]：

- 酰胺/咪唑啉类；
- 分子中含氮的羧酸盐；
- 季铵盐；
- 聚烷氧基胺类、酰胺和咪唑啉类；

- 含氮杂环化合物以及含 P、S、O 的化合物。

关于长链含氮化合物的缓蚀作用机制，研究者们提出了多种假设和理论。“三明治”理论是代表性观点之一。“三明治”的底部是分子的极性末端与金属表面键合，其键合强度决定了保护作用的强弱。而“三明治”的中间部分是分子的非极性末端，起到覆盖或润湿表面的作用。“三明治”的顶部是保护性的油性疏水膜层，附着在缓蚀剂长碳链尾部。这个油性膜层作为外保护膜层，覆盖在缓蚀剂膜上，构成了可同时阻碍铁离子向外扩散以及腐蚀性粒子向内扩散的屏蔽保护层。

如果不含二氧化碳、硫化氢及其溶解产物等特殊腐蚀剂，单纯的水或盐水溶液不会造成破坏性腐蚀。但是，油气井不是甜井就是酸井。甜井不含硫化氢，但含有二氧化碳；而酸井则含有硫化氢，也可能还含有二氧化碳。二氧化碳可能来源于矿物质的溶解或石油形成过程中的副产物。硫化氢可能来源于岩石中矿物质沉积物的溶解、石油形成过程中的副产物或者石油矿床中的细菌作用。氧来源于大气，且只有在产品回收过程开始后才能与石油流体接触，在未受扰动的油气沉积层中没有氧。

在油田水中，硫化氢的溶解产物是溶解的硫化氢分子和硫氢根离子，而二氧化碳的溶解产物是溶解的二氧化碳分子（有部分水合形成碳酸）和碳酸氢根离子（HCO_3^-）。在这种油田水 pH 值条件下，硫离子或碳酸根离子都无法大量存在。但是，油田中的腐蚀损伤形式几乎都是局部腐蚀，以点蚀最为常见。油田钢中点蚀穿透速度常常是均匀腐蚀速率的 10～100 倍。钢在盐水中（一个活性腐蚀体系）可能发生点蚀，在膜覆盖金属与相对裸露金属之间形成的电偶对，促进了点蚀的发展。

13.3.5.1 甜腐蚀（二氧化碳腐蚀）

二氧化碳气井的腐蚀可分为三个温度区间。60℃以下，腐蚀产物无保护性，腐蚀速率很高。而在约 150℃以上，钢表面可形成磁铁矿，除了高盐水情况之外，气井无腐蚀。在中间温度范围内，即最常见的气井工况，此时钢表面会形成一层保护性的碳酸铁腐蚀产物膜层，但是氯离子和流速有不利影响[12]。

油田缓蚀剂的重要物理性能之一是缓蚀剂在油和产出盐水中的流动性或分散性特点。依据腐蚀机理选择出的缓蚀剂，尽管理论上可以很好地抑制腐蚀，但是如果它们无法接近腐蚀金属，那么它们也不会起到任何缓蚀作用。此外，油井缓蚀剂和气井缓蚀剂也有一些重要差别。不过，油井和气井之间的区别并不明确。通常，区分油井气井都是基于生产公司内部的经济或负荷均衡。而且事实上，很多油井也会大量产气，而大量气井也会产出相当数量的液态油。此外，在油气井生命周期内常常还会有生产转变，因此，从技术上很难区分油井和气井。但是，二者之间其实还是有一些很重要的差异。例如，典型气井的运行温度远高于油井，且轻质烃类液体也更多。正常情况下，气井远比油井深，且产出盐水中溶解性固体总量通常会更低。此外，在气井中，无需考虑氧腐蚀问题，但是在人工举升油井中，氧可能会造成很大麻烦。

由于大量气井中，温度梯度很大，腐蚀机制可能会发生变化，即使在同一气井内，也有可能发生不同类型的腐蚀。但是，油井不会出现这种现象。正常情况下，油井产出液体比气井多，因此，在间歇式生产时，油井寿命会更短。此外，油井腐蚀实际上是一个电化学过程，因此必须存在电解液时，腐蚀才会发生。在油井中，水几乎都是来自产油层，且含有不同浓度的可溶性盐，浓度从痕量到饱和。与腐蚀相关的水，可能呈薄液层或者小液滴，甚至还有可能成为主相。

前人对富含二氧化碳的采油井的腐蚀控制研究结果[13]表明：在含二氧化碳的盐水环境中，咪唑啉类缓蚀剂的缓蚀效果很好。该缓蚀剂会扩散掺入到碳酸盐腐蚀产物膜层之中，如果表面膜层中含有硫化物，则缓蚀效果会更好。氮-磷化合物或含硫的有机缓蚀剂，效果也很好。

13.3.5.2 酸腐蚀

在酸井中，腐蚀剂主要是硫化氢，此外，通常还有二氧化碳。已经证实：在不同浓度硫化氢环境中，钢表面腐蚀产物中都含有硫化亚铁，尽管形态可能有所不同。因此，硫化氢腐蚀的净腐蚀反应可如式(13.19) 所示：

$$Fe+H_2S \longrightarrow FeS+2H^+ +2e^- \tag{13.19}$$

硫化氢的腐蚀加速作用机制，可能涉及可以产生氢原子的表面分子络合物的形成，如式(13.20)～式(13.22)所示。反应(13.22) 中所产生的吸附态氢原子中，有部分可能重新结合形成分子态氢，而有部分可能扩散进入金属基体内，最终导致鼓泡或氢致开裂[14]。

$$Fe+HS^- \longrightarrow Fe(HS^-)_{吸附} \tag{13.20}$$

$$Fe(HS^-)_{吸附}+H^+ \longrightarrow Fe(H—S—H)_{吸附} \tag{13.21}$$

$$Fe(H—S—H)_{吸附}+e^- \longrightarrow Fe(HS^-)_{吸附}+H_{吸附} \tag{13.22}$$

过去曾用作抗酸井腐蚀的缓蚀剂有醛类、氨腈硫脲和尿素衍生物。目前，有机胺缓蚀剂应用最广泛。尽管在不含硫化氢的酸性溶液中，有机胺的缓蚀效果并不好，但是如果其中含有硫化氢，将会极大提高有机胺的缓蚀效果[14]。油田缓蚀剂可通过扩散掺入到金属表面腐蚀产物薄膜内，从而起到缓蚀作用。此表面膜可能是硫化物或碳酸盐膜，且可能不含氧或被部分氧化。而有些缓蚀剂分子可能在其中某种膜内结合得更好。例如，表面膜中含氧时，胺类缓蚀剂无效。咪唑啉类等含氮缓蚀剂分子可渗入硫化物膜或碳酸盐膜内并与之结合，但是当膜中含有硫化物时，效果更好。

13.3.5.3 酸化

酸化是油气井增产的一个重要步骤。因为某些含烃地层的渗透性非常低，油气无法轻易从地层中渗出流入井中。由石灰岩或白云石组成的地层，我们可使用盐酸进行酸化处理，如果岩石是砂岩，其中还需添加氢氟酸。在酸化处理中，酸（如浓度 7%～28%的盐酸）通过管道泵被送入井内，通过井管孔与地层接触，将地层刻蚀，为油气提供进入井中的通道[13]。在油气井的酸化处理过程中，可使用的缓蚀剂有很多，但主要是高分子量的含氮化合物（如一次采油中所用）或者是它们与不饱和醇的反应产物。很多商用缓蚀剂都含有烷基或烷基芳基含氮化合物和乙炔醇，如 1-辛炔-3-醇。不过，这类产品毒性很大，限制了操作人员在现场的实际使用。而且，它们的缓蚀效率和有效作用时间都有限。缓蚀剂通常可维持酸浸持续时间为 12～24h，此后，缓蚀效率会急剧下降。

在浓盐酸环境中，应用比较成功的含氧缓蚀剂有肉桂醛和 α-烯基酚，即含不饱和基团与含氧官能团共轭的炔醇[13]。它们与乙炔醇的保护作用类似，特别是与少量表面活性剂混合使用时。

13.3.5.4 氧对腐蚀的影响

产油地矿层中最初并无氧气。但是，在将油导入地面的过程中，由于空气污染而带入的氧气可能溶于采出液中。氧气进入油气系统，可能会带来三种后果：

（1）氧容易接受电子，因此可增大腐蚀速率；

（2）氧可使表面腐蚀产物性质发生变化，因此对有效缓蚀剂的化学性能要求也会不同；

（3）氧可氧化溶液中的某些离子，使固相沉淀物增加。

在人工升举过程中或负压集气系统中，空气还有可能进入低压井环中。在某些情况下，就地燃烧增产可能会将氧引入地矿层内。在地面上，由于填料密封泵的泄漏或储存过程中与空气直接接触，产出液中也会引入少量氧[15]。

在水驱法中，目前使用的缓蚀剂与前面一次采油中所介绍的相同。其中，脂肪族季铵盐或咪唑啉类缓蚀剂最有效也最常用。而且，它们同时还是优良的杀菌剂和分散剂。在循环冷却水系统中，联合使用氨基-亚甲基膦酸酯和锌盐，比单纯使用无机磷酸锌盐的保护效果更好。此外，目前有机磺酸盐也已投入实际应用。

在实际生产中，钻井泥浆中肯定都会含有氧。而控制氧腐蚀最有效的方法是将氧从系统中驱除，但是由于井中循环的钻井液直接暴露在大气之中，驱氧很困难。在钻井泥浆中，金属腐蚀形式几乎都是点蚀，在短时间内就会对钻井设备造成不可逆损伤。而且，很多因素都会影响钻井泥浆中氧的活性。例如，六偏磷酸钠、醇的磷酸酯及有机膦酸酯等含磷化合物，皆可作为阳极型缓蚀剂在钻井泥浆中使用，但是需采取预防措施，因为它们稀释非分散泥浆的倾向很大。单宁酸和木质素都是高固含量泥浆的稀释剂，因此它们也都有一定的缓蚀作用。

13.3.5.5 应用方法

毫无疑问，选择合适的缓蚀剂至关重要，但是，更为重要的是缓蚀剂的正确应用。如果缓蚀剂无法到达腐蚀区域，那么它将无法起到缓蚀作用。通过双油管柱（压井管柱）、毛细管、侧芯阀或多孔管向系统中连续加注缓蚀剂，可以获得最佳防腐效果。无论采取何种方法，系统中始终都会残留一定浓度的缓蚀剂，可以持续维持一定的缓蚀作用。缓蚀剂加注速率或浓度，最好是依据产出液量来确定，通常浓度范围在约 50～1000mg/kg 以上，这与工况的严酷程度有关[12]。

很多气井并没有配备连续加注设备，因此缓蚀剂需采用各种间歇式注入或冲击式注入方式加入。最常用的加注方式是间歇式或短时间歇式地向封井中注入一定量的缓蚀剂溶液（通常浓度在 2%～10%），并使缓蚀剂沉入底部。缓蚀剂下沉到井底肯定都需要一定时间，且沉降速度与溶液黏度有关。但是，这种加注方法无法保证有充足时间，让缓蚀剂充分下沉到井底。不过，我们可对此方法加以变通，采用油管驱替处理，即通过柴油或凝析油将缓蚀剂溶液推至井底，这样可以确保缓蚀剂能到达井底，但是，这种方式的成本更高。

缓蚀剂可用短时间歇方式加注，有时可能还需要借助氮气置换或压缩气体，来提高缓蚀剂的沉降速度，缩短进井时间。此外，有时还可以采用挤注法加入缓蚀剂，模拟连续加注处理方式，以期获得更长的恢复时间。尽管有些缓蚀剂挤注应用很成功，但是在大量挤注处理中，缓蚀剂并未能从油层中恢复出来。此外，使用挤注和管驱法都会使油层受损。

13.3.6 气态环境

气态环境包括敞开式大气环境、容器中蒸汽相、气井中天然气以及包装容器的架空层。

同样，气态环境中的主要腐蚀剂仍然是水和氧气，但是此时，缓蚀处理所需解决的主要问题是如何使缓蚀剂从源头输送至可能发生腐蚀的部位。

13.3.6.1 敞开式大气环境

在敞开大气环境中，缓蚀剂可直接施涂在被保护金属表面。例如，铬酸锌和红丹作为底漆中的缓蚀剂已应用多年。用微胶囊化的铬酸锌浆涂覆在铆钉头上，是铬酸锌缓蚀剂的另一种用法。在铆钉钉入其他物体表面时，微胶囊破裂释放出缓蚀剂，对缝隙下面铆钉头持续提供缓蚀作用。挥发性缓蚀剂绝对不能在敞开式大气环境中使用，因为它们根本无法在大气空间中达到饱和，在敞开式环境中使用不切实际。

13.3.6.2 密闭蒸汽空间

通常，容器壁水线上面部分腐蚀会比较严重，因为水线之上的相对湿度始终很高，且氧也很充足（如果容器与大气连通）。如果不考虑水污染问题，在水面上铺上一层油膜，有利于水面上空间维持在低湿度状态，且随着水面升高和降低，器壁表面也会被涂上一层油。而油中可能含有有机缓蚀剂和可使油在金属表面铺展的药剂（通常是某种胺）。在舰船压载舱中，人们已利用含约15%羊毛脂的油膜来控制腐蚀。

气井腐蚀大多发生在逆流区，即井底和井口之间发生冷凝的区域。随着气体沿着井管向上流动，气体发生膨胀导致气体温度降低，而当气体温度降至露点时，气体就会发生凝析，此处容易发生腐蚀。将甲醛和氨等挥发性缓蚀剂注入气井，可以成功抑制这种腐蚀。目前，大量气井都是采用有机胺缓蚀剂来进行保护，其加注方式可以是连续式加注、冲击式加注或者挤注。其中挤注是指将缓蚀剂通过挤注涂覆在气井管壁，由于缓蚀剂的蒸发和气体挟带将部分缓蚀剂引入气流中。

对于包装容器内金属的防腐方法有很多。例如，对于可密封的包装箱以及包装箱中包含有不能涂覆缓蚀剂或不能使用挥发性缓蚀剂的零部件（如电子元器件）的情况，我们可以采取降低湿度的方式来防腐，即在包装箱中放置干燥剂（如硅胶），使其保持较低的湿度。

气相缓蚀剂（VPIs）也是一种包装容器内金属的防腐蚀方法，在使用时，我们可将气相缓蚀剂整块放置在包装箱中，或使用浸渍气相缓蚀剂的包装纸将物品包裹。不过，由于气相缓蚀剂化合物都是挥发性的有机物，因此包装箱的密封性必须非常好。二环己胺亚硝酸盐和环己胺碳酸盐是最常用的气相缓蚀剂。它们对钢的缓蚀性能优异，但是如果包装箱内还有钢铁之外的其他金属，在使用前应先进行试验，因为它们可能腐蚀某些有色金属。

缓蚀涂层是一种廉价有效的控制包装容器内材料腐蚀的方法。缓蚀涂层并不坚硬，且容易剥离，常称为软涂层或抗蚀润滑剂，如含有机胺的油脂。例如，钢制和锌制物品可采用苯甲酸钠或亚硝酸钠的增稠液来保护。

铜和银等对硫化氢非常敏感的金属，我们可用浸满铜或锌化合物的包装纸将其包裹进行保护。其实，这种铜或锌化合物并非严格意义上的缓蚀剂，因为它们仅仅是通过吸附气态硫化物来预防硫化氢与银或铜的反应。

13.3.7 高温影响

在多数情况下，高温都会对缓蚀造成不利影响。因为高温通常都会增大腐蚀速率，降低缓蚀剂在金属表面吸附的倾向。此外，由于高温下保护性沉淀物溶解度更高，沉淀膜型缓蚀剂高温缓蚀效果通常都不太理想。在高温环境下使用缓蚀剂保护技术时，缓蚀剂的热稳定性是一个必须考虑的重要因素。例如，多聚磷酸盐在热水中水解，形成的正磷酸盐几乎没有任何缓蚀作用。在约200℃及以上的高温下，大多数有机物都不稳定，因此它们至多也仅能提供暂时的缓蚀作用。

高温的中性或弱碱性无氧水溶液中，纯净钢的腐蚀非常缓慢。大多数锅炉水防腐蚀处理的基本原则就是碱性化、除氧以及阻垢。此外，水处理药剂中可能还会添加一些其他添加剂，如抑泡剂，但我们在此处并未考虑。

在不含氧的热水中，铁与水发生如式(13.23)所示反应时，钢表面会自然形成一层铁磁矿膜层（四氧化三铁或黑锈），可以保护钢基体。

$$3Fe+4H_2O \longrightarrow Fe_3O_4+4H_2\uparrow \tag{13.23}$$

但是，如果水中含有氧，钢表面会形成一层非保护性的三氧化二铁（红锈）。添加除氧剂，如亚硫酸钠或肼等还原剂，可以很容易除去高温锅炉水中的氧。其中肼是首选除氧剂，因为它不仅不会增加锅炉水中盐含量，而且高温下与氧反应速率比亚硫酸钠快、与一定量氧反应所需剂量小、呈液态易于使用。

调节锅炉水pH值至碱性，可促进形成且有利于维持保护性四氧化三铁膜。用某种可被携带进入蒸汽冷凝管线的添加剂，维持该区域的碱性条件，是一种很好的防腐蚀措施。氨、吗啉以及十八胺等挥发性有机胺，就可作这种添加剂使用。

锅炉结垢不仅会降低传热效率，还可能引发点蚀等各种局部腐蚀。为去除锅炉给水中可能形成沉淀的钙、镁和铁等离子，人们常常会加入水软化剂来处理，有时还会加入磷酸钠等阻垢剂。磷酸盐抑制结垢，主要是通过增大碳酸钙和硫酸钙在水中的过饱和度。高温高压锅炉中，通常所使用的水都是软化水，因此，仅需添加肼除氧即可。

升高温度肯定会增大酸液中金属的腐蚀，因为高温下阳极和阴极反应的驱动力会增大，而析氢过电位会降低。此外，腐蚀产物溶解度更大、金属氧化物溶解速度更高等因素，也会促进腐蚀。

热酸液处理设备通常最好是采用耐蚀合金或涂层钢材料，但是酸化油井是一个例外。由于井管中各种器具等插入很快就会将涂层损坏，因此对油井管进行涂装或衬里并不切实际。油井底部温度通常在93～150℃，有时可能高达230℃。对于经酸化处理（常用盐酸）增强产油层渗透性的油井，添加缓蚀剂可以有效抑制腐蚀，但使用温度受限。在油井酸化处理中，胺类酸洗缓蚀剂很常用。

13.4 绿色缓蚀剂

绿色产品的生产设计都需遵循一个原则，即在化学品的制备和应用中，尽量减少甚至避免使用或产生有害物质。这个简短定义，尽管看似简单明了，但是它标志着在分子和分子转化的前期设计中有关环境问题的处理方式发生了重大变化。而分子和分子转化是很多防腐蚀化合物（CPCs）的核心。

13.4.1 阻垢剂

在冷却塔和锅炉给水处理以及采矿和油田生产等工业水处理中，人们常常会使用阻垢剂进行阻垢。阻垢剂的作用，可能是与形成不溶性垢的矿物粒子结合，使其处于溶解状态，亦有可能是改变沉淀物晶态结构，抑制金属表面垢的形成。有机磷酸盐和膦酸酯阻垢剂应用很广泛。但是，传统有机磷酸盐和膦酸酯阻垢剂的环境毒性很大，目前已被低毒的有机含磷化合物所取代，如羧基羟基甲基膦酸和二丁基二硫代膦酸[16]。

此外，目前市面上已出现了一些非磷、低毒的新型阻垢剂产品，如聚丙烯酸、聚丙烯酰胺和各种聚丙烯酸酯等丙烯酸基聚合物。有些磷酸衍生物阻垢剂还可以作为缓蚀剂使用。另外，还有人提出了一些可作为阻垢剂的新型化学药剂，包括天然化合物和羧基菊糖等羧基植物多糖。这些药剂的应用遍及水处理、锅炉、采矿和油田等各领域。而且，这些较新型的绿色化合物似乎也有一定的缓蚀性能。

13.4.2 缓蚀剂

在缓蚀剂领域有一个很有趣的现象，即一些旧发现又重新焕发出新的活力。鲍德温（Baldwin）的英国专利 2327 是第一个缓蚀剂专利，其中详细说明了钢板酸洗中糖浆和植物油的使用方法。罗宾逊（Robinson）和萨瑟兰德（Sutherland）的美国专利 640491（1900年授权），以非常容易生物降解的淀粉作为缓蚀剂[16]。

13.4.2.1 无机缓蚀剂

典型的无机缓蚀剂通常是在无氧情况下就可使金属表面钝化，从而起到保护作用。例如，铬酸根和亚硝酸根离子等无机缓蚀剂，它们在将金属表面氧化形成钝性氧化膜的同时，自身被还原。不过，有些无机缓蚀剂需要在有氧环境中才能发挥作用，如磷酸盐、硅酸盐、硼酸盐、钨酸盐和钼酸盐等。避免使用铬酸盐和重铬酸盐等环境毒性较大的缓蚀剂，用环境更友好的化学药剂来代替，已成为缓蚀剂一个最主要的发展方向。不过，无机缓蚀剂的更新发展很慢，它们几乎已全都被有机缓蚀剂所取代。

铬酸锌是底漆配方中最常使用的防锈颜料。为了取代有毒的铬酸盐，人们已提出了多种绿色药剂备选。在过去十年中，人们对作为铬酸盐替代品的磷酸锌的研究最为广泛。此外，人们还开发出结合钼、铝或铁等元素的第二代磷酸盐颜料。在防腐涂料配方中，这些磷酸盐颜料实际上可以替代铬酸盐颜料[17]。

目前，人们已成功实现了使用环境相容的涂层体系取代铬酸盐基的预处理和防锈颜料防护涂层，尤其在石油工业中。这种涂层体系使用了一种新型的缓蚀性颜料，即离子交换颜料。例如，商用的钙离子交换硅凝胶颜料，作为阴极型缓蚀剂掺入聚酯底漆中，效果良好[18]。

如果马口铁片外部锡层有缺陷或不完整性，那么在氯化物溶液中，马口铁将会发生局部腐蚀。如果以铈盐作为缓蚀剂加入侵蚀性介质中，那么在阴极区域所形成的铈沉积物膜，将可降低马口铁的点蚀敏感性[19]。

13.4.2.2 有机缓蚀剂

多年以来，关于绿色缓蚀剂的研究重点，人们已从有毒的无机缓蚀剂逐渐转向了有机缓蚀剂。但是，并非所有的有机缓蚀剂都是绿色的[20]。此外，一些较早的合成有机缓蚀剂在高温服役环境中的缓蚀效果也并不理想。

有机胺类可能是最重要的有机缓蚀剂之一。脂肪胺和芳香胺，单胺、双胺或多胺及其盐类等皆可以用作缓蚀剂。脂肪胺中表面活性氨基（—NH_2）在金属表面吸附，形成化学吸附键。而脂肪胺中碳氢链尾部远离金属表面朝向溶液，形成一个疏水网络结构，将水和侵蚀性离子从金属表面排斥开。

在酸性环境中，有机胺中的酸性成分可在金属表面形成胺盐膜层，从而预防金属的进一步腐蚀。随着新型绿色缓蚀剂的开发和发展，很多毒性较大的胺类化合物或盐类的用量已减少，已逐渐被新型、低毒、有机胺或盐类所取代。脂肪胺代替芳香胺就是这种变化的实例。

此外，很多有机胺和铵盐气相缓蚀剂也正逐渐被一些更绿色的产品所取代。例如，植酸作为气相缓蚀剂，已取代了二环已基胺亚硝酸盐。为制备环境友好的可生物降解的缓蚀剂产品，人们已开始使用大豆基溶剂替代传统产品中的油性溶剂[16]。

另外，以天然产品作为绿色缓蚀剂已越来越受到人们的青睐。业已证明：绿藻是氯乙烯共聚物基涂料配方中一种有效的天然添加剂。总之，绿色缓蚀剂的开发和利用，已广泛遍及冷却水、锅炉、油田、管线、工业清洗等各个工业领域[21]。

13.5 应用技术

13.5.1 连续加注

在直流系统中，采用冲击式或间歇式加注无法使缓蚀剂均匀分散在流体之中，此时缓蚀剂可以采取连续加注的方式。这种连续加注的方式可在供水系统、油田注入水、直流式冷却水、敞开式环形油或气井、气举井等系统中使用。液态缓蚀剂可采用化学注射泵进行加注。这种注射泵非常可靠，几乎无需维护。而且大多数化学注射泵皆可根据需要调整加注速度。

使用微溶的固态缓蚀剂是连续加注的另一种形式。将缓蚀剂（如玻璃态磷酸盐或硅酸盐的药盒）安装在工艺流线之中，当流体通过药盒时，缓蚀剂就会连续溶解滤出。在油气井中，可利用条状或微丸状缓蚀剂的自然缓慢溶解，实现缓蚀剂的连续供给。

锅炉水、密闭冷却水系统以及其他密闭循环液系统，皆可采用连续加注缓蚀剂方式进行处理。在系统建造或大修之后启动时，缓蚀剂加注量通常要比正常浓度高，目的是促进金属表面快速形成保护性膜层。

13.5.2 间歇式加注

汽车冷却系统是人们最熟悉的一个间隙式加注缓蚀剂的应用实例。隔一段时间，注入一定量的缓蚀剂，而每次加注之后，皆可以持续保护一段时间。当然，缓蚀剂可以定期补加，或者是将液体排空更换新溶液。此外，对于大多数充气的封闭循环冷却水系统，我们还需要不定期检测或监测缓蚀剂浓度，以确保缓蚀剂浓度维持在安全水平，这一点非常重要。

油气井中，缓蚀剂也可以采取间歇式加注的方式。其基本过程是：首先，使用合适的溶剂将缓蚀剂稀释；然后，再将其注入开放的环空井口或带有封隔器的气井管道中。在这种应用场合下，重要的是确保缓蚀剂能与所有表面接触，且具有良好的持久性。对于大多数油气井而言，加药处理要求都是约 2 周一次。

13.5.3 挤注处理

挤注处理是向油井内连续供给缓蚀剂的一种方法。其基本过程是：首先，用泵将一定量缓蚀剂送入井中；接着，使用足量溶剂强行将缓蚀剂溶入地层；然后，缓蚀剂从地层中缓慢逸出，吸附在金属表面，抑制采出液中金属的腐蚀。目前已知采用这种方式，缓蚀剂的保护效果大约可以持续一年。

13.5.4 挥发

有关挥发作用，我们前面在介绍气相缓蚀剂（VPIs）在锅炉和封闭系统中的应用时已讨论过。气相缓蚀剂的另一种用途是抑制气体凝析液的腐蚀。但是，此时加注处理方式基本上与间歇式或挤注方式相同。

13.5.5 涂层

在涂层中添加缓蚀剂，可预防敞开大气环境中的腐蚀。其作用原理是：当水分接触涂层时，缓蚀剂可从涂层中溶出到达金属表面，从而保护金属基体。因此，缓蚀剂必须有足够大的溶解度，确保溶出量足以保护金属，但是，溶解度又不能过大，否则，缓蚀剂会过快流失。铬酸锌（锌铬黄）和四氧化三铅（红丹）是最常见的涂层缓蚀剂，已实际应用多年。锌铬黄和红丹中相应的铬酸根离子和铅酸根离子很容易将钢铁钝化，而其中的锌离子和铅离子又是阴极型缓蚀剂。但是，锌铬黄和红丹有剧毒，对人身健康会产生一系列不利影响。此外，含铅化合物具有生物累积性，可在生物体内累积，而红丹的食入、吸入或皮肤吸收会引发皮肤病、神经功能紊乱，且可能导致瘫痪甚至死亡。类似地，铬酸锌颜料中六价铬是著名的致癌物，可能引起皮炎、皮肤过敏和生殖系统紊乱。

在发达国家，特别是美国，有关涂料中铅和六价铬酸盐基颜料禁用法案的颁布实施，已促使人们积极主动地开发新型的环境友好型无毒防锈颜料。目前，市面上已涌现出大量新型颜料可供人们选用。人们对磷酸锌、磷酸钙、磷酸铝、偏硼酸钡、磷硅酸盐、硼硅酸盐及一些专利产品等开展了广泛研究，并比较了以它们作为缓蚀剂颜料的底漆与红丹和锌铬黄底漆之间性能差异。

此外，人们还针对航空航天工业领域，开发出了用于密封缝隙的厚涂层。此类涂层中含有某些专利缓蚀剂，可以非常有效地抑制与异种金属紧固件相关的腐蚀。

13.5.6 系统状态

在实际规划缓蚀方案之前，我们必须对系统进行详细检查，且检查内容必须包括调研所用缓蚀剂对工艺过程可能存在的任何不利影响以及分析检测存在的干扰物质。

缓蚀剂对系统可能造成的另一种不利影响是针对系统中某种金属选用的缓蚀剂，可能会加速系统中另一种金属的腐蚀。例如，有些有机胺类缓蚀剂对钢铁缓蚀性能极好，但是它们会严重腐蚀铜和青铜。亚硝酸盐可能腐蚀焊锡等铅及其合金。在某些情况下，缓蚀剂还有可能在系统中发生反应，产生有害物质。例如，亚硝酸盐缓蚀剂还原产生氨，引起铜和青铜的应力腐蚀开裂。避免此类问题发生的唯一办法就是：清楚系统中包含哪些金属，并且非常熟悉所用缓蚀剂的性能。

此外，在检查时，我们还必须准备一份完整的材料清单，包括所有与待缓蚀处理的流体接触的金属和非金属材料。垫片、仪器探针和控制装置等小零件或设备的制造材料有可能与所选用的某些缓蚀剂不相容。通过系统检查，我们就可能获知：是否需要变更系统中某些零件材质，与所选用的特定缓蚀剂相适应。

此外，系统核查还包括确定系统中与缓蚀液接触的金属表面的清洁度要求。如果缓蚀剂可使垢层变疏松并悬浮于流体中，可能会造成系统堵塞。避免这一问题的最好办法是预先做好规划。最好的预防措施就是施加缓蚀剂前，尽可能彻底地清洗系统。

清洗方法有：化学清洗、机械清洗、超声清洗或热振清洗。与重垢或重污染表面相比，缓蚀剂到达清洁金属表面容易得多。

13.5.7　缓蚀剂选择

针对某一特定系统，如何选择合适的缓蚀剂，可采取的策略有多种。策略之一就是征求外界顾问建议。很多供应商都可以提供咨询服务。表 13.4 列出了在一些典型腐蚀性环境中对若干工业系统中金属构件保护效果很好的缓蚀剂。尽管商用缓蚀剂都有不同的商品名和标签，但是通常所提供的化学成分信息很少，甚至没有。因此，有时人们很难区分不同来源的产品之间的差异，因为它们所含基础缓蚀剂可能相同。商业缓蚀剂配方通常都包含有一种或多种缓蚀剂成分，此外，还有表面活性剂、膜增强剂、破乳剂、除氧剂等添加剂。缓蚀剂所用溶剂很关键，对缓蚀剂的溶解性与分散性以及随后产品的使用与效果的影响很大。

表 13.4　一些腐蚀体系及所选用的缓蚀剂

体系		缓蚀剂	金属	浓度
酸	盐酸	乙基苯胺	铁	0.5%
		巯基苯骈噻唑(MBT)		1%
		吡啶＋苯肼		0.5%＋0.5%
		松香胺＋乙撑氧		0.2%
	硫酸	苯基吖啶		0.5%
	磷酸	碘化钠		200mg/kg
	其他	硫脲		1%
		磺化蓖麻油酸		0.5%～1%
		三氧化二砷		0.5%
		原砷酸钠(Na_3AsO_4)		0.5%
水	饮用水	碳酸氢钙[$Ca(HCO_3)_2$]	钢、铸铁	10mg/kg
		多聚磷酸盐	铁、锌、铜、铝	5～10mg/kg
		氢氧化钙[$Ca(OH)_2$]	铁、锌、铜	10mg/kg
		硅酸钠(Na_2SiO_3)		10～20mg/kg
	冷却水	碳酸氢钙[$Ca(HCO_3)_2$]	钢、铸铁	10mg/kg
		铬酸钠(Na_2CrO_4)	铁、锌、铜	0.1%
		亚硝酸钠($NaNO_2$)	铁	0.05%
		磷酸二氢钠(NaH_2PO_4)		1%
		吗啉		0.2%
	锅炉	磷酸二氢钠(NaH_2PO_4)	铁、锌、铜	10mg/kg
		多聚磷酸盐		10mg/kg
		吗啉	铁	可变
		肼		除氧剂
		氨水		中和剂
		十八胺		可变

续表

体系		缓蚀剂	金属	浓度
水	发动机冷却液	铬酸钠(Na_2CrO_4)	铁、铅、铜、锌	0.1%～1%
		亚硝酸钠($NaNO_2$)	铁	0.1%～1%
		硼砂		1%
	乙二醇/水	硼砂+巯基苯骈噻唑(MBT)	各种材料	1%+0.1%
	油田盐水	硅酸钠(Na_2SiO_3)	铁	0.01%
		季铵盐		10～25mg/kg
		咪唑啉		10～25mg/kg
	海水	硅酸钠(Na_2SiO_3)	锌	10mg/kg
		亚硝酸钠($NaNO_2$)	铁	0.5%
		碳酸氢钙[$Ca(HCO_3)_2$]	各种材料	依 pH 值而定
		磷酸二氢钠+亚硝酸钠	铁	10mg/kg+0.5%

在很多情况下，缓蚀剂没有起到缓蚀作用的原因是：由于环境中所添加的缓蚀剂在与金属接触之前或在起到预期缓蚀效果之前就已损失掉了。造成缓蚀剂损失的原因很多，可能是由于发生沉淀、吸附或与系统部件反应等，此外，还有可能是溶解度不够或溶解太慢。

例如，缓蚀剂与钙离子反应形成磷酸盐沉淀、硫化物或有机质与铬酸盐反应、缓蚀剂在悬浮固体颗粒上的吸附、加注溶解性不好的缓蚀剂时未添加分散剂等，这些都是缓蚀剂损失的典型实例。为了避免这些问题，缓蚀剂性能测试应在实际处理流体环境中进行，而不是模拟环境中。如果可能，测试还应在工艺流体或小型旁流中进行。

13.5.8 浓度和性能

通常，缓蚀剂都是以固态或液态形式出售。大多数固体缓蚀剂的纯度相对比较高，但在需要控制溶解速率时，有时人们会将固体缓蚀剂与其他成分融合在一起或制成胶囊。一般而言，液态缓蚀剂是首选，因为运输、检测和分散都更容易。

由于各种原因，实际使用的液态缓蚀剂很少是纯缓蚀剂。由于具有最适宜黏度、冰点或沸点等特性的有机缓蚀剂很少，因此为了获得预期效果，必须将它们溶解在适当溶剂中。而且，缓蚀剂常常会与破乳剂、分散剂、表面活性剂、消泡剂或增效剂联合使用。

液态缓蚀剂含有部分溶剂，通常按升出售。缓蚀剂含量用活性成分的百分数表示，即活性成分含量为20%的1L缓蚀剂产品中，含有缓蚀剂的质量分数为20%。在严寒地区，缓蚀剂的储存或使用环境温度可能都在冰点之下，如果以浓缩液形式使用，必须采用更昂贵的其他溶剂，不能像在温暖环境中，以水作为溶剂。

缓蚀剂浓度以百万分之几表示。对于固体缓蚀剂，以质量作为单位基准，如：mg缓蚀剂/kg液体；对于液态缓蚀剂，则以体积作为单位基准，如：μL缓蚀剂/L液体。为得到指定系统中所需缓蚀剂用量，只需用液体量除以1000000，然后再乘以所需浓度（如mg/kg），如式(13.24）所示。

$$Q=\frac{V}{1000000}\text{mg/kg} \tag{13.24}$$

式中，Q 为所需缓蚀剂用量；V 为缓蚀液体的体积；mg/kg是缓蚀剂浓度。注意所需缓蚀剂用量的单位必须与缓蚀液体量的单位一致。

举例：缓蚀剂浓度为10mg/kg，需向620000L水中添加的硅酸钠（固体）量是多少?

首先，将水的体积单位转化为质量单位。

1kg 水的体积是 1L，那么 620000L 水，其质量为 620000kg。

因为缓蚀剂浓度是 10mg/kg，带入公式(13.24)，即可得到缓蚀剂用量：

$$Q=\frac{62000}{1000000}\times 10=6.2\text{kg}$$

13.6　安全防范措施

安全防范包括人身安全、环境保护以及设备运行保护。

13.6.1　操作处置

在可能吸入或接触缓蚀剂的工艺过程中，我们必须考虑到缓蚀剂的毒性作用。在食品或饮料加工设备内或附近以及自来水供给系统中，操作都必须非常谨慎，而且要避免使用有毒物质。

在准备加注缓蚀剂溶液时，我们应小心遵守标签上关于皮肤接触、眼睛接触、食入和吸入的相关说明。在打开缓蚀剂容器时，我们还应仔细研究其上标识的所有安全信息。

13.6.2　废液处理

由于很多缓蚀剂可能都含有一些有毒离子和化合物，系统排放、倾倒或泄漏的含缓蚀剂的液体或废液通常都很难处置，铬酸盐就是一个典型实例。事实上，近年来铬酸盐缓蚀剂用量急剧下降，其原因就是由于废液处置问题。因此，在选用缓蚀剂时，我们还必须考虑废液处理问题。

13.6.3　传热

在缓蚀剂的实际应用中，系统传热性能也是一个很重要的考量因素。由于表面结垢会导致传热效率降低，因此，在缓蚀的同时，还应尽可能避免传热面结垢或尽量保持结垢程度最小。此外，我们还应尽量避免表面过多沉积磷酸盐、硅酸盐或硫酸盐垢，特别是硫酸盐沉积，因为这种垢很难用化学手段清除。

13.6.4　起泡

如欲最有效地解决起泡问题，首先是要确定系统中哪些部位存在起泡条件。这些部位包括受气体搅拌的含缓蚀剂流体的地方，如气体分离器、逆流汽提塔或曝气器中等。接着，从可能起泡部位的工艺流中采集流体和气体样品，加入缓蚀剂，调节至该部位工序温度，然后进行强力震荡。如果此试验过程中产生了稳定泡沫，说明该部位工艺流体有可能起泡。此时，我们可以采取如下三种补救措施：

(1) 加入消泡剂（这也必须经过试验）；

(2) 通过试验选择不会引发起泡的缓蚀剂；

(3) 可周期性关停系统，注入长效缓蚀剂。

后面两种补救措施都极不方便，因为需要随时有缓蚀剂备用，而且很少有工艺过程可以为加注缓蚀剂而频繁关停。

13.6.5 乳化

乳化与起泡类似，都是一相分散在另一相中。不过，乳化是指不能互相混合的两液相，而起泡是指一个气相和一个液相。有利乳化的条件是存在含有乳化稳定剂的两个液相。在这种情况下，缓蚀剂有可能作为乳化稳定剂。震荡混合含缓蚀剂的两液相，测定它们分离所需的时间，可以确定缓蚀剂是否起到乳化稳定剂的作用。如果有缓蚀剂时两相分离所需时间比没加缓蚀剂时所需时间长，那么缓蚀剂就是乳化稳定剂。解决乳化问题的办法与起泡类似：加入破乳剂、另选缓蚀剂或关机期间加注缓蚀剂。

参考文献

[1] Hugel, G., Corrosion Inhibitors—Study of Their Activity Mechanism. 1st European Symposium on Corrosion Inhibitors. Ferrara, Italy, University of Ferrara, 1960..

[2] Hedges, W., Paisley, D., and Woollam, R., The Corrosion Inhibitor Availability Model. CORROSION 2000, Paper # 034. Houston, TX, NACE International, 2000.

[3] Palmer, J. W., Hedges, W., and Dawson, J. L., *European Federation of Corrosion Publications Number 39: The Use of Corrosion Inhibitors in Oil and Gas Production*. London, UK, Maney Publishing, 2004.

[4] Müller, S., Rizvi, S. Q. A., Yokose, K., Yang, W., and Jäckel, M., *Corrosion Inhibitors*. Englewood, CO, SRI Consulting, 2009.

[5] Chandler, C., Environmentally Friendly Volatile Corrosion Inhibitors. *Corrosion* 2001, Paper # 194. Houston, TX, NACE International, 2001.

[6] Roberge, P. R., *Handbook of Corrosion Engineering*. New York, NY, McGraw-Hill, 2000.

[7] Hackerman, N., and Snavely, E. S., Inhibitors. In: Van Delinder, L. S., Brasunas, Ad, eds. *Corrosion Basics*. Houston, TX, NACE International, 1984; 127–146.

[8] Hackerman, N., Hurd, R. M., and Annand, R. R., Some Structural Effects of Organic N-Containing Compounds on Corrosion Inhibition. *Corrosion* 1962; 18: 37–42.

[9] Salagaras, M., Bushell, P. G., Trathen, P. N., and Hinton, B. R. W., The Use of Corrosion Prevention Compounds for Arresting the Growth of Corrosion in Aluminium Alloys. Fifth Joint NASA/FAA/DoD Conference on Aging Aircraft, September 10–13, 2001. Orlando, FL, 2001.

[10] Roberge, P. R., *Corrosion Basics—An Introduction*. 2nd ed. Houston, TX, NACE International, 2006.

[11] Chen, C. M., and Theus, G. J., Chemistry of Corrosion-Producing Salts in Light Water Reactors. NP-2298. Palo Alto, CA, Electric Power Research Institute, 1982.

[12] French, E. C., Martin, R. L., and Dougherty, J. A., Corrosion and Its Inhibition in Oil and Gas Wells. In: Raman A., Labine P., eds. *Reviews on Corrosion Inhibitor Science and Technology*. Houston, TX, NACE International, 1993; II-1–II-1-25.

[13] Lahodny-Sarc, O., Corrosion Inhibition in Oil and Gas Drilling and Production Operations. In: *Corrosion Inhibitors*. London, UK, The Institute of Materials, 1994; 104–120.

[14] Sastri, V. S., Roberge, P. R., and Perumareddi, J. R., Selection of Inhibitors Based on Theoretical Considerations. In: Roberge, P. R., Szklarz, K., Sastri, S., eds. *Material Performance: Sulphur and Energy*. Montreal, Canada, Canadian Institute of Mining, Metallurgy and Petroleum, 1992; 45–54.

[15] Thomas, J. G. N., The Mechanism of Corrosion. In: Shreir, L. L., Jarman, R. A., Burstein, G. T., eds. *Corrosion Control*. Oxford, UK, Butterworths-Heinemann, 1994; 17:40–17:65.

[16] Satyanarayana Gupta, D. V., Green Inhibitors—Where Are We? *Corrosion* 2004, Paper # 406. Houston, TX, NACE International, 2004.

[17] Bethencourt, M., Botana, F. J., Marcos, M., Osuna, R. M., and Sanchez-Amaya, J. M., Inhibitor Properties of "Green" Pigments for Paints. *Progress in Organic Coatings* 2003; 46: 280–287.

[18] Deflorian, F., and Felhosi, I., Electrochemical Impedance Study of Environmentally Friendly Pigments in Organic Coatings. *Corrosion* 2003; 59: 112–120.

[19] Arenas, M. A., Conde, A., and de Damborenea, J. J., Cerium: A Suitable Green Corrosion Inhibitor for Tinplate. *Corrosion Science* 2002; 44: 511–520.

[20] Singh, W. P., and Bockris, J. O'M. Toxicity Issues of Organic Corrosion Inhibitors: Applications of QSAR Model. *Corrosion* 1996, Paper # 225. Houston, TX, NACE International, 1996.

[21] Quraishi M. A., Farooqi, I. H., and Saini, P. A., Investigation of Some Green Compounds as Corrosion and Scale Inhibitors for Cooling Systems. *Corrosion* 1999; 55: 493–497, 2001.

第十四章 阴极保护

14.1 阴极保护的发展历史

阴极保护的首次应用可追溯到1824年，当时汉弗莱·戴维爵士在英国海军资助项目中成功利用铁阳极对海水中铜保护壳❶进行防腐蚀保护。尽管阴极保护在铜保护壳上的有限应用已成为历史，但是自钢船取代木质船壳之后，海军舰艇船尾安装锌阳极保护块已成为一种惯例。不过由于存在青铜螺旋桨的影响，这些锌块尽管对抑制钢壳的局部电偶腐蚀提供了一定保护作用，但通常被认为并未起到实质性效果。

缺乏效率的主要原因是锌合金使用不当以及其他一些因素，如对技术理解不够以及对涂漆锌阳极表面降低阴极保护有效性的倾向认识不足[1]。从那时起，阴极保护已逐渐在海洋和地下结构、储水罐、燃气管道、采油平台以及很多其他暴露在腐蚀性环境中的设施中获得广泛应用。近年来，阴极保护技术已被证实是一种非常有效的保护钢筋免受氯离子腐蚀的方法。在20世纪40年代早期，对一条泄漏事件频发、已不得不认真考虑是否应该废弃的旧天然气管网成功实施阴极保护，就已证实了阴极保护对土壤中钢材保护的有效性。在阴极保护系统安装运行之后，人们很快就发现，管网泄漏次数明显减少，效果显著。[2] 大约在同一时期，铸铁主水管的泄漏频率也显著减少，如图14.1所示[3]。

在役远洋船舶的阴极保护的现代规范于1950年首次颁布[4]。自那时起，阴极保护技术得到飞速发展，目前阴极保护技术已经取得了相当大的进展，人们已开发出了很多更好的牺牲阳极材料，而且使用惰性阳极的控制外加电流系统也不断得到完善。

外加电流的阴极保护系统（ICCP）在钢筋混凝土结构中的首次应用是1959年斯特拉福尔（Stratfull）安装在大桥支撑梁上的一个实验系统[5]。在1972年，他们又在桥面上安装了一个更先进的外加电流阴极保护系统[6]。牺牲阳极的阴极保护系统在这两方面的应用都是基于传统的管道外加电流阴极保护系统，只是“延伸”到桥面而已。自那之后，阴极保护就成为少有的可针对现存结构实施的腐蚀控制技术之一。

❶ 军舰水下船体部分用铜包覆，以防止在热带水域中蛀船虫对木质船体的侵害。

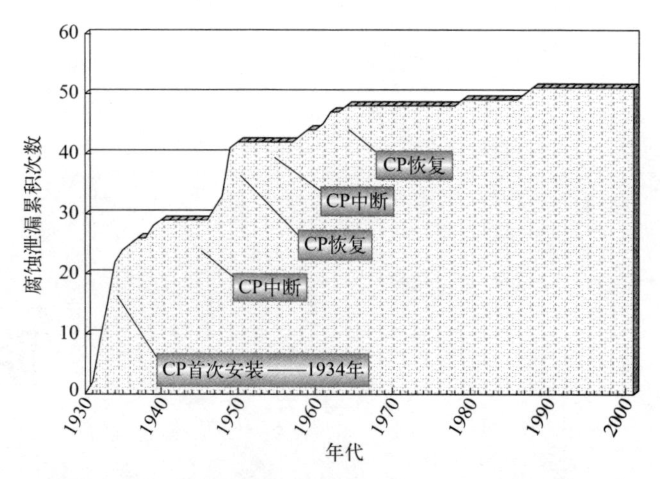

图 14.1　1 号导水管的泄漏历史记录和阴极保护（由美国加州东湾水利局供图）

14.2　水中阴极保护

阴极保护技术的基本原理就是施加一个相反电流将局部阳极强制极化至一个局部阴极电位，从而抑制腐蚀电池的作用。如果阴极保护电流不足，有些腐蚀仍将会继续，但是腐蚀程度将比未加阴极保护时低。从热力学观点来看，施加阴极保护电流本质上是通过使腐蚀电位负移至金属的免蚀区来减小金属结构的腐蚀速率（图 14.2 和图 14.3）。

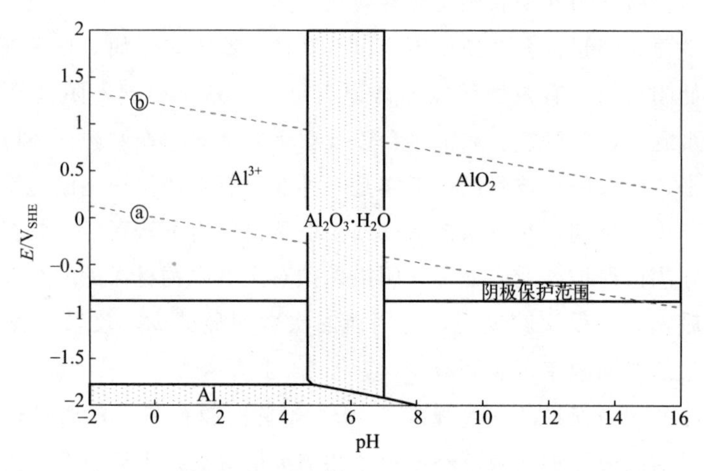

图 14.2　标注阴极保护范围的 25℃下铝腐蚀的电位 E-pH 图

实现阴极保护这一目标有两种主要的方式：

- 使用腐蚀电位低于被保护金属的牺牲阳极（图 14.4），通过查询金属在海水中电偶效应可以获得此排序；
- 使用带外部电源的外加电流阴极保护系统（图 14.5）。

在这些简单的示意图中，忽略了参比电极这个重要组件。对于牺牲阳极的阴极保护系统而言，这个组件可能仅仅就是一个有用的监测工具，但是对于外加电流的阴极保护系统而言必不可少，因为需要通过它来控制对被保护结构所施加的电位。关于参比电极的使用和功能将在本章另一节专门介绍。

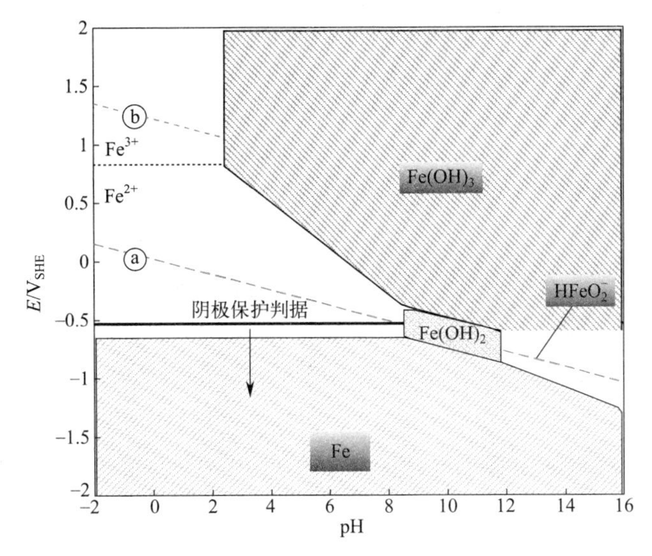

图 14.3　以相对氢标电极（SHE）的电位－0.53V 或相对饱和硫酸铜电极（CCSRE）电位－0.85V 为阴极保护判据的铁的 E-pH 图

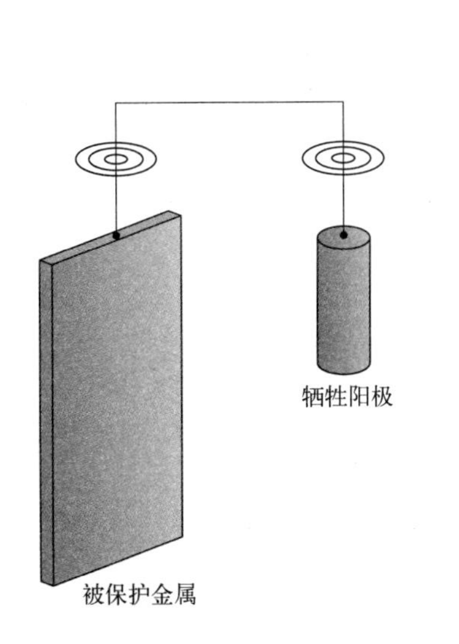

图 14.4　牺牲阳极的阴极保护系统示意图

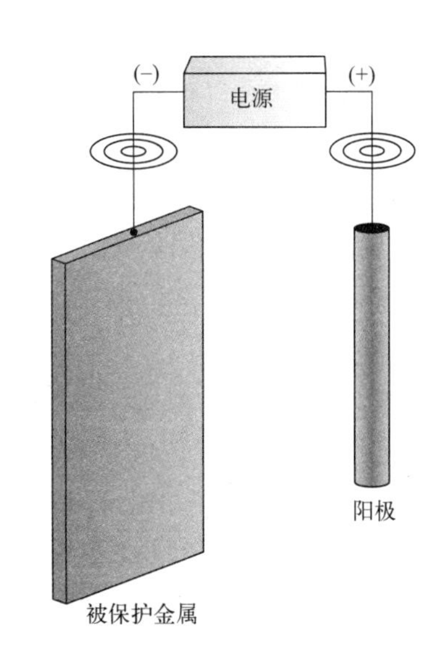

图 14.5　外加电流的阴极保护系统的示意图

14.2.1　牺牲阳极的阴极保护

牺牲阳极法相对比较廉价，容易安装，无需外加电源就可使用，而外加电流系统必须有外加电源。牺牲阳极法的另一个优点是无需购买昂贵的电子设备，不会出现电流方向错误问题。牺牲阳极法非常适合小型结构的应用场合（图 14.6），不过在大型结构上牺牲阳极法的应用也很广泛且效果也相当好（图 14.7）。

尽管牺牲阳极法保护船体已不如外加电流的阴极保护技术那么普遍，但是在一些采用外加电流法并不经济的较小船只上目前仍然在使用。海水环境中，锌是最常使用的阳极材料，不过在低电导率的水中，铝和镁可以提供更高电压。根据工业数据估算 1998 年各种阴极保护系统硬件销售总额为14600万美元。在阴极保护市场中，牺牲阳极所占份额最大，达到6000万美元，其中镁阳极在牺牲阳极中所占份额最大。牺牲阳极法的最大应用市场是热水器的内部保护和地下储罐的外部保护[7]。

图14.6　安装在帆船上的牺牲锌阳极
[由金士顿技术软件公司
(Kingston Technical Software) 供图]

图14.7　安装在船坞水处理管道内壁的牺牲锌阳极
[由加拿大-大西洋国防研发中心
(Defence R&D Canada-Atlantic) 供图]

牺牲阳极法在海水环境中的最大应用市场可能就是石油天然气工业。自20世纪70年代中期以来，深海资源开采获得了快速发展，为此必须开发一些新技术以适应这种快速发展对腐蚀控制方面的需求。昂贵和复杂结构的腐蚀保护必须以阴极保护系统为基础，但是目前可用的科学数据很少。阴极保护系统的设计常常是基于灵感的猜测而不是科学的应用实践，特别是对于外加电流的阴极保护系统。设计者们更喜欢使用更多廉价的锌阳极，因为他们相信过保护比保护不足更安全[8]。

14.2.2　外加电流的阴极保护

外加电流的阴极保护（ICCP）法对船体的保护是保护涂层的补充。涂层提供主要保护作用，外加电流的阴极保护作为可能存在涂层缺陷的部位（因为随着服役时间的延长，涂层会逐渐劣化）以及并未设计涂层保护的部位（如轴和螺旋桨）的补充保护和后续保障。在施涂新涂层之后最初一段时间内，对外加电流的阴极保护系统的需求非常小。但是在船舶使用期限内，随着涂层逐渐劣化，需要的阴极保护电流会逐渐增加。最终，电流需求量可能超过设计容量，而高的阴极保护电流甚至可能对涂层造成更大损伤。

在一个巨型油轮的整个使用寿命期间，所需阴极保护电流可能从最初的10A增至1000A以上。现代船舶外加电流的阴极保护系统（ICCP）的设计通常都是将阳极对称放置，但是在散货船中，需要内部接口和电缆主线远离阳极和参比电极，因此，通常无法在储罐外部放置电极。相反，电子设备放置在船头或船尾，与之相邻的机舱可提供与各种设备相接的便捷接口（图14.8）。恒电位的阴极保护系统经常无法提供足够保护的原因很多[8]：

- 无涂层的青铜螺旋桨的电偶作用；
- 海水流速的变化；
- 涂层受损致使裸露钢基体的暴露面积增大；

- 参比电极监测的仅仅是各自邻近小区域的电位；
- 参比电极与阳极的放置位置不佳。

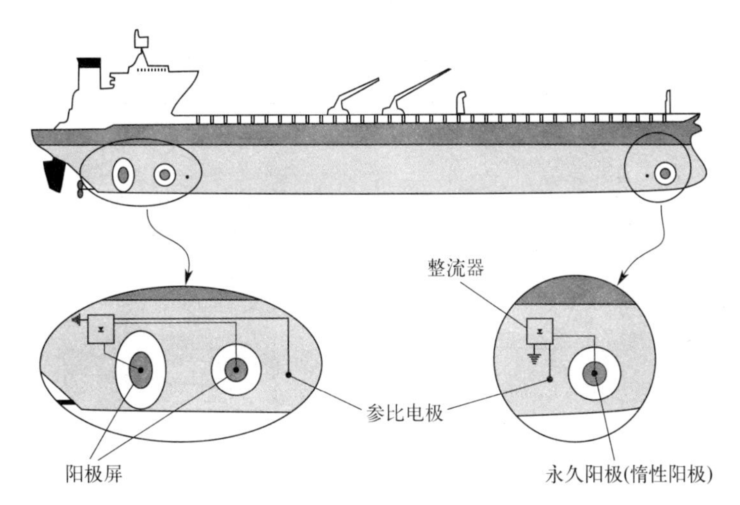

图 14.8　某运输原油的巨型商业油轮的外加电流的阴极保护系统的典型设计

舰船水下部位是一个巨大的复合阴极，至少包括三部分：涂层钢、裸钢和青铜（图 14.9）。为达到预期的极化程度，它们所需电流密度不同，而且它们对运行条件变化的响应也不同，尤其是海水流速。例如：研究已发现，静止海水中保护电流为 30mA/m^2，而航速 15 节及以上时，所需保护电流升至 110mA/m^2 以上。舰船外加电流的阴极保护所用阳极数量少，且相对于阴极表面积而言，阳极面积很小，因此电位分布不可能均匀。在设计过程中，结构物上预期电位分布情况很难把握，因此只能依赖测量电流作为评估手段。然而，很多舰船的外加电流的阴极保护设计仍然只是至多两三个参比电极，而这些电极仅仅只能测量其邻近区域的电位。

图 14.9　正在修整的海军舰船［由金士顿技术软件公司（Kingston Technical Software）供图］

在确定整个舰船船体电位分布中，最重要的部位是螺旋桨所在的船尾区。通过建模可以精确模拟在一艘真实军舰上静态条件下所测量的实际数据。在模拟巡航速度条件下，发现保护系统不能给船尾提供所需电位[图 14.10(a)]。通过增加一个控制电极（参比电极）并将其他电极重新排布，可使整个模型都能达到良好的保护水平，无论在静态还是动态条件下。这证明参考电极的位置对阴极保护系统的有效运行起到了关键性作用[图 14.10(b)]。

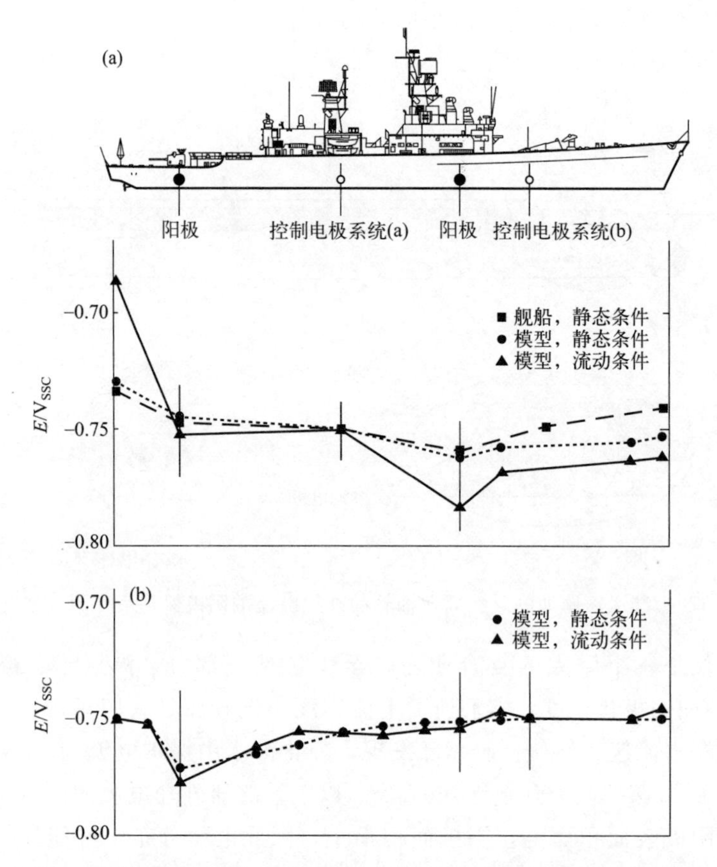

图 14.10　静态和动态条件下参比电极位置对船壳上电位分布的影响：
(a) 使用一个放置在船腹部的参比电极；(b) 在船尾增加一个参比电极，
并将最初参比电极重新放置在船头阳极之前

14.3　土壤中阴极保护

如图 14.11 所示的浓度电池是造成土壤腐蚀的主要原因。例如：管道穿过陆地时经过不同土壤；油气井套管穿越不同组成的地层。在上面列举的各个示例中，同一个金属都与两种不同的土壤相接触，因此皆有可能形成一个浓差电池。

在大多数天然土壤中，管线中位于导电性较高土壤内的部分是阳极，而位于导电性较差土壤中的管线部分是阴极。潮湿土壤自身作为电解液，管道提供电连接回路。正如图 14.11 所示，电流从阳极区流向土壤，然后从土壤流向阴极区流回到管线，通过管线自身形成回路。在一定状态下，电流大小受到土壤环境电阻率以及阴阳极区极化程度等因素影响。

腐蚀发生在电流从金属结构流向土壤的阳极区。电流从土壤流向管道的区域（阴极区），没有腐蚀。因此，在对一个结构物实施阴极保护时，目标就是迫使暴露在环境中的整个结构物表面能收集从环境流入的电流。当达到这种状态时，暴露表面就变成阴极，因此腐蚀会受到抑制。图 14.12 显示了图 14.11 所示管线上最初腐蚀区域，随着管线表面所有放电区域的消除而转变成一个阴极。

从图 14.12 可知，阴极保护电流必须从一个专门为消除阳极区流出电流而设立的接地处

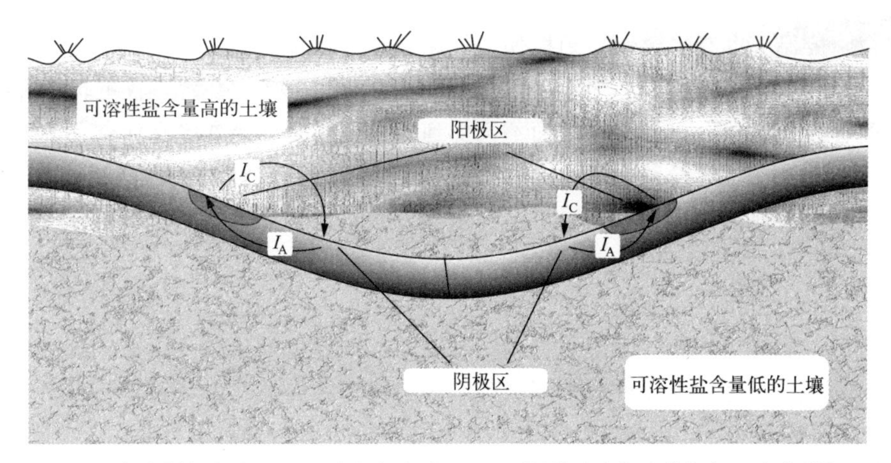

图 14.11　直流阴极电流（I_C）和阳极电流（I_A）分别通过大地从阳极区流向阴极区和通过管线从阴极区返回阳极区，构成回路。电流离开钢管进入周围土壤的阳极区，就是腐蚀发生之处

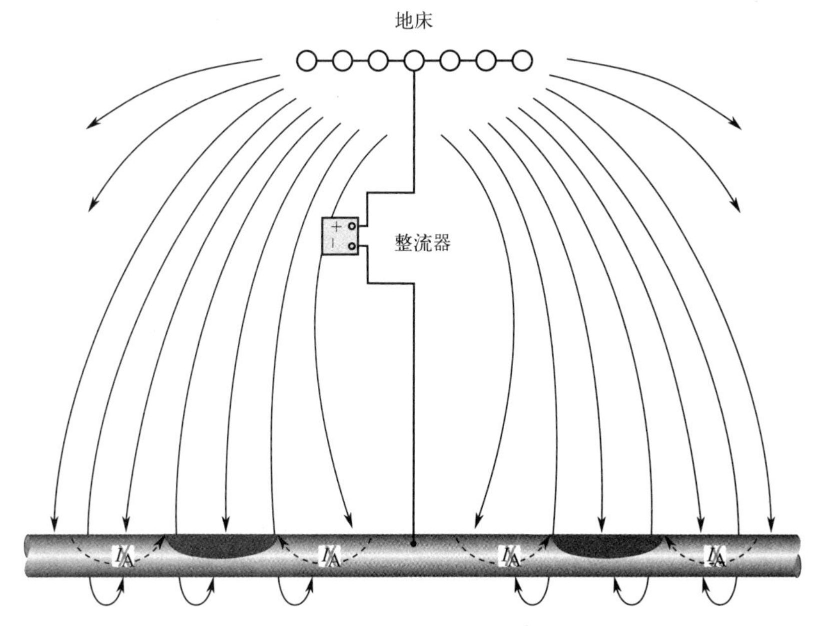

图 14.12　基本的外加电流阴极保护装置。管线上阴影区表示施加阴极保护前的阳极区，而虚线代表已被消除的从阳极区流出的电流

（常称为地床）流入环境中。显然，地床中所用材料为阳极，肯定会有消耗（腐蚀）。因此，施加阴极保护并非真正消除了腐蚀，而是或多或少将腐蚀从被保护结构转移到用于在长时间内可排出阴极保护电流的已知区域（地床），而地床中阳极消耗后，可以在不中断被保护结构正常功能的情况下进行更换。尽管实施阴极保护的基本原理很简单，但是有些实际问题必须先解决，如：

- 对一个特定结构进行阴极保护，所需最小电流是多大？
- 应使用何种直流电源？
- 应如何设计安装？
- 如何确定一个完全埋地结构的整个表面实际上都已成为阴极？

当然，阴极保护也有局限性。阴极保护电流必须可以流经一个导电环境达到金属表面。同样以上面提及的管线为例，如图 14.12 所示的基本的阴极保护装置，仅能保护那些与导电环境接触的管线外表面。而管线内表面不会受到保护。即使管线内含有导电介质，情况亦是如此，因为金属管线将会拦截保护电流使其直接返回电源。类似地，管线中暴露在空气中的所有部分（如地面上露天部分、阀门、地面上集合管）也不会接受到任何阴极保护电流，因为空气不能携带电流到达未埋地表面。

另一个显示阴极保护重要局限性的实例是，拥塞系统中电流流向最内部结构时会受到限制。甚至在最外部结构已获得完全保护的情况下，但是到达隐藏结构的保护电流量可能仍不足以提供充分保护。这种现象称为电流屏蔽，因为拥塞区最外部的金属结构表面拦截了保护电流，屏蔽了最内部结构。泵站和油库等拥塞区域的管线，就有可能受到这种屏蔽作用的影响。

图 14.13 说明了通过远端地床对受限区管线网络进行保护时的情况。远端地床和大小合适的整流器可能改变整个结构的电位，测量得到的拥塞区管线相对远端参比电极的电位显示管线处于一个完全保护状态，如图 14.13 所示的电位−1.5V。但是事实上，远端土壤与拥塞区内土壤之间的电位差可能很显著，如图 14.13 所示读数为−0.8V[2]。

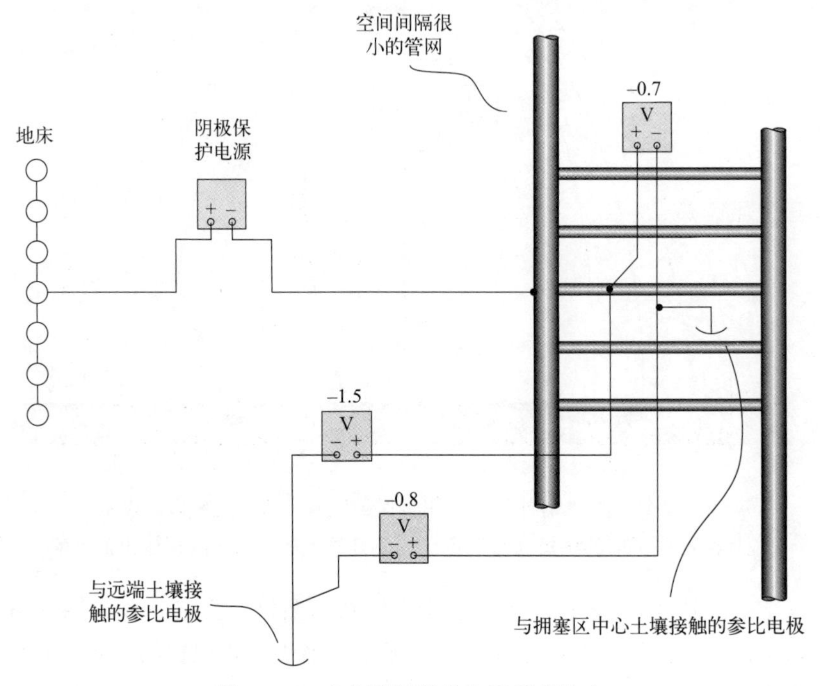

图 14.13　在拥塞区域的电子屏蔽效应

在这种情况下，拥塞区管线与邻近区域土壤间的电位可能比较低，图 14.13 所示读数为−0.7V，低于完全保护所需电位−0.85V（相对于硫酸铜参比电极）。在拥塞区中心附近，这种屏蔽效应最大。

因此，在存在屏蔽问题的拥塞区，单纯依赖远端阴极保护系统进行保护可能不现实。但是，仍然可以通过在拥塞区额外放置一些阳极（牺牲阳极或外加电流），使阳极周围的影响区域充分重叠，最终使拥塞区最内部结构达到完全保护电位，从而实现阴极保护。

14.3.1　牺牲阳极的阴极保护

图 14.14 说明了土壤环境中牺牲阳极的阴极保护系统和外加电流的阴极保护系统之间的本质区别。正如此图所示，腐蚀结构物和阳极材料之间的电位差可以测量。在阳极释放电流之前，被保护结构相对阳极材料的电位必须为正值（+）。可作为一种实用性牺牲阳极的金属材料，需满足一定要求：

（1）阳极与腐蚀结构物之间的电位差必须足够大，能克服腐蚀结构物自身内部阳极阴极腐蚀电池的作用；

（2）阳极材料必须拥有充足电容量，使用适量的阳极材料可以维持合理的使用寿命（10～15 年以上）；

（3）阳极效率要高，即阳极电容量可以高百分比地作为有效的阴极保护电流输出，阳极自腐蚀消耗的电容量应小。

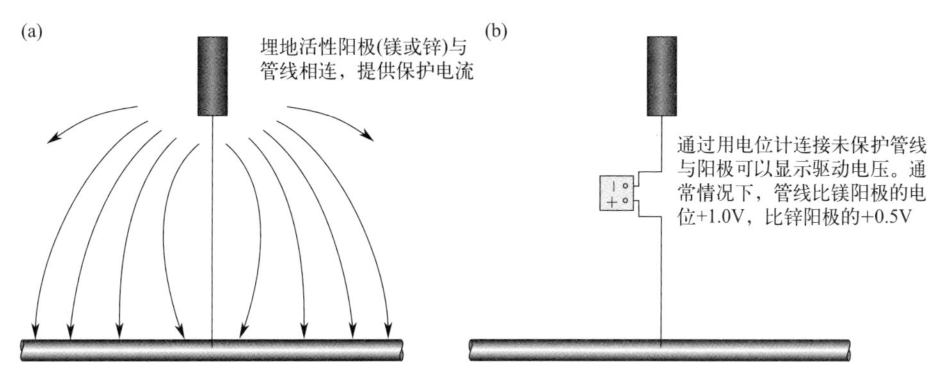

图 14.14　用牺牲阳极的阴极保护系统：(a) 活性牺牲阳极埋在土壤中，并与管线相连，提供保护电流；(b) 用电位计测量未保护管线与阳极之间的驱动电压

14.3.2　外加电流的阴极保护

使用如图 14.12 所示的外加电流的阴极保护系统时，地床阳极实际上并未提供驱动力。而是在地床阳极和被保护结构之间连接（或外加）一个外部直流电源，其中电源正极连接地床，负极接被保护结构，通过电源强制释放阴极保护所需电流。如果错误地将电源正极端子接到被保护结构物上，结构物将变成一个阳极而不是阴极，发生活性腐蚀。

地床阳极被迫释放电流将被腐蚀。对于外加电流的阴极保护系统而言，选用消耗速率相对较低的阳极材料，设计释放电流量大且使用寿命较长的地床阳极，非常重要。有时也可能选用废钢管、铁轨、铁棒或其他类似的钢铁材料作为阳极材料，但是此类材料的消耗速率较大，约为 44kg/(A·a)。这意味着为使被保护设备达到预期的运行寿命，需要消耗较大数量的阳极材料，在可以获得低成本废钢时，这种做法很合理。有关外加电流阴极保护的阳极材料将在后面章节进行更详细的介绍。

14.3.3　阳极床

实际应用场合中选用何种类型的阳极床是外加电流的阴极保护（ICCP）系统设计的一

个关键要素。阳极床可能放置在被保护结构附近，也可能为了使电流能分配到被保护结构所在整个区域而远离被保护结构放置。阳极床可分为如下几类[9]：

- 局部排布阳极床系统；
- 垂直排布阳极床系统；
- 水平排布阳极床系统；
- 深埋阳极床系统；
- 远端阳极床系统。

如果阳极被垂直安装在距离被保护结构件 5～6m 的一个 3～6m 深的深坑内，那么该系统称为垂直排布阳极床系统。当阳极成组安装，且远离被保护结构，那么该系统称为远端阳极床系统。深埋阳极床系统是远端阳极床的一种变形，是指阳极床在垂直方向上远离被保护结构。

阳极床相对于被保护结构和附近其他结构的放置位置是最大程度减小屏蔽效应的一个最重要因素。例如：在电厂，由于建筑地基、电缆管道以及其他埋地结构加固物的屏蔽效应，从远端阳极床流出的电流会大面积受到屏蔽。在安装新阴极保护系统时，外部结构的影响应该是选择阳极床位置时首要考虑的因素。

局部排布阳极床系统设计最为常见。这种类型的阳极床可以垂直安装亦可以水平安装，取决于它们在土壤中所处位置。当有障碍物或遇到其他难以挖掘深坑的土壤条件时，阳极床可能只能水平安装。在土壤电阻率很低的地方，水平安装时电阻增加不明显时，阳极床也可以采用水平安装形式。推荐埋地深度分别为：所有电缆至少 0.6m，阳极至少 0.9m。图 14.15 显示了一个典型的局部水平排布阳极床。

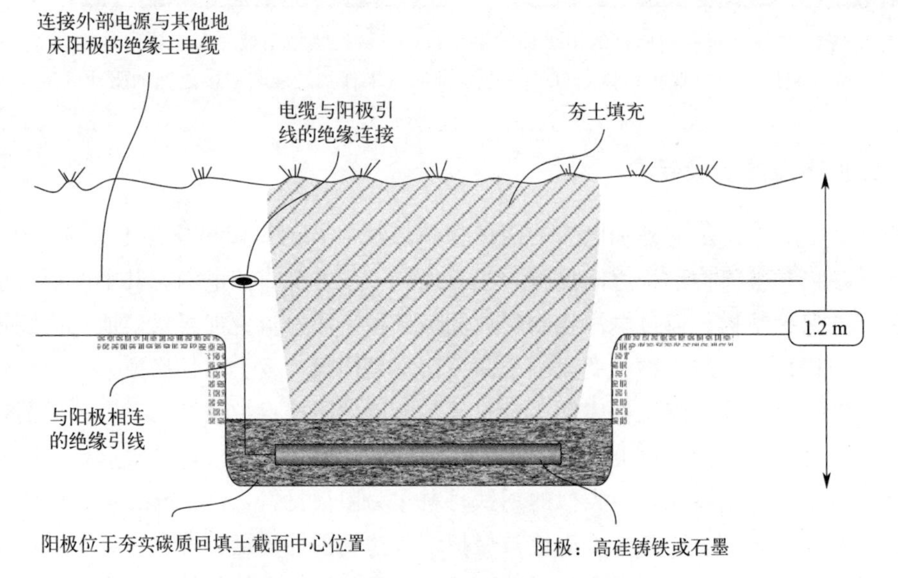

图 14.15　典型的外加电流阳极水平安装

当需要获得较低电阻率时、挖掘水平床坑道有困难时或者实际可用表面区域受限时，阳极床也可以采取垂直安装方式。一般而言，由于长度比较长，垂直床阳极很脆，必须仔细处理以免破损。图 14.16 显示了典型的局部垂直排布阳极系统。无论何种形式的电缆绝缘性受损，都会使阳极电缆更容易失效。因此，在处理阳极引线时，应特别小心。

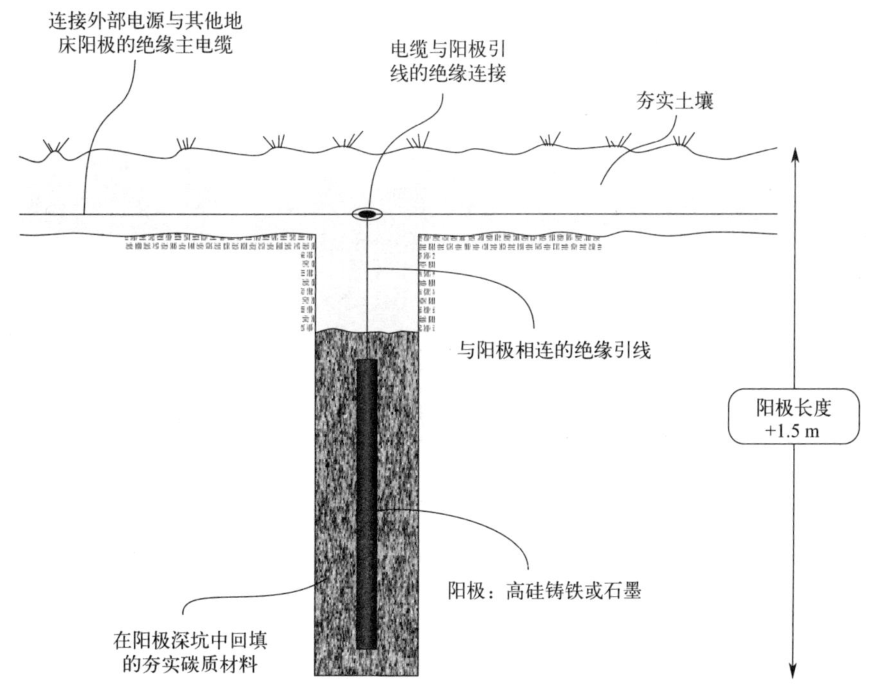

图 14.16　典型的外加电流阳极的垂直安装

阳极床有时也可能被安装在地表以下很深的地方（深度超过 15m）（图 14.17），这种深埋安装阳极床设计特别适合电气干扰问题严重或地表附近土壤电阻率高的场合。深埋安装阳极床可使电流线趋于平行，因此可以使保护电流分布更均匀。

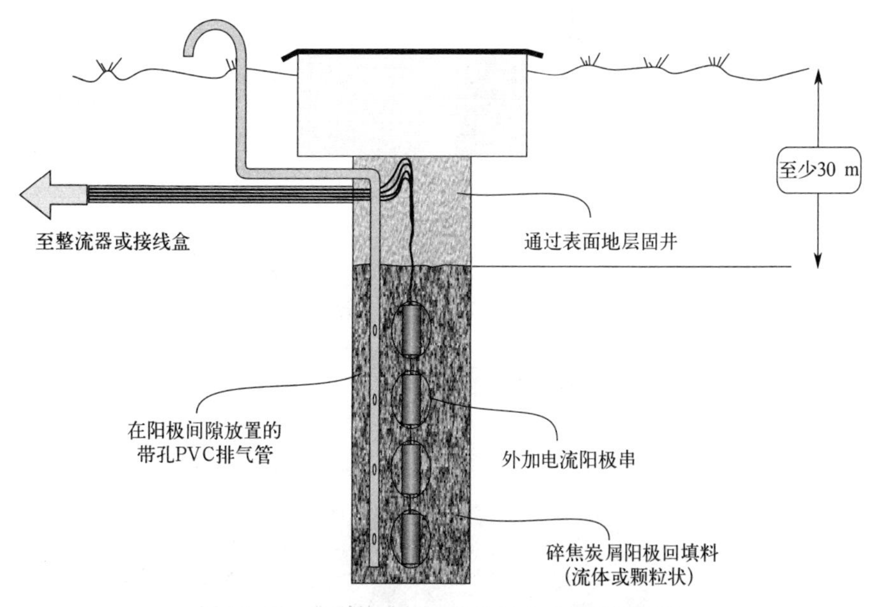

图 14.17　典型的常规土壤地层中的深埋床阳极

14.3.4 阳极回填料

在埋地牺牲阳极周围通常都使用化学回填料进行填充，这样有很多益处。特殊回填料可以提供一个均匀环境，促使阳极均匀消耗，达到最高效率。回填料将阳极材料隔离，避免与土壤直接接触，因此可以预防土壤中某些矿物质可能在阳极表面累积形成高阻膜层带来的负面影响。回填料电阻率低，在周围土壤电阻率较高的情况下，可以提供较低的阳极对地电阻和较大的电流输出。

图 14.18 用胶带缠绕和镁牺牲阳极进行保护的城市用水球墨铸铁干管（由美国西海岸防腐蚀有限公司 Rookes 主任供图）

镁阳极常用回填料由 75%生石膏、20%膨润土和 5%硫酸钠组成。锌阳极使用 50%塑造石膏（熟石膏）和 50%膨润土组成的回填料效果很好。这些回填料混合物可从供应商处获得，可能预先包装在容器内，如图 14.18 所示。图 14.19 说明了如何将这些阳极安装在预先包装的回填料容器内。

图 14.19 (a) 安装牺牲阳极挖掘坑道；(b) 通过热剂焊将阳极连接在主水管上；(c) 准备埋置和连接在消防栓龙头上的阳极组（由渥太华市政水务公司供图）

土壤中外加电流阴极保护的阳极系统，通常使用焦炭或石墨回填阳极周围（图14.20）。这样做有两个优点。第一个优点是石墨或适用焦炭的电阻率很低（比大多数土壤都低），有利于降低阳极与土壤之间的电阻。第二个优点是如果焦炭或石墨牢固地包裹在外加电流阳极周围，阳极释放的大部分电流可通过与回填颗粒直接接触的阳极流入回填体，可以减少阳极的消耗率。不过，从回填柱外表面释放出的电流将会缓慢消耗回填材料。但是最终结果仍然是阳极系统比无回填料的电阻更低，寿命更长。

图 14.20　常规地床用石油焦炭回填料和 5cm 长的铸铁阳极
（由美国西海岸防腐蚀有限公司 Rookes 主任供图）

合适的焦炭或石墨回填材料可从供应商处获得。焦炭应该是煤焦炭或者焙烧（热处理）石油焦炭。未焙烧石油焦炭可能电阻很高，不适合用作地床回填料。

14.4　混凝土中阴极保护

混凝土中钢筋腐蚀主要是由氯离子侵蚀和碳化引起。这两种机制比较特殊，因为它们都不会侵害混凝土的完整性。与通常由于化学侵蚀对混凝土的劣化过程不同，侵蚀性化学粒子是通过混凝土中孔隙液达到钢筋表面进而腐蚀钢筋。

图 14.21　在伊利诺伊州（Illinois）一座公路桥上严重腐蚀受损的桥墩
[由维克特腐蚀技术公司（Vector Corrosion Technologies）供图]

与混凝土中钢筋腐蚀相关的大多数问题并非由于钢筋的直接损失所致，而是由于腐蚀氧化产物的发展最终导致混凝土保护层的开裂和散裂（图 14.21）。事实上，钢筋混凝土结构坍塌很少是由于腐蚀直接导致。腐蚀所造成的最常见问题是混凝土保护层的散裂，在近代历史上也由此导致一些人员死亡事件和事故。事实已表明：混凝土发生开裂和散裂所需钢筋截面损失不到 100μm。实际所需损失量取决于保护层的几何形状、与角落接近程度、钢筋间距、钢筋直径和腐蚀速率[10]。

有一些基本措施可以用来解决钢筋腐蚀问题，但是关于这些补救措施对新结构和现有旧结构的适用性，我们必须要加以重点区分。遗憾的是，下面所列各种补救措施，更适合设计新建结构，而对于加固现有老化结构的作用很有限[11]：

- 修补受损混凝土；

- 调整外部环境，如选择不同化冰剂或更换化冰盐（但是这并不能除去混凝土中已存在的盐）；
- 调节混凝土内部环境，如混凝土再碱化、添加缓蚀剂去除氯离子等；
- 在混凝土和外部环境之间设立屏障层；
- 在钢筋和混凝土内部环境之间设立屏障层，如使用环氧涂层钢筋和镀锌钢筋；
- 对钢筋结构施加阴极保护；
- 替换选用更耐蚀的钢筋材料，如使用不锈钢钢筋；
- 替换增强方法，如使用纤维增强聚合物材料替代钢筋。

下文将介绍如何使用阴极保护技术（通过外加电流阴极保护系统或牺牲阳极保护系统）去保护钢筋混凝土结构免受腐蚀。

14.4.1 外加电流的阴极保护

外加电流的阴极保护系统是使用直流电源（整流器）将钢筋极化至钢筋阳极溶解速度最小的阴极电位（图 14.22）。控制整流器输出的基本方式有三种：

图 14.22 在旧桥结构上改装的外加电流的阴极保护系统：注意排气管和阳极钻孔［由维克特腐蚀技术公司（Vector Corrosion Technologies）供图］

- 恒电流模式：在此模式下，整流器维持一个恒定的电流输出。因此，输出电压随着电路中电阻变化而变化。钢筋电位可以通过参比电池（参比电极）测量，作为外加电流的函数用以确保达到一定的保护标准。
- 恒电位模式：在此模式下，整流器维持输出电压恒定。因此，外加电流随着电路电阻的变化而变化。低电阻的混凝土常常会增大腐蚀损伤风险，可导致电流输出增大。此外，还应当注意：在这种模式下，钢筋电位并非一定保持恒定，也可以采用参比电池（参比电极）来进行监测。
- 恒定钢筋电位模式：这种控制方法可用于电位相对均匀和稳定的浸没在液体中的混凝土，通过连续调节输出电流恒定钢筋电位在预设值。用参比电极连续监测的钢筋电位，反馈至整流器单元。在这种模式下阴极保护能否成功运行，取决于能否将钢筋电位测量时的欧姆降误差降至最小以及参比电极的准确性和稳定性。

确定钢筋和阳极之间所需施加电流的大小是对钢筋实施外加电流的阴极保护的一个重要问题。电流太小，对钢筋的腐蚀保护不足，而电流过大，又可能导致氢脆和混凝土劣化等问题。对于预应力和后应力混凝土体系而言，高强钢的氢脆是一个特别严重问题。通常，为达到常用保护标准，所需钢筋表面的电流密度约为 $10mA/m^2$。很显然，电流在钢筋表面分布均匀，是一个非常可取的特点。

遗憾的是，所需电流并不能直接测量，不过研究者们已提出了各种间接标准（表 14.1）。外加电流的阴极保护所需电流通常依据钢筋相对于参比电极的电位来表示，或者用外加电流的阴极保护系统激活或失活时的电位偏移量来替代。参比电极可以放置在外部与混凝土外表面相接触，或者与钢筋一起直接埋置在混凝土中。

表 14.1 混凝土中钢筋的阴极保护标准

标准	详情	说明
电位偏移	当系统去极化时钢筋电位正向偏移 100mV	当阴极保护电流断开时发生去极化。对钢筋去极化的时间规定存在争议。在中断阴极保护电流之前的电位读数应修正欧姆降(IR)
电位偏移	由于施加阴极保护电流，钢筋电位负向移动 300mV	施加阴极保护电流时电位读数应修正欧姆降(IR)。该方法依赖施加阴极保护电流之前钢筋电位的稳定性
E-lg$I$ 曲线	由于施加阴极保护电流而使腐蚀速率降低的程度，可依据钢筋电位与电流之间的关系曲线来测量和模拟。一个最简单的模型是电位 E 和 lg$I$ 呈线性关系的塔菲尔行为	这个方法结构独特，测量相对复杂，需要专业人士解释。对于混凝土中钢筋，极少观察到理想的塔菲尔行为
电流密度	钢筋表面的电流密度为 $10mA/m^2$	基于有限实践经验的经验方法。未考虑结构和环境的个性化特点

14.4.2 牺牲阳极的阴极保护

电偶或牺牲阳极的阴极保护是外加电流的阴极保护的一种替代方法。对于混凝土中钢筋，所用牺牲阳极通常是锌或锌基合金。外加电流的阴极保护系统自 20 世纪 80 年代开始就广泛应用，而牺牲阳极的阴极保护系统在 20 世纪 90 年代之后才开始使用。目前已有的各种不同配置的牺牲阳极系统包括：

- 热喷涂锌：直接在混凝土表面喷涂几百微米厚的锌涂层（图 14.23），可能加入“湿润剂”增加水分，降低混凝土电阻，提高电流值；
- 锌薄板：用导电胶黏附在混凝土表面；
- 多孔锌网：置于玻璃增强塑料中，用专用灌浆料填充永久固定，常用在浪花飞溅区和潮汐区的钢桩结构；
- 锌盘：用专用高碱性灰浆夹裹后嵌入修补混凝土块中，预防在前面章节关于混凝土修补技术中已讨论过的环阳极或初始阳极效应（图 14.24）；

图 14.23 在钢筋混凝土结构上进行活性电弧喷涂锌［由维克特腐蚀技术公司（Vector Corrosion Technologies）供图］

图 14.24 锌阳极与钢筋结构相连，用来控制混凝土结构中正在发生的腐蚀和预防新腐蚀的萌生［由维克特腐蚀技术公司（Vector Corrosion Technologies）供图］

• 锌棒：塞在一种专有的高碱性砂浆圆柱体中，安装在混凝土的芯孔中（图 14.25）。

相比于外加电流的阴极保护法，牺牲阳极的阴极保护法的主要优势是它不需要外加电源或控制系统，因此对监测要求低。其缺点是它不可控，无法确保完全腐蚀控制，阳极类型和寿命更有限。

图 14.25 在混凝土修复中嵌入锌阳极，预防在已修复完成的混凝土块邻近区域形成新腐蚀点
[由维克特腐蚀技术公司（Vector Corrosion Technologies）供图]

14.5 阴极保护系统的组成

14.5.1 参比电极

监测和控制大多数金属阴极保护系统的主要标准都是以测量金属相对于半电池或参比电极的电位为基础。正如附录 C 中所描述，参比电极由浸在含自身离子的特定溶液中的金属电极构成，此溶液通过盐桥与腐蚀电解液相连。盐桥可能包含某些可以锁住电解液的媒介，如凝胶、烧结或多孔陶瓷或者小木塞，用参比电极溶液、腐蚀电解液或与二者相匹配的溶液充满。一个理想的参比电极应具有如下性质[12]：

• 无论在何种电解液或环境中使用，参比电极的电位都应能保持恒定，而且当电解液温度及其他参数发生改变时，其电位也不应有大的变化；
• 参比电极的任何变化都应可以预测，且不应有滞后效应；
• 无论作为阳极或阴极，在小电流作用下，参比电极都不应发生极化；
• 参比电极的内阻应该很小；
• 这些性质应不随时间改变；
• 构造坚固；
• 如果需要，参比电极应很容易在现场补充。

土壤中阴极保护系统通常使用的永久性参比电极是铜/硫酸铜电极或银/氯化银电极。浸入含有一定量的氯离子或硫酸根电解液中的锌块，也可用作参比电极，如果使用合适的回填料包裹，锌块也能在土壤环境中作为参比电极使用。所有这些参比电极的阳极回填料一般都是含有盐类添加剂的砂子和膨润土混合物。

图 14.26 显示了捆在多孔管上的两个地下参比电极，被放置在填满砂子膨润土泥浆的深坑中。使用双参比电极可以增加读数的可信性。该参比电极单元可以回收，即：通过泵将水

注入多孔管内，将浆液重新液化，然后取出组件。在处理如图 14.27 所示混凝土时，需要调整参比电极的排布。图 14.27 所示参比电极在灰色袋子中心，钢筋工作电极或者探针正好位于其下方。二者都附在钢筋框架上，而钢筋框架被焊接在作为对电极的钢筋格栅上。

图 14.26　捆在多孔管上的两个地下参比电极，被放置在填满砂子膨润土泥浆的深坑中［由电化学设备公司（Electrochemical Devices Inc）弗兰克·安苏伊尼（Frank Ansuini）供图］

图 14.27　参比电极装在袋子中，钢筋工作电极正好位于其下方［由电化学设备公司（Electrochemical Devices Inc）弗兰克·安苏伊尼（Frank Ansuini）供图］

由高纯锌材制备的锌电极，也可以提供一个恒定不变的电位，稳定性优于 5mV。锌电极可能会慢慢发生极化，且在海水中电极表面可能有海生物生长，但是如果允许锌作为阳极进行非常低电流密度的极化，这些一般都可以预防。

不过，海水环境中最常用的永久性参比电极是氯化银类电极。此类电极包括一个涂覆有氯化银的银丝、银片或银网，因此银和氯化银都与富含氯离子的电解液接触。银/氯化银参比电极的电位取决于氯离子浓度。

制备氯化银电极的一种常用方法是将干净的螺旋状银丝或焊接丝网浸入熔融的氯化银中，其中氯化银在纯银或石英坩埚中被加热至熔点温度之上约 50℃。从熔融盐中取出银丝或银网，振动抖掉大部分熔盐，其表面就仅留下一层薄薄的氯化银膜。然后将带有氯化银膜的银丝或网制成阴极放置在氯化钠溶液中，部分电极表面会还原为银。

氯化银参比电极的准确性取决于溶液中氯离子含量及其控制的准确性。实际应用的参比电极中，两种氯离子浓度比较常见。第一种类型，围绕氯化银电极的电解液是海水。另一种类型，参比电极使用的是饱和的氯化钠或氯化钾溶液。两种氯化银电池的温度系数都很大，但是没有滞后或其他影响，因此，这些变化可以计算。这些参比电极的内阻通常比硫酸铜电池的大，且随着氯化银膜层厚度变化而变化。

一般而言，监测电解液不易进入部位的电位也很有必要，如冷凝器的水箱内或海水输送管道内部。此时，永久性参比电极可能被放置在水箱或管道之中，但是这很昂贵，也无法进行维护。

在这种情况下，参比电极可以通过长盐桥扩展。长盐桥由一个两端带有多孔塞、里面充满了与参比电极相容的高电导率溶液的柔性塑料管构成。塞子尺寸由两个因素决定，电解液通过塞子的阻力和电池测量电位的唯一性。

大多数参比电极都需要检测校准和重新补充电解液，有些电极还需要清洁或处理其中的金属。因此，参比电极最好设计成能拆开检测和清洗的形式。对于高电阻率土壤中，尤其是在铺砌路面或者混凝土中使用的参比电极，需要扩大接触面积。通过在预先湿润的表面使用吸水海绵可以扩大接触面积。

通过将参比电极与地接触（或其他导电介质环境），可测量埋地结构的电位。图 14.28 和图 14.29 显示了通常如何进行电位测量。其实，无需区分两个半电池电位，因为只有结构与地之间电位的变化值才是关注的重点，而这些变化在用这种测量方式测到的总变化值中已能充分显示出来。

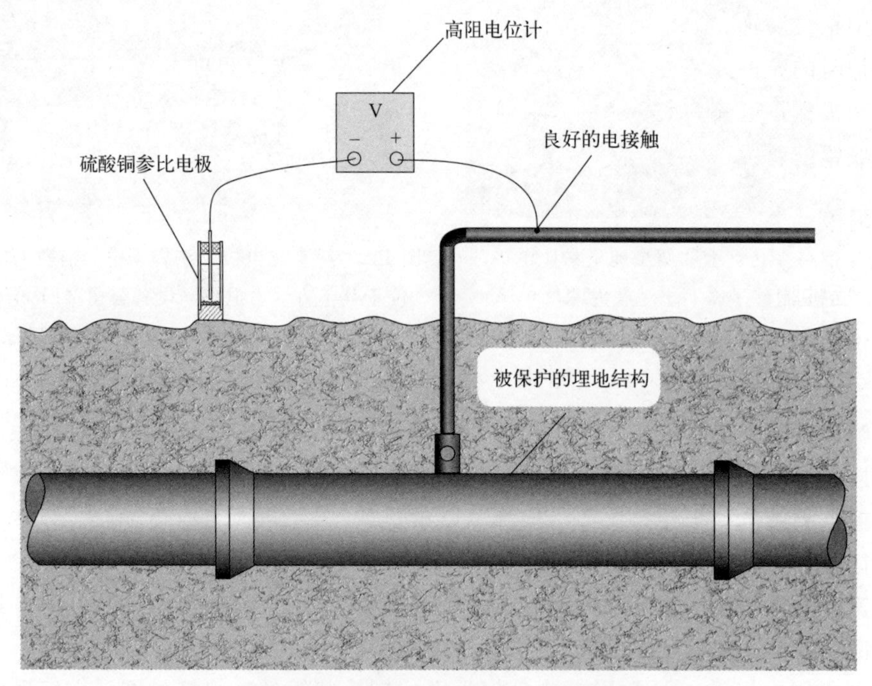

图 14.28　管线-地之间电位测量装置

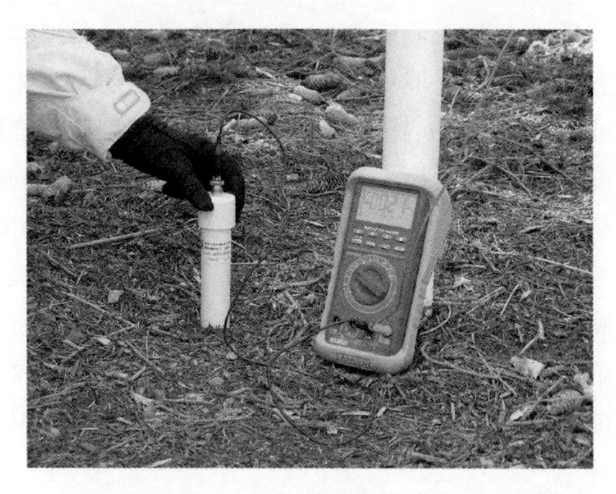

图 14.29　用来校准埋地电池电位的凝胶永久性便携式参比电极

［由电化学设备公司（Electrochemical Devices Inc）弗兰克·安苏伊尼（Frank Ansuini）供图］

对于钢结构而言，图 14.28 所示电位计显示读数如果为−0.85V 或更负，就表明钢结构受到完全阴极保护。因为此数值−0.85V 可视为受阴极保护时钢结构的电位（相对硫酸铜参比电极)，而在实际未受阴极保护的情况下最高阳极活性的钢结构的电位被认定为−0.80V（相对于硫酸铜参比电极）。

当对土壤中非钢铁金属进行阴极保护时，作为判断保护标准的电位（相对于硫酸铜参比电极）可能不同。对于铅包电缆，通常选用电位标准为−0.70V（相对于硫酸铜参比电极）。对于铝，保护电位极限应维持在−1.00～1.20V（相对于硫酸铜参比电极）。

注意此处指定的是铝的最大负值极限，因为外加阴极极化电流可使铝表面碱性增强，而碱性环境中铝会腐蚀。如果阴极保护过度，铝和其他两性金属（锌和镁）实际上都有可能比根本不保护时的腐蚀速率更快。钢不存在这种影响。铅在一定程度上也可能存在这种效应，但是如果阴极保护电流并没有中断很长时间，通常都没问题。在这种情况下，铅表面碱性增强可能造成铅的腐蚀。

14.5.2　阳极

14.5.2.1　牺牲阳极

适合作为牺牲阳极的材料有铝、镁和锌。根据法拉第定律，可从牺牲阳极获得的电量取决于金属的电化学当量和工作阳极的效率。表征阳极容量的单位可用安培・小时（A・h），表示单位时间（1h）流经单位电流（1A），或者任何相同组合，如：2h通过0.5A电流、0.5h通过2A电流等。

牺牲阳极的效率是为阴极保护牺牲的阳极重量除以实际消耗阳极的总理论容量（A・h）。牺牲阳极会发生自腐蚀，消耗部分容量，因此阳极效率肯定小于100%。

例如：纯锌最大理论容量为820A・h/kg。这意味着如果一个锌阳极持续以1A电流放电，1kg的锌可以持续使用820h。如果这1kg锌以0.1A电流放电，将可以持续使用8200h或48周。实际上，通常锌阳极的工作效率约为95%。这意味着可用的有效电流输出容量为820×0.95A・h/kg或779A・h/kg。

另一种表示阳极消耗的方式是kg/（A・a)。锌的有效输出777A・h/kg，可转换为：

$$\frac{8760\text{h/a}}{779\text{A}\cdot\text{h/kg}}=11.2\text{kg/(A}\cdot\text{a)} \tag{14.1}$$

此公式表明：锌阳极以1A电流放电1年，将消耗11.2kg锌。

土壤中使用的锌阳极由高纯锌（99.99%及以上）制成。海洋环境中使用的锌阳极，为确保锌阳极效率最高，其中可能添加少量铝和镉。如果使用较低纯度的锌，阳极效率可能变差，且阳极有可能发生钝化，停止释放有用的保护电流。锌阳极工作电位（相对于硫酸铜参比电极）大约为−1.10V。

铝阳极的理论容量为2960A・h/kg。近些年来，已开发出的海水环境用铝阳极的工作效率可达95%，有效输出约为2800A・h/kg。尽管所用铝合金不同，铝阳极的工作电位会有差异，但是与锌的大致相同。铝阳极可能含有少量合金元素，为获得预期特性，有时还会进行热处理。

镁阳极理论容量为2200A・h/kg。镁阳极效率随着输出电流密度（每平方米阳极表面积输出安培数）而变化，不过，在输出电流密度为0.3A/m^{2}时，阳极效率通常在50%左右（即有效输出1100A・h/kg)。镁阳极工作电位（相对于硫酸铜参比电极），可在约−1.45V

（标准镁合金阳极）到约－1.70V（专用镁合金，也称“高电位阳极”）范围内变化。标准镁阳极都含有一定数量的合金元素，通常可能是含有6%铝、3%锌和0.2%锰。镁阳极材料通过铸造制成不同重量和形状的阳极，以满足阴极保护设计要求（图14.30）。

图14.30　土壤中使用镁阳极的制备：(a) 锡焊电连接；(b) 涂覆绝缘焦油保护电连接处；(c) 将富含硫酸盐粉末加入多孔容器中，以提高阳极电流效率（由渥太华饮用水服务公司供图）

14.5.2.2　外加电流阴极保护系统的阳极

外加电流的阴极保护系统所用阳极大致可分三大类：消耗性、半消耗性和非消耗性阳极。对于消耗性阳极，如废钢或铸铁，其主要阳极反应是阳极金属的溶解反应。惰性或非消耗性阳极上金属溶解可以忽略不计，主要反应是析出气体。在有水的情况下，阳极反应可能是析出氧气，而如果存在氯离子（海水、化冰盐），阳极可能产生氯气。在非完全惰性阳极上，金属溶解和气体析出反应两者都很重要。石墨和其他碳基阳极可能还会产生二氧化碳气体，伴随着这些阳极部分被消耗。

所有各种类型的阳极消耗率都取决于施加电流大小以及运行环境（电解液）。例如：与海水环境中相比，在埋地土壤中镀铂钛阳极的溶解速率明显更高。活性腐蚀（消耗性）阳极材料的消耗率大约在若干g/(A·h)的数量级，而非消耗性阳极材料相应消耗率在微克量级。半消耗性阳极材料的消耗率位于这两种极端情况之间。

可作为外加电流阴极保护系统的阳极材料很多，从廉价的废钢到昂贵的镀铂材料。对于外加电流阴极保护系统的阳极材料，所期望的理想性能如下[13]：

- 低消耗率，无论何种环境和反应产物；
- 低极化程度，无论何种阳极反应；
- 高电导率和阳极-电解液界面低电阻；
- 高可靠性；
- 高机械完整性，以最大程度减小安装、维修和服役过程中的机械损伤；
- 高耐磨耐蚀性；
- 容易制造成各种不同形状；
- 相对于整个腐蚀保护方案，成本低。

14.5.2.2.1　消耗性阳极

废钢铁阳极通常直接以废弃钢管、铁轨或套管以及任何其他废钢柱或管的形式使用。这些阳极主要应用在较早以前的外加电流阴极保护系统中。但是，由于近年来废钢价格大幅上涨，这种阳极材料的使用率大大降低。

由于占主导地位的阳极反应是铁的溶解，在阳极上气体析出受到抑制。使用碳质回填料有利于减小与腐蚀产物积累相关的对地电阻。定期灌水也可以减轻干燥土壤中的电阻问题。

钢铁的理论阳极消耗率为 9kg/(A・a)。由于灰口铸铁表面形成富石墨的表面膜，其消耗率可能低于理论值。由于阳极有些部位会优先溶解，在实际应用中，阳极很难被完全利用。对于长型阳极，建议使用多电流反馈点，确保整个表面电流分布合理均匀，预防电连接点附近过早失效。

该种阳极的局限性是，腐蚀产物累积将会逐渐降低电流输出。此外，在密集的城镇地区，使用废弃结构作为阳极，如果与其他外部设施短路，可能会造成严重后果。例如：一个废弃天然气主管线似乎很合适作为一个新天然气管线的阴极保护系统的阳极。然而，如果主水管与废弃天然气主管在某些地方发生电子短路，由于过度阳极溶解，水管将会很快发生泄漏。

14.5.2.2.2　半消耗性阳极

自从电化学系统首次工业化应用以来，石墨和高硅铸铁（HSI）等半消耗性阳极就开始获得应用。

石墨是一种多孔材料，因此常用树脂浸渍，以减少溶液进入并提高机械强度。当发生析氯时，可在低极化时高效析出氯气，此时石墨阳极呈惰性。但是在氯离子含量低的介质中，如果析氧占主导地位，石墨将被氧化产生二氧化碳。此外，随着 pH 值降低和硫酸盐离子浓度增加，石墨劣化速率也会增大[13]。

不推荐在密闭系统中使用石墨阳极，因为脱落的石墨片有可能造成电偶腐蚀。此外，在50℃以上水中，石墨消耗率高。所测石墨消耗率与环境有关，范围从海水中 0.0459kg/(A・a) 到淡水中 0.459kg/(A・a)。类似地，相应的工作电流密度从 2.5～10A/m^2 变化。与其他外加电流的阴极保护系统用阳极相比，石墨阳极的主要缺点是工作电流密度低和机械强度较差。在土壤中外加电流的阴极保护系统中，石墨通常与碳质回填料一起使用[11]。

聚合物阳极是另一种类型的碳基阳极，其中包括柔性金属丝状阳极，内置铜芯用浸渍碳的聚合物材料包裹。浸渍碳在转化为二氧化碳的过程中逐渐被消耗，最终由于铜网穿透而导致聚合物阳极失效。据报道，聚合物阳极通常与碳质回填料结合使用，可大幅提高使用寿命。因为这些聚合物阳极通常超长，当土壤电阻率变化幅度很大时，过早失效的情况很常见[11]。

高硅铸铁阳极在外加电流阴极保护系统中应用很广泛（图 14.31 和图 14.32）。这类高硅铸铁阳极含硅量约为 14.5%，其中某些阳极中还添加 4.5%铬作为合金化元素代替钼。铬合金添加剂特别有利于降低在含氯介质中的点蚀损伤风险，而高硅含量可确保合金表面能形成含有二氧化硅（SiO_2）的保护膜。形成二氧化硅氧化膜的前提条件是阳极必须在最初使用的若干小时内开始腐蚀。二氧化硅耐蚀性很强，但在碱性条件下容易溶解。

图 14.31　带有六根铸铁阳极、集成电缆和保护软管的雪橇型阳极，工作容量为 75A，可运行 15 年（由美国西海岸防腐蚀有限公司 Rookes 主任供图）

图 14.32　外加电流的阴极保护系统用高硅铸铁阳极，左边是新阳极，右边是消耗殆尽的阳极（由美国西海岸防腐蚀有限公司 Rookes 主任供图）

高硅铸铁阳极很硬，难以机械加工，通常是通过铸造而成，然后再退火去应力。尽管这类阳极很脆，但是其耐磨耐蚀性优于石墨。在土壤环境中，高硅铸铁阳极通常与碳质回填料一起使用。这类阳极在海洋环境和淡水环境中也有少量应用。这类阳极的最大工作电流密度取决于合金类型和环境。例如：在含有回填料的地床中，由于存在气体滞留造成的相关问题，电流密度限制在 10～20A/m^2。在海洋环境中，含铬高硅铸铁阳极最高运行电流可达 50A/m^2。

14.5.2.2.3　非消耗性阳极

镀铂阳极是在钛、铌或钽基体上镀制几微米厚的铂涂层。将铂的使用限制在薄表面膜水平上有很重要的成本优势。当然，增加铂层厚度可以延长使用寿命。由于表面铂涂层实际上不可避免地存在不连续的地方，因此基体材料的耐蚀性非常重要。此外，在这类阳极上未镀铂部位的电位不能超过给定基体材料的临界去钝化电位，这一点很重要。

镀铂钛常用于海洋环境。在存在氯离子的情况下，为了避免表面未镀铂区域钛的溶解，阳极运行电位受到钛的破裂电位限制。其破裂电位范围在 9～9.5V。因此，推荐镀铂钛阳极的最大工作电位是 8V，相应的最大输出电流密度约为 $1000A/m^2$。对于在含氯离子电解液环境中工作电位比较高的外加电流的阴极保护系统，通常选用破裂电位高于 100V 的铌基和钽基阳极。镀铂阳极的损耗率约为 8mg/(A·a)。

一般镀铂阳极都是加工制成丝状、网状、棒状、管状和条状来使用。在土壤中使用时，通常将它们埋置在碳质地床中，以提供高表面积和降低阳极对地电阻[1]。该阳极的缺点是，超长条丝状电极中电流衰减比较严重。电流分布不均匀导致局部区域阳极过早劣化，尤其是单电流反馈点附近。多电流反馈点可改善电流分布，在局部阳极过度溶解的情况下提供系统裕量。

存在交流电流纹波时，铂的消耗速率会加速。已发现：这种阳极的大多数耗损都发生在交流频率低于 50Hz 的情况下。反复发生的氧化/还原过程会导致阳极表面形成褐色的铂氧化膜层。为避免发生这种现象，推荐采用单相或三相全波整流器。糖和柴油等有机杂质也会对镀铂阳极的消耗率产生不利影响。

涂覆混合金属氧化物的阳极，也称为形稳阳极（DSA），是基于 20 世纪 60 年代早期制氯和烧碱工业用电极技术发展而来。混合金属氧化膜通过加热施涂到钛、铌和钽等贵金属基体材料表面，可制成各种不同的尺寸和形状阳极以供使用。氧化物涂层具有优异的导电性、耐酸性环境的腐蚀、化学稳定性好且消耗率较低。在土壤地床中安装时，通常规定将阳极预先包装在带碳质回填料罐中。

确定混合金属氧化物阳极的阳极寿命关键因素通常并非电极消耗量，而是基体和导电性表面薄膜之间形成的非导电氧化物，因为它限制了这些阳极的有效工作。电流密度过大会促进这种绝缘氧化膜的累积，加速达到无法接受的水平。在海水应用环境中，混合金属氧化物阳极已取代了大多数其他类型的外加电流阳极。

针对增强钢筋的外加电流的阴极保护技术，目前已发展形成了多种不同阳极体系，每种都有各自的优缺点。连续面形阳极以导电沥青覆盖层和导电表面涂层为基础，前者仅适合水平表面，使用这种阳极系统通常都可以获得良好的电流分布。非连续阳极用或不用水泥基层覆盖皆可。

对于水平表面，无覆盖层的阳极可以嵌入水泥表面，不过其中电流分布的非均匀性是一个基本问题。带有专用贵金属表面涂层的钛网阳极，与水泥基覆盖层相结合，常用在混凝土结构中。这种阳极系统对水平表面和垂直表面都适用，通常电流分布很均匀。

铁磁矿是一种廉价的天然存在的物质，是一种非化学计量比的氧化物，电导率为 1.25W/m。由于这种阳极比较脆，通常是铸造成一端封闭的中空圆柱体，然后在其内表面镀铜，用聚苯乙烯填充中空柱体，环氧树脂填充残留的孔隙，阳极电缆用锡焊接在铜镀层上。铁磁矿阳极已在埋地结构和浸没在海水环境中结构的阴极保护系统中获得成功应用，最大工作电流密度为 $120A/m^2$，阳极消耗率约为 1～4g/(A·a)。

14.5.3　整流电源

最常见的外加电流的阴极保护电源是整流器，通过降压器和基于硒或硅元件的整流电路将来自公共电力线的交流电转化为低电压的直流电（图 14.33）。这些整流电路元件的单向流通电阻很小，而反向流通时电阻很大。图 14.34 显示了一个利用桥连整流元件进行整流的整流器的简化电路。整流元件上的箭头符号代表电流可以很容易通过的方向。对于常见的频率为 60Hz 的交流电源，电流方向每秒钟反向 120 次。参考图 14.34，在某一时刻，电流可能出现在次级变压器的接头（1）处。此电流唯一通道是通过桥连整流器针脚（C），再通过外部电路（地床到被保护结构）以及通过整流器针脚（B）返回（2）处的次级绕组。

图 14.33　五个 300A 的船用油冷却整流器，由一个自动脱水溢油控制盘支撑

（由美国西海岸防腐蚀有限公司 Rookes 主任供图）

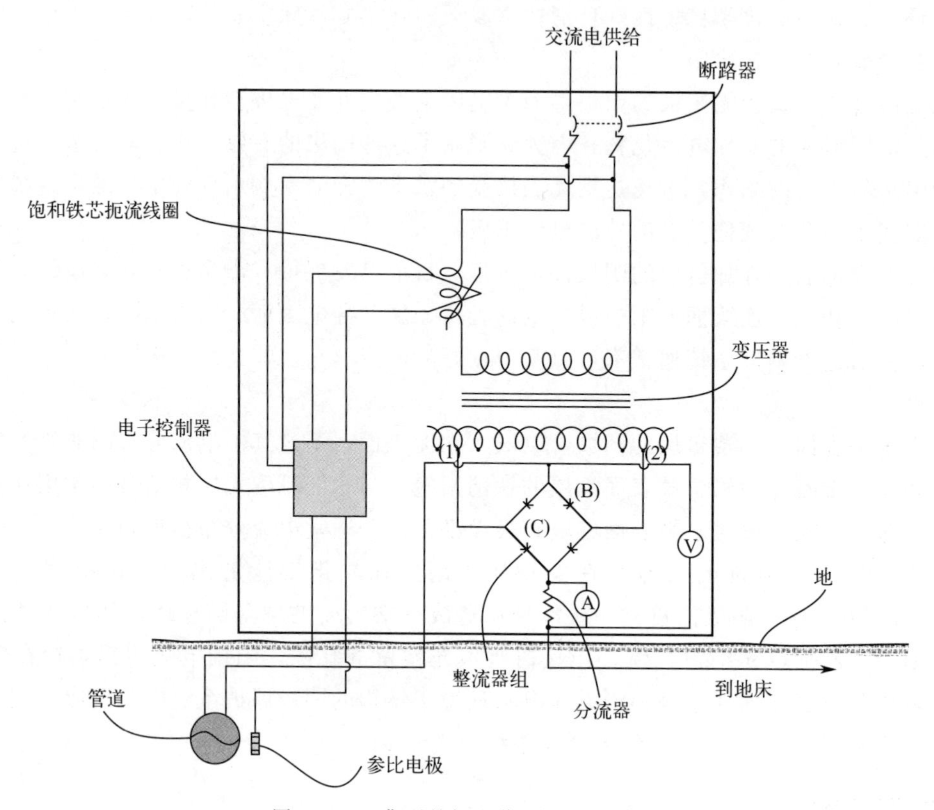

图 14.34　典型的恒电位整流器电路图

1/120s 之后，交流电方向将反向，电流出现在连接点（2）处。在这种条件下，唯一能

返回连接点（1）处的通道是，通过整流器针脚（D）、外部电路和整流器（A）。对于任何一个方向的交流电流，通过外部电路的直流电流皆只有一个方向。

整流器的工作效率小于100%，意味着直流输出功率小于来自交流供给线的交流输入功率。当整流器以全额定负荷运行时，整流器的工作效率最高。在使用大型整流器场合（对于大型裸露结构），应选择等级合适的整流器，以便它能在接近全额定负荷条件下运行。

阴极保护用整流器的效率可根据测量的交流电输入功率（用功率表）、测量的直流输出电压和电流，按照如下公式计算确定：

$$\text{效率}\% = \frac{\text{直流输出电压(V)} \times \text{直流输出电流(A)} \times 100}{\text{交流电输入功率(W)}} \tag{14.2}$$

例如：整流器运行时直流输出电流为20A和直流输出电压32V，交流输入功率为940W，此时整流器的效率为(20×32×100)/940，即68%。

整流过程中能量损失转变为热，因此需冷却以预防整流器元件变得过热并最终失效。一种冷却方法是利用设置有整流柜的空冷机组，可以产生自然空气流通过整流器部件，起到冷却作用。另一种冷却方法是将整流器部件浸没在大钢箱内的电绝缘油中。整流元件释放过量热量传给油，而油通过箱壳外表面的散热翅片辐射冷却。

14.5.4 其他电源

有时可能无工业交流电源可用，此时备用直流电源可提供阴极保护所需电源[14]。例如：如果需要大功率电源，发动机驱动型发电机组可用来为阴极保护整流器提供电能。这种情况下，适合作为发动机燃料的天然气或石油产品可直接从管道中提取，用来启动外加电流阴极保护系统的发动机，否则，必须将燃料定期送到发电站。发电机装置必须采用可靠设备，在无人值守的情况下可以运行几周时间。这类装置的运行成本相对较高，特别是如果发动机燃料也需要从外面引入时。

密闭循环蒸汽涡轮发电机（CCVTs）可作为远程阴极保护系统的电源，可从市场上购买。现代密闭循环蒸汽涡轮发电机系统可提供电源功率可达5kW，电压可达100V。这种发电机系统由一个郎肯（Rankine）循环涡轮机和一台交流发电机组成。燃烧器加热有机液体使之蒸发和膨胀。蒸汽被引导通过旋转的涡轮机叶轮，提供能量给交流发电机。在输出功率最高600W以及输出电压最高48V时，阴极保护系统的电源也可选用标准热电发电机装置（图14.35）。由于热电发电机无活动部件，因此所需维护程度最小，但每年都必须更换燃油滤清器和清洗燃油孔。

图14.35 现场热电发电机（由全球热电公司供图）

在阳光充裕的地区，太阳能电池和蓄电池结合可能就是一个很方便的电源，可为阴极保护装置提供连续电流。目前这种系统的运行功率可达1kW，电压可达20V，电流可达50A。蓄电池可用容量可达3200A时（在工作电压为12V时）。此类备用电池可在不充电情况下为一个10A的整流器供电约2周。此外，单独电池也可为阴极保护装置临时供电，以评估系统不同部位的电流需求。

在盛行风（季风）强度和持续时间充足的地区，风能发电机也可作为电源。这类装置在早期管道阴极保护系统中应用相当广泛。但是，这类装置很昂贵，且需要大量维修。随着更经济可靠电源（如太阳能电池、密闭循环蒸汽涡轮发电机和热电发电池）的发展，风能发电机在这种场合中的应用已经开始减少。由于风能发电机的功率输出既不稳定也不连续，因此必须采取某些措施（如使用蓄电池）来确保向阴极保护地床提供一个稳定电流。

14.5.5 电线电缆

外加电流的阴极保护系统中，所有从整流器（或其他电源）直流正极端子到地床的地下或水下电缆的对地电位皆为正值。因此，这些电缆必须良好绝缘。一定要牢记：地床组件中所有与电源正极端子相接的埋地部分，在与导电环境接触之处都有可能排出电流并发生腐蚀。其中包括从整流器到地床阳极的连接电缆和地床内阳极互连电缆[11]。

为了预防从电缆放电，所用导线必须具有高质量电绝缘性，适合在地下环境中使用，而且所有接头和连接也必须完全绝缘。电缆绝缘系统中任何缺陷都可能变为一个放电点，使导线腐蚀直至其分离，从而破坏整流器和全部或部分地床装置之间的电气连接。

相比而言，所有连接自供电牺牲阳极与被保护结构的埋地导线都会收集来自环境的电流，不会遭受腐蚀。这种导线的绝缘是为了预防它们收集不需要电流，造成阳极效率损失。从外加电流电源的负极端子延伸到被保护结构的绝缘电缆也是如此。

14.6 土壤电阻率测量

土壤电阻率与土壤水分和可溶性盐浓度成反比，也被认为是土壤腐蚀性的一个最直接的指标。通常，电阻率越低，腐蚀性越强，如第四章所述。例如：砂质土壤电阻率较高，因此被认为腐蚀性最低，而黏质土壤保水性能优异，腐蚀性最强。

14.6.1 温纳四探针法

现场土壤电阻率测量最常用温纳（Wenner）四探针法和土壤电阻率测量仪，遵从温纳在近一个世纪以前所制订的基本原则[15]。温纳四探针法需要使用四个金属探针或电极，沿一条直线、彼此等距离插入土壤，如图 14.36 和图 14.37 所示。假设所测电阻率是由两中心探针（图 14.36 中 P1 和 P2）所探测的半球体积内土壤的衡量值，电流在两个外部探针之间流动，那么土壤电阻率就是一个相对比较简单的函数，可由中心两个探针之间的电压降推导得到。

来自土壤电阻率测量仪的交流电使电流通过探针 C1 和 C2 之间的土壤，探针 P1 和 P2 之间的电压可以测量。因此，土壤电阻率可通过仪器读数计算得到，依据下面的公式[16]：

$$\rho=2\pi aR \tag{14.3}$$

式中，ρ 为土壤电阻率，Ω·cm；a 为两探针之间的距离，cm；R 为土壤电阻，仪器读数，Ω；π 为 3.1416。

获得的电阻率数值代表深度为探针间距的土壤内的平均电阻率。电阻测量的深度通常与被评估的埋地系统（管道）的深度相等。探针间距的增加值通常为 0.5～1m。

如果使用四探针法测量电阻率时，土壤中探针排布路线与裸露地下管线或其他金属结构

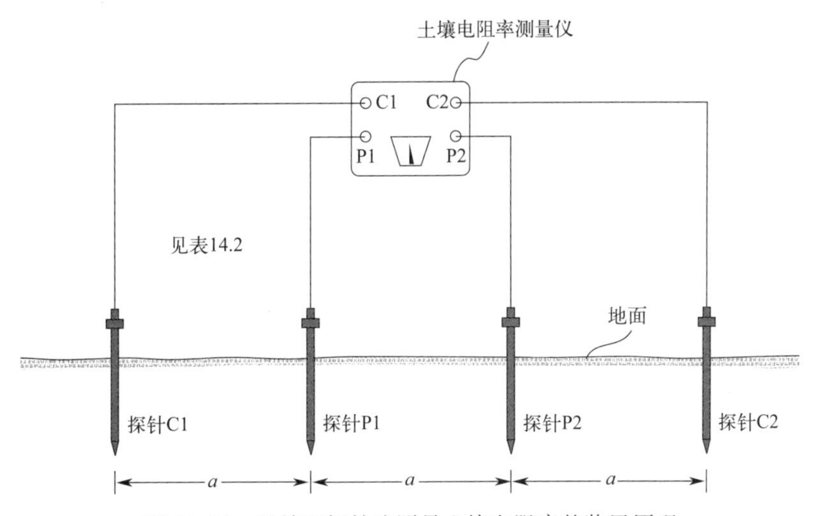

图 14.36　温纳四探针法测量土壤电阻率的装置原理

图 14.37　四探针法对土壤电阻率的测量：(a) 现场测量装置；(b) 仪器特写（由 Tinker 和 Rasor 供图）

紧密平行时，裸露金属可能使测量的电阻率数值比实际值低。由于部分检测电流会沿着金属结构流动而不通过土壤，因此应避免沿着紧密平行的管线进行测量。

注意，采用四探针法电阻率测量仪测量土壤电阻率时，每增加一个深度增量所测量的都是该层上所有土壤的平均电阻率，这一点必须牢记，否则，由四探针电阻率测量仪记录的数值可能会让人产生误解。根据经验通过检查一系列深度不断增加的电阻率读数，可以了解到很多关于土壤结构的信息。仪器所指示的与任何给定管道间距相等深度处的电阻率是从地表到该深度的土壤电阻率的加权平均值。通过检测表 14.2 所示的一系列土壤电阻率读数可以很好地解释这种趋势。

表 14.2　用四探针法测量的土壤电阻率读数示例

探针间距/m	探针间距/ft	土壤电阻率/Ω·cm			
		列 A	列 B	列 C	列 D
0.76	2.5	960	1100	3300	760
1.5	5	965	1000	2200	810
2.3	7.5	950	1250	1150	1900

续表

探针间距/m	探针间距/ft	土壤电阻率/Ω·cm			
		列 A	列 B	列 C	列 D
3.0	10	955	1500	980	3800
3.8	12.5	960	1610	840	6900
4.6	15	955	1710	780	12500

表 14.2 中数据列 A，代表了一个均匀土壤条件。所显示的读数平均值（约 960Ω·cm）代表了有效电阻率，可用于外加电流地床或牺牲阳极的设计。

数据列 B 代表了在最初若干英尺（1ft 等于 0.3048m）内的低电阻率土壤。在 1.5m 深度附近可能有一个电阻率略小于 1000Ω·cm 的土壤层，但是，在 1.5m 以下，可能遇到高电阻率土壤。由于平均效应，在 2.3m 深处的实际电阻率会高于所指示的 1250Ω·cm，可能在 2500Ω·cm 量级或更高。即使阳极置于低电阻率土壤中，向下流入大量土壤内的电流也会受到阻力。

如果基于阳极放置位置的土壤电阻率进行设计，完成安装后的电阻将高于预期值。如果放置在低电阻土壤中，阳极将可以良好工作。但是，用于设计的有效电阻率应该反映出下层区域的高电阻率。在此情况下，探针深度渐进式增加，在低电阻率区域使用水平阳极，以及采用约为 2500Ω·cm 的有效电阻率进行设计相对保守。

数据列 C 代表了非常合适的阳极位置，尽管表面土壤电阻率较高。从这组数据可知，阳极放置在大于 1.5m 深的土壤中时，土壤电阻率很低，约为 800 Ω·cm，这种数据用于设计相对保守。正如此列数据所示，电阻率随着深度增加而降低趋势，为优异地床性能奠定了基础。

数据列 D 是这些数据系列中最不利的土壤情况。表面土壤的电阻率很低，但是随着深度增加，土壤电阻率立即且迅速增大。例如：在 2.3m 深处，电阻率可达到几千 Ω·cm。在坚硬岩石上的浅沼泽地区，可能出现这种状态。从安装在这种位置的阳极释放出的电流，在到达远端土壤之前，将被迫在地面附近流经较长距离。因此，电位梯度对外加电流地床周围的影响区域会扩大，远大于在一个有利位置（如数据列 A 和 C 所代表的区域）同样运行电压条件下类似尺寸地床周围的影响区域。

14.6.2 交流土壤电阻率法

在两探针法测量土壤电阻率时，测量的是提供电流的相同电极对之间的电压降[17]。正如图 14.38 所示，探针相距 0.3m。如果土壤太硬，探针难以穿透，读数显示的是两个螺旋钻孔底部之间的电阻率。该仪表校准探头间距为 0.3m，并直接以 Ω·cm 为单位给出读数。尽管此方法比四探针法的准确度低，测量的仅仅是靠近地表土壤的电阻率，但是，在初步调查中经常使用，因为它比四探针法更快。

土壤棒法本质上是一种将电极都安装在一个棒上的两探针测量仪器，如图 14.39 所示。与其他两探针法一样，所测都是非常浅层的土壤电阻率。而且，土壤必须足够松软，棒可以穿透。测量松软土壤时，土壤棒法测量非常迅速。

当在现场进行土壤电阻率测量不可行时，可进行土壤取样，用土壤盒来确定样品的电阻率。如图 14.40 所示，测量方法实际上就是四探针法。在盒子两端的金属触点间施加电流，使其通过样品。

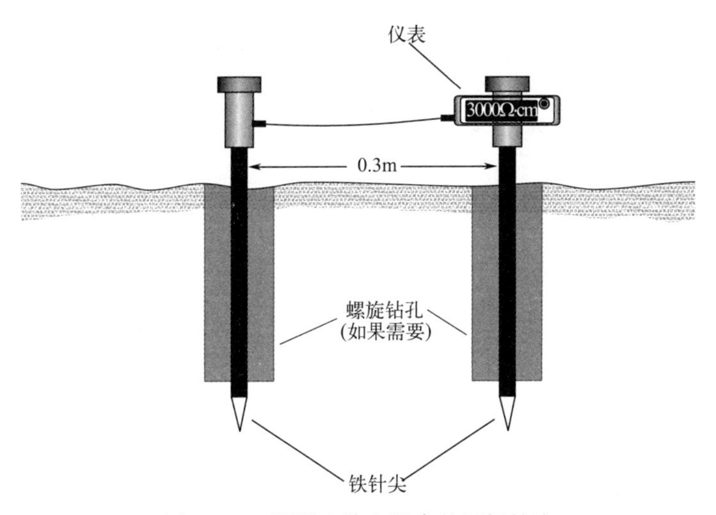

图 14.38　测量土壤电阻率的两探针法

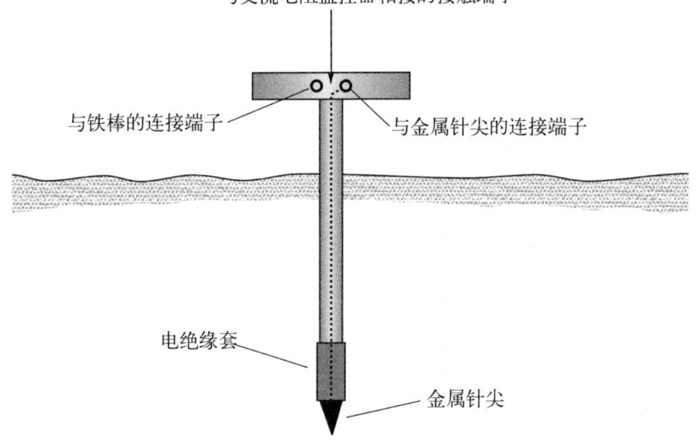

图 14.39　测量土壤电阻率的土壤棒法

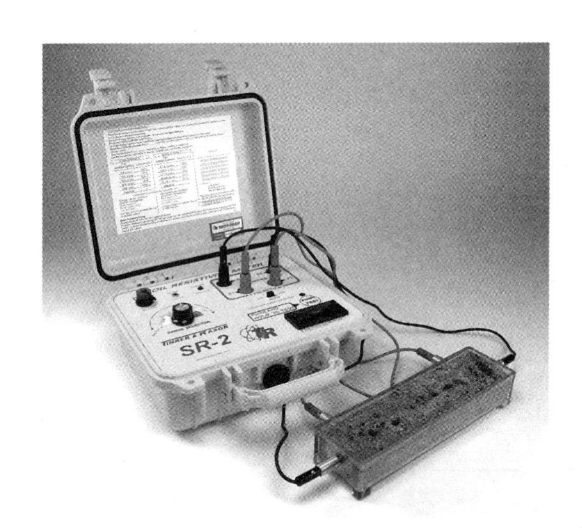

图 14.40　土壤盒和电阻率测量仪（由 Tinker 和 Rasor 供图）

通过将探针插入土壤中，测量探针间的电位降。用特定几何形状土壤盒所提供的常数计算电阻率。由于取样期间土壤被破坏以及运输过程中土壤可能变干，因此这种方法所测土壤电阻率可能不能代表真实的现场土壤电阻率，不如实际的现场测试。

14.7 对环境的电位

阴极保护系统控制标准也提供了一种直接监测系统效率的方法，据说也可以确定阴极保护对结构的实际防腐蚀保护程度。电位测量是最常用的保护准则。

这一准则的基础是如果电流流经被保护结构，结构相对环境的电位必定会发生变化。因为电流会使电位改变，包括被保护结构与环境之间的电阻欧姆电位降和结构表面极化产生的电位变化。

被保护结构和环境之间的电阻包括结构上所有电绝缘漆或涂层电阻。图 14.41 说明了埋地管线受外加电流阴极保护系统极化时，各种不同电阻成分的详细情况。在此例中，测量电位的理想位置是管道与环境之间的界面，如图 14.41 等效电路中标记“极化电位”接线端子所示。

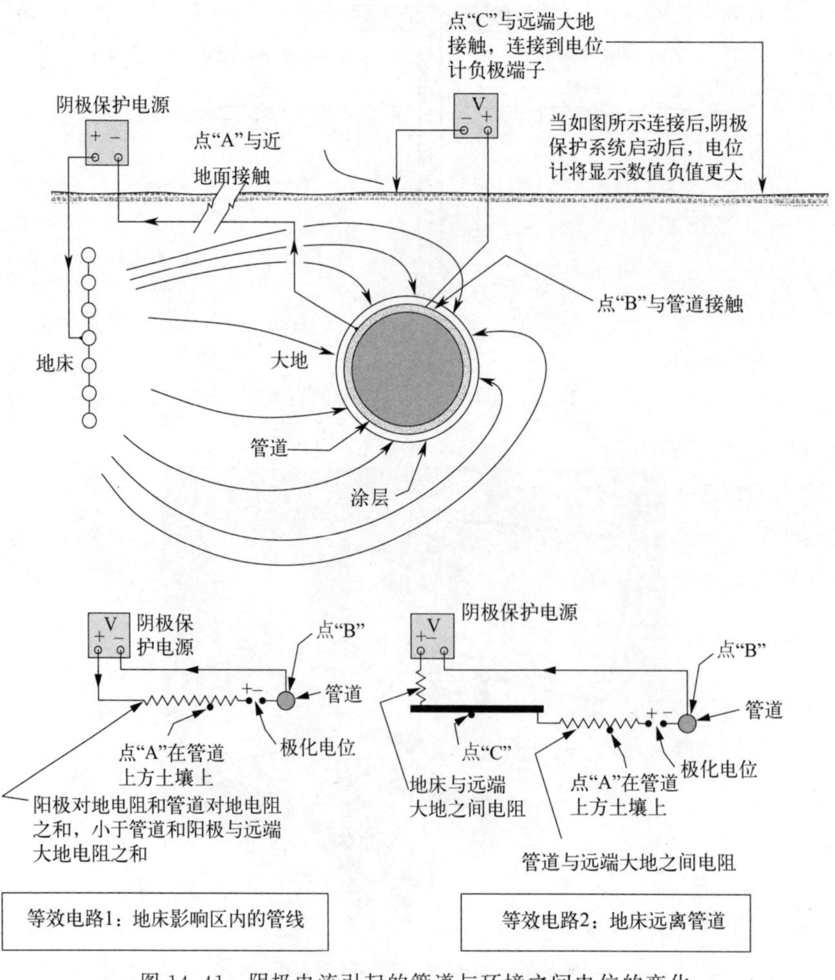

图 14.41　阴极电流引起的管道与环境之间电位的变化

事实上，在实际操作中，这种理想的测量方式在埋地结构上很难实行，因此必须转而求助于测量结构与环境表面正上方或离结构最近点之间的电位。因而，目前所测电位包括极化电位和一部分结构与远端大地❶之间电阻欧姆降，如图 14.41 中所测的结构和点“A”之间电位。所测结构和远端大地（即点“C”）之间电位不受阴极保护电流线的影响，因此可以估算真正由于阴极保护系统作用在结构上产生的极化偏移。

14.8　电流需求量测试

在设计阴极保护装置之前进行现场调研是一个很好的做法。这种调研的目的是收集进行切实可行的设计所需数据。在阴极保护调研过程中，必须考察可能对最终所选择的阴极保护设计有影响的有关局部条件，主要包括如下内容：

（1）外加电流的阴极保护系统所需电力（外部电源）的可获得性；

（2）适合阴极保护系统安装位置（合适的土壤电阻率），例行检测和维修容易，不会遇到使装置需在预期寿命内停车的施工和其他活动影响；

（3）保护系统的设计规划可能受到除了被保护结构之外的其他金属结构的影响；

（4）其他结构的阴极保护系统，可能对被保护结构有影响；

（5）杂散直流电流源的存在，如直流铁路系统；

（6）交流系统可能影响读数和金属完全保护的判断标准；

（7）罕见的环境条件，如当地制造业排放的酸性废弃物。

一个特定埋地金属结构所需保护电流的变化范围可能很大，取决于环境特性以及是否存在保护涂层，如果存在涂层，还与涂层施工质量和有效性有关。例如：如果一个被保护设备埋在腐蚀性土壤中，其暴露面积为 $90m^2$，假定电流分布均匀合适，那么所需电流范围是从大约 3A（裸金属结构）到低至 $30\mu A$（金属结构表面有优异涂层）。这意味着裸金属结构所需电流是带有良好涂层的同种结构所需电流的 100000 倍。

但是，也不能认为仅仅因为结构施加了涂层保护，就可以采取小电流来阴极保护它。因为如果涂层材料性能不佳或涂层材料性能优异但涂装不良，所需电流可能远大于上面给定的最小值。对于表面积同样都是 $90m^2$ 的结构物，一个较差涂层可能使阴极保护所需电流达到 15mA 或更大。15mA 电流看起来似乎并不是很大，但是这是带有优异涂层的结构给定电流值 $30\mu A$ 的 500 倍。当对大型结构（如大直径跨国管线）进行阴极保护时，这个差异非常显著。

14.8.1　带涂层体系的测试

在测量带涂层体系时，涂层的电气绝缘强度和阴极保护电流需求量可同时获得。如果涂层状态非常好，电流需求量将会明显比裸结构的小。因此，有可能使用一个临时测试装置和适中的电源对大表面、长距离或大型结构进行测量。通过给一个临时测试装置实际施加一定电流，并调整外部电源所施加电流的大小直到达到合适的保护电位，即可同时获得涂层的电气绝缘强度和阴极保护电流需求量[18]。

对于长距离埋地管线，尽管在整个管线长度范围内所用的涂层规范都相同，但是，由于

---

❶ 此处表述所用远端大地的意思是实际无电阻的无限导体，即地球。

地形不同、建造施工难度不同、平均土壤电阻率变化以及管道施工建造质量和检测程度不同，沿着管线路径，涂层的有效电气绝缘强度可能变化很大。当对这种系统进行综合调研时，可以考虑使用如图 14.42 所示的测试安排。在组合测试部位，使用断流器在适当的时间间隔自动切换电源的开和关（如 10s 开和 5s 关），以采集计算涂层电阻所需数据。

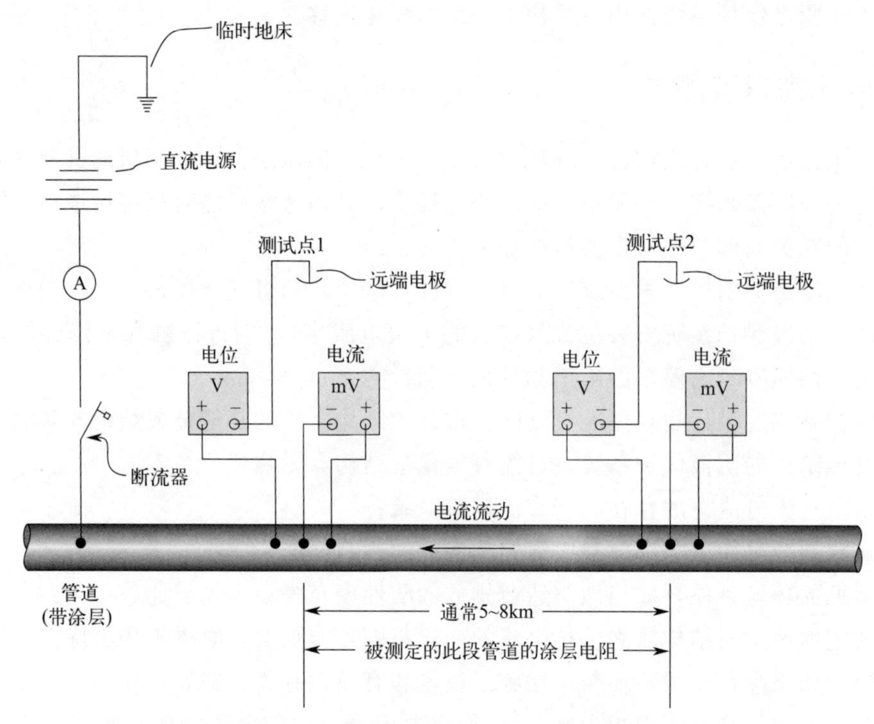

图 14.42　涂层电阻和阴极保护电流需求量测试

在进行电流需求量测试时，也可采取一种分段测试的方式，即：对从临时阴极保护位置开始的各个方向进行连续测试，直至随着断流器的开启和闭合所观察到的电流和电位变化都很小，无法精确测量。这种方式还可以同时确定：结构表面电位可维持在保护标准（−0.85V）或以上的区域极限范围。

涂层体系的极化非常迅速，涂层越好，极化越快。这意味着在施加测试电流后，在最初几分钟内，状态就可以达到稳定，有时可能仅需几秒。

14.8.2　裸露结构的测试

当对裸金属结构进行电流需求量测试时，所得结果常常差异很大。如图 14.43 所示，假定直流电流被强制从临时接地端流向管线系统中所研究的管段部分，并且需要确定保护此段管线所需电流量。

图 14.43 中，电源输出可以调整，直至被保护管段末端达到保护电位。当对裸金属表面进行保护时，电流应能在金属结构中稳定流过，对金属表面进行极化，极化程度取决于测试持续时间不同。裸金属表面达到完全极化可能需要几周时间。不过，如果将恒定电流输出条件下测试期间保护电位的增加量随时间变化作图，通过曲线外推延长也可以获得金属表面完全极化时电位近似值。

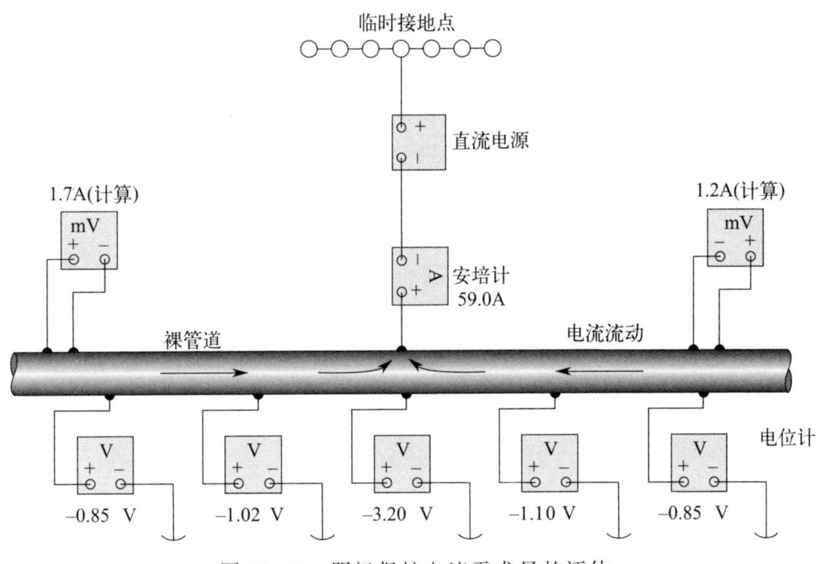

图 14.43　阴极保护电流需求量的评估

14.9　杂散电流的影响

在准备阴极保护设计之前，必须弄清楚是否存在杂散电流。对被保护结构影响最严重的杂散电流往往是那些不断变化的巨大电流，包括来自直流铁路系统、采矿用直流电源、焊接用直流电源以及类似电源的杂散电流。

依据杂散电流影响的严重程度，受影响结构中杂散电流流出部位的阳极电位大小以及腐蚀程度，可能无法轻易通过常用阴极保护系统来抵消。在那些电流流出部位结构相对环境的电位可能达到几个伏特的情况下，尤为如此。这种情况下，必须采取特殊的杂散电流控制技术，包括从受影响结构到有害电流源之间的金属连接，或其他不损害受影响结构而可除去杂散电流的方式。

杂散电流可诱发非常高速的腐蚀，导致比其他环境因素所造成腐蚀严重得多的状态（图14.44）。还有一种类型的杂散电流，其属性可变，在“磁暴”过程中可以观测到。管线或电缆等长形结构最容易受到影响。在“磁暴”过程中，大地磁场强度可能发生变化。当发生这种变化时，在管线或电缆中感应电位的形式与发电机中感应电位的大致相同。

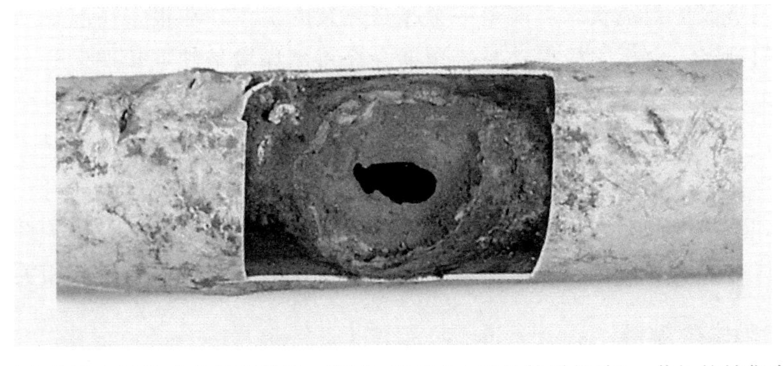

图 14.44　由于大故障电流造成的管线穿孔（源自《MACAW 的管道缺陷》，黄铅笔销售有限公司出版）

人造的可变杂散电流通常有几种形式，正如通过记录仪所揭示的运输系统高峰时段以及采矿作业的轮班变化所表现出来的那样等。但是，由电磁干扰造成的可变杂散电流极少（如果有）表现为上述任何一种固定模式，可能仅在一个特定区域一段时间内出现，而此后很长时间不会重复发生。尽管有时由电磁感应引起的大地杂散电流在一段时间内很强，但是由此造成的腐蚀程度较小，极少能与不受控的人造杂散电流腐蚀程度相提并论，因为这种感应杂散电流持续时间较短，且通常在任何可感知的时间范围内都不会集中在任何一个特定部位。

除了前面所介绍的可变杂散电流之外，有些场合还可能出现稳态杂散电流。例如：在对一个与未被保护结构物邻近且未电绝缘隔离的结构物采用外加电流的阴极保护时，如果地床与未保护结构太接近，此时就会产生一个稳态的杂散电流。在这种情况下，受影响的结构物通过地床周围的电位梯度场，而地床周围的土壤相对于未保护结构呈正电性。这种正向电位差导致电流流向电位梯度场内的受影响结构物的某些部位。

在严重情况下，可能必须移走那些导致形成杂散电流状态的地床才能消除这种影响。图14.45说明了在钢铁管线与带电直流运输系统并行时，可能遇到的与直流运输系统相关的典型杂散电流状态的一般特征。这种状态可能需要在可能受影响的结构与产生不利杂散电流的结构之间安装一个金属连接装置。在此直流运输系统示例中，金属连接将成为电流返回电站的通路。

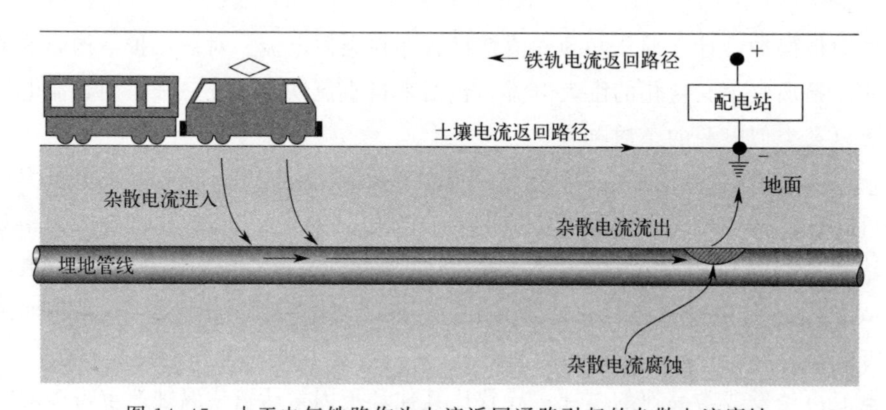

图 14.45 由于电气铁路作为电流返回通路引起的杂散电流腐蚀

14.10 管线阴极保护系统状态的监测

监测管线阴极保护系统状态可能是一个相当复杂的工作，在很多情况下，状态监测要求都是由监管部门规定。由于阴极保护系统预期会在苛刻环境条件下长期运行，因此对相关硬件的可靠性要求很高。在任何阴极保护方案中，设备的定期监测都是一个重要内容。利用现代通信系统和计算机网络进行选择性远程整流器监测，是在缩减资源的情况下完成这些监测任务的一种新兴技术，正呈现一种日益增长的发展态势。

无线手机和卫星通信系统也可用来查询远端整流器状态。管线阴极保护系统监测的另一方面内容是管线保护状态监测。下文将简单介绍执行这些监测任务的一些相关技术。

14.10.1 密间隔电位测量

密间隔电位测量（CIPS）的原理是通过获取每个间隔1m左右的电位读数，记录沿着整个管线长度方向上管线电位分布。参比电极在测试桩处通过电位计与管线相连，且以规则间距放置在管线上方的土壤内，用来测量参比电极和管线之间的电位差（图 14.46）。密间隔电位测量技术可以给出整个管道与土壤之间电位分布，包括缺陷的识别等结果的解释相对简单明了。

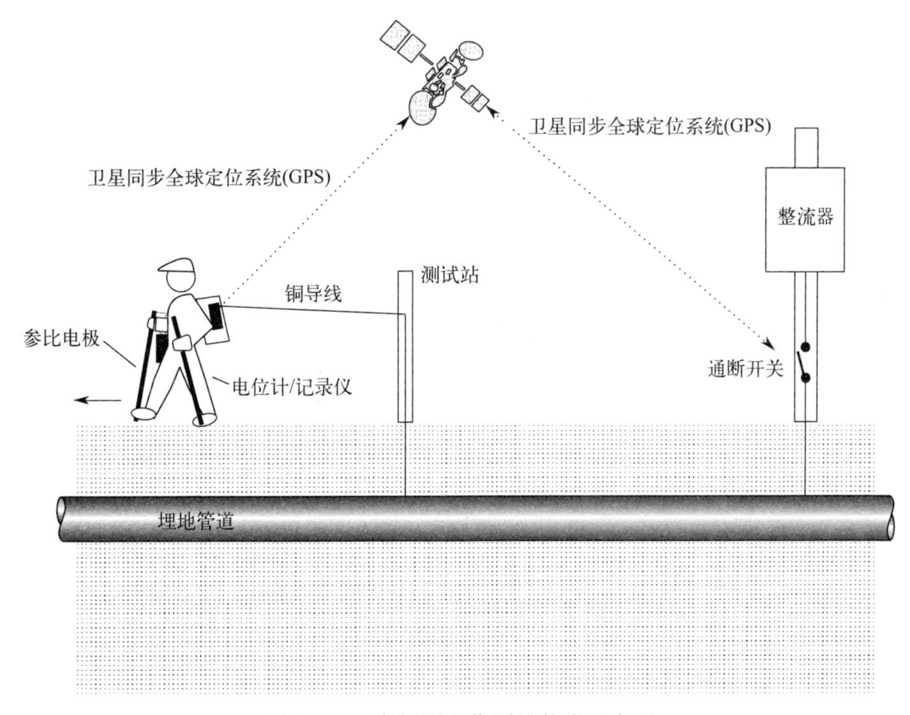

图 14.46 密间隔电位测量技术示意图

进行这种测量通常需要一个三人工作小组。一个人在前面行走，用管道定位器确定管线位置，确保电位测量位置正好处于管线上方。此人也可以携带卷尺测量，并以规则间距在管道上方插入距离标志（一面小旗子）。第二个人携带一对电极（通过一根拖曳细铜线与测试桩相连）和电位测量仪。第二个人还负责录入作为测量距离的函数的特征参数。第三人在每个单独测量段完成之后，收集拖曳导线。

密间隔电位测量对于现场工作小组的要求相当高，且需要管线运营方和承担密间隔电位测量工作的合约方大量的后勤支援。现场工作小组常常需要移开/绕过栅栏、道路、高速公路和其他障碍物和困难地形。拖曳铜线发生破损的情况很常见，在横穿路面上铜线必须用特殊增强导线绑定。

在阴极保护系统运行时，包含在电位测量值内的欧姆降误差是在电位读数中需要考虑的一个重要因素。校正欧姆降的一种常用方法，常称为瞬间断流测量，可能是一种可以非常准确测量电位的方法。但是，事实上，这种完全无欧姆电位降误差的电位测量并非一定总能实现，因为有些电流无法轻易中断。不间断电流源可能包括：直接与结构绑定的牺牲阳极、外来整流器、杂散电流、大地电流、长线电池[19]。现代断流器以固态开关为基础，并可程序化设计使其仅在白天进行测量时进行开关转换。这一特性最大程度地减小了由于“断开”周期的累积效应造成管线逐渐去极化的影响。

当使用多个整流器保护一个结构时，所有整流器必须在同一准确瞬间同步断开，所获得测量数据才有意义。因此，管线运营者通常都规定至少测量作业组前面两个整流器和后面两个整流器必须以完全同步的方式断开。电流中断及去极化时间长短可从几分之一秒至几秒，取决于结构的具体情况。此外，电流中断后立即出现的脉冲尖峰电流可能掩盖瞬间断开电位。因此，用自记录电位计进行测量是优选项，因为可以通过分析这些数据确定真实的瞬间断开电位[19]。

一个图形化密间隔电位测量数据的示例如图 14.47[18]。在这种最简单的形式中，“通电”和“断电”电位作为距离的函数被绘制成图。通常符号习惯是以电位为正值作图。“通电”和“断电”电位值之间的差异应当注意。与通常情况一样，“断电”电位比“通电”电位负。当两条线的相对位置发生颠倒，就表明可能出现了某些异常情况，如杂散电流。

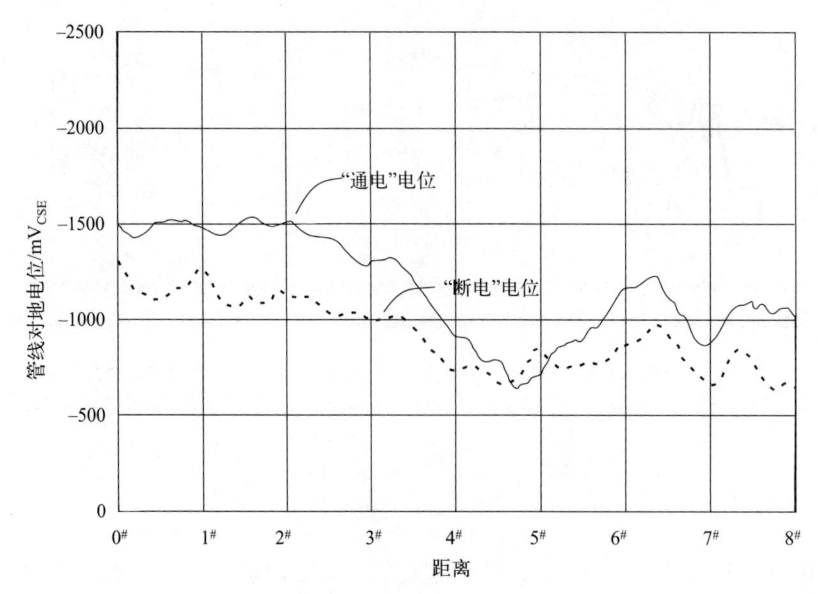

图 14.47 阴极保护状态下的沿着管线的电位测量

14.10.2 皮尔逊测量

皮尔逊（Pearson）测量技术，以它的发明者命名，常用来定位埋地管线中的涂层缺陷。当识别出这些缺陷之后，人们就可以更详细地研究阴极保护系统对这些关键部位的保护程度。

在皮尔逊测量过程中，通过一个发射器（图 14.48）给管线施加一个 1000Hz 左右的交流信号，该发射器与管线和地面接地极相连，如图 14.49 所示。两位测量人员通过铝棒或金属钉靴与地面接触（图 14.50）。两位测量人员通常相距几米。实际上，接收器检测到的信号是两位测量人员之间整个距离的电位梯度。缺陷位置是根据转化为信号强度变化的电位梯度变化来确定。

与密间隔电位测量技术一样，皮尔逊测量通常也是由一个在管线正上方行走的测量人员进行记录。当前面测量人员接近一个缺陷时，记录信号会增强。当前面测量人员离开一个缺陷时，信号强度下降，当后面的测量人员接近缺陷时，信号又再次增强。当两测量人员之间存在多处缺陷时，信号的解析显然可能更复杂。

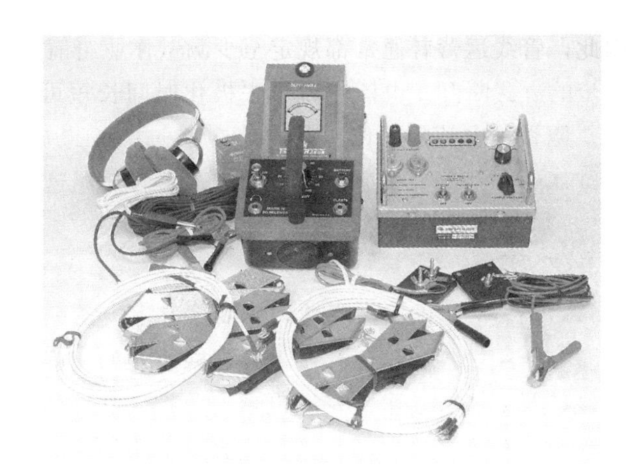

图 14.48　皮尔逊测量用仪器（由 Tinker 和 Rasor 供图）

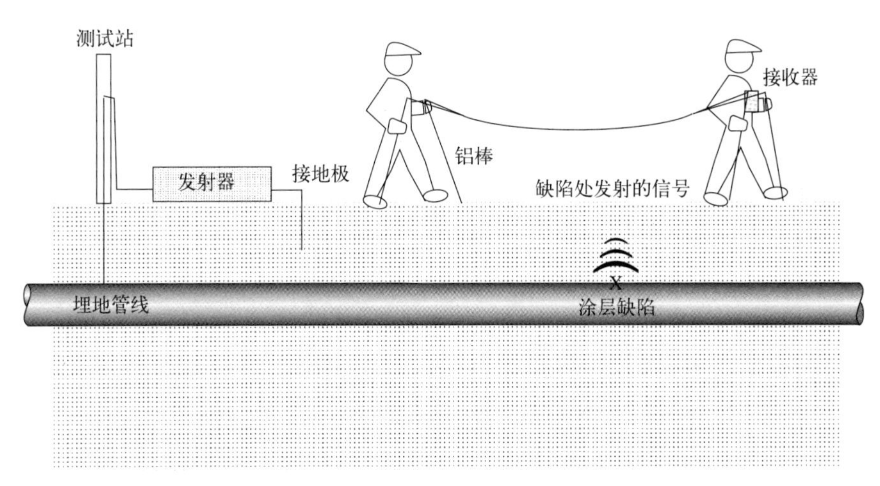

图 14.49　皮尔逊测量技术示意图

图 14.50　用皮尔逊型探测仪进行管线阴极保护缺陷检测（由 Tinker 和 Rasor 供图）

原则上，只要保持阴极保护系统处于工作状态，就可以进行皮尔逊测量。但是，测量时应切断牺牲阳极与被保护设备之间的电连接，因为来自牺牲阳极的信号可能掩盖真实的涂层缺陷。为确定管线位置、进行调查测量、在缺陷位置插上标记以及定期移动发射器，通常要求三人作业小组一起工作。

通过在整个管线长度上行走，还可对整个管线沿线（路权）进行全面检测。实质上，所有造成电位梯度的明显缺陷和金属导体都将被探测到。此技术无拖曳导线，也无需打开和关断电流。

皮尔逊测量技术的局限性与密间隔电位测量技术类似，因为必须行走整个管线且与地面相接触。因此，在很多地区，如道路、铺砌路面区域或河流，使用这种技术不切实际。

14.10.3 直流和交流电位梯度测量

直流电位梯度（DCVG）测量是确定涂层埋地管线上缺陷位置并可评估其严重性的一种较新的方法。该技术也是基于阴极保护电流作用下涂层缺陷处的土壤中所产生的电位梯度的基本影响。一般而言，缺陷尺寸越大，电位梯度也越大。直流电位梯度技术特别适合复杂的阴极保护系统，例如：埋地结构高密度区域。这些地方通常测量条件最复杂。直流电位梯度测量设备相对比较简单，不涉及拖曳导线。

直流电位梯度是由位于相距约 0.5m 的两个参比电极（通常为硫酸铜电极）之间的一位测量人员来进行测量。为进行直流电位梯度测量需在管线上施加一个脉冲直流信号。脉冲输入信号使来自其他电流源（如阴极保护系统、电气化铁路运输线以及地电流）的干扰降至最小。这种信号可用现有整流器上的断流器或通过在现有的“稳定”阴极保护电流上叠加一个二次脉冲电流来获得。

在管线上行走的测量人员，通过观察精确电位计上的电位指针的偏离，来识别缺陷位置。当到达缺陷处时，通过偏移量的增加可以表明缺陷的位置，当测量人员正好在缺陷之上时，没有偏移，而当测量人员离开缺陷时，偏移量会减小（图 14.51）。如果必须纠正缺陷，通过这种测量技术来高精度定位缺陷（约 0.1～0.2m）位置，可最大程度地降低随后的挖掘工作量，这也是该技术的一个最大优点。

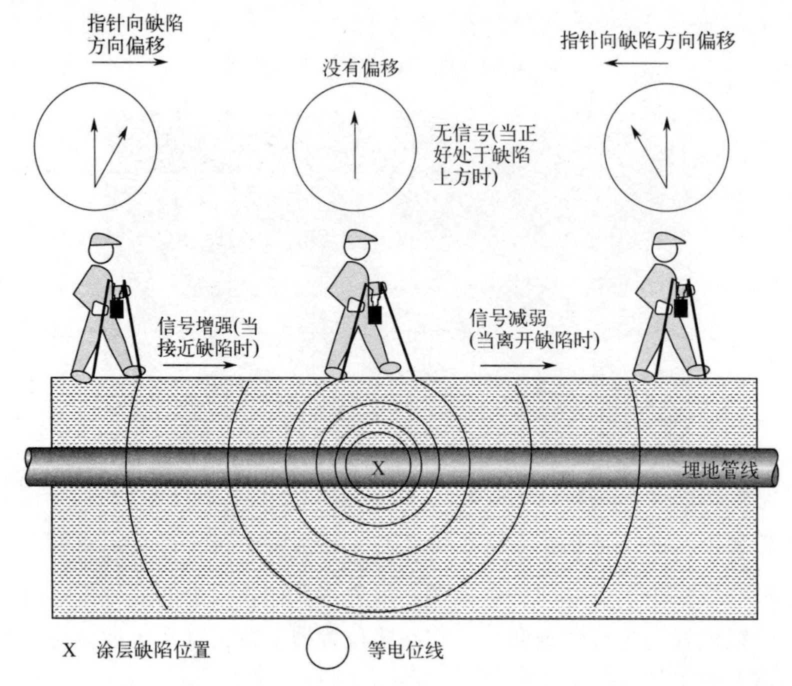

图 14.51 直流电位梯度法的示意图

交流电位梯度（ACVG）测量技术，除了测量中需使用一个与管线相接的低频率发射器去产生一个交流信号之外，其他皆与直流电位梯度（DCVG）技术类似。

14.10.4 腐蚀挂片

阴极保护腐蚀挂片法现在常用作一种电位测量的替代方法，可以基本消除电位降误差。一个阴极保护标准片是一块很小的金属片，在测试站与结构直接电连接。标准片的电位将非常接近标准片邻近区域结构中所有暴露点（空隙）的电位。通过断开标准片与测试站处结构的电连接，在标准片上进行“瞬间断开”电位测量，不会存在任何其他电流源的干扰。但是，这种测量仍然不是完全没有电位降误差，因为在参比电极和标准片表面之间的电解液中存在的所有电位降都仍然会包含在此测量值中。将参比电极尽可能地靠近标准片放置，可以最大程度地减小这种误差。但是，参比电极又不能离标准片太近，以免产生屏蔽作用[19]。

在安装腐蚀标准片时最重要的考虑因素或许就是标准片必须能代表真实的管线表面/缺陷。需要标准片准确冶金细节和表面光洁度与实际管线一致。腐蚀产物累积的影响可能也是一个重要因素。标准片的环境状态必须与监测管道的相匹配，例如：温度、土壤条件、土壤压实度和氧浓度。

流入和流出标准片的电流大小以及电流方向也可以测量确定，例如：通过在连接导线中使用一个分流电阻。而且重要的是，通过标准片还可确定腐蚀速率。电阻传感器也是原位腐蚀速率测量的可选方法，可作为腐蚀损失片的一种替代方法。

14.11 阴极保护设计的模拟和优化

传统上，对腐蚀速率的早期预测和阴极保护是否充分的评估都是基于案例研究和试样暴露试验。运用这些技术对实际结构件进行预测与评估时，常常需要使用大安全因子进行外推，并且要持续进行修正，还要考虑系统维护问题。在 20 世纪 60 年代后期，人们开始使用有限元法来解决这类问题，即通过将电解液导电环境离散化成网格，用拉普拉斯方程数值求解来定义网格交点或节点[20]。

然而，创建一个有限元网格可能是一个极为冗长乏味且耗时的过程，而且即使目前网格生成过程已自动化，但是当模型中存在很大几何形状差异时，也仍然是很难进行模拟。而实际的大多数腐蚀控制问题案例中，阳极相对被保护结构都很小，最可能出现问题的是角落和一些形状复杂的区域，而这些区域恰好都是存在很大几何形状差异。

在 20 世纪 70 年代后期，边界元法已发展成为一种有效手段。正如该方法名称所指，边界元数值计算方法仍然需要创建网格元，不过现在仅仅是针对问题形状的边界（或表面）（图 14.52）。对于一个外加电流的阴极保护分析，边界元法的主要优点有[20]：

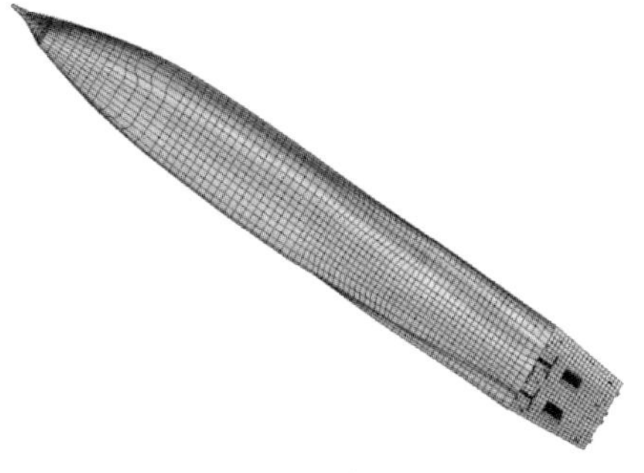

图 14.52　用边界元法建立的舰船几何网格（由英国计算力学边界元系统软件公司 Robert A. Adey 供图）

- 网格元现在仅仅描述表面，因此只需要二维网格元。人们可以非常自信地使用网格生成器，而且一旦定义好几何形状之后，就可以极快速和毫不费力地建立模型；

- 在模拟大型和复杂结构时，针对关键或复杂部位，可以建立更精细模型。

14.11.1 舰船外加电流的阴极保护系统的模拟

一个外加电流阴极保护系统的设计目的是在被保护结构上形成一个均匀分布的保护电位，并最大程度地降低阳极能耗。有用的设计参数包括：阳极数目、阳极位置以及参比电池的位置。设计的约束条件是结构上的电位值。为了提供充足保护，电位必须比某一规定值（如−800mV）更负。而为了防止过保护，电位又必须比另一规定值（如−900mV）更正。通过结合使用外加电流的阴极保护系统的边界元模型与自动优化程序，可以获得一个最优解决方案。在此背景下，方程(14.4）描述了一个船舰船体湿润表面的电化学腐蚀分布[21]：

$$k\nabla^2\Phi=0 \tag{14.4}$$

式中，Φ 为电位；k 为电解液电导率；∇^2 为拉普拉斯算符。

此方程适用于均质电解液和无杂散电流、电流阱和其他干扰的情况。船舷的外加电流阴极保护系统可满足这种条件，可用这种方式建模。电流源点（图 14.53）和金属裸露或受损部位（图 14.54）可通过边界条件表示，在模型中无需包括电流源和阱。电中性维持舰船、周围水介质和外加电流阴极保护系统之间的电荷平衡。用边界元方法通过方程(14.4）所定义的问题的解空间，是曲面 Γ，它限定了方程(14.5）中所定义的域：

$$\Gamma=\Gamma_A+\Gamma_C+\Gamma_I \tag{14.5}$$

式中，Γ_A 为阳极曲面；Γ_C 为阴极曲面；Γ_I 为绝缘曲面。

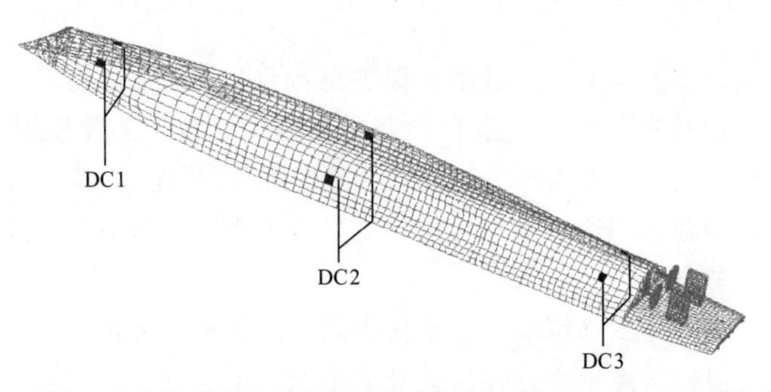

图 14.53 带外加电流阴极保护系统的阳极位置和电源点的边界元网格化舰船船壳
（由英国计算力学边界元系统软件公司 Robert A. Adey 供图）

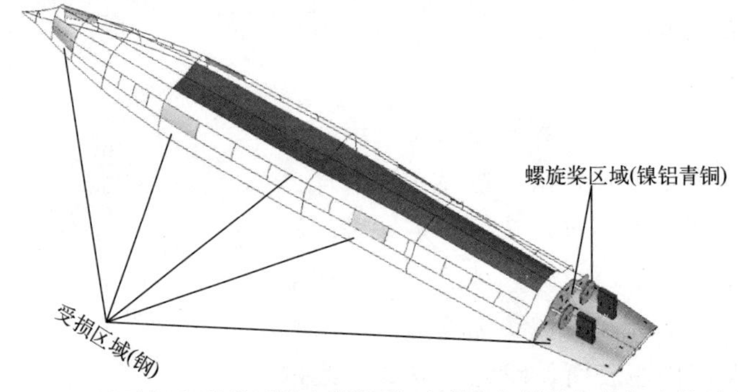

图 14.54 显示钢上受损区域和螺旋桨区域裸金属的舰船船壳的示意图
（由英国计算力学边界元系统软件公司 Robert A. Adey 供图）

曲面 Γ 必须连续，但是一个曲面形的所有截面并非一定连续。一个外加电流的阴极保护系统包括被保护结构的表面、阳极、参比电极和电源。阳极通过维持电位在一个恒定值 Φ_A 来界定，用式(14.6) 表示：

$$\Phi_{(x,y)} = \Phi_A \tag{14.6}$$

定义电流密度为一个常数 q_A，用式(14.7) 表示：

$$\frac{\partial \Phi_{(x,y)}}{\partial n_{(x,y)}} = q_A \tag{14.7}$$

式中，$\Phi_{(x,y)}$ 为在点(x，y)处电位；$n_{(x,y)}$ 为曲面在点(x，y)处的法向量。

参比电极的位置被定义为船体上可获得数学解的一个特定点，从而可获得一个用参比电极进行控制的最优的外加电流阴极保护系统（图 14.55 和图 14.56）。

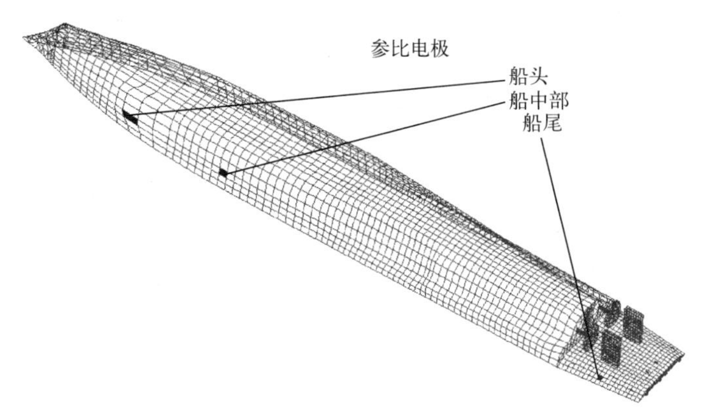

图 14.55　在边界元网格船壳上参比电极位置的优化
（由英国计算力学边界元系统软件公司 Robert A. Adey 供图）

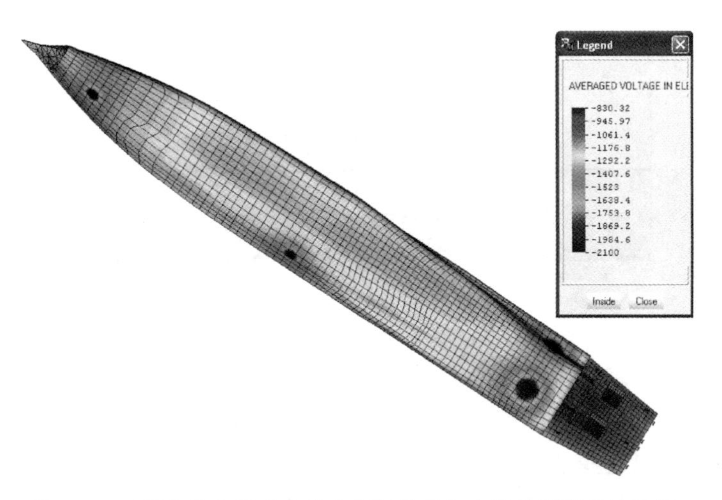

图 14.56　带参比电极的自动化控制的外加电流的阴极保护系统，
电源设置为 60A（船尾）、27A（船中部）和 26A（船头）
（由英国计算力学边界元系统软件公司 Robert A. Adey 供图）

业已证明，边界元模型可准确地预测试验结果。此外，边界元法还可以用来评价单一参数对系统性能的影响。通过这种方式，我们可以对电化学腐蚀及相关参数的交互影响有一个基本了解。目前采用边界元法进行相关参数影响的研究很多，例如：螺旋桨区域的损伤程度、海水导电性和涂料电阻的影响以及杂散电流对阴极保护系统性能的影响[21]。

14.11.2 存在干扰的阴极保护系统的模拟

阴极保护系统之间的相互作用已变得越来越复杂，尤其是海洋和近海工业。在深水和偏远环境中探寻石油和天然气，必然会涉及在海底以及海面上的大量结构部件的工程设计问题。然而，在这种情况下，由于不同阴极保护系统之间可能存在重要的相互作用，传统设计方法已无法胜任[22]。

在早期的阴极保护模型中，通常都假定电流返回结构的内阻与电解液和电极动力学阻力相比，可以忽略不计。因此，在将模型方程公式化时，有可能忽略掉金属电阻，因而可以假定在返回通道内没有欧姆降。管线就是这种假设不成立的一种典型应用场景，由于管线金属有内阻，因此在长管线上存在明显的电位降。

另一种传统假设条件不成立的重要应用场景是在新型大规模深水油气开发中，不仅存在长管线，而且还有数百条单独管线以及必须考虑的电气连接路径问题。在这种情况下，标准边界元建模工具不足以解决这类问题，因为阴极保护系统之间将存在相互干扰，在管线连接结构部件中造成明显电流差异（因此产生电位降）。

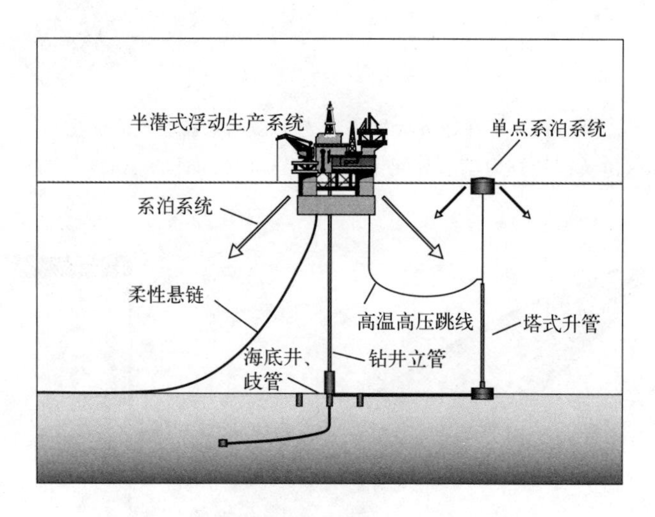

图 14.57　现代浮动式深海油气开采系统示例

图 14.57 是一个通过分流管线连接到单点系泊（SPM）系统的浮动式生产系统（FPS）。浮动式生产系统可能采用外加电流的阴极保护系统进行保护，而单点系泊系统采用牺牲阳极的阴极保护系统。如果这些系统之间无电连接，那么就不可能存在干扰，因为电流返回路径只有通过海水本身。但是，如果它们通过分流管线连接，就会形成一个电子回路，可使电流从浮动式生产系统上的外加电流阴极保护系统的阳极流向单点系泊系统，沿着分流管线返回。这可用方程(14.8)（对于单点系泊系统）和式(14.9)（对于浮动式生产系统）以数学形式表示出来。

$$I_{FL\text{-}SPM}=I_{SPM\text{-}A}+I_{SPM\text{-}M} \tag{14.8}$$

$$I_{FL\text{-}FPS}=I_{FPS\text{-}A}+I_{FPS\text{-}M} \tag{14.9}$$

式中 $I_{FL\text{-}SPM}$——分流管线与单点系泊系统连接时，分流管线的总电流；

$I_{SPM\text{-}A}$——流向单点系泊系统阳极的电流；

$I_{SPM\text{-}M}$——流向单点系泊系统金属结构表面的电流；

$I_{FL\text{-}FPS}$——分流管线与浮动式生产系统连接时，分流管线的总电流；

$I_{FPS\text{-}A}$——流向浮动式生产系统阳极的电流；

$I_{FPS\text{-}M}$——流向浮动式生产系统金属结构表面的电流。

为了系统平衡，沿着分流管线流动的电流，流向单点系泊系统或者浮动式生产系统，都必须保持平衡。流入或流出单点系泊系统和浮动式生产系统上金属表面的电流，可通过对整个结构金属表面采用边界元（BE）法计算得到的法向电流密度进行积分来确定。因此，可以通过同时求解代表海水的内部回路电阻方程和边界元方程，来预测整个系统的电位和电流流动。

此处显示的应用示例中，研究集中在分流管线的单点系泊系统及其锚链。锚链体现了一个值得注意的阴极保护问题，因为链与链之间接触造成了很高的内部电阻，电流沿着锚链衰减很明显。因此，靠近单点系泊系统的锚链将接收到一个来自阳极的很大电流，而此电流在25～30m 范围内会急剧下降。单点系泊系统及其锚链的模型如图 14.58 所示。

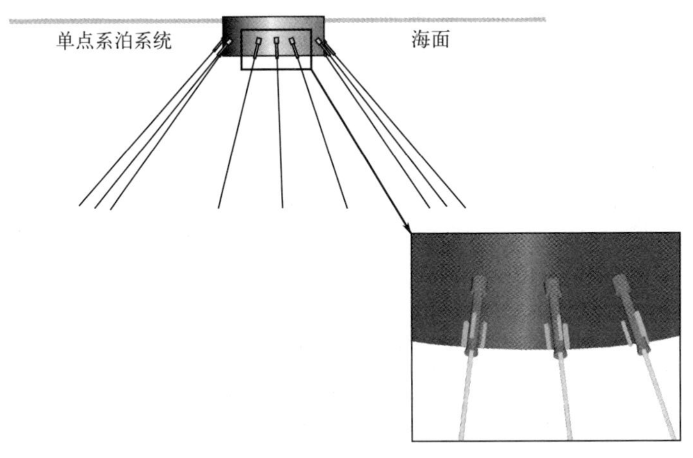

图 14.58 单点系泊系统及其锚链的模型

（由英国计算力学边界元系统软件公司 Robert A. Adey 供图）

连接器的三维模型，如图 14.59 中所示圆柱体，必须包括其内部几何结构特征，因为阳极不仅需要对外部金属表面进行保护，而且还需要保护内部结构。连接器是中空的，锚链进入连接器中并连接在“圆柱体”连接器的远端。在一个完整系统的模型中，浮动式生产系统、海底系统以及与浮动式生产系统相接的管线都应包括在内。

通过阴极保护系统提供的保护电位的预测值如图 14.59 所示。一个可能的设计变化是在连接器内开个孔，以便阴极保护系统能更好地保护内部结构和锚链。计算机建模可以通过预测各种不同设计方案的有效性，为人们提供帮助。

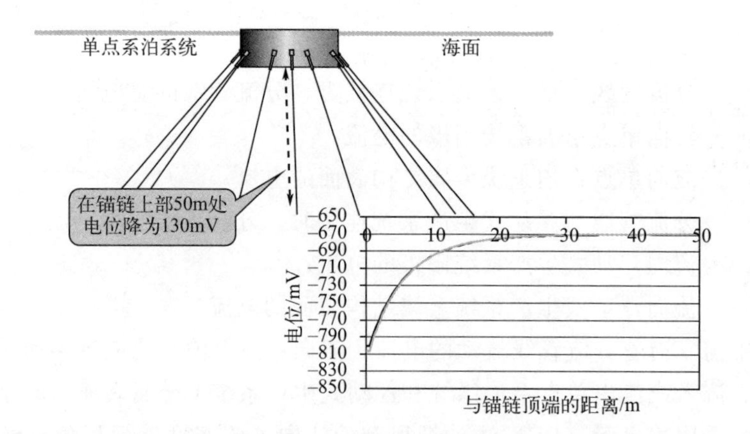

图 14.59 单点系泊系统及其锚链系统
（由英国计算力学边界元系统软件公司 Robert A. Adey 供图）

参考文献

[1] Rogers, T. H., *Marine Corrosion*. London, UK, Newnes, 1968.

[2] Beavers, J. A., Cathodic Protection—How it Works. In: Peabody, A. W., Bianchetti, R. L., eds. *Peabody's Control of Pipeline Corrosion*. Houston, TX, NACE International, 2001; 21–47.

[3] Stetler, F. E., Accelerating Leak Rate in Cast Iron Water Mains Yields to CP. *Materials Performance* 1980; 19: 15–20.

[4] Barnard, K. N., and Christie, G. L., Cathodic Protection of an Active Ship in Sea Water. *Corrosion* 1950; 6: 232–234.

[5] Stratfull, R. F., Progress Report on Inhibiting the Corrosion of Steel in a Reinforced Concrete Bridge. *Corrosion* 1959; 15: 65–69.

[6] Stratfull, R. F., Experimental Cathodic Protection of a Bridge Deck. Transportation Research Record 500. Washington, DC, Transportation Research Board, 1974.

[7] Koch, G. H., Brongers, M. P. H., Thompson, N. G., Virmani, Y. P., and Payer, J. H., Corrosion Costs and Preventive Strategies in the United States. FHWA-RD-01-156. Springfield, VA, National Technical Information Service, 2001.

[8] Trethewey, K. R., and Chamberlain, J., *Corrosion for Science and Engineering*, 2nd ed. Burnt Mill, UK, Longman Scientific & Technical, 1995.

[9] Johnson, W. E., Cathodic Protection System Application and Maintenance Guide. EPRI Report 1011905. Palo Alto, Electric Power Research Institute, 2005.

[10] Broomfield, J. P., *Corrosion of Steel in Concrete*. London, UK, E & FN Spon, 1997.

[11] Roberge, P. R., *Handbook of Corrosion Engineering*. New York, NY, McGraw-Hill, 2000.

[12] Morgan, J. H., *Cathodic Protection*. 2nd ed. Houston, TX, NACE International, 1987.

[13] Shreir, L. L., and Hayfield, P. C. S., Impressed Current Anodes. In: Ashworth, V., Booker, C. J. L., eds. *Cathodic Protection*. Chichester, UK, Ellis Horwood Limited, 1986.

[14] Beavers, J. A., Cathodic Protection with Other Power Sources. In: *Peabody's Control of Pipeline Corrosion*. Houston, TX, NACE International, 2001; 201–210.

[15] Wenner, F., A Method of Measuring Earth Resistivity. *Bulletin of the Bureau of Standards* 1915; 12: 469–478.

[16] Shreir, L. L., Jarman, R. A., and Burstein, G. T., *Corrosion Control*, 3rd ed. Oxford, UK, Butterworth Heinemann, 1994.

[17] Shepard, E. R., Pipe Line Currents and Soil Resistivity as Indicators of Local Corrosive Soil Areas. *National Bureau of Standards Journal of Research* 1931; 6: 683–708.

[18] Bianchetti, R. L., Survey Methods and Evaluation Techniques. In: *Peabody's Control of Pipeline Corrosion*. Houston, TX, NACE International, 2001; 65–100.

[19] Ansuini, F. J., and Dimond, J. R., Field Tests on an Advanced Cathodic Protection Coupon. Corrosion 2005, Paper # 39. Houston, TX, NACE International, 2005.

[20] Adey, R. A., and Baynham, J., Design and Optimisation of Cathodic Protection Systems Using Computer Simulation. Corrosion 2000, Paper # 723. Houston, TX, NACE International, 2000.

[21] DeGiorgi, V. G., and Lucas, K. E., Computational Design of ICCP Systems: Lessons Learned and Future Directions. Hack, H. P. [ASTM STP 1370], 87–100. West Conshohocken, PA, American Society for Testing and Materials. Designing Cathodic Protection Systems for Marine Structures and Vehicles, 1999.

[22] Adey, R., Baynham, J., and Curtin, T., Predicting the Performance of Cathodic Protection Systems with Large Scale Interference. *Electrocor 2007*. Southampton, UK, Wessex Institute of Technology, 2007.

附　录

附录 A　元素周期表

符号说明

原子序数 → 6　+4 +2 } 化合价

符号 → C　铝

元素名称(碳)

12.0 ↑

注：以C^{12}=12.0000为基准。

1	2	3	4	5	6	7	8	9	10	11	12	13	14	15	16	17	18
1 ±1 H 氢 1.0																	2 He 氦 4.0
3 +1 Li 锂 6.9	4 +2 Be 铍 9.0											5 +3 B 硼 10.8	6 +4 +2 C 碳 12.0	7 −3 +5 N 氮 14.0	8 −2 O 氧 16.0	9 −1 F 氟 19.0	10 Ne 氖 20.2
11 +1 Na 钠 23.0	12 +2 Mg 镁 24.3											13 +3 Al 铝 27.0	14 +4 +2 Si 硅 28.1	15 −3 P 磷 31.0	16 −2 +4 +6 S 硫 32.1	17 −1 Cl 氯 35.5	18 Ar 氩 40.0
19 +1 K 钾 39.1	20 +2 Ca 钙 40.1	21 +3 Sc 钪 45.0	22 +3 +4 Ti 钛 47.9	23 +2 +5 V 钒 50.9	24 +2 +3 +6 Cr 铬 52.0	25 +2 +7 Mn 锰 54.9	26 +3 +2 Fe 铁 55.8	27 +2 +3 Co 钴 58.9	28 +2 +3 Ni 镍 58.7	29 +1 +2 Cu 铜 63.5	30 +2 Zn 锌 65.4	31 +3 Ga 镓 69.7	32 +4 +2 Ge 锗 72.6	33 −3 +5 As 砷 74.9	34 −2 +4 +6 Se 硒 79.0	35 −1 Br 溴 79.9	36 Kr 氪 83.8
37 +1 Rb 铷 85.5	38 +2 Sr 锶 87.6	39 +3 Y 钇 88.9	40 +4 Zr 锆 91.2	41 +5 +3 Nb 铌 92.9	42 +6 +2 Mo 钼 95.9	43 +7 +3 Tc 锝 (99)	44 +3 Ru 钌 101.1	45 +3 Rh 铑 102.9	46 +2 +3 +4 Pd 钯 106.4	47 +1 Ag 银 107.9	48 +3 Cd 镉 112.4	49 +3 +1 In 铟 114.8	50 +2 +4 Sn 锡 118.7	51 −3 +5 Sb 锑 121.8	52 −2 +4 +6 Te 碲 127.6	53 −1 I 碘 126.9	54 Xe 氙 131.3
55 +1 Cs 铯 132.9	56 +2 Ba 钡 137.3	57 +3 La 镧 138.9	72 +4 Hf 铪 178.5	73 +5 Ta 钽 180.9	74 +6 +2 W 钨 183.9	75 +7 +3 Re 铼 186.2	76 +2 +3 +4 Os 锇 190.2	77 +2 +3 +4 Ir 铱 192.2	78 +2 +4 Pt 铂 195.1	79 +1 +3 Au 金 197.0	80 +1 +2 Hg 汞 200.6	81 +1 +3 Tl 铊 204.4	82 +2 +4 Pb 铅 207.2	83 −3 +5 Bi 铋 209.0	84 ±2 +4 Po 钋 (209)	85 −1 At 砹 (210)	86 Rn 氡 (222)
87 +1 Fr 钫 (223)	88 +2 Ra 镭 (226)	89 +3 Ac 锕 (227)															

镧系	58 +3 +4 Ce 铈 140.1	59 +3 +4 Pr 镨 140.9	60 +3 Nd 钕 144.2	61 +3 Pm 钷 (145)	62 +2 +3 Sm 钐 150.4	63 +2 +3 Eu 铕 152.0	64 +3 Gd 钆 157.3	65 +3 +4 Tb 铽 158.9	66 +3 Dy 镝 162.5	67 +3 Ho 钬 164.9	68 +3 Er 铒 167.3	69 −2 −3 Tm 铥 168.9	70 −2 −3 Yb 镱 173.0	71 −3 Lu 镥 175.0
锕系	90 +4 Th 钍 232.0	91 +4 +5 Pa 镤 (231)	92 +3 +4 +5 +6 U 铀 238.0	93 +3 +4 +5 +6 Np 镎 (244)	94 +3 +4 +5 +6 Pu 钚 (244)	95 +3 +4 +5 +6 Am 镅 (243)	96 +3 Cm 锔 (247)	97 +3 +4 Bk 锫 (247)	98 Cf 锎 (251)	99 Es 锿 (252)	100 Fm 镄 (257)	101 Md 钔 (258)	102 No 锘 (259)	103 Lr 铹 (260)

注：括号中的质量是稳定同位素的质量数。

附录 B　国际标准单位（SI）换算表

如何读表

本表提供了换算成国际标准单位的转换系数。

此系数可看成是单位的倍数。例如：

长度：m/X

0.0254in

0.3048ft

其含义是指

1=0.0254（m/in）

1=0.3048（m/ft）

国际标准单位直接在数量后面；此示例中：长度：m/X。"m"代表米，"X"代表相同数量的非国际标准单位。这些非国际标准单位按照数字转换系数进行换算。

注意：下表中所有各项中，"ton"皆指美制（U.S.）单位，不是公吨。

面积：m^2/ X	1.0×10^{-4}	cm^2
	1.0×10^{-12}	μm^2
	0.0929	ft^2
	6.452×10^{-4}	in^2
	0.8361	yd^2
	4047	acre
	2.59×10^{6}	mi^2
密度：(kg/m^3)/X	1000	g/cm^3
	16.02	lbm/ft^3
	119.8	lbm/gal
	27700	lbm/in^3
	2.289×10^{-3}	$grain/ft^3$
扩散系数：(m^2/s)/X	1.0×10^{-4}	cm^2/s
	2.78×10^{-4}	m^2/h
	0.0929	ft^2/s
	2.58×10^{-5}	ft^2/h
电量：C/X	1	A·s
	10	绝对库仑
	3.336×10^{-10}	静电库仑
电导：S/X	1	Ω^{-1}
电场强度：(V/m)/X	1	$(kg\cdot m)/(A\cdot s^3)$
	100	V/cm
	39.4	V/in
电阻率：(Ω·cm)/X	1	$(kg\cdot m^5)/(A^2\cdot s^3)$
	1.0×10^{-9}	绝对欧姆·米
	8.988×10^{11}	静电欧姆·米

续表

能量:J/X	3.6×10^{6}	kW・h
	4.187	cal
	4187	kcal
	1.0×10^{-7}	erg
	1.356	ft・lbf
	1055	Btu
	0.04214	ft・pdl
	2.685×10^{6}	hp・h
	1.055×10^{8}	therm
	0.113	in・lbf
	4.48×10^{4}	hp・min
	745.8	hp・s
能量密度:$(J/m^3)/X$	3.6×10^{6}	kW・h/m^3
	4.187×10^{6}	cal/cm^3
	4.187×10^{9}	$kcal/cm^3$
	0.1	erg/cm^3
	47.9	ft・lbf/ft^3
	3.73×10^{4}	Btu/ft^3
	1.271×10^{8}	kW・h/ft^3
	9.48×10^{7}	hp・h/ft^3
线能量:(J/m)/X	418.7	cal/cm
	4.187×10^{5}	kcal/cm
	1.0×10^{-5}	erg/cm
	4.449	ft・lbf/ft
	3461	Btu/ft
	8.81×10^{6}	hp. h/ft
	1.18×10^{7}	kW・h/ft
面能量:$(J/m^2)/X$	41.868	cal/cm^2
	4.187×10^{7}	$kcal/cm^2$
	0.001	erg/cm^2
	14.60	ft・lbf/ft^2
	11.360	Btu/ft^2
	2.89×10^{7}	hp・h/ft^2
	3.87×10^{7}	kW・h/ft^2
质量流量:(kg/s)/X	1.0×10^{-3}	g/s
	2.78×10^{-4}	kg/h
	0.4536	lbm/s
	7.56×10^{-3}	lbm/min
	1.26×10^{-4}	lbm/h
体积流量	1.0×10^{-6}	cm^3/s
	0.02832	cfs
	1.639×10^{-5}	in^3/s
	4.72×10^{-4}	cfm
	7.87×10^{-6}	cfh
	3.785×10^{-3}	gal/s
	6.308×10^{-5}	gpm
	1.051×10^{-6}	gph

续表

力:N/X	1.0×10^{-5}	dyn
	1	kg·m/s
	9.8067	kg(力)
	9.807×10^{-3}	g(力)
	0.1383	pdl
	4.448	lbf
	4448	kip
	8896	ton(力)
热传递系数:(W/m·K)/X	41.868	cal/(s·cm^2·℃)
	1.163	kcal/(h·m^2·℃)
	1.0×10^{-3}	erg/(s·cm^2·℃)
	5.679	Btu/(h·ft^2·℉)
	12.52	kcal/(h·ft^2·℃)
亨利常数:(N/m^2)/X	1.01326×10^5	atm
	133.3	mmHg
	6893	lbf/in^2
	47.89	lbf/ft^2
长度:m/X	0.01	cm
	1.0×10^{-6}	μm
	1.0×10^{-10}	Å
	0.3408	ft
	0.0254	in
	0.9144	yd
	1609.3	mi
质量:kg/X	1.0×10^{-3}	g
	0.4536	lbm
	6.48×10^{-5}	grain
	0.2835	oz(avdp)
	907.2	ton(美制)
	14.59	slug
单位面积质量:(kg/m^2)/X	10	g/cm^2
	4.883	lbm/ft^2
	703.0	lbm/in^2
	3.5×10^{-4}	ton/mi^2
功率:W/X	4.187	cal/s
	4187	kcal/s
	1.0×10^{-7}	erg/s
	1.356	ft·lbf/s
	0.293	Btu/h
	1055	Btu/s
	745.8	hp
	0.04214	ft·pdl/s
	0.1130	in·lbf/s
	3517	Ton(制冷)
	17.6	Btu/min

续表

功率密度:(W/m^3)/X	4.187×10^6	cal/(s·cm^3)
	4.187×10^9	kcal/(s·cm^3)
	0.1	erg/(s·cm^3)
	47.9	ft·lbf/(s·ft^3)
	3.73×10^4	Btu/(s·ft^3)
	10.36	Btu/(h·ft^3)
	3.53×10^4	kW/ft^3
	2.63×10^4	hp/ft^3
压力、应力:Pa/X	0.1	dyn/cm^2
	1	N/m^2
	9.8067	kg(f)/m^2
	1.0×10^5	bar
	1.0133×10^5	atm(标准大气压)
	1.489	pdl/ft^2
	47.88	lbf/ft^2
	6984	lbf/in^2(psi)
	1.38×10^7	ton(f)/in^2
	249.1	inH$_2$0
	2989	ftH$_2$O
	133.3	torr,mmHg
	3386	inHg
电阻:Ω/X	1	(kg·m^2)/(A^2·s^3)
	1	V/A
	1.0×10^{-9}	绝对欧姆
	8.988×10^{11}	静电欧姆
比热容,气体常数:(J/kg·K)/ X	1	m^2/(s^2·K)
	4187	cal/(g·℃)
	1.0×10^{-4}	erg/(g·℃)
	5.38	(ft·lbf)/(lbm·℉)
温度:K/X(difference)	0.5555	°R
	0.5555	℉
	1.0	℃
热导率:[W/(m·K)]/X	418.7	cal/(s·cm·℃)
	1.163	kcal/(h·m·℃)
	1.0×10^{-5}	erg/(s·cm·℃)
	1.731	Btu/(h·ft·℉)
	0.1442	(Btu·in)/(h·ft^2·℉)
	2.22×10^{-3}	(ft·lbf)/(h·ft·℉)
时间:s/X	60	min
	3600	h
	86400	day
	3.156×10^7	a
扭矩:(N·m)/X	1.0×10^{-7}	dyn·cm
	1.356	lbf·ft
	0.0421	pdl·ft
	2.989	kg(f)·ft

续表

速度：(m/s)/X	0.01	cm/s
	2.78×10^{-4}	m/h
	0.278	km/h
	0.3048	ft/s
	5.08×10^{-3}	ft/min
	0.477	mi/h
角速度：(rad/s)/X	0.01677	rad/min
	2.78×10^{-4}	rad/h
	0.1047	rev/min
动力黏度：[kg/(m·s)]/X	1	$(N\cdot s)/m^2$
	0.1	P
	0.001	cP
	2.78×10^{-4}	kg/(m·h)
	1.488	lbm/(ft·s)
	4.134×10^{-4}	lbm/(ft·h)
	47.91	$(lbf\cdot s)/ft^2$
[g/(cm·s)]/X	1	P
运动黏度：$(m^2/s)/X$	1.0×10^{-4}	St
	2.778×10^{-4}	m^2/h
	0.0929	ft^2/s
	2.581×10^{-5}	ft^2/h
$(cm^2/s)/X$	1	St
体积、容积：m^3/X	1.0×10^{-6}	cm^3
	1.0×10^{-3}	L
	1.0×10^{-18}	μm^3
	0.02832	ft^3
	1.639×10^{-5}	in^3
	3.785×10^{-3}	gal(美制)
电压、电势：V/X	1.0	$(kg\cdot m^2)/(A\cdot s^3)$
	1	W/A

换算表使用说明：

括弧｛｝内数值选自上面国际单位换算表。

例 1：为了计算 10 英尺（ft）相当于多少米，表中所提供的转换系数为 0.3048m/ft，因此，10ft×0.3048 m/ft=3.048m。

例 2：将热导率 10kcal/(h·m·℃)转换为国际标准单位（SI），为这些单位选择合适的转换系数，即可得到：10[kcal/(h·m·℃)]×{1.163 [W/(m·K)]/[kcal/(h·m·℃)]}=11.63 W/(m·K)。

附录 C 参比电极

C.1 参比电极的作用

腐蚀金属的电位，通常术称腐蚀电位 E_{corr}，可能是腐蚀研究或腐蚀监测中最有用的可测量参数。金属在某环境中的腐蚀电位很容易测量，通过确定该环境中金属与合适参比电极之间的电位差就可以得到。

将参比电极放置在测量仪器（如高阻电位计）与暴露在给定环境中的金属表面之间，从而形成一个测量回路。参比电极作为电位测量电化学池中的第二电极，与溶液或腐蚀环境通过液相界面相接。一个有用的参比电极，必须具有稳的电极电位，且重现性好，所指示电位具有可比性。

参比电极通常包括一个内部元件（如银-氯化银或铜-硫酸铜）和一个空腔，其中空腔中含有合适填充溶液以及形成液接界面的装置，如毛细管、陶瓷塞、多孔盘或毛玻璃套管。参比电极通常使用含有过剩盐晶体的饱和溶液。在正常使用期间，由于一些离子会通过液体界面扩散到参比电池之外，因此过剩盐晶体会溶解到半电池溶液中。这种过剩盐缓冲作用延长了由于离子消耗而使参比电池电位发生偏移的时间。

图 C.1 显示了一个用实验室电池测量金属腐蚀电位的实验装置。使用一个能够准确测量小电压而无任何明显电流的高阻电位计来测量参考电极和金属之间的电压差，即可实现腐蚀电位的测量。注意：在图 C.1 中，参比电极带有一个鲁金毛细管，可以防止环境介质对参比电极的污染以及相反的污染，即泄漏某些腐蚀性介质到被监测环境介质中，同时可在非常接近被监测金属表面进行电位测量，预防溶液电阻过大产生的误差。在测量被阴极保护（参见第十四章）的金属的腐蚀电位，或者使用第十章所介绍的电位或电流扫描技术进行腐蚀测试等工作时，后面这一预防作用特别重要。

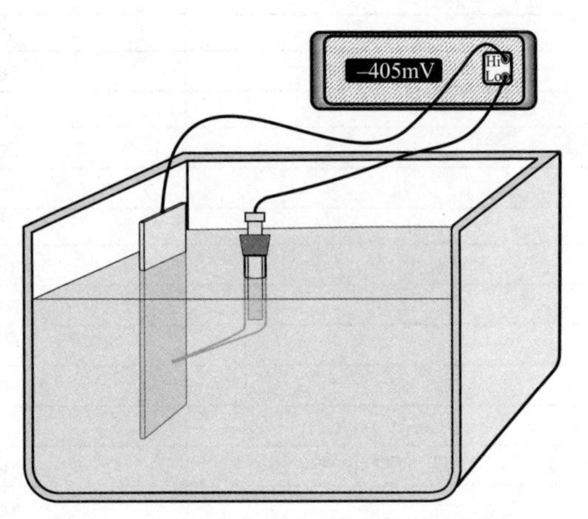

图 C.1　测量样品腐蚀电位的实验装置

尽管图 C.1 所示的简单装置很适合实验室环境中腐蚀电位的测量，但是肯定不适合现场测试。不过，电位测量原理都类似，无论何种场合，即使通常无法在接近被监测设备表面找到一个合适的腐蚀电位测试点的情况下，也是如此。只是此时必须采用一些特殊的 IR（欧姆降）补偿技术进行电位修正，正如在第十四章所讨论的阴极保护示例中所述。

在测量和报告腐蚀电位时，电位大小和符号必须标明。图 C.1 中所示例子中，金属 M 的腐蚀电位为－0.405V。负号表示金属的电位相对参比电极为负值。但是，如果金属与电位计的低端子（Lo）相连，而参比电极与电位计高端子（Hi）相接，那么读数将为＋0.405V。通常，参比电极与低端子或仪器接地极相连，以免数据报告混淆。然而尽管如此，有些电化学仪器厂商仍然采取相反的做法。

最早使用的参比电极是氢电极，因为它容易制造，且容易维护。制备氢电极时所需要做的就是用已知 pH 值的酸溶液来浸泡产氢，使氢饱和。贵金属电极（如镀铂黑铂电极）常用作此目的。不过，在大多数环境中，标准氢电极都非常不适用。表 C.1 列出了在腐蚀研究中其他一些最常用的半电池及其相对标准氢电极的电极电位。

表 C.1 介绍了可在实验室和现场设备中使用的大多数参比电极的化学特征，表 C.2 和表 C.3 相应地分别列出了制备这些电极所用可溶和固态离子的相关热力学数据。表 C.4 显示了通过计算获得的每个电极在 60℃下（即远离标准温度 25℃）的电位值。

表 C.1　常用参比电极在25℃时的平衡电位

名称	平衡反应和能斯特方程	条件	电位/V_{SHE}	温度系数/(mV/℃)
标准氢电极(SHE)	$2H^+ + 2e^- = H_2$ $E = E_0 - 0.059pH$	pH=0	0.00	
氯化银	$AgCl + e^- = Ag + Cl^-$ $E = E_0 - 0.059\lg a_{Cl^-}$	$a_{Cl^-}=1$	0.224	−0.6
		0.1mol/L KCl	0.2881	—
		1.0mol/L KCl	0.235	—
		饱和KCl	0.199	—
		海水	−0.250	—
甘汞	$Hg_2Cl_2 + 2e^- = 2Hg + 2Cl^-$ $E = E_0 - 0.059\lg a_{Cl^-}$	$a_{Cl^-}=1$	0.268	
		0.1mol/L KCl	0.337	−0.06
		1.0mol/L KCl	0.280	−0.24
		饱和KCl	0.241	−0.65
硫酸亚汞	$Hg_2SO_4 + 2e^- = 2Hg + SO_4^{2-}$ $E = E_0 - 0.0295\lg a_{SO_4^{2-}}$	$a_{SO_4^{2-}}=1$	0.6151	
氧化汞	$HgO + 2e^- + 2H^+ = Hg + H_2O$ $E = E_0 - 0.059pH$		0.926	
硫酸铜	$Cu^{2+} + 2e^- = Cu$(硫酸盐溶液) $E = E_0 - 0.0295\lg a_{Cu^{2+}}$	$a_{Cu^{2+}}=1$	0.340	
		饱和$CuSO_4$	0.318	

表 C.2　60℃时常用参比电极中纯粒子、自由能以及电化学势的热力学数据

粒子	G^0(298K)/(J/mol)	S^0(298K)/(J/mol)	A	B	C	C_p(333K)/[J/(mol·K)]	G^0(333K)/(J/mol)
O_2	0	205	29.96	4.184	−1.674	29.85	−7234.04
H_2	0	131	27.28	3.263	0.502	28.8	−4642.01
H_2O	−237000	69.9	10.669	42.284	−6.903	18.5	−239483.00
Ag	0	42.55	21.297	8.535	1.506	25.5	−1539.69
Cu	0	33.2	22.635	6.276		24.7	−1210.91
Hg	0	76.02	26.94	0	0.795	27.7	−2715.41
AgCl	−109805	96.2	62.258	4.184	−11.297	53.5	−113277
Hg_2Cl_2	−210778	192.5	63.932	43.514	0	78.4	−217670
Hg_2SO_4	−625880	200.66	131.96			132	−633164
HgO	−58555	70.29	34.853	30.836	0	45.1	−61104.4

表 C.3　60℃时常用参比电极中可溶性粒子、自由能以及电化学势的热力学数据

粒子	G^0(298K)/(J/mol)	S^0(298K)/(J/mol)	$\check{S}$(298K)/(J/mol)	a	b	C_p(333K)/[J/(mol·K)]	G^0(333K)/(J/mol)
H^+	0	0	−20.9	0.065	−0.005	118.7525	−234.927
Cu^{2+}	65689	−207.2	−249.04	0.13	−0.00166	301.9618	72343.6
Cl^-	−131260	−12.6	8.32	−0.37	0.0055	−473.9694	−129881
SO_4^{2-}	−744600	10.752	52.592	−0.37	0.0055	−397.1863	−744190

表 C.4　最常用参比电极在60℃的平衡状态下的详细计算数据

电极名称	反应物 ΔG^0/(J/mol)	产物 ΔG^0/(J/mol)	反应的 ΔG^0/(J/mol)	电位/V_{SHE}
氢	−470	−46420	−4172	0.0216
氯化银	−113277	−131421	−18144	0.1880
甘汞	−217670	−265193	−47523	0.2463

续表

电极名称	反应物 ΔG^0/(J/mol)	产物 ΔG^0/(J/mol)	反应的 ΔG^0/(J/mol)	电位/V_{SHE}
硫酸亚汞	−633164	−749621	−116457	0.6035
氧化汞	−61574	−242199	−180624	0.9360
硫酸铜	72344	−1211	−73555	0.3812

注：所有粒子活度都视为1。

C.1.1 参比电极之间的换算

在报告电化学电位测量结果时，指明所用参比电极极为重要。为了将所测电位值与使用表C.1中所列的其他任何参比半电池所获得的类似数据进行比较，标明所用参比电极信息必不可少。图C.2以可视化图表形式显示了表C.1所列部分信息。

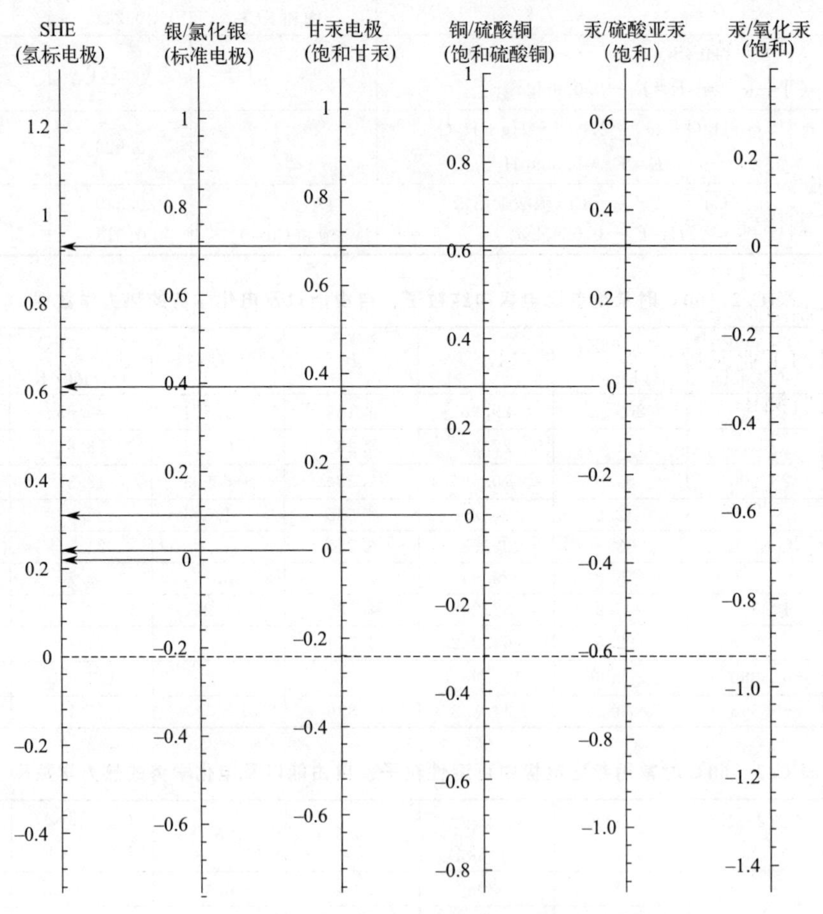

图C.2 最常用参比电极的电极电位的图形可视化比较

在测量埋地钢管与饱和铜/硫酸铜参比电极（CCSRE）之间的电位时，电位测量值可能显示为−0.700V。为将这个电位值转化相对于电位为0的氢标电极的电位时，必须在所测电位值的基础上加上0.318V，最终得到相对标准氢电极（SHE）的电位为−0.382V。

C.1.2 银/氯化银参比电极

由于银/氯化银电极很简单、价格便宜、电位稳定且无毒，因此广泛作为参比电极使用。银/氯化银参比电极作为实验室用电极时，如图C.3所示，主要使用饱和氯化钾电解液，但也可使用低浓度氯化钾（如 1mol/L 的氯化钾）电解液，甚至可以直接使用海水。正如表 C.1 所示，这种离子浓度的变化也会改变参比电极的电极电位。氯化银在强氯化钾溶液中微溶，因此，有时推荐使用氯化银饱和的氯化钾溶液，以避免银丝上氯化银脱落。

常见的实验室用银/氯化银电极是使用一根涂有一薄层氯化银膜的银丝，其中氯化银薄膜可通过电镀或在熔融氯化银中浸渍制备。工业用电极的制备原理相同，但电极几何形状不同，如平面电极。当电极置于饱和氯化钾溶液中时，稳定电位为相对于氢标电极（SHE）199mV。方程式(C.1）所示半电池反应的电极电位由溶液中氯离子浓度决定，可通过能斯特方程式求得(C.2)。

$$AgCl+e^- \rightleftharpoons Ag+Cl^- \qquad E^0_{red}=0.2224V_{SHE} \tag{C.1}$$

$$E_{Ag/AgCl}=E^0_{Ag/AgCl}-0.059\lg a_{Cl^-} \tag{C.2}$$

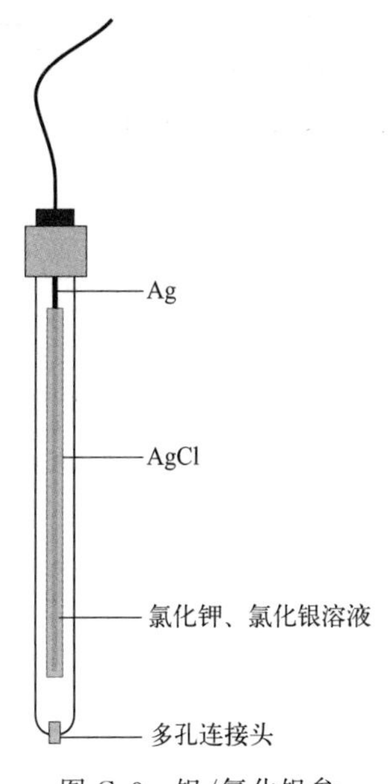

图 C.3　银/氯化银参比电极示意图

银-氯化银半电池的电极电位与氯离子浓度成正比，无论氯离子是来源于氯化钠、氯化钾、氯化铵还是其他任何氯化物盐，只要氯离子浓度保持恒定，电位就会保持不变。

由于其制造简单且坚固，银/氯化银电极可在大量需要测量或控制电位的工业应用场合中作为参比电极使用。在海洋船舶外加电流阴极保护（ICCP）系统的电位监测中，这种半电池参比电极已成为不可或缺的一部分，就是它的一个重要工业应用实例。

C.1.3　铜/硫酸铜参比电极

铜/硫酸铜半电池一般用在埋地系统中的电位测量。图 C.4 显示了用于土壤中的饱和

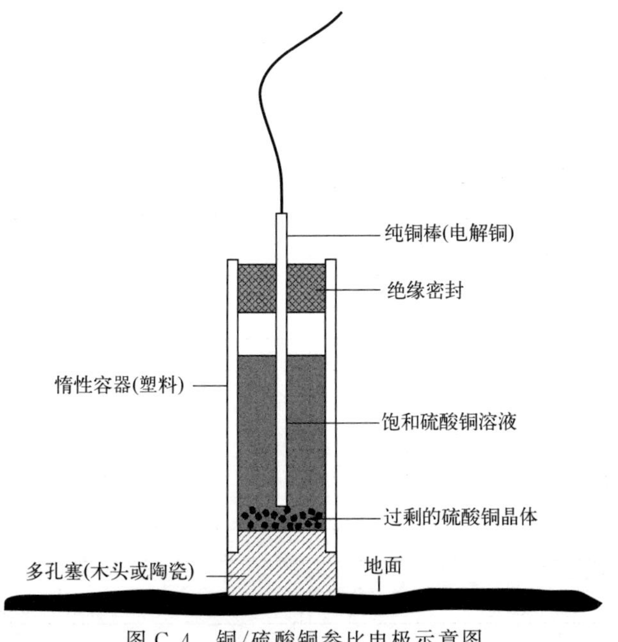

图 C.4　铜/硫酸铜参比电极示意图

铜/硫酸铜电极（CCSRE）的构造原理，图 C.5 显示了一个准备用作现场测试的商用饱和铜/硫酸铜电极。通常所指管道-土壤之间的电位实际上测量的是管道与所用参比电极之间的电位。土壤本身相对管道电位并无一个标准的电位值，但是管道电位可单独测量出来。

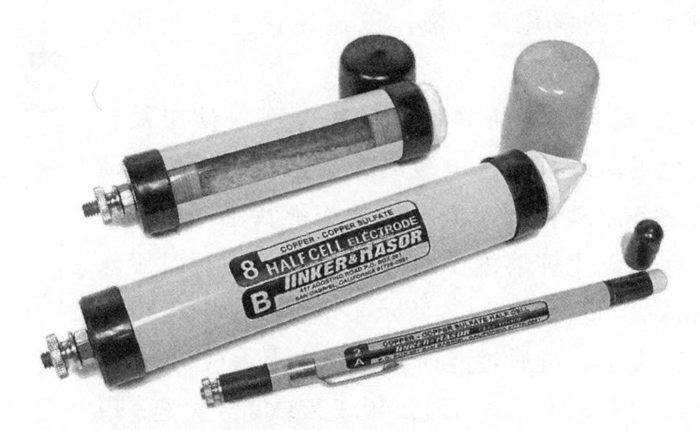

图 C.5　商用铜/硫酸铜参比电极（由 Tinker 和 Rasor 供图）

饱和铜/硫酸铜电极的半电池电位仅仅依赖铜与溶液中铜离子之间建立的电化学平衡状态，如反应式(C.3) 所示，相应的能斯特方程为方程(C.4)。

$$Cu^{2+}+2e^{-}\rightleftharpoons Cu(s)\qquad E^{0}_{red}=0.340V_{SHE} \tag{C.3}$$

$$E_{Cu/Cu^{2+}}=E^{0}_{Cu/Cu^{2+}}+0.059\lg a_{Cu^{2+}} \tag{C.4}$$

铜在饱和铜/硫酸铜溶液中平衡状态轻微受温度影响，其他除了光之外的因素对它根本没有影响。因此，这个参比电极有一个相对稳定的半电池电位，可以可靠地在现场电位测量中使用。

C.1.3.1　计算举例

饱和铜/硫酸铜电极可用硫酸铜溶液制备，而硫酸铜溶液由 40g 五水硫酸铜溶于 25mL 蒸馏水中配制而成。饱和溶液中应含有约 260g/L 的硫酸铜（22℃）。下面两组实验分别测试温度维持在 22℃的饱和铜/硫酸铜电极与另一个温度不同（表 C.5 第一组）或硫酸铜溶液不同（表 C.5 第二组）的铜/硫酸铜电极之间的电位差。[1]

表 C.5　饱和铜/硫酸铜电极（22℃）与温度不同（表 C.5 第一组）或硫酸铜溶液不同（表 C.5 第二组）的铜/硫酸铜电极之间进行电位差异

第一组　温度影响	
温度/℃	测量的电位差/mV
3	−16
22	0
36	+11
46	+24
第二组　硫酸铜浓度影响	
浓度/(g/L)	测量的电位差/mV
饱和	0
230	−1
100	−6
77	−9
26	−17
10	−24

问题 1：用基本热力学方程计算 22℃下饱和铜/硫酸铜电极的理论电极电位。假定使用 260g/L 的硫酸铜可使溶液达到饱和，且所有活度系数皆为 1。

解答：首先用表 C.2 和表 C.3 中所列热力学数据计算铜/硫酸铜电极所涉及的所有粒子进行温度矫正后的 G^0；然后按照前面铝-空气例子中所用方法，通过加和所有的反应物和产物的 G^0，计算得到反应的 G^0。最后的答案应该是 0.3372V（相对于氢标电极）。

问题 2：计算由于温度影响（表 C.5 中第一组）造成的铜/硫酸铜电极的电位偏移量。计算结果与实际观测到的值相比如何？

解答：

温度/℃	E^0/ V_{SHE}	$2.303RT/nF$①	修正后的 E^0/V_{SHE}	与 22℃时电位差 /mV
3	0.3119	0.0274	0.3124	−24.76
22	0.3367	0.0293	0.3372	0.00
36	0.3538	0.0307	0.3544	17.21
46	0.3656	0.0317	0.3661	28.95

① 修正由于活度系数的影响。

问题 3：计算由于浓度影响（表 C.5 中第二组）造成的铜/硫酸铜电极的电位偏移量。计算结果与实际观测到的值相比如何？

解答：

浓度/(g/L)	摩尔浓度/(mol/L)	修正后的 E^0/V_{SHE}	与 22℃时电位差/mV
260	1.0417	0.3372	0.00
230	0.9215	0.3356	−1.56
100	0.4006	0.3250	−12.15
77	0.3085	0.3217	−15.48
26	0.1042	0.3079	−29.29
10	0.0401	0.2957	−41.44

参考文献

[1] Pawell, S. J., Lopez, R. J., and Ondak, E., Chemical and Environmental Influences on Copper/Copper Sulfate Reference Electrode Half Cell Potential. *Materials Performance* 1998; 38: 24–29.

附录 D　工程合金的化学成分

变形铝合金（锻造铝合金）的化学成分范围

UNS	AA No.	Si	Fe	Cu	Mn	Mg	Cr	Ni	Zn	Ti
A91050	1050	0.25	0.40	0.05	0.05	0.05	—	—	0.05	0.03
A91060	1060	0.25	0.35	0.05	0.03	0.03	—	—	0.05	0.03
A91100	1100	1.0 Si+Fe		0.05～0.20	0.05	—	—	—	0.10	—
A91145	1145	0.55 Si+Fe		0.05	0.05	0.05	—	—	0.05	0.03
A91175	1175	0.15 Si+Fe		0.10	0.02	0.02	—	—	0.04	0.02
A91230	1230	0.7 Si+Fe		0.10	0.05	0.05	—	—	0.10	0.03
A91235	1235	0.65 Si+Fe		0.05	0.05	0.05	—	—	0.10	0.06
A91345	1345	0.30	0.40	0.10	0.05	0.05	—	—	0.05	0.03
A91350	1350	0.10	0.40	0.05	0.01	—	0.01	—	0.05	—
A92011	2011	0.40	0.7	5.0～6.0	—	—	—	—	0.30	—
A92014	2014	0.50～1.2	0.7	3.9～5.0	0.40～1.2	0.20～0.8	0.10	—	0.25	0.15
A92017	2017	0.20～0.8	0.7	3.5～4.5	0.40～1.0	0.40～0.8	0.10	—	0.25	0.15

续表

UNS	AA No.	Si	Fe	Cu	Mn	Mg	Cr	Ni	Zn	Ti
A92018	2018	0.9	1.0	3.5～4.5	0.20	0.45～0.9	0.10	1.7～2.3	0.25	—
A92024	2024	0.50	0.50	3.8～4.9	0.30～0.9	1.2～1.8	0.10	—	0.25	0.15
A92025	2025	0.50～1.2	1.0	3.9～5.0	0.40～1.2	0.05	0.10	—	0.25	0.15
A92036	2036	0.50	0.50	2.2～3.0	0.10～0.40	0.30～0.6	0.10	—	0.25	0.15
A92117	2117	0.8	0.7	2.2～3.0	0.20	0.20～0.50	0.10	—	0.25	—
A92124	2124	0.20	0.30	3.8～4.9	0.30～0.9	1.2～1.8	0.10	—	0.25	0.15
A92218	2218	0.9	1.0	3.5～4.5	0.20	1.2～1.8	0.10	1.7～2.3	0.25	—
A92219	2219	0.20	0.30	5.8～6.8	0.20～0.40	0.02	—	—	0.10	0.02～0.10
A92319	2319	0.20	0.30	5.8～6.8	0.20～0.40	0.02	—	—	0.10	0.10～0.20
A92618	2618	0.10～0.25	0.9～1.3	1.9～2.7	—	1.3～1.8	—	0.9～1.2	0.10	0.04～0.10
A93003	3003	0.6	0.7	0.05～0.20	1.0～1.5	—	—	—	0.10	—
A93004	3004	0.30	0.7	0.25	1.0～1.5	0.8～1.3	—	—	0.25	—
A93005	3005	0.6	0.7	0.30	1.0～1.5	0.20～0.6	0.10	—	0.25	0.10
A93105	3105	0.6	0.7	0.30	0.30～0.8	0.20～0.8	0.20	—	0.40	0.10
A94032	4032	11.0～13.5	1.0	0.50～1.3	—	0.8～1.3	0.10	0.50～1.3	0.25	—
A94043	4043	4.5～6.0	0.8	0.30	0.05	0.05	—	—	0.10	0.20
A94045	4045	9.0～11.0	0.8	0.30	0.05	0.05	—	—	0.10	0.20
A94047	4047	11.0～13.0	0.8	0.30	0.15	0.10	—	—	0.20	—
A94145	4145	9.3～10.7	0.8	3.3～4.7	0.15	0.15	0.15	—	0.20	—
A94343	4343	6.8～8.2	0.8	0.25	0.10	—	—	—	0.20	—
A94643	4643	3.6～4.6	0.8	0.10	0.05	0.10～0.30	—	—	0.10	0.15
A95005	5005	0.30	0.7	0.20	0.20	0.50～1.1	0.10	—	0.25	—
A95050	5050	0.40	0.7	0.20	0.10	1.1～1.8	0.10	—	0.25	—
A95052	5052	0.25	0.40	0.10	0.10	2.2～2.8	0.15～0.35	—	0.10	—
A95056	5056	0.30	0.40	0.10	0.05～0.20	4.5～5.6	0.05～0.20	—	0.10	—
A95083	5083	0.40	0.40	0.10	0.40～1.0	4.0～4.9	0.05～0.25	—	0.25	0.15
A95086	5086	0.40	0.50	0.10	0.20～0.7	3.5～4.5	0.05～0.25	—	0.25	0.15
A95154	5154	0.25	0.40	0.10	0.10	3.1～3.9	0.15～0.35	—	0.20	0.20
A95183	5183	0.40	0.40	0.10	0.50～1.0	4.3～5.2	0.05～0.25	—	0.25	0.15
A95252	5252	0.08	0.10	0.10	0.10	2.2～2.8	—	—	0.05	—
A95254	5254	0.45 Si+Fe		0.05	0.01	3.1～3.9	0.15～0.35	—	0.20	0.05
A95356	5356	0.25	0.40	0.10		4.5～5.5	0.05～0.20	—	0.10	0.06～0.20
A95454	5454	0.25	0.40	0.10			0.05～0.20	—	0.25	0.20
A95456	5456	0.25	0.40	0.10			0.05～0.20	—	0.25	0.20
A95457	5457	0.08	0.10	0.20	0.15～0.45		—	—	0.05	—
A95554	5554	0.25	0.40	0.10	0.50～1.0		0.05～0.20	—	0.25	0.05～0.20
A95556	5556	0.25	0.40	0.10	0.50～1.0	—	0.05～0.20	—	0.25	0.05～0.20
A95652	5652	0.40 Si+Fe		0.04	0.01	2.2～2.8	0.15～0.35	—	0.10	—
A95654	5654	0.45 Si+Fe		0.05	0.01	3.1～3.9	0.15～0.35	—	0.20	0.05～0.15
A95657	5657	0.08	0.10	0.10	0.03	0.6～1.0		0.05	—	
A96003	6003	0.35～1.0	0.6	0.10	0.8	0.8～1.5	0.35	—	0.20	0.10
A96005	6005	0.6～0.9	0.35	0.10	0.10	0.40～0.6	0.01	—	0.10	0.10
A96009	6009	0.6～1.0	0.50	0.15～0.6	0.20～0.8	0.40～0.8	0.10	—	0.25	0.10
A96010	6010	0.8～1.2	0.50	0.15～0.6	0.20～0.8	0.60～1.0	0.10	—	0.25	0.10
A96053	6053	Mg×0.5	0.35	0.10	—	1.1～1.4	0.15～0.35	—	0.10	—
A96061	6061	0.40～0.8	0.7	0.15～0.40	0.15	0.8～1.2	0.04～0.35	—	0.25	0.15
A96063	6063	0.20～0.6	0.35	0.10	0.10	0.45～0.9	0.10	—	0.10	0.10
A96066	6066	0.9～1.8	0.50	0.7～1.2	0.6～1.1	0.8～1.4	0.40	—	0.25	0.20
A96070	6070	1.0～1.7	0.50	0.15～0.40	0.40～1.0	0.50～1.2	0.10	—	0.25	0.15
A96101	6101	0.30～0.7	0.50	0.10	0.03	0.35～0.8	0.03	—	0.10	—

续表

UNS	AA No.	Si	Fe	Cu	Mn	Mg	Cr	Ni	Zn	Ti
A96105	6105	0.6～1.0	0.35	0.10	0.10	0.45～0.8	0.10	—	0.10	0.10
A96151	6151	0.6～1.2	1.0	0.35	0.20	0.45～0.8	0.15～0.35	—	0.25	0.15
A96162	6162	0.40～0.8	0.50	0.20	0.10	0.7～1.1	0.10	—	0.25	0.10
A96201	6201	0.50～0.9	0.50	0.10	0.03	0.6～0.9	0.03	—	0.10	—
A96253	6253	Mg×0.5	0.50	0.10	—	1.0～1.5	0.04～0.35	—	1.6～2.4	—
A96262	6262	0.40～0.8	0.7	0.15～0.40	0.15	0.8～1.2	0.04～0.14	—	0.25	0.15
A96351	6351	0.7～1.3	0.50	0.10	0.40～0.8	0.40～0.8	—	—	0.20	0.20
A96463	6463	0.20～0.6	0.15	0.20	0.05	0.45～0.9	—	—	0.05	—
A96951	6951	0.20～0.50	0.8	0.15～0.40	0.10	0.40～0.8	—	—	0.20	—
A97001	7001	0.35	0.40	1.6～2.6	0.20	2.6～3.4	0.18～0.35	—	6.8～8.0	0.20
A97005	7005	0.35	0.40	0.10	0.20～0.7	1.0～1.8	0.06～0.20	—	4.0～5.0	0.01～0.06
A97008	7008	0.10	0.10	0.05	0.05	0.7～1.4	0.12～0.25	—	4.5～5.5	0.05
A97016	7016	010	0.12	0.45～1.0	0.03	0.8～1.4	—	—	4.0～5.0	0.03
A97021	7021	0.25	0.40	0.25	0.10	1.2～1.8	0.05	—	5.0～6.0	0.10
A97029	7029	0.10	0.12	0.50～0.9	0.03	1.3～2.0	—	—	4.2～5.2	0.05
A97049	7049	0.25	0.35	1.2～1.9	0.20	2.0～2.9	0.10～0.22	—	7.2～8.2	0.10
A97050	7050	0.12	0.15	2.0～2.6	0.10	1.9～2.6	0.04	—	5.7～6.7	0.06
A97072	7072	0.7 Si+Fe		0.10	0.10	0.10	—	—	0.8～1.3	—
A97075	7075	0.40～0.50		1.2～2.0	0.30	2.1～2.9	0.18～0.28	—	5.1～6.1	0.20
A97175	7175	0.15～0.20		1.2～2.0	0.10	2.1～2.9	0.18～0.28	—	5.1～6.1	0.10
A97178	7178	0.40～0.50		1.6～2.4	0.30	2.4～3.1	0.18～0.28	—	6.3～7.3	0.20
A97475	7475	0.10	0.12	1.2～1.9	0.06	1.9～2.6	0.18～0.25	—	5.2～6.2	0.06

铸造铝合金的化学成分范围

UNS	AA No.	Si	Fe	Cu	Mn	Mg	Cr	Ni	Zn	Sn	Ti
A02010	201.0	0.10	0.15	4.0～5.2	0.20～0.50	0.15～0.55	—	—	—	—	0.15～0.35
A02020	202.0	0.10	0.15	4.0～5.2	0.20～0.8	0.15～0.55	0.20～0.6	—	—	—	0.15～0.35
A02030	203.0	0.30	0.50	4.5～5.5	0.20～0.30	0.10	—	1.3～1.7	0.10	—	0.15～0.25
A02040	204.0	0.20	0.35	4.2～5.0	0.10	0.15～0.35	—	0.05	0.10	0.05	0.15～0.30
A02060	206.0	0.10	0.15	4.2～5.0	0.20～0.50	0.15～0.35	—	0.05	0.10	0.05	0.15～0.30
A02080	208.0	2.5～3.5	1.2	3.5～4.5	0.50	0.10	—	0.35	1.0	—	0.25
A02130	213.0	1.0～30	1.2	6.0～8.0	0.6	0.10	—	0.35	2.5	—	0.25
A02220	222.0	2.0	1.5	9.2～10.7	0.50	0.15～0.35	—	0.50	0.8	—	0.25
A02240	224.0	0.06	0.10	4.5～5.5	0.20～0.50	—	—	—	—	—	0.35
A02380	238.0	3.5～4.5	1.5	9.0～11.0	0.6	0.15～0.35	—	1.0	1.5	—	0.25
A02400	240.0	0.50	0.50	7.0～9.0	0.30～0.7	5.5～6.5	—	0.30～0.7	0.10	—	0.20
A02420	242.0	1.07	1.0	3.5～4.5	0.35	1.2～1.8	0.25	1.7～2.3	0.35	—	0.25
A02430	243.0	0.35	0.40	3.5～4.5	0.15～0.45	1.8～2.3	0.20～0.40	1.9～2.3	0.05	—	0.06～0.20
A02490	249.0	0.05	0.10	3.8～4.6	0.25～0.50	0.25～0.50	—	—	2.5～3.5	—	0.02～0.35
A02950	295.0	0.7～1.5	1.0	4.0～5.0	0.35	0.03	—	—	0.35	—	0.25
A02960	296.0	2.0～3.0	1.2	4.0～5.0	0.35	0.05	—	0.35	0.50	—	0.25
A03050	305.0	4.5～5.5	0.6	1.0～1.5	0.50	0.10	0.25	—	0.35	0.25	
A03080	308.0	5.0～6.0	1.0	4.0～5.0	0.50	0.10	—	—	1.0	—	0.25
A03190	319.0	5.5～6.5	1.0	3.0～4.0	0.50	0.10	—	0.35	1.0	—	0.25
A03240	324.0	7.0～8.0	1.2	0.40～0.6	0.50	0.40～0.7	—	0.30	1.0	—	0.20
A03280	328.0	7.5～8.5	1.0	1.0～2.0	0.20～0.6	0.20～0.6	0.35	0.25	1.5	—	0.25
A03320	332.0	8.5～10.5	1.2	2.0～4.0	0.50	0.50～1.5	—	0.50	1.0	—	0.25
A03330	333.0	8.0～10.0	1.0	3.0～4.0	0.50	0.05～0.50	—	0.50	1.0	—	0.25
A03360	336.0	11.0～13.0	1.2	0.50～1.5	0.35	0.7～1.3	—	2.0～3.0	0.35	—	0.25

续表

UNS	AA No.	Si	Fe	Cu	Mn	Mg	Cr	Ni	Zn	Sn	Ti
A03390	339.0	11.0～13.0	1.2	1.5～3.0	0.50	0.50～1.5	—	0.50～1.5	1.0	—	0.25
A03430	343.0	6.7～7.7	1.2	0.50～0.9	0.50	0.10	0.10	—	1.2～2.0	0.50	—
A03540	354.0	8.6～9.4	0.20	1.6～2.0	0.10	0.40～0.6	—	—	0.10	—	0.20
A03550	355.0	4.5～5.5	0.6	1.0～1.5	0.50	0.40～0.6	0.25	—	0.35	—	0.25
A03560	356.0	6.5～7.5	0.6	0.25	0.35	0.20～0.45	—	—	0.35	—	0.25
A03570	357.0	6.5～7.5	0.15	0.05	0.03	0.45～0.6	—	—	0.05	—	0.20
A03580	358.0	7.6～8.6	0.30	0.20	0.20	0.40～0.6	0.20	—	0.20	—	0.10～0.20
A03590	359.0	8.5～9.5	0.20	0.20	0.10	0.50～0.7	—	—	0.10	—	0.20
A03600	360.0	9.0～10.0	2.0	0.6	0.35	0.40～0.6	—	0.50	0.50	0.15	—
A03610	361.0	9.5～10.5	1.1	0.50	0.25	0.40～0.6	0.20～0.30	0.20～0.30	0.50	0.10	0.20
A03630	363.0	4.5～6.0	1.1	2.5～3.5	0.25	0.15～0.40	0.20～0.30	0.25	3.0～4.5	0.25	0.20
A03640	364.0	7.5～9.5	1.5	0.20	0.10	0.20～0.40	0.25～0.50	0.15	0.15	0.15	—
A03690	369.0	11.0～12.0	1.3	0.50	0.35	0.25～0.45	0.30～0.40	0.05	1.0	0.10	—
A03800	380.0	7.5～9.5	2.0	3.0～4.0	0.50	0.10	—	0.50	3.0	0.35	—
A03830	383.0	9.5～11.5	1.3	2.0～3.0	0.50	0.10	—	0.30	3.0	0.15	—
A03840	384.0	10.5～12.0	1.3	3.0～4.5	0.50	0.10	—	0.50	3.0	0.35	—
A03850	385.0	11.0～13.0	2.0	2.0～4.0	0.50	0.30	—	0.50	3.0	0.30	—
A03900	390.0	16.0～18.0	1.3	4.0～5.0	0.10	0.45～0.65	—	—	0.10	—	0.20
A03920	392.0	18.0～20.0	1.5	0.40～0.8	0.20～0.6	0.8～1.2	—	0.50	0.50	0.30	0.20
A03930	393.0	21.0～23.0	1.3	0.7～1.1	0.10	0.7～1.3	—	2.0～2.5	0.10	—	0.10～0.20
A04130	413.0	11.0～13.0	2.0	1.0	0.35	0.10	—	0.50	0.50	0.15	—
A04430	443.0	4.5～6.0	0.8	0.6	0.50	0.05	0.25	—	0.50	—	0.25
A04440	444.0	6.5～7.5	0.6	0.25	0.35	0.10	—	—	0.35	—	0.25
A05110	511.0	0.30～0.7	0.50	0.15	0.35	3.5～4.5	—	—	0.15	—	0.25
A05120	512.0	1.4～2.2	0.6	0.35	0.8	3.5～4.5	0.25	—	0.35	—	0.25
A05130	513.0	0.30	0.40	0.10	0.30	3.5～4.5	—	—	1.4～2.2	—	0.20
A05140	514.0	0.35	0.50	0.15	0.35	3.5～4.5	—	—	0.15	—	0.25
A05150	515.0	0.50～1.0	1.3	0.20	0.40～0.6	2.5～4.0	—	—	0.10	—	—
A05180	518.0	0.35	1.8	0.25	0.35	7.5～8.5	—	0.15	0.15	0.15	—
A05200	520.0	0.25	0.30	0.25	0.15	9.5～10.6	—	—	0.15	—	0.25
A05350	535.0	0.15	0.15	0.05	0.10～0.25	6.2～7.5	—	—	—	—	0.10～0.25
A07050	705.0	0.20	0.8	0.20	0.40～0.6	1.4～1.8	0.20～0.40	—	2.7～3.3	—	0.25
A07070	707.0	0.20	0.8	0.20	0.40～0.6	1.8～2.4	0.20～0.40	—	4.0～4.5	—	0.25
A07100	710.0	0.15	0.50	0.35～0.65	0.05	0.6～0.8	—	—	6.0～7.0	—	0.25
A07110	711.0	0.30	0.7～1.4	0.35～0.65	0.05	0.25～0.45	—	—	6.0～7.0	—	0.20
A07120	712.0	0.30	0.50	0.25	0.10	0.50～0.65	0.40～0.6	—	5.0～6.5	—	0.15～0.25
A07130	713.0	0.25	1.1	0.40～1.0	0.6	0.20～0.50	0.35	0.15	7.0～8.0	—	0.25
A07710	771.0	0.15	0.15	0.10	0.10	0.8～1.0	0.06～0.20	—	6.5～7.5	—	0.10～0.20
A07720	772.0	0.15	0.15	0.10	0.10	0.6～0.8	0.06～0.20	—	6.0～7.0	—	0.10～0.20
A08500	850.0	0.7	0.7	0.7～1.3	0.10	0.10	—	0.7～1.3	—	5.5～7.0	0.20
A08510	851.0	2.0～3.0	0.7	0.7～1.3	0.10	0.10	—	0.30～0.7	—	5.5～7.0	0.20
A08520	852.0	0.40	0.7	1.7～2.3	0.10	0.6～0.9	—	0.9～1.5	—	5.5～7.0	0.20
A08530	853.0	5.5～6.5	0.7	3.0～4.0	0.50	—	—	—	—	5.5～6.0	0.20

锻造铜：锻造铜的标准命名（除标明范围或最小量之外的均为成分最大百分含量）

合金	Cu(+Ag)	Ag	As	Sb	P	Te	其他
C10100	99.99	—	0.0005	0.0004	0.0003	0.0002	
C10200	99.95	—	—	—	—	—	0.0010 O
C10300	99.95	—	—	—	0.001～0.005	—	—
C10400	99.95	0.027	—	—	—	—	—
C10500	99.95	0.034	—	—	—	—	—
C10700	99.95	0.085	—	—	—	—	—
C10800	99.95	—	—	—	0.005～0.012	—	—
C10920	99.9	—	—	—	—	—	0.02 O
C10930	99.9	0.044	—	—	—	—	0.02 O
C10940	99.9	0.085	—	—	—	—	0.02 O
C11000	99.9	—	—	—	—	—	
C11010	99.9	—	—	—	—	—	
C11020	99.9	—	—	—	—	—	
C11030	99.9	—	—	—	—	—	
C11040	99.9	—	0.0005	0.0004	—	0.0002	
C11100	99.9	—	—	—	—	—	
C11300	99.9	0.027	—	—	—	—	
C11400	99.9	0.034	—	—	—	—	
C11500	99.9	0.054	—	—	—	—	
C11600	99.9	0.085	—	—	—	—	
C11700	99.9	—	—	—	0.04	—	0.004～0.02B
C12000	99.9	—	—	—	0.004～0.012	—	—
C12100	99.9	0.014	—	—	0.005～0.012	—	—
C12200	99.9	—	—	—	0.015～0.040	—	—
C12210	99.9	—	—	—	0.015～0.025	—	—
C12220	99.9	—	—	—	0.040～0.065	—	—
C12300	99.9	—	—	—	0.015～0.040	—	—
C12500	99.88	—	0.012	0.003	—	—	0.025Te+Se,0.003Bi,0.004Pb,0.050Ni
C12510	99.9	—	—	0.003	0.03	—	0.025Te+Se,0.005Bi,0.020Pb,0.050Ni,0.05Fe,0.05Sn,0.080Zn
C12900	99.88	0.054	0.012	0.003	—	0.025	0.050Ni,0.003Bi,0.004Pb
C14180	99.9	—	—	—	0.075	—	0.02Pb,0.01Al
C14181	99.9	—	—	—	0.002	—	0.002Cd,0.005C,0.002Pb,0.002Zn
C14200	99.4	—	0.15～0.50	—	0.015～0.040	—	—
C14300	99.9	—	—	—	—	—	0.05～0.15Cd
C14410	99.9	—	—	—	0.005～0.020	—	0.05Fe,0.05Pb,0～0.20Sn
C14415	99.96	—	—	—	—	—	0.10～0.15Sn
C14420	99.9	—	—	—	—	0.005～0.05	0.04～0.15Sn
C14500	99.9	—	—	—	0.004～0.012	0.40～0.7	—
C14510	99.85	—	—	—	0.010～0.030	0.30～0.7	0.05Pb
C14520	99.9	—	—	—	0.004～0.020	0.40～0.7	—
C14530	99.9	—	—	—	0.001～0.010	0.003～0.023	0.003～0.023Sn
C14700	99.9	—	—	—	0.002～0.005	—	0.20～0.50S
C15000	99.8	—	—	—	—	—	0.10～0.20Zr
C15100	99.85	—	—	—	—	—	0.05～0.15Zr
C15500	99.75	0.027～0.10	—	—	0.040～0.080	—	0.08～0.13Mg

合金	Cu	Al	Fe	Pb	O	B
C15715	99.62	0.13～0.17	0.01	0.01	0.12～0.19	—
C15720	99.52	0.18～0.22	0.01	0.01	0.16～0.24	—
C15725	99.43	0.23～0.27	0.01	0.01	0.20～0.28	—
C15760	98.77	0.58～0.62	0.01	0.01	0.52～0.59	—
C15815	97.82	0.13～0.17	0.01	0.01	0.19	1.2～1.8

锻造高铜：锻造高铜的标准命名（除标明范围或最小量之外的均为成分最大百分含量）

合金	Cu(＋Ag)	Fe	Sn	Ni	Co	Cr	Si	Be	Pb	其他
C16200	余量	0.02	—	—	—	—	—	—	—	0.7～1.2Cd
C16500	余量	0.02	0.50～0.7	—	—	—	—	—	—	0.6～1.0Cd
C17000	余量		—			—	0.2	1.60～1.79	—	0.20Al
C17200	余量		—			—	0.2	1.80～2.00	0.02	0.20Al
C17300	余量		—			—	0.2	1.80～2.00	0.20～0.6	0.20Al
C17410	余量	0.2	—	—	0.35～0.6	—	0.2	0.15～0.50	—	0.20Al
C17450	余量	0.2	0.25	0.50～1.0	—	—	0.2	0.15～0.50	—	0.20Al，0.10～0.50Zr
C17460	余量	0.2	0.25	1.0～1.4	—	—	0.2	0.15～0.50	—	0.20Al，0.10～0.50Zr
C17500	余量	0.1	—	—	2.4～2.7	—	0.2	0.40～0.7	—	0.20Al
C17510	余量	0.1	—	1.4～2.2	0.3	—	0.2	0.20～0.6	—	0.20Al
C17530	余量	0.2	—	1.8～2.5	—	—	0.2	0.20～0.40	—	0.6Al
C18000	余量	0.15	—	1.8～3.0	—	0.10～0.8	0.40～0.8	—	—	—
C18030	余量	—	0.08～0.12	—	—	0.10～0.20	—	—	—	0.005～0.015P
C18040	余量	—	0.20～0.30	—	—	0.25～0.35	—	—	—	0.005～0.015P，0.05～0.15Zn
C18050	余量	—	—	—	—	0.05～0.15	—	—	—	0.005～0.015Te
C18070	99	—	—	—	—	0.15～0.40	0.02～0.07	—	—	0.01～0.40Ti
C18090	最小 96.0	—	0.50～1.2	0.30～1.2	—	0.20～1.0	—	—	—	0.15～0.8Ti
C18100	最小 98.7	—	—	—	—	0.40～1.2	—	—	—	0.03～0.06Mg，0.08～0.20Zr
C18135	余量	—	—	—	—	0.20～0.6	—	—	—	0.20～0.6Cd
C18140	余量	—	—	—	—	0.15～0.45	0.005～0.05	—	—	0.05～0.25Zr
C18150	余量	—	—	—	—	0.50～1.5	—	—	—	0.05～0.25Zr
C18200	余量	0.1	—	—	—	0.6～1.2	0.1	—	0.05	—
C18400	余量	0.15	—	—	—	0.40～1.2	0.1	—	—	0.005As，0.005Ca，0.05Li，0.05P，0.7Zn
C18665	最小 99.0	—	—	—	—	—	—	—	—	0.40～0.9Mg，0.002～0.04P
C18700	最小 99.5	—	—	—	—	—	—	—	0.8～1.5	—
C18835	最小 99.0	0.1	0.15～0.55	—	—	—	—	—	0.05	0.01P，0.30Zn
C18900	余量	—	0.6～0.9	—	—	—	0.15～0.40	—	0.02	0.05P，0.30Mn，0.10Zn
C18980	98	—	1	—	—	—	0.5	—	0.02	0.50Mn，0.15P
C18990	余量	—	1.8～2.2	—	—	0.10～0.20	—	—	—	0.005～0.015P
C19000	余量	0.1	—	0.9～1.3	—	—	—	—	0.05	0.8Zn，0.15～0.35P
C19010	余量	—	—	0.8～1.8	—	—	0.15～0.35	—	—	0.01～0.05P
C19015	余量	—	—	0.50～2.4	—	—	0.10～0.40	—	—	0.02～0.20P，0.02～0.15Mg

续表

合金	Cu(+Ag)	Fe	Sn	Ni	Co	Cr	Si	Be	Pb	其他
C19020	余量	—	0.30～0.9	0.50～3.0	—	—	—	—	—	0.01～0.20P
C19025	余量	—	0.7～1.1	0.8～1.2	—	—	0.7～1.1	—	—	0.03～0.07P
C19030	余量	0.1	1.0～1.5	1.5～2.0	—	—	—	—	0.02	0.01～0.03P
C19100	余量	0.2	—	0.9～1.3	—	—	—	—	0.1	0.50Zn, 0.35～0.6Te, 0.15～0.35P
C19140	余量	0.05	0.05	0.8～1.2	—	—	—	—	0.40～0.8	0.50Zn, 0.15～0.35P
C19150	余量	0.05	0.05	0.8～1.2	—	—	—	—	0.50～1.0	0.50Zn, 0.15～0.35P
C19160	余量	0.05	0.05	0.8～1.2	—	—	—	—	0.8～1.2	0.50Zn, 0.15～0.35P

合金	Cu	Fe	Sn	Zn	Al	Pb	P	其他
C19200	最小 98.5	0.8～1.2	—	0.2	—	—	0.01～0.04	—
C19210	余量	0.05～0.15	—	—	—	—	0.025～0.040	—
C19220	余量	0.10～0.30	0.05～0.10	—	—	—	0.03～0.07	0.005～0.015B, 0.10～0.25Ni
C19260	最小 98.5	0.40～0.8	—	—	—	—	—	0.20～0.40Ti, 0.02～0.15Mg
C19280	余量	0.50～1.5	0.30～0.7	0.30～0.7	—	—	0.005～0.015	—
C19400	最小 97.0	2.1～2.6	—	0.05～0.20	—	0.03	0.015～0.15	—
C19410	余量	1.8～2.3	0.6～0.9	0.10～0.20	—	—	0.015～0.050	—
C19450	余量	1.5～3.0	0.8～2.5	—	—	—	0.005～0.05	—
C19500	最小 96.0	1.0～2.0	0.10～1.0	0.2	0.02	0.02	0.01～0.35	0.30～1.3Co
C19520	最小 96.6	0.50～1.5	—	—	—	0.01～3.5	—	
C19700	余量	0.30～1.2	0.2	0.2	—	0.05	0.10～0.40	0.01～0.20Mg,0.05Ni, 0.05Co,0.05Mn
C19710	余量	0.05～0.40	0.2	0.2	—	0.05	0.07～0.15	0.10 Ni+Co,0.05Mn, 0.03～0.06Mg
C19750	余量	0.35～1.2	0.05～0.40	0.2	—	0.05	0.10～0.40	0.01～0.20Mg,0.05Ni, 0.05Co,0.05Mn
C19900	余量	—	—	—	—	—	—	2.9～3.4Ti

锻造黄铜：锻造黄铜的标准命名（除标明范围或最小量之外的均为成分最大百分含量）

第一部分：铜锌合金（黄铜）

合金	Cu	Pb	Fe	Zn	其他
C21000	94.0～96.0	0.03	0.05	余量	—
C22000	89.0～91.0	0.05	0.05	余量	—
C22600	86.0～89.0	0.05	0.05	余量	—
C23000	84.0～86.0	0.05	0.05	余量	—
C23030	83.5～85.5	0.05	0.05	余量	0.20～0.40Si
C23400	81.0～84.0	0.05	0.05	余量	—
C24000	78.5～81.5	0.05	0.05	余量	—
C24080	78.0～82.0	0.2	—	余量	0.10Al
C26000	68.5～71.5	0.07	0.05	余量	—
C26130	68.5～71.5	0.05	0.05	余量	0.02～0.08As
C26200	67.0～70.0	0.07	0.05	余量	—
C26800	64.0～68.5	0.15	0.05	余量	—

续表

第一部分：铜锌合金(黄铜)					
合金	Cu	Pb	Fe	Zn	其他
C27000	63.0～68.5	0.1	0.07	余量	—
C27200	62.0～65.0	0.07	0.07	余量	—
C27400	61.0～64.0	0.1	0.05	余量	—
C28000	59.0～63.0	0.3	0.07	余量	—
第二部分：铜锌铅合金(铅黄铜)					
合金	Cu	Pb	Fe	Zn	其他
C31200	87.5～90.5	0.7～1.2	0.1	余量	0.25Ni
C31400	87.5～90.5	1.3～2.5	0.1	余量	0.7Ni
C31600	87.5～90.5	1.3～2.5	0.1	余量	0.7～1.2Ni,0.04～0.10P,0.25Ni
C32000	83.5～86.5	1.5～2.2	0.1	余量	—
C33000	65.0～68.0	0.25～0.7	0.07	余量	—
C33200	65.0～68.0	1.5～2.5	0.07	余量	—
C33500	62.0～65.0	0.25～0.7	0.15	余量	—
C34000	62.0～65.0	0.8～1.5	0.15	余量	—
C34200	62.0～65.0	1.5～2.5	0.15	余量	—
C34500	62.0～65.0	1.5～2.5	0.15	余量	—
C35000	60.0～63.0	0.8～2.0	0.15	余量	—
C35300	60.0～63.0	1.5～2.5	0.15	余量	—
C35330	59.5～64.0	1.5～3.5	—	余量	0.02～0.25As
C35600	60.0～63.0	2.0～3.0	0.15	余量	—
C36000	60.0～63.0	2.5～3.7	0.35	余量	—
C36500	58.0～61.0	0.25～0.7	0.15	余量	0.25Sn
C37000	59.0～62.0	0.8～1.5	0.15	余量	—
C37100	58.0～62.0	0.6～1.2	0.15	余量	—
C37700	58.0～61.0	1.5～2.5	0.3	余量	—
C37710	56.5～60.0	1.0～3.0	0.3	余量	—
C38000	55.0～60.0	1.5～2.5	0.35	余量	0.50Al,0.30Sn
C38500	55.0～59.0	2.5～3.5	0.35	余量	—

第三部分：铜锌锡黄铜(锡黄铜)							
合金	Cu	Pb	Fe	Sn	Zn	P	其他
C40400	—	—	—	0.35～0.7	2.0～3.0	—	—
C40500	94.0～96.0	0.05	0.05	0.7～1.3	余量	—	—
C40810	94.0～96.5	0.05	0.08～0.12	1.8～2.2	余量	0.028～0.04	0.11～0.20Ni
C40850	94.5～96.5	0.05	0.05～0.20	2.6～4.0	余量	0.02～0.04	0.05～0.20Ni
C40860	94.0～96.0	0.05	0.01～0.05	1.7～2.3	余量	0.02～0.04	0.05～0.20Ni
C41000	91.0～93.0	0.05	0.05	2.0～2.8	余量	—	—
C41100	89.0～92.0	0.1	0.05	0.30～0.7	余量	—	—
C41300	89.0～93.0	0.1	0.05	0.7～1.3	余量	—	—
C41500	89.0～93.0	0.1	0.05	1.5～2.2	余量	—	—
C42000	88.0～91.0	—	—	1.5～2.0	余量	0.25	—
C42200	86.0～89.0	0.05	0.05	0.8～1.4	余量	0.35	—
C42500	87.0～90.0	0.05	0.05	1.5～3.0	余量	0.35	—
C42520	88.0～91.0	0.05	0.05～0.20	1.5～3.0	余量	0.02～0.04	0.05～0.20Ni
C43000	84.0～87.0	0.1	0.05	1.7～2.7	余量	—	—
C43400	84.0～87.0	0.05	0.05	0.40～1.0	余量	—	—
C43500	79.0～83.0	0.1	0.05	0.6～1.2	余量	—	—
C43600	80.0～83.0	0.05	0.05	0.20～0.50	余量	—	—
C44300	70.0～73.0	0.07	0.06	0.8～1.2	余量	—	0.02～0.06As
C44400	70.0～73.0	0.07	0.06	0.8～1.2	余量	—	0.02～0.10Sb

续表

第三部分:铜锌锡黄铜(锡黄铜)							
合金	Cu	Pb	Fe	Sn	Zn	P	其他
C44500	70.0~73.0	0.07	0.06	0.8~1.2	余量	0.02~0.10	—
C46200	62.0~65.0	0.2	0.1	0.50~1.0	余量	—	—
C46400	59.0~62.0	0.2	0.1	0.50~1.0	余量	—	—
C46500	59.0~62.0	0.2	0.1	0.50~1.0	余量	—	0.02~0.06As
C47000	57.0~61.0	0.05	—	0.25~1.0	余量	—	0.01Al
C47940	63.0~66.0	1.0~2.0	0.10~1.0	1.2~2.0	余量	—	0.10~0.50Ni(+Co)
C48200	59.0~62.0	0.40~1.0	0.1	0.50~1.0	余量	—	—
C48500	59.0~62.0	1.3~2.2	0.1	0.50~1.0	余量	—	—
C48600	59.0~62.0	1.0~2.5	—	0.30~1.5	余量	—	0.02~0.25As

锻造青铜:锻造青铜的标准命名(除标明范围或最小量之外的均为成分最大百分含量)

第一部分:铜锡磷合金(磷青铜)							
合金	Cu	Pb	Fe	Sn	Zn	P	其他元素
C50100	余量	0.05	0.05	0.50~0.8	—	0.01~0.05	—
C50200	余量	0.05	0.1	1.0~1.5	—	0.04	—
C50500	余量	0.05	0.1	1.0~1.7	0.3	0.03~0.35	—
C50510	余量	—	—	1.0~1.5	0.10~25	0.02~0.07	0.15~0.40Ni
C50700	余量	0.05	0.1	1.5~2.0	—	0.3	—
C50710	余量	—	—	1.7~2.3	—	0.15	0.10~0.40Ni
C50715	余量	0.02	0.05~0.15	1.7~2.3	—	0.025~0.04	—
C50725	最小94.0	0.02	0.05~0.20	1.5~2.5	1.5~3.0	0.02~0.06	—
C50780	余量	0.05	0.05~0.20	1.7~2.3	—	0.02~0.10	0.05~0.20Ni
C50900	余量	0.05	0.1	2.5~3.8	0.3	0.03~0.30	—
C51000	余量	0.05	0.1	4.2~5.8	0.3	0.03~0.35	—
C51080	余量	0.05	0.05~0.20	4.8~5.8	0.3	0.02~0.10	0.05~0.20Ni
C51100	余量	0.05	0.1	3.5~4.9	0.3	0.03~0.35	—
C51180	余量	0.05	0.05~0.20	3.5~4.9	0.3	0.02~0.10	0.05~0.20Ni
C51800	余量	0.02	—	4.0~6.0	—	0.10~0.35	0.01Al
C51900	余量	0.05	0.1	5.0~7.0	0.3	0.03~0.35	—
C51980	余量	0.05	0.05~0.20	5.5~7.0	0.3	0.02~0.10	0.05~0.20Ni
C52100	余量	0.05	0.1	7.0~9.0	0.2	0.03~0.35	—
C52180	余量	0.05	0.05~0.20	7.0~9.0	0.3	0.02~0.10	0.05~0.20Ni
C52400	余量	0.05	0.1	9.0~11.0	0.2	0.03~0.35	—
第二部分:铜锡铅磷合金(铅磷青铜)							
合金	Cu	Pb	Fe	Sn	Zn	P	其他元素
C53400	余量	0.8~1.2	0.1	3.5~5.8	0.3	0.03~0.35	
C54400	余量	3.5~4.5	0.1	3.5~4.5	1.5~4.5	0.01~0.50	
第三部分:铜磷和铜银磷合金(铜钎焊合金)							
合金	Cu	Ag	P				
C55180	余量	—	4.8~5.2				
C55181	余量	—	7.0~7.5				
C55280	余量	1.8~2.2	6.8~7.2				
C55281	余量	4.8~5.2	5.8~6.2				
C55282	余量	4.8~5.2	6.5~7.0				
C55283	余量	5.8~6.2	7.0~7.5				
C55284	余量	14.5~15.5	4.8~5.2				

续表

第四部分:铜铝合金(铝青铜)									
合金	Pb	Fe	Sn	Zn	Al	Mn	Si	Ni (+Co)	其他
C60800	0.1	0.1	—	—	5.0~6.5	—	—	—	0.02~0.35As
C61000	0.02	0.5	—	0.2	6.0~8.5	—	0.1	—	—
C61300	0.01	2.0~3	0.20~0.5	0.1	6.0~7.5	0.2	0.1	0.15	0.015P
C61400	0.01	1.5~3.5	—	0.2	6.0~8	1	—	—	0.015P
C61500	0.015	—	—	—	7.7~8.3	—	—	1.8~2.2	—
C61550	0.05	0.2	0.05	0.8	5.5~6.5	1	—	1.5~2.5	0.8Zn
C61800	0.02	0.50~1.5	—	0.02	8.5~11	—	0.1	—	—
C61900	0.02	3.0~4.5	0.6	0.8	8.5~10	—	—	—	—
C62200	0.02	3.0~4.2	—	0.02	11.0~12	—	0.1	—	—
C62300	—	2.0~4	0.6	—	8.5~10	0.5	0.25	1	—
C62400	—	2.0~4.5	0.2	—	10.0~11.5	0.3	0.25	—	—
C62500	—	3.5~5.5	—	—	12.5~13.5	2	—	—	—
C62580	0.02	3.0~5	—	0.02	12.0~13	—	0.04	—	—
C62581	0.02	3.0~5	—	0.02	13.0~14	—	0.04	—	—
C62582	2	3.0~5	—	0.02	14.0~15	—	0.04	—	—
C63000	—	2.0~4	0.2	0.3	9.0~11	1.5	0.25	4.0~5.5	—
C63010	—	2.0~3.5	0.2	0.3	9.7~10.9	1.5	—	4.5~5.5	—
C63020	0.03	4.0~5.5	0.25	0.3	10.0~11	1.5	—	4.2~6	0.20Co
C63200	0.02	3.5~4.3	—	—	8.7~9.5	1.2~2	0.1	4.0~4.8	—
C63280	0.02	3.0~5	—	—	8.5~9.5	0.6~3.5	—	4.0~5.5	—
C63380	0.02	2.0~4	—	0.15	7.0~8.5	11.0~14	0.1	1.5~3	—
C63400	0.05	0.15	0.2	0.5	2.6~3.2	—	0.25~0.45	0.15	0.15As
C63600	0.05	0.15	0.2	0.5	3.0~4	—	0.7~1.3	0.15	0.15As
C63800	0.05	0.2	—	0.8	2.5~3.1	0.1	1.5~2.1	0.2	0.25~0.55Co
C64200	0.05	0.3	0.2	0.5	6.3~7.6	0.1	1.5~2.2	0.25	0.15As
C64210	0.05	0.3	0.2	0.5	6.3~7	0.1	1.5~2	0.25	0.15As

第五部分:铜硅合金(硅青铜)									
合金	Cu(+Ag)	Pb	Fe	Sn	Zn	Mn	Si	Ni(+Co)	其他
C64700	余量	0.1	0.1	—	0.5	—	0.40~0.8	1.6~2.2	—
C64710	最小 95.0	—	—	—	0.20~0.5	0.1	0.50~0.9	2.9~3.5	—
C64725	最小 95.0	0.01	0.25	0.20~0.8	0.50~1.5	—	0.20~0.8	1.3~2.7	0.01Ca,0.20Mg,0.20Cr
C64730	最小 95.0	—	—	1.0~1.5	0.20~0.5	0.1	0.50~0.9	2.9~3.5	—
C64740	最小 95.0	最大 0.10	—	1.5~2.5	0.2	—	0.05~0.5	1.0~2	0.01Ca,0.05Mg
C64900	余量	0.05	0.1	1.2~1.6	0.2	—	0.8~1.2	0.1	0.10Al
C65100	余量	0.05	0.8	—	1.5	0.7	0.8~2.0	—	—
C65400	余量	0.05	—	1.2~1.9	0.5	—	2.7~3.4	—	0.01~0.12Cr
C65500	余量	0.05	0.8	—	1.5	0.50~1.3	2.8~3.8	0.6	—
C65600	余量	0.02	0.5	1.5	1.5	1.5	2.8~4	—	0.01Al
C66100	余量	0.20~0.8	0.25	—	1.5	1.5	2.8~3.5	—	—

第六部分:其他铜锌合金										
合金	Cu(+Ag)	Pb	Fe	Sn	Zn	Ni (+Co)	Al	Mn	Si	其他
C66300	84.5~87.5	0.05	1.4~2.4	1.5~3	Rem	—	—	—	—	0.35P~0.20Co
C66400	Rem	0.015	1.3~1.7	0.05	11.0~12	—	—	—	—	0.30~0.7Co
C66410	Rem	0.015	1.8~2.3	0.05	11.0~12	—	—	—	—	—
C66420	Rem	—	0.50~1.5	—	12.0~17	—	—	—	—	—
C66700	68.5~71.5	0.07	0.1	—	余量	—	—	0.8~1.5	—	—
C66800	60.0~63	0.5	0.35	0.3	余量	0.25	0.25	2.0~3.5	0.5	—
C66900	62.5~64.5	0.05	0.05	—	余量	—	—	11.5~12.5	—	—
C67000	63.0~68	0.2	2.0~4	0.5	余量	—	3.0~6	2.5~5	—	—

续表

第六部分:其他铜锌合金										
合金	Cu(+Ag)	Pb	Fe	Sn	Zn	Ni (+Co)	Al	Mn	Si	其他
C67300	58.0~63	0.40~3	0.5	0.3	余量	0.25	0.25	2.0~3.5	0.50~1.5	—
C67400	57.0~60.0	0.5	0.35	0.3	余量	0.25	0.50~2	2.0~3.5	0.50~1.5	—
C67420	57.0~58.5	0.25~8	0.15~55	0.35	余量	0.25	1.0~2	1.5~2.5	0.25~7	—
C67500	57.0~60	0.2	0.8~2.0	0.50~1.5	余量	—	0.25	0.05~0.5	—	—
C67600	57.0~60	0.50~1	0.40~1.3	0.50~1.5	余量	—	—	0.05~0.50	—	—
C68000	56.0~60	0.05	0.25~1.25	0.75~1.1	余量	0.20~0.8	0.01	0.01~0.5	0.04~0.15	—
C68100	56.0~60	0.05	0.25~1.25	0.75~1.1	余量	—	0.01	0.01~0.50	0.04~0.15	—
C68700	76.0~79	0.07	0.06	—	余量	—	1.8~2.5	—	—	0.02~0.06As
C68800	余量	0.05	0.2	—	21.3~24.1	—	3.0~3.8	—	—	0.25~0.55Co
C69050	70.0~75	—	—	—	余量	0.50~1.5	3.0~4	—	0.10~0.6	0.01~0.20Zr
C69100	81.0~84	0.05	0.25	0.1	余量	0.8~1.4	0.7~1.2	0.10(最小)	0.8~1.3	—
C69400	80.0~83	0.3	0.2	—	余量	—	—	—	3.5~4.5	—
C69430	80.0~83	0.3	0.2	—	余量	—	—	—	3.5~4.5	0.03~0.06As
C69700	75.0~80	0.50~1.5	0.2	—	余量	—	—	0.4	2.5~3.5	—
C69710	75.0~80	0.50~1.5	0.2	—	余量	—	—	0.4	2.5~3.5	0.03~0.06As

锻造铜镍合金：锻造铜镍合金的标准命名（除标明范围或最小量之外的均为成分最大百分含量）

合金	Cu(+Ag)	Pb	Fe	Zn	Ni	Sn	Mn	其他
C70100	余量	—	0.05	0.25	3.0~4.0	—	0.5	—
C70200	余量	0.05	0.1	—	2.0~3.0	—	0.4	—
C70250	余量	0.05	0.2	1	2.2~4.2	—	0.1	0.05~0.30Mg,0.25~1.2Si
C70260	余量	—	—	—	1.0~3.0	—	—	0.20~0.7Si,0.005P
C70400	余量	0.05	1.3~1.7	1	4.8~6.2	—	0.30~0.8	—
C70500	余量	0.05	0.1	0.2	5.8~7.8	—	0.15	—
C70600	余量	0.05	1.0~1.8	1	9.0~11.0	—	1	—
C70610	余量	0.01	1.0~2.0	—	10.0~11.0	—	0.50~1.0	0.05S,0.05C
C70620	最小 86.5	0.02	1.0~1.8	0.5	9.0~11.0	—	1	0.05C,0.02P,0.02S
C70690	余量	0.001	0.005	0.001	9.0~11.0	—	0.001	—
C70700	余量	—	0.05	—	9.5~10.5	—	0.5	—
C70800	余量	0.05	0.1	0.2	10.5~12.5	—	0.15	—
C71000	余量	0.05	1	1	19.0~23.0	—	1	—
C71100	余量	0.05	0.1	0.2	22.0~24.0	—	0.15	—
C71300	余量	0.05	0.2	1	23.5~26.5	—	1	—
C71500	余量	0.02	0.40~1.0	1	29.0~33.0	—	1	—
C71520	最小 65.0	0.40~1.0	0.5	0.5	29.0~33.0	—	1	0.05C,0.02P,0.02S
C71580	余量	0.05	0.5	0.05	29.0~33.0	—	0.3	—
C71581	余量	0.02	0.40~0.7	—	29.0~32.0	—	1	—
C71590	余量	0.001	0.15	0.001	29.0~31.0	0.001	0.5	—
C71640	余量	0.01	1.7~2.3	—	29.0~32.0	—	1.5~2.5	0.03S,0.06C
C71700	余量	—	0.40~1.0	—	29.0~33.0	—	—	0.30~0.7Be
C71900	余量	0.015	0.5	0.05	28.0~33.0	—	0.20~1.0	2.2~3.0Cr,0.02~0.35Zr,0.01~0.20Ti,0.04C,0.25Si,0.015S,0.02P
C72150	余量	0.05	0.1	0.2	43.0~46.0	—	0.05	0.10C,0.50Si
C72200	余量	0.05	0.50~1.0	1	15.0~18.0	—	1	0.30~0.7Cr,0.03Si,0.03Ti
C72420	余量	0.02	0.7~1.2	0.2	13.5~16.5	0.1	3.5~5.5	1.0~2.0Al,0.50Cr,0.15Si,0.05Mg,0.15S,0.01P,0.05C
C72500	余量	0.05	0.6	0.5	8.5~10.5	1.8~2.8	0.2	—

续表

合金	Cu(+Ag)	Pb	Fe	Zn	Ni	Sn	Mn	其他
C72650	余量	0.01	0.1	0.1	7.0～8.0	4.5～5.5	0.1	—
C72700	余量	0.02	0.5	0.5	8.5～9.5	5.5～6.5	0.05～0.30	0.10Nb,0.15Mg
C72800	余量	0.005	0.5	1	9.5～10.5	7.5～8.5	0.05～0.30	0.10Al,0.001B,0.001Bi,0.10～0.30Nb,0.005～0.15Mg,0.005P,0.0025S,0.02Sb,0.05Si,0.01Ti
C72900	余量	0.02	0.5	0.5	14.5～15.5	7.5～8.5	0.3	0.10Nb,0.15Mg
C72950	余量	0.05	0.6	—	20.0～22.0	4.5～5.7	0.6	—

锻造镍银合金：锻造镍银合金的标准命名（除标明范围或最小量之外的均为成分最大百分含量）

合金	Cu(+Ag)	Pb	Fe	Zn	Ni(+Co)	Mn	其他
C73500	70.5～73.5	0.1	0.25	余量	16.5～19.5	0.5	—
C74000	69.0～73.5	0.1	0.25	余量	9.0～11.0	0.5	—
C74300	63.0～66.0	0.1	0.25	余量	7.0～9.0	0.5	—
C74500	63.5～66.5	0.1	0.25	余量	9.0～11.0	0.5	—
C75200	63.5～66.5	0.05	0.25	余量	16.5～19.5	0.5	—
C75400	63.5～66.5	0.1	0.25	余量	14.0～16.0	0.5	—
C75700	63.5～66.5	0.05	0.25	余量	11.0～13.0	0.5	—
C76000	60.0～63.0	0.1	0.25	余量	7.0～9.0	0.5	—
C76200	57.0～61.0	0.1	0.25	余量	11.0～13.5	0.5	—
C76400	58.5～61.5	0.05	0.25	余量	16.5～19.5	0.5	—
C76700	55.0～58.0	—	—	余量	14.0～16.0	0.5	—
C77000	53.5～56.5	0.05	0.25	余量	16.5～19.5	0.5	—
C77300	46.0～50.0	0.05	—	余量	9.0～11.0	—	0.01Al,0.25P,0.04～0.25Si
C77400	43.0～47.0	0.2	—	余量	9.0～11.0	—	—
C78200	63.0～67.0	1.5～2.5	0.35	余量	7.0～9.0	0.5	—
C79000	63.0～67.0	1.5～2.2	0.35	余量	11.0～13.0	0.5	—
C79200	59.0～66.5	0.8～1.4	0.25	余量	11.0～13.0	0.5	—
C79800	45.5～48.5	1.5～2.5	0.25	余量	9.0～11.0	1.5～2.5	—
C79830	45.5～47.0	1.0～2.5	0.45	余量	9.0～10.5	0.15～0.55	—

铸造铜和高铜合金：铸造铜和高铜合金的标准命名（均为成分最大百分含量，标明含量范围或最小量的除外）

合金	Cu(+Ag)	P	Be	Co	Si	Ni	Fe	Al	Sn	Pb	Zn	Cr
C80100	99.95	—	—									
C80410	99.9	—	0.1									
C81100	99.7	—	—									
C81200	99.9	0.045～0.065	—									
C81400	余量	—	0.02～0.10	—	—	—	—	—	—	—	—	0.6～1.0
C81500	余量	—	—	—	0.15	—	0.1	0.1	0.1	0.02	0.1	0.40～1.5
C81540	最小95.1	—	—	—	0.40～0.8	2.0～3.0	0.15	0.1	0.1	0.02	0.1	0.10～0.6
C82000	余量	—	0.45～0.8	2.40～2.70	0.15	0.2	0.1	0.1	0.1	0.02	0.1	0.1
C82200	余量	—	0.35～0.8	0.3	—	1.0～2.0	—	—	—	—	—	—
C82400	余量	—	1.60～1.85	0.20～0.65	—	0.2	0.2	0.15	0.1	0.02	0.1	0.1
C82500	余量	—	1.90～2.25	0.35～0.70	0.20～0.35	0.2	0.25	0.15	0.1	0.02	0.1	0.1

续表

合金	Cu(+Ag)	P	Be	Co	Si	Ni	Fe	Al	Sn	Pb	Zn	Cr
C82510	余量	—	1.90～2.15	1.0～1.2	0.20～0.35	0.2	0.25	0.15	0.1	0.02	0.1	0.1
C82600	余量	—	2.25～2.55	0.35～0.65	0.20～0.35	0.2	0.25	0.15	0.1	0.02	0.1	0.1
C82700	余量	—	2.35～2.55	—	0.15	1.0～1.5	0.25	0.15	0.1	0.02	0.1	0.1
C82800	余量	—	2.50～2.85	0.35～0.70	0.20～0.35	0.2	0.25	0.15	0.1	0.02	0.1	0.1

铸造黄铜

第一部分：铜锡锌和铜锡锌铅合金（红黄铜和加铅红黄铜）

合金	Cu	Sn	Pb	Zn	Fe	Sb	As	Ni	S	P	Al	Si
C83300	92.0～94.0	1.0～2.0	1.0～2.0	2.0～6.0	—	—	—	—	—	—	—	—
C83400	88.0～92.0	0.2	0.5	8.0～12.0	0.25	0.25	—	1	0.08	0.03	0.005	0.005
C83450	87.0～89.0	2.0～3.5	1.5～3.0	5.5～7.5	0.3	0.25	—	0.8～2.0	0.08	0.03	0.005	0.005
C83500	86.0～88.0	5.5～6.5	3.5～5.5	1.0～2.5	0.25	0.25	—	0.50～1.0	0.08	0.03	0.005	0.005
C83600	84.0～86.0	4.0～6.0	4.0～6.0	4.0～6.0	0.3	0.25	—	1	0.08	0.05	0.005	0.005
C83800	82.0～83.8	3.3～4.2	5.0～7.0	5.0～8.0	0.3	0.25	—	1	0.08	0.03	0.005	0.005
C83810	余量	2.0～3.5	4.0～6.0	7.5～9.5	0.5	—46	—46	2	—	—	0.005	0.1

第二部分：铜锡锌和铜锡锌铅合金（浅红黄铜和加铅浅红黄铜）

合金	Cu	Sn	Pb	Zn	Fe	Sb	Ni	S	P	Al	Si	Bi
C84200	78.0～82.0	4.0～6.0	2.0～3.0	10.0～16.0	0.4	0.25	0.8	0.08	0.05	0.005	0.005	—
C84400	78.0～82.0	2.3～3.5	6.0～8.0	7.0～10.0	0.4	0.25	1	0.08	0.02	0.005	0.005	—
C84410	余量	3.0～4.5	7.0～9.0	7.0～11.0	约48	约48	1	—	—	0.01	0.2	0.05
C84500	77.0～79.0	2.0～4.0	6.0～7.5	10.0～14.0	0.4	0.25	1	0.08	0.02	0.005	0.005	—
C84800	75.0～77.0	2.0～3.0	5.5～7.0	13.0～17.0	0.4	0.25	1	0.08	0.02	0.005	0.005	—

第三部分：铜锌和铜锌铅合金（黄黄铜和加铅黄黄铜）

合金	Cu	Sn	Pb	Zn	Fe	Sb	Ni	Mn	As	S	P	Al	Si
C85200	70.0～74.0	0.7～2.0	1.5～3.8	20.0～27.0	0.6	0.2	1	—	—	0.05	0.02	0.005	0.05
C85400	65.0～70.0	0.50～1.5	1.5～3.8	24.0～32.0	0.7	—	1	—	—	—	—	0.35	0.05
C85500	59.0～63.0	0.2	0.2	余量	0.2	—	0.2	0.2	—	—	—	—	—
C85700	58.0～64.0	0.50～1.5	0.8～1.5	32.0～40.0	0.7	—	1	—	—	—	—	0.8	0.05
C85800	最小 57.0	1.5	1.5	31.0～41.0	0.5	0.05	0.5	0.25	0.05	0.05	0.01	0.55	0.25

第四部分：锰青铜和加铅锰青铜合金（高强度和加铅高强度黄铜）

合金	Cu	Sn	Pb	Zn	Fe	Ni	Al	Mn	Si
C86100	66.0～68.0	0.2	0.2	Rem	2.0～4.0	—	4.5～5.5	2.5～5.0	—
C86200	60.0～66.0	0.2	0.2	22.0～28.0	2.0～4.0	1	3.0～4.9	2.5～5.0	—
C86300	60.0～66.0	0.2	0.2	22.0～28.0	2.0～4.0	1	5.0～7.5	2.5～5.0	—
C86400	56.0～62.0	0.50～1.5	0.50～1.5	34.0～42.0	0.40～2.0	1	0.50～1.5	0.10～1.5	—
C86500	55.0～60.0	1	0.4	36.0～42.0	0.40～2.0	1	0.50～1.5	0.10～1.5	—
C86550	最小 57.0	1	0.5	余量	0.7～2.0	1	0.50～2.5	0.10～3.0	0.1
C86700	55.0～60.0	1.5	0.50～1.5	30.0～38.0	1.0～3.0	1	1.0～3.0	0.10～3.5	—
C86800	53.5～57.0	1	0.2	余量	1.0～2.5	2.5～4.0	2	2.5～4.0	—

第五部分：铜硅合金（硅青铜和硅黄铜）

合金	Cu	Sn	Pb	Zn	Fe	Al	Si	Mn	Mg	Ni	S	其他
C87300	最小 94.0	—	0.2	0.25	0.2	—	3.5～4.5	0.8～1.5	—	—	—	—
C87400	最小 79.0	—	1	12.0～16.0	—	0.8	2.5～4.0	—	—	—	—	—
C87500	最小 79.0	—	0.5	12.0～16.0	—	0.5	3.0～5.0	—	—	—	—	—
C87600	最小 88.0	—	0.5	4.0～7.0	0.2	—	3.5～5.5	0.25	—	—	—	—
C87610	最小 90.0	—	0.2	3.0～5.0	0.2	—	3.0～5.0	0.25	—	—	—	—
C87800	最小 80.0	0.25	0.15	12.0～16.0	0.15	0.15	3.8～4.2	0.15	0.01	0.2	0.05	0.01P

续表

第六部分:铜铋和铜铋硒合金(高强度和加铅高强度黄黄铜)														
合金	Cu	Sn	Pb	Zn	Fe	Sb	Ni	S	P	Al	Si	Bi	Se	其他
C89320	87.0~91	5.0~7	0.09	1	0.2	0.35	1	0.08	0.3	0.005	0.005	4.0~6	—	—
C89510	86.0~88	4.0~6	0.25	4.0~6	0.3	0.25	1	0.08	0.05	0.005	0.005	0.50~1.5	0.35~0.7	—
C89520	85.0~87	5.0~6	0.25	4.0~6	0.3	0.25	1	0.08	0.05	0.005	0.005	1.9~2.2	0.8~1.2	—64
C89550	58.0~64	0.50~1.5	0.2	32.0~40	0.7	—	1	—	—	0.30~0.7	—	0.7~2	0.07~0.25	—
C89844	83.0~86	3.0~5	0.2	7.0~10	0.3	0.25	1	0.08	0.05	0.005	0.005	2.0~4	—	—
C89940	64.0~68.0	3.0~5	0.01	3.0~5	0.7~2	0.1	20.0~23	0.05	0.10~0.15	0.005	0.15	4.0~5.5	—	0.20 Mn

铸造青铜

第一部分:铜锡合金(锡青铜)												
合金	Cu	Sn	Pb	Zn	Fe	Sb	Ni	S	P	Al	Si	Mn
C90200	91.0~94.0	6.0~8.0	0.3	0.5	0.2	0.2	0.5	0.05	0.05	0.005	0.005	—
C90300	86.0~89.0	7.5~9.0	0.3	3.0~5.0	0.2	0.2	1	0.05	0.05	0.005	0.005	—
C90500	86.0~89.0	9.0~11.0	0.3	1.0~3.0	0.2	0.2	1	0.05	0.05	0.005	0.005	—
C90700	88.0~90.0	10.0~12.0	0.5	0.5	0.15	0.2	0.5	0.05	0.3	0.005	0.005	—
C90710	余量	10.0~12.0	0.25	0.05	0.1	0.2	0.1	0.05	0.05~1.2	0.005	0.005	—
C90800	85.0~89.0	11.0~13.0	0.25	0.25	0.15	0.2	0.5	0.05	0.3	0.005	0.005	—
C90810	Rem	11.0~13.0	0.25	0.3	0.15	0.2	0.5	0.05	0.15~0.8	0.005	0.005	—
C90900	86.0~89.0	12.0~14.0	0.25	0.25	0.15	0.2	0.5	0.05	0.05	0.005	0.005	—
C91000	84.0~86.0	14.0~16.0	0.2	1.5	0.1	0.2	0.8	0.05	0.05	0.005	0.005	—
C91100	82.0~85.0	15.0~17.0	0.25	0.25	0.25	0.2	0.5	0.05	1	0.005	0.005	—
C91300	79.0~82.0	18.0~20.0	0.25	0.25	0.25	0.2	0.5	0.05	1	0.005	0.005	—
C91600	86.0~89.0	9.7~10.8	0.25	0.25	0.2	0.2	12~2.0	0.05	0.3	0.005	0.005	—
C91700	84.0~87.0	11.3~12.5	0.25	0.25	0.2	0.2	1.2~2.0	0.05	0.3	0.005	0.005	—

第二部分:铜锡铅合金(加铅锡青铜)												
合金	Cu	Sn	Pb	Zn	Fe	Sb	Ni	S	P	Al	Si	Mn
C92200	86.0~90.0	5.5~6.5	1.0~2.0	3.0~5.0	0.25	0.25	1	0.05	0.05	0.005	0.005	—
C92210	86.0~89.0	4.5~5.5	1.7~2.5	3.0~4.5	0.25	0.2	0.7~1.0	0.05	0.03	0.005	0.005	—
C92220	86.0~88.0	5.0~6.0	1.5~2.5	3.0~5.5	0.25	—	0.50~1.0	—	0.05	—	—	—
C92300	85.0~89.0	7.5~9.0	0.30~1.0	2.5~5.0	0.25	0.25	1	0.05	0.05	0.005	0.005	—
C92310	余量	7.5~8.5	0.30~1.5	3.5~4.5	—	—	1	—	—	0.005	0.005	0.03
C92400	86.0~89.0	9.0~11.0	1.0~2.5	1.0~3.0	0.25	0.25	1	0.05	0.05	0.005	0.005	—
C92410	余量	6.0~8.0	2.5~3.5	1.5~3.0	0.2	0.25	0.2	—	—	0.005	0.005	0.05
C92500	85.0~88.0	10.0~12.0	1.0~1.5	0.5	0.3	0.25	0.8~1.5	0.05	0.3	0.005	0.005	—
C92600	86.0~88.5	9.3~10.5	0.8~1.5	1.3~2.5	0.2	0.25	0.7	0.05	0.03	0.005	0.005	—
C92610	余量	9.5~10.5	0.30~1.5	1.7~2.8	0.15	—	1	—	—	0.005	0.005	0.03
C92700	86.0~89.0	9.0~11.0	1.0~2.5	0.7	0.2	0.25	1	0.05	0.25	0.005	0.005	—
C92710	余量	9.0~11.0	4.0~6.0	1	0.2	0.25	2	0.05	0.1	0.005	0.005	—
C92800	78.0~82.0	15.0~17.0	4.0~6.0	0.8	0.2	0.25	0.8	0.05	0.05	0.005	0.005	—
C92810	78.0~82.0	12.0~14.0	4.0~6.0	0.5	0.5	0.25	0.8~1.2	0.05	0.05	0.005	0.005	—
C92900	82.0~86.0	9.0~11.0	2.0~3.2	0.25	0.2	0.25	2.8~4.0	0.05	0.5	0.005	0.005	—

续表

第三部分：铜锡铅合金(高铅锡青铜)											
合金	Cu	Sn	Pb	Zn	Fe	Sb	Ni	S	P	Al	Si
C93100	余量	6.5～8.5	2.0～5.0	2	0.25	0.25	1	0.05	0.3	0.005	0.005
C93200	81.0～85.0	6.3～7.5	6.0～8.0	1.0～4.0	0.2	0.35	1	0.08	0.15	0.005	0.005
C93400	82.0～85.0	7.0～9.0	7.0～9.0	0.8	0.2	0.5	1	0.08	0.5	0.005	0.005
C93500	83.0～86.0	4.3～6.0	8.0～10.0	2	0.2	0.3	1	0.08	0.05	0.005	0.005
C93600	79.0～83.0	6.0～8.0	11.0～13.0	1	0.2	0.55	1	0.08	0.15	0.005	0.005
C93700	78.0～82.0	9.0～11.0	8.0～11.0	0.8	0.7	0.5	0.5	0.08	0.1	0.005	0.005
C93720	最小 83.0	3.5～4.5	7.0～9.0	4	0.7	0.5	0.5	—	0.1	—	—
C93800	75.0～79.0	6.3～7.5	13.0～16.0	0.8	0.15	0.8	1	0.08	0.05	0.005	0.005
C93900	76.5～79.5	5.0～7.0	14.0～18.0	1.5	0.4	0.5	0.8	0.08	1.5	0.005	0.005
C94000	69.0～72.0	12.0～14.0	14.0～16.0	0.5	0.25	0.5	0.50～1.0	0.08	0.05	0.005	0.005
C94100	72.0～79.0	4.5～6.5	18.0～22.0	1	0.25	0.8	1	0.08	0.05	0.005	0.005
C94300	67.0～72.0	4.5～6.0	23.0～27.0	0.8	0.15	0.8	1	0.08	0.08	0.005	0.005
C94310	余量	1.5～3.0	27.0～34.0	0.5	0.5	0.5	0.25～1.0	—	0.05	—	—
C94320	余量	4.0～7.0	24.0～32.0	—	0.35	—	—	—	—	—	—
C94330	68.5～75.5	3.0～4.0	21.0～25.0	3	0.7	0.5	0.5	—	0.1	—	—
C94400	余量	7.0～9.0	9.0～12.0	0.8	0.15	0.8	1	0.08	0.5	0.005	0.005
C94500	余量	6.0～8.0	16.0～22.0	1.2	0.15	0.8	1	0.08	0.05	0.005	0.005

第四部分：铜锡镍合金(锡镍青铜)												
合金	Cu	Sn	Pb	Zn	Fe	Sb	Ni	Mn	S	P	Al	Si
C94700	85.0～90.0	4.5～6.0	0.1	1.0～2.5	0.25	0.15	4.5～6.0	0.2	0.05	0.05	0.005	0.005
C94800	84.0～89.0	4.5～6.0	0.30～1.0	1.0～2.5	0.25	0.15	4.5～6.0	0.2	0.05	0.05	0.005	0.005
C94900	79.0～81.0	4.0～6.0	4.0～6.0	4.0～6.0	0.3	0.25	4.0～6.0	0.1	0.08	0.05	0.005	0.005

第五部分：铜铝铁和铜铝铁镍合金(铝青铜)										
合金	Cu	Pb	Fe	Ni	Al	Mn	Mg	Si	Zn	Sn	其他
C95200	最小 86.0	—	2.5～4.0	—	8.5～9.5	—	—	—	—	—	—
C95210	最小 86.0	0.05	2.5～4.0	1	8.5～9.5	1	0.05	0.25	0.5	0.1	—
C95220	余量	—	2.5～4.0	2.5	9.5～10.5	0.5	—	—	—	—	—
C95300	最小 86.0	—	0.8～1.5	—	9.0～11.0	—	—	—	—	—	—
C95400	最小 83.0	—	3.0～5.0	1.5	10.0～11.5	0.5	—	—	—	—	—
C95410	最小 83.0	—	3.0～5.0	1.5～2.5	10.0～11.5	0.5	—	—	—	—	—
C95420	最小 83.5	—	3.0～4.3	0.5	10.5～12.0	0.5	—	—	—	—	—
C95500	最小 78.0	—	3.0～5.0	3.0～5.5	10.0～11.5	3.5	—	—	—	—	—
C95510	最小 78.0	—	2.0～3.5	4.5～5.5	9.7～10.9	1.5	—	—	0.3	0.2	—
C95520	最小 74.5	0.03	4.0～5.5	4.2～6.0	10.5～11.5	1.5	—	0.15	0.3	0.25	0.20Co～0.05Cr
C95600	最小 88.0	—	—	0.25	6.0～8.0	—	—	1.8～3.2	—	—	—
C95700	最小 71.0	—	2.0～4.0	1.5～3.0	7.0～8.5	11.0～14.0	—	0.1	—	—	—
C95710	最小 71.0	0.05	2.0～4.0	1.5～3.0	7.0～8.5	11.0～14.0	—	0.15	0.5	1	0.05P
C95720	最小 73.0	0.03	1.5～3.5	3.0～6.0	6.0～8.0	12.0～15.0	—	0.1	0.1	0.1	0.20Cr
C95800	最小 79.0	0.03	3.5～4.5(31)	4.0～5.0(31)	8.5～9.5	0.8～1.5	—	0.1	—	—	—
C95810	最小 79.0	0.1	3.5～4.5	4.0～5.0	8.5～9.5	0.8～1.5	0.05	0.1	0.5	—	—
C95820	最小 77.5	0.02	4.0～5.0	4.5～5.8	9.0～10.0	1.5	—	0.1	0.2	0.2	—
C95900	余量	—	3.0～5.0	0.5	12.0～13.5	1.5	—	—	—	—	—

铸造铜镍铁合金（铜镍合金）

合金	Cu	Pb	Fe	Ni	Mn	Si	Nb	C	Be	其他
C96200	余量	0.01	1.0～1.8	9.0～11.0	1.5	0.5	1	0.1	—	0.02S,0.02P
C96300	余量	0.01	0.50～1.5	18.0～22.0	0.25～1.5	0.5	0.50～1.5	0.15	—	0.02S,0.02P
C96400	余量	0.01	0.25～1.5	28.0～32.0	1.5	0.5	0.50～1.5	0.15	—	0.02S,0.02P

续表

合金	Cu	Pb	Fe	Ni	Mn	Si	Nb	C	Be	其他
C96600	余量	0.01	0.8～1.1	29.0～33.0	1	0.15	—	—	0.40～0.7	—
C96700	余量	0.01	0.40～1.0	29.0～33.0	0.40～1.0	0.15	—	—	1.1～1.2	0.15～0.35Zr，0.15～0.35Ti
C96800	余量	0.005	0.5	9.5～10.5	0.05～0.30	0.05	0.10～0.30	—	—	—
C96900	余量	0.02	0.5	14.5～15.5	0.05～0.30	—	0.1	—	—	0.15Mg，7.5～8.5Sn，0.50Zn
C96950	余量	0.02	0.5	11.0～15.5	0.05～0.40	0.3	0.1	—	—	5.8～8.5Sn

常用铸造或变形（锻造）镁合金的典型成分

UNS	ASTM	Al	Zn	Mn	Ag	Zr	Th	RE	产品形式
M10600	AM60	6	—	0.2	—	—	—	—	C
M11310	AZ31	3	1	0.2	—	—	—	—	W
M11610	AZ61	6	1	0.2	—	—	—	—	W
M11630	AZ63	6	3	0.2	—	—	—	—	C
M11800	AZ80	8	0.5	0.2	—	—	—	—	C，W
M11910	AZ91	9	1	0.2	—	—	—	—	C
M12331	EZ33	—	2.5	—	—	0.5	—	2.5	C
—	ZM21	—	2	1	—	—	—	—	W
M13310	HK31	—	0.1	—	—	0.5	3	—	C，W
M13320	HZ32	—	2	—	—	0.5	3	—	C
M18220	QE22	—	—	—	2.5	0.5	—	2	C
M18210	QH21	—	—	—	2.5	0.5	1	1	C
M16410	ZE41	—	4.5	—	—	0.5	—	1.5	C
M16630	ZE63	—	5.5	—	—	0.5	—	2.5	C
M16400	ZK40	—	4.0	—	—	0.5	—	—	C，W
M16600	ZK60	—	6.0	—	—	0.5	—	—	C，W

注：C代表铸造；W代表变形（锻造）。

高性能镍基、镍铁基和钴基合金的一般类型和成分

合金	UNS	C	Cr	Ni	Co	Fe	Mo	W	其他
263	N07041	0.06	20	余量	20	—	5.8	—	Al 0.5，Ti 2.2
20Cb-3	N08020	0.02	20	33	—	余量	2.2	—	Cu 3.3，Cb 0.5
20Mo-4	N08024	0.02	23.5	37	—	余量	3.8	—	Cu 1.0，Cb 0.25
20Mo-6	N08026	0.02	24	36	—	余量	5.6	—	Cu 3.0
625 Plus	N07716	0.02	20	余量	—	5	9	—	Cb 3.1，Al 0.2，Ti 1.3
Alloy 150(UMCo-50)	—	0.06	27	—	余量	18	—	—	—
Alloy 188	R30188	0.1	22	22	余量	3	—	14	La 0.04
Alloy 214	N07214	0.04	16	余量	—	3	—	—	Al 4.5，Y
Alloy 230	N06230	0.1	22	余量	—	3	2	14	La 0.02，B 0.015
Alloy 242	—	0.03	8	余量	—	—	25	—	—
Alloy 25 (L-605)	R30605	0.1	20	10	余量	3	—	15	—
Alloy 556	R30556	0.1	22	20	18	余量	3	2.5	Ta 0.6，La 0.02，N 0.2，Zr 0.02
Alloy 6B	R30016	1.2	30	—	余量	1.5	4.5	—	—
Alloy HR-120	—	0.05	25	37	—	余量	—	—	Cb 0.7，N 0.2
Alloy HR-160	—	0.05	28	余量	29	1.5	—	—	Si 2.75
AR 213	—	0.17	19	—	余量	—	—	4.5	Al 3.5，Ta 6.5，Zr 0.15，Y 0.10
Astroloy	—	0.06	15	余量	17	—	5.3	—	Al 4.0，Ti 3.5，B 0.03

续表

合金	UNS	C	Cr	Ni	Co	Fe	Mo	W	其他
Chromel D	—	—	18.5	36	—	余量	—	—	Si 1.5
Cupro 107	—	—	—	余量	—	0.8	—	—	Cu 68.0,Mn 1.1
D-979	N09979	0.05	15	余量	—	27	4	4	Al 1.0,Ti 3.0
Discaloy	K66220	0.06	14	26	—	余量	3	—	Al 0.25,Ti 1.7
Fecralloy A	—	0.03	15.8	—	—	余量	—	—	Al 4.8,Y 0.3
Ferry alloy	—	—	—	余量	—	—	—	—	Cu 55.0
Hastelloy B	N10001	0.05	—	余量	2.5	5	28	—	V 0.03
Hastelloy B-2	N10665	0.01	—	余量	—	2	28	—	—
Hastelloy C	N10002	0.08	15.5	余量	2.5	6	17	4	—
Hastelloy C-22	N06022	0.01	22	余量	2.5	3	13	3	—
Hastelloy C-276	N10276	0.01	15.5	余量	2.5	5.5	16	4	—
Hastelloy C-4	N06455	0.01	16	余量	2	3	15.5	—	—
Hastelloy G	N06007	0.05	22	余量	—	19.5	6.5	—	Cb+Ta 2.0,Cu 2.0
Hastelloy G-3	N06985	0.015	22	余量	5	19.5	7	1.5	Cb+Ta 0.3,Cu 2.0
Hastelloy G-30	—	0.03	29.5	余量	5	15	5	2.5	Cu 2.0
Hastelloy H-9M	—	0.03	22	余量	5	19	9	2	—
Hastelloy N	N10003	0.06	7	余量	—	5	16.5	—	—
Hastelloy S	N06635	0.02	15.5	余量	—	3	14.5	—	La 0.05,B 0.015
Hastelloy W	N10004	0.12	5	余量	2.5	6	24	—	—
Hastelloy X	N06002	0.1	22	余量	1.5	18.5	9	0.6	—
IN 100	N13100	0.15	10	余量	15	—	3	—	Al 5.5,Ti 4.7,Zr 0.06,V 1.0,B 0.015
IN 100 Gatorize	—	0.07	12.4	余量	18.5	—	3.2	—	Al 5.0,Ti 4.3,Zr 0.06,B0.02,V 0.8
IN 102	N06102	0.06	15	余量	—	7	3	3	Cb 3.0,Al 0.4,Ti 0.6,Mg0.02,Zr 0.03
IN 587	—	0.05	28.5	余量	20	—	—	—	Cb 0.7,Al 1.2,Ti 2.3,Zr 0.05
IN 597	—	0.05	24.5	余量	20	—	1.5	—	Cb 1.0,Al 1.5,Ti 3.0,Zr 0.05
Incoloy 800	N08800	0.05	21	32.5	—	余量	—	—	Al 0.3,Ti 0.3
Incoloy 800H	N08810	0.08	21	32.5	—	余量	—	—	Al 0.4,Ti 0.4
Incoloy 800HT	N08811	0.08	21	32.5	—	余量	—	—	Al+Ti 1.0
Incoloy 801	—	0.05	20.5	32	—	余量	—	—	Ti 1.1
Incoloy 802	N08802	0.4	21	32.5	—	余量	—	—	—
Incoloy 803	—	0.5	27	35	—	余量	—	—	Ti 0.5
Incoloy 825	N08825	0.03	21.5	余量	—	30	3	—	Cu 2.2
Incoloy 903	N19903	—	—	38	15	余量	—	—	Ti 1.4,Al 0.9,Cb 3.0
Incoloy 904	N19904	—	—	32.5	14.5	余量	—	—	Ti 1.6
Incoloy 907	N19907	—	—	38	13	余量	—	—	Ti 1.5,Cb 4.7,Si 0.15
Incoloy 909	N19909	—	—	38	13	余量	—	—	Ti 1.5,Cb 4.7,Si 0.4
Incoloy 925	N09925	0.01	21	余量	—	28	3	—	Cu 1.8,Ti 2.1,Al 0.3
Incoloy DS	—	0.06	17	35	—	余量	—	—	Si 2.3
Inconel 600	N06600	0.08	15.5	余量	—	8	—	—	—
Inconel 601	N06601	0.1	23	余量	—	14.4	—	—	Al 1.4
Inconel 617	N06617	0.07	22	余量	12.5	1.5	9	—	Al 1.2
Inconel 625	N06625	0.1	21.5	余量	—	2.5	9	—	Cb 3.6
Inconel 671	—	0.05	48	余量	—	—	—	—	Ti 0.35
Inconel 690	N06690	0.02	29	余量	—	9	—	—	—
Inconel 706	N09706	0.03	16	余量	—	37	—	—	Ti 1.8,Al 0.2,Cb 2.9

续表

合金	UNS	C	Cr	Ni	Co	Fe	Mo	W	其他
Inconel 718	N07718	0.04	18	余量	—	18.5	3	—	Cb 5.1
Inconel 751	N07751	0.05	15	余量	—	7	—	—	Ti 2.5,Al 1.1,Cb 1.0
Inconel X-750	N07750	0.04	15.5	余量	—	7	—	—	Ti 2.5,Al 0.7,Cb 1.0
Kanthal AF	—	—	22	—	—	余量	—	—	Al 5.3,Y
Kanthal Al	K92500	—	22	—	—	余量	—	—	Al 5.8
M 252	N07252	0.15	20	余量	10	—	10	—	Al 1.0,Ti 2.6,B 0.005
MAR-M 918	—	0.05	20	20	余量	—	—	—	Ta 7.5,Zr 0.10
Monel 400	N04400	—	—	余量	—	1.2	—	—	Cu 31.5,Mn 1.1
Monel 401	N04401	—	—	余量	—	0.3	—	—	Cu 55.5,Mn 1.63
Monel 450	C71500	—	—	余量	—	0.7	—	—	Cu 68.0,Mn 0.7
Monel K-500	N05500	—	—	余量	—	1	—	—	Cu 29.5,Ti 0.6,Al 2.7
Monel R-405	N04405	—	—	余量	—	1.2	—	—	Cu 31.5,Mn 1.1
MP 159	—	—	19	25.5	余量	9	7	—	Cb 0.6,Al 0.2,Ti 3.0
MP 35N	R30035	—	20	35	余量	—	10	—	—
Multimet (N-155)	R30155	0.1	21	20	20	余量	3	2.5	Cb+Ta 1.0,N 0.15
NA 224	—	0.5	27	余量	—	18.5	—	6	—
Ni 200	N02200	0.08	—	99.6	—	—	—	—	—
Ni 201	N02201	0.02	—	99.6	—	—	—	—	—
Ni 270	N02270	0.01	—	99.98	—	—	—	—	—
Nichrome 80	—	—	20	余量	—	—	—	—	Si 1.0
Nimonic 105	—	0.08	15	余量	20	—	5	—	Al 4.7,Ti 1.3,B 0.005
Nimonic 115	—	0.15	15	余量	15	—	4	—	Al 5.0,Ti 4.0
Nimonic 70	—	—	20	余量	—	25	—	—	Al 1.0,Ti 1.25,Cb 1.5
Nimonic 75	—	0.1	19.5	余量	—	—	—	—	—
Nimonic 80A	N07080	0.06	19.5	余量	—	—	—	—	Al 1.4,Ti 2.4
Nimonic 81	—	0.03	30	余量	—	—	—	—	Al 0.9,Ti 1.8
Nimonic 86	N07090	—	25	余量	—	—	10	—	Ce 0.03
Nimonic 90	—	0.07	19.5	余量	16.5	—	—	—	Al 1.2,Ti 2.5
Nimonic 901	—	—	12.5	余量	—	36	5.8	—	Ti 2.9
Nimonic 91	—	—	28.5	余量	20	—	—	—	Al 1.2,Ti 2.3
Nimonic AP 1	—	—	15	余量	17	—	5	—	Al 4.0,Ti 3.5
Nimonic PE 11	—	0.05	18	余量	—	34	5.2	—	Al 0.8,Ti 2.3
Nimonic PE 16	—	0.05	16.5	余量	—	34	3.3	—	Al 1.2,Ti 1.2
Nimonic PK 31	—	—	20	余量	14	—	4.5	—	Al 0.4,Ti 2.35,Cb 5.0
Nimonic PK 33	—	0.04	18	余量	14	—	7	—	Al 2.1,Ti 2.4
Nimonic PK 37	N07001	—	19.5		16.5	—	—	—	Al 1.5,Ti 2.5
Nimonic PK 50	—	—	19.5		13.5	—	4.25	—	Al 1.4,Ti 3.0
Pyromet 31	N07031	0.04	22.5		—	15	2	—	Al 1.4,Ti 2.3, Cu 0.9,B 0.005
Pyromet 860	—	0.05	13		4	28.9	6	—	Al 1.0,Ti 3.0,B 0.01
Pyromet CTX-I	—	0.03	—	37.7	16	余量	—	—	Cb 3.0,Al 1.0,Ti 1.7
RA 330	N08330	0.05	19	35	—	余量	余量	—	Si 1.2
RA 330HC	—	0.4	19	35	—	余量	余量	—	Si 1.2
RA 333	N06333	0.05	25	余量	3	18	余量	3	—
Refractory 26	—	0.03	18	余量	20	16	余量	—	Al 0.2,Ti 2.6,B 0.015
René 100	—	0.16	9.5	余量	15	—	3	—	Al 5.5,Ti 4.2, Zr 0.06,B 0.015
René 41	—	0.09	19	余量	11	5	10	—	Al 1.5,Ti 3.0,B 0.006
René 95	—	0.15	14	余量	8	—	3.5	3.5	Cb 3.5,Al 3.5, Ti 2.5,Zr 0.05

续表

合金	UNS	C	Cr	Ni	Co	Fe	Mo	W	其他
S-816	R30816	0.38	20	20	余量	4	4	4	Cb 4.0
Sanicro 28	N08028	0.01	27	31	—	余量	3.5	—	Cu 1.0
Udimet 400	—	0.06	17.5	余量	14	—	4	—	Cb 0.5,Al 1.5,Ti 2.5,Zr 0.06,B 0.008
Udimet 500	—	0.08	18	余量	18.5	—	4	—	Al 2.9,Ti 2.9,Zr 0.05,B 0.006
Udimet 520	—	0.05	19	余量	12	—	6	1	Al 2.0,Ti 3.0,B 0.005
Udimet 630	—	0.03	18	余量	—	18	3	3	Cb 6.5,Al 0.5,Ti 1.0
Udimet 700	—	0.03	15	余量	18.5	—	5.2	—	Al 5.3,Ti 3.5,B 0.03
Udimet 710	—	0.07	18	余量	15	—	3	1.5	Al 2.5,Ti 5.0
Udimet 720	—	0.03	17.9	余量	14.7	—	3	1.3	Al 2 5,Ti 5.0,Zr 0.03,B
Ultimet	—	0.06	26	9	余量	3	5	2	N 0.08
Unitemp AF2-1DA	—	0.35	12	余量	10	—	3	6	Ta 1.5,Al 4.6,Ti 3.5,Zr 0.10
Unitemp AF2-1DA6	—	0.04	12	余量	10	—	2.7	6.5	Ta 1.5,Al 4.0,Ti 2.8,Zr 0.1,B 0.015
V-57	—	0.08	14.8	27	—	余量	1.25	—	Al 0.25,Ti 3.0,V 0.5,B 0.01
W-545	K66545	0.08	13.5	26	—	余量	1.5	—	Al 0.2,Ti 2.85,B 0.05
Waspaloy	—	0.08	19	余量	14	—	4.3	—	Al 1.5,Ti 3.0,Zr 0.05,B 0.006

难熔金属：难熔金属的典型成分分析

元素	Mo 最大含量/%	Ta 最大含量/%	Nb 最大含量/%	W 最大含量/%
Al	0.001	—	0.005	0.002
Ca	0.003	—	—	0.003
Cr	0.005	—	—	0.002
Cu	0.001	—	—	0.002
Fe	0.005	0.010	0.01	0.003
Pb	0.002	—	—	0.002
Mg	0.001	—	—	0.002
Mo	最小 99.95	0.010	0.01	—
Mn	0.001	—	—	0.002
Ni	0.001	0.005	0.005	0.003
Si	0.003	0.005	0.005	0.002
Sn	0.003	—	—	0.002
Ti	0.002	0.005	—	0.002
Ta	—	最小 99.90	0.2	—
W	—	0.030	0.05	最小 99.95
C	0.005	0.0075	0.01	0.005
O	—	0.020	0.025	—
N	—	0.0075	0.01	—
H	—	0.0001	0.0015	—
Nb	—	0.050	99.9	—

奥氏体不锈钢的标准命名（除标明范围或最小量之外的均为成分最大百分含量）

UNS	类型	C	Mn	P	S	Si	Cr	Ni	Mo	其他
S20100	201	0.15	5.5/7.5	0.060	0.030	1.00	16.00/18.00	3.50/5.50	—	0.25N
S20200	202	0.15	7.5/10.0	0.060	0.030	1.00	17.00/19.00	4.00/6.00	—	0.25N

续表

UNS	类型	C	Mn	P	S	Si	Cr	Ni	Mo	其他
S20500	205	0.2	14.0/15.5	0.030	0.030	0.50	16.50,18.00	1.00/1.75	—	0.32/0.40N
S30100	301	0.15	2.00	0.045	0.030	1.00	16.00/18.00	6.00/8.00	—	—
S30200	302	0.15	2.00	0.045	0.030	1.00	17.00/19.00	8.00/10.00	—	—
S30215	302B	0.15	2.00	0.045	0.030	2.00/3.00	17.00/19.00	8.00/10.00	—	—
S30300	303	0.15	2.00	0.20	最小 0.15	1.00	17.00/19.00	8.00/10.00	0.60	—
S30323	303Se	0.15	2.00	0.20	0.060	1.00	17.00/19.00	8.00/10.00	—	0.15Se(最小)
S30400	304	0.08	2.00	0.045	0.030	1.00	18.00/20.00	8.00/10.50	—	
S30403	304L	0.030	2.00	0.045	0.030	1.00	18.00/20.00	8.00/12.00	—	
S30430	18-9-LW	0.08	2.00	0.045	0.030	1.00	17.00/19.00	8.00/10.00	—	3.00/4.00Cu
S30451	304N	0.08	2.00	0.045	0.030	1.00	18.00/20.00	8.00/10.50	—	0.10/0.16N
S30500	305	0.12	2.00	0.045	0.030	1.00	17.00/19.00	10.50/13.00	—	—
S30800	308	0.08	2.00	0.045	0.030	1.00	19.00/21.00	10.00/12.00	—	—
S30900	309	0.20	2.00	0.045	0.030	1.00	22.00/24.00	12.00/15.00	—	—
S30908	309S	0.08	2.00	0.045	0.030	1.00	22.00/24.00	12.00/15.00	—	—
S31000	310	0.25	2.00	0.045	0.030	1.50	24.00/26.00	19.00/22.00	—	—
S31008	310S	0.08	2.00	0.045	0.030	1.50	24.00/26.00	19.00/22.00	—	—
S31400	314	0.25	2.00	0.045	0.030	0.50/3.00	23.00/26.00	19.00/22.00	—	—
S31600	316	0.08	2.00	0.045	0.030	1.00	16.00/18.00	10.00/14.00	—	—
S31620	316F	0.08	2.00	0.20	0.10(最小)	1.00	16.00/18.00	10 00/14.00	1.75/2.5	—
S31603	316L	0.030	2.00	0.045	0.030	1.00	16.00/18.00	10.00/14.00	2.0/3.0	—
S31651	316N	0.08	2.00	0.045	0.030	1.00	16.00/18.00	10.00/14.00	2.0/3.0	0.10/0.16N
S31700	317	0.08	2.00	0.045	0.030	1.00	18.00/20.00	11.00/15.00	3.0/4.0	—
S31703	317L	0.030	2.00	0.045	0.030	1.00	18.00/20.00	11.00/15.00	3.0/4.0	—
—	317LMN	0.030	2.00	0.045	0.030	0.75	17.00/20.00	13.50/17.50	4.0/5.0	0.10/0.20N
S32100	321	0.08	2.00	0.045	0.030	1.00	17.00/19.00	9.00/12.00	—	5×C Ti(最小)
N08830	330	0.08	2.00	0.040	0.030	0.75/1.50	17.00/20.00	34.00/37.00	—	0.10Ta,0.20Cb
S34700	347	0.08	2.00	0.045	0.030	1.00	17.00/19.00	9.00/13.00	—	10×C(Cb+Ta)(最小),0.10 Ta(最大),0.20 Co(最大)
S34800	348	0.08	2.00	0.045	0.030	1.00	17.00/19.00	9.00/13.00	—	—
S38400	384	0 08	2.00	0.045	0.030	1.00	15.00/17.00	17.00/19.00	—	—
S31254	254 MO	0.01	2.00	0.045	0.030	1.00	20	18	6.1	0.20N,Cu
S32654	654 MO	0.01	3.50	0.045	0.030	1.00	24	22	7.3	0.50N,Cu
S30815	253 MA	0.09	2.00	0.045	0.030	1.7	21	11	—	Ce
N08904	904L	0.01	2.00	0.045	0.030	1.00	20	25	4.5	0.06N,1.5Cu
N08020	20Cb-3	0.07	2.00	0.045	0.030	1.00	20	34	2.2	Cb
N08367	AL 6XN	0.03	2.00	0.045	0.030	1.00	20	25	6	0.18～0.25N

铁素体不锈钢的名义化学成分（%）（所指皆为最大值，另有注明的除外）

UNS	类型	C	Mn	P	S	Si	Cr	Ni	Mo	其他
S40500	405	0.08	1.00	0.040	0.030	1.00	11.50/14.50	0.60		0.10/0.30 Al
S40900	409	0.08	1.00	0.045	0.045	1.00	10.50/11.75	0.50		(6×C～0.75)Ti
S42900	429	0.12	1.00	0.040	0.030	1.00	14.00/16.00	0.75		
S43000	430	0.12	1.00	0.040	0.030	1.00	16.00/18.00	0.75		
S43020	430F	0.12	1.25	0.060	0.15(最小)	1.00	16.00/18.00		0.60	
S43023	430FSe	0.12	1.25	0.060	0.060	1.00	16.00/18.00			0.15 Se（最小）
S43400	434	0.12	1.00	0.040	0.030	1.00	16.00/18.00		0.75/1.25	—

续表

UNS	类型	C	Mn	P	S	Si	Cr	Ni	Mo	其他
S43600	436	0.12	1.00	0.040	0.030	1.00	16.00/18.00		0.75/1.25	(5×C～0.70)(Cb+Ta)
S44200	442	0.20	1.00	0.040	0.030	1.00	18.00/23.00	0.60		
S44600	446	0.20	1.50	0.040	0.030	1.00	23.00/27.00	0.75		0.25N
S44635	Monit	0.25	1.00	0.040	0.030	0.75	24.50/26.00	4.00	3.5/4.5	0.035N,4×(C+N)(Ti+Nb)

马氏体不锈钢的名义化学成分（%）(所指皆为最大值，另有注明的除外)

UNS	类型	C	Mn	P	S	Si	Cr	Ni	Mo	其他
S40300	403	0.15	1.00	0.040	0.030	0.50	11.50/13.00			
S41000	410	0.15	1.00	0.040	0.030	1.00	11.50/13.50			
S41400	414	0.15	1.00	0.040	0.030	1.00	11.50/13.50	1.25/2.50		
S41600	416	0.15	1.25	0.060	0.15(最小)	1.00	12.00/14.00		0.60	
S41623	416Se	0.15	1.25	0.060	0.060	1.00	12.00/14.00			0.15Se(最小)
S42000	420	0.15(最小)	1.00	0.040	0.030	1.00	12.00/14.00			
S42020	420F	0.15(最小)	1.25	0.060	0.15(最小)	1.00	12.00/14.00		0.60	
S42200	422	0.20/0.25	1.00	0.025	0.025	0.75	11.00/13.00	0.50/1.00	0.75/1.25	0.15/0.30V,0.75/1.25W
S43100	431	0.20	1.00	0.040	0.030	1.00	15.00/17.00	1.25/2.50		
S44002	440A	0.60/0.75	1.00	0.040	0.030	1.00	16.00/18.00	0.75		
S44004	440B	0.75/0.95	1.00	0.040	0.030	1.00	16.30/18.00	0.75		
S44004	440C	0.95/1.20	1.00	0.040	0.030	1.00	16.30/18.00	0.75		

第一代和第二代双相不锈钢的名义化学成分

UNS	类型	Cr	Mo	Ni	Cu	C	N	其他
第一代								
S32900	Type 329	26	1.5	4.5	—	0.08	—	—
J93370	CD-4MCu	25	2	5	3	0.04	—	—
第二代								
S31200	44LN	25	1.7	6	—	0.030	0.14～0.20	—
S31260	DP-3	25	3	7	0.5	0.030	0.10～0.30	0.3 W
S31500	3RE60	18.5	2.7	4.9	—	0.030	0.05～0.1	1.7 Si
S31803	2205	22	3	5	—	0.030	0.08～0.20	—
S32304	SAF 2304	23	—	4	—	0.030	0.05～0.20	—
S32550	Ferralium 255	25	3	6	2	0.04	0.1～0.25	
S32750	SAF 2507	25	4	7	—	0.030	0.24～0.32	—
S32760	Zeron 100	25	4	7	0.8	0.03	0.2～0.3	1.0 Si,0.8 W
S32950	7-Mo PLUS	26.5	1.5	4.8	—	0.03	0.15～0.35	—

沉淀硬化（PH）不锈钢的化学成分

UNS	合金	C	Mn	Si	Cr	Ni	Mo	P	S	其他
马氏体										
S13800	PH13-8Mo	0.05	0.10	0.10	12.25～13.25	7.5～8.5	2.0～2.5	0.01	0.008	0.90～1.35 Al,0.01 N
S15500	15-5PH	0.07	1.00	1.00	14.0～15.5	3.5～5.5	—	0.04	0.03	2.5～4.5 Cu,0.15～0.45 Nb
S17400	17-4PH	0.07	1.00	1.00	15.0～17.5	3.0～5.0	—	0.04	0.03	3.0～5.0 Cu,0.15～0.45 Nb
S45000	Custom 450	0.05	1.00	1.00	14.0～16.0	5.0～7.0	0.5～1.0	0.03	0.03	1.25～1.75 Cu,8×CN b(最小)

续表

UNS	合金	C	Mn	Si	Cr	Ni	Mo	P	S	其他
马氏体										
S45500	Custom 455	0.05	0.50	0.50	11.0～12.5	7.5～9.5	0.50	0.04	0.03	1.5～2.5 Cu，0.8～1.4 Ti，0.1～0.5 Nb
半奥氏体										
S15700	PH15-7 Mo	0.09	1.00	1.00	14.5～16.0	6.5～7.75	2.0～3.0	0.04	0.04	0.75～1.50 Al
S17700	17-7PH	0.09	1.00	1.00	16.0～18.0	6.50～7.75	—	0.04	0.04	0.75～1.50 Al
S35000	AM-350	0.07～0.11	0.50～1.25	0.50	16.0～17.0	4.5～5.0	2.50～3.25	0.04	0.03	0.07～0.13 N
S35500	AM-355	0.10～0.15	0.50～1.25	0.50	15.0～16.0	4.0～5.0	2.50～3.25	0.04	0.03	0.07～0.13 N
奥氏体										
S66286	A-286	0.08	2.00	1.00	13.5～16.0	24.0～27.0	1.0～1.5	0.025	0.025	1.90～2.35 Ti，0.35 Al(最大)，0.10～0.50 V，0.003～0.010 B
—	JBK-73	0.015	0.05	0.02	14.5	29.5	1.25	0.006	0.002	2.15 Ti，0.25 Al，0.27 V，0.0015 B

铸造耐热不锈钢的名义化学成分（%）

UNS	类型	C	Cr	Ni	Fe
—	HA	0.2	8～10	—	余量
—	HB	0.3	18～22	2	余量
J92605	HC	0.5	26～30	4	余量
J93005	HD	0.5	26～30	4～7	余量
J93403	HE	0.2～0.5	26～30	8～11	余量
J92603	HF	0.2～0.4	19～23	9～12	余量
J93503	HH	0.2～0.5	24～28	11～14	余量
J94003	HI	0.2～0.5	26～30	14～18	余量
J94224	HK	0.2～0.6	24～28	18～22	余量
J94604	HL	0.2～0.6	28～32	18～22	余量
J94213	HN	0.2～0.5	19～23	23～27	余量
J94605	HT	0.35～0.75	13～17	33～37	余量
J95405	HU	0.35～0.75	17～21	37～41	余量
N08001	HW	0.35～0.75	10～14	58～62	余量
N06006	HX	0.35～0.75	15～19	64～68	余量
J95705	HP	0.4	25	35	余量

钛：商业钛合金的名义化学成分

UNS	ASTM	N	C	H	Fe	O	Al	V	Ni	Mo	Nb	Cr	Zr	Pd
R50250	1	0.03	0.08	0.015	0.2	0.18	—	—	—	—	—	—	—	—
R50400	2	0.03	0.08	0.015	0.3	0.25	—	—	—	—	—	—	—	—
R50550	3	0.05	0.08	0.015	0.3	0.35	—	—	—	—	—	—	—	—
R56400	5	0.05	0.08	0.015	0.4	0.2	5.5～6.75	3.5～4.5	—	—	—	—	—	—
R52400	7	0.03	0.08	0.015	0.3	0.25	—	—	—	—	—	—	—	0.12～0.25
R56320	9	0.03	0.08	0.015	0.25	0.15	2.5～3.5	2.0～3.0	—	—	—	—	—	0.1
R52250	11	0.03	0.08	0.015	0.2	0.18	—	—	—	—	—	—	—	0.12～0.25

续表

UNS	ASTM	N	C	H	Fe	O	Al	V	Ni	Mo	Nb	Cr	Zr	Pd
R53400	12	0.03	0.08	0.015	0.3	0.25	—	—	0.6～0.9	0.2～0.4	—	—	—	—
R52402	16	0.03	0.08	0.015	0.3	0.25	—	—	—	—	—	—	—	0.04～0.08
R52252	17	0.03	0.08	0.015	0.2	0.18	—	—	—	—	—	—	—	0.04～0.08
R56322	18	0.03	0.08	0.015	0.25	0.15	2.5～3.5	2.0～3.0	—	—	—	—	—	0.04～0.08
R58640	19	0.03	0.05	0.02	0.3	0.12	3.0～4.0	7.5～8.5	—	3.5～4.5	—	5.5～6.5	3.5～4.5	—
R58645	20	0.03	0.05	0.02	0.3	0.12	3.0～4.0	7.5～8.5	—	3.5～4.5	—	5.5～6.5	3.5～4.5	0.04～0.08
R58210	21	0.03	0.05	0.015	0.4	0.17	2.5～3.5	—	—	15～16.0	2.2～3.2	—	—	—
—	23	0.03	0.08	0.015	0.4	0.13	5.5～6.5	3.5～4.5	—	—	—	—	—	—

附录 E 历史回顾

科学家们致力于系统研究腐蚀的历史远比大多数人意识到的时间要长。早在 19 世纪 30 年代，英国科学促进会就专门拨款为开展关于铸铁和熟铁腐蚀的系列腐蚀实验。在那个大量天才科学家们研究物质性质的年代，罗伯特·马利特（Robert Mallet）承担了这项实验工作，并分别于 1838 年、1840 年和 1843 年汇报了实验结果。

在为庆祝美国腐蚀工程师协会（NACE）成立 50 周年而举行的特别研讨会的论文集中，我们可以找到很多关于腐蚀历史方面的有趣参考资料和评论[1]。表 E.1 列出了一些有关对腐蚀的认识以及腐蚀管理的具有历史里程碑意义的重要发现。

腐蚀科学的发展经历了两个快速发展期。第一个时期是在 19 世纪上半叶，原电池的发明激起了大量科学家们持续强烈的科学研究兴趣和热情，并由此引发了大量关于电流性质和来源的争论。另一个时期是在 20 世纪上半叶，在快速发展的工业时代，人们越来越意识到腐蚀的巨大经济成本。在后面这个时期，大量在前面第一个时期建立的理论和事实证据被人们重新揭示或进行详细阐述，或者两者兼而有之。其中包括由沃拉斯顿（Wollaston）在 1801 年提出的腐蚀电化学理论，在 1830 年经德·拉·赖夫（de La Rive）进一步发展，在 1901 年由埃里克森-奥朗和帕拉姆证实，在 1903 年惠特尼（Whitney）重新进行了揭示[2]。

早在 1819 年，霍尔（Hall）就证明了铁在常温水中发生明显腐蚀必须存在溶解氧，而汉弗莱·戴维（Humphrey Davy）爵士于 1824 年发表了他在英国海军舰艇水下铜质船底外壳进行阴极保护的研究成果。这些早期实验为阴极保护的应用奠定了实践基础，促进了镀锌铁的发展。

在 1906 年，美国材料试验协会（ASTM）委员会的成立也促进腐蚀试验的发展。此后不久，很多其他组织也开始关注腐蚀及其控制问题。

作为研究腐蚀影响的先驱之一，美国电解委员会在 1921 年就特别提及了腐蚀影响问题，其实相关问题的初步报告已于 1916 年 10 月发表。该委员会由美国电气工程师学会、美国电气铁路协会、美国铁路工程协会、国家标准局和其他机构的代表组成，他们非常关注当时杂散电流对地下金属结构的严重破坏问题，特别是对通电街道和城际铁路通信电缆的保护问题。

英国钢铁学会腐蚀委员会于 1931 年正式刊发了第一份报告，在 1959 年又发布了第六份报告。1938 年美国成立了一个由来自 17 个技术协会的代表组成的腐蚀协调委员会。该组织旨在协调各协会的活动，防止重复工作，于 1948 年被美国腐蚀工程师协会（NACE）吸收，并更名为腐蚀控制协作委员会。该委员会以半自治的方式运作，直到大约 10 年后最终解散，很大程度上是因为出版物和众多其他期刊的发展，大多数信息交换更容易。

德国在二次世界大战之前就发行了一本腐蚀杂质《腐蚀和金属保护》，在战争期间中断，后又重新以新刊名《材料和腐蚀》重新发行，但是其他国家都是在 1945 年美国腐蚀工程师协会（NACE）开始出版《腐蚀》杂志后，才开始出版有关腐蚀控制的期刊。从那时起，世界上大多数工业化国家都创办了一本或多本关于腐蚀控制的杂志。

目前除了 NACE 之外，许多其他科学工程、政府和贸易组织也都开始积极参与腐蚀控制的相关工作。北美腐蚀科学和工程团体的领导者是美国金属学会（ASM）、美国材料试验学会（ASTM）、美国化学学会（ACS）和电化学学会（ECS）。

在美国和世界其他地区，还有许多其他著名的组织和协会也在开展腐蚀预防和控制的相关研究工作，只要在网上搜索一下，就会发现这些团体和协会。表 E.1 列出有关腐蚀认识以及腐蚀管理的具有历史里程碑意义的重要发现。

表 E.1　有关腐蚀认识以及腐蚀管理的具有历史里程碑意义的重要发现

时间/年	里程碑事件	来源(发现者)
1500	镀锡铁皮	
1675	腐蚀性的机械成因与“可腐蚀性”	波义耳(Boyle)
1763	“双金属腐蚀”	英国皇家海军舰艇(HMS)的警示报告
1788	铁腐蚀过程中水变成碱性	奥斯丁(Austin)
1790	铁的钝化	基尔(Keir)
1791	铜铁电解电流耦合	伽伐尼(Galvani)
1800	伽伐尼电池	伏特(Volta)
1801	酸腐蚀的电化学理论	渥拉斯顿(Wollaston)
1819	腐蚀的电化学属性的深刻理解	泰纳德(Thenard)
1824	用锌或铁对铜的阴极保护	汉弗莱·戴维(Humphrey Davy)爵士
1825	温差电池	瓦克尔(Walcker)
1826	金属/金属氧化物和应力电池	戴维(Davy)
1827	浓差电池	贝克尔拉(Beckerel)
1830	有关腐蚀的显微组织(锌)	德·拉·赖夫(De La Rive)
1830	氧浓差电池	玛丽安尼(Marianini)
1834～1840	化学作用与产生电流的关系	法拉第(Faraday)
1836	水泥衬里铸铁管	赫歇尔(Herschel)
1837	镀锌铁	克劳福德(Craufurd)
1872	有机缓蚀剂(精油和固定油)	马兰戈尼(Marangoni)、斯特凡内利(Stefanelli)
1873～1878	腐蚀热力学	吉布斯(Gibbs)
1899	氢过电位的测量	卡斯帕里(Caspari)
1903	在水中铁的腐蚀理论	惠特尼(Whitney)
1904	氢过电位与电流的函数关系	塔菲尔(Tafel)
1905	铁发生腐蚀并非必须存在碳酸或其他酸	邓斯坦(Dunstan)、乔伊特(Jowett)、古尔丁(Goulding)、蒂尔登(Tilden)

续表

时间/年	里程碑事件	来源(发现者)
1906	蒙乃尔合金	蒙乃尔(Monell)
1906	磷化膜	科斯拉特(Coslett)
1907	铬酸盐缓蚀剂	库什曼(Cushman)
1907	氧作为阴极促进剂的作用	沃克(Walker)、西德霍姆(Cederholm)
1908	铬酸锌颜料	库什曼(Cushman)
1908～1910	不同介质中腐蚀速率汇编	海恩(Heyn)、鲍尔(Bauer)
1909	合成树脂(人造树胶)	贝克兰(Baekeland)
1910	外加电流的阴极保护	坎伯兰(Cumberland)
1910	微生物腐蚀	盖恩斯(Gaines)
1910	缓蚀漆	库什曼(Cushman)、加德纳(Gardner)
1912	奥氏体铬镍不锈钢	毛雷尔(Maurer)、施特劳斯(Strauss)
1913	钨的高温氧化动力学研究	朗格缪尔(Langmuir)
1913	高硅铸铁(杜里龙)	
1916	充气差异电流	阿斯顿(Aston)
1916	铬不锈钢	布雷亚历(Brearley)
1917	腐蚀疲劳机制	黑格(Haigh)
1919	空泡腐蚀机制	帕森斯(Parsons)、库克(Cook)
1920～1923	黄铜晶间腐蚀"季裂"	摩尔(Moore)、贝金赛尔(Beckinsale)
1923	阳极氧化铝	本戈(Bengough)、斯图尔特(Stuart)
1923	高温氧化物的形成	皮林(Pilling)、博德沃斯(Bedworth)
1924	电偶腐蚀	惠特曼(Whitman)、拉塞尔(Russell)
1926	铬镍钼不锈钢	施特劳斯(Strauss)
1929	因科耐尔合金(Inconel)	梅里卡(Merica)
1930～1931	氧化皮下腐蚀或"内腐蚀"	史密斯(Smith)
1931～1939	腐蚀的电化学性质定量分析	埃文斯(Evans)
1936	朗格利尔指数	朗格利尔(Langelier)
1938	阳极和阴极缓蚀剂	吉泽维斯基(Chyzewski)、埃文斯(Evans)
1938	热力学电位-pH 图	布拜(Pourbaix)
1939	哈氏合金(Hastelloy)C	麦柯迪(McCurdy)
1950	孔蚀的自催化属性	尤利格(Uhlig)
1956	动力学参数的外推测量	斯特恩(Stern)、吉尔里(Geary)
1968	腐蚀的电化学噪声特征	埃弗森(Iverson)
1970	用电化学阻抗谱技术(EIS)研究腐蚀过程	埃佩尔布安(Epelboin)

参考文献

[1] Roberge, P. R., *Handbook of Corrosion Engineering*. New York, NY, McGraw-Hill, 2000.

[2] Roberge, P. R., *Corrosion Engineering: Principles and Practice*. New York, NY, McGraw-Hill, 2008.